铁基材料在环境修复中的应用

（上册）

方战强　易云强　黄哲熙　等◎著

中国环境出版集团·北京

图书在版编目（CIP）数据

铁基材料在环境修复中的应用/方战强等著. —北京：
中国环境出版集团，2023.3
ISBN 978-7-5111-5105-6

Ⅰ. ①铁⋯ Ⅱ. ①方⋯ Ⅲ. ①金属材料—应用—
生态恢复—研究 Ⅳ. ①X171.4

中国版本图书馆 CIP 数据核字（2022）第 051579 号

出 版 人　武德凯
责任编辑　孔　锦
封面设计　岳　帅

出版发行　中国环境出版集团
　　　　　（100062　北京市东城区广渠门内大街 16 号）
　　　　　网　　　址：http://www.cesp.com.cn
　　　　　电子邮箱：bjgl@cesp.com.cn
　　　　　联系电话：010-67112765（编辑管理部）
　　　　　发行热线：010-67125803，010-67113405（传真）
印　　刷　北京建宏印刷有限公司
经　　销　各地新华书店
版　　次　2023 年 3 月第 1 版
印　　次　2023 年 3 月第 1 次印刷
开　　本　787×1092　1/16
印　　张　67
字　　数　1360 千字
定　　价　228.00 元（上、下册）

著者名单

方战强　易云强　黄哲熙　王　玉　王　冠　王　捷

方晓波　丘秀祺　许妍哲　苏慧杰　李朋俊　吴　娟

邱心泓　张暖钦　陈金红　陈俊毅　欧阳琼　练劲韬

胡　杨　谈　蕾　黄锐雄　梁　斌　寇方莹　谢莹莹

蔡宇凌　陈桂红　邹　耀　罗佳宜　薛成杰

前　言

　　土壤和水生态环境质量关系米袋子、菜篮子、水缸子安全，关系美丽中国建设。20 世纪 60—70 年代，我国已开展了环境污染与防治研究，探索解决环境污染问题的技术与管理办法。1973 年 8 月在北京市召开第一次全国环境保护会议，正式拉开了中国环境保护事业的序幕。1983 年首次发布《地面水环境质量标准》，1994 年首次发布《地下水质量标准》，1995 年首次发布《土壤环境质量标准》，为全国土壤与水污染防治和生态环境保护奠定了基础。2001 年，污染土壤修复与水污染控制技术纳入国家高技术研究发展计划（"863"计划），标志着土壤和水污染修复技术领域进入国家重大战略部署行列。

　　零价铁技术在环境修复中的研究与应用也在近 20 年内发展成熟。1997 年中国化学会第五届应用化学年会首次报道了零价铁对水中三氯乙烯的快速催化脱氯研究，是零价铁材料应用于环境修复的技术雏形。2000 年 10 月在杭州市召开第一届土壤修复国际学术会议，拓宽了前沿材料在我国土壤修复科学与技术领域的国际视野和发展思路。2003 年第三届全国环境催化学术会议首次汇报了铁基复合氧化物催化氧化处理低浓度含酚水溶液的研究，展现了铁基材料在水污染控制中的催化应用前景。2004 年第二届全国环境化学学术报告会首次展示了零价铁在土壤中还原降解芳香族硝基化合物的应用，是国内零价铁材料在土壤修复应用的开端性研究。2007 年第四届全国环境化学学术大会首次报道了纳米铁粉降解水中 COD_{Cr} 的研究，2009 年第五届全国环境化学学术大会报道了纳米零价铁在水与土壤环境对十溴联苯醚的还原脱溴，意味着零价铁技术已逐步深入至纳米尺度的研究领域。2010 年中国化学会第 27 届学术年会展示了活性炭负载纳米铁铜双金属对 γ-HCH 农药的吸附与降解研究,揭示了改性零价铁治理污染物的新优势、新潜力。2011 年第六届全国环境化学学术大会报道了零价铁修复地下水的电子效率、纳米零价铁在有毒污染物治理中的应用、分子筛负载零价铁修复地下水重金属污染等研究,标志着零价铁技术的研究步入了百花齐放的新时期。2013 年第七届全国环境化学学术大会首次报道了修饰型纳米零价铁修复重金属污染土壤的生态风险评价,铁基材料的环境风险引起了广泛的关注。2016 年 11 月在上海市召开了第一届铁环境化学及污染控制技术研讨会,为国内外迅速发展的铁环境化学研究搭建了活跃而开放的交流平台,充分地展示了我国铁环境化学前沿科学、创新技术和先进管理方面的学术成果和实践经验。2018 年,随着我国打好打赢污染防治攻坚战的具体部署与扎实推进,零价铁技术在环境修复中的应用接受更大的考验,迎来新一轮的技术创新与市场机遇。

环境保护部联合国土资源部于 2014 年发布的《全国土壤污染状况调查公报》中明确指出,全国土壤环境状况总体不容乐观,部分地区土壤污染较重,耕地土壤环境质量堪忧,工矿业废弃地土壤环境问题突出。国土资源部地质调查局 2016 年发布的《中国地下水质量与污染调查报告》表明,可直接饮用的地下水占 30.2%,仍有 34.7% 的地下水需经过适当处理后方能用作可饮用水。土壤与水污染管控和修复已成为国家环境治理和生态文明建设的重大现实需求,坚决打好污染防治攻坚战,解决历史交汇期的生态环境问题,巩固拓展污染防治攻坚成果,有效衔接美丽中国建设,是新时代赋予我们的重大责任。

生逢其时,笔者 2003 年来到华南师范大学,2009 年评上教授职称,现担任广东省环境修复产业技术创新联盟理事长、广东省环境科学学会理事、广东省水环境生态治理与修复工程技术研究中心主任、广东高校城市水环境生态治理与修复工程技术研究中心主任、中美环境污染治理与修复研究中心(华南师范大学—奥本大学)中方主任等。近 20 年来,在国家地方等科研项目、企业学校等产学研合作项目的资助和多方支持下,笔者创立并率领我校环境修复技术研发团队深耕于环境修复功能材料研发与应用,重点以铁基修复材料为主攻方向,开展了一系列的基础研究及应用工作,实现了铁基材料高效治理受污土壤与水体,揭示了铁基材料去除污染物的机制,评估了材料应用过程中的环境风险。本书是这些研究工作及其进展的系统总结,希望本书的出版有助于全国各地土壤和水环境"十四五"生态环境保护规划的设计与实施,为环境修复产业技术的发展与研究提供参考,有益于我国土壤污染与水环境污染修复的创新研究和产业化发展。

本书详细介绍了团队研发的铁基材料(修饰型纳米零价铁、负载型纳米零价铁、改性纳米四氧化三铁等)在六价铬、铜离子、抗生素(甲硝唑、罗红霉素、四环素、诺氟沙星、林可霉素)、双酚 A、多溴联苯醚、硝酸盐等污染水体,以及在铬、镉、多溴联苯醚等污染土壤的修复机理与技术应用,并评价其在应用过程中产生的环境风险。全书分为四个部分。第一部分为绪论,包括第 1 章和第 2 章,综述了铁基材料及其在环境修复中的应用研究进展和铁基材料的环境风险研究进展。第二部分为铁基材料在水环境修复中的应用,包括第 3 章到第 19 章,讲述了钢铁酸洗废液制备的纳米金属颗粒、绿色合成的纳米铁基材料、EDA-Fe_3O_4 纳米颗粒、磁性生物炭等对六价铬的去除,磁性离子印迹壳聚糖对 Cu (II) 的吸附,纳米零价铁去除甲硝唑,纳米 Fe_3O_4 去除罗红霉素和甲硝唑,典型工艺参数对磁性生物炭非均相芬顿降解甲硝唑的影响及其机理,纳米 $Fe^0@CeO_2$ 非均相芬顿和磁性矿物 $Pal@Fe_3O_4$ 类芬顿降解四环素,铁酸锰对诺氟沙星的去除,茶多酚促进基于零价铁类芬顿体系降解林可霉素,超声协助纳米 Fe_3O_4 非均相类芬顿分解双酚 A,修饰型纳米零价铁和生物炭负载纳米镍铁双金属降解或去除多溴联苯醚,纳米 $Fe^0@Fe_3O_4$ 复合材料开环降解多溴联苯醚,改性纳米零价铁降解饮用水中硝酸盐污染等研究工作。第三部分为铁基材料在土壤修复中的应用,包括第 20 章到第 26 章,讲述了修饰型纳米零价铁和生物炭负载纳米零价铁修复铬污染土壤,生物炭负载纳米磷酸亚铁修复镉污染土壤,修饰型纳米零价铁和生物炭负载纳米 Ni/Fe 复合材料修复多溴联苯醚污染土壤,腐植酸和金属离子对纳米零价铁去除十溴联苯醚的影响及其机理, 铁基添加剂辅助机械化学法修复土壤中多溴联苯醚等研究工作。第四部分为铁基材料的环境风险, 包括第 27 章到第 30 章, 讲述了纳米金属颗粒修复水体 Cr (VI) 后的化学稳定性和毒性, 土壤中纳米零价铁对水稻幼苗生长影响及其作用机制, 修饰型纳米铁系材料和负载型纳米铁系材料在土壤环境修复中的生态风险等研究工作。

本书吸收了国家重点研发计划项目课题 (2018YFC1802802; 2017YFD0801303), 国家自然科学基金面上项目 (41977110, 41471259), 广东省科技厅协同创新与平台建设专项 (2017B090907032), 广州市 2016 年产学研协同创新重大专项对外科技合作专题项目 (2016201604030002), NSFC 广东联合基金 (U1401235), 广东省科技计划项目 (2016A020221029; 2008B030302028; 2004B33301027), 广东省工程技术研究中心建设项目 (2014B090904077), 广东高校工程技术研究中心建设项目 (2012gczxA005), 国家重大科技专项东江水专项 (2009ZX07211), 广东省自然科学基金项目 (04300019) 等科研项目的部分研究成果, 离不开研究团队成员 (包括博士后、研究生) 的辛勤努力与付出, 本书的主要执笔人为: 方战强, 易云强, 黄哲熙; 大部分研究成果由研究生和团队成员王玉、王冠、王捷、方晓波、丘秀祺、许妍哲、苏慧杰、李朋俊、吴娟、邱心泓、张暖钦、陈金红、陈俊毅、欧阳琼、练劲韬、胡杨、谈蕾、黄锐雄、梁斌、寇方莹、谢莹莹、蔡宇凌、罗佳宜、薛成杰, 以及广东省环境科学学会陈桂红、邹耀等完成。全书由方战强统稿和定稿。

在编写过程中, 参考和引用了诸多国内外专家的研究成果、文献, 在此一并致以谢意! 由于笔者水平及时间有限, 书中难免存在疏漏或不足之处, 敬请广大读者批评指正。

方战强

2022 年 6 月于广州

目　录

（上册）

第一部分　绪　论

第1章　铁基材料及其在环境修复中的应用...3

1.1　工程纳米材料概述...3

1.2　纳米零价铁...4

1.3　改性纳米零价铁...9

1.4　纳米四氧化三铁（nano-Fe$_3$O$_4$）颗粒..16

1.5　铁基材料研究进展..18

参考文献...19

第2章　铁基材料的环境风险..28

2.1　工程纳米材料的环境风险概述..28

2.2　铁基材料的环境风险研究进展..35

参考文献...35

第二部分　铁基材料在水环境修复中的应用

第3章　纳米金属颗粒修复六价铬污染水体..41

3.1　研究背景..41

3.2　纳米金属颗粒去除水体中六价铬的研究..49

3.3　纳米零价铁技术模拟修复河流铬污染的研究..60

参考文献...69

第4章　绿色合成纳米铁基材料的制备及其去除Cr（Ⅵ）的研究..............................74

4.1　绿色合成纳米铁基材料概述..74

4.2　纳米零价铁的绿色合成与表征..76

4.3　绿色合成纳米零价铁对Cr（Ⅵ）的去除行为和机制研究................................86

4.4　绿色合成纳米零价铁的稳定性研究 91

参考文献 101

第5章　EDA-Fe$_3$O$_4$纳米颗粒吸附水中六价铬的研究 104

5.1　纳米四氧化三铁技术去除Cr（Ⅵ）的研究现状 104

5.2　EDA-Fe$_3$O$_4$纳米颗粒对Cr（Ⅵ）的吸附性能研究 106

5.3　EDA-Fe$_3$O$_4$纳米颗粒对Cr（Ⅵ）的吸附行为和机理研究 117

5.4　EDA-Fe$_3$O$_4$纳米颗粒的重复利用性和稳定性研究 128

参考文献 133

第6章　磁性生物炭的制备及其去除水体中的六价铬的研究 136

6.1　磁性生物炭材料概述 136

6.2　生物质源对磁性生物炭结构与吸附去除六价铬的影响机制研究 157

6.3　铁氧化物含量及其赋存形态对磁性生物炭结构与吸附去除Cr（Ⅵ）的

影响机制研究 177

参考文献 193

第7章　磁性离子印迹壳聚糖的制备及其吸附Cu（Ⅱ）的研究 202

7.1　环境中的铜 202

7.2　磁性离子印迹壳聚糖材料概述 205

7.3　基于钢铁酸洗废液的磁性离子印迹壳聚糖制备工艺及其表征 208

7.4　磁性离子印迹壳聚糖对Cu（Ⅱ）的吸附行为和机理研究 218

7.5　磁性离子印迹壳聚糖的重复利用性和实际废水试验 233

参考文献 238

第8章　纳米零价铁去除甲硝唑抗生素 243

8.1　环境中的抗生素 243

8.2　nZVI去除甲硝唑的研究 252

8.3　nZVI去除甲硝唑的机理初探 267

8.4　基于废酸制备的nZVI对MNZ的去除研究 279

参考文献 287

第9章　纳米四氧化三铁去除罗红霉素和甲硝唑 295

9.1　研究背景 295

9.2　nano-Fe$_3$O$_4$/H$_2$O$_2$处理罗红霉素的研究 299

9.3　超声协助nano-Fe$_3$O$_4$/H$_2$O$_2$处理甲硝唑的研究 312

参考文献 326

第 10 章 典型工艺参数对磁性生物炭非均相芬顿降解甲硝唑的影响及其机理 330

10.1 生物质源对磁性生物炭活化双氧水降解甲硝唑的影响机制研究........................330

10.2 热解温度对磁性生物炭类芬顿降解 MNZ 的影响机制研究........................341

参考文献........................355

第 11 章 纳米 $Fe^0@CeO_2$ 非均相芬顿降解四环素 360

11.1 研究背景........................360

11.2 纳米 $Fe^0@CeO_2$ 对四环素非均相芬顿的降解性能和机理........................364

11.3 强化纳米 $Fe^0@CeO_2$ 对四环素非均相芬顿的矿化........................382

参考文献........................386

第 12 章 磁性矿物 $Pal@Fe_3O_4$ 类芬顿降解四环素 391

12.1 背景技术........................391

12.2 钢铁酸洗废液制备磁性坡缕石类芬顿降解四环素的研究........................394

12.3 不同 NaOH 用量制备磁性坡缕石类芬顿降解四环素的研究........................407

12.4 5 种磁性矿物吸附/类芬顿降解四环素的研究........................415

参考文献........................429

第 13 章 铁酸锰对诺氟沙星的去除 435

13.1 背景技术........................435

13.2 铁酸锰对诺氟沙星的去除工艺........................438

13.3 铁酸锰对诺氟沙星的去除机理........................444

参考文献........................453

第 14 章 基于零价铁类芬顿体系降解林可霉素的促进作用机理研究 456

14.1 背景技术........................456

14.2 茶多酚促进类芬顿反应的机制研究........................464

14.3 茶多酚绿色合成铁基材料及其降解林可霉素的研究........................478

14.4 不同促进剂对类芬顿反应的作用机制的对比研究........................487

参考文献........................498

第 15 章 超声协助纳米四氧化三铁非均相类芬顿分解双酚 A 506

15.1 研究背景........................506

15.2 化学试剂制备的 nano-Fe_3O_4 在超声类芬顿法中的应用 514

15.3 废酸制备的纳米 Fe_3O_4 在超声类芬顿法中的应用........................530

15.4 材料性能比较及稳定性、重复利用性........................541

参考文献........................547

（下册）

第 16 章　修饰型纳米零价铁降解多溴联苯醚的研究...553

　　16.1　研究背景...553

　　16.2　纳米双金属 Ni/Fe 降解 BDE209 的研究...562

　　16.3　介孔 SiO$_2$ 微球修饰 nZVI 降解 BDE209 的研究.............................580

　　16.4　介孔 SiO$_2$ 微球修饰 nZVI 的流动性研究...593

　　参考文献..598

第 17 章　生物炭负载纳米镍铁双金属去除水体中多溴联苯醚.......................605

　　17.1　研究背景...605

　　17.2　生物炭负载纳米 Ni/Fe 降解 BDE209 的研究...................................608

　　17.3　天然有机质在 BC@Ni/Fe 降解 BDE209 过程中的作用机理辨识....626

　　参考文献..636

第 18 章　纳米 Fe^0@Fe$_3$O$_4$ 复合材料开环降解多溴联苯醚............................640

　　18.1　背景技术...640

　　18.2　纳米 Fe^0@Fe$_3$O$_4$ 复合材料降解 PBDEs 的研究................................644

　　18.3　纳米 Fe^0@Fe$_3$O$_4$ 类芬顿降解 BDE209 的产物的研究.....................657

　　18.4　纳米 Fe^0@Fe$_3$O$_4$ 类芬顿降解 BDE209 的机理研究.........................668

　　参考文献..678

第 19 章　饮用水中硝酸盐污染降解及二次污染治理问题的研究...................683

　　19.1　研究背景...683

　　19.2　废酸制备的 BC@nZVI 对硝酸盐去除的研究...................................691

　　19.3　BC@Fe/Ni 复合材料去除硝酸盐的研究...700

　　19.4　对比分析 BC@nZVI 与 BC@Fe/Ni 降解硝酸盐的动力学和机理....707

　　参考文献..717

第三部分　铁基材料在土壤修复中的应用

第 20 章　修饰型纳米零价铁修复铬污染土壤...725

　　20.1　研究背景...725

　　20.2　修饰型 nZVI 去除土壤中 Cr（Ⅵ）...733

　　20.3　修复后土壤中 Cr 的化学稳定性研究...744

　　参考文献..750

第 21 章　生物炭负载纳米零价铁修复铬污染土壤 753

　21.1　研究背景 753

　21.2　生物炭负载 nZVI 的稳定性及流动性研究 756

　21.3　生物炭负载 nZVI 修复铬污染土壤的研究 760

　　参考文献 769

第 22 章　生物炭负载纳米磷酸亚铁修复镉污染土壤 773

　22.1　研究背景 773

　22.2　生物炭负载纳米磷酸亚铁的稳定性及流动性研究 778

　22.3　生物炭负载纳米磷酸亚铁修复镉污染土壤的研究 785

　　参考文献 793

第 23 章　修饰型纳米零价铁修复多溴联苯醚污染土壤 796

　23.1　研究背景 796

　23.2　纳米 Ni/Fe 双金属修复土壤中多溴联苯醚 800

　23.3　介孔二氧化硅微球修饰 nZVI 修复土壤中多溴联苯醚 814

　　参考文献 821

第 24 章　生物炭负载纳米 Ni/Fe 复合材料对土壤中多溴联苯醚的吸附降解 826

　24.1　研究背景 826

　24.2　生物炭负载纳米双金属 Ni/Fe 的稳定性及流动性研究 829

　24.3　生物炭负载纳米 Ni/Fe 吸附降解土壤中多溴联苯醚的研究 836

　　参考文献 852

第 25 章　腐植酸和金属离子对纳米零价铁去除十溴联苯醚的影响及其机理 857

　25.1　研究背景 857

　25.2　腐植酸和金属离子对 nZVI 去除 BDE209 的影响 859

　25.3　腐植酸和金属离子对纳米金属去除 BDE209 的影响 867

　25.4　腐植酸和金属离子的影响机理研究 876

　　参考文献 884

第 26 章　铁基添加剂辅助机械化学法修复土壤中多溴联苯醚 887

　26.1　机械化学法修复有机污染物的研究进展 887

　26.2　机械化学添加剂的筛选研究 893

　26.3　针铁矿辅助机械化学修复土壤中 BDE209 的研究 906

　26.4　低球料比 C_R 下硼氢化钠辅助机械化学修复土壤中 BDE209 的研究 ... 917

　26.5　低 C_R 下针铁矿及硼氢化钠共同辅助机械化学法修复 BDE209 的研究 ...927

　　参考文献 937

第四部分 铁基材料的环境风险

第 27 章 纳米金属颗粒修复水体 Cr（Ⅵ）后的化学稳定性和毒性研究 943

27.1 研究背景 943

27.2 纳米金属颗粒的化学稳定性研究 944

27.3 纳米金属颗粒的毒性研究 950

参考文献 954

第 28 章 土壤中纳米零价铁对水稻幼苗生长影响及其作用机制 957

28.1 研究背景 957

28.2 新制备 nZVI 对水稻幼苗生长影响及其作用机制 958

28.3 氮气保护的 nZVI 对土壤中水稻幼苗的影响研究 971

28.4 土壤中老化后 nZVI 对水稻幼苗生长的影响研究 977

参考文献 987

第 29 章 修饰型纳米铁系材料在土壤环境修复中的生态风险 991

29.1 CMC-nZVI 修复后土壤中铬的植物毒性研究 991

29.2 纳米 Ni/Fe 修复土壤中 PBDEs 的植物毒性效应研究 1000

参考文献 1009

第 30 章 负载型纳米铁系材料在土壤环境修复中的生态风险 1013

30.1 生物炭负载 nZVI 修复铬污染土壤后的植物毒性研究 1013

30.2 生物炭负载纳米磷酸亚铁修复镉污染土壤后的植物毒性研究 1018

30.3 生物炭负载纳米 Ni/Fe 对土壤 BDE209 生物有效性的研究 1031

参考文献 1043

第一部分
绪　　论

第1章　铁基材料及其在环境修复中的应用

1.1　工程纳米材料概述

广义上的纳米材料是三维空间中至少有一维处于纳米尺度范围（1～100 nm）的超精细颗粒材料的总称。根据2011年10月18日欧盟委员会通过的定义，纳米材料是一种由基本颗粒组成的粉状、团块状的天然或人工材料，这一基本颗粒的一个或多个三维尺寸为1～100 nm，并且这一基本颗粒的总量在整个材料的所有颗粒总量中占50%以上。

纳米粒子来源广泛，主要有两种途径，一种是天然源（Nowack et al.，2007）：自然界中原本就存在天然的纳米粒子，其主要来源于矿石的风化、火山爆发与森林火灾、生物合成、大气光化学等产生的颗粒物；另一种是人工源（Pitkethly，2004）：主要是汽车尾气、工厂排放的废气、垃圾焚烧等过程中产生的纳米粒子，以及根据生产应用的需要人为合成的纳米材料。

近几十年来，随着纳米技术迅猛发展，纳米粒子的应用变得越来越广泛与突出，并人工合成了大量的纳米粒子。人工纳米粒子可分为两大类：一类是无机纳米粒子，主要包括金属（Au、Ag、Cu、Fe等）、金属氧化物（CeO_2、ZnO_2、Al_2O_3、TiO_2、Fe_3O_4等）纳米粒子以及量子点等（量子点是在把激子在三个空间方向上束缚住的半导体纳米结构，如CdS、CdSe、CdTe、ZnSe等）；另一类是有机纳米粒子，主要包括有机化合物、富勒烯（一种完全由碳组成的中空分子，形状呈球形、椭球形、柱形或管状）、碳纳米管（一种径向尺寸为纳米量级，轴向尺寸为微米量级，管子两端基本封口的一维量子材料）等。另外，也可根据纳米粒子的形态、化学组成、理化性质以及用途来分类。

在纳米尺寸下，纳米材料因其粒径小，造就了很好的小尺寸效应（当材料粒径小到一定程度时使材料原有理化性质发生质的改变，甚至产生新特性的现象）、表面效应（当材料的粒径小到一定程度时，由其表面原子产生的作用而带一些特性和性能的显著改变的总称）、量子尺度效应（指纳米材料尺寸达到一定范围其能带会变为间断的、不连续的能级，即能级的量子化而出现不同于常规材料的磁、光、电、声和热等特性）、宏观量子隧道效应（小尺寸的微观粒子具有穿越势垒的能力）等（张梅等，2000a），由于这些特殊的效应使得纳米材料具有不同于其他常规材料的光、电、热、磁、催化及敏感等特性，从而使得纳米材料被广泛地应用于化工、农业、医药、电子、环保、军事国防等领域。

例如，金纳米粒子在生物传感、生物成像以及光谱等领域具有广阔的应用前景，在癌症的检查、治疗以及作为基因、药物载体等分子生物学中也有重要用途（Halas，2005；Sonvico et al.，2005；Xia et al.，2005）。纳米 SiO_2 在改善和提高橡胶性能、作为纳米药物载体、纳米抗菌材料、纳米生物传感器、纳米生物相容性人工器官、医疗器械以及疾病的诊断、治疗和卫生保健方面发挥了重要作用（林本成，2010）。纳米 ZnO、CeO_2 在防晒霜、化妆品、汽油添加剂、染料、燃料电池等日用化工行业中大量应用（Yabe et al.，2003；Xu et al.，2006；Liao et al.，2008）。纳米 TiO_2 常在工业中用作涂料、颜料，在环境中常用于空气净化、污水处理、抗菌剂等，也常用作陶瓷、化妆品等物品的改性剂和食品、食品包装的添加剂（Preining，1998；张梅等，2000b；郭世宜等，2004；王江雪等，2008；Ma et al.，2010；Lee et al.，2012）。碳纳米材料因其特有的质量轻、机械强度大而广泛应用于聚合物复合材料，又因其生物相容性好，光谱吸收强而用在生物传感、药物载体、组织工程材料以及癌症诊断与治疗等方面（Martin et al.，2003；徐磊等，2009）。

1.2　纳米零价铁

1.2.1　零价铁的纳米化

铁是活泼金属，其电极电位为 E^0（Fe^{2+}/Fe^0）$=-0.440$ V，具有还原能力，不仅能将金属活动顺序表中排序其后的金属置换出来，还可以将氧化性较强的离子、化合物及某些有机物还原。零价铁（Fe^0）具有低毒、廉价、操作简单且对环境无二次污染等特点，能够降解多种传统水处理技术难以降解的磷酸盐、硝酸盐，以及具有氧化性的有毒有机物等污染物。因此，零价铁技术在水污染修复研究方面是公认的最具潜力的污染物治理技术。

零价铁技术降解污染物的机理主要分为以下 4 种：

（1）零价铁的直接还原作用

即零价铁的强还原性，将大部分高价态重金属还原为低价态无毒的金属化合物或金属单质，如去除水质中 Cr 污染、As 污染（Lien et al.，2005）等。另外，其他具有氧化性的污染物（Lin et al.，2008）也可以通过零价铁的直接还原作用降解为无毒的化合物。

（2）零价铁的间接还原作用

利用零价铁在水中经过氧化还原反应产生的 Fe(Ⅱ)与 H_2O_2 生成具有强氧化性的羟基

自由基（•OH），即 Fe 和 Fenton 法的联用（Barreto-Rodrigues et al.，2009；林光辉等，2013）可降解传统方法难以降解的有机物。

（3）零价铁的微电解作用

零价铁的微电解作用机理是利用在铁粉、铁屑中的单质铁和炭以污水为电解质组成的原电池中产生的 H 和 Fe(Ⅱ)与水中的污染物发生氧化还原作用，进而达到净化水质的目的。例如，对印染厂产生的废水进行处理，就是用到了该方法。

（4）零价铁的混凝吸附作用

零价铁在水中产生 OH^-，导致溶液由中性渐变为碱性，此时由零价铁氧化产生的 Fe^{2+} 和 Fe^{3+} 转变为絮状物沉淀以及水解可能产生的 $Fe(OH)^{2+}$、$Fe(OH)_2^+$ 络离子均能形成极强的混凝吸附作用。

1997 年，美国理海大学的张伟贤团队利用硼氢化钠作为还原剂，成功将二价铁离子和三价铁离子还原成零价态并合成粒径小于 100 nm 的纳米零价铁（nanoscale Zero-Valent Iron，nZVI）。其反应方程式如下（Wang et al.，1997）：

$$Fe(H_2O)_6^{2+} + 2BH_4^- \longrightarrow Fe^0 \downarrow + 2B(OH)_3 + 7H_2 \uparrow \qquad (1-1)$$

$$Fe(H_2O)_6^{3+} + 3BH_4^- + 3H_2O \longrightarrow Fe^0 \downarrow + 2B(OH)_3 + 10.5H_2 \uparrow \qquad (1-2)$$

nZVI 具有零价铁所不具备的纳米材料的特性，其特殊的晶体形状和点阵排列等微观结构、颗粒尺度小引起的大比表面积，以及较大的表面活性，进而产生了特殊的物理化学性质，极大地增加了反应活性，可以更有效地转化多种环境污染物（Masciangioli et al.，2003），已成为研究和应用的重点和热点。

1.2.2　nZVI 技术在环境修复中的应用

近年来，nZVI 降解技术以其极佳的原位修复性和廉价的成本、处理效率高等特点，引起了科研工作者的兴趣。nZVI 可被用于处理水中的多种污染物质，其中包括重金属（Celebi et al.，2007；Manning et al.，2007）、氯代有机物化合物（Choe et al.，2001；Song et al.，2008）、硝基芳烃化合物（Zhang et al.，2009）、多溴联苯醚（Li et al.，2007；Shih et al.，2010）、硝酸盐（Wang et al.，2006；Shin et al.，2008）、染料（Lin et al.，2008；Fan et al.，2009）等，也可被用于修复铬污染土壤（Singh et al.，2012），并取得了良好的处理效果。

1.2.2.1　水体重金属污染物的去除

nZVI 去除水中重金属污染物的方法最初于 20 世纪 80 年代初被提出，nZVI 可通过改变有毒重金属的价态来降低其毒性。采用 nZVI 可以修复地下水中铬、铅、锌、砷、镉、钡等重金属或类金属污染。

Kanel 等（2005）报道了 nZVI 对砷的去除主要靠颗粒表面的吸附作用和铁的腐蚀作用共同完成，此外，Fe^0 在反应过程中形成的 H_2O_2 和 •OH 可以把三价砷氧化为五价砷。Ponder 等（2000）用 nZVI 修复水中的 Cr（VI）和 Pb^{2+}，结果表明 Cr（VI）和 Pb^{2+} 均可快速被去除，水中的 CrO_4^{2-} 转化为 $(Cr_{0.67}Fe_{0.33})(OH)_3$，同时，$Fe^0$ 氧化为 α-FeOOH，并且反应的速率常数是普通铁粉的 30 倍；而 Pb^{2+} 的去除归因于部分 Pb^{2+} 与纳米铁表面的 OH^- 配合形成 $Pb(OH)_2$、PbO_2，以及部分吸附的 Pb^{2+} 被 nZVI 还原为零价铅。Li 等（2007）考察了 nZVI 对锌离子、镉离子的去除效果，通过用 5 g/L 的 nZVI 分别吸收初始浓度为 100 mg/L 的 Zn^{2+}、Cd^{2+}，结果表明反应进行 3 h 后两种离子的去除率分别达到 97% 和 80% 以上。对反应后的纳米铁粉用高分辨率 X 射线光电子能谱仪（XPS）分析发现反应后纳米铁表面的锌、镉均以二价氧化态存在，这表明 nZVI 对溶液中的 Zn^{2+}、Cd^{2+} 的去除是通过将这些离子吸附到其表面的吸附过程来实现的。Karabelli 等（2008）报道了 nZVI 能快速去除 Cu^{2+}，且 1 g nZVI 可吸收 250 mg Cu^{2+}，反应后 Cu^{2+} 还原为 Cu 和 Cu_2O，同时 Fe^0 转化为铁的氧化物。可见，nZVI 可通过表面吸附、还原等作用有效地去除多种重金属污染物。

1.2.2.2　氯代有机物的去除

零价铁在处理有机氯代物（Chorinated Organic Compounds，COCs）方面的应用研究较为广泛，主要是基于氯代有机物的还原脱氯处理。已有研究的氯代有机物主要包括四氯化碳（CT）、氯仿（CF）、二氯甲烷（DCM）、四氯乙烷（TeCA）、六氯乙烷（HCA）、三氯乙烯（TCE）、四氯乙烯（PCE）、五氯苯酚（PCP）、多氯联苯（PCBs）以及有机氯农药（DDT、DDD、除草剂）等。

常春等（2010）利用所合成的 nZVI 对 γ-HCH（六六六）进行了还原脱氯研究，结果表明，当 nZVI 用量为 0.5 g/L 时，反应 90 min 对 2.5 mg/L 的 γ-HCH 的去除率达 90% 以上，并推测反应机制为双氯脱除反应和脱氯化氢反应。Liu 等（2005）报道了 nZVI 在 1.7 h 内可将三氯乙烯完全降解，中间产物为乙烯，最终产物中 80% 为乙烷，其余 20% 为 $C_3 \sim C_6$ 烃且在反应过程中没有检测到有害副产物。Shih 等（2009）研究了 nZVI 和纳米双金属 Pd/Fe 对农药六氯苯（HCB）的还原去除特性。结果表明，HCB 可被 nZVI 和纳米双金属 Pd/Fe 快速脱氯，反应 24 h 后两种材料对 HCB 的还原率分别为 60% 和 70%，并测得 HCB 的还原产物为四氯乙烷和三氯乙烷。

1.2.2.3　硝基芳烃化合物的去除

零价铁能还原降解多种硝基芳香族化合物（Nitroaromatic Compounds，NACs），如硝基苯（NB）、二硝基苯（DNB）、三硝基甲苯（NT）、二硝基甲苯（DNT）以及 2,4,6-三硝基甲苯（TNT）等。

Zhang 等（2009）进行了 nZVI 去除 TNT 的研究，结果表明，nZVI 投加量为 5 g/L，TNT 初始浓度为 80 mg/L 时，反应 12 h 对 TNT 的去除率高达 95%以上。Choe 等（2001）考察 nZVI 对 NB、NT、DNB、DNT 4 种硝基芳烃化合物的去除。实验发现，nZVI 均可快速将这 4 种硝基芳烃化合物母体从溶液中还原去除，反应 30 min，NB 完全转化为苯胺；NT 转化为甲苯胺，产率为 85%；DNB 和 DNT 分别转化为二胺苯和二氨基甲苯，产率分别为 80%和 70%。可见，苯胺一般是硝基的还原产物。苯胺是一种容易生物降解的有机物，如果再加后续生物处理就可以将硝基芳香族化合物彻底降解。Hung 等（2000）研究认为超声波不但能够促进金属铁还原降解硝基苯，而且能够通过声穴空化作用产生羟基将硝基苯还原产物苯胺彻底降解。

1.2.2.4　多溴联苯醚的去除

2005 年，Keum 首次采用铁粉对十溴联苯醚（BDE209）进行降解，40 d 内 92%的 BDE209 转化为低溴产物（Keum et al.，2005），降解速率高于自然界中广泛存在的硫化物矿物降解方式，证明了零价铁在修复多溴联苯醚（PBDEs）污染中的潜力。而且 Keum 还发现零价铁和硫化物矿物对 BDE209 的降解产物均为低溴联苯醚。

微米级的铁粉虽然对 BDE209 的还原速率比自然降解方式高，但其修复周期较长，难以实现工程化应用。近年来，使用纳米铁基材料对 PBDEs 进行脱溴的研究者越来越多，Shih 等（2010）使用 nZVI 对 BDE209 进行脱溴，发现 nZVI 的脱溴速率比微米 Fe^0 高 7 倍。Zhuang 等（2010）使用 nZVI 对 BDE21 进行脱溴，发现其脱溴产物是低溴同系物和联苯醚，并提出主导的脱溴机理是 n-BDE 到 $(n\text{-}1)$-BDE 的逐级脱溴。随着溴代个数的减少，脱溴速率常数也随之降低。Zhuang 等（2012）的研究结果表明，nZVI 对一溴联苯醚和三溴联苯醚的脱溴速率常数之间约相差 10 倍。PBDEs 的脱溴具有一定的区位选择性，一般来说，间位和邻位溴是较容易被取代的，对位溴则较为坚固。nZVI 对 BDE209 脱溴的区位优先顺序是：间位＞邻位＞对位，与之前研究者（Keum et al.，2005；Li et al.，2007）的结论一致。

1.2.2.5　硝酸盐和亚硝酸盐的去除

由于铁粉、铁屑等零价铁来源广泛，操作简便，最初广泛应用于硝酸盐降解研究中（Westerhoff，2003）。Liao 等（2003）采用铁粉去除硝酸盐的研究中证实酸性条件下铁粉能将硝酸盐快速去除，还原产物中有 80%为氨氮。Choe 等（2004）在采用零价铁去除硝酸盐的反应中发现在酸性条件下硝酸盐可被完全去除。还有一些专家采用铁屑做成了渗透反应墙（PRB），成功实现了原位降解地下水硝酸盐污染的目标（Snape et al.，2001；Park et al.，2002）。但也存在反应速率低、还原不完全、材料耗费大等问题（Chang et al.，2000）。随着纳米技术的发展，nZVI 以其比表面积大、反应活性高等特点，开始应用于硝酸盐的去除（Ponder et al.，2000）。

Choe 等（2000）利用纯化学试剂和液相还原法制备 nZVI 去除硝酸盐的研究表明，在严格厌氧条件下硝酸盐主要转化为氮气，无中间产物产生。也有很多研究显示 nZVI 反硝化净化水质试验中氨氮为主要产物，少量亚硝酸盐和 N_2（Liou et al.，2006；Zhang et al.，2011）。Wang 等（2006）对 nZVI 去除硝酸盐的研究显示，nZVI 可与硝酸盐发生反硝化（脱氮）作用，并产生亚硝酸盐及其他含氮化合物（如 N_2、NO、N_2O 等）。Alowitz 等（2002）研究了 Fe^0 还原硝酸盐和亚硝酸盐的反应动力学问题，发现亚硝酸盐要比硝酸盐更易还原，硝酸盐半衰期为 14 h，而亚硝酸盐为 1 h。李铁龙等（2006）采用微乳技术制备纳米铁粒子并在无氧环境、室温、中性条件下与 NO_3^- 反应。结果表明，纳米铁在 30 min 内能与 99%硝酸盐反应，主要产物为氨氮，且有亚硝酸盐产生，亚硝酸盐氮的浓度在反应过程中出现极大值，进一步推出 nZVI 与硝酸盐反应是氧化还原与吸附作用同时存在的过程，反应的主要路径为 $NO_3^- \rightarrow NO_2^- \rightarrow NH_4^+$。

1.2.2.6 染料的去除

Nam 等（2000）在厌氧条件下使用粒状单质铁研究了 9 种偶氮染料的还原脱色降解，包括酸性蓝 113、苋菜红、酸性亮橙 G、萘酚蓝黑、橙黄 I、橙黄 II、晚霞黄 FCF、柠檬黄等，结果表明各种染料都能很快脱色降解，吸附在铁颗粒物上的染料小于染料初始浓度的 4%，说明大部分染料发生还原降解。杨颖等（2005）采用 Fe^0 法处理活性艳橙 X-GN 染料废水，在适当条件下活性艳橙 X-GN 染料废水的脱色率可达 98%，COD 去除率可达 83%，溶液 pH、固液比、Fe^0 粒径、振摇速度等均会对处理效果产生影响。任海萍等（2008）考察了 nZVI 对酸性品红的去除，研究温度、酸性品红初始浓度、nZVI 加入量及溶液 pH 对脱除酸性品红的影响。结果表明，nZVI 对酸性品红有很好的脱除作用，在 20 min 内脱除率高于 98%，nZVI 对酸性品红有吸附和降解的双重作用，而以降解作用为主。

1.2.2.7 铬污染土壤的修复

nZVI 由于其具有比表面积大、活性高且还原性强等优点（Fang et al.，2011），已广泛应用于铬污染土壤的修复。Cao 等（2006）用 nZVI 修复铬矿渣，研究结果表明，1 g nZVI 能还原 69.3～72.7 mg Cr（VI）。Singh 等（2012）通过 nZVI 对铬污染土壤［Cr（VI）= 43.3 mg/kg］的修复效果表明，采用 5 g/L 的 nZVI 经 40 d 原位修复后，Cr（VI）的修复率达 99%（Du et al.，2012）（图 1-1）。

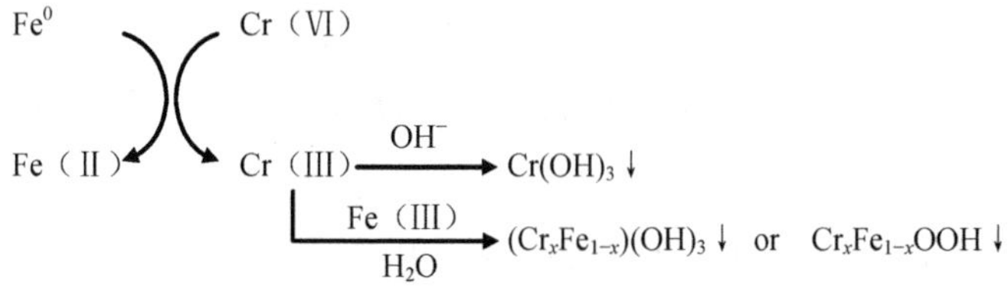

图 1-1　nZVI 对 Cr（VI）的直接还原机理

间接还原，即 Cr（VI）被 Fe^{2+} 还原，其修复机理如图 1-2 所示。

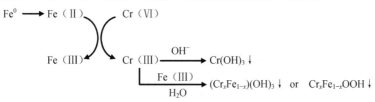

图 1-2　nZVI 对 Cr（VI）的间接还原机理

nZVI 将 Cr（VI）还原为 Cr(III)，使其以 $Cr(OH)_3$ 或 Cr(III)-Fe(III)氢氧化物形态存在，从而降低土壤中铬的毒性及迁移性。

1.2.3　纳米零价铁存在的问题

尽管 nZVI 在环境污染控制与修复领域已取得了显著进展，但要进一步提高 nZVI 的高反应活性必须从提高材料的空气稳定性和抑制纳米粒子团聚两个方面入手。原因是：①nZVI 活性较高，稳定性差，暴露在空气中会发生自燃，需要苛刻的操作条件，当缓慢接触空气时会被氧化并在表面生成氧化铁膜，损失其表面活性（Kim et al.，2010）；②纳米颗粒粒径极小，由于超微颗粒的表面效应，颗粒间的结合力超过颗粒本身的重量，加之 nZVI 具有磁性，地球磁场及颗粒间静磁场的作用致使 nZVI 颗粒易团聚形成微米级颗粒，微米级的零价铁应活性较低（Zhan et al.，2008）。

针对 nZVI 上述中的不足，在研究中普遍采用物理辅助方法（如超声）（Liang et al.，2008）和对 nZVI 进行修饰或负载改性法（He et al.，2007；Choi et al.，2009）。对 nZVI 进行改性的方法能够显著改善 nZVI 的应用效果，能更灵活应用于水体和土壤修复，为目前研究最多、最热门的方法。

1.3　改性纳米零价铁

目前，针对 nZVI 合成的改性方法主要有表面修饰法和载体法。

表面修饰法是诸如制备纳米 Ni/Fe、纳米 Fe/Pd 两种金属复合的材料。另一种表面修饰法是指在合成过程中，通过一些高分子物质改性剂（如淀粉、羧甲基纤维素等）对 nZVI 的表面进行高分子修饰。载体法是将 nZVI 负载于一些功能性的材料上，利用载体表面的一些基团或者孔隙结合纳米颗粒防止颗粒团聚。其中，常用的功能性材料有硅藻土（Yuan et al.，2010）、蒙脱土（Yuan et al.，2009）、炭基材料（吴丽梅等，2012）等。

1.3.1 修饰型纳米零价铁

nZVI 的修饰改性方法有两种：①将另外一种金属沉积于铁颗粒表面，构成双金属结构；②采用高分子聚合物、表面活性剂、淀粉、纤维素等物质对纳米铁的表面进行修饰。

从研究现状来看，第一种修饰方法一般将 Pd、Ag、Ni、Cu 这类金属通过沉积的作用与纳米铁形成双金属结构，可以制备成以 Fe 颗粒为核，修饰金属为壳的壳/核结构或一种复杂的合金结构。大量的研究报道表明，纳米双金属在污染物的降解中，由另一种金属作为催化剂（He et al.，2009），形成电偶，降低反应的活化能，提高反应速率（Zhang et al.，2011）。其制作方法目前主要有两种（Wu et al.，2006），以制作 Ni/Fe 为例：第一种方法是根据反应式（1-3）和反应式（1-4）制作 Ni/Fe（Wang et al.，1997；Lee et al.，2008），称为先还原后沉积纳米金属（Post-coated Ni/Fe nanoparticles）；第二种方法是根据反应式（1-3）和反应式（1-5）制作的 Ni/Fe（Schrick et al.，2002），称为共同还原沉积纳米金属（Co-reduced Ni/Fe nanoparticles）。

$$2FeCl_3+6NaBH_4+18H_2O \longrightarrow 2Fe(s)+21H_2(gas)+6B(OH)_3+6NaCl \qquad (1\text{-}3)$$

$$Fe(s)+Ni^{2+} \longrightarrow Fe^{2+}+Ni(s) \qquad (1\text{-}4)$$

$$NiCl_2 + 2NaBH_4 + 6H_2O \longrightarrow Ni(s) + 7H_2(gas) + 2B(OH)_3 + 2NaCl \qquad (1\text{-}5)$$

两种方法的基本原理都是通过还原沉积，但第一种方法制作的纳米双金属是一种以 Fe 颗粒为核、修饰金属为壳的壳/核结构（图 1-3，M 为修饰金属），而第二种方法制作的纳米双金属类似一种复杂的合金结构。因此，这两种纳米双金属在粒径大小和比表面积上存在差别。Lee 等（2008）采用上述两种方法，在同一试验条件下合成上述两种纳米双金属。对比两种金属颗粒，共同还原沉积的纳米颗粒比先还原后沉积的纳米颗粒容易团聚，相应地，共同还原沉积的比表面积较先还原后沉积的纳米颗粒小。通过 BET 比表面积测定，共同还原沉积的颗粒比表面积和还原后沉积纳米颗粒的比表面积分别为 32.1 m^2/g 和 38.8 m^2/g，相似的结果也出现在 Wu 等（2006）的试验中。

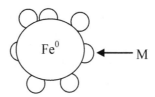

图 1-3　M/Fe 纳米颗粒

第二种修饰方法是在 nZVI 合成的过程中，通过一些高分子物质改性剂（如壳聚糖）、羧甲基纤维素（Franco et al.，2009）、聚丙烯酸及聚乙烯吡咯烷酮（Liang et al.，2014）等对 nZVI 进行改性，通过改变 nZVI 表面物理化学性质（如颗粒的表面能、结构和官能团等），提高空间位阻或增加颗粒间的静电排斥力，达到颗粒均匀分散、保持稳定的目的。

He 等（2005）利用淀粉修饰纳米双金属 Pd/Fe，其试验表明，无淀粉修饰的纳米金属颗粒发生了较大的团聚，修饰过的颗粒则分散性很好。从 He（2005）对 286 个淀粉修饰纳米颗粒的试验数据中看出，颗粒粒径多集中在 0～5 nm，最大为 60 nm，比表面积达到 55 m^2/g。在颗粒放置试验中，修饰过淀粉的纳米双金属 Pd/Fe 在 24 h 仍具有良好的分散性，而无修饰的纳米双金属在几分钟内就严重团聚。通过表面活性剂修饰后的纳米颗粒由于其具有较好的分散性，在降解方面也具有较高的反应活性。如 He 等（2007）利用羧甲基纤维素（CMC）作为稳定剂，对纳米双金属 Pd/Fe 颗粒进行修饰。修饰后的纳米颗粒对比未加修饰的颗粒，对 TCE 具有较高的降解能力。Geng 等（2009）用壳聚糖稳定化 nZVI 处理水体中的铬，发现壳聚糖可有效防止纳米铁颗粒的氧化及聚合，经壳聚糖稳定后的纳米铁暴露在空气中 2 个月后仍可保持其活性，其去除 Cr（Ⅵ）的效率是普通纳米铁的 1～3 倍。

1.3.2　修饰型纳米零价铁技术在环境修复中的应用

nZVI 技术有着许多传统技术所没有的特殊优势。但是，nZVI 由于界面效应和小尺寸效应，容易团聚，而导致比表面积减少，反应活性位点的减少，使 nZVI 的活性变弱，影响其对污染物的降解效果。因此，针对 nZVI 易团聚氧化的问题，对 nZVI 进行有效的改性修饰，提高纳米颗粒的稳定性和抑制纳米粒子团聚，并提高 nZVI 的处理性能，拓宽其应用范围的研究具有重要意义。

1.3.2.1　铬污染土壤修复

由表 1-1 可见，采用修饰型 nZVI 修复铬矿渣或人为污染土壤的居多。这是因为经修饰后的 nZVI 能显著提高稳定性和流动性，有助于其在土壤这种高密度介质中的流动，从而提高修复效率。

表 1-1　部分 nZVI 修复含铬固体废物的相关文献

修复对象	污染物浓度/（mg/kg）	修复材料	研究内容	修复效率	参考文献
铬矿渣（采集于 New Jersey）	Cr_{total}＝7 730±120　Cr（Ⅵ）＝3 280±90	nZVI（粒径：60 nm；比表面积：35 m^2/g）	去除效率、去除速率、还原能力	每克 nZVI 能还原 69.3～72.7 mg Cr（Ⅵ），是普通铁粉的 50～70 倍	Cao et al.，2006

修复对象	污染物浓度/（mg/kg）	修复材料	研究内容	修复效率	参考文献
铬矿渣（采集于Jinan）	$Cr_{total}=43.2$ $Cr（VI）=15.9$	nZVI	修复效果、修复机理	nZVI 的投加量为 6%时，当含水率高于 27%时基本能将全部的 Cr（VI）还原	Du et al.,2012
铬污染土壤（位于 Uttar Pradesh）	$Cr（VI）=43.3$	nZVI（粒径：26 ± 16.9 nm）	通过实验室研究和场地修复考察修复效果	采用 5 g/L 的材料经 50 d 修复后，Cr（VI）的去除率达到 99%	Singh et al.,2012
人为污染土壤	$Cr（VI）=83$	CMC-nZVI（Fe=0.04～0.12 g/L，CMC=0.2%）	去除效率、修复后的淋滤性	总铬的 TCLP 提取率降低 90%，并且提取的铬全部以 Cr(III)的形态存在	Xu et al.,2007
铬污染土壤（采集于Brazil）	$Cr（VI）=456\pm35$	CMC-nZVI（Fe=1～2 g/L，CMC=0.25%）	去除效率、还原能力	每克 nZVI 能还原 280 mg Cr（VI）；修复后土壤中 Cr（VI）的去除率达到 97.5%	Franco et al.,2009
人为污染土壤	$Cr(VI)=177.28～1 522.72$	starch-stabilized nZVI（Fe=0.14 g/L，CMC=0.2%）	各种影响因素对修复效果影响	最佳条件下 Cr（VI）的总去除率为 90.63%	Alidokht et al.,2011
人为污染土壤	$Cr（VI）=50～1 650$	starch-stabilized nZVI（CMC=0.2%）	各种影响因素对修复效果影响	反应前 2 min，Cr（VI）的去除率为 50%	Reyhanitabar et al.,2012
铬污染土壤（采集于Northeastern Connecticut）	$Cr（VI）=10 000$	绿茶提取液修饰 nZVI（GT-nZVI）	去除效果	经 12 倍和 24 倍化学需求量的材料修复后，土壤结合态的 Cr（VI）浓度分别下降 30%和 60%	Chrysochoou et al.,2012

1.3.2.2　土壤中持久性有机物的降解

修饰型 nZVI，进一步完善了 nZVI 技术，由表 1-2 可见，对 nZVI 进行适当修饰改性，可有效抑制团聚，增大比表面积，改善纳米铁颗粒在环境中的迁移能力，使其更好地运用于土壤环境的原位修复。

表 1-2　nZVI 及修饰型 nZVI 去除土壤中持久性有机物效果对比

nZVI 类型	土壤类型	有机化合物	去除效率	化合物浓度	铁负荷	参考文献
Pd/Fe	表层土样	五氯联苯	48.2%（10 d）	50 mg/kg	0.5 g/g 土，Pd 0.05%	He et al.,2009
CMC-Pd/Fe	盆栽土	TCE	44%（30 h）	520 mg/g	0.3 g/L	Zhang et al.,2011
CMC-Pd/Fe	Smith 土壤	TCE	82%（27 h）	450 mg/g	0.3 g/L	

nZVI 类型	土壤类型	有机化合物	去除效率	化合物浓度	铁负荷	参考文献
SDS*-CMC-Pd/Fe	盆栽土	TCE	44%（40 h）	520 mg/g	0.3 g/L	Zhang et al.，2011
SDS-CMC-Pd/Fe	Smith 土壤	TCE	90%（28.5 h）	450 mg/g	0.3 g/L	
乳酸改性 nFe^0	场砂	DNT	86%（24 h）	740 mg/kg	4 g/L	Darko-Kagya et al.，2010
nFe^0	场砂	DNT	67%（24 h）	740 mg/kg	1 g/L	
乳酸改性 nFe^0	高岭土	DNT	96%（24 h）	920 mg/kg	4 g/L	
nFe^0	高岭土	DNT	68%（24 h）	920 mg/kg	1 g/L	
乳酸改性 nFe^0	黏性土	DNT	65%～34%（负极→正极）	920 mg/kg	4 g/L	Reddy et al.，2011
nFe^0	黏性土	DNT	41%～30%（负极→正极）	920 mg/kg	4 g/L	
CMC-nFe^0	牧草地	RDX	60%（充氧 3 h）	60 mg/kg	120 gFe/kg CMC-nFe^0	Naja et al.，2009
CMC-nFe^0	牧草地	RDX	98%（充氧 3 h）	60 mg/kg	120 gFe/kg CMC-nFe^0	
Pd/Fe	黏性土	TCE	19.59%（反应平衡）	8～10 mg/L	0.1% w/wFe	Katsenovich et al.，2009
nFe^0	黏性土	TCE	55.6%（反应平衡）	8～10 mg/L	Fe/soil = 0.004	
Pd/Fe	表层土	阿特拉津	98%（4 周）	20 mg/L	2%	Satapanajaru et al.，2008
nFe^0	表层土	阿特拉津	52%±8%（4 周）	30 mg/L	20 g/L	

注：*SDS 一般指十二烷基硫酸钠。

1.3.2.3　环境中有机卤代物的降解

目前，修饰型 nZVI 对有机卤代物的降解研究已相当广泛，几乎所有能够被 nZVI 或者零价铁所降解的污染物都能被修饰型 nZVI 降解。从表 1-3 中可以看出，包括氯烷烃、溴烷烃、氯烯烃、多氯联苯和多溴联苯醚等常见有机污染物都能用修饰型纳米双金属进行处理。这些污染物能被不同的修饰型纳米铁降解，而同一种修饰材料也能够同时处理不同的污染物。同时，其降解产物多为低卤代物、碳氢化合物和水（Li et al.，2006）。

表 1-3　修饰型 nZVI 能够降解的常见有机卤代物

有机卤代物	纳米粒子类型	参考文献
Chlorinated methanes（氯代烷烃）		
Tetrachloromethane（CCl_4）	Pd/Fe	Lien et al.，1999；Wang et al.，2008
Chloroform（$CHCl_3$）		
Dichloromethane（CH_2Cl_2）		
Chloromethane（CH_3Cl）		Lien et al.，1999

有机卤代物	纳米粒子类型	参考文献
Brominated methanes（溴代烷烃）		
carbon tetrabromide（CBr$_4$） bromoform（CHBr$_3$） dibromomethane（CH$_2$Br$_2$）	Ni/Fe	Lim et al.，2006
Chlorinated ethenes（氯代烯烃）		
Tetrachloroethene（C$_2$Cl$_4$）	Pd/Fe	Zhang et al.，1998； Elliott et al.，2001
Trichloroethene（C$_2$HCl$_3$）	Pd/Fe、淀粉/Pd/Fe、Ni/Fe、 CA/Ni/Fe	Schrick et al.，2002；He et al.，2005； Meyer et al.，2007
cis-Dichloroethene（C$_2$H$_2$Cl$_2$）	Pd/Fe、Ni/Fe	Zhang et al.，1998； Elliott et al.，2001
trans-Dichloroethene（C$_2$H$_2$Cl$_2$）	Pd/Fe	Lien et al.，2001
1,1-Dichloroethene（C$_2$H$_2$Cl$_2$）	Pd/Fe	Elliott et al.，2001；Lien et al.，2001
Vinyl chloride（C$_2$H$_3$Cl）	Pd/Fe	
Chlorobenzene（氯苯）	Pd/Fe、Pd/Fe/壳聚糖、 Pd/Fe/氧化硅	Zhu et al.，2006；Zhu et al.，2007； Zhu et al.，2008
Polychlorinated biphenyl（多氯联苯）	Pd/Fe、淀粉/Pd/Fe、 GAC/Fe/Pd	Engelmann et al.，2003；He et al.， 2005；Choi et al.，2008

nZVI 及零价铁对于有机卤代物具备有效的处理效果，但是，铁颗粒因自身的核结构，在与污染物反应的过程中，其表面容易生成氧化层，导致其降解效率随着时间的变化而降低；在去除某些污染物时，容易生成有毒副产物。已有大量研究表明，修饰型 nZVI 能够很好地克服这一类问题。

从表 1-4 中可以看出，修饰型 nZVI 及其衍生复合材料对典型有机卤代物的处理效果明显优于 nZVI。在处理同一种污染物和反应条件相同的情况下，与修饰型 nZVI 相比，nZVI 均表现出处理时间较长的缺点，两者的这一差别也可以在动力学常数数值上反映出来（Schrick et al.，2002；Lim et al.，2007）。

表 1-4　nZVI 及修饰型 nZVI 去除有机卤代物效果对比

粒子类型	铁负荷/ （g/L）	有机 化合物	化合物 浓度	去除效率	最终产物	参考文献
Ni/Fe	2.5	CTB	61 μmol/L	1%～50%（0.04 h）	Brominated Methanes Methane	
nano-Fe	2.5	CTB	61 μmol/L	1%～50%（0.10 h）	Brominated Methanes Methane	Lim et al.，2007
Ni/Fe	2.5	BF	82 μmol/L	1%～50%（0.14 h）	Brominated Methanes Methane	

粒子类型	铁负荷/ (g/L)	有机 化合物	化合物 浓度	去除效率	最终产物	参考文献
nano-Fe	2.5	BF	82 µmol/L	1%～50%（0.57 h）	Brominated Methanes Methane	Lim et al.，2007
Ni/Fe	2.5	DBM	122 µmol/L	1%～50%（0.64 h）	Brominated Methanes Methane	
nano-Fe	2.5	DBM	122 µmol/L	1%～50%（3.89 h）	Brominated Methanes Methane	
Pd/Fe	10	CT	100 mg/L	1%～100%（3 h）	DCM methane	Wang et al.，2009
Pd/Fe	10	CF	100 mg/L	1%～100%（4 h）	DCM methane	
Pd/Fe	10	DCM	100 mg/L	1%～15%（8 h）	methane	
Pd/Fe	20	PCE	20 mg/L	1%～100%（0.25 h）	hydrocarbons	Zhang et al.，1998
nano-Fe	20	PCE	20 mg/L	1%～100%（2 h）	hydrocarbons	
Pd/Fe	9.7	t-DCE	100 mg/L	1%～100%（0.33 h）	t-DCE destroy	
Ni/Fe	9.7	t-DCE	100 mg/L	1%～99%（2 h）	t-DCE destroy	
nano-Fe	9.7	t-DCE	100 mg/L	1%～62%（5 h）	t-DCE destroy	
Pd/Fe	0.1	TCE	52 mg/L	1%～78%（2 h）	TCE destroy	He et al.，2005
淀粉/Pd/Fe	0.1	TCE	52 mg/L	1%～98%（1 h）	TCE destroy	
Pd/Fe	1	PCBs	2.5 mg/L	1%～24%（100 h）	biphenyl	
淀粉/Pd/Fe	1	PCBs	2.5 mg/L	1%～80%（100 h）	biphenyl	
Pd/Fe	20	TCE	20 mg/L	1%～100%（0.25 h）	hydrocarbons	Wang et al.，1997
nano-Fe	20	TCE	20 mg/L	1%～100%（1.7 h）	hydrocarbons	
Ni/Fe	0.4	p-CP	80 mg/L	1%～100%（1 h）	phenol	Zhang et al.，2007
nano-Fe	0.3	p-CP	50 mg/L	1%～50%（6 h）	phenol	Cheng et al.，2007
GAC/Fe/Pd	5	PCBs	4 mg/L	1%～86%（2 d）	biphenyl	Choi et al.，2009
GAC	5	PCBs	4 mg/L	1%（2 d）	—	
Pd/Fe/壳聚 糖	1.65	TCB	170 µmol/L	1%～100%（90 min）	benzene	Lim et al.，2006
Pd/Fe/氧化 硅	1.65	TCB	170 µmol/L	1%～95%（100 min）	benzene	

总体来说，修饰型 nZVI 作为零价铁技术的延伸，相比零价铁技术，可以更有效地降解 PCBs、TCE、BDEs 等有机卤代物，其脱卤效果更加明显，有毒副产物更少，再加上其良好的灵活性，使得该项技术适用于地下水沉积物的原位修复。对 nZVI 的修饰改性，能减少铁自身物理化学性质带来的过度氧化、团聚等缺点，更好地适应多变的自然环境，提高污染物降解效率。因此，修饰型 nZVI 必将成为今后环境原位修复的核心技术之一。

1.3.3 负载型纳米零价铁

固体负载改性技术主要是利用载体表面的基团或孔道来限制颗粒团聚，增强 nZVI 在环境中的迁移能力，同时很多固体载体具有很强的吸附能力，有些载体还能在降解中发挥载体的特定作用，从而加快反应速率，有利于对土壤、地下水及受污染河流的修复。

目前，研究较多的固体载体主要有活性炭（Liang et al., 2014）、树脂（Li et al., 2007）、蒙脱石（刘凯等，2011）、膨润土（Shi et al., 2011）等。其合成方法因不同的载体而有所不同。例如，Choi 等（2008）研究了一种新策略，将铁盐和颗粒活性炭混合后进行高温煅烧，利用硼氢化钠对活性炭上的氧化铁进行还原，将纳米铁负载到颗粒活性炭上，在避免颗粒团聚和提高 nZVI 金属对 PCBs 降解的基础上，还极大地提高了材料对污染物的吸附能力。Li 等（2007）利用直接沉积法，将 nZVI 负载到树脂上，并研究了其对 BDE209 的降解，负载在树脂上的 nZVI 在水和丙酮混合体系下 8 h 内可完全降解 BDE209。Dou 等（2010）利用活性炭负载纳米铁颗粒去除水中的 As，效果显著。Parshetti 等（2009）利用 PEG 将纳米铁颗粒嫁接到滤膜以提高纳米颗粒的分散性，并在降解试验中取得了比未负载的纳米颗粒更高的降解效果。Zhuang 等（2011）将 nZVI/Pd 负载到颗粒活性炭上，避免了材料的团聚，在提高 BDE21 降解效率的同时还提高了材料对污染物的吸附能力。Yu 等（2012）将 nZVI 负载到蒙脱石上，提高了 nZVI 的分散性，并且对 BDE209 的去除效率高于未负载的纳米颗粒。Pang 等（2014）的研究结果表明，有机蒙脱石负载型 nZVI 的比表面积为 $26.875\ m^2/g$，稍大于 nZVI 的比表面积（$18.384\ m^2/g$）。相比 nZVI，有机蒙脱石负载型 nZVI 能有效地促进 BDE209 的去除效率，反应 24 h 后其去除效率达到 98.02%，比 nZVI 高出 3 倍左右。Li 等（2011）用硅砂负载的 nZVI 修复 Cr（VI）污染土壤，结果表明，硅砂能提高 nZVI 在土壤中的流动性，可有效地去除 Cr（VI）。

采用负载型修饰技术可以有效降低纳米颗粒的团聚性能，从而提高了纳米颗粒降解有机物的效率。一种好的负载材料应该来源广泛，安全环保。如何优化载体与纳米材料的结合，既能促进纳米材料在环境复杂介质中的流动性，又能解决纳米颗粒在修复中存在的二次污染风险，是今后纳米颗粒应用于环境污染修复的研究重点。

1.4 纳米四氧化三铁（nano-Fe$_3$O$_4$）颗粒

1.4.1 nano-Fe$_3$O$_4$ 技术的特点

目前，对于污水中有机物的去除，芬顿（Fenton）法是最普遍、最有效的方式。然而，无论是哪种有机污染物，传统芬顿法氧化反应的最佳 pH 在 2～4，并没有太大区别。如果反应体系的 pH 太高会抑制羟基自由基（•OH）的产生；反应体系的 pH 太低则会影响 Fe^{2+} 和 Fe^{3+} 之间的转换平衡，影响催化氧化反应的效率。因此，芬顿系统的有效使用必须调整好 pH（Kuo et al.，1992；Bigda et al.，1995；Kang et al.，1997；Bali et al.，2007）。氧化反应后，需要将 pH 调至中性，使其产生 $Fe(OH)_3$ 絮凝，解决 Fe^{3+} 的色度问题，进一步提高 COD 的去除效率。但是，这种 pH 限制条件使得操作步骤复杂化。

与传统的均相芬顿系统相比，非均相芬顿系统拥有显著的优势，如扩大了 pH 应用范围，不产生铁污泥，而且一些大颗粒非均相催化剂可以实现反应后分离的需求。然而，大多非均相系统需要在外部条件的协同作用下，才可以显示出高度的氧化性，使工业操作成本提高，所以非均相催化应用在国内外的研究大部分仍处于试验阶段，极少在工业上使用。因此，开发高稳定性、高活性且易于回收的催化剂对实际应用中的非均相催化技术具有关键的意义。

nano-Fe_3O_4 颗粒是一种满足上述条件的催化剂材料，Li 等（2008）的研究表明，nano-Fe_3O_4 颗粒有类过氧化物酶的性质，能够催化 H_2O_2 生成羟基自由基（•OH）。由于其独特的尺寸、生物相容性、良好的分散性，相对于其他类芬顿体系，nano-Fe_3O_4 催化类芬顿体系有着显著的优势，特别是其具有强烈的顺磁性，能在外加磁场下从水体中回收，避免次生污染。另外，nano-Fe_3O_4 作为一种纳米材料，比表面积大、带磁性的特点使其可以作为一种优良的吸附剂吸附去除水环境中的镍、铜、铬、镉等金属颗粒以及有机污染物，因此该材料在水处理的应用中潜力巨大。

1.4.2　nano-Fe_3O_4 技术去除水中污染物的应用

近年来，利用 nano-Fe_3O_4 去除水中污染物的研究报道与日俱增。众多研究发现，nano-Fe_3O_4 对重金属离子具有优越的吸附性能，而且利用 nano-Fe_3O_4 的磁性容易回收吸附剂和吸附质。张娣（2011）研究了 nano-Fe_3O_4 对四环素（TC）的吸附试验，发现其吸附平衡时间为 10 h，吸附动力学符合伪二级吸附动力学模型；当 pH 为 6.5 时，金霉素、四环素和土霉素的 Langmuir 最大吸附容量分别为 476 mg/g、500 mg/g 和 526 mg/g。吸附剂可在 400℃煅烧（氮气保护）和 H_2O_2 处理后再次利用，再生的吸附剂具有较强吸附能力，能有效地和选择性地除去水环境中的四环素类抗生素。

此外，张娣（2011）还研究了 nano-Fe_3O_4/H_2O_2 体系降解诺氟沙星溶液，发现该体系可以高速有效地降解诺氟沙星。当 pH 为 3.5 时，反应 5 min 后，降解效率达 100%，氟元素完全转化为无机氟离子，自由基•OH 在氧化降解的主要过程中起主要作用。反应后 nano-Fe_3O_4 磁性分离完成后能完全去除，且铁离子没有溶出。因此，nano-Fe_3O_4/H_2O_2 体系属于环境友好型化学氧化系统。

胡晓斌（2012）研究了碳纳米管负载 nano-Fe_3O_4/H_2O_2 体系和碳纳米管负载 nano-Fe_3O_4/H_2O_2/紫外光体系对 17α-甲基睾酮的降解，发现其降解效率可达 95% 以上。叶林静等（2014）用 nano-Fe_3O_4/ZnO 和 H_2O_2 体系对四环素类抗生素的降解进行研究，发现其对四环素（TC）、多西环素（DC）和盐酸土霉素（OTC）的去除效率分别达 85%、78% 和 64%。重复利用试验也有较好的效果。汪婷等（2013）先后研究了 nano-Fe_3O_4 对 Hg^{2+}、As^{5+}、Pb^{2+}、Cr^{3+} 的吸附试验，其去除效率普遍较高，分别达 97%、90%、70.5%、77.4%，重复利用试验也表明 nano-Fe_3O_4 在多次试验之后几乎没受影响，具有较好的应用前景。

1.5 铁基材料研究进展

自 1997 年美国理海大学的张伟贤团队成功合成粒径小于 100 nm 的 nZVI 以来，nZVI 技术在全球科研人员的不断研究与开发中，已逐步走向产业化。

国际 nZVI 技术的创新发展与创新驱动，离不开笔者团队过去 10 年做出的巨大贡献。2010 年，笔者团队创新性地率先提出采用钢铁酸洗废液作为铁源，以更低的成本制备了纳米零价金属，成功用于甲硝唑抗生素的降解，并深入研究甲硝唑降解过程的机理，这一成果得到了同行评审的肯定，发表在了国际顶级期刊 *Applied Catalysis B, Environmental*。同年，笔者团队开发了修饰型 nZVI 技术降解多溴联苯醚，并深刻剖析了多溴联苯醚的降解路径和去除机理，多项研究成果发表在 *Desalination*，*Journal of Hazardous* 等环境领域期刊。笔者团队成功将基于废酸制备的纳米零价金属用于修复电镀含铬废水，并建立了模拟整个修复过程的一维模型，相关研究成果发表在 *Desalination*，*Chemical Engineering Journal* 等。

随着对制备纳米零价金属技术的不断改进，2012 年，笔者团队成功地用废酸合成了较高纯度的 nano-Fe_3O_4 颗粒，并用于超声协助的非均相芬顿降解双酚 A，相关研究成果发表在 *Chemical Engineering Journal*。与此同时，笔者团队也在积极探究 nZVI 技术在不同环境介质中对多溴联苯醚的降解性能，并研究了天然有机质（腐植酸等）和重金属离子（铜、钴、镍金属离子等）对 nZVI 降解效果的影响力度以及影响机制。

基于前期在多溴联苯醚降解技术打下的牢固研究基础，2014 年，笔者团队实现了修饰型 nZVI 原位修复多溴联苯醚污染土壤，并深入研究了土壤环境下 BDE209 的降解机理，多项研究成果发表在环境领域期刊 *Science of the Total Environment*，*Chemosphere* 等。同年，在修饰型 nZVI 修复铬污染土壤的研究中也取得重大成功，相关研究发表在 *Journal of Hazardous*。此外，还开发了基于乙二胺修饰的 nano-Fe_3O_4 颗粒以及基于废酸制备的磁性离子印迹壳聚糖，分别用于吸附水体中的六价铬和二价铜，均取得了优秀的工艺成效。

2016 年，本着不断追求创新与卓越的精神，笔者团队在传统的纳米材料还原降解有机卤化物的基础上，进一步加强了修饰型 nano-Fe_3O_4 技术，实现了十溴联苯醚深度脱溴并开环降解，大大降低了 BDE209 的毒性和生态风险，这为类芬顿法降解疏水性有机卤化物提供了更高层次的思路和方法，这一研究成果得到了同行评审的肯定，又一次在 *Applied Catalysis B，Environmental* 发表。与此同时，笔者团队也在积极探寻 nZVI 技术的拓展，研究基于生物炭的负载型 nZVI 技术，并成功用于铬污染和镉污染土壤，以及多溴联苯醚污染土壤的修复。相关研究成果发表在环境领域著名期刊 *Environmental Pollution，Environmental Science and Pollution Research，Journal of Hazardous，Chemosphere* 等。2019 年，笔者团队攻破重重困难，成功研发了负载型零价铁技术的衍生产品——磁性生物炭和磁性矿物，并不断优化工艺，调试性能，成功应用于抗生素废水的高效处理，相关研究成果发表在 *Chemical Engineering Journal，Applied Clay Science，Journal of Cleaner Production* 等。

得益于在铁基修复材料去除重金属以及在抗生素和多溴联苯醚的研究中打下的坚固基础，笔者团队在 nZVI 技术领域，相继研发了掺铈铁基材料非均相芬顿降解四环素、铁酸锰去除诺氟沙星、茶多酚促进基于零价铁类芬顿体系降解林可霉素，以及铁基添加剂辅助机械化学法修复多溴联苯醚污染土壤等多项技术，进一步推动了 nZVI 技术走向产业化。

参考文献

ALIDOKHT L，KHATAEE A R，REYHANITABAR A，et al.，2011. Cr（Ⅵ） immobilization process in a Cr-Spiked soil by zerovalent iron nanoparticles: optimization using response surface methodology[J]. CLEAN-Soil，Air，Water，39（7）: 633-640.

ALOWITZ M J，SCHERER M M，2002. Kinetics of nitrate，nitrite，and Cr（Ⅵ） reduction by iron metal[J]. Environmental Science & Technology，36（3）: 299-306.

BALI U，SILVA F T，PAIVA T C B，2007. Performance comparison of Fenton process，ferric coagulation and H_2O_2/pyridine/Cu(Ⅱ) system for decolorization of Remazol Turquoise Blue G-133[J]. Dyes and Pigments，74（1）: 73-80.

BARRETO-RODRIGUES M，SILVA F T，PAIVA T C B，2009. Combined zero-valent iron and fenton processes for the treatment of Brazilian TNT industry wastewater[J]. Journal of Hazardous Materials，165（1-3）: 1224-1228.

BIGDA R J，1995. Consider Fentons chemistry for wastewater treatment[J]. Chemical Engineering Progress，91（12）.

CAO J，ZHANG W X，2006. Stabilization of chromium ore processing residue（COPR） with nanoscale iron particles[J]. Journal of Hazardous Materials，132（2-3）：213-219.

CELEBI O，ÜZÜM Ç，SHAHWAN T，et al.，2007. A radiotracer study of the adsorption behavior of aqueous Ba^{2+} ions on nanoparticles of zero-valent iron[J]. Journal of Hazardous Materials，148（3）：761-767.

CHANG C N，CHAO A，LEE F S，et al，2000. Influence of molecular weight distribution of organic substances on the removal efficiency of DBPS in a conventional water treatment plant[J]. Water science and technology，41（10-11）：43-49.

CHENG R，WANG J，ZHANG W，2007. Comparison of reductive dechlorination of p-chlorophenol using Fe^0 and nanosized Fe^0[J]. Journal of Hazardous Materials，144（1-2）：334-339.

CHOE S，CHANG Y Y，HWANG K Y，et al.，2000. Kinetics of reductive denitrification by nanoscale zero-valent iron[J]. Chemosphere，41（8）：1307-1311.

CHOE S，LEE S H，CHANG Y Y，et al，2001. Rapid reductive destruction of hazardous organic compounds by nanoscale Fe^0[J]. Chemosphere，42（4）：367-372.

CHOE S，LILJESTRAND H M，KHIM J，2004. Nitrate reduction by zero-valent iron under different pH regimes[J]. Applied Geochemistry，19（3）：335-342.

CHOI H，AGARWAL S，AL-ABED S R，2009. Adsorption and simultaneous dechlorination of PCBs on GAC/Fe/Pd：mechanistic aspects and reactive capping barrier concept[J]. Environmental Science & Technology，43（2）：488-493.

CHOI H，AL-ABED S R，AGARWAL S，et al.，2008. Synthesis of reactive nano-Fe/Pd bimetallic system-impregnated activated carbon for the simultaneous adsorption and dechlorination of PCBs[J]. Chemistry of Materials，20（11）：3649-3655.

CHRYSOCHOOU M，JOHNSTON C P，DAHAL G，2012. A comparative evaluation of hexavalent chromium treatment in contaminated soil by calcium polysulfide and green-tea nanoscale zero-valent iron[J]. Journal of Hazardous Materials，201：33-42.

DARKO-KAGYA K，KHODADOUST A P，REDDY K R，2010. Reactivity of lactate-modified nanoscale iron particles with 2,4-dinitrotoluene in soils[J]. Journal of Hazardous Materials，182（1-3）：177-183.

DOU X，LI R，ZHAO B，et al，2010. Arsenate removal from water by zero-valent iron/activated carbon galvanic couples[J]. Journal of Hazardous Materials，182（1-3）：108-114.

DU J，LU J，WU Q，et al，2012. Reduction and immobilization of chromate in chromite ore processing residue with nanoscale zero-valent iron[J]. Journal of Hazardous Materials，215：152-158.

ELLIOTT D W，ZHANG W X，2001. Field assessment of nanoscale bimetallic particles for groundwater treatment[J]. Environmental Science & Technology，35（24）：4922-4926.

ENGELMANN M D，HUTCHESON R，HENSCHIED K，et al.，2003. Simultaneous determination of total polychlorinated biphenyl and dichlorodiphenyltrichloroethane（DDT） by dechlorination with Fe/Pd and Mg/Pd bimetallic particles and flame ionization detection gas chromatography[J]. Microchemical Journal，74（1）：19-25.

FAN J，GUO Y，WANG J，et al，2009. Rapid decolorization of azo dye methyl orange in aqueous solution by nanoscale zerovalent iron particles[J]. Journal of Hazardous Materials，166（2-3）：904-910.

FANG Z，QIU X，CHEN J，et al，2011. Degradation of the polybrominated diphenyl ethers by nanoscale zero-valent metallic particles prepared from steel pickling waste liquor[J]. Desalination，267（1）：34-41.

FRANCO D V，DA SILVA L M，JARDIM W F，2009. Reduction of hexavalent chromium in soil and ground water using zero-valent iron under batch and semi-batch conditions[J]. Water，Air，and Soil Pollution，197（1）：49-60.

GENG B，JIN Z，LI T，et al.，2009. Preparation of chitosan-stabilized Fe^0 nanoparticles for removal of hexavalent chromium in water[J]. Science of the Total Environment，407（18）：4994-5000.

HALAS N，2005. Playing with plasmons：tuning the optical resonant properties of metallic nanoshells[J]. Mrs Bulletin，30（5）：362-367.

HE F，ZHAO D，LIU J，et al，2007. Stabilization of Fe-Pd nanoparticles with sodium carboxymethyl cellulose for enhanced transport and dechlorination of trichloroethylene in soil and groundwater[J]. Industrial & Engineering Chemistry Research，46（1）：29-34.

HE F，ZHAO D，2005. Preparation and characterization of a new class of starch-stabilized bimetallic nanoparticles for degradation of chlorinated hydrocarbons in water[J]. Environmental Science & Technology，39（9）：3314-3320.

HE N，LI P，ZHOU Y，et al.，2009. Catalytic dechlorination of polychlorinated biphenyls in soil by palladium-iron bimetallic catalyst[J]. Journal of Hazardous Materials，164（1）：126-132.

HUNG H M，LING F H，HOFFMANN M R，2000. Kinetics and mechanism of the enhanced reductive degradation of nitrobenzene by elemental iron in the presence of ultrasound[J]. Environmental Science & Technology，34（9）：1758-1763.

KANEL S R，MANNING B，CHARLET L，et al.，2005. Removal of arsenic（III） from groundwater by nanoscale zero-valent iron[J]. Environmental Science & Technology，39（5）：1291-1298.

KANG S F，CHANG H M，ÜZÜM C，SHAHWAN T，et al.，1997. Coagulation of textile secondary effluents with Fenton's reagent[J]. Water Science and Technology，36（12）：215-222.

KARABELLI D，ÜZÜM C，SHAHWAN T，et al.，2008. Batch removal of aqueous Cu^{2+} ions using nanoparticles of zero-valent iron：a study of the capacity and mechanism of uptake[J]. Industrial & Engineering Chemistry Research，47（14）：4758-4764.

KATSENOVICH Y P，2009. Evaluation of nanoscale zerovalent iron particles for trichloroethene degradation in clayey soils[J]. Science of the Total Environment，407（18）：4986-4993.

KEUM Y S，LI Q X，2005. Reductive debromination of polybrominated diphenyl ethers by zerovalent iron[J]. Environmental Science & Technology，39（7）：2280-2286.

KIM H S，AHN J Y，HWANG K Y，et al.，2010. Atmospherically stable nanoscale zero-valent iron particles formed under controlled air contact：characteristics and reactivity[J]. Environmental Science &

Technology，44（5）：1760-1766.

KUO W G，1992. Decolorizing dye wastewater with Fenton's reagent[J]. Water Research，26（7）：881-886.

LEE C，SEDLAK D L，2008. Enhanced formation of oxidants from bimetallic nickel-iron nanoparticles in the presence of oxygen[J]. Environmental Science & Technology，42（22）：8528-8533.

LEE W M，KWAK J I，AN Y J，2012. Effect of silver nanoparticles in crop plants Phaseolus radiatus and Sorghum bicolor：media effect on phytotoxicity[J]. Chemosphere，86（5）：491-499.

LI A，TAI C，ZHAO Z，et al.，2007. Debromination of decabrominated diphenyl ether by resin-bound iron nanoparticles[J]. Environmental Science & Technology，41（19）：6841-6846.

LI K，YEDILER A，YANG M，et al.，2008. Ozonation of oxytetracycline and toxicological assessment of its oxidation by-products[J]. Chemosphere，72（3）：473-478.

LI L，FAN M，BROWN R C，et al.，2006. Synthesis，properties，and environmental applications of nanoscale iron-based materials：a review[J]. Critical Reviews in Environmental Science and Technology，36（5）：405-431.

LI X，ZHANG W，2007. Sequestration of metal cations with zerovalent iron nanoparticles a study with high resolution X-ray photoelectron spectroscopy（HR-XPS）[J]. The Journal of Physical Chemistry C，111（19）：6939-6946.

LI Y，JIN Z，LI T，et al.，2011. Removal of hexavalent chromium in soil and groundwater by supported nano zero-valent iron on silica fume[J]. Water Science and Technology，63（12）：2781-2787.

LIANG B，XIE Y，FANG Z，et al.，2014. Assessment of the transport of polyvinylpyrrolidone-stabilised zero-valent iron nanoparticles in a silica sand medium[J]. Journal of Nanoparticle Research，16（7）：1-11.

LIANG D，YANG Y，XU W，et al.，2014. Nonionic surfactant greatly enhances the reductive debromination of polybrominated diphenyl ethers by nanoscale zero-valent iron：mechanism and kinetics[J]. Journal of Hazardous Materials，278：592-596.

LIANG F，FAN J，GUO Y，et al.，2008. Reduction of nitrite by ultrasound-dispersed nanoscale zero-valent iron particles[J]. Industrial & Engineering Chemistry Research，47（22）：8550-8554.

LIAO C H，KANG S F，HSU Y W，2003. Zero-valent iron reduction of nitrate in the presence of ultraviolet light，organic matter and hydrogen peroxide[J]. Water Research，37（17）：4109-4118.

LIAO L，MAI H X，YUAN Q，et al.，2008. Single CeO$_2$ nanowire gas sensor supported with Pt nanocrystals：gas sensitivity，surface bond states，and chemical mechanism[J]. The Journal of Physical Chemistry C，112（24）：9061-9065.

LIEN H L，WILKIN R T，2005. High-level arsenite removal from groundwater by zero-valent iron[J]. Chemosphere，59（3）：377-386.

LIEN H L，ZHANG W，2001. Nanoscale iron particles for complete reduction of chlorinated ethenes[J]. Colloids and Surfaces A：Physicochemical and Engineering Aspects，191（1-2）：97-105.

LIEN H L，ZHANG W，1999. Transformation of chlorinated methanes by nanoscale iron particles[J]. Journal of Environmental Engineering，125（11）：1042-1047.

LIM T T，FENG J，ZHU B W，2007. Kinetic and mechanistic examinations of reductive transformation pathways of brominated methanes with nano-scale Fe and Ni/Fe particles[J]. Water Research，41（4）：875-883.

LIN Y T，WENG C H，CHEN F Y，2008. Effective removal of AB24 dye by nano/micro-size zero-valent iron[J]. Separation and Purification Technology，64（1）：26-30.

LIOU Y H，LO S L，KUAN W H，et al.，2006. Effect of precursor concentration on the characteristics of nanoscale zerovalent iron and its reactivity of nitrate[J]. Water Research，40（13）：2485-2492.

LIU Y，MAJETICH S A，TILTON R D，et al.，2005. TCE dechlorination rates，pathways，and efficiency of nanoscale iron particles with different properties[J]. Environmental Science & Technology，39（5）：1338-1345.

MA Y，KUANG L，HE X，et al.，2010. Effects of rare earth oxide nanoparticles on root elongation of plants[J]. Chemosphere，78（3）：273-279.

MANNING B A，KISER J R，KWON H，et al.，2007. Spectroscopic investigation of Cr（III）-and Cr（VI）- treated nanoscale zerovalent iron[J]. Environmental Science & Technology，41（2）：586-592.

MARTIN C R，KOHLI P，2003. The emerging field of nanotube biotechnology[J]. Nature Reviews Drug Discovery，2（1）：29-37.

MASCIANGIOLI T，ZHANG W X，2003. Peer reviewed：environmental technologies at the nanoscale[J]. Environmental Science & Technology，37（5）：102-108.

MEYER D E，BHATTACHARYYA D，2007. Impact of membrane immobilization on particle formation and trichloroethylene dechlorination for bimetallic Fe/Ni nanoparticles in cellulose acetate membranes[J]. The Journal of Physical Chemistry B，111（25）：7142-7154.

NAJA G，APIRATIKUL R，PAVASANT P，et al.，2009. Dynamic and equilibrium studies of the RDX removal from soil using CMC-coated zerovalent iron nanoparticles[J]. Environmental Pollution，157（8-9）：2405-2412.

NAM S，TRATNYEK P G，2000. Reduction of azo dyes with zero-valent iron[J]. Water Research，34（6）：1837-1845.

NOWACK B，BUCHELI T D，2007. Occurrence，behavior and effects of nanoparticles in the environment[J]. Environmental Pollution，150（1）：5-22.

PANG Z，YAN M，JIA X，et al.，2014. Debromination of decabromodiphenyl ether by organo-montmorillonite-supported nanoscale zero-valent iron：Preparation，characterization and influence factors[J]. Journal of Environmental Sciences，26（2）：483-491.

PARK J B，LEE S H，LEE J W，et al.，2002. Lab scale experiments for permeable reactive barriers against contaminated groundwater with ammonium and heavy metals using clinoptilolite（01-29B）[J]. Journal of

Hazardous Materials，95（1-2）：65-79.

PARSHETTI G K，2009. Dechlorination of trichloroethylene by Ni/Fe nanoparticles immobilized in PEG/PVDF and PEG/nylon 66 membranes[J]. Water Research，43（12）：3086-3094.

PITKETHLY M J，2004. Nanomaterials-the driving force[J]. Materials Today，7（12）：20-29.

PONDER S M，DARAB J G，MALLOUK T E，2000. Remediation of Cr（Ⅵ）and Pb(Ⅱ)aqueous solutions using supported，nanoscale zero-valent iron[J]. Environmental Science & Technology，34（12）：2564-2569.

PREINING O，1998. The physical nature of very，very small particles and its impact on their behaviour[J]. Journal of Aerosol Science，29（5-6）：481-495.

REDDY K R，DARKO-KAGYA K，CAMESELLE C，2011. Electrokinetic-enhanced transport of lactate-modified nanoscale iron particles for degradation of dinitrotoluene in clayey soils[J]. Separation and Purification Technology，79（2）：230-237.

REYHANITABAR A，ALIDOKHT L，KHATAEE A R，et al.，2012. Application of stabilized Fe^0 nanoparticles for remediation of Cr（Ⅵ）-spiked soil[J]. European Journal of Soil Science，63（5）：724-732.

SATAPANAJARU T，ANURAKPONGSATORN P，PENGTHAMKEERATI P，et al.，2008. Remediation of atrazine-contaminated soil and water by nano zerovalent iron[J]. Water，Air，and Soil Pollution，192（1）：349-359.

SCHRICK B，BLOUGH J L，JONES A D，et al.，2002. Hydrodechlorination of trichloroethylene to hydrocarbons using bimetallic nickel-iron nanoparticles[J]. Chemistry of Materials，14（12）：5140-5147.

SHI L，ZHANG X，CHEN Z，2011. Removal of chromium（Ⅵ）from wastewater using bentonite-supported nanoscale zero-valent iron[J]. Water Research，45（2）：886-892.

SHIH Y，CHEN Y C，CHEN M，et al.，2009. Dechlorination of hexachlorobenzene by using nanoscale Fe and nanoscale Pd/Fe bimetallic particles[J]. Colloids and Surfaces A：Physicochemical and Engineering Aspects，332（2-3）：84-89.

SHIH Y，TAI Y，2010. Reaction of decabrominated diphenyl ether by zerovalent iron nanoparticles[J]. Chemosphere，78（10）：1200-1206.

SHIN K H，CHA D K，2008. Microbial reduction of nitrate in the presence of nanoscale zero-valent iron[J]. Chemosphere，72（2）：257-262.

SINGH R，MISRA V，SINGH R P，2012. Removal of Cr（Ⅵ）by nanoscale zero-valent iron（nZVI）from soil contaminated with tannery wastes[J]. Bulletin of Environmental Contamination and Toxicology，88（2）：210-214.

SNAPE I，MORRIS C E，COLE C M，2001. The use of permeable reactive barriers to control contaminant dispersal during site remediation in Antarctica[J]. Cold Regions Science and Technology，32（2-3）：157-174.

SONG H，CARRAWAY E R，2008. Catalytic hydrodechlorination of chlorinated ethenes by nanoscale zero-valent iron[J]. Applied Catalysis B：Environmental，78（1-2）：53-60.

SONVICO F，DUBERNET C，COLOMBO P，et al.，2005. Metallic colloid nanotechnology，applications in diagnosis and therapeutics[J]. Current Pharmaceutical Design，2005，11（16）：2091-2105.

WANG C B，ZHANG W，1997. Synthesizing nanoscale iron particles for rapid and complete dechlorination of TCE and PCBs[J]. Environmental Science & Technology，31（7）：2154-2156.

WANG W，JIN Z，LI T，et al.，2006. Preparation of spherical iron nanoclusters in ethanol-water solution for nitrate removal[J]. Chemosphere，65（8）：1396-1404.

WANG X，CHEN C，CHANG Y，et al.，2009. Dechlorination of chlorinated methanes by Pd/Fe bimetallic nanoparticles[J]. Journal of Hazardous Materials，161（2-3）：815-823.

WANG X，CHEN C，LIU H，et al.，2008. Characterization and evaluation of catalytic dechlorination activity of Pd/Fe bimetallic nanoparticles[J]. Industrial & Engineering Chemistry Research，47（22）：8645-8651.

WESTERHOFF P，2003. Reduction of nitrate，bromate，and chlorate by zero valent iron（Fe^0）[J]. Journal of Environmental Engineering，129（1）：10-16.

WU L，RITCHIE S M C，2006. Removal of trichloroethylene from water by cellulose acetate supported bimetallic Ni/Fe nanoparticles[J]. Chemosphere，63（2）：285-292.

XIA Y，HALAS N J，2005. Shape-controlled synthesis and surface plasmonic properties of metallic nanostructures[J]. MRS Bulletin，30（5）：338-348.

XU H，LIU X，CUI D,et al.，2006. A novel method for improving the performance of ZnO gas sensors[J]. Sensors and Actuators B：Chemical，114（1）：301-307.

XU Y，ZHAO D，2007. Reductive immobilization of chromate in water and soil using stabilized iron nanoparticles[J]. Water Research，41（10）：2101-2108.

YABE S，SATO T，2003. Cerium oxide for sunscreen cosmetics[J]. Journal of Solid State Chemistry，171（1-2）：7-11.

YANG G C C，TU H C，HUNG C H，2007. Stability of nanoiron slurries and their transport in the subsurface environment[J]. Separation and purification Technology，58（1）：166-172.

YU K，GU C，BOYD S A，et al.，2012. Rapid and extensive debromination of decabromodiphenyl ether by smectite clay-templated subnanoscale zero-valent iron[J]. Environmental Science & Technology，46（16）：8969-8975.

YUAN C，LIEN H L，2006. Removal of arsenate from aqueous solution using nanoscale iron particles[J]. Water Quality Research Journal，41（2）：210-215.

YUAN P，FAN M，YANG D，et al.，2009. Montmorillonite-supported magnetite nanoparticles for the removal of hexavalent chromium [Cr（Ⅵ）] from aqueous solutions[J]. Journal of Hazardous Materials，166（2-3）：821-829.

YUAN P，LIU D，FAN M，et al.，2010. Removal of hexavalent chromium [Cr（Ⅵ）] from aqueous solutions by the diatomite-supported/unsupported magnetite nanoparticles[J]. Journal of Hazardous Materials，173

（1-3）：614-621.

ZHAN J，ZHENG T，PIRINGER G，et al.，2008. Transport characteristics of nanoscale functional zerovalent iron/silica composites for in situ remediation of trichloroethylene[J]. Environmental Science & Technology，42（23）：8871-8876.

ZHANG M，HE F，ZHAO D，et al.，2011. Degradation of soil-sorbed trichloroethylene by stabilized zero valent iron nanoparticles：Effects of sorption，surfactants，and natural organic matter[J]. Water Research，45（7）：2401-2414.

ZHANG W H，XIE Q，ZHANG Z Y，2007. Catalytic reductive dechlorination of p-chlorophenol in water using Ni/Fe nanoscale particles[J]. Journal of Environmental Sciences，19（3）：362-366.

ZHANG W H，XIE Q，ZHANG Z Y，1998. Treatment of chlorinated organic contaminants with nanoscale bimetallic particles[J]. Catalysis Today，40（4）：387-395.

ZHANG X，LIN Y，CHEN Z，2009. 2,4,6-Trinitrotoluene reduction kinetics in aqueous solution using nanoscale zero-valent iron[J]. Journal of Hazardous Materials，165（1-3）：923-927.

ZHANG X，LIN Y，SHAN X，et al.，2010. Degradation of 2,4,6-trinitrotoluene（TNT） from explosive wastewater using nanoscale zero-valent iron[J]. Chemical Engineering Journal，158（3）：566-570.

ZHANG Y，LI Y，LI J，et al.，2011. Enhanced removal of nitrate by a novel composite：nanoscale zero valent iron supported on pillared clay[J]. Chemical Engineering Journal，171（2）：526-531.

ZHU B W，LIM T T，FENG J，2008. Influences of amphiphiles on dechlorination of a trichlorobenzene by nanoscale Pd/Fe：adsorption，reaction kinetics，and interfacial interactions[J]. Environmental Science & Technology，42（12）：4513-4519.

ZHU B W，LIM T T，FENG J，2006. Reductive dechlorination of 1,2,4-trichlorobenzene with palladized nanoscale Fe^0 particles supported on chitosan and silica[J]. Chemosphere，65（7）：1137-1145.

ZHU B W，LIM T T，2007. Catalytic reduction of chlorobenzenes with Pd/Fe nanoparticles：reactive sites，catalyst stability，particle aging，and regeneration[J]. Environmental Science & Technology，41（21）：7523-7529.

ZHUANG Y，AHN S，LUTHY R G，2010. Debromination of polybrominated diphenyl ethers by nanoscale zerovalent iron：pathways，kinetics，and reactivity[J]. Environmental Science & Technology，44（21）：8236-8242.

ZHUANG Y，AHN S，SEYFFERTH A L，et al.，2011. Dehalogenation of polybrominated diphenyl ethers and polychlorinated biphenyl by bimetallic，impregnated，and nanoscale zerovalent iron[J]. Environmental Science & Technology，45（11）：4896-4903.

ZHUANG Y，JIN L，LUTHY R G，2012. Kinetics and pathways for the debromination of polybrominated diphenyl ethers by bimetallic and nanoscale zerovalent iron：effects of particle properties and catalyst[J]. Chemosphere，89（4）：426-432.

郭世宜，沈星灿，2004. 纳米 TiO_2 光催化杀灭大肠杆菌的超微结构研究[J]. 电子显微学报，23（2）：

107-111.

胡晓斌，2012. 碳纳米管负载四氧化三铁复合纳米粒子的制备及其对 17α-甲基睾酮的类 Fenton 降解研究[D]. 南京：南京大学.

李铁龙，康海彦，刘海水，等，2006. 纳米铁的制备及其还原硝酸盐氮的产物与机理[J]. 环境化学，25（3）：294-296.

林本成，2010. 纳米二氧化硅与碳纳米管典型生物毒性效应研究[D]. 北京：中国人民解放军军事医学科学院.

林光辉，吴锦华，李平，等，2013. 零价铁与双氧水异相 Fenton 降解活性艳橙 X-GN[J]. 环境工程学报，7（3）：913-917.

刘凯，庞志华，李小明，等，2011. 有机蒙脱石负载纳米铁去除 4-氯酚的研究[J]. 环境科学学报，31（12）：2616-2623.

任海萍，吴柳明，赵寿春，2008. 纳米零价铁对酸性品红的脱除行为[J]. 中南大学学报：自然科学版，39（2）：307-310.

汪婷，高滢，金晓英，等，2013. 纳米四氧化三铁同步去除水中的 Pb(II)和 Cr(III)离子[J]. 环境工程学报，7（9）：3476-3482.

王江雪，李炜，刘颖，等，2008. 二氧化钛纳米材料的环境健康和生态毒理效应[J]. 生态毒理学报，3（2）：105-113.

吴丽梅，吕国诚，廖立兵，2012. 活性炭负载纳米零价铁去除污水中六价铬的研究[J]. 矿物学报，（增刊）：181-182.

徐磊，段林，陈威，2009. 碳纳米材料的环境行为及其对环境中污染物迁移归趋的影响[J]. 应用生态学报，1：205-212.

杨颖，王黎明，关志成，2005. 零价铁法处理活性艳橙 X-GN 染料废水[J]. 清华大学学报：自然科学版，45（3）：359-362.

叶林静，关卫省，卢勋，2014. 改性纳米 Fe_3O_4 去除水溶液中四环素的研究[J]. 安全与环境学报，14（1）：202-207.

张娣，2011. 磁性纳米 Fe_3O_4 去除水环境中抗生素类物质的研究[D]. 咸阳：西北农林科技大学.

张梅，陈焕春，2000a. 纳米材料的研究现状及展望[J]. 导弹与航天运载技术，（3）：11-16.

张梅，杨绪杰，2000b. 前景广阔的纳米 TiO_2[J]. 航天工艺，（1）：53-57.

第 2 章　铁基材料的环境风险

2.1　工程纳米材料的环境风险概述

2.1.1　工程纳米材料环境行为

　　21 世纪初，*Science*，*Nature* 等权威期刊陆续报道了有关纳米颗粒毒性问题，使得纳米生态风险研究在全球受到高度重视（Brumfiel，2003）。当纳米粒子进入环境生态系统后，研究纳米粒子环境行为及其生态风险具有重要意义。由于工程纳米材料的来源、应用领域广泛，使得工程纳米材料进入生态环境的途径方式变得非常复杂，所以有关纳米粒子的环境行为研究也具有挑战性（图 2-1）。

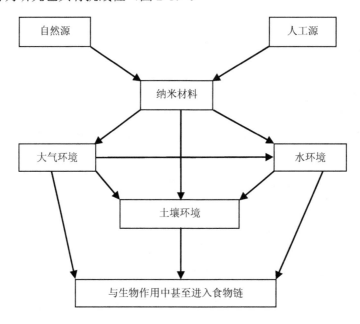

图 2-1　纳米粒子在环境中的归宿

2.1.1.1　大气环境行为

　　纳米粒子的来源很大一部分是通过火山爆发、森林火灾、垃圾焚烧、工业废气以及汽车尾气产生的，而这些纳米粒子将直接进入大气环境并在其中发生一些转化、迁移反应。由于纳米粒子体积小、质量轻导致其在空气中停留时间长，在大气气流的作用下易在空气中发生扩散。研究表明，空气中粒径小于 5 nm 的粒子发生碰撞次数多达 820 万次/ns（Preining，1998），这使得纳米粒子容易在空气中发生团聚、凝结作用而增加粒径。空气中的纳米粒子可通过动物的呼吸系统进入生物体内并与生物体内的物质发生作用而带来危害；空气中的纳米粒子还可以与大气中的其他物质发生一定的反应、转化，当碰到降水或在气流作用时纳米粒子可以进入天然水体以及土壤，从而给水生生态、土壤环境系统带来一定风险。

2.1.1.2　水环境行为

随着纳米产业的兴起，大量的纳米产品被生产出来，大部分的纳米产品未经过任何处理而直接进入江河、湖泊和海洋等水体。另外，还有一部分是由大气中的纳米粒子随降水及与土壤中所吸附的纳米粒子发生解析而进入水体中的。进入水体中的纳米粒子因水流的作用，其存在状态十分不稳定，会随着水流发生迁移、转化，并且对水生生态系统原有的组成、结构以及水生生物带来潜在的影响。水体中的纳米粒子也可通过其他方式进入大气环境和土壤环境。

2.1.1.3　土壤环境行为

土壤环境作为绝大多数粒子的最终环境归宿，对研究纳米粒子的环境行为具有重要意义。土壤中的纳米粒子来源广泛、复杂，大致包括以下几种途径：①大气中的纳米粒子通过一定的方式发生沉降直接进入土壤介质；②水体中的纳米粒子被土壤中矿物颗粒、有机质等吸附固定下来；③有关纳米产品通过各种方式释放的纳米粒子直接进入土壤环境。被土壤固定的纳米粒子会与土壤颗粒、有机质以及土壤生物发生复杂的作用，例如纳米粒子与土壤矿物、有机质发生复杂反应，与土壤微生物发生相互作用，与植物根系系统发生作用或者在植物体内发生迁移转化，甚至可能进入生物链进一步对生物带来风险。以上这些作用不仅对土壤理化性质、土壤生物群落结构有一定的影响，最终还可能对人类健康乃至整个生态系统产生巨大影响。

2.1.2　工程纳米材料的生物效应

随着纳米技术行业的蓬勃发展，工程纳米材料大量产生，其带来的生态风险受到各国政府、学术界专家的高度关注，并已及时地采取了相应措施、投入了大量的资金对纳米材料产生的生物效应进行广泛和深入的研究。所涉及的范围包括环境、生物、化学、物理、毒理、医学等领域，通过把这些学科的知识与相关技术结合起来对纳米粒子产生的生物效应进行了全面的研究。已有的这些报道主要从分子生物学水平、细胞水平、个体水平以及生态环境水平等方面进行了研究。结果表明，纳米生物效应与纳米材料种类、理化性质以及作用生物种类、生长阶段等有很大相关性，以下是纳米粒子对生物不同水平的影响。

2.1.2.1 分子生物学水平

大量的研究表明，纳米粒子能够通过一定的方式迁移到生物体内，甚至一些小尺寸的纳米粒子还能够进入细胞内与细胞内物质发生作用。有关纳米粒子进入生物体内后，在分子生物学水平上对生物产生的影响主要集中在对蛋白质、DNA 等大分子物质结构和功能的影响研究上。例如，聚丙烯酸稳定的 nZVI 对贻贝属（*Mytilus*）胚胎发育过程中的细胞膜、基因带来一定的损伤（Kadar et al.，2011），纳米二氧化铈对水稻幼苗的抗氧化物酶活性、木质素含量都有一定的影响（Rico et al.，2013a；Rico et al.，2013b）。

2.1.2.2 细胞水平

由于纳米粒子的尺寸在 1～100 nm，并且不同细胞对纳米粒子的应激性有很大差异，因此，并不是所有纳米粒子都能进入生物细胞内。而这些未能进入细胞内的纳米粒子更多的是在细胞外与细胞发生作用，从而在细胞水平上对生物产生一定的影响。例如，纳米粒子可能会在细胞水平上对细胞生长、分裂周期，细胞信号转导、物质吸收等其他功能产生影响，甚至对生物新陈代谢、组织以及一些单细胞生物产生影响。研究表明，nZVI会对人体支气管细胞产生一定的损伤（Keenan et al.，2009），纳米金粒子对悬浮培养的水稻细胞的生长会产生一定的抑制作用（Koelmel et al.，2013）。纳米二氧化铈会引起水稻细胞膜损伤，导致细胞质外流（Rico et al.，2013a）。

2.1.2.3 个体水平

纳米粒子进入生态环境中，有时并不能立即对生物个体产生显著影响，只有当纳米粒子浓度达到一定程度或者纳米粒子与生物个体作用过程达到一定时间后，才能在生物个体水平上表现出来。所以，纳米粒子对生物个体水平的影响是在分子水平与细胞水平的基础上由量变到质变而产生的影响。例如，纳米粒子对蚯蚓和其他一些原生动植物的死亡率的影响，从个体层面显现出来的一些可见的症状；另外，还有对一些植物生长的抑制、生长速率的影响。有研究报道，纳米超顺磁性氧化铁会改善大豆幼苗生长的缺铁症状（Ghafariyan et al.，2013），nZVI 对亚麻等植物的生长有一定的抑制作用（El-Temsah et al.，2012a），对水生藻类的生长也有一定的抑制作用（Marsalek et al.，2012）。

2.1.2.4 生态系统水平

随着纳米技术安全问题的广泛关注，已有的研究表明纳米粒子无论是在分子生物学水平、细胞水平，还是在生物个体水平上都会产生一定的影响。然而生态系统是生命活动的基础，所以纳米粒子对生态系统的影响是必然的，那么有关纳米粒子对生态系统的产生影响程度如何，以及纳米粒子的环境行为、归宿将是纳米安全问题的重要组成部分。例如，纳米粒子对水生生态系统、土壤微生物群落以及土壤理化性质的改变（El-Temsah et al.，2012b），这些将直接对微生物系统、植物生态系统产生巨大影响。

2.1.3　工程纳米材料的植物毒性效应研究概况

2.1.3.1　工程纳米材料对植物的影响

植物作为生态系统的重要组成部分，可能会对纳米粒子存在一定的蓄积作用，并且可能在食物链中发生传递，从而会给生态系统带来巨大的风险。有关纳米-植物效应的研究直到近些年才受到关注，其主要集中在几种纳米粒子中（图 2-2），这些研究结果表明，工程纳米材料对植物的影响具有很大的差异，不同的纳米材料对植物生长的影响有促进、无影响、抑制以及毒害作用，其影响结果如表 2-1 所示。

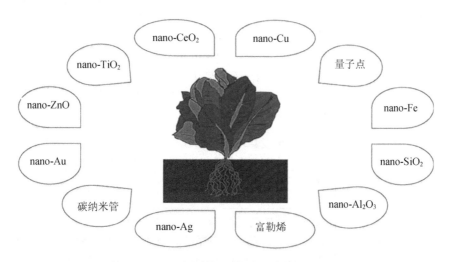

图 2-2　不同纳米粒子对植物生物效应的研究

表 2-1　纳米粒子对植物的生长影响的相关文献

纳米粒子	植物	影响结果	参考文献
CNTs	西葫芦、西红柿、大豆、玉米	对种子的发芽率没有显著性的影响；不同植物的根长、苗高既有促进作用的也有无影响的，这可能与纳米粒子的浓度有关；另外在玉米中会发生迁移转化影响某些基因的表达；还会影响西葫芦、西红柿、大豆、玉米对杀虫剂的吸收	Khodakovskaya et al.，2011；Ghodake et al.，2010；Tan et al.，2009；Yan et al.，2013
Ag	亚麻、黑麦草、大麦、拟南芥、西葫芦、蓖麻、绿豆、高粱	会抑制亚麻、黑麦草、大麦的芽长；土培条件下对高粱的生长没有影响；低浓度对拟南芥的生长有一定促进作用，在高浓度下有抑制作用；对绿豆的根长、芽长有一定抑制作用；对蓖麻愈伤组织的再生有一定抑制	Birbaum et al.，2010；El-Temsah et al.，2012a；Lee et al.，2012；Wang et al.，2013；Thuesombat et al.，2014

纳米粒子	植物	影响结果	参考文献
Au	水稻、萝卜、南瓜、黑麦草、亚麻、拟南芥	对水稻、萝卜、南瓜、黑麦草的生长有不同的影响；对亚麻的愈伤组织再生一定的影响；而对拟南芥幼苗的生长有一定的促进作用	Zhu et al.，2012；Koelmel et al.，2013
Fe	拟南芥、亚麻、黑麦草、白杨、香蒲、大麦	水培条件下对拟南芥的根长有促进作用；土培条件下对黑麦草、亚麻、大麦的发芽率、根长、芽长都有一定抑制作用；而在白杨、香蒲中有一定的迁移	El-Temsah et al.，2012a；Kim et al.，2014；Ma et al.，2013
Cu	浆果、生菜	对浆果生物量的积累有一定的抑制作用；对生菜含水量、根伸长、生物量也有抑制作用	Birbaum et al.，2010；Trujillo et al.，2014
TiO₂	玉米、西红柿、小麦	对玉米的发芽率没有显著影响，却对根长有抑制作用；对西红柿发芽、根伸长、生物量的积累有一定促进作用；而对小麦生物量的积累却有抑制作用	Ghodake et al.，2011；Castiglione et al.，2011；Boonyanitipong et al.，2011；Gao et al.，2013；Feizi et al.，2013；Larue et al.，2012
SiO₂	拟南芥、水稻	对拟南芥的发芽率、根伸长有抑制作用；对水稻地上部分生物量积累有促进作用	Lee et al.，2010；Liu et al.，2009；Slomberg et al.，2012
Al₂O₃	拟南芥	对拟南芥的发芽没有显著影响，对根伸长有一定促进作用	Lee et al.，2010
CeO₂	水稻、黄瓜、甘蓝、油菜、番茄、萝卜、莴苣、玉米	对黄瓜、甘蓝、油菜、萝卜、番茄的发芽、根伸长没有显著影响；对莴苣的发芽没有影响，对根伸长有抑制作用；可以通过叶表面进入黄瓜内；不会引起玉米可见毒性症状；对水稻也不会产生可见毒性症状，对氧化应激、抗氧化物酶系统有影响	Hernandez et al.，2013；Ma et al.，2010；Tester et al.，2001；Hong et al.，2014；Rico et al.，2013a；Rico et al.，2013b
ZnO	油菜、萝卜、莴苣、番茄、小麦、洋葱、拟南芥、豇豆、芥菜	对油菜、萝卜、莴苣、番茄、拟南芥的发芽和根伸长有抑制作用；对豇豆会引起可见的毒性症状；对洋葱的根伸长有一定抑制作用；会降低小麦生物量；另外还会引起芥菜新陈代谢的改变	Lee et al.，2010；Ghodake et al.，2011；Du et al.，2011；De et al.，2011；Preining et al.，1998；Wang et al.，2013；Boonyanitipong et al.，2011；Dimkpa et al.，2012
CuO	玉米、浮萍	会抑制玉米根伸长和生物量的积累，并引起缺绿症状，还可以在玉米内发生迁移转化；对浮萍生长率、光合系统都会产生一定的影响	Wang et al.，2012；Dimkpa et al.，2012；Perreault et al.，2014
Fe₃O₄	拟南芥、南瓜、黑麦草	对拟南芥的发芽没有影响，对根伸长有抑制作用；可以在南瓜中发生迁移转化；另外对南瓜、黑麦草的抗氧化物酶系统有一定影响	Lee et al.，2010；Trujillo-Reyes et al.，2014；Wang et al.，2011

纳米粒子	植物	影响结果	参考文献
Fe$_2$O$_3$	大豆、拟南芥、水稻	对大豆的生长有一定促进作用，也会引起光合色素含量的增加；对水稻的根伸长有一定的促进作用；增加大豆光合作用；对拟南芥的光合色素含量却没有显著性影响	Alidoust et al.，2014；Marusenko et al.，2013；Ghafariyan et al.，2013
富勒烯类 C$_{60}$	萝卜、浮萍	能够在萝卜的根部发生迁移转化；对水生植物浮萍的生长速率有一定影响，另外还对叶绿素的合成有一定抑制作用	Avanasi et al.，2014；De et al.，2013
量子点 CdSe/CdZnS	杨树、拟南芥、小麦	能够在杨树中发生迁移转化；土培条件下对小麦的生长有抑制作用，并能够发生迁移转化；另外，对拟南芥的基因表达有一定的影响	Wang et al.，2014；Navarro et al.，2012

纳米粒子对植物的影响结果不一，尽管有些研究表明纳米粒子对植物有一定的促进作用，但大多数都表明对植物具有抑制甚至毒害作用。纳米粒子对植物生长的影响，主要与纳米粒子组成种类、不同环境介质以及植物种类与不同生长阶段有关。

（1）纳米材料的组成种类的影响

纳米粒子种类繁多，不仅组分的不同会对纳米粒子的理化性质产生很大影响，而且纳米粒子的形态结构（如球形、管状、针状、分支状等）、尺寸、团聚、修饰程度以及所带电荷也会对纳米粒子的理化性质产生一定的影响（Kadar et al.，2011）。因此，这些不同性质的纳米粒子对生物的影响也可能千差万别。现有研究认为，小尺寸的纳米粒子相比大尺寸纳米粒子更易进入植物内（Gao et al.，2013；Wang et al.，2014），但由于细胞壁的保护作用，使得纳米粒子更难进入细胞内。另外，对修饰改性后的纳米粒子的植物效应也有不同的观点，有人认为修饰改性后的纳米粒子分散性更好，会增强纳米粒子的毒性效应；也有人认为修饰改性后减少了纳米粒子与细胞的接触作用面积。

（2）不同环境介质的影响

当纳米粒子进入环境会与环境介质或其他物质先发生一定的作用，这一作用可能会对纳米粒子的理化性质、形态结构产生巨大的影响。现有研究大多都是在理想条件（水培介质）下进行的（Yan et al.，2013；Rico et al.，2013a），而对植物土壤介质下生长的研究较少，特别是自然土壤。在水培条件下主要是水环境中的 pH、有机质、离子种类与浓度等影响。在土壤环境中相对复杂，如土壤质地就对纳米粒子的分散、迁移具有很大影响（El-Temsah et al.，2012b）。另外，土壤微生物与纳米粒子可以发生一定作用，这些都会影响纳米粒子与植物根系的作用（Liu et al.，2009；Avanasi et al.，2014）。

（3）植物种类与不同生长阶段的影响

自然界中植物种类繁多，不同种类的植物对外界的应激反应差别很大，当纳米粒子进入自然环境中，对不同的植物产生的影响也会有很大的差别。一般而言，植物生长分为种子发芽、幼苗生长到开花结果等阶段，而纳米粒子对这些阶段的影响也不一样。纳米粒子对绝大多数种子的发芽率不会产生影响（Wang et al.，2012；Rico et al.，2013a），这可能与种子发芽暴露的时间以及外表的种皮有关，但是土培条件下高浓度的 nZVI 却对亚麻、黑麦草、大麦的发芽有一定抑制作用（El-Temsah et al.，2012a）。在幼苗生长阶段，植物的根系处在快速分裂伸长的过程，这个时期纳米粒子对植物根系的影响会更大，从而更容影响植物幼苗的整个生长过程。研究表明，纳米粒子对根伸长都有一定的抑制作用（El-Temsah et al.，2012a；Wang et al.，2012；Wang et al.，2013）。

2.1.3.2 工程纳米材料在植物中的吸收、迁移及转化

随着电镜、同位素示踪、X 荧光、同步辐射等技术在纳米毒理学中的分析应用，纳米粒子在植物中的吸收迁移转化已经被证实（Hong et al.，2014；Wang et al.，2014）。纳米粒子因其较小的尺寸而容易进入生物体内。大量研究表明，纳米粒子能够被植物吸收，甚至有些可以通过细胞吞噬作用或内吞作用进入细胞内（Wang et al.，2014）。然而，植物细胞的外表有一层致密的细胞壁，对细胞具有重要的保护作用。一般而言，细胞壁能够阻挡尺寸较大的物质进入细胞，通常细胞壁的间隙在 $5 \sim 20$ nm，但极小尺寸的纳米粒子是可以通过细胞壁进入细胞内的，更多的纳米粒子可能是通过质外体途径在植物中发生迁移转化的（Wang et al.，2012）。例如，小尺寸的量子点 CdSe/ZnS 等能够进入玉米内或者是苜蓿悬浮细胞内（Wang et al.，2014）；小粒径的 CeO_2 要比大粒径的更容易进入黄瓜体内（Hong et al.，2014）；小尺寸的纳米 TiO_2 可以在植物幼苗体内发生迁移（Gao et al.，2013）。而对于其他较大粒径纳米粒子进入植物体内的情况，可能就与纳米粒子组成、理化性质以及浓度等有关。另外，纳米粒子在植物体内的迁移转化还与植物种类、培养介质有关。例如，磁性纳米粒子 Fe_3O_4 在南瓜中的迁移转化就依赖于不同的培养介质（Wang et al.，2011）；纳米 CeO_2 在植物中的迁移转化也与培养介质有很大关系（Rico et al.，2013a）。

综上所述，金属纳米粒子较容易为植物所吸收、迁移转化，但是只有小尺寸的纳米粒子才容易通过细胞壁进入植物细胞内，而大多数的都是通过质外体途径在植物中发生迁移，这可能与纳米粒子的粒径、理化性质有很大关系。随着同步辐射技术的发展，纳米粒子在植物体内的转化研究才变得相对容易，之后有关纳米粒子在植物体内的转化，甚至在食物链中发生迁移都逐步得到证实。

2.1.4 纳米生物效应的作用机制

大量研究已证实，纳米粒子对生物会产生一定的毒害作用，其作用机制普遍被认为有以下几种。

①自由基机制（Keenan et al.，2009；Rico et al.，2013a）。普遍被认可的作用机制是

由于纳米粒子特有的性质与生物接触后诱导生物体内的活性氧物质的增加，当活性氧物质超过机体抗氧化系统的清除水平，就会引起生物组织的损伤。

②分子作用机制（Dimkpa et al.，2012；Rico et al.，2013a）。由于纳米粒子的尺寸效应使得纳米粒子有可能进入生物体内甚至是细胞内，在这一过程中可能就会破坏细胞膜的结构和功能。例如，增加细胞膜的通透性、改变膜上大分子物质的结构、功能而影响细胞的信号转导。当纳米粒子进入细胞内会对基因表达、酶的催化反应过程产生影响。

③离子机制（Wang et al.，2013；Wang et al.，2013）。工程纳米粒子很大一部分是金属及金属氧化物纳米粒子，这些纳米粒子在环境中容易随 pH 的改变而释放出金属离子，这些被释放出来离子对生物的生命代谢活动产生影响。

④载体机制（Liu et al.，2009）。由于纳米粒子比表面积大，具有较强的吸附能力，可能纳米粒子本身对生物产生的影响很小，但是由于这些纳米粒子的吸附作用使其对其他一些污染物质有一定的吸附富集作用，从而加大了污染物质对生物的危害。

2.2　铁基材料的环境风险研究进展

科研从来不是一次偶然的发明，一切发明都是深思熟虑和严格试验的结果。早在 2012 年，笔者团队在评估基于废酸制备的纳米零价金属修复水体中六价铬污染物时，就已高度关注铁基修复材料的环境健康风险，除了评价纳米零价金属的修复效果，进一步地研究了材料及其反应产物的化学稳定性，通过水质分析和发光细菌毒性试验评价了它们的潜在生态风险。随着对铁基材料修复污染土壤的不断研究与更深层次的认知，笔者团队先后展开评价了 nZVI、修饰型 nZVI 以及负载型 nZVI 技术、土壤修复前后对作物的生长影响及其作用机制。这些试验补充完善了我们对铁基修复材料的研究，也进一步证明了笔者团队制备的铁基修复材料是环境友好型材料，已有多项相关研究成果发表在 *Chemical Engineering Journal*。

参考文献

ALIDOUST D，ISODA A，2014. Phytotoxicity assessment of γ-Fe$_2$O$_3$ nanoparticles on root elongation and growth of rice plant[J]. Environmental Earth Sciences，71（12）：5173-5182.

AVANASI R，JACKSON W A，SHERWIN B，et al.，2014. C$_{60}$ fullerene soil sorption，biodegradation，and plant uptake[J]. Environmental Science & Technology，48（5）：2792-2797.

BIRBAUM K，BROGIOLI R，SCHELLENBERG M，et al.，2010. No evidence for cerium dioxide nanoparticle translocation in maize plants[J]. Environmental Science & Technology，44（22）：8718-8723.

BOONYANITIPONG P，KOSITSUP B，KUMAR P，et al.，2011. Toxicity of ZnO and TiO$_2$ nanoparticles on germinating rice seed *Oryza sativa* L[J]. International Journal of Bioscience，Biochemistry and Bioinformatics，1（4）：282.

BRUMFIEL G，2003. Nanotechnology：A little knowledge[J]. Nature，424（6946）：246-249.

CASTIGLIONE M R，GIORGETTI L，GERI C，et al.，2011. The effects of nano-TiO_2 on seed germination，development and mitosis of root tip cells of *Vicia narbonensis* L. and *Zea mays* L[J]. Journal of Nanoparticle Research，13（6）：2443-2449.

DE LA ROSA G，LOPEZ-MORENO M L，HERNANDEZ-VIEZCAS J A，et al.，2011. Toxicity and biotransformation of ZnO nanoparticles in the desert plants Prosopis juliflora-velutina，Salsola tragus and Parkinsonia florida[J]. International Journal of Nanotechnology，8（6-7）：492-506.

DE LA TORRE-ROCHE R，HAWTHORNE J，DENG Y，et al.，2013. Multiwalled carbon nanotubes and C_{60} fullerenes differentially impact the accumulation of weathered pesticides in four agricultural plants[J]. Environmental Science & Technology，47（21）：12539-12547.

DIMKPA C O，MCLEAN J E，LATTA D E，et al.，2012. CuO and ZnO nanoparticles：phytotoxicity，metal speciation，and induction of oxidative stress in sand-grown wheat[J]. Journal of Nanoparticle Research，14（9）：1-15.

DU W，SUN Y，JI R，et al.，2011. TiO_2 and ZnO nanoparticles negatively affect wheat growth and soil enzyme activities in agricultural soil[J]. Journal of Environmental Monitoring，13（4）：822-828.

EL-TEMSAH Y S，JONER E J. 2012a. Impact of Fe and Ag nanoparticles on seed germination and differences in bioavailability during exposure in aqueous suspension and soil[J]. Environmental Toxicology，27（1）：42-49.

EL-TEMSAH Y S，JONER E J. 2012b. Ecotoxicological effects on earthworms of fresh and aged nano-sized zero-valent iron（nZVI）in soil[J]. Chemosphere，89（1）：76-82.

FEIZI H，KAMALI M，JAFARI L，et al.，2013. Phytotoxicity and stimulatory impacts of nanosized and bulk titanium dioxide on fennel（*Foeniculum vulgare* Mill）[J]. Chemosphere，91（4）：506-511.

GAO J，XU G，QIAN H，et al.，2013. Effects of nano-TiO_2 on photosynthetic characteristics of *Ulmus elongata* seedlings[J]. Environmental Pollution，176：63-70.

GHAFARIYAN M H，MALAKOUTI M J，DADPOUR M R，et al.，2013. Effects of magnetite nanoparticles on soybean chlorophyll[J]. Environmental Science & Technology，47（18）：10645-10652.

GHODAKE G，SEO Y D，LEE D S，2011. Hazardous phytotoxic nature of cobalt and zinc oxide nanoparticles assessed using *Allium cepa*[J]. Journal of Hazardous Materials，186（1）：952-955.

GHODAKE G，SEO Y D，PARK D，et al.，2010. Phytotoxicity of carbon nanotubes assessed by *Brassica juncea* and *Phaseolus mungo*[J]. Journal of Nanoelectronics and Optoelectronics，5（2）：157-160.

HERNANDEZ-VIEZCAS J A，CASTILLO-MICHEL H，ANDREWS J C，et al.，2013. In situ synchrotron X-ray fluorescence mapping and speciation of CeO_2 and ZnO nanoparticles in soil cultivated soybean（*Glycine max*）[J]. ACS nano，7（2）：1415-1423.

HONG J，PERALTA-VIDEA J R，RICO C，et al.，2014. Evidence of translocation and physiological impacts of foliar applied CeO_2 nanoparticles on cucumber（*Cucumis sativus*）plants[J]. Environmental Science & Technology，48（8）：4376-4385.

KADAR E，TARRAN G A，JHA A N，et al.，2011. Stabilization of engineered zero-valent nanoiron with Na-acrylic copolymer enhances spermiotoxicity[J]. Environmental Science & Technology，45（8）：3245-3251.

KEENAN C R，GOTH-GOLDSTEIN R，LUCAS D，et al.，2009. Oxidative stress induced by zero-valent iron nanoparticles and Fe（Ⅱ）in human bronchial epithelial cells[J]. Environmental Science & Technology，43（12）：4555-4560.

KHODAKOVSKAYA M V，DE SILVA K，NEDOSEKIN D A，et al.，2011. Complex genetic，photothermal，and photoacoustic analysis of nanoparticle-plant interactions[J]. Proceedings of the National Academy of Sciences，108（3）：1028-1033.

KIM J H，LEE Y，KIM E J，et al.，2014. Exposure of iron nanoparticles to Arabidopsis thaliana enhances root elongation by triggering cell wall loosening[J]. Environmental Science & Technology，48（6）：3477-3485.

KOELMEL J，LELAND T，WANG H，et al.，2013. Investigation of gold nanoparticles uptake and their tissue level distribution in rice plants by laser ablation-inductively coupled-mass spectrometry[J]. Environmental Pollution，174：222-228.

LARUE C，LAURETTE J，HERLIN-BOIME N，et al.，2012. Accumulation，translocation and impact of TiO$_2$ nanoparticles in wheat(*Triticum aestivum* spp.)：influence of diameter and crystal phase[J]. Science of the total environment，431：197-208.

LEE C W，MAHENDRA S，ZODROW K，et al.，2010. Developmental phytotoxicity of metal oxide nanoparticles to *Arabidopsis thaliana*[J]. Environmental Toxicology and Chemistry：An International Journal，29（3）：669-675.

LEE W M，KWAK J I，AN Y J，2012. Effect of silver nanoparticles in crop plants Phaseolus radiatus and Sorghum bicolor：media effect on phytotoxicity[J]. Chemosphere，86（5）：491-499.

LIU C，LI F，LUO C，et al.，2009. Foliar application of two silica sols reduced cadmium accumulation in rice grains[J]. Journal of Hazardous Materials，161（2-3）：1466-1472.

MA X，GURUNG A，DENG Y，2013. Phytotoxicity and uptake of nanoscale zero-valent iron（nZVI）by two plant species[J]. Science of the Total Environment，443：844-849.

MA Y，KUANG L，HE X，et al.，2010. Effects of rare earth oxide nanoparticles on root elongation of plants[J]. Chemosphere，78（3）：273-279.

MARSALEK B，JANCULA D，Marsalkova E，et al.，2012. Multimodal action and selective toxicity of zerovalent iron nanoparticles against cyanobacteria[J]. Environmental Science & Technology，46（4）：2316-2323.

MARUSENKO Y，SHIPP J，HAMILTON G A，et al.，2013. Bioavailability of nanoparticulate hematite to Arabidopsis thaliana[J]. Environmental Pollution，174：150-156.

NAVARRO D A，BISSON M A，Aga D S，2012. Investigating uptake of water-dispersible CdSe/ZnS quantum dot nanoparticles by *Arabidopsis thaliana* plants[J]. Journal of Hazardous Materials，211：427-435.

PERREAULT F POPOVIC R，DEWEZ D，2014. Different toxicity mechanisms between bare and polymer-coated copper oxide nanoparticles in *Lemna gibba*[J]. Environmental Pollution，185：219-227.

PREINING O，1998. The physical nature of very，very small particles and its impact on their behaviour[J]. Journal of Aerosol Science，29（5-6）：481-495.

RICO C M，HONG J，MORALES M I，et al. 2013a. Effect of cerium oxide nanoparticles on rice：a study involving the antioxidant defense system and in vivo fluorescence imaging[J]. Environmental Science & Technology，47（11）：5635-5642.

RICO C M，MORALES M I，MCCREARY R，et al. 2013b. Cerium oxide nanoparticles modify the antioxidative stress enzyme activities and macromolecule composition in rice seedlings[J]. Environmental Science & Technology，47（24）：14110-14118.

SLOMBERG D L，SCHOENFISCH M H，2012. Silica nanoparticle phytotoxicity to Arabidopsis thaliana[J]. Environmental Science & Technology，46（18）：10247-10254.

TAN X，Lin C，FUGETSU B，2009. Studies on toxicity of multi-walled carbon nanotubes on suspension rice cells[J]. Carbon，47（15）：3479-3487.

TESTER M，LEIGH R A，2001. Partitioning of nutrient transport processes in roots[J]. Journal of Experimental Botany，52（suppl 1）：445-457.

THUESOMBAT P，HANNONGBUA S，AKASIT S，et al.，2014. Effect of silver nanoparticles on rice（*Oryza sativa* L. cv. KDML 105）seed germination and seedling growth[J]. Ecotoxicology and Environmental Safety，104：302-309.

TRUJILLO-REYES J，MAJUMDAR S，BOTEZ C E，et al.，2014. Exposure studies of core-shell Fe/Fe$_3$O$_4$ and Cu/CuO NPs to lettuce（*Lactuca sativa*）plants：Are they a potential physiological and nutritional hazard[J]. Journal of Hazardous Materials，267：255-263.

WANG H，KOU X，PEI Z，et al.，2011. Physiological effects of magnetite（Fe$_3$O$_4$）nanoparticles on perennial ryegrass（*Lolium perenne* L.）and pumpkin（*Cucurbita mixta*）plants[J]. Nanotoxicology，5（1）：30-42.

WANG J，KOO，Y，ALEXANDER，A，et al.，2013. Phytostimulation of poplars and arabidopsis exposed to silver nanoparticles and Ag$^+$ at sublethal concentrations[J]. Environmental Science & Technology，47：5442-5449.

WANG J，YANG Y，ZHU H，et al.，2014. Uptake，translocation，and transformation of quantum dots with cationic versus anionic coatings by Populus deltoides nigra cuttings[J]. Environmental Science & Technology，48（12）：6754-6762.

WANG P，MENZIES N W，LOMBI E，et al.，2013. Fate of ZnO nanoparticles in soils and cowpea（*Vigna unguiculata*）[J]. Environmental Science & Technology，47（23）：13822-13830.

WANG Z，XIE X，ZHAO J，et al.，2012. Xylem-and phloem-based transport of CuO nanoparticles in maize（*Zea mays* L.）[J]. Environmental Science & Technology，46（8）：4434-4441.

YAN S，ZHAO L，LI H，et al.，2013. Single-walled carbon nanotubes selectively influence maize root tissue development accompanied by the change in the related gene expression[J]. Journal of Hazardous Materials，246：110-118.

ZHU Z J，WANG H，YAN B，et al.，2012. Effect of surface charge on the uptake and distribution of gold nanoparticles in four plant species[J]. Environmental Science & Technology，46（22）：12391-12398.

第二部分
铁基材料在水环境修复中的应用

第3章 纳米金属颗粒修复六价铬污染水体

3.1 研究背景

3.1.1 环境中的铬

3.1.1.1 铬的特性及其应用

铬是一种重要的重金属，广泛应用于电镀、制革、冶金、颜料等行业。例如，在炼钢过程中添加金属铬可以生产不锈钢，提高钢铁的耐压强度和抗冲击能力。由于铬在高温时也能保证足够的强度及耐氧化能力，在低温时又有较强的韧性，因此在机器工业中用途也十分广泛。氧化铬可用作耐光耐热的涂料、陶瓷和玻璃的着色剂，以及化学合成的催化剂。在电镀行业中，通过镀铬或钝化处理，可使镀件表面平整、光洁，具有耐腐蚀、防酸碱、耐磨损等众多优点。在制革与纺织行业中，将铬矾、重铬酸盐用作皮革的鞣制剂，以及织物染色的媒染剂、浸渍剂等。此外，利用六价铬的毒性，可以用氧化铬做成木材的防腐剂，达到抑制真菌、白蚁及海蛀虫对木材的侵蚀的目的（Hingstona et al.，2011）。

铬（Chromium）元素的原子序数为 24，原子量为 51.996 1，化合价有+2、+3 和+6。自然界中存在 4 种非放射性的铬的同位素（Gheju et al.，2011），分别是 ^{50}Cr（4.35%）、^{52}Cr（83.80%）、^{53}Cr（9.50%）和 ^{54}Cr（2.35%）。铬在自然界中主要以金属铬、三价铬和六价铬 3 种形式存在。其中，金属铬在自然状态下并不存在，是从铬矿中提炼出来的。它是一种具有银白色光泽的金属，无臭，无味，无毒，化学性质很稳定，有延展性。金属铬不溶于水，可溶于强碱溶液，易溶于酸（浓硝酸除外）。常见的铬化合物有六价的铬酐、重铬酸钾、重铬酸钠、铬酸钾、铬酸钠等；三价的三氧化二铬；二价的氧化亚铬。铬的化合物中以六价铬毒性最强，三价铬次之（武红叶等，2006）。铬是人体和动物体必需的微量元素。适量的三价铬对人体是有益的，对人体的正常生长发育和血糖调节起重要作用（梁奇峰，2006）。在动物体中，三价铬构成葡萄糖耐量因子 GTF，协助胰岛素在糖类、脂类、蛋白质和核酸的代谢中发挥最大的生物学效能（张庆东等，2005）。

3.1.1.2 环境中铬的分布

铬在环境介质中的分布非常广泛。在水体、土壤、岩石和空气中都有铬存在（Kotas

et al.，2000）（表 3-1）。人体组织中也能检出低浓度的铬（表 3-2）。但是，环境中的铬主要来源于人为排放，其中包括皮革制品加工、冶金工业、电镀工业等（Gheju，2011）。这些工业产生的大量含铬废水排放到环境中，造成了严重的环境污染。

表 3-1   环境介质中的铬

媒介	铬浓度	参考文献
废水	42.8～3 950.0 mg/L	Fang et al.，2011
水体（江河）	0.2～114.4 µg/L	Szalinska et al.，2010
水体（湖泊）	0.07～36 µg/L	Icopini et al.，2002
地下水	0.16～300 µg/L	Mohamed al.，2006
黏土	26～1 000 mg/kg	Gheju et al.，2011
花岗岩	1～90 mg/kg	Gheju et al.，2011
土壤	1～1 000 mg/kg	Bini et al.，2008
岩石	53～5 900 mg/kg	Morrison et al.，2009
空气	<0.01 µg/m³	Caggiano et al.，2005

表 3-2   人体中的铬

组织	铬浓度	参考文献
血液	0.12～0.67 µg/L	Pechova et al.，2007
血清	0.01～0.38 µg/L	
肝脏	5～15 µg/kg	Moukarzel et al.，2009
脾脏	7～29 µg/kg	
指甲	0.52～172.92 mg/kg	Mehra et al.，2005
头发	234～3 800 µg/kg	Nowak et al.，1998
牙齿	7 200～35 000 µg/kg	
骨骼组织	5～15 µg/kg	Iyengar et al.，1989
皮肤	50～200 µg/kg	

在自然状态下，海水中铬的浓度约为 0.6 µg/L，地表水中铬的浓度约为 1 µg/L，主要以三价铬和六价铬的形态存在。在工业生产中，铬主要用于化学（15%）、耐火材料（18%）和冶金（67%）（Saha et al.，2011）。制革、冶金、电镀、纺织、颜料等工业均会排放含三价或六价铬的废水。制革、纺织业等行业中的废水以三价铬为主，冶金、电镀、燃料等工业的废水中以六价铬为主。

由于土壤中富含有机质，因此铬在土壤中主要以三价铬的形式存在，主要是无定形的铁铬氢氧化物、绿铬矿及铬铁矿等（Richard et al.，1991）。这些形态的铬容易被固定和稳定，防止铬被植物吸收或者渗透迁移至地下水中。工业中产生的含铬污泥和废物、大气中含铬颗粒物的沉降是造成土壤中铬污染的主要原因。公路周边一些土壤中的铬含量往往也高于其在自然界中的含量，原因是车辆中的废气减排系统中装有含铬催化剂。

另外，含铬污水的渗透也会污染土壤。

在自然环境中，大气中的铬来源于风沙、火山活动、森林火灾、大气尘埃和海上盐雾或粒子，其中以风沙与火山活动为主。自然来源的这部分铬只占大气中的铬总量的 30%～40%，而大气中铬总量的 60%～70% 是人为造成的（Seigneur et al.，1995）。冶金工业、电镀工业、耐火砖的生产、燃料的燃烧等均会造成大气铬污染。含铬粉尘和飞灰的排放会直接导致大气中铬的含量迅速高于自然含量，特别是在烧煤企业的周围，铬含量的增加更快。冶金行业和化工制造业排放的废气，在空气中形成悬浮粒子，也会导致空气的铬含量增加。空气中铬污染的其他人为来源还有工业废弃物、水泥生产厂和催化转换器的排放物等。

六价铬主要通过皮肤接触、消化道、呼吸道进入人体（武红叶等，2006）。经皮肤接触后，皮肤表面蛋白会被氧化，六价铬自身变成了三价铬。人体通过消化道吸收的六价铬含量很低，占 0.5%～3%。一般认为，六价铬的毒性比三价铬大 1 000 倍。尽管三价铬是人体内不可缺少的一种微量元素，但过量摄入也可能引起危害。研究表明（考庆君等，2007），$K_2Cr_2O_7$ 对大鼠造成的长期慢性毒性明显高于 $CrCl_3$。六价铬具有强氧化性和腐蚀性，可以通过易化扩散作用和细胞膜上的非特异性的阴离子通道进入细胞内，而三价铬较难穿透细胞膜，因此，铬的毒性主要体现在六价铬及其化学物上。例如，铬酸能够引起皮肤炎症和溃疡。另外，铬化合物还会引起过敏性接触性皮炎。铬酸盐粉尘可引起流泪、鼻和喉刺激、鼻炎、鼻出血、鼻中隔溃疡或穿孔、气短、胸闷、发热、面色青紫等（吴继明等，2009）。六价铬化合物已经被国际癌症研究中心（IARC）确定为人类致癌物。

3.1.1.3　水体中铬的环境化学行为

在水体环境中，铬以三价和六价两种稳定形式存在。三价铬在水中微溶，六价铬则易溶于水。铬在水体中的迁移转化方式主要有水解、沉淀、吸附和氧化还原等。三价铬在水体中易水解生成羟基配合物，根据水解条件不同，有 $Cr(OH)^{2+}$、$Cr(OH)_2^+$、$Cr(OH)_4^-$ 三种形式。六价铬在水体中的存在形式有 H_2CrO_4、$HCrO_4^-$、CrO_4^{2-}，它们在水溶液中的种类丰度取决于溶液的 pH（图 3-1）。它们之间存在如下水解平衡：

$$H_2CrO_4 + H_2O \rightleftharpoons HCrO_4^- + H_3O^+ \tag{3-1}$$

$$HCrO_4^- + H_2O \rightleftharpoons CrO_4^{2-} + H_3O^+ \tag{3-2}$$

在弱酸性或碱性条件下，三价铬容易生成氢氧化铬沉淀。六价铬的溶解度较大，但是当水体中含有高浓度的 Ba^{2+}、Pb^{2+}、Ag^+ 等重金属离子时，六价铬可与这些离子形成铬酸盐沉淀。三价铬和六价铬均能被水体中的底泥和悬浮物中的胶体物质吸附，人工投加吸附剂也能吸附去除铬离子。吸附后的铬转移至固相中，有利于后续的处理或回收。

水体中的铬可以通过氧化还原作用在三价和六价之间进行转化，它们之间相互转化

的表达式为

$$HCrO_4^- + 7H^+ + 3e^- \rightleftharpoons Cr^{3+} + 4H_2O \qquad (3-3)$$

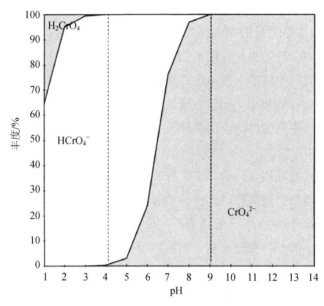

图 3-1　水溶液中六价铬种类的丰度与 pH 的关系

六价铬的氧化性很强，因此该反应很容易进行。水体中的一些还原性离子，例如二价铁离子可以还原水体中的六价铬，生成的三价铬容易形成沉淀，并与自然界中的有机物质形成多种多样的络合物（Fang et al.，2011）。这些产物有利于降低铬在介质中的迁移，以及提高其生物可利用性。与三价铬相反，六价铬具有较高的迁移能力，水体中的无机物对六价铬的吸附能力较弱。

由于各种工业废水来源的条件差异，废水中铬的性质和形式与环境介质中铬的差异较大。废水中铬的存在形态和浓度取决于工业工艺条件以及废水中的其他物质的影响。冶金、电镀硬铬、燃料等工业的废水中以六价铬为主；制革、纺织业、装饰电镀等行业中的废水以三价铬为主。废水中的铬可以在三价和六价之间进行转化。例如，制革废水中虽然三价铬是主要的形式，但是通过氧化还原反应，六价铬的含量会逐渐增大。在弱酸或中性条件下，难溶的氢氧化铬是主要存在形式，但是存在高浓度有机物条件时，会形成易溶于水的三价铬的络合物（Walsh et al.，1996）。

3.1.1.4　土壤中铬的环境化学行为

土壤中的铬主要以不溶性的 $Cr(OH)_3$ 的形式存在，或以 Cr(III)的形式被吸附在土壤化合物中，从而阻止了 Cr 渗滤到地下水中或被植物吸收。Cr 在土壤中的存在形态很大限度上取决于土壤的 pH。酸性（pH<4）土壤中，Cr(III)主要以 $Cr(H_2O)_6^{3+}$ 存在，当 pH<5.5

时以其水解产物 $CrOH^{2+}$ 存在；以这两种形态存在的铬都容易被大分子黏土化合物吸附。例如，当 pH 为 2.7～4.5 时，腐植酸作为电子供体能吸附 Cr(III)并最终形成稳定的铬化合物，其他的大分子配体也有类似的作用。同样地，迁移性较强的柠檬酸、二乙三胺五乙酸（DTPA）和富里酸等能与 Cr(III)形成的铬化合物，从而有效地防止其被氧化为 Cr(VI)。在碱性条件下（pH 为 7～10），沉淀作用大大超过了络合作用，这使得铬最终以 $Cr(OH)_3$ 的形式沉淀下来。

在酸性（pH<6）土壤中，Cr(VI)主要以 $HCrO_4^-$ 的形式存在。中性或碱性土壤中则主要以可溶性盐（如 Na_2CrO_4）或微溶性盐（如 $CaCrO_4$、$BaCrO_4$、$PbCrO_4$）等形式存在。CrO_4^{2-} 和 $HCrO_4^-$ 是土壤中存在的移动性最强的铬离子，能被植物吸收，容易淋滤到深层土壤中而污染地下水。少量的 Cr(VI)会滞留在土壤中，但这取决于土壤的矿物组成和 pH 等。例如，CrO_4^{2-} 能被针铁矿、FeO(OH)、氧化铝和其他带正电荷的土壤胶体吸附。在酸性土壤中常见的 $HCrO_4^-$ 则既可以被吸附在土壤中，也可以高溶解态的形式存在。

土壤中的 Cr(III)和 Cr(VI)能通过氧化还原反应进行转化。这一过程受控于 pH、氧化剂浓度，以及有一定的还原剂和催化介质存在的体系。例如，$HCrO_4^-$ 和 CrO_4^{2-} 在有机还原剂和 Fe^{2+} 或 S^{2-} 等无机还原剂在催化作用下能被还原为 Cr(III)。产生的 Cr(III)通过与迁移性强的配体（如黄腐酸盐或柠檬酸盐等）形成溶解性的 Cr(III)化合物进行迁移。当遇到含有 Mn（III，IV）的氢氧化物或氧化物时被氧化为 $HCrO_4^-$ 和 CrO_4^{2-}，产生的 Mn（II）则容易被空气中的氧气再氧化为 MnO_2（图 3-2）。

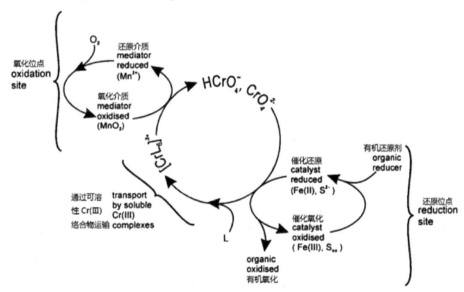

图 3-2　土壤中铬的氧化-还原反应

3.1.2 nZVI 技术去除铬

六价铬的传统去除方法主要有吸附法、膜滤法、离子交换法和电化学法等（Owlad et al.，2001；谢瑞文，2006）。吸附法是一种将分子集中到吸附剂表面的技术。吸附法具有廉价、易操作、高效的优点。各种各样的天然材料和人造材料被用作为铬的吸附剂，如活性炭、沸石、壳聚糖、工业废料等（表3-3）。

表 3-3 各种材料对铬的吸附能力

材料	吸附能力/（$mgCr^{6+}$/g）	参考文献
活性炭、FS-100	69.3	Hu et al.，2003
沥青煤	7.0	Di et al.，2005
木屑	13.8	Owlad et al.，2001
赤泥	1.6	
聚壳糖	273	

膜滤法在处理含铬废水中受到极大的关注。有多种形式的膜（如无机膜、聚合膜、液体膜等）都可以用于去除重金属铬。各种膜对铬的去除效率如表3-4所示。

表 3-4 各种膜对铬的去除效率

膜的类型	去除效率/%	参考文献
碳膜	96	Pugazhenthi et al.，2000
氧化氮薄膜	84	
合成聚酰胺膜	99	Owlad et al.，2001
聚酰胺薄膜	77	
聚丙烯腈纤维	90	Bohdziewicz et al.，2000

近年来，越来越多的人采用离子交换法或者电化学法处理含铬废水，两者同样可以获得良好的去除效果。其中一些研究表明，不同的离子交换剂对六价铬的去除能力为38～100 mg/g。

虽然这些传统方法已较成熟，但是仍存在着应用范围窄、运行成本高等缺点，使得它们无法被广泛应用。尤其是在原位修复中，传统方法几乎是不可行的。零价铁因其无毒性、良好的还原性被广泛地应用于污染控制领域（如去除重金属、降解卤化有机物、修复土壤和地下水等）（Shea et al.，2004；Zhou et al.，2008；Jiao et al.，2009）。在环境介质中，无论是工业废水、地表水还是地下水中，都存在着许多不可避免地影响零价铁活性的因素（如pH、腐植酸、钙离子、镁离子等）。研究表明，双金属颗粒可以克服零价铁在去除 Cr(Ⅵ)时，容易受环境负面因素和反应产物的影响而被钝化的缺点

（Rivero-Huguet et al.，2009a；Hu et al.，2010），但是外加的贵金属会提高材料的制备成本。尽管如此，微米级的零价铁或者双金属还原 Cr(VI)的效率仍然较低，解毒能力较弱，环境修复周期较长。在土壤、地表水和地下水污染物原位修复领域，纳米颗粒能表现出更好的移动性和反应活性。研究表明，nZVI 在水体中对 Cr(VI)的去除能力是商业铁粉的 12.5～45 倍（Li et al.，2008）。零价铁应用于地下水修复需要依托可渗透活性格栅（Moraci et al.，2010）。例如，1996 年安装在美国 Elizabeth City 的可渗透活性格栅，成功应用于处理六价铬污染的地下水（Wilkin et al.，2005）。因此，利用 nZVI 技术去除废水中的铬污染或者进行原位修复，被认为是一项具有良好前景的技术。

目前，利用 nZVI 技术去除水体中六价铬的研究已被广泛开展，从表 3-5 中可以看到，各种双金属颗粒中，Pd 对零价铁的催化作用最为显著，在一定条件下可以使零价铁的反应速率提高 10 倍以上。相反地，有些金属元素对零价铁的活性则起到抑制作用，如 Mg 的加入使得反应速率降低。纳米级的零价铁颗粒的反应活性比微米级的零价铁颗粒的反应活性更强，去除能力也远大于微米级颗粒。零价铁颗粒在与污染物反应的过程中，零价铁具有还原固定作用，即零价铁可以将六价铬还原成三价铬并将其吸附在颗粒表面。反应后颗粒表面被氧化，主要产物为铁氧化物。三价铬通常以氢氧化铬的形态存在于铁颗粒的表面。

表 3-5　各种零价铁材料去除六价铬的反应速率

ZVM	wt/%	M：Cr（w/w）	初始 pH	k_{SA}/ [mL/（min·m^2）]
Fe	—	300	2.11	4.67
Pd/Fe	1	305	2.13	26
Ag/Fe	2	338	2.33	27
Cu/Fe	2	287	2.07	8.6
Zn/Fe	2	328	2.01	16
Co/Fe	2	298	2.13	6.7
Mg/Fe	2	327	2.04	3.9
Ni/Fe	2	312	2.09	23

总体来说，nZVI 技术相比零价铁技术，可以更高效地去除六价铬等重金属污染物。而且 nZVI 凭借着其优越的反应活性、渗透性能等，更适用于地下水等环境介质的原位修复。目前，nZVI 在废水处理中的研究较为成熟，需要解决的问题主要是成本问题。对于在原位修复中的应用还需要解决许多技术问题和考察各种影响因素，包括 nZVI 的回收技术、生态影响等（Grieger et al.，2010）。

3.1.3   利用钢铁酸洗废液制备纳米金属颗粒的设想

钢铁行业酸洗废液的处理是环境热点研究方向。在中国，该类废液一直被认定为危险废物，严禁未经处理而直接排放到自然水体中。一般地，该类废液的处理方法以沉积处理为主，需依托后续处理工艺，成本较高。针对该类废液中含有大量的金属，特别是铁离子，一些新的回收处理金属离子的方法（如离子交换树脂，电解沉积等）陆续取得了研究成果。但是这些方法操作复杂、成本高、无法一次性将铁离子转化为可再次利用的产品，同时还存在二次污染隐患等问题。

钢铁厂酸洗工艺大量排放的酸洗废液，主要含有铁盐、镍盐、锌盐以及酸类物质，其中铁离子的含量高达 122 g/L、镍的含量为 17 mg/L、锌离子含量为 3 mg/L 左右（Fang et al.，2010），这是具有相当高回收价值的资源。钢铁酸洗废液的主要物理化学性质如表 3-6 所示。虽然这些副产物本可以重新回收利用，但在中国，大部分的酸洗废液被视作污染物，经简单处理后排入水体中，造成了严重的环境污染和潜在的资源浪费。

表 3-6   钢铁酸洗废液的主要物理化学性质

项目	废液	项目	废液
颜色	棕黄	Zn/（mg/L）	3
色品（倍数）	1 250	Cl^-/（mg/L）	216 400
H^+/（mg/L）	910	SO_4^{2-}/（mg/L）	1 050
Fe/（mg/L）	121 860	NO_3^-/（mg/L）	850
Ni/（mg/L）	17		

nZVI 的制备需要以铁盐为原料，而钢铁生产在酸洗过程产生的高浓度酸洗废液中，恰恰含有可以作为合成 nZVI 所需的铁离子。为此，我们提出采用钢铁酸洗废液制备 nZVI，并应用于治理水体中 Cr(Ⅵ)的污染。一是降低了纳米金属材料的制备成本；二是制备出的 nZVI（纳米金属颗粒）中除了 Fe，还含有 Ni 和 Zn 元素（Fang et al.，2010）。这些元素可能提高 nZVI 的催化活性和去除能力，从而提高水中 Cr(Ⅵ)的去除效率。

基于此，本书意在考察以钢铁酸洗废液为原料制备纳米金属颗粒（nZVM）的可行性，探索 nZVI 技术原位修复地表水污染的应用。另外，我们建立了一种一维数学模型，对修复过程进行了模拟，为今后开展纳米材料应用于原位修复的研究提供了一定的理论支持和技术参考。主要研究内容如下：

①利用钢铁酸洗废液制备纳米金属颗粒，并将其应用于含铬电镀废水处理。对纳米金属颗粒进行表征研究；研究多种环境因素（pH、腐植酸、硬度等）对六价铬去除效果的影响；通过铬元素的质量分布研究和产物 XPS 分析，重点研究纳米金属颗粒对六价铬

的去除机制。

②采用稳定型纳米金属颗粒进行模拟修复河流铬污染的研究。采用羧甲基纤维素对纳米金属颗粒进行预处理，从而获得具有良好稳定性和分散性的稳定型纳米金属颗粒；研究各因素（材料投加量、初始污染源浓度和流量）对修复效果的影响；基于修复过程的反应网络和对流-扩散方程，建立了一种一维数学模型，进行修复过程模拟和污染物扩散预测。

3.2　纳米金属颗粒去除水体中六价铬的研究

3.2.1　研究方法

3.2.1.1　纳米金属颗粒去除废水中六价铬试验

采用序批式试验进行 nZVM 对六价铬去除效果的研究。标准试验条件为：nZVM 投加量为 0.3 g/L，初始 Cr(Ⅵ) 浓度为 60 mg/L，初始 pH 为 4.82，振荡速度为 250 r/min，温度为（25±1）℃。

六价铬去除试验在 250 mL 的锥形瓶中进行，首先将锥形瓶置于水浴式摇床中，锥形瓶中含有 30 mg 的 nZVM，往瓶中加入 100 mL 的含铬废水后开始反应。在试验设定好的时间（0 min、5 min、10 min、30 min、60 min、100 min），使用移液管取出 0.5 mL 样品，用 0.45 μm 的微孔滤膜过滤，过滤后的溶液用紫外可见分光光度计进行分析。空白样品的处理如上面所述。每个样品都做一个平行样。

3.2.1.2　分析方法

①六价铬的分析法。溶液中六价铬的浓度采用二苯碳酰二肼显色法进行测定（Qian et al.，2008），样品采用紫外可见分光光度计法进行分析。采用外标法定量，即测定前先配制一系列六价铬标准溶液，以浓度为横坐标，强度为纵坐标绘制标准曲线，当被测物的浓度与强度关系良好时（$r > 0.999$），采用该曲线进行定量分析。

②总铬的分析法。溶液中总铬的浓度采用高锰酸钾-二苯碳酰二肼显色法进行测定（Qian et al.，2008），样品采用紫外可见分光光度计法进行分析。同样采用外标法定量。

3.2.2　纳米金属颗粒的制备与表征

3.2.2.1　材料的制备

将钢铁酸洗废液稀释 10 倍，得到铁离子浓度约 12 g/L 的储备液备用，采用硼氢化钠还原法制备（Wang et al.，2009；Tee et al.，2009）。以制备 30 mg 的 nZVM 为例，首先从储备液中移取 2.46 mL 的溶液至 1 个 250 mL 的锥形瓶中，加入 50 mg 的聚乙烯吡咯烷酮和 10 mL 的乙醇，振荡使之混合。在充分振荡的状态下，通过滴加的方式将 50 mL、浓度为 1.2 g/L 的硼氢化钠溶液滴加到锥形瓶中。此时溶液开始变黑，产生黑色物质，待反应完全后用磁选法分离产物和溶液。为了去除过量的硼氢化钠，用去氧水将所分离的纳米金属颗粒洗涤 3 遍，再用无水乙醇洗涤 3 次。而后放入真空干燥箱中，在 50℃下真空干燥待用。反应方程式如下（Zhang et al.，2009；Wang et al.，2009）：

$$Fe(H_2O)_6^{2+}+2BH_4^- \longrightarrow Fe^0 \downarrow +2B(OH)_3+7H_2 \uparrow \qquad (3-4)$$

$$Fe(H_2O)_6^{3+}+3BH_4^-+3H_2O \longrightarrow Fe^0 \downarrow +2B(OH)_3+10.5H_2 \uparrow \qquad (3-5)$$

3.2.2.2 材料的表征

nZVM 中 Fe、Ni、Zn 元素的含量采用电感耦合等离子体发射光谱（ICP-AES）进行测定。nZVM 表面的元素价态分析采用 X-射线光电子能谱仪进行表征，光源为 Mono Al Kα，能量：1 486.6 eV；扫描模式：CAE；全谱扫描：通能为 150 eV；窄谱扫描：通能为 20 eV。材料表面的元素组分采用能谱仪进行分析。比表面积采用比表面分析仪进行分析测定，样品先在 270℃下抽真空 12 h，在液氮温度（−196℃）下进行氮气的吸附解吸测试。nZVM 的尺寸及表面形貌采用透射电镜（TEM）和扫描电镜（SEM）进行分析。在 TEM 分析中，样品先在乙醇中进行超声分散，然后将 nZVM 与无水乙醇混合液滴到碳-铜合金网上，待乙醇挥发后，进入仪器真空室中测定。在 SEM 分析中，样品经喷金预处理后进样分析。材料的晶型结构采用 X 射线粉末衍射仪（XRD）测定，X 射线为 Cu 靶 Kα 射线（λ=0.154 18 nm），管电压 30 kV，管电流 20 mA，扫描范围为 10°～90°，扫描速度为 0.8°/s。

通过 ICP-AES 的分析得出，nZVM 中 Fe、Ni、Zn 元素的含量分别为 99.987%、0.011% 和 0.002%。如图 3-3 所示，nZVM 的粒径基本都在 20～40 nm 内，外貌呈圆球状，而且大部分颗粒连接或者聚集在一起。它们主要是由于范德华力作用而形成链状结构，从而保持热力学稳定状态（Cushing et al.，2004）。从图 3-3（a）中可以看出，nZVM（黑点）的外层被铁氧化物（灰色）包裹着，说明了这些已经被空气氧化的颗粒呈现为核壳结构。尽管如此，Fe^0 仍然作为给电子体，而氧化层则可以通过静电吸附作用吸附水中的六价铬（Yan et al.，2010）。这个结果与采用纯化学试剂制备的 nZVI 相似（Wang et al.，2009；Bae et al.，2010）。

本书序批式试验中采用的 nZVM 是新鲜制备的。图 3-3（b）显示了其凹凸不平的表面，证明其具备大量的活性反应点位。但是，本试验中发现，制备的 nZVM 在表征分析过程中很容易被氧化。另外，材料的比表面分析结果显示，nZVM 的比表面积为 (35 ± 2) m^2/g，也和 nZVI 相近。比表面积被公认为是一个重要的性质，因为其影响到材料处理污染物的反应动力学。

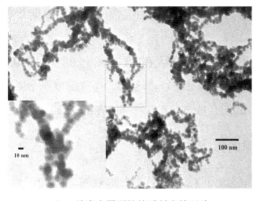

（a）纳米金属颗粒的透射电镜照片　　　　　　　　（b）纳米金属颗粒的扫描电镜照片

图 3-3　nZVM 透射电镜和扫描电镜

如图 3-4（a）所示，XPS 光谱的结果（706.9 eV 处的峰）证明了 nZVM 中存在 Fe^0，同时，710.8 eV 和 725.1 eV 处的宽峰也证明了铁氧化物（α-Fe_2O_3）的存在。这种核壳结构与之前 TEM 的分析结构一致。EDS 光谱的结果［图 3-4（b）］表明，材料表面的元素主要有 Fe、C 和 O，并没有检测到 Ni、Zn。这可能是由于 Ni 和 Zn 元素分布在颗粒内层或者它们的含量过低无法被检测出来。不过，之前 ICP-AES 的结果证明了它们是存在的。

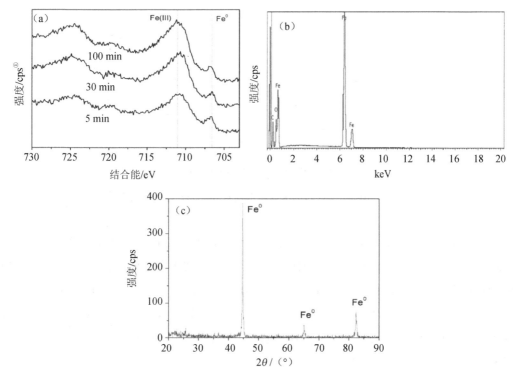

图 3-4　纳米金属颗粒的（a）XPS 图谱、（b）EDS 图谱和（c）XRD 图谱

① cps 是指每秒计数，次/s。

另外考虑到 nZVM 于六价铬的反应是发生在颗粒表面，因此这种类合金结构可以防止 Ni 和 Zn 的释出。

XRD 的分析结果显示［图 3-4（c）］，最突出的衍射峰出现在 44.72°、65.08°和 82.40°，这 3 个峰分别对应着 Fe^0（110）、Fe^0（200）和 Fe^0（211）。这种窄峰宽的峰形表明材料为晶形结构(Kanel et al., 2006)。这与纯化学试剂合成的 nZVI 不同(Wang et al., 2009)。

3.2.3 纳米金属颗粒的投加量对六价铬去除的影响

图 3-5 显示了不同 nZVM 投加量（0.1～0.6 g/L）对 Cr(VI)的去除效率。例如，当投加量为 0.6 g/L 时，5 min 时，去除率达到 99.9%，残余的 Cr(VI)浓度只有 0.037 mg/L。可以发现，随着 nZVM 投加量的提高，去除率显著提高。说明了该反应是发生在颗粒表面，因为颗粒表面的反应点位是随着投加量的提高不断提高的（Xu et al., 2009）。

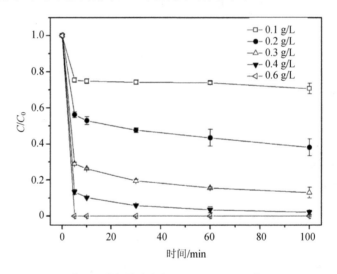

［Cr(VI)的初始浓度为 60 mg/L，pH=4.82］

图 3-5 不同投加量的纳米金属颗粒对 Cr(VI)去除效率的影响

采用 nZVM 去除 Cr(VI)最显著的特点是 Cr(VI)浓度在初始反应阶段迅速降低，之后基本保持在低浓度水平。这个结果说明了 Cr(VI)快速被 Fe^0 还原，得到的 Cr(III)被固定在颗粒表面，然后被反应产物覆盖（Westerhoff et al., 2003；Hu et al., 2010）。这层覆盖层起到了物理隔离作用（Li et al., 2006），可以组织电子的转移（Geng et al., 2009a），从而阻碍反应的继续进行。还原反应和共沉淀反应的方程式如下（Hou et al., 2008）：

$$Cr_2O_7^{2-} + 3Fe^0 + 14H^+ \longrightarrow 3Fe^{2+} + 2Cr^{3+} + 7H_2O \qquad (3-6)$$

$$Cr_2O_7^{2-} + 6Fe^{2+} + 14H^+ \longrightarrow 6Fe^{3+} + 2Cr^{3+} + 7H_2O \tag{3-7}$$

$$(1-x)\,Fe^{3+} + (x)\,Cr^{3+} + 3H_2O \longrightarrow (Cr_xFe_{1-x})(OH)_3\downarrow + 3H^+ \tag{3-8}$$

$$(1-x)\,Fe^{3+} + (x)\,Cr^{3+} + 2H_2O \longrightarrow Cr_xFe_{1-x}OOH\downarrow + 3H^+ \tag{3-9}$$

3.2.4　不同六价铬初始浓度对去除效果的影响

如图 3-6 所示，随着 Cr(Ⅵ)初始浓度从 40 mg/L 升到 100 mg/L，Cr(Ⅵ)的去除率从 99.9%降到 46.8%。主要是因为反应和吸附过程都是发生在颗粒表面，在去除高浓度的 Cr(Ⅵ)废水时，反应产物的覆盖会表现得更为严重。Li 等（2008）研究得出主要的反应产物是 $Cr_{0.67}Fe_{0.33}OOH$ 或者$(Cr_{0.67}Fe_{0.33})(OH)_3$。

图 3-6 中的插图是 nZVM 对 Cr(Ⅵ)的吸附等温线。可以看出，随着 Cr(Ⅵ)平衡浓度的增加，单位质量的 nZVM 对 Cr(Ⅵ)的去除能力变化不大，在高浓度时只有微小的减小趋势。这个现象表明 Cr(Ⅵ)去除过程是受还原反应控制的，之后产物才被 nZVM 固定下来。

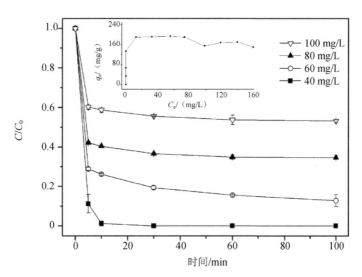

[nZVM 投加量为 0.3 g/L，pH=4.82。插图中吸附等温线的温度为（25±1）℃]

图 3-6　不同初始浓度的 Cr(Ⅵ)对去除率的影响

3.2.5　溶液 pH 和缓冲剂对去除效果的影响

溶液的 pH 对铁基材料去除 Cr(Ⅵ)的反应速率影响较大，而且材料的表面电荷也会随着 pH 的改变而改变（Bae et al.，2010）。众所周知，在 pH 较高时，nZVI 的表面会被氧化成为铁氧化物或者氢氧化物，在 pH 较低时，nZVI 的表面会有更多的活性反应点位被激活（Yang et al.，2005）。但是，过低的 pH（<2）会引起 nZVI 被过快腐蚀，而使得

反应不够充分（Tian et al., 2009）。另外，像重碳酸根离子这类缓冲物质广泛存在于环境介质中，因此在 nZVI 技术应用于原位修复时，需要考虑这类物质的影响。

图 3-7（a）中显示了不同的 pH（3.00～10.95）和缓冲剂对 nZVM 去除 Cr(Ⅵ)的影响。在没有缓冲剂的情况下，随着 pH 从 3.00 升到 10.95，去除率从 99.9%降到 34.2%。这个结果证明了酸性条件有利于 Cr(Ⅵ)的去除（Rivero-Huguet et al., 2009c），碱性条件则相反。在有缓冲剂的情况下，去除率整体上要比没有缓冲剂时的要高。例如，在中性条件下，Cr(Ⅵ)的去除率为 99.5%，比没有缓冲剂时的 70.8%高出 28.7%。

图 3-7（b）中显示反应前后溶液的 pH 的变化。溶液的初始 pH 分别为 3.00、4.82、7.00、9.00 和 10.95。在没有缓冲剂的情况下，反应后溶液的 pH 变为 6.31、9.01、9.84、9.95 和 10.53。然而，图中可见有缓冲剂时的 pH 变化程度远小于没有缓冲剂时的。另外，pH 随着反应过程有所增加主要是由于反应过程中消耗了氢离子。缓冲剂在反应过程中不断释放 H^+ 或者 OH^- 离子，从而起到了稳定 pH 的作用。因此，缓冲剂在反应体系中起到了促进 Cr(Ⅵ)去除的作用。

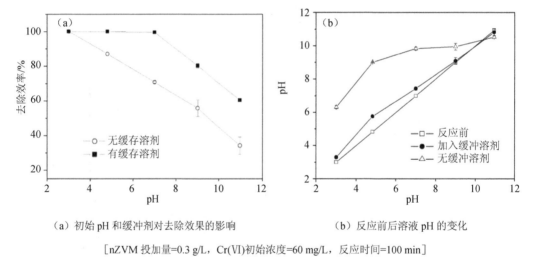

（a）初始 pH 和缓冲剂对去除效果的影响　　　　（b）反应前后溶液 pH 的变化

［nZVM 投加量=0.3 g/L，Cr(Ⅵ)初始浓度=60 mg/L，反应时间=100 min］

图 3-7　初始 pH 和缓冲剂对 Cr(Ⅵ)去除效果的影响和反应前后溶液 pH 的变化

3.2.6　腐植酸和钙离子对去除效果的影响

图 3-8（a）中显示了腐植酸对 nZVM 去除 Cr(Ⅵ)的影响。其中，空白试验表明单独的腐植酸对 Cr(Ⅵ)并没有明显的吸附作用。在腐植酸和 nZVM 同时存在的情况下，去除率的变化情况较为复杂。随着腐植酸浓度的提高，去除率先下降后升高，而后又下降。这说明了低浓度时［<26 mg/L 溶解性有机碳（Dissolved Organic Carbon，DOC）］的腐植酸是阻碍 Cr(Ⅵ)去除的，得到的最低去除率为 64.0%。从这个结果可以推出，腐植酸占

据了 nZVM 表面的活性点位或者形成了有机金属络合物，导致 nZVM 活性的降低。当腐植酸的浓度为 42 mg/L as DOC 时，去除率为 83.3%，这个结果与没有腐植酸存在时的结果（87.1%）相似。表明中等浓度的腐植酸在一定限度上有利于 Cr(VI) 的去除。这时，腐植酸中的醌类化合物可能起到了加速电子转移的作用（Wang et al.，2010）。在高浓度（＞42 mg/L as DOC）腐植酸的条件下，去除率再次下降。例如，腐植酸浓度为 85 mg/L as DOC 时，Cr(VI) 的去除率只有 72.0%。该现象可能归因于腐植酸对 Cr(VI) 的去除起到的抑制作用要强于对其的促进作用。

在环境介质中，腐植酸浓度通常处于低浓度水平，可能对 nZVI 技术在原位修复中的应用起到负面影响。最近有研究报道认为淀粉可以缓解腐植酸造成的负面影响（Qian et al.，2008）。相反地，钙离子在酸性条件下可以极大地促进 nZVM 对 Cr(VI) 的去除［如图 3-8（b）所示］。例如，随着钙离子浓度从 0 mg/L 升到 40 mg/L，Cr(VI) 去除率从 87.1% 提高到 99.9%。这个结果与其他研究报道的不同（Wang et al.，2010），可能是由于不同的初始 pH 引起的。钙离子单独存在于溶液中与钙离子和腐植酸同时存在时的 Cr(VI) 去除趋势相似，表明腐植酸仍然起到抑制作用。它们两者的协同作用表现为相加作用，可能是因为在酸性条件下它们之间不会相互影响。但是，其他研究指出钙离子可能会促进铁的氢氧化物与腐植酸的团聚和共沉淀，从而引起 nZVM 的钝化（Liu et al.，2009）。因此，关于水体硬度和天然有机质的协同作用对 nZVI 技术去除 Cr(VI) 的影响还需要进一步的研究。

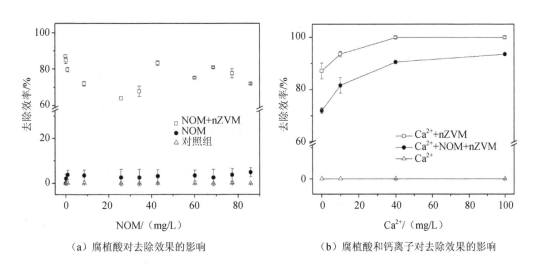

（a）腐植酸对去除效果的影响　　　　　（b）腐植酸和钙离子对去除效果的影响

［nZVM 投加量=0.3 g/L，Cr(VI) 初始浓度=60 mg/L，反应时间=100 min，初始 pH=4.82，腐植酸浓度=8.5 mg/L as DOC］

图 3-8　腐植酸和钙离子对 Cr(VI) 去除效果的影响

3.2.7 不同铁基材料去除六价铬的对比

图 3-9 中显示了 3 种不同的铁基材料去除 Cr(VI)的对比。结果表明，铁粉对 Cr(VI)的去除不明显。相反，纳米级的铁基颗粒对 Cr(VI)的去除率要高出很多，比微米级的铁粉（ZVI）高 40.6 倍。这是因为 nZVM 表面拥有的反应活性点位远多于微米颗粒，促进了发生在颗粒表面的反应（Amin et al.，2008；Choi et al.，2008）。

从结果可以得出，钢铁酸洗废液制备的 nZVM 比化学试剂制备的 nZVI 的去除能力更高。对比 100 min 时的去除率，纳米金属颗粒为 90.5%，nZVI 为 72.2%。这个差别可能是由于 nZVM 中的 Ni、Zn 起到了催化作用，从而加速了反应过程中的电子转移作用（Hu et al.，2010）。这一发现显示了废酸制备的纳米金属颗粒在去除重金属污染物方面的优越性。

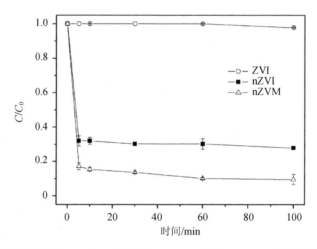

[材料投加量=0.3 g/L，Cr(VI)初始浓度=60 mg/L，反应时间=100 min，初始 pH=4.82，腐植酸浓度=8.5 mg/L as DOC，Ca^{2+}=40 mg/L]

图 3-9　采用铁粉、nZVI 和纳米金属颗粒去除 Cr(VI)的对比

针对 nZVM 去除电镀废水中 Cr(VI)的反应体系，通过测试，发现电镀废水中的 DOC、Ca^{2+}、Mg^{2+}的浓度和地表水中的浓度相似，除了高浓度的 Cr(VI)离子。含铬电镀废水的一些化学性质如表 3-7 所示。研究结果表明，废水中的 Cr(VI)可以被迅速去除，nZVM 对 Cr(VI)的最大的去除能力为（182±2）mg/g，这个值略高于 nZVI 对 Cr(VI)的最大的去除能力的值。在其他研究中，nZVI 在不同 pH 条件下的 Cr(VI)去除能力为 50～180 mg/g（Li et al.，2008）。因此，在处理完电镀废水之后，笔者研究团队建议对纳米金属颗粒进行回收或重复利用。

表 3-7　含铬电镀废水的化学性质　　　　　　单位：mg/L

项目	pH	DOC	Ca^{2+}	Mg^{2+}	Cr(VI)
废水	5.73	4.71	42.70	6.70	67.91

3.2.8　铬的质量分布和去除机制研究

　　为了研究铬和铁之间的还原反应和吸附过程，在整个反应过程中测定了铬的质量分布（图 3-10）。结果发现，在反应之后绝大部分的 Cr 存在于固相中，液相中的 Cr 浓度极低。在反应开始后 5 min 内，Cr(VI)和总铬浓度都迅速降低，液相中总铬量从 6.791 mg（100%）下降到 0.004 mg（0.06%），之后基本保持不变。这个结果表明 Cr 被 nZVM 牢牢地吸附在表面，并且几乎没有释出。

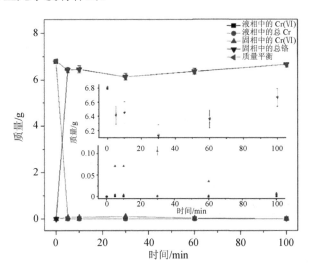

[nZVM 投加量=0.3 g/L，废水体积=100 mL]

图 3-10　铬在液相和固相中的分布

　　在固相中，5 min 内总铬量从 0 mg（0%）上升到 6.417 mg（94.49%），之后基本保持不变。固相中的 Cr(VI)和 Cr(III)的含量分别为总铬的 1.1%和 98.9%，其中，最大 Cr(VI)含量为 30 min 时的 0.107 mg（1.7%）。这些结果表明 Cr(VI)在接触了 nZVM 表面后同时发生了还原反应和固定作用，并生成了 Cr(III)。总铬的平衡质量为 94.55%，其中的 5.45%的损失可能是由于固液分离过程或者仪器内壁的附着作用造成的。通过电化学分析，Cr(VI)在 Fe^0 或者 Fe^{2+} 的还原体系下，只能被还原成 Cr(III)（Wang et al.，2010）。通过 XPS 研究分析（图 3-11），铬元素在固相中主要以非溶解态的 Cr(III)存在。另外，产物中被证实含有 Fe(III)和≡OH，证明了反应产物中主要包括 $Cr(OH)_3$、$(Cr_xFe_{1-x})(OH)_3$ 等，这些产物与之前的研究的结果相符合（Li et al., 2008）。

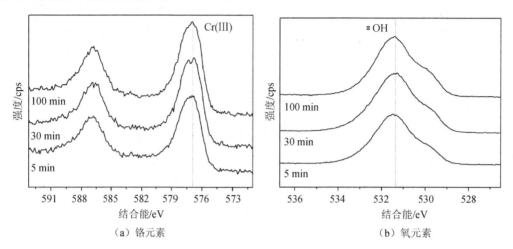

（a）铬元素　　　　　　　　（b）氧元素

图 3-11　不同反应时间的 XPS 光谱

由图 3-10 可知，Cr(VI) 在固相中的含量在前 30 min 时增加，30 min 后减少。如果 Cr(VI) 的去除机制受控于吸附作用，固相中的 Cr(VI) 含量应是逐渐增加的。这个矛盾反而说明了去除机制是受控于还原反应。也就是说，Cr(VI) 首先接触到 nZVM 固液界面，接着被还原成 Cr(III)，并生成非溶解态的产物，这些产物被 nZVM 同时吸附在表面。考虑到 nZVM 的表面存在着活性点位（Fe^0）和非活性点位（铁氧化物或者氢氧化物）（Geng et al., 2009b），这样的变化趋势同样也证明了少量的 Cr(VI) 会被吸附在 nZVM 表面的非活性点位，在反应后期才被 Fe^0 还原。如图 3-11 所示，Fe^0 的峰随着反应时间逐渐消失，说明 Fe^0 的确参与了反应。

部分研究者认为 Fe^{2+} 可以加强去除效果（Hou et al., 2008），并在反应中起到催化剂的作用（Zhou et al., 2008）。基于此，我们投加过量的 Fe^{2+} 捕获剂（邻菲罗啉）到溶液中，发现在没有 Fe^{2+} 存在的条件下，Cr(VI) 去除率只降低了 7.4%。另外，在整个试验过程中 Fe 离子的释出量极低。因此，本书的研究结果表明，Fe^{2+} 对反应的影响作用是次要的。

综上可知，Cr(VI) 的去除机制如图 3-12 所示：①大量的 Cr(VI) 接触到 nZVM 的活性点位，即质量传递到固液界面，与 Fe^0 发生了还原反应，Cr(VI) 被还原成 Cr(III)，Fe^0 被氧化成 Fe^{2+}；②nZVM 与水中的氢离子反应，产生了 Fe^{2+}，与上一步的 Fe^{2+} 一起参与额外的还原反应，Cr(VI) 被还原成 Cr(III)，Fe^{2+} 被氧化成 Fe^{3+}，但 Fe^{2+} 的还原作用是次要的；③生成的 Cr^{3+} 和 Fe^{3+} 发生了共沉淀作用，转化成了 Cr-Fe 氢氧化物并被固定在颗粒表面形成最终产物。

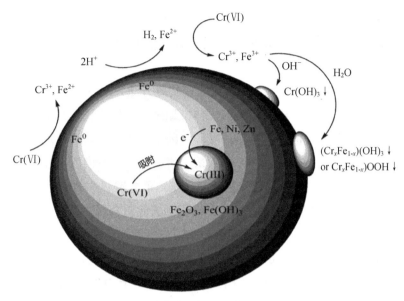

图 3-12　纳米金属颗粒去除 Cr(Ⅵ)的机制

3.2.9　小结

本试验利用钢铁酸洗废液制备了纳米金属颗粒（nZVM），并研究了材料对 Cr(Ⅵ) 的去除。试验结果表明：

①废水中的 Cr(Ⅵ)可以快速地被纳米金属颗粒去除，且去除效果优于 nZVI。Cr(Ⅵ) 的去除率受纳米金属颗粒的投加量，污染物的初始浓度和 pH 的影响。纳米金属颗粒的投加量越大，污染物初始浓度和 pH 越低，得到的去除率越高。在反应中，缓冲剂可以抑制 pH 的升高，从而有利于 Cr(Ⅵ) 的去除。

②在酸性条件下（pH=4.82），腐植酸在很大浓度范围内表现为抑制作用，而钙离子则起到促进 Cr(Ⅵ) 去除的作用。二者的协同作用只表现为相加作用，可能是由于酸性条件下二者互不影响。与微米级的铁粉和纯化学试剂制备的 nZVI 相比，纳米金属颗粒对 Cr(Ⅵ)的去除率最高。

③处理实际电镀废水的试验结果表明，纳米金属颗粒对 Cr(Ⅵ)的去除能力为（182±2） mg/g。

④通过铬元素质量分布研究和产物 XPS 分析，体系中同时发生的还原反应和固定作用是主要的去除机制，最终产物 Cr-Fe 氢氧化物可被纳米金属颗粒稳定地吸附和固定。

3.3 纳米零价铁技术模拟修复河流铬污染的研究

我国在处理突发重金属污染事故时通常采用传统方法（Fu et al.，2011），即混凝沉淀法。混凝沉淀法是指向受重金属污染的水体投加碱、硫化物、絮凝剂等物质使重金属形成沉淀而达到去除目的。但是，该方法受环境因素的影响较大，处理效果通常达不到要求，并且存在化学试剂投加量大，产生大量废渣以及二次污染的问题。因此，针对突发重金属污染事故，研发高效快速地修复材料，是当前急需解决的问题。

nZVI 因其无毒性，良好的还原性被广泛地用于去除重金属，而且借助格栅技术已经成功应用于地下水污染修复，这主要是依靠 nZVM 自身的移动性和化学活性（Kanel et al.，2006；Bokare et al.，2008；Song et al.，2008）。实验室研究表明，nZVI 颗粒在处理含铬电镀废水的试验中，Cr(Ⅵ)可以被快速去除，残余浓度低于 0.01 mg/L，且几乎无二价铁离子或者铬离子释出。正是因为 nZVI 去除重金属时表现出的快速反应的动力学特征和较强的去除能力（Rivero-Huguet et al.，2009b），使其有可能成为一种能够胜任处理突发重金属污染事故的修复材料。

本书中，采用钢铁酸洗废液制备 nZVM，利用 CMC 修饰以提高其悬浮性（Wang et al.，2010），并用于模拟应急处理 Cr(Ⅵ)污染事故对河流造成的污染。

3.3.1 研究方法

3.3.1.1 模拟装置和试验设计

模拟修复河流污染的试验装置如图 3-13 所示。在管道的入口处以恒定的速率释放已知浓度的 Cr(Ⅵ)作为连续污染源，在下游管道出口处根据各时间点取样测定 Cr(Ⅵ)浓度。模拟河流的物理参数和河水的化学性质如表 3-8 所示。

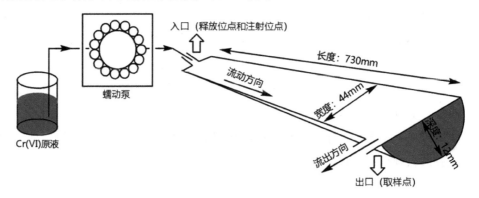

图 3-13 模拟修复河流污染的试验装置图解

表 3-8　模拟河流的物理参数和河水的化学性质

项目	数值
长度，x/（$\times 10^{-3}$ m）	730
宽度/（$\times 10^{-3}$ m）	44
最大深度/（$\times 10^{-3}$ m）	12
横跨区域/（$\times 10^{-6}$ m^2）	364
pH	7.3
溶解无机碳/（mg/L）	14.2
Ca^{2+}/（mg/L）	39.4
Mg^{2+}/（mg/L）	1.4
NO_3^-/N/（mg/L）	1.6
SO_4^{2-}/S/（mg/L）	5.5

　　具体来讲，河流污染修复模拟试验在一根玻璃圆管内开展。圆管中含有 250 mL 自来水模拟未受污染的河水，用蠕动泵持续向圆管的入口泵入已知浓度的 Cr(VI)废水模拟河流污染事故的发生。Cr(VI)废水流入的同时，在水面上方瞬时投加 nZVM 进行修复。Cr(VI)废水的注入速率为 30 mL/min。出口处的出水速率保持与废水注入速率相同。采用塑料注射器快速注入 nZVM 悬浮液。反应过程中不进行任何人为的搅拌或者振荡，以达到模拟河流自然流动的状态。预定的时间点在圆管的出口处取样，样品稀释 5~20 倍后过滤膜待测，以分析河流下游的污染情况和修复效果。所有试验都进行了重复试验。所有数据图中的误差棒是指两次试验结果的标准偏差。

3.3.1.2　数学模型

　　本试验中的数学模型是由 MATLAB 进行制作的，所得模拟结果的数值与试验所得数值采用回归统计的方法进行比较，从而评价模型的拟合程度。

　　河流 Cr(VI)的传播动力学模型主要是基于对流-扩散方程（Ani et al.，2009）。nZVI 对河流中 Cr(VI)的去除过程主要通过还原吸附作用（Liu et al.，2008；Manning et al.，2007）。从 nZVI 中或者其产物中产生的 Fe^{2+} 对 Cr(VI)的去除也有一定的作用。相比前者，这个过程被认为是次要的、额外的反应（Nikolaidis et al.，2003）。次要的反应可以用一级损失反应来进行模拟（Tyrovola et al.，2007）。在本书中，考虑到模拟河流是属于笔直河道，而且河宽与深度相对较小，河流中的混合度可以认为是均匀的，在污染物的传播过程中没有考虑水平扩散和垂直扩散的影响。因此，描述河流中 nZVM 对 Cr 的去除过程的方程如下：

$$
\begin{cases}
\dfrac{\partial C}{\partial t} = D_x \dfrac{\partial^2 C}{\partial x^2} - u_x \dfrac{\partial C}{\partial x} - K_1 C & (x > 0, t > 0) \\[2mm]
\text{Initial condition} : C(x,t)\big|_{t=0} = 0 & (t > 0) \\[2mm]
\text{Boundary condition} : C(x,t)\big|_{x=0} = C_0 & (t > 0) \\[2mm]
\lim_{n \to +\infty} C(x,t) = 0 & (t > 0)
\end{cases}
\tag{3-10}
$$

式中，C 为浓度，mg/L；C_0 为初始浓度，mg/L；t 为时间，min；x 为下游方向的距离，m，本试验中 x 和管道的长度一样，为 0.73 m；u_x 为水流速率，m/min；K_1 为一级损失系数，根据实验室试验的数据获得；D_x 为分散系数，m^2/min。这里的 K_1 代表着溶液中 Fe^{2+} 与 $Cr(VI)$ 的反应速率。越高的数值可以得到越大的 $Cr(VI)$ 在平衡时的质量损失，得到更低的 $Cr(VI)$ 平衡浓度。

分散系数可以通过多种计算方法获得（Kashefipour et al.，2002），本书中是利用试验数据并采用标准正态分布图解法计算获得，这个方法计算简单，需要制作一条 C/C_0–t 的曲线，表达式如下：

$$
D_x = \frac{1}{8}\left(\frac{L - u_x t_{0.84}}{\sqrt{t_{0.84}}} - \frac{L - u_x t_{0.16}}{\sqrt{t_{0.16}}} \right)^2
\tag{3-11}
$$

式中，L 为水流距离，m；$t_{0.84}$ 和 $t_{0.16}$ 是指 C/C_0 为 0.84 和 0.16 时的时间。

通过对上述方程的 Fourier 变换，可以得到在瞬时投加的 nZVM 的情况下，在取样点处的 Fe 浓度变化的解析解（De et al.，2005），为

$$
C_{Fe}(x,t) = \frac{M}{2A\sqrt{\pi D_x t}} \exp\left[-\frac{(x - u_x t)^2}{4 D_x t} \right]
\tag{3-12}
$$

式中，C_{Fe} 为 nZVM 的浓度，mg/L；M 为单位时间 nZVM 的投加量，mg；A 为水流横截面积，m^2。

通过 Fourier 变换并积分，然后减去被 nZVM 还原的 $Cr(VI)$ 的量，可以得到连续释放污染源存在的情况下，$Cr(VI)$ 在取样点处的浓度变化的解析解为：

$$
C_{Cr}(x,t) = \int_0^t \left\{ \frac{u_x C_0}{2t\sqrt{\pi D_x t}} \exp\left[-\frac{(x - u_x t)^2}{4 D_x t} \right] \exp(-K_1 t) \right\} - K_2 C_{Fe}(x,t)
\tag{3-13}
$$

式中，C_0 为 $Cr(VI)$ 的初始浓度，mg/L；K_2 为 $Cr(VI)$ 与 Fe^0 的反应系数，mg/mg，根据实验室试验的数据获得。这里的 K_2 代表着 nZVM 的去除能力。它的数值受到 nZVM 投加量和反应时间的影响。越高的数值表明每单位质量的 nZVM 去除 $Cr(VI)$ 的量越多。在对照试验中，即没有投加 nZVM 时，$K_1 = 0$，$K_2 = 0$；各影响参数的研究试验中，即投加 nZVM 时，K_1 和 K_2 的值见表 3-9。

表 3-9 各种试验条件下的模拟参数的结果和线性回归结果

剂量/ mg	C_0/ （mg/L）	流量/ （mL/min）	K_1^*/ （L/min）	K_2^*/ （mg/mg）	D_x/ （m²/min）	u_x/ （m/min）	R^2	平方误差
0	5	30	0	0	0.008 8	0.082 2	0.97	0.03
60	5	30	0.008	0.025	0.008 8	0.082 2	0.99	0.05
90	5	30	0.012	0.042	0.008 8	0.082 2	0.98	0.06
120	5	30	0.016	0.061	0.008 8	0.082 2	0.98	0.06
120	10	30	0.012	0.069	0.008 8	0.082 2	0.96	0.09
120	20	30	0.008	0.060	0.008 8	0.082 2	0.97	0.06
120	5	20	0.015	0.100	0.002 7	0.054 8	0.97	0.07
120	5	10	0.009	0.123	0.000 96	0.027 4	0.99	0.04
0	5	20	0	0	0.002 7	0.054 8	0.99	0.03
0	5	10	0	0	0.000 96	0.027 4	0.97	0.07

注：* 校准数据。

3.3.2 纳米金属颗粒投加量对修复效果的影响

为了评价模型中 C_{Fe} 的准确性，试验中测定了 Fe 的浓度，进行了不同投加量的试验。结果如图 3-14（a）所示，当投加量为 120 mg 时，Fe 浓度在 2 min 之前为 0 mg/L，但是 2 min 后由于 nZVM 传播到取样点，Fe 浓度迅速提高，最高浓度为 10 min 左右的 28 mg/L。10 min 之后，nZVM 逐渐地从出口流失，导致 Fe 浓度逐渐下降。模拟结果与实测结果的偏差小于 5%。

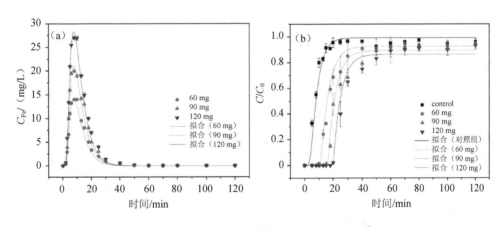

[Cr(Ⅵ)初始浓度=5 mg/L，流量=30 mL/min，pH=7.3]

图 3-14 水中 Fe 的实测浓度和模拟浓度（a）和不同 nZVM 投加量下的修复效果（b）

图 3-14（b）显示了不同 nZVM 投加量对下游取样点处 Cr(Ⅵ)浓度变化的影响。空白试验表明，Cr(Ⅵ)在水中的传播速度很快，20 min 内模拟河流中的 Cr(Ⅵ)基本达到平衡。

投加一定量的 nZVM，可以使得水中 Cr(VI)浓度保持在安全水平以下并持续一段时间，nZVM 消耗完之后 Cr(VI)浓度又快速升高。随着 nZVM 投加量的增加，水体中 Cr(VI)浓度保持在安全浓度水平以下的时间越长。投加量为 60～120 mg 时，10～20 min 内河流中的 Cr(VI)可以被完全去除。也就是说，假如 Cr(VI)污染源的释放时间为 20 min 时，120 mg 的 nZVM 刚好可以修复河流受到的污染。这种条件下，nZVM 对 Cr(VI)的去除能力为 25 mg/g，并足够修复河流污染。说明 nZVM 与 Cr(VI)之间的反应速率很快（Geng et al., 2009a），在处理这类污染事故非常有效。但是当大部分的 nZVM 流失或者丧失活性时，Cr(VI)的浓度又迅速升高。在水平流动的条件下，nZVM 的消耗方式主要有参与还原反应、流失和腐蚀钝化。在平衡阶段（60 min 之后），不同投加量的 Cr(VI)的 C/C_0 值几乎一致，约为 0.9。这个现象可能是由于平衡阶段 nZVM 已经基本流失完。另外，有 Fe^{2+} 引起的还原反应，可能是平衡阶段 Cr(VI)浓度低于初始浓度的原因。

利用一维解析解所建的模型较好地模拟了试验数据（图 3-14）。利用一种统计学方法即线性回归（Nikolaidis et al., 2003）对比了模拟结果和实测数据，从而确定模型的拟合程度（表 3-9）。各 nZVM 投加量的模拟曲线都较好地预测了下游取样点处 Cr(VI)浓度迅速上升的时间点和 Cr(VI)的平衡浓度。对照曲线实际上是保守物质在河流中的传播模型，通过表达式（3-10）模拟获得，其中，$K_1=0$，$K_2=0$，$D_x=0.008\ 8\ m^2/min$，$u_x=0.082\ 2\ m/min$。控制曲线模拟了没有投加 nZVM 时 Cr(VI)在河流中的传播过程。Cr(VI)作为一种难降解的重金属污染物，不会随着迁移而降解，因此存在连续污染源的下游处 Cr(VI)浓度的变化呈现为快速上升并回到初始 Cr(VI)浓度后保持不变。随着 nZVM 投加量的增加，需要的安全时间增加，同时平衡浓度增加。损失系数（K_1）和反应系数（K_2）的值如表 3-9 所示。另外，我们发现 Cr(VI)的去除效果与损失系数（K_1）和反应系数（K_2）成正比。即安全时间随着 K_1、K_2 的值的增大而提高。平衡阶段的 Cr(VI)浓度随着 K_1 的值的增大而减小。可能是因为本模型中考虑了残留 Fe^{2+} 参与反应的过程。但是在模拟结果中，Cr(VI)的平衡浓度与实测值并不完全相符，偏差在 5%～10%。这可能是由模型简化或者 Fe^{2+} 的流失造成的。反应系数（K_2）的值影响了安全时间的长短，在所给条件下，K_2 随着 nZVM 投加量的提高从 0.025 提高到 0.061。考虑到本试验中的水流为层流，nZVM 与水中 Cr(VI)的混合程度属于较低水平，所以本试验的结果反应系数（K_2）的数值可能是被低估的。

3.3.3 Cr(VI)初始浓度对修复效果的影响

不同初始 Cr(VI)浓度的对照试验表明，初始浓度为 5～20 mg/L 时，Cr(VI)在水中的传播能力相近 [图 3-15（a）]。模拟试验结果表明，随着 Cr(VI)初始浓度的增加，nZVM 能完全去除水体中 Cr(VI)的时间持续得越短 [图 3-15（b）]。当 Cr 初始浓度从 5 mg/L 提高到 20 mg/L 时，安全时间从 20 min 降低到 10 min。主要是因为 nZVM 与 Cr(VI)发生的反应是界面反应。在相同 nZVM 投加量的条件下，Cr(Ⅵ)初始浓度越高，水中的 nZVM 被消耗得越快，表面被沉淀物覆盖的速率也越快，从而使得 nZVM 丧失活性所需的时间越短。在平衡阶段，nZVM 被消耗后，水中 Cr(Ⅵ)的浓度基本相同，约为原来的 90%。这部分损失的 Cr(Ⅵ)很可能是由 Fe^{2+} 的还原作用导致的。

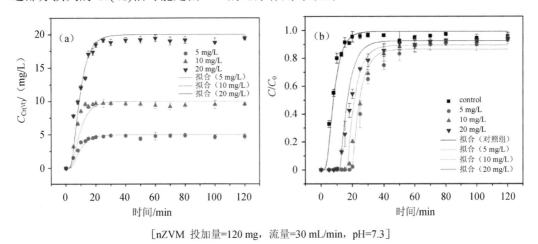

[nZVM 投加量=120 mg，流量=30 mL/min，pH=7.3]

图 3-15　水中 Cr(Ⅵ)的实测浓度和模拟浓度（a）和不同初始污染源浓度下的修复效果（b）

不同 Cr(Ⅵ)初始浓度的模拟修复结果与实测结果基本符合，偏差总体保持在 5% 以内，nZVM 完全去除水体中 Cr(Ⅵ)的持续时间和平衡浓度都能够较好地被预测。但是，Cr(Ⅵ)浓度上升过程的模拟值与实测值的偏差较大，为 20%～30% [图 3-15（b）]，这可能是由模型简化或者试验误差造成的。可以发现，Cr(Ⅵ)的去除效果与损失系数（K_1）成正比，而反应系数（K_2）则无明显变化。损失系数（K_1）的变化情况表明了 Fe^{2+} 与 Cr(Ⅵ)的反应速率是随着 Cr(Ⅵ)初始浓度的增大而减小的。反应系数（K_2）的变化情况表明了它与污染源浓度基本无关。在给定的条件下，Cr(Ⅵ)的稳定浓度随着污染源浓度的增加而提高，主要是因为被 Fe^{2+} 还原的 Cr(Ⅵ)的量变少了。由于模型中考虑到了 Fe^{2+} 的作用，但是实际上该反应还不够明显到足以影响 Cr(Ⅵ)的稳定浓度。因此，稳定阶段的模拟数值与实测值的差别为 5%～10%。尽管如此，Cr(Ⅵ)的修复效果是由损失系数（K_1）和反应系数（K_2）的数值控制的。其中，反应系数（K_2）的数值基本不受污染物浓度影响，因为 nZVM 的最大去除能力不受 Cr(Ⅵ)初始浓度的影响。

3.3.4　河流流量对修复效果的影响

对照试验表明 [图 3-16（a）]，随着河流流量的减小，下游水体受到污染所需的时间变长。例如，当流量为 10 mL/min 时，下游处需要 10 min 后才可以检测到 Cr(Ⅵ)。之后 Cr(Ⅵ)浓度也逐渐上升，但是上升的速度比流量为 30 mL/min 时的慢。主要是因为在低流速的情况下，污染物传播速度也降低。尽管在实际情况下，河流流量无法控制，但是它对修复效果影响很大。因此，在潮汐河流中，污染物的传播速度要慢很多，修复效果应该会更好。对照曲线的模拟结果表明，本书的模型可以较好地模拟不同流量时的Cr(VI)在河流中的传播过程，偏差基本在5%以内。

在投加 nZVM 的情况下，水流流量越小，nZVM 在水中停留的时间（实际修复时间）越长，使得其对水体的修复效果得到提高[图 3-16（b）]。例如，当水流流量从 30 mL/min 降至 10 mL/min 时，nZVM 完全去除 Cr(VI)的持续时间为从 20 min 至少提高到 40 min。低流量同样使得 Cr(VI)的平衡浓度降低。试验结果表明，河流流量对 Cr(VI)的传播和 nZVM 的修复效果都有影响，低流量的水流条件更有利于 nZVM 修复河流污染事故。不同流量的模拟结果表明，流量为 $10\sim20$ mL/min 时上升过程的预测数据和试验所得数据的偏差较大，约为 30%，流量为 30 mL/min 时的模拟结果与试验结果较为吻合，偏差在10%以内。模拟过程采用的损失系数（K_1）随着流量的减小而减小，说明水中的 Cr(VI) 和 Fe^{2+} 的反应速率随着流量而减小。但是反应系数（K_2）随着流量的减小而增大。例如，K_2 随着流量的减小从 0.061 提高到 0.123，主要归因于流量越小，nZVM 在河流中的停留时间越长，参与还原反应的量越多。在稳定阶段，Cr(VI)的浓度随着流量的减小而稍微降低，与实测结果基本相符合，偏差在 5%以内。反应系数（K_2）最大值是 0.123，表明 1 g 的 nZVM 可以去除模拟河流中 123 mg 的 Cr(VI)，说明较低的河流流量有利于 nZVM 修复河流的 Cr(VI)污染。

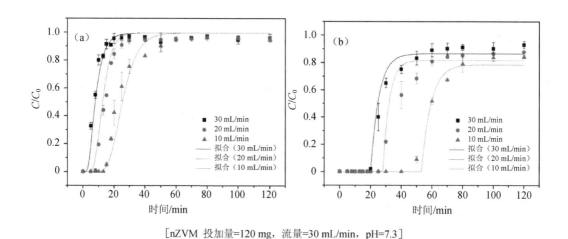

[nZVM 投加量=120 mg，流量=30 mL/min，pH=7.3]

图 3-16　水中 Cr(VI)的实测浓度和模拟浓度（a）和不同初始污染源浓度下的修复效果（b）

3.3.5 修复过程的反应网络

笔者团队提出了一种反应网络用于描述模拟修复过程（图 3-17）。还原固定作用是整个过程的主要机制（Fang et al.，2011）。但是，这个机制并不足以描述整个修复过程。本模型中，考虑了 Fe^{2+} 的还原作用，这个次要的反应会影响稳定阶段 Cr(VI)的浓度。另外，这些反应之间被认为是不会相互影响的（Wanner et al.，2011）。

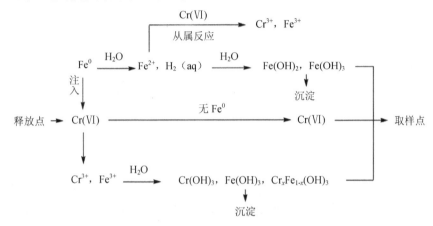

图 3-17　nZVM 的修复过程中反应网络的示意图

修复试验中的安全时间主要受到 nZVM 还原 Cr(VI)的反应的控制。在模型中该反应已作了简化处理，即认为二者之间的反应速率足够的高，反应是瞬间发生的。Xu 等（2007）报道认为这个反应的反应速率为 0.08 h^{-1}。这个过程描述为 Cr(VI)首先接触固液界面并为还原成 Cr(III)，形成了 $Cr(OH)_3$ 或者$(Cr_xFe_{1-x})(OH)_3$ 等产物，然后被吸附在纳米金属颗粒的表面。

由 Fe^{2+} 主导的次要的还原反应可以用来模拟稳定阶段 Cr(VI)浓度。因此在稳定阶段，水中的 nZVM 已经基本消耗完毕。根据模拟结果，稳定阶段 Cr(VI)浓度是随着 nZVM 投加量的提高，Cr(VI)初始浓度和河水流量的降低而降低的。反应过程中的 Fe^{2+} 主要来自于 Fe^0 与水的反应。Fe^{2+} 参与还原反应后，生成的 Cr(III)和三价铁离子最终会与水中的氢氧根离子发生沉淀反应。

3.3.6 模型预测的有效性分析

在突发污染事故的应急处理中，有效的数学模型可以用于预测污染物的扩散范围及其在下游某一断面的浓度状况。模型的预测能力可以指导应急处理中需要确定的参数，如修复材料的投加断面、投加量等，从而有利于污染修复，保证下游水质安全。

本书中的模型涉及一种一维物质动力学传播模型。其中，Cr(VI)作为保守物质从源头持续释放，下游取样点处 Cr(VI)浓度会逐渐提高，达到初始浓度后保持不变。这个过程可以用保守物质的动力学模型进行模拟。模拟值与实测值的偏差在5%以内，说明了该模型适用于模拟保守污染物的传播过程，可以用于预测下游的污染状况。nZVM 的投加过程在本模型中被简化为瞬间投加，该过程可以用瞬间污染源的动力学模型进行模拟。同样地，模拟值与实测值的偏差在5%以内。修复过程实际上是上述两者的组合，其中 nZVM 与 Cr(VI)的反应被认为是瞬间发生的，副产物 Fe^{2+} 同样参与 Cr(VI)的去除，并对其稳定浓度产生影响。

本书中的模型装置是均匀、直道的圆管，采用的模型忽略了管道中水平和垂直方向的扩散作用，忽略了河貌、地下水汇入等因素的影响；另外，也忽略水中化学组分和湍流的影响。因此，采用的一维模型是经过简化处理的，在预测实际水体的污染状况中有一定的局限性。

3.3.7　小结

河流污染事故时有发生，事发时有必要采用具有修复速率快、效果好的材料进行污染修复，并在反应后材料需具备回收性。本试验的结果表明，经羧甲基纤维素改性的 nZVM，可以持久均匀地分散于河流中（Wang et al.，2010），并具有很高的活性，可以快速地去除水体中的 Cr(VI)。只有在高浓度污染物的情况下，nZVM 的活性才有所下降。与 Cr(VI)反应后，nZVM 仍具有磁性，可以通过外加磁场回收。这些特点满足应急处理河流污染事故的要求。

本书模拟了利用 nZVM 修复河流铬污染的过程，为设计 nZVI 技术应急处理河流中 Cr(VI)污染事故的工程应用作了探索性研究。在实施处理污染事故的工程之前，需要研究各种工艺参数条件下，nZVM 对河流中 Cr(VI)的修复效果。试验数据表明，提高 nZVM 使用量，降低污染源浓度和流水量可以有效提高修复效果。

基于对流-扩散模型，采用模型的一维解析解模拟了试验数据，发现该模型较好地模拟了修复过程，偏差基本保持在5%以内。通过实验室研究和数学模型研究，获得了可靠的参数，为 nZVM 修复河流中 Cr(VI)污染的实际应用奠定了研究基础。本试验中的模拟河流污染修复的研究扩大了 nZVM 的应用范围，使其从修复地下水污染领域拓展至河流污染修复领域。

但是，本书中的模拟装置、数学模型仍需要进一步地优化，才能符合实际河流的情况。而且 nZVM 的回收技术以及反应产物对水体的影响需要进一步的研究。

参考文献

AMIN M N，KANECO S，KATO T，et al.，2008. Removal of thiobencarb in aqueous solution by zero valent iron[J]. Chemosphere，70（3）：511-515.

ANI E C，WALLIS S，Kraslawski A，et al.，2009. Development，calibration and evaluation of two mathematical models for pollutant transport in a small river[J]. Environmental Modelling & Software，24（10）：1139-1152.

BAE S，LEE W，2010. Inhibition of nZVI reactivity by magnetite during the reductive degradation of 1，1，1-TCA in nZVI/magnetite suspension[J]. Applied Catalysis B：Environmental，96（1-2）：10-17.

BINI C，MALECI L，ROMANIN A，2008. The chromium issue in soils of the leather tannery district in Italy[J]. Journal of Geochemical Exploration，96（2-3）：194-202.

BOHDZIEWICZ J，2000. Removal of chromium-ions(VI) from underground water in the hybrid complexation-ultrafiltration process[J]. Desalination，129（3）：227-235.

BOKARE A D，CHIKATE R C，Rode C V，et al.，2008. Iron-nickel bimetallic nanoparticles for reductive degradation of azo dye Orange G in aqueous solution[J]. Applied Catalysis B：Environmental，79（3）：270-278.

CAGGIANO R，D'EMILIO M，MACCHIATO M，et al.，2005. Heavy metals in ryegrass species versus metal concentrations in atmospheric particulate measured in an industrial area of Southern Italy[J]. Environmental Monitoring and Assessment，102（1）：67-84.

CHOI H，AL-ABED S R，AGARWAL S，et al.，2008. Synthesis of reactive nano-Fe/Pd bimetallic system-impregnated activated carbon for the simultaneous adsorption and dechlorination of PCBs[J]. Chemistry of Materials，20（11）：3649-3655.

CUSHING B L，KOLESNICHENKO V L，O'connor C J，2004. Recent advances in the liquid-phase syntheses of inorganic nanoparticles[J]. Chemical Reviews，104（9）：3893-3946.

DE SMEDT F，BREVIS W，DEBELS P，2005 Analytical solution for solute transport resulting from instantaneous injection in streams with transient storage[J]. Journal of Hydrology，315（1-4）：25-39.

DI NATALE F，LANCIA A，MOLINO A，et al.，2007. Removal of chromium ions form aqueous solutions by adsorption on activated carbon and char[J]. Journal of Hazardous Materials，145（3）：381-390.

FANG Z，QIU X，CHEN J，et al.，2010. Degradation of metronidazole by nanoscale zero-valent metal prepared from steel pickling waste liquor[J]. Applied Catalysis B：Environmental，100（1-2）：221-228.

FANG Z，QIU X，HUANG R，et al.，2011. Removal of chromium in electroplating wastewater by nanoscale zero-valent metal with synergistic effect of reduction and immobilization[J]. Desalination，280（1-3）：

224-231.

FU F, WANG Q, 2011. Removal of heavy metal ions from wastewaters: a review[J]. Journal of Environmental Management, 92 (3): 407-418.

GENG B, JIN Z, LI T, et al., 2009a. Kinetics of hexavalent chromium removal from water by chitosan-Fe^0 nanoparticles[J]. Chemosphere, 75 (6): 825-830.

GENG B, JIN Z, LI T, et al., 2009b. Preparation of chitosan-stabilized Fe^0 nanoparticles for removal of hexavalent chromium in water[J]. Science of the Total Environment, 407 (18): 4994-5000.

GHEJU M, 2011. Hexavalent chromium reduction with zero-valent iron (ZVI) in aquatic systems[J]. Water, Air, & Soil Pollution, 222 (1): 103-148.

GRIEGER K D, FJORDBØGE A, HARTMANN N B, et al., 2010. Environmental benefits and risks of zero-valent iron nanoparticles (nZVI) for in situ remediation: risk mitigation or trade-off? [J]. Journal of Contaminant Hydrology, 118 (3-4): 165-183.

HINGSTON J A, COLLINS C D, MURPHY R J, et al., 2001. Leaching of chromated copper arsenate wood preservatives: a review[J]. Environmental Pollution, 111 (1): 53-66.

HOU M, WAN H, LIU T, et al., 2008. The effect of different divalent cations on the reduction of hexavalent chromium by zerovalent iron[J]. Applied Catalysis B: Environmental, 84 (1-2): 170-175.

HU C Y, LO S L, LIOU Y H, et al., 2010. Hexavalent chromium removal from near natural water by copper-iron bimetallic particles[J]. Water Research, 44 (10): 3101-3108.

HU Z, LEI L, LI Y, et al., 2003. Chromium adsorption on high-performance activated carbons from aqueous solution[J]. Separation and Purification Technology, 31 (1): 13-18.

ICOPINI G A, LONG D T, 2002. Speciation of aqueous chromium by use of solid-phase extractions in the field[J]. Environmental Science & Technology, 36 (13): 2994-2999.

IYENGAR G V, 1989. Nutritional chemistry of chromium[J]. Science of the total Environment, 86 (1-2): 69-74.

JIAO Y, QIU C, HUANG L, et al., 2009. Reductive dechlorination of carbon tetrachloride by zero-valent iron and related iron corrosion[J]. Applied Catalysis B: Environmental, 91 (1-2): 434-440.

KANEL S R, GRENECHE J M, CHOI H, 2006. Arsenic (V) removal from groundwater using nano scale zero-valent iron as a colloidal reactive barrier material[J]. Environmental Science & Technology, 40 (6): 2045-2050.

KASHEFIPOUR S M, FALCONER R A, 2002. Longitudinal dispersion coefficients in natural channels[J]. Water Research, 36 (6): 1596-1608.

KOTAS J, STASICKA Z, 2000. Chromium occurrence in the environment and methods of its speciation[J]. Environmental Pollution, 107 (3): 263-283.

LI X, CAO J, ZHANG W, 2008. Stoichiometry of Cr (VI) immobilization using nanoscale zerovalent iron (nZVI) : a study with high-resolution X-ray photoelectron spectroscopy (HR-XPS) [J]. Industrial & Engineering Chemistry Research, 47 (7) : 2131-2139.

LI X, ZHANG W, 2006. Iron nanoparticles: The core-shell structure and unique properties for Ni (II) sequestration[J]. Langmuir, 22 (10) : 4638-4642.

LIU T, RAO P, Lo I M C, 2009. Influences of humic acid, bicarbonate and calcium on Cr (VI) reductive removal by zero-valent iron[J]. Science of the Total Environment, 407 (10) : 3407-3414.

LIU T, TSANG D C W, Lo I M C, 2008. Chromium (VI) reduction kinetics by zero-valent iron in moderately hard water with humic acid: iron dissolution and humic acid adsorption[J]. Environmental Science & Technology, 42 (6) : 2092-2098.

MANNING B A, KISER J R, KWON H, et al., 2007. Spectroscopic investigation of Cr (III) - and Cr (VI) -treated nanoscale zerovalent iron[J]. Environmental Science & Technology, 41 (2) : 586-592.

MEHRA R, JUNEJA M, 2005. Fingernails as biological indices of metal exposure[J]. Journal of Biosciences, 30 (2) : 253-257.

MOHAMED A A, MUBARAK A T, MARSTANI Z M H, et al., 2006. A novel kinetic determination of dissolved chromium species in natural and industrial waste water[J]. Talanta, 70 (2) : 460-467.

MORACI N, CALABRÒ P S, 2010. Heavy metals removal and hydraulic performance in zero-valent iron/pumice permeable reactive barriers[J]. Journal of Environmental Management, 91 (11) : 2336-2341.

MORRISON J M, GOLDHABER M B, Lee L, et al., 2009. A regional-scale study of chromium and nickel in soils of northern California, USA[J]. Applied Geochemistry, 24 (8) : 1500-1511.

MOUKARZEL A, 2009. Chromium in parenteral nutrition: too little or too much？[J]. Gastroenterology, 137 (5) : S18-S28.

NIKOLAIDIS N P, DOBBS G M, LACKOVIC J A, 2003. Arsenic removal by zero-valent iron: field, laboratory and modeling studies[J]. Water Research, 37 (6) : 1417-1425.

NOWAK B, KOZŁOWSKI H, 1998. Heavy metals in human hair and teeth[J]. Biological trace element research, 62 (3) : 213-228.

OWLAD M, AROUA M K, DAUD W A W, et al., 2009. Removal of hexavalent chromium-contaminated water and wastewater: a review[J]. Water, Air, and Soil Pollution, 200 (1) : 59-77.

PECHOVA A, PAVLATA L, 2007. Chromium as an essential nutrient: a review[J]. Veterinární medicína, 52 (1) : 1.

PUGAZHENTHI G, SACHAN S, KISHORE N, 2005. Separation of chromium (VI) using modified ultrafiltration charged carbon membrane and its mathematical modeling[J]. Journal of Membrane Science, 254 (1-2) : 229-239.

QIAN H，WU Y，LIU Y，2008. Kinetics of hexavalent chromium reduction by iron metal[J]. Frontiers of Environmental Science & Engineering in China，2（1）：51-56.

RICHARD F C，BOURG A C M，1991. Aqueous geochemistry of chromium：a review[J]. Water Research，25（7）：807-816.

RIVERO-HUGUET M，Marshall W D，2009a. Reduction of hexavalent chromium mediated by micron-and nano-scale zero-valent metallic particles[J]. Journal of Environmental Monitoring，11（5）：1072-1079.

RIVERO-HUGUET M，Marshall W D，2009b. Reduction of hexavalent chromium mediated by micro-and nano-sized mixed metallic particles[J]. Journal of Hazardous Materials，169（1-3）：1081-1087.

RIVERO-HUGUET M，Marshall W D，2009c. Influence of various organic molecules on the reduction of hexavalent chromium mediated by zero-valent iron[J]. Chemosphere，76（9）：1240-1248.

SAHA R，Nandi R，SAHA B，2011. Sources and toxicity of hexavalent chromium[J]. Journal of Coordination Chemistry，64（10）：1782-1806.

SEIGNEUR C，CONSTANTINOU E，1995. Chemical kinetic mechanism for atmospheric chromium[J]. Environmental Science & Technology，29（1）：222-231.

SHEA P J，MACHACEK T A，COMFORT S D，2004. Accelerated remediation of pesticide-contaminated soil with zerovalent iron[J]. Environmental Pollution，132（2）：183-188.

SONG H，CARRAWAY E R，2008. Catalytic hydrodechlorination of chlorinated ethenes by nanoscale zero-valent iron[J]. Applied Catalysis B：Environmental，78（1-2）：53-60.

SZALINSKA E，DOMINIK J，VIGNATI D A L，et al.，2010. Seasonal transport pattern of chromium（III and VI） in a stream receiving wastewater from tanneries[J]. Applied Geochemistry，25（1）：116-122.

TEE Y T，BACHAS L，BHATTACHARYYA D，2009. Degradation of Trichloroethylene and Dichlorobiphenyls by Iron-Based Bimetallic Nanoparticles [J]. Journal of Physical Chemistry C，113（22）：9454-9464.

TIAN H，LI J，MU Z，et al.，2009. Effect of pH on DDT degradation in aqueous solution using bimetallic Ni/Fe nanoparticles[J]. Separation and Purification Technology，66（1）：84-89.

TYROVOLA K，PEROULAKI E，NIKOLAIDIS N P，2007. Modeling of arsenic immobilization by zero valent iron[J]. European Journal of Soil Biology，43（5-6）：356-367.

WALSH A R，1996. Chromium speciation in tannery effluent-I. An assessment of techniques and the role of organic Cr（III） complexes[J]. Water Research 30（10）：2393-2400.

WANG Q L，2009. Controllable synthesis，characterization，and magnetic properties of nanoscale zerovalent iron with specific high Brunauer-Emmett-Teller surface area[J]. Journal of Nanoparticle Research，11（3）：749-755.

WANG Q，QIAN H，YANG Y，et al.，2010. Reduction of hexavalent chromium by carboxymethyl cellulose-stabilized zero-valent iron nanoparticles[J]. Journal of contaminant hydrology，114（1-4）：35-42.

WANG Q，SNYDER S，KIM J，et al.，2009. Aqueous ethanol modified nanoscale zerovalent iron in bromate reduction：synthesis，characterization，and reactivity[J]. Environmental Science & Technology，43（9）：3292-3299.

WANNER C，EGGENBERGER U，MÄDER U，2011. Reactive transport modelling of Cr（Ⅵ） treatment by cast iron under fast flow conditions[J]. Applied Geochemistry，26（8）：1513-1523.

WESTERHOFF P，2003. Reduction of nitrate，bromate，and chlorate by zero valent iron（Fe^0）[J]. Journal of Environmental Engineering，129（1）：10-16.

WILKIN R T，SU C，FORD R G，et al.，2005. Chromium-removal processes during groundwater remediation by a zerovalent iron permeable reactive barrier[J]. Environmental Science & Technology，39（12）：4599-4605.

XU X，WO J，ZHANG J，et al.，2009. Catalytic dechlorination of p-NCB in water by nanoscale Ni/Fe[J]. Desalination，242（1-3）：346-354.

XU Y，ZhAO D，2007. Reductive immobilization of chromate in water and soil using stabilized iron nanoparticles[J]. Water Research，41（10）：2101-2108.

YAN W，HERZING A A，KIELY C J，et al.，2010. Nanoscale zero-valent iron（nZVI）：aspects of the core-shell structure and reactions with inorganic species in water[J]. Journal of Contaminant Hydrology，118（3-4）：96-104.

YANG G C C，LEE H L，2005. Chemical reduction of nitrate by nanosized iron：kinetics and pathways[J]. Water Research，39（5）：884-894.

ZHANG Z，CISSOKO N，WO J，et al.，2009. Factors influencing the dechlorination of 2，4-dichlorophenol by Ni-Fe nanoparticles in the presence of humic acid[J]. Journal of Hazardous Materials，165（1-3）：78-86.

ZHOU H，HE Y，LAN Y，2008. Influence of complex reagents on removal of chromium（Ⅵ） by zero-valent iron[J]. Chemosphere，72（6）：870-874.

考庆君，吴坤，邓晶，2007. 三价铬和六价铬对大鼠长期慢性毒性的比较[J]. 癌变·畸变·突变，19（6）：474-478.

梁奇峰，2006. 铬与人体健康[J]. 广东微量元素科学，13（2）：67-69.

吴继明，程胜高，2009. 探讨六价铬对人体健康的影响及防治措施[J]. 现代预防医学，36（24）：4610-4611.

武红叶，曾明，2006. 六价铬致癌机制的研究进展[J]. 癌变·畸变·突变，（6）：22.

谢瑞文，2006. 含 Cr（Ⅵ）电镀废水处理研究进展[J]. 生态科学，25（3）：285-288.

张庆东，罗绪刚，王永军，2005. 家畜铬应用研究进展[J]. 饲料博览，（9）：10-12.

第4章 绿色合成纳米铁基材料的制备
及其去除 Cr(Ⅵ)的研究

4.1 绿色合成纳米铁基材料概述

4.1.1 绿色合成技术

绿色合成技术（植物）是指利用植物叶、茎、果实、种子和树皮等组成部分提取还原性物质制备成提取液，以提取液作为还原剂，将金属离子还原为金属纳米粒子（Mittal et al., 2013; Kharissova et al., 2013）。天然植物中含有一种或多种具有还原性的物质，如酚类、黄酮类、有机酸类、皂角苷、鞣质和氨基酸等（Abbasi et al., 2015）。在绿色合成过程中，利用植物的叶子、茎和果实等制备含有多种还原性物质的提取液，替代传统的液相还原法中的还原剂（硼氢化钾、硼氢化钠等化学试剂），与金属离子作用并还原为对应的零价纳米粒子（Luo et al., 2015）。反应过程中植物提取物作为还原剂和稳定剂（包覆剂），使合成的粒子能在较长时间内不发生团聚。

植物多酚是自然界中的一类天然大分子化合物，广泛存在于植物的皮、根、叶和果实等各部分中，这类化合物的抗氧化能力很强（陈亮等，2013）。因为其酚羟基结构中含有邻位酚羟基，易被氧化成醌类结构（何婷，2009）。黄酮类化合物也是广泛存在于植物体中的一类天然产物，大多都带有酚羟基，具有抗氧化性能，其可能存在于植物体的各个组成部分（如叶、果皮、种子和树皮等）（户勋，2008），在凤眼莲和葛根等植物中也存在这类化合物。有机酸类化合物，在植物的叶、根和果实中广泛分布，如山楂、苹果和猕猴桃等。植物中常见的有机酸主要有抗坏血酸（维生素C）、苹果酸、丁香酸和苯甲酸等，有机酸类化合物具有较强的抗氧化能力（汤喜兰等，2012）。

4.1.2 绿色合成纳米铁基材料的研究进展

nZVI 的传统合成方法主要有物理法和化学法（刘雨，2009）。物理法包括热等离子体法和高能球磨法等（冯婧微，2012）。化学法是利用一定量的某种还原剂将金属铁盐等还原制得纳米铁粒子，其中常用的主要是液相还原法，采用强还原剂（如 NaBH$_4$ 和

KBH$_4$ 等）还原 Fe^{2+}和 Fe^{3+}制得纳米铁微粒。这些传统的制备方法在合成过程中也存在一些问题，如合成成本高、工艺繁杂、需要使用复杂和高耗能的设备，需要使用有毒有腐蚀性的化学药品（如 NaBH$_4$ 等强还原剂），且合成粒子易团聚不稳定（Wang et al.，2014a）。为此，研究者尝试对 nZVI 的合成方法进行改进和完善。

基于对植物天然提取液中抗氧化活性物质的研究，研究者开始探索利用天然植物提取液作为还原剂绿色合成纳米铁基材料。早在 20 世纪初，研究者就已经发现植物提取物具有还原金属离子的能力（Mittal et al.，2013），虽然当时人们对这些天然的还原剂的成分及作用机制并不理解。

目前，绿色合成利用的植物有绿茶（Hoag et al.，2009；Nadagouda et al.，2010）、高粱（Njagi et al.，2011；Mohd et al.，2013）、桉树（Wang et al.，2014a；Cao et al.，2016）、薄荷（Prasad et al.，2014）、大麦（Makarov et al.，2014）、酸模（Makarov et al.，2014）、葡萄（Luo et al.，2015；Luo et al.，2016）等植物的叶子，以及苹果、柠檬、梨、柑橘和柚子等的果皮（Machado et al.，2014）。较早进行绿色合成 nZVI 的是 Hoag 等（2009），他们尝试用茶多酚合成 nZVI 降解溴百里酚蓝，随后 Nadagouda 等（2010）也利用茶多酚成功合成 nZVI 并进行了生物相容性试验研究，证明了绿色合成的 nZVI 比物理化学方法合成的生物毒性小，具有可推广性。Njagi 等（2011）用高粱麸皮在室温下合成的纳米铁颗粒粒径为 50 nm 左右，比表面积大、表面活性高，较早地开发了除绿茶以外的可用于绿色合成的植物。Machado 等（2013a）利用茶、桉树、苹果、橡树、柠檬、梨、橘子等 26 种植物叶子制备的提取物成功合成了 nZVI，证明了绿色合成原料易得，成本低，是一种有前景的环境修复材料合成技术。随后，Makarov 等（2014）利用大麦和酸模成功合成纳米氧化铁材料，验证了绿色合成的纳米氧化铁粒子稳定性高，经过两周陈化，其团聚程度小，并推断提取液中的某些成分以及酸性环境有利于材料的稳定保存。Wang 等（2014a）利用桉树叶子合成了 nZVI 并用于去除养猪场的富营养化的废水，主要去除废水中的硝酸盐氮，取得了较好地去除效果。绿色合成的纳米材料也被用于降解含氯有机物（Smuleac et al.，2011）、阴阳离子染料（Shahwan et al.，2011）及富营养化废水（Wang et al.，2014）、布洛芬（Machado et al.，2013b）等，均取得了较好地去除效果。这些研究表明，利用植物的提取液进行纳米材料的合成是可行且绿色环保的。但是，在绿色合成所利用的植物中，茶叶作为原料较贵，苹果、柠檬、梨、橘子、大麦等属于经济作物，无法随时取材。表 4-1 总结了目前利用植物提取液进行纳米铁基材料（FeNPs）绿色合成的研究进展。

表 4-1 利用植物提取液绿色合成 FeNPs 研究进展

俗名	拉丁文名	部分	形态	粒径/nm	参考文献
茶	*Camellia sinensis*	叶子	球形的	5～15	Hoag et al.，2009
茶	*Camellia sinensis*	叶子	球形的	50～500	Nadagouda et al.，2010
茶	*Camellia sinensis*	叶子	不规则的簇	40～60	Shahwan et al.，2011
诃子	*Terminalia chebula*	叶子	链状、三角形、五角形	<80	Kumar et al.，2013
红茶	*Camellia sinensis*	叶子		15～45	Machado et al.，2013b
葡萄	*Vitis vinifera*	葡萄果渣			
苹果	*Malus pumila*	叶子			
桉树	*Eucalyptus robusta* Smith	叶子			
猕猴桃	*Actinidia chinensis*	叶子			
百香果	*Passiflora edulia* Sims	叶子			Machado et al.，2013a
桃树	*Amygdalus persica* L.	叶子			
枸杞	*Lycium barbarum* L.	叶子			
桑树	*Morus alba* L.	叶子	球形的	10～30	
橄榄树	*Canarium album*	叶子			
石榴	*Punica granatum* L.	叶子	球形的	10～30	
大麦	*Hordeum vulgare*	叶子	球形的	30	Makarov et al.，2014
酸模	*Rumex acetosa*	叶子	无定形的	40	
柠檬	*Citrus limonum*	果肉，内果皮，外果皮	球形的、圆柱形的、不规则的	3～300	Machado et al.，2014
青柠	*Citrus aurantium*				
橘子	*Citrus reticulata*				
葡萄	*Vitis vinifera*	叶子	类似球形的	2～20	Luo et al.，2016

4.2 纳米零价铁的绿色合成与表征

4.2.1 凤眼莲提取液制备 nZVI

凤眼莲（*Eichhornia crassipes*），在国内通常被称为水葫芦或水浮莲等，是一种近年来出现的漂浮性恶性杂草（图 4-1）。它的根系发达，高效吸收水体中的营养物质，分蘖繁殖很快。茎部具有葫芦状的水泡，叶子的形状是卵形、倒卵形或肾脏形，花期会开出浅蓝色的花。它是一种可用于园林景观建设的植物。

除了作为观赏植物，凤眼莲还有其他的生态功能，如其具有很强的净化污水的能力。凤眼莲能吸收受污染水体中的很多重金属（如镉、钴和铅等）。当人们认识到凤眼莲具有净化污水的作用后，便开始大量推广。随着凤眼莲在各地扩张引进，凤眼莲以其超强的繁殖能力，渐渐长满和占据各个河涌湖泊。因其疯狂生长消耗了水中大量的氧气，阻碍了鱼类等其他生物的生长，严重干扰来往的船只航运，困扰着人们的出行和生活，同时造成了水质恶化（王成梅，2012），已成为许多地区治理的难题。在 20 世纪 90 年代初，凤眼莲的肆意生长对昆明的滇池造成了严重的经济和生态损失（姜玉俊，2015）。此后，凤眼莲的暴发在多处发生，彻底改变了凤眼莲作为一种观赏植物或者饲料原料的印象。为了解决其肆意生长的问题，各地均积极应对，尝试了多种方法（如使用除草剂等进行化学防治、养殖儒艮进行生物防治、人工打捞等）（何婷，2009）。以上方法能够对凤眼莲的防治和处理起到一定的效果，然而也出现了治标不治本的现象。

图 4-1　凤眼莲

　　近年来，有效治理凤眼莲仍然是一个重要的研究方向。针对引进凤眼莲所出现的一系列问题，研究者利用已有的试验方法及仪器对它的结构进行探究和摸索，以期寻找有效地治理和资源化利用方法。据报道，凤眼莲中植物体各部分含有丰富的抗氧化物质，研究者利用各种提取方法（如热水浸提、微波提取和超声提取等）对凤眼莲植物体中的抗氧化物质进行提取、分离纯化鉴定，得到酮类物质（户勋，2008））。何婷（2009）在研究凤眼莲提取液中抗氧化物质时，利用 DPPH 法和普鲁士蓝法证明提取液具有抗氧化能力，利用成分预实验（显色实验）初步鉴定其提取液中可能存在黄酮类、有机酸类和还原糖类等抗氧化成分。

　　鉴于凤眼莲提取液中含有丰富的抗氧化性物质，为使其能够资源化利用，废物利用，笔者团队以凤眼莲作为提取对象，制备含有还原性成分的提取液，用于纳米铁基材料的绿色合成。

4.2.2　纳米零价铁的绿色合成与表征方法

4.2.2.1　材料的绿色合成

　　本书所用凤眼莲采自广州珠江小洲村河段，凤眼莲叶子采集后经去离子水洗净后置于 40℃鼓风干燥箱中烘干，而后用高速粉碎机粉碎并过 10 目筛，将得到的凤眼莲叶子粉末通入氮气密封保存备用。

将凤眼莲叶子粉末以 60 g/L 的浓度于超纯水中进行提取，80℃下水浴加热 90 min，将水浴提取制备的提取液进行抽滤，抽滤过后的提取液再进行离心和过 0.22 μm 滤膜，滤液于冰箱中 4℃冷藏备用。

采用铁离子还原/抗氧化能力分析法（Ferric Reducing/Antioxidant Power，FRAP）（Pulido et al.，2000）对提取液的抗氧化能力进行测定。具体步骤如下：

①配制 FRAP 工作液：以 37%的浓 HCl（对应浓度 12 mol/L）配制得浓度为 40 mmol/L 的 HCl 溶液。称取 $FeCl_3 \cdot 6H_2O$ 固体用蒸馏水配制浓度为 20 mmol/L 的 $FeCl_3$ 溶液。称取 $CH_3COONa \cdot 3H_2O$ 固体用冰醋酸配制得浓度为 0.3 mol/L 的 CH_3COONa 缓冲溶液。称取 2,4,6-三（2-吡啶基）三嗪（TPTZ）固体用 40 mmol/L 的 HCl 溶液配制得 10 mmol/L TPTZ 溶液。分别取上述 CH_3COONa 缓冲溶液、TPTZ 溶液和 $FeCl_3$ 溶液混匀（加入体积比 10：1：1），配制得 FRAP 溶液。

②将制备的凤眼莲提取液稀释 10 倍，取 0.2 mL 稀释液于比色管中，再加入 37℃预热的 FRAP 工作液 6 mL 和 0.6 mL 蒸馏水，混匀后 37℃水浴加热反应 10 min，在 593 nm 处测吸光度值。空白对照是将提取液替换为加 0.2 mL 的蒸馏水，其他步骤同上。对照标准曲线，求得 FRAP 值。

③提取工艺因素选取了料液比、温度、提取时间、pH、乙醇浓度和超声条件等。用 100 mL 超纯水作为提取剂，凤眼莲的质量为 4～8 g，温度为 323～363 K，提取时间为 0～120 min，pH 为 3～8，乙醇浓度为 0～100%，超声是否等条件试验进行提取工艺研究，提取液用离心机 9 000 r/min 离心 10 min 和用 0.22 μm 的过滤膜过滤，最后取适量滤液进行 FRAP 测试。每组试验重复 3 次。

取制备的提取液 100 mL 移入三颈烧瓶中，通入 N_2 搅拌 10 min，匀速逐滴加入新配制好的 $FeCl_3$ 溶液 100 mL，然后停止搅拌并且继续通气 10 min，整个制备反应过程中保持通气状态。将生成的绿色合成纳米材料在 12 000 r/min 下高速离心一定时间，离心得到的纳米铁基材料（Ec-Fe-NPs）分别用乙醇和丙酮洗两遍后放置 60℃真空干燥箱中干燥 8 h。

4.2.2.2　材料的表征方法

将得到的干燥材料进行表征。具体步骤如下：

（1）提取液的表征

通过元素分析仪测定凤眼莲中 C、N、H、S 等元素含量，将凤眼莲叶子用高速粉碎机磨成粉末，过 10 目筛，称取 0.005 g 过筛后的叶子粉末置于可熔锡囊或铝囊中，进入燃烧管在纯氧氛围下高温灼烧，燃烧后的产物通过特定的试剂形成 CO_2、H_2O、N_2 和氮

氧化物以及 SO_2，以此来测定 C、H、N 和 S 元素的含量。通过电感耦合等离子体发射光谱仪（Inductively Coupled Plasma-atomic Emission Spectrometry，ICP）测定叶子和提取液中重金属含量。对于叶子和提取液中铬、镉、铁、铜、铅和钴等重金属元素的测定，首先参照食品安全国家标准中关于铬和镉等重金属元素的测定方法（GB 5009.123 和 GB 5009.15），采用湿式消解法，主要步骤如下：称取粉碎的凤眼莲叶子粉末 5 g 于坩埚中，加 50 mL 高氯酸及硝酸混合液（高氯酸与硝酸体积比为 1：4），置于电热板上加热，先在 120℃下加热 0.5～1 h，然后在 160℃下加热 0.5 h，最后在 250℃下加热至样品消解完全。在加热挥发至剩余酸 2～5 mL 时，加入适量 3%稀硝酸，待挥发至不再冒白烟，消解至剩余 2～5 mL 溶液至呈淡黄色时，停止加热，消解完全。将消解液转移到 20 mL 容量瓶，用蒸馏水进行定容，过 0.22 μm 滤膜，用 ICP 测样品中各种重金属元素含量。

（2）Ec-Fe-NPs 的表征

Ec-Fe-NPs 的粒径和形貌特征通过透射电镜（TEM）、扫描电镜（SEM）、X-射线能量色散谱仪、X-射线光电子能谱仪、傅里叶变换红外光谱仪（FTIR）、纳米粒径测定仪（DLS）、Zeta 电位（马尔文 Zetasizer 纳米粒度电位仪）等表征技术对制备的 Ec-Fe-NPs 进行分析。在 TEM 分析中，纳米颗粒先在乙醇中进行超声分散，进入仪器真空室中测定。利用 X 射线粉末衍射进行材料晶相分析，测试过程中管电压为 60 kV，管电流为 80 mA，扫描范围 2θ 是 10°～90°，扫描速率是 2°/min。

4.2.3　绿色合成工艺优化与材料表征分析

4.2.3.1　凤眼莲提取液的制备优化工艺

由图 4-2（a）可以看出，随着凤眼莲叶子投加量的增加，提取液的抗氧化能力逐渐增强。当料液比大于 6 g：100 mL 时，FRAP 增大趋势减缓，增加率较小，所以选取 6 g：100 mL 为最佳料液比。

由图 4-2（b）可知，在温度为 323～363 K 时，随温度升高，提取液抗氧化能力增强，在 353 K 时达到最大值（0.049 7 mmol/g）。当提取温度超过 353 K 后，提取液中抗氧化能力降低，这可能是由于温度过高，使得凤眼莲中的多酚氧化酶失活（Wang et al.，2014a）。

由图 4-2（c）可知，提取时间在 0～80 min 内，随着提取时间的延长，提取液抗氧化能力逐渐增强，在 80 min 时达到最大值，为 0.050 3 mmol/g。当提取时间超过 80 min 以后，FRAP 逐渐减小，由于长时间暴露在空气中会使提取液中的还原性成分被氧化，所以 80 min 为最佳提取时间。

由图 4-2（d）可知，随着提取剂 pH 升高，提取液的抗氧化能力逐渐减小，可能是由于叶子中的还原性物质本身呈酸性，调高提取剂 pH 会使提取液中的还原性物质与添加的碱性物质发生作用。因此，不再调节提取剂 pH，提取液的初始 pH 为 3.9。

由图 4-2（e）可以看出，提取剂中乙醇体积分数 0～50%，随着乙醇占比的提高，提取液抗氧化能力逐渐增强。在乙醇体积分数为 50%时，测得提取液抗氧化能力达到最大值，其值为 0.067 5 mmol/g。当乙醇体积分数大于 50%时，随着乙醇占比的增大，其抗氧化能力则呈下降趋势。可能是由于提取剂中含有适量乙醇时，凤眼莲叶子中溶于乙醇的还原性物质可以被提取出来，但乙醇浓度过高时，则使得提取液中的还原性物质失活。在提取液中乙醇体积分数在 20%以内 FRAP 增加率最大。但是考虑到经济成本，在提取时采用纯水提取为最佳。

由图 4-2（f）可知，超声条件下提取液的抗氧化能力比不超声时的低，因此，提取工艺仍然只采取水浴不加超声。

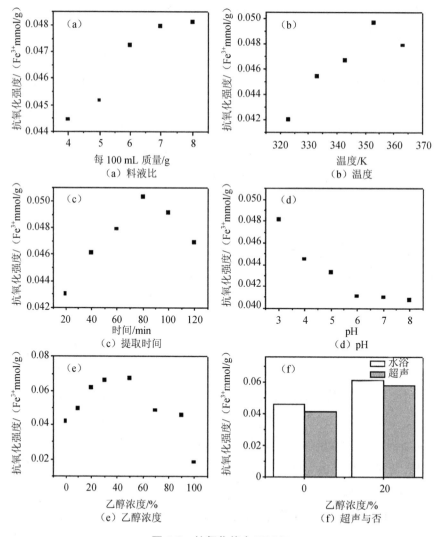

图 4-2　抗氧化能力 FRAP

4.2.3.2 绿色纳米铁基材料合成工艺的确定

影响合成工艺的因素选取 Fe^{3+} 溶液（0.1 mol/L）和提取液的体积比，体积比分别设置 5：1，2：1，1：1，1：2 和 1：5。为了研究合成的材料的还原能力，分别做了单独 Fe^{3+} 溶液和提取液的还原 Cr(Ⅵ)试验，结果表明，单独的 Fe^{3+} 溶液不能还原去除 Cr(Ⅵ)，而提取液由于具有一定的还原能力，能够去除部分 Cr(Ⅵ)。由图 4-3 可知，随着提取液的比例增加，合成的材料 Ec-Fe-NPs 以及单独的提取液对 Cr(Ⅵ)的去除效率均逐渐增大，在 Fe^{3+} 和提取液的体积比为 1：1 时 Ec-Fe-NPs 对 Cr(Ⅵ)的去除率为 86.0% 左右，提取液对其去除率为 17.5%左右，能达到较好地去除效果。当体积比增大到 1：5 时，Ec-Fe-NPs 对 Cr(Ⅵ)的去除率达 99.7%，提取液对 Cr(Ⅵ)的去除率为 65.6%左右，这可能是提取液量多时，其中的还原性物质总量多，对 Cr(Ⅵ)的还原能力较强。综合 Fe^{3+} 溶液和提取液的比例变化对合成出纳米材料的反应活性的影响结果，在体积比 1：1 时，合成的材料已能够达到较好地去除效果，因此，选取合成材料的最佳体积比为 1：1。

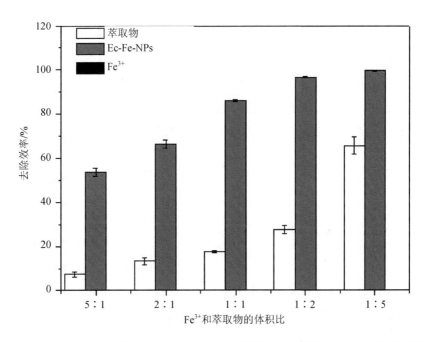

图 4-3 提取液、不同 Fe^{3+} 和提取液的体积比合成材料和 Fe^{3+} 溶液对 Cr(Ⅵ)的去除效率

4.2.3.3 提取液和绿色合成材料的表征

（1）提取液的表征

由元素分析仪测得凤眼莲叶子中 C 元素含量为 39.2%，N 元素含量 4.55%，S 元素含量为 0.42%，H 元素含量为 5.95%。N 元素主要存在于植物体内的蛋白质、核酸和叶

绿素等物质中；S 元素主要存在于植物蛋白质中，是胱氨酸、半胱氨酸和甲硫氨酸等的重要组成成分（Lincoln et al.，2006）。由表 4-2 可知，凤眼莲对 Cr、Cd、Pb、Cu 和 Co 均有少量吸收，叶子粉末中 Fe、Cu 和 Cr 3 种元素含量较高，但提取液中其他金属元素含量均很少，低于或略高于食品安全标准所规定的食品中重金属污染物限量（0.5 mg/kg）。说明本试验所采用的提取方法提取出的主要是有机物，重金属的提取率很低，也说明了采用水浴提取工艺可以避免重金属的污染，为绿色合成提供了保证。

表 4-2　凤眼莲及其提取液中重金属元素含量

样品	元素	Cr	Fe	Cd	Cu	Pb	Co
叶子	浓度/（mg/L）	0.735	6.18	0.115	3.67	0.225	0.094
	单位质量浓度/（mg/kg）	2.94	24.72	0.46	14.67	0.90	0.38
提取液	浓度/（mg/L）	0.017	0.121	0.002	0.099	0.132	0.017
	单位质量浓度/（mg/kg）	0.08	0.60	0.01	0.49	0.66	0.09

（2）绿色合成纳米铁基材料表征

由图 4-4 可知，由 DLS 测得绿色合成的 Ec-Fe-NPs 平均粒径为 51.2 nm，说明所合成的纳米颗粒粒径比较小。Zeta 电位的大小表示胶体系统的稳定性趋势。如果悬浮液中全部粒子具有的 Zeta 电位大于 30 mV 或小于−30 mV 时，那么它们将倾向于相互排斥，而没有絮凝，这种情况通常认为是稳定的（Zhang et al.，2006；Kumar et al.，2015）。试验中测得 Ec-Fe-NPs 的 Zeta 电位为 30.7 mV，说明绿色合成的纳米材料是相对稳定的。

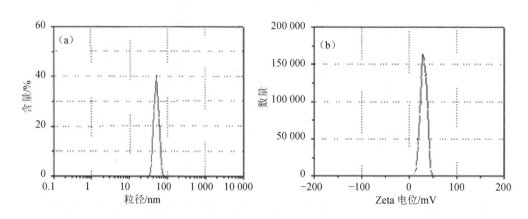

图 4-4　Ec-Fe-NPs 的纳米粒径测定图（a）和 Ec-Fe-NPs 的 Zeta 电位图（b）

图 4-5（a，b）为 Ec-Fe-NPs 的 SEM 图，由图中可以看到材料为颗粒状，大部分颗粒呈较规则的球形或椭球形，颗粒最小粒径为 10～20 nm，大部分颗粒粒径为 10～60 nm。从 TEM（图 4-6）图还可看出，颗粒表面包覆有一层膜可以推测包覆颗粒的膜是由提取

液中的有机物形成，从而使颗粒分散和稳定。由图 4-5（c）可知，合成的材料 Ec-Fe-NPs 中主要含有 Fe 元素、O 元素和 C 元素，Fe 元素含量为 16.3%，推测合成出了纳米铁颗粒，同时检测出元素 C、N 和 O，这是提取液中有机物中普遍含有的元素，说明材料表面包覆的膜确实是由提取液中的有机物形成的。

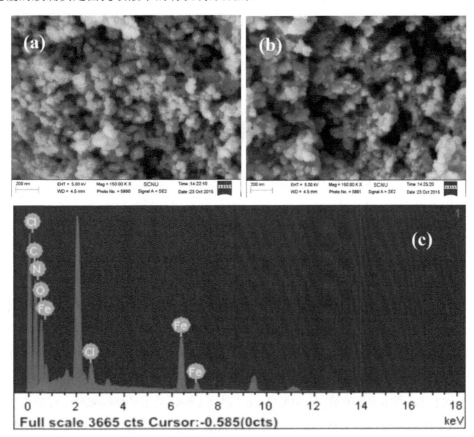

图 4-5　Ec-Fe-NPs 的 SEM 图像（a，b）和 EDS 图（c）

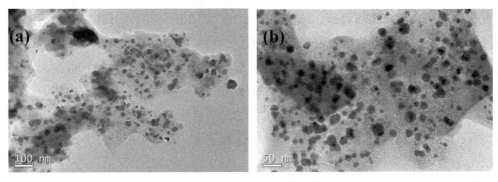

图 4-6　Ec-Fe-NPs 的 TEM 图像（a，b）

图 4-7 为绿色合成的 Ec-Fe-NPs 的 XRD 谱图，在 2θ 为 $10°\sim90°$时均没有出现明显的特征衍射峰，nZVI（α-Fe）的特征衍射吸收峰是在 2θ 为 $44.9°$时（Su et al.，2013），而在此角度也无衍射峰出现。出现这种结果的原因有两种：一种是 Fe 元素含量太少，另一种是材料为无定形态。由 EDS 半定量分析可知，Fe 元素含量为 16.3%足以检出，这说明利用提取液合成的 Ec-Fe-NPs 为无定形态（非晶形态）（Makarov et al.，2014），这与 Nadagouda 等（2010）和 Machado 等（2013a）的报道结果基本一致。

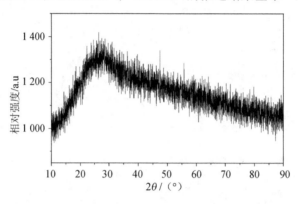

图 4-7　Ec-Fe-NPs 的 XRD

红外表征是为了确定纳米粒子附有的化学官能团的振动特征，从而进一步推断提取液中对还原和包覆铁离子起作用的官能团分子。图 4-8 即为提取液、Ec-Fe-NPs 以及去除 Cr(Ⅵ)反应后的 Ec-Fe-NPs 在 $400\sim4\,000\ cm^{-1}$ 范围内扫描的红外光谱图。在 Ec-Fe-NPs 的红外谱图中，$3\,230.33\ cm^{-1}$ 附近可能是 O-H 的伸缩振动峰（Prasad et al.，2014），主要是由于材料表面水分的存在。$1\,614.41\ cm^{-1}$ 对应 C═C 芳香环伸缩振动，可能是由存在于提取液中的酚类物质的 C═C 官能团的伸缩振动引起，$1\,385.41\ cm^{-1}$ 可能是由于酚类中的—OH 的面内弯曲振动引起的（Makarov et al.，2014）。$1\,272.02\ cm^{-1}$ 是 C—O 的伸缩振动峰，$1\,019.75\ cm^{-1}$ 主要是由 C—O 或 C═O 的伸缩振动引起的，其中 C—O 可能是存在于多糖分子中（Shahwan et al.，2011）。Zhuang 等（2015）的研究指出在 $900\sim680\ cm^{-1}$ 范围内的 $798.84\ cm^{-1}$ 处的峰是由于 C—H 的面外弯曲振动所引起的振动峰。反应后的材料与 Ec-Fe-NPs 的红外谱图相比变化不是很大，主要是在 $1\,000\sim1\,400\ cm^{-1}$ 范围内峰变弱，有偏移，$1\,048\ cm^{-1}$ 为脂肪胺的伸缩振动峰。对于提取液，在 $1\,597.90\ cm^{-1}$、$1\,405.34\ cm^{-1}$、$1\,260.76\ cm^{-1}$、$1\,029.75\ cm^{-1}$ 分别与材料的红外谱图的主要峰一致，由检测出的官能团并结合定性实验可以判断凤眼莲提取液中起还原作用的物质主要是酚类、黄酮类、部分氨基酸、还原糖和有机酸等。

XPS 表征分析可以确定合成材料 Ec-Fe-NPs 中 Fe 的元素价态，从而为进一步确定材料反应性能及去除机理提供依据。由图 4-9（a）可知，Ec-Fe-NPs 中有 C、N、O、Fe、

P 等元素。在 Fe 2p 的 XPS 谱图 4-9（b）中，在 Fe $2p_{3/2}$ 轨道对应结合能 709.6 eV 和 711.6 eV 处有 2 个明显的峰分别对应 Fe(Ⅱ)和 Fe(Ⅲ)，说明材料可能是存在 Fe(Ⅱ)和 Fe(Ⅲ)的铁氧混合物（Makarov et al.，2014）。但在 Fe 2p 的谱图中，没有明显的振激峰存在，类似的谱图可以在含有 Fe(Ⅱ)和 Fe(Ⅲ)的 Fe_3O_4 中观察到，这与 Yamashita 等（2008）的研究结果相似，所以可以确定材料中含有 Fe_3O_4。在 Fe 2p 的 XPS 谱图中还可以观察到在 707 eV 处有一个很弱的峰，说明有 Fe^0 存在。由于在干燥、测试及制样过程材料暴露于空气中，可能是材料中 Fe^0 被氧化，所以在 707 eV 处的峰比较弱。从 XPS 表征结果来分析，由凤眼莲提取液合成的纳米材料 Ec-Fe-NPs 中，主要包括含有 Fe(Ⅱ)和 Fe(Ⅲ)的 Fe_3O_4 和 Fe^0。

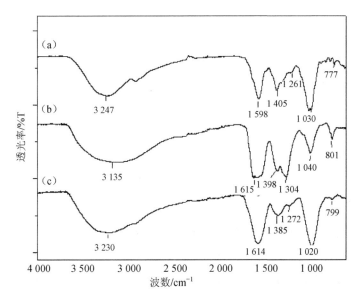

图 4-8　提取液（a）及去除反应前 Ec-Fe-NPs（c）和反应后 NPs（b）的 FTIR

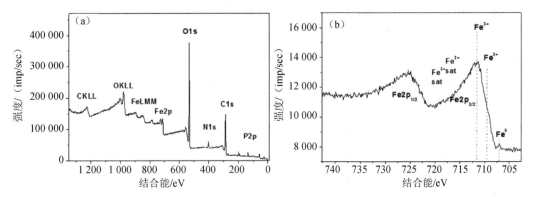

图 4-9　Ec-Fe-NPs 的 XPS 谱图（a）和 Fe 2p 谱图（b）

4.2.4 小结

综上所述，笔者团队研究并验证了凤眼莲叶子提取液和绿色合成的 Ec-Fe-NPs 的制备工艺，并对提取液及其合成的 Ec-Fe-NPs 进行了表征。

通过提取液的 FRAP 测定试验，验证了凤眼莲提取液中存在还原性物质（抗氧化性成分），为下一步试验中利用凤眼莲提取液作为还原剂还原 Fe(III)离子提供了理论保证。

通过对材料的表征可知，绿色合成纳米铁基材料 Ec-Fe-NPs 大部分呈较规则的球形或椭球形，大部分颗粒粒径在 10～60 nm；纳米铁颗粒表面被提取液中的某些生物分子所包覆，避免与空气直接接触，提高了材料的稳定性和分散性；绿色合成材料的主要成分是 nZVI，表面有部分被氧化形成的 Fe_3O_4。

4.3 绿色合成纳米零价铁对 Cr(Ⅵ)的去除行为和机制研究

4.3.1 研究背景

在自然界中 Cr(III)的含量最高，但是 Cr(III)稳定性比较强（姜玉俊，2015）。Cr(Ⅵ)氧化性较强，活性较高，容易在介质中流动，不易被吸附和去除（王玉，2014）。对于各种含铬的化合物，Cr(Ⅵ)的毒性比 Cr(III)强 10 倍以上（李宁等，1995）。大量含 Cr 废水的不当排放，使水体被严重污染（钱慧静，2008）。所以，开发有效处理 Cr 污染的环境修复材料和技术刻不容缓。近年来，nZVI 被广泛地应用于 Cr(Ⅵ)处理领域。然而，nZVI 材料的传统合成方法存在制备工艺复杂、成本较高、合成过程需要高耗能的设备及使用有毒有腐蚀性的化学试剂、合成的粒子在环境中容易团聚和氧化从而影响反应活性等问题。利用植物天然提取液作为还原剂进行绿色合成，极大地降低了合成成本，避免使用硼氢化钾等有毒有腐蚀性的强还原剂，合成方法简单，操作不存在危险，无须复杂高端的设备。绿色合成的纳米颗粒被提取液中的生物分子包覆，避免与空气直接接触，减速氧化，提高材料的稳定性，表面被包覆的纳米颗粒的分散性也有效提高，减少团聚。

凤眼莲（水葫芦）作为一种外来入侵物种，其环境适应能力强，繁殖能力旺盛，肆意繁殖阻塞水道，影响水上交通。水体中大面积的凤眼莲限制了水体的流动，妨碍其他生物生长，使水体中的溶解氧量减少。凤眼莲的生长阻碍了水体中各种污染源和其他对人体有害的微量元素的有效清除，破坏了饮水资源和河涌生态环境。凤眼莲作为一种破坏水生态平衡的恶性水草，已造成严重的生态危害，缺乏有效的资源化利用途径。笔者团队选择利用凤眼莲的叶子制备提取液，用于环境修复材料的合成，为其资源化利用提供新路径。本节将详细展开的研究内容如下：

将绿色合成的 Ec-Fe-NPs 材料应用于 Cr(VI)去除。通过 Ec-Fe-NPs 对 Cr(VI)的去除效果来考察材料的反应活性，通过表征及动力学试验，推测绿色合成的纳米铁基材料去除 Cr(VI)的作用机制。

4.3.2　研究方法

（1）动力学试验

以去除 Cr(VI)的效果来考察 Ec-Fe-NPs 的反应活性。反应温度为 298 K，移取 3 mL 浓度为 100 mg/L 的 Cr(VI)溶液于离心管中，加 1.0 mL 的 Ec-Fe-NPs 悬浊液，在摇床中分别振荡 0 min、5 min、10 min、20 min、30 min、45 min、60 min、90 min 后取样，用 10 000 r/min 的离心分离，上层清液再用滤膜快速过滤，滤液通过二苯碳酰二肼分光光度法测定溶液中剩余 Cr(VI)的浓度，用去除率来评价 Ec-Fe-NPs 的活性。所有的试验都做了 3 组平行试验。由于提取液本身具有还原性，以提取液去除水中 Cr(VI)做对照试验；由于通过 XPS 表征分析得纳米铁基材料中含有 nano-Fe_3O_4 成分，以单独的化学合成的 nano-Fe_3O_4 去除水中等量的 Cr(VI)进行对比分析，以便确定绿色合成 Ec-Fe-NPs 对 Cr(VI)的去除是否主要是其中的 nano-Fe_3O_4 成分起作用。取反应的最终产物进行 XPS 分析，分析反应产物中 Fe 和 Cr 的存在价态，为推测去除机制提供依据。

（2）去除反应中铬的质量分布

为了探究绿色合成纳米铁基材料对 Cr(VI)的去除机制，对整个反应过程中铬的质量分布进行了研究。将 $FeCl_3$ 溶液和提取液以体积比 1∶1 合成液体纳米铁基材料。将 7 组（每组 3 个平行样）10 mL 的液体 Ec-Fe-NPs 材料加入 30 mL 的 100 mg/L Cr(VI)溶液中进行去除反应，在摇床中分别振荡 0 min、5 min、10 min、20 min、30 min、45 min、60 min、90 min 后取样，取出的反应溶液用 0.1 mol/L 的 NaOH 溶液调节 pH 至 7.6 左右，待溶液中析出沉淀，分离沉淀和溶液，分别测定固相和液相中的总铬（Cr_{total}）和 Cr(VI)的浓度。Cr(III)的量由 $MassCr(III)= Mass_{Cr_{total}}-Mass_{Cr(VI)}$ 计算得出。

（3）Cr(VI)的分析方法

用二苯碳酰二肼显色法（Fang et al.，2014）测定溶液中 Cr(VI)的浓度，样品采用紫外可见分光光度计法在波长为 540 nm 处进行分析。在试验过程中采用外标法定量，即在测定前先配制一系列的 Cr(VI)标准溶液，横坐标代表浓度，纵坐标显示吸光度，以此来绘制标准曲线，当浓度与吸光度的相关度良好时（$r>0.999$），表示该曲线可用于定量分析。

（4）总铬的分析方法

对于溶液中总铬的浓度，采用原子吸收法进行测定（Fang et al.，2010），样品采用原子吸收分光光度计法进行分析，同样是采用外标法定量。

4.3.3 动力学试验分析

图 4-10 为提取液、Fe^{3+}溶液、nano-Fe_3O_4和液体材料 Ec-Fe-NPs 去除 Cr(VI)随时间变化的去除率。由图可知 Fe^{3+}溶液对 Cr(VI)无去除作用。凤眼莲提取液在 90 min 对 Cr(VI)的去除效率为 20.4%左右，这是由于提取液中含有还原性成分而将部分 Cr(VI)还原为Cr(III)。nano-Fe_3O_4 在 90 min 时对 Cr(VI)的去除效率为 47.3%，由于 nano-Fe_3O_4对 Cr(VI)主要是吸附作用，而 Fe_3O_4 的吸附面积是固定的，所以随着反应的进行，吸附速率渐渐地减慢，最终去除量有限。Ec-Fe-NPs 的最终去除效率约为 90%，远高于提取液和nano-Fe_3O_4，说明采用绿色合成技术制备的纳米材料具有很强的反应活性。当 Cr(VI)浓度为 100 mg/L、反应时间为 5 min 时，Ec-Fe-NPs 对 Cr(VI)去除效率达 65.3%，反应迅速。但是 Cr(VI)的去除效率随着时间延长而渐渐减慢。在 45 min 后，去除效率约为 90%，反应基本达到平衡。开始反应迅速，随着去除时间增加，Cr(VI)的去除效率变化减小，由此可以推测 Cr(VI)的去除主要是还原作用，伴随有吸附作用。去除效率变化逐渐减小说明去除反应可能发生在材料表面，反应产物随反应进行会逐渐覆盖在材料表面，降低了反应速度。

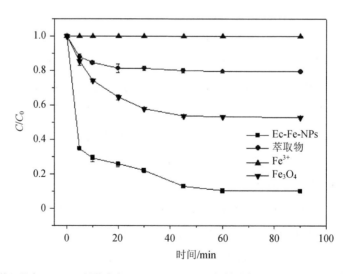

［试验条件：温度：298K，振荡速度：250 r/min，Cr(VI)初始浓度：100 mg/L，pH：初始 pH］

图 4-10　不同材料对 Cr(VI)的修复效果

4.3.4　绿色合成纳米铁基材料去除 Cr(Ⅵ)的机制研究

由图 4-11 可知，在质量分布试验反应结束之后，绝大部分的铬都存在于固相中，液相中的铬浓度较低。在反应进行之后，溶液中的 Cr(Ⅵ)和总铬的浓度均较快下降。在 20 min 内，溶液中总铬的含量急速下降，此后含量浮动变化不大。

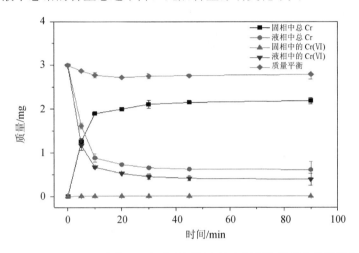

图 4-11　Ec-Fe-NPs 去除 Cr(Ⅵ)反应过程中铬在固相和液相中的质量分布

这个结果表明铬被 FeNPs 颗粒稳稳地吸附在粒子表面，而且此后并未再次溶出。反应结束以后，总铬的质量平衡大概是占总量的 93%，另外的 7%左右的损失也许是因为试验过程中样品转移等操作所带来的误差而出现。试验结果显示，在还原及沉淀试验以后，72.8%的铬存在于固相中，液相中铬的含量较低，仅占总量的 20.2%。所以大部分的铬由液相转移到固相当中进而被去除。在固相 Cr(Ⅵ)和 Cr(Ⅲ)分别占总铬的 0.1%和 99.9%。

综上结果表明，去除反应过程中 Cr(Ⅵ)被还原和固定，最终的反应产物主要以 Cr(Ⅲ)的形式存在。随着反应的进行，溶液中的 Cr(Ⅵ)和总铬的含量显著下降，反应结束后液相中 Cr(Ⅵ)和 Cr(Ⅲ)的量分别仅剩 0.38 mg（12.8%）和 0.22 mg（7.4%）。所以液相中大部分的铬被去除。结合 Ec-Fe-NPs 去除 Cr(Ⅵ)反应后 Cr 2p 的 XPS 谱图（图 4-12）可知，在 577 eV 处出现 Cr 特定的峰为 Cr(Ⅲ)的特征峰。同时在反应产物中的 Fe 和 O 分别以 Fe(Ⅲ)和≡OH 形式存在（Fang et al.，2011）。这说明反应产物中的铬主要以 Cr(Ⅲ)的形式存在，Fe 则以 Fe(Ⅲ)存在，因此去除反应以还原为主。

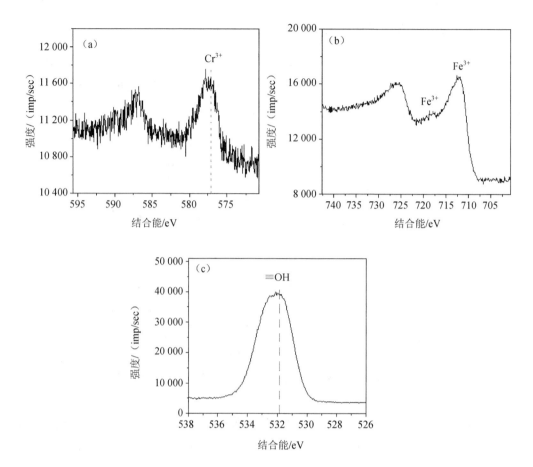

图 4-12　Ec-Fe-NPs 反应后 Cr 2p 的 XPS 谱图（a），Fe 2p 的 XPS 谱图（b），O 1s 的 XPS 谱图（c）

由表征结果、动力学试验和铬的质量分布试验可以推测 Ec-Fe-NPs 去除 Cr^{6+} 的反应机制为（图 4-13）：

①投加绿色合成的纳米材料后，Cr^{6+} 首先被吸附到 Ec-Fe-NPs 颗粒表面。

②接触到 Ec-Fe-NPs 表面的活性位点，与 Fe^{2+} 或 Fe^0 发生还原反应（丘秀祺，2012），Cr^{6+} 被还原为 Cr^{3+}，Fe^0 在反应过程中先被氧化为 Fe^{2+}，而后 Fe^{2+} 继续参与还原反应最终被氧化为 Fe^{3+}（Wang et al.，2014）；与此同时，Cr^{6+} 可能被没有参加合成反应的剩余的凤眼莲提取液还原。

③在调节 pH 以后，溶液偏碱性，还原后的 Cr^{3+} 最终以 $Cr(OH)_3$ 沉淀或以 Cr(Ⅲ)/ Fe(Ⅲ) 氢氧化物如 $Cr_xFe_{1-x}OOH$ 和 $(Cr_xFe_{1-x})(OH)_3$ 的形式共沉淀（汪帅马，2009）在纳米铁颗粒的表面，形成最终产物（丘秀祺，2012；王玉，2014）。

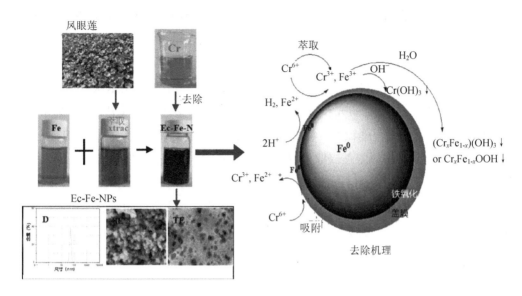

图 4-13　利用凤眼莲提取液绿色合成纳米铁基材料的制备及其去除 Cr(Ⅵ)的机制

4.3.5　小结

本节详细讨论利用凤眼莲提取液绿色合成的 Ec-Fe-NPs 去除水体中的 Cr(Ⅵ)，并利用单独的提取液和 nano-Fe$_3$O$_4$ 去除等量的 Cr(Ⅵ)作对比试验，以确定在绿色合成的纳米铁基材料中是由何种成分起作用的。通过反应过程中铬的质量分布以及反应产物的 XPS 分析来进一步推断去除机制。结果表明：

①利用凤眼莲提取液绿色合成的纳米铁基材料去除水体中的 Cr(Ⅵ)在 90 min 内可以去除大约 90%的 Cr(Ⅵ)，去除效果较好。

②单独的凤眼莲提取液具有还原作用，可以去除 20.4%的 Cr(Ⅵ)；nano-Fe$_3$O$_4$ 在 90 min 时对 Cr(Ⅵ)的去除率为 47.3%，Ec-Fe-NPs 的最终去除效率约为 90%，其去除效率远高于提取液和 nano-Fe$_3$O$_4$。

③通过反应过程中铬的质量分布和反应产物的 XPS 分析，去除反应过程中 Cr(Ⅵ)被还原和固定，最终的反应产物主要以 Cr(Ⅲ)的形式存在，在反应结束之后绝大部分的铬都存在于固相中。

4.4　绿色合成纳米零价铁的稳定性研究

nZVI 由于反应活性强及比表面积大等优点被逐渐应用于重金属和有机物污染的修复中。但是，传统方法制得的 nZVI 自身存在着不足：nZVI 具有磁性，容易团聚，会影响反应活性；与空气接触容易被氧化，材料稳定性较差。为提高纳米铁材料的稳定性和分散性，降低成本，研究者逐渐关注绿色合成在改进纳米铁材料的应用。Wang 等（2014b）利用茶叶和桉树叶提取液绿色合成了干燥的 FeNPs 材料，并在空气中放置 2 个月进行去除硝酸盐的试验，结果表明随着时间的延长，茶叶和桉树叶的提取液所合成的纳米铁基材料对硝酸盐的去除效率下降较少。这些研究表明绿色合成的纳米铁基材料在空气中干燥后会稍有团聚，对硝酸盐的去除活性下降较少，说明绿色合成的纳米铁基材料是相对稳定的。

前面已经阐述了利用凤眼莲提取液绿色合成的 nZVI 应用于水体中的 Cr(VI)去除，取得了较好的效果，也对 Ec-Fe-NPs 去除 Cr(VI)的机制进行了探究。为验证利用凤眼莲绿色合成的纳米铁基材料的稳定性，我们利用老化试验，对提取液中含有的还原性物质及材料表面包覆的物质进行探究。

4.4.1　研究方法

（1）绿色合成 nZVI 的老化试验

取 24 个 60 mL 的透明西林瓶，每个西林瓶中移入 40 mL 液体纳米铁基材料，用压盖器密封保存和标记，分为 8 组保存于冷藏（4℃±1℃）条件下。依次在时间 0 d、0.5 d、1 d、3 d、7 d、14 d、21 d、28 d 分别取样，利用纳米粒径及 Zeta 电位测定仪测定每个样品中纳米颗粒的粒径以及液体材料的 Zeta 电位。

将在时间 0 d、0.5 d、1 d、3 d、7 d、14 d、21 d、28 d 取样的液体材料中各取 1 mL 用于去除 3 mL 浓度为 100 mg/L 的 Cr(VI)溶液。去除反应在 10 mL 离心管中进行，在恒温振荡器中反应 90 min 后离心 5 min，上层清液用 0.45 μm 滤膜快速过滤。滤液利用二苯碳酰二肼分光光度法测定溶液中剩余 Cr(VI)的浓度，进而计算材料对其去除效率。

（2）凤眼莲提取液老化试验

采用与 4.3.2 节相同的方法制备凤眼莲提取液。取 24 个 60 mL 的透明西林瓶，每个西林瓶中移入 40 mL 提取液，用压盖器密封保存和标记，分为 8 组保存于冷藏（4℃±1℃）条件下。依次在时间 0 d、0.5 d、1 d、3 d、7 d、14 d、21 d、28 d 分别取样，所取样品主要进行以下试验：①利用纳米粒径及 Zeta 电位测定仪测定每个样品提取液的 Zeta 电位；②利用 FRAP 法测定老化的提取液的抗氧化能力，具体操作步骤与 4.2.2.2 节相同。

（3）提取液中抗氧化物质探究试验

①提取液前处理。利用固相萃取技术对提取液进行前处理。吸取混合均匀的提取液 20.0 mL，用 0.22 μm 的过滤膜进行过滤。C$_{18}$ 固相萃取小柱提前分别用 10 mL 甲醇、10 mL 乙腈和 15 mL 水预先活化（C$_{18}$ 小柱活化前直到使用时应保持湿润）（李永库等，2008）。将过膜后的提取液以 2 mL/min 的流速在 10 min 内匀速通过 C$_{18}$ 小柱。待样品全部吸附，先用 4 mL 纯水冲洗（通过 C$_{18}$ 小柱），再用 5 mL 5% 的甲醇水溶液冲洗 C$_{18}$ 柱，而后

连续抽真空 5 min，用 6 mL 的甲醇洗脱，洗脱液利用氮吹仪 40℃下蒸发至近干，最后用 20%乙腈水溶液准确定容到 1.0 mL（汪帅马，2009）。将制备好的提取液前处理样品于 4℃冰箱中冷藏保存，待液质联用分析。

②液质联用色谱操作条件及分析条件。超高压液相色谱-四极杆-飞行时间质谱联用仪（安捷伦 UPLC1290-6540B Q-TOF）：1290 超高压液相色谱系统（包括二元高压混合梯度泵、四溶剂选择阀、真空脱气装置、柱塞清洗装置、自动进样器、柱温箱、DAD 紫外检测器），6540BQ-TOF 四极杆串联飞行时间质谱系统（配 AJSESI 和 APCI 源）。

色谱柱：使用 Agent eclipse plus C_{18} 色谱柱（50×2.1 mm，1.8 μm）；

流动相 A：乙腈；流动相 B：0.15%甲酸水溶液；

进样量：10 μL；流速：0.5 mL/min；柱温箱温度为 30℃。

洗脱梯度：0～10.0 min，40% A+60% B；10.01～15.0 min，50% A+50% B；15.01～20.0 min，70%A+30% B；20.01～25.0 min，90% A+10% B；25.01～30.0 min，90% A+10% B。

正负离子检测，扫描范围为 100～1 200 m/z；离子源温度 250℃。

4.4.2　绿色合成纳米铁基材料的老化分析

由图 4-14（a）可以看出，随着时间的延长，由凤眼莲提取液绿色合成的老化纳米铁基材料粒径逐渐变大。新合成的 FeNPs 平均粒径为 70.35 nm，在 12 h 内，迅速团聚，平均粒径达 176.8 nm，24 h 内平均粒径达到 253.5 nm，这是由于 nZVI 粒子间的范德华力和本身具有的磁力使得粒子迅速团聚。在 FeNPs 老化 28 d 后，平均粒径为 349.1 nm，由此可知，FeNPs 在 24 h 后粒径变化不大。可能是因为绿色合成 FeNPs 材料本身为液体材料，FeNPs 粒子在提取液中，提取液中有些生物分子会包覆在材料表面，有效阻止 FeNPs 的进一步团聚。而且提取液本身为酸性环境（pH 为 3.92），会增加粒子表面的电荷量使其稳定阻止团聚，这与 Makarov 等（2014）的研究一致。

由图 4-14（b）可知，绿色合成的纳米铁基材料的 Zeta 电位为 21～26 mV，初始 Zeta 电位是 21.9 mV，随后逐渐增大，28 d 时其 Zeta 电位为 25.9 mV，由此可知，绿色合成的纳米铁基液体材料体系 Zeta 电位变化较小，体系趋于稳定。这种趋势和粒径变化相关。纳米铁基材料在 24 h 内团聚后，逐渐趋于稳定。Zeta 电位随时间的变化趋势和 DLS 测得的粒径变化趋势一致，在试验之初，合成的材料不稳定，容易团聚，体系也不稳定。但是随着时间的延长，材料粒径基本不变后，体系也变得相对稳定。

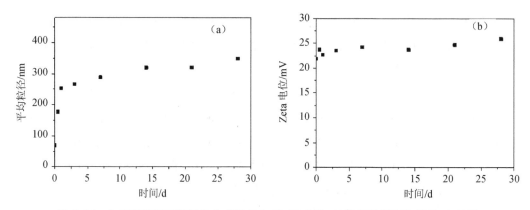

图 4-14 由凤眼莲提取液绿色合成的老化 Ec-Fe-NPs 的纳米粒径变化情况（a）及

Zeta 电位变化情况（b）

由图 4-15 可知，随着时间的延长，绿色合成的老化的纳米铁基材料对 Cr(VI)去除效率逐渐下降。新鲜合成的纳米铁基材料对 Cr(VI)的去除效率为 89.3%，28 d 以后，下降至 70.3%，去除效率下降 19.0%。绿色合成的纳米铁基材料在保存过程中，其反应活性即对 Cr(VI)的去除效率不可避免地下降。但保存 28 d 后，提取率下降较少，说明绿色合成的纳米铁基材料可以较稳定地、有效地保存。

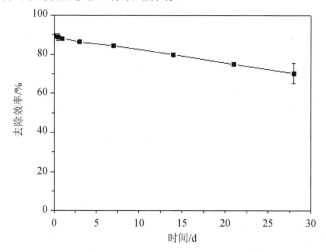

图 4-15 提取液绿色合成的老化的 Ec-Fe-NPs 对 Cr(VI)去除效率的变化

4.4.3 凤眼莲提取液的老化分析

由图 4-16（a）可知，随着时间的延长，提取液的抗氧化能力逐渐下降，但是经 28 d 后抗氧化能力仅下降 16.5%，抗氧化物质损失和变质的较少，说明提取液以此种方法可以较稳定地保存，解决了提取液在实际应用中的保存问题。

　　Zeta 电位的大小表示体系的稳定性趋势。由图 4-16（b）可知，随着时间的延长冷藏条件下，老化的提取液的 Zeta 电位为−26～−17 mV。初始 Zeta 电位是−17.1 mV，随后稍有变化，逐渐变化至−25.1 mV，逐渐趋近−30 mV，也就是说提取液体系逐渐趋于稳定。

　　由图 4-16（c）可知，在提取液的老化试验中，新鲜的提取液所合成的纳米铁基材料对 Cr(Ⅵ)的去除效率为 91.4%，28 d 后，老化的提取液合成的材料反应活性降至 67.2%，对 Cr(Ⅵ)的去除效率下降 24.2%。虽然提取液的抗氧化能力有损失，但损失较少，可以用于纳米铁材料的制备。结合提取液抗氧化能力变化趋势，随着时间的延长，提取液的抗氧化能力逐渐下降。而且由老化的提取液合成的 FeNPs 对 Cr(Ⅵ)的去除能力也是逐渐下降，说明老化的提取液抗氧化能力 FRAP 变化和所合成材料反应活性变化呈正相关性。随着保存时间的延长，提取液中的还原性物质损失，提取液中还原性物质的减少使得合成的 FeNPs 量减少，从而去除 Cr(Ⅵ)的量减少。所以老化的提取液抗氧化能力 FRAP 变化和所合成材料反应活性变化呈正相关性。

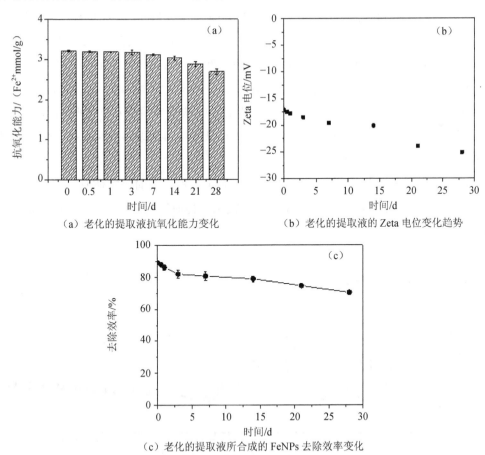

（a）老化的提取液抗氧化能力变化　　　　（b）老化的提取液的 Zeta 电位变化趋势

（c）老化的提取液所合成的 FeNPs 去除效率变化

图 4-16　老化的提取液抗氧化能力、Zeta 电位、所合成的 FeNPs 去除效率变化

4.4.4 提取液中抗氧化物质鉴定

根据研究者对凤眼莲叶子中抗氧化物质成分的研究，凤眼莲叶子中主要存在植物多酚、黄酮类和有机酸类化合物（杨茹等，2015）。基于此前的研究，本书对凤眼莲提取液进行前处理，然后利用高效液相色谱质谱联用仪主要测定凤眼莲提取液中的多酚类、黄酮类和有机酸类 3 类物质。根据测试结果中知化合物保留时间、质荷比（m/z）、精确质量数、丰度等信息，对照谱库检索及文献（户勋，2008；何婷，2009）查找进行谱图解析。由测试结果（图 4-17）可知，保留时间 1.822 min、3.186 min、8.513 min、10.962 min 和 12.878 min 的峰推测为有机酸类物质 3-[3-(六吡喃核糖氧基)-4-羟苯基]丙烯酸、(2S,3S)-2-{[(2E)-3-(3,4-二羟基苯基-2-丙烯酰基]氧}-3,4-二羟-2-甲基丁烷酸、3-({2-[2-(羧甲氧基)乙氧基]乙氧基}甲基庚酸、(2E)-9,10,18-三羟基-2-十八烯酸和 12,13-环氧-9-酮-10-十八烯酸。

保留时间 3.439 min、10.864 min、11.199 min 和 15.023 min 的峰推测为多酚类物质 (2R,3S)-2-(3,4-二羟基苯基)-7-羟基-3,4-二氢-2H-色烯-3 基 D-吡喃甘露糖苷、苄基 6-脱氧-α-L-异硫氰酸苯酯-(1->3)-6-脱氧-α-L-异硫氰酸苯酯-(1->2)-6-脱氧-α-L-甘露吡喃糖苷、2,3,4,5,6-五元环己基 4-邻位-[(4E,6E)-3-羟基-2,2,4-三甲基色氨酸-4,6-辛二烯酰基]基吡喃己糖苷和 1-O-[(9Z,12R)-12-羟基-9-辛癸烯酰(基)]-β-D-呋喃果糖基 α-D-吡喃葡萄糖苷。

保留时间 12.162 min 的峰推测为酮类物质 6-氨基-1-异丁基-5-[(2-甲氧基乙基)氨基]甲基异丁基-2,4(1H,3H)-嘧啶二酮。

可能存在的抗氧化性物质中，有机酸类物质有 5 种，多酚类物质有 4 种，酮类物质有 1 种。凤眼莲叶子提取液中可能存在的抗氧化性物质结构等信息如图 4-18 和表 4-3 所示。

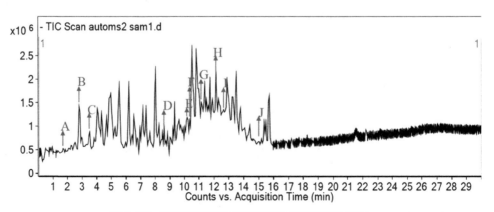

图 4-17　凤眼莲提取液中各物质的总离子流色谱图

表 4-3　采用 LC-MS 鉴定的提取液中抗氧化性物质

序号	RT	*m/z*	分子量	分子式	中文名	结构图
A	1.822	341.087 9	342.095 1	$C_{15}H_{18}O_9$ 有机酸	3-丙烯酸	
B	3.186	311.077 1	312.272	$C_{14}H_{16}O_8$ 有机酸	(2S,3S)-2-{氧}-3,4-二羟-2-甲基丁烷酸	
C	3.439	435.129 5	436.136 76	$C_{21}H_{24}O_{10}$ 多酚类花色苷	(2R,3S)-2-(3,4-二羟基苯基)-7-羟基-3,4-二氢-2H-色烯-3 基 D-吡喃甘露糖苷	
D	8.513	305.160 9	306.168 26	$C_{14}H_{26}O_7$ 有机酸	3-(2-乙氧基)甲基庚酸	
E	10.864	545.223 7	546.231 51	$C_2 H_{38}O_{13}$ 多酚类花色苷	苄基 6-脱氧-α-L-异硫氰酸苯酯-(1->3)-6-脱氧-α-L-异硫氰酸苯酯-(1->2)-6-脱氧-α-L-甘露吡喃糖苷	

序号	RT	m/z	分子量	分子式	中文名	结构图
F	10.962	329.234	330.241 2	$C_{18}H_{34}O_5$ 有机酸	(2E)-9,10,18-三羟基-2-十八烯酸	
G	11.199	521.223 7	522.230 95	$C_{23}H_{38}O_{13}$ 多酚类	2,3,4,5,6-五元环己基 4-邻位-基吡喃己糖苷	
H	12.162	311.207 5	312.214 75	$C_{15}H_{28}N_4O_3$ 酮类	6-氨基-1-异丁基-5-甲基异丁基-2,4(1H,3H)-嘧啶二酮	
I	12.878	309.207 5	310.214 71	$C_{18}H_{30}O_4$ 有机酸	12,13-环氧-9-酮-10-十八烯酸	
J	15.023	621.348 9	622.356 17	$C_{30}H_{54}O_{13}$ 多酚类	1-O-β-D-呋喃果糖基 α-D-吡喃葡萄糖苷	

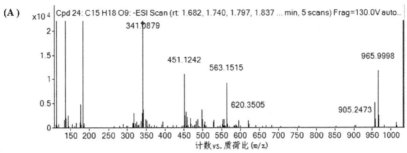

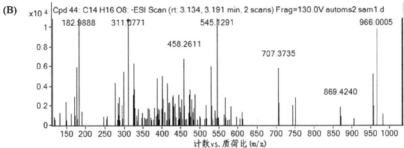

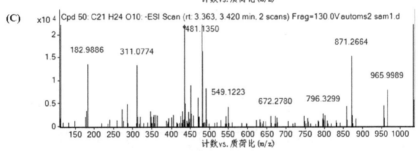

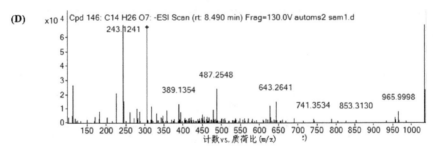

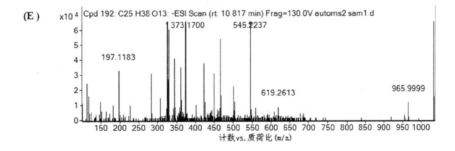

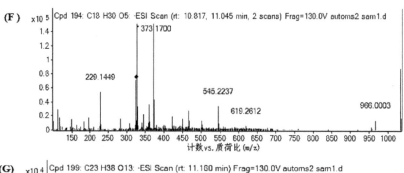

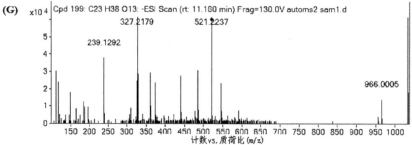

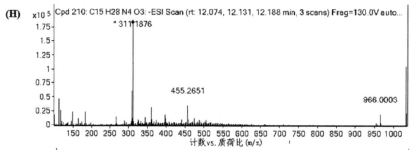

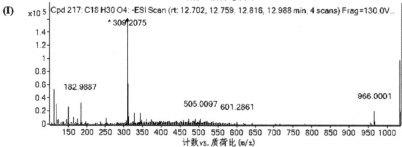

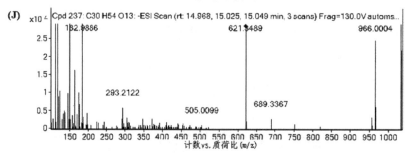

图 4-18　液质联用凤眼莲叶子提取液中抗氧化物质对应的二级质谱图（编号与表 4-3 对应）

4.4.5　小结

本节详细讨论利用凤眼莲提取液绿色合成的 nZVI（Ec-Fe-NPs）的稳定性，通过材料老化试验，用 LC-MS/MS 测定提取液中所含抗氧化性成分，进一步分析老化后的 Ec-Fe-NPs 的反应活性变化和老化后的提取液的抗氧化能力变化。结果表明：

①随着时间的延长，老化的 Ec-Fe-NPs 对 Cr(Ⅵ)的去除能力逐渐下降，经老化 28 d 以后，Ec-Fe-NPs 对 Cr(Ⅵ)的去除效率下降至 70.3%，虽然去除效率有所下降，但去除效率下降较少，说明所制备的绿色合成纳米铁基材料可以较长时间有效保存。

②根据 LC-MS/MS 检测结果，推测出 5 种有机酸类化合物、4 种多酚类化合物、1 种酮类化合物为提取液中可能存在的起还原作用的物质。

参考文献

ABBASI T，ANURADHA J，GANAIE S U，et al.，2015. Biomimetic synthesis of nanoparticles using aqueous extracts of plants（botanical species）[J]. Journal of Nano Research，31：138-202.

CAO D，JIN X，GAN L，et al.，2016. Removal of phosphate using iron oxide nanoparticles synthesized by eucalyptus leaf extract in the presence of CTAB surfactant[J]. Chemosphere，159：23-31.

FANG X B，FANG Z Q，TSANG P K E，et al.，2014. Selective adsorption of Cr（Ⅵ）from aqueous solution by EDA-Fe$_3$O$_4$ nanoparticles prepared from steel pickling waste liquor[J]. Applied Surface Science，314：655-662.

FANG Z，QIU X，CHEN J，et al.，2010. Degradation of metronidazole by nanoscale zero-valent metal prepared from steel pickling waste liquor[J]. Applied Catalysis B：Environmental，100（1-2）：221-228.

FANG Z，QIU X，HUANG R，et al.，2011. Removal of chromium in electroplating wastewater by nanoscale zero-valent metal with synergistic effect of reduction and immobilization[J]. Desalination，280（1-3）：224-231.

HOAG G E，COLLINS J B，HOLCOMB J L，et al.，2009. Degradation of bromothymol blue by 'greener' nano-scale zero-valent iron synthesized using tea polyphenols[J]. Journal of Materials Chemistry，19（45）：8671-8677.

KHARISSOVA O V，DIAS H V R，KHARISOV B I，et al.，2013. The greener synthesis of nanoparticles[J]. Trends in Biotechnology，31（4）：240-248.

KUMAR K M，MANDAL B K，KUMAR K S，et al.，2013. Biobased green method to synthesise palladium and iron nanoparticles using Terminalia chebula aqueous extract[J]. Spectrochimica Acta Part A：Molecular and Biomolecular Spectroscopy，102：128-133.

KUMAR R，SINGH N，PANDEY S N，2015. Potential of green synthesized zero-valent iron nanoparticles for remediation of lead-contaminated water[J]. International Journal of Environmental Science and Technology，12（12）：3943-3950.

LINCOLN TAIZ，EDUARDO ZEIGER，2006. Plant Physiology[M]. Fourth Edition，Sunderland：Sinauer Associates，2006：60-68.

LUO F，YANG D，CHEN Z，et al.，2015. The mechanism for degrading Orange II based on adsorption and reduction by ion-based nanoparticles synthesized by grape leaf extract[J]. Journal of Hazardous Materials，296：37-45.

LUO F，YANG D，CHEN Z，et al.，2016. One-step green synthesis of bimetallic Fe/Pd nanoparticles used to degrade Orange II[J]. Journal of Hazardous Materials，303：145-153.

MACHADO S，GROSSO J P，NOUWS H P A，et al.，2014. Utilization of food industry wastes for the production of zero-valent iron nanoparticles[J]. Science of the Total Environment，496：233-240.

MACHADO S，PINTO S L，GROSSO J P，et al.，2013a. Green production of zero-valent iron nanoparticles using tree leaf extracts[J]. Science of the Total Environment，445：1-8.

MACHADO S，STAWIŃSKI W，SLONINA P，et al.，2013b. Application of green zero-valent iron nanoparticles to the remediation of soils contaminated with ibuprofen[J]. Science of the Total Environment，461：323-329.

MAKAROV V V，MAKAROVA S S，LOVE A J，et al.，2014. Biosynthesis of stable iron oxide nanoparticles in aqueous extracts of Hordeum vulgare and Rumex acetosa plants[J]. Langmuir，30（20）：5982-5988.

MITTAL A K，CHISTI Y，BANERJEE U C.，2013. Synthesis of metallic nanoparticles using plant extracts[J]. Biotechnology Advances，31（2）：346-356.

MOHD S A，JITENDRA P，YEOUNG S Y，2013. Biogenic Synthesis of Metallic Nanoparticles by Plant Extracts [J]. ACS Sustainable Chemistry & Engineering，1：591-602.

NADAGOUDA M N，CASTLE A B，MURDOCK R C，et al.，2010. In vitro biocompatibility of nanoscale zerovalent iron particles（nZVI）synthesized using tea polyphenols[J]. Green Chemistry，12（1）：114-122.

NJAGI E C，HUANG H，STAFFORD L，et al.，2011. Biosynthesis of iron and silver nanoparticles at room temperature using aqueous sorghum bran extracts[J]. Langmuir，27（1）：264-271.

PRASAD K S，GANDHI P，SELVARAJ K，2014. Synthesis of green nano iron particles（GnIP）and their application in adsorptive removal of As（III）and As（V）from aqueous solution[J]. Applied Surface Science，317：1052-1059.

PULIDO R，BRAVO L，SAURA-CALIXTO F，2000. Antioxidant activity of dietary polyphenols as determined by a modified ferric reducing/antioxidant power assay[J]. Journal of Agricultural and Food Chemistry，48（8）：3396-3402.

SHAHWAN T，SIRRIAH S A，NAIRAT M，et al.，2011. Green synthesis of iron nanoparticles and their application as a Fenton-like catalyst for the degradation of aqueous cationic and anionic dyes[J]. Chemical Engineering Journal，172（1）：258-266.

SMULEAC V，VARMA R，SIKDAR S，et al.，2011. Green synthesis of Fe and Fe/Pd bimetallic nanoparticles in membranes for reductive degradation of chlorinated organics[J]. Journal of Membrane Science，379

（1-2）：131-137.

SU Y，Cheng Y，Shih Y，2013. Removal of trichloroethylene by zerovalent iron/activated carbon derived from agricultural wastes[J]. Journal of Environmental Management，129：361-366.

WANG T，JIN X，CHEN Z，et al.，2014a. Green synthesis of Fe nanoparticles using eucalyptus leaf extracts for treatment of eutrophic wastewater[J]. Science of the Total Environment，466：210-213.

WANG T，LIN J，CHEN Z，et al.，2014b. Green synthesized iron nanoparticles by green tea and eucalyptus leaves extracts used for removal of nitrate in aqueous solution[J]. Journal of Cleaner Production，83：413-419.

WANG Y，FANG Z，KANG Y，et al.，2014. Immobilization and phytotoxicity of chromium in contaminated soil remediated by CMC-stabilized nZVI[J]. Journal of Hazardous Materials，275：230-237.

YAMASHITA T，HAYES P，2008. Analysis of XPS spectra of Fe^{2+} and Fe^{3+} ions in oxide materials[J]. Applied Surface Science，254（8）：2441-2449.

ZHANG W，ELLIOTT D W，2006. Applications of iron nanoparticles for groundwater remediation[J]. Remediation Journal：The Journal of Environmental Cleanup Costs，Technologies & Techniques，16（2）：7-21.

ZHUANG Z，HUANG L，WANG F，et al.，2015. Effects of cyclodextrin on the morphology and reactivity of iron-based nanoparticles using Eucalyptus leaf extract[J]. Industrial Crops and Products，69：308-313.

陈亮，李医明，陈凯先，等，2013. 植物多酚类成分提取分离研究进展[J]. 中草药，44（11）：1501-1507.

冯婧微，2012. 纳米零价铁及铁（氢）氧化物去除水中 Cr（Ⅵ） 和 Cu^{2+} 的机制研究[D]. 沈阳：沈阳农业大学.

何婷，2009. 凤眼莲提取物的分离分析与抗氧化活性研究[D]. 南京：南京理工大学.

户勋，2008. 凤眼莲总黄酮的提取分离及部分生物活性研究[D]. 福州：福建师范大学.

姜玉俊，2015. 果胶负载纳米零价铁去除水中六价铬的研究[D]. 太原：太原理工大学.

李宁，高竹琦，1995. 六价铬化物对大鼠毒性的生物化学和病理学研究[J]. 山西医学院学报，26（1）：12-14.

李永库，李晓静，欧小辉，2008. 固相萃取-高效液相色谱法同时测定葡萄酒中没食子酸等 8 种多酚类化合物[J]. 食品科学，29（4）：283-286.

刘雨，2009. 纳米铁的制备及去除水中硝酸盐氮研究[D]. 合肥：合肥工业大学.

钱慧静，2008. CMC 对纳米零价铁去除污染水体中六价铬的影响[D]. 杭州：浙江大学.

丘秀祺，2012. 纳米金属颗粒修复水体中六价铬污染物的研究[D]. 广州：华南师范大学.

汤喜兰，刘建勋，李磊，2012. 中药有机酸类成分的药理作用及在心血管疾病的应用[J]. 中国实验方剂学杂志，18（5）：243-246.

汪帅马，2009. 活性炭纤维负载型纳米铁的制备与去除水体中六价铬的研究[D]. 天津：南开大学.

王成梅，2012. 凤眼莲多糖的提取、分离及结构分析[D]. 福州：福建农林大学.

王玉，2014. 修饰型纳米零价铁修复铬污染土壤及其毒性效应研究[D]. 广州：华南师范大学.

杨茹，吴佳，陆瑶，等，2015. 凤眼莲水溶性表面活性提取物的鉴定及应用[J]. 应用化工，44（2）：374-379.

第 5 章　EDA-Fe₃O₄ 纳米颗粒吸附水中六价铬的研究

5.1　纳米四氧化三铁技术去除 Cr(Ⅵ)的研究现状

由于纳米粒子的表面效应、小尺寸效应和量子尺寸效应等影响，使得纳米四氧化三铁($nano\text{-}Fe_3O_4$)具有比表面积大、反应活性高、超顺磁等特性。近年来研究发现 $nano\text{-}Fe_3O_4$ 对重金属离子具有优越的吸附性能，而且利用其特有的磁性便于回收分离吸附剂和吸附质。$nano\text{-}Fe_3O_4$ 技术是一种极具前景的重金属去除技术，能够深度修复重金属污染，使各种有毒金属的排放浓度符合日益严格的排放标准。

从目前国内外的研究来看，$nano\text{-}Fe_3O_4$ 用于去除 Cr(Ⅵ)的作用有 3 类：一是作为磁性辅助载体与其他吸附剂配合使用，利用 Fe_3O_4 的超顺磁性使吸附剂与废水分离；二是单独作为吸附主体，利用 Fe_3O_4 的高吸附性能去除 Cr(Ⅵ)；三是对 $nano\text{-}Fe_3O_4$ 进行功能团修饰，提高它的吸附容量和选择性。

（1）磁性辅助载体

壳聚糖、纤维素等都是性能优良的 Cr(Ⅵ)吸附剂。壳聚糖由于其聚合物基体中含有丰富的胺基，能够通过络合反应与金属离子结合，对重金属离子表现了出色的吸附性能（Ngah，2011）。纤维素也是理想的 Cr(Ⅵ)吸附剂，除了良好的吸附性能，它还是地球上丰富的有机原料，具有价钱便宜、可再生、可生物降解以及生物相容性好的优点（Roy et al.，2009）。但这些吸附剂都面临吸附后难以从废水中分离的问题。与传统的吸附剂相比，在外加磁场下，磁性吸附剂易于与废水分离。因此，很多学者将 $nano\text{-}Fe_3O_4$ 应用为辅助性的磁性载体。Thinh 等（2013）通过表氯醇交联反应合成了磁性壳聚糖纳米颗粒，解决了吸附剂分离困难的问题。Sun 等（2014）制备了磁性纤维素，利用 VSM 表征技术测得其饱和磁化强度为 12.3 emu/g，在外加磁场作用下很容易进行固液分离回收。

（2）单独的吸附主体

$nano\text{-}Fe_3O_4$ 颗粒表面具有大量的吸附活性点位，在酸性条件下可发生质子化，从而可以吸附带负电荷的酸根离子。Shen 等（2009a）利用共沉淀法和多元醇法合成了不同粒径的 $nano\text{-}Fe_3O_4$，发现它们对 Cr(Ⅵ)的吸附容量随着粒径的减小而增大。温度、pH、吸附剂投加量、反应时间都是影响吸附效果的因素，其中 pH 和温度对吸附影响较大，推测静电吸引为主要吸附机制。

Asuha 等（2011）采用一步溶剂热法制备了平均孔径为 5.3 nm、比表面积为 120 m²/g、具有多孔结构的 nano-Fe₃O₄。在制备过程中 CON_2H_4、NO、NO_2 和 O_2 的产生是造成 Fe_3O_4 多孔结构的原因。研究表明，多孔 Fe_3O_4 对 $Cr(VI)$ 的吸附行为符合 Langmuir 吸附模型，最大吸附容量为 15.4 mg/g。Hu 等（2005a）研究磁赤铁矿纳米颗粒对金属处理废水中 $Cr(VI)$ 的去除和回收，结果表明吸附反应在 15 min 就达到了平衡，在 pH=2.5 的条件下吸附量最大。废水中的共存离子（如 Na^+、Ca^{2+}、Mg^{2+}、NO_3^-、Cl^- 等）对吸附的影响很小，表明吸附选择性较好。

（3）修饰型 nano-Fe₃O₄

Fe_3O_4 纳米颗粒虽得以广泛的应用，但是存在一些问题限制了其工程应用：一是拥有很大的比表面积，容易发生团聚；二是对 $Cr(VI)$ 的吸附容量不高；三是废水中的共存离子可能发生竞争吸附的现象（Xu et al.，2012）。修饰型纳米四氧化三铁应运而生。

纳米微粒有多种表面修饰方法，可分为化学法和物理法。化学法主要是使用表面活性剂和有机偶联剂进行修饰；物理法修饰常用的方法包括等离子体处理和超声等。修饰方法不同，获得的纳米微粒表面的电性、活性和稳定性也不尽相同。修饰剂可通过原位反应引入，即在合成 Fe_3O_4 的同时生成复合材料；也可以在合成 Fe_3O_4 之后加入，得到功能基团为壳、Fe_3O_4 为核的纳米复合材料。磁性纳米颗粒的修饰剂可以是无机材料、有机分子或聚合物。Zhang 等（2013）合成了在水溶液中分散性强的介孔磁性 $Fe_3O_4@C$ 纳米颗粒。该材料对 $Cr(VI)$ 的去除效率高达 92.4%，远大于磁性 Fe_3O_4 纳米球对 $Cr(VI)$ 的去除效率。$Fe_3O_4@C$ 的介孔结构以及炭表面丰富的羟基功能团使得其吸附容量大大提高。Yang 等（2012）利用苯二胺（pPD）与硝酸铁发生化学氧化聚合反应生成 PpPD-Fe₃O₄ 磁性微粒。通过控制硝酸铁溶液的浓度，可以合成不同形貌的 PpPD-Fe₃O₄ 磁性复合材料。该材料制备成本低且操作方便，吸附性能好，对 $Cr_2O_7^{2-}$ 的最大吸附容量为 29.43 mg/g。吸附机理研究表明，在吸附过程中同时存在化学吸附和物理吸附。Li 等（2013）将氮掺杂多孔炭与磁性纳米颗粒一起浸透、聚合和焙烧，合成了 RHC-mag-CN 复合材料，其中磁性纳米颗粒占 18.5 wt%。当材料投加量为 2 g/L 时，反应 10 min $Cr(VI)$ 的去除率就达到 92%，吸附容量为 30.9 mg/g，吸附数据符合 Langmuir 吸附等温线。RHC-mag-CN 复合材料对 $Cr(VI)$ 的吸附不仅来源于材料表面的物理吸附，同时也来源于 Fe_3O_4 与 $Cr(VI)$ 之间配位络合的化学吸附。材料表面的 CNs 还可增加负电荷强度，从而去除溶液中 $Cr(VI)$ 被还原生成的 $Cr(III)$。Larraza 等（2012）利用聚乙烯亚胺（PEI）包覆的 Fe_3O_4 纳米颗粒与蒙脱石（MMT）结合形成 Fe_3O_4-PEI-MMT 杂化材料，其 MMT 表层的脱落度和 Fe_3O_4 的分散度都非常好。PEI 含有的胺基不仅可以使 MMT 表层脱落，也可以有效结合重金属离子。该材料在很宽的 pH 范围内对 $Cr(VI)$ 都有良好的吸附效果。通过 Langmuir 吸附等温线的拟合，得到 $Cr(VI)$ 最大吸附量为 8.8 mg/g。Lv 等（2012）通过原位还原法合成了（nZVI）-Fe$_3$O$_4$复合材料，在 2 h 内可去除 96.4%的 Cr(Ⅵ)。在相同的试验条件下，nano-Fe$_3$O$_4$ 和 nZVI 对 Cr(Ⅵ)的去除效率分别为 48.8%和 18.8%，这说明 nFe$_3$O$_4$ 和 nZVI 的结合产生了互惠互利的效应。一方面，nZVI 表面的电子转移给 Fe$^{3+}_{surf}$，生成的 Fe$^{2+}_{surf}$ 能高效去除 Cr(Ⅵ)；另一方面，氧化铁界面的电子转移可以防止 nZVI 颗粒的表面氧化和钝化，确保系统的持续反应。

总体来说，修饰型的 nano-Fe$_3$O$_4$ 技术可以更高效地去除 Cr(Ⅵ)污染物。目前，修饰型 nano-Fe$_3$O$_4$ 在废水处理中的研究较为成熟，需要解决的问题主要是成本问题，同时还要继续提高其对 Cr(Ⅵ)的吸附容量和吸附选择性，以及吸附剂的重复利用性。

因此，笔者团队提出以钢铁酸洗废液为铁源制备 Fe$_3$O$_4$ 纳米颗粒，并对 Fe$_3$O$_4$ 纳米颗粒进行乙二胺（EDA）修饰改性（记为 EDA-Fe$_3$O$_4$ NPs），以期提高 nano-Fe$_3$O$_4$ 的稳定性、选择性以及吸附性。主要研究内容如下：

①EDA-Fe$_3$O$_4$ 纳米颗粒对 Cr(Ⅵ)的吸附性能研究。以钢铁酸洗废液为铁源制备 Fe$_3$O$_4$ 纳米颗粒并用乙二胺进行修饰改性，得到的 EDA-Fe$_3$O$_4$ NPs 应用于处理废水中 Cr(Ⅵ)，研究多种工艺参数［吸附剂投加量、初始 pH、Cr(Ⅵ)初始浓度、吸附时间、水中共存离子等］对 EDA-Fe$_3$O$_4$ NPs 吸附 Cr(Ⅵ)的影响。

②EDA-Fe$_3$O$_4$ 纳米颗粒对 Cr(Ⅵ)的吸附行为与机理研究。利用不同吸附等温线方程对 EDA-Fe$_3$O$_4$ NPs 的吸附行为进行拟合，计算最大吸附量，并与试验数据进行比对确定吸附模型；利用拟一级动力学模型和拟二级动力学模型对试验数据进行拟合，分析吸附速率。利用吸附热力学方程对不同温度条件下的吸附行为进行拟合，研究该吸附过程的自发性。采用试验研究方法和光谱技术，研究 EDA-Fe$_3$O$_4$ NPs 吸附 Cr(Ⅵ)的机理。

③EDA-Fe$_3$O$_4$ 纳米颗粒的重复利用性能和化学稳定性能研究。通过对吸附后材料的脱附试验筛选最佳再生剂。进而探讨不同的脱附工艺因素（再生剂浓度、脱附时间）对脱附效果的影响。在最佳再生工艺条件下，通过多个周期的连续吸附-脱附试验，研究材料的重复利用性能。同时考察材料在吸附反应后的形态改变和材料流失，以评价其化学稳定性。

5.2 EDA-Fe$_3$O$_4$ 纳米颗粒对 Cr(Ⅵ)的吸附性能研究

5.2.1 研究方法

（1）EDA-Fe$_3$O$_4$ NPs 对 Cr(Ⅵ)的去除试验

利用重铬酸钾固体配制浓度为 200 mg/L 的 Cr(Ⅵ)储备液。EDA-Fe$_3$O$_4$ NPs 采用湿投加的方式。在 pH 为 2.0 条件下研究吸附时间和吸附剂投加量的影响，在 150 mL 浓度为

60 mg/L 的 Cr(VI)溶液中投加 0.3～1.2 g/L 的 EDA-Fe$_3$O$_4$ 纳米颗粒，分别在反应 15 min、30 min、60 min、120 min、240 min、480 min 后，使用移液管取出 0.5 mL 样品，并用 0.45 μm 的微孔滤膜过滤，用紫外可见分光光度计分析 Cr(VI)的浓度。

研究 Cr(VI)溶液初始浓度的影响时，在 100 mL 的锥形瓶中加入 50 mL 浓度为 50～100 mg/L 的 Cr(VI)溶液，投加 0.9 g/L 的 EDA-Fe$_3$O$_4$ 纳米颗粒，在 pH=2、温度为 25℃、搅拌速度为 200 r/min（摇床）的条件下，进行吸附反应 4 h。

为了研究 pH 的影响，将 50 mL 浓度为 60 mg/L 的 Cr(VI)溶液与 0.9 g/L 的 EDA-Fe$_3$O$_4$ NPs 混合，分别在 pH 为 2～12 的条件下反应 4 h 至吸附平衡。用 1.0 mol/L HCl 和 0.5 mol/L NaOH 溶液调节 pH。

所有吸附试验都采取平行样进行重复性操作，最后结果取平均值。误差棒是指两次试验结果的标准偏差。单位质量吸附剂对 Cr(VI)的吸附量通过以下质量平衡方程计算：

$$q_e = \frac{C_0 - C_e}{m} \times V \tag{5-1}$$

Cr(VI)的去除效率通过式（5-2）计算：

$$Removal\ of\ Cr\,(VI) = \frac{C_0 - C_e}{C_0} \times 100\% \tag{5-2}$$

式中，q_e 为吸附平衡时 Cr(VI)的吸附量，mg/g；C_0 为 Cr(VI)的初始浓度，mg/L；C_e 为吸附平衡时 Cr(VI)在液相中的浓度，mg/L；m 为吸附剂的质量，g；V 为 Cr(VI)溶液的体积，L。

（2）分析方法

溶液中 Cr(VI)的浓度采用二苯碳酰二肼显色法进行测定（Qian et al.，2008），样品采用紫外可见分光光度计法进行分析。采用外标法定量，即测定前先配制一系列 Cr(VI)标准溶液，以浓度为横坐标，吸光度为纵坐标绘制标准曲线，当浓度与吸光度的相关度良好时（$r > 0.999$），表示该曲线可用于定量分析。

5.2.2　EDA-Fe$_3$O$_4$纳米颗粒的制备与表征

5.2.2.1　材料的制备

为了降低制备成本，先用钢铁酸洗废液制备 nano-Fe$_3$O$_4$ 前驱体，再用乙二胺进行修饰改性，得到的材料记为 EDA-Fe$_3$O$_4$ NPs。具体操作如下：以制备 1.5 g 的 EDA-Fe$_3$O$_4$ NPs 为例，首先将钢铁酸洗废液于磁力水浴中搅拌加热至 80℃，保持 10 min，以氮气保护形成缺氧体系。用恒流泵控制恒定的流速，向体系缓慢滴加浓度为 3.00 mol/L 氨水至反应体系 pH 达到 10 左右为止，并继续加热和搅拌反应 3 h。所获黑色材料以磁力分离，反应结束后以去离子水清洗材料至中性。加入一定量的乙二胺，在 80℃下超声搅拌 1 h，反应后以去离子水清洗材料至中性，利用磁力分离所得固体，最后重新分散在 100 mL 去离子水中待用。制备过程中的反应方程式如下：

$$4Fe^{2+}+O_2+4H^+ \longrightarrow 4Fe^{3+}+2H_2O \tag{5-3}$$

$$4Fe^{2+}+O_2+4H^+ \longrightarrow 4Fe^{3+}+2H_2O \tag{5-4}$$

$$Fe^{3+}+2OH^- \longrightarrow Fe(OH)_3\downarrow \tag{5-5}$$

$$Fe^{2+}+2OH^- \longrightarrow Fe(OH)_2\downarrow \tag{5-6}$$

$$Fe(OH)_2+2Fe(OH)_3 \longrightarrow Fe_3O_4+4H_2O \tag{5-7}$$

5.2.2.2 材料的表征

采用比表面分析仪对 EDA-Fe$_3$O$_4$ NPs 进行比表面的分析测定，先将样品于 60℃下真空干燥 12 h，而后在液氮温度（−196℃）下进行氮气的吸附解吸测试。纳米颗粒的尺寸及表面形貌采用扫描电镜（SEM）和透射电镜（TEM）进行分析。在 TEM 分析中，材料先在乙醇中进行超声分散，后与无水乙醇混合液滴到碳-铜合金网上，待乙醇挥发后，进入仪器真空室中测定。在 SEM 分析中，样品先进行喷金预处理，后进样分析。颗粒的晶型结构采用 X 射线粉末衍射仪（XRD）测定，X 射线为 Cu 靶 Kα 射线（λ=0.154 18 nm），管电压为 30 kV，管电流为 20 mA，扫描范围为 10°～90°，扫描速度为 0.8°/s。EDA-Fe$_3$O$_4$ NPs 反应前后的表面元素价态分析采用 X-射线光电子能谱仪进行表征，采用光源为 Mono Al Kα，能量：1 486.6 eV；扫描模式：CAE；全谱扫描：通能为 150 eV；窄谱扫描：通能为 20eV。颗粒的表面元素组成采用能谱仪进行分析。

对于 BET、XRD 及 XPS 表征分析，需对反应前后 EDA-Fe$_3$O$_4$ NPs 进行特定的预处理：利用磁力对纳米颗粒分散液或反应后体系中的吸附剂进行磁力回收，再用乙醇洗涤 3 次，丙酮洗涤 1 次，弃去上清液，磁力回收沉淀物，在 60℃下真空干燥 12 h。

Fe$_3$O$_4$ 修饰前后的 XRD 图谱见图 5-1，从 XRD 结果进行分析，在 2θ 分别为 30.1°、35.5°、43.1°、53.5°、57.0° 和 62.6° 处的衍射峰分别指示了（220）、（311）、（400）、（422）、（511）和（440）晶面，符合标准卡片（JCPDS PDF#65-3107）中 Fe$_3$O$_4$ 的数据，证明了所制备的颗粒主要以 Fe$_3$O$_4$ 晶体存在。EDA-Fe$_3$O$_4$ 的衍射峰强度比 Fe$_3$O$_4$ 稍有减弱，可能是由于 EDA 修饰在 Fe$_3$O$_4$ 表面所造成。但修饰前后衍射峰的位置没有发生改变，说明修饰改性过程中没有对 Fe$_3$O$_4$ 的晶相造成影响。

为了证实 EDA 与 Fe$_3$O$_4$ 结合，采用 FTIR 光谱仪对修饰前后的 Fe$_3$O$_4$ 化学结构进行检测，结果如图 5-2 所示。在 Fe$_3$O$_4$ 光谱中，607 cm^{-1} 处的强吸收峰属于 Fe$_3$O$_4$ 的 Fe-O 特征吸收峰。与 Fe$_3$O$_4$ 光谱对比，EDA-Fe$_3$O$_4$ 光谱中出现了几个不同的吸收峰。其中，在 1 408 cm^{-1}、1 579 cm^{-1}、2 927 cm^{-1}、3 421 cm^{-1} 的吸收峰分别响应 C—N、N—H、CH$_2$—、NH$_2$— 的振动，这表明了 EDA 与 Fe$_3$O$_4$ 的结合。

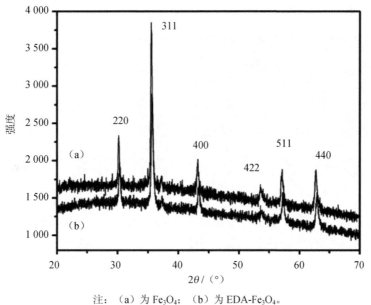

注：（a）为 Fe₃O₄；（b）为 EDA-Fe₃O₄。

图 5-1　样品的 XRD 图谱

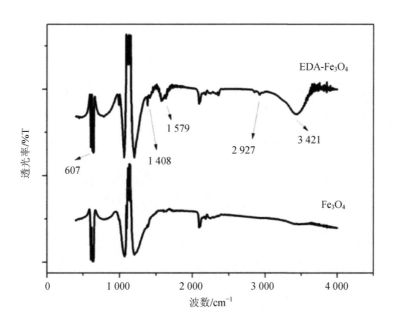

图 5-2　Fe₃O₄ 和 EDA-Fe₃O₄ 的 FTIR 图谱

采用 SEM 和 TEM 对 EDA-Fe₃O₄ NPs 的形貌和粒径进行表征（图 5-3）。由图 5-3 可知，所制备的 EDA-Fe₃O₄ NPs 呈立方形状，粒径为 20～50 nm。颗粒由于磁性及范德华力而具有一定的团聚效应，最终形成网状结构，从而保持热力学稳定状态。扫描电镜图显示了其凹凸不平的表面，表明其具备大量的活性反应点位。

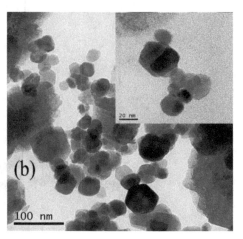

图 5-3 EDA-Fe₃O₄ 扫描电镜图（a）和透射电镜图（b）（含两种比例尺）

EDA-Fe$_3$O$_4$ NPs 的比表面积为 28 m^2/g。由图 5-4 可得，EDA-Fe$_3$O$_4$ NPs 具有较窄的孔径分布（由于纳米颗粒堆积而成），可推断纳米颗粒具有较为均一的形态。

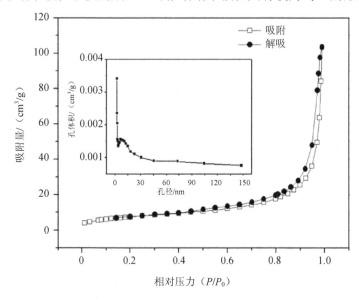

图 5-4 EDA-Fe₃O₄ 的比表面积分析结果

5.2.3 EDA-Fe₃O₄ 投加量和反应时间对去除效果的影响

不同 EDA-Fe$_3$O$_4$ NPs 投加量（0.3～1.2 g/L）和不同反应时间对 Cr(Ⅵ) 去除效率的影响如图 5-5（a）所示。由图可以看出，随着吸附时间的增加，Cr(Ⅵ) 的吸附率不断增大，并逐渐趋于平衡。例如，当纳米颗粒投加量为 0.9 g/L 时，在分别吸附 15 min、30 min、60 min、120 min、240 min、480 min 后，Cr(VI)吸附率分别为 79%、84%、89%、94%、95%、96%，说明在吸附 120 min 后基本已经达到了平衡，吸附速率很快，主要是由纳米颗粒外表面吸附的特性贡献的。在吸附过程中，Cr(VI)只是吸附在吸附剂外表面，而非孔隙内部（Hu et al.，2005a）。由于几乎所有的吸附活性点位分布在纳米颗粒的外表面，因此 Cr(VI)容易与吸附点位接触，从而使得 Cr(VI)快速被去除。与 EDA-Fe₃O₄ NPs 相对比，其他很多吸附剂的平衡时间要长一些。例如，用泥炭吸附 Cr(VI)的平衡时间为 6 h（Brown et al.，2000），用木质素吸附 Cr(VI)的平衡时间为 10～50 h（Lalvani et al.，2000）。

吸附达到平衡时，随着 EDA-Fe₃O₄ NPs 投加量的提高，Cr(VI)去除率显著提高。例如，当吸附剂投加量为 0.3 g/L 时，反应 120 min 后 Cr(VI)的去除效率只有 22%；而当投加量提高至 1.2 g/L 时，相同反应时间 Cr(VI)的去除率达到 100%。这也说明了该反应是发生在颗粒表面的，因为颗粒表面的反应点位是随着吸附剂投加量的增大而不断增多的，从而导致更多的 Cr(VI)被去除（Bhaumik et al.，2011）。

图 5-5（b）显示了吸附剂投加量和反应时间对 Cr(VI)吸附量的影响。由图可以看出，Cr(VI)吸附量随着吸附时间的增加而增大。但随着 EDA-Fe₃O₄ NPs 投加量的增大，平衡吸附量则先增大后减小，当吸附剂投加量从 0.3 g/L 增至 0.9 g/L 时，平衡吸附量相应从 44.9 mg/g 增大至 66.0 mg/g；投加量再增至 1.2 g/L 时平衡吸附量则降至 51.5 mg/g。这表明 0.9 g/L 为最佳投加量，小于最佳投加量时，由于吸附剂不足以吸附 Cr(VI)，导致平衡吸附量低；大于最佳投加量时，则会由于吸附剂过量，而吸附质总量固定，导致平衡吸附量下降。

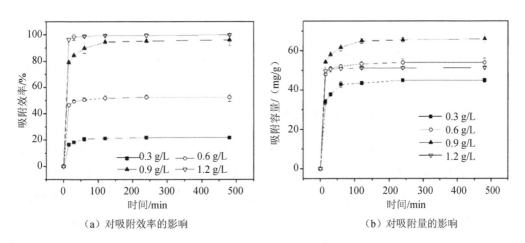

（a）对吸附效率的影响　　　　　　　　　（b）对吸附量的影响

图 5-5　EDA-Fe₃O₄ NPs 投加量和吸附时间对吸附效率和吸附量的影响（pH=2，C_0=60 mg/L）

5.2.4　Cr(Ⅵ)初始浓度对去除效果的影响

Cr(Ⅵ)初始浓度对吸附效果的影响如图 5-6 所示。由图可以看出 Cr(Ⅵ)的去除效率随着 Cr(Ⅵ)初始浓度的增加而下降，而吸附量随着 Cr(Ⅵ)初始浓度的增加不断提高，并逐渐达到平衡。当 Cr(Ⅵ)初始浓度由 50 mg/L 增至 100 mg/L 时，其去除效率由 99.7%降低到 71.8%。主要是因为 EDA-Fe$_3$O$_4$ NPs 的投加量固定，其总的活性吸附点位有限，因此导致 Cr(Ⅵ)的去除效率随着初始浓度的增大而下降，但吸附容量却不断增加，直到吸附剂表面上的活性吸附位点完全被 Cr(Ⅵ)离子占据后，吸附趋于稳定，达到吸附平衡，此时再增加 Cr(Ⅵ)离子的初始浓度，吸附量基本不变。

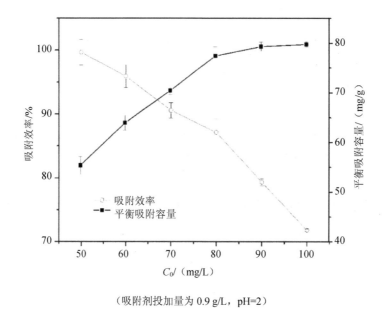

（吸附剂投加量为 0.9 g/L，pH=2）

图 5-6　Cr(Ⅵ)初始浓度对吸附率和平衡吸附量的影响

5.2.5　溶液初始 pH 对去除效果的影响

溶液的 pH 会明显影响 EDA-Fe$_3$O$_4$ NPs 的表面电荷和质子化程度。EDA-Fe$_3$O$_4$ NPs 在水溶液中的零点电荷（pH$_{zpc}$）位于 pH=8.5，即 pH 小于 8.5 时，EDA-Fe$_3$O$_4$ NPs 的 Zeta 电位为正值，pH 大于 8.5 则为负值。另外，Cr(Ⅵ)在溶液中的存在形态有几种类型，主要为 HCrO$_4^-$、CrO$_4^{2-}$ 和 Cr$_2$O$_7^{2-}$，取决于溶液 pH 和总铬浓度（Weckhuysen et al.，1996；Bayramoglu et al.，2005）。在 pH 小于 6.8 的条件下，Cr(Ⅵ)在溶液中主要以 HCrO$_4^-$ 的形式存在，而当 pH 提高时则只有 CrO$_4^{2-}$ 的形式存在（Pang et al.，2011）。

初始 pH 对 Cr(Ⅵ)吸附效果的影响如图 5-7 所示。显然，pH 由 2 提高到 12，EDA-Fe$_3$O$_4$

NPs 对 Cr(Ⅵ)的去除效率相应地从 96%降至 23.3%,说明溶液 pH 对 Cr(Ⅵ)去除效率的影响很大。在较低 pH 条件下,高浓度的氢离子使 EDA-Fe₃O₄ NPs 表面质子化而带正电荷,从而与带负电的 Cr(Ⅵ)离子发生静电吸附并将其去除。随着 pH 的升高,质子化程度降低,削弱了吸附剂与吸附质的静电吸引作用。当 pH 大于 pH_zpc 时候,EDA-Fe₃O₄ NPs 表面带负电,使吸附质和吸附剂之间的静电斥力增大,同时高浓度的 OH^- 会与 Cr(Ⅵ)离子竞争占据吸附点位,阻碍 Cr(Ⅵ)的去除。另外,当 pH 大于 7 时,Cr(Ⅵ)在溶液中的存在形态由 $HCrO_4^-$ 转变为 CrO_4^{2-},而 CrO_4^{2-} 的吸附自由能(−2.5～−0.6 kcal/mol)大于 $HCrO_4^-$(−2.1～−0.3 kcal/mol)(Weng et al.,1997)。这说明在相同条件下 CrO_4^{2-} 比 $HCrO_4^-$ 难以被吸附,因此低 pH 条件下 Cr(Ⅵ)的去除效率更高。

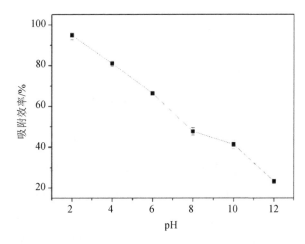

[吸附剂投加量=0.9 g/L,Cr(Ⅵ)初始浓度=60 mg/L,反应时间=120 min]

图 5-7 初始 pH 对 Cr(Ⅵ)吸附效果的影响

5.2.6 共存阳离子的影响

在电镀含铬废水中,一般混有较高浓度的 Ni^{2+} 和 Cu^{2+},研究共存 Ni^{2+} 和 Cu^{2+} 对 EDA-Fe₃O₄ NPs 吸附 Cr(Ⅵ)的影响是必要的。图 5-8 为共存金属离子对 Cr(Ⅵ)去除效果的影响。根据电镀行业含铬废水的污染特性,控制铬-铜体系中铬与铜的浓度比为 2∶1,铬-镍体系中铬与镍的比为 4∶1。由图可以看出,在相同的试验条件下,共存 Cu^{2+} 和 Ni^{2+} 均可促进 Cr(Ⅵ)的去除,提高 Cr(Ⅵ)的吸附率。例如,未加入其他金属离子时去除 60 mg/L 的 Cr(Ⅵ)(去除效率达 97.4%);加入 30 mg/L 的 Cu^{2+} 或 15 mg/L 的 Ni^{2+} 后,Cr(Ⅵ)去除效率分别提高至 98.8%和 98.5%。原因可能是,修饰在 Fe₃O₄ 表面的胺基功能团可与 Cu^{2+} 或者 Ni^{2+} 通过 N→Cu(Ⅱ)或 Ni(Ⅱ)配位键形成 Cu(Ⅱ)-NH₂ 或 Ni(Ⅱ)- NH₂ 配位阳离子,然后再通过静电吸引作用吸附 $HCrO_4^-$ 阴离子,从而提高

Cr(Ⅵ)的去除效率。

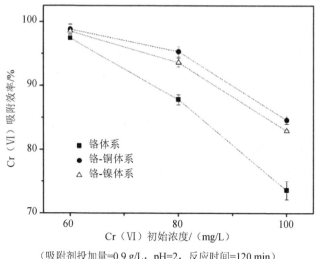

（吸附剂投加量=0.9 g/L，pH=2，反应时间=120 min）

图 5-8　共存阳离子对铬去除的影响

为了进一步探讨共存金属离子的影响，保持同一体系的 Cr(Ⅵ)浓度固定，然后改变共存离子的浓度。图 5-9 为不同浓度的共存 Cu^{2+} 和 Ni^{2+} 对 EDA-Fe_3O_4 NPs 吸附 Cr(Ⅵ)的影响。由图可以看出，随着共存 Cu^{2+} 和 Ni^{2+} 浓度的增加，Cr(Ⅵ)去除效率亦随之增大。例如，未加入 Cu^{2+} 和 Ni^{2+} 时去除 60 mg/L 的 Cr(Ⅵ)，去除效率为 97.4%，加入 30 mg/L、40 mg/L、50 mg/L 的 Cu^{2+} 后 Cr(Ⅵ)去除效率分别提高至 98.8%、99.6%和 100%；而加入 15 mg/L、20 mg/L、25 mg/L 的 Ni^{2+} 后 Cr(Ⅵ)去除效率则分别提高至 98.5%、99.2%和 100%。原因可能是，随着共存金属离子浓度的增大，通过 N→Cu(Ⅱ)或 Ni(Ⅱ)配位键形成的 Cu(Ⅱ)-NH_2 或 Ni(Ⅱ)-NH_2 配位阳离子的数量越多，因此吸附剂表面的静电吸附点位也越多，从而导致更多的 $HCrO_4^-$ 被去除。

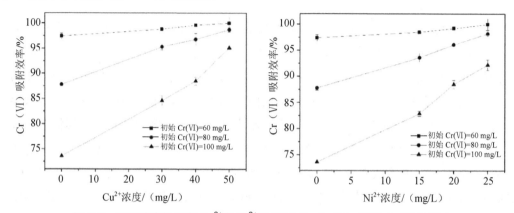

图 5-9　不同浓度的共存 Cu^{2+} 和 Ni^{2+} 对 EDA-Fe_3O_4 NPs 吸附 Cr(Ⅵ)的影响

5.2.7　吸附选择性研究

电镀前处理需要用大量的硫酸和盐酸进行除锈及活化中和，导致含铬废水中混有一定浓度的 SO_4^{2-} 和 Cl^-。而 $Cr(VI)$ 在酸性废水中常以 $HCrO_4^-$ 形式存在，因此 SO_4^{2-} 和 Cl^- 必然会与 $HCrO_4^-$ 发生竞争吸附的现象。因此选取 $HCrO_4^-$ 分别与 SO_4^{2-} 和 Cl^- 的共存体系来研究胺基修饰 Fe_3O_4 对 $Cr(VI)$ 的选择吸附性。在共存体系中，SO_4^{2-} 和 Cl^- 的浓度分别为 305 mg/L 和 296 mg/L。

未修饰的 Fe_3O_4 和 EDA-Fe_3O_4 NPs 对 $Cr(VI)$ 的吸附研究结果如图 5-10 所示。由图可得，乙二胺修饰可以提高 Fe_3O_4 对 $Cr(VI)$ 的吸附选择性。例如，当 $Cr(VI)$ 浓度为 60 mg/L 时，铬/硫酸根离子体系中，Fe_3O_4 对 $Cr(VI)$ 去除效率为 92.6%，对 SO_4^{2-} 去除效率为 18.8%，前者是后者的 4.9 倍。通过乙二胺修饰后，基于 60 mg/L 的 $Cr(VI)$，在铬/硫酸根离子体系中 EDA-Fe_3O_4 对 $Cr(VI)$ 的去除效率达到 97.7%，对 SO_4^{2-} 去除效率仅有 8.6%，前者是后者的 11.4 倍。针对铬/氯离子体系而言，研究结果类似。这说明乙二胺修饰提高了 Fe_3O_4 对 $Cr(VI)$ 的吸附选择性。

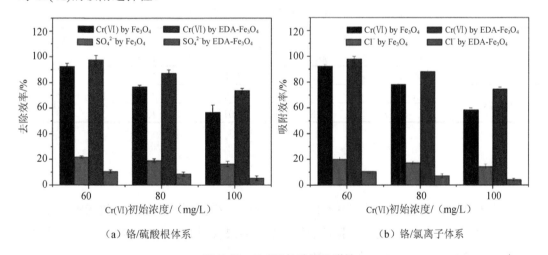

（a）铬/硫酸根体系　　　　　　　（b）铬/氯离子体系

图 5-10　Cr(VI)的选择吸附性

我们参考分子印迹选择系数方程计算了 EDA-Fe_3O_4 对 $Cr(VI)$ 的吸附选择系数（Fan et al.，2012）。分布系数和选择系数可以从以下方程得到：

$$K_d = \frac{(C_0 - C_e)V}{m} \tag{5-8}$$

$$K_d = \frac{(C_0 - C_e)V}{m} \tag{5-9}$$

$$k = \frac{K_d\left[Cr(VI)\right]}{K_d(X)} \qquad (5-10)$$

$$k' = \frac{C_{EDA-Fe_3O_4}}{k_{Fe_3O_4}} \qquad (5-11)$$

式中，K_d 为分布系数；C_0 和 C_e 分别为初始和反应平衡的浓度，mg/L；V 为溶液的体积，mL；m 为吸附剂的质量，g；k 为选择系数；X 为 SO_4^{2-} 和 Cl^-；k' 为相对选择系数，表示修饰后吸附剂与未修饰吸附剂对 Cr(VI)选择吸附系数的比值。

在 Cr(VI)/SO_4^{2-} 或者 Cr(VI)/Cl^- 混合体系中，EDA-Fe_3O_4 吸附 Cr(VI)的选择系数及相对选择系数列于表 5-1 中。结果表明，无论在 Cr(VI)/SO_4^{2-} 体系还是在 Cr(VI)/Cl^- 体系中，EDA-Fe_3O_4 对 Cr(VI)均具有很好的选择性，其选择系数分别为 10.2 和 13.6。此外，Cr(VI)/SO_4^{2-} 体系和 Cr(VI)/Cl^- 体系中，EDA-Fe_3O_4 对 Cr(VI)的相对选择系数分别为 5.83 和 6.21，两者均大于 1，说明乙二胺修饰提高了 Fe_3O_4 对 Cr(VI)的吸附选择性。

表 5-1 初始 Cr(VI)= 100 mg/L 条件下的选择系数

吸附质	吸附剂	K_d（Cr^{6+}）	K_d（X）	k	k'
Cr(VI)/SO_4^{2-}	Fe_3O_4	60.4	34.6	1.75	5.83
	EDA-Fe_3O_4	80.3	7.88	10.2	
Cr(VI)/Cl^-	Fe_3O_4	63.2	28.9	2.19	6.21
	EDA-Fe_3O_4	81.8	6.01	13.6	

5.2.8 小结

本书利用钢铁酸洗废液制备纳米 Fe_3O_4 并用乙二胺进行修饰改性，通过 XRD、SEM、TEM、BET 等手段对制备的纳米颗粒进行表征，结果表明 EDA-Fe_3O_4 NPs 为立方晶体，平均粒径为 20～50 nm，比表面积为 28 m^2/g。

Cr(VI)的去除效果受 EDA-Fe_3O_4 NPs 的投加量、Cr(VI)的初始浓度、反应时间、pH 等因素的影响。随着纳米颗粒投加量的增大、反应时间的增加、Cr(VI)初始浓度和溶液初始 pH 的降低，对 Cr(VI)的去除效果更好。水中共存的 Cu^{2+} 和 Ni^{2+} 能够促进 Cr(VI)的去除，原因可能是胺基功能团与 Cu^{2+} 或者 Ni^{2+} 形成配位阳离子，依托静电吸附去除铬酸根离子。EDA-Fe_3O_4 NPs 在 $HCrO_4^-$/SO_4^{2-} 和 $HCrO_4^-$/Cl^- 混合体系中的吸附研究表明，共存 SO_4^{2-} 和 Cl^- 的竞争吸附影响很小，胺基改性提高了 Fe_3O_4 对 Cr(VI)的吸附选择性。

5.3　EDA-Fe₃O₄ 纳米颗粒对 Cr(Ⅵ)的吸附行为和机理研究

5.3.1　研究背景

一般认为，吸附剂的表面有过多的剩余能量，当某些质量比吸附剂小的物质与之发生碰撞时，会在其表面停止运动，从而发生吸附作用（赵振国，2005）。在固体和液体之间的界面上，产生吸附的根本原因是溶质在溶剂介质中对溶剂的亲近程度远小于溶质与吸附剂之间的相互吸引。吸附过程可分为物理吸附和化学吸附两种类型，区别是取决于吸附质与吸附剂之间的受力是何种性质，在此基础上对吸附速率、吸附热、吸附层数、吸附的可逆性等方面产生的影响，通常据此来判断吸附过程的类型（Sarkar et al.，2007）。

物理吸附是指吸附剂与吸附质之间通过范德华力相互作用而产生的吸附。范德华力主要包括静电力、色散力和诱导力。对于物理吸附而言，吸附质一般是通过氢键与吸附剂相互作用，因此吸附剂表面对吸附质的约束很低，当吸附剂的界面不足以束缚吸附质时，会发生脱附的现象。

化学吸附是吸附剂与吸附质之间通过化学键力相互作用的一种表面化学反应，吸附质与吸附剂之间可以通过氧化还原作用、螯合作用等形成络合物。由于化学键力的存在，吸附质表面的分子与吸附剂之间结合得更为牢固，不容易发生移动，因此在不改变反应条件的情况下基本不会从吸附剂中脱离。

在实际的吸附作用发生时，物理吸附和化学吸附经常是相互伴随着发生的，在吸附过程中有时会同时发生，但常以某一类吸附为主。吸附质、吸附剂二者之间由于吸附机理的差别导致吸附表现出的吸附能力和吸附速率千差万别，很难用一个通用的理论对其进行总体分析，这就形成了多种不同的吸附理论，主要有吸附动力学理论（如拟一级动力学、拟二级动力学方程等）、吸附热力学理论（如 Langmuir 吸附模型、Freundlich 吸附模型等）。

我们利用不同吸附等温线方程对 EDA-Fe₃O₄ NPs 的吸附行为进行拟合，找到能够模拟吸附过程的吸附等温线的方程，并利用其对吸附容量进行预测，计算吸附等温线方程中的常数。不同吸附等温线模型中的常数意义各不相同，主要与吸附速率、吸附剂的构型、吸附剂的物理化学性质有关。通过拟一级动力学方程和拟二级动力学方程对试验数据进行拟合，计算分析吸附速率。利用吸附热力学方程对不同温度条件下的吸附行为进行拟合，研究该吸附过程是否可以自发进行。采用试验研究方法和光谱技术结合研究 EDA-Fe₃O₄ NPs 吸附 Cr(Ⅵ)的机理。

5.3.2 研究方法

（1）吸附动力学试验

吸附动力学试验在如下条件进行：量取 50 mL 浓度为 60 mg/L 的重铬酸钾溶液倒入 100 mL 锥形瓶中，加入 0.9 mg/L 的 EDA-Fe$_3$O$_4$ NPs，在 pH=2.0 的条件下，放入温度为 288～318 K 的恒温振荡器内，并以 250 rmp/min 的速率进行振荡，每隔一段时间取样并测定上层清液中 Cr(VI)离子的残留浓度，利用拟一级动力学和拟二级动力学方程对试验数据进行分析。

（2）吸附等温线试验

吸附等温线试验在如下条件进行：在 pH=2.0 的条件下，取 0.9 mg/L 的 EDA-Fe$_3$O$_4$ NPs 倒入 50 mL 不同浓度的重铬酸钾溶液中（40～100 mg/L），在 288～308 K 的温度条件下振荡 120 min，取样测定上清液中 Cr(VI)离子的残留浓度。利用 Langmuir 吸附模型和 Freundlich 吸附模型对试验数据进行拟合。

（3）纳米颗粒吸附 Cr(VI)后的表征

利用 Thermo ESCALAB 250 型 X 射线光电子能谱（XPS）对 Cr(VI)离子吸附前后复合材料的表面元素组成进行分析，采用光源为 Mono Al Kα，能量为 1 486.6 eV；X 射线源功率为 150 W，束斑 500 μm，能量分析器固定透过能为 20 eV。用宽程扫描样品分析样品表面元素组成，并对吸附剂表面铬元素进行窄程扫描，数据采取平滑处理。

（4）分析方法

溶液中 Cr(VI)的浓度采用二苯碳酰二肼显色法进行测定，样品采用紫外可见分光光度计法进行分析。采用外标法定量，即测定前先配制一系列 Cr(VI)标准溶液，以浓度为横坐标，吸光度为纵坐标绘制标准曲线，当浓度与吸光度的相关度良好时（$r > 0.999$），表示该曲线可用于定量分析。溶液中总铬的浓度采用原子吸收法进行测定（Qian et al., 2008），样品采用原子吸收分光光度计法进行分析，同样采用外标法定量。

5.3.3 吸附动力学分析

5.3.3.1 吸附动力学方程

为了研究 EDA-Fe$_3$O$_4$ NPs 与 Cr(VI)之间的吸附动力学行为，可以通过多种吸附动力学方程对试验数据进行拟合分析。吸附动力学研究的是吸附过程中吸附能力的大小随时间变化的规律，通过对吸附过程和吸附结果进行模拟，可以深层次阐明吸附剂的结构与吸附性能之间的因果关系（Paria et al., 2004）。

拟一级动力学模型：由 Lagergren 提出的拟一级吸附动力学模型是常用的吸附动力学模型之一，其方程式为

$$\log(q_e - q_t) = \log q_e - \frac{k_1}{2.303}t \qquad (5\text{-}12)$$

拟二级动力学模型的表达式如下：

$$\frac{t}{q_t} = \frac{1}{k_2 q_e^2} + \frac{1}{q_e}t \qquad (5\text{-}13)$$

式中，q_e 和 q_t 分别为平衡吸附量和 t 时刻的吸附量，mg/L；k_1 为准一级方程的速率系数，h^{-1}；k_2 为准二级方程的速率系数，mg/（g·min）。

5.3.3.2　吸附动力学模型分析

吸附动力学是表征吸附有效性的重要特征之一，良好的数据相关性可以很好地解释金属离子在液相中的传质机制。本节分别采用拟一级动力学（pseudo-first-order）模型和拟二级动力学（pseudo-second-order）模型对 EDA-Fe₃O₄NPs 的吸附速率进行解释。

利用拟一级动力学模型和拟二级动力学模型分别在不同温度（288 K、298 K、308 K、318 K）条件下的 EDA-Fe₃O₄ NPs 对 Cr(VI)离子吸附行为进行模拟（图 5-11）。EDA-Fe₃O₄ NPs 与 Cr(VI)离子相互作用的拟一级动力学模型和拟二级动力学模型速率分别由式（5-12）和式（5-13）计算得到。表 5-2 显示在不同温度条件下，拟一级动力学模型和拟二级动力学模型各个参数的值。从拟一级动力学模型拟合结果来看，它们的相关系数（R^2）为 0.799～0.978，说明 EDA-Fe₃O₄ NPs 吸附 Cr(VI)离子的试验数据拟合程度不是很好。由于拟一级动力学模型只能对吸附初始阶段进行较好地拟合，呈线性规律，但是随着吸附时间的不断增加，拟一级动力学模型就不能对整个阶段进行很好地拟合，因此而只适用于吸附初始阶段的吸附过程。从拟二级动力学曲线的各个参数来看，它的相关系数（R^2）均大于 0.99，与拟一级动力学的相比更高，说明 EDA-Fe₃O₄ NPs 对 Cr(VI)离子的吸附过程符合拟二级动力学模型。

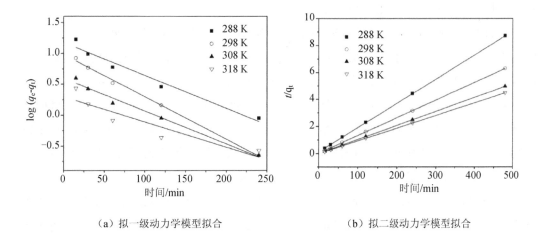

（a）拟一级动力学模型拟合　　　　　　（b）拟二级动力学模型拟合

图 5-11　不同温度下动力学拟合

表 5-2 吸附动力学模拟参数和线性回归结果

温度/K	$q_{e,exp}$/(mg/g)	拟一级动力学			拟二级动力学		
		k_1/min^{-1}	R^2		k_2/×10^{-3} [g/(mg·min)]	$q_{e,cal}$/(mg/g)	R^2
288	55.1	0.012 3	0.956		2.33	56.0	0.998
298	76.1	0.015 8	0.976		5.05	76.5	0.999
308	96.4	0.012 2	0.978		10.49	96.6	0.998
318	106.9	0.009 4	0.799		17.99	107.0	0.999

进一步地，该模型下计算得到的平衡吸附量 $q_{e,cal}$ 与试验得到的平衡吸附量 $q_{e,exp}$ 非常接近，这也验证了拟二级动力学模型拟合的相关性高。此外，吸附过程中随着温度从 288 K 升到 318 K，吸附容量也不断地提高，而且平衡速率常数（k_2）也从 $2.33×10^{-3}$ g/(mg·min) 升至 $17.99×10^{-3}$ g/(mg·min)。在不同温度下，EDA-Fe$_3$O$_4$ NPs 吸附 Cr(Ⅵ) 离子的平衡时间均非常短，说明吸附过程主要以物理吸附为主。

5.3.4 吸附等温线分析

5.3.4.1 吸附等温线方程

对重金属离子的吸附可通过宏观和微观两个方向进行分析。宏观上通常是在简单的体系中把重金属离子在固体吸附剂表面的吸附密度/吸附量作为状态函数，把体系的 pH、离子强度、温度等环境因素及重金属离子浓度作为自变量，用数形解析的方法或者表格的形式来表述吸附密度与这些自变量之间的关系。对离子浓度关系等温线的模拟通常采用 Langmuir 方程和 Freundlich 方程等典型等温吸附方程，固定固体浓度、离子强度和 pH，只把吸附质浓度作为自变量，通过模拟得到等温吸附系数、单分子层饱和吸附密度和吸附热几个参数和其他几个经验参数。

从整体上看，EDA-Fe$_3$O$_4$ NPs 对水中 Cr(Ⅵ)离子的吸附包括两个过程：一是 EDA-Fe$_3$O$_4$ NPs 将 Cr(Ⅵ)离子从水溶液中吸附到其表面的过程；二是与吸附过程相对的 Cr(Ⅵ)离子从 EDA-Fe$_3$O$_4$ NPs 表面脱离的过程，表现为解吸行为。当 EDA-Fe$_3$O$_4$ NPs 对水中 Cr(Ⅵ)离子的吸附量不再发生变化，吸附和解吸这两个过程达到动态平衡，此时吸附剂对 Cr(Ⅵ)离子的吸附量即为平衡吸附量。平衡吸附量的大小，取决于 EDA-Fe$_3$O$_4$ NPs 的物理化学性能，水中重金属 Cr(Ⅵ)离子的存在形式、浓度等相关因素，同时吸附发生的条件等各项因素也会对吸附平衡造成一定的影响。

Freundlich 吸附等温线模型是一个经验公式，它假设吸附反应发生在非均相的吸附剂表面（Yang et al.，1998）。Freundlich 吸附等温线模型在较低的浓度范围内与 Langmuir 吸附等温线拟合结果较为相似，但是当溶液的浓度较高时，Freundlich 吸附等温线模型

不会趋向于一个定值，在温度较低的情况下也不会趋向于一条直线，其线性形式可以表示为

$$\log q_e = \log K_F + \frac{1}{n} \log C_e \tag{5-14}$$

式中，C_e 为平衡浓度；K_F 和 n 分别是关于吸附容量和吸附强度的系数，可以通过计算 $\log q_e$ 与 $\log C_e$ 之间的截距和斜率得到。

Langmuir 吸附等温线是另一个被广泛应用的模型，它假设金属离子的吸附以单分子层形式发生在均匀的表面，吸附剂表面的能量高低趋向基本一致，不存在不同吸附中心能量高低不一的现象，同时，吸附物种之间没有相互作用（Boparai et al.，2011）。Langmuir 吸附等温线方程可以表示为

$$\frac{C_e}{q_e} = \frac{1}{K_L q_m} + \frac{C_e}{q_m} \tag{5-15}$$

式中，C_e 为平衡浓度，mg/L；q_e 为平衡吸附量，mg/g；q_m 为最大吸附量，mg/g；K_L 为吸附能系数，L/mg，与吸附剂的吸附点位密切相关。

为了判断各种吸附等温线拟合结果与试验数据的吻合程度，不但可以比较相关系数（R^2），还可以利用卡方检验的方法判断拟合结果与试验数据的吻合程度。χ^2 越小表示试验数据与拟合结果趋向一致，χ^2 值越大表示试验数据与拟合结果偏差较大。卡方检验公式如下：

$$\chi^2 = \sum \frac{\left(q_e - q_{e,m}\right)^2}{q_{e,m}} \tag{5-16}$$

式中，$q_{e,m}$ 为吸附平衡时通过拟合得到的理论吸附量，mg/g；q_e 为平衡吸附量，mg/g。

5.3.4.2　吸附等温线模型分析

吸附等温线可以有效描述 Cr(VI) 离子和 EDA-Fe₃O₄ NPs 表面之间的作用机制。本书采用 Langmuir 和 Freundlich 吸附等温线方程对 EDA-Fe₃O₄ NPs 吸附水中 Cr(VI) 离子的试验数据进行拟合。图 5-12 显示了吸附剂在不同温度条件下的 Freundlich 吸附等温线和 Langmuir 吸附等温线，可以看出，在不同温度条件下，Langmuir 吸附等温线的拟合结果均比 Freundlich 吸附等温线好。

将拟合结果计算整理后如表 5-3 所示。从 Freundlich 吸附等温线拟合结果来看，其相关系数（R^2）为 0.781～0.966，拟合效果不是很好。从 Langmuir 吸附等温线的拟合结果来看，其相关系数（R^2）达到 0.994～0.999，与 Freundlich 吸附等温线相比相关程度更高，表明 EDA-Fe₃O₄ NPs 吸附 Cr(VI) 可以用 Langmuir 吸附模型进行很好的描述。此外，还可以从卡方值（χ^2）来分析，Langmuir 吸附模型的 χ^2 为 1.15～21.8，Freundlich 吸附模拟的 χ^2 为 6.78～35.5，由于相同条件下 Langmuir 吸附模型的 χ^2 比 Freundlich 吸附模拟小，

因此说明 Langmuir 吸附模型的拟合结果与试验数据的吻合程度更高。

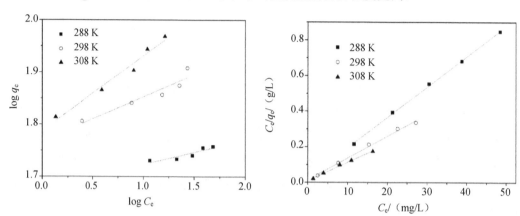

（a）Freundich 等温线　　　　　　　　　　（b）Langmuir 等温线

图 5-12　不同温度下吸附的线性拟合

表 5-3　Langmuir 和 Freundlich 拟合方程参数

吸附等温线	拟合方程参数	温度/K		
		288	298	308
Freundlich	n	21.6	11.8	6.99
	K_F	47.5	58.6	61.5
	R^2	0.781	0.869	0.966
	χ^2	6.78	18.5	35.5
Langmuir	q_m	58.8	81.3	98.0
	K_L	1.53	1.26	1.15
	R^2	0.999	0.994	0.995
	χ^2	1.15	7.07	21.8

　　由于 EDA-Fe$_3$O$_4$ NPs 对 Cr(Ⅵ)的吸附符合 Langmuir 吸附模型，因此对 Langmuir 等温线方程的参数进行计算，以分析温度对吸附行为的影响。表 5-3 中计算并归纳了吸附方程的拟合参数，包括吸附能系数（K_L）和最大吸附量（q_m），两者是密切联系的。当温度从 288 K 升到 308 K 时，K_L 由 1.53 降至 1.15，说明随着温度的升高，吸附能系数降低，即温度的升高有利于吸附的进行。当温度从 288 K 升到 308 K 时，q_m 从 58.8 增至 98.0，说明温度越高，EDA-Fe$_3$O$_4$ NPs 对 Cr(Ⅵ)的最大吸附量越高。这主要是因为温度升高降低了吸附难度，即 K_L 降低，从而使得 q_m 增大。

5.3.4.3　不同吸附材料对水中 Cr(Ⅵ)吸附性能比较

　　将 EDA-Fe$_3$O$_4$ NPs 对 Cr(Ⅵ)的最大吸附量 q_m 与文献报道的其他吸附剂在类似试验条件下吸附 Cr(Ⅵ)的最大吸附量进行比较（表 5-4）。可以发现，常温下，本书制备的

EDA-Fe₃O₄ NPs 对 Cr(Ⅵ)的最大吸附量达到 81.3 mg/g，高于文献报道的大部分吸附剂，这说明 EDA-Fe₃O₄ NPs 在 Cr(Ⅵ)废水处理中具有良好的应用前景。

表 5-4　不同吸附剂对 Cr(Ⅵ)的最大吸附量对比

吸附剂	平衡时间/min	pH	q_m/（mg/g）	参考文献
EDA-Fe₃O₄	120	2.0	81.3	This work
RHC-mag-CN	120	3.0	30.9	Li et al.，2013
Fe₃O₄ / PANI	180	2.0	200	Han et al.，2013
磁赤铁矿纳米颗粒	15	2.5	19.2	Hu et al.，2005a
磁赤铁矿纳米颗粒	30	2.0	15.4	Asuha et al.，2011
磁性壳聚糖纳米粒子	120	3.0	55.8	Thinh et al.，2013
介孔 α-Fe₂O₃ 纳米棒	5	2.0	22.7	Jia et al.，2013
PpPD-Fe₃O₄	720	7.0	29.43	Yang et al.，2012
改性 MnFe₂O₄	5	2.0	31.55	Hu et al.，2005b
磁 Fe₃O₄ 纳米颗粒	360	4.0	35.46	Shen et al.，2009a

5.3.5　吸附活化能

吸附过程中的活化能通过阿仑尼乌斯（Arrhenius）方程计算得到：

$$\ln k_2 = \ln k_0 - \frac{E_a}{RT} \qquad (5-17)$$

式中，k_2 为吸附速率常数，g/（mg·min）；k_0 为指前因子；E_a 为吸附活化能，kJ/mol；R 为摩尔气体常数，8.314 J/（mol·K）；T 为溶液温度，K。

不同温度条件下的 k_2 由拟二级动力学方程求出，见表 5-2。根据式（5-17），以 $\ln k_2$ 与 $1/T$ 作图并线性拟合（图 5-13），根据回归方程的斜率可求出 E_a。因此，E_a=4 706×8.314×10⁻³=39.1（kJ/mol）。

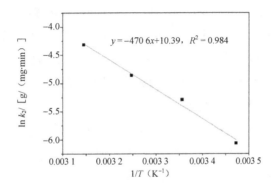

图 5-13　EDA-Fe₃O₄ 纳米颗粒吸附 Cr(Ⅵ)的活化能测定

吸附活化能通常用来判断吸附的类型是物理吸附还是化学吸附。物理吸附反应是可逆的，快速达到吸附平衡需要的能量小，一般为 5～40 kJ/mol；化学吸附反应是专性吸附，涉及强作用力，需要较大的能量，一般为 40～800 kJ/mol（Unuabonah et al.，2007）。EDA-Fe$_3$O$_4$ NPs 吸附 Cr(VI)的活化能为 39.1 kJ/mol，说明该吸附过程以物理吸附为主。

5.3.6 吸附热力学分析

吸附剂表面的原子或分子具有不同的化学势，这会造成吸附剂表面能量的不均衡，这种不平衡的化学势会导致吸附剂表面有吉布斯自由能产生。固体吸附剂的表面分子运动与液体表面的分子运动存在很大的区别，液体表面的粒子可以通过表面收缩运动及时调整由于化学势不均衡所产生的吉布斯自由能，进而使整个系统处于一个能量稳态以保持平衡，固体吸附剂则需要不断地从周围的溶剂介质中获得更多的自由粒子来平衡其不均衡的表面自由能。在不断吸附的过程中，吸附剂表面的吉布斯自由能逐渐降低，化学势趋于恒定，吸附剂表面的能量也趋于稳定。如果此时通过某种方式（如升高温度）打破这种稳态，吸附剂又可以通过从周围的溶剂介质中来吸附更多溶质粒子来平衡过多的吉布斯自由能。

EDA-Fe$_3$O$_4$ NPs 吸附 Cr(VI)的热力学常数$\Delta G°$、$\Delta H°$、$\Delta S°$可通过以下方程（Bhaumik et al.，2011）计算：

$$\ln（mq_e/C_e）= -\Delta H°/RT + \Delta S°/R \qquad (5-18)$$

$$\Delta G° = -RT \ln（mq_e/C_e） \qquad (5-19)$$

式中，$\Delta S°$为熵变，J/（mol·K）；$\Delta H°$为吸附焓变，J/mol；$\Delta G°$为吉布斯自由能，J/mol。可以通过判断吸附过程中的焓变、熵变以及吉布斯自由能的正负值大小，进一步确定吸附是否能够自发进行。

在不同温度条件下，$\Delta G°$可通过式（5-19）直接进行计算；$\Delta S°$和$\Delta H°$是以 $\ln（mq_e/C_e）$与 $1/T$ 作图拟合，通过斜率和截距计算求出（图 5-14 和表 5-5）。

吸附自由能$\Delta G°$的变化是吸附反应能否自发进行的最直接体现，从表 5-5 中可知，EDA-Fe$_3$O$_4$ NPs 在不同温度条件下吸附 Cr(VI)得到的吸附自由能均为负值，且随着反应温度的升高而降低，表明该吸附过程可以自发进行。负的自由能体现了吸附质 Cr(VI)离子倾向于从溶液中扩散到 EDA-Fe$_3$O$_4$ NPs 的表面并发生吸附。另外，反应焓$\Delta H°$和熵变$\Delta S°$分别为 41.6 kJ/mol 和 143.8 J/（mol·k），反应焓为正值，说明吸附反应为吸热反应，升高温度有利于吸附的发生，因此平衡吸附量随着反应温度的提高而增大。熵变正值则说明在吸附过程中固/液界面的无序性增加，有利于吸附的发生。

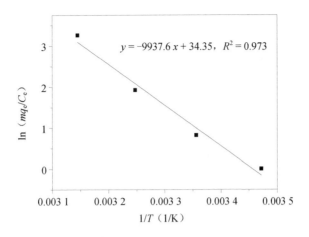

$$y = -9937.6x + 34.35，R^2 = 0.973$$

图 5-14　吸附热力学拟合

表 5-5　EDA-Fe₃O₄ 纳米颗粒吸附 Cr(Ⅵ)的热力学常数

T/K	$\Delta G°$/（kJ/mol）	$\Delta H°$/（kJ/mol）	$\Delta S°$/［J/（mol·K）］
288	−0.01		
298	−1.03	41.6	143.8
308	−2.49		
318	−4.35		

　　EDA-Fe₃O₄ NPs 对 Cr(Ⅵ)离子的吸附焓变主要包括溶质 Cr(Ⅵ)离子的吸附热、吸附剂之间的相互作用的能量、EDA-Fe₃O₄ NPs 分子间的构象在吸附过程中发生变化所需能量、溶剂水的脱附热、吸附剂表面的活性点与 Cr(Ⅵ)离子相互作用而产生的热量等。因此，吸附过程的焓变是由上述各种因素相互叠加作用产生的结果，焓变值的大小需要通过总放热效应与总吸热效应的对比来决定。从整个吸附试验体系来看，本试验中总放热效应主要取决于 Cr(Ⅵ)离子在吸附过程中所释放出来的热量，总吸热效应主要由于吸附剂在吸附过程中不断地与 Cr(Ⅵ)离子相互作用，导致 EDA-Fe₃O₄ NPs 中的分子需要更多的能量进行激活。随着吸附过程的进行，对 Cr(Ⅵ)离子吸附后 EDA-Fe₃O₄ NPs 分子内和分子间氢键作用力不断减少，对 EDA-Fe₃O₄ NPs 来说，会使得整个体系呈现一种不稳定的状态，这种不稳定的状态需要捕集更多的离子使整个系统保持稳定，在这个过程中会消耗更多的能量；随着温度的不断升高，越来越多的 EDA-Fe₃O₄ NPs 的吸附点位得到活化，加速了吸附剂从周围的溶剂介质中获取更多的 Cr(Ⅵ)离子来保持系统的稳定，因而升高温度就会不断地推动吸附行为的发生，从而进一步提高 EDA-Fe₃O₄ NPs 的吸附能力。从整个吸附过程来看，EDA-Fe₃O₄ NPs 对 Cr(Ⅵ)离子的总放热效应低于总吸热效应，所以 EDA-Fe₃O₄ NPs 对 Cr(Ⅵ)的吸附表现为吸热反应，并且温度越高，吸附越容易发生。

5.3.7 吸附机理

为了判别在 Cr(VI)吸附过程中是否发生化学还原反应，必须分析 Cr(VI)在吸附剂表面和溶液中的浓度。如果溶液中不存在 Cr(III)，那么 Cr(VI)和总铬的含量应该相同；相反，如果有部分 Cr(VI)被还原为 Cr(III)，则会导致 Cr(VI)和总铬之间的浓度差异。吸附和解吸反应后，液相中的 Cr(VI)和总铬分别采用二苯碳酰二肼分光光度法和原子吸收光谱法进行测定。由表 5-6 可以看出，Cr(VI)的浓度与总铬的浓度基本平衡。这说明，Cr(VI)在吸附后没有发生价态的变化，初步说明反应过程中没有发生化学还原反应。

表 5-6　吸附和解吸后的铬含量　　　　　　　　　　　　　　单位：mg/L

pH	C_0	吸附后		解析后	
		总铬	Cr(VI)	总铬	Cr(VI)
2.0	60	1.45	1.42	52.10	51.51
	100	20.64	20.44	74.55	73.63
9.0	60	26.82	26.15	27.46	27.18
	100	58.18	57.92	35.73	35.06

为了深入探讨吸附机理，分析了不同 pH 条件下吸附 Cr(VI)后的 EDA-Fe$_3$O$_4$ NPs 表面的 Fe 和 Cr 的价态。采用 XPS 技术对 Fe 和 Cr 进行微区调查（图 5-15）。由图 5-15（a）可知，在 pH=2 条件下吸附 Cr(VI)后的 EDA-Fe$_3$O$_4$ 能谱线中，Cr 2p$_{3/2}$ 和 Cr 2p$_{1/2}$ 的结合能特征峰分别位于 578.7 eV 和 588.5 eV，均属于 Cr(VI)的结合能。由图 5-15（b）可知，Fe 2p$_{3/2}$ 和 Fe 2p$_{1/2}$ 的电子结合能分别位于 710.9 eV 和 724.3 eV，属于 Fe$_3$O$_4$ 的特征峰，说明 EDA-Fe$_3$O$_4$ 没有发生氧化。由此可以证明整个吸附过程中没有发生化学还原反应，这也说明了 EDA-Fe$_3$O$_4$ NPs 的稳定性。一般来说，吸附剂吸附金属离子的作用机制为静电吸引和配位络合（Xin et al.，2012）。当 pH＜pH$_{zpc}$ 时，EDA-Fe$_3$O$_4$ NPs 表面质子化带正电荷，形成 Fe$_3$O$_4$-NH$_3^+$，从而吸附以铬酸根负离子形式存在的 Cr(VI)。由于—NH$_2$ 功能团通过质子化转化为—NH$_3^+$，强烈吸引铬酸根负离子，而削弱了其配位络合的性能（Bhaumik et al.，2011）。因此，在低 pH 的条件下，EDA-Fe$_3$O$_4$ NPs 吸附 Cr(VI)的机理主要是静电吸引。

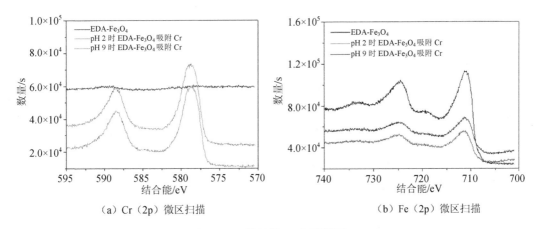

（a）Cr（2p）微区扫描　　　　　　　（b）Fe（2p）微区扫描

图 5-15　样品的 XPS 能谱图

相反，当 pH>pH_{zpc} 时，EDA-Fe₃O₄ NPs 表面带负电，高浓度的 OH⁻将阻碍 EDA-Fe₃O₄ NPs 对 CrO₄²⁻的吸引，导致静电吸引作用无法发生（Xin et al.，2012）。但是，在 pH=9 的条件下，通过 XPS 同样检测出反应后的颗粒表面有 Cr(Ⅵ)存在［图 5-15（a）］。因此，我们推断，当 pH>pH_{zpc} 时，EDA-Fe₃O₄ NPs 吸附 Cr(Ⅵ)的机制主要是配位络合。EDA-Fe₃O₄ NPs 表面的胺基功能团的 N 原子可与 Cr(Ⅵ)通过 N→Cr 配位键形成配合物，从而将 Cr(Ⅵ)从溶液中去除。Cr 2p_{3/2} 和 Cr 2p_{1/2} 的结合能特征峰强度比 pH=2 条件下的弱很多，说明配位络合的吸附能力小于静电吸引的吸附能力，这也是造成碱性条件下 Cr(Ⅵ)的吸附量比酸性条件下低的原因。

综上所述，EDA-Fe₃O₄ NPs 在不同 pH 条件下吸附 Cr(Ⅵ)的机理如图 5-16 所示。

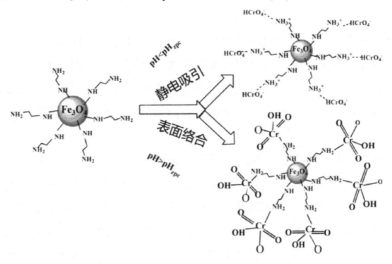

图 5-16　Cr(Ⅵ)的去除机理

5.3.8 小结

综上所述，EDA-Fe$_3$O$_4$ NPs 对 Cr(Ⅵ)吸附机理研究主要结论如下：

①吸附动力学符合拟二级动力学模型，拟合度大于 0.99，平衡速率常数（k_2）随温度的升高而增大。吸附等温线方程符合 Langmuir 吸附等温线模型，拟合结果与试验数据的吻合程度高。随着温度的升高，吸附能系数（K_L）降低，表明温度的升高有利于吸附的进行；相反，最大吸附量（q_m）随着温度升高而增大。常温下，由 Langmuir 吸附等温线求出的最大吸附量为 81.3 mg/g，高于文献报道的大部分吸附剂，说明 EDA-Fe$_3$O$_4$ NPs 是一种良好的 Cr(Ⅵ)吸附剂。

②活化能是判断吸附类型的依据，EDA-Fe$_3$O$_4$ NPs 在 pH=2 条件下吸附 Cr(Ⅵ)的活化能为 39.1 kJ/mol，说明该吸附过程以物理吸附为主。

③吸附热力学研究结果显示，反应焓 ΔH 为正值，表明吸附反应为吸热反应，升高温度有利于吸附的发生，因此平衡吸附量随着反应温度的提高而增大；熵变 ΔS 为正值，表明吸附过程中固/液界面的无序性增加，有利于吸附的发生；吸附自由能 ΔG 为负值，且随着反应温度的升高而降低，表明吸附反应是自发进行的。

④通过试验研究和 XPS 光谱技术表征，结果表明在反应过程中 Fe 和 Cr 的价态均没有发生变化，说明吸附过程中没有氧化还原反应的发生，推断吸附机理可能为 pH<pH$_{zpc}$ 时为静电吸引，而 pH>pH$_{zpc}$ 时为配位络合。

5.4 EDA-Fe$_3$O$_4$ 纳米颗粒的重复利用性和稳定性研究

吸附法中最重要的环节是吸附剂的开发和选择，吸附剂的性能直接决定了其吸附能力，对吸附容量、吸附效果等方面起着至关重要的作用。传统的吸附剂（如活性炭），最主要的缺陷是使用寿命短，吸附饱和后再生成本高，且分离和回收重金属的操作难度大，限制了其在行业中的工程应用。因此，吸附剂的再生和重复利用性能决定了它的工程应用前景。

Fe$_3$O$_4$ 纳米材料具有超顺磁性，利用外加磁场可将其进行分离回收。在将分离之后的吸附剂进行重复利用之前，必须对吸附剂进行再生。因此有必要研究吸附 Cr(Ⅵ)之后的 EDA-Fe$_3$O$_4$ NPs 的再生工艺和筛选最佳的再生剂，确定最佳的脱附时间和浓度。

为了评价 EDA-Fe$_3$O$_4$ NPs 的重复利用性能，需考察它的有效重复使用周期。通过设置连续的吸附-脱附试验，将吸附剂重复使用多个周期，研究其在重复利用过程中饱和吸附容量的变化。一种重复利用性能好的吸附剂，能够大大降低废水处理成本。

5.4.1　研究方法

（1）吸附剂的再生工艺试验

取 60 mg/L 的 Cr(Ⅵ)溶液各 50 mL 于锥形瓶中，用盐酸调节 pH=2，投加 0.9 g/L 的 EDA-Fe₃O₄ NPs。置于摇床中，在温度为 25℃、搅拌速率为 200 r/min 的条件下，反应 4 h 后，利用磁力分离后，取上清液分析剩余 Cr(Ⅵ)浓度。倒去上清液后分别加入 50 mL 浓度为 0.01 mol/L、0.05 mol/L、0.1 mol/L 的 NaAC、NaHCO₃、NaOH 溶液，置于摇床中进行解吸。分别于 1 h、2 h、4 h、8 h、24 h 后取样分析，计算脱附率。

（2）吸附剂的重复试验

与前述相同操作步骤，倒掉上清液后，分别加入 50 mL 浓度为 0.05 mol/L 的 NaOH 溶液，置于摇床中进行解吸。解吸 8 h 后，倒掉解吸液，用 20 mL 的 0.01 mol/L HCl 活化吸附剂 1 h，再用去离子水清洗材料至中性。分别加入 60 mg/L 的 Cr(Ⅵ)溶液各 50 mL，进行第二次吸附。以相同操作方法研究 8 个周期的重复利用和铁溶出。

（3）分析方法

用光电子能谱仪 XPS（ESCALAB 250，Thermo-VG Scientific，USA）研究纳米颗粒表面的元素成分。Cr(Ⅵ)和总铬浓度采用二苯碳酰二肼比色法测定，用紫外可见分光光度计测定，检测波长为 540 nm。总铁浓度使用紫外可见分光光度计测定，检测波长为 510 nm。

5.4.2　反应后吸附剂的磁力分离

在吸附剂的重复利用试验之前，须对吸附剂进行分离操作。我们合成的 EDA-Fe₃O₄ NPs 具有良好的磁力回收性质。图 5-17 中展示了利用磁铁分离水中吸附了 Cr(Ⅵ)的 EDA-Fe₃O₄ NPs，通过外加磁场，在 3 min 内实现完全分离。有学者采用振动试样磁力计研究了 Fe₃O₄纳米颗粒、胺基修饰 Fe₃O₄纳米颗粒（Fe₃O₄/PANI）的磁性特点，结果显示

图 5-17　反应后 EDA-Fe₃O₄纳米颗粒的磁力分离

Fe₃O₄ 纳米颗粒具有很强的磁场（Shen et al.，2009b），而胺基修饰后 Fe₃O₄ 纳米颗粒的磁性稍有减弱，但磁性依然很强（Han et al.，2013），足以进行磁性分离。用于含铬废水处理的 EDA-Fe₃O₄ NPs 可以通过外加磁场加以回收，这一特点提高了该纳米颗粒在工程应用中的可控性，便于吸附剂的重复利用操作。

5.4.3 吸附剂的化学稳定性

图 5-18 显示了吸附前后 EDA-Fe₃O₄ NPs 的 XPS 图谱。其中，Fe 2p 峰和 O 1s 峰属于 Fe₃O₄，N 1s 峰和 C 1s 峰属于乙二胺。可以看出，吸附前后 Fe 2p、O 1s、N 1s、C 1s 的电子结合能均未变化，表明吸附后 EDA-Fe₃O₄ NPs 的化学结构没有改变。相比吸附前纳米颗粒的 XPS 图谱，可以发现吸附后的 XPS 图谱有两点变化：一是 Fe 2p 峰的强度有所减弱，可能是由于 Cr(VI)吸附在表面所造成；二是吸附后的 XPS 图谱上多了 Cr 2p 峰，证明了 Cr 被吸附在表面，而且其价态为六价，没有发生氧化还原。由于吸附后 EDA-Fe₃O₄ NPs 没有发生化学变化，在反应体系中具有较高的化学稳定性，说明了它重复利用的可行性。

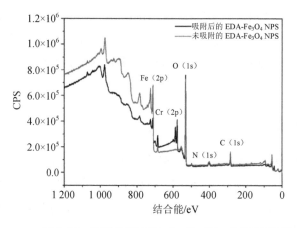

图 5-18 吸附前后 EDA-Fe₃O₄ NPs 的 XPS 图谱

5.4.4 反应后吸附剂的再生工艺

5.4.4.1 吸附剂及其浓度的影响

由 5.2 节的研究结果可知，溶液 pH 对 EDA-Fe₃O₄ NPs 吸附 Cr(VI)的影响非常大，在碱性条件下不利于 Cr(VI)的去除。因此，可以考虑加入碱性溶液，将吸附后的材料进行脱附再生。

使用不同浓度的 NaOH、NaHCO₃、NaAC 溶液作为脱附剂进行再生研究（表 5-7）。由表 5-7 可知，NaOH 的脱附效果优于 NaHCO₃ 和 NaAC。例如，使用浓度为 0.05 mol/L

的 NaOH、NaHCO₃、NaAC 溶液解吸 24 h，相应的脱附率分别为 84.3%、62.3%、22.3%。原因可能与脱附剂的 pH 相关，3 种溶液的 pH 排序为 NaOH＞NaHCO₃＞NaAC。由于 pH 对 Fe₃O₄ 吸附铬的影响很大，碱性条件不利于 Cr(Ⅵ)的吸附，因此 NaOH 最有利于 Cr(Ⅵ) 的脱附。

表 5-7　Cr-adsorbed EDA-Fe₃O₄ NPs 的脱附再生

解吸液	0.01 mol/L		0.05 mol/L		0.1 mol/L	
	浓度/(mg/L)	脱附率/%	浓度/(mg/L)	脱附率/%	浓度/(mg/L)	脱附率/%
NaOH	45.8	76.3	50.6	84.3	51.1	85.2
NaHCO₃	32.7	54.5	37.4	62.3	41.3	68.8
NaAC	10.2	17.0	13.4	22.3	16.2	27.0

对于 NaOH 脱附剂，0.05 mol/L 是最合适的脱附浓度。当 NaOH 浓度由 0.01 mol/L 提高到 0.05 mol/L 时，相应脱附率由 76.3%提高到 84.3%，提高了 8%；而由 0.05 mol/L 提高到 0.1 mol/L 时，脱附率仅提高了 0.9%。因此，基于成本考虑，应选择 0.05 mol/L 作为最佳脱附浓度。

5.4.4.2　脱附时间的影响

由图 5-19 可以看出，随着脱附时间的增加，脱附率不断提高，并逐渐趋于平衡。在脱附 1 h、2 h、4 h、8 h、24 h 后，其相应的脱附效率分别为 60.8%、73.8%、81.2%、83.7%、85.3%，说明在脱附 4 h 后基本已经达到了平衡，脱附速率较快。由于在吸附过程中，Cr(Ⅵ)只是吸附在吸附剂外表面，而非孔隙内部，因此在脱附过程中脱附剂容易与 Cr(Ⅵ)所在的吸附点位接触，使得 Cr(Ⅵ)能够快速解吸出来。

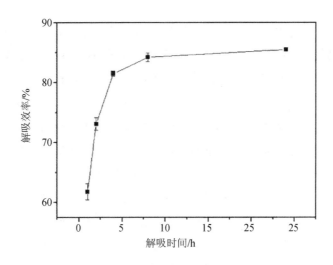

图 5-19　脱附时间对脱附率的影响

5.4.5　重复利用性能与铁溶出

利用 EDA-Fe$_3$O$_4$ NPs 吸附 Cr(Ⅵ)连续 8 个周期，结果如图 5-20 所示。由图可知，经过 6 个周期的回收利用，吸附剂仍然保持较高的吸附活性，但是 6 次以后吸附活性急剧下降。首次使用 EDA-Fe$_3$O$_4$ NPs 对 Cr(Ⅵ)的吸附容量达到 65.5 mg/g；第 2 次使用，吸附容量为 51.8 mg/g，降低 13.7 mg/g；第 3 次使用，吸附容量为 49.8 mg/g，仅降低 2 mg/g；而第 6 次只比第 5 次降低 3.5 mg/g，说明第 2 周期至第 6 周期之间 Fe$_3$O$_4$ 的吸附容量一直稳定。然而，第 7 次使用比第 6 次降低了 11 mg/g，第 8 次使用比第 7 次降低 16.6 mg/g，吸附容量降至 15.0 mg/g，说明材料此时已经失去活性。

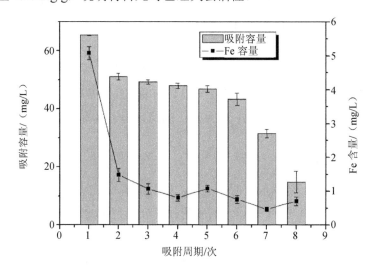

图 5-20　吸附剂的重复利用及铁溶出

首次使用后吸附容量开始下降并稳定几个周期，可能有以下两个原因：一是首次利用时吸附活性较高的 EDA-Fe$_3$O$_4$ NPs 回收不完全，这些颗粒可能是粒径比较小的、表面活性比较大的粒子；当小粒径、高活性粒子流失后，剩下粒径较大、表面活性相对较差的颗粒，导致回收利用后吸附剂的吸附能力有所下降。二是因为使用氢氧化钠溶液进行解吸时，只能解吸出静电吸附的 Cr(Ⅵ)，而通过胺基络合作用吸附的部分 Cr(Ⅵ)则无法完全脱附出来，也导致吸附剂吸附容量的下降。此外，经过 7 次使用后吸附容量急剧下降的原因可能是 Fe$_3$O$_4$ 发生团聚，导致粒径变大、比表面积变小。

观察材料中的可过滤铁流失，发现首次利用时流失的可过滤铁较多，之后铁流失量基本稳定在较低的浓度范围。首次使用可过滤铁流失量达到 5.08 mg/L，之后铁流失保持为 0.48～1.49 mg/L，说明铁的溶出量趋于稳定。8 次重复利用，流失铁的累积总量仅占投加量的 1.28%，可以忽略不计。首次利用时铁流失量较高的原因可能同是由于小粒径、高活性粒子的流失所造成。之后趋于稳定的原因可能是高活性小颗粒物流失后，剩下的较低活性大颗粒产生了一种类似于钝化的效应。

5.4.6　小结

本章详细展开了 EDA-Fe₃O₄ NPs 的重复利用性能和化学稳定性的研究，主要结论如下：

①EDA-Fe₃O₄ NPs 具有很强的磁性，在吸附 Cr(Ⅵ) 之后，通过外加的磁场，可以快速将吸附剂从溶液中分离开来。

②EDA-Fe₃O₄ NPs 在吸附过程中具有很好的化学稳定性，通过 XPS 表征发现反应后吸附剂表面各元素的电子结合能没有发生变化，说明吸附剂的化学结构保持稳定，这也表明将吸附剂进行重复利用是可行的。

③研究了不同脱附剂及其浓度、脱附时间对吸附剂表面 Cr(Ⅵ) 的脱附效果的影响，发现浓度为 0.05 mol/L 的 NaOH 溶液是最佳的脱附剂，采用该溶液脱附 4 h 可达到 81.2% 的 Cr(Ⅵ) 脱附率。脱附速率快归因于在吸附过程中，Cr(Ⅵ) 仅被吸附在吸附剂外表面，而非孔隙内部。由于有部分 Cr(Ⅵ) 通过配位络合作用吸附在 EDA-Fe₃O₄ NPs 表面，而这部分 Cr(Ⅵ) 无法通过碱性溶液进行脱附，这是导致 Cr(Ⅵ) 不能完全脱附的原因。

④重复利用试验表明，EDA-Fe₃O₄ NPs 具有良好的重复利用性能，经过连续 8 个周期的吸附-脱附过程，该纳米颗粒仍然保持较高的吸附活性。同时，在重复利用过程中，铁的流失量很小，基本稳定在较低的浓度范围，可以忽略不计。

参考文献

ASUHA S, SUYALA B, ZHAO S, 2011. Porous structure and Cr(Ⅵ) removal abilities of Fe₃O₄ prepared from Fe-urea complex[J]. Materials Chemistry and Physics, 129 (1-2)：483-487.

BAYRAMOĞLU G, ÇELIK G, YALÇIN E, et al., 2005. Modification of surface properties of Lentinus sajor-caju mycelia by physical and chemical methods：evaluation of their Cr⁶⁺ removal efficiencies from aqueous medium[J]. Journal of Hazardous Materials, 119 (1-3)：219-229.

BHAUMIK M, MAITY A, SRINIVASU V V, et al., 2011. Enhanced removal of Cr(Ⅵ) from aqueous solution using polypyrrole/Fe₃O₄ magnetic nanocomposite[J]. Journal of Hazardous Materials, 190(1-3)：381-390.

BOPARAI H K, JOSEPH M, O'CARROLL D M, 2011. Kinetics and thermodynamics of cadmium ion removal by adsorption onto nano zerovalent iron particles[J]. Journal of Hazardous Materials, 186 (1)：458-465.

BROWN P A, GILL S A, ALLEN S J, 2000. Metal removal from wastewater using peat[J]. Water Research,

34（16）：3907-3916.

FAN H T，LI J，LI Z C，et al.，2012. An ion-imprinted amino-functionalized silica gel sorbent prepared by hydrothermal assisted surface imprinting technique for selective removal of cadmium(II) from aqueous solution[J]. Applied Surface Science，258（8）：3815-3822.

HAN X，GAI L，JIANG H，et al.，2013. Core-shell structured Fe_3O_4/PANI microspheres and their Cr(Ⅵ) ion removal properties[J]. Synthetic Metals，171：1-6.

HU J，CHEN G，LO I M C，2005a. Removal and recovery of Cr(Ⅵ) from wastewater by maghemite nanoparticles[J]. Water research，39（18）：4528-4536.

HU J，LO I M C，CHEN G，2005b. Fast removal and recovery of Cr(Ⅵ) using surface-modified jacobsite （$MnFe_2O_4$） nanoparticles[J]. Langmuir，21（24）：11173-11179.

JIA Z，WANG Q，REN D，et al.，2013. Fabrication of one-dimensional mesoporous α-Fe_2O_3 nanostructure via self-sacrificial template and its enhanced Cr(Ⅵ) adsorption capacity[J]. Applied Surface Science，264：255-260.

LALVANI S B，HUBNER A，WILTOWSKI T S，2000. Chromium adsorption by lignin[J]. Energy sources，22（1）：45-56.

LARRAZA I，LÓPEZ-GÓNZALEZ M，CORRALES T，et al.，2012. Hybrid materials：magnetite polyethylenimine-montmorillonite，as magnetic adsorbents for Cr(Ⅵ) water treatment[J]. Journal of Colloid and Interface Science，385（1）：24-33.

LI Y，ZHU S，LIU Q，et al.，2013. N-doped porous carbon with magnetic particles formed in situ for enhanced Cr(Ⅵ) removal[J]. Water Research，47（12）：4188-4197.

LV X，XU J，JIANG G，et al.，2012. Highly active nanoscale zero-valent iron（nZVI）-Fe_3O_4 nanocomposites for the removal of chromium（VI） from aqueous solutions[J]. Journal of Colloid and Interface Science，369（1）：460-469.

NGAH W S W，2011. Adsorption of dyes and heavy metal ions by chitosan composites：A review[J]. Carbohydrate Polymers，83（4）：1446-1456.

PANG Y，ZENG G，TANG L，et al.，2011. Preparation and application of stability enhanced magnetic nanoparticles for rapid removal of Cr(Ⅵ)[J]. Chemical Engineering Journal，175：222-227.

PARIA S，KHILAR K C，2004. A review on experimental studies of surfactant adsorption at the hydrophilic solid-water interface[J]. Advances in Colloid and Interface Science，110（3）：75-95.

QIAN H，WU Y，LIU Y，et al.，2008. Kinetics of hexavalent chromium reduction by iron metal[J]. Frontiers of Environmental Science & Engineering in China，2（1）：51-56.

ROY D，SEMSARILAR M，GUTHRIE J T，et al.，2009. Cellulose modification by polymer grafting：a review[J]. Chemical Society Reviews，38（7）：2046-2064.

SARKAR M，BANERJEE A，PRAMANICK P P，et al.，2007. Design and operation of fixed bed laterite column for the removal of fluoride from water[J]. Chemical Engineering Journal，131（1-3）：329-335.

SHEN Y F，TANG J，NIE Z H，et al.，2009a. Preparation and application of magnetic Fe₃O₄ nanoparticles for wastewater purification[J]. Separation and Purification Technology，68（3）：312-319.

SHEN Y F，TANG J，NIE Z H, et al.，2009b. Tailoring size and structural distortion of Fe₃O₄ nanoparticles for the purification of contaminated water[J]. Bioresource Technology，100（18）：4139-4146.

SUN X，YANG L，LI Q，et al.，2014. Amino-functionalized magnetic cellulose nanocomposite as adsorbent for removal of Cr(Ⅵ): synthesis and adsorption studies[J]. Chemical Engineering Journal，241：175-183.

THINH N N，HANH P T B，HOANG T V，et al.，2013. Magnetic chitosan nanoparticles for removal of Cr(Ⅵ) from aqueous solution[J]. Materials Science and Engineering：C，33（3）：1214-1218.

UNUABONAH E I，ADEBOWALE K O，OLU-OWOLABI B I，2007. Kinetic and thermodynamic studies of the adsorption of lead（Ⅱ）ions onto phosphate-modified kaolinite clay[J]. Journal of Hazardous Materials，144（1-2）：386-395.

WECKHUYSEN B M，WACHS I E，SCHOONHEYDT R A，1996. Surface chemistry and spectroscopy of chromium in inorganic oxides[J]. Chemical Reviews，96（8）：3327-3350.

WENG C H，WANG J H，HUANG C P，1997. Adsorption of Cr(Ⅵ) onto TiO₂ from dilute aqueous solutions[J]. Water Science and Technology，35（7）：55-62.

XIN X，WEI Q，YANG J，et al.，2012. Highly efficient removal of heavy metal ions by amine-functionalized mesoporous Fe₃O₄ nanoparticles[J]. Chemical Engineering Journal，184：132-140.

XU P，ZENG G M，HUANG D L，et al.，2012. Use of iron oxide nanomaterials in wastewater treatment：a review[J]. Science of the Total Environment，424：1-10.

YANG C，1998. Statistical MEchanical study on the Freundlich isotherm equation[J]. Journal of Colloid and Interface Science，208（2）：379-387.

YANG S，LIU D，LIAO F，et al.，2012. Synthesis，characterization，morphology control of poly（p-phenylenediamine）-Fe₃O₄ magnetic micro-composite and their application for the removal of Cr₂O₇²⁻ from water[J]. Synthetic Metals，162（24）：2329-2336.

ZHANG H，LIU D L，ZENG L L，et al.，2013. β-Cyclodextrin assisted one-pot synthesis of mesoporous magnetic Fe₃O₄@C and their excellent performance for the removal of Cr(Ⅵ) from aqueous solutions[J]. Chinese Chemical Letters，24（4）：341-343.

赵振国，2005. 吸附作用应用原理[M]. 北京：化学工业出版社.

第6章 磁性生物炭的制备及其去除水体中的六价铬的研究

6.1 磁性生物炭材料概述

6.1.1 磁性生物炭及其合成方法

废弃生物质在缺氧或绝氧环境下经由高温（≤700℃）裂解，其衍生产物（生物炭）是一类性能优异的环境功能材料，可高效地应用于水污染治理与修复（Yao et al.，2011；Ahmad et al.，2014）。生物炭作为一类多孔材料，兼具吸附、还原、络合、活化等多重作用机制，而能在水污染环境修复中发挥多重功能。目前，基于生物炭应用于水污染治理与修复主要包括以下应用途径：①生物炭作为吸附剂吸附固持水中的重金属、有机污染物、硝酸盐及磷酸盐等物质（Rajapaksha et al.，2018；Wang et al.，2018；Jang et al.，2018；Vikrant et al.，2018）；②生物炭活化氧化剂（双氧水、过硫酸盐等）产生强氧化性自由基去除水中有机污染物（Fang et al.，2014；Yang et al.，2016a；Jia et al.，2018）。既有研究已证实，生物炭作为一类吸附剂能够很好地去除水中的污染物。但是，生物炭多为粉末状，欲将其从环境介质中分离回收，往往需要离心、过滤等烦琐操作，限制了其大规模应用（Mohan et al.，2014；Li et al.，2020）。随着时空变化，吸附于生物炭上的污染物存在解吸的可能，残存在环境介质中极易带来二次污染风险（Yi et al.，2020a）。同样地，从已有的研究报道来看，生物炭中的持久性自由基是活化氧化剂产生强氧化性自由基的关键组分。但是，反应后生物炭中持久性自由基的浓度势必下降，存在活化效率急剧下降的可能，生物炭难以分离回收的问题也同样尚未解决（Li et al.，2019）。因此，克服生物炭在水污染修复时存在的缺陷至关重要。

近年来，在生物炭的制备过程中，引入铁、钴、镍等过渡金属盐制备磁性生物炭，是解决生物炭难以分离回收的有效策略，反应完成后，只需要外加磁场即能实现材料的有效分离，操作非常简便（Jiang et al.，2016；Yin et al.，2020；Wang et al.，2020）。随着磁性物质的引入不仅影响了生物炭的理化特性，同时其还作为一类新的复合材料结合了生物炭以及磁性物质的特性使其能够更好地去除水中污染物（Li et al.，2019）。可见利用生物质及过渡金属盐等物质制备磁性生物炭是一种"双赢"的策略，不仅弥补了生物炭应用的缺陷，还进一步拓宽了生物炭的应用途径。

目前，磁性生物炭的主要合成方法有浸渍-热解法、共沉淀法、还原共沉积法、水热合成法，以及其他制备方法。

（1）浸渍-热解法

采用浸渍-热解法制备磁性生物炭时，首先需要将生物质浸渍在过渡金属盐溶液中，然后将干燥后含有过渡金属盐的生物质在缺氧或者惰性气氛下于马弗炉内热解得到磁性生物炭。采用该方法制备的磁性生物炭能够使磁化和热解一步完成，因此，热解温度、惰性气体、热解时间等均是影响磁性生物炭产率、结构及其性能的工艺参数。据已有的研究，热解温度不仅会影响磁性生物炭的吸附性能，还是影响磁性生物炭的比表面积、官能团、饱和磁滞率等的关键因素（Hu et al.，2017；Li et al.，2017；Yang et al.，2019）。例如，Liu 等（2019）利用氯化铁浸渍后的花生壳，在不同温度下（650～800℃）热解制备了系列磁性生物炭并应用于 Cr(Ⅵ)去除，结果表明磁性生物炭对 Cr(Ⅵ)的吸附量分布在 182.32～223.21 mg/g，且磁性生物炭对 Cr(Ⅵ)的吸附量与热解温度成正比。不仅如此，热解温度的差异还影响了磁性生物炭中铁氧化物的赋存形态。例如，随着热解温度升高，Wang 等（2019）发现磁性生物炭中铁氧化物的形态沿着赤铁矿→磁铁矿→零价铁路径而发生演变。

（2）共沉淀法

采用共沉淀法制备磁性生物炭时，首先需要将生物质在缺氧或惰性气体氛围下热解生成生物炭，然后将生物炭分散到含过渡金属的溶液中，在一定温度下，加入无机碱溶液（氢氧化钠或者氨水等）以维持混合液 pH 在 9～11，持续搅拌反应一段时间后弃上清液，剩余的固体物质经过洗涤、干燥等工序处理后可得磁性生物炭。该方法相比浸渍-热解法操作烦琐，但该方法能更好地控制材料制备过程，使磁性物质稳定地吸附于生物炭基体上。近年来，研究者系统对比了两种方法制备的磁性生物炭对于污染物的去除效果差异。例如，Wang 等（2015a）采用两种不同方法制备了磁性生物炭并应用于去除 As(Ⅵ)，结果表明采用共沉淀法制备的磁性生物炭对 As(Ⅵ)的去除能力约是采用浸渍-热解法制备的磁性生物炭的 7 倍。同样地，Zhou 等（2019）也对比不同方法制备的磁性生物炭对氟化物的去除效果，结果表明浸渍-热解制备的磁性生物炭性能更优。因此，当采用磁性生物炭去除水体中的污染物时，应该在充分考虑污染物特性和可操作性的基础上，选择适宜的磁性生物炭制备方法。

（3）还原共沉积法

还原共沉积法与共沉淀法相似，同样需要先制备生物炭，然后将生物炭分散到含有过渡金属元素的溶液中。不同的是，该方法需要在惰性气体氛围下，逐滴加入强还原剂

（如硼氢化钠、硼氢化钾等），待反应结束后弃上清液，剩余物质经过洗涤、真空干燥后得到磁性生物炭。采用该方法制备的磁性生物炭中金属物质大多数处于零价态且为纳米级，使得磁性生物炭具有强还原性，极大地提升了磁性生物炭对污染物的去除能力。例如，研究者发现采用该方法合成的磁性生物炭对 Cr(Ⅵ) 的吸附去除量可达 58.82 mg/g，且大部分 Cr(Ⅵ) 被还原成毒性更低的 Cr(Ⅲ)（Zhu et al.，2018）。尽管该方法一定程度上能获得性能更优的磁性生物炭，但是在材料制备过程中需要使用有毒有害物质，且制备过程中产生的氢气也存在着安全隐患。

（4）水热合成法

水热合成法是指生物质与水或者其他有机溶剂的金属离子溶液在反应釜中以较低温度（100～300℃）和反应自身产生的压力下进行非均质理化反应而得到产物。该方法反应条件温和，相比前述方法，具有无须额外添加碱、强还原剂等有毒有害物质的优点。例如，研究人员在 200℃ 条件下用水热法利用含铁污泥成功合成了磁性生物炭，并应用于类芬顿催化剂降解亚甲基蓝，结果表明亚甲基蓝的脱色率达到了 100%，同时 COD 和 TOC 的去除率分别达到了 47%±3.3% 和 49%±2.7%（Zhang et al.，2018）。同样地，Cai 等（2019a）利用花生壳及氯化铁水热合成了磁性生物炭，发现该材料对 Cr(Ⅵ) 的吸附量达到了 142.86 mg/g，这一结果高于大多数采用共沉淀法、还原共沉积法及浸渍-热解法制备的磁性生物炭对 Cr(Ⅵ) 的去除率（Shang et al.，2016；Zhu et al.，2018；Yi et al.，2019），说明该方法具有一定的优越性。因此，基于该方法制备磁性生物炭是今后需要重点关注的。

（5）其他制备方法

近年来，在以上磁性生物炭制备基础上衍生出了其他的制备方法，如球磨法（球磨生物炭与铁氧化物）（Shan et al.，2016）、生物质/金属盐直接热解（熔盐法）（Dai et al.，2019）、生物炭与铁氧化物通过有机物进行交联（Mojiri et al.，2019）、微波辅助热解（Mubarak et al.，2016；Yap et al.，2017）等或者几种方法有机联合。例如，Shan 等（2016）利用生物炭与铁氧化物球磨制备磁性生物炭，并发现材料对卡巴咪嗪、四环素的吸附量分别为 62.7 mg/g 和 94.2 mg/g。Dai 等（2019）采用熔融法制备磁性生物炭，发现其能够很好地去除水体中二氯苯酚和阿特拉津。此外，研究者分别制备了磁流体和生物炭，结合聚山梨酯 80 以及壳聚糖等通过交联作用得到了磁性生物炭，发现该材料对双氯芬酸、布洛芬、萘普生的去除率均达到了 95%（Mojiri et al.，2019）。

为了进一步增强磁性生物炭在污染修复时的适用性，已有许多研究者通过掺杂其他金属、酸碱活化、嫁接官能团等改性方式优化磁性生物炭的特性，从而提高磁性生物炭对污染物的吸附选择性和吸附容量。例如，Li 等（2018a）采用壳聚糖对磁性生物炭进行修饰改性，有效地改善了磁性生物炭表面官能团，并显著提高了 Cd(Ⅱ) 的去除能力。

同样地，研究者在磁性生物炭制备过程中，将 CeO_2-MoS_2 引入磁性生物炭中并应用于 Pb(Ⅱ)的去除，发现其对 Pb(Ⅱ)的最大吸附量可达 263.6 mg/g，约为单独磁性生物炭的 10 倍（Li et al.，2019）。

　　基于文献统计分析，笔者团队对磁性生物炭合成方法的使用情况进行了归纳（图 6-1）。由图可知，结合检索的文献，采用浸渍-热解法制备磁性生物炭的比例最高，占比约为 39.29%；其次为共沉淀法，占比约为 30.36%。由此可见，浸渍-热解法、共沉淀法是制备磁性生物炭常用的方法。同时，其他的制备方法或者强化方法也同样拓宽了磁性生物炭的获取途径。因此，在选取磁性生物炭的合成方法时，应充分考虑到原材料特性、污染物理化性质差异以及可操作性等方面的影响。

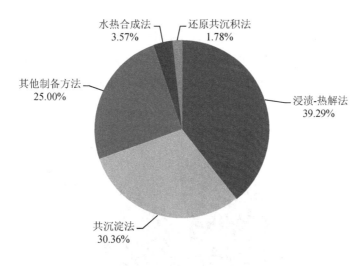

图 6-1　磁性生物炭合成方法

（数据来源于 Web of science 核心合集，样本数=109）

6.1.2　磁性生物炭合成的原辅材料

（1）生物质原料

　　由于合成方法的差异，制备磁性生物炭的原材料也存在差异。例如，浸渍-热解法制备磁性生物炭需要生物质以及过渡金属盐；共沉淀法需要生物质、过渡金属盐以及碱性物质等。无论哪种制备方法，生物质及过渡金属是制备磁性生物炭必不可少的原材料。合成磁性生物炭的生物质来源广泛，按照属性可以归结为植物、动物及污泥等几大类。植物类生物质有松树（Wang et al.，2019）、杉树（Dai et al.，2019）、桉树（Ahmed et al.，2017）、棕榈（Zhou et al.，2018a）、竹子（Dong et al.，2017）等大型林业废弃物，芦苇秸秆（Wang et al.，2019）、水葫芦（Zhang et al.，2015）等水生植物；稻草（Wu et al.，2018）、榴莲皮（Thines et al.，2017a）、栗子壳（Zhou et al.，2017）、玉米秸秆（Zhang et al.，2019）、棉花秆（Zhang et al.，2013）、花生壳（Cai et al.，2019a）等经济作物废弃物；中药渣（Shang et al.，2016）、木屑（Dai et al.，2019）、米糠（Sun et al.，2019）等加工废弃物。动物类生物质主要包括牛骨（Zhou et al.，2019）、鸡骨头（Oladipo et al.，2018）、贝壳（Wei et al.，2016）等。污泥类生物质主要包括市政污泥、含铁污泥、造纸污泥、印染污泥等（Zhou et al.，2019；Bai et al.，2019；Yu et al.，2019）。其他原材料主要包括在石油冶炼过程中的残渣、香菇培养基、蓝藻、褐藻及黄孢原毛平革菌等（Ma et al.，2015；Jung et al.，2016；Li et al.，2017；Luo et al.，2019）。结合检索的文献，对其进行简单的计量分析，制备磁性生物炭的原材料中（图 6-2）植物类生物质占比约为 80%，污泥类生物质占比约为 10.91%，动物类生物质占比约为 2.73%，其他的原材料占比约为 6.36%。可见在制备磁性生物炭的过程中，植物类生物质最受研究者青睐，这主要是因为植物类生物质的种类多、数量多，获取更方便。从另一个角度来看，制备磁性生物炭为这些废弃物减量化、资源化提供了一种合理途径。

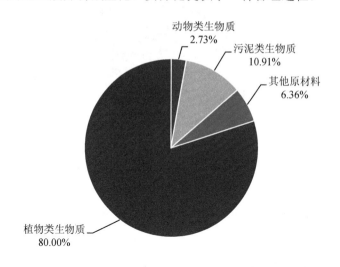

图 6-2　磁性生物炭制备使用生物质原材料情况

（数据来源于 Web of science 核心合集，样本数=109）

（2）过渡金属盐及其他原料

磁性生物炭制备过程中硫酸铁、硫酸亚铁、氯化铁及氯化亚铁等铁盐以及氯化锰、氯化钴、氯化镍等过渡金属盐常用作赋磁剂以磁化生物炭。其中，铁盐具有价格便宜且无害的优势，是使用最多的赋磁剂。近年来，有研究者利用一些铁盐处理后的废弃生物质，如被铁系絮凝剂处理的污泥、零价铁/过硫酸盐处理后的污泥作为原材料直接一步热解得到磁性生物炭（Ho et al.，2018；Yu et al.，2019），为磁性生物炭的简易化制备提供了新的思路。本着"变废为宝"的理念，笔者团队首次提出使用含有铁元素的废弃物钢铁酸洗废液与生物质结合，成功制备了磁性生物炭，不仅降低了制备成本，还为该废物资源化利用提供了更多途径（Yi et al.，2019）。

为了进一步强化磁性生物炭的性能，在磁性生物炭制备过程中通过引入其他金属元素，如氯化锌、氯化镁、氯化铈、硝酸镧、氯化锰等以制备多元金属磁性生物炭（Li et al.，2018；Fu et al.，2019；Wang et al.，2019；Zhang et al.，2019），可改善磁性生物炭表面吸附位点，促使磁性生物炭的吸附容量提高。另外，在制备生物炭的过程中通过引入有机物修饰改性剂，如壳聚糖、Tween®80、有机胺以及醇类等有机化合物（Liu et al.，2017；Mojiri et al.，2019；Cai et al.，2019a），丰富了磁性生物炭表面羧基、羰基、氨基、酯基和醚基等含氧官能团，使其与重金属离子及有机污染物间形成多种化学键合，进一步提高了磁性生物炭的吸附性能及其适用范围。

6.1.3　磁性生物炭的基本理化性质

6.1.3.1　磁性生物炭的元素构成

磁性生物炭的元素构成与制备原料密切相关。利用铁盐作为赋磁剂的磁性生物炭除了能检测到基本的 Fe 元素、O 元素，还能检测到生物质本身含有的特征元素。例如，以植物类作为原料的磁性生物炭，能够检测到碱金属、碱土金属、Si、P、N、H、S。由于生物质来源的差异，磁性生物炭中各元素的含量也存在差异。例如，Yi 等（2019）采用不同生物质制备了磁性生物炭，发现生物质来源的差异导致磁性生物炭中的总铁含量存在差异。为了进一步强化磁性生物炭的性能，常采用金属掺杂、有机物修饰改性等策略，不同的修饰改性策略，往往影响了磁性生物炭的元素组成。例如，Wang 等（2019）研究制备了 Ce 掺杂的磁性生物炭，TEM-EDS 的结果表明，材料中 Ce 的含量最高可达 5.68%。另外，Cai 等（2019a）利用己二胺修饰改性磁性生物炭，相比未改性的材料 N 含量提高了 5.1%。此外，影响磁性生物炭元素构成的还包括磁性生物炭的制备工艺。以浸渍-热解法制备磁性生物炭为例，采用该方法制备的磁性生物炭的元素含量与制备温度、热解时间密切相关。例如，Yin 等（2018）团队发现随着温度的升高，磁性生物炭中的碳含量逐渐减少，相反地，铁的相对含量却上升。

6.1.3.2　磁性生物炭的等电位点

pH 是影响反应的一个关键参数，它不仅会影响污染物的赋存形态，同样还会影响材料表面的电荷情况。因此，了解材料表面电荷情况，找到材料的等电位点至关重要。现有的磁性生物炭等电位点测定主要有两种方法：①测定材料在不同 pH 下的 Zeta 电位，通过线性拟合找出 Zeta 电位为 0 时对应的 pH，即为材料的等电位点；②置材料于不同 pH 的 NaCl 溶液中，在一定温度下于恒温振荡器反应一段时间，等电位点通过测定溶液的 pH 与初始 pH 的差值ΔpH 确定。已有研究证实，大多数生物炭表面带负电荷，将生物炭磁化后，往往会改变材料的表面电荷，甚至改变材料的等电位点。例如，Oladipo 等（2018）发现生物炭的等电位点为 7.30，而磁化后的等电位点变成了 8.30。基于磁性生物炭，对其进一步修饰改性后，也同样会改变磁性生物炭的等电位点。例如，Sun 等（2019）利用高锰酸钾对磁性生物炭进行改性后使得磁性生物炭的等电位点从 6.78 变成了 8.51。经过分析可知，磁性生物炭等电位点差异的主要原因有：①磁性生物炭制备方法差异；②磁性生物炭原材料差异；③磁性生物炭制备工艺参数差异。

6.1.3.3　磁性生物炭的比表面积

比表面积是衡量环境功能材料优劣的重要指标。磁性生物炭的比表面积与其孔隙度密切相关。磁性物质的引入往往导致生物炭的比表面积及孔隙结构发生改变，结合检索的文献，磁性生物炭的比表面积分布在 1.80～2 579 m^2/g（Liu et al.，2019；Fu et al.，2019）。磁性生物炭的比表面积也同样受到了制备方法、原材料及制备工艺的影响。例如，Thines 等（2017a）发现随着热解温度以及时间的增加，磁性生物炭的比表面积均增加。同样地，Yin 等（2018）也发现随着热解温度的升高，磁性生物炭的比表面积逐渐增大。从已有的研究报道可知磁性生物炭的比表面积相对于生物炭增大（Zhao et al.，2018）；也有研究报道磁化后磁性生物炭的比表面积相对于生物炭减少了（Zhou et al.，2018b）。针对磁性生物炭比表面积小的问题，研究者采取了多种有效举措以克服这一问题。例如，Tang 等（2018）团队采用冰乙酸和硝酸对磁性生物炭进行改性，使改性后的磁性生物炭比表面积为未改性的 3 倍。同样地，Fu 等（2019）创新性地通过引入高铁酸钾实现了高比表面积生物炭的制备，而后利用该生物炭结合硝酸铁和氯化锰成功制备了磁性生物炭，使其比表面积高达 2 579 m^2/g。此外，在制备生物炭的过程中加入氯化锌，也是提高磁性生物炭的比表面积、改善孔隙结构的有效手段（Ifthikar et al.，2017）。因此，采取强有力的策略进一步提高磁性生物炭的比表面积是今后需要重点关注的发展方向。

6.1.3.4　磁性生物炭的官能团情况

磁性生物炭表面赋存的官能团对污染物去除至关重要，因此，了解磁性生物炭表面官能团情况，有助于理解磁性生物炭去除污染物的作用机制及如何调控磁性生物炭表面官能团以提升其性能。目前，常用于了解物质表面官能团情况的手段有 FT-IR、XPS、Beohm 滴定法、固体核磁共振技术（^{13}C-NMR）等。结合检索的文献，了解磁性生物炭中表面官能团使用最多的是 FT-IR 及 XPS。例如，Zhang 等（2018）采用 FT-IR 对磁性生物炭表面官能团情况进行定性分析，发现在 3 400 cm^{-1} 附近为 O—H 的拉伸和弯曲振动峰，2 959 cm^{-1}、2 925 cm^{-1} 及 2 854 cm^{-1} 处为 CH、CH_3 和 CH_2 官能团中 C—H 键等振动峰；同样地，C=O 键的振动峰在 1 735 cm^{-1} 处被检测到。值得注意的是，Fe—O 键的振动峰在 580 cm^{-1} 处被检测到，这主要是磁性生物炭中的铁氧化物造成的，也间接证明了磁性生物炭的成功制备。同样地，Wang 等（2019）利用 XPS 分析了磁性生物炭的官能团情况并发现 284.84 eV、286.44 eV、288.08 eV、289.29 eV 处分别对应着石墨或者芳香炭（C—C、C—H）、烷氧基（C—O）、羰基（C=O）以及羧基（COOH）官能团；对 O 1s 谱图进行分析发现 530.77～531.11 eV、532.03～532.22 eV 和 533.06～533.36 eV 处分别对应着铁氧化物的晶格氧、羟基以及羧基官能团。

以上表征手段只能够定性地反映磁性生物炭表面的官能团情况，存在着难以定量的问题。相反地，Beohm 滴定法常被用于材料表面官能团含量的测定，该测试方法主要采用系列碱或者酸溶液（NaOH 或 Na_2CO_3 或 HCl 等）与材料表面的官能团进行反应，根据反应前后酸或者碱的消耗量，计算出材料表面相应官能团的量。目前，该方法所能定量的官能团主要包括羧基、内酯基、酚羟基以及其他的碱性官能团。该方法常见于生物炭表面官能团的定量分析，而对于磁性生物炭则比较少。因此，后期在研究磁性生物炭时，可考虑利用该方法对材料表面官能团进行定量分析，以便更好地确认在去除污染物时材料表面的优势官能团，而更有针对性地进行修饰改性。值得注意的是，已有研究者关注了磁性生物炭中存在着以碳或者氧为中心的持久性自由基，这些物质在磁性生物炭去除污染物中也起到了关键作用。例如，Zhong 等（2018）发现磁性生物炭中的持久性自由基参与了 Cr(Ⅵ)的还原。另外，Jiang 等（2019）也揭示了磁性生物炭中持久性自由基能够活化过硫酸盐产生活性物种而去除双酚 A。结合相关文献来看，磁性生物炭表面的官能团构成情况与磁性生物炭的制备方法、原材材料及制备工艺（热解温度、热解时间等）密切相关。

6.1.3.5　磁性生物炭的形貌及磁性物质的赋存形态

从已有的检索文献来看，铁盐是使用最多的赋磁剂，从扫描电镜（SEM）以及透射电镜（TEM）的表征结果来看，磁性生物炭的表面形貌与磁性生物炭的制备原材料、制备工艺密切相关（Yi et al.，2020b）。大多数磁性生物炭表面光滑且孔隙结构发达，铁氧化物分布在生物炭孔隙或者表面，且与生物炭以化学成键的方式结合。基于 XRD、XPS 等表征手段发现铁在磁性生物炭中的赋存形态主要为 α-Fe_2O_3、γ-Fe_2O_3、Fe_3O_4、FeO、Fe^0 等。磁性生物炭中的磁性物质，除了解决了生物炭难以回收的问题，还在环境污染修复时起到了关键作用。例如，Dewage 等（2018）发现导致磁性生物炭吸附硝酸根以及氟离子的能力优于生物炭的原因是铁氧化物的引入改变了生物炭的表面电荷。另外，铁氧化物也能够直接参与反应。例如，Ho 等（2018）发现磁性生物炭中 Fe^0 在去除 Pb^{2+} 的过程中起着关键作用。同样地，Zhong 等（2018）研究发现磁性生物炭中的 Fe_3O_4 可充当化学吸附及还原活性位点而直接去除 Cr(Ⅵ)，并定性 Fe_3O_4 在还原 Cr(Ⅵ)起到了决定性作用。磁性生物炭中的磁性物质的赋存形态也往往受到了制备工艺条件的影响，如 Bai 等（2019）研究发现，随着热解温度的升高，铁氧化物沿着 Fe_3O_4 到 FeO 演变。为了强化磁性生物炭的性能，往往引入其他的物质，进而导致磁性物质的赋存形态发生了变化。例如，在制备磁性生物炭的过程中，引入锰元素，使磁性物质以 $MnFe_2O_4$ 的形态存在（Zhang et al.，2019）。同样地，引入含有 Cu 元素、Zn 元素的物质，使得磁性生物炭中磁性物质以 $CuZnFe_2O_4$ 的形态存在（Heo et al.，2019）。

6.1.3.6 磁性生物炭饱和磁化强度

饱和磁化强度是指磁性材料在外加磁场中被磁化时所能够达到的最大磁化强度。饱和磁化强度是铁磁性物质的一个特性，是永磁性材料极为重要的磁参量。因此，常常需要通过测定材料的饱和磁化强度，来判定磁性生物炭的回收性能。结合检索的文献，磁性生物炭的饱和磁化强度分布在 1.65～69.2 emu/g（Zhang et al.，2013；Bai et al.，2019）。导致磁性生物炭饱和磁化强度存在差异的原因，包括制备方法、原辅材料使用量以及其他制备工艺参数。例如，Yi 等（2019）采用不同的生物质制备磁性生物炭，发现 4 种磁性生物炭的饱和磁化强度存在差异。同样地，Bai 等（2019）发现热解温度影响了磁性生物炭中铁氧化物的赋存形态（Fe_3O_4 转变成了 FeO），进而影响磁性生物炭的饱和磁化强度。有趣的是，Cho 等（2017a）发现在制备磁性生物炭过程中，惰性气体的差异也导致了磁性生物炭饱和磁化强度差异，在氮气氛围下制备的磁性生物炭饱和磁化强度为 3.89 emu/g，而在二氧化碳氛围下制备的磁性生物炭饱和磁化强度为 8.08 emu/g。

6.1.3.7 磁性生物炭的回收与再生利用性

针对回收后的磁性生物炭，研究者们常将回收后的磁性生物炭进行解析后，重新应用于去除污染物。因此，磁性生物炭重复使用次数是评价磁性生物炭性能的一个关键指标。目前，根据污染物性质的不同，常用的解析或再生方法有酸、碱、螯合剂、有机溶剂等。例如，Liang 等（2019）采用 0.2 mol/L 的 NaOH 溶液解析磁性生物炭，发现磁性生物炭重复利用 3 次后对四环素的吸附量约为 90 mg/g。再者，Wang 等（2019）采用甲醇作为磁性生物炭再生剂，再生后的材料使用 5 次后，对氧四环素的吸附量比第一次减少不超过 20%。与此同时，有些磁性生物炭经过再生后，吸附性能下降严重，这归因于吸附完后磁性生物炭已被破坏的结构。因此，开发高效的磁性生物炭再生利用技术以确保磁性生物炭的性能是一个突破方向。

6.1.4 磁性生物炭的应用途径

磁性生物炭已被广泛地应用于水中污染物的去除。从去除的污染物类型来看，主要包括重金属、无机阴离子、抗生素类、农药、有机染料以及其他有机污染物等。通过对文献进行计量分析可知（图 6-3），磁性生物炭应用于去除水体中重金属的研究报道最多，占约 43.93%；其他有机污染物主要包括酚类、含氯有机污染等的，占约 19.63%；

用于抗生素类物质去除的，占约 18.69%。此外，磁性生物炭还被应用于去除核污染物，这也充分说明了磁性生物炭应用于环境修复时具有广泛的适用性。由于磁性生物炭兼具了生物炭以及磁性物质的双重性质，因而亦有研究者利用磁性生物炭催化/活化双氧水等氧化剂去除有机污染物。

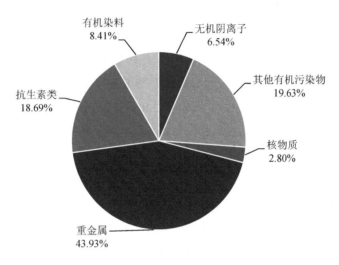

图 6-3　磁性生物炭去除的污染物情况

（数据来源于 Web of science 核心合集，样本数=109）

6.1.4.1　磁性生物炭吸附去除水中重金属

重金属在水环境介质中赋存形态存在差异，按照重金属的性质，可将其分为阴离子型及阳离子型。阴离子型的重金属主要包括 Cr(VI)和 As。由表 6-1 可知，磁性生物炭对 Cr(VI)的吸附量分布在 8.35～220 mg/g，再次说明了制备方法、原材料等的差异是影响磁性生物炭性能的关键因子。从作用机制来看，磁性生物炭去除 Cr(VI)主要包括静电吸附、还原、离子交换、与官能团络合以及共沉淀等类型。磁性生物炭去除 As 主要包括 As(V)和 As(III)两种形态。不同研究者制备的磁性生物炭对 As 的去除存在差异，其中 As(V)的吸附量分布在 1.305～45.8 mg/g，As(III)的吸附量分布在 1.63～10.07 mg/g。磁性生物炭对 As 的去除作用机制主要包括静电吸附以及与官能团络合，铁氧化物在去除 As 时起到关键作用。

磁性生物炭去除阳离子型的重金属主要包括 Cd、Pb、Cu、Ni、Sb、Sn、Hg 等。结合检索的文献，由于污染物理化性质的差异，磁性生物炭往往展现出不一样的去除效能。由表 6-2 可知，磁性生物炭对 Pb(II)的吸附量分布在 4.96～476.25 mg/g；对于 Cd 的吸附量分布在 6.34～197.76 mg/g；对于 Cu 的吸附量分布在 11.01～85.93 mg/g，对 Ni、Sb、Sn、Hg 的吸附量分别达到 47.85 mg/g、111.11 mg/g、25 mg/g、0.344 mg/g、

0.953 mg/g。磁性生物炭对阳离子重金属的作用机制主要包括：静电吸附、离子交换、表面络合、π-π反应、内球络合、氢键、共沉积等。最后，从表6-1和表6-2可知，磁性生物炭不仅仅是只用于某一类重金属去除，还用于多种重金属复合污染去除，在多种重金属污染体系中，不同污染物之间往往存在着竞争吸附作用，从而影响磁性生物炭的吸附行为。

6.1.4.2 磁性生物炭吸附去除水体中核污染物质

近年来，已有研究者将磁性生物炭应用于核污染物的去除，进一步拓宽了磁性生物炭的应用途径。目前，磁性生物炭去除的核污染物主要为 U(VI)和 Eu(III)（Hu et al., 2018；Zhu et al., 2018；Li et al., 2019）。例如，Zhu 等（2018）发现磁性生物炭对 Eu(III)的最大吸附量可达 105.53 mg/g，并验证了表面及内球络合机制是污染物去除的主要原因。同样地，Li 等（2019）制备了磁性生物炭用于 U(VI)的去除，结果表明磁性生物炭对 U(VI)的最大吸附量可达 52.63 mg/g，并发现内球络合是导致 U(VI)被去除的关键因素。尽管磁性生物炭能够很好地吸附核污染物质，但是吸附相当于一个富集过程，吸附后的磁性生物炭上核污染物的含量较高，后期如何处置吸附后的磁性生物炭是需要重点关注的问题。

6.1.4.3 磁性生物炭吸附去除水体中有机污染物

磁性生物炭应用于有机污染物去除时，同样展现出优异的性能。结合检索的文献，磁性生物炭去除的有机污染物主要包括抗生素、有机染料、农药、酚类及含氯有机污染物等。磁性生物炭去除抗生素的情况如表 6-3 所示。磁性生物炭去除的四环素类抗生素的报道最多，磁性生物炭对该类物质的吸附量分布在 33.1～297.61 mg/g；其次为磺胺甲恶唑类物质，磁性生物炭对该类物质的吸附量分布在 5.19～212.8 mg/g。另外，磁性生物炭去除抗生素类物质的作用机制主要包括氢键、π-π 键、孔隙效应、静电吸附、疏水作用。

由 6-3 表可知，磁性生物炭吸附的染料包括罗丹明 B、亚甲基蓝、孔雀石绿、酸橙-7、橙黄-G 等。磁性生物炭对染料的饱和吸附量分布在 31.25～388.65 mg/g，而关于磁性生物炭吸附染料的作用机制未见探讨。另外，磁性生物炭对农药、酚类、含氯有机污染物、激素等物质的吸附饱和量分布在 3.46～169.7 mg/g。结合检索的文献，磁性生物炭去除这些物质的作用机制主要包括氢键、π-π 键、孔隙效应、静电吸附、疏水作用以及还原脱卤等。

表 6-1　磁性生物炭去除水体中阴离子型重金属

原辅材料	合成方法	污染物	去除效果	作用机制	参考文献
花生壳、氯化铁、十六烷基胺	水热合成	Cr(VI)	142.86 mg/g（投加量=1.0 g/L；温度=25℃；pH=2.0；反应时间=23 h）	还原、静电吸附	Cai et al., 2019a
中药渣、甘蔗渣、花生壳、稻草和钢铁酸洗废液	浸渍-热解	Cr(VI)	43.122 mg/g（投加量=4 g/L；温度=30℃；pH=4.63；反应时间=24 h）	静电吸附、还原以及络合	Yi et al., 2019
氯化铁、花生壳	浸渍-热解	Cr(VI)	223.21 mg/g（投加量=1.0 g/L；温度=25±0.2℃；pH=4.45±0.02；反应时间=100 h）	当 pH 小于等电位点，以静电吸附和还原为主；当 pH 大于等电位点，以还原和离子交换为主；随着 pH 进一步升高就以离子交换为主	Liu et al., 2019
楝树、硝酸铁	浸渍-热解	Cr(VI)	25.27 mg/g（投加量=5 g/L；pH=3；反应时间=540 min）	吸附、还原	Zhang et al., 2018
湿地芦苇、硫酸亚铁	还原共沉积	Cr(VI)	去除效率 99%（投加量=2 g/L；温度=20℃；pH=4；反应时间=6 h）	静电吸附、络合、还原以及共沉淀	Zhu et al., 2018
玉米棒、硝酸铁	浸渍-热解得到磁性生物炭，而后分散到含有吡咯的溶液中进行改性	Cr(VI)	27.62 mg/g（投加量=1.0 g/L；温度=25±2℃；pH=8）	静电吸附、离子交换、还原；还原后形成的 Cr(III) 大部分通过沉淀和络合而固定，少部分则发生静电排斥分散到溶液中	Yang et al., 2018
米糠、硫酸亚铁	米糠粉末与硫酸亚铁粉末经过球磨后直接热解	Cr(VI)	8.35 mg/g（投加量=10.0 g/L；温度=25℃；pH=3±0.1；反应时间=24 h）	吸附和还原（Fe_3O_4 及持久性自由基起到还原作用）	Zhong et al., 2018
棉花秆、铁泥	微波热解	Cr(VI)	67.44 mg/g（投加量=0.4 g/L；温度=25℃；反应时间=200 min）	静电吸附、还原	Duan et al., 2017
花生壳、氯化铁	浸渍-热解	Cr(VI)	77.542 mg/g（投加量=2 g/L；温度=25℃；pH=5.13±0.2；反应时间=80 h）	静电吸附，其中 $\gamma\text{-}Fe_2O_3$ 在 Cr(VI) 去除中起到关键作用	Han et al., 2016

原辅材料	合成方法	污染物	去除效果	作用机制	参考文献
黄芪（中草药残基）、硫酸亚铁、氯化铁	共沉淀法	Cr(VI)	23.85±0.23 mg/g（投加量=2 g/L；温度=25℃；pH=2.0；反应时间=80 h）	未进行分析	Shang et al., 2016
氯化铁、凤眼莲、壳聚糖	浸渍-热解制备磁性生物炭后利用壳聚糖进行修饰改性	Cr(VI)	120 mg/g（投加量=1 g/L；温度=30℃；pH=2；反应时间=6 h）	修饰后磁性生物炭中的官能团能发生变化是导致Cr(VI)去除能力提高的关键原因	Zhang et al., 2015
稻草、磁流体（二价铁、三价铁以及叶面温 80）	分别将生物炭、磁流体以及壳聚糖混合后于60℃烘干	As(V)	11.961 mg/g（投加量=1 g/L；温度=25℃；pH=5；反应时间=24 h）	静电吸附、络合反应形成 Fe-O-As 键	Liu et al., 2017
栗子壳、氯化铁和氯化亚铁	先制备生物炭；然后将得到的生物炭加入磁明胶改性生物炭	As(V)	45.8 mg/g（投加量=0.1 g/L；温度=25±2℃；pH=4±0.2；反应时间=24 h）	铁粒子以及表面官能团提供吸附位点用于吸附固定 As(V)	Zhou et al., 2017
造纸污泥	直接热解	As(V)	34.1 mg/g（投加量=1 g/L；温度=25±2℃；pH=6；反应时间=24 h）	未进行分析	Cho et al., 2017a
咖啡渣、氯化铁	浸渍-热解（分别在 N_2 和 CO_2 氛围中热解）	As(V)	12.6 mg/g（N_2）；12.1 mg/g（CO_2）（投加量=1.0 g/L；温度=25±2℃；pH=5；反应时间=6 h）	静电吸附，As(V)与磁性生物炭团发生内球配位体交换	Cho et al., 2017b
火炬松木材、氯化铁、氯化锰	共沉淀法热解法	As(V)	3.44 mg/g（共沉淀法）；0.5 mg/g（热解法）（投加量=2.5 g/L；温度=22±0.5℃；pH=7.5；反应时间=24 h）	静电吸附和表面络合	Wang et al., 2015a
松木、天然赤铁矿	直接热解	As(V)	0.429 mg/g（投加量=2.5 g/L；温度=22±0.5℃；pH=7；反应时间=24 h）	生物炭上的 α-Fe_2O_3 颗粒能够作为吸附点位并通过静电作用吸附 As	Mohan et al., 2014
甜根子草、硫酸亚铁、氯化铁	共沉淀法	As(III, V)	As(III)为2.0 mg/g 和 As(V)为3.1 mg/g（投加量=0.01 g/L；温度=25℃；pH=7；反应时间=14 h）	静电吸附是增强 As(III, V)吸附磁性生物炭的主要机制，但化学吸附、离子交换和表面络合等吸附机制不应排除	Baig et al., 2014
棉材、氯化铁	浸渍-热解	As(V)	3.147 mg/g（投加量=2 g/L；温度=22±0.5℃；反应时间=24 h）	未进行分析	Zhang et al., 2013

表 6-2　磁性生物炭去除水体中阳离子型重金属

原辅材料	合成方法	污染物	去除效果	作用机制	参考文献
蛋白栎、硝酸铁、硝酸锰、玉米秸秆	浸渍-热解	Pb(II)、Cd(II)	154.94 mg/g Pb(II)；127.83 mg/g Cd(II)（投加量=1.25 g/L；温度=45℃；pH=5；反应时间=24 h）	形成 Pb/Cd-O 键、羧基、羟基络合及离子交换	Zhang et al., 2019
罗布栎、氯化铁、氯化亚铁	共沉淀法	Pb(II)、Cd(II)	125 mg/g Cd(II)；66.67 mg/g Pb(II)（投加量=0.4 g/L；温度=18℃；pH=6.8；反应时间=4 h）	未进行分析	Mohubedu et al., 2019
芦苇、氯化铈、氯化铁、氯化亚铁	共沉淀法	Sb(V)	25.0 mg/g（投加量=1.0 g/L；温度=25℃；pH=7.5；反应时间=15 h）	内球面络合（Ce-O-Sb）、氢键、静电吸附与配体交换	Wang et al., 2019
稻壳、硝酸铁、高锰酸钾	浸渍-热解，采用高锰酸钾对磁性生物炭进行改性	Pb(II)、Cd(II)	148 mg/g Pb(II)；79 mg/g Cd(II)（投加量=2.5 g/L；温度=25℃；反应时间=24 h）	含锰和铁类矿物对 Pb(II)和 Cd(II)吸附起到至关重要作用，与氧官能团络合、π-π 键结合	Sun et al., 2019
松木、赤铁矿	浸渍-热解（300~600℃）	Cd(II)、Cu(II)	HBC300（300℃）；HBC450（450℃）及 HBC600（600℃）对 Cd(II)的吸附量分别为 173 mmol/kg、138 mmol/kg、130 mmol/kg；对 Cu(II)的吸附量分别为 359、172、197 mmol/kg（投加量=2.0 g/L；温度=22℃；反应时间=24 h）	内球面络合、静电吸附与配体交换	Wang et al., 2019
ZVI/过硫酸盐处理的污泥	直接热解	Pb(II)	206.51 mg/g（投加量=1 g/L；温度=25℃；pH=6；反应时间=8 h）	静电吸附作用；Pb(II)与羧基和羟基官能团的表面络合；通过静电与外球面络合与 K(I)发生离子交换，通过静电与内球面络合 Ca(II)发生离子交换；nZVI 在特殊核壳结构中的直接还原及 nZVI 衍生的 Fe(II)的进一步还原	Ho et al., 2018

原辅材料	合成方法	污染物	去除效果	作用机制	参考文献
生物炭、硫酸亚铁	还原共沉积	Cu(II)	66.16 mg/g（投加量=5.0 g/L；温度=27℃；pH=5；反应时间=6 h）	络合、静电吸附及配体交换	Bak et al., 2018
稻草秸秆、硫酸亚铁、氯化铁、碳酸钙	共沉淀法及浸渍-热解	As(III)、Cd(II)	6.34 mg/g As(III)；10.07 mg/g Cd(II)（投加量=2.5 g/L；温度=25℃；pH=7；反应时间=24 h）	离子交换；与生物炭表面芳香族化合物发生配合作用；协同作用（静电吸附和形成 B 型三元表面配合物）	Wu et al., 2018
梧桐树锯末、氯化铁、氨基硫脲	浸渍-热解制备的磁性生物炭，再通过氨基硫脲进行修饰改性	Cd(II)	137.3 mg/g（投加量=0.25 g/L；温度=45℃；pH=7；反应时间=6 h）	—OH、—NH$_2$、C=S官能团与Cd(II)结合	Li et al., 2018a
棕榈纤维、硫酸亚铁、3-三乙氧基硅丙胺、环氧氯丙烷	将生物炭和Fe$_3$O$_4$进行交联后再将产物通过尿素和氢氧化钠进行改性	Pb(II)	188.18 mg/g（投加量=1 g/L；温度=50℃；pH=6.5；反应时间=12 h）	静电相互作用、离子交换和络合	Zhou et al., 2018a
椰子壳、氯化铁	微波热解	Pb(II)、Cd(II)	4.77 mg/g Cd(II)；4.96 mg/g Pb(II)（投加量=10.0 g/L；温度=30℃；pH=4.5 Pb(II)；pH=4.8 Cd(II)；反应时间=3 h）	未进行分析	Yap et al., 2017
湿地芦苇、硫酸亚铁	还原共沉积	Pb(II)、Cd(II)、Cr(VI)、Cu(II)、Ni(II)、Zn(II)	Pb(II)、Cu(II)、Cr(VI)、Cd(II)、Zn(II)吸附量分别为38.31 mg/g、30.37 mg/g、23.09 mg/g、39.53 mg/g、47.85 mg/g及11.11 mg/g（投加量=2.0 g/L；温度=30℃；pH=6；反应时间=24 h）	材料丰富的表面官能团（-OH/-COOH/Fe-O）与Pb(II)和Cu(II)反应形成络合物；Pb(II)、Cu(II)、Cr(VI)被还原；Cr(III)与含氧基团发生络合作用	Zhu et al., 2017
稻草秸秆、硫酸亚铁、硫酸铁	还原共沉积和热解	Cd(II)	36.422 mg/g（投加量=2.0 g/L；温度=25℃；pH=6；反应时间=48 h）	Cd(II)主要通过与羟基和羧基的螯合作用被吸附，吸附机理为离子交换	Tan et al., 2017
污泥、氯化锌、氯化铁、硫酸亚铁	共沉淀法	Pb(II)	249.00 mg/g（投加量=2 g/L；温度=25℃；pH=6；反应时间=18 h）	静电作用、离子交换、内球络合和共沉淀	Ifthikar et al., 2017
树皮、氯化铁、蜂蜜	还原共沉积	Pb(II)	60.8 mg/g（投加量=0.1 g/L；温度=30℃；pH=5；反应时间=1 h）	未进行分析	Chandraiah et al., 2016

原辅材料	合成方法	污染物	去除效果	作用机制	参考文献
锯屑、氯化铁	浸渍-热解	Hg^0	去除率为 90%（投加量=50 mg/g 石英砂；温度=120℃；反应时间=1 000 min）	Hg^0 与 Fe_3O_4 配位的 Fe(III) 和晶格氧相互作用，羧基可能作为电子受体，促进 Hg^0 氧化的电子转移	Yang et al., 2016b
甘蔗渣、氧化铁	微波辅助热解	Cd(II)	去除率为 96.%	未进行分析	Noraini et al., 2016
稻壳、醋酸铁、硫化锌	浸渍-热解后采用硫化锌进行改性 生物炭采用的到磁性	Pb(II)	367.65 mg/g（投加量=0.4 g/L；温度=25℃；反应时间=12 h）	未进行分析	Yan et al., 2015
空果串、氯化铁、硫酸亚铁	浸渍-热解	Cd(II)	62.5 mg/g（投加量=10 g/L；温度=50℃；pH=5；反应时间=90 min）	未进行分析	Ruthiraan et al., 2015
桉树叶、氯化锌、氯化铁、硫酸亚铁	活化后的生物炭通过共沉淀法制备磁性生物炭	Pb(II)	52.4 mg/g（投加量=20 g/L；温度=25℃；pH=5；反应时间=2 h）	未进行分析	Wang et al., 2015c
松树皮、硝酸钴、硝酸铁	浸渍-热解	Pb(II)、Cd(II)	25.294 mg/g Pb(II)；14.960 mg/g Cd(II)（pH=5；反应时间=180 min）	金属离子与表面羟基的配位	Seung-Mok et al., 2014
桉树叶、氯化锌、氯化铁、硫酸亚铁	活化后的生物炭通过共沉淀法制备磁性生物炭	Cr(VI)、总 Cr、Cu(II)、Ni(II)	Cr(VI) 去除效率为 97.11%；总铬去除率为 97.63%；Ni(II) 和 Cu(II) 的去除率为 100%（投加量=40 g/L；温度=25℃；pH=3；反应时间=720 min）	未进行分析	Wang et al., 2014
棕榈空果串、氯化铁、硫酸亚铁	浸渍-热解	Sn(II)	0.344 mg/g（投加量=1 g/L；温度=25℃；pH=5；反应时间=120 min）	未进行分析	Mubarak et al., 2013

表6-3 磁性生物炭去除水体中有机污染物

原辅材料	合成方法	去除污染物	去除效果	作用机制	参考文献
木屑（杉木）、氯化铁、硝酸钠	直接热解（熔盐法）	二氯苯酚、阿特拉津	298.12 mg/g（二氯苯酚）；102.17 mg/g（阿特拉津）（投加量=1.0 g/L；温度=20℃；pH=5；反应时间= 5 h）	未进行分析	Dai et al., 2019
木屑、高锰酸钾、氯化亚铁	浸渍-热解	盐酸四环素	177.71 mg/g（投加量=0.4 g/L；温度=45℃；pH=6；反应时间=24 h）	氢键、π-π键、孔隙效应、静电吸附	Liang et al., 2019
市政污泥（本身含有铁元素）	直接热解得到磁性生物炭，然后对磁性生物炭分别进行碱和酸改性	四环素	293±4.61 mg/g（投加量=1.0 g/L；温度=45℃；pH=7；反应时间=60 h）	化学吸附、π-π键	Zhou et al., 2019
花椰菜叶、凹凸棒、氯化铁	浸渍-热解	氧四环素	33.31 mg/g（投加量=2.0 g/L；温度=35℃；pH=6.5；反应时间=36 h）	氢键、π-π键、络合及离子交换（与黏土颗粒）	Wang et al., 2019
硫酸铁、硫酸亚铁、吐温80、壳聚糖、农林废弃物	先制备磁流体，在通过壳聚糖交联形成磁性生物炭	双氯芬酸、布洛芬、萘普生	22.1 mg/g（双氯芬酸）；21.2 mg/g（布洛芬）33.3 mg/g（萘普生）（投加量=1.6 g/L；温度=25℃；pH=6；反应时间=1.5 h）	未进行分析	Mojiri et al., 2019
木屑、氯化铁、四氯钯酸钠、氯铂酸、硝酸银、抗坏血酸	浸渍-热解/化学还原	硝基酚	去除率100%（投加量=1.0 g/L；NaBH₄=250 mmol；温度=25℃；pH=12；反应时间=200 min）	产生活性氢原子并用于还原硝基酚，剩余的氢原子转变成氢气	Jiang et al., 2019
40%氧化铁、25%氧化锌、35%氧化铜、球磨得到CuZnFe₂O₄；竹子热解得到生物炭	CuZnFe₂O₄与生物炭充分混合后在马弗炉中热解1 h	双酚A与磺胺甲恶唑	263.2 mg/g（双酚A）；212.8 mg/g（磺胺甲恶唑）（投加量=0.20 g/L；温度=25℃；pH=7±1；反应时间=150 min）	氢键、π-π键、疏水作用	Heo et al., 2019
黄孢原毛平革菌（富集铁、铜、锌微生物）	热解活化一步完成	双氯芬酸	361.25 mg/g（投加量=0.2 g/L；pH=7；温度=25℃；反应时间=300 min）	未进行分析	Luo et al., 2019

原辅材料	合成方法	去除污染物	去除效果	作用机制	参考文献
氯化铁、花生壳	浸渍-热解	三氯乙烯	去除率 100%（投加量=2.0 g/L；温度=22±1℃；pH=4.45±0.02；反应时间=90 min）	疏水作用、孔隙效应及还原降解	Liu et al., 2019
毛酮、硫酸亚铁以及氯化铁	共沉淀法	水杨酸甲酯、苯酚、对氯酚	86.3 mg/g（苯酚）；171.2 mg/g（对氯酚）；216.7 mg/g（水杨酸甲酯）（投加量=0.5 g/L；温度=45℃；pH=7；反应时间=4 h）	氢键、π-π 键、疏水作用	Zhou et al., 2018
松木屑生物炭、氯化亚铁	共沉淀法	磺胺甲恶唑	20 mg/g（投加量=5 g/L；pH=7；反应时间=24 h）	磁性生物炭中 Fe_3O_4 含量的升高降低了磁性生物炭比表面积以及磁性生物炭能量从而导致磁性生物炭吸附效果下降	Reguyal et al., 2017
鸡骨头、硫酸亚铁、氯化铁	共沉淀法	四环素、罗丹明 B	98.89 mg/g（四环素）；113.31 mg/g（罗丹明 B）（投加量=10 g/L；温度=26.0±2℃；反应时间=24 h）	未进行分析	Oladipo et al., 2018
城市污泥（含有铁的无机离子）	直接热解并分别在碱和酸改性	四环素	286.913 mg/g（投加量=1.0 g/L；温度=25℃；pH=7；反应时间=24 h）	孔隙效应、π-π 键	Tang et al., 2018
松木、氯化亚铁	共沉淀法	磺胺甲恶唑	23.19 mg/g（投加量=0.2 g/L；温度=25℃；pH=6.5；反应时间=24 h）	π-π 键、疏水作用	Reguyal et al., 2018
芦苇、硫酸铁以及硫酸亚铁	共沉淀法	氟苯尼考	9.29 mg/g（投加量=0.5 g/L；温度=25.15℃；pH=7；反应时间=24 h）	氢键、π-π 键、孔隙效应	Zhao et al., 2018
木屑、氯化铁、四氯钯酸钠、抗坏血酸	浸渍-热解制备磁性生物炭，磁性生物炭分散到四氯钯酸钠溶液再加入抗坏血酸进行改性	硝基酚	去除效率 100%（投加量=0.1 g/L；$NaBH_4$=25.0 mmol/L；反应时间=30 min）	富集硼氢根离子、电子传递、促进形成原子氢	Jiang et al., 2018

原辅材料	合成方法	去除污染物	去除效果	作用机制	参考文献
马铃薯茎和叶、氯化铁、高锰酸钾	浸渍-热解得到磁性生物炭，而后分散到含有高锰酸钾的溶液，再热解得到含有锰氧化物的磁性生物炭	诺氟沙星、环丙沙星、恩诺沙星	6.94 mg/g（诺氟沙星）；8.37 mg/g（环丙沙星）；7.19 mg/g（恩诺沙星）（投加量=2 g/L；温度=25℃；pH=3；反应时间=24 h）	氢键、π-π键	Li et al., 2018b
椰子壳、硫酸亚铁以及氯化铁	共沉淀法	苯酚	3.46 mg/g（投加量=5 g/L；温度=25℃；反应时间=72 h）	未进行分析	Hao et al., 2018
甘蔗渣、氯化铁、硫酸亚铁	共沉淀法	17β-雌二醇	50.24 mg/g（600℃制备的生物炭）；41.71 mg/g（400℃制备的生物炭）；34.06 mg/g（800℃制备的生物炭）（投加量=0.1 g/L；温度=25℃；pH=4；反应时间=25 min）	π-π键、疏水作用	Dong et al., 2018
石油蒸馏残渣、硝酸铁	浸渍-热解（不同温度）	苯甲醚、酚、愈创木酚	70.4 mg/g（苯甲醚）；17.2 mg/g（酚）；23.3 mg/g（愈创木酚）（投加量=0.3 g/L；温度=25℃；反应时间=24 h）	π-π键、铁氧化物减少表面张力和溶液黏度与铁氧化物成键	Li et al., 2017
松木屑、氯化亚铁	共沉淀法	磺胺甲噁唑	13.83 mg/g（投加量=2 g/L；温度=25℃；pH=4；反应时间=24 h）	疏水作用	Reguyal et al., 2017
柳枝稷、硫酸亚铁及氯化铁	共沉淀法	萘克津	155 mg/g（投加量=1.0 g/L；温度=45℃；pH=2；反应时间=24 h）	未进行分析	Essandoh et al., 2017
中药渣、硫酸亚铁及氯化铁	共沉淀法	环丙沙星	68.9 ± 3.23 mg/g（投加量=2.0 g/L；温度=25℃；pH=6；反应时间=12 h）	未进行分析	Kong et al., 2017
蓝桉树、废铁（酸溶得到铁离子）	还原共沉积	氯霉素	去除效率100%（投加量=1.2 g/L；温度=25℃；pH为4~4.5；反应时间=15 h）	先还原后吸附	Ahmed et al., 2017
棕榈核壳、氯化亚铁、氯化铁	共沉淀法	4-硝基苯甲苯	110.00 mg/g（投加量=0.2 g/L；温度=25℃；pH=7；反应时间=11 h）	未进行分析	Saleh et al., 2016

原辅材料	合成方法	去除污染物	去除效果	作用机制	参考文献
椰子、松子、核桃壳、煤粉和椰浆基颗粒活性炭（Fe）、氧化铁（Fe_2O_3）、磁铁矿（Fe_3O_4）	热解制备生物炭和活性炭，然后与铁氧化物混合后球磨分别制备了磁性生物炭和磁性活性炭	卡巴咪嗪、四环素	磁性生物炭[62.7 mg/g（卡巴咪嗪）；94.2 mg/g（四环素）]；磁性活性炭[135.1 mg/g（卡巴咪嗪）；45.3 mg/g（四环素）]（投加量=0.2 g/L；温度=25°C；pH=6；反应时间=48 h）	未进行分析	Shan et al., 2016
贝壳、氯化铁、硫酸亚铁	共沉淀法	出水有机物（EfOM）	35 mg/g（投加量=0.1 g/L；温度=25°C；pH=7；反应时间=48 h）	未进行分析	Wei et al., 2016
生物炭、氯化铁、硫酸亚铁	共沉淀法	水杨酸、4-硝基苯胺	10.98 mg/g（水杨酸）；12.46 mg/g（4-硝基苯胺）（文献未列出反应条件）	未进行分析	Karunanayake et al., 2016
褐藻	电磁技术（不锈钢电极作为铁前驱体）、热解	偶氮染料酸橙 7（AO_7）	382 mg/g（投加量=1 g/L；温度=30°C；pH=5；反应时间=24 h）	未进行分析	Jung et al., 2016
造纸污泥、氯化铁、氯化镍	还原共沉积	五氯苯酚	去除率 100%（投加量=0.2 g/L；温度=25±1°C；pH=6；反应时间=60 min；Ni 负载 0.5wt%）	同步吸附和还原脱氯	Devi et al., 2015
油棕果渣、氯化铁	浸渍-热解	亚甲基蓝（MB）、橙 G	31.25 mg/g（亚甲基蓝（MB）（投加量=1.0 g/L；pH=2 或 10；室温；反应时间=120 min）；32.36 mg/g（橙 G）（投加量=1.0 g/L；pH=10；室温；反应时间=120 min）	未进行分析	Mubarak et al., 2015
造纸污泥、硫酸亚铁	还原共沉积	五氯苯酚	去除率 100%（投加量=0.2 g/L；pH=7；反应时间=24 h）	同步吸附和还原脱氯	Devi et al., 2014

6.1.4.4 磁性生物炭吸附去除水中无机阴离子污染物

除了重金属及有机污染物，磁性生物炭还可应用于无机污染物（主要包括磷酸根离子、硝酸根离子及氟化物等）的去除（Li et al.，2016；Cai et al.，2017；Jung et al.，2017；Li et al.，2018；Dewage et al.，2018）。针对无机阴离子污染物，去除磷酸根离子的研究最多。磁性生物炭对磷酸根离子的吸附量分布在 1.26～474.26 mg/g，改性磁性生物炭往往具有更好的磷酸根离子去除能力（Cai et al.，2017；Jung et al.，2017）。另外，磁性生物炭对硝酸盐及氟化物的吸附效果分别达到 15 mg/g 和 9 mg/g（Dewage et al.，2018）。研究表明，磁性生物炭对无机阴离子污染物的作用机理主要包括共沉淀、静电吸附、表面络合、内球络合、配位交换等。由于磁性生物炭吸附了大量的营养元素，因而后期将其作为缓释肥改善土壤的元素组成，提高土壤肥效性是值得重点关注的问题。

6.1.4.5 磁性生物炭吸附去除复合污染物

被污染水体中往往也存在着重金属、无机阴离子及有机污染物共存的情况，如何实现污染物的同步去除至关重要。由于磁性生物炭的优异吸附性能，已有研究者利用磁性生物炭应用于复合污染消毒。结合检索的文献，关于重金属、无机阴离子及有机污染物共存体系的研究相对较少，同时，与单一污染物体系不同，无机污染物与有机污染物本身存在着交互作用，且会发生竞争吸附，因此，后期应重点研究磁性生物炭应用于复合污染修复并探明其作用机制。

6.1.4.6 磁性生物炭活化氧化剂降解水中有机污染物

磁性生物炭在制备过程中往往需要引入铁、钴、镍等过渡金属，同时，固载在生物炭基体上的 Fe_3O_4、氧化钴、Fe^0 等物质均可以催化/活化双氧水、过硫酸盐等物质并产生具有强氧化性的自由基，进而实现有机污染物的高效降解，因此利用磁性生物炭充当催化/活化剂具有理论可行性。目前，磁性生物炭常常与过硫酸盐或双氧水结合，构筑高级氧化体系，产生具有强氧化性的活性物种（如硫酸根自由基、羟基自由基等）应用于有机污染物的去除。例如，Chen 等（2018）利用磁性生物炭活化过硫酸盐产生硫酸根自由基，实现了氧氟沙星的高效降解，反应 10 min，氧氟沙星的去除率高达 90%。Zhang 等（2018）利用磁性生物炭活化双氧水产生羟基自由基，使得亚甲基蓝能够被完全去除。由于各种有机污染物理化特性的差异，仅利用磁性生物炭的吸附性能难以将其去除，而通过磁性生物炭的催化性能产生强氧化性的自由基，无差别地攻击有机污染物，是最大化利用磁性生物炭的有效举措。因而，当利用磁性生物炭的吸附性能难以有效地去除有机污染物时，可以考虑利用磁性生物炭的催化性能实现有机污染物的高效降解。

6.1.4.7 磁性生物炭的其他应用

除上述用途外，磁性生物炭还可作为光催化剂的载体。例如，Li 等（2019）用磁性

生物炭作为载体制备了 $Fe_3O_4/BiOBr/BC$ 光催化剂，发现其对立痛定的去除率可达 95%
以上。同样地，磁性生物炭通过吸附富集贵金属可有效地回收贵金属。例如，Zhang 等
（2019）利用磁性生物炭富集银离子，磁性生物炭对银离子的吸附量为 818.4 mg/g。Qin
等（2017）采用磁性生物炭作为厌氧消化过程中的添加剂，发现适量的磁性生物炭促进
了甲烷的产生，过量的磁性生物炭会导致电子竞争抑制甲烷产生，同时产甲烷菌能够附
着在磁性生物炭上便于回收。最后，磁性生物炭除了应用于环境修复，还被应用于能源
方面。例如，Thines 等（2017b）采用磁性生物炭制备电极用于电容器显著提高了电容器
容量以及能量密度。因此，基于磁性生物炭进一步拓宽其应用途径意义重大。

6.2 生物质源对磁性生物炭结构与吸附去除六价铬的影响机制研究

6.2.1 研究背景

磁性生物炭不仅可以有效地解决生物炭难以分离回收的问题，还可以进一步提高其
对污染物的去除能力。例如，Mohan 等（2013）发现磁性生物炭去除镉的能力优于生物
炭；同时，Mohan 等（2014）发现磁性生物炭对砷的最大吸附量为 428.7 mg/kg，约为生
物炭的 2 倍。尽管磁性生物炭因其优异的性能受到青睐，但是，目前大多数研究主要集
中于某一种磁性生物炭的结构表征与应用，而关于生物质源是否会影响以及怎样影响磁
性生物炭结构与吸附性能尚缺乏系统性的研究。

已有研究表明，生物质源以及组分差异是决定并影响生物炭结构性质及去除污染物
效果的关键因素（Kloss et al.，2012；Luo et al.，2015；Wang et al.，2015b；Arán et al.，
2016）。例如，Wang 等（2015b）研究发现生物质源差异导致生物炭产率、比表面积、
元素组成不同，从而影响了生物炭对 Cd 的吸附性能。同样地，Xu 等（2016）发现不同
生物质制备的生物炭吸附 SO_2 的量为 8.87～15.9 mg/g，生物炭中组分（碳酸钙、磷酸钙
等）的差异是影响 SO_2 吸附量的关键因素。由于生物质的组分差异势必会导致吸附于生
物质中金属离子含量存在差异（Trujillo et al.，1991；Villaescusa et al.，2004；Garg et al.，
2008）。例如，Trujillo 等（1991）采用泥炭藓去除水中的 Al、Pb、Cu、Cd 等金属离子，
并发现其选择性为 Al＞Cd＞Zn＞Ca＞Mn＞Mg。Villaescusa 等（2004）发现葡萄枝对水
中铜离子和镍离子的吸附量存在差异。因此，不同生物质作为前驱体与铁盐浸渍的过程
可能导致吸附铁含量存在差异，进而导致磁性生物炭中铁总量或者存在形态存在差异，
进而影响磁性生物炭的构效。例如，研究者发现随着磁性生物炭中 Fe_3O_4 含量增大，材
料的比表面积、孔体积以及对污染物的去除能力均降低（Reguyal et al.，2017）。同时，
Han 等（2016）利用花生壳为原料制备磁性生物炭去除 Cr(Ⅵ)的最大吸附量约为

77.54 mg/g，对 Cr(Ⅵ)的去除率的主要作用机理为静电吸附，并认为磁性生物炭中 γ-Fe$_2$O$_3$ 起到了关键作用。可见，磁性生物炭中铁氧化物是影响磁性生物炭构效的另一决定因素。因此，有必要研究不同生物质是如何影响磁性生物炭结构，并找出影响磁性生物炭性能的关键因素，为磁性生物炭的应用提供参考。

本书采用 4 种生物质与碳钢钢铁酸洗废液，制备了 4 种不同类型的磁性生物炭用于水体中 Cr(Ⅵ)的去除，重点研究了以下内容：①不同磁性生物炭对 Cr(Ⅵ)去除效果影响；②通过系列物化表征、生物质组分、磁性生物炭产率等分析了不同磁性生物炭去除 Cr(Ⅵ)存在差异性的关键原因；③结合反应过程中铬平衡分析以及物化表征结果揭示了磁性生物炭去除 Cr(Ⅵ)的作用机理。

6.2.2　研究方法

（1）吸附动力学试验

称取 4 g/L 的磁性生物炭放入 40 mL 的样品瓶中，加入 25 mL 浓度为 100 mg/L 的 Cr(Ⅵ)溶液，在 30℃、200 r/min 避光条件下于恒温振荡器中振荡（设置 3 个平行样），达到预先设定的取样时间点，将反应溶液进行磁分离后，取上清液用 0.22 μm 的滤膜过滤，测定滤液中 Cr(Ⅵ)残余含量。不同材料对 Cr(Ⅵ)的吸附量由式（6-1）计算得出：

$$q_e = \frac{(C_0 - C_e) \times V}{M} \tag{6-1}$$

式中，q_e 为平衡吸附量，mg/g；C_0 为有机污染物初始浓度，mg/L；C_e 为吸附平衡浓度，mg/L；V 为体系内溶液体积，L；M 为体系内吸附剂质量，g。

进一步地，分别采用拟一级动力学模型和拟二级动力学模型对吸附实验数据进行拟合。其方程式为式（6-2）和式（6-3）。

拟一级动力学方程：

$$q_t = q_e \left(1 - e^{-k_1 t}\right) \tag{6-2}$$

拟二级动力学方程：

$$q_t = \frac{k_2 q_e^2 t}{1 + k_2 q_e t} \tag{6-3}$$

式中：q_t 为不同吸附时间磁性生物炭对 Cr(Ⅵ)的吸附量；q_e 为平衡时的吸附量；k_1、k_2 表示拟一级动力学和拟二级动力学吸附常数，与吸附反应的活化能有关；t 为吸附时间。

（2）吸附等温线试验

在 30℃ 条件下，向一系列样品瓶中加入 25 mL 不同浓度的 Cr(Ⅵ)溶液，分别加入 4 g/L 的不同种类磁性生物炭，而后置于 200 r/min 的恒温振荡器避光振荡 24 h。反应结束后，将反应溶液进行磁分离，取上清液用 0.22 μm 的滤膜过滤后，测定其 Cr(Ⅵ)含量。不同磁性生物炭对 Cr(Ⅵ)的等温吸附曲线数据使用 Langmuir 方程[式（6-4）]和 Freundlich 方程［式（6-5）］进行拟合。

$$\frac{C_e}{q_e} = \frac{1}{K_L q_m} + \frac{C_e}{q_m} \tag{6-4}$$

$$q_e = K_F C_e^{\frac{1}{n}} \tag{6-5}$$

式中，C_e 为不同初始浓度吸附后的平衡浓度，mg/L；q_e 为 C_e 对应的吸附量，mg/g；q_m 为最大吸附量，mg/g；b 为吸附剂和吸附质之间的亲和力的参数；K_F 为 Freundlich 吸附模型中吸附容量的参数。

（3）分析测试方法

铬的测定：反应结束后溶液中残存的 Cr(Ⅵ)通过二苯碳酰二肼分光光度法测定[《水质　钙的测定　EDTA 滴定法》（GB/T 7467—1987）]。磁性生物炭中吸附的 Cr(Ⅵ)以及总铬分别通过碱消解[《固体废物　六价铬的测定　碱消解/火焰原子吸收分光光度法》（HJ 687—2014）]以及 HNO_3-H_2O_2-HCl（EPA U S 3050B）消解，提取液经稀硝酸定容后通过原子吸收分光光度计测定。

铁的测定：在缺氧条件下酸洗磁性生物炭，酸洗溶液中 Fe(Ⅱ)含量通过邻菲罗啉法测定（Shen et al.，2017）；磁性生物炭中总铁含量通过 HNO_3-H_2O_2-HCl（EPA U S 3050B）消解后定容，通过原子吸收分光光度计测定。

生物质组分测定：采用经典范氏（Van Soest）的洗涤纤维分析法测定生物质中纤维素、半纤维素以及木质素的含量（Van Soest et al.，1991）。生物质置于马弗炉中 760℃高温煅烧 2 h，通过煅烧前后生物质的质量差来测定生物质中灰分含量（Al-Wabel et al.，2013）。

6.2.3　磁性生物炭的制备及表征方法

将中药渣（广东省广州市）、水稻秸秆（广东省佛山市）、甘蔗渣（广东省广州市）、花生壳（广东省广州市）4 种生物质洗涤干燥后，经粉碎机粉碎和过 10 目筛分后保存于密封袋中。4 种生物质分别取 10 g 加入 100 mL 被稀释的碳钢铁酸洗废液（铁含量约为 12 g/L）中，置于六连搅拌器上，在转速 140 r/min 条件下搅拌 12 h；搅拌结束后将悬浮液在 3 500 r/min 下离心 5 min，置固体残渣于 90℃真空干燥 8 h。将烘干后的残渣填满坩埚并置于马弗炉中，以 20℃/min 的升温速率升温至 600℃，达到终点温度时保持 1.5 h 的参数下热解，而后令炉体剩余物自然冷却和研磨、100 目筛分、保存待用。不同材料分别命名为水稻秸秆磁性生物炭（RMBC）、中药渣磁性生物炭（HMBC）、甘蔗渣磁性生物炭（SMBC）、花生壳磁性生物炭（PMBC）。

不同磁性生物炭比表面积以及孔径分布通过比表面分析仪（ASAP2020M，USA）分析测定。材料表面形貌采用扫描电镜（SEM，Hitachi S-3700N，Japan）进行观察，表面官能团类型用傅里叶红外光谱仪（FT-IR，HORIBA EMAX，Japan）进行分析。材料表面元素价态分析采用 X 射线光电子能谱仪（XPS，ESCALAB 250，Thermo-VG Scientific，USA）进行分析。材料的物相结构则采用 XRD-6000 型 X 射线衍射仪（XRD，Shimadzu，Japan）进行分析，数据采集后使用 X 射线衍射分析软件 Jade 6.0 处理及结合标准卡片（PDF 2004）进行物相检索和分析。

本书所用的碳钢钢铁酸洗废液取自佛山科朗环保科技有限公司（广东省佛山市），其基本理化特性如表 6-4 所示。

表 6-4　钢铁酸洗废液物理化学性质

项目	钢铁酸洗废液
颜色	棕黄
H^+/（mol/L）	907
Fe/（mg/L）	121～316
Mn/（mg/L）	15.4
Cl^-/（mg/L）	207～410
SO_4^{2-}/（mg/L）	950
NO_3^-/（mg/L）	747

6.2.4　磁性生物炭对 Cr(Ⅵ)的去除性能

不同种类磁性生物炭去除 Cr(Ⅵ)的动力学拟合结果如图 6-4 所示。由图 6-4（a）可知，吸附初始 30 min 内，SMBC 对 Cr(Ⅵ)的吸附量为 20.024 mg/g，分别约为 RMBC（13.640 mg/g）、PMBC（8.668 mg/g）、HMBC（4.596 mg/g）的 1.46 倍、2.31 倍、4.35 倍。反应结束后，不同生物质制备磁性生物炭对 Cr(Ⅵ)的平衡吸附量分别为 24.484 mg/g（SMBC）、24.300 mg/g（RMBC）、16.037 mg/g（PMBC）、12.386 mg/g（HMBC），可见 SMBC 吸附 Cr(Ⅵ)最优。

从表 6-5 可知，利用拟二级吸附动力学方程来模拟分析不同磁性生物炭对 Cr(Ⅵ)的去除过程是可靠的，也说明整个吸附过程以化学吸附为主（Li et al.，2018）。通过对比发现，不同磁性生物炭吸附 Cr(Ⅵ)的吸附速率常数依次为 SMBC［0.502 g/（mg·h）］＞RMBC［（0.299 g/（mg·h）］＞PMBC［（0.278 g/（mg·h）］＞HMBC［（0.117 g/（mg·h）］。平衡吸附量以及吸附速率常数两个参数的试验结果表明不同生物质制备的磁性生物炭去除 Cr(Ⅵ)存在差异。

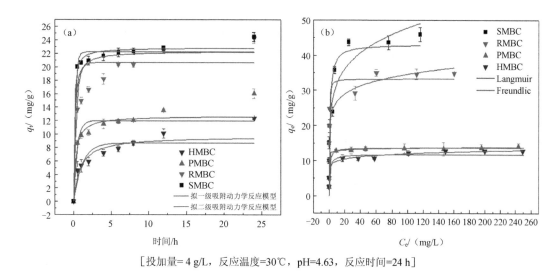

［投加量= 4 g/L，反应温度=30℃，pH=4.63，反应时间=24 h］

图 6-4　不同种类磁性生物炭吸附 Cr(VI)的动力学（a）以及吸附等温线（b）

表 6-5　不同磁性生物炭去除 Cr(VI)动力学拟合相关参数

不同种类磁性生物炭	拟一级动力学			拟二级动力学		
	q_t /（mg/g）	K_1/h^{-1}	R^2	q_t /（mg/g）	K_2/［g/（mg·h）］	R^2
SMBC	22.227	4.365	0.976	22.816	0.502	0.987
RMBC	20.625	2.558	0.888	22.318	0.299	0.952
PMBC	11.979	2.147	0.940	12.692	0.278	0.979
HMBC	8.645	0.872	0.772	9.649	0.117	0.941

　　通过 Langmuir 方程和 Freundlich 方程对等温吸附曲线数据进行拟合［图 6-4（b）和表 6-6］（Oladipo et al.，2017），Langmuir 方程拟合结果表明，SMBC 对 Cr(VI)的最大吸附量为 43.122 mg/g，分别约是 RMBC、PMBC、HMBC 的 1.298 倍、3.175 倍、3.677 倍。此外，Freundlich 方程的相关系数大于 Langmuir 模型的相关系数，这说明在不同种类磁性生物炭吸附 Cr(VI)过程中 Freundlich 方程比 Langmuir 方程更拟合试验数据。其中 K_F 从大到小依次为 SMBC＞RMBC＞PMBC＞HMBC，该试验结果与吸附动力学得到的结果一致，再次说明相比于其他 3 种生物质，以甘蔗渣作为生物质制备磁性生物炭去除 Cr(VI)更适宜。

表 6-6 不同磁性生物炭去除 Cr(Ⅵ)等温线吸附拟合相关参数

不同种类磁性生物炭	Langmuir			Freundlich		
	$q_m/$（mg/g）	$K_L/$（L/mg）	R^2	$K_F/$（mg/g）（L/mg）$^{1/n}$	n	R^2
SMBC	43.122	0.858	0.913	21.293	0.024	0.997
RMBC	33.227	4.791	0.908	20.822	0.084	0.952
PMBC	13.579	1.449	0.998	12.013	0.110	0.999
HMBC	11.726	0.983	0.891	8.064	0.176	0.970

6.2.5 磁性生物炭去除 Cr(Ⅵ)的铬平衡分析

对不同磁性生物炭去除 Cr(Ⅵ)过程中进行了铬平衡分析，各体系中不同形态铬的含量情况如图 6-5 所示。理论上，反应初始体系中总铬的含量均为 2.5 mg。由图 6-5 可知，SMBC 溶液中 Cr(Ⅵ)含量在 0.5 h 内由初始的 2.5 mg 降至 0.271 mg，24 h 后降至 0.066 mg。相应地，溶液中总铬含量随着反应的进行逐渐减少，在 0.5 h 内由 2.5 mg 降至 2.226 mg，反应结束后降至 0.677 mg。然而，在固相总铬含量则由 0.5 h 的 0.338 mg 增至 1.796 mg（t=24 h）。反应结束后，SMBC 体系中 Cr(Ⅲ)的含量约占总铬含量的 92.07%，溶液中残留的 Cr(Ⅵ)含量约为 2.67%，吸附在材料上的未被还原地 Cr(Ⅵ)占比约为 5.26%。值得注意的是，反应的各个时间段，材料中也存在 Cr(Ⅵ)，并且随着反应进行，由 0.338 mg 降至 0.130 mg。这说明溶液中 Cr(Ⅵ)能够快速地吸附于 SMBC 上，并立即被 SMBC 中还原组分还原成 Cr(Ⅲ)。RMBC 体系中，不同反应时间段，溶液中总铬和 Cr(Ⅵ)的含量逐渐地减少，相反地，材料中 Cr(Ⅵ)含量却上升，并且材料中总铬的量大于溶液中总铬含量。反应结束后，溶液中残留的 Cr(Ⅵ)总量为 0.070 mg，总铬为 0.310 mg，材料中 Cr(Ⅵ)含量为 0.117 mg，总铬为 2.231 mg。可见，RMBC 中有效还原性成分能够将 Cr(Ⅵ)还原成 Cr(Ⅲ)并被吸附在材料表面。与 SMBC 相比，尽管 RMBC 去除 Cr(Ⅵ)的速率慢，但是，RMBC 对 Cr(Ⅲ)还原产物固定能力大于 SMBC。PMBC 以及 HMBC 体系中能够被去除的 Cr(Ⅵ)也同样是以还原为主。在不同材料体系中，Cr(Ⅲ)的含量占比情况为 SMB（92.07%）≈RMBC（91.64%）＞PMBC（59.82%）＞HMBC（49.16%）。以上分析表明，磁性生物炭去除 Cr(Ⅵ)的过程均是先将 Cr(Ⅵ)吸附在材料表面并伴随着还原，且以还原为主的方式进行，不同磁性生物炭对 Cr(Ⅵ)的还原去除能力存在差异，间接说明了磁性生物炭中还原性组分含量存在差异。

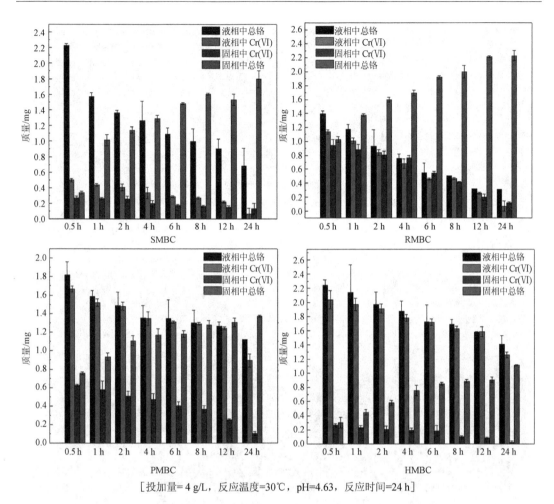

[投加量= 4 g/L，反应温度=30℃，pH=4.63，反应时间=24 h]

图 6-5　不同磁性生物炭去除 Cr(Ⅵ)体系中铬在固相和液相中分布情况

6.2.6　磁性生物炭去除 Cr(Ⅵ)差异性分析

6.2.6.1　反应前后磁性生物炭结构表征

不同种类磁性生物炭形貌如图 6-6 所示。SMBC 具有丰富的孔隙结构，铁氧化物分布在材料的表面和孔隙中；相反地，RMBC 的孔隙结构没有 SMBC 发达，铁氧化物主要分布在材料表面；PMBC 与 HMBC 无明显的孔隙且成片状结构，铁氧化物主要分布在片状结构的两侧。磁性生物炭的结构主要与高温下木质纤维素材料的分解有关（Ahmad et al.，2012），不同生物质的成分不同导致了材料结构的差异性。因此，生物质源会直接影响磁性生物炭的结构以及铁氧化物的分布。

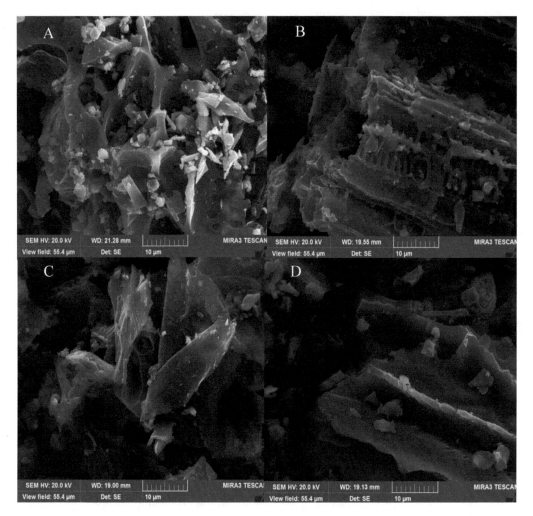

图 6-6　磁性生物炭的扫描电镜照片［A（SMBC）、B（RMBC）、C（PMBC）、D（HMBC）］

　　反应结束后，磁性生物炭去除 Cr(Ⅵ)的形貌以及元素表面分布如图 6-7 所示。由图可知，磁性生物炭形貌改变甚小，说明反应之后磁性生物炭结构损伤较小。能谱元素分布图能将一定区域内的元素按照分布浓度直观地表现出来，点的密度越大对应于元素在该区域的浓度越高。反应后，铬元素也同样分布在磁性生物炭材料表面和孔道中，在磁性生物炭上的信号强度大小依次为 RMBC＞SMBC＞PMBC＞HMBC，这再次说明了不同磁性生物炭去除 Cr(Ⅵ)的能力不同，也同样印证了前文中铬平衡分析的结果。

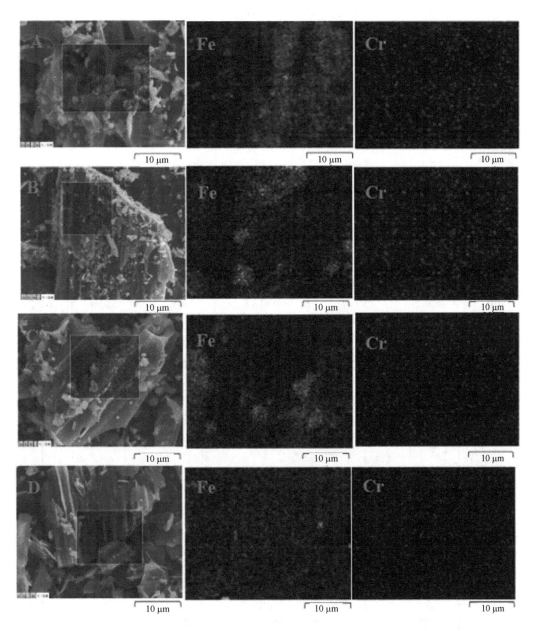

图 6-7　反应结束后不同磁性生物炭 SEM-Mapping

［A（SMBC）、B（RMBC）、C（PMBC）、D（HMBC）］

4 种磁性生物炭的比表面积（表 6-7）分别为 9.918 m^2/g（SMBC）、33.850 m^2/g（RMBC）、36.791 m^2/g（PMBC）、36.812 m^2/g（HMBC）。同时，按照国际纯粹与应用化学联合会（IUPAC）分类，由图 6-8 可知，磁性生物炭的孔径分布在 100 nm 以内且大孔、中孔、微孔均有分布。其中，RMBC 以及 HMBC 中微孔（<2 nm）分布占据主

导位置，而 SMBC 以及 PMBC 以中孔（2～50 nm）分布为主。一般而言，材料比表面积大、孔隙结构尤其是微孔结构发达更有利于吸附污染物。与此同时，结合上述分析，可知 HMBC 和 RMBC 的吸附污染物潜力比 PMBC 和 SMBC 强。然而将不同材料对 Cr(Ⅵ) 的吸附去除能力分别与比表面积以及微孔体积进行拟合发现，两者没有直接的关联性（R^2 为 0.253 以及 0），因此，可以认为磁性材料材料去除 Cr(Ⅵ)并不依赖于材料的比表面积和微孔分布，即去除 Cr(Ⅵ)的主导因素不是比表面积和微孔孔径分布。

表 6-7　不同种类磁性生物炭比表面积及微孔性质

材料种类	比表面积/(m^2/g)	微孔表面积/(m^2/g)	微孔体积/(cm^3/g)	孔体积/(cm^3/g)	微孔表面积占比/%	平均微孔孔径/nm
SMBC	29.918	4.379	0.001 7	0.067	2.54	9.024
RMBC	33.850	23.071	0.024 8	0.055	45.09	6.536
PMBC	36.791	5.128	0.011 9	0.115	10.35	12.509
HMBC	36.812	30.671	0.016 8	0.030	56.00	3.302

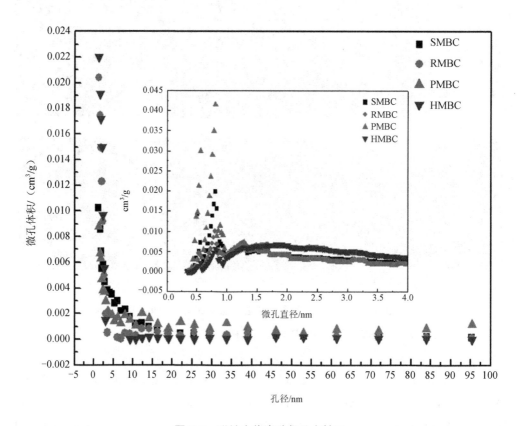

图 6-8　磁性生物炭孔径分布情况

由于铁氧化物的存在会改变生物炭的表面电荷，不同材料制备的磁性生物炭以及生物炭的表面电荷情况如图 6-9 所示。由图可知，未磁化前不同生物质制备的生物炭表面均带负电荷，且大小不一样，说明了不同来源生物质制备的生物炭表面电荷存在差异。相反地，通过对材料附磁，能够有效地改变材料的表面电荷情况，磁性生物炭的 Zeta 电位均大于生物炭，其中 SMBC［（41.4±1.3）mV］以及 RMBC［（26.9±3.4）mV］表面带有大量的正电荷，这也说明生物质的来源也同样会影响磁性生物炭表面电荷情况。结合不同材料去除 Cr(VI)效果可以看出，材料表面所带正电荷越高，Cr(VI)的去除效率越大，这主要是磁性生物炭能够通过静电作用将水体中以阴离子形态存在的 Cr(VI)快速地吸附到材料表面（Cho et al.，2017b）。同时，铬平衡分析表明，磁性生物炭去除 Cr(VI)时发生了还原。因此，有必要了解磁性生物炭中铁氧化物的存在形态以及官能团情况。

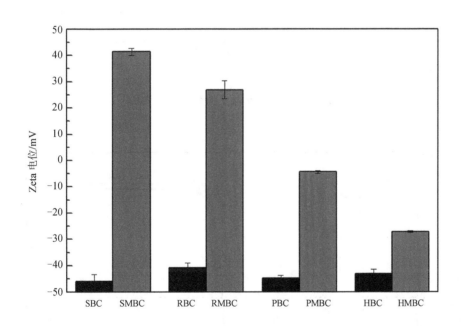

图 6-9　不同材料在相同 pH 下表面电荷情况（pH=4.63）

基于此，对磁性生物炭反应前后进行了 XRD 分析（图 6-10），并借助软件 Jade 6.0以及 XRD 标准卡片，以便了解反应前后铁氧化物的变化情况。4 种磁性生物炭均含有α-Fe$_2$O$_3$、Fe$_3$O$_4$，再次表明生物炭赋磁是成功的。磁滞曲线分析表明（图 6-11），磁性生物炭具有超顺磁性，其饱和磁化值分别为 37.26 emu/g（SMBC）、35.49 emu/g（RMBC）、33.84 emu/g（PMBC）和 31.31 emu/g（HMBC），说明这些磁性生物炭具有优异的磁响应特性，便于分离回收。对反应之后的材料进行分析发现，材料中 Fe$_3$O$_4$ 在 35.57°（311）

的晶面的衍射峰发生了明显的衰减。同时，反应后的材料中均含有铬铁矿 FeO·Cr$_2$O$_3$ 的衍射峰出现，这说明 Cr(VI)在去除过程中与 Fe$_3$O$_4$ 发生了反应，并与材料中铁氧化物发生了络合作用。此外，反应后的材料上均出现了六羰基铬（C$_6$CrO$_6$）的衍射峰，这说明 Cr(VI)与材料中的 C＝O 官能团发生了配位络合作用。

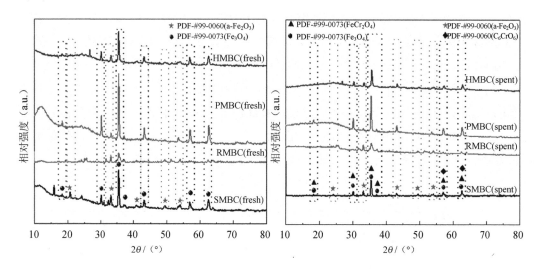

图 6-10　反应前后磁性生物炭的 XRD 谱图

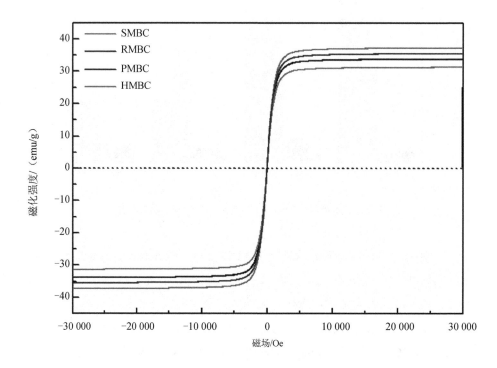

图 6-11　磁性生物炭的饱和磁滞曲线

　　尽管 XRD 证实了一些物相的存在，然而并不能获得材料表面元素价态的变化以及原子之间的结合方式，同时也不能详尽地了解材料中的官能团是否参与反应。因而，通过 XPS 进一步了解磁性生物炭中主要元素反应价态变化以及官能团情况。由图 6-12 可知，材料中除具有 C 1s、O 1s 两个明显的峰以外，还有 Fe 2p 的存在，又一次说明了铁氧化物成功负载于生物炭中。为了进一步了解磁场生物炭中元素形态情况，采用 XPS 分峰软件对谱图进行分峰处理。4 种磁性生物炭的 Fe 2p 的 XPS 谱图如图 6-13 所示，其中 710.99～711.49 eV、711.99～712.29 eV、712.99 ～713.02 eV 的特征峰为 $\alpha\text{-Fe}_2\text{O}_3$，724.99～725.10 eV 为 Fe_3O_4，而 723.99～724.20 eV 的特征峰为 $\gamma\text{-Fe}_2\text{O}_3$（Shang et al.，2016；Stankovich et al.，2007）。值得注意的是，SMBC、PMBC、HMBC 中在 709.99～710.10 eV 处出现了 FeO 的特征峰（Hu et al.，2017）。通过分析材料中铁总量发现，不同生物质制备的磁性生物炭铁含量分别为 376.75 mg/g（SMBC）、352.75 mg/g（RMBC）、275.5 mg/g（PMBC）、242.25 mg/g（HMBC）。同时，在无氧条件下，对磁性生物炭进行酸洗，对 Fe(Ⅱ) 半定量分析发现对 4 种材料中 Fe(Ⅱ) 含量进行半定量分析发现，材料中 Fe(Ⅱ) 的含量分别为 54.81 mg/g（SMBC）、32.25 mg/g（RMBC）、4.94 mg/g（PMBC）、2.83 mg/g（HMBC）。

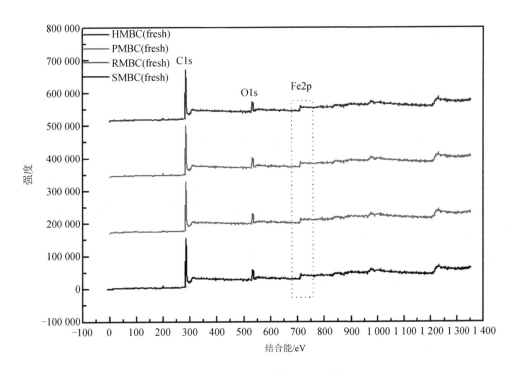

图 6-12　磁性生物炭的 XPS 谱图

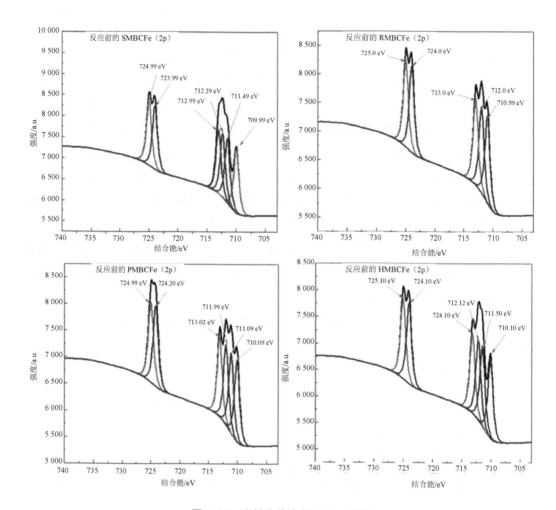

图 6-13　磁性生物炭的 Fe 2p 谱图

以上分析表明，不同磁性生物炭上尽管铁氧化物种相似，但是，总铁的含量以及具有还原性的 Fe(Ⅱ)存在显著差异。图 6-14 表示磁性生物炭中 C 1s 的 XPS 光谱分析，在 SMBC 光谱图中包括的 4 种峰的峰值分别为 284.49 eV、284.99 eV、285.99 eV、288.99 eV，其对应含碳官能团分别为 C—C、C≕C、C—O、O≕C—O，而其他 3 种磁性生物炭谱图中同样包含 4 种峰，分别对应的含碳官能团为 C—C、C≕C、C—O、O≕C—O（Ahmed et al.，2017；Zhou et al.，2017）。

磁性生物炭材料的 O 1s 的 XPS 谱图如图 6-15 所示，可以看出，530.49～530.99 eV/531.99 eV/531.99 eV/532.0～532.50 eV 为晶格氧，而晶格氧主要来自 Fe_3O_4、FeO 以及 Fe_2O_3；与此同时，533.20 eV/533.18eV 为 C—O 中氧的信号（Yang et al.，2016a；Ahmed et al.，2017；Zhou et al.，2017）。

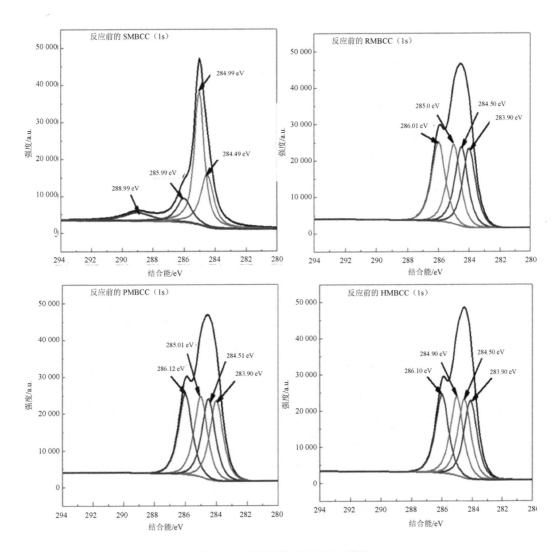

图 6-14　磁性生物炭的 C 1s 谱图

反应结束后，对磁性材料进行了 XPS 表征，由图 6-16 可知，磁性生物炭吸附去除 Cr(VI)的总元素 XPS 光谱中不仅有 C 1s、O 1s、Fe 2p 的存在，还有 Cr 2p 的存在，又一次说明了磁性材料去除 Cr(VI)的过程是真实存在的。进一步分析 Cr 2p 的 XPS 谱图发现，不同磁性生物炭吸附铬结束后，580.0 eV 的特征峰对应为 Cr(VI)，577.0 eV 以及 586 eV 则对应为 Cr(III)（$FeCr_2O_4$）（Zhang et al.，2018），这说明磁性生物炭去除 Cr(VI)包含了吸附和还原作用，这也再次论证了前文的分析结果。

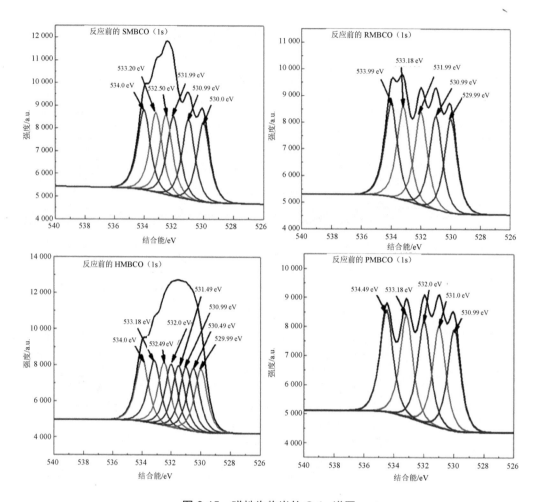

图 6-15　磁性生物炭的 O 1s 谱图

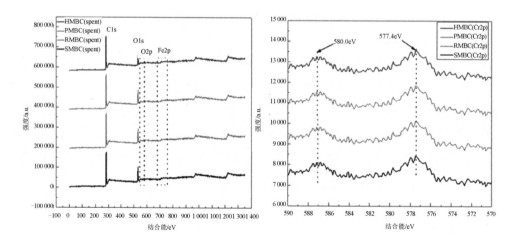

图 6-16　反应结束后磁性生物炭的 XPS 谱图

反应前后铁形态的变化情况，选取去除 Cr(Ⅵ) 效果最优的 SMBC 材料进行分析。反应结束后铁的 Fe 2p 的 XPS 谱图如图 6-17 所示，与反应前相比，Fe_3O_4 的特征峰发生了衰减，而 FeO 的特征峰也消失了，并且在 725.0 eV 出现了 $FeCr_2O_4$ 的特征峰，这说明 Cr(Ⅵ) 与 Fe_3O_4 以及 FeO 发生了氧化还原反应并将 Fe(Ⅱ) 氧化成了 Fe(Ⅲ)，而本身又被还原成 Cr(Ⅲ) 并与材料中未被氧化的二价铁氧化物形成了铬铁矿。反应后的 SMBC 中 C 1s 也包含 4 种峰，这 4 种峰分别对应 C—C（284.5 eV）、C=O（285.13 eV）以及 $[Cr(CO)_6]$（287.99 eV），这说明 SMBC 中含碳官能团与 Cr(Ⅵ) 离子发生了配位络合作用。

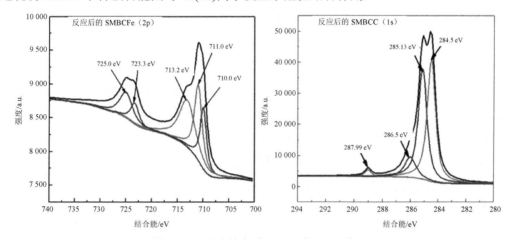

图 6-17　反应结束后 SMBC 的 XPS 谱图

结合材料反应前后 FT-IR（图 6-18）的分析结果可知，磁性生物炭的官能团参与了表面络合吸附过程，与此同时，4 种材料反应前后官能团种类与强度未发生明显变化，这说明材料中的还原性官能团在还原 Cr(Ⅵ) 时的作用甚微。相反地，也就是说材料中铁氧化物，尤其是 Fe(Ⅱ) 在还原 Cr(Ⅵ) 中起到了关键作用。

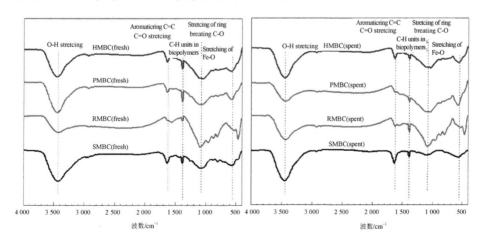

图 6-18　反应前后磁性生物炭的 FT-IR 谱图

6.2.6.2 磁性生物炭中铁含量差异分析

以上分析表明，磁性生物炭中铁含量，特别是 Fe(Ⅱ)含量是决定磁性生物炭去除以及还原 Cr(Ⅵ)的关键因素。因此，为了探究磁性生物炭铁含量差异性原因，对生物质与废酸浸渍过程中进行铁平衡分析发现，甘蔗渣对铁的吸附量为 0.174 g/g、稻草为 0.165 g/g、花生壳为 0.104 g/g、中药渣为 0.106 g/g，说明不同生物质作为前驱物吸附铁离子能力存在差异。由于生物质中纤维素、半纤维素和木质素中不仅含有很多毛细管，而且还有大量含氧官能团（如羟基、羧基等），从而影响生物质吸附金属离子。

由图 6-19 可知，不同生物质中官能团种类差异不大，材料中均检测到羟基、羧基，以及 C—O—C、C—O 等含氧官能团。同时，Afroze 等（2018）研究发现生物质中纤维素、半纤维素和木质素等成分中的羟基、羧基活性官能团能够很好地与金属离子结合从而达到去除重金属的效果。Villaescusa 等（2004）也发现铜离子的去除归因于金属离子能与生物质中 C—O 键发生配合作用。由不同生物质组分情况可以看出（表 6-8），生物质中纤维素、半纤维素以及木质素总量排序依次为甘蔗渣＞稻草＞中药渣＞花生壳。因此，可以认为生物质中纤维素、半纤维素以及木质素含量越高，越有利于吸附铁离子。同时，通过相关性分析发现，生物质中纤维素含量（R^2=0.96）是决定生物质吸附铁量的关键因素。

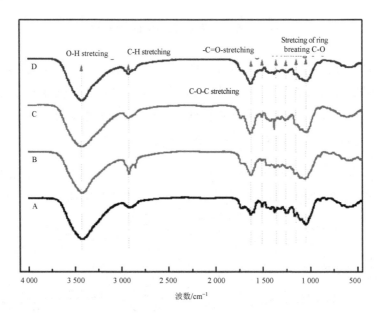

A—甘蔗渣；B—稻草；C—花生壳；D—中药渣

图 6-19　不同生物质表面官能团情况

表 6-8 不同生物质成分以及生物炭产率情况   单位：%

生物质种类	纤维素	半纤维素	木质素	灰分	生物炭产率
甘蔗渣	45.3	27.6	20.6	2.34	20.60
稻草	40.6	21.3	25.0	9.27	27.20
花生壳	33.6	9.87	40.2	3.35	26.08
中药渣	33.8	17.0	32.7	6.35	26.40

生物质中组分含量不同会直接影响磁性生物炭的产率，这是影响磁性生物炭中铁含量的另一个关键因素。从表 6-8 可以看出，以甘蔗渣制备生物炭的产率最低，其他依次为花生壳、中药渣、稻草。造成产率不同的主要原因是纤维素、半纤维素以及大部分木质素在高温下容易分解形成大量挥发性产物，而灰分以及其他未分解的木质素则变成炭一起存在于生物炭中（Yang et al.，2007）。结合生物炭产率来看，灰分的含量差异是决定生物炭产率的关键因素（Enders et al.，2012；Crombie et al.，2013）。

通过对比发现，不同生物质制备的磁性生物炭的产率（表 6-9）均高于生物炭，这主要是生物质吸附了铁盐造成的。其中 HMBC 产率最大，其他依次为 RMBC、SMBC、PMBC。通过计算可知，磁性生物炭中铁含量排序依次为 SMBC（39.64%）>RMBC（31.08%）>PMBC（22.33%）>HMBC（20.90%），这与前面通过原子吸收测定磁性生物炭中铁含量得到的结果类似。

表 6-9 不同磁性生物炭产率以及灰分情况   单位：%

磁性生物炭种类	产率	灰分
SMBC	35.99	16.61
RMBC	36.13	20.50
PMBC	35.01	11.17
HMBC	37.17	13.75

通过上述分析可知，磁性生物炭中铁含量差异主要是由于生物质中纤维素、半纤维素以及木质素含量差异造成了不同生物质吸附铁离子能力不同，其中纤维素起到了至关重要的作用（生物质中纤维素含量越高吸附铁离子能力越强）。另外，从花生壳和中药渣组分来看，生物质中的组分尤其是灰分含量会影响磁性生物炭产率，从而导致磁性生物炭中铁的相对含量不同，因此，灰分含量越低，磁性生物炭中铁含量占比越高。

6.2.7 磁性生物炭去除 Cr(Ⅵ)的作用机理

基于吸附实验、铬平衡分析、磁性生物炭反应前后表征结果并结合相关文献（Han et al.，2016；Ifthikar et al.，2017；Wu et al.，2018；Tang et al.，2018），将磁性生物炭去除 Cr(Ⅵ)的途径主要归结为以下几个方面。

（1）静电吸附

通过附磁后，磁性生物炭的 Zeta 电位均有所提高，其中 SMBC（41.4 ± 1.3 mV）和 RMBC（26.9 ± 3.4 mV）的 Zeta 电位均为正电荷。根据 Visual MINTEQ 软件，当 pH 为 4.63 时（图 6-20），主要以 $HCrO_4^-$、CrO_4^{2-} 和 $Cr_2O_7^{2-}$ 的形式存在，同时，相比 CrO_4^{2-} 和 $Cr_2O_7^{2-}$，$HCrO_4^-$ 更容易被静电吸附（Yuan et al.，2009；Gupta et al.，2013）。因此，磁性生物炭能够通过静电吸附快速有效地将以阴离子形态存在的 Cr(Ⅵ)吸附到材料表面。

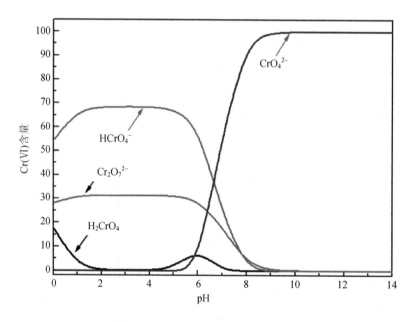

图 6-20　不同 pH Cr(Ⅵ)的分布情况

（2）磁性生物炭中的 Fe(Ⅱ)的还原作用

XRD、XPS 以及铬平衡分析表明了吸附在磁性材料表面的 Cr(Ⅵ)能够迅速被磁性材料中还原性成分 Fe(Ⅱ)还原成 Cr(Ⅲ)，同时材料反应前后的 FT-IR 结果表明材料官能团种类与强度未发生明显变化，说明了材料中的还原性官能团可能在还原 Cr(Ⅵ)时的作用甚微。因此，这个过程可描述为

$$Cr^{6+} + Fe_3O_4/FeO \longrightarrow FeCr_2O_4 + Fe_2O_3 \qquad (6\text{-}6)$$

$$x Cr^{3+} + (1-x) Fe^{3+} + 3 H_2O \longrightarrow (Cr_x Fe_{1-x})(OH)_3 + 3H^+ \qquad (6\text{-}7)$$

（3）表面配位络合作用

吸附在磁性材料表面的部分 Cr(Ⅵ)能够与材料中的官能团，如 C＝O 等发生络合反应并形成 Cr(CO)$_6$化合物。FT-IR、XRD、XPS 的分析结果也证明了该现象。因此，这个过程可描述为

$$C{=}O + Cr^{6+} \longrightarrow [Cr(CO)_6] \qquad (6\text{-}8)$$

6.2.8　小结

本书采用碳钢钢铁酸洗废液作为赋磁剂结合不同生物质成功制备了不同类型磁性生物炭，研究了生物质源对磁性生物炭结构以及去除 Cr(Ⅵ)性能的影响。生物质源不仅影响了磁性生物炭形貌、比表面积及 Zeta 电位等物化特性，还导致磁性生物炭去除及还原 Cr(Ⅵ)的能力存在差异。生物质源影响磁性生物炭去除 Cr(Ⅵ)差异性分析表明生物质源致使磁性生物炭中铁含量，尤其是还原性二价铁含量差异是导致磁性生物炭性能存在差异的关键原因。生物质组分、生物炭以及磁性生炭产率等分析表明，生物质中纤维素及灰分含量都会影响磁性生物炭中铁含量，其中纤维素起主导作用。因此，基于碳钢钢铁酸洗废液，选择高纤维素、低灰分含量的生物质将有利于制备高性能的磁性生物炭。

6.3　铁氧化物含量及其赋存形态对磁性生物炭结构与吸附去除 Cr(Ⅵ)的影响机制研究

6.3.1　研究背景

磁化生物炭后，势必影响生物炭的理化性质，如比表面积、孔隙结构、Zeta 电位等（Dong et al.，2017；Duan et al.，2017；Kong et al.，2017；Dewage et al.，2018；Oladipo et al.，2018）。例如，Dewage 等（2018）发现导致磁性生物炭吸附硝酸根以及氟离子的能力优于生物炭的原因是铁氧化物的引入改变了生物炭的表面电荷；Zhou 等（2017）发现铁氧化物的引入增加了生物炭的比表面积及其吸附位点。另外，磁性生物炭中的铁氧化物也已经被证实可直接参与污染物的去除过程。例如，Zhong 等（2018）研究发现磁性生物炭中的 Fe$_3$O$_4$ 可充当化学吸附及还原活性位点直接去除 Cr(Ⅵ)，并认为 Fe$_3$O$_4$ 在还原 Cr(Ⅵ)的过程中起决定性作用。Cai 等（2017）发现磁性生物炭吸附磷酸盐归因于磷酸盐与磁性生物炭表面络合形成了 Fe—O—P 键。磁性生物炭中铁氧化物在污染物去除中起关键作用，但是其含量对磁性生物炭性能的影响不可忽视。例如，Reguyal 等（2017）

发现随着 Fe_3O_4 含量的升高，磁性生物炭的比表面积、位点分布能量及其对磺胺甲恶唑的吸附性能均降低。同时，6.2 节也揭示了铁含量会影响磁性生物炭的性能。此外，磁性生物炭中的磁性物质往往存在多种形态，且不同赋存形态的铁氧化物对磁性生物炭去除污染物的性能具有重要影响。例如，Ho 等（2018）发现磁性生物炭中包含 Fe^0、Fe_2O_3、Fe_3O_4，并发现 Fe^0 在去除 Pb^{2+} 的过程中起关键作用。由此可见，除了铁氧化物含量能影响磁性生物炭性能，铁氧化物的形态对其性能也能产生重要影响。因此，探明磁性生物炭中铁氧化物的总量及其赋存形态对其结构与活性的影响具有十分重要的意义，可为合成性能优异的磁性生物炭提供重要依据。

本节在 6.2 节的基础上，选择高纤维素、低灰分含量的甘蔗渣，结合不同浓度钢铁酸洗废液制备了具有不同铁含量的磁性生物炭应用于 Cr(VI) 去除；采用不同物化表征手段研究了铁含量对磁性生物炭结构的影响；通过吸附动力学及等温线试验研究铁含量对磁性生物炭去除 Cr(VI) 效果的影响；研究并揭示了铁氧化物含量及其赋存形态对磁性生物炭去除 Cr(VI) 的影响；最后，探究了磁性生物炭去除 Cr(VI) 的作用机制。

6.3.2　研究方法

（1）吸附动力学试验

称取 1 g/L 的磁性生物炭于 40 mL 的样品瓶中，加入 25 mL 浓度为 100 mg/L 的 Cr(VI) 溶液，在 30℃、200 r/min 避光条件下于恒温振荡器中振荡（设置 2 个平行样），达到预先设定的取样时间点，将反应溶液进行磁分离后，取上清液用 0.22 μm 的滤膜过滤，测定其 Cr(VI) 含量。不同材料对 Cr(VI) 离子的吸附量由式（6-9）计算得出：

$$q_e = (C_e - C_e) \times V \div M \tag{6-9}$$

式中，q_e 为平衡吸附量，mg/g；C_0 为有机污染物初始浓度，mg/L；C_e 为吸附平衡浓度，mg/L；V 为体系内溶液体积，L；M 为体系内吸附剂质量，g。

另外，分别采用拟一级动力学模型和拟二级动力学模型对吸附试验数据进行拟合。其方程式见 6.2.2 节。

（2）吸附等温线试验

在 30℃ 条件下，向一系列样品瓶中加入 25 mL 不同浓度的 Cr(VI) 溶液和 1 g/L 的不同种类磁性生物炭，置于 200 r/min 的恒温振荡器避光振荡 24 h。将反应溶液进行磁分离后，取上清液用 0.22 μm 的滤膜过滤，测定其 Cr(VI) 含量。不同类型磁性生物炭对 Cr(VI) 的等温吸附曲线数据使用 Langmuir 方程和 Freundlich 方程进行拟合。

（3）分析测试方法

具体见 6.2.2 节。

6.3.3　磁性生物炭的制备及表征

6.3.3.1　材料的制备

取干燥并粉碎的甘蔗渣 10 g，依次放入稀释倍数不同的 100 mL 钢铁酸洗废液中（原液分别稀释 2 倍、4 倍、6 倍、8 倍，对应的溶液中铁含量分别约为 60 g/L、30 g/L、20 g/L、15 g/L），置于六连搅拌器并在转速 140 r/min 条件下搅拌 12 h。搅拌结束后将悬浮液在 3 500 r/min 下离心 5 min，置固体残渣于 90℃真空干燥 8 h。将烘干后的残渣填满坩埚并置于马弗炉中，在 600℃的终点温度，以 20℃/min 的升温速率升温，达到终点温度时保持 1.5 h 的参数下热解，而后将炉体剩余物自然冷却和研磨、100 目筛分、保存待用。依次命名为 SMBC2、SMBC4、SMBC6、SMBC8。Fe_3O_4 的制备则依据前期报道的方法（Huang et al.，2012），Fe_2O_3 通过将 Fe_3O_4 在氧气氛围下 600℃煅烧制备（Yi et al.，2020b）。

6.3.3.2　材料的表征

磁性生物炭比表面积以及孔径分布通过比表面分析仪（ASAP2020M，USA）分析测定。材料表面形貌及颗粒尺寸分别通过扫描电镜（SEM，Hitachi S-3700N，Japan）和透射电镜（TEM，Tecnai G2 F20，USA）进行观察。材料表面官能团类型用傅里叶红外光谱仪（FT-IR，HORIBA EMAX，Japan）进行分析。同时，材料表面元素价态分析采用 X 射线光电子能谱仪（XPS，ESCALAB 250，Thermo-VG Scientific，USA）进行分析。材料的物相结构则采用 XRD-6000 型 X 射线衍射仪（Shimadzu，Japan）进行分析，数据采集后使用 X 射线衍射分析软件 Jade 6.0 处理及结合标准卡片（PDF 2004）进行物相检索和分析。

磁性生物炭的 XRD 谱图如图 6-21 所示，与此同时，结合 Jade 6.0 对其进行物相匹配检索发现材料中均含有 Fe_2O_3 以及 Fe_3O_4 的特征峰，说明成功制备了磁性生物炭。值得注意的是，SMBC2 和 SMBC4 中均有明显的 Fe_3O_4（111）晶面和 Fe_2O_3（012）晶面，而其他材料则不明显。这说明铁含量越高更利于 Fe_3O_4（111）晶面和 Fe_2O_3（012）晶面的暴露。另外，在进行物相分析的时候，材料中均检测到了 FeO 的峰，但是信号很弱，因此，借助 XPS 以便进一步了解材料表面的元素信息。

从图 6-22（a）可知，不同磁性生物炭结构均含有 C、Fe、O 的特征峰。与此同时，不同材料中铁原子所占的比例依次为 1.39%（SMBC8）、1.49%（SMBC6）、2.66%（SMBC4）、3.54%（SMBC2），这也间接证明了磁性生物炭中的铁含量存在差异，且随着酸洗废液浓度的增加而增加，同时也符合材料消解试验结果（表 6-10）。为了分析磁性生物炭中铁元素的形态情况，采用 XPS peak4.1 软件对铁元素进行分峰处理，由图 6-22（b）可知，4 种磁性生物炭中铁的特征峰基本一致，其中 710.99 eV、711.99 eV、

712.99 eV、723.99 eV 为 Fe_2O_3 的特征峰（Zhang et al.，2015；Zhu et al.，2018），724.99 eV 为 Fe_3O_4（Ho et al.，2018），值得注意的是，不同磁性生物炭在 709.99 eV 处均出现了 FeO 的特征峰（Hu et al.，2017；Yi et al.，2019），这与前述 XRD 得到的结果类似。

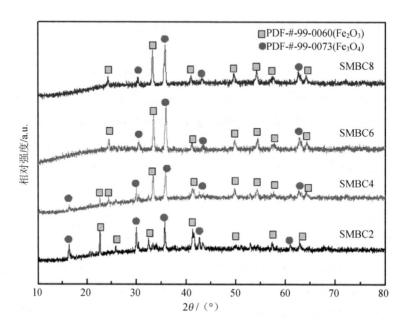

图 6-21　不同磁性生物炭的 XRD 谱图

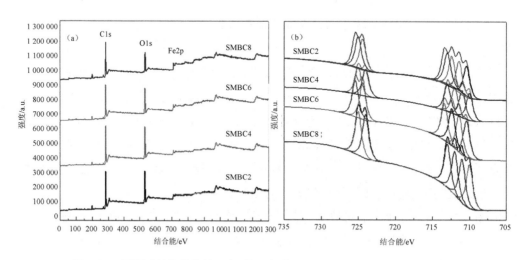

图 6-22　不同磁性生物炭的 XPS 总元素谱图（a）以及 Fe（2p）谱图（b）

表 6-10　不同磁性生物炭中铁含量以及 Fe(II)半定量结果　　　　单位：mg/g

材料	铁含量	Fe(II)
SMBC2	616.63	74.84
SMBC4	586.75	63.82
SMBC6	553.25	60.26
SMBC8	523.37	56.76

另外，从磁性生物炭的 C 1s 谱图（图 6-23）可以看出，4 种磁性生物炭中炭的特征峰基本一致，说明 4 种磁性生物炭中含碳官能团种类相同，其中 288.98 eV 为 O—C=O 的特征峰，287.99 eV 则对应 C=O 官能团，284.99 eV 对应 C—C/C=C 的特征峰，而 284.59 eV 以及 283.99 eV 对应着 C—C 的特征峰（Zhang et al.，2015；Ahmed et al.，2017；Zhu et al.，2018）。4 种磁性生物炭材料的 O 1s（图 6-24），530.89 eV、531.99 eV 以及 532.99 eV 的特征峰主要归因于 Fe_3O_4、Fe_2O_3 以及 FeO 中的晶格氧（Yang et al.，2016b；Zhang et al.，2018），与此同时，533.99 eV 为 C-O/C=O 中的氧元素，这也符合磁性生物炭中 C 1s 拟合的结果。

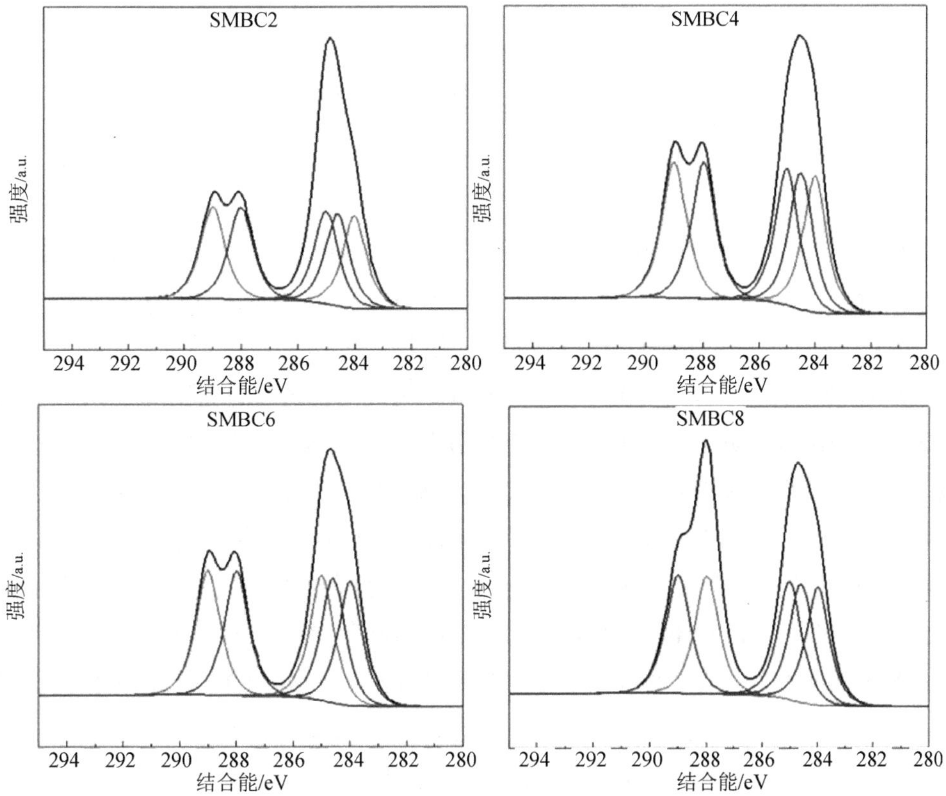

图 6-23　不同磁性生物炭的 C（1s）谱图

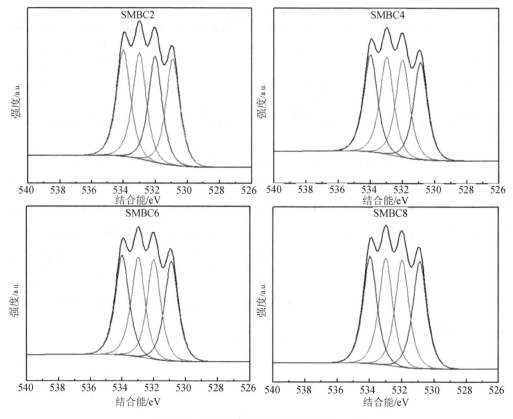

图 6-24　不同磁性生物炭的 O（1s）谱图

4 种磁性生物炭的表面形貌特征如图 6-25 所示，SMBC2 表面粗糙，许多铁氧化物的颗粒分布在生物炭的孔道内以及表面上。与 SMBC2 相比，SMBC4 中磁性生物炭呈片状结构，铁氧化物主要分布在片状物质两侧，这可能说明了铁含量的不同影响了磁性生物炭的表面形貌。此外，从 SMBC6 来看，磁性生物炭具有明显的孔隙结构，进一步地，SMBC8 的孔隙结构数量比 SMBC6 多，这说明废酸浓度越低，磁性生物炭的孔结构越发达。从 SEM 的分析结果来看，铁含量对磁性生物炭的表面形貌产生了重要影响。

通过 TEM（图 6-26）可以看出铁氧化物很好地分布在生物炭上。通过 Digital Micrograph 软件分析了磁性生物炭中铁氧化物的粒径分布情况，其中 SMBC2 中铁氧化物的粒径分布在 30～100 nm，SMBC4 中铁氧化物粒径分布在 25～80 nm，与此同时，SMBC6 和 SMBC8 中铁氧化物粒径分布在 20～70 nm 以及 10～50 nm。以上分析表明不同磁性生物炭中铁氧化物分布粒径不同且废酸浓度越高团聚越严重，这主要是由于铁氧化物本身具有磁性易团聚造成的，且相比于其他磁性生物炭 SMBC2 中铁含量最高造成的。同样地，HR-TEM 中显示铁氧化物在不同磁性生物炭中暴露的晶面也存在差异。其中，SMBC2 中晶格间距分别为 0.10 nm、0.15 nm 及 0.25 nm，分别对应 Fe_2O_3（404）、

FeO（104）以及 Fe_3O_4（110）晶面（Ren et al.，2018；Ruiz-Torres et al.，2018）；相应地，SMBC4 中的晶格间距分别对应 Fe_2O_3（226）、FeO（104）以及 Fe_3O_4（110）晶面（Ren et al.，2018；Ruiz-Torres et al.，2018）；SMBC6 中的晶格间距分别对应 Fe_2O_3（131、404）、FeO（110）以及 Fe_3O_4（331）晶面；SMBC8 中的晶格间距分别对应 Fe_2O_3（131）、FeO（110）以及 Fe_3O_4（331）晶面，这也与前述快速傅里叶变换得到的衍射斑纹结果一致。

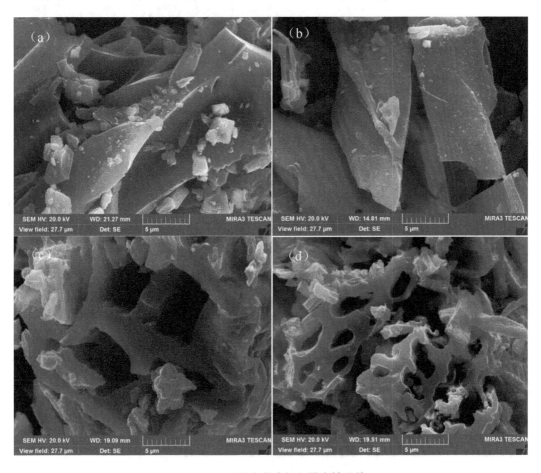

图 6-25　磁性生物炭的扫描电镜照片

［SMBC2（a）、SMBC4（b）、SMBC6（c）、SMBC8（d）］

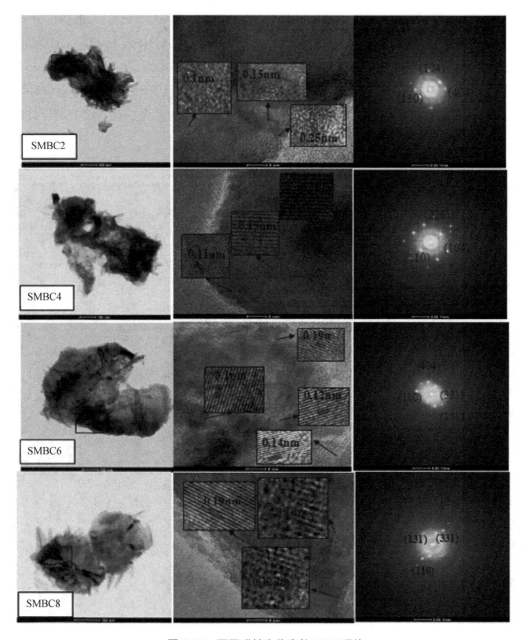

图 6-26　不同磁性生物炭的 TEM 照片

4 种磁性生物炭的比表面积大小分别为 16.185 m^2/g（SMBC2）、20.932 m^2/g（SMBC4）、22.231 m^2/g（SMBC6）、26.943 m^2/g（SMBC8），可以看出随着铁含量的升高，磁性生物炭的比表面积下降，这主要是由铁氧化物占据了生物炭的孔道以及铁氧化物本身团聚造成的，这与 SEM 得到的结果一致。同时，从图 6-27（a）可知，4 种磁性生物炭的孔径分布在 100 nm 以内且大孔、中孔、微孔均有分布。笔者团队还研究了材料的磁性能，如图 6-27（b）所示。SMBC2、SMBC4、SMBC6、SMBC8 的饱和磁化强度分别为 55.91 emu/g、51.06 emu/g、46.59 emu/g、40.99 emu/g，可见材料具有很好的顺磁性，这非常有利于反应结束后将材料分离（Qian et al.，2019）。从图 6-27 中还可以看出随着废酸浓度的升高，材料的饱和磁化强度增加，这主要是由铁氧化物含量不同造成的，也符合材料消解测定总铁以及 XPS 分析结果。

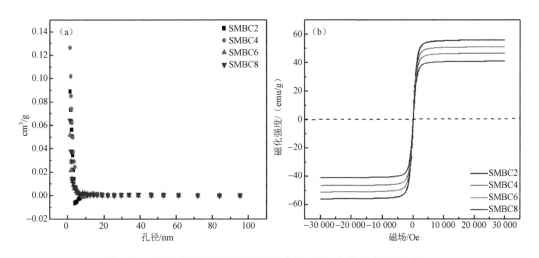

图 6-27　不同磁性生物炭的孔径分布图（a）和磁滞曲线图（b）

6.3.4　磁性生物炭对 Cr(Ⅵ)的去除性能

不同种类磁性生物炭去除 Cr(Ⅵ) 的吸附动力学拟合结果如图 6-28（a）所示。由图可见，不同种类磁性生物炭均能够快速地吸附 Cr(Ⅵ)，反应结束后，SMBC2 对 Cr(Ⅵ) 的平衡吸附量最大，达到 68.640 mg/g，相反地，SMBC4、SMBC6、SMBC8 对 Cr(Ⅵ) 的平衡吸附量分别为 57.260 mg/g、51.690 mg/g、34.100 mg/g。可见随着铁含量的降低，磁性生物炭对 Cr(Ⅵ) 的去除能力下降。进一步地，分别对不同种类磁性生物炭去除 Cr(Ⅵ) 进行拟一级动力学模型和拟二级动力学模型拟合，结果如表 6-11 所示。由表可知，相比于拟一级动力学模型，不同磁性生物炭对 Cr(Ⅵ) 的行为更符合拟二级吸附动力学模型，可见用拟二级吸附动力学模型模拟分析磁性生物炭对 Cr(Ⅵ)的去除速率是可靠的，也说明整个吸附过程以化学吸附为主（Reguyal et al.，2017；Yi et al.，2019），其对应的吸附速率常数分别为 1.855 g/（mg·h）、0.152 g/（mg·h）、0.118 g/（mg·h）、0.104 g/（mg·h）。该结果同样表明随着铁含量的降低，磁性生物炭对 Cr(Ⅵ)的吸附速率降低，其中 SMBC2 的吸附速率常数分别约为其他材料的 12 倍、16 倍、18 倍。结合以上分析可知，铁含量会显著影响磁性生物炭对 Cr(Ⅵ) 的去除。

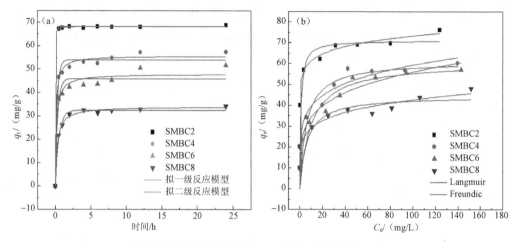

[投加量=1 g/L，温度=30℃，pH=4.63，反应时间=24 h]

图 6-28　不同磁性生物炭去除 Cr(Ⅵ)的动力学拟合结果（a）以及吸附等温线（b）

表 6-11　不同磁性生物炭去除 Cr(Ⅵ)动力学拟合相关参数

磁性生物炭	拟一级动力学			拟二级动力学		
	Q_e/（mg/g）	K_1/h^{-1}	R^2	Q_e/（mg/g）	K_2/[g/（mg·h）]	R^2
SMBC2	68.035	14.310	0.999	68.126	1.855	1.0
SMBC4	53.822	3.638	0.976	55.546	0.152	0.991
SMBC6	45.726	2.973	0.940	47.782	0.118	0.967
SMBC8	32.271	1.948	0.987	33.882	0.104	0.996

　　磁性生物炭对 Cr(Ⅵ)的吸附等温曲线通过 Langmuir 模型和 Freundlich 模型进行拟合，结果如图 6-28（b）所示，并将相关拟合参数汇总到表 6-12。由表可知 Freundlich 模型的相关系数均小于 Langmuir 模型的相关系数，这说明在磁性生物炭吸附 Cr(Ⅵ)过程中用 Langmuir 模型比 Freundlich 模型更能拟合试验数据。4 种磁性生物炭对 Cr(Ⅵ)的吸附能力大小依次为 SMBC2＞SMBC4＞SMBC6＞SMBC8，相对应的最大吸附量分别为 71.037 mg/g、60.983 mg/g、50.463 mg/g、44.487 mg/g。该试验结果也映衬了前面吸附动力学的结果，再次说明了磁性生物炭中铁含量越高，越能展现优异的除铬性能。

表 6-12　不同磁性生物炭去除 Cr(Ⅵ)等温线吸附拟合相关参数

磁性生物炭	Langmuir			Freundlich		
	Q_m/（mg/g）	K_L/（L/mg）	R^2	K_F/（L/mg）	n	R^2
SMBC2	71.037	1.106	0.966	51.222	0.077	0.956
SMBC4	60.983	0.173	0.974	26.393	0.175	0.945
SMBC6	50.463	0.163	0.971	21.013	0.212	0.971
SMBC8	44.487	0.102	0.961	19.833	0.266	0.942

最后，本书所采用的磁性生物炭与其他吸附剂对 Cr(VI)的去除能力对比情况如表 6-13 所示，结果表明相比于其他吸附剂，磁性生物炭优势明显。

表 6-13　磁性生物炭与其他类型吸附剂去除 Cr(VI)能力对比情况

吸附剂	反应条件	去除能力/（mg/g）	参考文献
纳米磁铁矿与黄铁矿复合材料	投加量= 2.5 g/L；温度=25℃；pH=3；反应时间= 24 h	32.5	Ruiz-Torres et al.，2018
氨基修饰改性蟹壳	投加量= 1.0 g/L；温度=25℃；pH=2；反应时间= 24 h	41.41	Qian et al.，2019
Fe_3O_4 修饰的陶粒	投加量= 1.0 g/L；温度=25℃；pH=4；反应时间= 100 min	7.87	Cai et al.，2019b
聚吡咯包覆海泡石纤维	投加量= 1.0 g/L；温度=25℃；pH=2；反应时间= 24 h	108.85	Jeon et al.，2019
氨基交联魔芋葡甘聚糖	投加量= 6.0 g/L；温度=30℃；pH=2；反应时间= 90 min	34.10	Niu et al.，2019
磁性生物炭	投加量= 1 g/L；温度=30℃；pH=4.61；反应时间= 24 h	71.02	本书

6.3.5　磁性生物炭去除 Cr(VI)过程铬平衡分析

反应结束后，对不同磁性生物炭去除 Cr(VI)体系中铬分布情况进行了分析，结果如图 6-29 所示。由图可知，SMBC2 体系中 Cr(III)约占总铬含量的 40.66%，但是，Cr(III)的量约占被去除 Cr(VI)总量的 97.12%，即被去除的 Cr(VI)主要被还原成了 Cr(III)，说明还原作用在去除 Cr(VI)中贡献巨大。与此同时，残留在 SMBC2 中少量未被还原地 Cr(VI)的量，可能是与磁性生物炭中的含氧官能团组分发生了络合作用，抑或是通过静电吸附于材料上。再者，其他磁性生物炭去除 Cr(VI)体系中 Cr(III)占总铬含量依次为 28.73%（SMBC4）、26.22%（SMBC6）、17.56%（SMBC8），相应地，Cr(III)量占被去除 Cr(VI)总量的比例依次为 94.78%（SMBC4）、94.87%（SMBC6）、93.94%（SMBC8）。从铬平衡分析可以看出，反应结束后，不同磁性生物炭反应体系溶液中的总铬含量大于 Cr(VI)，这可能是由于 Cr(III)从固相中析出进入液相造成的（Yi et al.，2019）。最后，通过铬平衡分析的可知，能够被磁性生物炭去除的 Cr(VI)均可被有效地还原成 Cr(III)，且 4 种材料对 Cr(VI)还原能力差异小，但是能够被还原的 Cr(VI)总量与磁性生物炭中铁含量成正相关，这也间接说明了铁含量能影响磁性生物炭对 Cr(VI)的还原。

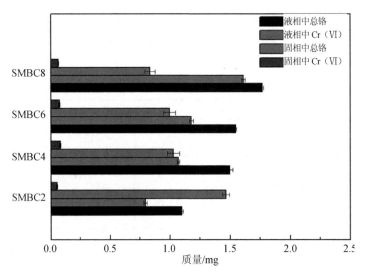

图 6-29 反应结束后不同磁性生物炭去除 Cr(Ⅵ)体系中铬在固相和液相中分布情况

6.3.6 铁氧化物赋存形态对磁性生物炭去除 Cr(Ⅵ)的影响

为了辨识磁性生物炭中去除 Cr(Ⅵ)的关键活性组分,本书尝试将磁性生物炭分割为生物炭基体和铁氧化物组分,并分别研究生物炭及不同形态的铁氧化物对 Cr(Ⅵ)的去除情况。同时,考虑到磁性生物炭中生物炭基体中的还原官能团可以将铁氧化物中的 Fe(Ⅲ)还原为 Fe(Ⅱ)(Wang et al.,2019),因而,采用磁性生物炭相同制备方法制备了普通生物炭,并研究了生物炭与 Fe(Ⅲ)之间的行为,结果如图 6-30 所示。由图可知,生物炭确实能将 Fe(Ⅲ)还原为 Fe(Ⅱ),反应结束后溶液中的 Fe(Ⅱ)含量达到了 3.48 mg/L。假定被生物炭吸附的 Fe(Ⅲ)完全还原为 Fe(Ⅱ),生物炭中吸附的 Fe(Ⅱ)含量接近 0.22 mg。根据化学式(6-10),如果溶液和生物炭中的 Fe(Ⅱ)能完全还原 Cr(Ⅵ),则还原的这部分 Cr(Ⅵ)仅占总铬的 0.07%。因此,生物炭诱导的 Fe(Ⅲ)还原对 Cr(Ⅵ)去除的贡献可以忽略不计,将生物炭和铁氧化物独立分开是可行的。

$$3Fe(Ⅱ)+Cr(Ⅵ) \longrightarrow 3Fe(Ⅲ)+Cr(Ⅲ) \qquad (6-10)$$

Cr(Ⅵ)去除试验证明,铁氧化物含量是影响磁性生物炭去除与还原 Cr(Ⅵ)的关键因子,同时,前面的表征结果表明磁性生物炭中铁氧化物存在多种形态。为此,笔者团队选取 SMBC2 用于揭示铁氧化物赋存形态与磁性生物炭活性之间的关系。磁性生物炭的主要成分可分为生物炭以及铁氧化物两大类,因此,笔者团队研究了磁性生物炭中生物炭组分对磁性生物炭去除 Cr(Ⅵ)的贡献。从图 6-31(a)可知,随着生物炭投加量的增加,Cr(Ⅵ)的去除能力也上升,当生物炭与体系中磁性生物炭投加量一致时,即为 1 g/L 时,平衡吸附量为 0.90 mg/g,仅为 SMBC2 对 Cr(Ⅵ)平衡吸附量的 1.31%。可以认为磁性生物炭中生物炭组分对 Cr(VI)的去除贡献较少，这也间接说明了磁性生物炭中铁氧化物在 Cr(VI)的去除中占据了主导作用。

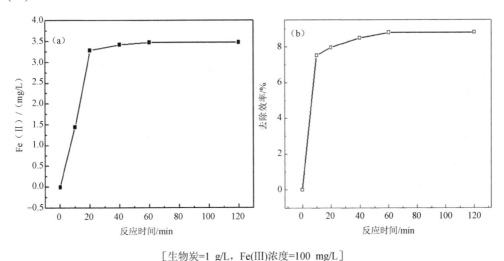

［生物炭=1 g/L，Fe(III)浓度=100 mg/L］

图 6-30　生物炭去除 Fe(III)体系中 Fe(II)的产生情况（a）及生物炭去除 Fe(III)情况（b）

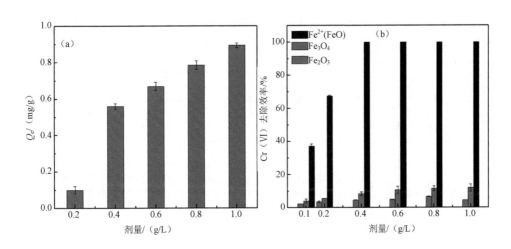

图 6-31　生物炭（a）以及不同铁氧化物（b）去除 Cr(VI)

进一步地，前面的表征结果表明磁性生物炭中铁的氧化物主要为 Fe_3O_4、Fe_2O_3 以及 FeO。为了探究磁性生物炭中铁氧化物对磁性生物炭去除 Cr(VI)的影响，我们采用钢铁酸洗废液分别制备了 Fe_3O_4 以及 Fe_2O_3 用于去除 Cr(VI)。从图 6-31（b）可以看出，随着材料投加量的增加，Cr(VI)的去除效率均增加，当 Fe_3O_4 及 Fe_2O_3 投加量为 1 g/L 时对 Cr(VI)的去除效率分别为 11.82%和 4.63%，对应的 Cr(VI)吸附量分别约为 11.82 mg/g 和 4.63 mg/g，去除 Cr(VI)的性能远小于 SMBC2，反过来说明，磁性生物炭中 Fe_3O_4 及 Fe_2O_3

对 Cr(VI)的去除贡献甚微。由于 FeO 难以制备，同时考虑磁性生物炭中存在的无定形 Fe(II)，因而采用硫酸亚铁替代，并以 Fe(II)含量计算，结果表明当 Fe(II)投加量为 0.1 g/L 时，对 Cr(VI)的去除效率为 37.22%，对应的 Cr(VI)去除能力为 93.05 mg/g。随着 Fe(II) 投加量的增加，Cr(VI)去除效率也增加，当投加量为 0.4 g/L 时，Cr(VI)的去除效率达到了 100%，说明 Fe(II)能够很好地去除 Cr(VI)，也间接证明了 FeO 是影响磁性生物炭性能的关键因素。

为了进一步探究磁性生物炭中的 Fe(II)在去除 Cr(VI)的过程中所起的作用，笔者团队在 SMBC2 反应体系中加入了一定量的 1,10-邻菲罗啉（W= 0.5%）来掩蔽磁性生物炭中 Fe(II)与 Cr(VI)的反应（Hu et al., 2019），结果如图 6-32 和表 6-14 所示。由图可知，磁性生物炭去除 Cr(VI)的速率以及去除量均受到抑制，其中去除速率以及去除能力抑制率分别约为 85.82%和 62.46%，表明了磁性生物炭中 Fe(II)在去除 Cr(VI)的过程中起到了关键作用。为了鉴别去除 Cr(VI)起主要作用的是磁性生物炭表面结合的 Fe(II)化合物还是反应过程中磁性生物炭析出到溶液中的 Fe(II)，测定了 SMBC2 在纯水体系（pH=4.61）中溶液中产生的 Fe(II)的量为 8.91 mg/L，与此同时，假如溶液中的 Fe(II)均能还原 Cr(VI)，理论上溶液中的 Fe(II)还原去除 Cr(VI)的比例约为 0.076%。结合前面的铬平衡分析可知，是磁性生物炭表面结合的 Fe(II)在还原去除 Cr(VI)的过程中起主要作用。

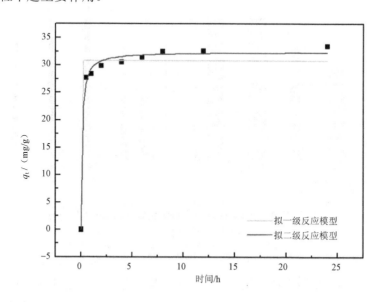

图 6-32　1,10-邻菲罗啉对磁性生物炭（SMBC2）去除 Cr(VI)的影响

表 6-14　1,10-邻菲罗啉对磁性生物炭去除 Cr(Ⅵ)动力学拟合结果

磁性生物炭	拟一级动力学			拟二级动力学		
	Q_e/（mg/g）	K_1/h^{-1}	R^2	Q_e/（mg/g）	K_2/［g/（mg·h）］	R^2
SMBC2	30.816	1.837	0.960	32.387	0.293	0.992

最后，反应结束后采用 XPS 分析 SMBC2 表面元素情况。从总 XPS 谱图（图 6-33）可知，反应后 SMBC2 中除出现 Fe、O、C 之外，还出现了 Cr。进一步通过 Cr 2p 谱图可知铬存在六价态及三价态，其中 578.0 eV 的特征峰对应为 Cr(Ⅵ)，577.0 eV 以及586.0 eV 则对应为 Cr(Ⅲ)，这说明了磁性生物炭中组分能够有效地还原 Cr(Ⅵ)（Qian et al.，2019）。我们前面的研究已表明磁性生物炭中 Fe(Ⅱ)是导致 Cr(Ⅵ)还原的主要原因，而材料中存在 Fe(Ⅱ)的物质主要有 FeO 以及 Fe_3O_4。与此同时，其他研究者也证明了磁性生物炭中的 Fe_3O_4 能够还原 Cr(Ⅵ)。由反应结束后 SMBC2 的 Fe 2p 谱图可知，与反应前相比，FeO 特征峰消失，Fe_3O_4 的峰发生了衰减。从反应之后的 C 1s 谱图可以看到，289 eV 出现了 $Cr(CO)_6$，说明部分 Cr(Ⅵ)与磁性生物炭中 C＝O 官能团发生了络合（Yi et al.，2020b），这也充分反映了铬平衡分析的结果。

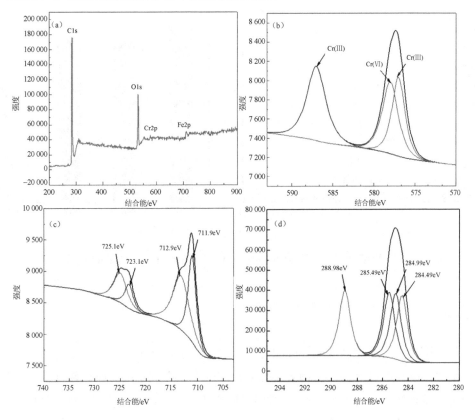

图 6-33　反应后 SMBC2 总 XPS 谱图（a）、Cr 2p 谱图（b）、Fe 2p 谱图（c）以及 C 1s 谱图（d）

6.3.7 磁性生物炭去除 Cr(Ⅵ)作用机制

溶液 pH 不仅影响磁性生物炭的 Zeta 电位，也会影响 Cr(Ⅵ)的赋存形态。基于此，笔者团队通过 Visual MINTEQ 软件以及 Zeta 电位测定仪，分别分析了 Cr(Ⅵ)的赋存形态以及磁性生物炭的 Zeta 电位情况，相关结果如图 6-34 所示。从图 6-34（a）可知，当 pH 为 4.61 时，体系中 Cr(Ⅵ)存在 $HCrO_4^-$、$Cr_2O_7^{2-}$、H_2CrO_4，且主要以阴离子形态的 $HCrO_4^-$ 为主，相比于 $Cr_2O_7^{2-}$ 和 H_2CrO_4，$HCrO_4^-$ 更容易被吸附（Yuan et al.，2010；Zhuang et al.，2014；Duan et al.，2017）。另外，从磁性生物炭的 Zeta 电位 [图 6-34（b）] 可以看出，磁性生物炭 Zeta 电位均为正电荷，分别为 45.7 mV、42.7 mV、41.4 mV、36.4 mV，因而 Cr(Ⅵ)能够通过静电吸附作用被磁性生物炭吸附（Zhang et al.，2015；Shang et al.，2016）。通过前面的铬平衡以及 XPS（SMBC2）分析发现，Cr(Ⅵ)能有效地被磁性生物炭中的 Fe(Ⅱ)还原成 Cr(Ⅲ)，形成的 Cr(Ⅲ)大部分吸附于固相中，同时少部分释放到溶液中。最后，残余在固相中的少部分 Cr(Ⅵ)价与磁性生物炭中 C═O 官能团发生了络合作用。

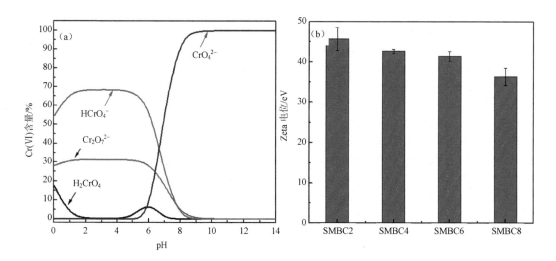

图 6-34　Cr(Ⅵ)在不同 pH 下的种类分布（a）以及磁性生物炭的 Zeta 电位（b）

6.3.8 小结

本书采用不同浓度的钢铁酸洗废液与甘蔗渣制备了铁含量不同的磁性生物炭，研究了铁含量及其赋存形态对磁性生物炭结构以及 Cr(Ⅵ)去除效率的影响。磁性生物炭物化表征表明，铁含量差异会致使磁性生物炭比表面积、Zeta 电位、形貌及铁氧化物晶面暴露存在差异。磁性生物炭去除 Cr(Ⅵ)试验及铬平衡分析结果表明，磁性生物炭中铁含量与 Cr(Ⅵ)去除及还原能力呈正相关。磁性生物炭组分去除 Cr(Ⅵ)及结合掩蔽试验和表征手段揭示了磁性生物炭中含有二价铁的氧化物（主要是 FeO）是影响 Cr(Ⅵ)去除效果的关键组分。磁性生物炭去除 Cr(Ⅵ)机理分析表明，Cr(Ⅵ)通过静电吸附于磁性生物炭表面，吸附的 Cr(Ⅵ)大部分被还原，少部分与磁性生物炭中的含氧官能团发生了络合。高效的 Cr(Ⅵ)还原及去除能力表明，利用钢铁酸洗废液制备磁性生物炭并应用于 Cr(Ⅵ)的去除是可行的。

参考文献

AFROZE S，2018. A review on heavy metal ions and dye adsorption from water by agricultural solid waste adsorbents[J]. Water，Air，& Soil Pollution，229（7）：1-50.

AHMAD M，2012. Effects of pyrolysis temperature on soybean stover-and peanut shell-derived biochar properties and TCE adsorption in water[J]. Bioresource Technology，118：536-544.

AHMAD M，2014. Biochar as a sorbent for contaminant management in soil and water：a review[J]. Chemosphere，99：19-33.

AHMED M B，2017. Nano-Fe^0 immobilized onto functionalized biochar gaining excellent stability during sorption and reduction of chloramphenicol via transforming to reusable magnetic composite[J]. Chemical Engineering Journal，322：571-581.

AL-WABEL M I，2013. Pyrolysis temperature induced changes in characteristics and chemical composition of biochar produced from conocarpus wastes[J]. Bioresource Technology，131：374-379.

ARÁN D，2016. Influence of feedstock on the copper removal capacity of waste-derived biochars[J]. Bioresource Technology，212：199-206.

BAI S，2019. Magnetic biochar catalysts from anaerobic digested sludge：Production，application and environment impact[J]. Environment International，126：302-308.

CAI R，2017. Phosphate reclaim from simulated and real eutrophic water by magnetic biochar derived from water hyacinth[J]. Journal of Environmental Management，187：212-219.

CAI W，2019a. Preparation of amino-functionalized magnetic biochar with excellent adsorption performance for Cr(Ⅵ) by a mild one-step hydrothermal method from peanut hull[J]. Colloids and Surfaces A：Physicochemical and Engineering Aspects，563：102-111.

CAI W，2019b. Simultaneous removal of chromium（Ⅵ） and phosphate from water using easily separable magnetite/pyrite nanocomposite[J]. Journal of Alloys and Compounds，803：118-125.

CHEN L W，2018. Biochar modification significantly promotes the activity of Co_3O_4 towards heterogeneous activation of peroxymonosulfate[J]. Chemical Engineering Journal，354：856-865.

CHO D W，2017a. Simultaneous production of syngas and magnetic biochar via pyrolysis of paper mill sludge using CO_2 as reaction medium[J]. Energy Conversion and Management，145：1-9.

CHO D W，2017b. Fabrication of magnetic biochar as a treatment medium for As（V） via pyrolysis of $FeCl_3$-pretreated spent coffee ground[J]. Environmental Pollution，229：942-949.

CROMBIE K，2013. The effect of pyrolysis conditions on biochar stability as determined by three methods[J]. Gcb Bioenergy，5（2）：122-131.

DAI S，2019. Preparation and reactivation of magnetic biochar by molten salt method：Relevant performance for chlorine-containing pesticides abatement[J]. Journal of the Air & Waste Management Association，69（1）：58-70.

DEWAGE N B，2018. Fast nitrate and fluoride adsorption and magnetic separation from water on α-Fe_2O_3 and Fe_3O_4 dispersed on Douglas fir biochar[J]. Bioresource Technology，263：258-265.

DONG C D，2017. Synthesis of magnetic biochar from bamboo biomass to activate persulfate for the removal of polycyclic aromatic hydrocarbons in marine sediments[J]. Bioresource Technology，245：188-195.

DUAN S，2017. Synthesis of magnetic biochar from iron sludge for the enhancement of Cr(VI) removal from solution[J]. Journal of the Taiwan Institute of Chemical Engineers，80：835-841.

ENDERS A，2012. Characterization of biochars to evaluate recalcitrance and agronomic performance[J]. Bioresource Technology，114：644-653.

EPA U S，1996. Method 3050B：acid digestion of sediments，sludges，and soils[S]. Washington，DC.

FANG G，2014. Key role of persistent free radicals in hydrogen peroxide activation by biochar：implications to organic contaminant degradation[J]. Environmental Science & Technology，48（3）：1902-1910.

FU H，2019. Activation of peroxymonosulfate by graphitized hierarchical porous biochar and $MnFe_2O_4$ magnetic nanoarchitecture for organic pollutants degradation：Structure dependence and mechanism[J]. Chemical Engineering Journal，360：157-170.

GARG U K，2008. Removal of nickel（II） from aqueous solution by adsorption on agricultural waste biomass using a response surface methodological approach[J]. Bioresource Technology，99（5）：1325-1331.

GUPTA V K，2013. Removal of Cr(VI) onto Ficus carica biosorbent from water[J]. Environmental Science and Pollution Research，20（4）：2632-2644.

HAN Y，2016. Adsorption kinetics of magnetic biochar derived from peanut hull on removal of Cr(VI) from aqueous solution：effects of production conditions and particle size[J]. Chemosphere，145：336-341.

HEO J，2019. Enhanced adsorption of bisphenol A and sulfamethoxazole by a novel magnetic $CuZnFe_2O_4$-biochar composite[J]. Bioresource Technology，281：179-187.

HO S H，2018. Lead removal by a magnetic biochar derived from persulfate-ZVI treated sludge together with one-pot pyrolysis[J]. Bioresource Technology，247：463-470.

HU Q，2018. Mechanistic insights into sequestration of U（VI） toward magnetic biochar：batch，XPS and EXAFS techniques[J]. Journal of Environmental Sciences，70：217-225.

HU X，2017. Effects of biomass pre-pyrolysis and pyrolysis temperature on magnetic biochar properties[J]. Journal of Analytical and Applied Pyrolysis，127：196-202.

HU Y，2019. Liquid nitrogen activation of zero-valent iron and its enhanced Cr(VI) removal performance[J]. Environmental science & technology，53（14）：8333-8341.

HUANG R，2012. Heterogeneous sono-Fenton catalytic degradation of bisphenol A by Fe_3O_4 magnetic nanoparticles under neutral condition[J]. Chemical Engineering Journal，197：242-249.

IFTHIKAR J，2017. Highly efficient lead distribution by magnetic sewage sludge biochar：sorption mechanisms and bench applications[J]. Bioresource Technology，238：399-406.

JANG H M，2018. Adsorption isotherm，kinetic modeling and mechanism of tetracycline on Pinus taeda-derived activated biochar[J]. Bioresource Technology，259：24-31.

JEON C，2019. Removal of Cr(VI) from aqueous solution using amine-impregnated crab shells in the batch process[J]. Journal of Industrial and Engineering Chemistry，77：111-117.

JIA H，2018. Activate persulfate for catalytic degradation of adsorbed anthracene on coking residues：Role of persistent free radicals[J]. Chemical Engineering Journal，351：631-640.

JIANG L，2016. Removal of 17β-estradiol by few-layered graphene oxide nanosheets from aqueous solutions：External influence and adsorption mechanism[J]. Chemical Engineering Journal，284：93-102.

JIANG S F，2019. High efficient removal of bisphenol A in a peroxymonosulfate/iron functionalized biochar system：mechanistic elucidation and quantification of the contributors[J]. Chemical Engineering Journal，359：572-583.

JIANG S F，2018. Enhancing the catalytic activity and stability of noble metal nanoparticles by the strong interaction of magnetic biochar support[J]. Industrial & Engineering Chemistry Research，57（39）：13055-13064.

JUNG K W，2016. Facile synthesis of magnetic biochar/Fe_3O_4 nanocomposites using electro-magnetization technique and its application on the removal of acid orange 7 from aqueous media[J]. Bioresource Technology，220：672-676.

JUNG K W，2017. Synthesis of novel magnesium ferrite（$MgFe_2O_4$）/biochar magnetic composites and its adsorption behavior for phosphate in aqueous solutions[J]. Bioresource Technology，245：751-759.

KLOSS S，2012. Characterization of slow pyrolysis biochars：effects of feedstocks and pyrolysis temperature on biochar properties[J]. Journal of Environmental Quality，41（4）：990-1000.

KONG X，2017. Low-cost magnetic herbal biochar：characterization and application for antibiotic removal[J]. Environmental Science and Pollution Research，24（7）：6679-6687.

LI H，2017. Effect of pyrolysis temperature on characteristics and aromatic contaminants adsorption behavior of magnetic biochar derived from pyrolysis oil distillation residue[J]. Bioresource Technology，223：20-26.

LI L，2019. Degradation of naphthalene with magnetic bio-char activate hydrogen peroxide：synergism of bio-char and Fe-Mn binary oxides[J]. Water Research，160：238-248.

LI M，2019. Synthesis of magnetic biochar composites for enhanced uranium（Ⅵ） adsorption[J]. Science of the Total Environment，651：1020-1028.

LI R，2018a. Removal of cadmium（Ⅱ） cations from an aqueous solution with aminothiourea chitosan strengthened magnetic biochar[J]. Journal of Applied Polymer Science，135（19）：46239.

LI R，2018b. Magnetic biochar-based manganese oxide composite for enhanced fluoroquinolone antibiotic removal from water[J]. Environmental Science and Pollution Research，25（31）：31136-31148.

LI R，2019. High-efficiency removal of Pb（Ⅱ） and humate by a CeO_2-MoS_2 hybrid magnetic biochar[J]. Bioresource Technology，273：335-340.

LI R，2016. Recovery of phosphate from aqueous solution by magnesium oxide decorated magnetic biochar and its potential as phosphate-based fertilizer substitute[J]. Bioresource Technology，215：209-214.

LI S，2019. Insight into enhanced carbamazepine photodegradation over biochar-based magnetic photocatalyst Fe_3O_4/BiOBr/BC under visible LED light irradiation[J]. Chemical Engineering Journal，360：600-611.

LI X，2020. Preparation and application of magnetic biochar in water treatment：A critical review[J]. Science of The Total Environment，711：134847.

LIANG J，2019. Magnetic nanoferromanganese oxides modified biochar derived from pine sawdust for adsorption of tetracycline hydrochloride[J]. Environmental Science and Pollution Research，26（6）：5892-5903.

LI T，2018. La(OH)$_3$-modified magnetic pineapple biochar as novel adsorbents for efficient phosphate removal[J]. Bioresource Technology，263：207-213.

LIU S，2017. Enhancement of As（Ⅴ） adsorption from aqueous solution by a magnetic chitosan/biochar composite[J]. RSC Advances，7（18）：10891-10900.

LIU Y，2019. Adsorption and reductive degradation of Cr(Ⅵ) and TCE by a simply synthesized zero valent iron magnetic biochar[J]. Journal of Environmental Management，235：276-281.

LUO H，2019. Iron-rich microorganism-enabled synthesis of magnetic biocarbon for efficient adsorption of diclofenac from aqueous solution[J]. Bioresource Technology，282：310-317.

LUO L，2015. Properties of biomass-derived biochars：Combined effects of operating conditions and biomass types[J]. Bioresource Technology，192：83-89.

MA Y，2015. A novel magnetic biochar from spent shiitake substrate：characterization and analysis of pyrolysis process[J]. Biomass Conversion and Biorefinery，5（4）：339-346.

MOHAN D，2013. Cadmium and lead remediation using magnetic oak wood and oak bark fast pyrolysis bio-chars[J]. Chemical Engineering Journal，236（2）：513-528.

MOHAN D，2014. Cadmium and lead remediation using magnetic oak wood and oak bark fast pyrolysis bio-chars[J]. Chemical Engineering Journal，236：513-528.

MOJIRI A，2019. Cross-linked magnetic chitosan/activated biochar for removal of emerging micropollutants from water：Optimization by the artificial neural network[J]. Water，11（3）：551.

MUBARAK N M，2016. Plam oil empty fruit bunch based magnetic biochar composite comparison for synthesis by microwave-assisted and conventional heating[J]. Journal of Analytical and Applied Pyrolysis，120：521-528.

MUBARAK N M，2013. Adsorption and kinetic study on Sn^{2+} removal using modified carbon nanotube and magnetic biochar[J]. International Journal of Nanoscience，12（6）：1350044.

MUBARAK N M，2015. Removal of methylene blue and orange-G from waste water using magnetic biochar[J]. International Journal of Nanoscience，14（4）：1550009.

NIU J，2019. Study of the properties and mechanism of deep reduction and efficient adsorption of Cr(Ⅵ) by low-cost Fe_3O_4-modified ceramsite[J]. Science of the Total Environment，688：994-1004.

OLADIPO A A，2018. Highly efficient magnetic chicken bone biochar for removal of tetracycline and fluorescent dye from wastewater：two-stage adsorber analysis[J]. Journal of Environmental Management，209：9-16.

OLADIPO A A，2017. Targeted boron removal from highly-saline and boron-spiked seawater using magnetic nanobeads：Chemometric optimisation and modelling studies[J]. Chemical Engineering Research and Design，121：329-338.

QIAN L，2019. Enhanced removal of Cr(Ⅵ) by silicon rich biochar-supported nanoscale zero-valent iron[J]. Chemosphere，215：739-745.

QIN Y，2017. Improving methane yield from organic fraction of municipal solid waste（OFMSW）with magnetic rice-straw biochar[J]. Bioresource Technology，245：1058-1066.

RAJAPAKSHA A U，2018. Removal of hexavalent chromium in aqueous solutions using biochar：chemical and spectroscopic investigations[J]. Science of the Total Environment，625：1567-1573.

REGUYAL F，2018. Site energy distribution analysis and influence of Fe_3O_4 nanoparticles on sulfamethoxazole sorption in aqueous solution by magnetic pine sawdust biochar[J]. Environmental Pollution，233：510-519.

REGUYAL F，2018. Adsorption of sulfamethoxazole by magnetic biochar：effects of pH，ionic strength，natural organic matter and 17α-ethinylestradiol[J]. Science of the Total Environment，628：722-730.

REN L，2018. Reduced graphene oxide-nano zero value iron（rGO-nZVI）micro-electrolysis accelerating

Cr(Ⅵ) removal in aquifer[J]. Journal of Environmental Sciences，73：96-106.

RUIZ-TORRES C A，2018. Preparation of air stable nanoscale zero valent iron functionalized by ethylene glycol without inert condition[J]. Chemical Engineering Journal，336：112-122.

SHAN D，2016. Preparation of ultrafine magnetic biochar and activated carbon for pharmaceutical adsorption and subsequent degradation by ball milling[J]. Journal of Hazardous Materials，305：156-163.

SHANG J，2016. Chromium removal using magnetic biochar derived from herb-residue[J]. Journal of the Taiwan Institute of Chemical Engineers，68：289-294.

SHEN W，2017. Efficient removal of bromate with core-shell Fe@ Fe$_2$O$_3$ nanowires[J]. Chemical Engineering Journal，308：880-888.

STANKOVICH S，2007. Synthesis of graphene-based nanosheets via chemical reduction of exfoliated graphite oxide[J]. Carbon，45（7）：1558-1565.

SUN C，2019. Enhanced adsorption for Pb（Ⅱ） and Cd（Ⅱ） of magnetic rice husk biochar by KMnO$_4$ modification[J]. Environmental Science and Pollution Research，26（9）：8902-8913.

TANG L，2018. Sustainable efficient adsorbent：alkali-acid modified magnetic biochar derived from sewage sludge for aqueous organic contaminant removal[J]. Chemical Engineering Journal，336：160-169.

THINES K R，2017a. Effect of process parameters for production of microporous magnetic biochar derived from agriculture waste biomass[J]. Microporous and Mesoporous Materials，253：29-39.

THINES K R，2017b. In-situ polymerization of magnetic biochar-polypyrrole composite：a novel application in supercapacitor[J]. Biomass and Bioenergy，98：95-111.

TRUJILLO E M，1991. Mathematically modeling the removal of heavy metals from a wastewater using immobilized biomass[J]. Environmental Science & Technology，25（9）：1559-1565.

VAN SOEST P J，1991. Methods for dietary fiber，neutral detergent fiber，and nonstarch polysaccharides in relation to animal nutrition[J]. Journal of Dairy Science，74（10）：3583-3597.

VIKRANT K，2018. Engineered/designer biochar for the removal of phosphate in water and wastewater[J]. Science of the Total Environment，616：1242-1260.

VILLAESCUSA I，2004. Removal of copper and nickel ions from aqueous solutions by grape stalks wastes[J]. Water Research，38（4）：992-1002.

WANG B，2019. Comparative study of calcium alginate，ball-milled biochar，and their composites on aqueous methylene blue adsorption[J]. Environmental Science and Pollution Research，26（12）：11535-11541.

WANG H，2019. Biochar-induced Fe(Ⅲ) reduction for persulfate activation in sulfamethoxazole degradation：insight into the electron transfer，radical oxidation and degradation pathways[J]. Chemical Engineering Journal，362：561-569.

WANG L，2019. Synthesis of Ce-doped magnetic biochar for effective Sb（Ⅴ） removal：Performance and mechanism[J]. Powder Technology，345：501-508.

WANG S，2015a. Sorption of arsenate onto magnetic iron-manganese（Fe-Mn） biochar composites[J]. RSC Advances，5（83）：67971-67978.

WANG S，2015b. Physicochemical and sorptive properties of biochars derived from woody and herbaceous biomass[J]. Chemosphere，134：257-262.

WANG S，2015c. Regeneration of magnetic biochar derived from eucalyptus leaf residue for lead（II） removal[J]. Bioresource Technology，186：360-364.

WANG S，2019. Biomass facilitated phase transformation of natural hematite at high temperatures and sorption of Cd^{2+} and Cu^{2+}[J]. Environment International，124：473-481.

WANG S，2014. Combined performance of biochar sorption and magnetic separation processes for treatment of chromium-contained electroplating wastewater[J]. Bioresource Technology，174：67-73.

WANG X，2020. Mechanism of Cr(VI) removal by magnetic greigite/biochar composites[J]. Science of The Total Environment，700：134414.

WANG Z，2019. Efficient removal of oxytetracycline from aqueous solution by a novel magnetic clay-biochar composite using natural attapulgite and cauliflower leaves[J]. Environmental Science and Pollution Research，26（8）：7463-7475.

WEI D，2016. Biosorption of effluent organic matter onto magnetic biochar composite：Behavior of fluorescent components and their binding properties[J]. Bioresource Technology，214：259-265.

WU J，2018. Remediation of As（III） and Cd（II） co-contamination and its mechanism in aqueous systems by a novel calcium-based magnetic biochar[J]. Journal of Hazardous Materials，348：10-19.

XU X，2016. Role of inherent inorganic constituents in SO_2 sorption ability of biochars derived from three biomass wastes[J]. Environmental Science & Technology，50（23）：12957-12965.

YANG H，2007. Characteristics of hemicellulose，cellulose and lignin pyrolysis[J]. Fuel，86（12-13）：1781-1788.

YANG J，2016a. Degradation of p-nitrophenol on biochars：role of persistent free radicals[J]. Environmental Science & Technology，50（2）：694-700.

YANG J，2016b. Mercury removal by magnetic biochar derived from simultaneous activation and magnetization of sawdust[J]. Environmental Science & Technology，50（21）：12040-12047.

YANG M T，2019. CO_2 as a reaction medium for pyrolysis of lignin leading to magnetic cobalt-embedded biochar as an enhanced catalyst for Oxone activation[J]. Journal of colloid and interface science，545：16-24.

YAO Y，2011. Biochar derived from anaerobically digested sugar beet tailings：characterization and phosphate removal potential[J]. Bioresource Technology，102（10）：6273-6278.

YAP M W，2017. Microwave induced synthesis of magnetic biochar from agricultural biomass for removal of lead and cadmium from wastewater[J]. Journal of Industrial and Engineering Chemistry，45：287-295.

YI Y，2020a. Magnetic biochar for environmental remediation：A review[J]. Bioresource Technology，298：122468.

YI Y，2020b. Key role of FeO in the reduction of Cr(Ⅵ) by magnetic biochar synthesised using steel pickling waste liquor and sugarcane bagasse[J]. Journal of Cleaner Production，245：118886.

YI Y，2019. Biomass waste components significantly influence the removal of Cr(Ⅵ) using magnetic biochar derived from four types of feedstocks and steel pickling waste liquor[J]. Chemical Engineering Journal，360：212-220.

YIN Z，2020. A novel magnetic biochar prepared by K_2FeO_4-promoted oxidative pyrolysis of pomelo peel for adsorption of hexavalent chromium[J]. Bioresource Technology，300：122680.

YIN Z，，2018. Activated magnetic biochar by one-step synthesis：Enhanced adsorption and coadsorption for 17β-estradiol and copper[J]. Science of the Total Environment，639：1530-1542.

YU J，2019. Magnetic nitrogen-doped sludge-derived biochar catalysts for persulfate activation：internal electron transfer mechanism[J]. Chemical Engineering Journal，364：146-159.

YUAN P，2009. Montmorillonite-supported magnetite nanoparticles for the removal of hexavalent chromium [Cr(Ⅵ)] from aqueous solutions[J]. Journal of Hazardous Materials，166（2-3）：821-829.

YUAN P，2010. Removal of hexavalent chromium [Cr(Ⅵ)] from aqueous solutions by the diatomite-supported/unsupported magnetite nanoparticles[J]. Journal of Hazardous Materials，173（1-3）：614-621.

ZHANG H，2018. Magnetic biochar catalyst derived from biological sludge and ferric sludge using hydrothermal carbonization：preparation，characterization and its circulation in Fenton process for dyeing wastewater treatment[J]. Chemosphere，191：64-71.

ZHANG L，2019. Functionalized biochar-supported magnetic $MnFe_2O_4$ nanocomposite for the removal of Pb(Ⅱ) and Cd(Ⅱ)[J]. Rsc Advances，9（1）：365-376.

ZHANG M，2015. Chitosan modification of magnetic biochar produced from Eichhornia crassipes for enhanced sorption of Cr(Ⅵ) from aqueous solution[J]. Rsc Advances，5（58）：46955-46964.

ZHANG M，2013. Preparation and characterization of a novel magnetic biochar for arsenic removal[J]. Bioresource Technology，130：457-462.

ZHANG S H，2018. Mechanism investigation of anoxic Cr(Ⅵ) removal by nano zero-valent iron based on XPS analysis in time scale[J]. Chemical Engineering Journal，335：945-953.

ZHANG S，2019. Magnetic apple pomace biochar：Simple preparation，characterization，and application for enriching Ag（Ⅰ）in effluents[J]. Science of the Total Environment，668：115-123.

ZHAO H，2018. Adsorption behaviors and mechanisms of florfenicol by magnetic functionalized biochar and reed biochar[J]. Journal of the Taiwan Institute of Chemical Engineers，88：152-160.

ZHONG D，2018. Mechanistic insights into adsorption and reduction of hexavalent chromium from water using magnetic biochar composite：key roles of Fe_3O_4 and persistent free radicals[J]. Environmental Pollution，243：1302-1309.

ZHOU J，2019. Bone‑derived biochar and magnetic biochar for effective removal of fluoride in groundwater：Effects of synthesis method and coexisting chromium[J]. Water Environment Research，91（7）：588-597.

ZHOU X，2018a. Efficient removal of lead from aqueous solution by urea-functionalized magnetic biochar：Preparation，characterization and mechanism study[J]. Journal of the Taiwan Institute of Chemical Engineers，91：457-467.

ZHOU X，2018b. Preparation of iminodiacetic acid-modified magnetic biochar by carbonization，magnetization and functional modification for Cd（II） removal in water[J]. Fuel，233：469-479.

ZHOU Y，2019. Analyses of tetracycline adsorption on alkali-acid modified magnetic biochar：site energy distribution consideration[J]. Science of the Total Environment，650：2260-2266.

ZHOU Z，2017. Sorption performance and mechanisms of arsenic（V） removal by magnetic gelatin-modified biochar[J]. Chemical Engineering Journal，314：223-231.

ZHU S，2018. Enhanced hexavalent chromium removal performance and stabilization by magnetic iron nanoparticles assisted biochar in aqueous solution：mechanisms and application potential[J]. Chemosphere，207：50-59.

ZHU S，2017. Magnetic nanoscale zerovalent iron assisted biochar：interfacial chemical behaviors and heavy metals remediation performance[J]. ACS Sustainable Chemistry & Engineering，5（11）：9673-9682.

ZHU Y，2018. Interaction of Eu（III） on magnetic biochar investigated by batch，spectroscopic and modeling techniques[J]. Journal of Radioanalytical and Nuclear Chemistry，316（3）：1337-1346.

ZHUANG L，2014. Carbothermal preparation of porous carbon-encapsulated iron composite for the removal of trace hexavalent chromium[J]. Chemical Engineering Journal，253：24-33.

中华人民共和国国家环境保护局，1987. 水质　六价铬的测定　二苯碳酰二肼分光光度法（GB/T 7467—1987）[S]. 北京：中国环境科学出版社.

中华人民共和国环境保护部，2014. 固体废物　六价铬的测定　碱消解火焰原子吸收分光光度法（HJ 687—2014）[S]. 北京：中国环境出版社.

第7章 磁性离子印迹壳聚糖的制备及其
吸附 Cu(II)的研究

7.1 环境中的铜

铜是人类最早使用的金属，最早用于制造武器和器皿，现在铜主要应用于电镀、电子产品、工业机械、建筑等行业。另外，现时所使用的电线大多是由纯铜制成的，这是因为铜的导电性和导热性都非常优秀，而且铜还具有相当好的延展性。在电镀工业中，镀铜是使用最广泛的一种预镀层，一般用于铸模、镀镍、镀铬、镀银和镀金的打底，以修复磨损部分，防止局部渗碳和提高导电性，对于提高镀层间的结合力和耐蚀性起重要作用。

7.1.1 环境中铜的存在形态及其危害

在工业生产中，印染、有色冶炼、矿山开采、化工、电子元件制造、电镀、染料生产等行业都可能产生大量的含铜废水。按铜离子的价态有 Cu(II)和 Cu(I)；按存在的形式有游离铜离子（Cu^{2+}）和络合铜离子[[$Cu(CN)_3$]$^{2-}$、[$Cu(NH_3)_4$]$^{2+}$]（雷兆武等，2009）。

在电镀等行业中，其产生的镀碱铜废水的铜离子通常以络合形态存在，如铜氰配离子[$Cu(CN)_2$]$^-$、[$Cu(CN)_3$]$^{2-}$、[$Cu(CN)_4$]$^{3-}$，一般认为废水中铜氰配离子主要以[$Cu(CN)_3$]$^{2-}$的形式存在。铜氯配离子被分解为 Cu^+ 和 Cl^-，一价铜离子［（Cu(I)］在水溶液中不稳定，会自发地发生歧化反应，转变为二价铜离子［Cu(II)］。而在酸性镀铜废水中，主要存在 Cu^{2+}、H^+、Fe^{2+}、Fe^{3+} 等阳离子和 SO_4^{2-}、Cl^- 等阴离子，而在氰化镀铜漂洗废水中，游离氰根离子（CN^-）含量为 300～450 mg/L，Cu(I)含量为 400～550 mg/L（雷兆武等，2009）。

铜是人体和动植物必需的微量元素，但过量的摄入会使铜累积在人体的大脑、皮肤、肝脏、胰脏等器官而引发毒性（Ngah et al.，2008；Lesmana et al.，2009）。当人体过量摄入铜时，可能表现出威尔逊（Wilson）氏症，其特异症状是在角膜后弹力层上出现铁锈样环，这是铜沉积在眼角膜周围而引起的；当铜沉积于脑部时，可引起神经组织病变，而出现小脑运动失常和帕金森综合征；当铜沉积在近侧肾小管时，可引起氨基酸尿、糖尿、蛋白尿、磷酸盐尿和尿酸尿。

　　铜对低等生物和农作物的毒性较大，对鱼类的致死量仅为 0.1～0.2 mg/L；铜对农作物的毒性非常强，是农作物重金属中毒性最高的金属，能以铜离子的形态富集于根部影响养分吸收。灌溉水中若含大量的铜盐，会使水的渗透压增加，水质硬度增高，使土壤发生盐渍化，极大地影响农作物的生长（郭仁东等，2004）。

7.1.2　水体中 Cu(Ⅱ)的去除技术

　　水体中常用的 Cu(Ⅱ)去除技术有化学沉淀法、离子交换法、电解法和吸附法等。

　　（1）化学沉淀法

　　化学沉淀法是通过化学反应，使溶解于水溶液中的重金属离子转变为不溶于水的重金属化合物，通过固液分离的手段使重金属沉淀物从水溶液中去除的方法，包括中和沉淀法、硫化物沉淀法、铁氧体共沉淀法等。其中，中和沉淀法也被称作氢氧化物沉淀法，使用该方法将生成难溶性的金属氢氧化物，如氢氧化钙；硫化物沉淀法是生成难溶性金属硫化物，如硫化铅；铁氧体共沉淀法，则是利用铁氧体反应，将水溶液中的二价或三价金属离子填充到铁氧体尖晶石的晶格中去，使之沉淀分离。

　　由于沉淀剂和环境条件等影响因素，化学沉淀法出水浓度经常无法达到要求，需要进一步地处理，且产生的沉淀物为危险废物，必须按要求严格处理与处置，否则会造成二次污染；其优点是去除范围广、效率高、操作简单、经济成本低。

　　（2）离子交换法

　　离子交换法是水处理中去除重金属的重要方法之一，其原理是：不溶性离子化合物（离子交换剂）上的可交换离子与溶液中的其他同性离子的交换反应，通常是可逆的。

　　目前，水处理中使用的离子交换剂多为离子交换树脂，是人工合成的高分子聚合物，由树脂母体和活性基团组成。树脂非离子化合物，无离子交换能力，需经过处理，并加上活性基团，才具有离子交换能力。离子交换树脂按树脂的类型和孔结构的不同可分为凝胶型树脂、大孔型树脂、多空凝胶型树脂、巨孔型树脂和高巨孔型树脂等。在含铜废水处理中，一般选用氢型强酸性阳离子交换树脂，如张剑波等（2001）选用多种大孔强酸型树脂去除有机物废水中的铜离子，并取得了很好的效果。

　　离子交换法的优点是进行交换后留在树脂上的铜离子，用 18%～20%的硫酸溶液淋洗后可以重新进入溶液而被回收，同时树脂也得到再生，可重复利用，并且该方法易于实现工艺的自动化。缺点是投资费用高，操作复杂，而且树脂的再生过程中需要消耗大量的再生剂，限制了其工程应用。

　　（3）电解法

　　电解法是利用通电时阴阳极的电化学反应，使废水中的有毒物分解、氧化还原、沉淀的过程。通电时，水溶液中带正电的铜离子，在电场作用下，向阴极做定向移动，在阴极表面，铜离子获得电子，还原成铜原子并覆盖在阴极上，从而使水中的铜分离。郭仁东等（2004）采用电解法处理印刷电路板生产过程中产生的碱氨蚀刻含铜废水，铜离子去除效率达到99%以上，并可回收金属铜。电解法处理含铜废水，流程简单，占地面积小，可在阴极上回收金属铜且回收的纯度高，但要求废水中铜含量不小于 2～3 g/L，且耗电量大，废水处理量小（宋春丽等，2008）。

（4）吸附法

吸附法是利用材料的物理吸附和化学吸附等作用去除废水中有害物质的方法。吸附材料是指具有较大比表面积和较高表面能的材料，吸附材料与污染物之间的作用通常可分为化学吸附（表面化学配位、络合作用）和物理吸附（范德华力、静电吸引）。吸附材料一般要求具有吸附容量大、吸附选择性好、吸附速度快、化学性质稳定、成本低、易回收再生、可重复使用等特点（李江等，2006）。由于吸附材料特有的结构和特性，能有效去除废水中的重金属离子，所以，吸附法是重金属废水处理中最重要的方法之一（蒋清民，2003）。

吸附材料的种类繁多，来源广泛，大体可分为：炭质类如活性炭（Bouhamed et al.，2012），矿物类如膨润土（Koyuncu et al.，2014）、氧化铁（Boujelben et al.，2009），高分子类如离子交换树脂（Rengaraj et al.，2007）、壳聚糖（Ngah et al.，2002），生物类如酵母菌（Han R et al.，2006）等。在传统的重金属废水处理中，活性炭是最常用的吸附材料（Bouhamed et al.，2012），包括粒状活性炭、粉状活性炭和活性炭纤维等。活性炭可以同时吸附多种重金属离子，吸附容量大，但使用寿命短，成本高，难再生。

近十几年，壳聚糖及其衍生物作为生物高分子吸附材料越来越受到关注。壳聚糖（Chitosan），化学名称为聚葡萄糖胺（1-4）-2-氨基-β-D 葡萄糖，是甲壳素脱乙酰基而成的一种链状高分子聚合物（图 7-1）。其分子中存在大量的氨基和羟基，可与金属离子形成稳定的配合物，因此，壳聚糖对重金属离子具有显著的吸附效果。而且，壳聚糖可被环境降解，无毒无害。壳聚糖由于其特有的化学结构，使其易于进行改性或与其他物质复合，从而针对性地增强其作为吸附材料的个别特性。在未来，壳聚糖作为吸附材料必将越来越受到重视。

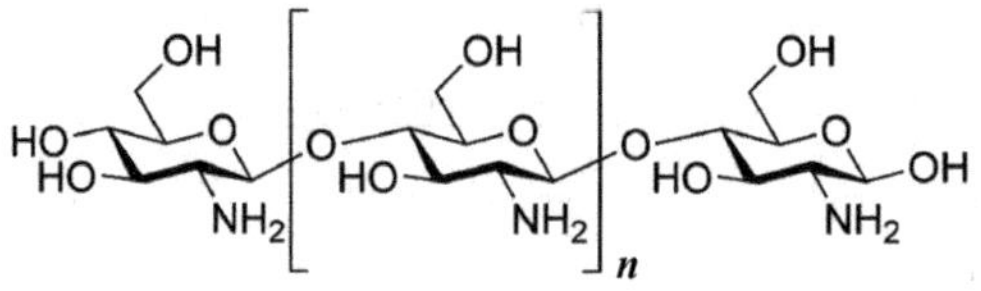

图 7-1　壳聚糖结构示意图

7.2 磁性离子印迹壳聚糖材料概述

7.2.1 离子印迹

水环境中金属离子的分离和提取一直是大难题。离子交换或吸附等固液分离材料为这一难题简化了过程、降低了成本，然而，对金属离子的选择性去除仍然是水处理的一道难关。为克服选择性问题，化学家们从基于分子识别作用的生物传递和接收器中得到启示。分子印迹聚合物（Molecularly Imprinted Polymers，MIPs）就是被设计为对某些分子具有识别功能的化合物。分子印迹技术，是指将某一特定的分子作为模板，将结构上具有互补性的功能单体通过相互作用与模板结合，加入交联剂进行反应，之后将模板分子洗脱出来，形成一种具有固定空穴大小和形状，以及固定排列功能团的刚性聚合物，从而能高选择性地识别模板分子的方法（Mosbach et al.，1996）。

离子印迹聚合物（Ion Imprinted Polymers，IIPs）的概念与分子印迹聚合物非常相似，只是由金属离子代替了模板分子。分子印迹聚合物与模板分子一般是传统的化学单体结合，可能是通过范德华力或氢键作用力等，而离子印迹聚合物与模板金属离子主要是依靠配位络合作用（Branger et al.，2013）。为了在聚合物网络中形成三维可识别空穴，离子印迹聚合物的制备主要包含配体与金属的结合和聚合物单体的交联共聚作用（Branger et al.，2013）。Saatçilar D 等（2006）把这个制备过程归纳总结为 3 个步骤：①金属离子与可聚合配体的络合；②络合物之间发生聚合；③聚合后去除模板离子。如图 7-2 所示。

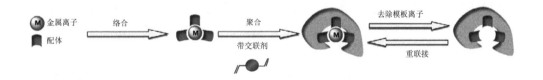

图 7-2 制备离子印迹聚合物的过程

在离子印迹聚合物的制备过程中，交联作用是形成离子印迹空穴的关键步骤。然而，交联作用可发生在具有配体的功能单体之间，或不可聚合的配体之间，或链状聚合物之间等。Rao 等（2006）根据这些交联作用的不同机理进行了分类：①具有金属结合基团的线性链聚合物（如壳聚糖）之间的交联；②带乙烯基的配体结合金属离子后通过交联进行化学固定；③产生在水溶液与有机物之间界面的表面印迹；④无官能团配体被交联聚合物包裹在其网络框架内（图7-3）。

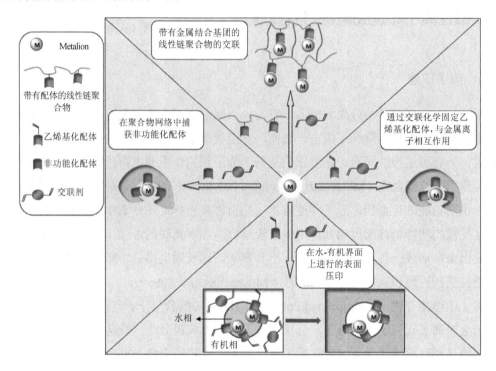

图 7-3　制备离子印迹聚合物的不同途径

　　离子印迹聚合物早在1976年由Nishide等提出，而真正的发展则在近十几年间，在世界范围内均得到了非常广泛的关注和应用，其中也不乏铜离子印迹的报道。Zheng X D等（2015）在一种二氧化硅微球上负载一层铜离子印迹聚合物，制成的荧光探针对Cu(Ⅱ)有非常高的敏感性和选择性；Zarghami等（2015）利用铜离子为印迹模板，制成了一种交联壳聚糖/聚乙烯醇离子印迹膜，用于富集水中的铜离子，效果显著；Germiniano等（2014）合成了一种分层印迹交联有机聚合物材料，分别在镉、锌、钴等干扰离子下对铜离子表现出了很高的选择性。

　　总之，离子印迹聚合物能有效识别某些特定离子的特性，有非常高的应用价值。

7.2.2　磁性壳聚糖

　　水污染是全球关注的环境问题。吸附法是治理水污染最常用的方法（O'Connell et al.，2008），而活性炭毋庸置疑是用途最广的吸附材料（Mohan et al.，2006）。然而，活性炭的成本还是相对较高的（Reddy et al.，2013）。近十几年，壳聚糖及其衍生物作为生物高分子吸附材料越来越受到关注。壳聚糖链上富含氨基和羟基，赋予壳聚糖高超的螯合能力，而表现出对各种金属离子高效的吸附性能（Schmuhl et al.，2001），其螯合作用的选择性也得到极大的推崇。壳聚糖不会与那些在水环境中含量丰富且对人体无害的碱性金属或碱土金属发生螯合，而对那些微量却有毒有害的过渡金属和后过渡金属有很强的螯合能力（Muzzarelli et al.，1973；Chethan et al.，2013）。目前，有关壳聚糖及其衍生物去除水中污染物的报道越来越多。早在 2004 年，Varma 等就已经概述了壳聚糖及其衍生物的分类、其离子结合能力的对比、分析方法和吸附机理等。相对于活性炭，壳聚糖作为一种低成本且高效的天然聚合物吸附剂得到了极大的关注（Muzzarelli et al.，2011）。

然而，吸附过后如果使用传统的分离技术（如过滤、沉淀等）分离壳聚糖吸附剂将十分困难，吸附材料很可能会堵住滤网或大量流失，甚至造成二次污染。为克服这一困难且能达到吸附剂再生的目的，磁性分离技术应运而生。这种技术最大的优势是在使用少量能源且不产生污染的情况下，能短时间内在大量废水中分离出磁性吸附材料（Feng Y et al.，2010）。

磁性壳聚糖复合材料，由壳聚糖聚合物基质和分散的磁性颗粒组成，由于其卓越的生物、化学和物理特性，磁性壳聚糖在生物医学（Lee H U et al.，2012）、环境学（Shen C et al.，2011）、分析学（Li J et al.，2012）等学科得到应用。对比其他吸附材料，磁性壳聚糖，即使在低浓度、短时间内依然能表现出较高的吸附量和吸附速度，因此，在水处理方面得到了广泛的应用（Abou et al.，2011）。Li H 等（2011）通过嫁接二亚乙基三胺合成了磁性胺化壳聚糖，在 pH 为 6.0 时，对铜离子的吸附效果最佳；Zhou L 等（2009）合成了一种磁性壳聚糖，并用硫脲改性，用于吸附 Hg(Ⅱ)、Cu(Ⅱ)、Ni(Ⅱ)，其中对 Cu(Ⅱ)的吸附量为 66.7 mg/g；Monier 等（2010）则先将壳聚糖与吲哚醌反应，进而合成一种磁性壳聚糖——交联磁性吲哚醌席夫碱壳聚糖树脂，其对 Cu(Ⅱ)的吸附量能达到 103.16 mg/g。总体来说，磁性壳聚糖具有高吸附量、经济、环境友好、可回收再生及高可塑性等优秀特性。

7.2.3 磁性离子印迹壳聚糖材料研究进展

现有研究通过将离子印迹技术引用到磁性壳聚糖中而制成的磁性离子印迹壳聚糖材料，在吸附重金属方面发挥了更好的优势。目前，合成离子印迹壳聚糖用于吸附水溶液中铜离子及其他金属离子的研究也已见报道。这些磁性离子印迹壳聚糖材料的主要制备步骤及原理基本一致：先制备磁性颗粒材料，后将壳聚糖溶于酸性溶液，使磁性颗粒混合均匀，引入模板离子，配入交联剂，最后用洗脱液去掉模板离子。近几年，关于磁性离子印迹壳聚糖材料吸附重金属的研究及材料的制备方法介绍如下述。

Ren Y 等（2008）使用 Fe_3O_4 纳米颗粒、壳聚糖和废菌丝合成的一种磁性铜离子印迹复合吸附剂发挥了对铜离子较高的选择性，其吸附等温线比较符合 Langmuir 等温吸附模型，吸附动力学与拟二级动力学拟合程度最高，最大吸附容量为 71.36 mg/g。材料制备方法是：使用铁盐提前制备好 Fe_3O_4 纳米颗粒；称取壳聚糖溶于 2.5%的乙酸，加入 5 mL $CuSO_4$（5 000 mg/L）并搅拌至吸附平衡；加入 Fe_3O_4 纳米颗粒和环氧氯丙烷交联剂进行交联，加入废菌丝和三聚磷酸钠进行复合，最后使用 EDTA 溶液洗脱模板离子，烘干即得到磁性铜离子印迹复合吸附剂。

Zhou L 等（2012）则以 U(Ⅵ)为模板制备了一种离子印迹磁性壳聚糖树脂，表现出良好的选择吸附性。材料制备方法是：使用铁盐提前制备好 Fe_3O_4 纳米颗粒；称取壳聚糖溶于 2.0%的乙酸，加入 U(Ⅵ)溶液（10 mg/L）并搅拌至吸附平衡；加入 Fe_3O_4 纳米颗粒和司班 80 分散剂，使用超声辅助颗粒分散，将混合液分散在环己烷和正己醇有机溶液介质中，加入戊二醛交联剂进行交联，最后用 0.5 mol/L 的 HNO_4 溶液洗脱模板离子和用碱液去质子化后烘干即可。

Fan L 等（2011）制备了磁性硫脲改性壳聚糖银离子印迹吸附剂，用于选择吸附水环境中的银离子。材料制备方法是：提前利用铁盐制备 Fe_3O_4 颗粒；将硫脲接枝在壳聚糖上生成硫脲-壳聚糖；将硫脲-壳聚糖溶于 3.0%的乙酸溶液中，加入 Fe_3O_4 颗粒，利用超声、石蜡和司班 80 辅助磁性材料分散；使用戊二醛交联剂交联，生成磁性硫脲-壳聚糖并与银离子溶液混合，超声分散，加入环氧氯丙烷进一步交联，最后使用 0.5 mol/L 的 HNO_4 溶液洗脱模板离子和用碱液去质子化后烘干即可。

值得注意的是，已报道的磁性离子印迹壳聚糖吸附材料的制备步骤和原理基本相似，其中的磁性物质（如 Fe_3O_4 颗粒）都需使用化学试剂（如 $FeCl_2$、$FeCl_3$ 等铁盐）提前合成备好，之后与壳聚糖溶液混合，且在混合过程中常需要使用超声和分散剂等方法辅助颗粒分散，吸附材料整体的制备步骤也相对烦琐（Monier et al.，2010；Hu X J et al.，2011；Monier et al.，2012a；Kuang et al.，2013；Ren Y et al.，2013）。这些问题必然限制材料的实际应用和发展。减少制备成本和简化制备步骤，并保证吸附效果，将会是磁性离子印迹壳聚糖吸附材料走向实际应用的一个重要的研究方向。

7.3 基于钢铁酸洗废液的磁性离子印迹壳聚糖制备工艺及其表征

7.3.1 研究背景

离子印迹聚合物对特定靶标离子具有预设的选择功能，因此被广泛应用于固相提取（Luo X et al.，2012）。交联链状聚合物是制备离子印迹聚合物最成熟的一项技术，而天然链状聚合物壳聚糖是其最常用的原材料（Branger et al.，2013）。在吸附过后，用传统的分离方法，通常很难将壳聚糖吸附材料从水溶液中分离，其残留物还可能造成二次污染（Reddy et al.，2013）。磁性分离技术正好能克服这个问题。当壳聚糖吸附材料与磁性物质复合后，将能在外加磁场下从水溶液中分离（Dodi et al.，2012）。然而，这些磁性离子印迹壳聚糖以及大部分磁性壳聚糖中的磁性物质，都需提前使用化学试剂合成才能用于与壳聚糖复合，因此需要消耗昂贵的化学试剂，并且制备步骤繁多。

钢铁酸洗废液（以下简称"废酸"）是钢铁生产过程中酸洗工序产生的废液，其中含有一般铁氧化物制备过程必需的铁离子、氢离子浓度分别高达 122 g/L 及 910 mg/L，极具回收利用潜力（Fang Z et al.，2010；Fang Z et al.，2011）。利用废酸作为磁性离子印迹壳聚糖中磁性物质的铁源，可大幅降低生产成本（Fang X B et al.，2014）。此外，将废酸与壳聚糖混合后共沉淀，直接合成磁性壳聚糖，可极大地简化制备步骤。

磁性壳聚糖在制备过程中，通常选用 1.0%的盐酸或 2.5%的乙酸进行溶解，形成的不同的壳聚糖酸性溶液可能对合成的材料有影响；模板离子和交联剂不同的使用量以及使用不同的洗脱液都可能对材料吸附位点的形成产生影响。因此，本书将展开讨论壳聚糖酸性溶液的选择、模板离子的投加量、交联剂戊二醛的使用量、洗脱液的选择等，最终得出最佳的制备工艺条件，并对所得的材料做了详细的表征。

7.3.2　磁性离子印迹壳聚糖的制备

称取 1.0 g 壳聚糖粉末溶于 100 mL 酸性溶液中，移取 2.5 mL 废酸与壳聚糖溶液混合，置于 80℃水浴锅中加热并剧烈搅拌，缓慢滴加一定量（3.0 mol/L）氨水将 pH 调至 9～10，密封使反应体系隔绝空气，80℃下搅拌熟化。去离子水冲洗所得材料至中性后，加入一定量 $CuSO_4$ 溶液［作为 Cu(Ⅱ)模板］，将 pH 调至 4.00 并搅拌至吸附完全。滴入一定量的戊二醛进行交联反应后用去离子水冲洗 3 遍，再加入一定量的酸性溶液搅拌洗脱，每隔一段时间更换洗脱液，直至经过洗脱后的洗脱液中检测不出铜离子为止。再用去离子水将材料冲洗至中性，加入 0.5 mol/L 的 NaOH 溶液搅拌去质子化，用去离子水冲洗至中性，用无水乙醇、丙酮各冲洗数次，烘干，研磨至均匀粉状，即得磁性离子印迹壳聚糖（记为 MICS）。

另外，用于对比试验的磁性壳聚糖（记为 MCS）在制备过程中不加入 $CuSO_4$，无须洗脱，其他步骤与上述一致。Fe_3O_4 同样基于废酸原料制备而成，先将废酸在氮气的保护下置于水浴中搅拌加热至 80℃，向废液中缓慢滴加氨水至反应体系 pH 达到 10.0 左右为止，继续加热和搅拌使其熟化，所得黑色沉淀即 Fe_3O_4 颗粒。

以上所用的废酸来自广州某冷轧带钢公司，其物理化学性质如表 7-1 所示。其中，Fe^{2+}/Fe^{3+} 比例约为 16∶1。

表 7-1 钢铁酸洗废液物理化学性质

项目	废水
颜色	棕黄
色度/倍	1 250
H^+/（mg/L）	910
Fe/（mg/L）	121 860
Ni/（mg/L）	17
Zn/（mg/L）	3
Cl^-/（mg/L）	216 400
SO_4^{2-}/（mg/L）	1 050
NO_3^-/（mg/L）	850

7.3.3 材料制备工艺的优化

7.3.3.1 壳聚糖酸性溶液的选择

在制备过程中，分别使用两种不同的酸性溶液（1.0%盐酸和 2.5%乙酸）溶解壳聚糖粉末。以 1.0%盐酸为溶剂，壳聚糖粉末较易溶解，制备所得磁性壳聚糖烘干后基本成粉状，粉末较轻、较细，颜色偏黄。以 2.5%乙酸为溶剂，壳聚糖粉末溶解较慢，所得壳聚糖溶液较黏稠，制备所得磁性壳聚糖研磨后的粉末较重，颜色偏黑。

吸附预试验结果见表 7-2，使用 2.5%乙酸制得的材料其去除效率和吸附量均优于 1.0%盐酸的。反应后，溶液中均未检测到铁离子，说明材料不存在铁溶出现象，材料稳定性良好。使用乙酸制备的材料吸附效果明显较优，但实际吸附量差别不大，两者相差 5.0 mg/g 左右。出现这个现象，可能是由于两种酸性溶液的 pH 及酸根离子不同，1.0% 盐酸（pH=1.10）酸性大于 2.5%乙酸（pH=2.55），溶于盐酸的壳聚糖更容易发生水解，导致壳聚糖链断裂，不利于材料的吸附。两种材料的结构或比表面积可能也存在一定的区别，需要进一步检测论证。总体而言，两种材料的区别不大，使用 2.5%乙酸制备所得磁性壳聚糖吸附效果略好，因此下一步试验中均采用 2.5%乙酸作为酸性溶液溶解壳聚糖。

表 7-2 两种不同酸性溶剂对吸附效果的影响　　　　　　　　　单位：mg/g

酸溶液	吸附能力	溶解铁
盐酸（1.0%）	53.48	0
乙酸（2.5%）	58.14	0

7.3.3.2 三因素三水平正交试验

三因素三水平正交试验（表 7-3）分别以 $CuSO_4$ 投加量（A）、戊二醛使用量（B）、洗脱液（C）为 3 个因素，分别划分 3 个水平。其中，$CuSO_4$ 投加量（A）以 Cu（Ⅱ）与壳聚糖的重量比划分 3 个梯度：1（1.0%）、2（0.5%）、3（0.1%）；戊二醛使用量（B）以戊二醛上的醛基与壳聚糖上的氨基的摩尔比划分 3 个水平：1（0.803 3）、2（1.204 9）、3（1.606 5）；洗脱液（C）则分成了 3 种不同的洗脱液：1（0.2 mol/L HNO$_3$）、2（0.2 mol/L EDTA）、3（0.2 mol/L HCl）。

表 7-3　三因素三水平正交试验方案

编号	A	B	C	4	A	B	C
1	1	1	1	1	1（1.0%）	1（1.204 9）	1（HNO$_3$）
2	1	2	2	2	1（1.0%）	2（0.803 3）	2（EDTA）
3	1	3	3	3	1（1.0%）	3（1.606 5）	3（HCl）
4	2	1	3	2	2（0.5%）	1（1.204 9）	3（HCl）
5	2	2	1	3	2（0.5%）	2（0.803 3）	1（HNO$_3$）
6	2	3	2	1	2（0.5%）	3（1.606 5）	2（EDTA）
7	3	1	2	3	3（0.1%）	1（1.204 9）	2（EDTA）
8	3	2	3	1	3（0.1%）	2（0.803 3）	3（HCl）
9	3	3	1	2	3（0.1%）	3（1.606 5）	1（HNO$_3$）

使用 MCS 在相同条件下进行吸附预试验，其吸附量为 44.87 mg/g。由表 7-4 可以看出，9 次试验结果中以 8 号材料的吸附效果最佳，吸附量达 56.18 mg/g，是 6 号材料吸附量（39.78 mg/g）的 1.4 倍，其相应的水平组合（A_3=0.1%，B_2=1.204 9，C_3 为 HCl）是当前最好的水平搭配。对比极差（R）可知，三水平影响的主次顺序为 $B>A>C$，戊二醛的投加量对材料吸附效果的影响最大，CuSO$_4$ 投加量和洗脱液的选择对吸附效果的影响程度相当。将 3 个因素的 3 个水平的平均吸附量作图（图 7-4）对比可知，CuSO$_4$ 投加量越低，吸附效果越好，以 0.1%为最佳；戊二醛使用量越低，吸附效果越好，醛氨摩尔比以 0.803 3 为最好；选择 0.2 mol/L 的 HCl 溶液为洗脱液，吸附效果最佳。由此得最佳组合为 $A_3B_1C_3$，该组合不包含在 9 种正交组合内，故需要追加试验，对比组合 $A_3B_2C_3$ 与 $A_3B_1C_3$ 的吸附效果，得出最佳制备工艺。

表 7-4　试验结果与分析

编号	A	B	C	Q_e（mg/g）
1	1（1.0%）	1（0.803 3）	1（HNO$_3$）	49.82
2	1（1.0%）	2（1.204 9）	2（EDTA）	45.46
3	1（1.0%）	3（1.606 5）	3（HCl）	39.8
4	2（0.5%）	1（0.803 3）	3（HCl）	53.00
5	2（0.5%）	2（1.204 9）	1（HNO$_3$）	48.12
6	2（0.5%）	3（1.606 5）	2（EDTA）	39.78
7	3（0.1%）	1（0.803 3）	2（EDTA）	51.72

编号	A	B	C	Q_e/（mg/g）
8	3（0.1%）	2（1.204 9）	3（HCl）	56.18
9	3（0.1%）	3（1.606 5）	1（HNO₃）	43.85
T_1	135.08	154.54	141.79	427.73
T_2	140.90	149.76	136.96	
T_3	151.75	123.43	148.98	
m_1	45.03	51.51	47.26	
m_2	46.97	49.92	45.65	
m_3	50.58	41.14	49.66	
R	5.56	10.37	4.01	

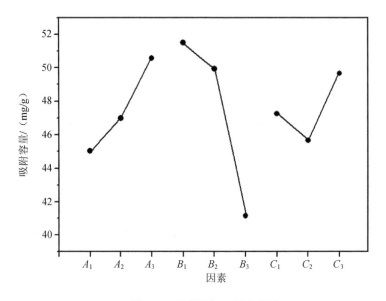

图 7-4　吸附量与三因素关系

7.3.3.3　戊二醛投加量的确定

由图 7-5 可知，随着戊二醛投加量的增加，即醛氨摩尔比的增大，材料的吸附量逐渐下降。当醛氨比最小为 0.482 0 时，材料平均吸附量为 47.18 mg/g，是醛氨比为 1.204 9 时材料平均吸附量的 1.25 倍。醛氨比越低，交联时氨基的消耗量越小，吸附量就越大，而交联壳聚糖的稳定性（包括耐酸性）越低。由试验得知，当醛氨比为 0.321 3 或更小时，材料在用 HCl（0.2 mol/L）洗脱的过程中发生大量溶解，当醛氨比为 0.482 0 略高于 0.321 3 时，则不发生溶解，且过低的交联度也不利于壳聚糖对金属离子的吸附（Modrzejewska et al.，2013）。在兼顾材料稳定性的同时，可选取最佳的醛氨比为 0.482 0。

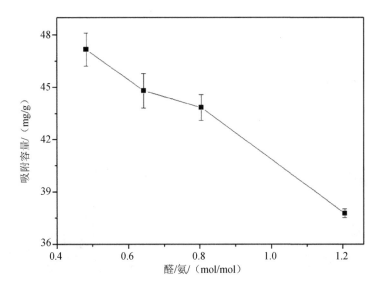

图 7-5　戊二醛使用量对材料吸附效果的影响

　　经过上述试验的对比论证，制备过程中壳聚糖溶剂、印迹离子投加量、洗脱液、戊二醛投加量等最佳工艺条件已经确定，所以磁性离子印迹壳聚糖的最佳制备工艺如下：称取 1.0 g 壳聚糖粉末溶于 100 mL 的 2.5%乙酸溶液中，移取 2.5 mL 废酸与壳聚糖溶液混合于锥形瓶，缓慢搅拌 5 min，置于 80℃水浴锅中，一边缓慢滴加氨水将 pH 调到 9～10，一边剧烈搅拌，而后用保鲜膜封住瓶口，80℃下搅拌熟化。所得材料用去离子水冲洗至中性，加入 100 mL 去离子水，滴加 $CuSO_4$ 溶液（0.1% Cu^{2+}：CS，w：w），用 NaOH溶液将 pH 调至 4.00，搅拌 6 h。滴入 5.0%的戊二醛（醛氨摩尔比：0.482 0）使之交联。用去离子水冲洗 3 次，加入 0.2 mol/L 的 HCl 溶液搅拌洗脱，每隔一段时间更换洗脱液，直至洗脱液中不再检出铜离子为止。之后用去离子水将材料冲洗至中性，加入 0.5 mol/L的 NaOH 溶液搅拌去质子化，用去离子水冲洗至中性，用无水乙醇、丙酮各冲洗 2 次，烘干，研磨至均匀粉状，即得磁性离子印迹壳聚糖（MICS）。

7.3.4　磁性离子印迹壳聚糖的表征分析

　　采用 BET 比表面积仪对 MICS 进行比表面的分析测定，先将样品于 60℃下真空干燥 12 h，然后在液氮温度（−196℃）下进行氮气的吸附解吸测试。纳米颗粒的尺寸及表面形貌采用扫描电镜（SEM）和透射电镜（TEM）进行分析。在 TEM 分析中，样品先在乙醇中进行超声分散，然后将纳米金属颗粒与无水乙醇混合液滴到碳-铜合金网上，待乙醇挥发后，进入仪器真空室中测定。在 SEM 分析中，样品先进行喷金预处理，然后进样分析。颗粒的晶型结构采用 X 射线粉末衍射仪（XRD）测定，X 射线为 Cu 靶 Kα

射线（λ=0.154 18 nm），管电压 30 kV，管电流 20 mA，扫描范围为 10°～90°，扫描速度为 0.8%/s。材料的磁性在 27℃下使用磁强计（VSM）测得。激光粒度仪分析了材料在水溶液中分散的颗粒粒径分布。

图 7-6 为材料 MICS 的透射电镜照片。由图可知，黑色不透光部分为 Fe_3O_4，而颜色较浅、透光部分是壳聚糖，MICS 的结构是由壳聚糖包裹 Fe_3O_4 而成。由图 7-6（c）和图 7-6（d）可知，MICS 内 Fe_3O_4 的粒径可达到 100 nm 以下。

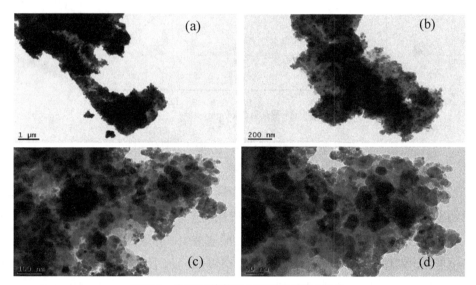

图 7-6　在不同倍数下 MICS 的 TEM 照片

图 7-7 为 MICS 吸附前后的扫描电镜照片。图 7-7（a）～图 7-7（c）为吸附前的形态，MICS 为松散的不规则颗粒，颗粒粒径分布在 5～50 μm，颗粒表面粗糙、不平滑且存在一定的孔隙，这样的结构更有利于吸附。图 7-7（d）为预试验吸附后的材料，颗粒团聚成块，颗粒表面出现一定程度的松胀。

图 7-8 为酸洗废液制备的 Fe_3O_4、纯壳聚糖、戊二醛交联壳聚糖、磁性壳聚糖以及磁性离子印迹壳聚糖吸附前后的红外光谱图。

由图可知，3 300～3 500 cm^{-1} 处是 C—H 和 N—H 的特征峰，1 650～1 600 cm^{-1} 处是 C—O 和 N—H 的特征峰（Ren Y et al.，2008），各种材料均出现此两处特征峰。而在光谱图 7-8（a）中，在 580 cm^{-1} 处出现特征峰，说明存在 Fe—O—Fe 键（Yuwei C et al.，2011），再对比其他材料的光谱图，除纯壳聚糖和交联壳聚糖以外，磁性壳聚糖以及吸附前后的磁性离子印迹壳聚糖都在 580 cm^{-1} 附近出现 Fe—O—Fe 键的特征峰，说明在共沉淀的过程中确实生成了 Fe_3O_4，并依附在壳聚糖中。

［500（a），2 000（b），4 000（c）和放大 500 倍吸附后的 MIC（d）］

图 7-7　在不同放大倍数下 MICS 的 SEM 照片

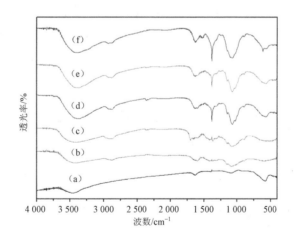

［Fe₃O₄（a），CS（b），交联的 CS（c），MCS（d），吸附前的 MICS（e），吸附后的（f）］

图 7-8　所制备的各种材料的红外光谱

在所有壳聚糖材料中都出现了甲基或亚甲基上的 C—H 伸缩特征峰（2 880～2 920 cm⁻¹）（Ren Y et al.，2008）。图 7-8（b）和图 7-8（c）出现的吸收峰非常相似，而图 7-8（c）在 1 701 cm⁻¹ 处出现 C=O 的特征峰，说明戊二醛交联壳聚糖中还存在一定量的醛基，可能由于在交联反应过程中有一部分戊二醛仅与单个氨基发生反应，故交联壳聚糖中会存在未反应的醛基。此外，观察图 7-8（d）、图 7-8（e）和图 7-8（f）于 1 384 cm^{-1} 处均出现较强吸收峰，可能为 N—H 的伸缩振动吸收峰（Ren Y et al.，2008），而其他材料没有出现这一现象，推测可能由于壳聚糖溶液与废酸共沉淀生成具有特定结构的磁性壳聚糖，使得氨基更多的露在材料表面，该现象更有利于吸附金属和形成表面印迹的效果（Branger et al.，2013）。

图 7-8（d）和图 7-8（e）出峰基本一致，并与图 7-8（f）非常接近，说明引入离子印迹技术并不改变磁性壳聚糖的基团组成，而图 7-8（f）即吸附后的磁性离子印迹壳聚糖在 1 525 cm^{-1} 和 617 cm^{-1} 处附近出现新的吸收峰，这可能是氨基上 N—H 的弯曲振动峰（1 560 cm^{-1}）（Zhou L et al.，2012）和金属与氧原子键合形成的伸缩振动峰（Chen A et al.，2012），可以推论，铜离子与壳聚糖上的基团通过化学键结合。

图 7-9 为 Fe_3O_4 和 MICS 的 XRD 谱图。我们使用与制备 MICS 相同的方法，以废酸为铁源，不加入壳聚糖的情况下制备出 Fe_3O_4 粉末。由图 7-9（a）可知，Fe_3O_4 粉末出峰明显，共出现了 8 处特征峰，由 Zhou L 等（2012）制备的纯 Fe_3O_4 也出现了这 8 处特征峰，且符合标准卡（PDF No. 65-3107）中的数据，说明使用废酸为铁源制备出的磁性粉末主要为尖晶石结构的 Fe_3O_4 晶体。图 7-9（b）为 MICS 的 XRD 谱图，对比图 7-9（a）可知，MICS 的峰强度明显减小，但仍保留有 Fe_3O_4 的 6 处明显的特征峰，与 Monier 等（2010）制备的磁性壳聚糖材料的数据一致，说明采用共沉淀法制备 MICS 过程中同时生成了 Fe_3O_4，其特征峰强度减弱，则说明大部分的 Fe_3O_4 包含在 MICS 内部。

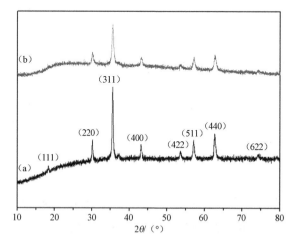

图 7-9 Fe_3O_4（a）和 MICS（b）的 XRD 谱图

振动样品磁强计（VSM）是表征磁性材料最重要的分析手段，通过 VSM 测出的饱和磁化强度（M_s）表示样品在外源磁场下的磁化系数。图 7-10 为 Fe_3O_4 颗粒和 MICS 在 300 K 下的磁滞回线。由图可知，由废酸共沉淀法制备的 Fe_3O_4 颗粒饱和磁化强度为 63.33 emu/g，与 Yan H 等（2012）制备的纯 Fe_3O_4 颗粒饱和磁化强度非常接近（62.8 emu/g），MICS 的饱和磁化强度为 22.78 emu/g，虽有所降低，但也已经能够通过外源磁场在水溶液中分离（Ma Z Y et al.，2005）。磁性壳聚糖磁化强度降低的情况出现在不少研究当中（Reddy et al.，2013），这可能是由于磁性物质的含量减少，且磁性颗粒的表面包裹了一层非磁性的壳聚糖，形成壳核结构（Feng B et al.，2009；Liu Z et al.，2011），此外，壳聚糖层的官能团与 Fe_3O_4 表面原子的电子交换作用也可能起到削弱磁力矩的作用（Van Leeuwen et al.，1994）。此外，吸附剂的超顺磁性是达到分离目的的关键，MICS 无明显的磁滞现象保证了 MICS 在磁性分离后不会因残留磁性而发生团聚（V Yan H et al.，2012）。同时，通过观察材料的磁分离过程（图 7-11）可知，材料在水溶液中自然沉降速度缓慢，而在外加磁场下，能在短时间内达到固液分离。

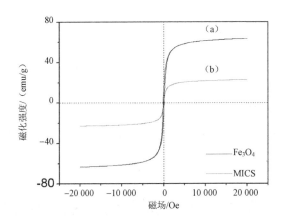

图 7-10　Fe_3O_4（a）和 MICS（b）的磁滞回线（300 K）

（a）水中悬浮　　　　　　（b）在 1 min 内被重力（左）和　　　（c）去除磁铁（右）后 5 min 内
　　　　　　　　　　　　　　　　磁铁（右）分开　　　　　　　　　　重力连续分离

图 7-11　MICS 分别在重力作用下和外加磁场下的分离过程

图 7-12 为 MICS 在水中的颗粒粒径分布情况。粒径主要集中在 50 μm 左右，有 10% 的颗粒粒径在 8.104 μm 以下，50%的颗粒粒径在 33.239 μm 以下，90%的颗粒粒径在 88.637 μm 以下，还有极少量颗粒粒径达到 100 μm 以上，体积加权平均粒径为 46.690 μm。MICS 在水中的粒径普遍略大于扫描电镜观察到的粒径，且有极少量颗粒达到 100 μm 以上，可能是 MICS 在水溶液中由于氢键或范德华力等作用力而发生一定程度的团聚所致。

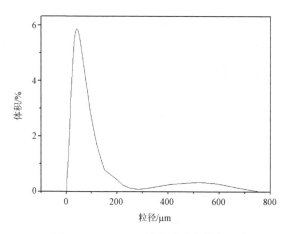

图 7-12　MICS 颗粒在水中的粒径分布

综上所述，MICS 呈不规则颗粒状，粒径主要在 50 μm 左右，材料中存在氨基、醛基等基团，Fe_3O_4 在共沉淀中形成，可能由壳聚糖包裹在内，因此材料具有超顺磁性，在外加磁场下能轻易在水溶液中分离。

7.4　磁性离子印迹壳聚糖对 Cu(Ⅱ)的吸附行为和机理研究

7.4.1　研究背景

电镀行业在生产过程中会产生大量的含铜废水（Futalan et al.，2011；Pereira et al.，2013）。目前，去除废水中 Cu(Ⅱ)的处理工艺有很多，如电解法、化学沉淀法、离子交换法、吸附和膜渗透法等（Fu F et al.，2011；Hua M et al.，2012），其中吸附法是最经济、高效、应用最广泛的方法之一（Chethan et al.，2013）。但是，多数吸附剂对金属离子的选择性并不高，而且吸附后难以从水溶液中分离，为解决这样的问题，离子印迹磁性吸附材料越来越受到关注（Branger et al.，2013；Reddy et al.，2013）。

离子印迹聚合物对特定靶标离子具有预设的选择功能，因此被广泛应用于固相提取（Luo X et al.，2012）。交联链状聚合物是制备离子印迹聚合物最成熟的一项技术，天然链状聚合物壳聚糖是其最常用的原材料（Branger et al.，2013）。在吸附完成后，用传统的分离方法通常很难将壳聚糖吸附材料从水溶液中分离，其残留物还可能造成二次污染（Reddy et al.，2013）。磁性分离技术正好能克服这个问题。当壳聚糖吸附材料与磁性物质复合后，将能在外加磁场下从水溶液中分离（Dodi et al.，2012）。

　　基于前面的研究经验，我们提出利用废酸与壳聚糖共沉淀的方法制备磁性壳聚糖，使用 Cu(Ⅱ)为模板，引入离子印迹技术，合成磁性离子印迹壳聚糖（MICS），用于选择吸附水中的铜离子。该方法意在有效降低磁性离子印迹壳聚糖的制备成本，并简化其制备步骤，本节将详细考察其对 Cu(Ⅱ)的吸附行为和吸附效果，研究其吸附机理，探究其实际应用性，为该材料今后的工程应用提供理论基础。

7.4.2　研究方法

　　（1）pH 影响的吸附试验

　　在 303 K 温度下，向 pH 为 1.0～5.0 范围内的 30 mL 浓度为 100 mg/L 的 $CuSO_4$ 溶液中投加 0.03 g 的 MICS，振荡反应 12 h。

　　（2）材料投加量影响的吸附试验

　　分别称取 0.02 g、0.03 g、0.04 g、0.05 g、0.06 g 和 0.08 g 的 MICS，投入 pH 为 5.0 的 30 mL 浓度为 100 mg/L 的 $CuSO_4$ 溶液中，在 303 K 恒温下振荡反应 12 h。

　　（3）动力学试验

　　在 pH 为 5.0、温度为 305 K 的条件下，投加 0.035 g 的 MICS 于 30 mL 的 3 种不同浓度 $CuSO_4$ 溶液进行吸附。每隔一段时间取样并测定溶液中铜离子的浓度，利用拟一级动力学、拟二级动力学方程和粒子间扩散方程对试验数据进行分析。

　　（4）等温吸附线和热力学试验

　　在 pH 为 5.0，反应温度分别为 293 K、298 K、309 K、317 K、327 K 的条件下，以 1.17 g/L 的投加量吸附浓度为 100～350 mg/L 的 $CuSO_4$ 溶液，反应时间为 8 h，并通过 Langmuir、Freundlich、Temkin、D-R 等吸附平衡模型对数据进行了拟合。

　　（5）选择性吸附试验

　　为研究 MICS 的吸附选择性，0.035 g 的 MICS 投加入 30 mL 两种金属离子浓度均为 300 mg/L 的双金属水溶液体系［Cu(Ⅱ)/Zn(Ⅱ)、Cu(Ⅱ)/Ni(Ⅱ)、Cu(Ⅱ)/Cd(Ⅱ)、Cu(Ⅱ)/Cr(Ⅵ)］中，为防止金属离子水解，初始 pH 调为 4.5、303 K 温度下反应 8 h。

　　（6）分析方法

　　溶液中金属离子的浓度采用火焰原子吸收法进行测定，样品采用原子吸收分光光度计（PinAAcle 900T，PerkinElmer，USA）进行分析，同时采用外标法定量。

7.4.3 溶液初始 pH 对吸附的影响

溶液 pH 对 MICS 吸附 Cu(Ⅱ)的影响如图 7-13 所示。由于 Cu(Ⅱ)在 pH 高于 5.5 的水溶液中会生成 Cu(OH)$_2$ 沉淀，影响吸附试验的分析（Yan H et al.，2012），所以本书设计 pH 的最大值为 5.0。由图可知，MICS 对 Cu(Ⅱ)的吸附去除效率随 pH 的增大而增大。MICS 在 pH 为 1.0 的溶液中，对 Cu(Ⅱ)基本没有吸附效果，pH 为 2.0 时，吸附去除效率仅 8.10%，当 pH 大于 3.0 时，MICS 对 Cu(Ⅱ)的吸附效果明显增强，pH 为 5.0 时，吸附去除效率达到最大。该趋势与 Chang 等（2005）的报道基本一致，主要是因为：在 pH 较低时，壳聚糖上的氨基基团和羟基基团容易发生质子化，溶液中的 H$^+$ 与 Cu(Ⅱ)发生吸附竞争，导致吸附量下降（Ren Y et al.，2013）；pH 较高时，壳聚糖上的氨基基团和羟基基团带负电，增强了材料与金属阳离子之间的静电作用力，增强了吸附效果（Dai J et al.，2010）。

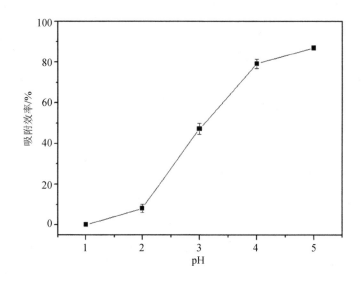

图 7-13 pH 对吸附效果的影响

（Dosage：1.17 g/L；温度：303 K；初始浓度：100 mg/L；吸附时间：12 h）

7.4.4 材料投加量对吸附的影响

材料投加量对 MICS 吸附 Cu(Ⅱ)的影响如图 7-14 所示。随着材料投加量的增大，吸附去除效率不断增大，因为材料的投加量越多，材料在溶液中分散程度越高，Cu(Ⅱ)与材料的活性吸附位点接触的可能性越大。当材料投加量为 1.33 g/L 时，其去除效率已达到 94.65%，当投加量达到 1.67 g/L 及更大时，初始浓度为 100 mg/L 的 Cu(Ⅱ)溶液经反应后溶液中的 Cu(Ⅱ)含量已低于检出限，说明此时材料的投加量过大，未达到吸附饱和。

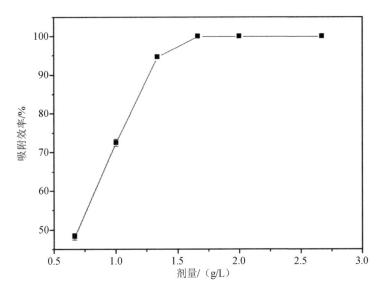

图 7-14　材料投加量对吸附效果的影响

（温度：303 K；初始浓度：100 mg/L；pH：5.0；吸附时间：12 h）

7.4.5　吸附动力学分析

图 7-15 展示了在高、中、低 3 种 Cu(Ⅱ)初始浓度下吸附量随反应时间变化而变化的曲线。由图可知，前 15 min 内随着反应时间增加，吸附量迅速上升，1 min 时 3 种浓度的吸附量均已达到 35 mg/g 以上，15 min 时高浓度 Cu(Ⅱ)条件（286 mg/L）下的吸附量达到 69.66 mg/g 之后，吸附量的变化速度逐渐减缓并慢慢趋于平衡；2 h 后，吸附均基本达到平衡，高、中、低 3 种初始浓度条件下的平衡吸附量分别为 87.28 mg/g、75.97 mg/g、72.97 mg/g。呈现以上趋势，归因于材料初投加时，溶液中的铜离子能迅速扩散并接触材料表面的活性位点而与之结合，迅速增加吸附量；当吸附剂表面的活性位点被大部分占据后，铜离子逐渐向材料内部孔隙扩散，随着扩散程度的加深，扩散阻力增加，吸附量的增加速度也逐渐减缓；3 种不同初始浓度下的吸附曲线变化趋势大体一致，饱和平衡吸附量则随着初始浓度的增加而增大，主要归因于初始浓度增加，铜离子与材料活性位点的碰撞概率增加，则吸附量增大。

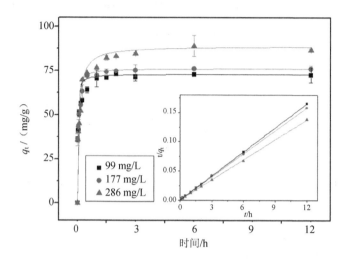

[pH=5.0；温度：303.15 K；投加量：0.035 g/30 mL；初始浓度：99 mg/L、177 mg/L 和 286 mg/L]

图 7-15　在不同初始浓度下反应时间对吸附量的影响及其拟二级动力学拟合结果

为进一步研究 MICS 吸附 Cu(Ⅱ)的机理，分别采用拟一级动力学和拟二级动力学模型对试验数据进行了拟合。拟一级动力学方程和拟二级动力学方程分别表示如下：

$$\ln\left(q_e - q_t\right) = \ln q_e - k_1 t \tag{7-1}$$

$$\frac{t}{q_t} = \frac{1}{k_2 q_e^2} + \frac{t}{q_e} \tag{7-2}$$

式中，q_e 和 q_t 分别为平衡时和在时间 t（h）时 MICS 对 Cu(Ⅱ)的吸附量，mg/g；k_1 和 k_2 分别为拟一级动力学常数（h^{-1}）和拟二级动力学常数 [g/（mg·h）]。

以上两种模型主要考虑了吸附过程中的外膜扩散、颗粒间扩散和吸附剂与吸附质的相互作用等，而反应过程中剧烈的振荡可排除外膜扩散对吸附行为的影响作用（Monier et al.，2010）。由图 7-15 和表 7-5 可知，3 种不同初始浓度下的拟二级动力学模型拟合程度均非常高，相关系数 r^2 均大于 0.99，且模型计算所得平衡时吸附量（$q_{e.cal}$）与实际的试验值（$q_{e.exp}$）较为接近，而拟一级动力学模型方程拟合曲线相关系数 r^2 均小于 0.90，且模型计算所得平衡时吸附量（$q_{e.cal}$）与实际的试验值（$q_{e.exp}$）不相符。说明拟二级动力学模型能更好地描述 MICS 对 Cu(Ⅱ)的吸附动力学行为，其吸附过程属于化学吸附。

为进一步获得吸附过程的速率控制步骤，对试验数据进行颗粒内扩散模型的拟合，其方程表示如下：

$$q_t = k_p t^{0.5} + C \tag{7-3}$$

式中，k_p 为颗粒内扩散常数，mg/（g·min$^{0.5}$）。扩散模型图见图 7-16，相应地拟合参数见表 7-6。由图 7-16 可知，3 种初始浓度下的吸附变化曲线均呈现三级线性关系，且各阶段的拟合直线均不经过原点，说明颗粒内扩散不是唯一的速率控制步骤，可能有两个或更多速率控制步骤控制该吸附过程（Ren Y et al.，2013）。由表 7-6 可知，3 种初始浓度下的颗粒内扩散速率常数均按照 $k_{p,1}$、$k_{p,2}$、$k_{p,3}$ 的顺序递减。第一阶段，吸附量迅速上升，主要归因于溶液中的 Cu(Ⅱ)通过液膜扩散迅速接触材料表面并被表面的活性位点吸附；当表面的活性位点达到吸附饱和后，Cu(Ⅱ)通过颗粒内扩散进入材料的内部孔隙并被内部活性位点吸附，此为吸附量缓慢上升的阶段，是该吸附过程的速率控制步骤；最后，材料逐渐达到吸附饱和，吸附量基本稳定不变，此为平衡阶段。由动力学研究结果可知，MICS 对 Cu(Ⅱ)的吸附过程受化学反应机制和颗粒内扩散共同控制，且存有其他扩散机制的参与。

表 7-5　MICS 吸附 Cu(Ⅱ)的动力学模型参数

C_0/ (mg/L)	$q_{e.exp}$/ (mg/g)	拟一级动力学			拟二级动力学		
		k_1/h^{-1}	$q_{e.cal}$/ (mg/g)	r^2	$k_2 \times 10^{-7}$/ [g/ (mg·h)]	$q_{e.cal}$/ (mg/g)	r^2
99	72.97	0.34	14.71	0.73	1.03	72.99	>0.99
177	75.97	0.42	12.41	0.79	1.03	76.34	>0.99
286	87.28	1.01	35.25	0.89	1.17	87.72	>0.99

表 7-6　MICS 吸附 Cu(Ⅱ)的粒间扩散模型参数

C_0/ (mg/L)	$k_{p,1}$	$k_{p,2}$	$k_{p,3}$	C_1	C_2	C_3	r_1^2	r_2^2	r_3^2
	mg/ (g·min$^{0.5}$)								
99	62.20	24.68	−0.19	29.24	45.98	73.25	0.92	0.99	0.96
177	70.56	15.41	0.52	27.75	55.84	74.06	0.97	0.81	0.95
286	59.48	15.10	3.61	27.71	62.39	78.17	0.99	0.97	0.90

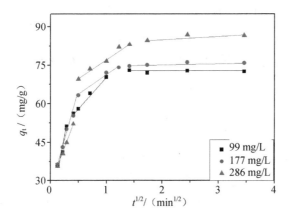

图 7-16　在不同初始浓度下 MICS 吸附 Cu(Ⅱ)的粒间扩散模型

7.4.6 吸附等温线

在绝对温度 293 K、298 K、309 K、317 K 和 327 K 下，进行了磁性离子印迹壳聚糖吸附铜离子的等温吸附试验，并通过 Langmuir、Freundlich、Temkin、D-R 等吸附平衡模型对数据进行了拟合。

Langmuir 模型是基于吸附位点均匀分布、吸附平衡为动态平衡的假设而提出的单分子层吸附理论（Boparai et al.，2011）。其方程可以表达为

$$\frac{C_e}{Q_e} = \frac{C_e}{Q_{m.cal}} + \frac{1}{Q_{m.cal}K_L} \tag{7-4}$$

式中，Q_e 表示吸附平衡时对铜离子的吸附量，mg/g；C_e 表示吸附平衡时铜离子的浓度，mg/L；$Q_{m.cal}$ 表示吸附剂对铜离子的最大吸附量，mg/g；K_L 表示 Langmuir 吸附常数。

Freundlich 模型是用于描述 I 型吸附等温线的指数型方程经验式（Boparai et al.，2011），可表达为

$$\log Q_e = \frac{1}{n}\log C_e + \log K_F \tag{7-5}$$

式中，K_F 表示 Freundlich 吸附常数；n 表示经验常数，量纲一。

Temkin 模型假设随着吸附质对吸附剂表面覆盖面的增加，吸附能呈线性下降，一般用于描述化学吸附（Boparai et al.，2011）。其方程表达为

$$Q_e = B_T \ln C_e + B_T \ln A_T \tag{7-6}$$

式中，A_T 表示常数，与初始吸附热相关，mg/g；B_T 表示常数，与吸附剂表面多相性相关，mg/g。

D-R 模型是遵循孔隙填充机制的半经验公式，常用于区分吸附过程为物理吸附或化学吸附（Boparai et al.，2011）。其方程表达为

$$\ln Q_e = K\varepsilon^2 + \ln Q_{DR} \tag{7-7}$$

式中，K 表示常数，与吸附过程的平均自由能相关；Q_{DR} 表示理论饱和容量，mg/g；ε 表示 Polanyi 吸附势，其定义为

$$\varepsilon = RT\ln\left(1 + \frac{1}{C_e}\right) \tag{7-8}$$

模型拟合计算所得参数及相关性（r^2）见表 7-7。图 7-17 为 4 种模型拟合效果。由表 7-7 可知，Langmuir 模型的线性拟合相关性（r^2）最高，接近于 1.00，其次为 Freundlich 模型和 Temkin 模型，相关性均在 0.95 以上，D-R 模型相关性较差，r^2 高于 0.85，但不超过 0.92。

表 7-7　不同温度下各种吸附等温线模型拟合参数

等温线	温度/K	参数			r^2
		$Q_{m.cal}$/（mg/g）	K_L/（L/mg）	R_L[a]	
Langmuir	293	108.70	0.051	0.053	＞0.99
	298	109.89	0.046	0.058	＞0.99
	309	109.89	0.043	0.063	＞0.99
	317	108.70	0.042	0.063	＞0.99
	327	105.26	0.042	0.064	＞0.99

等温线	温度/K	参数		r^2
		K_F/（mg/g）	n	
Freundlich	293	93.99	5.47	0.95
	298	73.05	4.98	0.95
	309	58.44	4.65	0.99
	317	54.96	4.62	0.97
	327	46.42	4.50	0.96

等温线	温度/K	参数		r^2
		A_T/（mg/g）	B_T/（mg/g）	
Temkin	293	3.29	15.19	0.96
	298	2.00	16.50	0.96
	309	1.39	14.50	0.99
	317	1.34	17.41	0.98
	327	1.17	17.32	0.96

等温线	温度/K	参数			r^2
		Q_{DR}/（mg/g）	K/$\times10^{-5}$	E/（kJ/mol）	
D-R	293	93.49	−4.7	103.14	0.86
	298	93.70	−5.5	95.35	0.87
	309	92.67	−5.6	94.49	0.87
	317	92.48	−5.9	92.06	0.90
	327	90.70	−6.5	87.71	0.92

注：[a]$C_0 \approx 350$ mg/L。

Langmuir 模型的线性拟合相关性（r^2）最高（＞0.99），说明了 MICS 吸附剂表面的吸附活性位点的同质性。对比模型计算所得的最大吸附量可知，计算所得最大吸附量为 109.89 mg/g，通过与相似的吸附材料对比（表 7-8）可得，MICS 的吸附容量仍具有一定优势。随着温度的升高，吸附量总体趋势下降，当温度升高到 327 K 时，最大吸附量为 105.26 mg/g，吸附效果随着温度的增加而下降，该趋势与此前多种磁性壳聚糖材料的研究结果一致（Monier et al.，2010；Zhang S et al.，2012；Chang Y C et al.，2015），说明该吸附过程可能为放热反应。

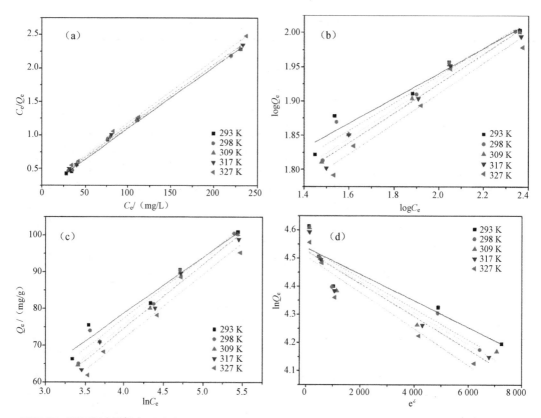

图 7-17　不同温度下拟合（a）Langmuir、（b）Freundlich、（c）Temkin、（d）D-R 吸附等温线模型

表 7-8　Langmuir 吸附等温线模型所得最大吸附量对比

吸附剂	pH	温度/K	$C_{e.max}$/（mg/L）[a]	$Q_{m.cal}$/（mg/g）	参考文献
磁性 Cu(Ⅱ)离子印迹复合吸附剂	5.5	298	300	71.36	Ren Y et al.，2008
单分散壳聚糖结合的 Fe_3O_4 纳米颗粒	5.0	300	＞1 600	21.5	Chang Y C et al.，2005
CS-MCM	5.5	303	＞300	108.0	Yan H et al.，2012
CS/PAA-MCM	5.5	303	＞350	174.0	
磁性壳聚糖纳米粒子	5.0	308.15	＞200	35.5	Yuwei C et al.，2011
交联磁性壳聚糖-2-氨基吡啶乙二醛席夫碱	5.0	303	＞275	124	Monier et al.，2012b
壳聚糖与金属络合剂交联	6.0	300	＞180	113.6	Vasconcelos et al.，2008
交联性磁 chitosan-isatin Schiff's base resin	5.0	301	＞250	103.16	Monier et al.，2010
EDTA 功能化磁性纳米粒子	6.0	298	＜6	46.27	Liu Y et al.，2013
MICS	5.0	298	219.74	109.86	This study

注：[a] $C_{e.max}$ 表示平衡浓度的最大值。

此外，通过系数 K_L 和初始浓度可计算得量纲一常数 R_L，其与吸附过程的趋势相关，可量化吸附过程的可进行性，R_L 越小，说明吸附剂与吸附质越容易结合。当 R_L 大于 1.0 时，为不适合反应；R_L 等于 1.0 时，为线性关系；R_L 小于 1.0 且大于 0 时，为适合进行反应；当 R_L 为 0 时，为不可逆反应（Hall K R et al.，1966）。其计算方法为

$$R_L = \frac{1}{1 + K_L C_0} \tag{7-9}$$

式中，C_0 表示铜离子的初始浓度，取 350 mg/L。计算可知，各种温度条件下，R_L 值均小于 1.0 且大于 0，见表 7-7，表明以 MICS 作为吸附剂吸附铜离子的反应适合进行。

Freundlich 模型为描述特定吸附等温线的经验公式。其量纲一常数 n 大致反映了吸附的强度。当 $n > 1.0$ 时，吸附等温线为 L 型，反映了吸附剂与吸附质之间较强的吸引力，吸附过程为化学吸附（Boparai et al.，2011）。由表 7-7 可知，各种温度条件下，n 均大于 1.0，表明该过程为化学吸附。

Temkin 模型一般用于描述化学吸附，其线性拟合相关性高（$r^2 > 0.96$）的结果，再次验证该过程为化学吸附。其中常数 A_T 与初始吸附热相关，A_T 越大，说明吸附剂与吸附质之间的吸引力越大（Boparai et al.，2011）。由表 7-7 可知，温度越低，A_T 越大，说明该吸附过程可能为放热反应。

D-R 模型一般用于描述物理吸附过程，该理论遵循孔隙填充机制，假设吸附剂为多孔结构，吸附过程为具有范德华力的多分子层吸附（Ahamed et al.，2013）。与上述吸附模型相比，其相关性较差，且温度越低，相关性越差，间接说明吸附过程为化学吸附，且温度较低时，更有利于化学反应的进行。由参数 K 计算所得的平均吸附能（E）可用于区分吸附过程的类型。平均吸附能（E）的计算方法如下：

$$E = \left(-2K\right)^{-\frac{1}{2}} \tag{7-10}$$

当 E 在 1～8 kJ/mol 范围内时，吸附过程可认为是物理吸附；当 E 大于 8 kJ/mol 时，吸附过程可认为是化学吸附（Liu Y et al.，2013）。各种温度条件下，MICS 吸附水中铜离子的 E 为 87.71～103.14 kJ/mol（表 7-7），远大于 8 kJ/mol，说明该吸附过程为化学吸附，进一步支撑了上述论证。

7.4.7　热力学分析

随着温度的下降，吸附速率随之增大，说明该吸附过程为放热反应。吸附热力学参数能通过检测数据和拟合参数来描述更大范围的温度条件下引起的反应变化。

热力学平衡常数 K_0 可通过以 C_s 为横轴、以 $\ln C_s/C_e$ 为纵轴作图，并利用其直线方程 ［图 7-18（a）］，外推计算得到（Boparai et al.，2011）。吸附反应的吉布斯自由能 ΔG^0

计算方法如下：

$$\Delta G^0 = -RT \ln K_0 \tag{7-11}$$

式中，R 表示通用气体常数，8.314 J/（mol·K）；T 表示温度，K。

以 $1/T$ 为横轴、$\ln K_0$ 为纵轴作图［图 7-18（b）］，通过其直线方程的斜率与截距，代入以下 Van't Hoff 方程：

$$\ln K_L = \frac{-\Delta H^0}{RT} + \frac{\Delta S^0}{R} \tag{7-12}$$

式中，ΔH^0 表示焓变，kJ/mol；ΔS^0 表示熵变，J/（mol·K）。

上述计算结果如表 7-9 所示，随着温度的下降，K_0 随着增大，说明该吸附过程为放热反应。ΔG^0 为负值，说明该吸附过程为自发反应，并随着温度的下降，自发反应程度也随着增强；ΔH^0 为负值，说明反应为放热反应，进一步验证了上述吸附等温线研究的结果。

表 7-9　不同温度下的热力学参数

温度/K	K_0	$\Delta G^0/$（kJ/mol）	$\Delta H^0/$（kJ/mol）	$\Delta S^0/$［J/（mol·K）］	r^2
293	80.83	−10.70			
298	49.08	−9.65			
309	39.61	−9.45	−21.59	38.65	0.89
317	35.75	−9.43			
327	28.17	−9.08			

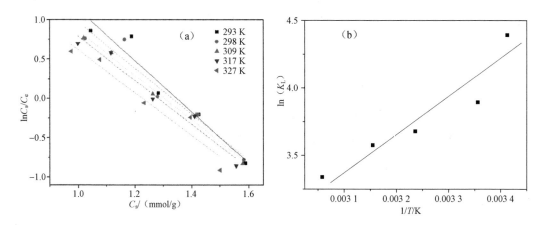

图 7-18　（a）不同温度下 Cs 与 ln（Cs/Ce）关系；（b）MICS 吸附 Cu(Ⅱ)的
Van't Hoff 方程拟合

7.4.8　吸附选择性分析

为考察 MICS 印迹材料对 Cu(Ⅱ)的吸附选择性，试验选取了相同电荷数和相近离子半径的金属离子 Zn(Ⅱ)和 Ni(Ⅱ)，以及实际废水中多与 Cu(Ⅱ)共存的金属离子 Cd(Ⅱ)和 Cr(Ⅵ)，研究 Cu(Ⅱ)/Zn(Ⅱ)、Cu(Ⅱ)/Ni(Ⅱ)、Cu(Ⅱ)/Cd(Ⅱ)、Cu(Ⅱ)/Cr(Ⅵ)4 种双金属离子混合体系的竞争吸附（各体系中各种金属的浓度均约为 300 mg/L）。

干扰离子 Zn(Ⅱ)、Ni(Ⅱ)、Cd(Ⅱ)和 Cr(Ⅵ)相对于 Cu(Ⅱ)的分配比（K_d）、选择性系数（k）和相对选择性系数（k'）分别按下式计算：

$$K_d = \frac{Q_e}{C_e} \tag{7-13}$$

$$k = \frac{K_d\left[Cu(II)\right]}{K_d\left[M(II)\right]} \quad 或 \quad k = \frac{K_d\left[Cu(II)\right]}{K_d\left[Cr(VI)\right]} \tag{7-14}$$

$$k' = \frac{k_{imprinted}}{k_{non\text{-}imprinted}} \tag{7-15}$$

式中，Q_e 为吸附平衡时金属离子的吸附量，mg/g；C_e 为吸附平衡浓度，mg/L；$M(Ⅱ)$代表干扰离子 Zn(Ⅱ)、Ni(Ⅱ)、Cd(Ⅱ)。MICS 和 MCS 对 Cu(Ⅱ)的分配比（K_d）、选择性系数（k）和相对选择性系数（k'）计算结果如表 7-10 所示。

表 7-10　MICS 和 MCS 对 Cu(Ⅱ)的选择性参数

金属	吸附剂	Q_e（Cu）/（mg/g）	K_d（Cu）	K_d（X）	k	k'
Cu(Ⅱ)	MCS	95.07	—	—	—	—
	MICS	100.28	—	—	—	
Cu(Ⅱ)/Zn(Ⅱ)	MCS	55.76	0.062	0.023	2.693	14.430
	MICS	79.16	0.096	0.002	38.866	
Cu(Ⅱ)/Ni(Ⅱ)	MCS	69.04	0.083	0.046	1.795	3.956
	MICS	82.89	0.108	0.015	7.103	
Cu(Ⅱ)/Cd(Ⅱ)	MCS	64.71	0.076	0.025	2.989	10.600
	MICS	84.00	0.104	0.003	31.679	
Cu(Ⅱ)/Cr(Ⅵ)	MCS	85.97	0.075	0.071	1.067	2.154
	MICS	84.43	0.105	0.046	2.297	

由表 7-10 可知，Cu(II)/Zn(II)、Cu(II)/Ni(II)、Cu(II)/Cd(II)、Cu(II)/Cr(VI)的相对选择性系数（k'）均大于 2.0，说明即使在干扰离子 Zn(II)、Ni(II)、Cd(II)或 Cr(VI)的存在下，MICS 对 Cu(II)仍具有较高的吸附量，较 MCS 对 Cu(II)具有更高的选择性。此外，在双金属离子混合体系中，MICS 对 Cu(II)的分配比（K_d）明显高于 MCS。说明引进离子印迹技术确实提高了材料对模板离子 Cu(II)的吸附选择性。

7.4.9 吸附机理解释

新型吸附材料 MICS 能够很好地吸附水溶液中的 Cu(II)。图 7-19 为 MICS 吸附前后材料表面的 EDX 扫描结果。图 7-19（a）为吸附前的结果，材料主要由 C、N、O、Fe 这 4 种元素组成，同时材料中还存在极少量的 S、Cu 元素，可能是材料在印染印迹离子之后无法完全洗脱而剩余了极少量 Cu(II)和 SO_4^{2-} 离子。材料吸附后，用去离子水充分冲洗以去除材料表面残留的和易析出的 Cu(II)，而后进行 EDX 表征，结果如图 7-19（b）所示。S、Cu 元素在 EDX 光谱图中出现明显的特征峰，材料中 Cu 元素的比重达到 8.43%，说明材料能有效吸附 Cu(II)，并形成较为稳定牢固地结合，很可能是化学键的结合。

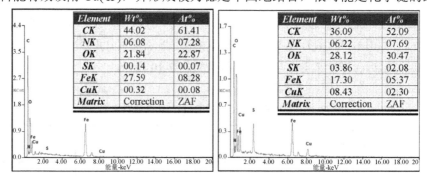

图 7-19 MICS 吸附前（a），后（b）的 EDX 扫描谱图

结合前述红外光谱图（7.3.4 节图 7-8）可得，MICS 吸附前后的光谱图出峰基本一致，但在 MICS 吸附后的谱图中 N-H 弯曲振动的特征峰（1 522 cm^{-1}，617 cm^{-1}）附近出现新的吸收峰，由此推测是由于壳聚糖上的氨基与铜离子络合形成了配位键，从而使得 N-H 的吸收峰出现偏移，即发生配位络合反应的化学吸附。通过研究 MICS 在 3 种不同 Cu(II)初始浓度下的动力学可知，MICS 对 Cu(II)的吸附过程与拟二级动力学模型拟合度非常高，由此可知该吸附过程符合化学吸附的动力学过程。结合 MICS 吸附 Cu(II)的等温吸附线，通过拟合 Freundlich 模型、Temkin 模型、D-R 模型得出的参数可以推论，MICS 吸附水溶液中的 Cu(II)属于化学吸附。

目前，有大量的研究表明，壳聚糖的 Cu(II)吸附归因于壳聚糖上的基团与铜离子发生配位络合而成的化学吸附（Rangel-Mendez et al.，2009；Pereira et al.，2013；Yu K et al.，

2013），与 EDX 谱图、红外光谱图、动力学、热力学所得结果相符。

MICS 表面富含氨基和羟基，N 原子和 O 原子上的孤对电子提供给 Cu 离子上的空电子轨道，从而形成配位化合物（Kuang S P et al.，2013）。因此，壳聚糖对 Cu(Ⅱ)的吸附主要依靠-NH$_2$ 和-OH 两个基团，且-NH$_2$ 对 Cu(Ⅱ)的吸引力更强，是吸附金属离子的主要活性位点（Yu K et al.，2013）。壳聚糖与 Cu(Ⅱ)的螯合关系可分为"桥型"和"坠型"，如图 7-20 所示（Monteiro et al.，1999）。当为"桥型"螯合时，一个 Cu 离子与两个氨基络合，这两个氨基可来自同一条壳聚糖链或分别来自两条壳聚糖链；当为"坠型"螯合时，一个 Cu 离子仅与一个氨基络合，形成类似吊坠的形象；此外，壳聚糖上的羟基与水分子中的氧原子也能参与到配位当中（Yu K et al.，2013）。

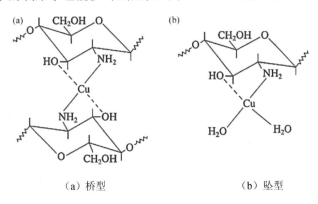

（a）桥型　　　　　　　　　　　（b）坠型

图 7-20　壳聚糖螯合铜离子的不同形式

根据壳聚糖与 Cu(Ⅱ)的结合方式，可以推算出壳聚糖对 Cu(Ⅱ)的最大吸附容量，计算方法如下：

$$\text{Adsorption capacity}（\text{mg/g}）=\frac{M_{Cu}}{M_{subunit}\times N}\times d\times 1000 \tag{7-16}$$

M_{Cu}（63.55 g/mol）和 $M_{subunit}$（161.18 g/mol）分别为铜和壳聚糖单体的相对分子质量，N 是形成一个吸附位点所需的壳聚糖单体数（"桥型"为 2，"坠型"为 1），d 为壳聚糖在 MICS 中所占比重，约为 0.7，计算结果如表 7-11 所示。可知，"桥型"更适用于描述 MICS 对 Cu(Ⅱ)的吸附机理。

表 7-11　实际吸附量与理论吸附容量的对比　　　　　　　　单位：mg/g

	结合模式	预估吸附能力	试验吸附能力
MICS	桥型	138.0	73.0~105.3
	坠型	276.0	

在材料制备过程中，共沉淀生成的磁性壳聚糖颗粒内部致密，材料表面和近表面上

的氨基与投入的模板离子形成"桥型"螯合，使用交联剂后，聚合物形成固定的空间结构，氨基被固定，洗脱模板粒子后，形成一种具有离子识别能力的"印迹空穴"，这些吸附位点主要形成在材料的表面和近表面，使得材料在初始阶段能快速吸附Cu(II)，且在短时间内达到平衡，这与动力学的结果相符。

在选择性试验中，MICS对Cu(II)的吸附选择性明显优于MCS，主要取决于两方面：①材料上的基团对印迹离子的吸引能力；②产生的印迹空穴具有特定的空间结构，只与具有特定的电荷、形状大小和配位数的离子相吻合（Pinheiro et al.，2012）。MICS具备以上两个条件，而MCS同样富含氨基和羟基，对Cu(II)具有较强的配位能力，但没有形成印迹空穴，所以当存在干扰离子时，MICS对Cu(II)的选择性要高于MCS。

此外，从表7-10和图7-21可知，干扰离子存在下对MICS和MCS吸附Cu(II)都产生了抑制作用，这是因为不同的金属离子在材料的吸附位点上发生了竞争吸附现象。不同金属离子产生的抑制作用由强到弱排列是 Zn(II)＞ Ni(II)、Cd(II)＞Cr(VI)。壳聚糖本身对Zn(II)有较强的螯合能力（Chen C Y et al.，2011），所以Zn(II)的竞争能力较强；Cr(VI)以阴离子形式存在，与阳离子吸附机理不同（Hu X J et al.，2011），所以竞争能力较弱。值得注意的是，不同干扰离子存在下，MICS对Cu(II)的吸附量略有下降，但均能保持在79～85 mg/g，而MCS的吸附量明显下降，特别是在Zn(II)的存在下吸附量仅为55.76 mg/g。由此说明，MICS上确实形成了一定量的离子印迹空穴，从而保证了材料对Cu(II)的吸附量。另外，在单独吸附Cu(II)的情况下，MICS的吸附量仍明显高于MCS，Chen A 等（2012）也报道了相似的结果。可以推论，在MICS制备过程中，投加的模板离子在壳聚糖交联过程中起到保护氨基的作用，所以MICS能够产生更多的吸附位点。

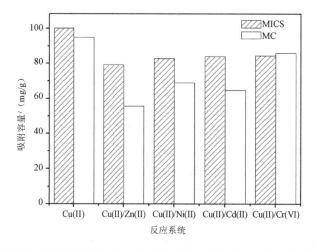

图7-21 不同干扰离子影响下MICS和MCS对Cu(II)吸附量的变化

7.4.10　小结

本节研究了溶液初始 pH、材料投加量对 MICS 吸附 Cu(Ⅱ)的影响，并通过分析其吸附过程的动力学、热力学以及材料的吸附选择性，探究其吸附机理。研究结果概括如下述。

①pH 较低时，壳聚糖上的氨基基团和羟基基团发生质子化，不利于吸附；在 pH 较高时，壳聚糖上的基团带负电，增强了吸附效果。

②随着材料投加量的增大，Cu(Ⅱ)与材料的活性吸附位点接触的可能性越大，吸附去除效率不断增大。

③通过动力学模型拟合，拟二级动力学模型能更好地描述 MICS 对 Cu(Ⅱ)的吸附动力学行为，其吸附过程属于化学吸附，而 MICS 对 Cu(Ⅱ)的吸附过程主要受化学反应机制和颗粒内扩散共同控制。

④通过拟合吸附等温线模型可知，Langmuir 模型的线性拟合相关性最高，由 Langmuir 模型计算所得最大吸附量为 109.89 mg/g，且该吸附过程可能为放热反应；结合热力学结果发现，该吸附过程为自发、放热的化学吸附。

⑤引进离子印迹技术能够提高材料对模板离子 Cu(Ⅱ)的吸附选择性。

⑥机理分析研究表明：壳聚糖吸附 Cu(Ⅱ)属于化学吸附，与材料表征、动力学、热力学所得结果相符；"桥型"螯合更适用于描述 MICS 对 Cu(Ⅱ)的吸附机理；吸附位点主要形成在材料的表面和近表面；MICS 上形成了一定量的离子印迹空穴，保证了材料对 Cu(Ⅱ)的吸附量；模板离子在壳聚糖交联过程中起到了保护氨基的作用，使得 MICS 产生更多的吸附位点。

7.5　磁性离子印迹壳聚糖的重复利用性和实际废水试验

基于前述研究，本节探究了不同洗脱液作用下磁性离子印迹壳聚糖的重复利用性，选取了最佳洗脱液，进一步以实际含铜废水进行吸附试验，验证其实际可行性，并核算了成本。

7.5.1　研究方法

（1）重复利用试验

在研究材料的重复利用过程中，在 pH 为 5.0、反应温度为 308 K 的条件下，以 1.17 g/L 的投加量吸附浓度为 300 mg/L 的 $CuSO_4$ 溶液，吸附时间为 8 h，之后分别使用 0.2 mol/L HCl 溶液，0.1 mol/L HCl 溶液，0.05 mol/L HCl 溶液，0.1 mol/L EDTA 溶液和 0.05 mol/L

EDTA 溶液作为洗脱液，洗脱时间为 8 h，再依次用去离子水、无水乙醇和丙酮冲洗，烘干，研磨后重复使用。进行实际废水试验时，将 pH 调至 5.0，在温度为 308 K 下吸附 4 h，使用 0.2 mol/L HCl 溶液洗脱 8 h。

（2）实际废水试验

进行实际废水试验时，将 pH 调至 5.0，在 308 K 温度下吸附 4 h，使用 0.2 mol/L HCl 溶液洗脱 8 h。

（3）分析方法

溶液中铜离子的浓度采用火焰原子吸收法进行测定，样品采用原子吸收分光光度计（PinAAcle 900T，PerkinElmer，USA）进行分析，同时采用外标法定量。

7.5.2 材料的重复利用性分析

可回收再生性能是确定吸附材料经济可行性的重要指标。以不同浓度的 HCl 溶液和不同浓度的 EDTA 溶液分别作为洗脱剂对 MICS 进行了 6 个吸附-解吸循环，结果如图 7-22 所示。随着 HCl 溶液和 EDTA 溶液浓度的下降，MICS 吸附后的解吸率也相应降低。以 0.2 mol/L HCl 溶液作为洗脱液时，首次解吸率达到 100.87%，前 3 次循环解吸率均达到 97% 以上，第 5 次循环解吸率也达到 91.77%；当 HCl 溶液浓度为 0.1 mol/L 时，首次洗脱解吸率仍能达到 98.58%，第 2 次和 3 次循环解吸率仅保持在 94% 左右；当 HCl 溶液浓度降至 0.05 mol/L 时，首次洗脱解吸率为 95.58%，第 4 次循环解吸率已不到 90%。而以 EDTA 溶液为洗脱液时，首次洗脱解吸率均不足 95%，且随着循环次数的增加，解吸率下降的幅度明显大于 HCl 溶液作为洗脱液时的下降幅度。

同时，由图 7-22 可知，随着循环次数的增加，仅当 0.2 mol/L HCl 溶液和 0.1 mol/L HCl 溶液作为洗脱液时，5 次循环中 MICS 对 Cu(Ⅱ)的吸附量均能保持在较高水平（大于 90 mg/g），吸附量随循环次数增加的下降幅度较小，5 次循环后吸附量分别减少了 4.81 mg/g 和 7.41 mg/g，且前者的吸附量在 5 次循环中整体高于后者；而使用其他洗脱液时，随着循环次数的增加，吸附量呈明显的下降趋势，第 2 次循环的吸附量均已低于 90 mg/g，且 5 次循环后吸附量至少减少 22.62 mg/g。虽然 EDTA 是一种强螯合剂，但去除效果仍不及 HCl。置吸附后的 MICS 于 HCl 溶液中，壳聚糖上的氨基会发生质子化（Luo X et al.，2012）。质子化与螯合作用相竞争，水溶液中的氢离子取代金属离子占据氨基等基团，绝大部分被吸附的 Cu(Ⅱ)将析出，而与 NaOH 溶液充分搅拌，并用去离子水冲洗至中性后，洗脱后的 MICS 又能重新获得吸附容量（Kuang S P et al.，2013）。

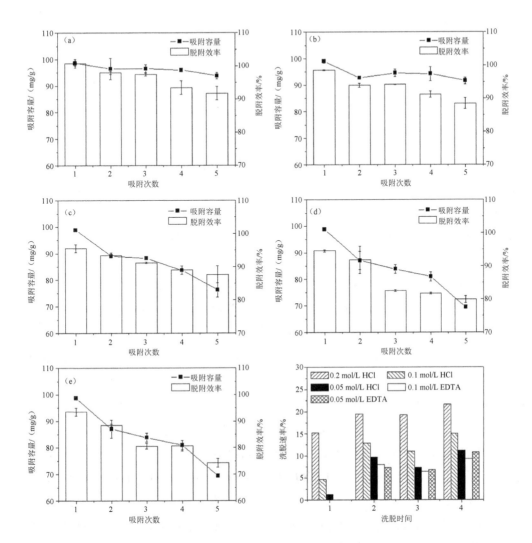

图 7-22 不同洗脱液对吸附后的 MICS 的洗脱效果对比［初始剂量：1.17 g/L；pH=5.0；温度：308 K；初始浓度：300 mg/L；吸附时间：8 h；解吸时间：8 h；洗脱液：0.2 mol/L HCl（a），0.1 mol/L HCl（b），0.05 mol/L HCl（c），0.1 mol/L EDTA（d），0.05 mol/L EDTA（e）］

此外，在一个吸附-解吸循环过程中包含多个冲洗的步骤，且材料本身在洗脱液中可能存在一定的溶解现象，所以在循环回收再生的过程中，材料的损失率也是一个重要的指标。材料在不同的洗脱液中每经过一个吸附-解吸循环所造成的损失率如图 7-26 所示。使用 HCl 溶液作为洗脱液对材料造成的损失率普遍高于 EDTA 溶液，且洗脱液浓度越高，损失率越高。说明酸性溶液，特别是浓度较高的酸性溶液，容易使材料表面的基团质子化，因此洗脱 Cu(Ⅱ)时也容易对材料造成一定程度的破坏，使材料溶解或分解成细小颗粒而在冲洗过程中流失。

对比以上论述，虽然 0.2 mol/L HCl 溶液作为洗脱液在循环再生过程中对材料的损失率较高，但鉴于其优秀的洗脱能力，在次数较少的吸附-解吸循环再生过程中，0.2 mol/L HCl 溶液仍将作为最佳的洗脱液。

7.5.3 实际废水试验

为验证 MICS 处理工业废水的实际可行性，取实际含铜废水进行了吸附及回收再生试验。含铜废水均取自广州市南沙区某镀铜厂车间中的酸冲洗废水，原水样 pH 约为 3.11，铜离子浓度为 61.28 mg/L，而后用自来水稀释至中浓度 29.5 mg/L 和低浓度 1.15 mg/L。用 NaOH 调节水样 pH 至 5.0，进行吸附试验，并使用 0.2 mol/L HCl 为洗脱剂，循环再生后进行下一轮吸附。根据《电镀污染物排放标准》（GB 21900—2008），排放污水中总铜的排放限值为 0.5 mg/L。

图 7-23（a）为高浓度实际废水处理结果，材料初始投加量为 1.2 g/L，首次吸附其去除效率可达 99.93%，经处理的水样中剩余 Cu(II)含量仅为 0.04 mg/L；洗脱一次后，材料损失 12.0%，吸附去除效率仍为 99.51%，经处理的水样中剩余 Cu(II)含量为 0.30 mg/L；洗脱两次后，材料总共损失 27.1%，对水样中 Cu(II)的去除效率为 98.67%，水样中剩余 Cu(II)含量为 0.82 mg/L。由结果可知，针对该特定水样，投加 1.2 g/L 材料，吸附洗脱一次后，无须补充新鲜材料，处理相同水量的废水，结果仍能达到排放要求。

图 7-23（b）、图 7-23（c）分别为中、低浓度废水处理结果。中浓度废水中 Cu(II)含量为 29.5 mg/L，材料初始投加量为 0.8 g/L，前两次处理结果可达到排放标准，经过两次洗脱后，第 3 次处理剩余 Cu(II)含量为 0.93 mg/L，已超过排放标准。同样的，低浓度废水中 Cu(II)含量为 1.15 mg/L，材料初始投加量为 0.1 g/L，前 3 次处理后的水溶液中均检测不到 Cu(II)，经过 3 次洗脱，第四次处理结果仍可达到排放标准，但剩余 Cu(II)含量为 0.34 mg/L，接近排放标准。

表 7-12 为 MICS 投加量为 0.01 g/L 时处理低浓度镀酸铜冲洗废水的结果。在材料投加量仅为 0.01 g/L 的情况下，吸附处理 4 h，水中剩余 Cu(II)含量为 0.46 mg/L，仍能达到排放标准，可见 MICS 对较低浓度的含铜实际废水有较好的吸附效果。

表 7-12 MICS 一次性去除低浓度含铜电镀废水的处理结果

（样品量：200 mL，冷却时间：4 h，温度：308 K）

水样	pH	初始浓度/（mg/L）	吸附剂用量/（g/L）	平衡浓度/（mg/L）	去除效率/%
电镀铜漂洗废水	5.0	1.15	0.01	0.46	98.44

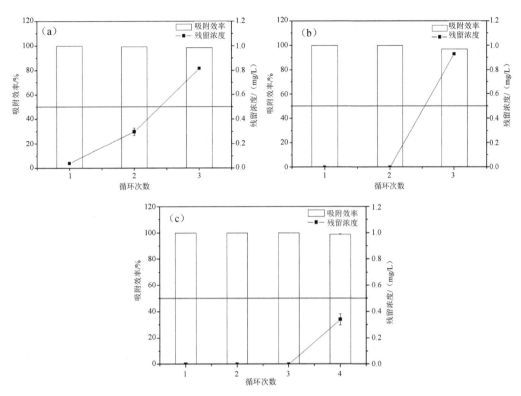

图 7-23　MICS 对（a）高浓度、（b）中浓度、（c）低浓度含铜电镀废水的处理效果［初始剂量：（a）
1.2 g/L，（b）0.8 g/L，（c）0.1 g/L；Cu(Ⅱ)废水样品浓度：（a）61.28 mg/L，（b）29.5 mg/L，（c）
1.15 mg/L；pH=5.0；温度：308K；吸附时间：4 h；解吸时间：8 h；洗脱剂：0.2 mol/L HCl］

7.5.4　成本核算

　　进一步为材料的实际应用提供参考，将以上述结果为依据，对材料 MICS 处理广州市南沙区某镀铜厂车间中的镀酸铜冲洗废水及其中、低浓度稀释水进行成本核算。由热重结果可知，MICS 中约 30% 为 Fe_3O_4，市售 nano-Fe_3O_4 的价格为 5～12 元/kg，而本书中 Fe_3O_4 的原料为废酸，无须使用昂贵的化学试剂作铁源，市面上低黏度的壳聚糖价格在 4 元/kg 左右，经过估算，制备 1 kg MICS 成本约为 5 元。处理 Cu(Ⅱ)含量为 61.28 mg/L 冲洗废水，以 1.2 g/L 投加量计算，材料洗脱回用 1 次，处理 1 t 该水样仅需 0.6 kg 材料，结合洗脱回用的试剂及操作成本，使用 MICS 处理 1 t 该水样需 3.0 元左右；处理 Cu(Ⅱ)含量为 29.50 mg/L 冲洗废水，以 0.8 g/L 投加量计算，材料洗脱回用 1 次，处理 1 t 该水样仅需 0.4 kg 材料，结合洗脱回用的试剂及操作成本，使用 MICS 处理 1 t 该水样需 2.0 元左右；而处理 Cu(Ⅱ)含量为 1.15 mg/L 的低浓度废水，以 0.1 g/L 投加量计算，材料洗脱回用 3 次，处理 1 t 该水样仅需 0.025 kg 材料，结合洗脱回用的试剂及操作成本，使用 MICS 处理 1 t 该水样需 0.12 元左右；同样处理低浓度废水，以 0.01 g/L 投加量计算，不洗脱回用，处理 1 t 该水样仅需 0.01 kg 的 MICS，需 0.05 元左右。

参考文献

ABOU EL-REASH Y G，2011. Adsorption of Cr(VI) and As(V) ions by modified magnetic chitosan chelating resin[J]. International Journal of Biological Macromolecules，49（4）：513-522.

AHAMED M E H，2013. Selective extraction of gold（III） from metal chloride mixtures using ethylenediamine N-（2-（1-imidazolyl） ethyl） chitosan ion-imprinted polymer[J]. Hydrometallurgy，140：1-13.

BOPARAI H K，2011. Kinetics and thermodynamics of cadmium ion removal by adsorption onto nano zerovalent iron particles[J]. Journal of Hazardous Materials，186（1）：458-465.

BOUHAMED F，2012. Adsorptive removal of copper（II） from aqueous solutions on activated carbon prepared from Tunisian date stones：Equilibrium，kinetics and thermodynamics[J]. Journal of the Taiwan Institute of Chemical Engineers，43（5）：741-749.

BOUJELBEN N，2009. Adsorption of nickel and copper onto natural iron oxide-coated sand from aqueous solutions：study in single and binary systems[J]. Journal of Hazardous Materials，163（1）：376-382.

BRANGER C，2013. Recent advances on ion-imprinted polymers[J]. Reactive and Functional Polymers，73（6）：859-875.

CHANG Y C，2005. Preparation and adsorption properties of monodisperse chitosan-bound Fe_3O_4 magnetic nanoparticles for removal of Cu(II) ions[J]. Journal of colloid and interface science，283（2）：446-451.

CHEN A，2012. Novel thiourea-modified magnetic ion-imprinted chitosan/TiO_2 composite for simultaneous removal of cadmium and 2,4-dichlorophenol[J]. Chemical Engineering Journal，191：85-94.

CHEN C Y，2011. Biosorption of Cu(II), Zn（II）, Ni（II） and Pb（II） ions by cross-linked metal-imprinted chitosans with epichlorohydrin[J]. Journal of Environmental Management，92（3）：796-802.

CHETHAN P D，2013. Synthesis of ethylenediamine modified chitosan and evaluation for removal of divalent metal ions[J]. Carbohydrate Polymers，97（2）：530-536.

DAI J，2010. Simple method for preparation of chitosan/poly（acrylic acid） blending hydrogel beads and adsorption of copper（II） from aqueous solutions[J]. Chemical Engineering Journal，165（1）：240-249.

DODI G，2012. Core-shell magnetic chitosan particles functionalized by grafting：synthesis and characterization[J]. Chemical Engineering Journal，203：130-141.

FAN L，2011. Removal of Ag^+ from water environment using a novel magnetic thiourea-chitosan imprinted Ag^+[J]. Journal of Hazardous Materials，194：193-201.

FANG X B，2014. Selective adsorption of Cr(VI) from aqueous solution by EDA-Fe_3O_4 nanoparticles prepared from steel pickling waste liquor[J]. Applied Surface Science，314：655-662.

FANG Z，2010. Degradation of metronidazole by nanoscale zero-valent metal prepared from steel pickling waste liquor[J]. Applied Catalysis B：Environmental，100（1-2）：221-228.

FANG Z，2011. Degradation of the polybrominated diphenyl ethers by nanoscale zero-valent metallic particles prepared from steel pickling waste liquor[J]. Desalination，267（1）：34-41.

FENG B，2009. Synthesis of monodisperse magnetite nanoparticles via chitosan-poly（acrylic acid） template and their application in MRI[J]. Journal of Alloys and Compounds，473（1-2）：356-362.

FENG Y，2010. Adsorption of Cd（II） and Zn（II） from aqueous solutions using magnetic hydroxyapatite nanoparticles as adsorbents[J]. Chemical Engineering Journal，162（2）：487-494.

FU F，2011. Removal of heavy metal ions from wastewaters：a review[J]. Journal of Environmental Management，92（3）：407-418.

FUTALAN C M，2011. Fixed-bed column studies on the removal of copper using chitosan immobilized on bentonite[J]. Carbohydrate Polymers，83（2）：697-704.

GERMINIANO T O，2014. Synthesis of novel copper ion-selective material based on hierarchically imprinted cross-linked poly（acrylamide-co-ethylene glycol dimethacrylate）[J]. Reactive and Functional Polymers，82：72-80.

HALL K R，1966. Pore-and solid-diffusion kinetics in fixed-bed adsorption under constant-pattern conditions[J]. Industrial & Engineering Chemistry Fundamentals，5（2）：212-223.

HAN R，2006. Biosorption of copper and lead ions by waste beer yeast[J]. Journal of Hazardous Materials，137（3）：1569-1576.

HU X，2011. Adsorption of chromium（VI） by ethylenediamine-modified cross-linked magnetic chitosan resin：isotherms，kinetics and thermodynamics[J]. Journal of Hazardous Materials，185（1）：306-314.

HUA M，2012. Heavy metal removal from water/wastewater by nanosized metal oxides：a review[J]. Journal of Hazardous Materials，211：317-331.

KOYUNCU H，2014. An investigation of Cu(Ⅱ) adsorption by native and activated bentonite：kinetic，equilibrium and thermodynamic study[J]. Journal of Environmental Chemical Engineering，2（3）：1722-1730.

KUANG S P，2013. Preparation of triethylene-tetramine grafted magnetic chitosan for adsorption of Pb（II） ion from aqueous solutions[J]. Journal of Hazardous Materials，260：210-219.

LEE H U，2012. Synthesis and characterization of glucose oxidase-core/shell magnetic nanoparticle complexes into chitosan bead[J]. Journal of Molecular Catalysis B：Enzymatic，81：31-36.

LESMANA S O，2009. Studies on potential applications of biomass for the separation of heavy metals from water and wastewater[J]. Biochemical Engineering Journal，44（1）：19-41.

LI H，2011. Separation and accumulation of Cu(II)，Zn（II） and Cr(VI) from aqueous solution by magnetic chitosan modified with diethylenetriamine[J]. Desalination，278（1-3）：397-404.

LI J，2012. Comparison of magnetic carboxymethyl chitosan nanoparticles and cation exchange resin for the efficient purification of lysine-tagged small ubiquitin-like modifier protease[J]. Journal of Chromatography B，907：159-162.

LIU Y，2013. Study on the adsorption of Cu(II) by EDTA functionalized Fe_3O_4 magnetic nano-particles[J]. Chemical Engineering Journal，218：46-54.

LIU Z，2011. Facile fabrication of porous chitosan/TiO_2/Fe_3O_4 microspheres with multifunction for water purifications[J]. New Journal of Chemistry，35（1）：137-140.

LUO X，2012. A magnetic copper（II）-imprinted polymer for the selective enrichment of trace copper（II） ions in environmental water[J]. Microchimica Acta，179（3-4）：283-289.

MA Z，2005. Synthesis and characterization of micron-sized monodisperse superparamagnetic polymer particles with amino groups[J]. Journal of Polymer Science Part A：Polymer Chemistry，43（15）：3433-3439.

MODRZEJEWSKA Z，2013. Sorption mechanism of copper in chitosan hydrogel[J]. Reactive and Functional Polymers，73（5）：719-729.

MOHAN D，2006. Activated carbons and low cost adsorbents for remediation of tri-and hexavalent chromium from water[J]. Journal of Hazardous Materials，137（2）：762-811.

MONIER M，2012a. Preparation of cross-linked magnetic chitosan-phenylthiourea resin for adsorption of Hg（II），Cd（II） and Zn（II） ions from aqueous solutions[J]. Journal of Hazardous Materials，209：240-249.

MONIER M，2012b. Adsorption of Cu(II)，Cd（II） and Ni（II） ions by cross-linked magnetic chitosan-2-aminopyridine glyoxal Schiff's base[J]. Colloids and Surfaces B：Biointerfaces，94：250-258.

MONIER M，2010. Adsorption of Cu(II)，Co(II)，and Ni(II) ions by modified magnetic chitosan chelating resin[J]. Journal of Hazardous Materials，177（1-3）：962-970.

MONTEIRO JR O A C，1999. Some thermodynamic data on copper-chitin and copper-chitosan biopolymer interactions[J]. Journal of Colloid and Interface Science，212（2）：212-219.

MOSBACH K，1996. The emerging technique of molecular imprinting and its future impact on biotechnology[J]. Bio/Technology，14（2）：163-170.

MUZZARELLI R A A，1973. The determination of molybdenum in sea water by hot graphite atomic absorption spectrometry after concentration on p-aminobenzylcellulose or chitosan[J]. Analytica Chimica Acta，64（3）：371-379.

MUZZARELLI R A A，2011. Potential of chitin/chitosan-bearing materials for uranium recovery：An interdisciplinary review[J]. Carbohydrate Polymers，84（1）：54-63.

NGAH W S W，2008. Adsorption of Cu(Ⅱ) ions in aqueous solution using chitosan beads，chitosan-GLA beads and chitosan-alginate beads[J]. Chemical Engineering Journal，143（1-3）：62-72.

NGAH W S W，2002. Removal of copper（II） ions from aqueous solution onto chitosan and cross-linked chitosan beads[J]. Reactive and Functional Polymers，50（2）：181-190.

NISHIDE H，1976. Selective adsorption of metal ions on crosslinked poly（vinylpyridine）resin prepared with a metal ion as a template[J]. Chemistry Letters，5（2）：169-174.

O'CONNELL D W，2008. Heavy metal adsorbents prepared from the modification of cellulose：A review[J]. Bioresource Technology，99（15）：6709-6724.

PEREIRA F A R，2013. Chitosan-montmorillonite biocomposite as an adsorbent for copper（II） cations from aqueous solutions[J]. International Journal of Biological Macromolecules，61：471-478.

PINHEIRO S C L，2012. Fluorescent ion-imprinted polymers for selective Cu(Ⅱ) optosensing[J]. Analytical and Bioanalytical Chemistry，402（10）：3253-3260.

RANGEL-MENDEZ J R，2009. Chitosan selectivity for removing cadmium（II），copper（II），and lead（II） from aqueous phase：pH and organic matter effect[J]. Journal of Hazardous Materials，162（1）：503-511.

RAO T P，2006. Metal ion-imprinted polymers—novel materials for selective recognition of inorganics[J]. Analytica Chimica Acta，578（2）：105-116.

REDDY D H K，2013. Application of magnetic chitosan composites for the removal of toxic metal and dyes from aqueous solutions[J]. Advances in Colloid and Interface Science，201：68-93.

REN Y，2013. Magnetic EDTA-modified chitosan/SiO$_2$/Fe$_3$O$_4$ adsorbent：preparation，characterization，and application in heavy metal adsorption[J]. Chemical Engineering Journal，226：300-311.

REN Y，2008. Synthesis and properties of magnetic Cu(Ⅱ) ion imprinted composite adsorbent for selective removal of copper[J]. Desalination，228（1-3）：135-149.

RENGARAJ S，2007. Adsorption characteristics of Cu(Ⅱ) onto ion exchange resins 252H and 1500H：Kinetics，isotherms and error analysis[J]. Journal of Hazardous Materials，143（1-2）：469-477.

SAATÇILAR Ö，2006. Binding behavior of Fe^{3+} ions on ion‐imprinted polymeric beads for analytical applications[J]. Journal of Applied Polymer Science，101（5）：3520-3528.

SCHMUHL R，2001. Adsorption of Cu(Ⅱ) and Cr(Ⅵ) ions by chitosan：Kinetics and equilibrium studies[J]. Water Sa，27（1）：1-8.

SHEN C，2011 Fast and highly efficient removal of dyes under alkaline conditions using magnetic chitosan-Fe（III） hydrogel[J]. Water Research，45（16）：5200-5210.

VAN LEEUWEN D A，1994. Quenching of magnetic moments by ligand-metal interactions in nanosized magnetic metal clusters[J]. Physical Review Letters，73（10）：1432.

VARMA A J，2004. Metal complexation by chitosan and its derivatives：A review[J]. Carbohydrate Polymers，55（1）：77-93.

VASCONCELOS H L，2008. Chitosan crosslinked with a metal complexing agent：Synthesis，characterization and copper（Ⅱ）ions adsorption[J]. Reactive and Functional Polymers，68（2）：572-579.

YAN H，2012. Preparation of chitosan/poly（acrylic acid）magnetic composite microspheres and applications in the removal of copper（Ⅱ）ions from aqueous solutions[J]. Journal of Hazardous Materials，229：371-380.

YU K，2013. Copper ion adsorption by chitosan nanoparticles and alginate microparticles for water purification applications[J]. Colloids and Surfaces A：Physicochemical and Engineering Aspects，425：31-41.

YUWEI C，2011. Preparation and characterization of magnetic chitosan nanoparticles and its application for Cu(Ⅱ) removal[J]. Chemical Engineering Journal，168（1）：286-292.

ZARGHAMI S，2015. Adsorption behavior of Cu(Ⅱ) ions on crosslinked chitosan/polyvinyl alcohol ion imprinted membrane[J]. Journal of Dispersion Science and Technology，36（2）：190-195.

ZHANG S，2012. Preparation of uniform magnetic chitosan microcapsules and their application in adsorbing copper ion（Ⅱ）and chromium ion（Ⅲ）[J]. Industrial & Engineering Chemistry Research，51（43）：14099-14106.

ZHENG X，2015. Silica nanoparticles doped with a europium（Ⅲ）complex and coated with an ion imprinted polymer for rapid determination of copper（Ⅱ）[J]. Microchimica Acta，182（3）：753-761.

ZHOU L，2012. Selective adsorption of uranium（Ⅵ）from aqueous solutions using the ion-imprinted magnetic chitosan resins[J]. Journal of Colloid and Interface Science，366（1）：165-172.

ZHOU L，2009. Characteristics of equilibrium，kinetics studies for adsorption of Hg（Ⅱ），Cu(Ⅱ)，and Ni（Ⅱ）ions by thiourea-modified magnetic chitosan microspheres[J]. Journal of Hazardous Materials，161（2-3）：995-1002.

郭仁东，2004. 高浓度含铜废水处理方法的研究[J]. 当代化工，33（5）：280-281.

蒋清民，2003. 工业废水处理技术进展[J]. 河南化工，（1）：8-10.

雷兆武，2009. 含铜废水处理技术现状[J]. 中国环境管理干部学院学报，19（1）：61-62.

李江，2005. 吸附法处理重金属废水的研究进展[J]. 应用化工，34（10）：591-594.

宋春丽，2008. 含铜废水处理技术综述[J]. 舰船防化，（2）：22-25.

张剑波，2001. 离子交换树脂对有机废水中铜离子的吸附[J]. 水处理技术，27（1）：29-32.

第8章 纳米零价铁去除甲硝唑抗生素

8.1 环境中的抗生素

抗生素是指用人工方法合成或者半合成的一种化合物，或者微生物代谢活动产生的一种一级代谢产物（孙大明，2012）。它们因为具有抑制或杀死细菌的作用，被作为一种抗菌药物（唐玉芳，2010）广泛应用于治疗或预防细菌性感染。

1928 年，亚历山大·弗莱明在培养致病细菌时观察到霉菌的存在阻碍了细菌的生长，这让他发现了世界上第一种抗生素——青霉素。抗生素作为一种重要药物被广泛应用于医药、畜牧业和水产养殖业。我国的医用抗生素和兽用抗生素的用量各占一半左右。它们对治疗感染性疾病发挥了巨大作用，有效地保障了人类的生命和健康；用于畜牧业和水产养殖业防治感染性疾病，并用作抗菌生长促进剂加快动物的生长。目前广泛使用的抗生素，按照化学结构分类，可分为β-内酰胺类、喹诺酮类、四环素类、氨基糖苷类、大环内酯类、多肽类等（王路光等，2009）。

8.1.1 抗生素的生产和使用

我国是抗生素的生产大国。2009 年 9 月 15 日"中国抗生素 60 年高峰论坛"在四川省成都市举行，中国抗生素产业总体规模已达世界第一，在青霉素、链霉素、四环素、土霉素和庆大霉素等原料药生产方面拥有绝对优势。全世界 75%的青霉素工业盐产于中国，80%的头孢菌素类抗生素产于中国，90%的链霉素类抗生素产于中国。中国化学制药工业协会统计数据显示，2000—2009 年青霉素工业盐产量已从 10 000 余 t 增长到 56 000 余 t，10 年间增长了 475%；阿莫西林产量达到 14 000 余 t；头孢氨苄和头孢曲松钠产量均为 2 000 t。据 2009 年数据统计，我国抗生素产量合计 14.7 万 t，其中 2.47 万 t 用于出口，产量和出口量均位居世界第一位（唐玉芳，2010）。

我国同时也是抗生素的使用大国，且我国抗生素使用、滥用情况严重，根据 2006—2007 年卫生部对全国抗菌药物耐药监测结果，医院的抗菌药物使用率达 74%，而在西方发达国家，医院抗生素使用率只有 22%～25%。来自全国的 31 个省（区、市）的 4 152 个网络调查有效样本的统计结果表明，在所有受访者中，有 74%的家中一直或有规律地使用抗生素（黄玉华等，2014）。为治疗和预防疾病，促进动物的生长，畜牧业和家禽养殖业对兽用抗生素的使用也有很大的需求。我国每年用于畜牧水产养殖的抗生素约为9.7万t，其中90%被用作饲料添加剂。在中国，抗生素人均年消费量约为138 g，是美国人均的10倍之多，而这种药品滥用的现象隐含着巨大的危机（Richardson et al.，2005）。

8.1.2 环境中抗生素的来源及归趋

环境中抗生素的主要污染来源包括医用、畜用、水产养殖业及制药工业废水中的抗生素，可通过多种途径进入土壤和水体等环境介质中。抗生素进入环境中的途径如图8-1所示（吕亮，2008）。

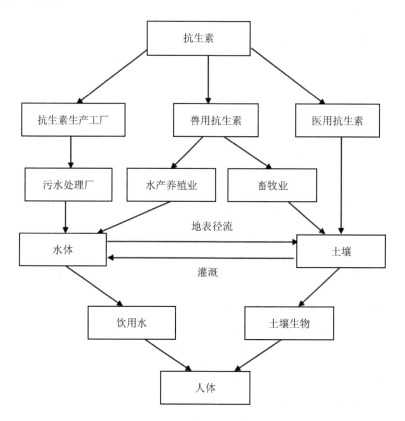

图 8-1 抗生素进入环境的途径

8.1.2.1 水环境中的抗生素来源

在过去的一段时间里，医用抗生素和兽用抗生素的广泛使用（10万～20万t的年消费量），使得这类化合物造成水污染的可能性大大增加（Xu W et al.，2007）。滥用抗生素引起的细菌耐药问题已成为影响公共卫生的严重问题，同时，滥用抗生素也给生态环境带来十分棘手的影响。目前，在不同的水体中都检测到了医用抗生素和兽用抗生素。这些抗生素的主要来源有以下几个方面。

（1）医用抗生素

自从抗生素被人类发现，它便成为一种强大的武器为对抗感染性疾病所用，广泛应用于细菌感染治理和防治。医用抗生素类药物主要有四环素类、氟喹诺酮类、氨基糖苷类、糖肽类、β-内酰胺类、磺胺类、大环内酯类、林可霉素和链阳菌素等（刘小云，2005）。抗生素被人体摄入后，少数历经羟基化、裂解和葡萄糖苷酸化等一系列代谢反应产生活性低的物质，而 90% 以上的抗生素原型在进入人体后又通过尿液和粪便排出（张格红，2014）。而后，这些未经过代谢反应的抗生素进入城市的污水处理系统，一小部分直接泄漏到地下水层形成污染，大部分则通过污水处理厂反应后排入江、河、湖等地表水体。Hartmann 等（1998）在某医院附近的排水系统中检出浓度较高的抗生素类药物。以当下的污水处理技术，完全去除抗生素非常困难，所以这些残留抗生素会进入地表水而造成水体污染，进一步引起地下水污染。

（2）畜用抗生素

抗生素污染的另一关键来自防治动物感染细菌疾病和促进动物生长的畜用抗生素。畜用抗生素主要有四环素类、青霉素类、林可霉素、泰乐菌素、奥喹多司、恩诺沙星、莫能菌素、盐霉素、卡巴多司、卑霉素、阿伏帕星、黄霉素和磺胺喹恶啉等种类（刘吉强等，2008）。畜牧业、水产养殖业为了预防和治疗牲畜以及鱼类疾病不可避免地使用抗生素，并且滥用的现象非常普遍。随着药物的使用，大量残留的抗生素未经反应就随着牲畜排泄物进入土壤而造成地下水体污染，或者被吸附到池塘沉积物中造成地表水污染。张芊芊（2015）在调查全国抗生素污染时，考察了 36 种目标抗生素，总体使用量是 92 700 t，其中兽用抗生素占 84.3%（猪 52.2%、鸡 19.6%、其他动物 12.5%），医用抗生素只占 15.6%。可以推断，废水处理率低下的畜牧业和水产养殖业可能会对环境产生更严重的影响。

（3）抗生素工业废水

抗生素工业生产程序主要包含发酵、化学合成、提取和成药等，生产过程中的废水里含有各种具生物毒性的难降解物质和活性抗生素，它们会强烈抑制废水生物处理系统中微生物的生长。此外，由于生产过程中的废水排放浓度波动大和不连续性等原因，使得抗生素工业废水很难降解（刘元坤等，2005）。未使用的、过期药品的如果处理不当，直接排入污水管网或垃圾填埋场，生产或销售过程中发生意外泄漏的废水也可被视为污染的重点。这些抗生素污染物作为母体化合物不停地排入自然环境，抗生素的多样性输入源以及可能的降解产物或代谢物的形式如图 8-2 所示。

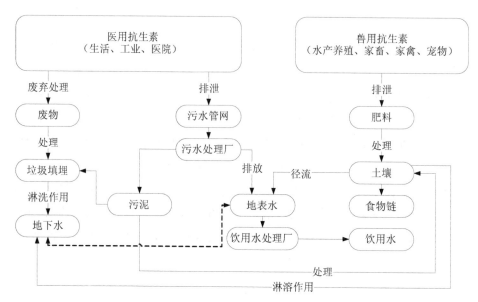

图 8-2　医用抗生素和兽用抗生素的来源及污染途径

8.1.2.2　抗生素的迁移转化

抗生素进入环境后，会发生复杂的迁移转化行为，包括吸附、迁移、降解等。这些环境行为受抗生素本身的结构和性质、土壤的理化性质，以及所处的环境条件（温度、光照等）的综合影响。

（1）吸附迁移

吸附是抗生素在环境中迁移和转化的重要过程，一般有物理吸附和化学吸附。抗生素可通过离子交换、静电吸附、氢键、离子键桥、配位等多种机理与土壤中的黏土矿物、有机质和铁锰氧化物发生作用，结合能力较强。此外，由于大多数抗生素分子中含有多种分子官能团，如羧酸、醛、胺类等，它们可与环境中的化学物质或有机质发生化学反应形成络合物或螯合物，并存留在环境中。

抗生素的吸附能力会直接影响其在土壤中的迁移能力。一般来说，吸附能力强的抗生素，在环境中较稳定，容易积蓄，不容易迁移；部分抗生素不与固相物质结合，吸附能力较弱，则在淋洗作用下很容易被淋洗到附近的河流中，迁移入水环境，进而对地下水构成威胁。就吸附常数而言，四环素类为 400～2 590 L/kg，喹诺酮类为 0.84～5 612 L/kg，磺胺类为 0.6～7.4 L/kg，大环内酯类为 5.4～7 740 L/kg（刘锋等，2007）。

在水体中，吸附是抗生素迁移和转换的一个重要阶段。西方学者在检测欧美国家的河道底泥时发现大量抗生素的存在，抗生素因为很强的吸附性致使其浓度在底泥中在比水体中高很多（Kim S C et al.，2006；Yang J F et al.，2010）。水环境的酸碱度及有机质、底泥的理化性质等因素会影响其对抗生素的吸附能力（俞道进等，2004）。抗生素本身的理化性质和化学结构也会对其吸附能力产生影响。抗生素的吸附能力依次为：四环素类＞大环内酯类＞喹诺酮类＞磺胺类＞氨基糖苷类＞青霉素类（王冉等，2006）。一般吸附性能强的抗生素在环境中比较稳定、容易积累，可长期存在水体中。

（2）水解和光解

水解和光解作用是抗生素在环境中非生物降解的重要转化过程。β-内酰胺类、大环内酯类和磺胺类抗生素易水解，但是大环内酯类和磺胺类抗生素在中性 pH 条件下水解很慢（Huang C H et al.，2011）。Paesen 等（1995）发现泰乐菌素 A 在酸性条件下可水解成泰乐菌素 B，而在中性和碱性条件下，则可产生丁间醇醛泰乐菌素 A 和一些极性的分解产物。Halling 等（2003）研究发现，土霉素在土壤间隙水中可以发生水解，水解过程受到土壤类型、pH、离子强度等影响。

光降解是在能接受到光照的水体表层中的抗生素降解的另一种重要途径，喹诺酮类和四环素类抗生素比较容易发生光降解（Picó Y et al.，2007）。在太阳光辐射下，经过 21 天海水 1 m 深度内的土霉素的降解率达到 99%（Lunestad et al.，1995）。

（3）生物降解

生物降解是在有微生物的作用下发生的降解反应，也是抗生素降解的主要方式。Marenggo 等（1997）报道了沙氟沙星在有氧环境下的生物降解；Al-Almad 等（1999）的研究结果显示，β-内酰胺类、氟喹诺酮和磺胺类抗生素的生物降解程度很低，现实环境中已经观察到 β-内酰胺类抗生素的部分生物降解，但是环丙沙星和磺胺甲恶唑的生物降解还未观察到；Ingerslev 等（2000）研究发现了几种磺胺类抗生素在活化淤泥中的生物降解。

8.1.3　水环境中抗生素的存在水平

8.1.3.1　地表水环境中的抗生素

国外对抗生素在环境水体的污染最早发现自 1982 年的英国，据报道，从河里检测出的四环素类、磺胺类、大环内酯类抗生素残留污染的浓度大约为 1 μg/L（Kümmerer et al.，2009）。之后世界其他国家也陆续开展抗生素污染调查等工作。在北美，1999—2000 年的美国国家流域普查报告指出，在 139 条河流中有八成都检测出了抗生素类污染物，其中检出频率和检出浓度很高的有林可霉素（最大浓度为 0.73 μg/L，平均浓度为 0.1 μg/L）、脱水红霉素（最大浓度为 1.7 μg/L，平均浓度为 0. 1μg/L）、磺胺甲恶唑（最大浓度为 1.9 μg/L，平均浓度为 0.15 μg/L）等（Kolpin et al.，2002）。在阿肯色州，有 3 条河流里也检出四环素类、喹诺酮类、环胺类、β-内酰胺类和大环内酯类等抗生素（Massey et al.，2010）。在加拿大安大略省的 17 个采样点采集的 123 个水样中有 3%样品中检出恩氟沙星，2%检出磺胺二甲基嘧啶，1%检出甲氯环素，4%检出了四环素（Ontario et al.，2010）。在欧洲，法国的塞纳河、意大利的波河和亚诺河、德国的莱茵河、瑞士和西班牙多条河流等都有检出了抗生素。其中西班牙的主要河流中发现有四环素、环丙沙星、克拉霉素、氧氟沙星、磺胺甲恶唑、甲硝唑、诺氟沙星、红霉素、甲氧苄啶等抗生素（Valcárcel et al.，2011）。在大洋洲，澳大利亚的昆士兰，水体中也检出了磺胺甲恶唑（检出频率为 73%，最大浓度为 2 μg/L，平均浓度为 0.008 μg/L）、诺氟沙星（检出频率为 78%，最大浓度为 1.15 μg/L，平均浓度为 0.03 μg/L）和红霉素（检出频率为 83%）等抗生素（Watkinson et al.，2009）。在亚洲，印度侯赛因萨加尔湖中检出磺胺甲恶唑（0.047 μg/L）和诺氟沙星（0.024 μg/L）；卡其帕里水库中也检出磺胺甲恶唑（0.096 μg/L）和环丙沙星（0.072 μg/L）；那卡瓦古河水中也含有磺胺甲恶唑（0.076 μg/L）、诺氟沙星（0.048 μg/L）和甲氧苄氨嘧啶（0.087 μg/L）（Rao R N et al.，2008）。国内也有很多环境水体中抗生素检出的报道。表 8-1 显示了近些年我国主要地表水体中检出的 6 个类别抗生素状况，可看出我国从北到南的主要流域（辽河、白洋淀、渤海湾、海河、黄河、莱州湾、长江、黄浦江、九龙江、珠江、北部湾、维多利亚湾等）中都有抗生素检出，这些抗生素包括大环内酯类、β-内酰胺类、氯霉素、氟喹诺酮类、四环素类、磺胺类等，浓度水平数量级分布于 ng/L 到 μg/L 之间（Peng X et al.，2008；Minh T B et al.，2009；Chang X et al.，2010；Hu W et al.，2011；Jia A et al.，2011；Jiang L et al.，2011；Zhang D et al.，2011；Zou S et al.，2011；Li W et al.，2012；Zhang R et al.，2012；Zheng Q et al.，2012）。

表 8-1　我国地表水中主要抗生素的环境浓度　　　　　　　　单位：ng/L

流域	地区	磺胺类	四环素类	氟喹诺酮类	大环内酯类	β-内酰胺类	氯霉素类
辽河	辽宁	ND-33.4	ND-13.6	ND-41.3			ND-19.5
白洋淀	河北	ND-940	—	ND-156	ND-155	—	—
渤海湾	天津	ND-140	ND-270	ND-6800	ND-630	—	—
海河	天津	ND-383	ND-450	ND-466	ND-128	—	—
黄河	中部	ND-68		ND-327	ND-102		
莱州湾	山东	ND-82		ND-209	ND-8.5	—	—
长江	重庆	ND-23		ND-74	ND-29		
黄浦江	上海	ND-623	ND-114	—	ND-9.9		ND-28.4
九龙江	福建	ND-776	ND-1036	ND-60.8	—	—	
珠江	广东	ND-510		ND-459	ND-636		41-266
北部湾	广西	ND-10.4			ND-50.9		
维多利亚湾	香港	ND-47.5	ND-313	ND-634	ND-1900	ND-493	—

注："ND"为未检出；"—"为未检验该指标。

8.1.3.2　地下水环境中的抗生素

受土壤层对抗生素的吸附作用，抗生素在地下水中出现的特点是含量低、种类少。在美国，有 18 个州的地下水体中多次检测出磺胺甲恶唑（García et al.，2010）；西班牙加泰罗尼亚地区地下水中也检出了多达 18 种磺胺类等抗生素（Barnes et al.，2008）。洪蕾洁等（2012）在崇明岛地下水中就检测出包括磺胺间二甲氧嘧啶、磺胺甲基嘧啶、磺胺对甲氧嘧啶和磺胺甲恶唑 4 种抗生素，浓度分别为 23.8 ng/L、38.5 ng/L、123.3 ng/L、241.5 ng/L。

8.1.3.3　饮用水中的抗生素

抗生素在饮用水中的浓度一般比较低，随着检测技术的发展，仪器检测限越来越低，关于检测到抗生素在饮用水中残留的报道也日益增多。2008 年美国 24 个主要城市的生活饮用水中含有多种药物成分，其中就包括抗生素、镇静剂、镇痛解热药等，4 100 万人饮用水安全问题牵涉其中（叶必雄等，2015）。荷兰有地区饮用水中检测出了 β 受体阻断剂和抗癫痫药物和痕量抗生素，大部分浓度小于 50 ng/L（Jelić A et al.，2012）。我国居民家中的饮用水也被报道有抗生素检出。2014 年南京市鼓楼区居民的自来水中检出 6-氨基青霉烷酸达 19 ng/L、阿莫西林浓度达 8 ng/L。安徽省若干城市的自来水中也检测出了金霉素、磺胺甲恶唑、土霉素、强力霉素、四环素和磺胺二甲基嘧啶等抗生素。

8.1.3.4　污水处理厂中的抗生素

由于污水处理厂现有的污水处理方式无法彻底去除抗生素，导致污水厂中也有抗生素的检出，且污水处理厂是抗生素污染地表水的重要点源污染源。美国在城市废水处理站中检测出 6 类主要处方药：β-内酰胺类（如青霉素、阿莫西林、头孢氨苄和头孢羟氨苄等），大环内酯类（如阿奇霉素、乙酰螺旋霉素和红霉素），氟喹诺酮类，氨基糖苷类（如新霉素）、磺胺类及四环素类抗生素，其中青霉素的检出率最高，阿莫西林 27 mg/L，磺胺甲基异恶唑 318 mg/L，乙酰螺旋霉素 912 mg/L，环丙沙星 311 mg/L。

我国徐维海等（2006）在 4 家污水处理厂（香港地区 2 家，广州市 2 家）中都有检出氧氟沙星、诺氟沙星、红霉素、罗红霉素和磺胺甲恶唑 5 种抗生素，进水和出水中抗生素浓度分别在 16～1 987 ng/L 和 16～2 054 ng/L。Lin A Y 等（2008）选择 10 类目标抗生素分析我国台湾地区水环境中（医院、污水处理厂、生活区、水产业等）可能存在的抗生素污染风险，调查表明人类医药使用是环境中抗生素污染的重要途径。

8.1.4　抗生素污染的危害

大量的研究表明，抗生素的使用会导致病原微生物产生耐药性，使得抗生素杀死等量细菌的有效剂量不断增加。耐药性致病菌的不断增加与扩散，对人体健康构成了潜在风险。另外，抗生素的作用本是抑制某类病菌的生长，在环境中不具耐药性的菌株被抗生素杀死，而具耐药性的优势菌得以大量繁殖，使得长期低浓度抗生素的存在对微生物群落有一定的影响，并且该影响可通过食物链对高级生物发生作用，导致生态系统平衡的破坏。同时，抗生素残留对人类健康的危害主要体现在"三致"（即致癌、致畸、致突变）作用、毒性损伤、变态反应和过敏反应。已有研究表明，长期服用硝基呋喃类药物（如呋喃唑酮、呋喃西林）除了对肝、肾造成损伤，同时具有致癌作用和致畸、致突变效应。并且，抗生素可通过食物链长期富集，当人体长期摄入残留某种药物的食品后，可导致该药物在体内蓄积，最终引发毒性损伤。如氯霉素可引起再生症、障碍性和溶血性贫血；喹乙醇是基因诱变剂；四环素有光敏性和胃肠道反应等。通过饮用水长期摄入微量抗生素，将会影响免疫系统，降低机体免疫力（王路光等，2009）。

从水环境的角度来看，抗生素最严重的影响是会对水中的生物和人类有生物毒性，破坏生态圈的生态平衡（Lanzky et al.，1997；Migliore et al.，1997）。此外，自然界系统中存在的抗生素类污染物将诱导产生多种耐药菌株。虽然这些污染物的检出含量都非常小，仅有 ng/L 至 μg/L 的级别，但对水生生物和人体的潜在影响仍然引人注目，尤其是抗生素和其他药物结合在一起可能表现为协同作用而产生更严重的不良影响。目前，抗菌药物在水产养殖过程在全球各地广泛使用，用于治疗水产动物疾病，加快生长周期。某些持续使用的药物会在动物体内有大量的药物残留。聂湘平等（2009）检测发现，水产养殖水域的水生动物肌肉和肝脏有高水平的各类畜用抗生素检出。动物体内的抗生素残留会诱发耐药菌株的产生，这将使抗生素药性减弱，对水环境和人类健康产生潜在的威胁。近年来，正因为这类问题日益普遍和严重，农业和畜牧业领域已着手管控抗生素的使用种类和剂量。西方各国均建立了较严格和完善的兽药残留监控体系，严格地检测和评价各种抗生素。我国已出台一系列法律、法规［如《水污染防治行动计划》（简称"水十条"）］，严格管控这些药物在水产养殖等领域的使用。

无论是直接从水环境中还是间接从水生动物中摄入微小剂量的抗生素，在人体体内富集到一定程度都会有潜在的危害。由于许多抗生素无论是肌肉注射的方式还是口服的方式身体吸收速度都非常快，而其在体内半衰期又比较长，所以能在短期内扩散到几乎所有体内组织。虽然这有利于治疗感染的组织杀灭细菌，但是在机能正常的身体内如果抗生素含量过高也能导致大规模正常细菌的死亡，耐药性细菌会利用这个机会侵入人体组织，给人体健康带来不利影响，严重的甚至会导致死亡。

8.1.5 甲硝唑及其治理方法

作为临床常用的硝基咪唑类抗生素之一的甲硝唑（Metronidazole，MNZ，其理化性质见表 8-2），具有抗菌和消炎的作用，在我国和欧美各国得到广泛应用，主要治疗厌氧菌和原生动物（如阴道毛滴虫和贾第鞭毛虫）引起的感染。甲硝唑除了具备通常抗生素的毒性作用，还具有特殊的毒理作用，尤其具有潜在致癌性和致遗传变异作用（Bendesky et al.，2002）。Ré J L 等（1997）通过彗星试验法评价了甲硝唑的遗传毒性，结果表明，甲硝唑可以破坏人体淋巴细胞的 DNA。Lanzky 等（1997）报道了甲硝唑对淡水和海洋生物的急性毒性。

表 8-2　甲硝唑理化性质

分子式	$C_6H_9N_3O_3$
分子量/（g/mol）	171.2
水溶性/（g/L）	9.5
酸度系数（pK_a）	2.55
熔点/℃	159～163
分子结构	O₂N— 分子结构式（2-甲基-5-硝基咪唑-1-乙醇）

　　我国甲硝唑原料药生产能力和产量较大，国内甲硝唑片剂生产企业有上百家，2001年的产量为 24.88 亿片，占我国片剂总量的 0.4%。2000 年我国甲硝唑输液生产产量 1.31亿瓶；2001 年总产量增长到 1.67 亿瓶，已占全国输液产量的 3.8%。近几年，甲硝唑的生产企业、产量仍呈大幅增长趋势。甲硝唑生产过程废水量排放较大，如国内某甲硝唑生产厂排放废水 500 m³/d，该厂每年废水排放量高达 18 万 m³。且废液中残留的甲硝唑浓度较高，一般条件下甲硝唑残余浓度为 50～500 mg/L。如此大量且高浓度的甲硝唑生产废水如不进行有效的治理，将引起很大的危害。就甲硝唑废水而言，该废水排入水体后，会通过食物链的富集作用进入人体，从而对人体产生毒害作用。该抗生素对人体有多种毒副作用，尤其具有潜在致癌性和致遗传变异作用。此外，甲硝唑还作为饲料添加剂应用于家禽和鱼类饲料中，以驱除动物体内寄生虫。由于此抗生素易溶于水，难生物降解，传统的污水处理方法难以将其去除，导致其在生态环境中的蓄积。污水处理厂出水中甲硝唑药物的浓度已达到引发人与生态环境逆向效应的水平。

　　国内外针对甲硝唑抗生素的研究主要集中在环境中的残留检测分析，这为甲硝唑的浓度检测奠定了可靠的基础。目前甲硝唑的去除方法主要包括吸附法（Rivera et al.，2009；Méndez et al.，2010）、臭氧氧化法（Sánchez et al.，2008）、生物方法（Ingerslev et al.，2001a；2001b）、光降解法（Habib M J et al.，1989；Shemer et al.，2006；Johnson et al.，2008；Sánchez et al.，2009）等。Rivera 等（2009）采用活性炭吸附法考察了 3 种不同活性炭对甲硝唑等硝基咪唑类抗生素的吸附效果。投加量为 0.1 g/L 的活性炭，8 d 时间内处理 100 mL 初始浓度为 600 mg/L 的抗生素溶液。结果表明，活性炭在一定程度上可吸附去除硝基咪唑类抗生素，且其对抗生素的吸附性能主要取决于活性炭的化学特性。Sánchez 等（2008）进行臭氧/活性炭法去除硝基咪唑类抗生素（甲硝唑-MNZ、地美硝唑-DMZ、替硝唑-TNZ、洛硝唑-RNZ）的研究，结果表明，臭氧虽能有效地将各种抗生素降解，但除洛硝唑以外，其他抗生素的降解产物毒性比原先抗生素的大。Ingerslev 等（2001a）用好氧生物来降解水溶液中的甲硝唑，结果表明，初始浓度为 10 mmol/L 的甲硝唑废水，其生物降解半衰期为 $T_{1/2}$ 为 9.7～26.9 d，降解效果并不明显。Shemer 等（2006）用 UV/H_2O_2/Fe^{2+} 光催化法，对水中低浓度的药物甲硝唑进行降解，结果表明，UV 与 Fenton 的结合大大提高了甲硝唑光降解效率，最大降解率达到 94%。

这些方法虽然对于甲硝唑废水的处理具有一定的效果，然而都存在不足之处。物理吸附法只是单纯地将废水中的污染物富集分离，只是将污染物进行了转移，并没有把污染物降解去除，效果并不理想。生物法处理抗生素废水存在处理周期长、见效慢、效果不明显等不足。光降解法中需要光作为催化动力，目前主要为紫外光为主要"驱动力"，具有环保、高效的特点，但是如何将其应用于无光或者低光的甲硝唑易聚集的地下水层及河流底泥环境进行原位修复，是目前光催化技术尚未妥善解决的一道难题，且该技术的基建投资较大，所用辐照源也较贵，不经济也不实际。因此，寻找经济、有效的处理该抗生素废水的方法尤为重要。

8.2 nZVI 去除甲硝唑的研究

nZVI 降解技术正以其极佳的原位修复性和廉价的成本等特点，引起了科研工作者的关注，纷纷将其用于试验室或小型应用试验中修复或去除重金属和难降解有机物的研究中。nZVI 易于制备、性能好，可高效去除各种环境污染物，也为抗生素废水的处理提供了一条有效的处理方法。吕亮等（2008）研究了零价铁对土霉素的去除效果，结果表明，Fe^0 对土霉素有较好的去除效果，Fe^0 投加量为 1～4 g/L，处理 50 mL 初始浓度为 100 mg/L 的土霉素溶液，土霉素的去除效率几乎均达到 100%。反应 6 h 体系已经基本达到平衡状态。Ghauch 等（2009）采用 nZVI 和零价铁降解阿莫西林和氨苄西林。在 3 h 内两种抗生素都取得近乎完全的降解，为抗生素废水的治理提出了新的解决办法。为此，我们借鉴相关研究报道，提出采用 nZVI 技术降解甲硝唑抗生素废水。考察其对甲硝唑（MNZ）抗生素的去除性能，并分析影响其去除性能的各种工艺因素；通过甲硝唑去除动力学的分析、纳米铁的转化过程、中间产物的分析等来揭示 nZVI 去除 MNZ 的作用机理。

8.2.1 研究方法

（1）甲硝唑的去除试验

甲硝唑的去除试验在 500 mL 的圆底三口烧瓶中进行，如图 8-3 所示。在室温并连续充氮气的条件下将 300 mL 甲硝唑水溶液和一定量的 nZVI 混合搅拌，在选定的时间间隔，以注射器从瓶中取 2～3 mL 水样并经 0.45 μm 过滤膜过滤，留待分析。为保证整个反应体系的厌氧环境，除了反应过程中连续通入氮气（流量 180 mL/min），反应前，配溶液所用去离子水需通氮气（180 mL/min）曝气 0.5 h 以去除水中的溶解氧。

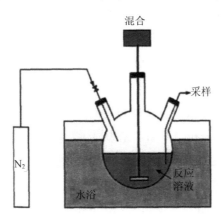

图 8-3　反应装置

（2）分析方法

pH 测量采用 pHS-3B 检测仪；Fe^{3+}、Fe^{2+} 的浓度测定采用邻菲罗啉光度法（o-phenanthroline spectrophotometric method），测定波长为 510 nm；甲硝唑的 TOC 浓度采用总有机碳测定仪检测；甲硝唑的浓度的分析采用高效液相色谱仪［C_{18} 柱（粒径 5 μm，250 mm×4.6 mm］，紫外检测器（SPD-10AV），检测波长 318 nm。流动相乙腈：水=20：80（v/v），流速=1.0 mL/min。进样体积为 20 μL）。所有样品分析前均经过 0.45 μm 微孔滤膜过滤。

8.2.2　传统 nZVI 的制备与表征

传统的 nZVI（以下记为 nZVI）的制备，采用液相化学还原法，并用聚乙烯吡咯烷酮为分散剂，将 $FeSO_4 \cdot 7H_2O$ 和过量的 $NaBH_4$ 反应，还原制得的零价铁颗粒分散效果良好，不易发生团聚。具体步骤：配制溶液用的去离子水先充氮气 30 min 以去除溶液中的溶解氧。配制 0.01 mol/L 的 $FeSO_4 \cdot 7H_2O$ 水溶液，并加入聚乙烯吡咯烷酮，机械搅拌使之充分混合溶解。用乙醇水溶液配制 0.03 mol/L 的 $NaBH_4$ 水溶液。在氮气保护和剧烈机械搅拌条件下，将 $NaBH_4$ 水溶液迅速添加至 $FeSO_4 \cdot 7H_2O$ 水溶液中，溶液变为黑色时停止搅拌。用磁选法选出固体材料，先后用去氧水和乙醇充分洗涤 3 次，并保存于乙醇中。

nZVI 的比表面积使用比表面分析仪进行测定，样品先在 270℃抽真空 12 h，在液氮温度（-196℃）下进行氮气的吸附解吸测试。纳米颗粒的尺寸及表面形貌采用扫描电镜（SEM）和透射电镜（TEM）进行分析，样品先在乙醇中进行超声分散，而后将纳米颗粒与无水乙醇混合液滴到碳-铜合金网上，待乙醇挥发后，进入仪器真空室中测定。材料的晶型结构采用 X 射线粉末衍射仪（XRD）进行测定，X 射线为 Cu 靶 Kα射线（λ=0.154 18 nm），管电压 30 kV，管电流 20 mA，扫描范围 10°～90°，扫描速度为 0.8°/s。材料表面的铁元素价态分析采用 X-射线光电子能谱仪进行表征，采用光源为 Mono Al Kα，能量：1 486.6 eV；扫描模式：CAE；全谱扫描：通能为 150 eV；窄谱扫描：通能为 20 eV。材料的红外光谱使用傅里叶红外光谱仪进行分析，将材料颗粒与适量的溴化钾充分研磨混合，经压片机压片后，上机进行红外光谱扫描。

图 8-4 为 nZVI 的表面形貌和晶型图。结果显示，nZVI 的颗粒大小为 50～80 nm，这些颗粒由于磁性和趋于保持热力学稳定状态的特性而形成链状结构。BET 分析结果显示，nZVI 的比表面积为 35 m²/g。颗粒的 XRD 分析结果显示，44.9°出现了较宽的衍射峰，确定颗粒为无定形结构。XPS 表征结果如图 8-5 所示，铁的三价态是纳米颗粒表面的主要成分，其次是零价态，这是由于 nZVI 在洗涤过程和制样分析过程中接触水和氧气，使其表面生成了铁氧化物层，导致了核壳结构的形成（Crane et al.，2012；O'Carroll et al.，2013）。

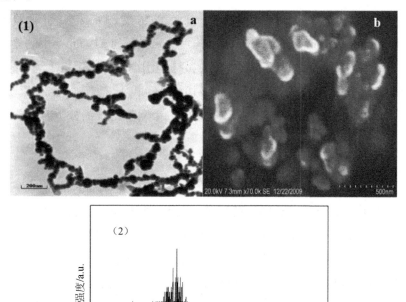

图 8-4 （1）nZVI 的透射电镜和扫描电镜照片，a. 透射电镜照片 b. 扫描电镜照片；
（2）nZVI 的 XRD 谱图

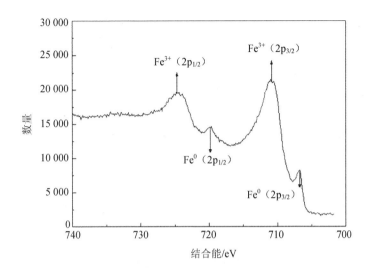

图 8-5　nZVI 的 XPS 表征图

8.2.3　各工艺参数对甲硝唑去除效果的影响

8.2.3.1　nZVI 投加量的影响

试验条件：MNZ 初始浓度=80 mg/L；降解体积=300 mL；初始 pH=5.60；搅拌速度=150 r/min；T=28℃；氮气流量=100 mL/min；控制不同的 nZVI 投加量。

nZVI 的投加量对甲硝唑抗生素去除的影响如图 8-6 所示。从图中可以看出，nZVI 对 MNZ 的去除效果非常显著，MNZ 浓度随时间加长明显下降，且 nZVI 的投加量越大，MNZ 的去除速度越快。反应 2 min 时，投加量为 0.03 g/L、0.06 g/L、0.08 g/L、0.10 g/L、0.13 g/L 的 nZVI 对应的 MNZ 去除效率分别为 15.3%、33.6%、82.7%、92.5%、96.4%。反应 5 min 后，投加量为 0.10 g/L，0.13 g/L 的 nZVI 几乎能将 MNZ 全部去除，结果表明增加 nZVI 的投加量，则增大纳米颗粒的总比表面积，增多吸附和反应的位点，从而 MNZ 的去除也就越快。已有研究报道，零价铁或 nZVI 去除污染物的非均相反应包括五大步骤：①溶液中的反应物向零价铁表面扩散；②反应物被吸附在零价铁的表面；③被吸附的反应物在零价铁表面发生化学反应；④反应产物从零价铁表面脱附；⑤反应产物向溶液主体扩散（Lin Y et al.，2008）。由于 nZVI 去除 MNZ 的反应是在持续搅拌的条件下进行的，由此可推测，步骤①质量传递不是速率控制步骤，步骤②和步骤③可能是反应的决定性因素。当 nZVI 的投加量增加时，颗粒的总比表面积以及反应活性位点也相应增大及增多，因而也提高了对 MNZ 的去除效率。

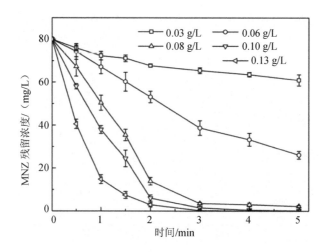

图 8-6 nZVI 投加量对 MNZ 去除的影响

8.2.3.2 溶液初始浓度的影响

试验条件：nZVI=0.10 g/L；降解体积=300 mL；初始 pH=5.60；搅拌速度=150 r/min；T=28℃；氮气流量=100 mL/min；控制不同的 MNZ 初始浓度。

分别考察了不同 MNZ 初始浓度（45 mg/L、60 mg/L、80 mg/L、90 mg/L 和 100 mg/L）对 nZVI 去除 MNZ 的影响。由图 8-7 可知，随着溶液初始浓度的增加，MNZ 的最终去除效率随着降低。反应 5 min 后，初始浓度为 45 mg/L、60 mg/L、80 mg/L 和 90 mg/L 的甲硝唑分别降到 0.03 mg/L、0.05 mg/L、0.13 mg/L、0.56 mg/L，去除效率均达到 99% 以上。初始浓度 100 mg/L 的 MNZ 降到 5.62 mg/L，去除效率约为 94%。这是因为 MNZ 浓度越高，覆盖在纳米颗粒表面的污染物就越多，导致纳米材料的吸附或催化还原能力的降低，从而降解污染物的性能也下降。

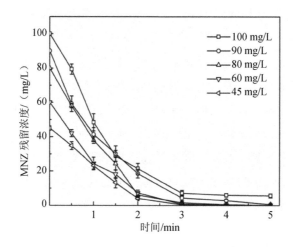

图 8-7 不同 MNZ 初始浓度对 nZVI 去除 MNZ 的影响

8.2.3.3　初始 pH 的影响

试验条件：MNZ 初始浓度=80 mg/L；降解体积=300 mL；nZVI=0.1 g/L；搅拌速度=150 r/min；T=28℃；氮气流量=100 mL/min；反应前用 HCl 以及 NaOH 溶液调节反应溶液体系的初始 pH，控制溶液不同的初始 pH。

溶液 pH 是 nZVI 去除污染物的重要影响因素。已有研究表明（Cao J et al.，2006；Zhang X et al.，2009），铁还原降解污染物一般与 pH 呈负相关，低 pH 可以促进 Fe 腐蚀速度，提高反应的效率。高 pH 会促进氢氧化物钝化层的形成，阻碍反应的进行（Li X et al.，2006）。本试验考察了溶液不同的初始 pH 条件下 nZVI 对 MNZ 去除的影响，结果如图 8-8 所示。另外，试验前研究了 pH 对甲硝唑的影响，结果表明，pH 2～9，甲硝唑浓度基本没有变化。

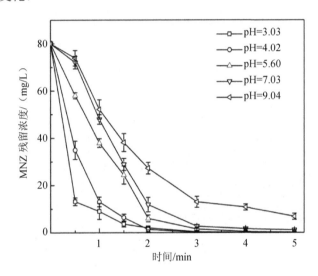

图 8-8　溶液初始 pH 条件下 nZVI 对 MNZ 去除的影响

由图 8-8 可知，随着溶液初始 pH 的降低，MNZ 的去除效率明显增加。当 pH=9.04 时，反应 2 min，MNZ 的去除效率为 65.8%，而当 pH 减小为 4.02 和 3.03 时，相应时间 MNZ 的去除效率可达 97%以上。因为随着溶液初始 pH 的降低，溶液中 H^+ 的浓度增加，有利于铁表面的腐蚀，为污染物的去除提供较高的表面反应场所，从而提高了反应效率。在较高的初始 pH 条件下，由于金属氧化物、氢氧化物的形成覆盖了 Fe^0 表面，占据反应场所，导致反应活性的降低（Jovanovic et al.，2005）。这说明酸性条件促进了水溶液中金属铁的腐蚀，产生较多的氢离子，有利于还原反应进行。

8.2.3.4　充氮气与充空气反应比较

试验条件：nZVI=0.1 g/L；降解体积=300 mL；初始 pH=5.60；搅拌速度=150 r/min；T=28℃；气体流量=100 mL/min；MNZ 初始浓度分别为 60 mg/L、80 mg/L、100 mg/L。

试验比较了充氮气与充空气两种条件下，nZVI 对 MNZ 的去除效果，结果如图 8-9 所示。由图可知，在充空气条件下 nZVI 对 MNZ 的去除效率稍高于充氮气条件下的。反应溶液初始浓度为 60 mg/L、80 mg/L、100 mg/L 的 nZVI/空气体系中，反应时间为 0.5 min 时，nZVI 对 MNZ 的去除效率分别为 72.32%、61.64%、54.63%；而在 nZVI/N_2 体系中，其相应的去除效率为 59.39%、52.58%、51.61%。原因可能是有氧条件下 nZVI 与氧气作用发生了芬顿反应，体系中产生了羟基自由基（•OH）（Noradoun et al.，2005；Joo S H et al.，2005；Chang S et al.，2009），而甲硝唑能与强自由基•OH 作用而被快速去除（Shemer et al.，2006）。

$$Fe^0 + O_2 + 2H^+ \longrightarrow H_2O_2 + Fe^{2+} \tag{8-1}$$

$$Fe^{2+} + H_2O_2 \longrightarrow Fe^{3+} + \cdot OH + OH^- \tag{8-2}$$

$$Fe^{3+} + Fe^0 \longrightarrow Fe^{2+} \tag{8-3}$$

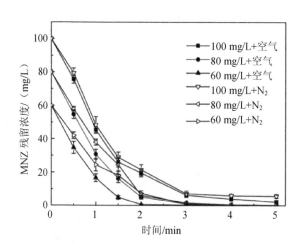

图 8-9　在充氮气与充空气条件下 nZVI 对 MNZ 的去除

8.2.3.5　nZVI 与普通商业铁粉对 MNZ 的去除比较

试验分别对比了商业铁粉与 nZVI 在同质量投加量情况下和同比表面积投加量情况下，对 MNZ 的去除效果，如图 8-10（a）所示。商业铁粉与 nZVI 的投加量均为 0.1 g/L 时，反应 5 min 时，商业铁粉对 MNZ 的去除效率仅为 2%；而 nZVI 对 MNZ 的去除效率可达 99%以上，约为商业铁粉的 50 倍。即使延长商业铁粉的反应时间，在商业铁粉投加量为 0.1 g/L 时，反应持续到 12 h，甲硝唑的去除效率仅为 20%［图 8-10（b）］。相较于 nZVI，商业铁粉对甲硝唑的去除效果较差。

由于 nZVI 的比表面积远大于商业铁粉，为了进一步比较二者的降解效果，研究了二者同等比表面积下的去除效果。此时，nZVI 的投加量为 0.1 g/L，商业铁粉的投加量为 1.17 g/L。反应 5 min 时，商业铁粉对甲硝唑的去除效率仅 10%；而 nZVI 对甲硝唑的去除效率达 99%以上，再次证明了 nZVI 对 MNZ 的高效去除能力。

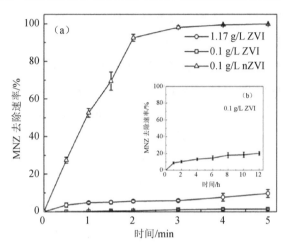

图 8-10　nZVI 与商业铁粉对 MNZ 的去除比较：（a）等材料投加量及等总比表面积；（b）延长商业铁粉与 MNZ 的反应时间

8.2.3.6　腐植酸（HA）对 nZVI 去除 MNZ 的影响

试验条件：nZVI=0.1 g/L；MNZ 初始浓度=80 mg/L；V=300 mL；初始 pH=5.60；搅拌速度=150 r/min；T=28℃；气体流量=100 mL/min；HA 浓度分别为 10 mg/L、40 mg/L、60 mg/L。

腐植酸（humic acid，HA）作为一种天然有机物广泛存在于水体中。本书考察了在腐植酸存在的情况下，对 nZVI 去除 MNZ 的影响，结果如图 8-11 所示。

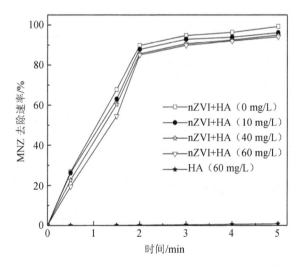

图 8-11　腐植酸对 nZVI 去除 MNZ 的影响

由图可知，HA 单独对 MNZ 基本无去除效果；而当有 HA 存在时，nZVI 对 MNZ 的去除效率随着 HA 浓度的增加而稍有降低，但并不是十分明显。当体系中没有 HA 存在时，反应 2 min，nZVI 对 MNZ 的去除效率为 89.83%；反应 5 min 后，其去除效率达到 99.23%。当 HA 的浓度为 10 mg/L、40 mg/L 和 60 mg/L 时，反应 2 min 时 MNZ 的去除效率分别是 87.90%、85.69% 和 85.03%；反应 5 min 后，其去除效率分别是 96.14%、94.95% 和 94.08%。由此说明，HA 的存在，会对 nZVI 去除 MNZ 产生一定的抑制作用，但并不明显。这主要是因为 HA 可被 nZVI 吸附而占据铁的活性表面，导致 nZVI 对污染物的去除效率降低（Tratnyek al.，2001）。当 HA 浓度增加时，nZVI 表面活性反应部位可能被覆盖的比例增加，这会导致反应的速率下降。但是由于存在吸附平衡，溶液中游离的 HA 也相应增多，而 HA 表面含有大量活性基团（如苯羧基、酚羟基等），使其表面带有较大的负电性，可能引起传递电子的作用，而促进 nZVI 对 MNZ 去除反应的进行（Curtis et al.，1994）。所以随着 HA 浓度的增加，由于抑制和促进两方面的制衡，总效率并没有太大变化。当 HA 浓度增加到一定程度时，铁表面吸附增多占主导矛盾，导致反应效率的降低，对污染物的去除效率也相应降低。

8.2.4　nZVI 的重复使用性能考察

为了考察 nZVI 的重复使用性能，设计将反应后的 nZVI 经磁选法固液分离后，以乙醇洗 2 次并重新加入 80 mg/L 的 MNZ 溶液进行新的一轮反应。试验结果如图 8-12 所示。由图可知，重复再使用的 nZVI 对 MNZ 的去除性能明显下降。新制备的 nZVI，反应 5 min 时，对 MNZ 的去除效率达 99.85%；第二轮使用，反应 5 min 时，再使用的 nZVI 对 MNZ 的去除效率降为 39.59%；再到第三轮使用时，在相同反应时间（5 min）时，nZVI 对 MNZ 的去除仅为 6.13%。

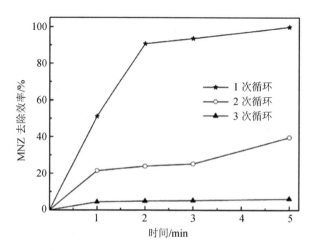

图 8-12　nZVI 重复使用性能

反应后重复使用的 nZVI 的性能明显下降的原因可能是：①反应过程发生了铁表面的腐蚀，有沉积物如铁的氢氧化物生成并沉积在 Fe^0 表面，阻碍了反应物与 Fe^0 表面活性位点的接触，使得 Fe^0 的反应活性下降，导致其对污染物的去除效率降低。②由试验现象观察到，经第一轮反应后的铁颗粒发生明显团聚，呈粗大的链枝状，分散性不如新鲜制备的纳米铁，铁样的团聚会导致颗粒的比表面积和表面能的减小，反应活性降低，从而其处理效率也降低。这两种原因的作用下导致了 nZVI 的重复使用性能的下降，从而对污染物的去除效率也随之减小。

8.2.5　反应动力学研究

文献研究中，nZVI 去除污染物的去除速率可以用拟一级反应动力学模型来描述（Ghauch et al.，2009；Zhang X et al.，2009）。即通过以下反应方程式来表述。

$$-\frac{\mathrm{d}[p]}{\mathrm{d}t} = k_{\mathrm{obs}} = k_{\mathrm{SA}} a_{\mathrm{s}} \rho_{\mathrm{s}} = k_{\mathrm{SA}} \rho_{\mathrm{s}} \tag{8-4}$$

$$\ln\frac{C_{\mathrm{t}}}{C_0} = -k_{\mathrm{obs}} t \tag{8-5}$$

$$t_{1/2} = \frac{1}{k_{\mathrm{obs}}} \log 2 \tag{8-6}$$

式中，k_{obs} 代表拟一级速率常数，min^{-1}；k_{SA} 代表表观反应速率常数，$\mathrm{L/(min \cdot m^2)}$；$a_{\mathrm{s}} = Fe^0$ 的比表面积，$\mathrm{m^2/g}$；ρ_{s} 为 Fe^0 的浓度，$\mathrm{g/L}$；C_0 代表污染物的初始浓度；C_{t} 为反应 t 时刻污染物的剩余浓度。

本书中 nZVI 去除甲硝唑的过程，沿用上述拟一级反应动力学模型，此时 C_0 代表甲硝唑的初始浓度，C_{t} 为反应 t 时刻甲硝唑的剩余浓度。拟一级速率常数 k_{obs} 可以由计算 $\ln C_{\mathrm{t}}/C_0$ 对反应时间 t 的曲线斜率得到。

8.2.5.1　nZVI 投加量的影响

图 8-13 是不同 nZVI 投加量的 $\ln C_{\mathrm{t}}/C_0$-t 拟合曲线图，高数值的相关系数（R^2）说明 nZVI 去除甲硝唑抗生素反应符合拟一级反应动力学模型（表 8-3）。从表中可以看出，反应速率常数（k_{obs}）、表观速率常数（k_{SA}）随着初始 nZVI 投加量的增加而增大。nZVI 投加量为 0.03 g/L 和 0.06 g/L，去除速率常数仅为 0.05 min^{-1} 和 0.23 min^{-1}，而当 nZVI 投加量增加到 0.10 g/L 和 0.13 g/L 时，对应的速率常数变为 1.37 min^{-1} 和 1.79 min^{-1}。主要原因是增大纳米级 Fe^0 的投加量，相当于增加了铁的总比表面积，使得能与 MNZ 反应的活性位点增多，从而提高了反应速度。

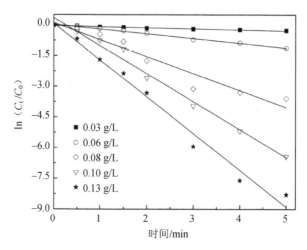

图 8-13　nZVI 不同投加量的 ln（C_t/C_0）-t 拟合曲线

表 8-3　nZVI 去除甲硝唑反应的拟一级反应速率常数（k_{obs}），表观反应速率常数（k_{SA}）及相关系数（R^2）

纳米铁 投加量/（g/L）	甲硝唑初始 浓度/（mg/L）	溶液 初始 pH	反应速率常数 k_{obs}/min^{-1}	半衰期 $t_{1/2}$/min	表观反应速率常数 k_{SA}/ [L/（min·m^2）]	相关系数 R^2
0.03	80	5.60	0.05±0.006	13.86±1.400	0.05±0.005	0.941 0
0.06	80	5.60	0.23±0.006	3.01±0.080	0.11±0.002	0.992 5
0.08	80	5.60	0.83±0.042	0.84±0.042	0.30±0.015	0.925 3
0.10	80	5.60	1.37±0.060	0.51±0.022	0.39±0.017	0.984 0

　　图 8-14 揭示了 nZVI 投加量与降解速率常数的关系为正相关，即随着 nZVI 的投加量的增大，降解速率常数是增大的。因而，增加 nZVI 的投加量可以提高反应速率。这与文献（Kanel et al.，2005；Lin Y et al.，2008；Zhang X et al.，2009）的报道相符，文献中用 nZVI 分别去除三价砷、2,4,6-三硝基甲苯，以及染料 AB24。

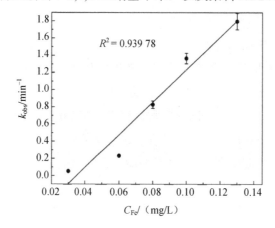

图 8-14　nZVI 投加量与降解速率常数的关系

8.2.5.2　甲硝唑初始浓度的影响

MNZ 不同初始浓度条件下 ln C_t/C_0 对反应时间 t 的关系如图 8-15 所示。表 8-4 所示为 MNZ 初始浓度与反应速率常数之间的关系。由数据可知，MNZ 初始浓度越小，反应速率常数反而越大。当溶液初始浓度为 45 mg/L、60 mg/L 和 80 mg/L 时，反应速率常数 k_{obs} 为 1.61 min^{-1}、1.51 min^{-1} 和 1.37 min^{-1}，而当初始浓度增大到 100 mg/L 时，k_{obs} 减少为 0.64 min^{-1}。可能原因是，nZVI 对 MNZ 的去除是一个非均相的反应过程，包括吸附和降解两种作用。一定量的 nZVI 的吸附反应面积是固定的，增加 MNZ 的初始浓度，会增加 nZVI 对 MNZ 的有效吸附量，有可能导致 MNZ 包裹 nZVI，阻断了纳米铁进一步与 MNZ 的接触，同时阻碍了新生成的 H$_2$ 的释放，降低了反应速度。

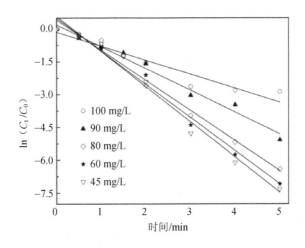

图 8-15　不同 MNZ 初始浓度的 ln（C_t/C_0）-t 拟合曲线

表 8-4　nZVI 去除甲硝唑反应的拟一级反应速率常数（k_{obs}），表观反应速率常数（k_{SA}）及相关系数（R^2）

纳米铁投加量/(g/L)	甲硝唑初始浓度/（mg/L）	溶液初始 pH	反应速率常数 k_{obs}/min^{-1}	半衰期 $t_{1/2}$/min	表观反应速率常数 k_{SA}/[L/（min·m^2）]	相关系数 R^2
0.10	45	5.60	1.61±0.040	0.43±0.010	0.46±0.011	0.974 2
0.10	60	5.60	1.52±0.079	0.46±0.023	0.43±0.022	0.978 2
0.10	80	5.60	1.37±0.060	0.51±0.022	0.39±0.017	0.984 0
0.10	90	5.60	1.00±0.052	0.69±0.034	0.29±0.014	0.979 1
0.10	100	5.60	0.64±0.032	1.08±0.054	0.18±0.009	0.916 4

8.2.5.3　溶液初始 pH 的影响

图 8-16 为溶液不同初始 pH 的 ln C_t/C_0-t 拟合曲线图，溶液不同初始 pH 条件下 nZVI 对 MNZ 的去除反应速率常数见表 8-5。由数据可知，反应拟合的相关系数 R^2 均大于 0.95，说明当溶液初始 pH 改变时，nZVI 去除 MNZ 仍符合拟一级反应动力学模型，与其他报

道的结果类似（Wang C B et al.，1997；Elliott et al.，2001；Lien H et al.，2001）。此外，也可以看出随着溶液初始 pH 的升高，MNZ 的去除速率常数反而减小。pH 为 3.02、4.02、5.60、7.03 和 9.04 时，对应的 k_{obs} 分别是 1.69 min^{-1}、1.67 min^{-1}、1.37 min^{-1}、0.97 min^{-1} 和 0.53 min^{-1}。可见，酸性条件是有利于 nZVI 去除 MNZ 的。这可能是因为 MNZ 的降解是 Fe^0 腐蚀产生的 H 原子作用的结果。在低 pH 条件下，铁腐蚀产生更多的 H 原子，促进了 MNZ 的还原反应，因此低 pH 条件下反应速率比较高。碱性条件下，纳米级 Fe^0 表面覆盖了一层氧化物以及氢氧化物薄膜，使得纳米级 Fe^0 可以供给 MNZ 反应和吸附的活性反应场所减少，从而相应的吸附量和反应速率常数也大大减小。

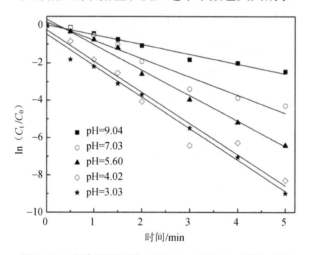

图 8-16　溶液不同初始 pH 的 ln（C_t/C_0）-t 拟合曲线

表 8-5　nZVI 去除甲硝唑反应的拟一级反应速率常数（k_{obs}），表观反应速率常数（k_{SA}）及相关系数（R^2）

纳米铁投加量/（g/L）	甲硝唑初始浓度/（mg/L）	溶液初始 pH	反应速率常数 k_{obs}/min^{-1}	半衰期 $t_{1/2}$/min	表观反应速率常数 k_{SA}/［L/（min·m^2）］	相关系数 R^2
0.10	80	3.03	1.69±0.015	0.41±0.003	0.48±0.004	0.989 9
0.10	80	4.02	1.67±0.071	0.42±0.017	0.47±0.020	0.957 2
0.10	80	5.60	1.37±0.060	0.51±0.022	0.39±0.017	0.984 0
0.10	80	7.03	0.97±0.016	0.71±0.012	0.28±0.005	0.957 1
0.10	80	9.04	0.53±0.028	1.32±0.068	0.15±0.008	0.975 4

8.2.5.4　不同充气条件的比较

充氮气与充空气条件下 ln C_t/C_0 对反应时间 t 的关系如图 8-17 所示。表 8-6 所示为充气条件与反应速率常数之间的关系。由图表可知，充空气条件下，nZVI 对 MNZ 的反应速率常数稍大于充氮气条件。充氮气条件下，MNZ 溶液初始浓度为 60 mg/L、80 mg/L、100 mg/L 的去除速率常数分别为 1.51 min^{-1}、1.36 min^{-1}、0.64 min^{-1}；而当反应过程改为充空气时，相应的去除速率分别增加为 1.72 min⁻¹、1.53 min⁻¹、0.80 min⁻¹。这是因为 nZVI 在有溶解氧的水溶液环境中，可能发生芬顿反应，从而产生羟基自由基（•OH），该自由基具有强氧化性能，可将有机物氧化降解，可以促进 MNZ 的去除，所以，在充空气条件下，nZVI 能更快地去除 MNZ。

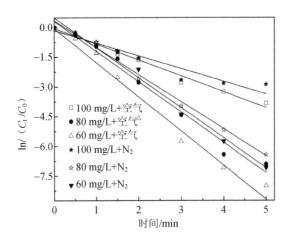

图 8-17　充氮气与充空气的 ln（C_t/C_0）-t 拟合曲线

表 8-6　nZVI 去除甲硝唑反应的拟一级反应速率常数（k_{obs}），表观反应速率常数（k_{SA}）及相关系数（R^2）

充气条件	甲硝唑初始浓度/（mg/L）	反应速率常数 k_{obs}/min⁻¹	半衰期 $t_{1/2}$/min	表观反应速率常数 k_{SA}/ [L/（min·m²）]	相关系数 R^2
nZVI+air	100	0.80±0.050	0.87±0.054	0.23±0.014	0.983 3
	80	1.53±0.030	0.45±0.009	0.44±0.009	0.979 3
	60	1.73±0.057	0.40±0.013	0.49±0.016	0.958 8
nZVI+N₂	100	0.64±0.032	1.08±0.054	0.18±0.009	0.916 4
	80	1.37±0.060	0.51±0.022	0.39±0.017	0.984 0
	60	1.52±0.079	0.46±0.023	0.43±0.022	0.978 3

8.2.5.5　不同 Fe⁰ 材料的比较

采用拟一级动力学模型对商业铁粉的去除过程进行拟合，符合拟一级反应动力学模型，线性关系好（$R^2 > 0.93$）。通过计算，分别求出了不同反应条件下的反应速率常数（k_{obs}）和表观速率常数（k_{SA}），见表 8-7。

当二者投加量均为 0.1 g/L 时，nZVI 去除 MNZ 的 k_{obs} 为 1.37 min⁻¹，商业铁粉的 k_{obs} 为 2×10⁻⁴ min⁻¹；nZVI 去除 MNZ 的 k_{SA} 为 0.39 L/（min·m²），商业铁粉的 k_{SA} 为 6.67×10⁻⁴ L/（min·m²）。nZVI 的 k_{obs} 和 k_{SA} 分别是商业铁粉的 455 倍和 38 倍，可见商业铁粉对 MNZ 的去除速率比 nZVI 的小很多。主要由于商业铁粉的平均粒径是 69 μm，比表面积为

$3 \, m^2/g$，而 nZVI 的粒径范围是 $20 \sim 60 \, nm$，比表面积为 $35 \, m^2/g$，相比之下，nZVI 尺寸小，比表面积大，其表面的活性位点多，表面反应性高，可以明显提高 MNZ 的去除速率。此试验结果与其他研究者的研究结果类似（Cheng R et al.，2007；Li X et al.，2008；Fan J et al.，2009；Zhang X et al.，2009），在他们的研究中，也发现 nZVI 颗粒的大小是影响其活性及反应动力的重要因素。

当商业铁粉的投加量增加到与 nZVI 比表面积相同的情况下时，商业铁粉的投加量为 $1.17 \, g/L$，此时的商业铁粉去除 MNZ 的速率常数（k_{obs}）为 $0.013 \, min^{-1}$，其 $k_{SA} = 0.043 \, L/(min \cdot m^2)$。由此可知，nZVI 的活性远比商业铁粉的高，并且 nZVI 对 MNZ 的去除并非简单的吸附过程，还存在着表面化学反应过程，这与已有文献的报道类似（Li X et al.，2008；Fan J et al.，2009）。

表 8-7　nZVI 去除甲硝唑反应的拟一级反应速率常数（k_{obs}），表观反应速率常数（k_{SA}）及相关系数（R^2）

条件	BET 表面积/ (m^2/g)	k_{obs}/min^{-1}	$t_{1/2}/min$	$k_{SA}/$ $[L/(min \cdot m^2)]$	R^2
0.1 g/L ZVI	3	0.003 ± 0.001	231.04 ± 51.46	$0.010 \pm 0.000\,2$	0.932 2
0.1 g/L nZVI	35	1.370 ± 0.060	0.51 ± 0.02	$0.390 \pm 0.017\,0$	0.984 0
1.17 g/L ZVI	3	0.013 ± 0.003	53.32 ± 12.60	$0.004 \pm 0.000\,9$	0.935 1

8.2.6　小结

上述研究考察了 nZVI 对 MNZ 抗生素的去除效能，并系统研究了不同工艺因素对 nZVI 去除 MNZ 的影响及其反应动力学，得出以下结论：

①nZVI 可高效去除甲硝唑抗生素。nZVI 去除 MNZ 的影响因素主要包括 nZVI 的投加量、溶液的初始 pH、溶液的初始浓度、曝气条件。试验结果表明，较高的 nZVI 投加量、较低的初始 pH、较低的溶液初始浓度以及在充空气条件下都有利于 nZVI 对 MNZ 的去除。在充氮气条件下 nZVI 对甲硝唑抗生素的去除比充空气条件下的去除稍慢。

②nZVI 去除 MNZ 的反应符合拟一级反应动力学模型，反应速率常数 k_{obs} 随着 nZVI 的投加量的增加而增大，随着溶液初始浓度、溶液初始 pH 的增大而减小。

③nZVI 对 MNZ 的去除效率远远高于普通商业铁粉。相同投加量下，nZVI 去除 MNZ 的 k_{obs} 和 k_{SA} 分别是商业铁粉的 455 倍和 38 倍。

④腐植酸对 nZVI 去除 MNZ 有抑制作用，随着腐植酸浓度的增加，nZVI 对 MNZ 的去除效率稍微减小。直接重复使用的 nZVI 对 MNZ 的去除性能明显下降。

8.3　nZVI 去除甲硝唑的机理初探

8.3.1　研究背景

近年来，nZVI 被广泛应用于环境污染物的治理，因其粒径小，具有较大的比表面积和表面能，能有效地去除污染物。关于 nZVI 去除环境污染物的机理比较复杂，根据已有文献报道，主要包括以下 3 种。

（1）还原作用

铁是活泼金属，具有还原能力，可将金属活动顺序表中排于其后的金属置换出来而沉积在铁的表面，还可将氧化性较强的离子或化合物及某些有机物还原。Fe^{2+} 离子也具有还原性，因而当水中存在氧化剂时，Fe^{2+} 可进一步氧化成 Fe^{3+}。液相中 Fe^0 的化学还原是一个多步骤的化学腐蚀过程。在 Fe^0-H_2O 体系中，零价铁作为电子供体，有机污染物作为电子受体，金属被腐蚀，为卤代物或含硝基芳烃化合物等各种有机物提供电子。

（2）氧化作用

有氧 Fe^0-H_2O 体系中，能够产生 Fenton 试剂（Fe^{2+} 和 H_2O_2），对污染物进行氧化降解（Joo S H et al.，2004；Joo S H et al.，2005；Chang S et al.，2009），反应如下：

$$Fe^0 + O_2 + 2H^+ \longrightarrow H_2O_2 + Fe^{2+} \tag{8-7}$$

$$Fe^{2+} + H_2O_2 \longrightarrow Fe^{3+} + \cdot OH + OH^- \tag{8-8}$$

$$2Fe^{3+} + Fe^0 \longrightarrow 3Fe^{2+} \tag{8-9}$$

H_2O_2 主要在 Fe^0 表面发生，其产生量与反应体系中的 pH 紧密相关，在初始 pH 为 4 时，H_2O_2 的产生量达到最大且浓度比较稳定。由 Fenton 试剂产生羟基自由基（·OH）是有机物氧化降解的关键。高活性的 ·OH 能将有毒的有机污染物降解为无毒的碳氢化合物。

（3）零价铁的吸附及其氧化产物对污染物的混凝吸附、沉淀、共沉淀作用

Fe^0 具有较大比表面积和很强表面活性，能够吸附多种污染物。Arnold 等（2000）研究发现，Fe^0 对有机物的降解反应和金属铁表面的吸附过程是同时进行的；Kim Y 等（2000）指出，Fe^0 吸附作用对五氯酚的去除达到 50%。大量研究表明，污染物的去除速率不仅取决于铁的投加量、溶液的 pH，还依赖于 Fe^0 颗粒的比表面积，增加铁的比表面积可达到较好的处理效果。

Fe^0 处理废水时会产生 Fe^{2+} 和 Fe^{3+}，Fe^{2+} 和 Fe^{3+} 水解形成一系列的含有羟基的简单单核配离子，它们进一步发生高分子缩聚反应形成以羟基架桥联结的带有高电荷的多核配离子，并向胶体态转化，最终形成大颗粒的 $Fe(OH)_2$ 和 $Fe(OH)_3$ 沉淀，反应如下：

$$2Fe^{3+} + Fe^0 \longrightarrow 3Fe^{2+} \tag{8-10}$$

$$2Fe + O_2 + 2H_2O \longrightarrow 2Fe^{2+} + 4OH^- \tag{8-11}$$

$$Fe + 2H_2O \longrightarrow Fe^{2+} + H_2 + 2OH^- \tag{8-12}$$

$$4Fe^{2+} + 4H^+ + O_2 \longrightarrow 4Fe^{3+} + 2H_2O \tag{8-13}$$

$$Fe^{2+} + 2OH^- \longrightarrow Fe(OH)_2 \downarrow \tag{8-14}$$

$$Fe^{3+} + 3OH^- \longrightarrow Fe(OH)_3 \downarrow \tag{8-15}$$

$$Fe^{3+} + 2H_2O \longrightarrow FeOOH + 3H^+ \tag{8-16}$$

$$Fe(OH)_3 + 3H^+ \longrightarrow FeOOH + H_2O \tag{8-17}$$

零价铁去除污染物的反应过程将导致溶液 pH 升高，使得上述反应式（8-14）、反应式（8-15）不断向右进行，两种沉淀在析出的过程中，$Fe(OH)_3$ 还有可能继续水解，形成 $Fe(OH)^{2+}$ 和 $Fe(OH)_2^+$ 等络合离子，这些离子有很强的凝聚性能，可在一定程度上混凝吸附水中污染物。

本书通过以下试验体系探讨 nZVI 对 MNZ 的去除机理：①MNZ 的 TOC 去除效率；②羟基捕获剂添加对比试验；③Fe^{2+}、Fe^{3+} 对 MNZ 的去除；④铁的氢氧化物对 MNZ 的去除；⑤MNZ 反应产物的紫外全扫谱图、HPLC 谱图。

8.3.2　MNZ 浓度及其 TOC 随反应时间的变化

试验条件：MNZ 初始浓度=80 mg/L，反应溶液体积=150 mL，溶液反应前充氮气 30 min，氮气流量=100 mL/min，纳米铁的投加量=50 mg，置于恒温振荡器中反应，转速= 250 r/min，控温 28℃。

nZVI 去除 MNZ 反应中，MNZ 浓度及其 TOC 浓度随反应时间的变化情况如图 8-18 所示。由图可知，nZVI 去除 MNZ 的去除效果非常显著，随着反应时间的进行，MNZ 的去除效率明显增高。反应 90 min 时，MNZ 的去除效率几乎达到 100%。与此相对比，反应过程溶液的 TOC 去除效率却很低，小于 5%，这表明，nZVI 难以将 MNZ 矿化。从溶液 TOC 的变化及 MNZ 的去除结果可以推测：①nZVI 对 MNZ 的去除并非以 nZVI 的吸附作用为主，否则反应溶液的 TOC 应随着 MNZ 去除效率的增加而减小；②MNZ 与 nZVI 作用，生成了其他有机化合物，其含碳数与 MNZ 的相等，而且 nZVI 对反应产物也没有吸附作用，从而使得反应前后溶液的 TOC 基本保持不变。

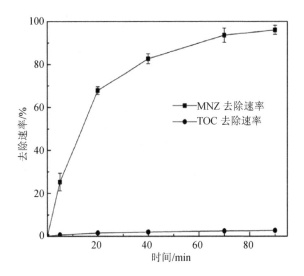

图 8-18 MNZ 去除速率及其 TOC 随反应时间的变化

8.3.3 Fe^0-H_2O 体系中•OH 的影响

试验条件：纳米铁的投加量=0.33 mg/L，MNZ 初始浓度=80 mg/L，反应溶液体积=150 mL。反应前溶液充氮气 30 min，流速 100 mL/min，后于摇床中振荡反应，转速=250 r/min，控温 28℃。

已有研究报道（Shemer et al.，2006），•OH 能与 MNZ 作用并将其降解去除。而在 Fe^0-H_2O 体系中，若水溶液体系中有溶解氧存在，能够产生 Fenton 试剂（Fe^{2+} 和 H_2O_2），则对污染物进行氧化降解。

MNZ 的去除试验中，反应前均曝入氮气 30 min 以除去溶液中的溶解氧，但反应过程的装置的密封性问题有可能会引入空气中的氧气，导致体系中存在溶解氧，则 Fenton 试剂的产生是有可能的。所以本书对 nZVI 高效去除 MNZ 提出假设：Fe^0-MNZ 溶液体系中存在•OH，通过向溶液中加入•OH 捕获剂，与空白试验比较，考察 MNZ 的去除效果是否存在差异，从而验证该假设是否成立。本书考察了 Fe^0-H_2O 体系中•OH 的影响，设置两组试验，一组试验加入•OH 捕获剂叔丁醇，另一组为不加叔丁醇的空白对照试验。

试验结果如图 8-19 所示。由图可知，加入•OH 捕获剂与未加•OH 捕获剂的两组试验中 nZVI 对 MNZ 的去除效果无明显差异，两条曲线几乎重合，由此推断，在 Fe^0-MNZ 溶液体系中，MNZ 被 Fenton 体系降解的可能不存在。可能原因是反应体系是在充氮气气条件下进行，未有溶解氧存在，反应式（8-10）～反应式（8-12）无法发生，从而无 Fenton 试剂的产生。

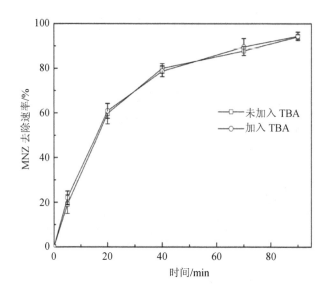

图 8-19 ·OH 捕获剂对 nZVI 去除 MNZ 反应的影响

8.3.4 铁离子的溶出检测

在纳米 Fe^0 体系中，分别加 MNZ（80 mg//L）和不加 MNZ 的条件下，总铁离子、Fe^{2+}、Fe^{3+} 浓度变化和反应液 pH 变化如图 8-20 所示。反应过程观察到反应溶液的颜色从无色到黄绿色再到褐色浑浊。由图可知，溶液中总铁离子的浓度和 pH 随反应时间的变化趋势基本相同，均在反应开始阶段迅速增加，而后开始减小并最终基本趋于平衡。由图 8-20（b）可知，在有 MNZ 存在的溶液中，pH 由 5.60（未经酸碱调节）升到最后的8.46。这是因为在偏酸性条件下，铁发生析氢腐蚀，溶液中释放 Fe^{2+}、Fe^{3+}，因而溶液中的总铁离子浓度迅速增加；同时反应也产生 OH$^-$，导致溶液 pH 升高。随着反应的进行，总铁离子浓度逐渐变小，可能是因为 pH 升高有利于铁的氧化物或氢氧化物的生成，见反应式（8-20），覆盖在 Fe^0 表面抑制铁离子的产生，而反应式（8-20）的进行不断地消耗铁离子，当消耗铁离子的浓度大于生成铁离子的浓度时，就会使整个体系铁离子浓度减小，最后达到动态平衡（Noubactep et al.，2010）。

$$Fe^0 + 2H_2O \longrightarrow Fe^{2+} + 2OH^- + H_2 \qquad (8-18)$$

$$Fe_{(s)}{}^{2+} \longrightarrow Fe_{(s)}{}^{3+} + e \qquad (8-19)$$

$$Fe^{3+} + OH^- + H_2O \longrightarrow Fe(OH)_3 \downarrow \qquad (8-20)$$

图 8-20（a）中 MNZ 溶液中的铁离子较空白水溶液中的铁离子稍少，这可能是因为：①MNZ 有少量包裹在 nZVI 的表面，阻碍铁离子的产生；②溶出的铁离子与 MNZ 发生了反应，从而消耗了溶液中的铁离子。从图 8-20（b）还可以看出，有 MNZ 存在的溶液

与无 MNZ 存在的溶液相比，反应后，有 MNZ 的溶液 pH 比没有 MNZ 的溶液 pH 高。此现象原因可能是，有 MNZ 存在时，nZVI 被 MNZ 包裹或覆盖，致使 MNZ 溶液中生成的 Fe^{2+} 比空白水溶液中生成的 Fe^{2+} 少，则 MNZ 溶液中由于与 Fe^{3+} 作用而被消耗的 OH^- 相应比空白水溶液中的 OH^- 少，所以反应后 MNZ 的溶液 pH 就会比没有 MNZ 的空白水溶液的 pH 高。此结果与其他研究者的研究结果相类似（全燮等，1998；戴友芝等，2010）。

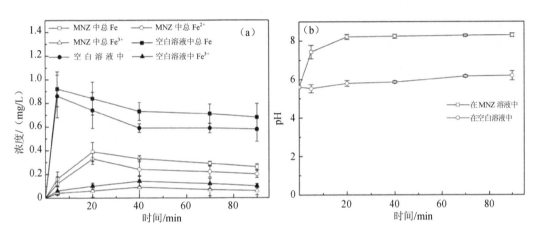

图 8-20　反应过程（a）溶液中铁的溶出及（b）溶液 pH 的变化情况

8.3.5　Fe^{2+}、Fe^{3+} 对 MNZ 的去除影响试验研究

nZVI 去除污染物的反应过程中，溶液体系中会有 Fe^{2+}、Fe^{3+} 的溶出，而 Fe^{2+}、Fe^{3+} 可以通过与污染物发生专性配位作用形成络合物而将污染物去除。所以，为了考察 Fe^{2+}、Fe^{3+} 对 MNZ 的去除是否有贡献，本书进行了以下 3 组试验。

第一组：Fe^{2+} 的影响考察，称取 $FeSO_4 \cdot 7H_2O$ 0.256 1 g 并用 20 mL 去离子水将其溶解，溶解后全部加入盛有 130 mL MNZ 溶液的反应瓶中，使得溶液中 Fe^{2+} 的浓度为 0.33 g/L，反应并定时取样。第二组：Fe^{3+} 的影响考察，称取 $FeCl_3 \cdot 6H_2O$ 0.253 8 g 并用 20 mL 去离子水将其溶解，溶解后全部加入盛有 130 mL MNZ 溶液的反应瓶中，使得溶液中 Fe^{3+} 的浓度为 0.33 g/L，反应并定时取样。第三组：Fe^0 对照，即向盛有 130 mL MNZ 溶液的反应瓶中加入 20 mL 去离子水，后加入 50 mg 干燥的 nZVI，体系中 Fe^0 的浓度为 0.33 g/L，反应并定时取样。

Fe^{2+}、Fe^{3+} 对 MNZ 的去除情况如图 8-21（a）所示。显然，Fe^{2+}、Fe^{3+} 对溶液中 MNZ 的去除贡献非常小，反应 90 min 时，Fe^{2+}-MNZ、Fe^{3+}-MNZ 体系中 MNZ 的去除效率未达 5%，相比之下，nZVI 对 MNZ 的去除效率高达 98.12%。由此推断，MNZ 与 Fe^{2+}、Fe^{3+} 形成络合物或专性配位而被去除并不是主导机理。

此外，在 nZVI 去除污染物的机理研究报道中，共沉淀作用、混凝吸附作用也可将污染物去除。因为 Fe^0 在水中可发生化学腐蚀或电化学腐蚀，形成铁的氧化物或氢氧化物等腐蚀产物，这些物质具有较大的比表面积和较强的吸附能力，能够吸附水体中的多种物质从而将污染物去除。所以，为了考察 nZVI 去除 MNZ 过程中，化学沉淀和混凝吸附是否为主导作用，本书通过调节溶液的初始 pH 为 9.60，即碱性条件下，再加入 Fe^{2+}、Fe^{3+} 溶液，考察铁的氢氧化物对 MNZ 的去除情况，试验结果如图 8-21（b）所示。铁的氢氧化物对 MNZ 的去除作用非常微小。反应 90 min，铁的氢氧化物对 MNZ 的去除效率为不到 5%。可以推断，共沉淀作用、混凝吸附作用并不是 nZVI 对 MNZ 去除的主导作用。

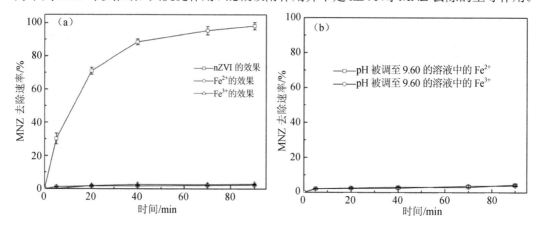

图 8-21　不同价态铁对 MNZ 的去除比较（a）pH = 5.60，（b）pH = 9.60

为了进一步证实上述推论，本书考察了溶液不同初始 pH（3.03、5.60、9.60）条件下，nZVI 对 MNZ 的去除影响，结果如图 8-22 所示。从图中可以看出，随着溶液初始 pH 的降低，MNZ 的去除效率明显增加。如 pH 为 9.60 时，开始反应 5 min，MNZ 的去除效率仅为 10.9%，而当 pH 减小为 5.60 和 3.03 时，MNZ 相应的去除效率为 29.3% 和 59.3%。当反应至 40 min 时，pH 为 3.03 体系下的 MNZ 的去除效率达到 94.2%，而 pH 为 5.60 和 9.60 体系中的 MNZ 的去除效率分别为 82.7% 和 52.3%。

假设 MNZ 被铁的氢氧化物的共沉淀作用、混凝吸附作用去除，那么在高 pH 条件下 MNZ 的去除效率应越高，因为理论上高 pH 条件下更有利于铁的氢氧化物的形成。这与本试验所得的结果相矛盾，更进一步说明了共沉淀作用、混凝吸附作用并不是 nZVI 对 MNZ 去除的主导作用。随着溶液初始 pH 的降低，nZVI 对 MNZ 的去除效率明显增加，这是因为随着溶液初始 pH 的降低，溶液中 H^+ 的浓度增加，有利于铁表面的腐蚀，为污染物的去除提供了较好的表面反应场所，从而提高了反应速率。而在较高的初始 pH 条件下，铁表面易形成一层铁的氧化物、氢氧化物表面钝化层，占据反应场所，从而抑制反应的进行。

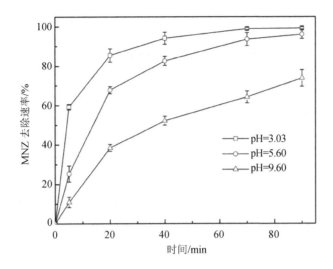

图 8-22 不同初始 pH 条件下 nZVI 对 MNZ 的去除情况

综上试验研究可知，氧化作用、混凝吸附、沉淀、共沉淀作用不是 nZVI 去除 MNZ 的主导机理，Fe^{2+}、Fe^{3+} 不能通过与 MNZ 形成络合物或专性配位作用将其去除。初步认为，nZVI 对 MNZ 去除的主要机理可能是 ·OH 对 MNZ 的还原降解作用。为了进一步证实此推论，本书对 MNZ 的反应产物进行了紫外全扫光谱分析、液相谱图分析、反应产物探讨，并比较反应前后 nZVI 的形态变化。

8.3.6 反应产物分析

8.3.6.1 紫外全扫谱图分析

试验条件：nZVI 投加量=0.1 g/L，MNZ 初始浓度=80 mg/L，溶液体积=300 mL，初始 pH=5.60，搅拌速度=150 r/min，T=28℃，氮气流量=100 mL/min；于圆底三口烧瓶中反应。

将 nZVI 与 MNZ 反应后的溶液进行紫外全扫光谱（UV-vis）分析，结果如图 8-23 所示。由图可知，在 318 nm 处是 MNZ 的紫外特征吸收峰，这个特征峰随着反应时间的增加而逐渐减小甚至消失。说明随着 nZVI 与 MNZ 作用时间的增加，MNZ 的剩余浓度逐渐减少。与此同时，在 200~240 nm 处出现一新峰，该峰有可能是硝基的紫外特征吸收峰；此峰随着反应时间的增加而增大，说明在与 MNZ 反应的过程中，有新的物质生成，这些物质可能是 nZVI 降解 MNZ 的中间产物或最终产物。

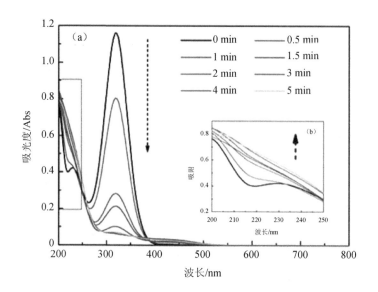

图 8-23　MNZ 反应溶液在各反应时间的紫外吸收谱图

8.3.6.2　HPLC 谱图分析

试验条件：nZVI 投加量=0.1 g/L，MNZ 初始浓度=80 mg/L，溶液体积=300 mL，初始 pH=5.60，搅拌速度=150 r/min，T=28℃，氮气流量=100 mL/min；于圆底三口烧瓶中反应。

图 8-24 是 nZVI 与 MNZ 反应过程溶液的 HPLC 谱图。从图中可以看出，在保留时间 R_t=5.3 min（1 号峰）处出现的明显特征峰为 MNZ 的色谱峰，此峰面积随着反应时间的增加而逐渐减小，这表明 MNZ 的剩余浓度随着与 nZVI 作用时间的增加而减少。显然，在反应时间为 0 min 时，液相谱图上无任何色谱峰出现，而随着 nZVI 与 MNZ 反应的进行，液相谱图的 1.5～4.2 min 位置明显出现几个新的未完全分离的色谱峰（2 号峰～6 号峰）。由此可推测，这些色谱峰极其可能是 nZVI 降解 MNZ 的中间产物或最终产物的特征峰。图中 2 号峰呈较复杂的变化趋势，在反应时间 0～1.5 min 段，此峰的面积随着反应时间的增加而增大；而在反应时间为 1.5 min 后，该峰的面积又呈减小趋势；而在反应时间为 4 min 时，该峰又呈增减波动趋势。而其他的色谱峰（3 号峰～6 号峰）的峰面积随着反应时间的增加而增大。2 号峰的变化过程表明，该峰可能代表着 nZVI 降解 MNZ 的中间产物的色谱峰，而 3 号峰～6 号峰可能是 nZVI 降解 MNZ 的最终产物的色谱峰。由 UV-vis 谱图和 HPLC 谱图可知，nZVI 对 MNZ 的去除过程有新的产物生成，这也进一步证实 nZVI 去除 MNZ 的作用机理为还原降解作用。

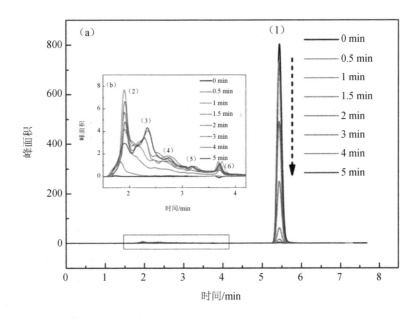

图 8-24　MNZ 反应溶液在各反应时间的液相色谱图

8.3.6.3　反应产物探讨

根据 nZVI 与 MNZ 反应过程溶液的 UV-vis 谱图和 HPLC 谱图，可以推断，MNZ 吸附在 nZVI 的表面并发生加氢还原反应，即被纳米金属表面直接的电子转移或由腐蚀过程中产生的氢还原作用。MNZ 可能发生以下 3 种途径的还原：①MNZ 分子中的硝基（—NO$_2$）还原为氨基（—NH$_2$）；②MNZ 分子中的羟乙基（—CH$_2$—CH$_2$—OH）断裂；③MNZ 分子中的硝基（—NO$_2$）断裂，即发生脱硝反应（Gregory et al.，2004；Colón et al.，2006）。图 8-25 是 nZVI 还原降解 MNZ 的产物推测，如 1-（2-羟乙基）-2-甲基-5-氨基咪唑、2-甲基-5-硝基咪唑、1-（2-羟乙基）-2-甲基-5-咪唑。

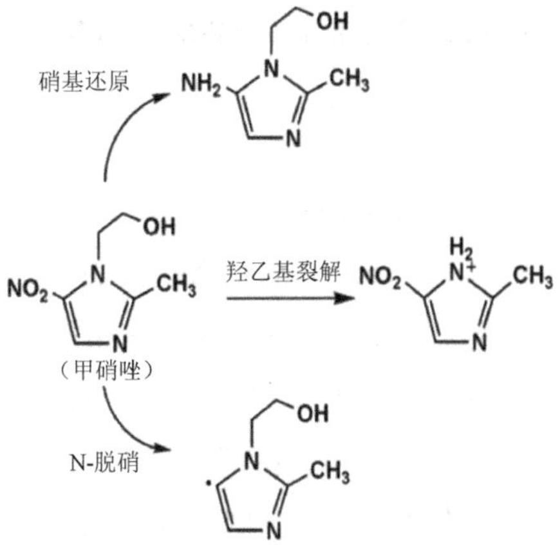

图 8-25　MNZ 降解途径推测

8.3.7 反应前后铁的表征变化情况

8.3.7.1 反应前后铁的 TEM 分析

图 8-26 所示为反应前后 nZVI 的透射电镜照片，从照片中可观察到反应前后材料的形貌。由图 8-26（a）可知，刚制备的纳米铁颗粒分散比较均匀，表面光滑，单个颗粒呈球状，颗粒的平均直径为 20～60 nm，链状结构可能是颗粒与颗粒之间通过静磁力以及表面张力等共同作用的结果。图 8-26（b）是 nZVI 去除 MNZ 抗生素反应后的电镜照片，可以明显地观察到反应后的材料表面粗糙，颗粒尺寸变大，球状形貌不明显，而呈串状颗粒。Liou Y H 等（2005）也有类似的报道。此结果说明反应过程发生了铁表面的腐蚀，有新的物质生成并聚集沉积在 Fe^0 表面，阻碍了反应物与 Fe^0 表面活性位点的接触，使得 Fe^0 的反应活性下降。结合反应过程后段 pH 的下降可以推测是 OH^- 的消耗形成了铁的氧化物及氢氧化物。此结果进一步说明，nZVI 去除 MNZ 的机理主要为还原降解作用。

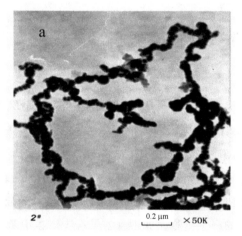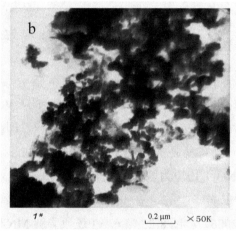

（a）反应前   （b）反应后

图 8-26 反应前后纳米铁的 TEM 照片

8.3.7.2 反应前后铁的 XRD 分析

对照铁的标准 PDF 卡片发现，反应前的材料在 2θ 为 44.9°处的峰是 α-Fe 的衍射峰，该峰比较宽，说明存在非晶相的铁。反应后的纳米铁在 2θ 为 30.2°、35.8°、63.0°处的峰是 Fe_3O_4 的三强衍射峰，这些峰比较尖锐，说明存在晶相的 Fe_3O_4。2θ 为 35.8°、57.2°、63.0°处的峰是 Fe_2O_3 的三强衍射峰，这些峰比较尖锐，说明存在晶相的 Fe_2O_3（磁赤铁矿）。对比反应前后材料的 XRD 谱图（图 8-27）可知，反应过程纳米铁发生了氧化还原反应，在反应后零价铁的表面生成了铁氧化物的晶体结构，这一氧化物膜在 nZVI 去除 MNZ 的过程中抑制反应的进行，造成材料对 MNZ 反应钝态，这与其他研究者的研究结果类似（Bonin et al.，1998；Lee J et al.，2007）。由此证明，nZVI 去除 MNZ 的机理主要是还原降解作用。

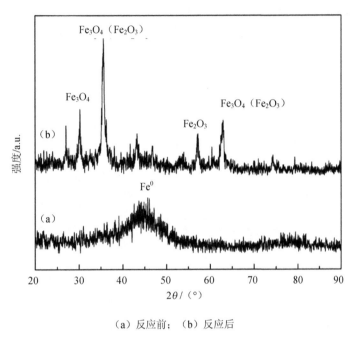

（a）反应前；（b）反应后

图 8-27　反应前后纳米铁的 XRD 谱图

8.3.7.3　反应前后铁的 XPS 扫描

图 8-28 是反应前后材料的 XPS 谱图。图 8-28（a）为 XPS 全谱扫描，图 8-28（b）为 Fe 2p XPS 谱图。对于新制备的 nZVI［图 8-28（b）］，706.9 eV（Fe $2p_{3/2}$），719.8 eV（Fe $2p_{1/2}$）出现谱峰，这是属于 Fe^0 的谱峰（Lee C et al.，2008）；而在 724.5 eV（Fe $2p_{1/2}$）和 710.9 eV（Fe $2p_{3/2}$）出现谱峰，这是 FeO 或 Fe_2O_3 的谱峰（Mielczarski et al.，2005；Sun Y P et al.，2006；Lee C et al.，2008），说明材料表面有所氧化，这可能是送样测试过程暴露于空气中所致。反应后的铁在 710.8 eV（Fe $2p_{3/2}$）和 721.8 eV（Fe $2p_{1/2}$）两个位置出现谱峰［图 8-28（b）］，并且 Fe 3p 出现在 55.8 eV［图 8-28（a）］，这是对应于 FeO 或 Fe_2O_3 的谱峰；而在 706.9 eV（Fe $2p_{3/2}$）、719.8eV（Fe $2p_{1/2}$）位置并未检测到 Fe^0 的谱峰出现，说明反应后的铁表层以铁的氧化物形式存在。另外，由于 XPS 分析仅对颗粒表面微区进行检测，其检测深度为 3～5 nm。反应后 Fe^0 核未能被检测，可能是因为纳米铁颗粒表面钝化氧化层较厚，由此可推测，颗粒表面的氧化壳层厚度应大于5 nm（侯春凤等，2009）。

反应前后材料的 XPS 谱图对比说明，反应过程中纳米颗粒发生了氧化还原反应，表面生成了氧化物。根据 TOC 的测试结果，反应后的 TOC 基本没有降低，表明了纳米铁的氧化物没有与 MNZ 发生吸附和共沉淀反应，也间接地证明了吸附和共沉淀不是本体系中的主要作用机理。

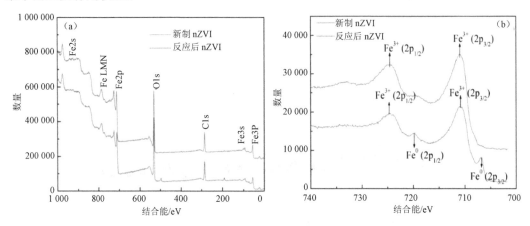

图 8-28　反应前后纳米铁的 XPS 谱图（a）全谱扫描；（b）Fe 2p XPS 谱图

8.3.8　小结

本节进行了 nZVI 去除 MNZ 的机理研究，得出以下结论：

①nZVI 的表面吸附作用不是 nZVI 去除 MNZ 的主导机理。在反应过程中，MNZ 的浓度随反应时间的加长明显减小，在反应 90 min 时，MNZ 的去除效率达到近 100%，而其 TOC 并没有相应减小，反应 90 min 时，TOC 的去除效率不到 5%。

②nZVI 难以将 MNZ 矿化。随着反应的进行，MNZ 的浓度明显减小，但溶液的 TOC 基本保持不变，最大去除效率不到 5%，由此说明，MNZ 与 nZVI 作用，生成了其他有机化合物，其含碳数与 MNZ 的相等，而且 nZVI 对反应产物也没有吸附作用，从而使得反应前后溶液的 TOC 基本保持不变。

③Fe^{2+}、Fe^{3+} 不能通过与 MNZ 形成络合物或专性配位作用将 MNZ 去除。nZVI 去除 MNZ 的过程中，溶液中铁离子的溶出浓度非常低。单纯的 Fe^{2+}、Fe^{3+} 体系对 MNZ 的去除基本不起作用。

④共沉淀作用、混凝吸附作用也都不是 nZVI 去除 MNZ 的主导机理。在碱性溶液体系中，nZVI 对 MNZ 的去除效率远比在酸性溶液体系中的去除效率低。将 MNZ 溶液初始 pH 调为碱性条件，后加入 Fe^{2+}、Fe^{3+}，两种体系对 MNZ 的去除也基本不起作用。

⑤初步推断，nZVI 对 MNZ 的去除机理为还原降解作用。MNZ 吸附在 nZVI 的表面并发生加氢还原反应，即被纳米金属表面直接的电子转移或由腐蚀过程中产生的 H_2 还原。

⑥对比反应前后的 nZVI 可知，刚制备的纳米铁颗粒分散比较均匀，表面光滑，单

个颗粒呈球状，而反应后的 nZVI 表面粗糙，颗粒尺寸变大，球状形貌不明显，而呈串状颗粒。nZVI 在反应过程发生了铁的表面腐蚀，有铁的氧化物生成并聚集沉积在 Fe^0 表面，阻碍了反应物与 Fe^0 表面活性位点的接触，使得 Fe^0 的反应活性下降。也进一步说明 nZVI 去除 MNZ 的机理主要为还原降解作用。

8.4　基于废酸制备的 nZVI 对 MNZ 的去除研究

8.4.1　研究背景

　　众所周知，钢铁行业酸洗废液的处理一直是世界环境问题的重点研究方向。在我国，该类废液一直被制定为危险污染物而严禁其未经处理直接排入自然水体中。在酸洗过程中产生的酸洗废液，主要含有铁盐、镍盐、锌盐，以及酸类物质，特别是铁离子的含量较高，可高达 122 g/L，镍的含量为 17 mg/L 左右，是一种回收价值很高的资源。遗憾的是该类酸洗废液被当作一种污染物进行简单的处理，造成了环境污染和资源的浪费。一般该类废液的处理方法以沉积处理为主，需要后续处理工艺，成本较高。由于该类废液中含有大量的金属，特别是铁离子，一些新的处理回收金属离子方法陆续出现，如离子交换树脂、电解沉积等。但是这些方法操作复杂，成本高、无法一次性将铁离子转化为可再次利用的产品，同时存在可能产生二次污染等问题。

　　nZVI 的制备需要以铁盐为原料，而钢铁生产酸洗过程所产生的高浓度酸洗废液，恰恰含有合成 nZVI 颗粒所需的铁离子。因此，我们提出以钢铁厂酸洗废液作为制备 nZVI 颗粒的原料，通过液相还原法制备包含零价铁的纳米零价金属（以下记为 nZVM），并将其应用于 MNZ 抗生素的治理，达到以废治污的效益。

8.4.2　研究方法

　　（1）MNZ 的去除

　　MNZ 的去除试验在 500 mL 圆底三口烧瓶中进行。瓶中溶液体积为 150 mL，并投有一定量的 nZVI，一只口充氮气，保持反应环境为厌氧条件。一只口电动搅拌（转速为 150 r/min），另一只口取样。在选定的时间间隔，用注射器从瓶中取 2～3 mL 水样并经 0.45 μm 过滤膜过滤，留待分析。

　　为保证整个反应体系的厌氧环境，除了在反应过程中连续通入氮气（流量 180 mL/min），反应前配溶液所用去离子水需通氮气（180 mL/min）曝气 0.5 h 以去除水中的溶解氧。

（2）分析方法

废酸的测定采用稀释倍数法；pH 测量采用 pHS-3B 检测仪；用 ICP 测定酸洗废液的 Fe、Ni、Zn 等的含量，并将制备出的纳米金属颗粒用浓盐酸溶解后测定 Fe 的转化率；废酸的阴离子含量采用离子色谱法；通过 pH 计测得废液 pH 并换算为 H^+ 的浓度。

MNZ 的浓度分析采用高效液相色谱仪测得，采用 C_{18} 柱（粒径 5 μm，250 mm× 4.6 mm），紫外检测器（SPD-10AV），检测波长 318 nm，流动相乙腈：水=20：80（v/v），流速=1.0 mL/min。进样体积为 20 μL。所有样品分析前均经 0.45 μm 微孔滤膜过滤。

8.4.3 纳米零价金属的制备与表征

8.4.3.1 材料的制备

采用钢铁厂酸洗废液为铁原料，硼氢化钠作为还原剂，通过液相化学还原的方法制备 nZVM。废酸中含有 Fe^{3+} 和 Fe^{2+}，nZVM 的制备反应方程如下：

$$Fe(H_2O)_6{}^{2+} + 2\,BH_4{}^- \longrightarrow Fe^0 \downarrow + 2\,B(OH)_3 + 7H_2 \uparrow \qquad (8\text{-}21)$$

$$Fe(H_2O)_6{}^{3+} + 3\,BH_4{}^- + 3H_2O \longrightarrow Fe^0 \downarrow + 3\,B(OH)_3 + 10.5\,H_2 \uparrow \qquad (8\text{-}22)$$

将未去除铁离子的钢铁行业酸洗废液过滤，滤掉固体残渣。取经调节 pH 后的废液于反应容器中，加入聚乙烯吡咯烷酮（PVP-K30）分散剂，迅速加入硼氢化钠（$NaBH_4$），溶液变为黑色时停止搅拌，制得以铁为主的纳米金属。用磁选法选出，先后用无氧水和乙醇洗涤（各 3 次），保存于乙醇中备用。

废酸的物理特性及其化学成分组成见表 8-8。结果表明，废酸中的主要金属成分为 Fe、Ni 和 Zn，其浓度分别为 121 860 mg/L、17 mg/L 和 3 mg/L。各组分在制得的 nZVM 中所占的比例分别是 99.987%、0.011%和 0.002%。

表 8-8　废酸的理化性质

项目	结果
废液颜色	棕黄色
色度/倍	1 250
H^+/（mg/L）	910
Fe/（mg/L）	121 860
Ni/（mg/L）	17
Zn/（mg/L）	3
Cl^-/（mg/L）	216 400
$SO_4{}^{2-}$/（mg/L）	1 050
$NO_3{}^-$/（mg/L）	850

8.4.3.2　材料的表征

纳米零价金属的表征主要从以下几个方面进行：

TEM 照片［图 8-29（a）］展示了从废酸中制备出的纳米金属的形貌、粒径和尺寸分布。图中可以看出，制得的 nZVM（黑球）表面被一层灰色的氧化铁覆盖，表明所制得的 nZVM 为核壳结构。测得的粒径范围为 20～40 nm，呈球状，以珠链的形式连接在一起。该结果与研究报道中用化学试剂制备的 nZVI 相似（Bae S et al.，2010）。链状结构可能是颗粒与颗粒之间通过静磁力以及表面张力等共同作用的结果，这样能保持热力学稳定（Cushing et al.，2004）。图 8-29（b）是 nZVM 的 SEM 照片。制得的材料为粗糙的球状，表面呈凹陷结构，表明 nZVM 表面存在许多反应活性位点。比表面及孔径测定分析仪测得 nZVM 的比表面积约为 35 m^2/g。

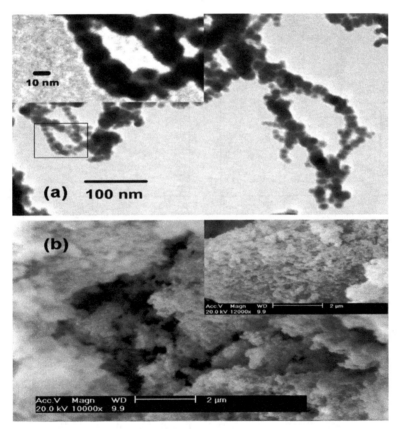

图 8-29　纳米金属的（a）TEM 照片；（b）SEM 照片

通过 XPS 和 EDS 表征进一步考察所制得的 nZVM 的表面化学组成，结果如图 8-30 所示。由图可知，nZVM 的表层元素主要为 Fe、C 和 O、C 元素的存在可能是因为合成过程所用到的乙醇仍有残留；而由于 nZVM 暴露在空气中很容易被 O_2 氧化，所以会有

O 元素在材料表面的检出。XPS 和 EDS 的分析没有在 nZVM 表面检测到 Ni 和 Zn，原因可能是：①Ni 和 Zn 主要分布在材料核壳结构的内部；②由于其负载量非常低而无法检测到。ICP 的分析结果已表明，nZVM 中含有 Ni 和 Zn，且其含量所占比例分别是 0.011%和 0.002%，说明 Ni 和 Zn 主要分布在纳米金属核壳结构的内部（Ponder et al.，2000；Bokare et al.，2008），而由于 XPS 分析仅是对颗粒表面微区进行检测，其检测深度为 3～5 nm，有可能无法检测到 Ni 和 Zn。颗粒的这种界面结构组成也意味着纳米颗粒在反应过程中可以避免镍离子从纳米颗粒中溶出而导致镍污染。

图 8-30（b）中 706.9 eV 出现的谱峰是 Fe^0 的特征峰。710.8 eV 和 725.1 eV 是 $\alpha\text{-}Fe_2O_3$ 的特征峰，说明 nZVM 表面有铁的氧化物覆盖，这可能是因为材料在制备或者表征测试过程有所氧化。

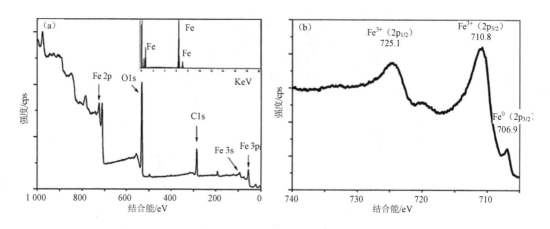

图 8-30　纳米金属的（a）XPS 全扫和 EDS（内嵌）谱图；（b）Fe 2p XPS 谱图

nZVM 的 XRD 谱图如图 8-31 所示。图中，在 2θ 为 44.72°、65.08°和 82.40°出现明显的衍射峰。对照铁的标准 PDF 卡片发现，它们分别对应 Fe^0（110）、Fe^0（200）以及 Fe^0（211）晶面的衍射峰。这些明显的特征峰说明，从废酸中制得的 nZVM 具有晶型特征（Kanel et al.，2006），而用化学试剂制备得的 nZVI 为无定形态。有报道（Sohn K et al.，2006）认为，无定形态（非晶相）的 nZVI，其表面呈凹凸结构，在水溶液反应过程中能产生更多的氢气，有利于对污染物的还原去除。

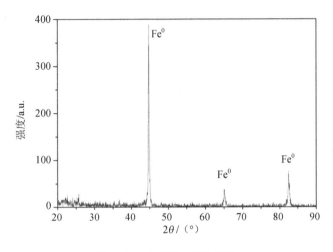

图 8-31　材料的 XRD 谱图

8.4.4　纳米金属投加量的影响

nZVM 不同投加量对 MNZ 去除的影响结果如图 8-32 所示。可见，在没有投加材料的条件下，机械搅拌、光照或者曝气等因素对 MNZ 浓度造成的损失是不明显的。随着 nZVM 投加量的增加（0.050～0.133 g/L），MNZ 的去除程度迅速增大。可推论，MNZ 的去除反应发生在 nZVM 表面。因为随着纳米颗粒投加量的增多，反应位点和吸附位点也同时迅速增大。在最大投加量下（0.133 g/L），3 min 内 MNZ 的去除效率可达到 99%。另外，投加量为 0.1 g/L 的 nZVM 对 MNZ 的去除效果也很理想，反应 6 min 后 MNZ 的去除效率仍能达到 99%以上。可见，0.1 g/L 的 nZVM 投加量足以提供充分的反应能力，并在后续的试验中被选为最佳投加量。

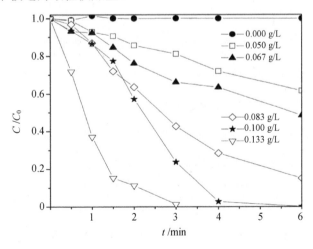

图 8-32　纳米金属投加量对 MNZ 去除的影响

用拟一级反应动力学模型拟合 nZVM 对 MNZ 的去除，并计算得表观反应速率常数 k_{SA}，见表 8-9。表中高值相关系数 R^2 说明 nZVM 去除 MNZ 的反应符合拟一级反应动力学模型。投加量为 0.050 g/L、0.067 g/L、0.083 g/L、0.100 g/L、0.133 g/L 的 nZVM 的反应速率常数分别是 0.08 min^{-1}、0.12 min^{-1}、0.33 min^{-1}、1.15 min^{-1}、1.43 min^{-1}。显然，投加量的增大有利于提高对 MNZ 的去除速率。

表 8-9　纳米金属去除 MNZ 反应的拟一级反应速率常数（k_{obs}），
表观反应速率常数（k_{SA}）及相关系数（R^2）

剂量/（g/L）	C_0/（mg/L）	初始 pH	k_{obs}/min^{-1}	k_{SA}/［L/（$min \cdot m^2$）］	R^2
0.050	80	5.60	0.08	0.046	0.99
0.067	80	5.60	0.12	0.051	0.99
0.083	80	5.60	0.30	0.103	0.98
0.100	80	5.60	0.89	0.254	0.97
0.133	80	5.60	1.29	0.277	0.98

8.4.5　溶液初始浓度的影响

图 8-33 为 nZVM 去除不同初始浓度 MNZ 的试验结果。从图中可以得出，当经过 6 min 之后，MNZ 浓度从 45 mg/L、60 mg/L、80 mg/L、100 mg/L 分别降到 0.03 mg/L、0.33 mg/L、0.09 mg/L、0.71 mg/L，降解率都达到 99% 以上。值得注意的是，浓度为 120 mg/L 的 MNZ 在 6 min 达到的降解率只有 46%，这是因为 MNZ 浓度越高，覆盖在纳米颗粒表面的污染物就越多，从而降低了其吸附或催化还原能力。

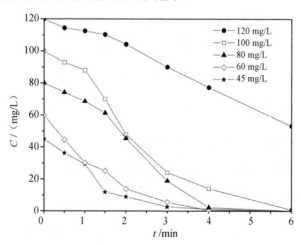

图 8-33　MNZ 初始浓度对 nZVI 去除 MNZ 的影响

表 8-10 是 nZVM 对不同初始浓度 MNZ 的去除速率常数及表观反应速率常数。初始浓度为 45 mg/L、60 mg/L、80 mg/L、100 mg/L、120 mg/L 时的去除速率常数分别是 1.08 min^{-1}、0.98 min^{-1}、0.89 min^{-1}、0.64 min^{-1}、0.11 min^{-1}。可见，随着 MNZ 初始浓度的增加，nZVM 对其去除速率反而逐渐降低。

表 8-10 纳米金属去除 MNZ 反应的拟一级反应速率常数（k_{obs}），

表观反应速率常数（k_{SA}）及相关系数（R^2）

剂量/（g/L）	C_0/（mg/L）	初始 pH	k_{obs}/min^{-1}	k_{SA}/〔L/（min·m²）〕	R^2
0.100	45	5.60	1.08	0.309	0.97
0.100	60	5.60	0.98	0.280	0.93
0.100	80	5.60	0.89	0.254	0.97
0.100	100	5.60	0.65	0.186	0.90
0.100	120	5.60	0.11	0.031	0.93

8.4.6 初始 pH 的影响

用纳米金属降解污染物时，pH 是影响反应速率的重要因素之一。主要是因为 pH 对纳米金属材料这种吸附催化剂的影响较大。当 pH 较低时，可以使得 nZVM 表面保持较多的反应区域用于降解污染物（Song H et al.，2005；Wang Q et al.，2009），然而也可能加快 nZVM 的腐蚀从而导致较低的降解速率（Fan J et al.，2009）。当 pH 较高时，毫无疑问，nZVM 表面会形成氧化物或氢氧化物，这会阻碍污染物的降解。

图 8-34 是 pH 对 nZVM 去除 MNZ 的影响。从图中可以看出，pH 为 2~7 时，反应 6 min 后，MNZ 的去除效率都能达到 97%以上。而 pH 为 9 时，去除效率只有 63%。这表明，在碱性条件下，会明显降低 nZVM 的催化还原能力。因为在碱性条件下，材料表面会被氢氧化物覆盖，即被钝化，而降低了纳米金属的反应活性。另外，pH 为 2 时，MNZ 降解率在 0.5 min 内就达到了 86%，1.5 min 时达到 97%，降解速率明显高于其他 pH 的降解速率。因为 pH 为 2 时，铁很容易发生腐蚀反应产生大量的氢被 Ni、Zn 吸附或解离成原子氢参与还原反应。同时，在较低 pH 时 nZVM 表面不易形成氧化物，从而保持纳米金属的高活性。

表 8-11 是在不同 pH 条件下 nZVM 去除 MNZ 的去除速率常数及表观反应速率常数。pH 为 2.03、4.00、5.60、7.03、9.04 的反应速率常数分别是 2.11 min^{-1}、1.27 min^{-1}、1.15 min^{-1}、0.59 min^{-1}、0.19 min^{-1}。由此说明反应速率随着 pH 的增大，呈下降趋势。

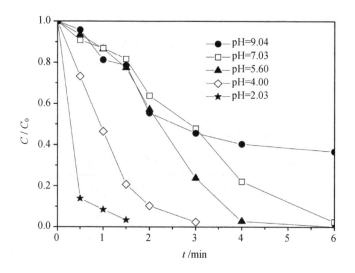

图 8-34　溶液初始 pH 对 nZVI 去除 MNZ 的影响

表 8-11　纳米金属去除 MNZ 反应的拟一级反应速率常数（k_{obs}），

表观反应速率常数（k_{SA}）及相关系数（R^2）

剂量/（g/L）	C_0/（mg/L）	初始 pH	k_{obs}/min^{-1}	k_{SA}/［L/（min·m^2）］	R^2
0.100	80	2.03	2.42	0.691	0.96
0.100	80	4.00	1.15	0.329	0.98
0.100	80	7.03	0.46	0.131	0.86
0.100	80	5.60	0.89	0.254	0.97
0.100	80	9.04	0.20	0.057	0.95

8.4.7　不同材料对 MNZ 的去除比较

图 8-35 比较了不同 Fe^0 体系：商业铁粉、化学试剂制备的 nZVI、废酸制备的 nZVI 对 MNZ 的去除效果。由图可知，化学试剂制备的 nZVI 对 MNZ 的去除效率明显大于其他两种材料的。nZVI 投加量为 0.1 g/L 时，反应 1 min 和 2 min 时，MNZ 的去除效率分别为 62% 和 99%；而在废酸制备 nZVI 的体系中，此时 MNZ 的去除效率分别为 14% 和 43%；相比之下，商业铁粉体系中 MNZ 则基本没有去除。nZVI 的比表面积都比商业铁粉的大，因而表面反应性更高、更分散，可以明显地提高 MNZ 的去除效率。同为纳米级的两种纳米铁颗粒，化学试剂制备的对 MNZ 的去除效率要高于废酸制备的，这可能是因为工业级的废酸制备的材料中含有杂质，合成的 nZVI 纯度不如试剂合成的，且其他杂质的存在也有可能会影响 nZVI 的反应活性，导致其对 MNZ 的去除性能下降。但是，随着反应时间的增长，反应 6 min 后，废酸制备的 nZVI 也基本能将 MNZ 完全去除，足

见废酸制备的铁基材料对 MNZ 同样也具有良好的去除效果。

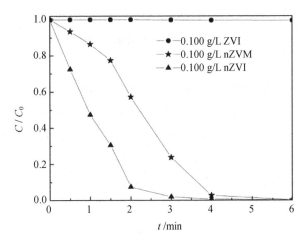

图 8-35　不同材料对 nZVI 去除 MNZ 的影响

8.4.8　小结

本节研究了从废酸中制备的纳米金属对 MNZ 的去除效果。考察了纳米金属投加量、溶液初始浓度、溶液初始 pH 对纳米金属去除 MNZ 的影响。得出以下结论：

①废酸制备的纳米金属中含有 Zn、Ni、Fe 等元素，但铁的含量占绝大比例，其他元素含量相对较少。

②从废酸中制备的纳米金属对 MNZ 有良好的去除效果，但相比之下 MNZ 去除速率比由化学试剂制得的 nZVI 的稍低。

③废酸制备的纳米金属对 MNZ 的去除反应符合拟一级反应动力学模型。且反应速率常数随着纳米金属投加量的增加，溶液初始浓度的减小，溶液初始 pH 的减小而增大。

参考文献

AL-AHMAD A，1999. Biodegradability of cefotiam，ciprofloxacin，meropenem，penicillin G，and sulfamethoxazole and inhibition of waste water bacteria[J]. Archives of Environmental Contamination and Toxicology，37（2）：158-163.

ARNOLD W A，2000. Pathways and kinetics of chlorinated ethylene and chlorinated acetylene reaction with Fe（0） particles[J]. Environmental Science & Technology，34（9）：1794-1805.

BAE S，2010. Inhibition of nZVI reactivity by magnetite during the reductive degradation of 1,1,1-TCA in nZVI/magnetite suspension[J]. Applied Catalysis B：Environmental，96（1-2）：10-17.

BARNES K K，2008. A national reconnaissance of pharmaceuticals and other organic wastewater contaminants in the United States—I） Groundwater[J]. Science of the Total Environment，402（2-3）：192-200.

BENDESKY A，2002. Is metronidazole carcinogenic？[J]. Mutation Research/Reviews in Mutation Research，511（2）：133-144.

BOKARE A D，2008. Iron-nickel bimetallic nanoparticles for reductive degradation of azo dye Orange G in aqueous solution[J]. Applied Catalysis B：Environmental，79（3）：270-278.

BONIN P M L，1998. Influence of chlorinated solvents on polarization and corrosion behaviour of iron in borate buffer[J]. Corrosion Science，40（8）：1391-1409.

CAO J，2006. Stabilization of chromium ore processing residue（COPR） with nanoscale iron particles[J]. Journal of Hazardous Materials，132（2-3）：213-219.

CHANG S H，2009. Degradation of azo and anthraquinone dyes by a low-cost Fe^0/air process[J]. Journal of Hazardous Materials，166（2-3）：1127-1133.

CHANG X，2010. Determination of antibiotics in sewage from hospitals，nursery and slaughter house，wastewater treatment plant and source water in Chongqing region of Three Gorge Reservoir in China[J]. Environmental Pollution，158（5）：1444-1450.

CHENG R，2007. Comparison of reductive dechlorination of p-chlorophenol using Fe^0 and nanosized Fe^0[J]. Journal of Hazardous Materials，144（1-2）：334-339.

COLÓN D，2006. Reduction of nitrosobenzenes and N-hydroxylanilines by Fe（II） species：elucidation of the reaction mechanism[J]. Environmental Science & Technology，40（14）：4449-4454.

CRANE R A，2012. Nanoscale zero-valent iron：future prospects for an emerging water treatment technology[J]. Journal of Hazardous Materials，211：112-125.

CURTIS G P，1994. Reductive dehalogenation of hexachloroethane，carbon tetrachloride，and bromoform by anthrahydroquinone disulfonate and humic acid[J]. Environmental Science & Technology，28（13）：2393-2401.

CUSHING B L，2004. Recent advances in the liquid-phase syntheses of inorganic nanoparticles[J]. Chemical Reviews，104（9）：3893-3946.

ELLIOTT D W，2001. Field assessment of nanoscale bimetallic particles for groundwater treatment[J]. Environmental Science & Technology，35（24）：4922-4926.

FAN J，2009. Rapid decolorization of azo dye methyl orange in aqueous solution by nanoscale zerovalent iron particles[J]. Journal of Hazardous Materials，166（2-3）：904-910.

GARCÍA-GALÁN M J，2010. Simultaneous occurrence of nitrates and sulfonamide antibiotics in two ground water bodies of Catalonia（Spain）[J]. Journal of Hydrology，383（1-2）：93-101.

GHAUCH A，2009. Antibiotic removal from water：elimination of amoxicillin and ampicillin by microscale and nanoscale iron particles[J]. Environmental Pollution，157（5）：1626-1635.

GREGORY K B，2004. Abiotic transformation of hexahydro-1,3,5-trinitro-1,3,5-triazine by FeII bound to magnetite[J]. Environmental Science & Technology，38（5）：1408-1414.

HABIB M J，1989. Complex formation between metronidazole and sodium urate：effect on photodegradation of metronidazole[J]. Pharmaceutical Research，6（1）：58-61.

HALLING-SØRENSEN B，2003. Characterisation of the abiotic degradation pathways of oxytetracyclines in soil interstitial water using LC-MS-MS[J]. Chemosphere，50（10）：1331-1342.

HARTMANN A，1998. Identification of fluoroquinolone antibiotics as the main source of umuC genotoxicity in native hospital wastewater[J]. Environmental Toxicology and Chemistry：An International Journal，17（3）：377-382.

HU W，2011. The Study on Occurrence and Distribution of Typical Pharmaceuticals and Personal Care Products（PPCPs）in Tianjin Urban Aqueous and Soil Environment and the Combined Estrogenic Effects[D]. D. Nankai University.

HUANG C H，2011. Assessment of potential antibiotic contaminants in water and preliminary occurrence analysis[J]. Journal of Contemporary Water Research and Education，120（1）：4.

INGERSLEV F，2001a. Biodegradability of metronidazole，olaquindox，and tylosin and formation of tylosin degradation products in aerobic soil-manure slurries[J]. Ecotoxicology and Environmental Safety，48（3）：311-320.

INGERSLEV F，2001b. Primary biodegradation of veterinary antibiotics in aerobic and anaerobic surface water simulation systems[J]. Chemosphere，44（4）：865-872.

INGERSLEV F，2000. Biodegradability properties of sulfonamides in activated sludge[J]. Environmental Toxicology and Chemistry：An International Journal，19（10）：2467-2473.

JELIĆ A，2012. Pharmaceuticals in drinking water[M]//Emerging organic contaminants and human health. Springer，Berlin，Heidelberg：47-70.

JIA A，2011. Occurrence and source apportionment of sulfonamides and their metabolites in Liaodong Bay and the adjacent Liao River basin，North China[J]. Environmental Toxicology and Chemistry，30（6）：1252-1260.

JIANG L，2011. Occurrence，distribution and seasonal variation of antibiotics in the Huangpu River，Shanghai，China[J]. Chemosphere，82（6）：822-828.

JOHNSON M B，2008. Aqueous metronidazole degradation by UV/H_2O_2 process in single-and multi-lamp tubular photoreactors：kinetics and reactor design[J]. Industrial & Engineering Chemistry Research，47（17）：6525-6537.

JOO S H，2005. Quantification of the oxidizing capacity of nanoparticulate zero-valent iron[J]. Environmental

Science & Technology，39（5）：1263-1268.

JOO S H，2004. Oxidative degradation of the carbothioate herbicide，molinate，using nanoscale zero-valent iron[J]. Environmental Science & Technology，38（7）：2242-2247.

JOVANOVIC G N，2005. Dechlorination of p-chlorophenol in a microreactor with bimetallic Pd/Fe catalyst[J]. Industrial & Engineering Chemistry Research，44（14）：5099-5106.

KANEL S R，2006. Arsenic（V）removal from groundwater using nano scale zero-valent iron as a colloidal reactive barrier material[J]. Environmental Science & Technology，40（6）：2045-2050.

KANEL S R，2005. Removal of arsenic（III）from groundwater by nanoscale zero-valent iron[J]. Environmental Science & Technology，39（5）：1291-1298.

KIM S C，2006. Occurrence of ionophore antibiotics in water and sediments of a mixed-landscape watershed[J]. Water Research，40（13）：2549-2560.

KIM Y H，2000. Dechlorination of pentachlorophenol by zero valent iron and modified zero valent irons[J]. Environmental Science & Technology，34（10）：2014-2017.

KOLPIN D W，2002. Pharmaceuticals，hormones，and other organic wastewater contaminants in US streams，1999–2000：A national reconnaissance[J]. Environmental Science & Technology，36（6）：1202-1211.

KÜMMERER K，2009. Antibiotics in the aquatic environment-a review-part I[J]. Chemosphere，75（4）：417-434.

LANZKY P F，1997. The toxic effect of the antibiotic metronidazole on aquatic organisms[J]. Chemosphere，35（11）：2553-2561.

LEE C，2008. Dechlorination of tetrachloroethylene in aqueous solutions using metal-modified zerovalent silicon[J]. Environmental Science & Technology，42（13）：4752-4757.

LEE J Y，2007. Effects of dissolved oxygen and iron aging on the reduction of trichloronitromethane，trichloracetonitrile，and trichloropropanone[J]. Chemosphere，66（11）：2127-2135.

LI W，2012. Occurrence of antibiotics in water，sediments，aquatic plants，and animals from Baiyangdian Lake in North China[J]. Chemosphere，89（11）：1307-1315.

LI X，2006. Zero-valent iron nanoparticles for abatement of environmental pollutants：materials and engineering aspects[J]. Critical Reviews in Solid State and Materials Sciences，31（4）：111-122.

LIEN H L，2001. Nanoscale iron particles for complete reduction of chlorinated ethenes[J]. Colloids and Surfaces A：Physicochemical and Engineering Aspects，191（1-2）：97-105.

LIN A Y C，2008. Pharmaceutical contamination in residential，industrial，and agricultural waste streams: risk to aqueous environments in Taiwan[J]. Chemosphere，74（1）：131-141.

LIN Y T，2008. Effective removal of AB24 dye by nano/micro-size zero-valent iron[J]. Separation and Purification Technology，64（1）：26-30.

LIOU Y H，2005. Chemical reduction of an unbuffered nitrate solution using catalyzed and uncatalyzed nanoscale iron particles[J]. Journal of Hazardous Materials，127（1-3）：102-110.

LUNESTAD B T，1995. Photostability of eight antibacterial agents in seawater[J]. Aquaculture，134（3-4）：217-225.

MARENGO J R，1997. Aerobic biodegradation of（^{14}C）-Sarafloxacin hydrochloride in soil[J]. Environmental Toxicology and Chemistry：An International Journal，16（3）：462-471.

MASSEY L B，2010. Antibiotic fate and transport in three effluent-dominated Ozark streams[J]. Ecological Engineering，36（7）：930-938.

MÉNDEZ-DÍAZ J D，2010. Kinetic study of the adsorption of nitroimidazole antibiotics on activated carbons in aqueous phase[J]. Journal of Colloid and Interface Science，345（2）：481-490.

MIELCZARSKI J A，2005. Role of iron surface oxidation layers in decomposition of azo-dye water pollutants in weak acidic solutions[J]. Applied Catalysis B：Environmental，56（4）：289-303.

MIGLIORE L，1997. Toxicity of several important agricultural antibiotics to Artemia[J]. Water Research，31（7）：1801-1806.

MINH T B，2009. Antibiotics in the Hong Kong metropolitan area：ubiquitous distribution and fate in Victoria Harbour[J]. Marine Pollution Bulletin，58（7）：1052-1062.

NORADOUN C E，2005. EDTA degradation induced by oxygen activation in a zerovalent iron/air/water system[J]. Environmental Science & Technology，39（18）：7158-7163.

NOUBACTEP C，2010. Metallic iron for environmental remediation：Learning from electrocoagulation[J]. Journal of Hazardous Materials，175（1-3）：1075-1080.

O'CARROLL D，2013. Nanoscale zero valent iron and bimetallic particles for contaminated site remediation[J]. Advances in Water Resources，51：104-122.

ONTARIO M O E，2010. Survey of the occurrence of pharmaceuticals and other emerging contaminants in untreated source and finished drinking water in ontario[J]. Ontario Ministry of the Environment（MOE），Canada.

PAESEN J，1995. Isolation of decomposition products of tylosin using liquid chromatography[J]. Journal of Chromatography A，699（1-2）：99-106.

PENG X，2008. Multiresidue determination of fluoroquinolone，sulfonamide，trimethoprim，and chloramphenicol antibiotics in urban waters in China[J]. Environmental Toxicology and Chemistry：An International Journal，27（1）：73-79.

PICÓ Y，2007. Fluoroquinolones in soil—risks and challenges[J]. Analytical and Bioanalytical Chemistry，387（4）：1287-1299.

RAO R N，2008. Determination of antibiotics in aquatic environment by solid-phase extraction followed by liquid chromatography-electrospray ionization mass spectrometry[J]. Journal of Chromatography A，1187（1-2）：151-164.

RÉ J L，1997. Evaluation of the genotoxic activity of metronidazole and dimetridazole in human lymphocytes by the comet assay[J]. Mutation Research/Fundamental and Molecular Mechanisms of Mutagenesis，375（2）：147-155.

RICHARDSON B J，2005. Emerging chemicals of concern：pharmaceuticals and personal care products（PPCPs）in Asia，with particular reference to Southern China[J]. Marine Pollution Bulletin，50（9）：913-920.

RIVERA-UTRILLA J，2009. Removal of nitroimidazole antibiotics from aqueous solution by adsorption/bioadsorption on activated carbon[J]. Journal of Hazardous Materials，170（1）：298-305.

SÁNCHEZ-POLO M，2009. Gamma irradiation of pharmaceutical compounds，nitroimidazoles，as a new alternative for water treatment[J]. Water Research，43（16）：4028-4036.

SÁNCHEZ-POLO M，2008. Removal of pharmaceutical compounds，nitroimidazoles，from waters by using the ozone/carbon system[J]. Water Research，42（15）：4163-4171.

SHEMER H，2006. Degradation of the pharmaceutical metronidazole via UV，Fenton and photo-Fenton processes[J]. Chemosphere，63（2）：269-276.

SOHN K，2006. Fe（0）nanoparticles for nitrate reduction：stability，reactivity，and transformation[J]. Environmental Science & Technology，40（17）：5514-5519.

SONG H，2005. Reduction of chlorinated ethanes by nanosized zero-valent iron：kinetics，pathways，and effects of reaction conditions[J]. Environmental Science & Technology，39（16）：6237-6245.

SUN Y P，2006，et al. Characterization of zero-valent iron nanoparticles[J]. Advances in Colloid and Interface Science，120（1-3）：47-56.

TRATNYEK P G，2001. Effects of natural organic matter，anthropogenic surfactants，and model quinones on the reduction of contaminants by zero-valent iron[J]. Water Research，35（18）：4435-4443.

VALCÁRCEL Y，2011. Detection of pharmaceutically active compounds in the rivers and tap water of the Madrid Region（Spain）and potential ecotoxicological risk[J]. Chemosphere，84（10）：1336-1348.

WANG C B，1997. Synthesizing nanoscale iron particles for rapid and complete dechlorination of TCE and PCBs[J]. Environmental Science & Technology，31（7）：2154-2156.

WANG Q，2009. Aqueous ethanol modified nanoscale zerovalent iron in bromate reduction：synthesis，characterization，and reactivity[J]. Environmental Science & Technology，43（9）：3292-3299.

WATKINSON A J，2009. The occurrence of antibiotics in an urban watershed：from wastewater to drinking water[J]. Science of the Total Environment，407（8）：2711-2723.

XU W，2007. Determination of selected antibiotics in the Victoria Harbour and the Pearl River，South China using high-performance liquid chromatography-electrospray ionization tandem mass spectrometry[J]. Environmental Pollution，145（3）：672-679.

YANG J F，2010. Simultaneous determination of four classes of antibiotics in sediments of the Pearl Rivers using RRLC-MS/MS[J]. Science of the Total Environment，408（16）：3424-3432.

ZHANG D，2011. Occurrence of selected antibiotics in Jiulongjiang River in various seasons，South China[J]. Journal of Environmental Monitoring，13（7）：1953-1960.

ZHANG R，2012. Occurrence and risks of antibiotics in the Laizhou Bay，China: impacts of river discharge[J]. Ecotoxicology and Environmental Safety，80：208-215.

ZHANG X，2009. 2,4,6-Trinitrotoluene reduction kinetics in aqueous solution using nanoscale zero-valent iron[J]. Journal of Hazardous Materials，165（1-3）：923-927.

ZHENG Q，2012. Occurrence and distribution of antibiotics in the Beibu Gulf，China: impacts of river discharge and aquaculture activities[J]. Marine Environmental Research，78：26-33.

ZOU S，2011. Occurrence and distribution of antibiotics in coastal water of the Bohai Bay，China: impacts of river discharge and aquaculture activities[J]. Environmental Pollution，159（10）：2913-2920.

戴友芝，2008. 超声波/零价铁体系降解五氯酚的机理[J]. 环境科学学报，27（2）：252-256.

洪蕾洁，2012. 固相萃取-高效液相色谱法同时测定水体中的 10 种磺胺类抗生素[J]. 环境科学，33（2）：652-657.

侯春凤，2009. 纳米铁颗粒物表征及其对 2,4-二氯苯酚的脱氯降解性能[J]. 科学通报，54（23）：3623-3629.

黄玉华，2014. 抗生素使用安全现状与抗生素残留检测技术研究进展[J]. 食品安全导刊，（6）：34-35.

刘锋，2010. 抗生素的环境归宿与生态效应研究进展[J]. 生态学报，（16）：4503-4511.

刘吉强，2008. 兽药抗生素的残留状况与环境行为[J]. 土壤通报，39（5）：1198-1203.

刘小云，2005. 水中抗生素污染现状及检测技术研究进展[J]. 中国卫生检验杂志，15（8）：1011-1014.

刘元坤，2013. 水环境中抗生素的处理技术初探[J]. 科技导报，31（35）：11-11.

吕亮，2008. 零价铁去除水中土霉素的研究[D]. 大连：大连理工大学.

聂湘平，2009. 珠江三角洲养殖水体中喹诺酮类药物残留分析[J]. 环境科学，30（1）：266-270.

全燮，1998. 二元金属体系对水中多氯有机物的催化还原脱氯特性[J]. 中国环境科学，18（4）：333-336.

孙大明，2012. 分子印迹纳米粒子的制备，表征及其对氟喹诺酮的吸附特性[D]. 大连：大连理工大学.

唐玉芳，2010. 类 Fenton 法处理阿莫西林废水的研究[D]. 长沙：湖南大学.

王路光，2009. 环境水体中的残留抗生素及其潜在风险[J]. 工业水处理，29（5）：10-14.

王冉，2006. 抗生素在环境中的转归及其生态毒性[J]. 生态学报，26（1）：265-270.

徐维海，2006. 香港维多利亚港和珠江广州河段水体中抗生素的含量特征及其季节变化[J]. 环境科学，27（12）：2458-2462.

叶必雄，2015. 环境水体及饮用水中抗生素污染现状及健康影响分析[J]. 环境与健康杂志，32（2）：

173-178.

俞道进，2004. 四环素类抗生素残留对水生态环境影响的研究进展[J]. 中国兽医学报，24（5）：515-517.

张格红，2014. 低价带金属氧化物光催化剂的制备及其降解水中抗生素研究[D]. 西安：长安大学.

张芊芊，2015. 中国流域典型新型有机污染物排放量估算，多介质归趋模拟及生态风险评估[D]. 广州：中国科学院研究生院（广州地球化学研究所）.

第9章 纳米四氧化三铁去除罗红霉素和甲硝唑

9.1 研究背景

9.1.1 水环境中罗红霉素和甲硝唑的治理方法

自 1943 年青霉素用于临床实践以来，抗生素在保护人类健康方面发挥了重要作用。抗生素主要分为 β-内酰胺类、氨基糖苷类、酰胺醇类、大环内酯类、多肽类、硝基咪唑类等。

罗红霉素属于大环内酯类，是一种应用广泛的抗生素，曾有报道指出在珠江水体中检测出浓度达到 2 000 ng/L 的罗红霉素（徐维海等，2006）。甲硝唑属于硝基咪唑类抗生素，在世界各地普遍使用，尤其用于治疗厌氧菌和原生动物（如阴道毛滴虫和贾第鞭毛虫）引起的感染。本书选取这两种水体环境中常见的抗生素作为研究对象。两种物质的结构式如图 9-1 所示。

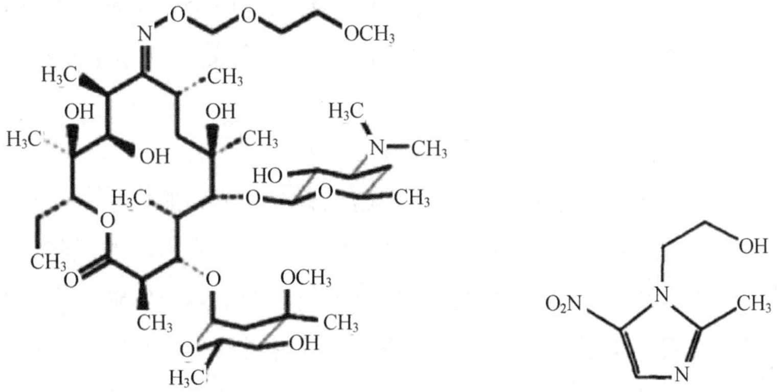

图 9-1 罗红霉素（左）和甲硝唑（右）的分子结构式

9.1.1.1 传统方法

生物处理、过滤和混凝（絮凝）沉降是传统污水处理厂最常用来处理包括抗生素在内的各种水体污染物的方法（Adams et al.，2002；Göbel et al.，2007；Stackelberg et al.，2007；Vieno et al.，2007；Arikan et al.，2008）。

在生物处理系统中，活性污泥技术被广泛应用，特别是在工业废水的治理中。通过不间断地监控温度和化学需氧量（COD），利用微生物的作用，使抗生素的结构变化，大型分子有机化合物转化为小分子。然而许多污染物的毒性过高，阻止了这个过程的发生（Britto et al.，2008）。

过滤是去除悬浮物质等固体颗粒的一个过程，方法是将污水通过一个细粒度的媒介中（如砂、煤、硅藻土、粒状活性炭）。较大的颗粒粒子会被间隙阻隔，较小的粒子则会因为静电吸附、化学键等机制附着在媒介上（Eckenfelder et al.，2007）。这一过程的缺点是无实质降解污染，污染物集中在固相，如果处理不当，会造成新的污染。

混凝（絮凝）沉降是采用絮凝剂将抗生素和其他各类杂质进行吸附、絮凝、沉降，以污泥形式排出，使受污染水体净化。最常用的絮凝剂是石灰、明矾和铁盐等（Eckenfelder et al.，2007）。过去这些传统的技术在水环境中的抗生素去除反应中试验多次。当污染物对生物处理系统中使用的微生物毒性很低时，这种方法仍是最好用的。Chelliapan 等（2006）和 Arikan 等（2008）分别研究了厌氧过程中大环内酯类抗生素和四环素类抗生素的去除情况。在这两种情况下，大环内酯类的去除率为90%，四环素类的去除率为75%。Göbel 等（2007）在实验中使用的传统的污水处理技术处理包含大环内酯类、磺胺类和甲氧苄氨嘧啶的污水，去除率约为20%。Adams 等（2002）、Stackelberg 等（2007）和 Vieno 等（2007）研究发现物理化学方法，如混凝/絮凝沉降和过滤，应用于大环内酯类、磺胺类、喹诺酮类喹喔啉衍生品和甲氧苄氨嘧啶时，去除率约为30%。Yang S F 等（2012）研究发现，pH 为 11～13 时活性污泥能够将 100 μg/L 的磺胺类抗生素完全降解。由于这些传统方法常常比较低效，有时甚至无法使用，因而新的处理技术不断被研发出来。

9.1.1.2 吸附法

吸附法具有在去除污染物的同时不生成有毒代谢物这一大优点（Putra et al.，2009）。然而，此技术也非去除全部污染物，而是将它们富集在一个新的相中。

活性炭是最常见的吸附剂，但是它具有难以回收、生产成本高的缺陷。为此研究人员致力于寻求一些成本低的、吸附效果良好的吸附剂，如工业或农业生产的废弃物作为吸附剂，以取代活性炭。榛子粉、核桃壳、杏仁壳等材料被当作吸附剂来吸附去除污染物（Pehlivan et al.，2008；Kazemipour et al.，2008）。为了达到理想的吸附效果，在使用之前，一些吸附剂需要进行有效适当的处理，如化学处理或者热处理来增大其表面面积。Méndez-Díaz 等（2010）利用颗粒活性炭吸附磺胺类、咪唑类和甲氧苄氨嘧啶等抗生素，去除率至少达到 90%。Kim S H 等（2010）用相同的处理办法，发现连续吸附和批次吸附都能使吸附去除率超过 90%。Putra 等（2009）分别研究了膨润土和活性炭颗粒吸附作用，获得了理想的去除效率（膨润土吸附去除率有 88%，活性炭的吸附去除率高达 95%）。曹慧等（2015）研究磁性碳纳米管对水中罗红霉素的吸附作用，发现最大吸附量达 39.6 mg/g，且吸附过程是自发的吸热反应。

9.1.1.3　薄膜法

薄膜法在物质分离中的应用越来越广泛。然而，这种技术也不能去除全部污染物，而是将其从液相移动、集中到一个新的固相（薄膜上）。反渗透是薄膜法的一种，这种方法一般用于废水中离子化合物和大分子化合物的拦截。反渗透法只需要电力供给水泵而不需要热能并且易于操作，节约能源。然而薄膜易受到氧化攻击而被污染和破坏。薄膜具有孔径结构，可以防止抗生素这类大分子化合物的通过，但会漏掉一些小分子化学物质。因此，在前期还需使用碳过滤器处理之后才能用反渗透法。反渗透法与其他处理方法相比，耗时也比较长。薄膜法还包括纳滤膜法和超滤法（Koyuncu et al.，2008）。在进行纳滤和超滤时，在有机半透膜的作用下，液体横向流动，产生具有选择性的分离层。超滤膜和纳滤膜本身因为带电（羧基、磺酸基等带电基团），而能在很低压力下产生截留性能，但是离子排斥反应也会造成过滤的困难。超滤和纳滤在膜两侧形成压力差，以这个压力差作为过滤的驱动力。这两种方法都可以去除较小的分子，仅是在拦截分子量上有所差别。

有大量的报道关于使用反渗透法、纳滤膜法和超滤法去除抗生素的研究。大多数研究发现，薄膜法去除多种抗生素的效率超过 90%。类似于吸附法，薄膜法在废水处理过程中富集污染物的膜会变成新的固体废物，所以该技术可与其他技术相结合使用。反渗透法、纳滤膜法和超滤法都对温度较敏感（温度对污染物溶于水的溶解性有影响），而高浓度有机物和水溶性盐易导致膜污染或沉垢。

9.1.1.4　高级氧化法

因为传统的生物处理工艺无法高效率地消除抗生素这类有机污染物，所以高级氧化法（AOP）去除抗生素开始逐渐取代生物技术。

高级氧化法最明显的特征是以羟基自由基（•OH）作为主要的氧化剂与有机物发生氧化还原反应，反应生成的有机自由基能继续参与连锁反应。•OH（$E^0 = 2.8$ V）的氧化活性高于其他氧化剂（如氯气、臭氧），可以和许多有机物发生反应，缺点是选择性较差。通常这些高活性自由基由臭氧（O_3）或者过氧化氢（H_2O_2）提供，金属、半导体催化剂或紫外线照射能够催化它的产生。在氧化过程中，研究人员通常希望能产生易于生物降解、不稳定、低毒性，并容易被二氧化碳和水矿化的中间体（Dantas et al.，2008）。

高级氧化法包括臭氧法、芬顿法、光芬顿法、光分解方法、半导体光催化法和电化学处理法等。肖健等（2008）用光催化降解的方法处理水中的红霉素和罗红霉素，去除率能达到 95.5% 和 97.2%。熊振湖等（2009）利用紫外光/芬顿反应处理水中低浓度甲硝唑时，去除率达到 95.8%。

9.1.1.5 技术联合法

考虑抗生素污染废水处理方法的工业化应用，不可避免地需要混合采用各种加工方法使之达到最佳的处理效果。因此，技术联合法成为研究的热门。

在多数情形下，只用一种降解或去除方法未能达到理想的去除结果，所以需要多种方法组合使用。例如，在生物处理过程中，微生物对废水中的有毒污染物是极其敏感的，此时需要高级氧化方法对污水进行预处理，通过氧化污染物降低副产物产生的毒性，使其能被生物降解，从而避免微生物在生物处理过程中出现大量死亡的现象。类似地，在前文中说到，在运用反渗透法之前可以用炭过滤法进行前处理。而高级氧化法处理的废水也可用作吸附法的前处理（Klavarioti et al.，2009）。

Zhang G 等（2006）将反渗透法和芬顿法结合运用，净化了含有阿莫西林的污水。第一步是用液-液萃取法去除有机物的一部分（TOC 去除率为 50%），紧随其后是芬顿法来提高降解率（TOC 去除率为 38%），第三步运用反渗透法，TOC 去除率达 11%，同时提高污水的生物可降解性，TOC 的去除率的总和高达 99%。Sánchez-Polo 等（2008）将臭氧氧化法和吸附方法结合处理咪唑类抗生素。首先利用臭氧氧化处理，咪唑类抗生素的去除率高达 90%～100%，而矿化仅有 10%～20%，会产生较高毒性的副产品；第二步利用活性炭吸附处理后，毒性下降，TOC 去除率达到 30%。这种技术结合方法能够处理含高浓度有机物的废水（如城市污水），处理成效大大优于单一使用臭氧的方法。Sirtori 等（2009）利用生物处理法结合光-芬顿法去除降解污水中喹诺酮类抗生素，可溶性有机碳去除率高达 95%，其中 33%是被光-芬顿法去除，62%是在生物处理过程中去除，抗生素最终的降解率超过 90%。光-芬顿法处理过的污水可生化性高，提高了后续生物处理的效率。关于技术联合法的实际运用不多见，但它是消除环境中抗生素最高效的方法。

9.1.2 本书的意义及工作内容

饮用水的安全是一个关系国民经济和民生的大事。随着我国城镇化进程的加快，水资源开发与利用程度剧增，水体污染物总量不断增加，部分地区饮用水水源水质不断下降（黄丽萍等，2011）。此外，近年来频繁发生的有毒有害污染物泄漏事故，农村大量使用农药化肥所造成的面源污染，以及缺乏足够的应急备用水源，使农村饮用水的安全性受到巨大威胁。据 2005 年卫生部、国家环境保护总局和国家发展改革委组织专家进行的现状调查结果，全国有 3.23 亿农村人口饮水不安全，占农村人口的 34%。其中受水质不安全影响的有 2.27 亿人，另外取水不便、水量不足和供水保证率低的约 9 600 万人。进一步地，饮用水氟砷含量超标的有 5 370 万人，饮用苦咸水的有 3 850 万人，饮用铁、锰等超标水的有 4 410 万人，地表或地下饮用水水源被严重污染的涉及 9 080 万人。在诸多自然和人为因素影响下，饮用水的安全问题已经严重影响我国经济社会的可持续发展

（许恩信，2009）。2001 年卫生部出台的《生活饮用水卫生规范》列举了 96 项水质指标，2005 年建设部出台的《城市供水水质标准》（CJ/T 206—2005）又提出 101 项水质指标，这些新指标的出台对饮用水的安全保证提出了更严格的要求。

鉴于传统芬顿法对 pH 要求较高且工序较为复杂等缺点，我们提出用纳米四氧化三铁（以下记为 nano-Fe$_3$O$_4$）作为非均相催化剂的类芬顿方法降解水环境中的抗生素污染物。本章重点研究了 nano-Fe$_3$O$_4$ 材料运用于非均相类芬顿分解两种典型抗生素罗红霉素和甲硝唑的特性，为高效去除抗生素等有机污染的农村水源提质改造提供新技术，为新形势下农村居民饮用水安全提供技术保障，主要做了以下几点工作。

①nano-Fe$_3$O$_4$ 非均相类芬顿法分解罗红霉素的研究：考察 nano-Fe$_3$O$_4$ 投加量、H$_2$O$_2$ 投加量、罗红霉素溶液初始浓度、溶液初始 pH 等因素对去除水中罗红霉素的影响。

②超声协助 nano-Fe$_3$O$_4$ 非均相类芬顿法去除甲硝唑的研究：采用工艺对比试验研究，证明超声非均相类芬顿体系的优越性。考察 nano-Fe$_3$O$_4$ 投加量、H$_2$O$_2$ 投加量、甲硝唑溶液初始浓度、溶液初始 pH 等因素对去除水中罗红霉素的影响。

③反应动力学研究和机理探讨：分析 nano-Fe$_3$O$_4$ 催化类芬顿反应动力学，通过甲硝唑的 TOC 去除率、羟基捕获剂添加对比实验探讨 H$_2$O$_2$ 去除甲硝唑的机理。并通过红外等分析技术考察 nano-Fe$_3$O$_4$ 在反应前后的变化。还结合反应过程甲硝唑溶液的紫外全谱扫描、液相谱图的分析来推测 H$_2$O$_2$ 降解甲硝唑的路径及降解产物。

9.2　nano-Fe$_3$O$_4$/H$_2$O$_2$ 处理罗红霉素的研究

9.2.1　研究方法

罗红霉素作为新一代大环内酯类抗生素，主要用于消灭衣原体、支原体、革兰氏阳性菌和厌氧菌等，是一种被广泛使用的抗生素，近年来也有在珠江水体中检测出来的报道，检出浓度达到 2 000 ng/L（Xu W H et al.，2012）。为此，我们采用 nano-Fe$_3$O$_4$ 和 H$_2$O$_2$ 组成类芬顿体系对罗红霉素进行降解研究。

（1）罗红霉素的降解试验

以 100 mL 的锥形瓶为反应容器，加入 100 mg/L 的罗红霉素溶液 50 mL，反应体系的 pH 由盐酸-氢氧化钠溶液调节。先后投加一定量的 nano-Fe$_3$O$_4$ 和一定量的 30% H$_2$O$_2$，置于卧式恒温振荡器中反应，振荡速率为 2 000 r/min，温度为 30℃。一定时间后取样测定反应后罗红霉素的浓度。试验流程如图 9-2 所示。为确定 nano-Fe$_3$O$_4$/H$_2$O$_2$ 体系中各因素对反应的影响，在进行罗红霉素分解试验时，除考察因素改变以外，其他因素需保持一致。

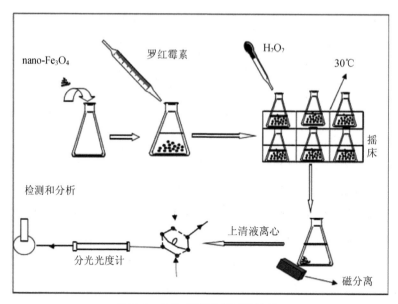

图 9-2　罗红霉素降解试验流程

（2）分析方法

①紫外-可见分光光度分析。采用该方法测定罗红霉素胶囊的含量，用硫酸（75→100）作为显色剂，利用罗红霉素在 482 nm 波长处有最大吸收测定罗红霉素溶液的浓度，用外标法定量。制备标准曲线的回归方程为 $A=0.002\ 44\rho+0.005\ 3$，$r^2=0.994\ 7$（图 9-3）。说明本法在 $\rho=1.66\sim50.00$ g/L 的范围内具有良好的线性关系。测定反应之后罗红霉素浓度的方法与之相同。

罗红霉素去除率 η 依照以下公式进行计算：

$$\eta=\left(1-\frac{C_t}{C_0}\right)\times100 \tag{9-1}$$

式中，C_t、C_0 分别为水样在反应进行 t、0 时刻时甲硝唑浓度。

②紫外全波长扫描分析。紫外全波长扫描的原理是在一个波长范围内，对罗红霉素样品进行测量，反映的是样品在不同波长下的吸光度值。具体步骤为设定仪器的扫描波段、扫描的波长间隔。对仪器进行基线扫描，以确定仪器的 0%线和 100%线。而后才对样品进行扫描。扫描出来的吸光度值（或者透过率）和波长的关系曲线就是该样品的光谱曲线。

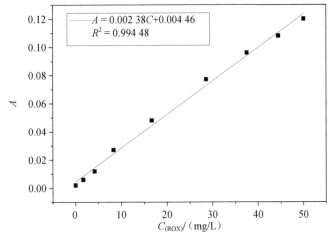

图 9-3　罗红霉素标准曲线

9.2.2　nano-Fe$_3$O$_4$颗粒的制备与表征

9.2.2.1　材料的制备

nano-Fe$_3$O$_4$ 的制备方法很多，可分为气相法、固相法和液相法三类。气相法（孙志刚等，1997）是用气相材料在气体状态下发生物理或化学反应，让反应产物冷凝长大形成纳米粒子的方法；固相法（陈辉，2004；Goya G F et al.，2004）是通过从固相到固相的转变来制备纳米粒子的方法，其得到的固体颗粒和原始的固体材料可以是相同的物质，也可能是不一样的物质；液相法（邹涛等，2002）是反应物在均相溶液中反应形成一定形状和尺寸的纳米粒子的方法，主要包括沉淀法、水热法、水解法和两相体系法等。目前，nano-Fe$_3$O$_4$ 的制备主要使用液相法，这种方法可以更好地控制 Fe^{2+} 和 Fe^{3+} 的比例，因此容易制备出高质量的 nano-Fe$_3$O$_4$ 粒子。其中，沉淀法由于其对设备要求较简单，是应用最广泛的纳米粒子制备方法。水热法制备的纳米粒子具有分散性好、粒度均匀的优点，但也存在生产成本较高、难以大规模生产的缺点。

本书所用 nano-Fe$_3$O$_4$ 的制备采用共沉淀法，利用 FeSO$_4$·7H$_2$O 提供 Fe^{2+}、FeCl$_3$·6H$_2$O 提供 Fe^{3+}，和氨水反应产生沉淀。具体步骤：称取 2.22 g FeCl$_3$·6H$_2$O 和 2.28 g FeSO$_4$·7H$_2$O，溶于 30 mL 浓度为 0.01 mol/L 盐酸溶液，置于 80℃ 水浴中快速搅拌，保鲜膜封口防止氧化，使用恒流泵匀速滴入 3.0 mol/L 氨水，保鲜膜封口后继续 80℃ 水浴加热搅拌 3 h，将得到的 Fe$_3$O$_4$ 洗至中性、干燥，然后研磨成粉末待用。反应方程式如下：

$$Fe^{2+} + 2Fe^{3+} + 8NH \cdot H_2O \longrightarrow Fe_3O_4 \downarrow\ + 8NH_4^+ + 4H_2O \tag{9-2}$$

9.2.2.2 材料的表征

采用比表面分析仪对 nano-Fe$_3$O$_4$ 进行比表面的分析测定时，需要将样品在 60℃真空干燥箱内干燥 8 h，然后在液氮温度（−196℃）下进行氮气吸附解吸测试。采用透射电镜（TEM）对纳米颗粒的尺寸大小和表面形貌进行分析，先于乙醇中超声分散，然后与无水乙醇与纳米颗粒混合液滴到碳-铜合金网上，待乙醇挥发后进入仪器真空室中测定。采用 X 射线粉末衍射仪（XRD）测定粒子的晶体结构，X 射线为 Cu 靶 Kα辐射（λ = 0.154 18 nm），管电压 30 kV，管电流 20 mA，扫描范围为 10°～90°，扫描速度为 0.8°/s。nano-Fe$_3$O$_4$ 颗粒反应前后表面元素价态特征采用 X 射线光电子能谱仪进行表征，采用光源为 Mono Al Kα，能量为 1 486.6 eV，扫描方式为 CAE；全谱扫描通能为 150 eV；窄谱扫描通能为 20 eV。采用能谱仪进行颗粒的表面元素分析。至于 BET、XRD 和 XPS 分析，反应前后必须对 nano-Fe$_3$O$_4$ 颗粒进行特定的预处理，即用磁铁对分散液中的催化剂颗粒回收，经乙醇洗涤 3 次后于 60℃真空干燥箱中干燥 8 h（黄锐雄，2012）。

透射电镜（TEM）与扫描电镜（SEM）展示了上述方法制备出的 nano-Fe$_3$O$_4$ 的形貌、粒径和尺寸分布。图 9-4（a）是 nano-Fe$_3$O$_4$ 的扫描电镜照片。可以看出，制得的 nano-Fe$_3$O$_4$ 的球表面粗糙，呈凹陷结构，表明 nano-Fe$_3$O$_4$ 颗粒表面存在许多反应活性位点。TEM 结果表明［图 9-4（b）］，制备的 nano-Fe$_3$O$_4$ 颗粒大小分布比较均匀，与标尺比对，可知颗粒平均粒径集中在 10～20 nm，呈球状，团聚成链状。链状结构可能是由于磁力和分子表面张力等共同作用的结果，能保持热力学稳定（Cushing et al., 2004）。该结果与研究报道中制备的 nano-Fe$_3$O$_4$ 类似。

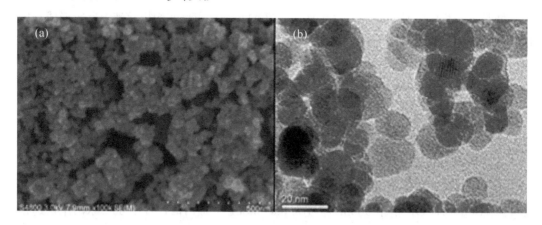

图 9-4 （a）nano-Fe$_3$O$_4$ 的扫描电镜照片；（b）Fe$_3$O$_4$ 的透射电镜照片

纳米粒子的 BET 测试结果如图 9-5 所示。结果表明，nano-Fe$_3$O$_4$ 粒子的比表面积为 44.565 m^2/g。制备的纳米材料具有较窄的孔径分布，孔径由于纳米粒子的堆积而产生。可以得出结论，nano-Fe$_3$O$_4$ 粒子具有相对均匀的形态。具体数据见表 9-1。

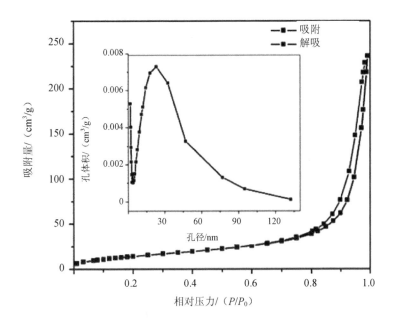

图 9-5　nano-Fe$_3$O$_4$ 比表面积分析结果

表 9-1　nano-Fe$_3$O$_4$ 比表面积及孔结构分析结果

比表面积/（m^2/g）	孔隙体积/（cm^3/g）	平均孔径/nm
44.565	0.281	28.013

采用 XRD 谱图定性分析所制备的纳米材料，结果如图 9-6 所示。对 XRD 的结果进行分析，在 2θ 分别为 18.3°、30.1°、35.5°、43.1°、53.5°、57°和 62.6°处的峰分别指示了（111）、（220）、（311）、（400）、（422）、（511）和（440）晶面。符合标准卡（JCPDS PDF # 65-3107）中 Fe$_3$O$_4$ 的数据。证明了本试验制备的纳米颗粒主要以 Fe$_3$O$_4$ 的形式存在。此外，观察到的峰宽比较窄，可以初步判断是单峰，说明 nano-Fe$_3$O$_4$ 颗粒的纯度比较高。

通过 XPS 表征进一步考察表面化学组成，结果如图 9-7 所示。从图中 XPS 数据可以看出，nano-Fe$_3$O$_4$ 材料的表层元素主要为 Fe、C、Cl 和 O 4 种元素。进一步分析铁的 2p 谱图可得，710.67eV 和 724.42eV 的结合能分别显示了 Fe$_3$O$_4$ 中 2p$_{3/2}$ 及 2p$_{1/2}$ 轨道中的电子结合能，这说明纳米材料主要以 Fe$_3$O$_4$ 颗粒的形式存在（Oku M et al.，1976；Mills et al.，1983；Hawn et al.，1987；Tan B J et al.，1990）。此外，在大图中出现的结合能为 94 eV 的峰，也符合 Fe$_3$O$_4$ 中铁的 3s 轨道电子结合能的特征峰（Mills et al.，1983），同样说明了制备的纳米材料以 Fe$_3$O$_4$ 形式为主。另外，C 元素的存在是在材料制作过程中由乙醇吸附而引起，而 Cl 元素的存在则是因为溶液中存在的 HCl 分子或者可能稍稍过量的

FeCl$_3$·H$_2$O。

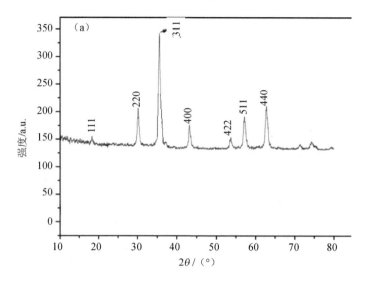

图 9-6　nano-Fe$_3$O$_4$ XRD 表征图

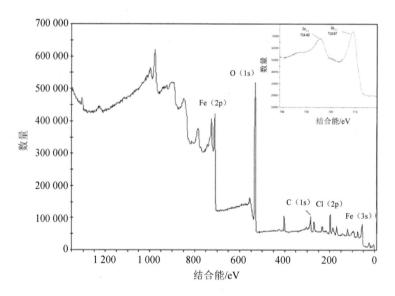

图 9-7　nano-Fe$_3$O$_4$ XPS 表征图

9.2.3　nano-Fe$_3$O$_4$ 投加量对降解效果的影响

作为反应的催化剂，nano-Fe$_3$O$_4$ 催化 H$_2$O$_2$ 的分解，产生了·OH，所以 nano-Fe$_3$O$_4$ 的投加量是反应体系中的一个重要因素。试验处理使用 100 mg/L 的罗红霉素溶液，20 mmol/L 的 H$_2$O$_2$ 溶液，在 pH 为 7 和反应温度为 30℃ 的条件下，不同 nano-Fe$_3$O$_4$ 投加量下反应 2 h 之后罗红霉素的降解率结果如图 9-8 所示。反应体系中 nano-Fe$_3$O$_4$ 投加量从 0.02～0.1 g/L 时罗红霉素的降解率增大，2 h 时去除效果最佳，达到 88%。投加量再增加时去除效果下降，当投加量为 0.4 g/L 时，罗红霉素的降解率为 84%。在一定范围内增加催化剂的投加量，可以提高颗粒表面 Fe（Ⅱ）与 H$_2$O$_2$ 的接触概率，催化活性也相应增加，产生大量的•OH（De la et al.，2010），促进降解。但投加量超过 0.1 g/L 时，大量的•OH 本身之间发生淬灭反应（Goel M et al.，2004；Luo W et al.，2010；邓景衡等，2014），减少了溶液中•OH 的浓度，反而使降解率降低。在本试验中，最佳投加量为 0.1 g/L，此时罗红霉素的降解率最高（Pignatello et al.，2006；林志荣，2014）。

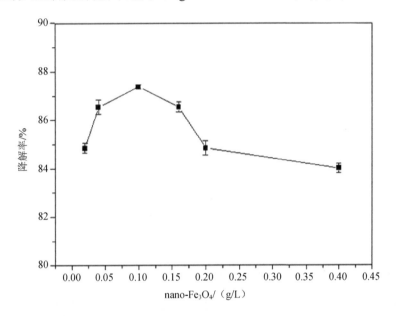

图 9-8 nano-Fe$_3$O$_4$ 投加量对罗红霉素降解率的影响

9.2.4 H$_2$O$_2$ 投加量对降解效果的影响

H$_2$O$_2$ 作为提供•OH 活性因子的来源，其浓度对类芬顿体系的反应效果影响很大。为了解 H$_2$O$_2$ 浓度对降解罗红霉素的影响，试验处理使用 100 mg/L 的罗红霉素溶液，固定了 pH 为 7 和 nano-Fe$_3$O$_4$ 投加量为 0.1 g/L、反应温度为 30℃这 3 个条件下，进行了不同 H$_2$O$_2$ 浓度反应 2 h 之后罗红霉素的降解试验，结果如图 9-9 所示。

图 9-9 中显示，反应体系中 H$_2$O$_2$ 浓度为 2.5～40 mmol/L 时罗红霉素的降解率从 66% 一直增大，当浓度达到 40 mmol/L 时降解率达到 100%。但是随着 H$_2$O$_2$ 浓度在这一范围内增大，降解率的增加量有所减少。这解释为随着 H$_2$O$_2$ 浓度增大，产生的•OH 增多，使罗红霉素的降解率增高，但是过量的•OH 本身相互反应而不参与氧化反应，使反应过

程中产生一定 $HO_2\cdot$，但是其氧化能力不如 $\cdot OH$（Wu H et al.，2012）。另一个原因则是吸附在催化剂 nano-Fe_3O_4 表面的过量的 H_2O_2 对罗红霉素形成了竞争吸附（黄锐雄，2012），降低了 nano-Fe_3O_4 表面罗红霉素的浓度从而降低了罗红霉素的降解速度。

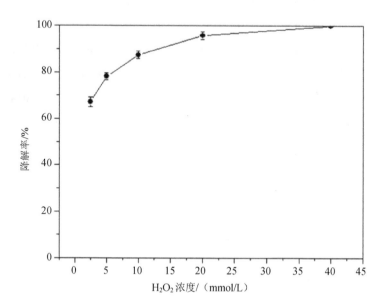

图 9-9　H_2O_2 浓度对罗红霉素降解率的影响

9.2.5　罗红霉素初始浓度对降解效果的影响

罗红霉素的初始浓度也是影响类芬顿反应一个重要的参数。本试验固定了 pH 为 7 和 nano-Fe_3O_4 投加量为 0.1 g/L、反应温度为 30℃、H_2O_2 浓度为 20 mmol/L 4 个条件，考察了不同罗红霉素初始浓度对类芬顿体系降解罗红霉素的影响情况，结果如图 9-10 所示。由图可知，随着罗红霉素初始浓度的增加，罗红霉素的降解率逐渐降低。罗红霉素初始浓度为 40 mg/L 时，2 h 之后降解率达到 97%；初始浓度增加到 80 mg/L 时，2 h 之后降解率为 89%；初始浓度为 140 mg/L 时，2 h 之后降解率只有 82%。对于该现象原因可能是，H_2O_2 和 nano-Fe_3O_4 的投加量一定时，产生 $\cdot OH$ 的量也一定，如果罗红霉素初始浓度增大，反应体系中的 $\cdot OH$ 并没有增加，导致相对 $\cdot OH$ 较小，罗红霉素与 $\cdot OH$ 接触的概率减小，也减小了降解率。另一个原因可能是罗红霉素初始浓度的增加会相应产生更多的中间产物，导致被中间产物消耗的 $\cdot OH$ 增多（王磊等；2007），最终使罗红霉素的降解率相应下降。

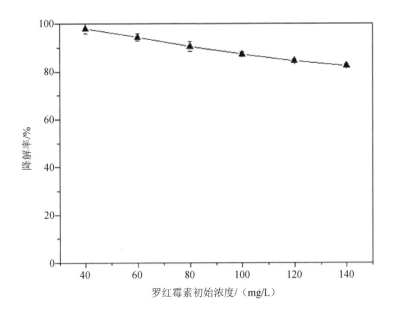

图 9-10　罗红霉素初始浓度对罗红霉素降解率的影响

9.2.6　初始 pH 对降解效果的影响

　　pH 是影响类芬顿反应速率常数非常重要的因素之一,因此有必要讨论反应体系中各种初始 pH 对罗红霉素降解效果的影响。本试验固定了罗红霉素初始浓度为 100 mg/L、nano-Fe$_3$O$_4$ 投加量为 0.1 g/L、反应温度为 30℃、H$_2$O$_2$ 浓度为 20 mmol/L 4 个条件,利用氢氧化钠和盐酸分别调节 pH 为 3、5、6、7、9。结果如图 9-11 所示,随着 pH 增加罗红霉素的降解率下降,当 pH 从 3 增加到 9 时,反应 2 h 后罗红霉素的降解率从 91% 降到 84%,跟传统类芬顿反应类似。原因可能是,从酸性到中性再过渡到偏碱性时,反应体系中离子态 Fe 急剧减少,催化剂活性降低(Sun S P et al.,2011),同时 H$_2$O$_2$ 更容易生成 H$_2$O 和 O$_2$,减少了 •OH 的生成(Cornell et al.,2003;孙峰等,2012),所以使罗红霉素降解率下降。但是降解率的变化范围不大,也说明了反应体系在变化 pH 下催化剂成分稳定。

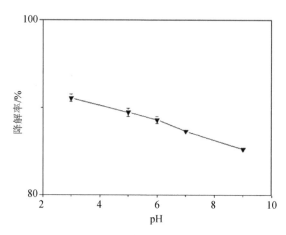

图 9-11 溶液 pH 对罗红霉素降解率的影响

9.2.7 溶液中阴离子对降解效果的影响

根据天然水体中的 4 种离子的大致含量,即 Cl^- 离子与 SO_4^{2-} 离子 3×10^{-3} mol/L、NO_3^- 离子 1.7×10^{-4} mol/L 以及 HCO_3^- 离子 4×10^{-4} mol/L 的含量分别配制离子溶液(离子来源分别为氯化钠、硫酸钠、硝酸钾及碳酸氢钠)与 100 mg/L 浓度罗红霉素的混合溶液。罗红霉素均以 10 mL 无水乙醇溶解,并稀释定容至 1 L,以排除分散系因素对试验的影响,另取一相同条件不添加离子的罗红霉素溶液作为空白对照组。

从配制好的 5 组溶液中分别取 100 mL 置于锥形瓶中,依次检测溶液的 pH,再先后投加 0.04 mg/L 和 20 mmol/L 的 nano-Fe₃O₄ 和 H₂O₂ 溶液,并置于 200 rbs、30℃ 条件的恒温摇床中进行反应,2 h 反应完全后将溶液取出,分别检测此时各溶液中罗红霉素的残余量,以此比较 4 种阴离子对降解反应的干扰效力。反应前各溶液 pH 如表 9-2 所示,可以看出,除添加 HCO_3^- 离子的溶液以外,罗红霉素溶液接近于中性,而添加 HCO_3^- 的溶液呈弱碱性。2 h 后各溶液中罗红霉素的去除率见表 9-3。可以看出,阴离子的加入会不同程度地削弱罗红霉素的降解率,削弱作用从大到小排序为 $HCO_3^- \gg Cl^- > SO_4^{2-} > NO_3^-$,这一结果与文献中其他物质在芬顿体系下的表现相吻合,也可推测这些离子主要通过影响反应过程中羟基自由基的形成而影响反应速率,但在最终的结果上与文献的试验结果有所不同。

表 9-2 罗红霉素溶液添加各种阴离子之后的 pH

溶液类型	pH
纯罗红霉素溶液	7.30
添加 SO_4^{2-} 离子	7.34

溶液类型	pH
添加 NO_3^- 离子	7.31
添加 HCO_3^- 离子	8.35
添加 Cl^- 离子	7.35

表 9-3 罗红霉素溶液添加各种阴离子之后 2 h 的去除率

溶液类型	去除率/%
纯罗红霉素溶液	87.4
SO_4^{2-} 离子	81.3
NO_3^- 离子	85.3
Cl^- 离子	69.0
HCO_3^- 离子	54.5

根据文献中的讨论，以上 4 种阴离子都与羟基自由基有不同程度的结合作用，在反应过程中消耗羟基自由基，进而一方面减缓反应的速率；另一方面影响最终的去除率。

（1）NO_3^- 对反应的影响

NO_3^- 对反应的干扰作用最小，一方面，因为 NO_3^- 不直接同羟基自由基相作用，并不会很大程度地消耗芬顿体系下产生的羟基自由基基团；另一方面，NO_3^- 自身具有光化学活性，在自然光照作用下也会通过如下反应过程产生·NO_2、·OH 等活性中间体。

$$NO_3^- \longrightarrow \left[NO_5^- \right]^* \tag{9-3}$$

$$\left[NO_5^- \right]^* \longrightarrow NO_2^- + O(3P) \tag{9-4}$$

$$\left[NO_5^- \right]^* \longrightarrow \cdot NO_2 + \cdot OH + OH^- \tag{9-5}$$

可以看出，虽然 NO_3^- 的光化学反应可能会产生少量 OH^- 离子，在一定程度上有抑制芬顿反应的作用，但在反应过程中 NO_3^- 自身也会产生·OH 以及·NO_2 等一类活性较强的中间体。这类中间产物可能在反应完全之前就先跟罗红霉素发生作用，氧化破坏罗红霉素的碳链，使得溶液中罗红霉素含量下降。两者相互抵消，但在与芬顿体系结合的实际反应过程中，NO_3^- 可能表现为促进作用。

（2）SO_4^{2-} 对反应的影响

与 NO_3^- 类似，SO_4^{2-} 对反应的干扰作用并不明显，但仍具有一定的干扰作用，其干扰作用主要来自两个方面。一方面，SO_4^{2-} 与 Fe^{2+}、Fe^{3+} 的络合作用，反应如下，该反应几乎存在于整个芬顿反应的催化过程中，干扰·OH 的形成和 Fe^{2+}、Fe^{3+} 的相互转换，进而减缓反应速率。

$$Fe^{2+} + SO_4^{2-} \rightleftharpoons FeSO_4 \tag{9-6}$$

$$Fe^{3+} + SO_4^{2-} \rightleftharpoons FeSO_4^+ \tag{9-7}$$

但生成的络合物产物中，$FeSO_4$ 对于 H_2O_2 产生·OH 的反应仍有一定的催化作用，反应式如下，该反应的存在一定程度上缓解了络合物出现对反应的阻碍作用。

$$FeSO_4 + H_2O_2 \longrightarrow Fe^{3+} + \cdot OH + OH^- + SO_4^{2-} \tag{9-8}$$

另一方面，SO_4^{2-} 会捕获芬顿反应产生的·OH，与其发生氧化还原反应形成氧化性弱于·OH 的无机基团 SO_4^-，进而削弱原本的催化氧化过程，并减少最终与罗红霉素反应的·OH 总量，最终造成试验结果中去除率的小范围下降。

（3）Cl^- 对反应的影响

Cl^- 对反应的干扰作用较前两者更为明显，相较于未添加离子的罗红霉素溶液，绝对的削减率为 18.4%，但干扰作用又弱于 HCO_3^- 的影响。Cl^- 的干扰作用主要通过与·OH 的结合反应实现，反应式如下，这一基团虽同样具有氧化性，但氧化能力弱于·OH，对罗红霉素的破坏作用较小。形成氧化电位分别为 2.09 V 与 2.41 V 的 $Cl\cdot$ 和 $Cl_2\cdot$ 两种无机自由基，这两种无机自由基可与 H_2O_2、Fe^{2+} 发生反应，进而消耗用于产生·OH 的物质。

$$Cl^- + \cdot OH \longrightarrow ClOH \tag{9-9}$$

另外，Cl^- 能够与溶液中的 Fe^{2+}、Fe^{3+} 发生络合反应，生成 $FeCl^+$、$FeCl^{2+}$、$FeCl_2^+$ 3 种络合物。反应如下：

$$Fe^{2+} + Cl^- \longleftrightarrow FeCl^+ \tag{9-10}$$

$$Fe^{3+} + Cl^- \rightleftharpoons FeCl^{2+} \tag{9-11}$$

$$Fe^{3+} + 2Cl^- \rightleftharpoons FeCl_2^+ \tag{9-12}$$

以上 3 个反应式都有较高的平衡常数。这类络合物的形成一方面会挤占催化剂的表面，阻碍 H_2O_2 与催化剂的接触和反应；另一方面还会抑制芬顿反应中 Fe^{3+} 向 Fe^{2+} 转换的过程，影响催化剂的回收，进而减缓反应的总体速率。所以综合来看 Cl^- 对罗红霉素的降解过程有明显的抑制作用。

（4）HCO_3^- 对反应的影响

HCO_3^- 是 H_2O_2 的高效捕捉剂，这一捕捉作用主要是通过如下两个反应式实现的：

$$HCO_3^- + \cdot OH \longrightarrow H_2O + CO_3\cdot \tag{9-13}$$

$$CO_3^{2-}\cdot + \cdot OH \longrightarrow OH^- + CO_3\cdot \tag{9-14}$$

这两个反应速率很高，在 pH=8.5 时 HCO_3^- 与·OH 的反应速率常数能达到 5.7×10^6 L/（mol·S），这远高于理论上有机物质的降解效率。另外，HCO_3^- 离子存在的溶液呈现弱碱性，弱碱性的反应条件会促进 Fe^{2+} 与 H_2O_2 分解产生的 O_2 相反应，破坏了催化剂自身的催化机能。两方面的作用是 HCO_3^- 存在时罗红霉素去除率急剧降低的重要原因。

但与文献报道中部分有机物的降解反应被完全抑制的现象不同，罗红霉素在 HCO_3^- 存在的条件中仍保持有相当的去除率。这一方面可能和罗红霉素自身的结构有关，罗红霉素没有苯环结构，相较于其他含苯环的有机物质更容易被氧化，H_2O_2 以及其他氧化性较弱的活性基团都能给予其一定程度地破坏；另一方面，H_2O_2 投加量可能大量超出了 HCO_3^- 所能吸收的总量，余下的 H_2O_2 仍与罗红霉素保持着相当的反应活性。

9.2.8　紫外全波长扫描分析结果

本试验固定了罗红霉素初始浓度为 100 g/L、pH 为 7、nano-Fe_3O_4 投加量为 0.1 g/L、反应温度为 30℃、H_2O_2 浓度为 20 mmol/L 5 个条件，测试了反应前的样品和经过 Fe_3O_4、H_2O_2、Fe_3O_4+H_2O_2 处理后样品的紫外可见全波长扫描图（图 9-12）。对于所有的样品，吸收峰出现在 482 nm 附近，在 Fe_3O_4+H_2O_2 处理之后，吸收峰明显下降，说明罗红霉素去除率很大。单独使用 Fe_3O_4 时，吸收峰并没有明显下降，表明罗红霉素在 Fe_3O_4 的作用下去除率很小。在 200 nm 附近，反应后的样品比反应前的样品吸收峰明显增大，表明反应后产生了低分子量的产物，这些物质可能是 H_2O_2 降解罗红霉素的中间产物或最终产物。

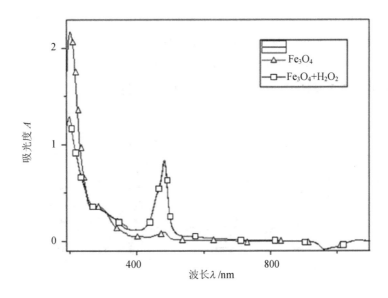

图 9-12　罗红霉素降解的紫外可见全波长扫描图

综上所述，采用 nano-Fe_3O_4/H_2O_2 的类芬顿体系可以快速高效地降解水中的罗红霉素，在罗红霉素初始浓度为 100 mg/L、pH 为 7、nano-Fe_3O_4 投加量为 0.1 g/L、H_2O_2 投加量为 40 mmol/L、反应温度为 30℃的条件下，反应 2 h 之后去除率可达到 100%。反应体系中的 nano-Fe_3O_4 可以用磁性分离的方法提取出来进行二次使用，而且基本与原来的罗红霉素溶液基本没有色差，所以 nano-Fe$_3$O$_4$/H$_2$O$_2$ 的类芬顿体系是一种环境友好型反应，能很好地去除罗红霉素。

9.3 超声协助 nano-Fe$_3$O$_4$/H$_2$O$_2$ 处理甲硝唑的研究

9.3.1 研究方法

甲硝唑（MNZ）是一种硝基咪唑的衍生物，主要用于处理厌氧菌和原生动物（如阴道毛滴虫和贾第鞭毛虫）引起的感染，但甲硝唑是否会对生物产生致癌作用和致突变作用也引起了争议（熊振湖等，2009）。甲硝唑拥有较为稳定的苯环结构，易溶于水且不被生物降解，很容易积聚在环境水体中（胡洪营等，2005）。用 9.2 节研究提到的 nano-Fe$_3$O$_4$/H$_2$O$_2$ 体系难以将水溶液中的甲硝唑去除。笔者团队提出加入超声（US）协助该类芬顿体系，以期达到较好地去除甲硝唑的效果。

（1）甲硝唑的降解试验

以 100 mL 的锥形瓶为反应容器，加入 20 mg/L 的甲硝唑溶液 50 mL，反应体系的 pH 由盐酸-氢氧化钠溶液调节。先后加入一定量的 nano-Fe$_3$O$_4$ 和一定量的 30% H$_2$O$_2$，30℃ 下置于超声波清洗机中反应。反应一定时间后取样测定反应后罗红霉素的浓度。试验流程如图 9-13 所示。为确定超声/nano-Fe$_3$O$_4$/H$_2$O$_2$ 体系中各因素对反应的影响，在进行甲硝唑分解试验时，除考察因素改变以外，其他因素需保持一致。

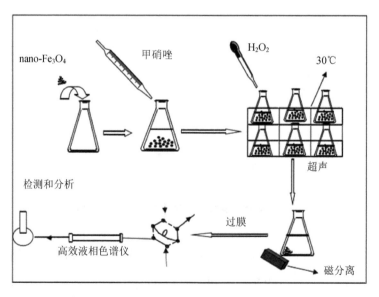

图 9-13 甲硝唑降解试验流程

（2）分析方法

①高效液相色谱分析。甲硝唑的浓度分析采用高效液相色谱仪测得。采用 C_{18} 柱（粒径 5 μm，250 mm× 4.6 mm），紫外检测器（SPD-10AV），检测波长 318 nm。流动相为乙腈：水=20：80（v/v），流速=1.0 mL/min。进样体积为 20 μL。所有样品分析前均经过 0.45 μm 微孔滤膜过滤。采用外标法，精密量取 20 mg/L 甲硝唑溶液 1.5 mL、3.0 mL、5.0 mL、10.0 mL、15.0 mL、20.0 mL、25.0 mL，分别置于 25 mL 带塞的比色管中，以去离子水定容，摇匀，使最终质量浓度分别为 1.2 mg/L、2.4 mg/L、4 mg/L、8 mg/L、12 mg/L、16 mg/L、20 mg/L，从小到大依次测量其峰面积。以测得的峰面积（S）对浓度（ρ）进行回归分析，求得回归方程为 $S=0.002\,44\rho+0.005\,3$，$r^2=0.997\,98$（图 9-14）。说明本法在 ρ 在 0～20 g/L 范围内具有良好的线性关系。

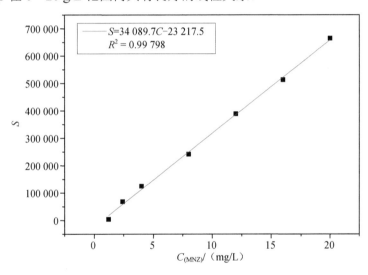

图 9-14 甲硝唑标准曲线

②TOC 分析。TOC 是一个快速检定的综合指标，它以碳的数量表示水中含有机物的总量，通常作为评价水体有机物污染程度的重要依据（张紫阳，2011）。广泛应用的测定方法是燃烧氧化-非色散红外吸收法。将一定量水样注入高温炉内的石英管，900～950℃温度下，以铂和三氧化钴或三氧化二铬为催化剂，有机物燃烧裂解转化为二氧化碳，用红外线气体分析仪测定 CO_2 含量，从而确定水样中碳的含量（Goel M et al.，2004）。矿化率（$TOC_{removal}$）按照以下公式进行计算：

$$TOC_{removal}=\left(1-\frac{TOC_t}{TOC_0}\right)\times100\% \tag{9-15}$$

式中，TOC_t 和 TOC_0 分别为水样在反应进行 t、0 时刻的 TOC 含量。

③分解动力学分析。采用拟一阶动力学（pseudo-first-order）进行各种工艺对甲硝唑分解的动力学研究，公式如下：

$$\ln\left(\frac{C_t}{C_0}\right) = -k_{\text{obs}}t \tag{9-16}$$

式中，k_{obs} 为拟一阶动力学反应速率常数；t 为反应时间。

9.3.2 超声波/H$_2$O$_2$/nano-Fe$_3$O$_4$ 工艺的协同作用

本书进行了初始 pH 为 5.79 条件下 US+Fe$_3$O$_4$+H$_2$O$_2$、US+Fe$_3$O$_4$、US+H$_2$O$_2$、US、Fe$_3$O$_4$+H$_2$O$_2$、Fe$_3$O$_4$ 及 H$_2$O$_2$ 共 7 种工艺对 MNZ 分解的研究。通过对反应最终去除率及拟一级动力学拟合所得反应速率常数进行分析，为分解 MNZ 选定最佳工艺并证明最佳工艺中各单因素之间具有协同效应。不同工艺下 MNZ 的分解曲线如图 9-15 所示。

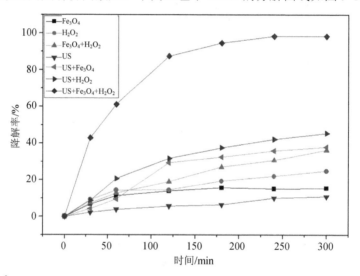

图 9-15　不同工艺条件对甲硝唑的降解曲线

MNZ 初始溶液 pH 为 5.79，从各种工艺分解曲线可以看出单独的 Fe$_3$O$_4$、H$_2$O$_2$ 或 US 处理均不对 MNZ 分解起显著作用，加入超声协助分解的工艺相对不加超声协助的工艺，最终去除率均取得较大地提高。US+Fe$_3$O$_4$+H$_2$O$_2$ 工艺经过 8 h 的反应，MNZ 去除率接近 98%，去除率远高于单因素 US、Fe$_3$O$_4$ 和 H$_2$O$_2$ 去除率之和。其次是 US+H$_2$O$_2$、US+Fe$_3$O$_4$，分别获得了 46%、38%的去除率，同样高于其单因素所获得效率之和。Fe$_3$O$_4$+H$_2$O$_2$ 的去除率为 36%，与单独 H$_2$O$_2$（24%）作用效果提高不大，也表明了在这个条件下 Fe$_3$O$_4$ 对 H$_2$O$_2$ 催化作用不大。

对不同工艺条件下分解反应进行拟一级动力学拟合，结果如图 9-16 所示，拟一阶动力学所得反应速率常数及拟合相关系数见表 9-4。

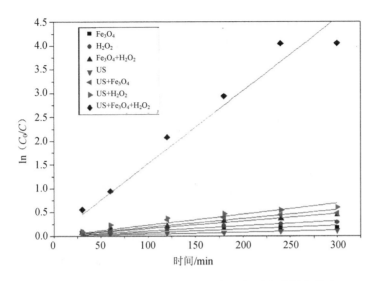

图 9-16 不同工艺分解甲硝唑的拟一级动力学拟合结果

表 9-4 各体系拟一级动力学常数及相关系数

反应体系	k_{obs}	R^2
Fe_3O_4	7.41×10^{-4}	0.845 86
H_2O_2	1.08×10^{-3}	0.927 94
$Fe_3O_4 + H_2O_2$	1.59×10^{-3}	0.989 22
US	4.12×10^{-4}	0.978 44
$US + Fe_3O_4$	1.86×10^{-3}	0.957 5
$US + H_2O_2$	2.32×10^{-3}	0.966 48
$US + Fe_3O_4 + H_2O_2$	1.53×10^{-2}	0.986 25

对于以上 7 种工艺,从拟合的数据可以看出,对 MNZ 不起明显去除效果的 US、Fe_3O_4 及 H_2O_2 工艺,进行拟一级动力学拟合所得的相关系数 R^2 较小,反应不符合拟一级动力学特征。而三者结合的工艺 $US + Fe_3O_4 + H_2O_2$ 起明显的去除作用并获得了符合拟一级动力学的反应速率常数 $k_{obsUS+Fe_3O_4+H_2O_2} = 1.53 \times 10^{-2}$,可确定三因素共同作用起到了协同作用。同理可知,$US + Fe_3O_4$、$US + H_2O_2$ 和 $Fe_3O_4 + H_2O_2$ 3 种工艺单因素共同作用也产生了协同作用,分别获得了拟一级动力学反应速率常数 1.86×10^{-3}、2.32×10^{-3} 及 1.59×10^{-3},这表明超声能大幅提高上述工艺对 MNZ 的分解速率。观察反应速率常数值可知,$k_{obsUS+Fe_3O_4+H_2O_2} > k_{obsUS+H_2O_2} > k_{obsUS+Fe_3O_4} > k_{obsFe_3O_4+H_2O_2}$,表明在各种工艺中,$US + Fe_3O_4 + H_2O_2$ 能对甲硝唑产生最佳的去除效果。

为进一步评价 $US + Fe_3O_4 + H_2O_2$ 体系中各因素间发生的协同作用,在此采用了协同指数(synergistic index)(Guo Z et al., 2009)对各工艺条件的协同作用进行了评价,对分解反应而言，协同指数（f）利用各单因素（或简单体系）作用下分解反应速率常数进行计算，f 值越大，各单因素间协同作用越大。协同指数计算方法如下：

$$f = \frac{k_{obsA+B}}{k_{obsA} + k_{obsB}} \tag{9-17}$$

式中，f 为 k_{obsA} 和 k_{obsB} 的协同指数；k_{obsA}、k_{obsB} 分别为 A、B 体系中 MNZ 分解反应速率常数。结果见表 9-5。从表中可以看出，f_1 获得极大值 6.85，表明了 US、Fe_3O_4 及 H_2O_2 三单因素共同作用形成 US+Fe_3O_4+H_2O_2 体系产生了强烈的协同作用；同样地，f_2 获得接近 f_1 的极大值，表明了 US 与 Fe_3O_4+H_2O_2 结合产生了强烈的协同效应，超声处理能极大程度提高 Fe_3O_4+H_2O_2 工艺对 MNZ 的分解效果；此外，f_3 及 f_4 也获得了较高值，分别表明了 H_2O_2 与 US+Fe_3O_4，Fe_3O_4 与 US+H_2O_2 间同样发生了强烈的协同效应，任意一因素的结合，均能大大提高另外两因素组成的简单体系中 MNZ 的分解反应速率常数。综上所述，US+Fe_3O_4+H_2O_2 体系中，各因素组合产生强烈的协同效应，在 MNZ 分解中极具优越性。

表 9-5　US+Fe_3O_4+H_2O_2 体系的协同指数

协同指数	公式	协同指数值
f_1	$f = \dfrac{k_{obsUS+Fe_3O_4+H_2O_2}}{k_{obsUS} + k_{obsFe_3O_4} + k_{obsH_2O_2}}$	6.85
f_2	$f = \dfrac{k_{obsUS+Fe_3O_4+H_2O_2}}{k_{obsUS} + k_{obsFe_3O_4+H_2O_2}}$	7.64
f_3	$f = \dfrac{k_{obsUS+Fe_3O_4+H_2O_2}}{k_{obsH_2O_2} + k_{obsFe_3O_4+US}}$	5.20
f_4	$f = \dfrac{k_{obsUS+Fe_3O_4+H_2O_2}}{k_{obsFe_3O_4} + k_{obsUS+H_2O_2}}$	5.00

总而言之，从分解率和拟一级动力学拟合所得反应速率常数均可看出，单纯投加所制得的 nano-Fe_3O_4、H_2O_2 或单纯进行超声处理，对 MNZ 均不产生明显的分解作用。超声与各种工艺均产生协同效应，大幅提高反应分解速率。原因可能是：①超声所具备的机械作用促进 nano-Fe_3O_4 粒子的分散，防止团聚，提高并保持了反应过程中 Fe_3O_4 的活性；②超声促进 H_2O_2 分解成活性基体，进而对甲硝唑进行分解（黄锐雄，2009）。

9.3.3　nano-Fe_3O_4 投加量对降解效果的影响

为了解 Fe_3O_4 投加量对 US+Fe_3O_4+H_2O_2 工艺分解 MNZ 的影响，本书在固定了 MNZ 初始浓度（20 mg/L）及 H_2O_2 投加量（157.4 mmol/L）两个因素条件下，进行了 4 种材料投加量的 US+Fe_3O_4+H_2O_2 工艺在初始 pH 条件下反应 5 h 的试验，去除率随时间变化的结果如图 9-17 所示，拟一级动力学拟合的结果如图 9-18 所示。

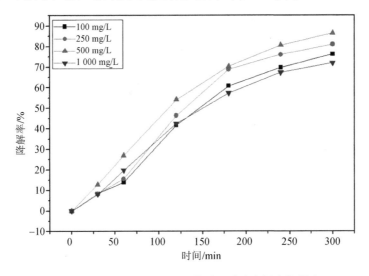

图 9-17　nano-Fe₃O₄ 投加量对甲硝唑降解率的影响

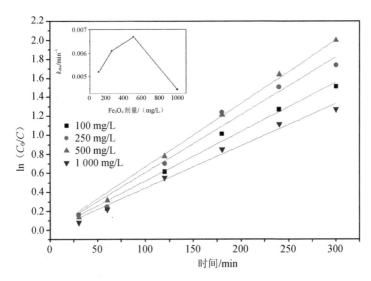

图 9-18　拟一级动力学拟合结果

图 9-17 中显示，反应体系中 nano-Fe₃O₄ 投加量在 100～500 mg/L 时甲硝唑的降解速率增大，5 h 时去除效率达到 86.5%，当 nano-Fe₃O₄ 投加量增大到 1 000 mg/L 时，反应速率急剧下降，5 h 时去除效率只有 72.9%。根据 4 组 nano-Fe₃O₄ 投加量反应曲线进行拟一级动力学拟合的数据（图 9-18），可以看出，各种投加量条件下 US+Fe₃O₄+H₂O₂ 工艺中 MNZ 分解行为比较符合拟一级动力学。对比上一节 US+H₂O₂ 工艺的去除效率，可以看出加入 nano-Fe₃O₄ 之后反应速率常数明显提高。nano-Fe₃O₄ 投加量从 100 mg/L 增至

500 mg/L，k_{obs} 随之从 5.2×10^{-3} 增大至最高值 6.7×10^{-3}，提高 28.8%，当 nano-Fe$_3$O$_4$ 投加量变为 1 000 mg/L 时 k_{obs} 减小为 4.5×10^{-3}。

这个结果表明在一定范围内增加催化剂的投加量，可以提高颗粒表面 Fe（II）与 H$_2$O$_2$ 的接触概率，催化活性也相应增加，产生大量的·OH，促进降解。超过最佳投加量时，大量的·OH 本身之间发生淬灭反应，减少了溶液中·OH 的浓度，这样反而使降解率降低。在本试验中，最佳投加量为 500 mg/L 时 MNZ 的降解率最高。

9.3.4 H$_2$O$_2$ 投加量对降解效果的影响

H$_2$O$_2$ 作为提供活性因子的来源，其投加量对类芬顿系统来说影响很大。为了解 H$_2$O$_2$ 投加量对 US+Fe$_3$O$_4$+H$_2$O$_2$ 工艺分解 MNZ 的影响，在固定了 MNZ 初始浓度（20 mg/L）及 Fe$_3$O$_4$ 投加量（500 mg/L）两个因素的条件下，进行了 4 种药剂投加量的 US+Fe$_3$O$_4$+H$_2$O$_2$ 工艺在初始 pH 条件下反应 5 h 的试验，去除率随时间变化的结果如图 9-19 所示，拟一级动力学拟合的结果如图 9-20 所示。

图 9-19 中显示，反应体系中 H$_2$O$_2$ 投加量在 39.8～234.3 mmol/L 时 MNZ 的降解速率增大，5 h 时去除效率也从 56.7%大幅增加到 95%。从拟合所得的拟一级动力学反应常数 k_{obs} 曲线（图 9-20）看出结合之前的结论，在没有 H$_2$O$_2$ 投加的情况下，反应速率常数 k_{obs} 仅 1.86×10^{-3}，反应进行 5 h MNZ 仍难以分解，表明超声条件下单独的 Fe$_3$O$_4$ 作用不能提供足够的活性自由基基团，添加 H$_2$O$_2$ 大大提高反应对 MNZ 的去除率，在 H$_2$O$_2$ 投加量为 0～234.3 mmol/L，Fe$_3$O$_4$ 投加量一定的情况下，k_{obs} 随 H$_2$O$_2$ 投加量增加而逐渐从 1.86×10^{-3} 增大至 1.01×10^{-2}，提高了 5.58 倍。

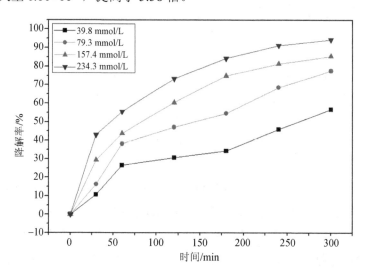

图 9-19 H$_2$O$_2$ 投加量对甲硝唑降解率的影响

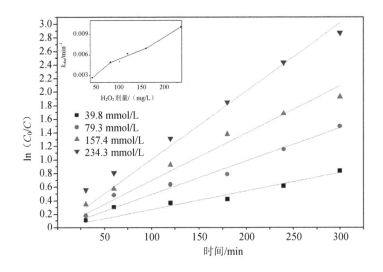

图 9-20　拟一级动力学拟合结果

这个结果表明，在这个投加量区间内，反应速率随着 H_2O_2 投加量增加而加快，这是由于吸附在催化剂 Fe_3O_4 表面的 H_2O_2 越发充足，为产生·OH 的反应提供了高反应物浓度。

然而，根据前文分析 H_2O_2 降解罗红霉素的试验中和已经有报道的例子，预计如果继续增加 H_2O_2 的投加量，由于 H_2O_2 在催化剂表面对 MNZ 形成的竞争吸附和对·OH 的捕捉作用，将使降解速率变慢。这有待于下一步研究。

9.3.5　甲硝唑初始浓度对降解效果的影响

MNZ 的初始浓度也是影响类芬顿反应一个重要的参数。为了解 H_2O_2 投加量对 US+Fe_3O_4+H_2O_2 工艺分解 MNZ 的影响，本书在固定了 H_2O_2 投加量（157.4 mg/L）及 Fe_3O_4 投加量（500 mg/L）两个因素的条件下，进行了 4 种投加量的 US+Fe_3O_4+H_2O_2 工艺在初始 pH 条件下反应 5 h 的试验，考察了不同 MNZ 初始浓度对类芬顿体系降解 MNZ 的影响情况，去除率随时间变化的结果如图 9-21 所示，拟一级动力学拟合的结果如图 9-22 所示。

MNZ 初始浓度在 8~24 mg/L 时均有较高的降解率，而降解率有缓慢的降低，反应 5 h 之后的降解率从 85% 减小到 81%。根据拟一级动力学拟合结果（图 9-22），k_{obs} 值随之从 $6.7×10^{-3}$ 减小至 $5.8×10^{-3}$，减小幅度为 13.4%，该幅度并不大。这说明随着 MNZ 初始浓度的增加，降解率有轻微的降低。这可能归因于在催化剂量及 H_2O_2 一定的情况下，可近似认为水溶液中产生的·OH 的量是一定的，随着反应物总量的提高，用于分解 MNZ 的·OH 的量相对不够；另外，由于 MNZ 的降解反应主要发生在催化剂表面区域，随着 MNZ 浓度的升高而占据的催化剂表面的活性位点越多，不利于催化剂催化活化 H_2O_2，从而使得体系中·OH 的产率降低，导致 MNZ 降解率降低。

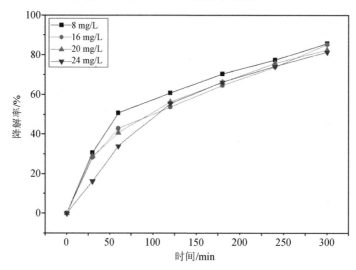

图 9-21　H₂O₂ 投加量对甲硝唑降解率的影响

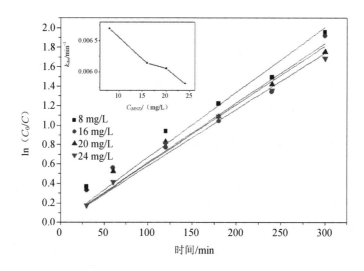

图 9-22　拟一级动力学拟合结果

9.3.6　初始 pH 对降解效果的影响

研究发现，溶液 pH 会影响催化剂表面电荷特性、吸附行为和电子转移能力等，从而影响其催化降解，为此开展研究反应在各种 pH 下的降解情况和反应速率常数，以探究 pH 对反应的影响。在固定 MNZ 初始浓度（20 mg/L）、H₂O₂ 投加量（157.4 mg/L）及 Fe₃O₄ 投加量（500 mg/L）3 个因素及初始 pH 条件下，采用 NaOH、HCl 调节不同初始 pH（3、5、5.79、7、9）以进行试验，pH 影响去除率随时间变化的结果如图 9-23 所示，拟一级动力学拟合的结果如图 9-24 所示。

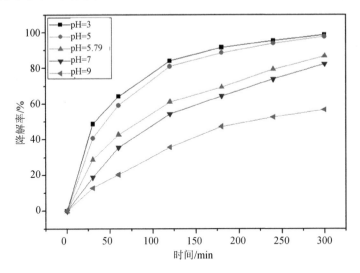

图 9-23 H_2O_2 投加量对甲硝唑降解率的影响

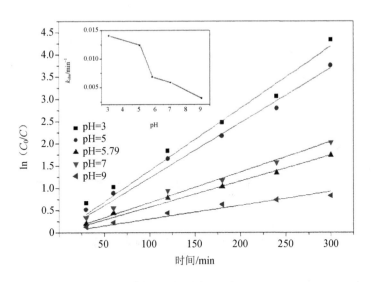

图 9-24 拟一级动力学拟合结果

由图 9-23 可知，溶液 pH 会显著影响 MNZ 的降解率，在 pH 为 3 时 MNZ 的降解率最高，5 h 已达 98%；当 pH 为 5 时，降解速率略微下降，反应 5 h 时降解率为 96%左右；当 pH 为 5.79 和 7 时，反应 5 h 时降解率降到 86%和 82%左右；当 pH 为 9 时，降解率迅速下降，在 5 h 时只有 56%。从图 9-24 的 5 组分解数据进行的拟一级动力学拟合曲线可以看出，分解数据对拟一级反应均有较高相关系数。k_{obs} 随着 pH 的加大，从 1.4×10^{-2} 降

到 3.1×10^{-3}，类芬顿反应速率随着 pH 升高而降低。

上述现象与传统芬顿降解有机物的降解规律类似。可能原因是，从酸性到中性再到偏碱性过渡时，反应体系中离子态 Fe 急剧减少，催化剂活性降低，同时 H_2O_2 更容易生成 H_2O 和 O_2，减少了 •OH 的生成，使 MNZ 降解率下降。另外，由于 nano-Fe_3O_4 的等电点是 7，在酸性条件下，nano-Fe_3O_4 容易质子化，有助于催化剂与 MNZ 结合形成复合物，从而加快反应速率。

9.3.7 紫外全波长扫描及 HPLC 谱图分析结果

对 MNZ 去除反应后的溶液进行紫外全扫光谱（UV-vis）分析，结果如图 9-25 所示。由图可知，318 nm 处是 MNZ 的紫外特征吸收峰，这个特征峰随着反应时间的增加而逐渐减小甚至消失。说明随着 H_2O_2 与 MNZ 作用时间的增加，MNZ 的剩余浓度逐渐减少。与此同时，在 240 nm 处出现一新峰，该峰有可能是 H_2O_2 的紫外特征吸收峰，随着反应时间的增加而降低，说明在 H_2O_2 与 MNZ 产生了化学反应。

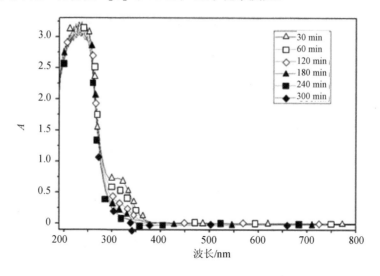

图 9-25　甲硝唑反应溶液在各反应时间的紫外吸收谱图

图 9-26 是超声协助类芬顿体系与 MNZ 反应过程溶液的 HPLC 谱图。从图中可以看出，在保留时间（R_t）为 6.2 min 处出现的明显特征峰为 MNZ 的色谱峰，此峰面积随着反应时间的增加而逐渐减小，这也表明 MNZ 的剩余浓度随着与反应体系作用时间的增加而减少。3.4 min 时出现的色谱峰基本没有变化，而对比前面的测试结果，可以推测该峰应是加入 NaOH（终止反应）的效果。随着 H_2O_2 与 MNZ 反应的进行，液相谱图的 1.7 min、2.4 min 和 5.4 min 位置明显出现几个新的色谱峰。由此可推测，这些色谱峰极其可能是 H_2O_2 降解 MNZ 的中间产物或最终产物的特征峰。图中 1.7 min 和 5.4 min 的峰

呈较复杂的变化趋势，其中 2.4 min 的峰在反应时间 0～2 h 段峰面积随着反应时间的增加而增大；而在反应时间为 2 h 后该峰峰面积又呈减小趋势，随后 3 h 又呈现增加的趋势。而 2.4 min 时的色谱峰的峰面积随着反应时间的增加而增大。上述的变化过程表明，1.7 min 和 5.4 min 峰可能代表着 H_2O_2 降解 MNZ 的中间产物的色谱峰，而 2.4 min 的峰则可能是 H_2O_2 降解 MNZ 的最终产物的色谱峰。

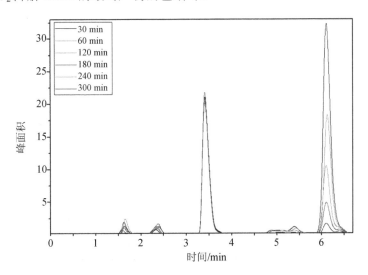

图 9-26　甲硝唑反应溶液在各反应时间的液相色谱图

由 H_2O_2 与 MNZ 反应过程溶液的 UV-vis 谱图和 HPLC 谱图均说明，在 MNZ 的去除过程有新的产物生成，这也证实了 H_2O_2 去除甲硝唑的效果。

9.3.8　TOC 分析结果

在工艺及主要影响因素研究后，确定以 US+Fe_3O_4+H_2O_2 工艺中 nano-Fe_3O_4 投加量为 500 mg/L，H_2O_2 投加量为 234.3 mmol/L 的反应为"典型反应"，典型反应过程中 MNZ 分解及体系矿化行为如图 9-27 所示。可见 H_2O_2 对 MNZ 的去除效果非常显著，随着反应时间的进行，MNZ 的去除率明显增高。反应 5 h 时，MNZ 的去除率达到 98%。然而随着 MNZ 的分解，反应过程溶液的 TOC 去除率却很低（约为 8%）。这表明 MNZ 与 H_2O_2 作用，生成了其他有机化合物，其含碳数与 MNZ 的相等，而且 nano-Fe_3O_4 对反应产物也无吸附作用，而使得反应前后溶液的 TOC 基本保持不变。根据图 9-1 甲硝唑的分子结构式可以看出，MNZ 拥有环状结构，化学性质比较稳定，相对于罗红霉素来说难以被氧化和矿化。

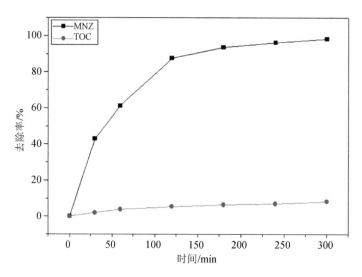

图 9-27　最佳工艺下 MNZ 随时间矿化率变化

9.3.9　自由基淬灭分析

为证明 MNZ 分解的主要活性因子为超声协助 Fe_3O_4 类芬顿催化氧化反应中产生的
•OH，在典型反应中加入不同浓度的典型羟基自由基捕捉剂叔丁醇 t-BuOH，获取 MNZ
分解曲线结果如图 9-28 所示。

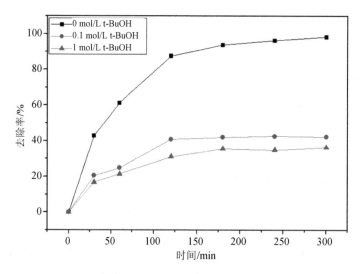

图 9-28　叔丁醇投加量对典型反应中 MNZ 分解的影响

从图中可以看出，当典型反应体系中不含羟基自由基捕捉剂时，反应 8 h MNZ 去除
率达 98.2%，MNZ 分解接近完全。当体系中分别存在 0.1 mol/L 及 1 mol/L 的叔丁醇

t-BuOH 时，MNZ 去除率大幅降至 42.2%及 36.4%，分别降低 56%及 61.8%，证明当•OH 受到抑制时，MNZ 去除率大幅降低，说明•OH 是分解 MNZ 的主要因素之一。从不同工艺对比的试验可以看出，nano-Fe$_3$O$_4$ 对 MNZ 无吸附作用，故本体系中对 MNZ 的分解主要归因于催化过程中产生•OH 的氧化行为。

9.3.10　nano-Fe$_3$O$_4$ 材料的稳定性分析

对于材料的稳定性，笔者团队进行了 nano-Fe$_3$O$_4$ 材料的典型反应前后的 TEM 和 XRD 表征研究，结果如图 9-29 和图 9-30 所示。

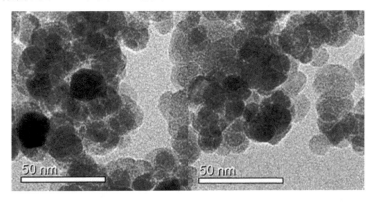

图 9-29　nano-Fe$_3$O$_4$ 反应前（左）和反应后（右）的 TEM 照片

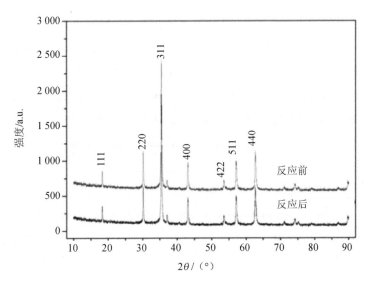

图 9-30　nano-Fe$_3$O$_4$ 反应前后的 XRD 表征图

从两种材料进行 5 h 反应前后的 TEM、XRD 图可以看出，nano-Fe$_3$O$_4$ 在超声类芬顿体系下并未有明显的变化，反应前后表征数据一致性高，颗粒形态、粒径并未有明显变化，颗粒聚集形态一致，可判断仍以 nano-Fe$_3$O$_4$ 形式存在，表明 nano-Fe$_3$O$_4$ 在反应体系中并未产生质变，在体系中具有较高的化学和形态稳定性。

9.3.11 小结

本节进行了工艺对照试验，证明了在初始 pH 状态下，超声协助非均相类芬顿体系 US+H$_2$O$_2$+Fe$_3$O$_4$ 发生了协同效应，证明了超声作用下，nano-Fe$_3$O$_4$ 能发挥更强的催化性能，大大提高了对 MNZ 的降解率，最终获得了满意的 MNZ 降解效率。

影响甲硝唑去除效率的因素同样包括 nano-Fe$_3$O$_4$ 的投加量、H$_2$O$_2$ 的投加量、溶液的初始 pH、溶液的初始浓度。在 MNZ 初始浓度为 20 mg/L、pH 为 5.8、nano-Fe$_3$O$_4$ 投加量为 500 mg/L、H$_2$O$_2$ 投加量为 157.4 mmol/L，反应温度为 30℃，反应 5 h 后降解率可达到 95.8%。

反应过程中 MNZ 的矿化行为表明随着 MNZ 的分解，很少降解产物进行了完全的矿化，最终总矿化率有 8%。

关于 US+H$_2$O$_2$+Fe$_3$O$_4$ 体系的作用机制问题的研究，结合试验结果、MNZ 的性质及类芬顿体系中羟基自由基捕获剂的试验研究，确定了该体系中分解 MNZ 的作用机制是羟基自由基的氧化作用。

参考文献

ADAMS C，2002. Removal of antibiotics from surface and distilled water in conventional water treatment processes[J]. Journal of Environmental Engineering，128（3）：253-260.

ARIKAN O A，2008. Degradation and metabolization of chlortetracycline during the anaerobic digestion of manure from medicated calves[J]. Journal of Hazardous Materials，158（2-3）：485-490.

BRITTO J M，2008. Processos avançados de oxidação de compostos fenólicos em efluentes industriais[J]. Química Nova，31（1）：114-122.

CHELLIAPAN S，2006. Performance of an up-flow anaerobic stage reactor（UASR） in the treatment of pharmaceutical wastewater containing macrolide antibiotics[J]. Water Research，40（3）：507-516.

CORNELL R M，2003. The iron oxides: structure, properties, reactions, occurrences and uses[M]. John Wiley & Sons.

CUSHING B L，2004. Recent advances in the liquid-phase syntheses of inorganic nanoparticles[J]. Chemical Reviews，104（9）：3893-3946.

DANTAS R F，2008. Sulfamethoxazole abatement by means of ozonation[J]. Journal of Hazardous Materials，150（3）：790-794.

DE LA PLATA G B O，2010. Decomposition of 2-chloropHenol employing goethite as Fenton catalyst. I. Proposal of a feasible，combined reaction scheme of heterogeneous and homogeneous reactions[J]. Applied Catalysis B：Environmental，95（1）：1-13.

ECKENFELDER W，2007. Denitrification of High Strength Wastewaters[J]. Proceedings of the Water Environment Federation，（7）：336-343.

GÖBEL A，2007. Fate of sulfonamides，macrolides，and trimethoprim in different wastewater treatment technologies[J]. Science of the Total Environment，372（2-3）：361-371.

GOEL M，2004. Sonochemical decomposition of volatile and non-volatile organic compounds—a comparative study[J]. Water Research，38（19）：4247-4261.

GOYA G F，2004. Handling the particle size and distribution of Fe_3O_4 nanoparticles through ball milling[J]. Solid State Communications，130（12）：783-787.

GUO Z，2009. Ultrasonic irradiation-induced degradation of low-concentration bisphenol A in aqueous solution[J]. Journal of Hazardous Materials，163（2-3）：855-860.

HAWN D D，1987. Deconvolution as a correction for photoelectron inelastic energy losses in the core level XPS spectra of iron oxides[J]. Surface and interface analysis，10（2‐3）：63-74.

KAZEMIPOUR M，2008. Removal of lead，cadmium，zinc，and copper from industrial wastewater by carbon developed from walnut，hazelnut，almond，pistachio shell，and apricot stone[J]. Journal of Hazardous Materials，150（2）：322-327.

KIM S H，2010. Adsorption characteristics of antibiotics trimethoprim on powdered and granular activated carbon[J]. Journal of Industrial and Engineering Chemistry，16（3）：344-349.

KLAVARIOTI M，2009. Removal of residual pharmaceuticals from aqueous systems by advanced oxidation processes[J]. Environment International，35（2）：402-417.

KOYUNCU I，2008. Removal of hormones and antibiotics by nanofiltration membranes[J]. Journal of Membrane Science，309（1-2）：94-101.

LUO W，2010. Efficient removal of organic pollutants with magnetic nanoscaled $BiFeO_3$ as a reusable heterogeneous Fenton-like catalyst[J]. Environmental Science & Technology，44（5）：1786-1791.

MÉNDEZ-DÍAZ J D，2010. Kinetic study of the adsorption of nitroimidazole antibiotics on activated carbons in aqueous phase[J]. Journal of Colloid and Interface Science，345（2）：481-490.

MILLS P，1983. A study of the core level electrons in iron and its three oxides by means of X-ray photoelectron spectroscopy[J]. Journal of Physics D：Applied Physics，16（5）：723.

OKU M，1976. X-ray photoelectron spectroscopy of Co_3O_4, Fe_3O_4, Mn_3O_4, and related compounds[J]. Journal of Electron Spectroscopy and Related Phenomena，8（5）：475-481.

PEHLIVAN E，2008. Biosorption of chromium（VI）ion from aqueous solutions using walnut，hazelnut and almond shell[J]. Journal of Hazardous Materials，155（1-2）：378-384.

PIGNATELLO J J，2006. Advanced oxidation processes for organic contaminant destruction based on the Fenton reaction and related chemistry[J]. Critical Reviews in Environmental Science and Technology，36（1）：1-84.

PUTRA E K，2009. Performance of activated carbon and bentonite for adsorption of amoxicillin from wastewater：mechanisms，isotherms and kinetics[J]. Water Research，43（9）：2419-2430.

SÁNCHEZ-POLO M，2008. Removal of pharmaceutical compounds，nitroimidazoles，from waters by using the ozone/carbon system[J]. Water Research，42（15）：4163-4171.

SIRTORI C，2009. Decontamination industrial pharmaceutical wastewater by combining solar photo-Fenton and biological treatment[J]. Water Research，43（3）：661-668.

STACKELBERG P E，2007. Efficiency of conventional drinking-water-treatment processes in removal of pharmaceuticals and other organic compounds[J]. Science of the Total Environment，377（2-3）：255-272.

SUN S P，2011. p-Nitrophenol degradation by a heterogeneous Fenton-like reaction on nano-magnetite：process optimization，kinetics，and degradation pathways[J]. Journal of Molecular Catalysis A：Chemical，349（1-2）：71-79.

TAN B J，1990. X-ray photoelectron spectroscopy studies of solvated metal atom dispersed catalysts. Monometallic iron and bimetallic iron-cobalt particles on alumina[J]. Chemistry of Materials，2（2）：186-191.

VIENO N M，2007. Occurrence of pharmaceuticals in river water and their elimination in a pilot-scale drinking water treatment plant[J]. Environmental Science & Technology，41（14）：5077-5084.

WU H，2012. Decolourization of the azo dye Orange G in aqueous solution via a heterogeneous Fenton-like reaction catalysed by goethite[J]. Environmental Technology，33（14）：1545-1552.

YANG S F，2012. Fate of sulfonamide antibiotics in contact with activated sludge-sorption and biodegradation[J]. Water Research，46（4）：1301-1308.

ZHANG G，2006. Feasibility study of treatment of amoxillin wastewater with a combination of extraction，Fenton oxidation and reverse osmosis[J]. Desalination，196（1-3）：32-42.

曹慧，2015. 磁性碳纳米管对水中罗红霉素的吸附特性研究[J]. 科学技术与工程，（16）：232-237.

陈辉，2004. 高温分解法合成 Fe_3O_4 磁性纳米微粒[J]. 河南化工，（2）：11-12.

邓景衡，2014. 碳纳米管负载纳米四氧化三铁多相类芬顿降解亚甲基蓝[J]. 环境科学学报，34（6）：1436-1442.

胡洪营，2005. 药品和个人护理用品（PPCPs）对环境的污染现状与研究进展[J]. 生态环境，14（6）：947-952.

黄丽萍，2011. 江苏省乡镇饮用水水源地基础环境调查[J]. 科技创新导报，（32）：131.

黄锐雄，2012. 超声协助纳米四氧化三铁非均相类芬顿法分解双酚 A[D]. 广州：华南师范大学.

林志荣，2014. 铁矿物类 Fenton 体系降解多氯联苯的研究[D]. 北京：中国科学院大学.

孙峰，2012. pH 值对双氧水绝热分解特性的影响[J]. 化学工程，40（2）：42-45.

孙志刚，1997. 气相法合成纳米颗粒的制备技术进展[J]. 化工进展，（2）：21-24.

王磊，2007. Fenton 法处理水中 4,4′-二溴联苯及动力学研究[J]. 环境科学与技术，30（12）：69-72.

肖健，2008. 水环境中红霉素和罗红霉素抗生素光降解的研究[J]. 广州化学，33（2）：1-5.

熊振湖，2009. 不同高级氧化法对水中低浓度药物甲硝唑降解过程的比较[J]. 环境工程学报，3（3）：465-469.

徐维海，2006. 香港维多利亚港和珠江广州河段水体中抗生素的含量特征及其季节变化[J]. 环境科学，27（12）：2458-2462.

许恩信，2009. 饮用水保护法律制度研究[D]. 重庆：重庆大学.

张紫阳，2011. 引黄水中有机物分析及环境内分泌干扰物的降解研究[D]. 太原：山西大学.

邹涛，2002. 强磁性 Fe_3O_4 纳米粒子的制备及其性能表征[J]. 精细化工，19（12）：707-710.

第 10 章　典型工艺参数对磁性生物炭非均相芬顿降解甲硝唑的影响及其机理

10.1　生物质源对磁性生物炭活化过氧化氢降解甲硝唑的影响机制研究

10.1.1　研究背景

近年来，利用磁性生物炭活化过氧化氢或者过硫酸盐类物质产生强氧化性的自由基去除有机污染物受到研究者青睐（Dong C D et al.，2017；Park et al.，2018；Yu J et al.，2019）。例如，Zhang H 等（2018）利用磁性生物炭耦合过氧化氢处理实际的染料废水，发现染料废水矿化率近 50%。Chen L W 等（2018）利用磁性生物炭活化过硫酸盐并发现其能高效地去除氧氟沙星。尽管磁性生物炭是一类优异的活化/催化剂，但是从已有的研究来看，鲜有人系统关注生物质源对磁性生物炭的活化/催化性能的影响。6.2 节的研究已经表明不同生物质中纤维素含量差异是导致磁性生物炭中铁含量存在差异，进而影响其还原去除 Cr（Ⅵ）存在差异的关键原因。当采用不同生物质制备磁性生物炭势必会导致磁性生物炭组分存在差异，同时，已有研究表明磁性生物炭组分差别会严重影响磁性生物炭的结构与活性（Kwon et al.，2012；Yi Y et al.，2019；Huang D L et al.，2019）。例如，Reuyal 等（2017）发现磁性生物炭去除污染物的性能与铁含量成反比。同样地，磁性生物炭的组分对于污染物去除的贡献同样存在差别。例如，Zhong D 等（2018）发现磁性生物炭中含炭持久性自由基以及 Fe_3O_4 是导致 Cr（Ⅵ）去除及还原的关键原因。Jiang S F 等（2019）采用磁性生物炭活化过一硫酸盐能够高效地去除双酚 A，同时发现磁性生物炭中组分对于双酚 A 的去除贡献不一。因此，非常有必要探究生物质源对于磁性生物炭活化/催化性能的影响。同时，考虑到生物炭、铁氧化物以及存在于材料中的持久性自由基均能够活化过氧化氢或者过硫酸盐，产生具有强氧化性的自由基并用于去除有机污染物（Fang G et al.，2014；Huang R et al.，2014；Fang G et al.，2015；Yang X et al.，2015）。因此，利用磁性生物炭活化过氧化氢/过硫酸盐时，探明及辨识材料组分对污染物去除的贡献大小，将有利于调控磁性生物炭制备参数，以便获得催化效果最佳的磁性生物炭。

甲硝唑（MNZ）作为一类抗生素广泛存在于环境介质中，由于其具有溶解度高、难生物降解及致癌等特性，极易对水生态环境构成威胁（Kong D et al.，2015）。因此，开展水体中 MNZ 的去除非常重要。基于前期工作基础，笔者团队采用 4 种生物质结合钢铁酸洗废液制备了 4 种磁性生物炭，结合类芬顿去除 MNZ。通过一系列试验，本书主要探究了导致磁性生物炭类芬顿去除 MNZ 存在差异的主要原因；辨识了磁性生物炭中组分对 MNZ 去除的贡献。最后，探究了磁性生物炭去除 MNZ 的机制以及 pH 适用范围。

10.1.2　研究方法

（1）磁性生物炭的制备

磁性生物炭的制备方法详见第 6 章，采用甘蔗渣、稻草秸秆、花生壳及中药渣为生物质，结合碳钢管钢铁酸洗废液制备的磁性生物炭，分别记为 SMBC、RMBC、PMBC、HMBC。同时，在相同条件下利用甘蔗渣、稻草秸秆、花生壳及中药渣生物质制备了生物炭，依次命名为 SBC、RBC、PBC、HBC。Fe_3O_4 的制备则依据笔者团队前期报道的方法（Huang R et al.，2012；Huang R et al.，2014），氧化铁通过将 Fe_3O_4 在氧气氛围下 600℃煅烧制备（Yi Y et al.，2020）。

（2）MNZ 降解试验

室温下，将 100 mL 浓度为 40 mg/L 的 MNZ 溶液（pH=5.61），加入 150 mL 具塞锥形瓶中，并依次加入 1 g/L 不同种类磁性生物炭及 5 mmol/L H_2O_2。将锥形瓶置于恒温振荡器上（转速为 200 r/min、T=30℃），在选定的时间，用注射器取 1 mL 溶液过 0.22 μm 的微孔滤膜置于液相进样品，并加入一定量的叔丁醇终止反应，通过高效液相色谱分析残留的 MNZ 浓度。与此同时，在对照试验中单独地加入等量的不同种类的磁性生物炭或 H_2O_2。在相关自由基捕获试验中，分别向磁性生物炭以及 H_2O_2 体系中加入一定量的叔丁醇。最后，采用 1 M 的 NaOH 或者 HCl 调节溶液的 pH，用于探究溶液 pH 对反应的影响。所有试验设置两个平行样。

（3）分析方法

MNZ 浓度通过高效液相色谱（日本岛津，LC-16）分析，紫外可见光检测器波长为 318 nm，流动相为乙腈与水（$v:v$=80:20），流速为 1.0 mL/min，进样体积为 20 mL。在相同反应条件下，通过总有机炭测定仪（日本岛津，TOC-L）测定体系中 TOC 变化情况。体系中的羟基自由基采用 5,5-二甲基-1-吡咯啉-N-氧化物（DMPO）捕获后，通过电子自旋共振仪 ESR（布鲁尔，A300）测定。羟基自由基与对苯二甲酸（TA）反应生成的具有很强荧光特性的稳定产物羟基对苯二甲酸（HOTA），通过荧光分光光度计（日本日立，F-4600）测定（Huang Q et al.，2015；Qin Y et al.，2015）。

10.1.3 磁性生物炭对甲硝唑的去除性能

由图 10-1（a）可知，空白体系中，随着反应进行 MNZ 浓度基本不变，说明 MNZ 性质稳定，在此反应条件下自身并不会发生分解。反应结束后，单独的磁性生物炭对 MNZ 的去除率大小依次为 RMBC（23.84%）＞SMBC（9.18%）＞PMBC（4.25%）＞HMBC（3.70%），由此可见，尽管磁性生物炭能够去除部分 MNZ，但是效果不佳且不同磁性生物炭对 MNZ 吸附效果存在差异。另外，由于 H_2O_2 自身的氧化能力较差，并不能直接彻底氧化分解 MNZ，导致其去除率仅为 9.50%。

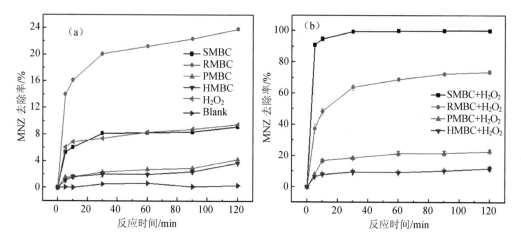

（投加量=1 g/L，H_2O_2=5 mmol/L，温度=30℃，pH=5.61，反应时间=120 min）

图 10-1　不同磁性生物炭吸附（a）及类芬顿（b）去除 MNZ

由图 10-1（b）可知，在磁性生物炭体系中加入 H_2O_2 后，MNZ 的去除率均得以提升，其中 SMBC 体系中提升最大，反应结束后对 MNZ 的去除率高达 100%，是单独 SMBC 去除 MNZ 的 10 倍之多；RMBC 与 H_2O_2 同时存在对 MNZ 的去除率为 73.71%，约为单独 RMBC 的 3 倍。同时，PMBC 和 HMBC 中加入 H_2O_2 后，对 MNZ 的去除率分别提升了近 18% 以及 8%。通过对不同磁性生物类芬顿去除 MNZ 进行动力学拟合发现，其去除 MNZ 均符合拟一级动力学，其对应的速率常数分别为 8.364 h^{-1}、0.854 h^{-1}、0.168 h^{-1}、0.077 h^{-1}。该结果再次表明，不同磁性生物炭类芬顿去除 MNZ 存在差异，且 SMBC 最优，其他依次为 RMBC＞PMBC＞HMBC。通过上述分析可知，磁性生物炭本身吸附以及 H_2O_2 氧化对 MNZ 的去除贡献较小，而导致 MNZ 去除率大幅提升的关键原因是磁性生物炭活化 H_2O_2 形成具有强氧化性的自由基等活性物质。磁性生物炭类芬顿去除 MNZ 存在差异的关键原因可以归因为不同磁性生物炭活化 H_2O_2 的能力存在差异。

10.1.4 体系中活性物种鉴别

为了明确体系中产生的活性物种，利用电子自旋共振技术对不同磁性生物炭体系中的活性自由基进行定性分析。如图 10-2（a）所示，除了 HMBC 体系，其他磁性生物炭体系中可以明显地检测到强度为 1∶2∶2∶1 的特征峰，该特征峰为•OH 与 DMPO 结合后的自旋共振峰（Shi J et al.，2014；Yamaguchi et al.，2018），也说明了磁性生物炭能够有效地活化 H_2O_2 产生•OH，值得注意的是•OH 的相对强度不一致，这也间接说明了不同磁性生物炭体系中产生的•OH 含量不同。为此，我们采用对苯二甲酸作为分子探针，对不同体系中•OH 进行半定量分析，结果如图 10-2（b）所示。由图可知，4 种磁性生物炭中均检测到羟基对苯二甲酸，说明了 4 种磁性生物炭均能够有效地激活 H_2O_2 并产生•OH，且随着反应时间的增加羟基对苯二甲酸的相对含量也增加。SMBC 体系中羟基对苯二甲酸的相对含量最大，这也间接证明了 SMBC 体系中产生的•OH 含量最大，其他依次为 RMBC＞PMBC＞HMBC，这不仅符合 ESR 的结果，也与前面 MNZ 降解趋势一致。

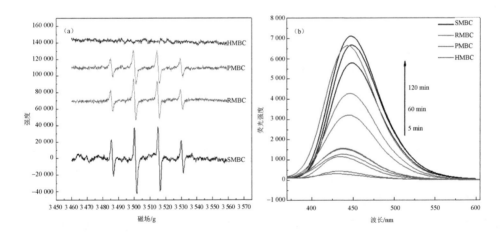

图 10-2 利用 DMPO 捕获不同体系中自由基后所测的 ESR 信号（a）以及

羟基自由基氧化对苯二甲酸荧光变化（b）

同时，为了探明•OH 在磁性生物炭类芬顿去除 MNZ 所起的作用，我们在不同磁性生物炭体系中加入过量的叔丁醇用于捕获羟基自由基，结果如图 10-3（a）所示。从图中可以看出，不同磁性生物炭对 MNZ 去除效果均受到明显抑制，且 MNZ 的去除率也和单独磁性生物炭作用下的接近，这也说明了•OH 是导致 MNZ 去除的关键活性物种。与此同时，笔者团队还测定了反应结束后溶液中 TOC 的变化情况。从图 10-3（b）中可以看出，4 种磁性生物炭体系均可以降低溶液中 TOC 含量，其中，SMBC 体系中 TOC 去除率达到了 37.97%，分别约是 RMBC、PMBC、HMBC 的 1.67 倍、9.21 倍及 25.83 倍，这与磁性生物炭体系中检测的•OH 相对含量趋势一致，也说明了相较于其他磁性生物炭，SMBC 能够更好地降解及矿化 MNZ。

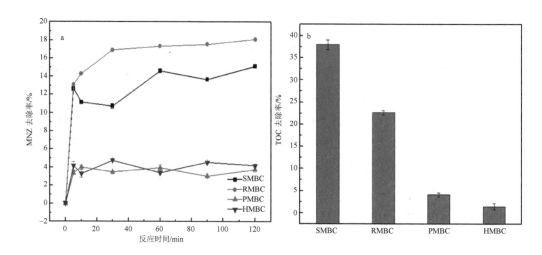

图 10-3   叔丁醇捕获试验（a）以及体系中 TOC 的变化（b）

10.1.5   磁性生物炭去除 MNZ 差异分析

前面的分析表明，MNZ 去除差异的主要原因是不同磁性生物炭活化 H_2O_2 产生•OH 的量存在差异。磁性生物炭主要可分为生物炭及铁氧化物两部分，且已有研究表明，这些物质均能够活化 H_2O_2 产生强氧化性自由基；磁性生物炭中的持久性自由基也能够活化 H_2O_2 产生•OH（Fang G et al.，2015；Huang D L et al.，2019）。因此，决定磁性生物炭活化 H_2O_2 产生•OH 的含量存在差异的关键原因，是磁性生物炭中有效活化 H_2O_2 的组分存在差异。为此，笔者团队研究了磁性生物炭中不同组分耦合 H_2O_2 去除 MNZ。

由图 10-4（a）可知，反应结束后，不同种类的生物炭对 MNZ 的去除率分别为 9.18%（SBC）、10.68%（RBC）、7.56%（PBC）、5.91%（HBC），可见生物炭对 MNZ 的去除效果差。进一步地，由图 10-4（b）可知，当加入 H_2O_2 后，MNZ 的去除率得以小幅度提升。为此，采用 ESR 对生物炭耦合 H_2O_2 体系中•OH 进行检测，结果如图 10-4（c）所示，4 种生物炭体系中均未检测到明显的•OH 的信号。同时，图 10-4（d）中荧光试验结果也表明体系中产生•OH 的量很少，这说明了生物炭活化 H_2O_2 的能力比较弱，也间接地证明了磁性生物炭中生物炭不是导致•OH 含量存在差异的关键原因。

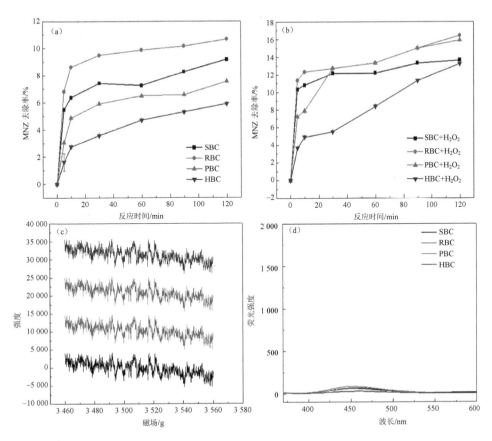

图 10-4　生物炭吸附 MNZ（a）、生物炭耦合 H_2O_2 去除 MNZ（b）、利用 DMPO 捕获不同体系中自由基后所测的 ESR 信号（c）以及羟基自由基氧化对苯二甲酸荧光结果（d）

进一步地，我们前期研究报道（详见第 6 章）表明，4 种磁性生物炭中铁氧化物组成类似，分别为四氧化三铁（Fe_3O_4）、氧化铁（Fe_2O_3）、氧化亚铁（FeO），但是，磁性生物炭中铁含量，尤其是 Fe（Ⅱ）含量均存在差异，且遵从 SMBC＞RMBC＞PMBC＞HMBC。因此，我们利用钢铁酸洗废液制备了 Fe_3O_4 及 Fe_2O_3 类芬顿去除 MNZ，结果如图 10-5（a）所示。反应结束后，Fe_3O_4 及 Fe_2O_3 对 MNZ 的去除率分别仅为 9.02%和 12.44%，说明了 Fe_3O_4 及 Fe_2O_3 难以催化 H_2O_2 产生·OH 作用于 MNZ 去除。

磁性生物炭中 Fe（Ⅱ）主要来自 Fe_3O_4 及 FeO，基于前述试验表明 Fe_3O_4 类芬顿去除 MNZ 效果差，考虑到 FeO 难以制备，因此选用 $FeSO_4$ 用于代替 FeO 去除 MNZ，结果如图 10-5（b）所示，随着反应进行，MNZ 去除率最高可达 78.82%，这说明了磁性生物炭中 FeO 是决定 MNZ 去除的关键因子，也反映出相比传统的芬顿，利用磁性生物炭去除 MNZ 更有优势。最后，考虑到磁性生物炭可能存在无定形的 Fe（Ⅲ）（Hu Y et al.，2018；Jin Q et al.，2018），因此采用 $FeCl_3$ 代替，用于去除 MNZ，结果如图 10-5（b）

所示，反应结束后，Fe（Ⅲ）对 MNZ 的最大去除率仅为 7.2%，这说明 Fe（Ⅲ）难以活化 H_2O_2。进一步地，采用联吡啶络合 SMBC 表面的铁离子以及溶液中的铁离子，发现联吡啶的引入能够抑制反应的进行，反应结束后，MNZ 的去除率仅为 10.12%，这说明了 Fe（Ⅱ）是材料中能够活化 H_2O_2 产生·OH 的关键组分。

以上分析表明，相对于其他铁氧化物，FeO 能够更好地活化 H_2O_2，这佐证了磁性生物炭中二价态赋存的 FeO 是决定磁性生物炭活化 H_2O_2 产生羟基自由基的关键原因。同时，结合我们（详见第 6 章）前期的分析表明，磁性生物炭中总铁含量及 Fe（Ⅱ）含量大小分别为 SMBC＞RMBC＞PMBC＞HMBC，这与不同磁性生物炭活化 H_2O_2 产生·OH 的量及 MNZ 降解效果一致。因此，导致磁性生物炭类芬顿去除 MNZ 存在差异的主要原因是磁性生物炭中 Fe（Ⅱ）（FeO）含量的不同造成的。

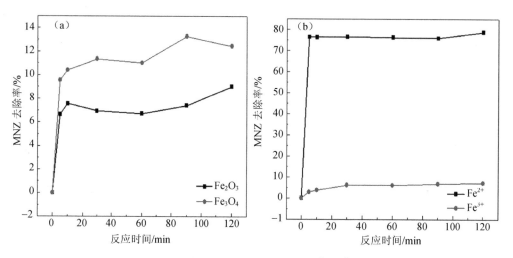

图 10-5　Fe_2O_3 及 Fe_3O_4 去除 MNZ（a）及 Fe^{2+}/Fe^{3+} 去除 MNZ（b）

为了进一步证实磁性生物炭中铁含量，尤其是影响磁性生物炭耦合 H_2O_2 去除 MNZ 的关键因子 Fe（Ⅱ）的含量，选取类芬顿去除 MNZ 效果最差的 HMBC，并在制备过程中提高废酸中铁含量浓度，以便提高 HMBC 的铁含量。相比于 HMBC、HMBC1 和 HMBC2 总铁含量及 Fe（Ⅱ）半定量结果如表 10-1 所示。由表可知，材料中 Fe（Ⅱ）含量与总铁含量成正比。同时，结合材料去除 MNZ 试验结果（图 10-6）可以看出，随着材料中 Fe（Ⅱ）含量升高，材料去除 MNZ 的能力也提高，其中 HMBC2 对 MNZ 在 5min 的去除率近 100%。这也再次说明磁性生物炭中 Fe（Ⅱ）（FeO）含量差异是决定磁性生物炭类芬顿去除 MNZ 的关键因子。

表 10-1　不同磁性生物炭总铁及 Fe（Ⅱ）半定量结果　　　　　单位：mg/g

样品	总铁含量	Fe（Ⅱ）
HMBC	242.25	2.83
HMBC1	367.39	36.51
HMBC2	576.17	60.28

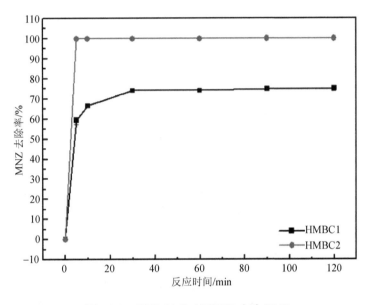

图 10-6　HMBC1 和 HMBC2 去除 MNZ

　　考虑到磁性生物炭中可能存在持久性自由基，因此，采用 ESR 对类芬顿效果最好的 SMBC 进行检测，结果如图 10-7（a）所示。从图中可以看出，SMBC 中未检测到以氧及炭等为中心的自由基，但是在 g 约等于 2.6 的位置（仪器检测位置）有明显的吸收信号，这可能是由于材料中的铁离子造成的（Neubert et al.，2016；Mian et al.，2019）。进一步地，研究者发现一般持久性般只有几小时到几天的半衰期，更不可能大量存活至热解后的第 60 天（Wang J et al.，2017），因此，我们将 SMBC 在氮气下保存了 60 d 以确保自由基耗尽。在相同条件下，老化的 SMBC 耦合 H_2O_2 去除 MNZ 结果如图 10-7（b）所示。从图中可以看出，老化的 SMBC 仍然能高效地去除 MNZ，这也再次证实了持久性自由基并不是导致 MNZ 去除率提升的关键因子。

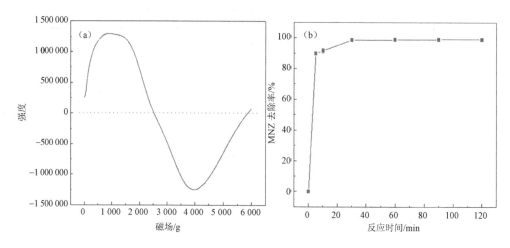

图 10-7　SMBC 自由基检测（a）及老化的 SMBC 类芬顿去除 MNZ（b）

反应结束后对 SMBC 进行了 XPS 分析，结果如图 10-8 所示。从图中可以看出 SMBC 中铁氧化物主要以 Fe_3O_4 及 Fe_2O_3 的形态存在（Ahmed et al.，2017；Zhou Z et al.，2017），而 FeO 的峰消失说明了 FeO 是磁性生物炭中活化 H_2O_2 的有效成分。与此同时，对反应后的 SMBC 在无氧条件下进行酸洗和半定量分析发现 SMBC 中的 Fe（Ⅱ）含量显著下降至 6.37 mg/g，约是未反应前的 11.62%。这也再次说明磁性生物炭中 FeO 是活化 H_2O_2 的有效成分，同时也说明体系中未能存在有效驱动 Fe（Ⅱ）/Fe（Ⅲ）循环的物质。材料重复利用性试验结果表明，材料重复使用 3 次后对 MNZ 的去除率仅为 29.56%，而导致其循环利用性差的主要原因是剩余的材料的组分难以活化 H_2O_2 产生·OH 等活性物质，这也与前面的试验结果一致。

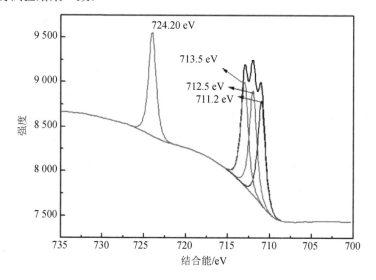

图 10-8　反应结束后 SMBC 中 Fe（2p）谱图

10.1.6　磁性生物炭去除 MNZ 机理分析

前面的分析表明磁性生物炭活化 H_2O_2 产生了•OH 为主的自由基导致 MNZ 去除率提升。针对于 SMBC 尽管能够有效地活化 H_2O_2，但是体系中铁离子析出过大，反应结束后总铁［未检测到 Fe（Ⅱ）］含量达到了 12.6 mg/L，约占材料中铁含量的 3.08%。为此，我们用等量的硫酸亚铁（以 Fe^{2+} 计）活化 H_2O_2 去除 MNZ，反应结束后，对 MNZ 的去除率为 16.7%，这也说明了材料中析出的铁不是导致 MNZ 去除的关键原因。同时，考虑到磁性生物炭中析出的总铁包含 Fe(Ⅱ) 和 Fe(Ⅲ)，因此，在脱氧纯水体系中(pH=5.61)测的二价铁析出量为 5.32 mg/L，同样地，我们用等量的硫酸亚铁（以 Fe^{2+} 计）活化 H_2O_2 去除 MNZ，反应结束后，对 MNZ 的去除率为 6.01%，为此，我们猜测表面芬顿是导致 MNZ 去除的关键原因。我们在体系中加入适量的 KI 用于捕获磁性生物炭材料表面的•OH（Han S et al.，2017；Hou X et al.，2017），结果表明，MNZ 的去除得到明显的抑制，反应结束后，MNZ 的去除率仅为 11.26%。这也再次证明，磁性生物炭去除 MNZ 是以表面羟基自由基的表面芬顿为主（Hou X et al.，2017；Wang, G et al.，2018）。磁性生物炭类芬顿降解 MNZ 作用机制如图 10-9 所示。

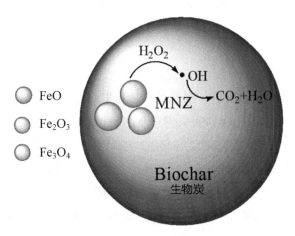

图 10-9　磁性生物炭去除 MNZ 机理

10.1.7　pH 对磁性生物炭去除 MNZ 的影响

pH 是影响类芬顿效果的一个关键因子，溶液初始 pH 对 SMBC 去除 MNZ 的影响，如图 10-10 所示。当 pH=3 时，SMBC 能够快速去除 MNZ，反应 5 min 去除率近 100%，这也符合其他研究者得出的 pH=3 往往是大部分类芬顿催化剂高效催化所适用的条件。进一步随着 pH 从 9 升至 11 时，SMBC 类芬顿去除 MNZ 的效率明显降低，其去除率分别对应为 94.09%及 81.18%。反过来看，在 pH=11 时，SMBC 对 MNZ 的去除效率仍然高达 80%以上，说明 SMBC 作为类芬顿催化剂具有较宽广的适用范围。

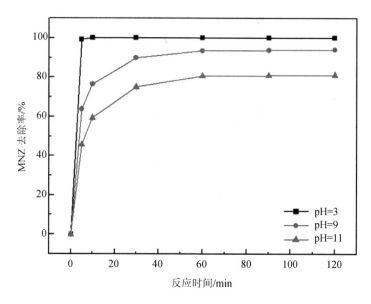

图 10-10　pH 对 MNZ 去除效果的影响

10.1.8　小结

　　本书采用不同生物质（甘蔗渣、稻草秸秆、花生壳及中药渣）结合碳钢铁酸洗废液制备了磁性生物炭，并结合 H_2O_2 类芬顿降解 MNZ。试验结果表明，不同磁性生物炭类芬顿去除 MNZ 的去除效果顺序依次为 SMBC＞RMBC＞PMBC＞HMB，说明生物质源会影响磁性生物炭类芬顿去除 MNZ。结合 ESR 及荧光分析结果表明，磁性生物炭类芬顿去除 MNZ 存在差异的主要原因是生物质源会导致磁性生物炭活化 H_2O_2 产生羟基自由基的能力不同。磁性生物炭各组分活化 H_2O_2 去除 MNZ 试验结果表明，含炭组分、持久性自由基均难以活化 H_2O_2，对 MNZ 去除贡献不大，而磁性生物炭中 FeO 是决定磁性生物炭类芬顿去除 MNZ 的关键组分。磁性生物炭类芬顿去除 MNZ 作用机制研究表明，材料表面羟基自由基是导致 MNZ 去除的主要原因。本书不仅为磁性生物炭的应用提供了新的途径，还为制备高活性的类芬顿催化剂提供了参考。

10.2　热解温度对磁性生物炭类芬顿降解 MNZ 的影响机制研究

10.2.1　研究背景

磁性生物炭已被证实能够很好地去除重金属及有机污染物（Oladipo et al.，2018；Zhou X et al.，2018；Zhou Y et al.，2019）。然而，由于污染物特性差异，仅利用磁性生物炭的吸附性能难以高效去除污染物（Dong C D et al.，2017；Zhang H et al.，2018）。例如，Bai S 等（2019）发现利用磁性生物炭吸附磺胺甲嘧啶，反应结束后，磺胺甲嘧啶的去除率低于 15%。因此，为了充分发挥磁性生物炭在环境污染修复的作用，有必要将其吸附性能转移到其他性能上。

磁性生物炭在制备过程中往往需要引入铁、钴、镍等过渡金属，同时，固载在生物炭基体上的 Fe_3O_4、氧化钴、Fe^0 等物质均可以催化/活化 H_2O_2、过硫酸盐等物质产生具有强氧化性的自由基，进而实现有机污染物的高效降解，因此利用磁性生物炭充当催化剂具有理论可行性。近年来，已有研究者利用磁性生物炭催化性能并应用于污染物去除。例如，Chen L W 等（2018）利用磁性生物炭活化过硫酸盐产生 $SO_4^-\cdot$，实现了氧氟沙星的高效降解，反应 10 min，氧氟沙星的去除率高达 90%。与此同时，Zhang H 等（2018）利用磁性生物炭活化 H_2O_2 产生·OH，使得亚甲基蓝能够被完全地去除。因此，基于磁性生物炭及其衍生的高级氧化技术应用于环境污染修复是可行的。

结合已有报道的磁性生物炭制备方法，浸渍-热解法由于具有操作步骤少、工艺简单、无须使用有毒有害的试剂，且磁性颗粒与生物炭基体结合稳定等优势备受研究者青睐（Ifthikar et al.，2017；Zhang X et al.，2018；Reguyal et al.，2018）。在众多影响磁性生物炭特性的制备参数中，热解温度起到了决定性作用（Chen B et al.，2011；Hu X et al.，2017）。热解温度不仅影响了磁性生物炭的组分含量、产率和比表面积，还影响了磁性物质的赋存形态。例如，Wang S 等（2019）利用松木生物质和天然赤铁矿合成磁性生物炭，并证实了随着热解温度升高，磁性生物炭中的赤铁矿首先转变为磁铁矿而后逐渐转变为菱铁矿和零价铁。值得注意的是，热解温度也是磁性生物炭催化活性的一个关键参数。例如，Bai S 等（2019）发现热解温度影响了磁性生物炭活化过二硫酸盐降解磺胺二甲嘧啶。因此，利用磁性生物炭作为催化剂降解有机污染物时，研究热解温度对磁性生物炭催化性能的影响至关重要。此外，我们开发了一种利用钢废液制备磁性生物炭的新方法，然而，热解温度对这种新型磁性生物炭活化性能的影响尚不清楚。

MNZ 在水体中被广泛检出，MNZ 及其代谢物具有致癌、致突变和遗传毒性，对生态环境构成巨大的威胁。因此，去除水体中 MNZ 至关重要。本书在不同热解温度下（300～

500℃）利用甘蔗渣与钢铁酸洗废液制备了磁性生物炭，分别为SMBC300、SMBC400、SMBC500。通过一系列表征手段探究了热解温度对磁性生物炭理化特性的影响。研究了热解温度对磁性生物炭类芬顿去除MNZ的影响。通过ESR及自由基捕获试验探究了磁性生物炭去除MNZ作用机制。最后，辨识了热解温度影响磁性生物炭催化活性的关键因子。

10.2.2　研究方法

（1）MNZ降解试验

室温下，将100 mL浓度为40 mg/L的MNZ溶液（pH=5.61），加入150 mL具塞锥形瓶中，并依次加入0.3 g/L不同种类磁性生物炭及5 mmol/L H_2O_2。将锥形瓶置于恒温振荡器上（转速为200 r/min、T=30℃），在选定的时间，用注射器取1 mL溶液过0.22 μm的微孔滤膜置于液相进样品，并加入一定量的叔丁醇终止反应，通过高效液相色谱分析残留的MNZ浓度。与此同时，在对照试验中分别加入等量的不同种类的磁性生物炭或H_2O_2。在相关自由基捕获试验中，分别向磁性生物炭以及H_2O_2体系中加入一定量的叔丁醇和超氧化物歧化酶用于捕获羟基自由基和超氧自由基。最后，采用1 mol/L的NaOH或者HCl调节溶液的pH，用于探究溶液pH对反应的影响。

（2）分析方法

MNZ的测定参考10.1.2节。体系中的羟基自由基及超氧自由基，通过ESR（布鲁尔，A300）测定。羟基自由基与对苯二甲酸（TA）反应生成的具有很强荧光特性的稳定产物羟基对苯二甲酸（HOTA），通过荧光分光光度计（日本日立，F-4600）测定（Huang Q et al.，2015；Qin Y et al.，2015）。在缺氧条件下酸洗磁性生物炭，酸洗溶液中二价铁含量通过邻菲罗啉法测定（Shen W et al.，2017），磁性生物炭中总铁含量通过HNO_3-H_2O_2-HCl（US EPA 3050B）消解后定容，通过原子吸收分光光度计测定。

10.2.3　磁性生物炭的制备及表征

10.2.3.1　材料的制备

取干燥并经10目筛分的甘蔗渣10 g放入稀释后的100 mL钢铁酸洗废液中（溶液中铁含量约为12 g/L）中，置于六连搅拌器上，室温下以140 r/min搅拌12 h。搅拌结束后将悬浮液在3 500 r/min下离心5 min，将固体残渣于90℃真空干燥8 h。将烘干后的残渣填满压实坩埚并置于马弗炉中，在氮气氛围下，以20℃/min的升温速率程序升温，分别达到终点温度300℃、400℃、500℃后保持1.5 h热解，经自然冷却后从炉体中拿出残留物并研磨过100目筛，得到的磁性生物炭置于样品瓶中保存待用，并依次命名为SMBC300、SMBC400、SMBC500。同样地，在相同条件下利用甘蔗渣生物质制备了生物炭，依次命名为 SBC300、SBC400、SBC500。Fe_3O_4 的制备则依据我们前期报道的方法（Huang R et al.，2012；2014），Fe_2O_3 的制备通过将 Fe_3O_4 在氧气氛围下 600℃煅烧制备（Yi Y et al.，2020）。

10.2.3.2　材料的表征

不同磁性生物炭比表面积以及孔径分布通过比表面分析仪（ASAP2020M，USA）分析测定。材料表面形貌采用扫描电镜（SEM，Hitachi S-3700N，Japan）进行观察，表面官能团类型用傅里叶红外光谱仪（FT-IR，HORIBA EMAX，Japan）进行分析。材料表面元素价态分析采用 X-射线光电子能谱仪（XPS，ESCALAB 250，Thermo-VG Scientific，USA）进行分析。材料的物相结构则采用 XRD-6000 型 X 射线衍射仪（Shimadzu，Japan）进行分析，数据采集后使用 X 射线衍射分析软件 Jade 6.0 处理及结合标准卡片（PDF2004）进行物相检索和分析。

不同磁性生物炭的 XRD 谱图如图 10-11（a）所示。谱图分析可得 3 种材料中的铁氧化物主要为 Fe_2O_3 以及 Fe_3O_4。但是，磁性生物炭中铁氧化物，尤其是 Fe_3O_4 暴露晶面存在差异。SMBC500 中具有明显的 Fe_3O_4（311）晶面，而其他材料中 Fe_3O_4 未暴露此晶面。相同地，与 SMBC300 相比，SMBC400 和 SMBC500 均暴露出 Fe_3O_4（511）晶面。这说明制备温度的差异在一定程度上影响了铁氧化物的暴露晶面（Wang S et al.，2019；Bai S et al.，2019）。XPS 结果［图 10-11（b）］表明不同磁性生物炭中均有明显的 C、Fe、O 的特征峰。

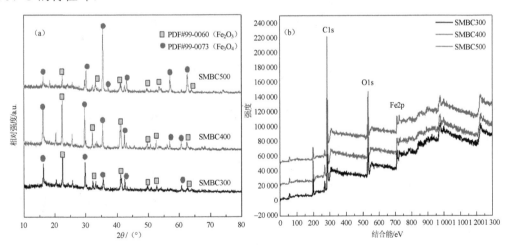

图 10-11　不同磁性生物炭的 XRD（a）以及 XPS（b）谱图

为了进一步分析磁性生物炭元素组成及价态情况，采用 XPS 4.1 分峰软件对 Fe 元素进行处理，由图 10-12 可知，不同磁性生物炭中铁的特征峰类似，均有 Fe（Ⅱ）及 Fe（Ⅲ）的特征峰，其中 709.9 eV 结合能处对应着 FeO 的特征峰，而 711.0 eV、712 eV、

713 eV 对应着 Fe_2O_3 的特征峰，725.0 eV 为 Fe_3O_4 的衍射峰（Zhang M et al.，2015；Zhu S et al.，2018；Yi Y et al.，2019）。从以上分析可知，磁性生物炭中的铁氧化物组分基本一致，说明了制备温度对磁性生物炭中铁氧化物的赋存形态影响较小。图 10-13 为不同磁性生物炭中 C 元素的分峰拟合结果，由图可知不同温度制备的磁性生物炭中 C 元素的分峰拟合结果基本相同，其中位于 284 eV 以及 285 eV 对应为 C—H 和 C—C，286 eV 则对应为 C—O 的光电子结合能，288.2 eV 以及 289.0 eV 则分别对应着 C=O 及 O—C=O 官能团（Zhang M et al.，2015；Ahmed et al.，2017）。图 10-14 中不同磁性生物炭中 O 1s 分出了 6 个特征峰，其中 533.1 eV、532.5 eV、532.1 eV 对应着 3 种铁氧化物中晶格氧，533.8 eV 则为 C—O，531.5 eV 对应着—OH，530.9 eV 则对应着 Fe—O—C（Yang J et al.，2016；Zhang S H et al.，2018），这也说明了磁性生物炭中铁氧化物及含炭组分以化学键的形式结合。

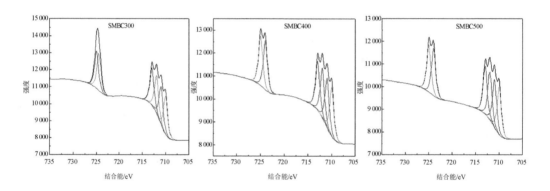

图 10-12　不同磁性生物炭 Fe（2p）的谱图

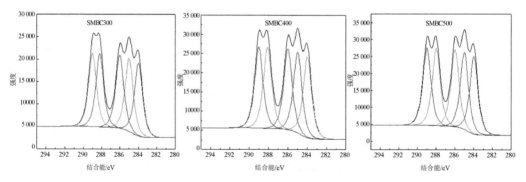

图 10-13　不同磁性生物炭 C（1s）谱图

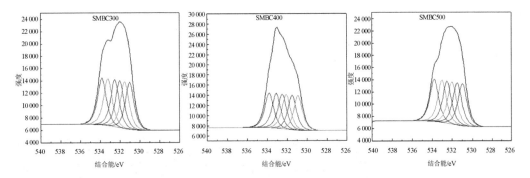

图 10-14　不同磁性生物炭 O（1s）谱图

由图 10-15（a）中可知，不同温度下制备的磁性生物炭官能团基本一致，说明了磁性生物炭的组分也类似。波长 3 451 cm^{-1} 为水分子中 O—H 键的振动（Qu M Q et al.，2018）。波长 1 610～1 615 cm^{-1} 可归结为芳香结构上的 C=C 和 C=O 振动引起的（Sun Y et al.，2017）。值得注意的是，在波长为 1 261 cm^{-1} 及 1 059 cm^{-1} 为磁性生物炭中残余的半纤维素和纤维素上 C—O—C 及 C—O—H 的伸缩振动（Chen B et al.，2008）。与此同时，882～887 cm^{-1} 是由于芳香上 C—H 的平面振动引起的（Chen B et al.，2008）。最后，在波长为 561 cm^{-1} 处的振动归结为 Fe—O 键（Jin Z et al.，2015）。此外，我们还测定了不同磁性生物炭的饱和磁滞曲线，结果如图 10-15（b）所示。从图中可以看出，不同磁性生物炭的饱和磁化强度分别为 28.61 emu/g、34.45 emu/g 及 37.89 emu/g，该结果表明，磁性生物炭能够在外加磁性的情况下实现分离。

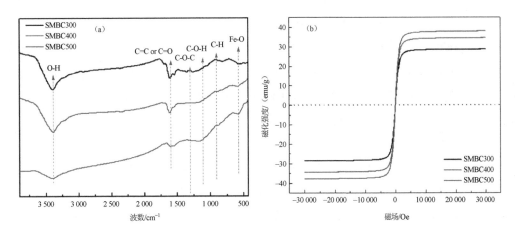

图 10-15　不同磁性生物炭 FT-IR（a）以及饱和磁滞曲线图（b）

从图 10-16 中可以看出，制备温度为 300℃时磁性生物炭中的生物炭呈片状结构，杂乱无序地坍塌堆积在一起，未出现明显的孔隙结构。随着温度的升高，磁性生物炭中出现了孔隙结构，且铁氧化物分布在生物炭表面。这说明了温度越高越有利于孔隙结构的形成，导致这一结果的原因是前驱物质在热解过程中组分的分解温度不同，从而导致磁性生物炭在表面形貌迥异，这与其他研究者得到的结果类似（Wei S et al.，2017）。

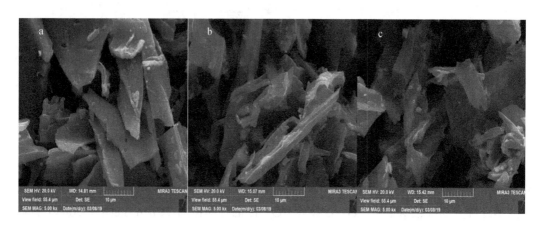

图 10-16　不同磁性生物炭的扫描电镜照片

同时，借助 HR-TEM 对磁性生物炭中铁氧化物进行分析，结果如图 10-17 所示。从图中可以看出，磁性生物炭中铁氧化物均分布于生物炭表面上，这与 SEM 结果一致。进一步，借助 Digitalmicrograph 软件分析了磁性生物炭中铁氧化物粒径分布情况，结果表明铁氧化物在不同温度制备的磁性生物炭中粒径分布存在差异，分别为 2～70 nm（SMBC300）、2～48 nm（SMBC400）以及 2～62 nm（SMBC500），这说明热解温度的差异会影响铁氧化物粒径。同时，基于 TEM 以及快速傅里叶变换分析了铁氧化物晶格间距，结果表明 SMBC300 中晶格间距 0.1 nm 以及 0.19 nm，分别对应着 Fe_2O_3 的（404）以及 Fe_3O_4 的（331）晶面；类似地，SMBC400 中分别对应着 Fe_2O_3 的（404）和（226）晶面；最后 SMBC500 中分别对应着 Fe_2O_3 的（226）以及 FeO（104）晶面。因此，可以确定制备温度会影响铁氧化物的暴露晶面。

磁性生物炭的比表面积及孔隙情况如表 10-2 所示。从表中可以看出，随着制备温度的升高，磁性生物炭的比表面积、孔体积以及孔径均增大，材料的比表面积分别为 121.01 m^2/g、161.85 m^2/g、209.32 m^2/g。这主要是因为随着温度的升高，生物质中组分更容易气化，有利于孔隙结构的形成。这也与前面 SEM 得到的结果类似。

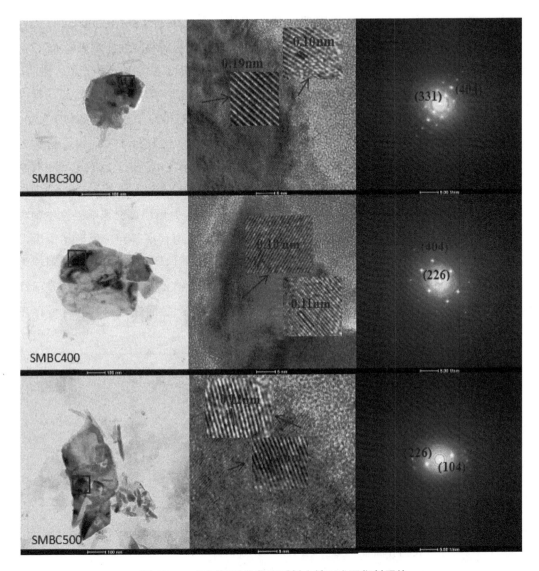

图 10-17　不同磁性生物炭透射电镜及电子衍射照片

表 10-2　不同磁性生物炭的比表面积、孔隙情况

样品	比表面积/（m²/g）	孔体积/（cm³/g）	孔径/nm
SMBC300	121.01	0.044 3	1.463 3
SMBC400	161.85	0.154 2	3.811 9
SMBC500	209.32	0.231 3	4.420 5

10.2.4　磁性生物炭对 MNZ 的去除性能

从图 10-18（a）中可以看出，不同温度条件下制备的磁性生物炭均对 MNZ 吸附去

除效果极差，反应结束后，MNZ 的吸附去除率依次为 1.96%（SMBC300）、1.22%（SMBC400）、1.6%（SMBC500），说明仅利用磁性生物炭的吸附性能难去除 MNZ。与此同时，从图 10-18（b）中可以看出，单独的 H_2O_2 对 MNZ 去除效果不理想。然而，向反应体系中投加磁性生物炭作为催化剂后，不同磁性生物炭对 MNZ 的去除率均得以提升，反应结束后对 MNZ 去除率分别达到了 99.1%（SMBC300）、100%（SMBC400）以及 93.31%（SMBC500）。这说明磁性生物炭能够有效地活化 H_2O_2 体系，从而降解去除 MNZ。尽管不同磁性生物炭类芬顿去除 MNZ 效率差别不大，但是，反应速率随着制备温度的升高而降低，其中 SMBC400 去除 MNZ 的反应速率最大为 1.43 min^{-1}，分别是 SMBC300 及 SMBC500 的 1.86 倍及 3.04 倍。这说明了制备热解温度会影响磁性生物炭活化 H_2O_2 的能力，致使不同体系中产生活性自由基的能力存在差异。反应结束后，SMBC400 对 MNZ 的矿化率最高，MNZ 的 TOC 去除率达到了 32.83%，分别约为 SMBC300 及 SMBC500 的 1.80 倍及 2.38 倍，而 MNZ 溶液 TOC 降低的关键原因是活性自由基导致的，这也再次说明不同磁性生物炭活化 H_2O_2 产生活性自由基的含量存在差异。

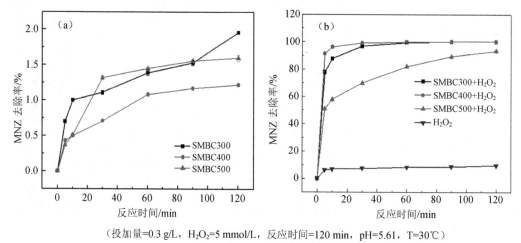

（投加量=0.3 g/L，H_2O_2=5 mmol/L，反应时间=120 min，pH=5.61，T=30℃）

图 10-18　不同种类磁性生物炭吸附（a）及类芬顿（b）去除 MNZ

10.2.5　磁性生物炭类芬顿去除 MNZ 机理分析

为了确定磁性生物炭催化 H_2O_2 产生的活性物种种类，采用 ESR 对体系中活性物种进行定性分析。由图 10-19（a）可知，DMPO 捕获•OH 的加成产物谱图中，有明显的四重分裂峰，且峰高比为 1:2:2:1，这说明了磁性生物炭能够有效地活化 H_2O_2 产生•OH。与此同时，在磁性生物炭体系中加入甲醇后，出现了一组信号强度为 1:1:1:1 的峰 [图 10-19（b）]，通过确认发现该峰为超氧负离子自由基与 DMPO 结合后的自旋共振峰，这说明了磁性生物炭活化 H_2O_2 时也能够产生 $O_2^{\cdot-}$（Tan C et al.，2019）。

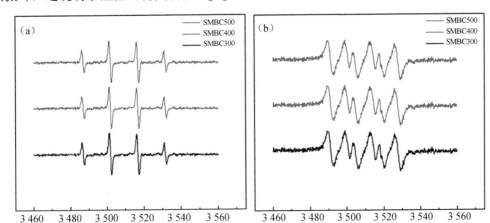

图 10-19　不同磁性生物炭类芬顿体系中羟基自由基（a）及超氧自由基（b）

为了识别导致 MNZ 去除的关键活性物质，在磁性生物炭体系中分别加入叔丁醇，用于捕获•OH，结果如图 10-20（a）所示。加入叔丁醇后，磁性生物炭去除 MNZ 得到了极大抑制，反应结束后，不同磁性生物炭体系中对 MNZ 的去除率分别下降了 91.08%（SMBC300）、88.33%（SMBC400）、83.5%（SMBC500）。相反地，在体系中加入超氧化物歧化酶之后［图 10-20（b）］，对不同磁性生物炭去除 MNZ 抑制不明显，反应结束后，磁性生物炭对 MNZ 的去除率仍然可达 100%（SMBC400）、96.12%（SMBC300）、89.49%（SMBC500）。由此可知，磁性生物炭耦合 H_2O_2 去除 MNZ 的主要机理是体系中产生的•OH 氧化降解目标物。

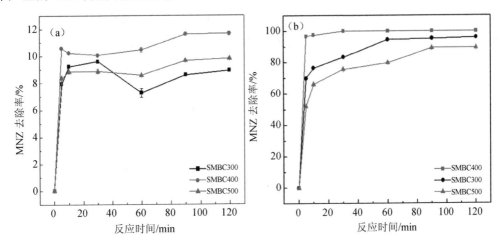

图 10-20　羟基自由基（a）及超氧自由基（b）捕获试验

对苯二甲酸作为分子探针的荧光试验（图 10-21）结果表明，不同磁性生物炭体系中均能检测到羟基对苯二甲酸，且其相对含量大小顺序为 SMBC400＞SMBC300＞SMBC500，这与前面 MNZ 去除率及 TOC 去除率一致，再次证明了热解温度的差异会影响磁性生物炭活化 H_2O_2 的能力。值得注意的是，反应结束后不同体系中均有铁离子析出，析出量分别为 2.34 mg/L（SMBC300）、3.71 mg/L（SMBC400）以及 2.89 mg/L（SMBC500）。为此，我们用等量的硫酸亚铁（以 Fe^{2+} 计）活化 H_2O_2 去除 MNZ，反应结束后，对 MNZ 的去除率分别为 2.21%（SMBC300）、3.79%（SMBC400）、2.87%（SMBC500），这说明了材料中析出的铁不是活化 H_2O_2 产生均相芬顿降解 MNZ 的关键原因。

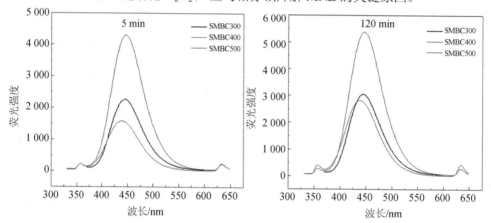

图 10-21　不同磁性生物炭/H_2O_2 体系氧化对苯二甲酸荧光变化

采用 KI 作为捕获剂用于捕获体系中材料表面羟基自由基，并考察其对 MNZ 降解的影响（Xu L et al., 2012；Han S et al., 2017），结果如图 10-22 所示。加入 KI 后，3 个体系中的 MNZ 降解明显被抑制，由此可知，在磁性生物炭类芬顿降解 MNZ 体系中起主要作用的是表面吸附态羟基自由基，而非溶液中游离态的羟基自由基。

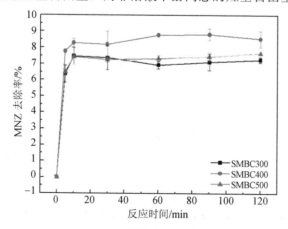

图 10-22　KI 捕获表面羟基自由基

10.2.6　热解温度影响磁性生物炭类芬顿去除 MNZ 的机制

对苯二甲酸（TPA）探针法用于测量不同磁性生物炭/H_2O_2 体系中·OH 的相对浓度，在不同的磁性生物炭/H_2O_2 体系中可以检测到羟基对苯二甲酸（TPA 和·OH 的产物），其相对含量的大小顺序为 SMBC400＞SMBC300＞SMBC500，这与 MNZ 的降解率一致。这也说明了热解温度的差异影响了磁性生物炭对 H_2O_2 的活化能力。一般而言，磁性生物炭主要由生物炭和铁氧化物组成，结合现有的报道来看，以上物质均能活化 H_2O_2 产生活性自由基，此外，磁性生物炭中可能存在的持久性自由基也能够催化 H_2O_2 产生活性自由基（Fang G et al.，2013；2014；2015）。鉴于热解温度的差异会影响磁性生物炭组分构成，从而可能导致磁性生物炭活化 H_2O_2 能力存在差异。因此，我们尝试从磁性生物炭不同组分着手，辨识出热解温度影响磁性生物炭类芬顿去除 MNZ 效果的关键因素。

首先，在不同热解温度下制备了生物炭分别为 SBC300、SBC400 和 SBC500，并结合 H_2O_2 去除 MNZ，结果如图 10-23 所示。采用不同温度制备的生物炭，单独吸附去除 MNZ 最高可达 2.94%，说明不同温度制备的生物炭吸附 MNZ 的效果很差。与此同时，加入 H_2O_2 后 MNZ 去除率得以小幅提升，最高可达 8.6%，这说明生物炭耦合 H_2O_2 能够促进 MNZ 的去除，但是，生物炭催化 H_2O_2 的效果较差。

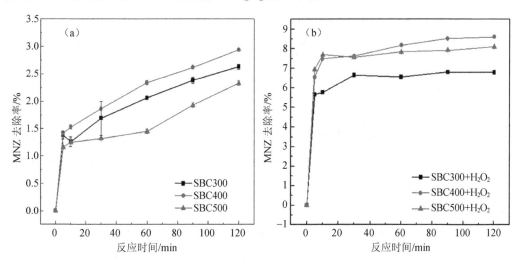

图 10-23　生物炭（a）及生物炭/H_2O_2（b）去除 MNZ

为了验证生物炭/H_2O_2 体系提升 MNZ 去除率的原因是生物炭活化了 H_2O_2 产生的·OH，还是 H_2O_2 本身的弱氧化性，采用 ESR 对体系中的自由基产生情况进行检测，结果如图 10-24 所示。从图中可以看出，未检测到明显的 DMPO 捕获·OH 的峰。因此，导致

MNZ 去除率提升的原因是 H_2O_2 本身氧化性造成的。反过来，这也说明了磁性生物炭中的生物炭组分难以活化 H_2O_2 产生·OH 等活性物种。

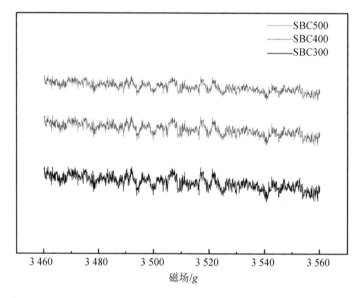

图 10-24　不同生物炭/H_2O_2 体系中 ESR 谱图

已有研究证实磁性生物炭中具有持久性自由基，且该物质也能够活化 H_2O_2 产生·OH。为此，用 ESR 对磁性生物炭中的自由基进行了测定，结果如图 10-25（a）所示。磁性生物炭中并未检测到炭中心自由基或者氧中心自由基，相反地，不同磁性生物炭在 g 分别为 2.61（SMBC300）、2.45（SMBC400）以及 2.77（SMBC500），而这主要是由于磁性生物炭铁离子赋存形态不一致导致的，与 HR-TEM 的结果相符合（Neubert et al.，2016）。

众所周知，持久性自由基可以持续几分钟到几天，甚至几个月，然而，随着时间的推移，持久性自由基的含量会减少（Liao S et al.，2014；Lieke et al.，2018）。为了探究持久性自由基的作用，根据已有研究者报道的方法，通过将不同磁性生物炭在氮气下保存 60 d，以便消耗持久性自由基（Xu L et al.，2012）。老化后的磁性生物炭类芬顿去除 MNZ 结果如图 10-25（b）所示。老化后的磁性生物炭仍然表现出优异的催化性能，不同磁性生物炭仍可有效地活化 H_2O_2，其中 SMBC300、SMBC400 及 SMBC500 对 MNZ 的去除率分别可达 98.66%、100%以及 90.13%。这说明了热解温度并不会通过影响磁性生物炭中的持久性自由基来影响其催化效果。

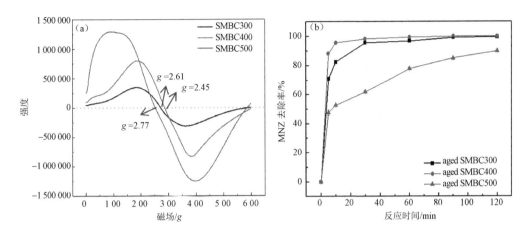

图 10-25　不同磁性生物炭的 ESR 谱（a）以及老化后磁性生物炭类芬顿去除 MNZ（b）

通过上述分析可知磁性生物炭中的含炭组分（生物炭）和持久自由基不是决定磁性生物炭催化性能的关键组分。铁氧化物可以催化 H_2O_2 形成·OH，磁性生物炭中的铁氧化物构成主要是 Fe_3O_4、Fe_2O_3 和 FeO。由于现阶段难以准确地对磁性生物炭中不同铁氧化物的含量进行定量，因而，本书只能测定 3 种磁性生物炭中的总铁和 Fe（Ⅱ）（半定量），结果如表 10-3 所示。为此，本书将热解温度影响磁性生物炭的催化性能限定到磁性生物炭中铁含量，尤其是 Fe（Ⅱ）含量的差别。从表 10-3 中可以看出，制备温度的差异会显著影响磁性生物炭中总铁以及 Fe（Ⅱ）的相对含量，其中磁性生物炭中总铁含量与热解温度成正比，这主要是由于随着温度升高，生物质在高温下容易分解形成大量的挥发性产物，从而导致磁性生物炭中总铁的含量存在差异。随着热解温度升高，磁性生物炭中的 Fe（Ⅱ）含量呈现先上升后下降的趋势。众所周知，Fe（Ⅱ）能够有效地催化 H_2O_2 并产生·OH，也就是说，磁性生物炭中 Fe（Ⅱ）含量越高越有利于·OH 的产生及 MNZ 的降解。因此，热解温度的差异主要通过影响磁性生物炭中 Fe（Ⅱ）的含量来影响磁性生物炭的催化性。

表 10-3　不同磁性生物炭中总铁以及 Fe（Ⅱ）半定量结果　　　　单位：mg/g

样品	总铁含量	Fe（Ⅱ）
SMBC300	271.25	67.01
SMBC400	295.22	99.12
SMBC500	359.62	57.54

结合前面的表征结果可知，磁性生物炭中 Fe（Ⅱ）主要来自材料中的 Fe_3O_4 以及 FeO，因此，为了进一步确认磁性生物炭中铁氧化物是在类芬顿去除 MNZ 的关键组分，利用钢铁酸洗废液制备了 Fe_3O_4 并应用于类芬顿降解 MNZ。相同条件下，Fe_3O_4/H_2O_2 对 MNZ

的去除率仅为 9.8%，Fe_2O_3/H_2O_2 对 MNZ 的去除率仅为 5.6%。由于 FeO 难以制备，因此我们采用等量的 $FeSO_4$（以 Fe^{2+} 计）进行试验，反应结束后 Fe^{2+}/H_2O_2 对 MNZ 的去除率可达 68.9%。因此，决定 MNZ 去除率的关键组分是磁性生物炭中的 FeO。与此同时，我们计算了磁性生物炭中不同组分去除 MNZ 间的协同指数（f），其中 SMBC300、SMBC400、SMBC500 的协同指数分别为 1.10、1.07 以及 1.01，说明磁性生物炭各组分间发生了协同作用，这可能是由于磁性生物炭中含炭组分作为电子穿梭体，加速了电子传输过程（Kappler et al.，2014；Xu X et al.，2019）。

上述分析表明，热解温度通过影响磁性生物炭中有效 Fe（Ⅱ）（FeO）含量来影响磁性生物炭类芬顿去除 MNZ。同时，磁性生物炭类芬顿降解 MNZ 的过程可描述为

$$Fe（Ⅱ）+ H_2O_2 \longrightarrow Fe（Ⅲ）+ OH^- + \cdot OH \tag{10-1}$$

$$Fe（Ⅲ）+ H_2O_2 \longrightarrow Fe（Ⅲ）+ \cdot O_2H/O_2^- + H^+ \tag{10-2}$$

$$Fe（Ⅲ）+ O_2^- \longrightarrow Fe（Ⅲ）+ O_2 \tag{10-3}$$

$$Fe（Ⅲ）\cdot O_2H \longrightarrow Fe（Ⅲ）+ O_2 + H^+ \tag{10-4}$$

$$\cdot OH_{sfb}/\cdot O_2H/O_2^- + MNZ \rightarrow intermediates \rightarrow minerlization \tag{10-5}$$

10.2.7 pH 对磁性生物炭类芬顿去除 MNZ 的影响

溶液 pH=3 时 MNZ 的去除率得以大幅提升，反应 5 min，其去除率可达 92.51%，说明酸性条件有利于类芬顿反应的进行。一般而言，随着 pH 的升高会导致催化剂的活性降低甚至是失活，然而，SMBC400 在溶液呈碱性的情况下，仍然可以高效地去除 MNZ。当 pH=11 时，反应结束后，MNZ 能够被完全去除。为了解释这一现象，我们测定了溶液的 pH 变化情况（图 10-26），发现 SMBC400 加入溶液后，溶液的 pH 从 11 降至 9.56，说明磁性生物炭能够自发地调节溶液 pH，这可能是由于磁性生物炭制备过程中吸附了 H^+ 造成的。这说明 SMBC400 具有更宽广的 pH 工作范围。

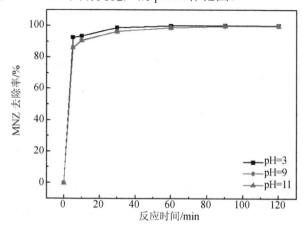

图 10-26　溶液初始 pH 对磁性生物炭（SMBC400）类芬顿去除 MNZ 的影响

10.2.8　小结

本节重点研究了热解温度这一关键参数对磁性生物炭类芬顿去除 MNZ 的影响。结果表明,不同温度制备的磁性生物炭类芬顿去除 MNZ 效果存在差异,其中 400℃制备的 SMBC400 去除 MNZ 效果最优。磁性生物炭类芬顿去除 MNZ 作用机理研究表明,磁性生物炭表面羟基自由基是导致 MNZ 去除的关键因素。热解温度影响磁性生物炭活化性能差异分析表明,热解温度会影响磁性生物炭中有效 Fe（Ⅱ）的含量,进而影响了磁性生物炭类芬顿去除 MNZ 的能力。进一步分析表明,磁性生物炭中 FeO 含量差异是决定磁性生物炭催化性能的关键组分。最后,pH 影响试验证明,SMBC400 有较宽的 pH 使用范围。

参考文献

AHMED M B,2017. Nano-Fe^0 immobilized onto functionalized biochar gaining excellent stability during sorption and reduction of chloramphenicol via transforming to reusable magnetic composite[J]. Chemical Engineering Journal,322：571-581.

BAI S,2019. Magnetic biochar catalysts from anaerobic digested sludge：Production,application and environment impact[J]. Environment International,126：302-308.

CHEN L,2018. Biochar modification significantly promotes the activity of Co_3O_4 towards heterogeneous activation of peroxymonosulfate[J]. Chemical Engineering Journal,354：856-865.

CHEN B,2008. Transitional adsorption and partition of nonpolar and polar aromatic contaminants by biochars of pine needles with different pyrolytic temperatures[J]. Environmental Science & Technology,42（14）：5137-5143.

CHEN B,2011. A novel magnetic biochar efficiently sorbs organic pollutants and phosphate[J]. Bioresource Technology,102（2）：716-723.

DONG C D,2017. Synthesis of magnetic biochar from bamboo biomass to activate persulfate for the removal of polycyclic aromatic hydrocarbons in marine sediments[J]. Bioresource Technology,245：188-195.

EPA U S,1996. Method 3050B：acid digestion of sediments,sludges,and soils[S]. Washington,DC.

FANG G,2013. Activation of persulfate by quinones：free radical reactions and implication for the degradation of PCBs[J]. Environmental Science & Technology,47（9）：4605-4611.

FANG G,2014. Key role of persistent free radicals in hydrogen peroxide activation by biochar：implications to organic contaminant degradation[J]. Environmental Science & Technology,48（3）：1902-1910.

FANG G,2015. Mechanism of hydroxyl radical generation from biochar suspensions：Implications to diethyl phthalate degradation[J]. Bioresource Technology，176：210-217.

HAN S，2017. Magnetic activated-ATP@ Fe₃O₄ nanocomposite as an efficient Fenton-like heterogeneous catalyst for degradation of ethidium bromide[J]. Scientific Reports，7（1）：1-12.

HOU X，2017. Hydroxylamine promoted goethite surface Fenton degradation of organic pollutants[J]. Environmental Science & Technology，51（9）：5118-5126.

HU X，2017. Effects of biomass pre-pyrolysis and pyrolysis temperature on magnetic biochar properties[J]. Journal of Analytical and Applied Pyrolysis，127：196-202.

HU Y，2018. EDTA-Fe（III）Fenton-like oxidation for the degradation of malachite green[J]. Journal of Environmental Management，226：256-263.

HUANG Q，2015. Reactive oxygen species dependent degradation pathway of 4-chlorophenol with Fe@Fe₂O₃ core-shell nanowires[J]. Applied Catalysis B：Environmental，162：319-326.

HUANG R，2014. Ultrasonic Fenton-like catalytic degradation of bisphenol A by ferroferric oxide（Fe₃O₄）nanoparticles prepared from steel pickling waste liquor[J]. Journal of colloid and interface science，436：258-266.

HUANG R，2012. Heterogeneous sono-Fenton catalytic degradation of bisphenol A by Fe₃O₄ magnetic nanoparticles under neutral condition[J]. Chemical Engineering Journal，197：242-249.

HUANG D，2019. Nonnegligible role of biomass types and its compositions on the formation of persistent free radicals in biochar：insight into the influences on Fenton-like process[J]. Chemical Engineering Journal，361：353-363.

IFTHIKAR J，2017. Highly efficient lead distribution by magnetic sewage sludge biochar：sorption mechanisms and bench applications[J]. Bioresource Technology，238：399-406.

JIANG S F，2019. High efficient removal of bisphenol A in a peroxymonosulfate/iron functionalized biochar system：mechanistic elucidation and quantification of the contributors[J]. Chemical Engineering Journal，359：572-583.

JIN Q，2018. Development of Fe（II）system based on N,N'-dipicolinamide for the oxidative removal of 4-chlorophenol[J]. Journal of Hazardous Materials，354：206-214.

JIN Z，2015. Adsorption of 4-n-nonylphenol and bisphenol-A on magnetic reduced graphene oxides：a combined experimental and theoretical studies[J]. Environmental Science & Technology，49（15）：9168-9175.

KAPPLER A，2014. Biochar as an electron shuttle between bacteria and Fe（III）minerals[J]. Environmental Science & Technology Letters，1（8）：339-344.

KONG D，2015. Cathodic degradation of antibiotics：characterization and pathway analysis[J]. Water Research，72：281-292.

KWON E E，2012. New candidate for biofuel feedstock beyond terrestrial biomass for thermo-chemical process（pyrolysis/gasification） enhanced by carbon dioxide（CO_2）[J]. Bioresource Technology，123：673-677.

LIAO S，2014. Detecting free radicals in biochars and determining their ability to inhibit the germination and growth of corn，wheat and rice seedlings[J]. Environmental Science & Technology，48（15）：8581-8587.

LIEKE T，2018. Overlooked risks of biochars：persistent free radicals trigger neurotoxicity in Caenorhabditis elegans[J]. Environmental Science & Technology，52（14）：7981-7987.

MIAN M M，2019. One-step synthesis of N-doped metal/biochar composite using NH_3-ambiance pyrolysis for efficient degradation and mineralization of Methylene Blue[J]. Journal of Environmental Sciences，78：29-41.

NEUBERT S，2016. Highly efficient rutile TiO_2 photocatalysts with single Cu（Ⅱ） and Fe（Ⅲ） surface catalytic sites[J]. Journal of Materials Chemistry A，4（8）：3127-3138.

OLADIPO A A，2018. Highly efficient magnetic chicken bone biochar for removal of tetracycline and fluorescent dye from wastewater：two-stage adsorber analysis[J]. Journal of Environmental Management，209：9-16.

PARK J H，2018. Degradation of Orange G by Fenton-like reaction with Fe-impregnated biochar catalyst[J]. Bioresource Technology，249：368-376.

QIN Y，2015. Protocatechuic acid promoted alachlor degradation in Fe（Ⅲ）/H_2O_2 Fenton system[J]. Environmental Science & Technology，49（13）：7948-7956.

REGUYAL F，2018. Site energy distribution analysis and influence of Fe_3O_4 nanoparticles on sulfamethoxazole sorption in aqueous solution by magnetic pine sawdust biochar[J]. Environmental Pollution，233：510-519.

SHEN W，2017. Efficient removal of bromate with core-shell Fe@Fe_2O_3 nanowires[J]. Chemical Engineering Journal，308：880-888.

SHI J，2014. Fe@Fe_2O_3 core-shell nanowires enhanced Fenton oxidation by accelerating the Fe（Ⅲ）/Fe（Ⅱ） cycles[J]. Water Research，59：145-153.

SUN Y，2017. Plasma-facilitated synthesis of amidoxime/carbon nanofiber hybrids for effective enrichment of ^{238}U（Ⅵ） and ^{241}Am（Ⅲ）[J]. Environmental Science & Technology，51（21）：12274-12282.

TAN C，2019. Activation of peroxymonosulfate by a novel EGCE@ Fe_3O_4 nanocomposite：Free radical reactions and implication for the degradation of sulfadiazine[J]. Chemical Engineering Journal，359：594-603.

WANG S，2019. Biomass facilitated phase transformation of natural hematite at high temperatures and sorption of Cd^{2+} and Cu^{2+}[J]. Environment International，124：473-481.

WANG J，2017. Treatment of refractory contaminants by sludge-derived biochar/persulfate system via both adsorption and advanced oxidation process[J]. Chemosphere，185：754-763.

WEI S，2017. Comprehensive characterization of biochars produced from three major crop straws of China[J]. BioResources，12（2）：3316-3330.

XU L，2012. Fenton-like degradation of 2,4-dichlorophenol using Fe_3O_4 magnetic nanoparticles[J]. Applied Catalysis B：Environmental，123：117-126.

XU X，2019. Biochar as both electron donor and electron shuttle for the reduction transformation of Cr（Ⅵ） during its sorption[J]. Environmental Pollution，244：423-430.

YAMAGUCHI R，2018. Hydroxyl radical generation by zero-valent iron/Cu（ZVI/Cu） bimetallic catalyst in wastewater treatment：Heterogeneous Fenton/Fenton-like reactions by Fenton reagents formed in-situ under oxic conditions[J]. Chemical Engineering Journal，334：1537-1549.

YANG J，2016. Mercury removal by magnetic biochar derived from simultaneous activation and magnetization of sawdust[J]. Environmental Science & Technology，50（21）：12040-12047.

YANG X，2015. Rapid degradation of methylene blue in a novel heterogeneous Fe_3O_4@rGO@TiO_2-catalyzed photo-Fenton system[J]. Scientific Reports，5（1）：1-10.

YI Y，2019. Biomass waste components significantly influence the removal of Cr(Ⅵ) using magnetic biochar derived from four types of feedstocks and steel pickling waste liquor[J]. Chemical Engineering Journal，360：212-220.

YI Y，2020. Key role of FeO in the reduction of Cr（Ⅵ） by magnetic biochar synthesised using steel pickling waste liquor and sugarcane bagasse[J]. Journal of Cleaner Production，245：118886.

YU J，2019. Efficient removal of several estrogens in water by Fe-hydrochar composite and related interactive effect mechanism of H_2O_2 and iron with persistent free radicals from hydrochar of pinewood[J]. Science of the Total Environment，658：1013-1022.

ZHANG H，2018. Magnetic biochar catalyst derived from biological sludge and ferric sludge using hydrothermal carbonization：preparation，characterization and its circulation in Fenton process for dyeing wastewater treatment[J]. Chemosphere，191：64-71.

ZHANG M，2015. Chitosan modification of magnetic biochar produced from eichhornia crassipes for enhanced sorption of Cr（Ⅵ） from aqueous solution[J]. Rsc Advances，5（58）：46955-46964.

ZHANG X，2018. Removal of aqueous Cr(Ⅵ) by a magnetic biochar derived from Melia azedarach wood[J]. Bioresource Technology，256：1-10.

ZHANG S H，2018. Mechanism investigation of anoxic Cr（Ⅵ） removal by nano zero-valent iron based on XPS analysis in time scale[J]. Chemical Engineering Journal，335：945-953.

ZHONG D，2018. Mechanistic insights into adsorption and reduction of hexavalent chromium from water using magnetic biochar composite: key roles of Fe$_3$O$_4$ and persistent free radicals[J]. Environmental Pollution, 243: 1302-1309.

ZHOU X, 2018. Preparation of iminodiacetic acid-modified magnetic biochar by carbonization, magnetization and functional modification for Cd（Ⅱ）removal in water[J]. Fuel, 233: 469-479.

ZHOU Z, 2017. Sorption performance and mechanisms of arsenic（Ⅴ）removal by magnetic gelatin-modified biochar[J]. Chemical Engineering Journal, 314: 223-231.

ZHOU Y, 2019. Analyses of tetracycline adsorption on alkali-acid modified magnetic biochar: site energy distribution consideration[J]. Science of the Total Environment, 650: 2260-2266.

ZHU S, 2018. Enhanced hexavalent chromium removal performance and stabilization by magnetic iron nanoparticles assisted biochar in aqueous solution: mechanisms and application potential[J]. Chemosphere, 207: 50-59.

第 11 章　纳米 $Fe^0@CeO_2$ 非均相芬顿降解四环素

11.1　研究背景

11.1.1　水体环境中的四环素污染

11.1.1.1　四环素的来源及其危害

在过去几十年间，药物及个人护理用品（PPCPs）等新兴的污染物，广泛引起公众关注（Ellis et al.，2006；Yang X et al.，2011；Hao R et al.，2012）。特别是作为广谱抗生素的四环素（TC）已被广泛应用于人类和动物传染病的治疗中，环境中大量残留物能够诱导抗生素抗性病原体的产生，引起严重的人类健康问题（Pastor et al.，2009；Daghrir et al.，2013；Dong H et al.，2016）。

自 1983 年以来，一些发达国家（如德国、美国、西班牙、韩国等）已经陆续在土壤、水体等环境中检测到四环素药物（Kümmerer et al.，2001；Heberer et al.，2002；Oller et al.，2011）。Hamscher 等（2003）在液体粪肥中检测到含量为 4.0 mg/kg 的四环素，含量为 0.1 mg/kg 的氯四环素，在施用粪肥的土壤层（0～90 cm）中也检测到四环素（10～20 cm）和氯四环素（0～30 cm），四环素的最高浓度可达 7.3 μg/kg。Pollard 等（2018）在施用奶牛粪便的土壤中检测到四环素残留。Hirsch 等（2006）在德国某污水处理厂的出水口和地表水检测到四环素类、磺胺类等 18 种抗生素，其中四环素的浓度为 20 ng/L。Sarmah 等（2006）在美国 30 个州的 139 条河流中检出四环素、磺胺类、林可霉素等 21 种抗生素，浓度低于 1.0 μg/L，美国艾奥瓦州 4 个地下水样也发现有土霉素、氯四环素、林肯霉素等多种抗生素物质。

作为一种广谱抗生素，由于四环素类抗生素具有价格低廉、广谱抗菌等特点，使其在发展中国家很受欢迎。四环素类抗生素根据用途可分为养殖用四环素、医用四环素和农用四环素 3 类。在美国，四环素类抗生素占据整个抗生素市场份额的 15.8%；我国是四环素类抗生素的生产、销售和使用大国，年出口量高达 1.34×10^7 kg。我国的四环素生产量和使用量一直位于世界前列（闫琦等，2018）。据统计，由于人类和动物不能完全代谢四环素，60%～90%的四环素会被排出体外（Zhu X et al.，2014）。传统的废水处理厂更是难以完全有效地去除四环素，从而污染了天然水体（Liu M et al.，2012）。长期残留在水环境中的四环素可以对水生生物造成毒性作用，已有研究证明其对单细胞动物存在急性中毒现象，更发现四环素可以导致斑马鱼胚胎死亡（许冰洁等，2016）。环境中富集累积的四环素更有可能使细菌耐药性增强，从而使依靠四环素治疗疾病的难度大大增加。过量的四环素不仅会破坏生态平衡，而且会通过食物链重新进入人体，是人体健康的潜在威胁，现如今对四环素废水的处理已成为研究热点。

11.1.1.2　四环素的水处理方法

目前，研究者已经广泛研究了含四环素的抗生素废水的处理方法，主要包括物理法、生物法和化学法。

物理法在废水处理工艺中常常被用作预处理手段，主要包括吸附法、膜分离法、沉淀法、气浮法等，其中四环素处理更常用的方法是吸附法（Wang J et al.，2018）。常用吸附剂材料有活性炭（Huang L et al.，2011）、碳纳米材料（Yang Y et al.，2018）、膨润土（Ma J et al.，2011）。吸附法操作较简单，使用后的吸附剂经处理后一般都可重复使用，并且保持较高的吸附率。然而吸附法存在明显短板，在处理过程中四环素仅仅发生了相转移，并没有从根本上被去除，而且吸附法需要大量吸附剂。

生物法是通过微生物自身代谢实现降解四环素的目的，主要包括好氧法、厌氧法以及好氧-厌氧法等，其中处理四环素最为常用的方法是活性污泥法（宋现财，2007）。生物法一般应用于生活污水和工业污水治理，但是作为抗生素之一的四环素本身具有生物毒性，必然会抑制活性污泥中的微生物（GöBel et al.，2007），因此在处理浓度较高的含四环素废水时生物法受到限制，而且生物法处理周期长，局限了其实际应用。

传统的物理法、生物法难以将废水中的四环素完全去除，而处理高浓度四环素废水更为困难。相比之下，化学法在处理四环素废水效果方面更为显著。在处理四环素废水的化学反应中，四环素结构被破坏，由大分子变为小分子进而矿化。目前，化学法可以分为普通化学氧化法和高级氧化法。普通化学氧化法通过氧化剂进行简单的氧化反应而降解有机污染物，但所使用的氧化剂成本高昂，可能造成二次污染。而现今高级氧化法（Advanced Oxidation Process，AOPs）已经成为研究热门。由于产生具有强氧化能力的羟基自由基（•OH），可将难降解有机污染物矿化，且成本低廉，高级氧化技术具有良好的前景（Zhu Y et al.，2019）。

11.1.2　铁基材料非均相芬顿降解四环素的优势

难降解有机污染物能在环境中长时间存在，广泛分布在环境中，并且难以被生物降解（Daghrir et al.，2013；Varjani et al.，2017；Han D et al.，2017；Yang S et al.，2018；Ren X et al.，2018）。目前处理环境难降解有机污染物的常规方法主要有物理法、化学法等。其中物理法是通过吸附、萃取等方法将水中的有机污染物去除，仅将有机污染物进行了相转移，并没有真正从环境中去除。化学法是目前处理有机污染物中最常用的方法。然而这些治理方法都因反应时间过长、效率低、花费高、反应条件要求比较苛刻等局限于实际应用。

高级氧化技术（AOPs）因高效的有机污染物去除能力，逐渐被运用到染料、制药、农药和化工等生化性差的废水处理中，对工业废水的处理显示出巨大的潜力。芬顿法（Fenton）工艺是最具成本效益的 AOPs 之一，H_2O_2 通过铁盐催化产生氧化能力极强的羟基自由基，进一步高效地降解有机物，甚至彻底将有机物转化为无害的无机物。但由于芬顿法需要较低的 pH，会产生较多污泥和催化剂容易流失等问题，因此，采用非均相芬顿法代替传统芬顿法为近年来研究的热点，即固体催化代替传统水溶性铁盐。时下铁基材料作为非均相芬顿氧化催化剂获得相当大的关注，因为其容易制备和较低成本，并且部分铁基材料易从反应介质中磁分离。鉴于传统芬顿技术存在的缺点，研究者开发出固体铁基材料（Fe^0、Fe_3O_4、Fe_2O_3、$\alpha\text{-FeOOH}$ 等）（Velichkova et al.，2013；Pan Y et al.，2016；Kakavandi et al.，2016；Wang Y et al.，2017）。例如，Martins 等（2012）采用 Fe^0 非均相芬顿降解垃圾渗滤液；Huang R 等（2012）采用 Fe_3O_4 非均相芬顿降解双酚 A；Ortiz 等（2010）采用针铁矿非均相芬顿降解 2 氯酚；Tan L 等（2017）采用 $Fe^0@Fe_3O_4$ 非均相芬顿降解 BDE209；Ai Z 等（2007）采用 $Fe@Fe_2O_3$ 非均相芬顿降解罗丹明 B，均取得了较好的处理效果。

进一步地，已有文献指出铁基材料非均相芬顿降解四环素是一种快速有效的处理方法，Kakavandia 等（2016）采用 $Fe_3O_4@C$ 紫外光非均相芬顿降解四环素，44 min 降解率为 79%；Hou L 等（2016）采用 nano-Fe_3O_4 超声辅助非均相芬顿降解四环素，60 min 降解率为 93.6%；Liu S 等（2013）采用 Fe_3O_4 石墨烯电极光电非均相芬顿降解四环素，120 min 降解率为 98.3%。以上研究说明采用铁基材料非均相芬顿降解四环素具有巨大的优势和应用前景。

11.1.3　Fe^0 非均相芬顿降解四环素存在的问题

在众多的非均相芬顿铁基催化剂当中，由于 Fe^0 拥有高比表面积和高反应活性，以及 Fe^0 可以作为缓慢释放溶解 Fe^{2+} 的来源，以 Fe^0 为催化剂的非均相芬顿技术引起广泛关注。Segura 等（2013）采用 Fe^0 非均相芬顿处理制药废水，Zha S X 等（2014）采用 Fe^0 非均相芬顿降解阿莫西林，Xiang 等（2016）采用磁场协同 Fe^0 非均相芬顿降解 4-氯酚，Blanco 等（2016）采用紫外光协助 Fe^0 非均相芬顿降解苯酚，Messele 等（2015）采用 Fe^0/活性炭非均相芬顿降解苯酚等，均取得了较好的处理效果。但是，纳米铁基材料存在易氧化和团聚等问题，在一定程度上降低了其去除污染物的效率。对于非均相芬顿反应，决定其降解效率的关键在于电子传递过程。如何提高纳米铁基催化剂在反应过程中的电子传递速率，以及提高纳米材料的分散性，是铁基纳米材料非均相芬顿反应研究的重点（Yang B et al.，2015；Hou X et al.，2016；Wan Z et al.，2016）。

11.1.4　二氧化铈作为修饰改性材料的优势

铈作为储量最大且具有许多重要特性的镧系稀土元素，如今已被广泛应用于磁性材料、荧光材、合金和催化等领域。其中，铈的氧化物（CeO$_2$）由于具有杰出的氧储存/释放和氧化还原能力（Zang C J et al.，2017），已被证明能作为催化剂或载体，在 VOCs 氧化、汽车尾气净化、光催化、湿空气氧化和 Fenton 反应等非均相催化氧化运用中取得理想的效果（Reddy et al.，2012；Ge Lin et al.，2014）。CeO$_2$ 催化活性主要归因于其表面容易发生 Ce^{3+}/Ce^{4+} 氧化还原循环。在晶格中，铈主要以 +4 价形式存在，在 CeO$_2$ 表面，由于晶格塌陷产生大量氧空位，为平衡电荷会使部分 Ce^{4+} 转变为 Ce^{3+}。这种价态改变可能引起 4f 轨道电子局部化或离域化，从而使 CeO$_2$ 具有较高的催化活性。铈基材料因具有多种优良特性，其在废水芬顿处理方面的运用开始引起研究人员的兴趣。Xu L J 等（2012）的研究表明，Fe$_3$O$_4$/CeO$_2$ 能明显加快 H$_2$O$_2$ 产生 •OH 进攻有机污染物。Hammouda 等（2017）发现以 CeO$_2$ 为载体合成的 CeO$_2$-LaCuO$_3$ 材料比 CeO$_2$-LaFeO$_3$ 具有更高的污染物去除率。借助表面的 Ce^{3+}/Ce^{4+} 循环，CeO$_2$ 可以加速芬顿反应体系中电子传递，促进 H$_2$O$_2$ 的分解，提升污染物去除率。另外，以 CeO$_2$ 为催化剂载体时，既能提高复合催化剂比表面积，还能通过限制过渡金属离子的溶出，提高复合催化材料的稳定性和重复利用性（Andersson et al.，2006；Baron et al.，2009；Paier et al.，2013；Montini et al.，2016）。

以 CeO$_2$ 为载体对 nZVI 进行修饰，不仅有助于解决 nZVI 易团聚问题，还可以通过两者的协同作用，进一步提高复合材料芬顿催化活性（Xu L J et al.，2013）。为此，我们提出以 CeO$_2$ 为载体对 nZVI 进行修饰（记为 Fe[0]@CeO$_2$），应用于非均相芬顿降解水体中四环素。主要的研究内容如下：

①采用 CeO$_2$ 修饰改性 Fe[0]，对四环素进行非均相芬顿降解研究。探讨了催化剂投加量、H$_2$O$_2$ 投加量、溶液不同初始 pH 对四环素去除的影响；在最佳工艺条件下，分析其反应动力学、TOC 降解率、材料的稳定性；通过 LC-MS 鉴别降解产物；通过荧光探针试验、自由基淬灭试验、EPR 试验，分析材料非均相芬顿降解四环素的作用机理。

②为了增强复合材料对四环素的矿化程度，采用过硫酸盐以及 Cu^{2+} 辅助 Fe[0]@CeO$_2$ 复合材料非均相芬顿降解四环素。探讨了过硫酸盐投加量、Cu^{2+} 投加量对四环素矿化程度的影响；在最佳工艺条件下，分析不同系统对四环素的矿化程度、溶液中金属离子的变化；通过 EPR 验证不同系统非均相芬顿降解四环素的作用机理。

11.2 纳米 Fe⁰@CeO₂对四环素非均相芬顿的降解性能和机理

11.2.1 研究方法

（1）铁基催化材料对四环素的非均相芬顿降解试验

采用超纯水配制四环素溶液（100 mg/L，pH=6）于具塞锥形瓶中，分别加入适量的铁基催化材料和 H_2O_2，置于恒温振荡器以 250 r/min 速度振荡反应。在预先选定的时间段，取适量反应后溶液过 0.22 μm 的微孔滤膜后待测。通过 TOC 测定仪测定溶液中 TOC。四环素浓度通过高效液相色谱（HPLC）分析（Hou L et al.，2016）。四环素降解产物采用 Q-TOF LC/MS 进行分析检测（Oturan et al.，2010；Niu J et al.，2013）。通过 AAS 测定溶液中 Fe、Cu 的浓度。在反应 60 min 采用离心分离取得的铁基催化剂进行重复试验。

（2）四环素降解过程中自由基的检测

首先进行叔丁醇、异丙醇的淬灭试验，取适量四环素溶液（100 mg/L，pH=6）至具塞锥形瓶中，加入淬灭剂之叔丁醇、异丙醇，分别加入适量的铁基催化材料和 H_2O_2，对羟基自由基进行淬灭反应，在预先选定的时间段，取适量溶液过 0.22 μm 的微孔滤膜待测四环素浓度。为测定投加 H_2O_2 后体系中产生的羟基自由基，采用 DMPO 作为自由基自旋捕获剂，采用 EPR 波谱测定自由基加合物。此外为探究 Fe⁰@CeO₂ 复合材料在非均相芬顿氧化过程中的优势，采用荧光光谱法对羟基自由基的产生量进行了测定，测定时采用对苯二甲酸分子探针作为羟基自由基的捕获剂。

（3）分析方法

①四环素分析法：溶液中四环素的浓度采用高效液相色谱进行测定，色谱柱为 Dikma C_{18} column（250 mm×4.6 mm），紫外可见光检测器波长为 360 nm，流动相为 0.01 mol/L 草酸：乙腈：甲醇=45：35：20（体积比），流速为 1.0 mL/min，进样量 20 μL。采用外标法定量，即测定前先配制一系列四环素标准溶液，以浓度为横坐标，峰面积为纵坐标绘制标准曲线，当被测物的浓度与峰面积线性关系良好时（R>0.999），采用该曲线进行定量分析。

②铁离子、铜离子分析：铁离子、铜离子的浓度采用原子吸收广谱法（AAS，TAS-986）进行测定。采用外标法定量，配制 5 mg/L 的铁离子、铜离子储备液。依次逐级稀释得到一系列溴离子标准溶液，以浓度为横坐标，峰高为纵坐标绘制标准曲线（R>0.999），采用该曲线进行定量分析。

③降解中间产物分析：溶液中的降解产物通过 Q-TOF LC/MS 分析。色谱柱为 Agilent elips C₁₈（50 mm×2.0 mm，1.8 μm），流动相为乙腈水（含甲酸+甲酸铵）体系，联用 Agilent 6540 UHD Q-TOF 进行 ESI 正、负离子分析，质谱条件为采用全扫描模式。

11.2.2　纳米 Fe⁰@CeO₂ 的制备和表征

11.2.2.1　材料的制备

CeO₂ 颗粒制备采用沉淀法（Xu L J et al.，2012）：向 100 mL 浓度为 0.1 mol/L 的 Ce(NO₃)₃ 与 2 g/L 的聚乙二醇 4 000 混合液（一种渗透型轻泻剂）中投加 100 mL 浓度为 0.1 mol/L 的(NH₄)₂CO₃ 水溶液后于 50℃搅拌 15 min，离心获得白色沉淀并用蒸馏水洗涤 2 次，将所得前驱体在 80℃下干燥，最后在 500℃下煅烧 3 h。Fe⁰/CeO₂ 复合催化剂的制备基于硼氢化钠还原法的原理：将 4 g/L CeO₂ 与 20 g/L FeSO₄·7H₂O 加至 30%乙醇/水溶液（V/V），充分搅拌后逐滴加入 0.3 mol/L 硼氢化钠溶液以还原 Fe^{2+}（反应方程式如式 11-1 所示），反应结束后，用磁选法分离出沉淀，分别用去氧水、乙醇、丙酮洗涤 3 次，真空干燥即获得纳米 Fe⁰@CeO₂ 颗粒。

$$n\ CeO_2\text{-}Fe^{2+}+2BH_4^-+6H_2O \longrightarrow n\ CeO_2\text{-}nZVI+2B(OH)_3+7H_2 \tag{11-1}$$

11.2.2.2　材料的表征

采用比表面分析仪对材料进行比表面积的分析测定。颗粒的尺寸和表面形貌采用透射电镜（TEM，Tecnai G2 F20，USA）和扫描电镜（SEM，Hitachi S-3700N）进行观察。颗粒表面元素分析采用 X-射线光电子能谱仪（EDS，Bruker XFlash 5030T）进行分析。颗粒表面元素映射（EDS-mapping）采用场发射透射电子显微镜（STEM，Hitachi JEM-2100F）配备 X 射线能谱仪（EDS，Bruker XFlash 5030T）。颗粒表面元素价态分析采用 X-射线光电子能谱仪（XPS，ESCALAB 250，Thermo-VG Scientific，USA）进行表征。

图 11-1 显示了制备合成的 CeO₂、Fe⁰ 和 Fe⁰@CeO₂ 3 种材料 XRD 表征结果。对于 CeO₂，在 2θ 为 28.6°、33.2°、47.5°和 56.4°处有较强吸收峰，这些峰分别与立方萤石结构的 CeO₂（卡片 JCPDS NO.34-0394）中晶面（111）、晶面（200）、晶面（220）和晶面（311）相匹配。Fe⁰ 的 XRD 图谱中出现晶面（110）和晶面（211）匹配吸收峰，与铁（JCPDS No.65-4899）相一致。Fe⁰@CeO₂ 中有 4 个主要峰与标准 CeO₂ 数据相同，只是强度有所降低，另外还发现存在 Fe⁰ 晶面（110）和晶面（211）的两个特征峰，这说明复合材料中 CeO₂ 依旧保持原先稳定的立方萤石结构，且 Fe⁰ 能成功地负载在 CeO₂ 表面。

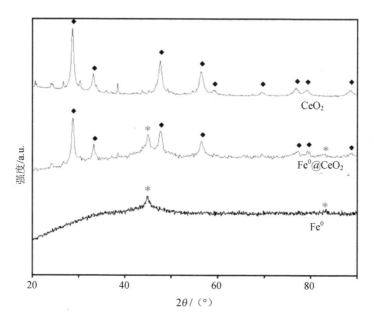

图 11-1　$Fe^0@CeO_2$ 的 XRD 图谱

材料表面元素不同价态含量对材料非均相芬顿催化活性有着至关重要的影响。因此，XPS 被用于 3 种材料表面元素价态的分析。根据先前文献报道，通过 Ce $3d_{5/2}$ 和 $3d_{3/2}$ 自旋轨道相应 XPS 图谱可以估算出 CeO_2 表面 Ce^{3+} 的比例。一般认为，结合能为 880.4 eV、885.5 eV、898.8 eV、(903.7±0.7)eV 处的吸收峰反映 Ce^{3+} 的存在，而 882.7 eV、888.96 eV、898.2 eV、901.3 eV、907 eV、(916.7±0.7) eV 处的吸收则代表 Ce^{4+}。Ce^{3+} 的比例计算公式如式（11-2）所示：

$$\left[Ce^{3+}\right]/\left[Ce^{3+}+Ce^{4+}\right]=\frac{A_{Ce^{3+}}}{A_{Ce^{3+}}+A_{Ce^{4+}}} \tag{11-2}$$

式中，A_i 表示相同价态各吸收峰峰面积之和。计算结果表明，$Fe^0@CeO_2$ 表面 Ce^{3+} 的比例高达 45%，而纯 CeO_2 表面仅为 30%，这表明硼氢化钠还原及零价铁的存在对提高 Ce^{3+} 的比例有帮助，而高含量 Ce^{3+} 被认为有利于催化芬顿反应。

相似地，XPS 还被用于表面铁结构信息的分析（图 11-2）。对于 $Fe^0@CeO_2$ 图谱，710 eV 和 724 eV 处出现的峰表示 Fe^{2+} 的存在，712 eV 和 724 eV 处的峰则证实 Fe^{3+} 的存在，718 eV 处代表 Fe $2p_{3/2}$ 峰，Fe^0 典型吸收峰（706 eV）同样被检测到。这说明 Fe^0、Fe^{2+} 和 Fe^{3+} 共存于材料表面，原因可能是材料表征前长时间暴露在空气中，nZVI 被氧化形成铁氧化物薄膜围绕在材料表面。

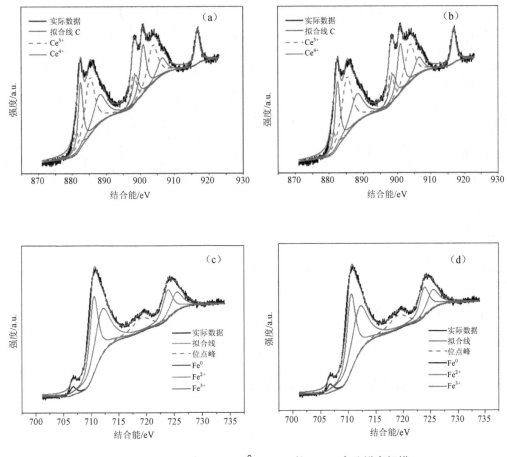

图 11-2　（a）CeO_2 与（b）Fe^0@CeO_2 的 Ce3d 高分辨率扫描；
（c）Fe^0 与（d）Fe^0@CeO_2 的 Fe2p 高分率扫描

　　纳米 Fe^0［图 11-3（a）］的 SEM 图像显示，Fe^0 颗粒呈尺寸为 100 nm 的球形，且由于具有磁性团聚成一系列链状结构。CeO_2 在高温煅烧过程中不可避免地会发生结块现象，所以呈现不规则的几何形状［图 11-3（b）］。由图 11-3（c）可以看出，Fe^0 颗粒成功负载在 CeO_2 表面，使 CeO_2 变得更加凹凸不平。Fe^0@CeO_2 材料在区域获得的 EDS 数据［图 11-3（d）］显示，其 Fe^0@CeO_2 表面上 Ce 和 Fe 的浓度分别为 20.07% 和 65.23%。

　　从图 11-4 的 Mapping 图能更加直观地显示复合材料元素的分布情况，Ce 元素主要分布于块状材料内部，Fe 则存在于材料表面，表明纳米铁已成功实现负载；氧元素同样多存在于材料内部，而表面与铁位置重叠的量极少，说明负载的纳米铁主要为零价态。

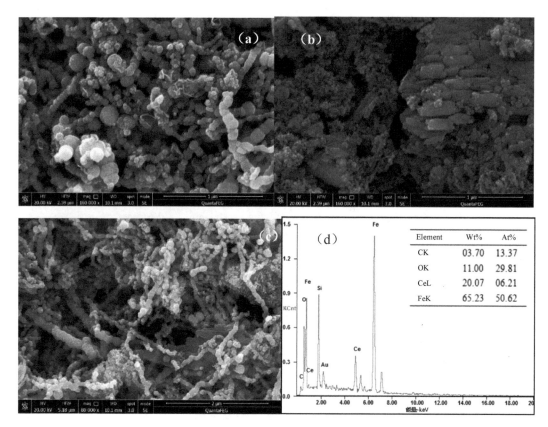

Element	Wt%	At%
CK	03.70	13.37
OK	11.00	29.81
CeL	20.07	06.21
FeK	65.23	50.62

图 11-3 （a）Fe^0、（b）CeO_2、（c）$Fe^0@CeO_2$ 的扫描电子显微镜照片，（d）$Fe^0@CeO_2$ 的 EDS 数据

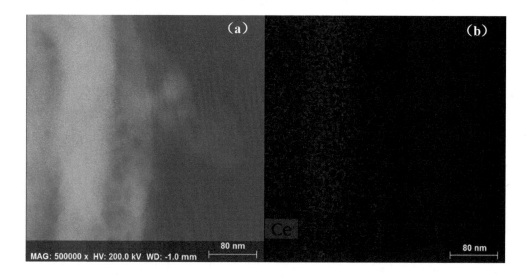

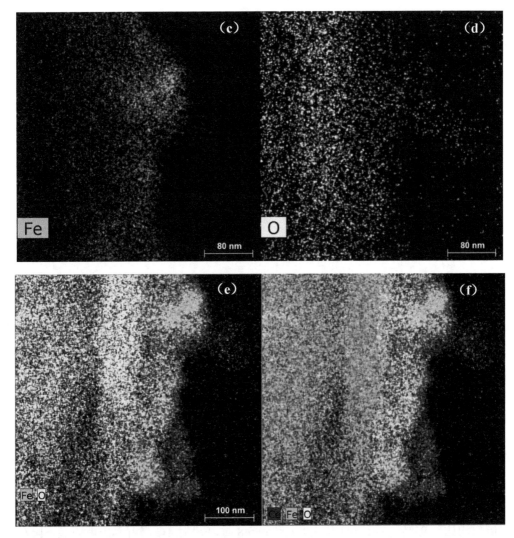

图 11-4　（a）$Fe^0@CeO_2$ 的场发透射电镜照片；（b）Ce 元素、（c）Fe 元素、（d）O 元素、
（e）Fe、O 元素、（f）Ce、Fe、O 元素的 EDS 元素映射照片

11.2.3　纳米 $Fe^0@CeO_2$ 非均相芬顿降解四环素工艺参数优化

采用 CeO_2 修饰改性 Fe^0，对 TC 进行非均相芬顿降解研究。探讨了催化剂投加量、H_2O_2 投加量、溶液不同初始 pH 对四环素降解的影响，以确定最佳工艺参数。

如图 11-5（a）所示，$Fe^0@CeO_2$ 投加量对 TC 最终的降解率有很大的影响。投加量从 0.01 g/L 增加到 0.05 g/L，TC 的降解率从 42%上升到 90%；然而，从 0.05 g/L 继续增加到 0.1 g/L，TC 的降解率仅提高约 3%。这是因为投加量较低时，随投加量增加反应活性稳点相应增加，单位时间内能产生更多的氧化活性物质。有研究表明，大量 Fe^0 会消

耗过多 H_2O_2，而且自由基会同过量的铁离子产生作用而失效［式（11-3）～式（11-6）］，从而抵消反应位点增加带来的积极作用，所以投加量高于一定值后，继续添加 Fe^0@CeO_2 对降解效果的影响不大。需要特别说明的是，虽然最佳投加量应该为 0.05 g/L，但是为了后续探究材料重复利用性的研究能够回收足够反应后的催化剂，选定 0.1 g/L 为后续研究中催化剂的投加量。

$$Fe^0 + H_2O_2 + 2H^+ \longrightarrow H_2O + Fe^{2+} \tag{11-3}$$

$$\equiv Fe^{2+} + HO \cdot \longrightarrow OH^- + \equiv Fe^{3+} \tag{11-4}$$

$$\equiv Fe^{2+} + HO_2 \cdot \longrightarrow HO_2^- + \equiv Fe^{3+} \tag{11-5}$$

$$\equiv Fe^{3+} + HO_2 \cdot \longrightarrow H^+ + O_2 \equiv Fe^{2+} \tag{11-6}$$

H_2O_2 投加量对降解的影响如图 11-5（b）所示，低 H_2O_2 投加量无法产生足够的氧化活性物质，H_2O_2 浓度为 20 mmol/L 时降解率不到 60%。在 H_2O_2 初始含量为 100 mmol/L 时达到 91%的最优降解效果，但 H_2O_2 含量继续增加到 120 mmol/L 时，TC 降解率反而下降到 79%。这是因为 H_2O_2 本身也是一种·OH 捕灭剂，会将·OH 转化为氧化能力较差的 HO_2·［式（11-7）］，过高 H_2O_2 投加量反而降低其利用率。

$$H_2O_2 + HO \cdot \longrightarrow H_2O + HO_2 \cdot \tag{11-7}$$

传统芬顿和大部分类芬顿反应的最适 pH 为 4 的条件下起作用，这严重限制了其使用范围。本书探究了 Fe^0@CeO_2 在原溶液（pH=5.8）以及 pH 调节为 3.0、4.0 和 7.0 时对 TC 的降解情况，以未修饰纳米铁在不同 pH 条件的降解率为空白对照，结果如图 11-5（c）所示，在 pH=3.0 时，Fe^0 和 Fe^0@CeO_2 系统具有较高的 TC 降解能力，60 min 污染物降解率均达到 93%。然而，pH 从 3.0 上升到 5.8 时，Fe^0 对 TC 降解率出现明显下降（下降约 40%），这与其他研究结果相一致，而 Fe^0@CeO_2 系统降解能力几乎没有变化。出现此现象的原因可能是，在酸性较强的条件下，纳米铁表面容易发生腐蚀，产生大量铁离子进入溶液中，并进一步引发传统芬顿反应过程快速氧化 TC；但在弱酸条件下，纳米铁表面会形成水合铁氧化钝化层，使其活性受到明显抑制。过去研究表明，氧空位吸附 H_2O_2 的分解过程受 pH 干扰较小，所以 Fe^0@CeO_2 的最适合 pH 比 Fe^0 最适合 pH 的范围，同时也说明在相对高 pH 条件下氧空位激发 H_2O_2 对 TC 降解起到很大作用。有趣的是，当 pH 继续升高到 7.0 时，纳米铁的去除能力出现回升，这是因为 Fe^0 对有机污染物有絮凝沉淀的作用，在较高 pH 条件下，纳米铁的这种能力获得加强。

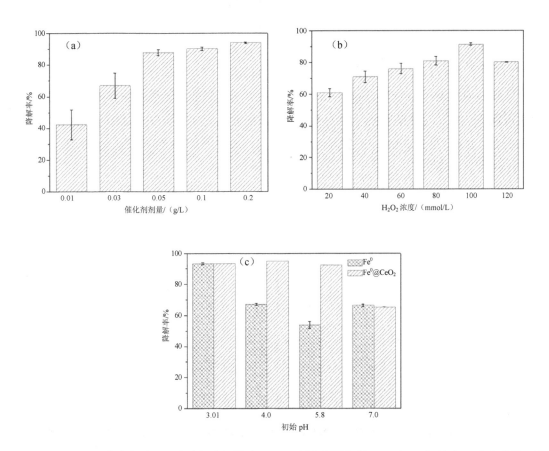

图 11-5　不同工艺参数对四环素降解率的影响：（a）催化剂投加量；（b）H_2O_2 浓度；（c）初始 pH

11.2.4　非均相芬顿降解四环素反应动力学研究

通过对溶液中 TC 去除效果来评价材料催化性能，试验结果如图 11-6（a）所示。单独 H_2O_2 对 TC 去除能力较差，60 min 降解率不足 20%，这是因为 H_2O_2 本身氧化能力较差（1.77 V），且难以自身分解产生氧化能力更强的 $\cdot OH$（2.85 V）。单独纳米 Fe^0 和单独纳米 $Fe^0@CeO_2$ 去除机理主要是吸附作用和对 TC 不稳定官能团的还原作用。反应 60 min，单独纳米 Fe^0 降解率为 45%，略低于单独纳米 $Fe^0@CeO_2$，这可能是因为 $Fe^0@CeO_2$ 具有更大的比表面积，并能提供更多有效吸附位点。Fe^0 与 H_2O_2 共同作用明显优于两者单独反应时的去除效果，这与其他研究成果类似，Fe^0 具有较好促进 H_2O_2 产生活性物质的能力。对比 5 个不同反应系统，可得 CeO_2 的参与能明显提高铁基材料的去除效果，纳米 $Fe^0@CeO_2/H_2O_2$ 系统在反应 10 min 时降解率就已达到 76%，分别为 H_2O_2 的 8 倍、Fe^0/H_2O_2 的 2 倍；反应 60 min 后，TC 降解率更是高达 90%。

Fe^0 去除有机物为表面过程，且在污染物与 Fe^0 投加量之比较低时，遵循拟一级动力学方程。拟一级动力学方程拟合结果显示[图 11-6（b）]，Fe^0@CeO$_2$/H$_2$O$_2$（0.029 94 min^{-1}）的反应速率常数约为 Fe^0+H$_2$O$_2$（0.015 85 min^{-1}）的 2 倍。相较于 Fe^0，Fe^0@CeO$_2$ 催化类芬顿性能大幅提升的原因可能是：①以 CeO$_2$ 为载体可增大铁基材料比表面积，添加吸附性能和反应位点；②CeO$_2$ 表面存在大量氧空位，这些氧空位能很好地捕获结合溶液中有机污染物，使其与材料表面产生的活性氧物质快速反应；③CeO$_2$ 表面存在大量 Ce^{3+}，借助的 Ce^{3+}/Ce^{4+} 循环与 Fe^{2+}/Fe^{3+} 循环的协同作用，加快了芬顿体系中的电子传递，产生更多的活性氧物质。

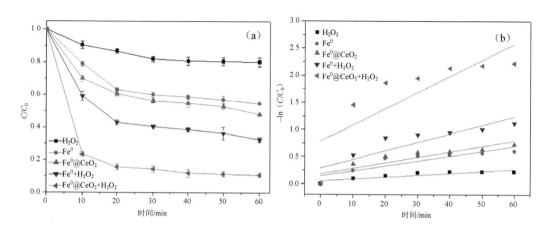

图 11-6 （a）不同体系下 TC 的降解效果；（b）不同系统下对 TC 降解的拟一级动力学拟合

11.2.5 TC 矿化程度的研究

芬顿反应可能产生有毒副产物，在实际废水处理过程中，对污染物的矿化效果是评价处理效果的一项重要指标。试验结果如图 11-7 所示，与 TC 降解情况类似，在相同的反应条件下，Fe^0@CeO$_2$ 材料比 Fe^0 材料 TOC 去除能力更强，Fe^0@CeO$_2$ 材料在 120 min 时对 TC 的矿化率为 26%，比 Fe^0 材料高近 60%；TC 未能完全矿化，说明产生了难以降解的副产物，其短时间内无法完全分解为水和二氧化碳。值得一提的是，Fe^0 非均相芬顿体系中 60 min 后 TC 及其降解副产物矿化程度就已不再上升，而 Fe^0@CeO$_2$ 体系中 120 min 后依旧发生矿化作用，这在一定程度上说明改性后的材料比单纯的 Fe^0 材料具有更高的反应活性以及稳定性。

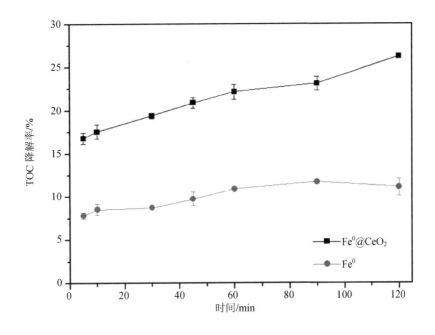

图 11-7　四环素矿化程度

11.2.6　材料的重复利用性研究

在废水处理过程中，可重复利用催化材料有助于降低成本，具有更好的推广运用前景。通过催化剂的重复使用试验结果（图 11-8）可得材料的重复利用性较好，在重复利用 4 次后，60 min 后材料对 TC 类芬顿催化降解仍然能达到近 90%。然而，材料经过重复利用 1 次后，TC 降解率出现略微下降，其可能的原因是：①表面的零价铁氧化形成 Fe$_2$O$_3$，而 Fe$_2$O$_3$ 已被证实在接近中性的体系中催化芬顿反应能力较差；②上一次反应有部分有机污染物沉积在催化剂表面未得到有效去除；③部分 Ce^{3+} 与过氧化物相结合，形成稳定的 Ce^{3+}-OOH 化合物，暂时失去反应活性。对非均相芬顿催化剂，金属离子的溶出是导致结构破坏和使用次数降低的主要因素，而且过多金属离子进入溶液中还会影响出水水质，因此有必要测试 Fe^0@CeO$_2$ 非均相体系中金属溶出情况，结果表明每批 TC 溶液经过 60 min 反应后，体系中总铁含量均低于检出限（0.013 mg/L），进一步证实了 Fe^0@CeO$_2$ 具有较好的稳定性。

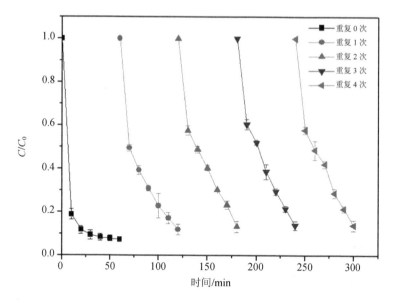

图 11-8　重复利用性试验

11.2.7　四环素降解产物鉴别

紫外-可见吸收随时间变化图谱如图 11-9 所示，随时间的增加，358 nm 和 275 nm 处代表 TC 的吸收峰强度逐渐下降，并在 120 min 后完全消失，表明 TC 已被完全降解。但是，反应后在 240 nm 处出现新的吸收峰，表明可能有新的芳香族的降解产物生成，且在反应时间内无法被完全去除，这很好地解释了 TOC 降解率较低的原因。

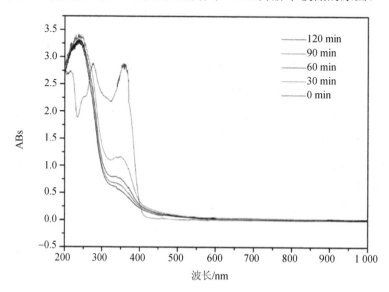

图 11-9　Fe^0@CeO_2 非均相芬顿降解四环素紫外-可见吸收随时间变化图谱

使用 UPLC-Q-TOF-MS 对 $Fe^0@CeO_2$ 非均相芬顿降解 TC 进行产物鉴定（图 11-10、图 11-11），一共检测到 7 种降解产物，详见图 11-12 和表 11-1（Niu J et al., 2013）。$Fe^0@CeO_2$ 非均相芬顿降解 TC 路径见图 11-13，TC 分子上的 N—C 键能较低，容易在·OH 和 H_{ads} 的攻击下，优先发生脱甲基反应生成产物（m/z=417）和中间产物（m/z=403），这也是 358 nm 和 275 nm 处吸收峰消失的直接原因。产物（m/z=417）进一步发生开环作用、酮基还原反应和脱羟基作用生成产物（m/z=194）和中间产物（m/z=174）。同时四环素在强氧化环境中，环 A 可能被直接破坏生成中间产物（m/z=277），进一步降解可能生成中间产物（m/z=186）。产物（m/z=186）的 C—C 单键受到进一步攻击产生产物（m/z=159），并在发生开环作用后生成产物（m/z=122）。产物（m/z=122）还可能来自产物（m/z=174）和中间产物（m/z=194）的进一步降解。产物（m/z=122）发生脱甲基作用生成间甲基酚，其最终开环导致短链羧酸的形成，短链羧酸进一步矿化，最终完全转化为 CO_2、H_2O 和无机离子。

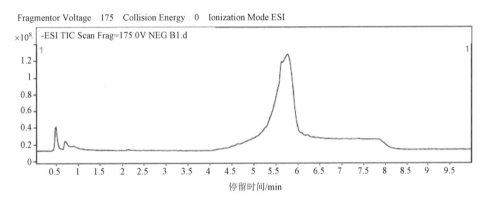

图 11-10 超高压液相色谱-飞行时间质谱仪分析四环素降解产物（60 min）

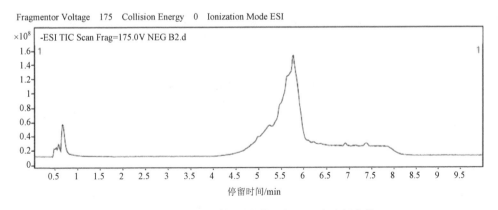

图 11-11 超高压液相色谱-飞行时间质谱仪分析四环素降解产物（120 min）

MS Zoomed Spectrum

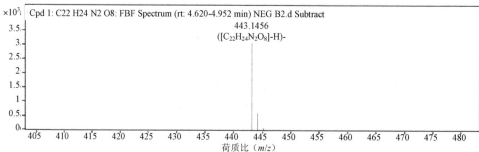

MS Zoomed Spectrum

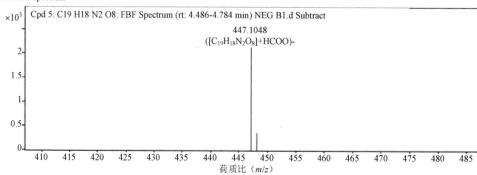

MS Zoomed Spectrum

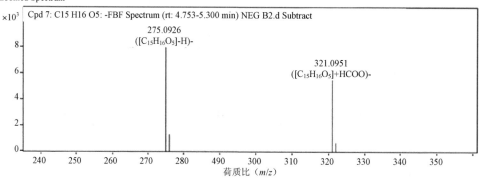

MS Zoomed Spectrum

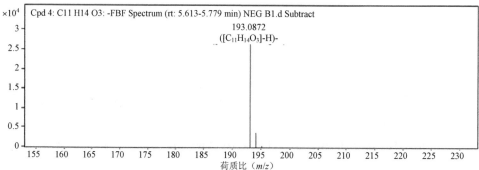

MS Zoomed Spectrum

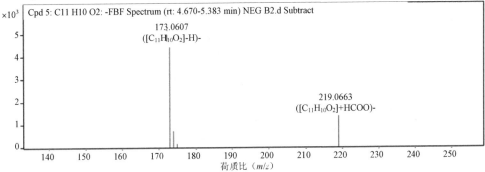

MS Zoomed Spectrum

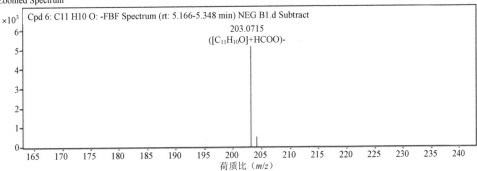

MS Zoomed Spectrum

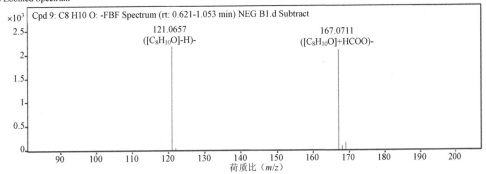

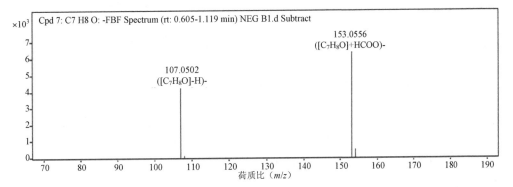

图 11-12　TC 降解产物质谱图

表 11-1　TC 降解产物分析

化合物	RT	分子量	化学式	分子结构
I	4.836	444.15	$C_{22}H_{24}N_2O_8$	
II	4.668	402.11	$C_{19}H_{18}N_2O_8$	
III	5.068	276.10	$C_{15}H_{16}O_5$	
IV	5.696	194.09	$C_{11}H_{14}O_3$	
V	5.068	174.07	$C_{11}H_{10}O_2$	
VI	5.249	158.07	$C_{11}H_{10}O$	
VII	0.737	122.07	$C_8H_{10}O$	
VIII	0.721	108.06	C_7H_8O	

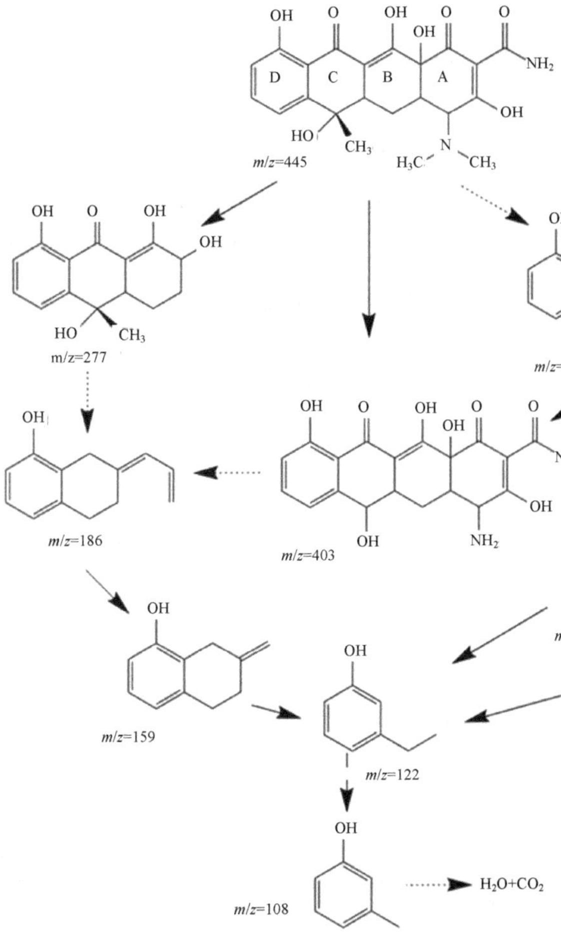

图 11-13 $Fe^0@CeO_2$ 非均相芬顿降解四环素路径

11.2.8 四环素降解机理

通过 EPR 检测仪鉴定非均相反应体系中的主要作用自由基。如图 11-14（a）所示，$Fe^0@CeO_2$ 非均相芬顿存在典型的 DMPO-OH 加合物的 4 倍特征峰，其密度比为 1∶2∶2∶1，说明该体系主要作用自由基为•OH。对苯二甲酸荧光探针法因具有快速、灵敏和专一性强的特点，常用于测定溶液中•OH 浓度。类芬顿体系产生•OH 后，会与对苯二甲酸反应产生具有极强荧光特性的 2-对苯二甲酸，通过测定荧光强度可获得产生•OH 总量。

荧光探针试验结果如图 11-14（b）所示，无论是 $Fe^0@CeO_2$ 还是 Fe^0，在 425 nm 处均有吸收，随时间延长荧光强度增强。$Fe^0@CeO_2$ 类芬顿体系相同时间产生•OH 的量高于单纯 Fe^0，120 min 内 $Fe^0@CeO_2$ 体系•OH 的量比 Fe^0 的约高 20%，这与前面 TC 降解情况相同。类芬顿体系中，•OH 可能是来自被吸附到材料表面的 H_2O_2 分解产生的表面自由基，也可能是铁离子从材料表面释放到溶液中激发 Fenton 反应产生的自由羟基自由基。已有文献报道，叔丁醇能淬灭溶液和催化剂表面的羟基自由基（•OH），而异丙醇只能淬灭溶液中的羟基自由基（•OH$_{free}$）。

为进一步了解氧化机理，本书通过上述两种不同类型的自由基淬灭试验探究•OH 主要产生途径，结果如图 11-14（c）所示。在过量叔丁醇体系中，反应 60 min 后 TC 的降解率仅达到 36%，说明叔丁醇极大地抑制了反应。另外，异丙醇体系对 TC 降解的影响很小，反应 60 min 后降解率达到了 75%，结合铁离子溶出试验结果（反应溶液体系中铁离子浓度不高于 0.013 mg/L），可认为催化体系的•OH 主要在催化剂表面产生。另外，Fe^0 被 H$_2$O$_2$ 腐蚀会在催化剂表面产生 H$_{ads}$，而 H$_{ads}$ 对 TC 同样有降解作用（Xu L J et al.，2013），这很好地解释了过量叔丁醇并不能完全终止反应的原因。

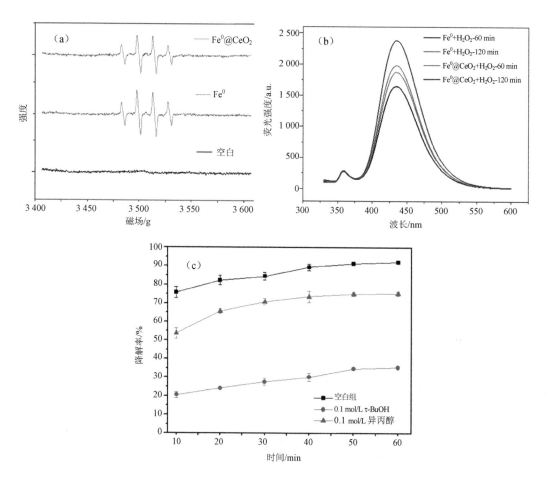

图 11-14 （a）不同系统下 DMPO 捕获羟基自由基后 EPR 测定结果图；（b）两种纳米材料非均相芬顿过程羟基自由基产生量对比；（c）不同自由基捕获剂对四环素降解率的影响

　　为此，$Fe^0@CeO_2$ 非均相催化机理可由图 11-15 表示：一方面，由 Fe^0 的腐蚀产生的 H_{ads} 可以通过脱除 TC 不稳定基团，从而破坏其结构；另一方面，吸附在复合材料表面的 H_2O_2，在 Ce^{3+}/Ce^{4+} 循环与 Fe^{2+}/Fe^{3+} 循环的协同作用，快速分解产生•OH 无差别进攻吸附在材料表面的 TC 及降解产物，最终将其完全矿化（Reddy et al.，2012；Xu L J et al.，2012；Ge Lin et al.，2014）。

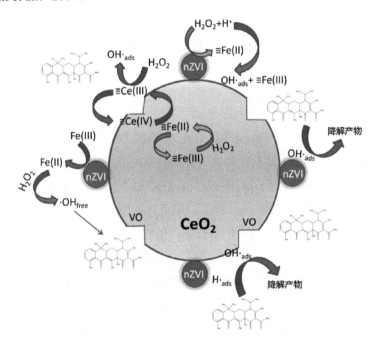

图 11-15　$Fe^0@CeO_2$ 非均相催化降解四环素机理概念模型

11.2.9　小结

　　本节通过还原法制备出一种新型的复合类芬顿催化剂 $Fe^0@CeO_2$ 复合材料，表征结果表明 Fe^0 有效负载在 CeO_2 表面。复合材料降解四环素的试验结果表明，在引入纳米 CeO_2 的复合材料后可有效增大材料比表面积，大大提高了催化材料吸附性和加速芬顿体系的电子转移，相对于 nano-Fe^0 表现出更好的材料稳定性，能在更广泛的 pH 范围内保持较高的催化活性，在重复使用 5 次后降解率仍然没有明显下降。降解机理研究发现 $Fe^0@CeO_2$ 复合材料主要归因于还原/氧化机理降解四环素，一方面是 Fe^0 产生的 H_{ads} 具有较高的还原性能，另一方面是 $Fe^0@CeO_2$ 复合材料产生丰富的•OH_{ads} 具有较高的氧化矿化性能。

11.3　强化纳米 Fe⁰@CeO₂ 对四环素非均相芬顿的矿化

Fe⁰@CeO₂ 复合材料在四环素的降解中发挥着重要作用，但由于对四环素的矿化程度不足，仍有需要改进的地方，这对于研究开发矿化有机物效率更高的类芬顿手段是至关重要的，基于 11.2 节得出的复合材料非均相芬顿降解四环素的矿化程度结果，进一步探究如何加强四环素在类芬顿体系下的矿化程度，并找出纳米 Fe⁰@CeO₂ 复合材料对四环素的类芬顿降解过程中的矿化手段，为设计优化材料及反应体系的设计打下基础。

11.3.1　过硫酸盐强化矿化研究

试验对比了引入不同量的过硫酸盐对 TOC 去除的影响，由图 11-16 可知，在添加的过硫酸盐含量较低时，随过硫酸盐投加量的提高，TOC 的去除率也相应提高，并在过硫酸盐投加量为 4 mmol/L 时达到了最好的效果，TOC 去除率达到 40%，相比不投加过硫酸盐的 TOC 去除率显著增加了 63%。然而，随着过硫酸盐的继续投加，TOC 去除率不升反降，这与过量过硫酸盐的自淬灭作用有关，消耗了部分产生的自由基。适量的过硫酸盐能提高 TOC 去除率，一方面因为过硫酸盐能产生大量硫酸自由基氧化降解 TC 及其降解中间产物，另一方面由于过硫酸盐的添加使溶液 pH 变低（图 11-17），Fe^{2+} 析出量增加，均相芬顿反应过程得到加强，产生了更多活性自由基。

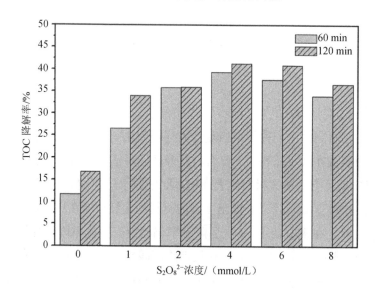

图 11-16　不同过硫酸盐投加量对 TOC 去除效果影响

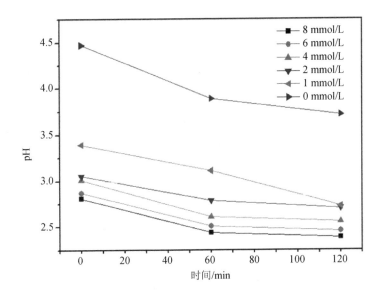

图 11-17　不同过硫酸盐投加量对 pH 的影响

11.3.2　Cu^{2+} 强化矿化研究

由试验结果（图 11-18）可知，当催化剂投加量为 0.1 g/L 时，投加 3 mmol/L Cu^{2+} 时，60 min 内 TOC 去除率达到 61%，比 2 mmol/L Cu^{2+} 的 TOC 去除率提高了 35%；投加 4 mmol/L Cu^{2+} 时 TOC 去除率与 3 mmol/L 的 TOC 去除率相差不大，120 min 内 TOC 去除率均达到 66% 左右；当催化剂投加量为 0.2 g/L 时，3 mmol/L Cu^{2+} 投加量效果最好，120 min TOC 去除率达到了 59%，但效果比催化剂投加量为 0.1 g/L 时的差。综合考虑，最佳工艺条件选择为催化剂投加量 0.1 g/L，Cu^{2+} 投加量 3 mmol/L，H_2O_2 投加量 100 mmol/L，过硫酸盐投加量 6 mmol/L。

11.3.3　过硫酸盐/Cu^{2+} 强化矿化研究

比较不同系统对 TC 的矿化程度的试验结果（图 11-19）可知，单独 Cu^{2+} 催化 $H_2O_2/S_2O_8^{2-}$ 降解 TC 效果较差，120 min 内矿化率仅达到 15%。相较于 H_2O_2，$Fe^0@CeO_2$ 催化过硫酸盐有更好的 TOC 去除效果，120 min 内对 TC 的矿化率高 21.11%；且 H_2O_2 与 $S_2O_8^{2-}$ 同时使用时，有明显的去除效果叠加作用，120 min 内对 TC 的矿化率比 $Fe^0@CeO_2/S_2O_8^{2-}$ 体系提高了 20.97%。在所有体系中，$Fe^0@CeO_2/Cu^{2+}/H_2O_2/S_2O_8^{2-}$ 系统对 TC 矿化效果最好，120 min 矿化率达到 67%，约为 $Fe^0@CeO_2/H_2O_2/S_2O_8^{2-}$ 系统矿化率的 2 倍。这归因于 Cu^{2+} 对 Fe^{3+}/Fe^{2+} 的循环有促进作用，可以加快体系中的电子传递速率，进而能更好地活化 H_2O_2 和 $S_2O_8^{2-}$ 产生活性氧物质。

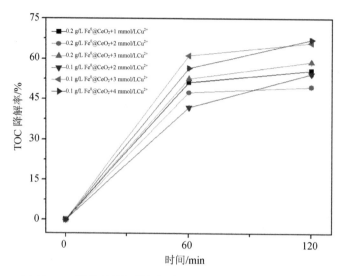

图 11-18　催化剂投加量与铜离子投加量去除 TOC 效果比较

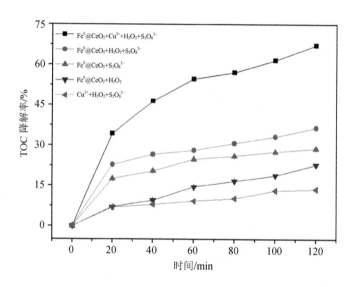

图 11-19　不同系统去除 TOC 比较

11.3.4　不同系统下铁离子、铜离子的溶出

由金属离子溶出情况（图 11-20）可知，$Fe^0@CeO_2/Cu^{2+}/H_2O_2/S_2O_8^{2-}$ 系统溶解铁离子量高于 $Fe^0@CeO_2/H_2O_2/S_2O_8^{2-}$ 系统，说明铜离子的加入会加快铁离子的溶出，这明显有利于均相芬顿反应的进行。

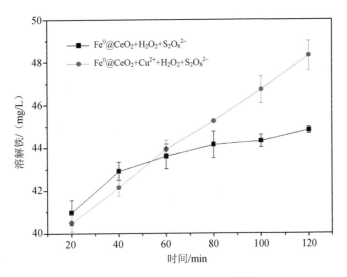

图 11-20　不同系统铁离子溶出情况

对于铜离子，Cu^{2+}/H_2O_2/$S_2O_8^{2-}$ 系统中铜离子浓度基本保持不变，但在 Fe^0@CeO_2/Cu^{2+}/H_2O_2/$S_2O_8^{2-}$ 系统中铜离子浓度呈先下降再上升的趋势（图 11-21），这可能是因为部分铜离子被零价铁表面的氧化薄层吸附，随着反应进行，表面的铁离子不断溶出，原先的结构被破坏，铜离子也随着溶出回到溶液中。

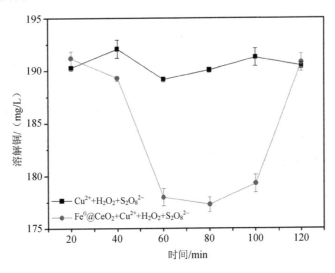

图 11-21　不同系统铜离子溶出情况

11.3.5　EPR 分析

DMPO 对溶液中的·OH 进行捕获后采用 EPR 测定，不同系统的 EPR 测试结果表明

（图 11-22），3 个系统均出现标准的面积比为 1：2：2：1 的峰，证明无论采用 $Fe^0@CeO_2$ 复合材料还是 Cu^{2+} 催化剂，在氧化剂为 $H_2O_2/S_2O_8^{2-}$ 体系下，主要作用因子都为 •OH。$Fe^0@CeO_2/Cu^{2+}/H_2O_2/S_2O_8^{2-}$ 系统中 •OH 信号峰强度明显高于另外两个系统，进一步证实 $Fe^0@CeO_2/Cu^{2+}/H_2O_2/S_2O_8^{2-}$ 体系具有优异的有机污染物氧化能力。

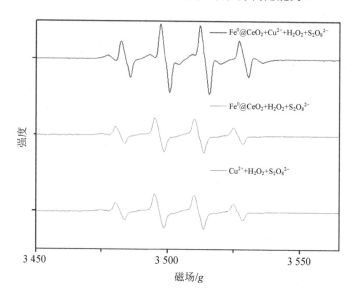

图 11-22　不同系统 DMPO 捕获羟基自由基后 EPR 测定结果

11.3.6　小结

　　本节研究了 $Fe^0@CeO_2/Cu^{2+}/H_2O_2/S_2O_8^{2-}$ 复合体系降解四环素，结果表明该体系能促进表面铁离子析出，加强均相与非均相芬顿反应，有效提高了四环素的矿化程度。根据 EPR 测试结果，矿化四环素的主要活性氧物质是羟基自由基。因此，本书针对可行的降解体系提高四环素的矿化程度提出一种新的思路。

参考文献

AI Z，2007. Fe@Fe$_2$O$_3$ core-shell nanowires as iron reagent. 1. Efficient degradation of rhodamine B by a novel sono-Fenton process[J]. The Journal of Physical Chemistry C，111（11）：4087-4093.

ANDERSSON D A，2006. Optimization of ionic conductivity in doped ceria[J]. Proceedings of the National Academy of Sciences，103（10）：3518-3521.

BARON M，2009. Resolving the atomic structure of vanadia monolayer catalysts：monomers，trimers，and oligomers on ceria[J]. Angewandte Chemie，121（43）：8150-8153.

BLANCO L，2016. Assessing the use of zero-valent iron microspheres to catalyze Fenton treatment processes[J]. Journal of the Taiwan Institute of Chemical Engineers，69：54-60.

DAGHRIR R，2013. Tetracycline antibiotics in the environment：a review[J]. Environmental chemistry letters，11（3）：209-227.

DONG H，2016. Occurrence and removal of antibiotics in ecological and conventional wastewater treatment processes：A field study[J]. Journal of Environmental Management，178：11-19.

ELLIS J B，2006. Pharmaceutical and personal care products（PPCPs） in urban receiving waters[J]. Environmental Pollution，144（1）：184-189.

GE L，2014. The effect of gold loading on the catalytic oxidation performance of CeO₂/H₂O₂ system[J]. Catalysis Today，224：209-215.

GÖBEL A，2007. Fate of sulfonamides，macrolides，and trimethoprim in different wastewater treatment technologies[J]. Science of the Total Environment，372（2-3）：361-371.

HAMMOUDA S B，2017. Reactivity of novel Ceria-Perovskite composites CeO₂-LaMO₃（MCu，Fe） in the catalytic wet peroxidative oxidation of the new emergent pollutant "Bisphenol F"：Characterization，kinetic and mechanism studies[J]. Applied Catalysis B：Environmental，218：119-136.

HAMSCHER G，2003. Antibiotics in dust originating from a pig-fattening farm：a new source of health hazard for farmers? [J]. Environmental Health Perspectives，111（13）：1590-1594.

HAN D，2017. Persistent organic pollutants in China's surface water systems[J]. Science of the Total Environment，580：602-625.

HAO R，2012. Efficient adsorption and visible-light photocatalytic degradation of tetracycline hydrochloride using mesoporous BiOI microspheres[J]. Journal of Hazardous Materials，209：137-145.

HEBERER T，2002. Occurrence，fate，and removal of pharmaceutical residues in the aquatic environment：a review of recent research data[J]. Toxicology Letters，131（1-2）：5-17.

HIRSCH D，2006. Identification and antimicrobial resistance of motile aeromonas isolated from fish and aquatic environment[J]. Ciência e Agrotecnologia，30（6）：1211-1217.

HOU L，2016. Ultrasound-assisted heterogeneous Fenton-like degradation of tetracycline over a magnetite catalyst[J]. Journal of Hazardous Materials，302：458-467.

HOU X，2016. Ascorbic acid/Fe@Fe₂O₃：a highly efficient combined Fenton reagent to remove organic contaminants[J]. Journal of Hazardous Materials，310：170-178.

HUANG L，2011. Comparative study on characterization of activated carbons prepared by microwave and conventional heating methods and application in removal of oxytetracycline（OTC）[J]. Chemical Engineering Journal，171（3）：1446-1453.

HUANG R，2012. Heterogeneous sono-Fenton catalytic degradation of bisphenol A by Fe₃O₄ magnetic nanoparticles under neutral condition[J]. Chemical Engineering Journal，197：242-249.

KAKAVANDI B，2016. Application of Fe_3O_4@C catalyzing heterogeneous UV-Fenton system for tetracycline removal with a focus on optimization by a response surface method[J]. Journal of Photochemistry and Photobiology A：Chemistry，314：178-188.

KÜMMERER K，2001. Drugs in the environment：emission of drugs，diagnostic aids and disinfectants into wastewater by hospitals in relation to other sources-a review[J]. Chemosphere，45（6-7）：957-969.

LIU M，2012. Abundance and distribution of tetracycline resistance genes and mobile elements in an oxytetracycline production wastewater treatment system[J]. Environmental Science & Technology，46（14）：7551-7557.

LIU S，2013. The degradation of tetracycline in a photo-electro-Fenton system[J]. Chemical Engineering Journal，231：441-448.

MA J，2011. Mechanism of adsorption of anionic dye from aqueous solutions onto organobentonite[J]. Journal of Hazardous Materials，186（2-3）：1758-1765.

MARTINS R C，2012. Treatment improvement of urban landfill leachates by Fenton-like process using ZVI[J]. Chemical Engineering Journal，192：219-225.

MESSELE S A，2015. Effect of activated carbon surface chemistry on the activity of ZVI/AC catalysts for Fenton-like oxidation of phenol[J]. Catalysis Today，240：73-79.

MONTINI T，2016. Fundamentals and catalytic applications of CeO_2-based materials[J]. Chemical Reviews，116（10）：5987-6041.

NIU J，2013. Visible-light-mediated Sr-Bi_2O_3 photocatalysis of tetracycline：kinetics，mechanisms and toxicity assessment[J]. Chemosphere，93（1）：1-8.

OLLER I，2011. Combination of advanced oxidation processes and biological treatments for wastewater decontamination—a review[J]. Science of the Total Environment，409（20）：4141-4166.

ORTIZ DE LA PLATA G B，2010. Decomposition of 2-chlorophenol employing goethite as fenton catalyst. I. proposal of a feasible，combined reaction scheme of heterogeneous and homogeneous reactions[J]. Applied Catalysis B：Environmental，95（1-2）：1-13.

OTURAN M A，2010. Kinetics of oxidative degradation/mineralization pathways of the phenylurea herbicides diuron，monuron and fenuron in water during application of the electro-Fenton process[J]. Applied Catalysis B：Environmental，97（1-2）：82-89.

PAIER J，2013. Oxygen defects and surface chemistry of ceria：quantum chemical studies compared to experiment[J]. Chemical Reviews，113（6）：3949-3985.

PAN Y，2016. Novel Fenton-like process（pre-magnetized Fe^0/H_2O_2）for efficient degradation of organic pollutants[J]. Separation and Purification Technology，169：83-92.

PASTOR-NAVARRO N，2009. Review on immunoanalytical determination of tetracycline and sulfonamide residues in edible products[J]. Analytical and Bioanalytical Chemistry，395（4）：907-920.

POLLARD A T，2018. Fate of tetracycline antibiotics in dairy manure-amended soils[J]. Environmental Reviews，26（1）：102-112.

REDDY A S，2010. Synthesis and characterization of Fe/CeO₂ catalysts：epoxidation of cyclohexene[J]. Journal of Molecular Catalysis A：Chemical，318（1-2）：60-67.

REN X，2018. Sorption，transport and biodegradation-an insight into bioavailability of persistent organic pollutants in soil[J]. Science of the Total Environment，610：1154-1163.

SARMAH A K，2006. A global perspective on the use，sales，exposure pathways，occurrence，fate and effects of veterinary antibiotics（VAs） in the environment[J]. Chemosphere， 65（5）：725-759.

SEGURA Y，2013. Effective pharmaceutical wastewater degradation by fenton oxidation with zero-valent iron[J]. Applied Catalysis B：Environmental，136：64-69.

TAN L ，2017. Enhanced reductive debromination and subsequent oxidative ring-opening of decabromodiphenyl ether by integrated catalyst of nZVI supported on magnetic Fe₃O₄ nanoparticles[J]. Applied Catalysis B：Environmental，200：200-210.

VARJANI S J，2017. Comprehensive review on toxicity of persistent organic pollutants from petroleum refinery waste and their degradation by microorganisms[J]. Chemosphere，188：280-291.

VELICHKOVA F，2013. Heterogeneous Fenton oxidation of paracetamol using iron oxide（nano） particles[J]. Journal of Environmental Chemical Engineering，1（4）：1214-1222.

WAN Z，2016. Removal of sulfamethazine antibiotics using CeFe-graphene nanocomposite as catalyst by Fenton-like process[J]. Journal of Environmental Management，182：284-291.

WANG J，2018. Adsorptive removal of tetracycline on graphene oxide loaded with titanium dioxide composites and photocatalytic regeneration of the adsorbents[J]. Journal of Chemical & Engineering Data，63（2）：409-416.

WANG Y，2017. Novel RGO/α-FeOOH supported catalyst for Fenton oxidation of phenol at a wide pH range using solar-light-driven irradiation[J]. Journal of Hazardous Materials，329：321-329.

XIANG W，2016. An insight in magnetic field enhanced zero-valent iron/H₂O₂ Fenton-like systems：Critical role and evolution of the pristine iron oxides layer[J]. Scientific Reports，6（1）：1-11.

XU L J，2013. Degradation of chlorophenols using a novel Fe⁰/CeO₂ composite[J]. Applied Catalysis B：Environmental，142：396-405.

XU L J，2012. Magnetic nanoscaled Fe₃O₄/CeO₂ composite as an efficient Fenton-like heterogeneous catalyst for degradation of 4-chlorophenol[J]. Environmental Science & Technology，46（18）：10145-10153.

YANG B，2015. Enhanced heterogeneous Fenton degradation of Methylene Blue by nanoscale zero valent iron （nZVI）assembled on magnetic Fe_3O_4/reduced graphene oxide[J]. Journal of Water Process Engineering，5：101-111.

YANG S，2018. Advances in the use of carbonaceous materials for the electrochemical determination of persistent organic pollutants. A review[J]. Microchimica Acta，185（2）：1-14.

YANG X，2011. Occurrence and removal of pharmaceuticals and personal care products（PPCPs）in an advanced wastewater reclamation plant[J]. Water Research，45（16）：5218-5228.

YANG Y，2018. Ultrasound-assisted removal of tetracycline by a Fe/N-C hybrids/H_2O_2 Fenton-like system[J]. ACS omega，3（11）：15870-15878.

ZANG C，2017. The role of exposed facets in the Fenton-like reactivity of CeO_2 nanocrystal to the Orange II[J]. Applied Catalysis B：Environmental，216：106-113.

ZHA S，2014. Nanoscale zero-valent iron as a catalyst for heterogeneous Fenton oxidation of amoxicillin[J]. Chemical Engineering Journal，255：141-148.

ZHANG Y，2015. PEG-assisted synthesis of crystal TiO_2 nanowires with high specific surface area for enhanced photocatalytic degradation of atrazine[J]. Chemical Engineering Journal，268：170-179.

ZHU X，2014. Preparation of magnetic porous carbon from waste hydrochar by simultaneous activation and magnetization for tetracycline removal[J]. Bioresource Technology，154：209-214.

ZHU Y，2019. Strategies for enhancing the heterogeneous Fenton catalytic reactivity：a review[J]. Applied Catalysis B：Environmental，255：117739.

宋现财，2014. 四环素类抗生素在活性污泥上的吸附规律及其机理研究[D]. 天津：南开大学.

许冰洁，2016. 斑马鱼胚胎评价 5 种药物的发育毒性与模型验证[J]. 中国药理学通报，（1）：74-79.

闫琦，2018. 畜禽粪便中残留四环素类抗生素的研究概况[J]. 家畜生态学报，39（5）：80-86.

第 12 章 磁性矿物 Pal@Fe₃O₄ 类芬顿降解四环素

12.1 背景技术

12.1.1 高级氧化技术降解四环素

芬顿（Fenton）氧化技术是发展最成熟且广泛被应用的高级氧化技术。Fenton 反应利用铁盐与 H_2O_2 生成具有极高活性的羟基自由基（•OH），可以无差别地攻击绝大部分有机分子并降解为小分子物质（Andreozzi et al.，1999；Masomboon et al.，2009）。Fenton 技术由于其操作简单，反应速率快而引起研究人员的广泛关注（Zhang A et al.，2012）。然而传统的 Fenton 反应因其容易产生铁底泥、严格的酸性条件需求，不仅易引起二次污染，而且成本高昂，限制了其废水处理应用。因此，许多的研究者已着手开发适用于更大 pH 范围，并易于快速回收利用的非均相类芬顿催化剂。

类芬顿（Fenton-like）氧化技术是指利用 Fenton 氧化技术的基本原理，在反应体系中加入紫外光照、光电效应等，可以把除 Fenton 法以外的其他活化 H_2O_2 产生•OH 降解污染物的技术。其中使用与 Fe^{2+} 相态不同的催化剂，即固体催化剂代替传统水溶铁盐催化 H_2O_2 降解污染物的类芬顿氧化技术近年来持续受到关注（Rezaei et al.，2018）。Kakavandi 等（2016）使用活性炭合成 $Fe_3O_4@C$ 催化剂，在紫外光照下非均相芬顿降解四环素，不仅在 44 min 内获得 79% 的四环素降解率，固体催化剂在多次循环降解后仍保持较高活性。Zhang N 等（2019）使用 nZVI 合成 $Fe^0@CeO_2$ 复合材料非均相芬顿催化剂降解四环素，在 60 min 内可以降解 90% 的四环素。Hou L 等（2016）使用 Fe_3O_4 通过超声非均相芬顿降解四环素，60 min 内 TOC 去除率为 31.8%。类芬顿氧化技术无疑拥有广阔的技术应用前景，但是高效催化剂的制备，合成原料的开发，无论是技术方面还是成本方面都在一定程度上制约了其在未来的广泛应用。

12.1.2 黏土矿物及其应用

12.1.2.1 黏土矿物的结构及性质

黏土矿物在整个自然界中大量存在，是一些含镁、铝为主的含水硅酸盐矿物。黏土矿物主要按单元晶层结构进行分类，单元晶层一般是硅氧形成的四面体结构和镁或铝与氧形成的八面体结构。具体可以分为层链结构黏土、1∶1 型黏土、2∶1 型黏土、2∶2 型黏土。特别的，坡缕石、海泡石等非平面黏土是由两个二氧化硅四面体片和一个八面体片组成的 2∶1 型层链状富镁硅酸盐矿物（Lu Y et al.，2019；Chen B et al.，2019）。虽然坡缕石的结构与海泡石相似，但它由两条平行纤维方向的辉石单链组成的结构使其具有更大的比表面积（Moreira et al.，2017）。膨润土的主要成分是蒙脱石，是一种 2∶1 层状硅酸盐矿物（Ma J et al.，2016），由两层硅氧四面体夹着一层铝或镁氧八面体组成。而高岭土属于 1∶1 层状硅酸盐，仅含一个硅氧四面体和一个铝氧四面体，而且高岭土具有二维层状结构，有丰富的铝羟基和永久性负电荷（Srivastava et al.，2005；Li C et al.，2019）。沸石是一种铝硅酸盐矿物，其基本骨架由许多硅氧四面体和铝氧四面体组成（Gu B W et al.，2019）。不同的黏土矿物除了结构不同，性质也不一样。由于海泡石、坡缕石拥有类似隧道结构，其比表面积相对其他黏土矿物更大。蒙脱石结构中存在可变金属元素，主要是 Ca、Na。可变金属的存在使蒙脱石的种类也不一样，其膨胀性、酸碱性、热稳定性也有所不同。另外，高岭石的层状结构使其表面及结构中含有丰富的羟基。

12.1.2.2　黏土矿物在水体修复中的应用

（1）吸附剂

已有大量关于黏土矿物用于水体修复的研究，包括对重金属、有机污染物的吸附研究。Jiang M 等（2010）直接使用高岭土对废水中 Pb（Ⅱ）进行吸附，其浓度由 160 mg/L 降至 8 mg/L。黄昭先等（2011）使用盐酸活化坡缕石对四环素的吸附量最大可以达到 120.5 mg/g。研究者为了使黏土矿物的吸附性能更好，开始对天然黏土矿物进行改性。Zhu Y 等（2017）使用硅烷化坡缕石快速吸附 Rb^+ 和 Cs^+，最大吸附容量分别为 232.46 mg/g 和 239.88 mg/g。Li Y 等（2015）使用膨润土负载零价铁吸附还原 Se（Ⅵ），膨润土中的铝作为吸附剂成分加速了 Se（Ⅵ）的还原，提高了零价铁的重复使用。黏土矿物作为一类吸附剂，无论是直接使用还是通过改性，都展现出了良好的吸附性能，而且在一些改性过程中黏土矿物还可作为载体使用，不仅扩大了吸附容量，更能在修复过程中使水体中的重金属进一步还原。

（2）催化剂及催化剂载体

进一步地，研究者发现黏土矿物可以直接作为催化剂在水体修复中使用。Li C 等（2019）直接使用天然带负电荷的高岭土活化过硫酸盐降解阿特拉津，高岭土表面键合的结构羟基可以对过硫酸盐进行活化，并且高岭土可以多次重复使用。由于其成本低，来源广泛，以及最重要的化学稳定性高，天然黏土矿物用作吸附剂载体的过程中，也拓展地被用作纳米催化剂的载体。Özcan 等（2017）使用高岭土负载 Fe_2O_3 电芬顿降解依诺沙星，在 pH 为 5.1 和 7.1 时仍然能被完全矿化，其可溶性铁损失可降至 0.006 mmol/L。

Ma J 等（2014）使用坡缕石负载 Ag₃PO₄ 在 90 min 内对苏丹红 II 的降解率达 99%。Gao Y 等（2015）合成铁负载膨润土非均相芬顿降解罗丹明 B，在 pH 为 3.0～9.0 时下均表现出较高去除率，并且 5 次循环降解后的罗丹明 B 去除率仍达到 93%。Dong X 等（2019）使用高岭土固定 CuFe₂O₄ 活化过硫酸盐降解双酚 A，固体催化剂的金属低浸出归因于高岭土与 CuFe₂O₄ 之间的 Fe—O—Al 键。这些黏土矿物材料在降解有机物的应用领域中被广泛研究，一方面，黏土矿物自身具备活性位点；另一方面，黏土矿物自身也能为催化反应提供稳定的反应空间，所以黏土矿物因其独特魅力而备受研究者追捧。但是，目前报道的黏土矿物型催化剂制备过程相对复杂，应用后回收困难，催化效率低，严重限制了其作为环境修复材料的应用。

12.1.3　磁性矿物及其在水体修复中的应用

磁性矿物是一类使用磁性纳米颗粒与天然黏土矿物制备形成的高级纳米复合材料（Chen L et al.，2016）。磁性纳米粒子由于其良好的吸附、催化能力而在环境修复中极具潜力。但是裸露的磁性纳米粒子由于高磁性、高表面能，不可避免地产生团聚，而且自身容易被氧化而失去活性。黏土矿物因其自身独特空间结构，包括隧道、通道、表面等，为磁性纳米颗粒提供了负载场所，解决了磁性纳米颗粒遇到的问题。

Jiang L 等（2018）合成磁性膨润土吸附水中 Cd（II），最大吸附容量为 35.35 mg/g。Xu H 等（2018）合成磁性高岭土去除水体亚甲基蓝，20 min 后去除率达到 94.2%。Yu S 等（2016）合成磁性海泡石吸附 Eu（III），最大吸附容量为 30.85 mg/g，其吸附机理为离子交换和表面络合。Ding C 等（2019）合成磁性凹凸棒活化过硫酸盐降解二氯喹啉酸，60 min 内去除率达 97.36%。作为吸附剂，磁性矿物相比黏土矿物，不仅可以在应用后轻松回收，而且磁性物质具有协同吸附的能力。作为催化剂，磁性矿物同样可以被轻松回收，而且其黏土矿物载体更可以首先吸附污染物到活性位点后进行降解。但是现阶段磁性矿物的应用仍然存在需要解决的问题：第一，磁性矿物制备工艺复杂，所需要的原料、助剂仍然昂贵；第二，磁性矿物在保持其磁性下，在应用过程中应防止铁的浸出；第三，在保持磁性矿物结构稳定的情况下，其催化活性要得到保证。因此磁性矿物仍然有很大的改进空间。

12.1.4　研究的意义和工作内容

四环素（TC）由于其低生物降解性，以及传统的污水处理厂不能完全去除这一有毒污染物，常在水环境中被检测到。Selvam 等（2017）分析表明了环境中 TC 的浓度为 30～497 ng/L。尽管该浓度水平很低，但它仍然通过生物放大效应威胁生态系统的稳定。如何快速降解 TC 已成为当下的研究热点。

类芬顿工艺是一种先进的氧化工艺，具有 pH 适用范围广、产泥量低、几乎无二次污染等优点，近年来已在 TC 降解研究中进行了试验。但是类芬顿过程通常依赖于铁基催化剂，它们不仅可以在较大的 pH 范围内使用，而且还可以很容易地快速回收。Fe_3O_4 由于其反尖晶石结构和电磁学性质，常被用作非均相催化剂。然而，具有高表面能和高磁性的 Fe_3O_4 纳米粒子容易团聚，降低了其催化性能，制备 Fe_3O_4 的高成本也限制了其实际应用。黏土矿物由于其来源广泛，高的比表面积，独特的结构而成为最令人期待的催化剂载体，然而实际应用中分离和回收粉末状的黏土矿物将会极其困难。

基于以上所述，我们提出使用钢铁酸洗废液及黏土矿物制备磁性矿物，可以有效提高催化剂的催化性能，稳定性，从而提高 TC 的降解率。低成本、环保的磁性矿物作为高效的类芬顿催化剂为今后类芬顿催化降解有机污染物研究提供参考。本章主要研究内容如下：

（1）使用黏土矿物坡缕石与钢铁酸洗废液通过化学共沉淀法制备出磁性坡缕石（Pal@Fe_3O_4）

①通过 FT-IR、XRD、XPS、SEM、TEM、STEM-EDS、VSM、BET 等手段对 Pal@Fe_3O_4 的微观结构、饱和磁化强度和比表面积进行分析；②Pal@Fe_3O_4 类芬顿去除 TC 的工艺参数、不同催化体系、不同初始 pH 对 TC 降解的影响；③Pal@Fe_3O_4 循环利用次数及其稳定性分析；④通过自由基捕获试验，EPR 分析试验，分析 Pal@Fe_3O_4 降解 TC 的作用机理，并使用 LC-MS/MS 确定反应中间体及产物，阐明降解途径。

（2）研究材料制备方法对 Pal@Fe_3O_4 的结构及其对 TC 类芬顿降解性能的影响

①采用不同 NaOH 用量制备 Pal@Fe_3O_4；②通过 XRD、TEM、VSM 对 Pal@Fe_3O_4 的微观结构、饱和磁化强度进行分析；③在缓冲溶液 pH=6.8 下对 TC 降解的影响；④Pal@Fe_3O_4 循环利用次数及其稳定性分析；⑤放大试验条件 10 倍制备 Pal@Fe_3O_4，研究其对 TC 类芬顿降解性能，并为大规模工业化制备磁性矿物提供参考依据。

（3）进一步发掘磁性矿物的潜在应用，研究不同的天然矿物如何影响磁性矿物结构并探究影响其性能的关键因素

①使用 5 种不同黏土矿物（坡缕石、高岭土、海泡石、膨润土、沸石），在前述研究的基础上制备出 5 种不同的磁性矿物；②通过 XRF、SEM、VSM、BET 对磁性矿物的微观结构、饱和磁化强度和比表面积进行分析；③结合磁性矿物对 TC 的吸附、类芬顿降解性能，分析影响因素及其原因。

12.2 钢铁酸洗废液制备磁性坡缕石类芬顿降解四环素的研究

许多研究证实，铁基材料可以与各种天然矿物结合形成磁性矿物复合材料，从而改

善磁性纳米材料的分散性，无论是作为磁性吸附剂还是作为磁性催化剂，都表现出优异的性能（Leiviskä et al.，2011；Wu H et al.，2016）。坡缕石（Palygorskite，Pal）是一种具有纤维状晶体结构和大量微孔通道的天然纳米黏土矿物（Wu Y et al.，2018；Lu Y et al.，2019）。由于 Pal 具有丰富的比表面积和化学稳定性，可用作许多高效催化剂的载体（Luo J et al.，2017）。有研究者使用 Pal 作为 Cu-Mn 氧化物的载体，实现甲醛降解的高催化效率（Liu P et al.，2018）。也有研究者开发了一种经济高效的 Pal 负载纳米 $Mn_{1-x}CeO_2$ 催化剂（Wang C et al.，2018）。本书以钢铁酸洗废液和 Pal 为原料，制备 Pal@Fe₃O₄ 纳米复合材料，并将其应用于 TC 的类芬顿催化降解。

12.2.1　研究方法

（1）四环素降解试验

使用 NaOH 或 HCl 调整溶液的初始 pH。将已知量的催化剂和 H_2O_2 添加到 100 mg/L 的 TC 溶液中，在耐光恒温培养箱中，以 250 r/min 的速度和（30±1）℃的温度摇动混合物。在给定的时间间隔内，取 1 mL 反应液过 0.22 μm 滤膜，使用高效液相色谱进行有机物分析。

（2）铁离子析出试验

将已知量的催化剂和 H_2O_2 添加到 100 mg/L 的 TC 溶液中，在耐光恒温培养箱中，以 250 r/min 的速度和（30±1）℃的温度摇动混合物。在给定的时间间隔内，取 10 mL 溶液过 0.22 μm 的微孔滤膜，通过 AAS 测定溶液中 Fe 的浓度。

（3）材料重复利用性试验

将已知量的催化剂和 H_2O_2 添加到 100 mg/L 的 TC 溶液中，在耐光恒温培养箱中，以 250 r/min 的速度和（30±1）℃的温度摇动混合物。在反应 60 min 采用离心分离取得铁基催化剂，重复用于降解 100 mg/L 初始 pH 为 7.00 的 TC 溶液。

（4）四环素降解反应中自由基的检测

将 100 mg/L 初始 pH 为 7.00 的 TC 溶液加入锥形瓶中，加入叔丁醇作为淬灭剂，进行羟基自由基淬灭试验，加入苯醌作为淬灭剂，对超氧自由基进行淬灭，在给定的时间间隔内，取 1 mL 反应液通过 0.22 μm 的微孔滤膜使用高效液相色谱对 TC 浓度进行分析。

（5）分析方法

①四环素的分析方法：采用日本岛津 LC16 高效液相色谱法测定 TC 的浓度。流动相为乙腈：甲醇：0.01 mol/L 草酸水溶液（35：20：45），流速 1 mL/min，波长 360 nm，进样量为 20 μL，色谱柱为 Dikma C_{18} column（250 mm×4.6 mm）。

②铁离子分析方法：铁离子的浓度采用原子吸收光谱法（AAS，TAS-986）进行测定。采用外标法定量，通过配制 10 mg/L 的铁离子储备液，再依次稀释得到一系列铁离

子标准溶液,以浓度为横坐标,峰高为纵坐标绘制标准曲线(R>0.999)用以定量分析。

③四环素中间产物测定方法:TC 降解中间产物使用 Uplc1290-6540B Q-TOF 液相色谱质谱分析。流动相为乙腈水(含甲酸+甲酸铵),色谱柱是 Agilent elips C$_{18}$(50×2.0 mm,1.8 μm),联用 Agilent 6540 UHD Q-TOF 进行 ESI 正、负离子分析。

12.2.2 磁性矿物 Pal@Fe$_3$O$_4$ 的制备与表征

12.2.2.1 材料的制备

坡缕石(Pal)平均粒径 325 目,由江苏盱眙博图有限公司提供(中国江苏),钢铁酸洗废液来源于佛山市科朗环保科技有限公司(中国广东),其理化性质如表 12-1 所示,使用坡缕石与钢铁酸洗废液在化学共沉淀法下制备了 Pal@Fe$_3$O$_4$ 纳米复合材料。简单而言,将 Pal 加入一定体积的钢铁酸洗废液中,使 Fe 与 Pal 的质量比为 1:1,用塑料薄膜覆盖并加热至 80℃,以 6.00 mL/min 的流速将 NaOH 溶液(3 mol/L)滴入加热溶液中,并在 pH=11 时终止反应。去离子水 3 次漂洗生成的黑色 Pal@Fe$_3$O$_4$ 纳米颗粒,在65℃真空中干燥 24 h。同样,用不加 Pal 的钢铁酸洗废液合成 nano-Fe$_3$O$_4$,用 FeCl$_3$·6H$_2$O和 FeSO$_4$·7H$_2$O 合成 Pal@Fe$_3$O$_4$-CR(CR=化学试剂)作为对照材料。

表 12-1 钢铁酸洗废液物理化学性质

项目	钢铁酸洗废液
颜色	棕黄
H$^+$/(mol/L)	907
Fe/(mg/L)	121 316
Mn/(mg/L)	15.4
Cl$^-$/(mg/L)	207 410
SO$_4^{2-}$/(mg/L)	950
NO$_3^-$/(mg/L)	747

12.2.2.2 材料的表征

采用傅里叶变换红外分光光度法(FT-IR,Nicolet 6700,美国)和 X 射线光电子能谱仪(XPS,Thermo ESCALAB 250XI,美国)测定了纳米材料中元素的表面官能团和价态。用扫描电子显微镜(SEM,JSM-6701F,日本)、透射电子显微镜(TEM)和透射电子能谱(STEM-EDS,Tecnai G220,美国)表征了纳米材料的形貌、微观结构和尺寸。用 X 射线衍射仪(XRD,Bruker-D8-Advance,德国)分析了纳米材料的晶体结构。用振动样品磁强计(VSM,Lakeshore 7304,美国)测定了纳米材料的磁性能。采用 ASAP 2020(Micromeritics Instruments,美国)测量纳米材料的比表面积。

Pal、Fe$_3$O$_4$ 和 Pal@Fe$_3$O$_4$ 的 FT-IR 光谱如图 12-1 所示。对于 Pal,1 653 cm^{-1} 的能带

归因于吸附水分子的—OH 弯曲振动（Li X et al.，2012）。1 031 cm⁻¹ 和 986 cm⁻¹ 的能带证明了 Si—O—Si 键的存在，1 193 cm⁻¹ 处的能带对应于 Si—O 拉伸振动（Li X et al.，2017；Fu M et al.，2018）。此外，469.1 cm⁻¹ 处的能带归因于 O—Si—O 的存在（Wang H et al.，2017）。3 200～3 700 cm⁻¹ 处的能带属于结构—OH 群的拉伸振动（Zhu Y et al.，2017）。在 Fe_3O_4 的 FT-IR 光谱中，569 cm⁻¹ 处的谱带是由 Fe—O 的拉伸振动引起的（Li L et al.，2018）。在 Pal@Fe_3O_4 中，Fe—O 的拉伸振动蓝移到 575 cm⁻¹。Pal@Fe_3O_4 在 1 635 cm⁻¹、1 192 cm⁻¹、1 032 cm⁻¹、1 987 cm⁻¹ 和 468 cm⁻¹ 附近出现与原 Pal 对应的特征吸收峰。这些结果为 Fe_3O_4 与 Pal 的成功结合提供了有力的证据。

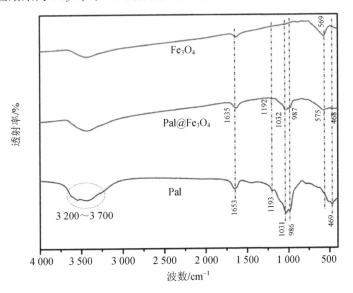

图 12-1　Pal、Fe_3O_4 和 Pal@Fe_3O_4 红外光谱图

对于 Pal，2θ 为 8.4°、14.0°、16.4°、19.9°、20.9°、26.6° 和 30.9°［图 12-2（a）］处的反射与 PDF#31-0783 的数据一致，对应于（110）、（200）、（130）、（040）、（121）、（231）和（331）衍射晶面。其中，2θ 为 26.6° 和 30.9° 反射表明 Pal 含有石英和碳酸盐杂质。对于 Pal@Fe_3O_4，在 2θ 为 18.3°、30.1°、35.5°、43.1°、53.4°、57.0° 和 62.6° 处的反射与 PDF#74-0748 的数据吻合良好，对应于 Fe_3O_4 晶体的（111）、（220）、（311）、（400）、（422）、（333）和（440）衍射晶面，表明 Fe_3O_4 具有立方针尖晶体结构。然而，Pal@Fe_3O_4 在 2θ 为 8.4° 处的特征峰并不明显，因为复合材料中的 Fe_3O_4 覆盖了 Pal 的表面。

图 12-2（c）显示了 Pal@Fe_3O_4 的 O1s XPS 光谱。谱线可拟合为 4 个峰，结合能（BEs）分别为 530.13 eV、531.68 eV、532.35 eV 和 533.20 eV。530.13 eV 处的峰值是由 Fe_3O_4 中的晶格氧引起的（Wang X et al.，2016）。531.68 eV 和 532.35 eV 处的 2 个峰值分别

与单齿氧原子（H—O）和单齿和双齿氧原子（Si—O—Si）有关（Ezzatahmadi et al.，2019）。533.20eV 处的峰值可能与双齿键中的化学当量氧有关（O—C$=$O）（Han S et al.，2017）。如图 12-2（d）所示，711.0 eV 和 724.7 eV 2 个主峰分别对应于 Fe $2p_{3/2}$ 和 Fe $2p_{1/2}$（Wen Z et al.，2015）。Fe 2p 的 XPS 分析表明，Fe 2p 有 5 个不同的峰。在 724.48 eV 处的 Fe $2p_{1/2}$ 峰表示八面体配位 Fe^{2+} 的存在（Bao T et al.，2019）。在 710.49 eV 处的 Fe $2p_{3/2}$ 峰具有 Fe^{2+} 的特征，证实了 Fe_3O_4 中 Fe^{2+} 的存在（Yang S S et al.，2017）。712.35 eV 和 727.73eV 处的峰值与 Fe^{3+} 有关，相应的 Fe^{3+} 卫星峰位于 718.45eV 处。其他主峰分别为 Mg 1s 的 1 304.3 eV、Si 2p 的 102.7 eV 和 Al 2p 的 74.37 eV，如图 12-2（b）所示。这些分析结果与 XRD 结果一致，证实了复合材料中的样品为 Fe_3O_4。

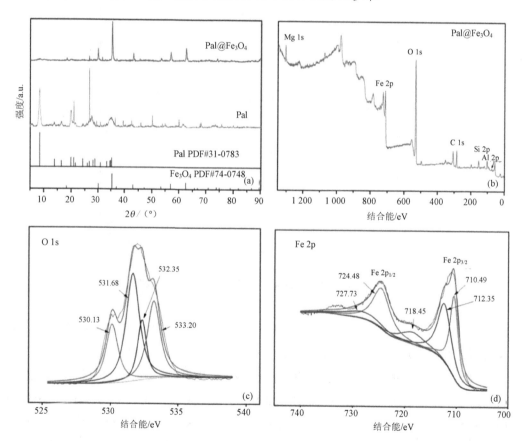

图 12-2　Pal 和 Pal@Fe_3O_4 的 XRD 图谱（a），Pal@Fe3O4 的宽扫描 XPS 谱（b）、O 1s（c）和
Fe 2p（d）的高分辨 XPS 谱

　　如图 12-3（a）、图 12-3（d）所示，由钢铁酸洗废液合成的 Fe_3O_4 纳米粒子为球形，粒径为 50～80 nm。Fe_3O_4 纳米粒子由于其高表面能和强磁性，容易团聚形成链状铁环状（Bao T et al.，2019）。如图 12-3（b）、图 12-3（e）所示，Pal 具有纤维形态和棒状结

图 12-3　（a）Fe₃O₄（b）Pal（c）Pal@Fe₃O₄ 的扫描电镜照片；
（d）Fe₃O₄（e）Pal（f）Pal@Fe₃O₄ 的透射电镜照片；（g）Pal@Fe₃O₄ 的 HAADF-STEM 照片；
（h～l）硅、铝、镁、铁和氧的元素 EDS 照片

构，由于平行分组，容易黏成束（Liu P et al.，2018）。Pal 链长为 0.1～2 μm，直径为 10～30 nm。如图 12-3（c）、图 12-3（f）显示出 Pal@Fe$_3$O$_4$ 的黑色玉米状结构。大量粒径为 50～80 nm 的球形 Fe$_3$O$_4$ 纳米粒子负载于 Pal 的表面，对比图 12-3（a）和图 12-3（c），图 12-3（d）和图 12-3（f），可见 Pal 作为催化剂载体的引入实质上抑制了 Fe$_3$O$_4$ 纳米粒子的团聚。这证实了 Pal 在聚集纳米粒子的分散中起着重要作用。但由于制备条件的限制和分散剂的缺乏，一些 Fe$_3$O$_4$ 纳米粒子仍能在 Pal 表面团聚。

图 12-3（h～l）显示了 EDS 元素映射，铝和镁是 Pal 的特征元素，这些元素的均匀分布清楚地显示了矿物的棒状结构。大量 O 来源于 Pal 和 Fe$_3$O$_4$ 纳米粒子，Fe 主要来源于 Fe$_3$O$_4$。这些结果再次表明，Fe$_3$O$_4$ 纳米粒子成功地负载在 Pal 表面。

图 12-4（a）显示了在 300 K 下测得的 Pal、Fe$_3$O$_4$ 和 Pal@Fe$_3$O$_4$ 的磁滞回线。制备的 Pal@Fe$_3$O$_4$ 纳米复合粒子具有零矫顽力、无磁滞和超顺磁特性，使其能够避免由剩磁引起的载体材料的自团聚（Xie Y et al.，2018）。Fe$_3$O$_4$ 和 Pal@Fe$_3$O$_4$ 的饱和磁化强度分别达到 77.95 emu/g 和 44.11 emu/g。因此，加入 Pal 后，尽管 Pal@Fe$_3$O$_4$ 的饱和磁化率比 Fe$_3$O$_4$ 低 1.8 倍，但仍保持了良好的磁性。这证实了 Pal 作为载体对其负载的 Fe$_3$O$_4$ 纳米粒子的磁性无明显的影响。这是 Pal@Fe$_3$O$_4$ 催化剂的一个重要的优点，复合材料对外界磁场的快速响应能力对纳米复合材料的磁选和回收至关重要。图 12-4（a）中的插入图片表明，通过施加外部磁场，Pal@Fe$_3$O$_4$ 可以很容易地从溶液中分离出来。

在 77 K 下测定了 Fe$_3$O$_4$、Pal 和 Pal@Fe$_3$O$_4$ 的 N$_2$ 吸附-解吸等温线，如图 12-4（b）所示。比表面积、孔体积和孔径数据见表 12-2。Pal 具有较大的比表面积。结果表明，Fe$_3$O$_4$ 的引入降低了纳米复合材料的比表面积和孔体积。同时，由于 Fe$_3$O$_4$ 的引入堵塞了 Pal 内的孔道，使得 Pal@Fe$_3$O$_4$ 的孔径增大，但 Pal@Fe$_3$O$_4$ 的比表面积和孔容相对于 Fe$_3$O$_4$ 仍较大，因此有望提供更多的反应中心。根据 IUPAC 分类，Pal、Fe$_3$O$_4$ 和 Pal@Fe$_3$O$_4$ 具有 H3 型环的 IV 型吸附等温线，N$_2$ 吸附量在中高压下急剧增加（$P/P_0 > 0.4$），表明微孔和介孔结构共存（Thommes et al.，2015；Tang J et al.，2017）。孔径曲线表明，Fe$_3$O$_4$、Pal 和 Pal@Fe$_3$O$_4$ 的孔径主要分布在介孔区。

表 12-2　Fe$_3$O$_4$、Pal 和 Pal@Fe$_3$O$_4$ 的比表面积、孔容和孔径

样品	比表面积/（m^2/g）	孔容/（cm^3/g）	孔径/nm	Fe$_3$O$_4$/（wt%）
Fe$_3$O$_4$	22.2	0.193	34.8	—
Pal	172.9	0.380	8.8	—
Pal@Fe$_3$O$_4$	69.4	0.308	17.7	57.9

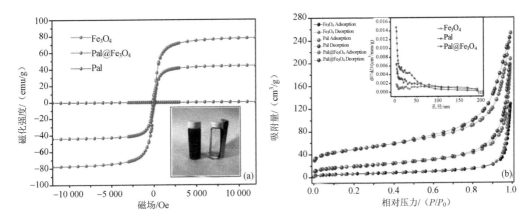

图 12-4　Pal、Fe₃O₄ 和 Pal@Fe₃O₄ 的磁滞回线（a）；N2 吸附-解吸等温线（b）和孔径分布（c）

12.2.3　不同体系降解四环素

为了评价 Pal@Fe₃O₄ 的催化活性，比较了不同反应体系（Pal、Fe₃O₄、Pal@Fe₃O₄、Pal/H₂O₂、Fe₃O₄/H₂O₂、Pal@Fe₃O₄-CR/H₂O₂、Pal@Fe₃O₄/H₂O₂、H₂O₂）对 TC 的降解率。如图 12-5（a）所示，在仅存在 H₂O₂ 下实现了 32.6% 的 TC 降解率。已有研究表明，TC 可以通过 H₂O₂ 直接氧化降解作为活性自由基攻击的替代物（Luo J et al.，2017）。Pal、Fe₃O₄ 和 Pal@Fe₃O₄ 主要通过表面吸附机理去除 TC，去除率分别为 24.9%、17.4% 和 17.9%。H₂O₂ 直接氧化 TC 和 Pal@Fe₃O₄ 对 TC 的吸附非常有限。Pal/H₂O₂ 对 TC 的去除率为 46.6%。这主要归因于 Pal 对 TC 的吸附和 TC 与 H₂O₂ 的直接分子反应。在 Fe₃O₄/H₂O₂（76.7%）、Pal@Fe₃O₄/H₂O₂（72.9%）和 Pal@Fe₃O₄/H₂O₂（69.9%）体系中，TC 的降解率更高。值得注意的是，Pal@Fe₃O₄ 中 Fe₃O₄ 的含量仅占总质量的 57.9%。在相同 Fe₃O₄ 和 Pal@Fe₃O₄ 用量下，Pal@Fe₃O₄/H₂O₂ 体系对 TC 的催化作用与 Fe₃O₄/H₂O₂ 体系相似。这是由于 Pal@Fe₃O₄ 的比表面积较大，是 Fe₃O₄ 的 3.1 倍，可以提供更多的有效活性位点。Pal 的加入促进了 Fe₃O₄ 的负载，降低了 Fe₃O₄ 的团聚倾向。综上所述，利用钢铁酸洗废液合成的磁性 Pal 可以有效降解 TC。

用拟一级反应动力学拟合了 5 种不同体系的反应速率，如图 12-5（b）所示。反应速率常数的顺序为 Fe₃O₄/H₂O₂（k_{obs}）= 1.807×10^{-2} min^{-1} > Pal@Fe₃O₄/H₂O₂（k_{obs}）= 1.654×10^{-2} min^{-1} > Pal@Fe₃O₄-CR/H₂O₂（k_{obs}）= 1.640×10^{-2} min^{-1} > Pal/H₂O₂（k_{obs}）= 0.711×10^{-2} min^{-1} > H₂O₂（k_{obs}）= 0.390×10^{-2} min^{-1}。因此，Pal@Fe₃O₄/H₂O₂ 体系的速率常数略小于 Fe₃O₄/H₂O₂ 体系，几乎等于 Pal@Fe₃O₄-CR/H₂O₂ 体系的速率常数。同时，Pal@Fe₃O₄/H₂O₂ 的反应速率是 Pal/H₂O₂ 体系的 2 倍，是纯 H₂O₂ 体系的 4 倍。

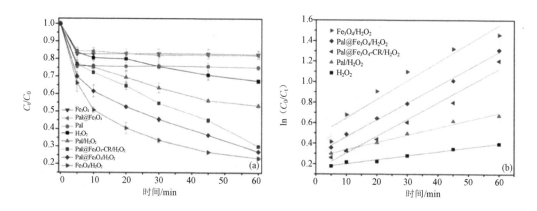

[pH: 7.0±0.1，TC: 100 mg/L，H₂O₂: 100 mmol/L，Pal，Fe₃O₄，Pal@Fe₃O₄-CR，

Pal@Fe₃O₄: 0.2 g/L，T=（30±1）℃]

图 12-5　（a）不同体系对 TC 的降解率；（b）不同体系对 TC 降解的反应动力学拟合结果

　　表 12-3 列出了催化降解 TC 的试验结果。如上所述，Pal@Fe₃O₄/H₂O₂ 体系反应速率常数并不是最大的。但该体系催化剂用量很低，用钢铁酸洗废液和天然 Pal 一步合成了 Pal@Fe₃O₄，对可见光和超声波辅助也没有要求。因此，Pal@Fe₃O₄ 纳米复合材料适用于建立有利的催化体系。

表 12-3　四环素在不同体系中的降解

体系	条件	结果	动力学系数	参考文献
Schorl/H₂O₂	Catalyst 10.0 g/L，100 mg/L，9.9 mmol/L，pH 3.0，40℃	95.2% TC 去除 600 min 后	k_0=0.700×10⁻² min⁻¹	Zhang Y H et al.，2018
UV/Fe₃O₄@C/H₂O₂	Catalyst 0.15 g/L，20 mg/L，1 mmol/L，pH 3.0	98.4% TC 去除 30 min 后	k_0 = 4.13×10⁻² min⁻¹	Kakavandi B et al.，2016
Pal@ Fe₃O₄/H₂O₂	Catalyst 0.2 g/L，100 mg/L，100 mmol/L，pH 7.0，30℃	72.9% TC 去除 60 min 后	k_0 = 1.654×10⁻² min⁻¹	Present work

12.2.4　不同 pH 对降解四环素的影响

　　溶液的 pH 可影响催化剂表面的金属浸出和 H₂O₂ 分解（Yu L et al.，2014）。为此对比研究了溶液初始 pH 分别为 3.0、5.0、7.0 的条件下，Pal@Fe₃O₄/H₂O₂ 体系对 TC 的催化降解作用。图 12-6 分别是不同 pH 对 TC 的降解率图及其拟一级动力学拟合曲线。

如图 12-6（a）所示，Pal@Fe₃O₄ 在 pH 分别为 3.0、5.0 和 7.0 时均展现出良好的催化活性。其中在 pH 为 3.0 时，反应 60 min 后，TC 的降解率达到 93.1%。随着 pH 分别升高至 5.0 和 7.0 时，反应 60 min 后，TC 的降解率分别为 83.4%，72.9%。pH 的不断升高，TC 的降解率不断降低。如图 12-6（b）所示拟一级动力学方程表明，当 pH 为 3.0 时，反应速率常数 k_{obs} 为 $4.457×10^{-2}$ min^{-1}；当 pH 为 5.0 时，反应速率常数 k_{obs} 为 $2.855×10^{-2}$ min^{-1}，对比下降了 35.9%；当 pH 为 7.0 时，反应速率常数 k_{obs} 为 $1.654×10^{-2}$ min^{-1}，对比下降了 62.9%。酸性条件下，Fe^{2+}、Fe^{3+} 不易形成 $Fe(OH)^{2+}$ 络合物及 $Fe(OH)_3$ 沉淀，体系更利于催化 H_2O_2 产生·OH。而且在溶液初始 pH 为 3.0 和 5.0 时，浸出铁离子的浓度占 Pal@Fe₃O₄ 总铁的 2.43% 和 0.58%，而 pH 为 7.0 时，Pal@Fe₃O₄ 的浸出铁离子浓度低于 0.03 mg/L。溶液中溶出性铁离子的浓度越高，对 TC 的降解效果越好，这是因为溶液中 Fe^{2+}、Fe^{3+} 浓度上升，从而增加了对 H_2O_2 的催化效率，提升了反应体系的氧化活性。而且在较高的 pH 条件下，氢氧根会改变催化剂表面铁物种的存在形式，影响 H_2O_2 还原催化剂表面的 Fe（Ⅲ），降低 Fe（Ⅱ）/Fe（Ⅲ）循环效率，导致在 Pal@Fe₃O₄ 表面生成·OH 的效率降低，这也是 TC 在较高 pH 下降解率降低的原因。Pal@Fe₃O₄ 纳米复合材料在较大 pH 范围内的适用性将有助于工业废水的实际修复。

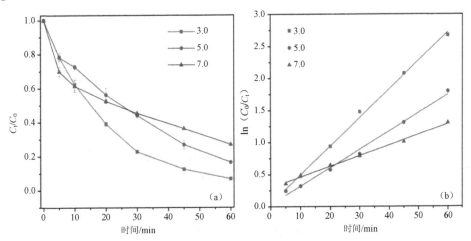

图 12-6　（a）不同初始 pH 对 TC 降解的影响不同；（b）初始 pH 下 TC 降解的反应动力学拟合结果

12.2.5　材料的稳定性和重复利用性

稳定性是衡量类芬顿催化剂性能的一个重要指标，为了探究 Pal@Fe₃O₄ 的稳定性，磁选回收应用过的 Pal@Fe₃O₄ 以进行重复利用试验，结果如图 12-7 所示。Pal@Fe₃O₄ 纳米复合材料在中性条件下催化降解 TC，第 1 次反应 10 min 可以降解约 38% 的 TC，后续 4 次重复利用中前 10 min 仅能降解约 28% 的 TC。原因可能是上一次反应中有部分 TC 或

TC 副产物沉积在复合材料表面未得到有效去除。然而反应 60 min 后，后续 4 次循环对 TC 降解率均与首次对 TC 降解率大致保持一致，均为 73%左右。由此推测在反应体系中，反应是在催化剂表面进行，Pal@Fe$_3$O$_4$ 中的 Fe$_3$O$_4$ 自身并没有损耗，Fe$_3$O$_4$ 并无以可溶性铁离子形式进入反应溶液中。考虑到铁基催化剂在使用过程中铁离子的浸出会导致催化剂结构破坏和降低重复利用性能，有必要对 5 次循环试验中的反应溶液测定可溶性铁离子浓度。结果得出，Pal@Fe$_3$O$_4$ 每次反应 60 min 后，浸出铁离子浓度均低于 0.03 mg/L，对 TC 去除的均相反应可忽略不计。这说明 Fe$_3$O$_4$ 在 Pal 载体上是稳定的，并解释了 TC 在 5 个循环后降解率几乎不变的原因。而且 5 次循环试验条件 pH=7.0，相对于酸性条件，催化剂在反应过程中难以生成有溶解倾向的铁氧化物。这些结果表明催化降解反应主要发生在 Pal@Fe$_3$O$_4$ 表面，而且 Pal@Fe$_3$O$_4$ 纳米复合材料具有良好的稳定性和重复利用性，在实际应用中可以显著降低运行成本，为水修复处理提供了一种有吸引力的解决方案。

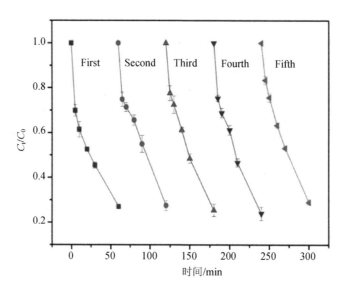

[pH：7.0±0.1，TC：100 mg/L，H$_2$O$_2$：100 mmol/L，Pal@Fe$_3$O$_4$：0.2 g/L 和 T=（30±1）℃]

图 12-7　循环利用试验

12.2.6　降解机理

如前所述，在中性条件下 Pal@Fe$_3$O$_4$ 的投加量为 0.2 g/L，60 min 内对 TC 的吸附降解率为 17.9%，相较 Pal@Fe$_3$O$_4$/H$_2$O$_2$ 体系在 60 min 内对 TC 的降解率（72.9%），Pal@Fe$_3$O$_4$ 对 TC 的吸附降解作用有限。Pal@Fe$_3$O$_4$/H$_2$O$_2$ 体系催化降解 TC 可能通过两条途径完成：①Pal@Fe$_3$O$_4$ 催化剂溶入水中的铁离子之间的价态转换；②Pal@Fe$_3$O$_4$ 催化剂表面 Fe（Ⅱ）和 Fe（Ⅲ）电子转换。对反应后溶液检测铁离子含量能够在一定程度上确定催化反应是通过催化剂表面还是以上两条途径协同作用完成的。使用不同类别的自由基捕获剂可以确定催化反应产生的自由基种类。为此，我们对 Pal@Fe₃O₄/H₂O₂ 体系的降解机理进行了试验研究。

采用原子吸收光谱法测定反应 60 min 后溶液中可溶性铁离子，经测定铁离子浓度低于 0.03 mg/L，这说明在中性条件下，表面芬顿催化氧化是 TC 降解的主要过程（Hou X et al.，2017）。苯醌和叔丁醇经常被用作自由基清除剂，以捕获超氧自由基（•O₂⁻）和羟基自由基（•OH）（Wang W et al.，2017；Kusior et al.，2019）。由图 12-8（a）可知，加入叔丁醇后 TC 的降解率明显降低，但是并没有完全被抑制，对比不含自由基清除剂的体系，TC 的降解率在反应时间为 10 min、30 min、60 min 时分别降低 19.4%、28.5%、43.5%。另外，苯醌的加入，使得 TC 的降解率在反应时间为 10 min、30 min、60 min 时分别降低了 24.2%、28.4%、36.6%。加入叔丁醇后反应体系和加入苯醌的一级反应动力学速率常数 k_{obs} 分别为 2.56×10^{-3} min^{-1} 和 6.18×10^{-3} min^{-1}。因此，不含自由基清除剂的体系的反应速率常数 k_{obs} 是含叔丁醇和苯醌的 6.4 倍和 2.6 倍，表明•OH 和•O₂⁻都是使 TC 降解的活性物种。这些试验结果得到电子顺磁共振（EPR）的验证。如图 12-8（b）、图 12-8（c）所示，检测到对应于 DMPO-•O₂⁻加合物的特征 1∶1∶1∶1 信号，以及对应于 DMPO-•OH 加合物的特征 1∶2∶2∶1 信号（Dai C et al.，2015），这证实了在 Pal@Fe₃O₄/H₂O₂ 类芬顿体系中产生了•O₂⁻和•OH，并在反应中起了一定作用。根据这些试验结果以及结合一些文献的报道（Hou L et al.，2016；Li X et al.，2020），推断出以下反应路径：

$$\equiv Fe(II) + H_2O_2 \longrightarrow \equiv Fe(III) + OH^- + \cdot OH \qquad (12\text{-}1)$$

$$\equiv Fe(III) + H_2O_2 \longrightarrow \equiv Fe(II) + HO_2 \cdot / \cdot O_2^- + H^+ \qquad (12\text{-}2)$$

$$\cdot OH + H_2O_2 \longrightarrow \cdot O_2^- + H_2O \qquad (12\text{-}3)$$

$$\equiv Fe(III) + \cdot O_2^- \longrightarrow \equiv Fe(II) + O_2 \qquad (12\text{-}4)$$

Pal@Fe₃O₄ 表面的 Fe（II）在中性条件下与 H₂O₂ 反应产生•OH，反应过程中生成的 Fe（III）被固定在催化剂上，之后 Fe（III）与 H₂O₂ 反应产生 HO₂•/•O₂⁻并被还原为 Fe（II），表面的 Fe（II）和 Fe（III）相互转化，在这种情况下，只要有足够的反应时间，四环素就可以被完全去除。

用 LC-QToF-MS/MS 鉴定了 4 种降解产物，TC 的二甲胺基是一个易受自由基攻击的活性位点。如图 12-9 所示，在第一个途径中，产物 A 是通过自由基对 TC 的逐渐攻击来去除二甲基而获得的，紧接着再去除羟基得到产物 B（Niu J et al.，2013）。在第二个途径中，TC 失去一个甲基生成产物 C，这一反应是由于 N-C 键的低键能促进的（Zhang Y H et al.，2018）。此外，仅检测到产物 G，并且根据一些文献报道可以推测该产物的降解途径是 TC 通过脱甲基和碳碳单键断裂分解成 G（Fu Y et al.，2015）。

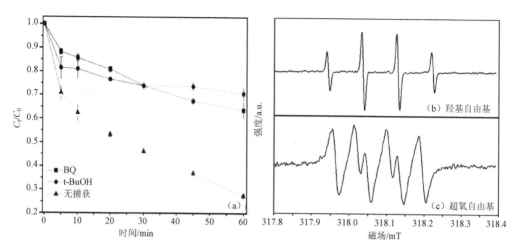

[pH: 7.0±0.1, TC: 100 mg/L, H_2O_2: 100 mmol/L, Pal@Fe_3O_4: 0.2 g/L, $T = （30±1）℃$]

图 12-8　（a）自由基清除剂对 TC 降解的影响；（b）DMPO-•OH 和（c）DMPO-•O_2^-

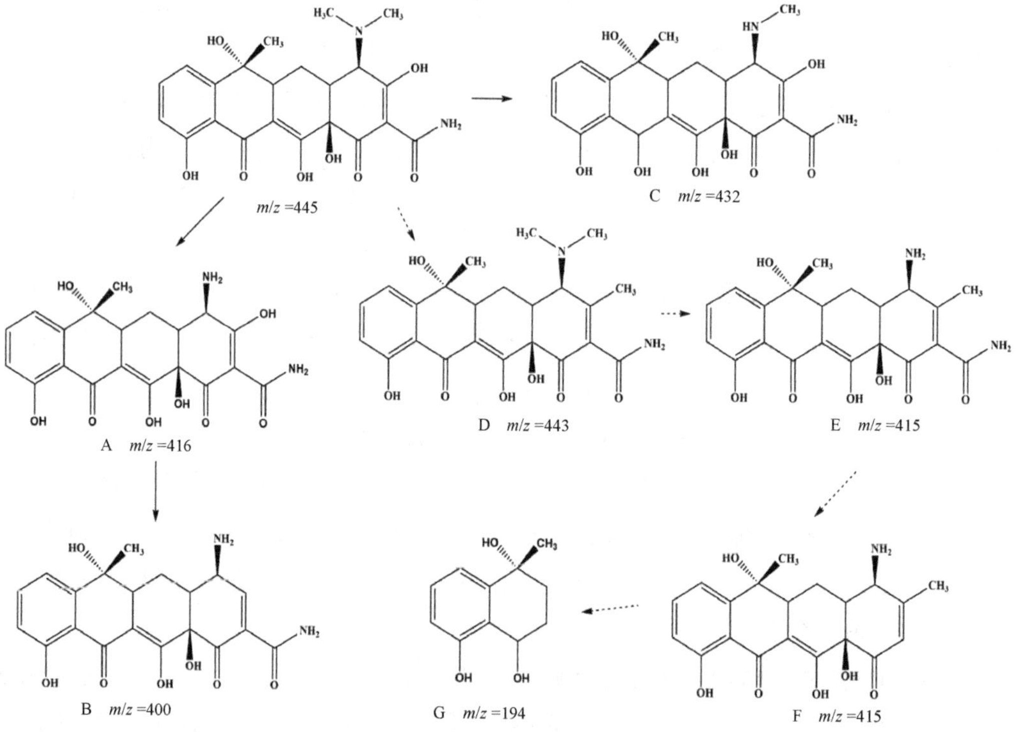

图 12-9　TC 的降解路径

12.2.7　小结

用钢铁酸洗废液一步合成的 Pal@Fe₃O₄纳米复合材料在较大的 pH 范围内对 TC 具有良好的催化降解能力，5 个循环后仍保持良好的活性，无须再活化。在类芬顿反应过程中，铁离子从催化剂中的浸出可以忽略不计。通过试验鉴定了活性自由基和 TC 的降解产物，发现羟基自由基和超氧自由基在 TC 降解中均起重要作用，主要降解过程是表面芬顿反应。由于原材料成本低，钢铁酸洗废液回收利用率高，Pal@Fe₃O₄的使用不仅可以降低废水的处理成本，还可以减少污染废物的产生量。这些结果为从钢铁酸洗废液中制备稳定、功能性强的磁性矿物纳米材料，以及为应用于抗生素污染废水的处理提供了一种新的方法。

12.3　不同 NaOH 用量制备磁性坡缕石类芬顿降解四环素的研究

12.3.1　研究背景

优异的磁性可以弥补纳米材料在水溶液中难分离和再循环性差的缺陷，使 Pal@Fe₃O₄具备大规模应用的可能性。Pal@Fe₃O₄由于其在去除污染物方面具有优异的吸附和催化性能，具有极高的应用价值。然而，很多研究只关注磁性坡缕石的结构表征与应用。关于 Pal@Fe₃O₄制备过程的影响因子，特别是 NaOH 沉淀剂如何影响 Pal@Fe₃O₄的结构及性能的研究较为缺乏。

化学共沉淀法由于工艺简单，制备时间短是当前合成 Pal@Fe₃O₄的主要方法（Wu Y et al.，2018；Middea et al.，2017）。Pal@Fe₃O₄的制备过程如下：

$$Fe^{2+} + 2Fe^{3+} + 8OH^- + Pal \longrightarrow Fe_3O_4 - Pal + 4H_2O \tag{12-5}$$

然而制备 Pal@Fe₃O₄的受控条件也较多，包括 Fe^{2+} 与 Fe^{3+} 的摩尔比，反应温度，反应时间等。例如，一些研究者通过调控 Fe^{2+}/Fe^{3+} 合成了表面不同厚度 Fe₃O₄ 壳层的 Pal@Fe₃O₄，高的反应温度也会促使分子快速运动导致 Fe₃O₄纳米粒子的聚集生成（Fu M et al.，2018）。另有研究者控制铁盐浓度制备了不同磁性能的磁性坡缕石，高浓度的铁盐也会使纳米复合材料比表面积减小（Liu Y et al.，2008）。此外，碱性沉淀剂的加入是铁氧化物在 Pal 表面成核、生长的关键。而且由于碱性沉淀剂的加入会使反应溶液局部浓度过高，并且 Pal 难以在溶剂中分散均匀，一部分 Fe₃O₄颗粒会在 Pal 表面团聚生成。然而一系列的研究只提及在磁性坡缕石合成过程中使用沉淀剂调节反应溶液 pH 至碱性或出现黑色沉淀产物即停止投加沉淀剂（Saleh et al.，2018）。因此，为了了解碱性沉淀剂对磁性坡缕石性能的潜在影响，有必要研究不同 NaOH 投加量如何影响磁性坡缕石结构及其催化活性。

为了实现 Pal@Fe$_3$O$_4$ 纳米复合材料的大规模生产，基于钢铁酸洗废液为原料，并通过探究 NaOH 的使用量对合成 Pal@Fe$_3$O$_4$ 的影响，找出实用且适用于大规模生产 Pal@Fe$_3$O$_4$ 的制备方法。经过前期试验研究，NaOH 投加量为 255～330 g/L 才能制备出 Pal@Fe$_3$O$_4$，因此，本书设置的 NaOH 投加量在能够制备出 Pal@Fe$_3$O$_4$ 的范围内进行研究。钢铁酸洗废液含有一部分游离酸，碱性沉淀剂在共沉淀法制备 Pal@Fe$_3$O$_4$ 过程中要先中和这一部分游离酸，随后进行如下反应，在 Pal 表面形成 Fe$_3$O$_4$ 纳米颗粒：

$$Fe^{2+} + 2Fe^{3+} + 8OH^- \longrightarrow Fe(OH)_2 + 2Fe(OH)_3 \tag{12-6}$$

$$nFe(OH)_2 + 2nFe(OH)_3 \longrightarrow nFe_3O_4 + nH_2O \tag{12-7}$$

然而当 NaOH 投加量低于 255 g/L 时，意味着反应体系 pH 过低，发生如下副反应：

$$4Fe^{2+} + O_2 + 6H_2O \longrightarrow 4H_2 + 4FeOOH \tag{12-8}$$

所以 NaOH 用量过低会导致不能制备出 Pal@Fe$_3$O$_4$（Tang B et al.，2009）；当 NaOH 投加量高于 330 g/L 时，意味着反应体系 pH 过高，投加的 NaOH 已经远高于制备磁性坡缕石所需要的量，最终会造成沉淀剂的浪费（Zhang W et al.，2015）。本节研究的目的：①研究 NaOH 投加量对 Pal@Fe$_3$O$_4$ 微观结构及磁性性能影响；②研究 NaOH 投加量对 Pal@Fe$_3$O$_4$ 类芬顿降解 TC 性能影响；③Pal@Fe$_3$O$_4$ 放大试验以及对 TC 类芬顿降解性能进行研究。

12.3.2 研究方法

（1）材料制备方法

坡缕石由江苏盱眙博图有限公司提供，过 325 目筛。采用化学共沉淀法制备了磁性坡缕石复合材料。简单地说，将坡缕石投加到一定体积的钢铁酸洗废液中，使铁与坡缕石的质量比为 1∶1。使水浴恒温磁力搅拌器加热到 80℃，滴加 255～330 g/L 的 NaOH 溶液（3 mol/L）至反应溶液。反应 3 h 后，用去离子水冲洗 3 次生成的黑色磁性矿物纳米颗粒，在 65℃下真空干燥 24 h。

（2）四环素催化降解试验方法

使用 NaOH 和 KH$_2$PO$_4$ 调整溶液的初始 pH 为 6.8。将已知量的催化剂和 H$_2$O$_2$ 添加到 100 mg/L 的 TC 溶液中。在耐光恒温培养箱中，以 250 r/min 的速度和（30±1）℃的温度摇动混合物。在一定时间间隔内，取反应液 1 mL 立即通过 0.22 μm 微孔滤膜待测。5 种催化剂离心分离后用于下一循环试验。

（3）分析方法

参考 12.2.1 节。

12.3.3　材料的表征及其对比分析

利用透射电子显微镜（TEM，Tecnai G220，美国）对纳米材料的形貌和微观结构进行了表征。采用 X 射线衍射仪（XRD，Bruker-D8-Advance，德国）测定了纳米材料的晶体结构。采用振动样品磁强计（VSM，Lakeshore 7304，美国）测量了纳米材料的磁性能。

NaOH 用量为 255 g/L、270 g/L、285 g/L、300 g/L 和 330 g/L 制备的磁性坡缕石分别标为 MP255、MP270、MP285、MP300 和 MP330。如图 12-10 所示，对于 5 种复合材料，2θ 分别为 30.0°、35.4°、37.0°、43.0°、53.4°、56.9° 和 62.5° 处的反射与 PDF#85-1436 的数据一致，对应于 Fe_3O_4 晶体的（220）、（311）、（222）、（400）、（422）、（511）和（440）衍射晶面，表明复合材料中的 Fe_3O_4 具有立方尖端晶体结构。5 种复合材料中 Fe_3O_4 的衍射峰位置基本相同，没有其他杂质峰。但在 2θ 为 8.4° 左右 Pal 衍射的特征峰并不明显。推测复合材料中的 Fe_3O_4 覆盖于 Pal 表面。在 270～330 g/L，Pal@Fe₃O₄ 的峰值强度随 NaOH 用量的增加而降低，衍射峰强度越强，说明纳米颗粒的结晶度越高。因此，在 5 种复合材料中，MP270 的结晶度最好。

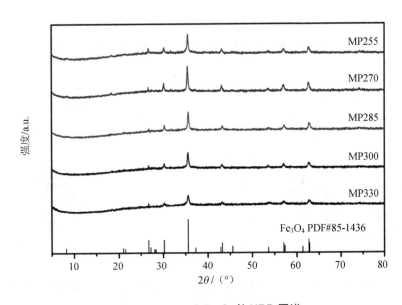

图 12-10　Pal@Fe₃O₄ 的 XRD 图谱

如图 12-11 所示，不同 NaOH 用量制备的 5 种磁性坡缕石中的 Fe_3O_4 纳米颗粒呈近似球形的形貌。5 种纳米复合材料中的 Pal 具有纤维形态和棒状结构，这些纤维形态和棒状结构被平行地分组并结合成束（Liu P et al.，2018）。在 MP255、MP270、MP285、MP300 和 MP330 中，Fe_3O_4 纳米粒子的直径在 10～80 nm。纳米粒子的粒径分布不均匀，且差异很大。虽然 Pal 作为载体对 Fe₃O₄ 在复合材料中的团聚有很大的抑制作用,但 Fe₃O₄ 纳米粒子由于其强磁性和高表面能,仍然容易聚集成似链状铁环(Bao T et al.,2019)。有趣的是,大量黑色 Fe₃O₄ 纳米粒子被负载到 Pal 上,表明 Pal@Fe₃O₄ 与黑色玉米状结构非常相似。当然,在 5 种磁性坡缕石的 TEM 图谱中,可以观察到坡缕石表面小部分没有成功负载 Fe₃O₄ 纳米粒子,这也是化学共沉淀法的缺点之一,由于制备过程中 Pal 在水溶液中分布不均,反应液中 NaOH 浓度过高容易导致纳米颗粒团聚。

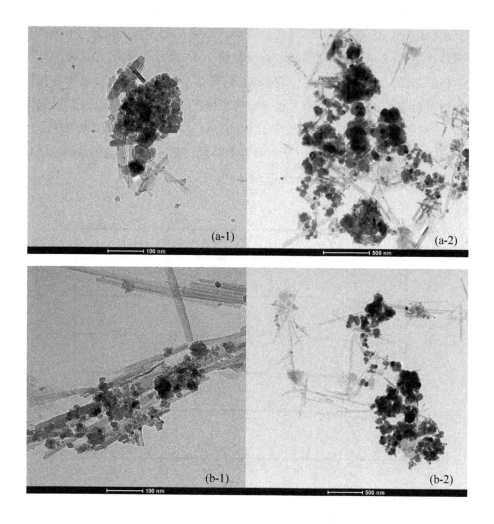

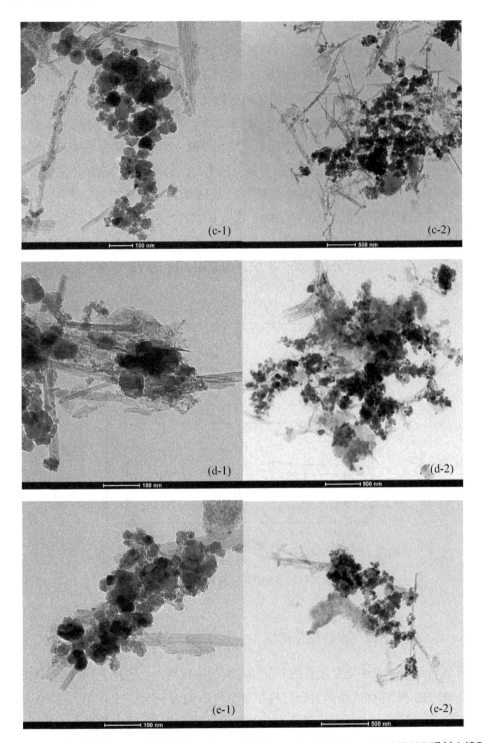

图 12-11　（a）MP255，（b）MP270，（c）MP285，（d）MP300，（e）MP330 透射电镜照片

图 12-12 显示了在 300 K 下测量的纳米复合材料 MP255、MP270、MP285、MP300 和 MP330 的磁滞回线。5 种纳米复合材料的矫顽力为零，这证明它们是超顺磁性的，可以避免由剩磁引起的载体材料的自聚（Yuan Z et al.，2017）。纳米复合材料 MP255、MP270、MP285、MP300 和 MP330 的饱和磁化强度分别达到 30.49 emu/g、53.93 emu/g、46.55 emu/g、41.22 emu/g 和 36.86 emu/g。相比之下，纳米复合材料 MP270 具有最强的饱和磁化强度，当 NaOH 用量超过 270 g/L（270～330 g/L 时），磁性坡缕石的饱和磁化强度随 NaOH 用量的增加而降低。原因可能是随着反应溶液 pH 的增加，纳米颗粒结晶度的提高，使得晶体结构的磁畴排列整齐，从而提高了其磁性能。同时也证实了 Pal@Fe$_3$O$_4$ 的磁性不仅受载体 Pal 的影响，而且与制备工艺有关。值得注意的是，这 5 种纳米复合材料均具有优异的磁性，这表明在适当的 NaOH 用量范围内制备的 Pal@Fe$_3$O$_4$ 纳米复合材料对外加磁场具有快速的响应。这些结果对纳米复合材料的磁选和回收具有重要意义。

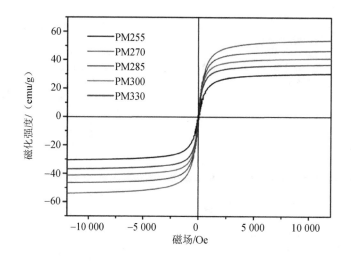

图 12-12   Pal@Fe$_3$O$_4$ 的磁滞回线

12.3.4   类芬顿降解四环素的催化活性

为了评价不同 NaOH 用量制备的 Pal@Fe$_3$O$_4$ 的催化活性，比较了 MP255、MP270、MP285、MP300 和 MP330 纳米复合材料在缓冲体系（pH=6.80）中对 TC 的降解率。如图 12-13 所示，不同 NaOH 用量制备的 Pal@Fe$_3$O$_4$ 对 TC 的降解率差异不显著，MP330（k_{obs}=0.011 9 min^{-1}）＞MP300（k_{obs}=0.011 7 min^{-1}）＞MP285（k_{obs}=0.011 1 min^{-1}）＞MP255（k_{obs}=0.010 9 min^{-1}）＞MP270（k_{obs}=0.010 3 min^{-1}）。分析了 5 种催化材料对 TC 的降解率，反应 1 h 后，TC 的降解率为 MP255（72%）＞MP330（69%）＞MP300

（67%）＞MP285（63%）＞MP270（60%）；反应 2 h 后，TC 的降解率为 MP255
（87%）＞MP330（86%）＞MP300（84%）＞MP285（82%）＞MP270（81%）；反应
3 h 后，TC 的降解率为 MP330（91%）＞MP255（90%），MP300（90%）＞MP285
（88%）＞MP270（86%）。MP255、MP270、MP285、MP300 和 MP330 纳米复合材料
均表现出良好的催化降解 TC 的性能。然而，MP255 在反应的前 2 h 保持了对 TC 的最大
降解率。我们对 5 种磁性坡缕石反应后溶液中浸出铁离子的浓度进行测定，发现 MP255
反应后浸出铁离子浓度最大，为 0.316 mg/L，是因为 MP255 表面溶出到反应溶液的 Fe^{2+}
和 Fe^{3+} 与 H_2O_2 发生均相芬顿反应，生成更多的 •OH 攻击 TC（Feng J et al., 2004）。但
是整个反应过程中，5 种磁性坡缕石对 TC 的催化降解率没有明显区别，说明在反应过
程中，5 种磁性坡缕石表面的 Fe（II）和 Fe（III）利用 H_2O_2 相互转化产生活性自由基
攻击 TC 仍然是主要过程。

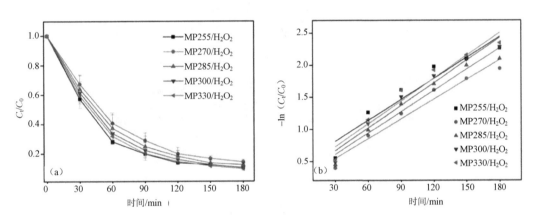

［pH：6.8，TC：100 mg/L，H_2O_2：100 mmol/L，催化剂：0.2 g/L，T=（30±1）℃］

图 12-13　（a）不同催化剂对 TC 的降解率；（b）不同催化剂 TC 降解的反应动力学拟合结果

12.3.5　材料的稳定性和重复利用性

如图 12-14 所示，催化剂 MP255、MP270、MP285、MP300、MP330 在缓冲体系
（pH=6.80）中循环 5 次仍能稳定降解 TC，3 h 内降解率可达 90%左右。此外，磁性纳
米复合材料中铁离子的浸出是导致催化剂结构破坏和催化剂用量减少的主要因素。为了
评估 5 种磁性坡缕石催化剂的稳定性，检测了反应过程中浸出的铁离子浓度。MP255、
MP300 和 MP330 只能在第一次反应溶液中被检测到浸出铁离子，溶液中铁离子浓度分
别为 0.316 mg/L、0.032 mg/L 和 0.076 mg/L。另外，在后续 4 个反应中，MP255、MP300
和 MP330 反应后溶液中的铁离子浓度均低于 0.03 mg/L，有趣的是，MP270 和 MP285
在 5 个反应中的铁离子浸出浓度均低于 0.03 mg/L，结果表明，MP270 和 MP285 的结构

比 MP255、MP300 和 MP330 的结构更稳定。同时,低浓度的浸出铁离子也能解释 MP255、MP270、MP285、MP300 和 MP330 5 种催化剂在 5 个循环中对 TC 的降解率变化不大的原因,说明不同 NaOH 用量制备的磁性坡缕石结构比较稳定。同时 5 种磁性坡缕石反应后的低浸出铁离子浓度也再次证明表面芬顿反应是 TC 降解的主要过程（Hou X et al.,2017）。

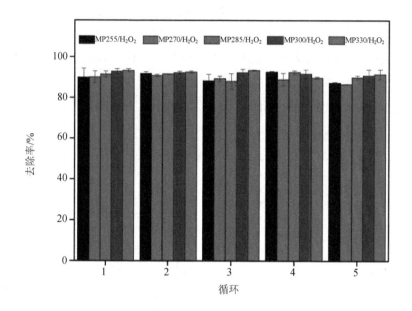

[pH：6.8，TC：100 mg/L，H₂O₂：100 mmol/L，催化剂：0.2 g/L 和 T=（30±1）℃]

图 12-14　重复利用试验

12.3.6　放大制备试验

为了验证扩大制备条件后化学共沉淀法制备 Pal@Fe₃O₄ 的可行性,探索其催化性能的变化,将 Pal@Fe₃O₄ 的制备条件扩大了 10 倍。也就是说,将 170 mL、200 mL 和 220 mL 浓度为 3 mol/L 的 NaOH 溶液分别加入 80 mL 钢铁酸洗废液中。如图 12-15 所示,制备的 Pal@Fe₃O₄ 纳米复合材料记为 FMP255、FMP300 和 FMP330。纳米复合材料 FMP255、FMP300 和 FMP330 对 TC 的催化降解率仍在 **88%** 左右,与放大试验前制备的材料对 TC 催化降解率大致相同。试验证明,放大 10 倍仍能制备出具有较好催化性能的磁性坡缕石。使用 170～220 mL 范围内的 NaOH（3 mol/L）制备催化剂对其催化性能无明显影响,进一步证明了在化学共沉淀法制备磁性坡缕石的过程中,可以选择性地降低 NaOH 的用量,降低制备成本。通过计算分析,如果使用 1 t 钢酸洗废液合成 MP255 和 MP330,相较于 MP330,合成 MP255 可节约 0.625 t 工业用水和 75 kg NaOH。

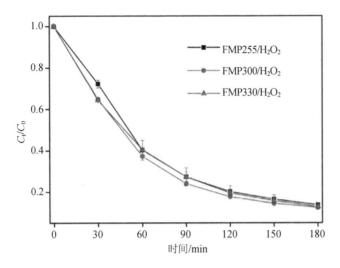

［pH：6.80，TC 溶液：300 mL、100 mg/L，H₂O₂：100 mmol/L，催化剂：0.2 g/L 和 T＝（30±1）℃］

图 12-15　放大制备试验的 Pal@Fe₃O₄ 对 TC 的降解率

12.3.7　小结

通过控制 NaOH 的用量，成功地合成了 5 种磁性坡缕石纳米复合材料。纳米复合材料表面负载了直径为 10～80 nm 的黑色 nano-Fe₃O₄，但随着 NaOH 用量的增加，其饱和磁化强度降低。对 TC 的 5 个催化降解循环表明，不同 NaOH 用量制备的磁性坡缕石结构稳定，催化性能良好。放大试验为化学共沉淀法在一定范围内调整碱性沉淀剂 NaOH 的用量，以及利用钢铁酸洗废液合成磁性坡缕石纳米复合材料的工业应用提供了有力的支撑。

12.4　5 种磁性矿物吸附/类芬顿降解四环素的研究

12.4.1　研究背景

黏土矿物来源广、比表面积大、结构独特，是目前去除 TC 最有前途的吸附剂和催化剂载体。但在实际应用中，粉体矿物的分离和回收难度很大（Wang Y et al.，2018）。磁性矿物不仅克服了这一缺陷，而且具有良好的吸附性、催化性和稳定性。例如，Belaroui 等（2018）发现与天然坡缕石相比，磁改性坡缕石对利谷隆的吸附能力提高了 3 倍。Bao T 等（2019）发现磁性累托石对氯酚的去除率高达 625 mg/g。因此，磁性矿物以其优异的吸附性和催化性能越来越受到人们的关注。然而，许多研究仅集中于单一矿物的结构表征及其磁性功能化后的应用,对于矿物类型是否以及如何影响磁性矿物的结构和性质,目前还缺乏研究。

天然矿物独特的结构和物理化学性质必然影响复合材料的性能。Rao W 等（2018）发现相比于 nZVI/高岭土，nZVI/海泡石对罗丹明 6G 具有更高的去除性能，这是由于 nZVI/海泡石有更大的比表面积和铁负载量。Kerkez 等（2014）发现与 nZVI/高岭土相比，nZVI/膨润土可以更有效降解工业偶氮染料 Rosso Zetanyl B-NG，是由于 nZVI/膨润土具有更大的比表面积和中孔体积，能有效分散 nZVI 和提供更多反应位点。因此，为了进一步探索磁性矿物的潜在应用前景，有必要研究不同黏土矿物对磁性矿物结构的影响，确定影响磁性矿物性质的关键因素。

本节以钢铁酸洗废液和坡缕石、膨润土、海泡石、沸石、高岭土为原料，分别制备了 5 种磁性矿物，并用于去除 TC。以评价不同矿物及制备的磁性矿物对 TC 的吸附性能，评价不同磁性矿物对 TC 的催化降解性能。

12.4.2 研究方法

（1）四环素吸附和催化降解试验方法

研究 TC 吸附动力学，通过将 0.5 g/L 矿物或磁性矿物添加到 TC 溶液（100 mg/L，pH=7.00）中并用避光恒温培养箱振荡。使用相同程序测定 TC 的吸附等温线，TC 的初始浓度设置为 20～140 mg/L 且振荡时间为 2 h。TC 的降解反应通过将 0.5 g/L 磁性矿物添加到 TC 溶液（100 mg/L，pH=7.00）中并用避光恒温培养箱振荡 2 h 后测定 TC 溶液浓度，随即将其浓度再调回 100 mg/L，加入 50 mmol/L H_2O_2，置于恒温振荡器振荡 3 h。避光恒温培养箱操作条件均设置为 250 r/min 的振荡速度和（30±1）℃的温度。TC 的浓度均在预定时间间隔，通过 0.22 μm 滤膜过滤后再进行测定。

（2）四环素降解反应中自由基的检测

进行自由基淬灭试验，将 100 mg/L 初始 pH 为 7.00 的 TC 溶液加入锥形瓶中，加入叔丁醇作为淬灭剂，分别加入 0.5 g/L 磁性矿物和 50 mmol/LH_2O_2，对羟基自由基进行淬灭；加入苯醌作为淬灭剂，分别加入 0.5 g/L 磁性矿物和 50 mmol/LH_2O_2，对超氧自由基进行淬灭。在给定的时间间隔内，取 1 mL 反应液，通过 0.22 μm 的微孔滤膜使用高效液相色谱对 TC 素浓度进行分析。

（3）二价铁分析方法

溶液中铁离子浓度采用邻二氮菲显色法测定。Fe^{2+}能与无色的邻二氮菲生成一种橙红色络合物，该络合物在 510 nm 处具有很强的特征吸收峰，可用紫外分光光度计检测。测定Fe^{2+}浓度时，向 2.0 mL 待测样品中加入 0.2 mL 浓度为 1 g/L 的邻二氮菲溶液和 0.5 mL 40%的乙酸铵缓冲溶液，定容至 4.0 mL 摇匀显色后测定样品的吸光度。

（4）材料制备方法

坡缕石由江苏盱眙博图有限公司提供，膨润土、海泡石、沸石、高岭土由马跃建材有限公司提供，所有矿物均通过 325 目筛。采用化学共沉淀法制备了 5 种磁性矿物纳米复合材料。简单而言，将矿物投加到一定体积的钢铁酸洗废液中，使铁与矿物的质量比为 1∶2。使水浴恒温磁力搅拌器加热到 80℃，滴加 NaOH 溶液（3 mol/L）至反应溶液。反应 3 h 后，去离子水冲洗 3 次生成的黑色磁性矿物纳米颗粒，在 65℃真空下干燥 24 h。来自 5 种原料的磁性矿物分别命名为 Pal@Fe₃O₄（坡缕石）、Bent@Fe₃O₄（膨润土）、Sep@Fe₃O₄（海泡石）、Zeol@Fe₃O₄（沸石）、Kaol@Fe₃O₄（高岭土）。相同程序下，使用钢铁酸洗废液合成不添加矿物的 Fe₃O₄。

12.4.3 矿物和磁性矿物的性能表征

用振动样品磁强计（VSM，Lakeshore 7304，美国）测量了磁性矿物的磁性。利用比表面积孔隙分析法（ASAP 2020M，美国）测定了矿物和磁性矿物的比表面积、孔隙体积和孔径。利用扫描电镜（SEM，ZEISS Ultra，德国）对矿物和磁性矿物的微观结构和表面形貌进行了分析。

5 种矿物和磁性矿物的形貌如图 12-16 所示。由图 12-16（a）可知，Pal 的表面形态更似细发状，其链长最大可到 2 μm，直径为 10～30 nm，图片直观地解析了比表面积巨大的原因。但是当其赋磁后，部分 Pal 的表面被 nano-Fe₃O₄ 颗粒覆盖了，从图 12-16（b）中可清楚地观察到散落的纳米颗粒对 Pal 初始表面形态造成一定的破坏，因此减少了其磁性复合材料的比表面积。如图 12-16（e）所示，Sep 表面光滑平整，有明显束状结构，对比 Pal，其链长最长超过 10 μm，直径可达 1 μm。相比细发状结构的 Pal，Sep 更似棒状，纵横交错。如图 12-16（f）所示，Sep 相对于 Pal 直径更大，可以提供更多的平面结构负载纳米颗粒，所以 Sep@Fe₃O₄ 与 Pal@Fe₃O₄ 结构明显不同，其束状结构表面覆盖着大量纳米颗粒，可以有效增大其比表面积。图 12-16（c）、图 12-16（g）、图 12-16（i）分别是 Bent、Zeol、Kaol 的形貌，均呈现出交错层状堆叠的表面形态，相比之下，Bent 更似花瓣层状，层间紧密堆积，而 Zeol 表面异常光滑。值得注意的是，从图 12-16（d）可以观察到大量纳米颗粒负载在 Bent 上且保留着花瓣层状结构，表面疏松；从图 12-16（h）中观察到，Zeol 赋磁后，其表面同样散落着很多 Fe₃O₄ 纳米颗粒，光滑性显著降低，但是存在一部分没有散落在纳米颗粒的表面；从图 12-16（j）中可以观察到 Kaol 赋磁后，其表面变得异常粗糙，而且有丰富的孔状结构。

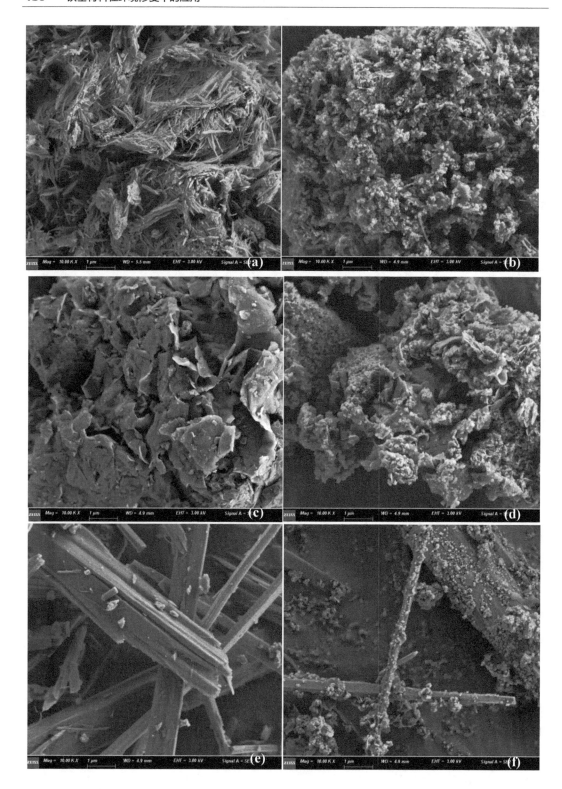

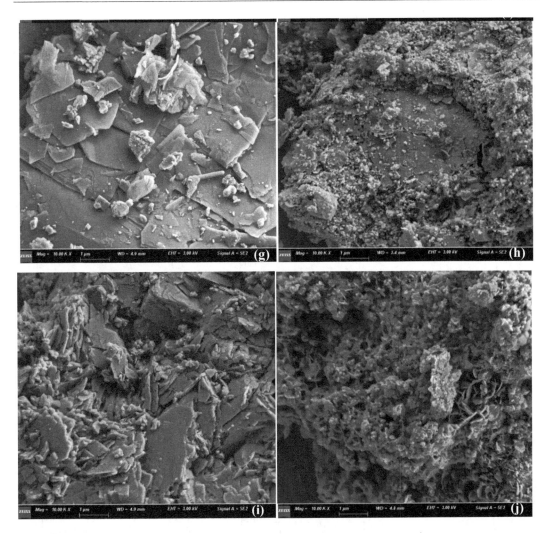

图 12-16　（a）Pal，（b）Pal@Fe₃O₄，（c）Bent，（d）Bent@Fe₃O₄，（e）Sep，（f）Sep@Fe₃O₄，（g）Zeol，（h）Zeol@Fe₃O₄，（i）Kaol，（j）Kaol@Fe₃O₄的扫描电镜照片

　　如图 12-17 所示，通过 N_2 吸附-解吸等温线和 BJT 孔径分布图研究了黏土矿物及其磁性矿物的比表面积和孔特性。根据 IUPAC 的分类，5 种黏土矿物及其磁性矿物的 N_2 吸附-解吸等温线均为 H3 型环的 IV 型吸附等温线，表明微孔结构与介孔结构共存（Thommes et al.，2015）。孔径分布图 12-17（f）证实了 5 种矿物及其磁性矿物的孔径分布主要位于介孔区。值得注意的是，如表 12-4 所示，在天然矿物中，Pal 具有最大的比表面积（172.9 m^2/g），分别是 Bent、Sep、Zeol、Kaol 的 4.611 倍、6.357 倍、6.780 倍和 7.719 倍。赋磁后 Pal@Fe₃O₄ 仍然具有最大的比表面积（121.4 m^2/g），分别是 Kaol@Fe₃O₄、Bent@Fe₃O₄、Zeol@Fe₃O₄、Sep@Fe₃O₄ 的 1.041 倍、1.162 倍、1.879 倍和 2.513 倍。除了 Pal，其余 4 种天然矿物赋磁后，比表面积均有所增加。所有的黏土矿物

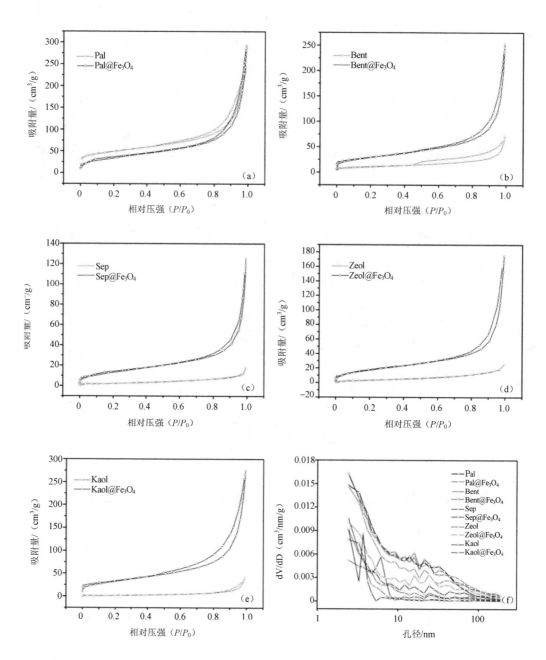

图 12-17 （a）Pal 和 Pal@Fe$_3$O$_4$，（b）Bent 和 Bent@Fe$_3$O$_4$，（c）Sep 和 Sep@Fe$_3$O$_4$，（d）Zeol 和 Zeol@Fe$_3$O$_4$，（e）Kaol 和 Kaol@Fe$_3$O$_4$ 的 N$_2$ 吸附-解吸等温线，（f）矿物和磁性矿物的孔径分布

与钢铁酸洗废液制备的磁性矿物均增大了孔容体积，表现为 Pal 经赋磁后，孔容体积由 0.380 cm^3/g 增大到 0.453 cm^3/g；Bent 赋磁后，孔容体积由 0.103 cm^3/g 增大到 0.383 cm^3/g；Sep 赋磁后，孔容体积由 0.026 cm^3/g 增大到 0.190 cm^3/g；Zeol 赋磁后，孔容体积由

0.038 cm³/g 增大到 0.259 cm³/g；Kaol 赋磁后，孔容体积由 0.063 cm³/g 增大到 0.416 cm³/g；推测是因为在制备过程中钢铁酸洗废液由于自身的强酸性溶解了天然矿物的碳酸盐结构或其他表面杂质，从而导致合成的磁性复合材料扩孔。此外，矿物与磁性矿物孔容体积的变化与扫描电镜形貌结果可以较好地对应。

表 12-4　Pal、Pal@Fe₃O₄、Bent、Bent@Fe₃O₄、Sep、Sep@Fe₃O₄、Zeol、Zeol@Fe₃O₄、Kaol 和 Kaol@Fe₃O₄ 的比表面积、孔容和孔径

	比表面积/（m²/g）	孔容/（cm³/g）	孔径/nm
Pal	172.9	0.380	8.8
Pal@Fe₃O₄	121.4	0.453	14.9
Bent	37.5	0.103	10.9
Bent@Fe₃O₄	104.5	0.383	14.7
Sep	27.2	0.026	3.9
Sep@Fe₃O₄	48.3	0.190	15.7
Zeol	25.5	0.038	5.9
Zeol@Fe₃O₄	64.6	0.259	16.0
Kaol	22.4	0.063	11.2
Kaol@Fe₃O₄	116.6	0.416	14.3

　　黏土矿物作为吸附剂存在一个巨大缺陷便是吸附剂难以回收。对外部磁场的快速响应能力对于纳米复合材料的磁选和回收至关重要。通过对合成的磁性矿物进行磁性能表征，如图 12-18 所示，在 300 K 下测量的 Sep@Fe₃O₄、Pal@Fe₃O₄、Zeol@Fe₃O₄、Kaol@Fe₃O₄ 和 Bent@Fe₃O₄ 的磁滞回线，饱和磁化强度分别达到 18.48 emu/g、18.08 emu/g、16.09 emu/g、6.35 emu/g、4.46 emu/g。制备的磁性矿物纳米复合材料均具有零矫顽力、无磁滞和超顺磁特性。值得注意的是，具有纤维结构的 Sep@Fe₃O₄ 和 Pal@Fe₃O₄ 在 5 种磁性矿物中表现出更优良的磁性，这可能是因为 Fe₃O₄ 纳米颗粒直接较均匀地包围在 Sep 和 Pal 表面上。

　　不同矿物和磁性矿物的 Zeta 电位值如图 12-19 所示。所有矿物及其磁性矿物的 Zeta 电位均为负值。Pal@Fe₃O₄（−25.5±3.3 mV）的 Zeta 绝对电位高于未磁化 Pal；Sep@Fe₃O₄（−16.0±1.3 mV）和 Zeol@Fe₃O₄（−16.5±0.5 mV）的 Zeta 绝对电位分别低于未磁化 Sep 和 Zeol。Bent 的 Zeta 电位在磁化前后变化不大。在 pH 为 7 时，TC 的阳离子形式几乎不存在，但有少量阴离子形式，更多的是中性形式。而且磁化后 Bent 对 TC 的吸附能力大大降低，Sep 和 Zeol 对 TC 的吸附能力基本不变，可以推测出静电吸附不是影响矿物及磁性矿物对 TC 吸附性能的主要因素。

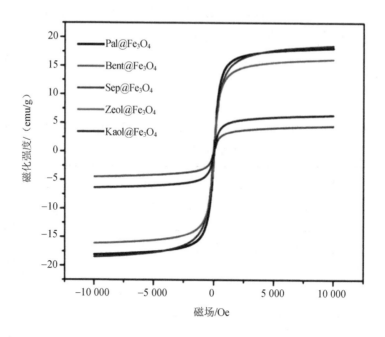

图 12-18　Pal@Fe₃O₄、Bent@Fe₃O₄、Sep@Fe₃O₄、Zeol@Fe₃O₄ 和 Kaol@Fe₃O₄ 的磁滞回线

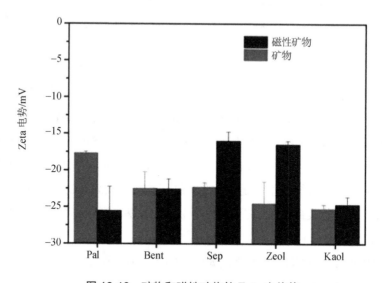

图 12-19　矿物和磁性矿物的 Zeta 电位值

12.4.4　磁性矿物的吸附性能及其影响机理

通过去除 TC 的吸附动力学研究，以了解不同类型黏土矿物及其磁性矿物的吸附行为。由图 12-20 可知，5 种天然矿物及其所制备的 5 种磁性矿物在 120 min 内吸附

TC 达到平衡，吸附过程可分为快速吸附阶段和吸附平衡阶段。拟一级动力学方程是假定吸附过程受到扩散步骤控制，而拟二级动力学方程是假定吸附速率由化学吸附机理控制（Razmi et al.，2019）。根据拟合系数（R^2，表 12-5），Pal、Bent、Zeol 磁化后吸附 TC 行为更适合于拟二级动力学模型，表明化学吸附决定了吸附速率（Bao T et al.，2019）。

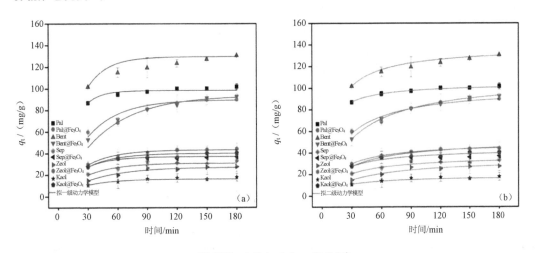

（T=30℃，initial solution pH=7.00）

图 12-20　矿物和磁性矿物吸附 TC 的拟一级动力学模型（a）和拟二级动力学模型（b）

表 12-5　矿物和磁性矿物去除 TC 的动力学参数

样品	拟一级动力学			拟二级动力学		
	q_e/（mg/g）	K_1/min⁻¹	R^2	q_e/（mg/g）	K_2/［g/（mg·min）］	R^2
Pal	98.429	0.071 1	0.977	104.161	0.001 6	0.998
Pal@Fe₃O₄	89.393	0.032 4	0.906	100.730	0.000 4	0.971
Bent	129.552	0.051 2	0.974	137.721	0.000 7	0.994
Bent@Fe₃O₄	93.451	0.022 4	0.956	110.225	0.000 3	0.987
Sep	30.996	0.035 0	0.893	37.260	0.001 1	0.954
Sep@Fe₃O₄	36.962	0.048 0	0.991	39.795	0.002 0	0.980
Zeol	27.155	0.026 5	0.982	34.600	0.000 7	0.976
Zeol@Fe₃O₄	43.390	0.037 8	0.981	49.503	0.001 0	0.992
Kaol	16.371	0.036 7	0.960	18.567	0.002 6	0.945
Kaol@Fe₃O₄	37.188	0.044 7	0.996	43.796	0.001 3	0.986

5 种矿物及其磁性矿物对不同初始浓度 TC（20～140 mg/L）的吸附等温线如图 12-21 所示。根据拟合系数（R^2，表 12-6），Pal、Bent、Kaol 磁化后吸附 TC 的行为更符合于 Langmuir 模型，表明吸附过程是单分子层吸附（Maleki et al.，2019）。

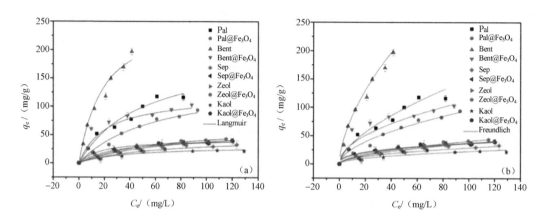

图 12-21 TC 在矿物和磁性矿物上吸附的 Langmuir 吸附等温线（a）和 Freundlich 吸附等温线（b）

表 12-6 矿物和磁性矿物去除 TC 的等温线模型参数

样品	Langmuir			Freundlich		
	$q_m/$ （mg/g）	$K_L/$ （L/mg）	R^2	$K_F/$ ［mg/g （L/mg）］	n	R^2
Pal	198.086	0.020	0.888	9.045	1.642	0.928
Pal@Fe$_3$O$_4$	149.439	0.016	0.983	7.463	1.805	0.967
Bent	268.967	0.051	0.973	21.661	1.669	0.948
Bent@Fe$_3$O$_4$	120.626	0.047	0.918	11.376	2.008	0.899
Sep	46.657	0.016	0.954	3.130	2.075	0.958
Sep@Fe$_3$O$_4$	43.339	0.055	0.981	7.225	2.809	0.989
Zeol	64.477	0.014	0.952	2.979	1.835	0.919
Zeol@Fe$_3$O$_4$	66.116	0.016	0.951	3.429	1.866	0.981
Kaol	30.913	0.026	0.986	2.288	2.020	0.974
Kaol@Fe$_3$O$_4$	47.282	0.032	0.980	6.470	2.674	0.957

基于 Langmuir 模型对比分析了 5 种矿物及其磁性矿物对 TC 的最大吸附量。5 种矿物中的 Bent 对 TC 的最大吸附量为 268.967 mg/g，分别是 Pal、Zeol、Sep、Kaol 的 1.358 倍、4.172 倍、5.765 倍、8.701 倍。此外，5 种磁性矿物中 Pal@Fe$_3$O$_4$ 对 TC 的最大吸附量为 149.439 mg/g，分别是 Bent@Fe$_3$O$_4$、Zeol@Fe$_3$O$_4$、Kaol@Fe$_3$O$_4$、Sep@Fe$_3$O$_4$ 的 1.239 倍、2.260 倍、3.161 倍、3.448 倍。值得注意的是，Pal、Bent 在磁化后对 TC 的最大吸附量下降明显，分别下降了 1.326 倍和 2.230 倍。相反，Kaol 在磁化后对 TC 的最大吸附量上升了 1.530 倍。然而，Sep、Zeol 在负载 Fe$_3$O$_4$ 后对 TC 的最大吸附量变化不大，最

大吸附量分别仅下降 3.318 mg/g 和上升 1.639 mg/g。

根据这些试验结果和前述表征分析，我们推测影响 5 种磁性矿物对 TC 吸附性能的关键因素是黏土矿物的比表面积和结构。比表面积在高性能吸附剂与催化剂中至关重要，因为多孔材料的比表面积是定义其性能最有用的微观结构参数之一，它是固相和孔隙系统之间的总内部边界（Bhattacharyya et al.，2006）。5 种黏土矿物中具有较大比表面积和较大孔隙体积的 Pal 和 Bent 对 TC 的吸附能力最强，吸附容量分别为 198.086 mg/g 和 268.967 mg/g。而且其所制备的磁性矿物 Pal@Fe₃O₄ 和 Bent@Fe₃O₄，仍然是 5 种磁性矿物中对 TC 的吸附能力最强的，吸附容量分别为 149.439 mg/g 和 120.626 mg/g。与 Pal 相比，Pal@Fe₃O₄ 对 TC 的吸附能力低 24.6%，归因于其比表面积低 29.8%。然而 Bent 及 Bent@Fe₃O₄ 对 TC 吸附性能优良的原因除了比表面积大外，还与其层状结构相关。对于富含蒙脱石的 Bent 来说，层状结构在潮湿时会扩大层间距即膨胀，这种膨胀会使 Bent 在水系的比表面积远超过干物质上确定的比表面积，从而增加其潜在的吸附容量（Kerkez et al.，2014）。值得注意的是，Bent 磁化时，其比表面积增加，却对 TC 的吸附容量下降，结合扫描电镜图分析，这与纳米颗粒的负载占据了部分吸附位点有关。另外，Kaol 在潮湿时不显著膨胀，与 Kaol 相比，Kaol@Fe₃O₄ 对 TC 的吸附能力提高了 1.530 倍，这也可以归因于其比表面积的增加。Sep@Fe₃O₄、Zeol@Fe₃O₄ 对 TC 吸附性能差的原因是 Sep、Zeol 自身比表面积较小，而且结合 Sep 和 Zeol 磁化前后的扫描电镜照片分析，它们光滑的表面限制了它们对 TC 的吸附能力。

12.4.5　磁性矿物的催化性能及其影响机理

如图 12-22（a）所示，为了评估 5 种磁性矿物的吸附-催化性能，比较了 Pal@Fe₃O₄、Bent@Fe₃O₄、Sep@Fe₃O₄、Zeol@Fe₃O₄、Kaol@Fe₃O₄、Fe₃O₄ 在饱和吸附 100 mg/L 的 TC 后，调节 TC 浓度如初并继续进行 3 h 类芬顿催化降解四环素的性能。作为对照的 Fe_3O_4/H_2O_2 体系的降解率仅为 66.75%，相比之下，$Pal@Fe_3O_4/H_2O_2$ 和 $Bent@Fe_3O_4/H_2O_2$ 体系下 90 min 内 TC 的降解率可达 90%以上，$Kaol@Fe_3O_4/H_2O_2$ 体系的降解率可达 84.92%。然而，$Sep@Fe_3O_4/H_2O_2$ 和 $Zeol@Fe_3O_4/H_2O_2$ 体系 3 h 内对 TC 降解率也分别只有 76.76%和 78.52%。

对不同体系催化降解四环素进行了拟一级动力学拟合，如图 12-22（b）所示。$Bent@Fe_3O_4/H_2O_2$ 体系的反应速率常数最大为 $k_{obs}=2.12×10^{-2}$ min^{-1}，与 $Pal@Fe_3O_4/H_2O_2$、$Kaol@Fe_3O_4/H_2O_2$ 体系的反应速率常数接近，分别是 Fe_3O_4/H_2O_2、$Zeol@Fe_3O_4/H_2O_2$、$Sep@Fe_3O_4/H_2O_2$、H_2O_2 体系的反应速率常数的 2.000 倍、2.356 倍、2.650 倍、4.711 倍。据此可知，5 种磁性矿物在吸附 TC 达到饱和后，均能有效继续降解 TC，但是催化降解 TC 的性能是有区别的。

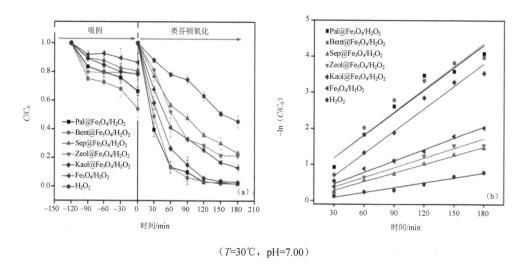

（$T=30℃$，$pH=7.00$）

图 12-22　（a）不同体系对 TC 的降解率（b）不同体系 TC 降解的拟一级反应动力学拟合结果

　　我们使用不同类别的自由基捕获剂确定磁性矿物催化反应产生的自由基种类，以研究磁性矿物对 TC 的降解机理。叔丁醇和苯醌通常用作自由基清除剂，以捕获羟基自由基（•OH）和超氧化物自由基（•O_2^-）。试验结果如图 12-23 和图 12-24 所示，加入叔丁醇和苯醌后 5 种磁性矿物对 TC 的降解速率均有所降低。Pal@Fe$_3$O$_4$/H$_2$O$_2$ 体系加入叔丁醇和苯醌后反应体系相应的拟一级反应动力学速率常数 k_{obs} 分别为 $1.15×10^{-3}$ min^{-1} 和 $3.40×10^{-4}$ min^{-1}，不含自由基清除剂的体系的反应速率常数 k_{obs} 是含叔丁醇和苯醌的 1.8 倍和 6.1 倍。Bent@Fe$_3$O$_4$/H$_2$O$_2$ 体系加入叔丁醇和苯醌后相应的拟一级反应动力学速率常数 k_{obs} 分别为 $1.02×10^{-3}$ min^{-1} 和 $4.10×10^{-4}$ min^{-1}，不含自由基清除剂的体系的反应速率常数 k_{obs} 是含叔丁醇和苯醌的 2.1 倍和 5.2 倍。Sep@Fe$_3$O$_4$/H$_2$O$_2$ 体系加入叔丁醇和苯醌后相应的拟一级反应动力学速率常数 k_{obs} 分别为 $6.00×10^{-4}$ min^{-1} 和 $4.20×10^{-4}$ min^{-1}，不含自由基清除剂的体系的反应速率常数 k_{obs} 是含叔丁醇和苯醌的 1.3 倍和 1.9 倍。Zeol@Fe$_3$O$_4$/H$_2$O$_2$ 体系加入叔丁醇和苯醌后相应的拟一级反应动力学速率常数 k_{obs} 分别为 $5.40×10^{-4}$ min^{-1} 和 $5.00×10^{-4}$ min^{-1}，不含自由基清除剂的体系的反应速率常数 k_{obs} 是含叔丁醇和苯醌的 1.7 倍和 1.8 倍。Kaol@Fe$_3$O$_4$/H$_2$O$_2$ 体系加入叔丁醇和苯醌后相应的拟一级反应动力学速率常数 k_{obs} 分别为 $8.40×10^{-4}$ min^{-1} 和 $2.60×10^{-4}$ min^{-1}，不含自由基清除剂的体系的反应速率常数 k_{obs} 是含叔丁醇和苯醌的 2.5 倍和 8.0 倍。由此可知，羟基自由基（•OH）和超氧自由基（•O_2^-）都是 5 种磁性矿物降解 TC 的活性物种。

　　我们推测黏土矿物载铁量可以影响磁性矿物的催化性能，使用酸消解法测定磁性矿物中总铁含量，试验结果如表 12-7 所示，5 种磁性矿物的总铁含量不同。其中 Zeol@Fe$_3$O$_4$ 的最大铁含量为 396.45 mg/g，分别比 Sep@Fe$_3$O$_4$、Pal@Fe$_3$O$_4$、Bent@Fe$_3$O$_4$ 和 Kaol@Fe$_3$O$_4$

高 10.12 mg/g、18.30 mg/g、30.00 mg/g、62.55 mg/g。总体来说，不同黏土矿物的铁载量有明显差异，其中 Zeol 更容易载铁。然而，根据 Pal@Fe₃O₄/H₂O₂ 和 Bent@Fe₃O₄/H₂O₂ 体系对 TC 的降解速率更快，并无直接证据可以证明磁性矿物总铁含量可以影响其催化性能。进一步地，我们在缺氧条件下对磁性矿物进行酸洗，并用邻菲罗啉分光光度法测定材料中的有效态 Fe（Ⅱ）。试验结果如表 12-7 所示，5 种磁性矿物中的 Fe（Ⅱ）含量分别为 9.35 mg/g（Bent@Fe₃O₄），9.11 mg/g（Pal@Fe₃O₄）、7.04 mg/g（Kaol@Fe₃O₄）、2.34 mg/g（Zeol@Fe₃O₄）和 1.39 mg/g（Sep@Fe₃O₄），而且 Fe（Ⅱ）含量越大这 5 种磁性矿物的降解速率常数 k 值越大，据此我们推测磁性矿物中 Fe（Ⅱ）的含量是影响其催化性能的重要因素（Yi Y et al.，2019）。

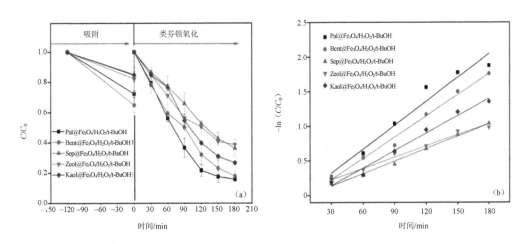

图 12-23 （a）叔丁醇对 TC 降解率的影响，（b）在叔丁醇存在下 TC 降解的拟一级反应动力学拟合结果

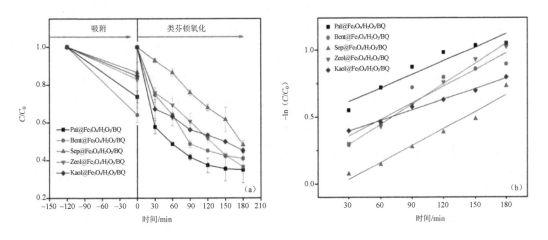

图 12-24 （a）苯醌对 TC 降解率的影响，（b）在苯醌存在下 TC 降解的拟一级反应动力学拟合结果

表 12-7　磁性矿物中的铁含量　　　　　　　　　　　　　　单位：mg/g

样品	Fe	Fe（Ⅱ）
Pal@Fe$_3$O$_4$	378.15	9.11
Bent@Fe$_3$O$_4$	366.45	9.35
Sep@Fe$_3$O$_4$	386.33	1.39
Zeol@Fe$_3$O$_4$	396.45	2.34
Kaol@Fe$_3$O$_4$	333.90	7.04
Fe$_3$O$_4$	721.88	2.49

为了研究黏土矿物在缺氧条件下还原 Fe^{3+} 的能力。将 0.5 g/L 的 Pal、Bent、Sep、Zeol 和 Kaol 分别添加到 100 mg/L 的 Fe^{3+} 溶液中，试验结果如表 12-8 所示。Bent、Pal、Kaol 和 Zeol 都具有一定的还原 Fe^{3+} 的能力，分别测得 Fe^{2+} 浓度为 0.99 mg/L、0.90 mg/L、0.89 mg/L、0.04 mg/L，其中 Bent 的还原 Fe^{2+} 能力是 Zeol 的 25 倍。结合前述试验结果，推测黏土矿物对 Fe^{3+} 的还原能力越强，其磁性矿物对 TC 的类芬顿降解性能越好，归因于黏土矿物促进了负载的 nano-Fe$_3$O$_4$ 表面 Fe（Ⅱ）/Fe（Ⅲ）循环，加速了催化反应。

表 12-8　矿物还原 Fe^{3+} 能力　　　　　　　　　　　　　单位：mg/L

样品	Fe^{3+}	Fe^{2+}
Pal	100	0.9
Bent	100	0.99
Sep	100	<0.03
Zeol	100	0.04
Kaol	100	0.89

最后，结合磁性矿物吸附 TC 的性能和磁性矿物的形貌表征，可认为比表面积影响磁性矿物吸附 TC 性能的同时，也是影响磁性矿物催化降解 TC 性能的一个重要原因。大的比表面积可以提供足够多的活性位点降解污染物分子，而且促进了污染物分子从溶液到材料表面的质量转移，可以加速类芬顿催化氧化反应。Pal@Fe$_3$O$_4$/H$_2$O$_2$ 体系、Bent@Fe$_3$O$_4$/H$_2$O$_2$ 体系和 Kaol@Fe$_3$O$_4$/H$_2$O$_2$ 体系表现出对 TC 最优良的降解性能，均是由于 Pal@Fe$_3$O$_4$、Bent@Fe$_3$O$_4$、Kaol@Fe$_3$O$_4$ 具有相对较大的比表面积。Pal@Fe$_3$O$_4$ 大的比表面积可能归因于 Pal 的细发状结构本身具有了大的比表面积；Bent@Fe$_3$O$_4$ 大的比表面积可能归因于 Bent 的层状结构，其在水中自然分离，层间距增大；Kaol@Fe$_3$O$_4$ 则可能归因于 Kaol 在与钢铁酸洗废液合成过程中被腐蚀表面，孔容与比表面积大幅提升；然而 Sep 和 Zeol 表面光滑，杂质较少，可能是因为其比表面积较小，这些结果都可以在材料的扫描电镜照片里观察到。

综上所述，黏土矿物的比表面积、表面结构以及对 Fe^{3+} 的还原能力均能影响磁性矿物的催化性能。

12.4.6　小结

本节研究中，使用钢酸洗废液和黏土矿物制备了 5 种磁性矿物纳米复合材料，即 Pal@Fe$_3$O$_4$（坡缕石）、Bent@Fe$_3$O$_4$（膨润土）、Sep@Fe$_3$O$_4$（海泡石）、Zeol@Fe$_3$O$_4$（沸石）、Kaol@Fe$_3$O$_4$（高岭土）。研究了不同黏土矿物对磁性矿物的结构、吸附和催化活性的影响。5 种磁性矿物用于吸附去除 TC，其中 Pal@Fe$_3$O$_4$ 表现出最佳的吸附性能。磁性矿物吸附饱和 TC 后，Pal@Fe$_3$O$_4$ 和 Bent@Fe$_3$O$_4$ 可以在 90 min 内降解 90% 的 TC，与其他 3 种磁性矿物相比，它们具有更好的催化性能，为钢酸洗废液的资源利用和有效去除环境水中的抗生素提供了一种新方法。

参考文献

BAO T，2019. Rectorite-supported nano-Fe$_3$O$_4$ composite materials as catalyst for P-chlorophenol degradation：preparation，characterization，and mechanism[J]. Applied Clay Science，176：66-77.

BELAROUI L S，2018. Adsorption of linuron by an Algerian palygorskite modified with magnetic iron[J]. Applied Clay Science，164：26-33.

BHATTACHARYYA K G，2006. Kaolinite，montmorillonite，and their modified derivatives as adsorbents for removal of Cu（Ⅱ）from aqueous solution[J]. Separation and Purification Technology，50（3）：388-397.

CHEN B，2019. Facile modification of sepiolite and its application in superhydrophobic coatings[J]. Applied Clay Science，174：1-9.

CHEN L，2016. Functional magnetic nanoparticle/clay mineral nanocomposites：preparation，magnetism and versatile applications[J]. Applied Clay Science，127：143-163.

DAI C，2015. Novel MoSe$_2$ hierarchical microspheres for applications in visible-light-driven advanced oxidation processes[J]. Nanoscale，7（47）：19970-19976.

DING C，2019. Attapulgite-supported nano-Fe^0/peroxymonsulfate for quinclorac removal：performance，mechanism and degradation pathway[J]. Chemical Engineering Journal，360：104-114.

DONG X，2019. Monodispersed CuFe$_2$O$_4$ nanoparticles anchored on natural kaolinite as highly efficient peroxymonosulfate catalyst for bisphenol A degradation[J]. Applied Catalysis B：Environmental，253：206-217.

EZZATAHMADI N，2019. Degradation of 2,4-dichlorophenol using palygorskite-supported bimetallic Fe/Ni nanocomposite as a heterogeneous catalyst[J]. Applied Clay Science，168：276-286.

FENG J，2004. Novel bentonite clay-based Fe-nanocomposite as a heterogeneous catalyst for photo-fenton discoloration and mineralization of orange II[J]. Environmental Science & Technology, 38（1）：269-275.

FU M, 2018. One-dimensional magnetic nanocomposites with attapulgites as templates: growth, formation mechanism and magnetic alignment[J]. Applied Surface Science, 441: 239-250.

FU Y, 2015. High efficient removal of tetracycline from solution by degradation and flocculation with nanoscale zerovalent iron[J]. Chemical Engineering Journal, 270: 631-640.

GAO Y, 2015. Removal of Rhodamine B with Fe-supported bentonite as heterogeneous photo-fenton catalyst under visible irradiation[J]. Applied Catalysis B: Environmental, 178: 29-36.

GU B W, 2019. The feasibility of using bentonite, illite, and zeolite as capping materials to stabilize nutrients and interrupt their release from contaminated lake sediments[J]. Chemosphere, 219: 217-226.

HAN S, 2017. Magnetic activated-ATP@ Fe_3O_4 nanocomposite as an efficient Fenton-like heterogeneous catalyst for degradation of ethidium bromide[J]. Scientific Reports, 7（1）: 1-12.

HOU L, 2016. Ultrasound-assisted heterogeneous Fenton-like degradation of tetracycline over a magnetite catalyst[J]. Journal of Hazardous Materials, 302: 458-467.

HOU X, 2017. Hydroxylamine promoted goethite surface Fenton degradation of organic pollutants[J]. Environmental Science & Technology, 51（9）: 5118-5126.

JIANG L, 2018. Preparation of magnetically recoverable bentonite-Fe_3O_4-MnO_2 composite particles for Cd（II）removal from aqueous solutions[J]. Journal of Colloid and Interface Science, 513: 748-759.

JIANG M, 2010. Adsorption of Pb（II）, Cd（II）, Ni（II）and Cu（II）onto natural kaolinite clay[J]. Desalination, 252（1-3）: 33-39.

KAKAVANDI B, 2016. Application of Fe_3O_4@C catalyzing heterogeneous UV-Fenton system for tetracycline removal with a focus on optimization by a response surface method[J]. Journal of Photochemistry and Photobiology A: Chemistry, 314: 178-188.

KERKEZ D V, 2014. Three different clay-supported nanoscale zero-valent iron materials for industrial azo dye degradation: A comparative study[J]. Journal of the Taiwan Institute of Chemical Engineers, 45（5）: 2451-2461.

KUSIOR A, 2019. Shaped Fe_2O_3 nanoparticles-synthesis and enhanced photocatalytic degradation towards RhB[J]. Applied Surface Science, 476: 342-352.

LEIVISKÄ T, 2017. Vanadium removal by organo-zeolites and iron-based products from contaminated natural water[J]. Journal of Cleaner Production, 167: 589-600.

LI C, 2019. Highly efficient activation of peroxymonosulfate by natural negatively-charged kaolinite with abundant hydroxyl groups for the degradation of atrazine[J]. Applied Catalysis B: Environmental, 247: 10-23.

LI L, 2018. Halloysite nanotubes and Fe_3O_4 nanoparticles enhanced adsorption removal of heavy metal using electrospun membranes[J]. Applied Clay Science，161：225-234.

LI X，2020. Heterogeneous Fenton-like degradation of tetracyclines using porous magnetic chitosan microspheres as an efficient catalyst compared with two preparation methods[J]. Chemical Engineering Journal，379：122324.

LI X，2012. Development of attapulgite/Ce1−xZr$_x$O$_2$ nanocomposite as catalyst for the degradation of methylene blue[J]. Applied Catalysis B：Environmental，117：118-124.

LI X，2017. Integrated nanostructures of CeO$_2$/attapulgite/g-C$_3$N$_4$ as efficient catalyst for photocatalytic desulfurization：mechanism，kinetics and influencing factors[J]. Chemical Engineering Journal，2326：87-98.

LI Y，2015. Synergetic effect of a pillared bentonite support on SE（VI） removal by nanoscale zero valent iron[J]. Applied Catalysis B：Environmental，174：329-335.

LIU P，2018. Synergetic effect of Cu and Mn oxides supported on palygorskite for the catalytic oxidation of formaldehyde：dispersion，microstructure，and catalytic performance[J]. Applied Clay Science，161：265-273.

LIU Y，2008. Attapulgite-Fe$_3$O$_4$ magnetic nanoparticles via co-precipitation technique[J]. Applied Surface Science，255（5）：2020-2025.

LU Y，2019. A comparative study of different natural palygorskite clays for fabricating cost-efficient and eco-friendly iron red composite pigments[J]. Applied Clay Science，167：50-59.

LUO J，2017. Size-controlled synthesis of palygorskite/Ag$_3$PO$_4$ nanocomposites with enhanced visible-light photocatalytic performance[J]. Applied Clay Science，143：273-278.

MA J，2016. Visible light photocatalytic activity enhancement of Ag$_3$PO$_4$ dispersed on exfoliated bentonite for degradation of rhodamine B[J]. Applied Catalysis B：Environmental，182：26-32.

MA J，2014. Nanocomposite of attapulgite-Ag$_3$PO$_4$ for Orange II photodegradation[J]. Applied Catalysis B：Environmental，144：36-40.

MALEKI A，2019. A green，porous and eco-friendly magnetic geopolymer adsorbent for heavy metals removal from aqueous solutions[J]. Journal of Cleaner Production，215：1233-1245.

MASOMBOON N，2009. Chemical oxidation of 2,6-dimethylaniline in the Fenton process[J]. Environmental Science & Technology，43（22）：8629-8634.

MIDDEA A，2017. Preparation and characterization of an organo-palygorskite-Fe$_3$O$_4$ nanomaterial for removal of anionic dyes from wastewater[J]. Applied Clay Science，139：45-53.

MOREIRA M A，2017. Effect of chemical modification of palygorskite and sepiolite by 3-aminopropyltriethoxisilane on adsorption of cationic and anionic dyes[J]. Applied Clay Science，135：394-404.

NIU J，2013. Visible-light-mediated Sr-Bi$_2$O$_3$ photocatalysis of tetracycline：kinetics，mechanisms and toxicity assessment[J]. Chemosphere，93（1）：1-8.

ÖZCAN A，2017. Preparation of Fe$_2$O$_3$ modified kaolin and application in heterogeneous electro-catalytic oxidation of enoxacin[J]. Applied Catalysis B：Environmental，200：361-371.

RAO W，2018. Enhanced degradation of Rh 6G by zero valent iron loaded on two typical clay minerals with different structures under microwave irradiation[J]. Frontiers in Chemistry，6：463.

RAZMI F A，2019. Kinetics，thermodynamics，isotherm and regeneration analysis of chitosan modified pandan adsorbent[J]. Journal of Cleaner Production，231：98-109.

REZAEI F，2018. Effect of pH on zero valent iron performance in heterogeneous fenton and Fenton-like processes：A review[J]. Molecules，23（12）：3127.

SALEH T A，2018. Polyamide magnetic palygorskite for the simultaneous removal of Hg（II） and methyl mercury：with factorial design analysis[J]. Journal of Environmental Management，211：323-333.

SELVAM A，2017. Influence of livestock activities on residue antibiotic levels of rivers in Hong Kong[J]. Environmental Science and Pollution Research，24（10）：9058-9066.

SRIVASTAVA P，2005. Competitive adsorption behavior of heavy metals on kaolinite[J]. Journal of Colloid and Interface Science，290（1）：28-38.

TANG B，2009. Preparation of nano-sized magnetic particles from spent pickling liquors by ultrasonic-assisted chemical co-precipitation[J]. Journal of Hazardous Materials，163（2-3）：1173-1178.

TANG J，2017. Facile and green fabrication of magnetically recyclable carboxyl-functionalized attapulgite/carbon nanocomposites derived from spent bleaching earth for wastewater treatment[J]. Chemical Engineering Journal，322：102-114.

THOMMES M，2015. Physisorption of gases，with special reference to the evaluation of surface area and pore size distribution（IUPAC Technical Report）[J]. Pure and applied chemistry，87（9-10）：1051-1069.

WANG C，2018. Synthesis of palygorskite-supported Mn1-xCe$_x$O$_2$ clusters and their performance in catalytic oxidation of formaldehyde[J]. Applied Clay Science，159：50-59.

WANG H，2017. Removal of cadmium（II）from aqueous solution：a comparative study of raw attapulgite clay and a reusable waste-struvite/attapulgite obtained from nutrient-rich wastewater[J]. Journal of Hazardous Materials，329：66-76.

WANG W，2017. Graphene oxide supported titanium dioxide & ferroferric oxide hybrid，a magnetically separable photocatalyst with enhanced photocatalytic activity for tetracycline hydrochloride degradation[J]. RSC Advances，7（34）：21287-21297.

WANG X，2016. Catalytic degradation of PNP and stabilization/solidification of Cd simultaneously in soil using microwave-assisted Fe-bearing attapulgite[J]. Chemical Engineering Journal，304：747-756.

WANG Y，2018. Designing of recyclable attapulgite for wastewater treatments：a review[J]. ACS Sustainable Chemistry & Engineering，7（2）：1855-1869.

WEN Z，2015. Nanocasted synthesis of magnetic mesoporous iron cerium bimetal oxides（MMIC） as an efficient heterogeneous Fenton-like catalyst for oxidation of arsenite[J]. Journal of Hazardous Materials，287：225-233.

WU H，2016. Effects of the pH and anions on the adsorption of tetracycline on iron-montmorillonite[J]. Applied Clay Science，119：161-169.

WU Y，2018. Simultaneous electrochemical sensing of hydroquinone and catechol using nanocomposite based on palygorskite and nitrogen doped graphene[J]. Applied Clay Science， 162：38-45.

XIE Y，2018. Spectroscopic investigation of enhanced adsorption of U（VI） and Eu（III） on magnetic attapulgite in binary system[J]. Industrial & Engineering Chemistry Research， 57（22）：7533-7543.

XU H，2018. Preparation of magnetic kaolinite nanotubes for the removal of methylene blue from aqueous solution[J]. Journal of Inorganic and Organometallic Polymers and Materials，28（3）：790-799.

YANG S S，2017. Regeneration of iron-montmorillonite adsorbent as an efficient heterogeneous Fenton catalytic for degradation of Bisphenol A：Structure，performance and mechanism[J]. Chemical Engineering Journal，328：737-747.

YI Y，2019. Biomass waste components significantly influence the removal of Cr（VI） using magnetic biochar derived from four types of feedstocks and steel pickling waste liquor[J]. Chemical Engineering Journal，360：212-220.

YU L，2014. Catalytic oxidative degradation of bisphenol A using an ultrasonic-assisted tourmaline-based system：influence factors and mechanism study[J]. Chemical Engineering Journal，252：346-354.

YU S，2016. Magnetic Fe₃O₄/sepiolite composite synthesized by chemical co-precipitation method for efficient removal of Eu（III） [J]. Desalination and Water Treatment，57（36）：16943-16954.

YUAN Z，2017. Preparation of magnetically recyclable palygorskite Fe-octacarboxylic acid phthalocyanine nano-composites and their photocatalytic behavior for degradation of rhodamine B[J]. Applied Clay Science，147：153-159.

ZHANG A，2012. Heterogeneous Fenton-like catalytic removal of p-nitrophenol in water using acid-activated fly ash[J]. Journal of Hazardous Materials，201：68-73.

ZHANG N，2019. Ceria accelerated nanoscale zerovalent iron assisted heterogenous Fenton oxidation of tetracycline[J]. Chemical Engineering Journal，369：588-599.

ZHANG W，2015. Reclamation of acid pickling waste：a facile route for preparation of single-phase Fe₃O₄ nanoparticle[J]. Journal of Magnetism and Magnetic Materials，381：401-404.

ZHANG Y，2018. Degradation of tetracycline in a schorl/H₂O₂ system：Proposed mechanism and intermediates[J]. Chemosphere，202：661-668.

ZHU Y，2017. Fabrication of a magnetic porous hydrogel sphere for efficient enrichment of Rb⁺ and Cs⁺ from aqueous solution[J]. Chemical Engineering Research and Design，125：214-225.

黄昭先，2011. 盐酸活化对凹凸棒土吸附盐酸四环素的影响[J]. 水处理技术，37（11）：47-50.

第 13 章 铁酸锰对诺氟沙星的去除

13.1 背景技术

13.1.1 诺氟沙星及其潜在环境危害

诺氟沙星在常温下为类白色至淡黄色结晶性粉末，在水中溶解度为 400 mg/L（pH=7时），化学式为 $C_{16}H_{18}FN_3O_3$，分子量为 319.24，全名为 1-乙基-6-氟-1,4-二氢-4-氧代-7-(1-哌嗪基)-3-喹啉羧酸，结构式如图 13-1 所示（国家药典委员会，2015）。诺氟沙星的基本结构为有机酸，分子中具有含氢原子的极性官能团羧基和亚氨基。由于分子侧链含有亚氨基，使用高效液相色谱测定分析时的流动相中应添加有机胺类化合物，或者选择铵盐的缓冲液以封闭固定相表面的硅羟基（王冠，2018）。

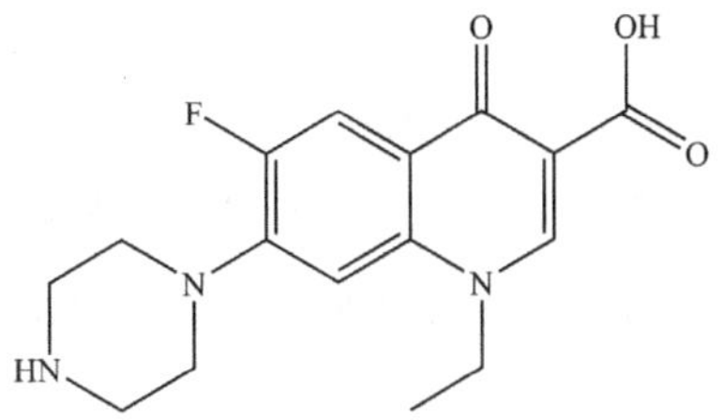

图 13-1 诺氟沙星结构式

诺氟沙星属于第二代喹诺酮类抗菌药，这类抗生素在人类医学和兽医医学中被广泛使用，被认为是对付革兰氏阴性和革兰氏阳性微生物的重要武器（Santos et al.，2015）。当下诺氟沙星已广泛应用于呼吸道、尿道感染等细菌感染疾病的治疗中（Bai J et al.，2017）。中国是世界上最大的抗生素生产国和使用国，诺氟沙星在中国是五大频繁使用的抗生素之一，根据文献报道，中国在 2013 年使用了超过 5 000 t 的诺氟沙星，在水产养殖的饲料中每天的投药量可达 3 340～4 000 mg/kg（Liu X et al.，2017）。

诺氟沙星具有在人体中的吸收率低和生物降解性差的特点，超过 70%的诺氟沙星以带有药物活性的形式被排出体外，传统的废水生物处理工艺很难将它完全降解（Prieto et al.，2011）。还有部分诺氟沙星未按照正确的方式排放。因此，诺氟沙星在地表水和其他环境介质中被多次检出。地表水中已经检测出含有浓度为 ng/L 到 μg/L 的诺氟沙星，在国内外 9 个饮用水水源地沉积物中的氟喹诺酮类抗生素中，诺氟沙星含量最高，污水处理厂的消化污泥中也被检测出诺氟沙星的浓度达到 8.3 mg/kg（Camacho et al.，2014；Feng M et al.，2016），Liu X 等（2017）检测了水产品中 32 种抗生素的残留量，发现诺氟沙星是残留量最高的三种抗生素之一，它在水产品中的残留量可达 22.5～27.9 μg/kg。

已有共识认为抗生素泛滥是对环境的一种潜在的威胁。诺氟沙星对植物和水环境均有毒害作用，它还可通过增加细菌对药物的抗药性，引起不可逆转的不良反应，并威胁生态系统的功能。Zhang M 等（2017）研究了多种药物对环渤海地区水生生物的风险，诺氟沙星被认为是最高风险药物之一，尤其对藻类、无脊椎动物会有较大影响。诺氟沙星在水体中的积累和扩散会造就抗生素耐性细菌，使耐药性基因扩散，这已被世界卫生组织认定是人类健康的三大威胁之一。

13.1.2　现有水体中诺氟沙星的主要去除技术

（1）吸附法

诺氟沙星现有的处理方式主要有吸附法、高级氧化法、生物法等（王冠，2018）。其中，吸附法是一种有效地去除方法，它可以将诺氟沙星从水体中转移到另外一种材料或介质中，从而使诺氟沙星在水体中的浓度降低。材料是诺氟沙星吸附研究的热点，目前的研究主要包括三大部分：

①天然的材料或回收利用的废弃物。尤其是生物炭对诺氟沙星的吸附行为及机理这一研究热点，生物炭的制备来源包括干豆荚、荷梗等天然材料（Liu W et al.，2011；Ahmed et al.，2014）。除此之外，电厂的粉煤灰及海洋沉积物也被应用于诺氟沙星的吸附研究中。

②通过材料表面改性或掺杂其他材料，改善材料的吸附性能。Li H 等（2016）将碳纳米管氟化后，形成 C—F 键，增强了对诺氟沙星的氢键作用而形成化学吸附。Liu W 等（2011）将氧化铝掺杂铁之后，对诺氟沙星的平衡吸附量可达到 922.7 μmol/g，明显高于荷梗基制备的生物炭。

③探究材料与诺氟沙星之间的吸附机理及腐植酸等关键影响因素对吸附的影响。碳纳米管在吸附研究中特别受到学者青睐，它与诺氟沙星之间的吸附作用机理，比多孔树脂与诺氟沙星之间的疏水作用机制更为复杂，研究者发现它与诺氟沙星之间的吸附作用受疏水与结构控制过程控制（Peng H et al.，2012a）。Peng H 等（2012）进一步发现在 TiO_2 吸附诺氟沙星的过程中，腐植酸会与诺氟沙星形成竞争吸附。

此外，其他去除方法中也可能包含着对诺氟沙星的吸附。例如，Li B 等（2010）研究了含盐污水处理系统中诺氟沙星的去除机理，发现 15 min 内生物吸附去除率可达 60.5%，而 48 h 后对诺氟沙星的生物降解率仅有 26.7%。Huang M 等（2015）研究了磁性分子印迹材料/H_2O_2 体系对诺氟沙星的去除，发现磁性分子印迹材料能够选择性地吸附废水中的药物。

（2）高级氧化法

高级氧化法因其有反应时间短、可将污染物降解的优点备受研究者青睐。芬顿法是一种经典的高级氧化法，该反应产生的·OH 有高达 2.8 eV 的氧化还原电位。但是，均相催化体系中 Fe^{2+} 被快速消耗、H_2O_2 的利用率较低、出水中的铁离子过高这些缺陷已成为实际应用的巨大挑战。为克服这一缺点，研究者开始广泛关注以铁氧化物及铁的复合材料为代表的类芬顿催化剂。例如，Li H 等（2017a）采用固体铁掺杂碳化硅实现了对诺氟沙星的快速降解及矿化；Zhou T 等（2017）采用 Fe^0/四磷酸盐原位产生 H_2O_2，实现了对诺氟沙星的有效降解。但在这些类芬顿研究中，铁的析出仍超过 1 mg/L，不利于材料回用。Hou X 等（2017）在异相芬顿的基础上提出了表面芬顿的概念，表面芬顿反应中，·OH 主要在催化剂表面产生，溶液中的铁离子析出量小于 1 mg/L。例如，Fe_3O_4-多壁碳纳米管和藻酸盐/Fe@Fe_3O_4 均被应用于诺氟沙星的去除，效果均优于单独的 Fe_3O_4 颗粒（Niu H et al.，2012；Shi T et al.，2017），然而，这两种材料的活性在中性条件下均会受到抑制。

（3）生物法

生物法在水处理中具有效果好、便于管理、二次污染小和成本低的优点。Li B 等（2010）利用活性污泥法处理诺氟沙星初始浓度为 95.8 μg/L 的污水，前 15 min 内吸附作用对诺氟沙星的去除率达 60.5%，48 h 后诺氟沙星的生物降解率仅为 26.7%。香港沙田污水处理厂的活性污泥中，当水力停留时间为 10 h 时，诺氟沙星无法被显著地降解。生物滤池法在利用微生物吸附和降解污染物的同时，填料还可为微生物提供附着点，并具有吸附性能，协同微生物去除污染物。污水处理厂和原水预处理过程中常使用生物滤池法去除污染物，而利用该方法去除诺氟沙星的报道还较少。

13.1.3　铁酸锰去除诺氟沙星的优势

近年来，研究者开始关注一种新型的催化材料 $MnFe_2O_4$，因为它具有价格低、稳定性强、磁性高的优点（Pang Y et al.，2016）。有研究报道将 $MnFe_2O_4$ 用于激活过硫酸盐和 PMS，催化 $NaBH_4$（Pang Y et al.，2016；Kurtan et al.，2016），发现 $MnFe_2O_4$ 在中性条件下对硝基苯、硝酸盐有不错的降解效果，并且铁离子的析出浓度均在 1 mg/L 以下。此外，$MnFe_2O_4$ 也是一种有效的吸附材料，Yang L 等（2014）将其应用于甲基蓝和刚果红的吸附，取得了较好效果。Peng X 等（2016）验证了石墨烯-$MnFe_2O_4$/H_2O_2 体系可有效去除甲基蓝，并对 $MnFe_2O_4$ 催化 H_2O_2 的机理进行了推敲。然而，$MnFe_2O_4$/H_2O_2 体系中·OH 的产生位点及催化剂的吸附作用对降解效率的影响还有待研究。而且，传统的

$MnFe_2O_4$ 制备方法依赖于高压的实验室环境，增加了材料制备的成本。

基于此，我们提出了一种简单的溶胶凝胶法制备磁性材料 $MnFe_2O_4$，该方法打破 $MnFe_2O_4$ 制备中对高压锅或反应釜等装置的依赖，以及制备过程需长时间恒温加热的限制，降低了材料制备成本，节约了材料制备时间。并探讨和优化 $MnFe_2O_4/H_2O_2$ 体系降解诺氟沙星的重要工艺参数，解释 $MnFe_2O_4/H_2O_2$ 体系中·OH 降解污染物的机理，探讨催化剂吸附作用与降解率的关系，测定诺氟沙星的降解中间产物，探讨诺氟沙星降解的主要路径。

13.2　铁酸锰对诺氟沙星的去除工艺

13.2.1　研究方法

（1）吸附及降解试验

在恒温摇床中进行催化反应。先将一定量的 $MnFe_2O_4$（0.03～0.06 g）和诺氟沙星溶液加入锥形瓶中，后加入一定体积的 H_2O_2。在预定的时间间隔内取 1.0 mL 的样液过 0.22 μm 的滤膜后待测。反应后采用磁铁分离催化剂，用于重复利用试验。除了在反应过程中不加入 H_2O_2，$MnFe_2O_4$ 对诺氟沙星的吸附反应和催化反应的操作方法相同。采用 HCl 或 NaOH，将待反应溶液的 pH 分别调节为 3.0、5.0、6.7、9.0 及 11.0。捕获试验主要在反应体系中预先加入 KI（100 mmol/L）后进行上述相似试验。

（2）分析方法

①淬灭试验与催化试验的方法相似，不同的是投加催化剂和 H_2O_2 之前，要先加入 KI、甲醇等淬灭剂。在规定时间内，取 1.0 mL 上清液用 0.22 μm 有机系滤膜过滤后，用 HPLC 测试。铁锰离子测试之前用 0.22 μm 滤膜过滤，用 ICP 测试分析。

②诺氟沙星的浓度用高效液相色谱测定（紫外检测器）。液相的流动相为体积比为 12∶88 的乙腈与超纯水，并用磷酸和三乙胺将流动相的 pH 调整为 3±0.1，流速为 1.0 mL/min，柱温为 35℃，进样体积为 20 μL，测试波长为 278 nm。诺氟沙星的中间产物采用 LC-QToF-MS/MS 测定，流动相和流速根据已报道的文献确定（Amorim et al., 2014）。离子源和 MS/MS 参数如下：气体温度为 250℃，干燥气体流速为 8.0 L/min，扫描范围为 50～500 m/z。采用选择电极法测定氟离子的浓度，以 NaF 作为测定时的标准溶液。NO_3^- 及 NO_2^- 的浓度是采用离子色谱法测定，柱温为 30℃。流动相是由 4.5 mmol/L 的 Na_2CO_3 及 0.8 mmol/L 的 $NaHCO_3$ 组成，流速为 1.2 mL/min。电子顺磁共振用于分析和鉴别自由基的种类，操作方法根据 Tan L 等（2016）的报道确定。

③采用纳氏试剂法[《水质　氨氮的测定　纳氏试剂分光光度法》(HJ/T 535—2009)]

测定氨氮的浓度。采用原子吸收分光光度法测定铁和锰离子的浸出浓度。利用荧光法定性分析•OH，以 DMPO 为捕获剂定量测定•OH。以香豆素-3-羧酸溶液作为检测 H_2O_2 的荧光探针，7-羟基-3-羧酸为•OH 与香豆素-3-羧酸的反应产物，它的含量与荧光信号呈正相关，进而可以测定•OH 的生成量。简单而言，以体积相同的 2 mmol/L 香豆素-3-羧酸代替目标物，在所需要的时间节点取样过有机系滤膜后进行荧光扫描测定，激发波长和发射波长分别为 400 nm 和 448 nm。

13.2.2 MnFe₂O₄ 的制备和表征

13.2.2.1 材料的制备

MnFe₂O₄ 的合成步骤通常包括混合、共沉淀、恒温结晶、过滤洗涤及煅烧等步骤，制备时间通常很久并且需要高压设备（Zeng H et al.，2004；Ibrahim et al.，2016）。本书采用一种简单的溶胶凝胶水热合成法制备 MnFe₂O₄，并且在制备过程中无须使用高压反应器。先将 $Fe(NO_3)_3 \cdot 6H_2O$ 和 $Mn(NO_3)_2 \cdot 4H_2O$（50%）搅拌溶解 70 mL 水中后加入 1.43 g 柠檬酸及 1 g 聚乙烯醇。聚乙烯醇在控制纳米粒子的生长、防止粒子团聚方面起着重要的作用（Ibrahim et al.，2016）。随后，利用恒流泵以 5 mL/min 的速度向溶液中滴加 2 mol/L 的 NaOH 将 pH 调至 11 左右。在 80℃下搅拌 3 h 后将反应得到的溶胶-凝胶利用去离子水和乙醇洗涤，105℃烘干后在马弗炉中 700℃恒温煅烧 2 h。将得到的固体研碎，去离子水和乙醇洗涤，采用磁铁分离，105℃烘干即可供试验使用。

13.2.2.2 材料的表征

采用扫描电镜、能量色散 X 射线谱、透射电镜分析催化剂的表面形态及元素分布。利用 X 射线衍射分析催化剂的晶形结构，X 射线光电子能谱用于分析反应前后催化剂的元素价态。ZETA SIZER 测定仪用于分析催化剂及其他样品的粒径及 Zeta 电位。

SEM 图像表明［图 13-2（a）］，MnFe₂O₄ 的聚集体呈棒状分布。透射电镜分析表明材料呈立方体或多面体分布。Zeng H 等（2004）研究者采用溶剂热合成法制备的 MnFe₂O₄，其形态结构与本书的结果一致。EDX 能谱图［图 13-2（b）］证明了催化剂表面主要由 Fe、Mn 及 O 组成。存在 Na 信号归因于在材料合成过程中使用了氢氧化钠。高分辨率 TEM［图 13-2（e）］表征显示催化剂的表面呈现均匀的晶格条纹，晶格间的间距约为 0.2 nm。

MnFe₂O₄ 的晶形结构式采用 XRD 分析，如图 13-3（a）所示，衍射峰分别为 18.1°、29.7°、35.0°、42.5°、56.2°、61.7°、72.9°、88.3°，与 MnFe₂O₄ 的标准卡片（PDF-#10-0391）相对应。上述分析表明，本书所使用的溶胶凝胶法成功合成了 MnFe₂O₄。试验测定了 MnFe₂O₄ 颗粒的动态粒径，如图 13-3（b）所示，其粒径分布主要在 100～500 nm，平均粒径为 281.1 nm，说明这种简易的合成方法，相比于其他需要使用高压锅或反应釜的方法，并未带来太大粒径损失。试验测定了 $MnFe_2O_4$ 颗粒的 Zeta 电位［图 13-3（c）］，发现其 Zeta 电位分布主要在 $-75\sim-25$ mV，说明 $MnFe_2O_4$ 颗粒表面带负电荷，具有强稳定性。

图 13-2　$MnFe_2O_4$ 的（a）SEM 照片；（b）EDS 谱图和（c、d 和 e）TEM 照片

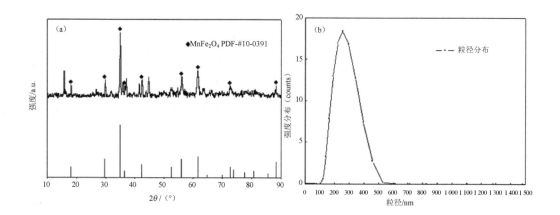

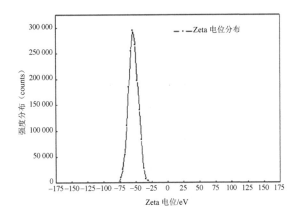

图 13-3　MnFe$_2$O$_4$ 的（a）XRD 图；（b）粒径分布图及（c）Zeta 电位分布

13.2.3　诺氟沙星去除动力学

试验研究了不同体系下诺氟沙星降解动力学。如图 13-4 所示，单独的 MnFe$_2$O$_4$ 对诺氟沙星基本没有去除作用。原因是 MnFe$_2$O$_4$ 加入溶液中后，反应体系的 pH 迅速上升到 9.7，诺氟沙星在 pH 大于 8.0 时，主要以 NOR$^-$ 的形态存在，而 MnFe$_2$O$_4$ 的 Zeta 电位为 -54.9 mV，在该 pH 下 MnFe$_2$O$_4$ 表面带负电荷，形成了排斥作用，因此单独的 MnFe$_2$O$_4$ 在该 pH 下对诺氟沙星基本没有去除作用（Ross et al.，1990）。单独的 H$_2$O$_2$ 对诺氟沙星有一定的降解效果，但降解率小于 25%。MnFe$_2$O$_4$/H$_2$O$_2$ 体系对诺氟沙星的最高去除率可达到 90.58%，明显高于单独的 H$_2$O$_2$ 和 MnFe$_2$O$_4$。降解率大幅提升的原因可能是 H$_2$O$_2$ 在 MnFe$_2$O$_4$ 的催化作用下，形成了·OH 攻击诺氟沙星分子。该体系中的反应机理在 13.3 节研究部分还会详细讨论。

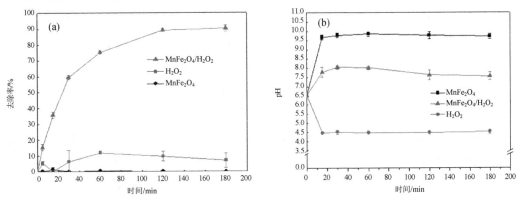

图 13-4　（a）诺氟沙星在不同系统中的去除动力学曲线；（b）在动力学测试中的 pH 变化

采用拟一级动力学对前 120 min 的降解数据进行拟合，拟合数据见表 13-1，3 个体系中，仅有 $MnFe_2O_4/H_2O_2$ 体系的拟一级动力学拟合相关系数大于 0.95。该模型得出的速率常数为 0.02 min^{-1}，与已有报道中 $MnFe_2O_4/PMS$ 体系对有机物 0.012 min^{-1} 的降解速率常数相似（Tan C et al.，2017）。$MnFe_2O_4/H_2O_2$ 体系中 $MnFe_2O_4$ 的用量为 0.6 g/L，而 Fe_3O_4/H_2O_2 有效降解苯酚和苯胺的投加量则需要 5 g/L，说明 $MnFe_2O_4/H_2O_2$ 体系对诺氟沙星有着可观的去除率（Zhang S X et al.，2009）。

表 13-1 3 个体系的拟一级动力学拟合数据

反应体系	$T/℃$	k_{obs}/min^{-1}	R^2	pH
$MnFe_2O_4$	25	0	0.564 0	6.6
H_2O_2	25	0.002 3	0.638 8	6.6
$MnFe_2O_4/H_2O_2$	25	0.020 3	0.973 5	6.6

13.2.4　关键影响因素探究

试验探究了 $MnFe_2O_4$ 投加量、H_2O_2 投加量及 pH 对诺氟沙星去除的影响，由图 13-5（a）可知，$MnFe_2O_4$ 投加量 0.6 g/L 时，对诺氟沙星的去除效果最好，在 120 min 时去除率比投加量为 0.3 g/L 和 1.0 g/L 时的高 8.86% 和 14.13%。反应后投加量为 0.3 g/L、0.6 g/L 和 1.0 g/L 的体系 pH 分别为 6.6、7.8 和 10.3。初始 pH 大于等于 9.0 时，对反应体系有明显的抑制作用。催化剂投加量为 1.0 g/L 时的去除率反而不如投加量为 0.6 g/L 的原因可能是受 pH 影响。

由图 13-5（b）可知，当 H_2O_2 投加量为 200 mmol/L 时，在 120 min 时，相比于投加量 400 mmol/L 去除率相差不足 10%，比投加量为 100 mmol/L 时的去除率高 13.16%。原因可能是当 H_2O_2 的投加量增大时，反应体系中氧化还原电子对与 H_2O_2 接触的机会增多。$MnFe_2O_4$ 及 H_2O_2 投加量对反应效率影响的研究为选取最佳反应条件提供了重要依据。

由图 13-5（c）可知，初始 pH 为 3 时，$MnFe_2O_4/H_2O_2$ 反应体系对诺氟沙星的降解率相比 pH 为 5 和 6.6 的反而降低，初始 pH 为 9 和 11 时，诺氟沙星的去除率显著降低，初始 pH 为 5 与 6.6 时，降解率相差不大。由此可知，降解诺氟沙星的最佳工艺条件为 0.6 g/L 的 $MnFe_2O_4$、200 mmol/L 的 H_2O_2、初始 pH 为 6.6，反应后的 pH 为 7.8 左右。文献报道中给出的 Fe_3O_4/H_2O_2 及海藻酸/$Fe@Fe_3O_4/H_2O_2$ 体系降解诺氟沙星的最佳 pH 均为 3.5～4.5，且在 pH 为 7.5～8.5 时，对诺氟沙星的去除率明显下降（Zhang D et al.，2011；Niu H et al.，2012）。说明 $MnFe_2O_4/H_2O_2$ 体系在去除诺氟沙星的过程中，打破了酸性条件受抑制的限制。

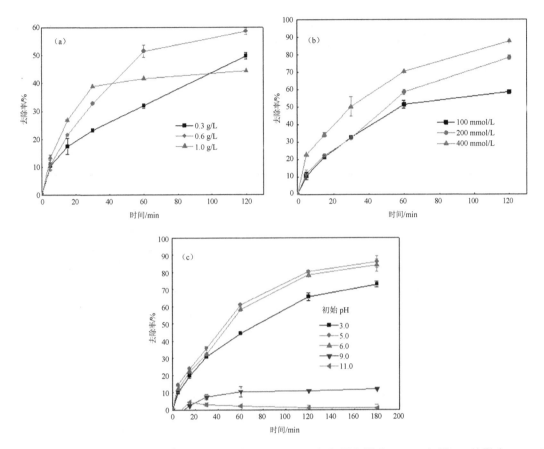

图 13-5　（a）$MnFe_2O_4$ 投加量的影响；（b）H_2O_2 投加量的影响；（c）初始 pH 的影响

13.2.5　稳定性及重复利用性探究

催化剂的可重复利用性在实际应用中非常重要。试验利用 ICP-MS 测定了 $MnFe_2O_4/H_2O_2$ 体系在去除 NOR 的过程中 Mn 和 Fe 离子的浸出情况，结果如表 13-2 所示，发现溶液中铁离子的浸出浓度小于 0.05 mg/L，锰离子的浸出浓度小于 1 mg/L，表明该材料具有较高的物理化学稳定性。为评价 $MnFe_2O_4$ 的可重复利用性，本书进行了 5 次循环间歇动力学试验，反应期间使用相同的 $MnFe_2O_4$。测试结果如图 13-6（a）所示，相比于第一次反应，第二次反应时对诺氟沙星的去除率从 90.6% 增加到了 96.7%，但反应后的 pH 却从 7.8 下降到了 7.4。第二次反应时去除率提升的原因可能与反应体系中的 pH 更有利于反应的进行相关。在 5 次反应后，诺氟沙星的去除率仍可达到 80.0%。考虑到 $MnFe_2O_4$ 优越的磁分离性能，每次反应后使用磁铁将催化剂分离，在 5 次使用后催化剂的质量下降了 16%，这可能是重复使用过程中诺氟沙星去除率降低的原因。当催化剂损失得到补充时，5 次循环使用后去除率仍可大于 90.0%。类似地，Peng X 等（2016）

也发现石墨烯-MnFe₂O₄/H₂O₂ 体系在催化剂回用过程中反应活性没有明显的损失。

XRD 用于分析回用后催化剂的变化。由图 13-6（b）可知，MnFe₂O₄ 的特征峰位置分别在 18.7°、29.7°、34.9°、36.6°、42.5°、56.2°、61.7°、72.9°、88.3°处，使用后的催化剂特征峰的位置和强度与标准卡片 PDF#10-0319 匹配良好，说明催化剂稳定性强，在使用过程中仍能保持良好的晶形结构。

表 13-2　金属离子浸出浓度

时间/min	Fe/（mg/L）	Mn/（mg/L）
0	＜0.05	＜0.05
5	＜0.05	0.397 8
15	＜0.05	0.572 9
30	＜0.05	0.684 2
60	＜0.05	0.746 1
120	＜0.05	0.800 1
180	＜0.05	0.847 6

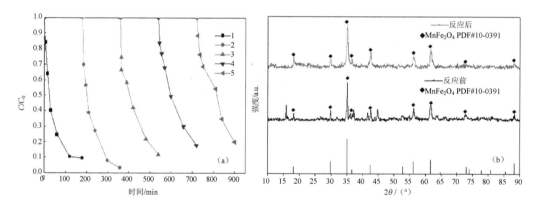

图 13-6　（a）在 MnFe₂O₄/H₂O₂ 体系对诺氟沙星的去除动力学（连续 5 次使用相同的 MnFe₂O₄）；（b）反应前后 MnFe₂O₄ 的 XRD 谱图

13.3　铁酸锰对诺氟沙星的去除机理

13.3.1　反应机理研究

为研究 MnFe₂O₄/H₂O₂ 体系对诺氟沙星的降解机理，试验以 DMPO 为捕获剂，使用电子顺磁共振（ESR）分析反应体系中的自由基。

由图 13-7 可知，谱图中出现信号强度为 1：2：2：1 的特征峰，表明反应过程中有

•OH 产生，谱图中信号强度相近的六重峰对应锰的特征峰。此外，试验利用荧光法，以豆素-3-羧酸代替目标物，测定了不同体系下•OH 的生成量。如图 13-8（a～c）所示，同一反应时间，3 个体系的•OH 生成量顺序为 $MnFe_2O_4/H_2O_2 > H_2O_2 > MnFe_2O_4$。其中，$MnFe_2O_4/H_2O_2$ 体系在 120 min 时的荧光信号强度是 H_2O_2 的 4 倍以上。$MnFe_2O_4/H_2O_2$ 体系中，•OH 的生成量随着时间呈增大趋势。3 个体系中诺氟沙星的降解率与•OH 生成量有密切关系，$MnFe_2O_4/H_2O_2$ 体系中诺氟沙星的降解率最高，•OH 生成量也最大，可以推断诺氟沙星降解的原因很可能是受到了•OH 攻击。鉴于叔丁醇和•OH 的反应速率可达到 $3.8×10^8 \sim 7.6×10^8$ $M^{-1}s^{-1}$，可用于捕获•OH（Liu W et al., 2014），试验以叔丁醇作为捕获剂，分析其对 $MnFe_2O_4/H_2O_2$ 体系去除诺氟沙星的影响，并以 $Fe^{3+}/Mn^{2+}/H_2O_2$ 均相体系作为对照，分析自由基对诺氟沙星的去除机理。诺氟沙星的分子结构中有亚氨基和苯环，和铁、锰的配位吸附能力更强，相比于叔丁醇，更容易被铁酸锰吸附在表面，因此不受叔丁醇的吸附影响。试验结果如图 13-8（d）所示，叔丁醇对 $MnFe_2O_4/H_2O_2$ 体系诺氟沙星基本没有影响，然而，$Fe^{3+}/Mn^{2+}/H_2O_2$ 均相体系对诺氟沙星的去除却受到明显的抑制。结合表 13-2 中铁、锰离子析出浓度（均小于 1 mg/L），说明在 $MnFe_2O_4/H_2O_2$ 体系中，催化剂表面的•OH 在诺氟沙星的去除中起关键作用。

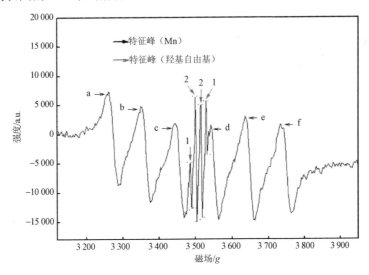

图 13-7 $MnFe_2O_4/H_2O_2$ 体系的 ESR 图

试验测定了反应前后 $MnFe_2O_4$ 的 XPS 谱图，如图 13-9 所示。类芬顿体系中的 Fe^{2+}/Fe^{3+} 循环已为人们熟知，由 Fe2p 的高分辨 XPS 谱图可知，724.5 eV 及 710.5 eV 分别对应 Fe $2p_{3/2}$ 及 Fe $2p_{1/2}$。对于 Mn 2p 的 XPS 谱图，642.3 eV 及 653.6 eV 分别对应 Mn $2p_{3/2}$ 及 Mn $2p_{1/2}$，说明在反应前催化剂表面的锰以 Mn^{2+} 的形态存在。然而，在催化剂激活 H_2O_2 后，这些特征峰的位置发生了明显的偏移，说明在反应过程中发生了电子转移。由反应后 Fe 2p 及 Mn 2p 的分峰图谱可知，Mn^{3+}（642.7 eV）和 Fe^{2+} 分别占铁和锰总量的 44.7% 及 54.7%。这个变化表明催化剂表面一定比例的 Fe^{3+} 及 Mn^{2+} 在反应后转化为了 Mn^{3+} 及 Fe^{2+}。在 $MnFe_2O_4$ 激活 PMS 的过程中同样发生了这一变化（Tan C et al.，2017）。Mn^{2+} 也能激活 H_2O_2 产生•OH，是诺氟沙星去除率大幅提升的原因（Tan C et al.，2017）。因为 Fe^{3+}/Fe^{2+} 及 Mn^{3+}/Mn^{2+} 电子对的 E^0 值分别为 0.77 V 及 1.51 V，Fe^{2+} 和 Mn^{3+} 之间的反应是热力学可行的，从而促进了反应体系中的电子转移，打破了 Mn^{3+} 到 Mn^{2+} 之间的转化需要依赖 H_2O_2 的限制。因此，可以得出如下的反应过程：

$$Fe(H_2O)_6^{3+} + 3BH_4^- + 3H_2O \longrightarrow Fe^0 \downarrow + 2B(OH)_3 + 10.5H_2 \uparrow \qquad (13\text{-}1)$$

$$Fe^{3+} + H_2O_2 \longrightarrow Fe^{2+} + \bullet OOH + H^+ \qquad (13\text{-}2)$$

$$Fe^{2+} + H_2O_2 \longrightarrow Fe^{3+} + \bullet OH + OH^- \qquad (13\text{-}3)$$

$$Mn^{2+} + H_2O_2 \longrightarrow Mn^{3+} + \bullet OH + H^+ \qquad (13\text{-}4)$$

$$Mn^{3+} + H_2O_2 \longrightarrow Mn^{2+} + \bullet OOH + OH^- \qquad (13\text{-}5)$$

$$Mn^{3+} + Fe^{2+} \longrightarrow Mn^{2+} + Fe^{3+} \qquad (13\text{-}6)$$

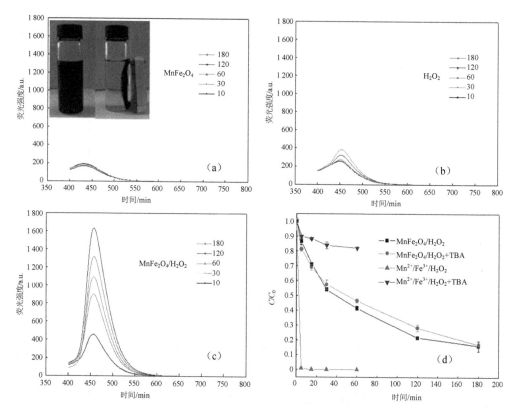

图 13-8　不同反应体系中•OH 的产生量：（a）单独的 $MnFe_2O_4$；（b）单独的 H_2O_2；

（c）$MnFe_2O_4/H_2O_2$；（d）自由基捕获剂对诺氟沙星的降解的影响

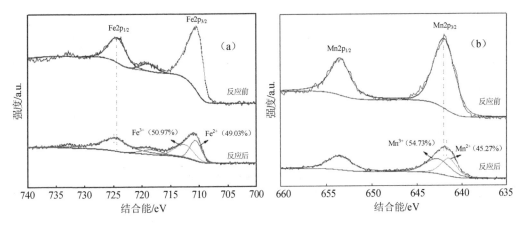

图 13-9　MnFe$_2$O$_4$ 的 XPS 谱图（a）Fe 2p；（b）Mn 2p

为进一步研究表面·OH 降解 NOR 与催化剂吸附作用的关系，试验测定了不同 pH 条件下 MnFe$_2$O$_4$ 颗粒对诺氟沙星的吸附效果，并结合 MnFe$_2$O$_4$/H$_2$O$_2$ 体系对诺氟沙星的降解效果进行对比分析。如图 13-10 所示，MnFe$_2$O$_4$ 颗粒在反应后 pH 为 7.0 左右时，对诺氟沙星的吸附去除率（13.99%）最高，此时诺氟沙星以兼性离子态的形式存在为主，在酸性条件下，吸附作用受到明显抑制，在 pH 大于 10 时，基本上丧失了吸附能力。这一结论与 pH 对 Fe-MCM-41 吸附诺氟沙星影响的结论相似（Chen W et al.，2015）。有趣的是，pH 对 MnFe$_2$O$_4$/H$_2$O$_2$ 体系去除诺氟沙星的影响也有着同样的规律，在反应后 pH 为 7~8 时，对诺氟沙星的去除率最高，酸性条件时去除作用受到抑制，pH 大于 9.0 时，基本上丧失了去除作用。

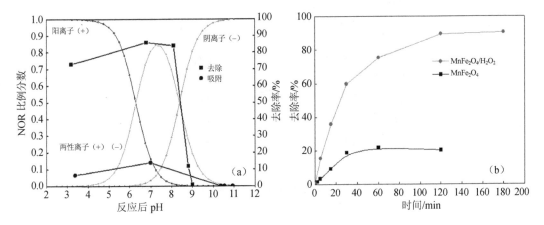

图 13-10　（a）去除、吸附和诺氟沙星在不同 pH 下的形态；（b）单独 MnFe$_2$O$_4$ 对诺氟沙星吸附及 MnFe$_2$O$_4$/H$_2$O$_2$ 体系对诺氟沙星的去除（反应后 pH 为 7.5~8.5）

在对不同 pH 下的 $MnFe_2O_4/H_2O_2$ 体系一级速率常数 k_{obs} 与 $MnFe_2O_4$ 对诺氟沙星的平衡吸附量的数据进行拟合后，发现 $R^2=0.973\ 5$（表 13-3）。这一试验结果说明了催化剂吸附诺氟沙星对去除过程有着重要影响，$MnFe_2O_4/H_2O_2$ 体系去除诺氟沙星的最佳 pH 也取决于催化剂对诺氟沙星的最佳吸附条件。Li H 等（2017b）研究了表面芬顿对不同污染物的去除作用，发现容易被催化剂吸附的污染物在反应过程中的去除率较高，这一现象也与本书的结论相近。

表 13-3 吸附和去除动力学参数

反应体系	$T/℃$	k_{obs}/min^{-1}	R^2	pH
$MnFe_2O_4$	25	0.004 3	0.883 4	4.0
$MnFe_2O_4/H_2O_2$	25	0.020 3	0.973 5	6.6

基于上述讨论和分析，可以得出如图 13-11 所示的反应机理。诺氟沙星被降解的位置可分为催化剂表面和溶液中。催化剂表面降解诺氟沙星的过程如下：首先，诺氟沙星被静电作用吸附在 $MnFe_2O_4$ 表面。然后，Fe^{3+}/Fe^{2+}、Mn^{3+}/Mn^{2+} 及 Mn^{3+}/Fe^{2+} 电子对的协同作用，与 H_2O_2 反应产生 $\cdot OH$ 降解诺氟沙星，降解产物分散到溶液中使吸附位点再一次暴露，这些被暴露的吸附位点又可以重新吸附诺氟沙星并按照上述过程循环反应。此外，由于少量的铁和锰离子也会转移到溶液中并与 H_2O_2 反应形成 $\cdot OH$，催化剂表面的 $\cdot OH$ 也有少量扩散到溶液中，因此也有少量的诺氟沙星在溶液中被降解。

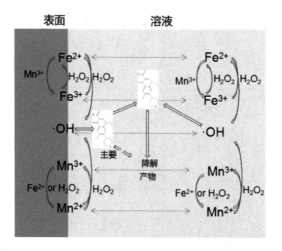

图 13-11 $MnFe_2O_4/H_2O_2$ 体系去除诺氟沙星机理的图解

13.3.2 中间产物的鉴别及降解路径分析

根据 DFT 计算数据，$\cdot OH$ 的氧化能为 2.8 eV，高于在哌嗪环上加羟基、脱氟及脱去喹诺酮上羟基的活化能（1.55～2.35 eV）（Li H et al.，2017a）。•OH 可以使奎诺酮（Quinolone）上的羧基脱落的报道也多次在文献中出现（Li H et al.，2017a；Ding D et al.，2017；Huang M et al.，2017）。许多文献报道了•OH 能够使喹诺酮类抗生素的羧基脱落。为验证诺氟沙星降解后的中间产物，试验采用 LC-QToF-MS/MS 测定了降解过程中的大分子有机物。如表 13-4 和图 13-12 所示，其中有 8 种在文献中报道过的中间产物被检出，基于此，我们提出了如图 13-13 所示的 3 种降解路径（Ahmad et al.，2014；Li H et al.，2017a；Gou J et al.，2017）。

表 13-4　中间产物信息

产物编号	时间/min	试验数据（m/z）	文献数据（m/z）	MS^{2}产物（m/z）	计算数据（m/z）	化学式	结构式	参考文献
N0	4.48	320.14	320.14	233 219	319.14	$C_{16}H_{18}FN_3O_3$		Liu C et al.，2012
N1	1.15	352.12	352	18 487	351.12	$C_{16}H_{18}FN_3O_5$		Ding D et al.，2017
N2	4.63	335.26	335	22 083	335.13	$C_{16}H_{18}FN_3O_4$		Ahmed et al.，2014
N3	—	—	318	—	317.14	$C_{16}H_{19}N_3O_4$		Niu H et al.，2012
N4	3.99	294.12	294.12	205 81	293.12	$C_{14}H_{16}FN_3O_3$		Liu C et al.，2012
N5	6.58	279.08	279.11	20 516 581	278.29	$C_{14}H_{15}FN_2O_3$		Liu C et al.，2012
N6	1.72	278.13	278	23 281	277.12	$C_{14}H_{16}FN_3O_2$		Huang M et al.，2017
N7	3.36	257.25	257	24 588	257.15	$C_{15}H_{19}N_3O$		Bai J et al.，2017
N8	6.56	251.08	251.08	177 137	251.08	$C_{12}H_{11}FN_2O_3$		Liu C et al.，2012
N9	0.59	235.91	236.1	81	235.06	$C_{12}H_{10}FNO_3$		施华顺等，2011

　　有趣的是，在路径一中，•OH 攻击 NOR 的文献报道中，虽然发现-F 能够被快速脱去，但是能够检测出脱氟产物的报道并不多，原因可能是苯环上的氟被羟基自由基取代后，形成了 N3（未检出），并快速地分解为其他中间产物，进一步脱羧基和羟基形成

N7（Niu H et al.，2012；Yang H et al.，2017）。在路径二中，哌嗪环被打开，并脱氧、甲基或氨基，逐步形成 N2、N4、N5、N8、N9。这两个路径的出现，说明羟基自由基的确可以使哌嗪环上加羟基、脱氟及脱去喹诺酮上羟基发生。Liu C 等（2012）的研究表明，•OH 可以破坏诺氟沙星分子中的位于邻羧酸基团中的碳—碳双键。然而，在 Ding 等的研究中未能检出物质 N1，在本书的研究中，我们成功地检测出碳—碳双键被破坏的产物 N1 和 N6（Ding D et al.，2017）。

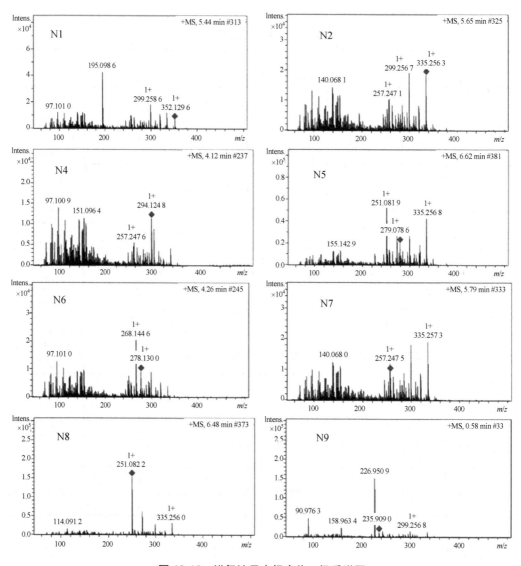

图 13-12　诺氟沙星中间产物一级质谱图

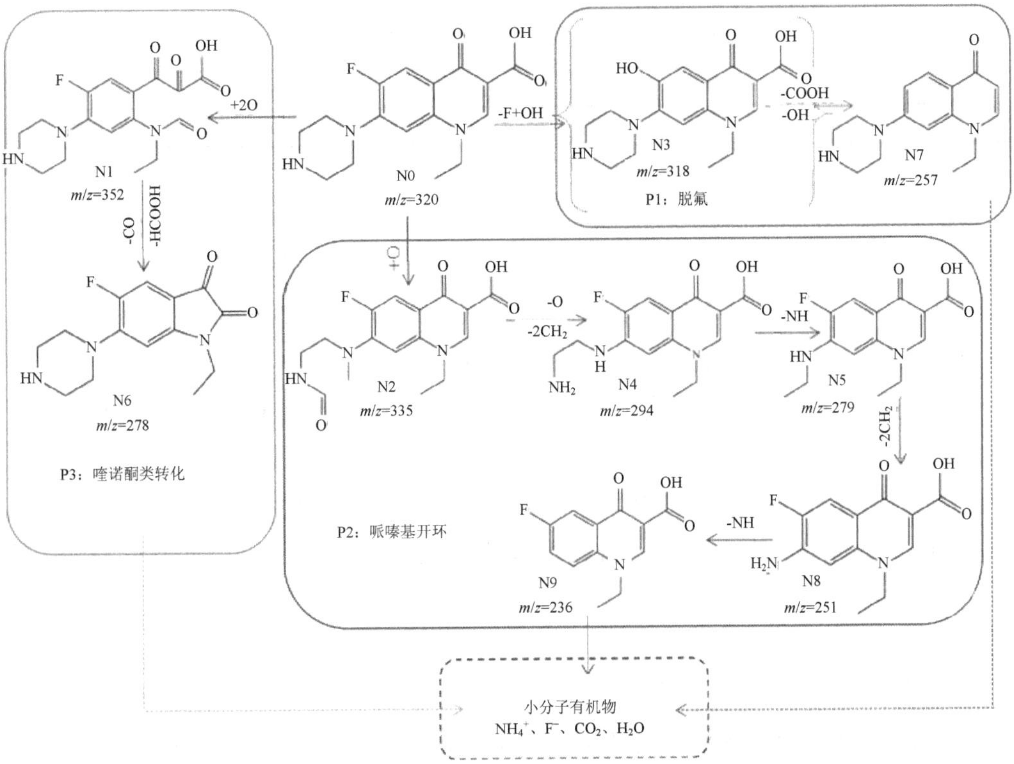

图 13-13　MnFe$_2$O$_4$/H$_2$O$_2$ 体系降解诺氟沙星的反应路径

由于在路径一中 F 离子被取代，路径二中-NH 脱落，溶液中 F 离子和铵根的浓度可能会升高。为验证这一假设，试验测定了反应前后 3 个不同体系中氨氮、NO$_3^-$、NO$_2^-$和 F$^-$的浓度，测试结果如表 13-5 所示，MnFe$_2$O$_4$/H$_2$O$_2$ 体系中，反应后氨氮的浓度由原来的低于检出限增加到了 0.46 mg/L，而 NO$_3^-$及 NO$_2^-$的浓度在反应后均在检出限以下，说明在反应过程中有氨氮的生成。试验利用电极法测定了反应前后的 F$^-$浓度，发现反应后 F$^-$浓度由原来的低于检出限增大到了 0.494 mg/L，结合诺氟沙星分子中的理论含氟量，得出反应后脱附率可达到 83.20%。MnFe$_2$O$_4$ 及 H$_2$O$_2$ 单独使用的体系中，反应后氨氮、NO$_3^-$、NO$_2^-$和 F$^-$的浓度均低于检出限。MnFe$_2$O$_4$/H$_2$O$_2$ 体系中 F$^-$浓度和氨氮浓度的升高也证明了路径一和路径二存在的合理性。结合文献中对羟基自由基攻击诺氟沙星的报道，我们对 MnFe$_2$O$_4$/H$_2$O$_2$ 体系降解诺氟沙星的过程做出如下推论：

$$NOR + \cdot OH \longrightarrow 有机物 + CO_2 + NH_4^+ + F^- + H^+ \tag{13-7}$$

表 13-5 无机降解产物

反应体系	各反应体系反应后浓度/（mg/L）				脱氟率/%
	NH_4^+	NO_3^-	NO_2^-	F^-	—
$MnFe_2O_4$	—	—	—	—	—
H_2O_2	—	—	—	—	—
$MnFe_2O_4/H_2O_2$	0.461	—	—	0.494	83.2

由以上分析可知，诺氟沙星的降解过程，分为脱氟、开哌嗪环及喹诺酮基转化 3 个路径。无机离子也被用来推断 3 个路径在诺氟沙星降解中所占的比例。试验所用的诺氟沙星浓度为 10 mg/L，去除率为 90.30%，假设去除的分子中所有的 N 均转化为铵根，所有的氟均转化为氟离子，反应后溶液中铵根和氟离子的最高分别浓度为 1.52 mg/L 和 0.535 mg/L。而反应后铵根和氟离子的实际浓度为 0.461 mg/L 及 0.494 mg/L，说明在被降解的诺氟沙星分子可形成铵根的过程至少占 30.34%、脱氟至少占 92.37%，说明脱氟为降解的主要部分。由于脱氟过程和形成铵根过程所占比例的总和大于 1，说明两个过程不可能同时独立发生。结合路径分析，可以推断路径一的脱氟过程也伴随着哌嗪环转化。

13.3.3 小结

本书建立了有效地降解水中诺氟沙星的新型处理方法。主要发现如下：

①利用一种简单的新合成工艺成功制备出了 $MnFe_2O_4$，消除了在制备过程中对高压反应器的依赖，可应用于激活 H_2O_2 催化降解诺氟沙星。

②$MnFe_2O_4/H_2O_2$ 体系在中性条件下去除诺氟沙星的效果优异。当诺氟沙星的初始浓度为 10 mg/L，200 mmol/L 的 H_2O_2 及 0.6 g/L 的 $MnFe_2O_4$ 对诺氟沙星的去除率可达 90.6%，比单独的 H_2O_2 高 83.6%。

③$MnFe_2O_4$ 可以在反应过程中多次使用，并且在未补充新 $MnFe_2O_4$ 的情况下，重复使用 5 次后对诺氟沙星的去除率仍然可以达到 80.0%。

④经鉴别，·OH 是使诺氟沙星降解的主要活性氧化体。催化剂表面的·OH 在诺氟沙星的去除中起关键作用。

⑤8 种关键的中间产物被鉴别出来。诺氟沙星通过脱氟、开哌嗪环及喹诺酮基转化 3 种路径降解。

参考文献

AHMAD I，2014. Photodegradation of moxifloxacin in aqueous and organic solvents：a kinetic study[J]. Aaps Pharmscitech，15（6）：1588-1597.

AHMED M J，2014. Fluoroquinolones antibiotics adsorption onto microporous activated carbon from lignocellulosic biomass by microwave pyrolysis[J]. Journal of the Taiwan Institute of Chemical Engineers，45（1）：219-226.

AMORIM C L，2014. Biodegradation of ofloxacin，norfloxacin，and ciprofloxacin as single and mixed substrates by Labrys portucalensis F11[J]. Applied Microbiology and Biotechnology，98（7）：3181-3190.

BAI J，2017. Facile preparation 3D ZnS nanospheres-reduced graphene oxide composites for enhanced photodegradation of norfloxacin[J]. Journal of Alloys and Compounds，729：809-815.

CAMACHO-MUÑOZ D，2014. Concentration evolution of pharmaceutically active compounds in raw urban and industrial wastewater[J]. Chemosphere，111：70-79.

CHEN W，2015. Efficient adsorption of Norfloxacin by Fe-MCM-41 molecular sieves：Kinetic，isotherm and thermodynamic studies[J]. Chemical Engineering Journal，281：397-403.

DING D，2017. Mechanism insight of degradation of norfloxacin by magnetite nanoparticles activated persulfate：identification of radicals and degradation pathway[J]. Chemical Engineering Journal，308：330-339.

FENG M，2016. Degradation of fluoroquinolone antibiotics by ferrate（VI）：Effects of water constituents and oxidized products[J]. Water Research，103：48-57.

GOU J，2017. Fabrication of Ag_2O/TiO_2-Zeolite composite and its enhanced solar light photocatalytic performance and mechanism for degradation of norfloxacin[J]. Chemical Engineering Journal，308：818-826.

HOU X，2017. Hydroxylamine promoted goethite surface Fenton degradation of organic pollutants[J]. Environmental Science & Technology，51（9）：5118-5126.

HUANG M，2015. Adsorption and degradation of norfloxacin by a novel molecular imprinting magnetic Fenton-like catalyst[J]. Chinese Journal of Chemical Engineering，23（10）：1698-1704.

HUANG M，2017. Distinguishing homogeneous-heterogeneous degradation of norfloxacin in a photochemical Fenton-like system（Fe_3O_4/UV/oxalate）and the interfacial reaction mechanism[J]. Water Research，119：47-56.

IBRAHIM I，2016. Synthesis of magnetically recyclable spinel ferrite（MFe_2O_4, M= Zn, Co, Mn）nanocrystals engineered by sol gel-hydrothermal technology：High catalytic performances for nitroarenes reduction[J].

Applied Catalysis B：Environmental，181：389-402.

KURTAN U，2016. Synthesis of magnetically recyclable MnFe$_2$O$_4$@SiO$_2$@Ag nanocatalyst：its high catalytic performances for azo dyes and nitro compounds reduction[J]. Applied Surface Science，376：16-25.

LI B，2010. Biodegradation and adsorption of antibiotics in the activated sludge process[J]. Environmental Science & Technology，44（9）：3468-3473.

LI H，2017a. Sustained molecular oxygen activation by solid iron doped silicon carbide under microwave irradiation：mechanism and application to norfloxacin degradation[J]. Water Research，126：274-284.

LI H，2017b. Oxygen vacancy associated surface Fenton chemistry：surface structure dependent hydroxyl radicals generation and substrate dependent reactivity[J]. Environmental Science & Technology，51（10）：5685-5694.

LI H，2016. Adsorption mechanism of different organic chemicals on fluorinated carbon nanotubes[J]. Chemosphere，154：258-265.

LIU C，2012. Spectroscopic study of degradation products of ciprofloxacin，norfloxacin and lomefloxacin formed in ozonated wastewater[J]. Water Research，46（16）：5235-5246.

LIU W，2014. Ferrous ions promoted aerobic simazine degradation with Fe@Fe$_2$O$_3$ core-shell nanowires[J]. Applied Catalysis B：Environmental，150：1-11.

LIU W，2011. Sorption of norfloxacin by lotus stalk-based activated carbon and iron-doped activated alumina：mechanisms，isotherms and kinetics[J]. Chemical Engineering Journal，171（2）：431-438.

LIU X，2017. Usage，residue，and human health risk of antibiotics in Chinese aquaculture：a review[J]. Environmental Pollution，223：161-169.

NIU H，2012. Fast defluorination and removal of norfloxacin by alginate/Fe@Fe$_3$O$_4$ core/shell structured nanoparticles[J]. Journal of Hazardous Materials，227：195-203.

PENG H，2012a. Adsorption of ofloxacin and norfloxacin on carbon nanotubes：hydrophobicity-and structure-controlled process[J]. Journal of Hazardous Materials，233：89-96.

PENG H，2012b. Adsorption of norfloxacin onto titanium oxide：effect of drug carrier and dissolved humic acid[J]. Science of the Total Environment，438：66-71.

PENG X，2016. Green fabrication of magnetic recoverable graphene/MnFe$_2$O$_4$ hybrids for efficient decomposition of methylene blue and the Mn/Fe redox synergetic mechanism[J]. RSC Advances，6（106）：104549-104555.

PANG Y，2016. Degradation of p-nitrophenol through microwave-assisted heterogeneous activation of peroxymonosulfate by manganese ferrite[J]. Chemical Engineering Journal，287：585-592.

PRIETO A，2011. Degradation of the antibiotics norfloxacin and ciprofloxacin by a white-rot fungus and identification of degradation products[J]. Bioresource Technology，102（23）：10987-10995.

ROSS D L，1990. Aqueous solubilities of some variously substituted quinolone antimicrobials[J]. International Journal of Pharmaceutics，63（3）：237-250.

SANTOS L V，2015. Degradation of antibiotics norfloxacin by Fenton，UV and UV/H$_2$O$_2$[J]. Journal of Environmental Management，154：8-12.

SHI T，2017. Heterogeneous photo-fenton degradation of norfloxacin with Fe$_3$O$_4$-multiwalled carbon nanotubes in aqueous solution[J]. Catalysis Letters，147（6）：1598-1607.

TAN C，2017. Efficient degradation of paracetamol with nanoscaled magnetic CoFe$_2$O$_4$ and MnFe$_2$O$_4$ as a heterogeneous catalyst of peroxymonosulfate[J]. Separation and Purification Technology，175：47-57.

TAN L，2016. Effect of solvent on debromination of decabromodiphenyl ether by Ni/Fe nanoparticles and nano zero-valent iron particles[J]. Environmental Science and Pollution Research，23（21）：22172-22182.

YANG H，2017. Photocatalytic degradation of norfloxacin on different TiO$_{2-X}$ polymorphs under visible light in water[J]. RSC Advances，7（72）：45721-45732.

YANG L，2014. The investigation of synergistic and competitive interaction between dye congo red and methyl blue on magnetic MnFe$_2$O$_4$[J]. Chemical Engineering Journal，246：88-96.

ZENG H，2004. Shape-controlled synthesis and shape-induced texture of MnFe$_2$O$_4$ nanoparticles[J]. Journal of the American Chemical Society，126（37）：11458-11459.

ZHOU T，2017. Synergistic degradation of antibiotic norfloxacin in a novel heterogeneous sonochemical Fe^0/tetraphosphate Fenton-like system[J]. Ultrasonics Sonochemistry，37：320-327.

ZHANG D，2011. Degradation of norfloxacin by nano-Fe$_3$O$_4$/H$_2$O$_2$[J]. Environment Science，32（10）：2943-2948.

ZHANG M，2017. The relative risk and its distribution of endocrine disrupting chemicals，pharmaceuticals and personal care products to freshwater organisms in the Bohai Rim，China[J]. Science of the Total Environment，590：633-642.

ZHANG S，2009. Superparamagnetic Fe$_3$O$_4$ nanoparticles as catalysts for the catalytic oxidation of phenolic and aniline compounds[J]. Journal of Hazardous Materials，167（1-3）：560-566.

国家药典委员会，2015. 中华人民共和国药典（2015 年版）[M]. 北京：中国医药科技出版社.

施华顺，2011. 诺氟沙星水溶液的湿式氧化分解及其产物的生成途径[J]. 环境工程学报，5（6）：1257-1262.

王冠，2018. 改性沸石对诺氟沙星的吸附行为及机理[J]. 华南师范大学学报（自然科学版），50（3）：41-50.

第14章 基于零价铁类芬顿体系降解林可霉素的促进作用机理研究

14.1 背景技术

14.1.1 类芬顿技术在水污染应用中的现状

科技的发展为我们带来了生活的便利，同时也带来了许多的环境问题。2000—2017年，全球化学工业产能几乎翻一番，约从12亿t增长至23亿t，2017—2030年，预计产量还能再翻一番。然而欧盟2018年的数据表明，2016年欧洲化学品消费总量中有62%的化学品对生态和人类健康产生不利的影响（联合国，2019）。这些化学污染物从生产过程、产品使用和废物处理中释放到水体等环境介质中，严重损害了自然环境。联合国发布的《2018年世界水资源开发报告》指明，人类对于水资源的需求正以每年1%的速度增长，未来20年内这一速度还将进一步提高，尽管可利用水体资源仍旧面临危机（徐靖，2018）。随着越来越多的人认识到水资源的重要性，亟待研究开发更好的污染水体修复治理技术。

高级氧化技术（Advanced Oxidation Process，AOP）由于可以原位产生活性氧物种如$•O_2^-$、$•OH$和$•SO_4^-$等而备受关注，其极高的氧化电位可与目标污染物反应从而破坏化学结构，达到降解有机物以及减弱生态风险的目的（Fayazi et al.，2016）。在各类AOP中，以Fe^{2+}和H_2O_2为核心的经典均相芬顿体系，由于成本低廉、操作简单等特点，已广泛研究和应用于水体污染修复工作。然而，pH使用范围（2～4）窄、铁泥产生量大、无法二次利用等问题限制了均相芬顿体系的进一步应用（Singh et al.，2016）。为了克服这些问题，研究者开展了大量的研究工作，试图寻找更有效的措施以解决均相芬顿体系存在的问题。目前已经相继开发出光芬顿、电芬顿、超声芬顿等技术并取得了不错的效果，其中使用与Fe^{2+}相态不同的固体催化剂催化H_2O_2降解目标污染物的类芬顿技术备受关注（Reziei et al.，2018）。

14.1.2　类芬顿反应催化剂常见类型

14.1.2.1　单金属/金属氧化物

某些过渡金属的 d 电子（d 轨道上排列或分布的电子）决定了发生电子得失的难易，从而与氧化剂（如 H_2O_2、过硫酸盐等）反应并产生•OH、$•SO_4^-$ 等具有强反应活性的自由基，进而破坏大部分的有机化学键，达到降解污染的目的（Pliego et al., 2015），其作用机理如图 14-1 所示。目前铁、铜、锰、钨、金、银、钯等过渡金属常用作类芬顿反应催化剂来处理许多的难降解有机污染物。然而，单金属或金属氧化物催化剂由于自身磁性或者范德华力的作用容易发生团聚作用，某些金属本身的物理性质决定了其机械强度低等问题，都限制了该类催化剂的进一步应用。研究者尝试通过提供载体或改变其制备方法等手段来克服这些缺点。

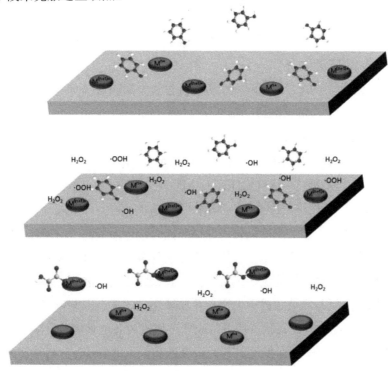

图 14-1　典型非均相类芬顿反应机理

活性炭、介孔分子筛、沸石和柱撑黏土、石墨烯等常被用来负载这些过渡金属，原因如下：①可以避免金属或金属氧化物的团聚现象，提高其分散性能；②在高温等环境下更加稳定；③增强了催化剂的机械强度，使其可以有效回收并重复利用；④提高了比表面积等表面性能，提供大量的反应活性位点以吸附有机污染物并促使其与催化剂反应，进一步增强催化剂降解去除有机污染物的性能。

传统的 TiO_2 通常需要通过紫外光激发跃迁而在价带上形成空穴，从而有效与 H_2O、H_2O_2 等反应生成•OH，Zhang A Y 等（2016）利用水热合成技术改变原有 TiO_2 的晶形结构，制备出了新型的 TiO_2 固体催化剂，该催化剂在无外界能量施加的环境下也可快速活化 H_2O_2 产生大量的•OH。在最佳条件下，利用 TiO_2/H_2O_2 体系处理模拟废水甲基橙和硝基酚，最终降解率都达到了 95% 以上，TOC 的测试结果表明了分别有 70% 和 80% 的有机污染物得到了矿化。另外，此体系在 pH 为 3～7 的范围内对于两种目标污染物都表现出了较高的处理效果。Xiao F 等（2016）将正方针铁矿（Ak）负载在被还原的氧化石墨烯（rGO）上，制备新型类芬顿催化材料 Ak/rGO 并用于降解邻氯苯酚（2-CP）。结果表明，与单独使用 Ak 和 rGO 的效果相比，Ak/rGO 在酸性和碱性条件下的降解效果都大大提高，这与通过 Fe—O—C 键的形成 Ak/rGO 同时具备了强催化与吸附能力相关。Tao S 等（2016）通过改进的金属有机化合物化学气相沉淀法（MOCVD）成功地将铁负载到了介孔颗粒上，获得了催化剂 Fe@MSMs 并用于处理亚甲基蓝（MB）有机污染物。在可见光照射下，降解率可达到 98%，而且在反应前和反应过程中都不需要调节 pH。

14.1.2.2　多金属/金属氧化物

为了进一步提高降解能力，将两种或更多种过渡金属组合为类芬顿反应催化剂，除各自发生如式（14-1）、式（14-2）所示反应以外（Ribeiro et al.，2016），在两种金属之间也可以发生如式（14-3）的反应：

$$\equiv M^{n+}+H_2O_2 \Longleftrightarrow M^{(n+1)+}+OH^-+ \bullet OH \tag{14-1}$$

$$M^{(n+1)+}+ \bullet OOH \longrightarrow \equiv M^{n+}+O_2+H^+ \tag{14-2}$$

$$\equiv M^{n+}+ \equiv N^{(n+1)+} \longrightarrow \equiv M^{(n+1)+}+ \equiv N^{m+} \tag{14-3}$$

上述反应大大增强了催化剂的氧化还原循环能力，进而提高了降解能力。此外，由于多金属催化剂的合成和负载比单金属催化剂更加复杂，因而分子表面性能通常更好，催化剂的吸附和机械强度等性能进一步得到提高。Wang J 等（2016）利用浸渍法制成铁铜双金属纳米颗粒并将其成功负载于中空介孔二氧化硅球体上，制得新型的类芬顿反应的催化剂 FeCu/HMS，在最佳试验条件下可成功破坏橙黄 II 的偶氮键（N—N），目标污染物在 2 h 内得到有效降解；即使橙黄 II 的浓度增加到 1 000 mg/L，FeCu/HMS/H_2O_2 体系 2 h 降解率也可达到 77.7%。Xu J 等（2016）在纳米级针铁矿表面掺杂金属 Cu，成功制得了 α-(Fe,Cu)OOH 纳米花。在可见光辐射（$\lambda > 420$ nm）存在的条件下以双氯芬酸钠（DCF）为探针来评估其在类芬顿反应中的催化性能，结果表明改性后的 α-(Fe,Cu)OOH 纳米花比原始的针铁矿具有更好的催化性能，在 pH 为 6.32 的反应条件下，DCF 的降解率在 60 min 内达到了 95%，且随着 pH 的降低，效果逐渐提高。

14.1.2.3　金属+螯合剂

对于螯合剂促进类芬顿反应中及其作用机制的理解目前并不一致。一个解释是，螯合剂的存在可以有效防止水相中金属离子的沉淀以及促进催化剂表面金属离子的析出，两者有效保障了反应体系内过渡金属离子的数量从而加速活性氧物种的产生（Keenan et al.，2008；Xue X et al.，2009；Sun S P et al.，2014）；另一个解释是螯合剂的存在促进了•OH 在催化剂固体表面的形成，从而提高了催化降解的速率（Wang N et al.，2011；Sun S P et al.，2014）。但正如表 14-1 所示（Hou P et al.，2016；Wang F F et al.，2016；Wu D et al.，2016；Wang M et al.，2016），螯合剂在类芬顿体系中的积极作用是显而易见的。此外，部分研究表明了某些螯合剂的存在可以促进难溶性有机污染物的溶解，从而使其更易被类芬顿催化剂催化降解。

表 14-1　螯合剂对污染物降解率（速率）的影响

污染物/螯合剂	酸性黄 220/壳聚糖/%	微囊藻毒素LR/腐植酸/%	微囊藻毒素LR/草酸/%	氯霉素/谷氨酸/%	对氯苯酚/β-环糊精/min^{-1}	氯苯/β-环糊精/min^{-1}
无	5.1	59.1	59.1	0	0.016 2	0.009 9
螯合剂	25.1	78	72.1	83.3	0.037 3	0.039 2

Wang M 等（2016）将 β-环糊精（β-CD）引入类芬顿反应中，通过一锅合成法（one-pot synthesis）制备新型 nano-Fe$_3$O$_4$/β-CD，并成功催化 H$_2$O$_2$ 生成•OH 降解对氯苯酚（4-CP）和疏水性有机物氯苯（CB），Fe$_3$O$_4$/β-CD/H$_2$O$_2$ 体系较传统 nano-Fe$_3$O$_4$ 体系的降解反应速率常数分别提高了 2.3 倍和 3.96 倍，促进效果非常明显。这是因为 Fe^{2+} 与 β-CD、目标污染物三者形成了一个特殊的三元结构，该结构不仅加快了•OH 的产生，也促进了难溶有机物的溶解。Wang F F 等（2016）在 pH 为中性的条件下，以微囊藻毒素-LR（MC-LR）为指示探针，通过在 nano-Fe^0/H$_2$O$_2$ 体系中分别加入腐植酸、草酸和磷酸来探究螯合剂对类芬顿反应的作用机理。结果表明，nano-Fe^0/H$_2$O$_2$ 体系对 MC-LR 的降解率为 59.1%，加入了腐植酸和草酸后其降解率分别增加到了 78% 和 72.1%。Fayaz M 等（2016）将羟胺加入磁性活性炭/H$_2$O$_2$ 体系（AC/γ-Fe$_2$O$_3$/H$_2$O$_2$）中，极大促进了该体系降解亚甲基蓝的速率，并改善了其反应条件。在 pH 为 5.0 时，100 mg/L 的 MB 溶液在该体系下 15 min 内即可降解完全。

14.1.2.4　其他类型

除了以上几大类主要的类芬顿催化剂，研究者们还进行了许多其他的研究。Khataee 等（2016）通过等离子电晕放电对天然斜发沸石（NC）进行处理，成功制得天然斜发沸石纳米棒（PMC），并利用 PMC 和 K$_2$S$_2$O$_8$ 以及联同声波降解典型抗生素非那吡啶（PhP）。在 PMC 内部的各种金属离子、K$_2$S$_2$O$_8$ 和外加能量源声波的共同作用下，体系大量且快速地产生•OH、•SO$_4^-$，降解 PhP 的效率在 20 min 内可达到 90.14%。Lyu L 等（2018）所在的课题组通过表面络合和共聚作用将 4-苯氧酚（POP）功能化还原性化石墨烯

（rGO），首次成功制备出了不含金属的类芬顿催化剂 POP-rGO NSs，在催化 H_2O_2 降解 2-CP 和双酚 A 的性能远高于普通石墨烯，2 h 内目标污染物均得到有效降解，更重要的是 H_2O_2 利用率得到了极大的提升。通过材料表征和理论研究确定了 POP-rGO NSs 的 C—O—C 键上形成的双反应中心是催化剂形成有效电子传递的关键。

14.1.3 茶多酚促进类芬顿反应的优势

茶是目前世界上的饮料之一，仍未明确达成共识的饮茶抗癌作用，成为目前的主流研究。已有研究表明茶叶中的茶多酚是这一作用的主要贡献者（Eisenstein et al.，2019）。如图 14-2 所示，茶多酚类化合物（TP，主要包括 EGC、ECG、EC、EGCG 等）由于在两个芳香苯环之间缺少电子离域的特性，经电子供应形成了稳定的酚羟基，这使得 TP 成为天然的螯合剂和还原剂（Wang C W et al.，2018）。基于这个特性，茶多酚被引入类芬顿技术降解有机污染物的工作中。目前关于茶多酚类化合物在类芬顿中的研究主要集中在利用其螯合特性进行铁基材料修饰改性，或利用其还原性绿色合成纳米材料。Yi Q 等（2016）通过声处理将表儿茶素没食子酸酯（EGCG）螯合在 Fe_3O_4 表面，制成一种新的催化材料 $EGCG/Fe_3O_4$，成功与过一硫酸盐（PMS）作用生成•OH、•SO_4^- 从而高效地降解了典型除草剂敌草隆；Wu Y 等（2015）利用茶提取液还原三氯化铁溶液，成功制得 nZVI，在对染料的类芬顿脱色研究中取得了不错的效果。然而，目前对于 TP 促进类芬顿反应的降解和还原作用的机理还未得到深入的研究。

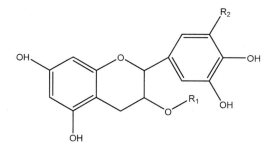

图 14-2　茶多酚结构通式

14.1.4 类芬顿体系降解污染物常见类型

14.1.4.1 降解染料

染料主要是以苯、萘、蒽、醌等芳香基团作为母体，通过连接的不同发色基团表现出不同的颜色。根据发色基团的结构，染料可以大致分为偶氮、酞菁、蒽醌、靛族、硝基与亚硝基等。目前市面上的染料 70% 以上是具有难以破坏的 N=N 键和复杂的芳香环分子结构的偶氮型染料，本身的化学结构使得常规物理和生物氧化处理方法不适用于该类染料的处理。此外，金属络合物染料是染料工业的重要分支，因优异的颜色固定能力、高光泽度和良好的耐酸耐热性，被广泛应用于羊毛和聚酰胺材料染色工艺中。与其他的偶氮染料相比，它们除了芳香环外，还含有毒的络离子（Co^{2+}、Cr^{3+}等），进一步增加的毒性使得该类染料的降解难度更大（Hou P et al.，2016）。鉴于偶氮染料使用量大而又难以使用常规微生物技术处理，使得类芬顿体系降解染料的研究成为当前的热点。

Li W 等（2016）使用沉淀法将 nano-Fe_3O_4 负载在 Al-Fe 柱状膨润土上，成功制备出一种新型催化剂 Fe_3O_4/Al-Fe-P-B，与 H_2O_2 构建的类芬顿体系可以快速有效地生成·OH，8 h 内降解橙黄 II 可达 99.3%，TOC 去除率达到 92.2%，对于 N＝N 键的破坏具有很好的效果。Zheng J 等（2016）将 5 种铁矿尾料与 H_2O_2 构成类芬顿体系。虽然材料的表征结果表明 5 种尾料的表面性质较差，但对酸性橙 7（AO7）的降解效果非常明显，其中一种尾料在反应时间 1 h、pH 为 3～5，可以将 AO7 完全降解，该效率在材料循环回收使用 10 次后仍得到保持。Arshadi 等（2016）将二茂铁、硅酸铝和多层碳纳米管经由溶胶-凝胶法、浸渍法合成了 Si/Al@Fe/MWCNT 复合纳米材料，用作类芬顿体系的催化剂。在 pH 为 4 的条件下，6 min 内甲基橙（MO）的降解率达 89%，COD 去除率达到 87%。表明该体系对于 MO 中的 C—N 键和 N＝N 键都具有非常好的破坏能力。Singh 等（2016）利用离子交换法和浸渍法将 NaY 型沸石和三水合硝酸铜合成新型类芬顿催化剂 CuY。在 CuY/H_2O_2 体系下对刚果红染料的发色基团作用显著，通过类芬顿反应其降解率、脱色率和矿化率分别达到了 93.58%、95.34%、79.52%。

14.1.4.2　降解酚类化合物

酚类化合物是芳烃的含羟基衍生物，引起环境污染的酚类化合物主要包括苯酚和氯酚（李淑彬等，2007）。苯酚是造纸、纺织、炼油、炼焦、塑料等化工生产废水中的主要污染物，其进一步与水中的氯作用产生的氯代酚是一种毒性更强的有机污染物。氯酚在水中的溶解度大，结构稳定，不易分解和转化，且由于人类的大规模使用，它们在自然界中得到积累，对自然环境和生物健康造成巨大的隐患和危害。现阶段寻找出有效方法降解酚类化合物至关重要。

Xiong Z 等（2016）利用微米级零价铁和臭氧联用（Fe^0/O_3）降解典型酚类化合物硝基酚（PNP），并将该体系与 Fe^0、O_3、MnO_2/O_3 和 Al_2O_3/O_3 体系进行对比。结果表明利用 Fe^0/O_3 体系降解 PNP 的 COD 去除率达到 89.5%，是 Fe^0 和 O_3 分别单独作用的去除率的和的 2 倍，也远远大于 MnO_2/O_3 和 Al_2O_3/O_3 体系。Zhai Q 等（2016）利用沉淀法将氯化铁、赖氨酸和硅钨酸三者混合反应，成功制备出了一种新型类芬顿催化剂 Fe^{III}LySSiW 并用于降解 4-CP。试验结果表明，在 pH 为 6.5 的条件下，4-CP 在黑暗和光照两种条件下完全降解所需时间分别为 40 min 和 15 min，降解效果非常好。进一步探究其矿化效果，发现该类芬顿体系在 3 h 内，黑暗条件和光照条件下的 TOC 去除率分别为

71.3%和98.8%,有效矿化了4-CP。

14.1.4.3　降解PPCPs

大量研究表明,药物和个人护理产品(PPCPs)具有环境持久性、生物活性,并具有生物蓄积的潜力(Xu J et al.,2016)。大量的PPCPs难以通过常规生物处理完全降解(Kasprzyk et al.,2009;Jelic et al.,2011),对水生生物,野生动物和人类具有潜在的不利影响。甚至有一些研究表明部分PPCPs的降解产物也具有与其母体化合物一样甚至更多的活性和毒性(Sengeløv et al.,2003;Watkinson et al.,2007)。因此,迫切需要一种先进的处理技术来有效地从环境中去除PPCPs。

Wu D等(2016)在黄铁矿/H_2O_2体系中加入生物螯合剂谷氨酸(GLDA)以提高降解典型广谱抗生素氯霉素(CAP)的效率。结果表明,虽然GLDA的用量较少(100 μmol/L),但对于提升黄铁矿/H_2O_2体系对CAP中C—C键和C—N键的破坏能力非常显著,在pH为8时,CAP的去除率达到83.3%,在pH为10时仍可保持50%以上的去除率。Feng Y等(2016)利用溶胶-凝胶法制成$CuFe_2O_4$尖晶石状纳米颗粒,用于类芬顿反应降解磺胺(SA)。应用研究表明,当H_2O_2浓度为15 mmol/L,$CuFe_2O_4$用量为0.5 g/L,pH为6.5时,SA几乎被完全降解。反应机理研究表明,与传统方法通过断裂SA中的S-N键相比,该体系主要通过破坏SA中的C—S键来达到矿化目的。

14.1.4.4　降解PAHs

多环芳烃(PAHs)是指含两个或两个以上苯环的碳氢化合物,在工业上得到大量使用,高毒性、难降解性和有害性等特征使其不适用于传统处理方法,迫使人们不断开发新技术以求对其进行有效的处理。Jin X等(2016)通过将基于纺锤芽孢杆菌的生物降解法和基于茶叶绿色合成的nano-Fe_3O_4作为催化剂的类芬顿体系进行联用,用于处理典型多环芳烃类物质萘和菲。在联合作用下,萘和菲都可以被完全降解,COD去除率达到81.5%。

14.1.5　研究的意义和工作内容

全球越来越严重的水污染问题亟须一种成熟的水体污染修复技术。目前对于类芬顿反应的研究主要集中在对催化剂材料的研发上,而制备过程复杂导致的成本过高问题限制了其在水污染修复中的大规模应用。寻求一种具有高效降解能力,同时成本相对低廉的类芬顿体系具有非常重要的意义。

为实现这一目的,我们选取林可霉素作为目标污染物(图14-3)。林可霉素作为中国目前使用量第三的抗生素(Chen J et al.,2016),当前的主要去除方法为微生物法(Li Y et al.,2016)、物理法[包括伽马辐射(Kim H Y et al.,2013)、电子束辐射(Kim K S et al.,2013)等]以及化学法[包括光催化(Andreozzi et al.,2006)等],利用类芬顿技术去除林可霉素(LCM)鲜有报道。在催化剂的选择上,试验采用已工业化的微米级还原铁粉，尽可能地降低类芬顿体系的原料成本。

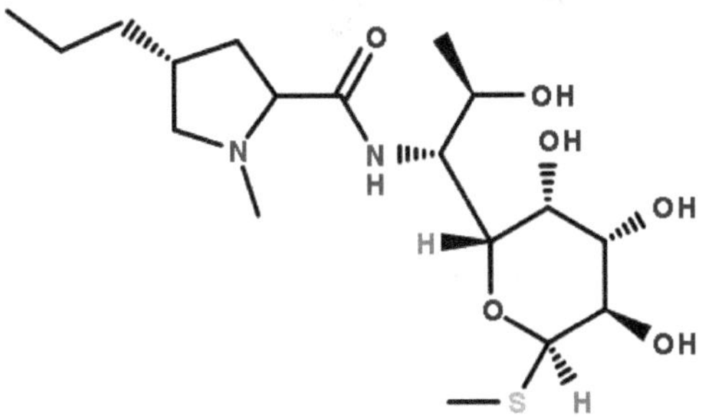

图 14-3　林可霉素结构通式

尽管微米级零价铁应用于类芬顿反应中的研究已有一定的报道，然而，由于其表面积大而易钝化的缺陷，研究中未得到理想的降解效果（Yang Z et al.，2018a）。如何有效控制 Fe^0 的 Fe^{2+} 的析出，并尽可能提高 Fe^{2+} 的利用效率，是目前研究的一个主要方向。因此，本书从 Fe^{2+} 这一角度出发，结合类芬顿反应研究现状，选取茶多酚（TP）这一同时具有强螯合性和还原性的天然有机物作为促进剂，构建具有强降解能力的 $Fe^0/H_2O_2/TP$ 体系，并应用于 LCM 模拟废水中，并进一步利用 TP 和三氯化铁绿色合成出了具有高效催化性能的类芬顿催化剂 GFe0.5，最后将 TP 与多种促进剂进行对比研究，深入探究类芬顿促进机理。具体研究内容如下：

①利用 TP 作为类芬顿反应促进剂并应用于 LCM 的降解中。通过研究降解体系、Fe^0 投加量、H_2O_2 投加量以及 TP 投加量探究其对 LCM 降解的影响；另外，通过研究体系 pH、Fe^{2+}、•OH、ORP 等的变化情况考察 TP 的促进机理；最后，利用液质联用技术测定 LCM 降解中间产物，分析 LCM 的降解途径。

②将 TP 与 Fe^{3+} 绿色合成制备铁基材料 GFe0.5 并考察其作为类芬顿催化剂的催化性能及机理。通过研究降解效果及抗 pH 冲击能力判断 GFe0.5 的催化能力；利用 TEM、XPS、FT-IR、XRD 以及材料循环试验和铁的析出等多种表征和测试手段探究 GFe0.5 的催化机理；并且利用发光细菌法对材料及降解体系的生物毒性进行研究。

③对茶多酚、草酸、乙二胺四乙酸二钠、盐酸羟胺、三聚磷酸钠和抗坏血酸 6 种类芬顿促进剂进行对比研究。利用对 LCM 的降解效果考察 6 种促进剂的促进效果；通过考察各促进剂体系的抗 pH 冲击能力、•OH 产生情况、螯合能力、抗氧化能力、铁的析出量等探究各促进剂的促进机理；最后利用发光细菌试验判断各促进剂体系的生物毒性。

14.2 茶多酚促进类芬顿反应的机制研究

14.2.1 研究背景

铁是地壳中丰度第四的元素，广泛存在于大气气溶胶、天然水体、土壤和动植物中（Huang X et al.，2017）。更为重要的是，铁可以在铁离子（Fe^{3+}）和亚铁离子（Fe^{2+}）两种形态之间通过活性氧自由基（ROS）进行转化，这为许多的氧化还原反应提供了理论上的可能性，存在巨大的应用潜力。Fe^{3+}和Fe^{2+}之间的转化反应式如下所示（Hug S J et al.，2003；Xing M et al.，2018）：

$$Fe^{2+}+H_2O_2 \longrightarrow Fe^{3+}+OH^-+\cdot OH, \quad k_1=40\sim80 \text{ L/（mol·s）} \tag{14-4}$$

$$Fe^{3+}+H_2O_2 \longrightarrow Fe^{3+}+\cdot O_2H/\cdot O_2^- +H^+, \quad k_2=0.01 \text{ L/（mol·s）} \tag{14-5}$$

$$Fe^{3+}+\cdot O_2^- \longrightarrow Fe^{2+}+O_2, \quad k_3=1.4\times10^5 \text{ L/（mol·s）} \tag{14-6}$$

$$Fe^{3+}+\cdot O_2H \longrightarrow Fe^{2+}+O_2 +H^+, \quad k_4=0.33\sim2.1\times10^6 \text{ L/（mol·s）} \tag{14-7}$$

人们利用式（14-4）开发出了传统芬顿技术并在实际应用中获得了广泛关注。有关芬顿反应的研究的核心即是有效增加·OH 的数量，其产生量取决于 Fe^{2+} 与 H_2O_2（Pham et al.，2012）。然而，·OH 在水相中的半衰期非常短暂，反应体系内若要持续产生大量的·OH，需要维持相对较高浓度的 Fe^{2+} 与 H_2O_2（Pera-Titus et al.，2004；Li T et al.，2016）。由于式（14-5）反应速率的限制，Fe^{3+} 更偏向于与式（14-4）中的 OH^- 结合形成铁泥，从而 Fe^{2+} 被大量消耗，而 Fe^{3+} 大量积累，且由于式（14-4）的进行使得体系 pH 持续升高，整个体系更不利于·OH 的形成，阻碍了污染物的降解（Sekaran et al.，2013）。如何有效利用亚铁离子成为目前研究的热点。

鉴于此，着眼于通过外加有机物提高 Fe^{2+} 利用率的非均相类芬顿研究被大量报道。许多研究者们采用有机物与 Fe^{2+} 结合形成螯合物提高利用效率及阻止铁泥的形成。例如，次氮基三乙酸（De Luca et al.，2015）、Salen 配体（Gazi S et al.，2010）、丙二酸（Chen F et al.，2009）、乙二胺四乙酸（Nam S et al.，2001；Oviedo et al.，2004）、半胱氨酸（Qian Y et al.，2014）等，这些螯合剂极大地促进了污染物的降解。然而，上述体系在降解有机污染物过程中都需外加 UV 辐射，不利于实际应用。另有一些研究者利用部分有机物的还原特性，将还原剂如抗坏血酸（Hou X et al.，2016a）、原儿茶酸（Qin Y et al.，2015）、醌/氢醌类似物（Ma J et al.，2006）和草酸（Wang F F et al.，2016）等引入类芬顿体系中，促进 Fe^{3+} 转化为 Fe^{2+}，加速铁循环从而较好地提高了类芬顿反应的作用效果。但是这些体系都需要对初始 pH 调节至酸性，仍未突破传统芬顿体系的适用 pH 范围（2～4）窄这一缺点。从上述的报道中可以看出，目前的研究仅单纯着眼于有机物的螯合性或者还原性其中一项，对于复杂体系的研究鲜有报道。本书选取具有螯合与还原双重特性的茶多酚作为类芬顿促进剂，探究其在类芬顿反应中的作用机理。

14.2.2　研究方法

（1）林可霉素降解试验

各变量条件为 $Fe^0=0.5g/L$、$H_2O_2=1$ mmol/L、TP=0.1 mmol/L、LCM=20 mg/L，于摇床中（转速 200 r/min，温度 25℃）加入 H_2O_2 后开始计时反应，分别在 15 min、30 min、45 min、60 min、90 min、120 min 的时间点取样过 0.22 μm 尼龙膜待测。LCM 溶液初始 pH=5.8，加入类芬顿试剂后 pH=5.6。试验重复 3 次。

（2）分析方法

①林可霉素的分析方法：利用高效液相色谱（HPLC，LC-16，Shimadzu）测定，色谱柱为安捷伦 TC-C_{18} 反相柱，流动相为硼砂∶甲醇=40∶60（$V∶V$），波长 214 nm，流速 1.0 mL/min，进样体积 20 μL；其中硼砂为 0.05 mol/L，用磷酸调 pH 至 6.1。

②总铁和二价铁的分析方法：溶液中铁离子浓度采用邻二氮菲显色法测定。Fe^{2+} 能与无色的邻二氮菲生成一种红色络合物，该络合物在 510 nm 处具有很强的特征吸收峰，可用紫外分光光度计检测。测定 Fe^{2+} 浓度时，向待测样品中加入 1 g/L 的邻二氮菲溶液和 40%的乙酸铵缓冲溶液，定容摇匀显色后测定样品的吸光度。类似地，盐酸羟胺被用作还原剂来测定总铁的含量。

③羟基自由基的测定方法：对苯二甲酸（TA）常被用作检测•OH 的荧光探针。当 TA 与•OH 反应的荧光产物 2-羟基对苯二甲酸（TAOH）在 312 nm 激发时在 426 nm 附近具有强烈的荧光发射。可用荧光分光光度计检测。典型的过程为，制备含有 0.01 mol/L 的 NaOH 和 0.5 mmol/L 的 TA 的水溶液，与样品溶液反应 10 min 后通过荧光强度确定生产的 TAOH 的量。

④林可霉素中间产物测定方法：利用液相色谱-质谱联用仪（Uplc1290-6540B Q-TOF）进行测定。色谱柱为 Jupiter C_{18}（150×2.1 mm，5 μm，Phenomex），进样量为 5 μL，流动相：A 为甲醇，B 为 0.2%甲酸水溶液，联用 Agilent 6540UHD Q-TOF ESI 分析正、负离子。

14.2.3　不同体系对林可霉素的降解效果

不同体系对于 LCM 降解效果的影响如图 14-4（a）所示。Fe^0、H_2O_2、TP 以及 Fe^0/TP、H_2O_2/TP 体系下，均无法取得明显的降解效果。相同条件下，Fe^0/H_2O_2 体系与 LCM 反应

120 min 最终降解率达到 25%左右，而 $Fe^0/H_2O_2/TP$ 体系则在 90 min 降解率可达到 97% 以上。如图 14-4（b）所示，通过拟一级反应动力学拟合发现，相较于传统的类芬顿体系 Fe^0/H_2O_2，经过 TP 增强后的 $Fe^0/H_2O_2/TP$ 体系降解 LCM 的降解速率常数 k 提高了约 26 倍（0.002 2 min^{-1} VS 0.055 6 min^{-1}），这充分说明了 TP 能够有效增强零价铁的类芬顿反应。

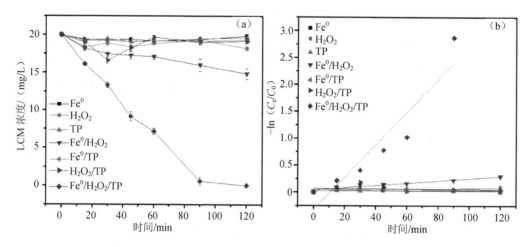

（反应条件：LCM=20mg/L，Fe^0=0.5 g/L，H_2O_2=1 mmol/L，TP=0.1 mmol/L，T=25℃）

图 14-4 不同反应体系对林可霉素降解效果的影响

一些报道中提出有机物的加入可以促进催化剂与污染物的结合，从而达到促进降解反应的作用（Jiang C et al.，2015；Wang M et al.，2016）。我们对 Fe^0、TP、LCM 等相关变量进行了 Zeta 电位的测定，结果如图 14-5 所示。试验所用材料 Fe^0 的 Zeta 电位为−14.6 mV，而污染物 LCM 溶液也呈现负值，与其他的报道一致（Calza et al.，2012；Solliec et al.，2014）。且在加入 TP 后其 Zeta 电位的绝对值进一步提高，这表明了催化剂 Fe^0 与污染物 LCM 之间无论是否加入 TP 都不存在静电吸附作用，图 14-6 进一步证明了在外加不同浓度 TP 的情况下，Fe^0 对于污染物 LCM 的吸附作用都基本可以忽略不计。由此我们可以推测，基于类芬顿反应的氧化还原作用是 LCM 浓度降低的主要原因。

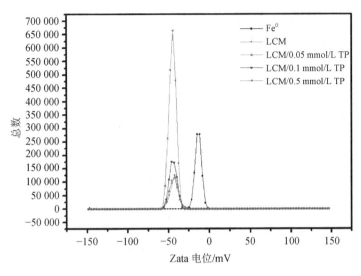

图 14-5　不同体系下的 Zeta 电位情况

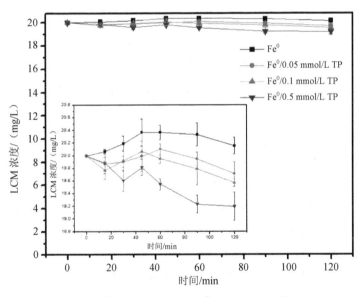

（试验条件：LCM=20 mg/L，Fe⁰=0.5 g/L，T=25℃）

图 14-6　不同浓度的 TP 对催化剂吸附性能的影响

14.2.4　茶多酚浓度的影响

为了说明 TP 的浓度对类芬顿体系降解 LCM 的影响，设置了不同浓度的 TP（0、0.001 mmol/L、0.01 mmol/L、0.05 mmol/L、0.1 mmol/L、0.2 mmol/L、0.4 mmol/L、0.6 mmol/L、0.8 mmol/L、1.0 mmol/L）与 0.5 g/L 的 Fe⁰ 和 1.0 mmol/L 的 H_2O_2 的类芬顿

体系组合降解 LCM。由图 14-7 可知，由于 TP 浓度的不同，LCM 的降解效果及降解速率也呈现出显著的不同。TP 的浓度在 0～0.1 mmol/L 时，随着浓度的增大，降解率和降解速率常数都有明显的递增关系，其中 k 值由最初的 0.002 2 min^{-1} 增强到了 0.055 6 min^{-1}。然而，随着 TP 浓度的增加，其对于 LCM 降解的促进效果也明显减弱，相较于 0.1 mmol/L 的，TP 浓度为 1.0 mmol/L 时的 k 值减少了 6.5 倍。

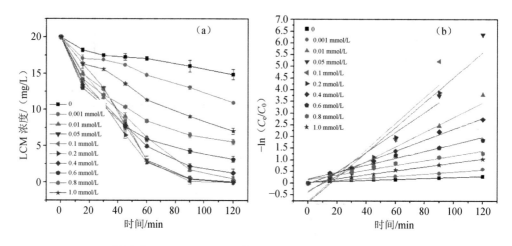

（反应条件：LCM=2 0mg/L，Fe^0=0.5 g/L，H$_2$O$_2$=1 mmol/L，T=25℃）

图 14-7　不同 TP 的浓度对 LCM 降解效果与降解速率的影响

　　过多的有机促进剂的加入可能会在催化剂表面形成一层致密的有机外壳，从而阻断催化剂与反应剂之间的接触（Kim J Y et al.，2011；Yi Q et al.，2016）。通过对 3 种不同浓度（0.05 mmol/L、0.1 mmol/L、0.5 mmol/L）的 TP 条件下反应后的催化剂 Fe^0 进行 EDS 能谱分析（图 14-8），结果表明，反应后的催化剂表面的确存在一定量的有机物，然而有机物的量与 TP 的初始投加量并未存在明显的正相关关系。可认为 TP 的物理屏障作用并不是影响其促进 LCM 降解的主要原因。TP 作为一种典型的还原剂，在体系中的作用途径主要可能有三个：一是与降解目标物竞争反应体系中可能存在的•OH、•O$_2^-$ 等活性氧自由基；二是将 Fe^{3+} 还原为 Fe^{2+}；三是和 H$_2$O$_2$、氧气等氧化物发生作用。TP 在体系内的化学转化方式直接影响了污染物 LCM 的降解效果。

　　如图 14-9 所示，我们对 Fe^0 和 H$_2$O$_2$ 的最佳投加量进行了探究。显然，Fe^0 投加量为 1.0 g/L 时，120 min 内对 LCM 降解效果最好，H$_2$O$_2$ 投加量为 10 mmol/L 时，40 min 内对 LCM 降解率最高，而后随着 H$_2$O$_2$ 投加量的增大，降解效果的提升并不明显。综合经济成本，1.0 g/L 的 Fe^0 投加量搭配 10 mmol/L 的 H$_2$O$_2$ 投加量即可实现最优的 LCM 降解效果。

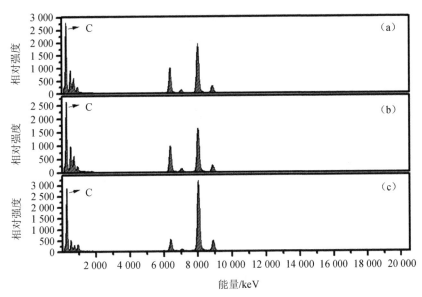

（a）0.05 mmol/L；　（b）0.1 mmol/L；　（c）0.5 mmol/L

图 14-8　经不同浓度 TP 作用后的 Fe^0 的 EDS 能谱分析

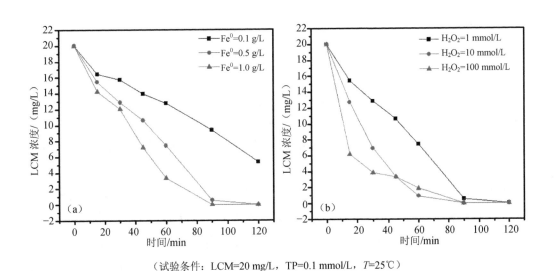

（试验条件：LCM=20 mg/L，TP=0.1 mmol/L，T=25℃）

图 14-9　Fe^0 和 H_2O_2 的剂量对 LCM 降解效果的影响：　（a）Fe^0；　（b）H_2O_2

14.2.5　自由基的确定及其在体系中的变化

为了探究反应体系中主要的作用机制，采用了两种自由基捕获剂：叔丁醇（TBA）和超氧化物歧化酶（SOD），分别作用于 ·OH 和 ·O_2^-。结果如图 14-10（a）所示，表明了两种自由基都对 LCM 的降解有明显的影响，其中 ·OH 起主要作用。·O_2^- 对反应体系的影响主要是通过式（14-8）来实现，也初步反映了式（14-9）在反应体系中的存在。

$$Fe^{3+} + \cdot O_2^- \longrightarrow Fe^{2+} + O_2, \quad k_3 = 1.4 \times 10^5 \text{ L/（mol·s）} \tag{14-8}$$

$$Fe^{3+} + \cdot O_2H \longrightarrow Fe^{2+} + O_2 + H^+, \quad k_4 = 0.33 \sim 2.1 \times 10^6 \text{ L/（mol·s）} \tag{14-9}$$

我们利用电子顺磁共振（ESR）进一步确定自由基的生成情况。与前述试验结果一致，图 14-10（b）中出现了信号强度比为 1∶2∶2∶1 的 •OH 特征峰和 1∶1∶1∶1 的 •O$_2^-$ 特征峰，由此可以确定两种自由基在反应体系中存在。

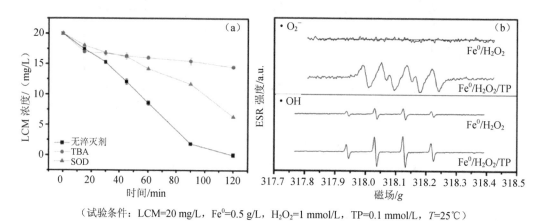

（试验条件：LCM=20 mg/L，Fe^0=0.5 g/L，H$_2$O$_2$=1 mmol/L，TP=0.1 mmol/L，T=25℃）

图 14-10　体系自由基的确定：（a）自由基捕获试验；（b）ESR 结果

由于不同浓度的 TP 对于 LCM 的降解效果具有较大的影响，通过测定 0.05 mmol/L（记为 S2）、0.1 mmol/L（记为 S3）以及 0.5 mmol/L（记为 S4）的 3 种不同浓度 TP 的条件下反应体系 ORP 及 pH 的变化情况和 •OH 的量，进一步探究其主要原因。TP=0 为空白对照组（记为 S1）。

如图 14-11（a）所示，在 ORP 的测定中，在最开始的 15 min 阶段 4 组试验的电位都呈现上升状态，这与 Fe^0 析出的 Fe^{2+} 与 H$_2$O$_2$ 发生反应产生 •OH 有关，此时体系主要发生氧化作用。随着反应的进行，S1 由于缺少抗氧化剂的促进作用，自由基的产生量逐渐减少，反应速度也渐趋于稳定。这与前文降解试验显示的效果基本一致。对于添加 TP 的试验组，随着 TP 投加量的增多，氧化还原电位强度也相应增加明显，这表明 TP 投加量的多少的确影响自由基的产生（Yu R F et al.，2014）。然而，在反应进行 1 h 后，过量 TP 试验组 S4 的 ORP 电位呈现明显下降趋势，这反映体系开始有明显的还原作用。结合图 14-11（b）中 pH 的变化趋势可知，S4 的 pH 下降较快，在 1 h 左右 pH 已经降至4.22，而其他试验组的反应体系仍呈弱酸性。这一结果表明 TP 在中性或弱酸性条件下无法为体系创造出明显的还原环境，此时 TP 与铁主要形成螯合结构 Fe-TP。当溶液呈明显酸性时，TP 的脱质子能力减弱，此时螯合结构被破坏，TP 将 Fe^{3+} 还原为 Fe^{2+}，主要表

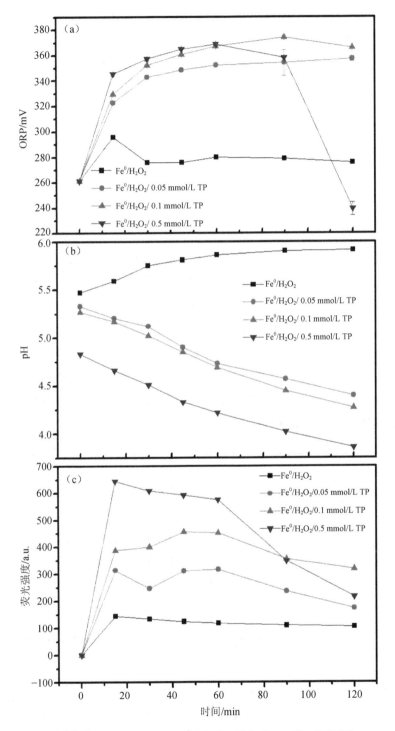

（试验条件：LCM=20 mg/L，Fe⁰=0.5 g/L，H₂O₂=1 mmol/L，T=25℃）

图 14-11　不同 TP 浓度条件下，体系 ORP（a）、pH（b）和·OH（c）的量随时间的变化

现为还原特性。Fe^{2+} 与 Fe^{3+} 之间的相互转换受 pH 和氧化还原电位的影响，原本在中性条件下溶解性不强的 Fe^{3+} 由于与 TP 的螯合作用而表现出了稳定的可溶性。如图 14-11（c）所示，TP 的投加明显促进了•OH 的产生，且•OH 的量随着 TP 投加量的增加而增加。但在反应进行 1 h 后，•OH 含量明显地降低，这反映体系正在快速消耗•OH，发生剧烈的氧化还原反应，该结果与前述 ORP 和 pH 的结果完全对应。

14.2.6 茶多酚促进反应的可能机理

14.2.6.1 螯合机理

为了验证 TP 与铁离子的确形成了螯合结构并且该螯合结构受 pH 影响，我们利用 UV 可见分光光度计对 TP 与铁离子在不同 pH 条件下的螯合状态进行了探究。结果如图 14-12 所示，相较于单纯的 Fe^{3+} 溶液、Fe^{2+} 溶液和 TP 溶液，Fe^{3+}/TP 溶液和 Fe^{2+}/TP 溶液在波长为 580 nm 处出现了一个明显的吸收峰，并且该吸收峰受 pH 的影响较为明显。在 pH 小于 4 的情况下其峰的强度几乎可以忽略，但随着 pH 的升高，强度越来越明显。当 pH 升高至 9 以上，即强碱性条件下，峰强度的增加不明显甚至略有减少。这表明 TP 可在 pH 为 4～9 时与 Fe^{2+}、Fe^{3+} 形成螯合结构 Fe^{2+}-TP、Fe^{3+}-TP，在强酸性条件（pH＜4）时由于 TP 脱质子能力减弱，不易与铁离子形成螯合结构，而在强碱性条件（pH＞9 时），由于溶液中碱性的增强，OH^- 竞争 Fe^{3+} 直接产生沉淀，使得螯合结构不再增多甚至被破坏。这一结果与前面不同浓度 TP 作用下 ORP 与•OH 变化情况的分析结果相互印证。

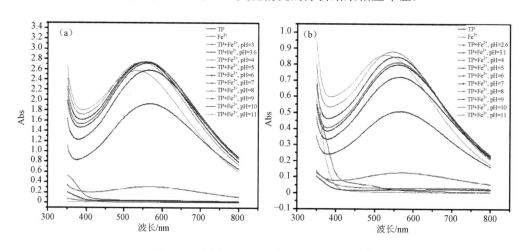

（铁离子、亚铁离子和 TP 的浓度都为 1.0 mmol/L）

图 14-12　不同 pH 条件下 TP 与铁的螯合情况：（a）亚铁离子；（b）铁离子

随后我们对不同浓度 TP 作用下铁的析出量进行探究。图 14-13 的结果表明，随着 TP 的加入，体系内总铁与 Fe^{2+} 的量都得到了明显的增加，且随着 TP 浓度的升高其提高效果越明显。为此，进一步探究不同体系的 pH 变化情况，结果如图 14-14 所示。无论是在超纯水体系中还是在 LCM 污染物体系中，只有 $Fe^0/H_2O_2/TP$ 组合可以明显降低体系的 pH，其中超纯水体系 pH 由 5.23 下降至 4.64，LCM 污染物体系由 5.28 下降到了 4.27。其他组合（如 TP、TP/Fe^0、TP/H_2O_2）的作用基本不改变体系的 pH，Fe^0/H_2O_2 组合由于在反应过程中消耗 H_2O_2 产生 OH^-，其 pH 在两个体系中有一定的上升。两个体系的对比表明了 LCM 的分解不是导致 $Fe^0/H_2O_2/TP$ 体系 pH 降低的原因。图 14-15 的结果显示 TP 在任何体系均会分解，因此也不是单独的 TP 分解带来的 H^+。由此推断，体系在中性条件下发生了如下反应：

$$Fe^{2+}\text{-}TP+H_2O_2 \longrightarrow Fe^{3+}\text{-}TP+OH^-+\bullet OH，k_5 \tag{14-10}$$

$$Fe^{3+}\text{-}TP+H_2O_2 \longrightarrow Fe^{3+}\text{-}TP+\bullet O_2H/\bullet O_2^- +H^+，k_6 \tag{14-11}$$

$$Fe^{3+}\text{-}TP+\bullet O_2^- \longrightarrow Fe^{2+}\text{-}TP+O_2，k_7 \tag{14-12}$$

$$Fe^{3+}\text{-}TP+\bullet O_2H \longrightarrow Fe^{2+}\text{-}TP+O_2 +H^+，k_8 \tag{14-13}$$

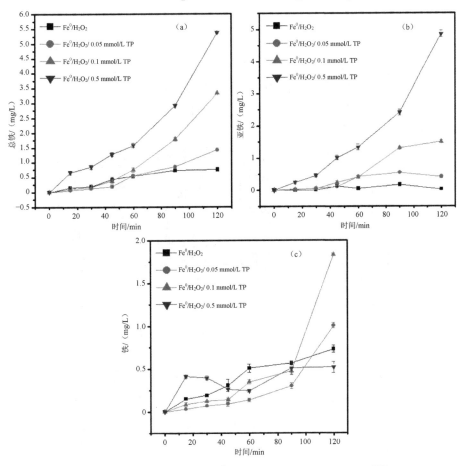

（试验条件：LCM=20 mg/L，Fe^0=0.5 g/L，H_2O_2=1 mmol/L，T=25℃）

图 14-13　不同茶多酚浓度对催化剂的影响：（a）总铁，（b）亚铁离子，（c）铁离子

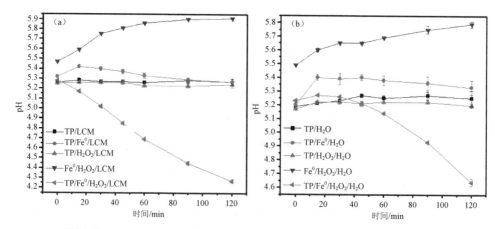

（试验条件：LCM=20 mg/L，Fe^0=0.5 g/L，H_2O_2=1 mmol/L，TP=0.1 mmol/L，T=25℃）

图 14-14　不同体系下 pH 的变化

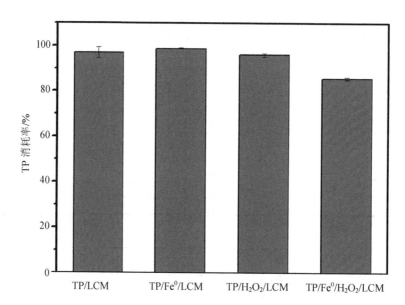

（试验条件：LCM=20 mg/L，Fe^0=0.5 g/L，H_2O_2=1 mmol/L，TP=0.1 mmol/L，T=25℃）

图 14-15　TP 在不同体系下的消耗情况

　　前文自由基的确定试验中也明确了·O_2^-存在于体系中并对降解效果有一定的影响。事实上，·OH 虽然是 LCM 降解的主要原因但其形成的过程非常依赖·O_2^-。其中，由于 TP 与 Fe^{3+}的螯合作用，螯合态 Fe^{3+}-TP 突破了单独 Fe^{3+}在芬顿反应的短板，反应速率常数得到了极大的提升，即 $k_6 > k_2$，因此体系内可以产生大量的·O_2^-和 H^+，进而通过促进铁的析出增强了芬顿反应的效果（Hutcheson et al.，2015；Dong H et al.，2016；Wu D et al.，2016；Lin Z R et al.，2017）。

14.2.6.2　还原机理

前述 ORP 和•OH 的测试结果表明，随着 pH 的降低，$Fe^0/H_2O_2/TP$ 体系的氧化还原状态将会发生改变。随着 pH 的降低，螯合作用逐渐减弱，还原作用逐渐增强，此时体系主要发生如下反应：

$$Fe^{3+}+TP \longrightarrow Fe^{2+}+TP_{ox} \tag{14-14}$$

由图 14-14 可知，$Fe^0/H_2O_2/TP$ 体系随着反应的进行酸性逐渐增强，TP 的强还原性得到了明显的体现。结合前述图 14-13（c）可知，在 $Fe^0/H_2O_2/0.5$ mmol/L TP 条件下 Fe^{3+} 有一个显著的降低过程，这表明了 TP 对 Fe^{3+} 有明显的还原作用。在反应后期 Fe^{3+} 转化为 Fe^{2+} 的速率也相应得到了明显的增强。TP 甚至可以直接将 Fe^{3+} 还原为活性纳米颗粒（如 Fe^0、Fe_3O_4 或者 FeOOH），更进一步促进了体系类芬顿反应的进行（Kuang Y et al.，2013；Huang L et al.，2014；Wei Y et al.，2016）。同时，通过图 14-16 可知，$Fe^0/H_2O_2/TP$ 体系的总铁析出量低于相同 pH 条件下的 Fe^0/H_2O_2 体系，进一步证明了 $Fe^0/H_2O_2/TP$ 体系中存在游离态的铁转化为颗粒铁的行为。

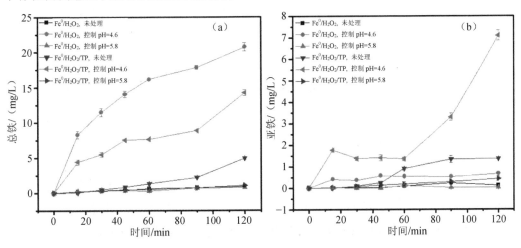

（试验条件：$Fe^0=0.5$ g/L，$H_2O_2=1$ mmol/L，TP=0.1 mmol/L，$T=25℃$）

图 14-16　不同 pH 条件下 TP 对催化剂的影响：（a）总铁；（b）亚铁离子

$Fe^0/H_2O_2/TP$ 体系降解 LCM 过程中，在反应初期，由于溶液呈中性，TP 主要表现为螯合剂。溶液中的 Fe^{3+} 和 Fe^{2+} 与 TP 螯合形成 Fe-TP 螯合物，克服了单独 Fe^{3+} 转化为 Fe^{2+} 的效率低的问题，促进了 Fe^{3+}/Fe^{2+} 的相互转化，同时产生的氢离子降低了整个溶液的 pH，有利于反应前期铁的适量析出，加快体系反应速率。如图 14-17 所示，随着体系 pH 的降低，TP 的螯合作用逐渐减弱，与此同时，还原作用逐渐增强。TP 不再维持与铁的螯合状态，而是通过其自身的强还原性将 Fe^{3+} 还原为 Fe^{2+} 甚至是活性纳米颗粒（Hoag G E et al.，2009；Shahwan et al.，2011；Trotte et al.，2016）。

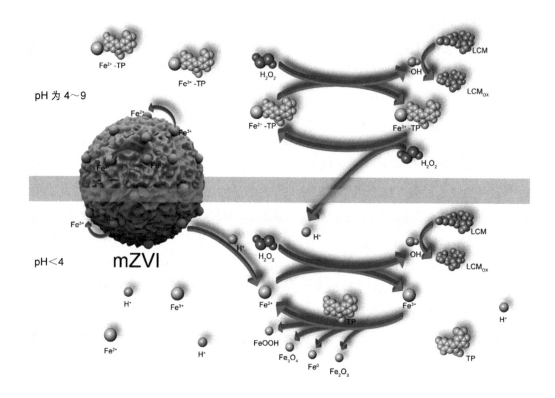

图 14-17　反应机理

14.2.7　林可霉素的降解途径

通过液相-飞行时间质谱联用仪（UPLC-QTOFMS），对 LCM 的降解产物进行鉴定。LCM 主要是由吡咯烷环、酰胺、吡喃糖环 3 个主要部分组成。此次一共鉴别出 11 种中间产物，由表 14-2 和图 14-18 可知，本降解体系下 LCM 的破坏位点主要发生在吡咯烷环和吡喃糖环上，主要发生去甲基化反应、加氧氧化作用以及去硫甲基作用。但是，结合 TOC 测定表明，体系未能对 LCM 进行有效的矿化作用。

表 14-2　LCM 降解中间产物信息

中间产物	时间/min	试验（m/z）	参考文献（m/z）	TQD MS^2 产物（m/z）	与 LCM 的差异	结构式推测	结构推测	参考文献
LCM	8.977	405.208 4	406	325 267		$C_{18}H_{34}N_2O_6S$		Gao B et al.，2016

中间产物	时间/min	试验（*m/z*）	参考文献（*m/z*）	TQD MS² 产物	与 LCM 的差异	结构式推测	结构推测	参考文献
N1	5.942	392.198 1	393	345 112	-C 2H	$C_{17}H_{32}N_2O_6S$		Hu L et al.，2011
N2	6.721	422.208 8	423	359 277 127	+O	$C_{18}H_{34}N_2O_7S$		Hu L et al.，2011
N3	7.633	316.199 6	316	174 126	-3C 6H O S	$C_{15}H_{28}N_2O_5$		Calza P et al.，2012
N4	9.805	391.190 8	390	328 214	-O	$C_{18}H_{34}N_2O_5S$		Hu L et al.，2011
N5	5.948	346.210 8	346	204 126	-2C 4H S	$C_{16}H_{30}N_2O_6$		Gao B et al.，2016
N6	7.450	438.203 7	439	359 126	+2O	$C_{18}H_{34}N_2O_8S$		Hu L et al.，2011
N7	3.519	421.200 9	421	373 140	-2H +O	$C_{18}H_{32}N_2O_7S$		Hu L et al.，2011
N8	11.852	256.199 9	256	17 471	-5C10H3OS	$C_{13}H_{24}N_2O_3$		Gao B et al.，2016
N9	9.599	344.201 9	344	328 196	-C 2H O S	$C_{17}H_{32}N_2O_5$		Gao B et al.，2016
N10	8.342	238.169 1	238	216 212	-5C 12H 4OS	$C_{13}H_{22}N_2O_2$		Gao B et al.，2016

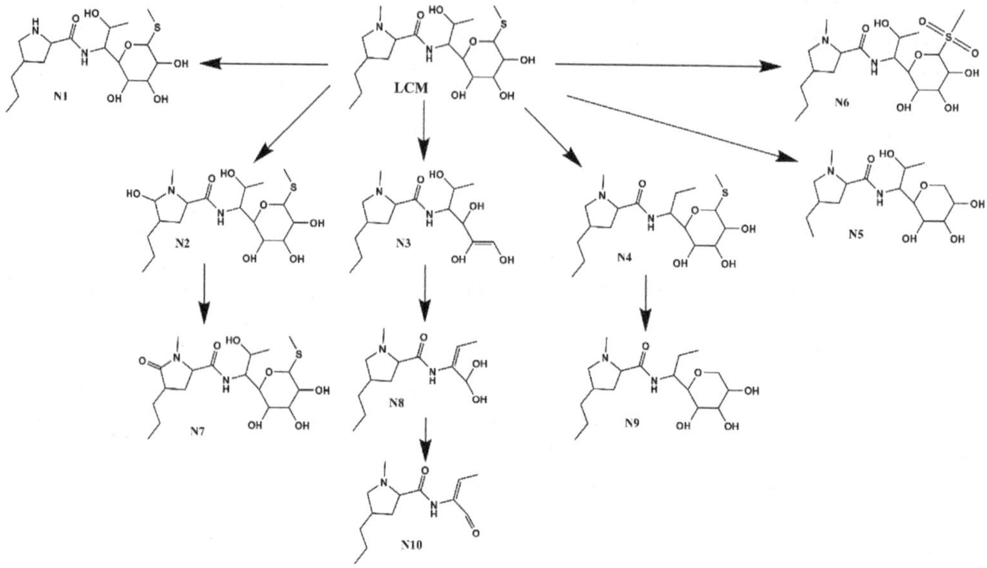

图 14-18　LCM 在 Fe^0/H$_2$O$_2$/TP 体系的降解路径

14.2.8　小结

本书利用茶多酚（TP）促进类芬顿体系降解林可霉素（LCM）。相对于传统的类芬顿体系来说，其降解率得到了明显的促进。Fe^0、H$_2$O$_2$ 和 TP 的剂量能显著影响 LCM 的降解效果，0.5 g/L Fe^0 和 1 mmol/L H$_2$O$_2$ 以及 0.1 mmol/L TP 是去除 20 mg/L LCM 的最佳剂量。根据反应体系中 pH 的变化，发现在不同的 pH 条件下 TP 分别利用其螯合性和还原性促进了铁循环，首次较完整地解释了 TP 在类芬顿反应中的重要作用。其中，TP 在 pH 为 4～9 的条件下与 Fe^{3+} 螯合，促进了 Fe^{3+}-TP 向 Fe^{2+}-TP 的转化，减少了铁泥的产生。同时，体系 pH 得到了下降，TP 的还原作用逐渐占主导，将 Fe^{3+} 还原为了 Fe^{2+} 甚至是纳米铁颗粒。本部分的研究对多酚类化合物的研究及抗生素等难降解有机物的降解研究具有重要的参考价值。

14.3　茶多酚绿色合成铁基材料及其降解林可霉素的研究

14.3.1　研究背景

为提高铁基材料类芬顿反应的催化性能，研究报道中多以化学试剂合成出纳米级等超细粒径铁基材料（Yin W et al.，2017；Yang Z et al.，2018b）。然而在制备这些超细铁基催化材料过程中会产生二次污染，制约着铁基材料类芬顿反应降解抗生素的工程化应用（Barnes et al.，2010；Stefaniuk et al.，2016）。

绿色合成技术是利用植物提取液（红茶、绿茶、桉树叶、葡萄等）与 Fe^{3+} 或 Fe^{2+} 反应，将 Fe^{3+}/Fe^{2+} 还原为所需要的纳米颗粒（Hoag G E et al.，2009；Wang T et al.，2014a）。该技术不同于其他制备方法中需要添加有毒还原物或者高温、高压及其他能量输出，适于在未来进行大规模推广（Kharissova et al.，2013；Machado et al.，2014；Wei Y et al.，2016）。然而，现有的研究主要集中在绿色合成材料本身的制备上，其应用可行性研究较少，已有报道的绿色合成材料降解污染物研究，所需的投加量通常较高，投加量范围集中在 0.5～2 g/L，过高的投加量导致的制备成本问题是应用推广最大的问题（Shahwan et al.，2011；Carvalho et al.，2017）。并且，由于其制备过程不完全可控，已有报道的产物中存在较多不可分离的、无作用的物质，由于这些材料本质上是纳米级颗粒，仍然存在影响自然界生态健康的风险（Iravani et al.，2011）。

天然提取液的还原能力是绿色合成反应的关键（Wei Y et al.，2017）。目前已证明多酚类、黄酮类及有机酸类物质是有效的天然还原剂，其中，多酚类物质的还原能力最强（Stefaniuk et al.，2016；Su C et al.，2017）。在上一节中已经发现 TP 在促进剂类芬顿反应过程中可以将 Fe^{3+} 还原为铁基纳米颗粒，本书模拟 TP 与 Fe^{3+} 在类芬顿体系中的作用情景，在不外加温度、压力及其他能量的温和的材料制备环境下，绿色合成类芬顿催化剂复合材料（命名为 GFe0.5），并对制备工艺及材料的降解效果和形貌特征等进行了研究。

14.3.2　研究方法

（1）林可霉素降解试验

各变量条件为 GFe0.5=0.01 g/L、H_2O_2=1 mmol/L，于摇床中（转速 200 r/min，温度 25℃）加入 H_2O_2 后开始计时反应，分别在 10 min、20 min、30 min、45 min、60 min、90 min 时间点取样过 0.22 μm 尼龙膜待测。LCM 溶液初始 pH=5.8，加入催化材料 GFe0.5 后 pH=4.8。试验重复 3 次。

（2）分析方法

①林可霉素的分析方法同 14.2.2 节

②发光细菌测生物毒性试验：明亮发光杆菌 T_3 在 330 nm 激发时在 440 nm 附近具有强烈的荧光发射。可用荧光分光光度计检测。典型的过程为，将 0.3g NaCl 加至 10 mL 待测样品中，每组待测液取 2 mL 至小试管中并加入 10 μL 已复苏的发光细菌，摇匀，15 min 后测其上清液荧光发光强度。

14.3.3 类芬顿催化剂 GFe0.5 的制备和表征

（1）GFe0.5 的制备

4 mol/L 的 TP 溶液和 4 mol/L 的 $FeCl_3$ 溶液按照 1∶2 的体积比混合，利用摇床振荡 30 min。取出固体后冷冻干燥处理，即可得所需材料 GFe0.5。

（2）GFe0.5 的表征

材料表面形貌采用扫描电镜（TEM，Hitachi S-3700N）进行观察，表面官能团类型用傅里叶红外光谱仪（FT-IR，HORIBA EMAX，Japan）进行分析。材料表面元素价态分析采用 X 射线光电子能谱仪（XPS，ESCALAB 250，Thermo-VG Scientific，USA）进行分析。材料的物相结构则采用 XRD-6000 型 X 射线衍射仪（日本，Shimadzu 公司）进行分析，数据采集后使用 X 射线衍射分析软件 Jade6.0 处理及结合标准卡片进行物相检索和分析。

根据材料的 TEM 照片（图 14-19）可知，GFe0.5 呈现明显的类三角形结构，尺寸在 300～600 nm。进一步地，利用 STEM-mapping 对材料中的各元素构成与分布进行初步的探究，图 14-19（c～f）的结果表明，材料 GFe0.5 中主要存在 Fe、C、O、N 4 种元素，且均匀分布在材料的表面。由 XRD 谱图［图 14-20（a）］可知，在 2θ 为 10°～90° 的范围内存在多个明显的特征衍射峰，通过与标准卡片进行对比，可初步判断物质中存在九羰基二铁和氯化亚铁结构的物质。这表明了材料在制备过程中 TP 并未将 Fe^{3+} 完全还原

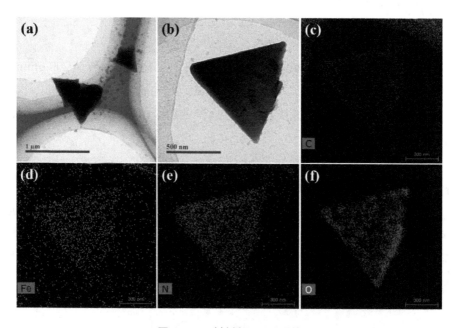

图 14-19 材料的 TEM 照片

为零价铁，仅进行部分的还原，材料主要含有 Fe^{2+} 和 Fe^{3+}。在不同摩尔比制备过程中，低摩尔比的材料易吸水潮解与氯化亚铁的存在相关（Tagirov et al.，2000）。同时，材料的稳定也证明了该材料的组成中氯化亚铁所占的比例不大。文献表明，九羰基二铁这类金属原子簇物质极易组合构成类三角形结构，这与 TEM 的结果相互印证（Rai A et al.，2006；Brown et al.，2015；Chakraborty et al.，2017）。

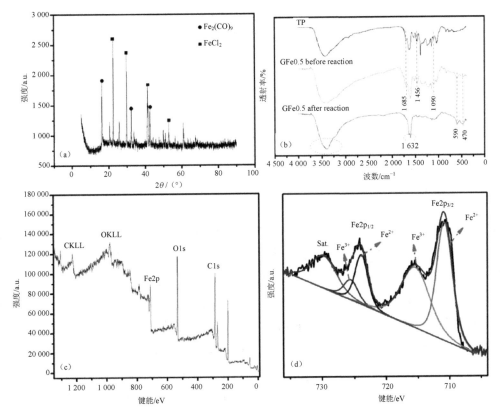

图 14-20　GFe0.5 表征图：（a）XRD；（b）FT-IR；（c）XPS；（d）Fe 2p XPS

　　红外表征可确定材料附有的化学官能团的振动特征，从而进一步判断材料可能的形貌和机理原因。图 14-20（b）即为 TP 及使用前后的 GFe0.5 在 400~4 000 cm^{-1} 范围内扫描的红外光谱图。在该红外谱图中，3 400 cm^{-1} 附近可能是—OH 的伸缩振动峰，主要归因于材料表面水分的存在（Issaabadi et al.，2017）。TP 与使用前的 GFe0.5 的红外谱图相比极为相似，这是由于在材料表面附着有大量 TP 分解后的基团甚至是完整的 TP 分子。在 TP 和 GFe0.5 的红外谱图中，1 685 cm^{-1} 附近可能是—OH 的伸缩振动峰，这主要是由于 TP 分子上存在—OH（Issaabadi et al.，2017）。1 456 cm^{-1} 可能是由于—NH 的弯曲振动引起的（Jamdagni et al.，2018），而 1 090 cm^{-1} 主要是 C—O—C 的伸缩振动引起的（Wang T et al.，2014b），这三者都存在于 TP 中，表明 TP 中的官能团对于 GFe0.5

的相关性能可能具有较大的影响。而对于材料 GFe0.5，不论使用前后，在 590 cm^{-1} 和 470 cm^{-1} 附近都出现了 Fe—O 的特征峰，表明了材料中可能存在铁氧化物或铁与有机物中的氧进行了螯合（Wang T et al.，2014b；Mady et al.，2017）。在材料使用后，主要基团的特征峰都已消失，在 1 632 cm^{-1} 处出现了新的特征峰，对应于 C＝O，这表明功能基团已不再附着在材料表面。

我们利用 XPS 表征分析进一步确定了材料 GFe0.5 中的元素组成和 Fe 的元素价态。由图 14-20（c）可知，GFe0.5 中有 C、O、Fe 等元素。在 Fe 2p 的谱图［图 14-20（d）］中，710 eV 和 724 eV 处出现的峰反映 Fe^{2+} 的存在，716 eV 和 726 eV 处的峰则证实 Fe^{3+} 的存在，这说明 Fe^{2+} 和 Fe^{3+} 是共存于材料表面（Xu L et al.，2012；Qu B et al.，2016）。根据先前文献报道，通过 Fe 2p$_{1/2}$ 和 Fe 2p$_{3/2}$ 自旋轨道相应 XPS 图谱可以估算出材料表面含铁物质中 Fe^{2+} 和 Fe^{3+} 的比例（Xia Q et al.，2018），则根据积分所得的峰面积，我们最终确定 Fe^{2+} 与 Fe^{3+} 的比例为 3：2。

14.3.4 材料的催化效果

为了证明催化剂的优异催化性能，选择不同的体系进行对比，结果如图 14-21（a）所示。单独的 GFe0.5 对污染物无明显的吸附效果，90 min 最终去除率为 12.5%左右，与 TP/H$_2$O$_2$ 体系的最终降解率相似，而 Fe^{3+}/H$_2$O$_2$ 体系由于 Fe^{3+} 的存在初始 pH 达到了 3.7，Fe^{3+} 可以与 H$_2$O$_2$ 反应生成 Fe^{2+}，进而实现芬顿反应的进行，故该体系最终也能部分降解 LCM，最终降解率为 30%。再添加 TP 后，由于 TP 的还原能力使 Fe^{3+} 部分还原为 Fe^{2+}，Fe^{3+}/TP/H$_2$O$_2$ 体系的最终降解率达到 75%左右。值得注意的是，GFe0.5/H$_2$O$_2$ 体系的最终降解率为 93.85%，高于传统芬顿体系 Fe^{2+}/H$_2$O$_2$ 的降解率（70%），略低于 Fe^{2+}/TP/H$_2$O$_2$ 体系，后者在反应开始 10 min 内降解效果就达到了 90%以上，并在 30 min 内将目标污染物降解完全。均相芬顿体系因其不耐 pH 的冲击，在实际应用上具有一定的局限性。

我们将 Fe^{2+}/TP/H$_2$O$_2$ 体系、Fe^{3+}/TP/H$_2$O$_2$ 体系和 GFe0.5/H$_2$O$_2$ 体系应用于 pH 为 5.8 和 8.5 的缓冲溶液中降解 LCM，以此判断 pH 对 3 种体系的影响。从图 14-21（b）可知，在 pH=5.8 的缓冲体系中，GFe0.5/H$_2$O$_2$ 体系所受的影响较其他两组较小，最终降解率可达到 34%左右，而均相体系 Fe^{2+}/TP/H$_2$O$_2$ 和 Fe^{3+}/TP/H$_2$O$_2$ 体系分别只有 22%和 7.5%。当体系在 pH=8.5 的缓冲溶液中，3 个体系的降解率均只有 8%～12%。由此可知，材料 GFe0.5 具有优异的催化性能，且相对于直接投加 TP 和 Fe^{3+}、H$_2$O$_2$ 而言，表现出了 1+1 大于 2 的效果。

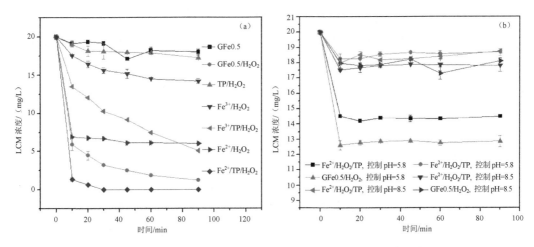

（试验条件：LCM=20 mg/L，GFe0.5=0.01 g/L，H₂O₂=1 mmol/L，TP=0.1 mmol/L，Fe²⁺=Fe³⁺=1.6 mg/L，T=25℃）

图 14-21　不同体系及 pH 对降解率的影响：（a）体系试验，（b）pH 缓冲试验

在材料的合成过程中，TP 溶液与 Fe^{3+} 溶液的体积比具有重要的影响。我们采用了 TP 溶液与 Fe^{3+} 溶液体积比分别为 1∶4、1∶2 和 1∶1 3 种制备条件来进行探究，所合成的材料分别命名为 GFe0.25、GFe0.5 和 GFe1.0。3 种材料的降解效果如图 14-22（a）所示，3 种材料充当非均相类芬顿反应的催化剂均能有效地降解 LCM，其中 GFe0.25/H₂O₂ 体系下 90 min 的最终降解率为 84.35%，略小于 GFe0.5/H₂O₂ 体系和 GFe1.0/H₂O₂ 体系下的 93.85%、95.45%。然而，GFe0.25 暴露在空气中较易吸水潮解，其中的原因在后文有所提及。因此，我们最终选定 1∶2 的 TP 溶液与 Fe^{3+} 溶液体积比作为我们的材料最佳制备条件合成材料 GFe0.5。

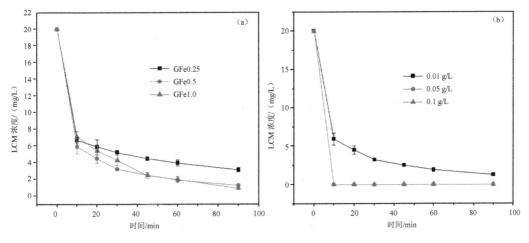

（试验条件：LCM=20 mg/L，H₂O₂=1 mmol/L，T=25℃）

图 14-22　不同的体积比与投加量对降解率的影响：（a）不同体积比的探究；（b）不同投加量的探究

已经证明了 GFe0.5 对协助 H_2O_2 降解 LCM 具有一定的作用。如图 14-22（b）所示，当投加量为 0.01 g/L 时，在 90 min 内的降解率达 93.85%，提高催化剂的量为 0.05 g/L 和 0.1 g/L 后，LCM 在最初的 10 min 内即得到了完全的降解，这充分体现了合成材料 GFe0.5 的优异催化性能。从研究的目的出发，我们最终确定 GFe0.5 的初始投加量为 0.01 g/L。

14.3.5　降解机理探究

为了探究反应体系中主要的作用机制，分别采用硫代巴比妥酸（TBA）和超氧化物歧化酶（SOD）作自由基捕获剂进行研究，前者作用于•OH，后者作用于•O_2^-。试验结果如图 14-23（a）所示，TBA 试验组的降解效果得到了极大的抑制，90 min 降解率只有 25%左右，而 SOD 则对 LCM 的最终降解率基本不造成影响，这表明了•OH 在本体系中起主要作用。然而，在反应中途阶段，SOD 试验组的降解效果始终较空白组来说有明显的抑制作用，这表明•O_2^-的确也在体系中发挥着重要的作用。

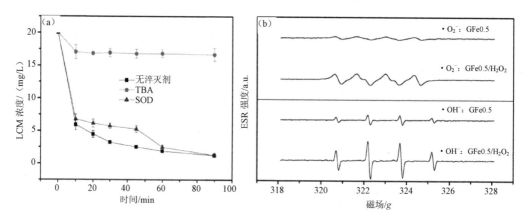

（试验条件：LCM=20 mg/L，GFe0.5=0.01 g/L，H_2O_2=1 mmol/L，T=25℃）

图 14-23　（a）自由基捕获试验；（b）ESR

为了进一步确定•OH 和•O_2^-两种自由基的存在，我们利用 ESR 对自由基的种类再次分析。与前面的试验结果一致，图 14-23（b）中出现了信号强度比为 1：2：2：1 的•OH 特征峰和 1：1：1：1 的•O_2^-特征峰，由此正式确定两种自由基在反应体系中的存在(Cao J et al.，2019)。已知材料本身含有少量的自由基，这可能与茶多酚分解后所带来的•OH 和•O_2^-还残留在材料表面相关。加入 H_2O_2 后 Fe^{3+} 和 Fe^{2+} 在芬顿体系中主要发生如下反应：

$$Fe^{2+}+H_2O_2 \longrightarrow Fe^{3+}+OH^-+ \cdot OH, \quad k_1=40\sim80 \text{ L/（mol·s）} \tag{14-15}$$

$$Fe^{3+}+H_2O_2 \longrightarrow Fe^{3+}+ \cdot O_2H/ \cdot O_2^-+H^+, \quad k_2=0.01 \text{ L/（mol·s）} \tag{14-16}$$

$$Fe^{3+}+ \cdot O_2^- \longrightarrow Fe^{2+}+O_2, \quad k_3=1.4\times10^5 \text{ L/（mol·s）} \tag{14-17}$$

$$Fe^{3+}+ \cdot O_2H \longrightarrow Fe^{2+}+O_2 +H^+, \quad k_4=（0.33\sim2.1）\times10^6 \text{ L/（mol·s）} \tag{14-18}$$

　　其中，由于反应式（11-15）、式（11-16）的存在，使得 ESR 结果中两种自由基对应的峰值都有了较大的提高。在上一部分中已经证明了材料表面含有一定数量的 Fe^{2+} 与 Fe^{3+}，而在自由基捕获试验中可知，在第一个 10 min 内，SOD 试验组与空白组的效果差不多一致，而 TBA 组则从一开始即表现出了强烈的受抑制现象。这可能归因于在反应的最开始阶段，体系主要是依靠材料表面的 Fe^{2+} 与 H_2O_2 反应产生 $\cdot OH$ 而降解污染物。随着反应的进行，表面的 Fe^{2+} 逐渐消耗，Fe^{3+} 与 H_2O_2 缓慢反应生成 Fe^{2+}，对体系进行辅助的作用凸显出来，从而在反应的中间时期 $\cdot O_2^-$ 的存在对整个降解体系有较大的影响。到了反应后期，$\cdot O_2^-$ 的作用再次成为次要，体系发生了新的改变。

14.3.6　材料的稳定性

　　材料的回收试验可以很好地验证材料的稳定性。如图 14-24 所示，我们对 GFe0.5 进行了 5 次重复利用试验结果表明，在材料的第 2 次循环试验中，相较于第 1 次，降解率由 94% 下降至 40%，而在其后的 3 次循环中也仅维持在 30% 左右，这可能与材料表面的 Fe^{2+} 和 Fe^{3+} 在回收过程中已流失相关。ICP 测试结果很好地印证了这一点，材料中铁的总量理论值和实测值相接近（1.6 mg/L），而 5 次循环试验中均存在铁析出现象，其中第 1 次循环试验后的析出量最大，达到了 0.55 mg/L，其后的析出量基本维持在 0.1 mg/L 以下，反应体系中的铁的流失较少是循环试验效率降低的主要原因。另外，根据循环试验中铁的析出结果，我们可以看出铁在材料中的析出是可控的，这可能是由于材料本身的三角形面结构对铁起到了一个较好的保护作用。随着反应的进行，结构逐渐被破坏，从而铁析出至溶液中，这也正是捕获试验中 SOD 试验组在反应后期降解速率加快的原因。我们对循环使用后的材料再次进行 XRD 表征，如图 14-25 所示，其结果表明材料已变成了无定形结构，证明了原本的晶型结构已经被破坏。

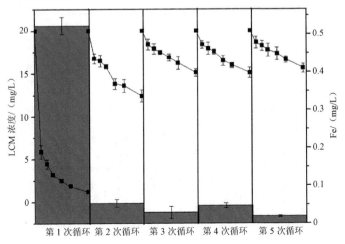

图 14-24　循环回收试验

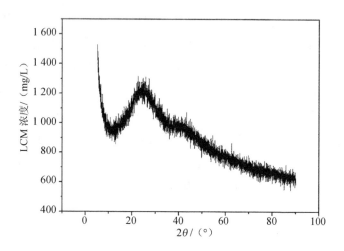

图 14-25　GFe0.5 使用后的 XRD 图

14.3.7　生物毒性试验

　　破坏抗生素等有机污染物的抑菌能力从而降低其生物毒性是我们制备材料的主要目的。为此利用发光细菌法对体系的毒性进行探究（Wang W et al.，2016）。如图 14-26 所示，相较于空白组，LCM、H_2O_2 和 GFe0.5 都对细菌产生了一定程度的抑制作用，而在 GFe0.5/H_2O_2/LCM 体系中，细菌的存活情况远优于其他试验组，这很好地证明了 GFe0.5/H_2O_2 体系可以有效破坏 LCM 的抑制结构，降低环境中潜在的生物毒性风险。其中，试验组 GFe0.5/H_2O_2/LCM 体系的细菌存活情况甚至优于空白组，这可能是由于 LCM 和材料 GFe0.5 本身所含有的有机物分解后进一步成为细菌的碳源和氮源，促进了细菌的生长（Qiu X et al.，2013）。

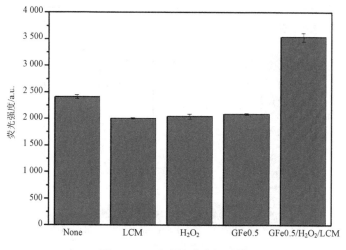

图 14-26　发光细菌毒性试验

14.3.8　小结

本节利用茶多酚（TP）和三氯化铁绿色合成材料作为类芬顿反应催化剂降解林可霉素（LCM）。结果表明：

①材料 GFe0.5 在投加量为 0.01 g/L 时已经能够很好地催化 H_2O_2 分解产生·OH 降解目标污染物 LCM，GFe0.5/H_2O_2 体系的 90 min 最终降解率达到了 94%，相比较于其他体系有很大的优势。

②通过材料表征可得，材料主要是由类似三角形面的九羰基二铁及氯化亚铁、铁氧化物以及其他附在材料表面的 Fe^{2+}、Fe^{3+} 和 TP 分解后的有机基团等组成。材料在制备过程中的摩尔比是决定复合材料中九羰基二铁和氯化亚铁等物质含量比的关键因素。

③毒性试验表明了 GFe0.5/H_2O_2 体系可以有效降低抗生素的生物毒性。在反应前期，体系主要依靠材料表面的 Fe^{2+} 与 H_2O_2 反应促进降解作用，而随着反应的进行，表面 Fe^{2+} 逐渐被消耗，类九羰基二铁形结构及其他铁氧化物形态被破坏，结合态的铁转化为游离态，再次对体系芬顿反应进行促进，从而达到最佳的降解效果。相比较于传统芬顿体系，其减少了 Fe^{2+} 在反应前期的无用消耗，使得 Fe^{2+} 充分得到了利用，整个体系在反应过程中得到了一定的控制。

14.4　不同促进剂对类芬顿反应的作用机制的对比研究

14.4.1　研究方法

在前面的研究中，通过 TP 促进类芬顿反应降解 LCM 的试验，证明了 pH 自驱动下的螯合和还原是该类促进剂的主要作用机理。同时，TP 在还原 Fe^{3+} 的过程中铁由游离态转变成了结合态，形成了铁基材料，保护了反应中心，避免了铁的浪费。目前，研究者主要是利用多酚类（Bu L et al., 2017）、聚羧酸盐类（Wang F F et al., 2016）、氨基多羧酸类（Huang W et al., 2013）以及多聚磷酸类（Wang L et al., 2014）等作为促进剂来辅助类芬顿反应去除目标污染物，有关于其机理、反应途径的解释不尽相同。在类芬顿技术的进一步实际应用前，综合分析促进剂的作用机制是非常有必要的。本书选择草酸（OA）、乙二胺四乙酸二钠（EDTA）、盐酸羟胺（HA）、三聚磷酸钠（TPP）、抗坏血酸（AA）以及茶多酚（TP）作为类芬顿体系的促进剂，通过对比降解污染物效果、pH 的变化、铁的析出量以及抗氧化能力和螯合能力等，综合分析促进剂的作用机制。

（1）降解试验

各变量条件为 Fe^0=0.5 g/L、H_2O_2=1 mmol/L、促进剂=0.1 mmol/L，于摇床中（转速 200 r/min，温度 25℃）加入 H_2O_2 后开始计时反应，分别在 10 min、20 min、30 min、45 min、60 min、90 min 时间点取样过 0.22 μm 尼龙膜待测。LCM 溶液初始 pH 为 5.8。试验重复 3 次。

（2）螯合能力对比试验

①配制铁标准贮备液：准确称量 0.702 0 g 六水合硫酸亚铁铵固体，溶于 50 mL（1+1）硫酸中，转移至 1 000 mL 容量瓶中，去离子水定容至标线，即配得铁含量为 100 μg/mL（对应浓度 2.55×10^{-4} mol/L）的铁标准贮备液，置于避光处备用。

②工作溶液配制：分别准确称取 OA 0.016 1 g、AA 0.022 5 g、TP 0.035 9 g、HA 0.008 9 g、TPP 0.046 9 g，用去离子水溶解定容至 100 mL，即配得 2.55×10^{-4} mol/L 的配离子溶液。称量乙二胺四乙酸二钠 0.042 9 g，去离子水溶解定容至 1 000 mL，配制得 1.275×10^{-4} mol/L EDTA 溶液。取 10 mL 30%H_2O_2，去离子水稀释定容至 100 mL，配制得 10 mmol/L H_2O_2 溶液。称量 10 g 水杨酸，去离子水溶解定容至 100 mL，配制得 100 g/L 水杨酸溶液。取 10 mL 盐酸，用去离子水稀释定容至 100 mL，配制得 1.2 mol/L 盐酸溶液。取 2 mL 铁标准贮备液、3 mL 配离子溶液、3 滴 H_2O_2 溶液、2 滴水杨酸溶液、5 滴盐酸溶液，混合摇匀，以 EDTA 溶液滴定至溶液由紫红色变淡黄色。按照滴定各组所消耗 EDTA 溶液的体积分析对比出各物质与铁离子的螯合能力，每组做一个平行。

（3）分析方法

①抗氧化能力的分析方法：抗氧化能力采用铁离子还原/抗氧化能力分析法（Ferric Reducing /Antioxidant Power，FRAP）进行测定。FRAP 溶液由 0.3 mol/L 的醋酸钠缓冲溶液、10 mmol/L 的 TPTZ 溶液和 20 mmol/L 的 $FeCl_3$ 溶液以 10：1：1 的体积比混匀配制而成。取 0.2 mL0.1 mmol/L 的待测液至比色管中，再加入 37℃预热的 FRAP 工作液 6 mL，然后加入 0.6 mL 蒸馏水，混匀后 37℃水浴加热反应 10 min，于 593 nm 处测吸光度。定量的待测液加入 FRAP 工作液后 37℃水浴加热反应 10 min，于 593 nm 处测吸光度。

②林可霉素的分析方法同 14.2.2 节。

14.4.2　不同类芬顿促进剂体系对降解效果的影响

不同促进剂对各体系降解 LCM 效果的影响研究结果如图 14-27 所示，相对于空白组，6 种促进剂在作用于 Fe^0/H_2O_2 体系降解 LCM 方面主要表现出 3 种不同的效果。其中，OA、HA 和 AA 具有非常明显的促进效果，90 min 内的降解率几乎都达到了 100%，Fe^0/H_2O_2/OA 体系甚至在 45 min 内就已经将目标污染物降解完毕。Fe^0/H_2O_2/TP 体系的降解效果虽然不及前面 3 种促进剂体系效果明显，但是在 90 min 内降解率也达到了 98.85%。EDTA 和 TPP 则表现出了一定的抑制作用，对比空白组，其降解率分别下降了 46.93% 和 65.62%。不同促进剂的促进效果从强到弱依次为 OA、AA、HA、TP、空白、EDTA、TPP。

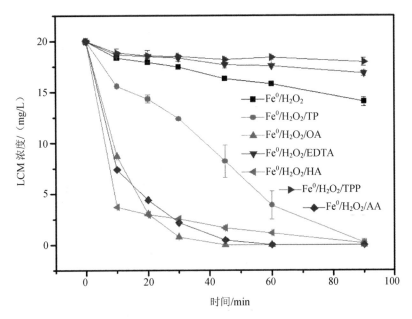

（LCM=20 mg/L，Fe^0=0.5 g/L，H_2O_2=1 mmol/L，促进剂为 0.1 mmol/L，T=25℃）

图 14-27　不同促进剂对体系降解效果的影响

芬顿反应的决定因素为 Fe^{2+} 和 H_2O_2。其中，当 H_2O_2 的量一定时，Fe^{2+} 数量越多，芬顿反应越剧烈，产生 •OH 降解污染物的效果也就越明显。由此，本书从 Fe^{2+} 的角度出发，对不同类芬顿促进剂的促进机理产生了如下 4 个猜想：①促进剂的加入改变了体系的酸碱度，从而使得类芬顿体系处于一个相对适合芬顿反应进行的 pH 范围（2～4）内；②促进剂的加入促进了铁的析出；③促进剂具有一定的还原作用，能将芬顿体系中较难利用的 Fe^{3+} 还原为 Fe^{2+}；④促进剂通过与铁离子进行螯合从而避免了铁的沉淀，提高了铁的利用率。充分探究 6 种类芬顿促进剂的促进机理，是接下来研究的重点。

14.4.3　不同类芬顿促进剂体系对羟基自由基、ORP 的影响

•OH 被认为是芬顿体系中破坏目标污染物的最主要成分。本书将异丙醇这一典型的 •OH 捕获剂引入试验体系，与不加捕获剂的空白组进行对比，结果如图 12-28 所示。除了 TPP，其他试验组在加入异丙醇后，降解效果都得到了极大的抑制。其中，原本降解效果较好的 TP、OA、HA 和 AA 4 种促进剂体系的受抑制效果最明显，相比空白对照组，

降解效果分别下降了74.08%、66.02%、76.66%和74.75%。由此，可以确定•OH在体系中发挥了主要作用。

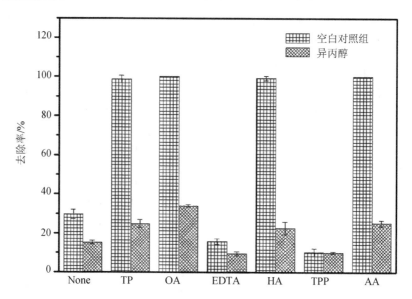

图14-28   羟基自由基捕获剂对不同体系降解效果的影响

本书利用电子顺磁共振（ESR）分析对比体系的•OH的产生量，结果如图14-29（a）所示。明显地，OA、HA和AA作用下的类芬顿体系强于其他体系，而$Fe^0/H_2O_2/TP$体系弱于前三者但显著强于EDTA、TPP与空白对照组，这也与降解反应的结果一致。ORP测试被用于探究体系内的氧化还原状态及强弱。如图14-29（b）所示，$Fe^0/H_2O_2/OA$体系、$Fe^0/H_2O_2/HA$体系和$Fe^0/H_2O_2/AA$体系由于芬顿反应较强，强氧化性物质如•OH的

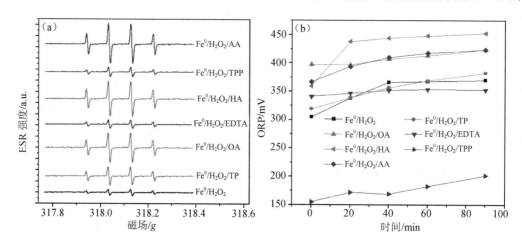

（反应条件：Fe^0=0.5 g/L，H_2O_2=1 mmol/L，促进剂为0.1 mmol/L，T=25℃）

图14-29   不同促进剂对体系•OH与ORP的影响：（a）•OH；（b）ORP

数量较多，其表现出了较强的氧化状态。EDTA 与空白对照组基本一致，这也与 ESR 的结果相符。前面章节中已经证明了 TP 具有强还原性，即使 TP 体系的 ORP 不高，但仍处于一个较好的水平。TPP 体系由于 pH 过高导致了其 ORP 相比较于其他试验组低了很多，有关 pH 的结论在后文展开探究。

14.4.4　不同促进剂对 pH 的影响

pH 对于芬顿反应的影响非常重要。pH 对不同促进剂对体系影响的探究结果如图 14-30 所示。由于促进剂本身具有一定的理化性质，在加入反应体系后势必对体系溶液的初始 pH 带来一定的影响。试验结果很好地印证了这一点，在加入不同的促进剂后，OA、HA、AA 和 TPP 对体系初始 pH 的影响较为明显。其中，随着 OA、HA、AA 的加入，类芬顿体系从一开始就呈现出了明显的酸性状态，3 个体系的初始 pH 分别为 3.91、3.80 和 4.40。而 $Fe^0/H_2O_2/TPP$ 体系从一开始就呈现出明显的偏碱性特征，在整个反应过程中 pH 一直在 8.5 以上，同时这也是其体系 ORP 过低的主要原因。$Fe^0/H_2O_2/TP$ 体系在整个反应过程中并没有太大的变化，一直维持在 5～5.1。TP 的加入并没有明显改变类芬顿反应的初始 pH，但是随着反应的进行，体系自调控产生了 H^+ 离子，pH 逐渐下降至 4.4。

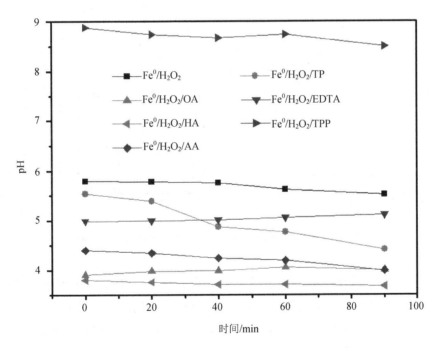

（LCM=20 mg/L，Fe^0=0.5 g/L，H_2O_2=1 mmol/L，促进剂为 0.1 mmol/L，T=25℃）

图 14-30　不同促进剂对体系 pH 的影响

为了证明 pH 与降解效果的关系，以 OA、HA、AA 3 种明显使反应体系呈酸性的促进剂作为研究对象，探究其投加量对 pH 及降解效果的影响，结果如图 14-31 所示。其中，图 14-31（d）清晰表明了随着这 3 种促进剂的投加量的增加，类芬顿体系的初始 pH 呈现出明显的下降趋势。通过引入对目标污染物的降解效果这一个指标，图 14-31（a）、图 14-31（b）、图 14-31（c）可得随着促进剂的投加量的增加，LCM 的降解效果得到了明显的增强。可以初步判定 OA、HA、AA 促进类芬顿降解效果增强的原因之一是降低了体系的 pH。利用稀盐酸调节 Fe^0/H_2O_2 体系 pH 到 4.0 后，其降解率反而优于添加了促进剂的 3 个体系，这个现象的原因将在后文得到进一步的阐述。

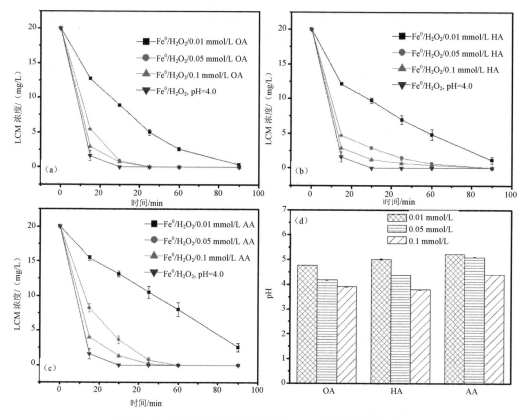

图 14-31 促进剂的投加量对体系 pH 及其降解效果的影响

为了深入探究体系 pH 与降解率的关系，利用 pH=4.6、pH=5.8 和 pH=8.0 3 种不同的磷酸盐缓冲体系作用于不同的促进剂类芬顿体系，得到的结果如图 14-32 所示。在体系 pH=4.6 的情况下，如图 14-32（a）所示，各体系仍能得到较好的降解效果。其中，$Fe^0/H_2O_2/EDTA$ 和 $Fe^0/H_2O_2/TPP$ 体系在该 pH 缓冲液体系下降解效果变化明显，降解率由初始 pH 时的 15.75% 和 10.20% 分别增加到了 95.9% 和 71.43%。而当 pH 为 5.8 时，如图 14-32（b）所示，只有 $Fe^0/H_2O_2/EDTA$ 和 $Fe^0/H_2O_2/AA$ 体系仍能取得较明显的降解效果，对污染物的降解率分别为 51.64% 和 65.95%。其他体系的降解率有 14.85%~20.66%，原本降解效果较好的 TP、OA、HA 3 种促进剂体系的受抑制效果最明显。由图 14-32（c）可知，pH=8.0 时的趋势与 pH=5.8 时基本一致，EDTA 和 AA 作用下的类芬顿体系相较于其他体系具有明显的优势。结合图 14-32，即使是在有促进剂参与下的类芬顿体系中，pH 仍是影响降解效果的最主要因素。其中，EDTA 和 AA 在高 pH 条件下仍有较为优异的表现，这表示促进剂在促进类芬顿反应过程中，除了降低 pH，还有其他的作用途径，将在后文进一步讨论。

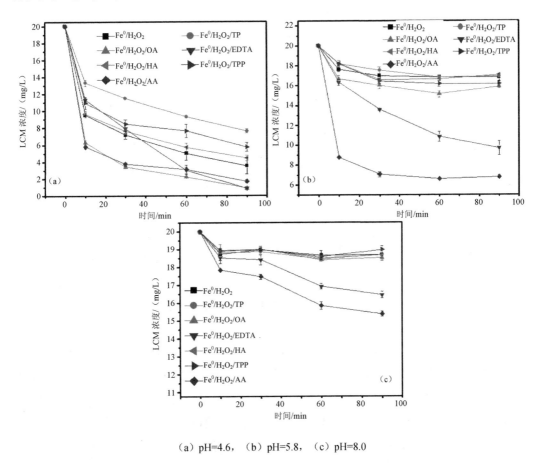

（a）pH=4.6，（b）pH=5.8，（c）pH=8.0

图 14-32　不同促进剂在不同 pH 缓冲体系下的降解效果

14.4.5　不同促进剂对铁的析出量、抗氧化和螯合能力的影响

芬顿体系中铁的含量对•OH 的产生量至关重要。由此，我们利用原子吸收光谱探究了不同促进剂对体系中铁的析出量的影响，结果如图 14-33 所示。与上文中的体系 pH 变化情况基本一致，OA、HA 和 AA 这 3 种促进剂由于使得整个类芬顿反应处于一个较

低 pH 的环境内，其铁的析出量较大，分别达到了 22.23 mg/L、23.73 mg/L 和 19.65 mg/L。而 EDTA、TPP 和空白对照组铁的析出量都表现出较低的水平，这也与他们的低降解率的结果保持一致。值得一提的是，虽然 $Fe^0/H_2O_2/TPP$ 体系的 pH 远高于 Fe^0/H_2O_2 体系，但是前者铁的析出量仍略高于后者。这种现象与相关文献报道的结果一致，在有氧的条件下，TPP 加速了零价铁的氧化，从而导致了铁的析出量增多（Wang L et al.，2014）。较高的 pH 仍旧阻碍了芬顿反应的有效进行，从而导致 $Fe^0/H_2O_2/TPP$ 体系的降解效果不理想。这表明单一体系 pH 的高低以及铁的析出量的多少并不能完全决定降解效果。

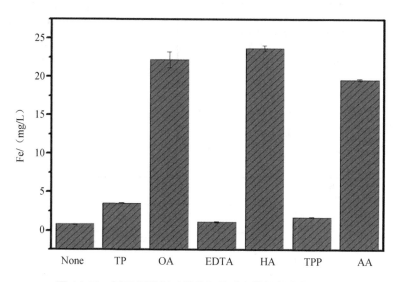

图 14-33　不同促进剂对类芬顿体系中铁的析出量的影响

对比促进剂的抗氧化能力，如图 14-34 所示，TP、AA 和 HA 相对于其他促进剂而言还原能力比较突出，其中 TP 的表现尤其出色。Huang L 等（2014）、Hou X 等（2016b）和 Hou X 等（2017）也曾分别对 TP、AA 和 HA 的强抗氧化能力进行过论述。TP 的强抗氧化能力可以有效将 Fe^{3+} 转化为 Fe^{2+} 甚至是铁纳米颗粒，这可能是 $Fe^0/H_2O_2/TP$ 体系的铁析出量较低但是依然能够得到较好的降解效果的原因之一。OA、EDTA 和 TPP 的抗氧化能力较弱，对应地，在反应过程中对 Fe^{3+} 的转化效率较弱。OA 的抗氧化能力不强但是仍得到最佳的降解效果，表明抗氧化能力在促进剂的促进效果中并不占决定性因素。EDTA 在降低体系 pH、促进铁的析出以及抗氧化能力方面表现较差，但仍具有较好的抗 pH 冲击能力，这表明类芬顿的促进机理中还存在一种作用机制可以辅助反应的进行。

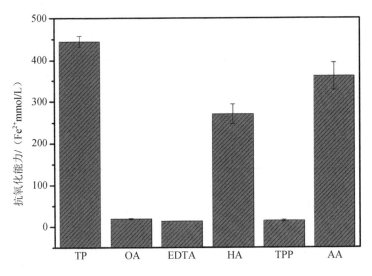

图 14-34　促进剂抗氧化能力的对比

采取对比参照物的方法对比促进剂的络合能力。首先将邻菲罗啉作为参照物，由于邻菲罗啉可以与 Fe^{2+} 形成强螯合红色物质，可在 510 nm 波长下进行测定，常被用作溶液中总铁和 Fe^{2+} 浓度的反应试剂。我们将 6 种促进剂分别与已知浓度的 Fe^{2+} 溶液进行反应，最后采用邻菲罗啉法对 Fe^{2+} 浓度进行测试。结果表明，只有 EDTA 溶液对测试结果造成了较大的影响，其他促进剂对测试结果没有造成影响。这表明 EDTA 的螯合能力大于邻菲罗啉螯合能力，而其他促进剂螯合能力则小于邻菲罗啉。试验继续利用 EDTA 作为参照物，根据 14.4.1 节螯合能力对比试验的方法对其他促进剂的螯合能力进行对比。结果表明，6 种促进剂的螯合能力依次为 EDTA、TP、AA、TPP、HA、OA。Han D 等（2015）的研究表明螯合剂与铁在不同的摩尔比情况下其螯合效果不同，本试验仅讨论摩尔比为 1∶1 时的螯合能力强弱。EDTA 的强螯合性可能是其抗 pH 冲击的主要原因。

14.4.6　可能的机理

在有关芬顿反应的研究中，铁的利用率（UR）逐渐受到重视。在 Qin H 等（2017）和 Yang Z 等（2018a）提出的计算基础上，本书进一步拓展，归一化处理引入铁的单位去除速率（Unit removal rate，URR）这一概念：

$$URR = \frac{N_{rr}}{N_c} \qquad (14-19)$$

式中，N_{rr} 表示去除速率，N_c 表示所消耗的物质。在本书中 N_{rr} 即为各体系的最终降解速率，由混合级动力学模型（Emami et al.，2010）拟合后得到的反应速率常数 $k_{1/2}$ 值表示，而 N_c 则用各体系中铁的析出量来表示。按照概念，铁的 URR 越大，则可以认为体系对于铁的有效利用率越强。计算各体系的铁的 URR，结果如表 14-3 所示。

表 14-3 同促进剂作用下的类芬顿体系的铁的 URR 一览表

促进剂	空白	TP	OA	EDTA	HA	TPP	AA
$k_{1/2}$	0.019 5	0.071 2	0.145	0.012 6	0.041 4	0.006 8	0.090 4
R^2	0.97	0.96	1	0.96	0.93	0.81	0.99
N_c	0.796 5	3.562 5	22.228 5	1.143	23.725 5	1.775	19.654 5
URR	0.024 5	0.020 0	0.006 5	0.011 0	0.001 7	0.003 8	0.004 6

首先，由 R^2 可以看出，混合级动力学模型拟合程度非常高，这表明体系中拟一级/二级动力学反应同时进行。其中，由于 $Fe^0/H_2O_2/OA$ 体系达到完全降解的时间较早，因而实际 URR 应略高。按照 URR 的大小，可以将 7 种体系粗略排序为：None＞TP＞EDTA＞OA＞AA＞TPP＞HA。

根据结果可知，促进剂的加入并没有提高铁的单位去除速率。由于 ZVI 表面的易钝化特征，在不添加促进剂的情况下很难实现 ZVI 的电子传递，这也反馈了 Fe^0/H_2O_2 体系不能取得较理想降解率的结果。因此，投加促进剂是非常有必要的。首先，OA、HA 和 AA 这些酸性类型的促进剂的加入可以有效降低类芬顿体系的 pH，当反应体系的酸碱度维持在 2~4 时，可以有效防止铁泥的产生，从而维持芬顿反应的高效进行；其次，促进铁的析出也是促进剂的一大优点，在低 pH 条件下有明显的体现，即使在某些高 pH 条件下，TPP 这类促进剂也可以提高铁的析出。某些类芬顿促进剂的还原性能可以有效将 Fe^{3+} 还原为 Fe^{2+}，这可以极大地提高芬顿反应的整体速率和效果，在本书中以 TP 的表现最为明显；EDTA 和 AA 的强大络合能力可以有效防止铁的沉淀，这也是 EDTA 和 AA 能够在 pH 为 5.8 和 8.0 时依然能够有效促进类芬顿体系降解目标污染物的主要原因。但更值得注意的是，TP 由于具有强抗氧化性、强螯合性以及弱酸性的特征，相较于其他的促进剂，其 URR 更高，更具有普适性。考虑到单一的促进方式或许并不能在所有的反应条件下得到较好的降解效果，多种促进方式的共同结合是否更能适应不同的反应环境也是未来值得深入探讨的。

14.4.7 生物毒性分析

促进剂可能带给待修复水体二次污染问题。基于此，利用发光细菌法试验对各促进剂体系的生物毒性进行探究。如图 14-35 所示，相较于 LCM 模拟废水原始水平，TP、OA 和 AA 3 种促进剂作用下的类芬顿体系的荧光值较高，这表明发光细菌存活量大，相应的生物毒性较低，3 种促进剂类芬顿体系有效破坏了 LCM 的生物毒性，提高了生态安全性。$Fe^0/H_2O_2/HA/LCM$ 体系作用下的生物毒性基本不变，表明体系虽然有效降解了但

LCM 毒性部分并未受破坏。EDTA 和 TPP 组的发光细菌存活数量甚至有所降低，这与文献中报道的两者具有高毒性的结果一致（Punzi et al.，2015；Graft et al.，2017）。探究表明，有效降解 LCM 并不代表降低了体系的生物毒性，在选取促进剂应用于实际污染水体时尤其需要注意这一点。

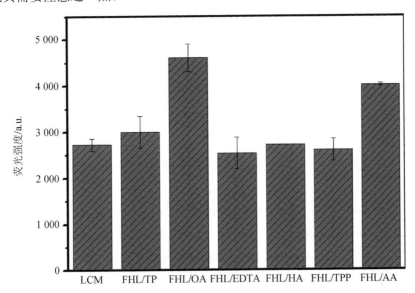

图 14-35　促进剂体系生物毒性对比（其中 FHL 代表 $Fe^0/H_2O_2/LCM$ 体系）

14.4.8　小结

本节从降解污染物效果、pH 的变化、铁的析出量以及抗氧化能力和螯合能力等角度出发，深入探究了 TP、OA、EDTA、HA、TPP 和 AA 6 种典型类芬顿促进剂的作用机制。结果表明，降低反应体系 pH、促进铁的析出、对 Fe^{3+} 进行还原以及螯合铁离子避免铁泥的产生等是目前类芬顿促进剂的主要作用机制。其中，TP 由于具有强抗氧化性、强螯合性以及弱酸性等特点，在基本降解目标污染物的基础上，得到了最大的铁的单位去除速率。OA 虽然促进类芬顿反应降解林可霉素的效果非常好，由于其自身的酸性特征降低了反应体系的 pH，其较低的抗氧化和螯合能力将会在实际应用中造成铁的大量浪费。HA 和 AA 由于自身的酸性基团而同样可以有效降低反应体系的酸碱度，从而促进污染物的降解，两者优异的抗氧化能力可以有效促进 Fe^{3+} 向 Fe^{2+} 的转化，AA 突出的螯合能力可以使它具有更强的抗 pH 冲击能力。EDTA 利用强大的螯合能力促进类芬顿反应，这是其在高 pH 条件下依然可以发挥促进作用的主要原因。TPP 受自身高 pH 特性影响较大，但由于其促进铁的析出以及较为优秀的螯合能力，仍具有较大研究价值。本书为类芬顿的研究和实际应用提供了重要的参考。

参考文献

ANDREOZZI R，2006. Lincomycin solar photodegradation，algal toxicity and removal from wastewaters by means of ozonation[J]. Water Research，40（3）：630-638.

ARSHADI M，2016. Degradation of methyl orange by heterogeneous Fenton-like oxidation on a nano-organometallic compound in the presence of multi-walled carbon nanotubes[J]. Chemical Engineering Research and Design，112：113-121.

BARNES R J，2010. The impact of zero-valent iron nanoparticles on a river water bacterial community[J]. Journal of Hazardous Materials，184（1-3）：73-80.

BROWN C J，2015. Supramolecular catalysis in metal-ligand cluster hosts[J]. Chemical reviews，115（9）：3012-3035.

BU L，2017. Significant enhancement on ferrous/persulfate oxidation with epigallocatechin-3-gallate：simultaneous chelating and reducing[J]. Chemical Engineering Journal，321：642-650.

CALZA P，2012. Identification of the unknown transformation products derived from lincomycin using LC - HRMS technique[J]. Journal of Mass Spectrometry，47（6）：751-759.

CAO J，2019. Degradation of tetracycline by peroxymonosulfate activated with zero-valent iron：performance，intermediates，toxicity and mechanism[J]. Chemical Engineering Journal，364：45-56.

CARVALHO S S F，2017. Dye degradation by green heterogeneous Fenton catalysts prepared in presence of Camellia sinensis[J]. Journal of Environmental Management，187：82-88.

CHAKRABORTY I，2017. Atomically precise clusters of noble metals：emerging link between atoms and nanoparticles[J]. Chemical Reviews，117（12）：8208-8271.

CHEN F，2009. Strategies comparison of eliminating the passivation of non-aromatic intermediates in degradation of Orange II by Fe^{3+}/H_2O_2[J]. Journal of Hazardous Materials，169（1-3）：711-718.

CHEN J，2016. Removal of antibiotics and antibiotic resistance genes from domestic sewage by constructed wetlands：Optimization of wetland substrates and hydraulic loading[J]. Science of the Total Environment，565：240-248.

DE LUCA A，2015. Study of Fe（III）-NTA chelates stability for applicability in photo-Fenton at neutral pH[J]. Applied Catalysis B：Environmental，179：372-379.

DONG H，2016. Promoted discoloration of methyl orange in H_2O_2/Fe（III）Fenton system：effects of gallic acid on iron cycling[J]. Separation and Purification Technology，171：144-150.

EISENSTEIN M，2019. Tea for tumours[J]. Nature，566（7742）：S6-S7.

EMAMI F，2010. Kinetic study of the factors controlling Fenton-promoted destruction of a non-biodegradable dye[J]. Desalination，257（1-3）：124-128.

FAYAZI M，2016. Enhanced Fenton-like degradation of methylene blue by magnetically activated carbon/hydrogen peroxide with hydroxylamine as Fenton enhancer[J]. Journal of Molecular Liquids，216：781-787.

FENG Y，2016. Copper-promoted circumneutral activation of H_2O_2 by magnetic $CuFe_2O_4$ spinel nanoparticles：mechanism，stoichiometric efficiency，and pathway of degrading sulfanilamide[J]. Chemosphere，154：573-582.

GAO B，2016. Identification of intermediates and transformation pathways derived from photocatalytic degradation of five antibiotics on $ZnIn_2S_4$[J]. Chemical Engineering Journal，304：826-840.

GAZI S，2010. Photodegradation of organic dyes in the presence of [Fe（III）-salen] Cl complex and H_2O_2 under visible light irradiation[J]. Journal of Hazardous Materials，183（1-3）：894-901.

GRAFT-JOHNSON D，2017. Effect of selected plant phenolics on Fe^{2+}-EDTA-H_2O_2 system mediated deoxyribose oxidation：molecular structure-derived relationships of anti-and pro-oxidant actions[J]. Molecules，22（1）：59.

HAN D，2015. New insights into the role of organic chelating agents in Fe（II） activated persulfate processes[J]. Chemical Engineering Journal，269：425-433.

HOAG G E，2009. Degradation of bromothymol blue by "greener" nano-scale zero-valent iron synthesized using tea polyphenols[J]. Journal of Materials Chemistry，19（45）：8671-8677.

HOU P，2016. Chitosan/hydroxyapatite/Fe_3O_4 magnetic composite for metal-complex dye AY220 removal：recyclable metal-promoted Fenton-like degradation[J]. Microchemical Journal，128：218-225.

HOU X，2016a. Ascorbic acid/Fe@Fe_2O_3：a highly efficient combined Fenton reagent to remove organic contaminants[J]. Journal of Hazardous Materials，310：170-178.

HOU X，Shen W，Huang X，et al.，2016b. Ascorbic acid enhanced activation of oxygen by ferrous iron：a case of aerobic degradation of rhodamine B[J]. Journal of Hazardous Materials，308：67-74.

HOU X，2017. Hydroxylamine promoted goethite surface Fenton degradation of organic pollutants[J]. Environmental Science & Technology，51（9）：5118-5126.

HU L，2011. Oxidation of antibiotics during water treatment with potassium permanganate：reaction pathways and deactivation[J]. Environmental Science & Technology，45（8）：3635-3642.

HUANG L，2014. Green synthesis of iron nanoparticles by various tea extracts：comparative study of the reactivity[J]. Spectrochimica Acta Part A：Molecular and Biomolecular Spectroscopy，130：295-301.

HUANG W，2013. Assessment of the Fe（III）-EDDS complex in Fenton-like processes：from the radical formation to the degradation of bisphenol A[J]. Environmental Science & Technology，47（4）：1952-1959.

HUANG X，2017. Ascorbate induced facet dependent reductive dissolution of hematite nanocrystals[J]. The

Journal of Physical Chemistry C，121（2）：1113-1121.

HUG S J，2003. Iron-catalyzed oxidation of arsenic（III）by oxygen and by hydrogen peroxide：pH-dependent formation of oxidants in the Fenton reaction[J]. Environmental Science & Technology，37（12）：2734-2742.

HUTCHESON R M，2005. Voltammetric studies of Zn and Fe complexes of EDTA：evidence for the push mechanism[J]. Biometals，18（1）：43-51.

IRAVANI S，2011. Green synthesis of metal nanoparticles using plants[J]. Green Chemistry，13（10）：2638-2650.

ISSAABADI Z，2017. Green synthesis of the copper nanoparticles supported on bentonite and investigation of its catalytic activity[J]. Journal of Cleaner Production，142：3584-3591.

JAMDAGNI P，2018. Green synthesis of zinc oxide nanoparticles using flower extract of Nyctanthes arbor-tristis and their antifungal activity[J]. Journal of King Saud University-Science，30（2）：168-175.

JELIC A，2011. Occurrence，partition and removal of pharmaceuticals in sewage water and sludge during wastewater treatment[J]. Water Research，45（3）：1165-1176.

JIANG C，2015. Hydroquinone-mediated redox cycling of iron and concomitant oxidation of hydroquinone in oxic waters under acidic conditions：comparison with iron-natural organic matter interactions[J]. Environmental Science & Technology，49（24）：14076-14084.

JIN X，2016. Integration of biodegradation and nano-oxidation for removal of PAHs from aqueous solution[J]. ACS Sustainable Chemistry & Engineering，4（9）：4717-4723.

KASPRZYK-HORDERN B，2009. The removal of pharmaceuticals，personal care products，endocrine disruptors and illicit drugs during wastewater treatment and its impact on the quality of receiving waters[J]. Water Research，43（2）：363-380.

KEENAN C R，2008. Ligand-enhanced reactive oxidant generation by nanoparticulate zero-valent iron and oxygen[J]. Environmental Science & Technology，42（18）：6936-6941.

KHARISSOVA O V，2013. The greener synthesis of nanoparticles[J]. Trends in Biotechnology，31（4）：240-248.

KHATAEE A，2016. Preparation of zeolite nanorods by corona discharge plasma for degradation of phenazopyridine by heterogeneous sono-Fenton-like process[J]. Ultrasonics Sonochemistry，33：37-46.

KIM H Y，2013. Reduction of toxicity of antimicrobial compounds by degradation processes using activated sludge，gamma radiation，and UV[J]. Chemosphere，93（10）：2480-2487.

KIM J Y，2011. Inactivation of MS2 coliphage by ferrous ion and zero-valent iron nanoparticles[J]. Environmental Science & Technology，45（16）：6978-6984.

KIM K S，2013. Degradation of veterinary antibiotics by dielectric barrier discharge plasma[J]. Chemical

Engineering Journal，219：19-27.

KUANG Y，2013. Heterogeneous Fenton-like oxidation of monochlorobenzene using green synthesis of iron nanoparticles[J]. Journal of Colloid and Interface Science，410：67-73.

LI T，2016. Strongly enhanced Fenton degradation of organic pollutants by cysteine：An aliphatic amino acid accelerator outweighs hydroquinone analogues[J]. Water Research，105：479-486.

LI W，2016. Heterogeneous Fenton degradation of Orange II by immobilization of Fe_3O_4 nanoparticles onto Al-Fe pillared bentonite[J]. Korean Journal of Chemical Engineering，33（5）：1557-1564.

LI Y，2016. Cometabolic degradation of lincomycin in a Sequencing Batch Biofilm Reactor（SBBR） and its microbial community[J]. Bioresource Technology，214：589-595.

LIN Z R，2017. Effects of low molecular weight organic acids and fulvic acid on 2,4,4′-trichlorobiphenyl degradation and hydroxyl radical formation in a goethite-catalyzed Fenton-like reaction[J]. Chemical Engineering Journal，326：201-209.

LYU L，2018. 4-Phenoxyphenol-functionalized reduced graphene oxide nanosheets：a metal-free Fenton-like catalyst for pollutant destruction[J]. Environmental Science & Technology，52（2）：747-756.

MA J，2006. Fenton degradation of organic pollutants in the presence of low-molecular-weight organic acids：Cooperative effect of quinone and visible light[J]. Environmental Science & Technology，40（2）：618-624.

MACHADO S，2014. Utilization of food industry wastes for the production of zero-valent iron nanoparticles[J]. Science of the Total Environment，496：233-240.

MADY A H，2017. Facile microwave-assisted green synthesis of $Ag-ZnFe_2O_4@rGO$ nanocomposites for efficient removal of organic dyes under UV-and visible-light irradiation[J]. Applied Catalysis B：Environmental，203：416-427.

NAM S，2001. Substituent effects on azo dye oxidation by the $FeIII-EDTA-H_2O_2$ system[J]. Chemosphere，45（1）：59-65.

OVIEDO C，2004. Fe（III）-EDTA complex abatement using a catechol driven Fenton reaction combined with a biological treatment[J]. Environmental Technology，25（7）：801-807.

PERA-TITUS M，2004. Degradation of chlorophenols by means of advanced oxidation processes：a general review[J]. Applied Catalysis B：Environmental，47（4）：219-256.

PHAM A L T，2012. Kinetics and efficiency of H_2O_2 activation by iron-containing minerals and aquifer materials[J]. Water Research，46（19）：6454-6462.

PLIEGO G，2015. Trends in the intensification of the Fenton process for wastewater treatment：an overview[J]. Critical Reviews in Environmental Science and Technology，45（24）：2611-2692.

PUNZI M，2015. Degradation of a textile azo dye using biological treatment followed by photo-Fenton oxidation：evaluation of toxicity and microbial community structure[J]. Chemical Engineering Journal，

270：290-299.

QIAN Y，2014. Why dissolved organic matter enhances photodegradation of methylmercury[J]. Environmental Science & Technology Letters，1（10）：426-431.

QIN H，2017. Coupled effect of ferrous ion and oxygen on the electron selectivity of zerovalent iron for selenate sequestration[J]. Environmental Science & Technology，51（9）：5090-5097.

QIN Y，2015. Protocatechuic acid promoted alachlor degradation in Fe（III）/H_2O_2 Fenton system[J]. Environmental Science & Technology，49（13）：7948-7956.

QIU X，2013. Chemical stability and toxicity of nanoscale zero-valent iron in the remediation of chromium-contaminated watershed[J]. Chemical Engineering Journal，220：61-66.

QU B，2016. Coupling hollow Fe_3O_4-Fe nanoparticles with graphene sheets for high-performance electromagnetic wave absorbing material[J]. ACS Applied Materials & Interfaces，8（6）：3730-3735.

RAI A，2006. Role of halide ions and temperature on the morphology of biologically synthesized gold nanotriangles[J]. Langmuir，22（2）：736-741.

REZAEI F，2018. Effect of pH on zero valent iron performance in heterogeneous Fenton and Fenton-like processes：A review[J]. Molecules，23（12）：3127.

RIBEIRO R S，2016. Catalytic wet peroxide oxidation：a route towards the application of hybrid magnetic carbon nanocomposites for the degradation of organic pollutants. A review[J]. Applied Catalysis B：Environmental，187：428-460.

SEKARAN G，2013. Oxidation of refractory organics by heterogeneous Fenton to reduce organic load in tannery wastewater[J]. Clean Technologies and Environmental Policy，15（2）：245-253.

SENGELØV G，2003. Susceptibility of Escherichia coli and Enterococcus faecium isolated from pigs and broiler chickens to tetracycline degradation products and distribution of tetracycline resistance determinants in E. coli from food animals[J]. Veterinary Microbiology，95（1-2）：91-101.

SHAHWAN T，2011. Green synthesis of iron nanoparticles and their application as a Fenton-like catalyst for the degradation of aqueous cationic and anionic dyes[J]. Chemical Engineering Journal，172（1）：258-266.

SINGH L，2016. Cu-impregnated zeolite4 Y as highly active and stable heterogeneous Fenton-like catalyst for degradation of Congo red dye[J]. Separation and Purification Technology，170：321-336.

SOLLIEC M，2014. Analysis of trimethoprim，lincomycin，sulfadoxin and tylosin in swine manure using laser diode thermal desorption-atmospheric pressure chemical ionization-tandem mass spectrometry[J]. Talanta，128：23-30.

STEFANIUK M，2016. Review on nano zerovalent iron（nZVI）：from synthesis to environmental applications[J]. Chemical Engineering Journal，287：618-632.

SU C，2017. Environmental implications and applications of engineered nanoscale magnetite and its hybrid nanocomposites：A review of recent literature[J]. Journal of Hazardous Materials，322：48-84.

SUN S P，2014. Enhanced heterogeneous and homogeneous Fenton-like degradation of carbamazepine by nano-Fe$_3$O$_4$/H$_2$O$_2$ with nitrilotriacetic acid[J]. Chemical Engineering Journal，244：44-49.

TAGIROV B R，2000. Standard ferric-ferrous potential and stability of FeCl^{2+} to 90℃. Thermodynamic properties of Fe$_{(aq)}$$^{3+}$ and ferric-chloride species[J]. Chemical Geology，162（3-4）：193-219.

TAO S，2016. Preparing a highly dispersed catalyst supported on mesoporous microspheres via the self-assembly of amphiphilic ligands for the recovery of ultrahigh concentration wastewater[J]. Journal of Materials Chemistry A，4（17）：6304-6312.

TROTTE N S F，2016. Yerba mate tea extract：a green approach for the synthesis of silica supported iron nanoparticles for dye degradation[J]. Journal of the Brazilian Chemical Society，27：2093-2104.

WANG C W，2018. Reductive lindane degradation with tea extracts in aqueous phase[J]. Chemical Engineering Journal，338：157-165.

WANG F F，2016. Effect of humic acid，oxalate and phosphate on Fenton-like oxidation of microcystin-LR by nanoscale zero-valent iron[J]. Separation and Purification Technology，170：337-343.

WANG J，2016. Iron-copper bimetallic nanoparticles supported on hollow mesoporous silica spheres：the effect of Fe/Cu ratio on heterogeneous Fenton degradation of a dye[J]. RSC Advances，6（59）：54623-54635.

WANG L，2014. Dramatically enhanced aerobic atrazine degradation with Fe@Fe$_2$O$_3$ core-shell nanowires by tetrapolyphosphate[J]. Environmental Science & Technology，48（6）：3354-3362.

WANG M，2016. Fe$_3$O$_4$@β-CD nanocomposite as heterogeneous Fenton-like catalyst for enhanced degradation of 4-chlorophenol（4-CP）[J]. Applied Catalysis B：Environmental，188：113-122.

WANG N，2011. Ligand-induced drastic enhancement of catalytic activity of nano-BiFeO$_3$ for oxidative degradation of bisphenol A[J]. ACS Catalysis，1（10）：1193-1202.

WANG T，2014a. Green synthesis of Fe nanoparticles using eucalyptus leaf extracts for treatment of eutrophic wastewater[J]. Science of the Total Environment，466：210-213.

WANG T，2014b. Green synthesized iron nanoparticles by green tea and eucalyptus leaves extracts used for removal of nitrate in aqueous solution[J]. Journal of Cleaner Production，83：413-419.

WANG W，2016. Eco-toxicological bioassay of atmospheric fine particulate matter（PM$_{2.5}$）with Photobacterium Phosphoreum T3[J]. Ecotoxicology and Environmental Safety，133：226-234.

WATKINSON A J，2007. Removal of antibiotics in conventional and advanced wastewater treatment：implications for environmental discharge and wastewater recycling[J]. Water Research，41（18）：4164-4176.

WEI Y，2017. Biosynthesized iron nanoparticles in aqueous extracts of Eichhornia crassipes and its mechanism in the hexavalent chromium removal[J]. Applied Surface Science，399：322-329.

WEI Y，2016. Green synthesis of Fe nanoparticles using Citrus maxima peels aqueous extracts[J]. Materials Letters，185：384-386.

WU D，2016. Enhanced oxidation of chloramphenicol by GLDA-driven pyrite induced heterogeneous Fenton-like reactions at alkaline condition[J]. Chemical Engineering Journal，294：49-57.

WU Y，2015. Heterogeneous Fenton-like oxidation of malachite green by iron-based nanoparticles synthesized by tea extract as a catalyst[J]. Separation and Purification Technology，154：161-167.

XIA Q，2018. Green synthesis of a dendritic $Fe_3O_4@Fe^0$ composite modified with polar C-groups for Fenton-like oxidation of phenol[J]. Journal of Alloys and Compounds，746：453-461.

XIAO F，2016. Synthesis of akageneite（beta-FeOOH）/reduced graphene oxide nanocomposites for oxidative decomposition of 2-chlorophenol by Fenton-like reaction[J]. Journal of Hazardous Materials，308：11-20.

XING M，2018. Metal sulfides as excellent co-catalysts for H_2O_2 decomposition in advanced oxidation processes[J]. Chem，4（6）：1359-1372.

XIONG Z，2016. Degradation of p-nitrophenol（PNP） in aqueous solution by a micro-size Fe^0/O_3 process（mFe^0/O_3）：optimization，kinetic，performance and mechanism[J]. Chemical Engineering Journal，302：137-145.

XU J，2016. Large scale preparation of Cu-doped α-FeOOH nanoflowers and their photo-Fenton-like catalytic degradation of diclofenac sodium[J]. Chemical Engineering Journal，291：174-183.

XU L，2012. Magnetic nanoscaled Fe_3O_4/CeO_2 composite as an efficient Fenton-like heterogeneous catalyst for degradation of 4-chlorophenol[J]. Environmental Science & Technology，46（18）：10145-10153.

XUE X，2009. Effect of chelating agent on the oxidation rate of PCP in the magnetite/H_2O_2 system at neutral pH[J]. Journal of Molecular Catalysis A：Chemical，311（1-2）：29-35.

YANG Z，2018a. Enhanced Nitrobenzene reduction by zero valent iron pretreated with H_2O_2/HCl[J]. Chemosphere，197：494-501.

YANG Z，2018b. Enhanced Fe（III）-mediated Fenton oxidation of atrazine in the presence of functionalized multi-walled carbon nanotubes[J]. Water Research，137：37-46.

YI Q，2016. Epigallocatechin-3-gallate-coated Fe_3O_4 as a novel heterogeneous catalyst of peroxymonosulfate for diuron degradation：performance and mechanism[J]. Chemical Engineering Journal，302：417-425.

YIN W，2017. Enhanced Cr（VI） removal from groundwater by Fe^0-H_2O system with bio-amended iron corrosion[J]. Journal of Hazardous Materials，332：42-50.

YU R F，2014. Monitoring of ORP, pH and DO in heterogeneous Fenton oxidation using nZVI as a catalyst for the treatment of azo-dye textile wastewater[J]. Journal of the Taiwan Institute of Chemical Engineers，45（3）：947-954.

ZHAI Q，2016. A novel iron-containing polyoxometalate heterogeneous photocatalyst for efficient

4-chlorophennol degradation by H_2O_2 at neutral pH[J]. Applied Surface Science，377：17-22.

ZHANG A Y，2016. Heterogeneous activation of H_2O_2 by defect-engineered TiO_2-x single crystals for refractory pollutants degradation：A Fenton-like mechanism[J]. Journal of Hazardous Materials，311：81-90.

ZHENG J，2016. Efficient degradation of Acid Orange 7 in aqueous solution by iron ore tailing Fenton-like process[J]. Chemosphere，150：40-48.

李淑彬，2005. 微生物降解酚类化合物的研究进展[J]. 华南师范大学学报：自然科学版，（4）：136-142.

联合国. 全球化学品展望（第二版）[EB/OL].（2019-03-11）. https://www.unep.org/resources/report/global-chemicals-outlook-ii-legacies-innovative-solutions.

徐靖，2018. 联合国公布《2018 年世界水资源开发报告》[J]. 水处理技术，44（4）：35-35.

第15章 超声协助纳米四氧化三铁非均相类芬顿分解双酚A

15.1 研究背景

15.1.1 双酚A的应用

双酚A（Bisphenol A，BPA），学名2,2-二（4-羟基苯基）丙烷，其化学结构及理化性质见表15-1。BPA由刚性平面芳环和具可塑性的非线性脂肪侧链组成，该结构与其理化性质和环境行为相关。BPA属疏水性、难挥发有机污染物，难溶于水，稍溶于氯化烷烃和苯类，易溶于醇、酮等。环境条件下为白色至淡褐色固体，市售的BPA为球状、针晶体状或片状。结构中羟基的4个邻位氢性质活跃，易发生卤化、硝化、磺化、烃化等反应。

表 15-1 双酚 A 的结构及理化性质

项目	值	参考文献	分子结构
CAS NO.	80-05-7	R L D et al.，2007	
分子式	$C_{15}H_{16}O_2$	R L D et al.，2007	
分子量/（g/mol）	228.287	R L D et al.，2007	
溶解度*（20~25℃）/（mg/L）	120~200	Staples et al.，1998	
$\log K_{ow}$（25℃）	2.20~3.82	Staples et al.，1998	
pK_a（25℃）	9.6/10.2	Li C et al.，2008	
亨利系数（25℃）	1×10^{-10}	Staples et al.，1998	
熔点/℃	153	R L D et al.，2007	
沸点/℃	220	R L D et al.，2007	

注：* 随 pH 升高。

BPA 经由丙酮和苯酚缩合、继而蒸馏、过滤、干燥而成。作为一种重要的工业原料，BPA 已有 50 多年的工业化生产与商业化供应，广泛使用在许多重要化学材料（如环氧树脂、酚醛树脂、聚碳酸酯、聚砜树脂、聚丙烯酸酯、聚酯等）的生产中（Alexander et al.，1988；Kang J H et al.，2005）。这些材料最终被广泛应用在诸如食物和饮料包装袋、金属罐里衬、婴儿奶瓶、牙齿填充物、粉末涂料、黏合剂、建筑材料、光碟、导热纸、纸张涂料、线路板、复合材料（Alexander et al.，1988；Staples et al.，1998；Fukazawa et al.，2001；Mohapatra et al.，2010）等与人们生活、工作息息相关的产品中。BPA 用量巨大并不断增长，全球范围内，2004 年生产 BPA 约 170 万 t （Noureddin et al.，2004），2007 年激增至 370 万 t，2008 年已达 520 万 t，并预计继续以每年 6%～7%的增长率继续增长。仅美国，2005 年就生产并使用 BPA 约 77.11 万 t（Schwartz et al.，2005），2011 年则增至 107.5 万 t，而我国 2011 年总产量达 61.6 万 t，2012 年产量达 79 万 t，已实现 BPA 的自给自足（李振东等，2011）。

15.1.2　双酚 A 在环境中的分布

BPA 是人工合成的化学物质，在自然环境原不存在。BPA 在全球多行业中的广泛使用，已造成全球范围内潜在的污染，近几年在世界各地各种水体中均有发现（Yamamoto et al.，2001；Coors et al.，2003）。大量研究证实并报道了 BPA 在水、沉积物、土壤、空气、环境生物、人体中的分布及饮用水、食品等的污染。

环境中 BPA 的来源很广泛，主要的来源有污水处理站的排水及污泥的排放（Korner et al.，2000；Furhacker et al.，2000）、垃圾填埋过程渗滤液（Wintgens et al.，2003）及聚碳酸酯塑料等的自然降解。其中，废水及废水处理后的污泥浓度高达 0.004～1.36 mg/kg（Mohapatra et al.，2010）。对于 BPA 的来源，可以分为两大类：一是点源污染源；二是非点源污染源。如图 15-1 所示，Mohapatra 等（2010）归结了主要的 BPA 点源污染与非点源污染。点源污染源包含固定区域的 BPA，或者有相对固定排放方向的污染源，如生产以 BPA 为原料的产品时产生的污水及处理这些污废水后最终排放的污水与污泥；而非点源污染源则是能释放出 BPA 的材料在没有固定区域的范围进行 BPA 的释放而形成的不固定的污染源头。这些点源或非点源的污染，造成了环境中主要的 BPA 分布。随污染发生方式、环境及采样时间不同，BPA 在各种环境中的分布和含量有相当大的差异（Crain et al.，2007）。

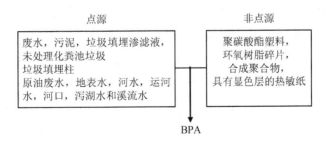

图 15-1　BPA 不同的点源及非点源污染源（Mohapatra et al.，2010）

15.1.2.1 水体中的双酚 A

BPA 广泛存在于全球范围内的地表水（河流、湖泊及沿海水样等）中，形成无处不在的污染。水体中 BPA 主要来源未经妥善处理的工业废水及污水处理厂废水的排放，垃圾填埋场滤液、固体废物堆放和广泛分布的含 BPA 材料的缓慢释放。尽管 BPA 本身水溶解度低，且水体自有稀释、扩散和降解等作用，由于这类化学品的用途广、用量大，水环境中仍可监测到一定浓度的存在。早年一些对河流中 BPA 浓度的监测结果见表 15-2。可见，不同河流中的 BPA 含量差异很大，范围为 0.000 5～8.0 μg/L。同时，各地区随年份从远至近水体中 BPA 浓度总体呈上升趋势。

表 15-2　水体中 BPA 浓度

地区	浓度/（μg/L）	参考文献
中国	0.03～0.083	Jin X L et al.，2004
日本	0.02～0.015	Takahashi et al.，2003
日本	＜0.005～0.08	Kawahata et al.，2004
日本	0.5～0.9 [a]	Kang J H et al.，2006
美国	＜1.0～8.0	Staples et al.，2000
美国	0.019～0.158	Boyd G R et al.，2004
德国	0.000 5～0.014 [a]	Kuch H M et al.，2001
德国	0.009～0.776	Heemken et al.，2001
德国	＜0.05～0.272	Bolz U et al.，2001
德国	0.000 5～0.41	Fromme et al.，2002
德国	0.042～0.092	Stachel et al.，2003
西班牙	0～2.97	Cespedes et al.，2005
意大利	0.015～0.029	Lagana et al.，2004
荷兰	＜0.012～0.33	Belfroid et al.，2002
荷兰	0.008 8～1	Vethaak et al.，2005

注：[a] 平均浓度。

15.1.2.2 沉积物及污泥中的双酚 A

由于 BPA 具有较低的辛醇-水分配系数，水溶解度较低，因此水中的 BPA 易迁移至污泥及沉积物中。另外，Voordeckers 等（2002）认为卤代 BPA 均可以通过脱卤作用转化为 BPA，卤代 BPA 在河口沉积物中的厌氧生物转化而相对稳定存在于沉积物中，也是沉积物中 BPA 的主要来源之一。Bolz U 等（2001）对德国西南部的污水处理厂和沉积物中的 BPA 进行了监测，浓度为 0.5～15 μg/kg，沉积物中 BPA 浓度相对污泥小了约一个数量级。Fromme 等（2002）报道了排放污水中 BPA 为 0.018～0.707 μg/L，污泥与沉积物中则分别是 4～1 363 μg/kg 与 10～190 μg/kg。Stachel 等（2003）报道流经捷克与德国的易北河（River Elbe）及其支流的沉积物中 BPA 含量为 10～380 μg/kg。污泥中 BPA 浓度主要取决于废水性质、废水处理工艺。沉积物中 BPA 浓度则与 BPA 污染行为及河流的水文特征有关。

15.1.2.3　大气中的双酚 A

大气中 BPA 主要存在于气溶胶、颗粒物及尘埃之中。表 15-3 为几项针对气体中 BPA 浓度的研究结果。可见，不同区域大气中 BPA 含量差异很大，从 pg/m^3 到 $\mu g/m^3$ 不同数量级的均有检出。

表 15-3　大气样品中 BPA 浓度

样品	BPA 浓度	参考文献
大气	$2.9 \sim 3.6 \ ng/m^3$	Kamiura et al.，1997
大气气溶胶	$5 \sim 15 \ pg/m^3$	Berkner et al.，2005
塑料制造厂室内空气	$0.208 \ \mu g/m^3$	Rudel R A et al.，2001
大气微尘	$0.25 \sim 0.48 \ \mu g/g$	Rudel R A et al.，2001
商业区与住宅区空气	$0.002 \sim 0.003 \ \mu g/m^3$	Rudel R A et al.，2001

15.1.3　传统芬顿法降解双酚 A

传统芬顿法是在强酸性条件下投加一定比例的 Fe^{2+} 与 H_2O_2，在 Fe^{2+} 的催化作用下，体系产生·OH，从而将 BPA 分解。传统芬顿体系中·OH 产生的反应如下：

$$H_2O \longrightarrow H + \cdot OH \tag{15-1}$$

$$O_2 \longrightarrow 2O \tag{15-2}$$

$$O + H_2O \longrightarrow 2\cdot OH \tag{15-3}$$

$$H + O_2 \longrightarrow \cdot OH + O \tag{15-4}$$

$$Fe^{2+} + H_2O_2 \longrightarrow Fe^{3+} + \cdot OH + OH^- \tag{15-5}$$

$$Fe^{3+} + H_2O_2 \longleftrightarrow Fe-OOH^{2+} + H^+ \tag{15-6}$$

$$Fe-OOH^{2+} \longrightarrow Fe^{2+} + HOO\cdot \tag{15-7}$$

$$Fe^{3+} + HOO\cdot \longrightarrow Fe^{2+} + O_2 + H^+ \tag{15-8}$$

众多的高级氧化技术研究证明，芬顿反应（Fenton Reaction）（H_2O_2+Fe^{2+}/Fe^{3+}）是处理废水中有机污染物最有效的方法之一。但是，传统的芬顿反应具有两方面的缺点：①铁离子的投加，使得污水处理完成后仍需进行铁离子的去除，提高了处理成本，铁离子可能造成二次污染；②传统的芬顿反应要求强酸性环境（pH 为 2～3）（Ventura et al.，2002；Ai Z et al.，2007）。

Ioan I 等（2007）研究了 pH 为 4～6.5 下传统芬顿法对 BPA 分解效果，发现在 pH=4，$FeSO_4 \cdot 7H_2O$ 与 H_2O_2 投加量分别为 2.5 mg/L 与 7 mg/L 时，初始浓度为 25 mg/L 的 BPA 反应 10 min 去除率达 86.36%，反应进行 60 min 能被彻底去除，各种物质最佳比例为 $H_2O_2/Fe（Ⅱ）/BPA=2.8：1：10$。

Torres 等（2007a）对比了去离子水与自然水体两种体系下采用传统芬顿法对 BPA 的分解去除。在去离子水体系中，pH=3 条件下，$FeSO_4$ 与 H_2O_2 投加量分别为 100 μmol/L 及 $35×10^{-3}$ mol/L，初始浓度为 118 μmol/L 的 BPA 反应进行 90 min 能被彻底去除。在自然水体中，pH=7.6，其他条件一致情况下，传统芬顿试剂对 BPA 几乎不起分解作用。此外，该研究还对传统芬顿法分解 BPA 的最终产物进行 HPLC/MS 分析，结果表明传统芬顿法分解 BPA 的最终产物为 7 种：

（A）单羟基-4-异丙基苯酚（monohydroxylated-4-isopropenylphenol）；

（B）4-异丙基苯酚（4-isopropenyl phenol）；

（C）4-羟基苯乙酮（4-hydroxyacetophenone）；

（D）二羟基双酚 A（dihydroxylated bisphenol A）；

（E）二羟基双酚 A 醌（quinone of dihydroxylated bisphenol A）；

（F）单羟基化双酚 A（monohydroxylated bisphenol A）；

（G）单羟基双酚 A 奎宁（quinine of monohydroxylated bisphenol A）。

其中，除（A）外，其他的分解产物在其他关于芬顿法分解 BPA 的产物研究中均有报道（Gozmen et al.，2003）。

以上研究表明，传统芬顿法能对 BPA 进行快速、彻底的去除。但在自然水体中，由于 pH 较高，氢氧化铁溶解度低，自然水体中各种阴离子（尤其是 HCO_3^-）捕捉·OH 等的影响，芬顿法对 BPA 基本不起分解作用。在研究克服传统芬顿法处理 BPA 的缺点的过程中催生了多种类芬顿技术。

15.1.4　类芬顿法分解双酚 A

15.1.4.1　超声类芬顿分解双酚 A

1927 年数篇关于超声处理有机废水过程中声化学行为的研究报道（Gogate et al.，2004）证明，超声可用于有机污染物的有效前处理。

超声处理有机污染物的原理如下：超声波在溶液体系中的传播会产生大量的空穴微泡，空穴微泡进而膨胀并在微秒时间内破裂，在空穴的核心形成数千度高温与高压（Henglein et al.，1987），具有挥发性的有机污染物容易转移至空穴核心进行直接的热解（Hua I et al.，1996）。另外，空穴微泡核心中的水分子与氧气分子受激发同时形成活性基团，如氢原子自由基、羟基自由基、过氧化自由基，反应如下（Joseph et al.，2009）：

$$H_2O \longrightarrow ultrasonic\ wave \longrightarrow H\bullet + \bullet OH \qquad (15\text{-}9)$$

$$O_2 \longrightarrow ultrasonic\ wave \longrightarrow 2O\bullet \qquad (15\text{-}10)$$

$$O\bullet + H_2O \longrightarrow 2\bullet OH \qquad (15\text{-}11)$$

$$H\bullet + O_2 \longrightarrow HO_2\bullet \qquad (15\text{-}12)$$

$$H_2O + O_2 \longrightarrow \bullet OH + HO_2\bullet \qquad (15\text{-}13)$$

过程中产生的高活性强氧化性的自由基能攻击有机物。但是，超声处理废水中有机污染物主要是针对诸如苯酚、卤代有机物等具有挥发性的有机污染物（Hua I et al.，1996；Joseph et al.，2009），因挥发性有机物更能在超声过程中产生的破裂空穴之中或附近进行直接的热分解（也能受 $\bullet OH$ 的氧化作用而分解），对于如 BPA 等不具挥发性或挥发性较低的有机污染物，其分解途径主要是 $\bullet OH$ 的氧化作用，如下：

$$R + \bullet OH \longrightarrow degradation\ products \qquad (15\text{-}14)$$

在纯粹的超声环境下，赖以分解难挥发有机污染物的 $\bullet OH$ 及 $HO_2\bullet$ 等具有强氧化性的自由基，对比分解有机污染物，更容易形成过氧化氢，如下：

$$2\bullet OH \longrightarrow H_2O_2 \qquad (15\text{-}15)$$

$$2HO_2\bullet \longrightarrow H_2O_2 + O_2 \qquad (15\text{-}16)$$

过氧化氢虽然对有机物有一定的分解作用，但反应活性较低，所以，纯粹的超声处理对有机物的分解往往是效率低下的。为了克服传统芬顿法的缺点，提高超声对有机物的分解作用，近年来开发了超声类芬顿法。研究发现，在超声反应体系中加入铁离子或能均匀分散的铁氧化物，能大大提高有机污染物分解的速率（Ioan I et al.，2007；Muruganandham et al.，2007）。一些超声类芬顿的方法，利用超声过程中产生的 H_2O_2 而非额外投加 H_2O_2 的方法（Ai Z et al.，2007；Torres et al.，2007b），彻底解决了传统芬顿法中 H_2O_2 使用费用高的缺点。Torres 等（2007a）取持续投加过氧化氢的投加方式，对比了传统芬顿和超声芬顿分解 BPA。在传统芬顿失效的自然水体介质中，采取同样的投加量与投加方式，超声芬顿能在 90 min 内接近 100%去除 BPA，同时，取得较高的 COD 及 TOC 去除率。Mohapatra 等（2011）进行了超声、传统芬顿氧化和 Fe^{2+}/超声类芬顿 3 种处理方法对污水二沉池污泥中 BPA 进行分解的试验研究。结果表明，相对于超声与传统芬顿方法，采取 Fe^{2+}/超声类芬顿法能获取悬浮固体（SS）、挥发性悬浮固体颗粒（VSS）、COD 及溶解性有机碳（SOC）等污泥常规处理效率指标更高的去除率，同时实现了最高的 BPA 去除率（82.7%）。由此可见，在同一条件下，超声协助传统芬顿能大幅提高 BPA 的去除率。同时，因超声独有的空化作用，能减少氧化剂 H_2O_2 的投加量甚至无须投加 H_2O_2，大幅减低了运行成本；此外，在传统芬顿法失效的自然水体或者中性 pH 下，超声类芬顿仍然对 BPA 保持优良的去除效果。

对于超声芬顿优于传统芬顿的原因分析，经 Gogate 等（2004）及 Blume 等（2004）研究，归结为超声芬顿在提供超声空化作用及混合作用的同时，提高了反应式（15-5）的反应速率而提高了 $\bullet OH$ 的产率，最终提高 BPA 的去除率。当反应体系处在中性甚至碱性的条件下，从传统芬顿的反应式可以看出，产碱的反应式（15-5）是整个芬顿反应的控制步骤，而增加超声的空化作用，能提高反应式（15-5）的速率，也使得超声芬顿法在 pH 较高的环境下仍对 BPA 具有良好的去除效果，克服了传统芬顿只能在酸性条件下保持良好去除效果的弊端。此外，超声的空化作用能使得体系中持续保持氧化剂 H_2O_2 的生成，能大幅降低 H_2O_2 的投加量其至完全避免 H_2O_2 的投加，也克服了传统芬顿法中 H_2O_2 投加耗费的缺点。

15.1.4.2 其他类芬顿方法分解双酚 A

传统芬顿法与紫外光照射联用称为光芬顿法（photo-Fenton process），光芬顿法能显著提高有机污染物的分解速率（Katsumata et al.，2004）。光芬顿法包含两个反应（Will et al.，2004；Wu D et al.，2007）：

$$Fe^{2+} + H_2O_2 \longrightarrow Fe^{3+} + \cdot OH + OH^- \tag{15-17}$$

$$2Fe^{3+} + H_2O + hv \longrightarrow Fe^{2+} + \cdot OH + H^+ \tag{15-18}$$

在光芬顿反应中，$\cdot OH$ 产生来源于两个方面，Fe^{2+} 催化 H_2O_2 及 Fe^{3+} 在光照的条件下与水反应。以上两个反应，在光芬顿的进程上反复进行，将有机污染物彻底降解为二氧化碳和水。Katsumata 等（2004）研究了 BPA 在光芬顿体系下的高级氧化，最佳条件下反应进行 10 min BPA 去除率达 100%，经过 36 h 紫外光照 90% 以上 BPA 彻底氧化为 CO_2，远高于在避光状态下的去除率。

然而，单纯的传统芬顿法与紫外光照联合，仍存在铁离子损耗与污水处理后铁离子后续处理（Bossmann et al.，2001）的传统芬顿缺点（Li D et al.，2004；Li D et al.，2010），催生了国内外进行大量的负载型非均相光芬顿催化剂的研究，载体有如沸石（Bossmann et al.，2001；Rios-Enriquez et al.，2004），膜状、球状尼龙（Fernandez et al.，1998；Fernandez et al.，1999），硅石织物（Bozzi et al.，2003；Li D et al.，2004）等。

在类芬顿分解 BPA 的过程中，涌现了多种类芬顿方法联用的 BPA 分解技术以弥补各种传统芬顿及类芬顿的缺陷。Torres-Palma 等（2010）在光照与超声的环境下采用 Fe^{2+} 与 TiO_2 研究了新型类芬顿方法对 BPA 的分解，经 4 h 反应去除了 93% 的可溶性有机污染物，并证明了两种方法之间的协同作用。Liu W 等（2011）将具有强氧化作用的零价金属铝-酸性系统结合 Fe^{2+} 组成类芬顿体系对 BPA 进行分解。零价金属铝-酸性系统产生一定浓度的 H_2O_2 并与 Fe^{2+} 组成芬顿系统，增强了系统的氧化能力，实现了 8 h 内 BPA 去除率大于 99%，且在此体系下，低 pH、高零价金属铝及 Fe^{2+} 投加量、高温有助提高 BPA 分解速率。

表 15-4 是近年来传统芬顿及类芬顿分解 BPA 的研究对比。由表可知，目前对于芬顿、类芬顿分解 BPA 的研究体系主要是以模拟污水为主，以实际污水、自然水体、沉积物或污泥等更具实际意义的研究体系鲜有报道。此外，在上述报道研究中，对 BPA 具有良好分解效果的体系多为酸性介质或采用均相催化剂，无法彻底摆脱传统芬顿的两个主要缺点。在同样的条件下，对比传统类芬顿法，传统芬顿法能明显提高 BPA 的去除率，部分报道证明，类芬顿法能有效解决传统芬顿在中性介质中失效等问题。

表15-4 类芬顿法分解BPA效果对比

催化剂与剂量	H₂O₂剂量	BPA浓度	初始pH	方法	去除率	媒介	产物	参考文献
$FeSO_4 \cdot 7H_2O$ 2.5 mg/L	7 mg/L	25 mg/L	4	芬顿反应	~86.36% (10 min)	去离子水	未提及	Ioan I et al., 2007
$FeSO_4$ 100 μmol/L	35×10^{-3} mol/L 110 μmol/h	118 μmol/L	3	芬顿反应	~100%(90 min)	去离子水	最终产物: 4-isopropenyl phenol, 4-hydroxyacetophenone, dihydroxylated bisphenol A, quinone of dihydroxylated bisphenol A, monohydroxylated bisphenol A, quinone of monohydroxylated bisphenol A	Torres et al., 2007a
$FeSO_4$ 100 μmol/L	35×10^{-3} mol/L 110 μmol/h	118 μmol/L	7.6	Sono-芬顿	~100%(90 min)	天然水体	最终产物: 4-isopropenyl phenol, 4-hydroxyacetophenone, dihydroxylated bisphenol A, quinone of dihydroxylated bisphenol A, monohydroxylated bisphenol A, quinone of monohydroxylated bisphenol A	Torres et al., 2007a
$FeSO_4 \cdot 7H_2O$ 2.5 mg/L	7 mg/L	25 mg/L	4	Sono-芬顿	~93.39% (10 min)	去离子水	未提及	Ioan I et al., 2007
Fe^{2+} 9.75×10^{-5} gg⁻¹SS	无H_2O_2	2.85 μg/g	3	Sono-芬顿	~82.7% (180 min)	废水污泥	中间产物: 3-hydroxybisphenol A, hydroquinone, 4-hydroxyacetophenone	Mohapatra et al., 2011
Fe^{2+} 4×10^{-5} mol/L	4×10^{-4} mol/L	10 mg/L	4	光芬顿反应	~100%(10 min)	去离子水	中间产物: 4-isopropylphenol (IPP), p-hydroquinone (p-HQ), 4-phenol (1-hydroxy-1-methyl-ethyl)-phenol (HMEP), phenol, 4-Isopropenylphenol (IPeP)	Katsumata et al., 2004
ZVAl 4.0 g/L Fe^{2+} 10 mmol/L	无H_2O_2	2.0 mg/L	1.5	含Fe^{2+}的零价铝酸体系	>99% (8 h)	去离子水	最终产物: monohydroxylated BPA, hydroquinone, 2-(4-hydroxyphenyl) propane, 4-isopropen-ylphenol, hydroquinone	Liu W et al., 2011

15.1.5 研究的意义和工作内容

作为典型的内分泌干扰物，BPA 的大量使用与不完全处理已经造成全球范围内无处不在的污染。BPA 在极低浓度情况下仍能表现出强内分泌干扰性，加之其本身具有的诸如致癌性、基因毒性及持久性等性质，发展一种彻底的、高效的、低成本的 BPA 分解技术方法颇具意义。

众多的高级氧化技术研究证明，芬顿反应（Fenton Reaction）（$H_2O_2+Fe^{2+}/Fe^{3+}$）是处理废水中有机污染物最有效的方法之一。但是，传统的芬顿反应具有两方面的缺点：①以铁离子作为催化反应的均相催化剂，污水处理完成后仍需进行铁离子的去除，使得处理技术成本拉高，铁离子可能造成二次污染；②传统的芬顿反应需要强酸性环境（pH 为 2~3）。因此，开发具有高效催化性能、低造价和可回收利用性能的非均相催化剂，利用类芬顿催化体系彻底弥补传统芬顿体系的主要缺点，对提高该类方法的实际运用可行性具有重要意义。

为此，我们提出超声协助 nano-Fe₃O₄ 非均相类芬顿法分解 BPA，主要内容如下：

①分别利用化学试剂和钢铁酸洗废液为原料，以共沉淀法及新颖的氧化-共沉淀法进行 nano-Fe₃O₄ 颗粒（Fe₃O₄ NPs）的制备，并用于超声协助的非均相类芬顿法分解 BPA 的研究。采用工艺对比试验研究，证明超声非均相类芬顿体系的优越性。并对两种材料在该体系进行不同试验条件下对 BPA 的分解性能、分解动力学及主要作用因子进行研究，重点研究两种材料在中性 pH 条件下的催化性能。

②材料重复利用性能评价：通过材料回收利用试验，探究典型反应后材料的性质、形态改变、物质流失及重复利用的催化性能，以此评价材料的重复利用性能并证明非均相催化剂在类芬顿中的优越性。

15.2 化学试剂制备的 nano-Fe₃O₄ 在超声类芬顿法中的应用

15.2.1 研究方法

作为一种非均相催化剂，纳米四氧化三铁颗粒（Fe₃O₄ NPs）因其磁力回收特性和类过氧化氢酶特性，尤其适用于非均相芬顿体系（Gao L et al.，2007；Shin S et al.，2008；Wei H et al.，2008；Wang N et al.，2010）。已有研究证明有机污染物能为 $H_2O_2+Fe_3O_4$ NPs 体系所分解（Wei H et al.，2008；Zhang S et al.，2009），但是，在纯粹的 $H_2O_2+Fe_3O_4$ NPs 体系中，Fe₃O₄ NPs 会产生团聚效应，从而降低其比表面积及分散性，最终影响了催化性能。

众所周知，超声有助于提高颗粒物在液态体系中的分散性，以超声协助 H_2O_2+Fe_3O_4 NPs 而形成的 US+H_2O_2+Fe_3O_4 NPs 体系，能降低或消除由 Fe_3O_4 NPs 团聚而引起的催化分解性能下降的问题。本节采用化学试剂为原料，以成熟的共沉淀法为制备方法，进行 Fe_3O_4 NPs 的制备，并组合 US+H_2O_2+Fe_3O_4 NPs 工艺进行 BPA 的分解研究。重点验证 US+H_2O_2+Fe_3O_4 NPs 工艺的优越性，并探究该体系的影响因素、分解动力学，确定起主要分解作用的因子。

（1）Fe_3O_4 NPs 投加方式

为了减少纳米颗粒的团聚作用、缩短体系中从催化剂投加到达到良好分散状态的时间，本书采取"湿样投加"作为催化剂的投加方式，即取设定体积经摇匀分散良好的 Fe_3O_4 NPs 分散液，注入反应体系中。

作为影响催化分解体系的重要因素之一，催化剂的准确投入对本书具有重要意义。为确保催化剂量的准确加入，以重量法进行了设定体积的 Fe_3O_4 NPs 分散液中 Fe_3O_4 的含量分析：准确移取设定体积的分散良好的 Fe_3O_4 NPs 分散液数份于已知质量的洁净烧杯中（质量为 m_1），磁力分离并弃去上清液，置于 70℃真空环境下干燥处理，测定其质量（m_2），以质量差（m_2-m_1）的平均值作为设定体积分散液中 Fe_3O_4 NPs 的质量并计算样品的标准偏差。10 mL Fe_3O_4 NPs 分散液中 Fe_3O_4 NPs 含量结果如图 15-2 所示。可知，6 个 10 mL Fe_3O_4 NPs-CP 分散液中 Fe_3O_4 NPs 含量较为相近，平均值为 128.1 mg。对样品进行标准偏差的计算，结果为 0.2%，说明样品数据离散程度小，数据接近平均值，证明"湿样投加"方式能确保投加量为设计量，具有较高的可行性。

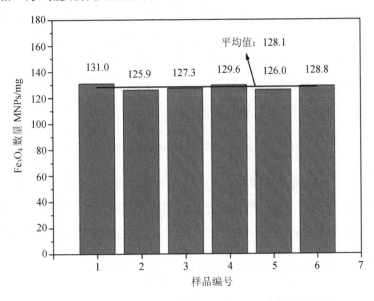

图 15-2　Fe_3O_4 NPs-CP 分散液中 Fe_3O_4 NPs 含量分析结果

（2）US+H_2O_2+Fe_3O_4 对 BPA 的分解研究

以 HCl、NaOH 调节行 BPA 溶液的 pH，向 200 mL 浓度为 20 mg/L 的 BPA 水溶液中加入不同量的 Fe_3O_4 NPs 分散液，在池式超声机中进行超声（40 kHz，100 W）处理 15 min（超声槽中液面与反应体系液面保持一致），以达分散及恒温状态［（35±1）℃］。加入设定量的 H_2O_2 后开始计时超声处理，在设定采样时间（0、10 min、30 min、60 min、120 min、240 min、360 min、480 min）采样 1.5 mL（确保最终体积变化<5%）过 0.45 μm 孔径膜以备 HPLC 检测。同时进行 US+Fe_3O_4+H_2O_2、US+Fe_3O_4、US+H_2O_2、US、Fe_3O_4+H_2O_2、单独 Fe_3O_4 和单独 H_2O_2 工艺的对比研究，进行其他工艺的 BPA 分解试验时，除考察因素改变以外，其他因素保持一致。进行 TOC 分析样品前处理与 HPLC 检测一致。BPA 浓度及样品 TOC 分析在采样完成后立即进行。

（3）US+H_2O_2+Fe_3O_4 主要作用因子的测定

为确定 US+H_2O_2+Fe_3O_4 NPs 体系分解 BPA 主要作用因子是否为•OH，本书采取捕获剂叔丁醇（t-BuOH）对•OH 进行淬灭进而观察 BPA 分解率及分解动力学的方法。试验中，在最佳工艺条件的 US+H_2O_2+Fe_3O_4 体系中加入不同量的 t-BuOH（投加 H_2O_2 前进行），其他操作同（2）。

（4）分析方法

①BPA 分析。溶液中 BPA 的浓度采用高效液相色谱进行测定，色谱柱为 C_{18} column（250 mm×4.6 mm），紫外检测波长为 273 nm，流动相为甲醇：水=70：30（V：V），流速为 0.8 mL/min，进样量为 20 μL。

采用外标法进行定量，即测定前先配制一系列 BPA 准溶液，以浓度为横坐标，峰面积为纵坐标绘制标准曲线，当被测物的浓度与峰面积线性关系良好时（r>0.999），采用该曲线进行定量分析。每次进行 BPA 样品的检测前，进行两标准浓度的 BPA 样品的重复性检验，以确保标准曲线的可靠性。

BPA 去除率η 依照以下公式进行计算：

$$\eta = \left(1 - \frac{C_t}{C_0}\right) \times 100\% \qquad (15\text{-}19)$$

式中，C_t、C_0 分别为水样在反应进行 t、0 时刻时 BPA 浓度。

②总有机碳（TOC）分析。TOC 可充分了解工艺对 BPA 的矿化处理程度。水样预处理方法与 BPA 浓度分析方法一致，矿化率 $TOC_{removal}$ 依照式（15-20）进行计算：

$$TOC_{removal} = \left(1 - \frac{TOC_t}{TOC_0}\right) \times 100\% \qquad (15\text{-}20)$$

式中，TOC_t 和 TOC_0 分别为水样在反应进行 t、0 时刻的 TOC 含量。

③分解动力学分析计算。采用拟一级动力学进行各种工艺对 BPA 分解的动力学研

究，公式如下：

$$\ln\left(\frac{C_t}{C_0}\right) = -k_{obs}t \tag{15-21}$$

式中，k_{obs} 为拟一级动力学反应速率常数，t 为反应时间。对于拟一级动力学拟合常数低的工艺，不作动力学常数讨论。

15.2.2　材料的制备与表征

（1）Fe₃O₄ NPs 的共沉淀合成

向 0.01 mol/L 的 HCl 溶液中加入一定量的 FeCl₃·6H₂O 和 FeSO₄·7H₂O（1∶1），加热至 60℃，滴加浓度为 3.0 mol/L 氨水并保持 60℃反应 5 h。反应结束后以去离子水清洗所得材料至中性，最后重新分散在 100 mL 去离子水中。经重量法测定，所得 100 mL Fe₃O₄ NPs 分散液浓度为 12.81 g/L，记为 Fe₃O₄ NPs-CP。

（2）材料的表征

采用比表面分析仪对 Fe₃O₄ NPs-CP 进行比表面的分析测定，样品先后在 70℃真空干燥 12 h 和在液氮温度（−196℃）下进行氮气的吸附解吸测试。纳米颗粒的尺寸及表面形貌采用透射电镜（TEM）进行分析，先后在乙醇中超声分散和与无水乙醇混合液滴到碳-铜合金网上进入仪器真空室中测定。颗粒的晶型结构采用 X 射线粉末衍射仪（XRD）测定，X 射线为 Cu 靶 Kα射线（$\lambda=0.154\,18$ nm），管电压 30 kV，管电流 20 mA，扫描范围 10°～90°，扫描速度为 0.8°/s。Fe₃O₄ NPs-CP 反应前后的表面元素价态分析采用 X 射线光电子能谱仪进行表征，采用光源为 Mono Al Kα，能量 1 486.6 eV；扫描模式为 CAE；全谱扫描通能为 150 eV；窄谱扫描通能为 20 eV。颗粒的表面元素组成采用能谱仪进行分析。

对于 BET、XRD 及 XPS 表征分析，须对反应前后 Fe₃O₄ NPs-CP 进行特定的预处理：以磁力对分散液或反应后体系进行催化剂的磁力回收，经乙醇洗涤 3 次和弃去上清液后置于 60℃真空中干燥。

图 15-3 为所制备 Fe₃O₄ NPs-CP 的形貌图。如图可知，Fe₃O₄ NPs-CP 粒径小于 100 nm，形状为类球形，粒径为 10～20 nm，范围较窄。颗粒物由于磁性及范德华力而有一定的团聚效应，最终形成链状结构。

比表面积为非均相催化剂表征的一个重要方面，如图 15-4 所示，Fe₃O₄ NPs-CP 比表面积为 55.73 m²/g，高于其他研究者制备过程使用表面活性剂溴化十六烷基三甲基铵制备而成的 Fe₃O₄ NPs（Wang Y et al.，2012）。同时，图中显示所制备的材料具有较窄的孔径分布（孔径由于纳米颗粒堆积而成），可以推断纳米颗粒具有较为均一的形态。具体数据见表 15-5。

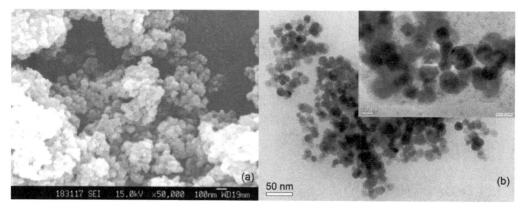

图 15-3 （a）Fe₃O₄ NPs-CP 的扫描电镜照片；（b）Fe₃O₄ NPs-CP 的透射电镜照片（含两种比例尺）

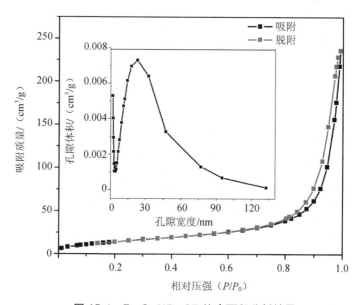

图 15-4 Fe₃O₄ NPs-CP 比表面积分析结果

表 15-5 Fe₃O₄ NPs-CP 比表面积及孔结构分析结果

BET 表面积/（m²/g）	孔容/（cm³/g）	孔径/nm
55.728	0.242	17.345

采用 XRD 及 XPS 对所制备的颗粒定性分析，如图 15-5 所示。XRD 结果显示，在 2θ 分别为 18.3°、30.1°、35.5°、43.1°、53.5°、57.0°和 62.6°处的峰分别指示了（111）、（220）、（311）、（400）、（422）、（511）和（440）晶面。符合标准卡片（JCPDS PDF#65-3107）中 Fe₃O₄ 的数据。证明了所制备的材料颗粒主要以 Fe₃O₄ 形式存在。另外，观察峰型可初步判断为单峰，表明所制备的 Fe₃O₄ NPs-CP 纯度较高。

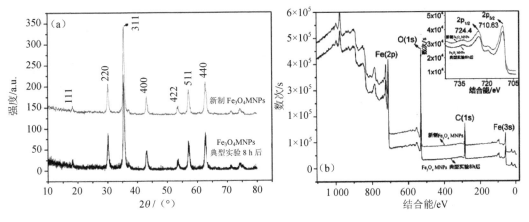

图 15-5　Fe_3O_4 NPs-CP 表征图：（a）XRD，（b）XPS

从 XPS 数据可知，所制备的材料表面存在 Fe、O 和 C 3 种元素。进一步分析铁的
2p 谱图可以发现，结合能 710.6 eV 与 724.4 eV 分别显示了 Fe_3O_4 中 Fe $2p_{3/2}$ 及 $2p_{1/2}$ 轨道
中的电子结合能，表明纳米颗粒以为 Fe_3O_4 形式存在（Oku M et al.，1976；Mills P et al.，
1983；Hawn D D et al.，1987；Tan B J et al.，1990）。另外，在 XPS 谱图中结合能 94 eV
处的峰，也符合 Fe_3O_4 中 Fe 的 3s 轨道电子结合能的特征峰（Mills P et al.，1983）。再
次说明了所制备的铁氧化物主要以 Fe_3O_4 形式存在。而出现 C 元素则归因于表征样品制
作过程中对乙醇的吸附。

15.2.3　BPA 分解工艺对比——US+H_2O_2+Fe_3O_4 工艺的协同作用

本书进行了酸性（pH=3）、中性（pH=7）及碱性（pH=9）3 种条件下 US+Fe_3O_4+H_2O_2、
US+Fe_3O_4、US+H_2O_2、US、Fe_3O_4+H_2O_2、Fe_3O_4 及 H_2O_2 共 7 种工艺对 BPA 分解的研究。
不同 pH 条件、不同工艺中，BPA 的分解曲线（C/C_0-t）如图 15-6 所示。

从 pH=3 的分解曲线可知，单独的 Fe_3O_4、H_2O_2 或超声处理均不对 BPA 分解起显著
作用。US+Fe_3O_4+H_2O_2 反应初期去除率上升较快，偏离拟一级动力学拟合直线（见拟合
分析），可能为 pH=3 的强酸介质下的 Fe^{2+} 溶出现象，使得反应初期体系具有均相芬顿
的特征，反应速率较大。该工艺反应 8 h BPA 去除率达 98.30%，去除率远高于单因素
US、Fe_3O_4 和 H_2O_2 去除率之和。其次是 US+Fe_3O_4，达 86.81% 以上，同样远高于其单因
素所获得的效率之和。US+H_2O_2、Fe_3O_4+H_2O_2 分别获得了 57.37%、19.38% 的去除率。
从分解曲线可知，加入超声协助分解的工艺相对不加超声协助的，最终去除率均取得较
大的提高：US+Fe_3O_4+H_2O_2（98.3%）对比 Fe_3O_4+H_2O_2（19.38%）提高了 80.28%；US+Fe_3O_4
（86.81%）对比单独投加 Fe_3O_4，US+H_2O_2（57.37%）对比单独投加 H_2O_2 分别从无明显
去除率到获得了 86.81% 及 57.37% 的最终去除率，而单独的超声处理对 BPA 不起去除作

用。可见，超声辅助对各种工艺均具有强化作用。

从 pH=7 的分解曲线可知，与初始 pH=3 状态下的各种工艺相似，单独的 Fe_3O_4、H_2O_2 或超声处理均不对 BPA 分解起显著作用。$US+Fe_3O_4+H_2O_2$ 工艺经过 8 h 的反应，BPA 去除率接近 95%，远高于单因素 US、Fe_3O_4 和 H_2O_2 去除率之和。其次是接近 50% 的 $US+H_2O_2$，同样远高于其单因素所获得的效率之和。$US+Fe_3O_4$、$Fe_3O_4+H_2O_2$ 分别获得了 32%、14% 的去除率。与初始 pH=3 不同的是，$Fe_3O_4+H_2O_2$ 获得了高于 $US+Fe_3O_4$ 的去除率，表明在中性条件下不利于 Fe_3O_4 催化由超声所产生的 H_2O_2，进而产生对 BPA 分解起主要作用的 •OH；另外，$Fe_3O_4+H_2O_2$ 与单独 H_2O_2 作用效果相当，也表明了中性条件下 Fe_3O_4 对 H_2O_2 不起催化作用。

从 pH=9 的分解曲线可知，在碱性条件下，$US+Fe_3O_4+H_2O_2$ 工艺对 BPA 仍表现出较高的去除率，反应 8 h 去除率接近 93%。其次是去除率达 73% 的 $US+H_2O_2$，高于中性与酸性条件下的去除率，这可能与过氧化氢在碱性条件下不稳定，裂解成活性高的氧化性自由基相关。其余工艺均不表现明显去除效果，单因素作用之和（单独 US、Fe_3O_4、H_2O_2 去除率分别为 4.78%、7.02% 及 19.01%）远小于 $US+Fe_3O_4+H_2O_2$ 工艺去除率。

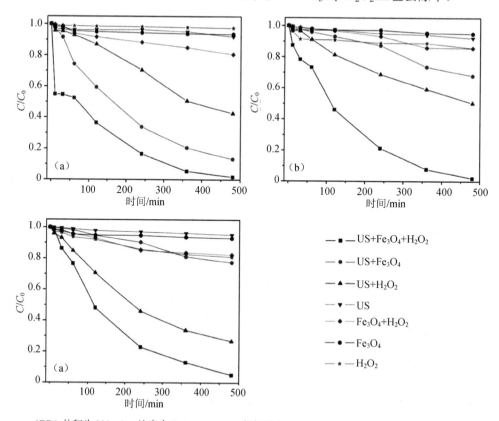

（BPA 体积为 200 mL，浓度为 20 mg/L，Fe_3O_4 投加量为 585 mg/L，H_2O_2 投加量为 160 mmol/L）

图 15-6　不同 pH 条件下不同工艺中 BPA 的分解曲线：（a）pH=3，（b）pH=7，（c）pH=9

对不同初始 pH 下各分解反应进行一级动力学拟合，结果如图 15-7 所示。拟一级动力学所得反应速率常数及拟合相关系数见表 15-6。

对于 pH=3 条件下的各种工艺，由拟合的数据可知，对 BPA 不起明显去除效果的 US、Fe_3O_4 及 H_2O_2 工艺，其拟一级动力学拟合所得的相关系数 R^2 较小，表明反应不具有拟一级动力学特征。其他 4 种对 BPA 有明显去除作用的 US+Fe_3O_4+H_2O_2、US+Fe_3O_4、US+H_2O_2、Fe_3O_4+H_2O_2 工艺其拟一级动力学拟合均获得了相对较高的相关系数 R^2。对拟合所得的拟一级反应速率常数 k_{obs} 进行分析，US、Fe_3O_4 或 H_2O_2 三者单因素作用下均对 BPA 不起明显的去除效果，而三者结合的工艺（US+Fe_3O_4+H_2O_2）则起显著的去除作用并获得了符合拟一级动力学特征的反应速率常数 $k_{obs\ US+Fe_3O_4+H_2O_2}=7.680×10^{-3}$，可确定三因素共同作用起到了协同效果。同理可知，US+Fe_3O_4 及 US+H_2O_2 两种工艺各因素间也产生了协同作用，分别获得了拟一级动力学反应速率常数 $4.310×10^{-3}$ 及 $1.800×10^{-3}$，这表明超声能大幅提高上述工艺对 BPA 的分解速率。此外，Fe_3O_4+H_2O_2 工艺拟一级动力学反应速率常数为 $1.070×10^{-3}$，最终对比 Fe_3O_4+H_2O_2 及单独 Fe_3O_4 及 H_2O_2 也取得了较大的提高，这说明所制备的 Fe_3O_4 对 H_2O_2 具有催化作用，能有效提高分解反应速率。观察反应速率常数值可得 $k_{obs\ US+Fe_3O_4+H_2O_2}>k_{obs\ US+Fe_3O_4}>k_{obs\ US+H_2O_2}>k_{obs\ Fe_3O_4+H_2O_2}$，表明在几种工艺中，US+$Fe_3O_4$+$H_2O_2$ 对 BPA 产生最佳的去除效果。

对于 pH=7 条件下的各种工艺，从拟合的数据可知，对 BPA 不起明显去除效果的 Fe_3O_4 及 Fe_3O_4 工艺，进行拟一级动力学拟合所得的相关系数 R^2 较小，反应不具有拟一级动力学特征。与 pH=3 情况不同的是，初始 pH=7 体系下单独超声虽然对 BPA 不具有明显的去除作用，但具有较高的拟一级动力学拟合相关系数。其他 3 种对 BPA 有相对明显去除作用的 US+Fe_3O_4+H_2O_2、US+Fe_3O_4、US+H_2O_2 工艺进行一级动力学拟合均获得了相对较高的相关系数 R^2。对拟合所得的拟一级反应速率常数 k_{obs} 进行分析，US、Fe_3O_4 或 H_2O_2 三者单因素作用下均对 BPA 不起明显的去除效果，而三者结合的工艺（US+Fe_3O_4+H_2O_2）则起显著的去除作用并获得了符合拟一级动力学的反应速率常数 $k_{obs\ US+Fe_3O_4+H_2O_2}=6.38×10^{-3}$，可确定三因素共同作用起到了协同效果。同理可知，US+Fe_3O_4 及 US+H_2O_2 两种工艺各因素间也产生了协同作用。观察反应速率常数值可得 $k_{obs\ US+Fe_3O_4+H_2O_2}>k_{obs\ US+H_2O_2}>k_{obs\ US+Fe_3O_4}$，表明中性条件下各种工艺中，US+$Fe_3O_4$+$H_2O_2$ 能对 BPA 产生最佳的去除效果。

对于 pH=9 条件下的各种工艺，从拟合的数据可知，两种对 BPA 有明显去除作用的 US+Fe_3O_4+H_2O_2、US+H_2O_2 工艺，具有较高的拟一级动力学拟合相关系数，符合拟一级动力学反应特征，速率常数分别为 $5.640×10^{-3}$ 及 $2.860×10^{-3}$。其余工艺未能实现明显的去除效果。对于具有拟一级反应特征的工艺，其速率常数 k_{obs} 有 $k_{obs\ US+Fe_3O_4+H_2O_2}>k_{obs\ US+H_2O_2}>k_{obs\ US+Fe_3O_4}>k_{obs\ H_2O_2}>k_{obs\ Fe_3O_4+H_2O_2}>k_{obs\ US}$。特别地，单独 US 或 H_2O_2 符合拟

一级动力学特征但对 BPA 不具有明显的去除效果，单独的 Fe_3O_4 几乎不具有去除效果，但三者结合的 $US+Fe_3O_4+H_2O_2$ 工艺获取了较高的反应速率（5.640×10^{-3}）的一级反应，大大提高了 BPA 的去除率，可以判定三者产生了协同作用。

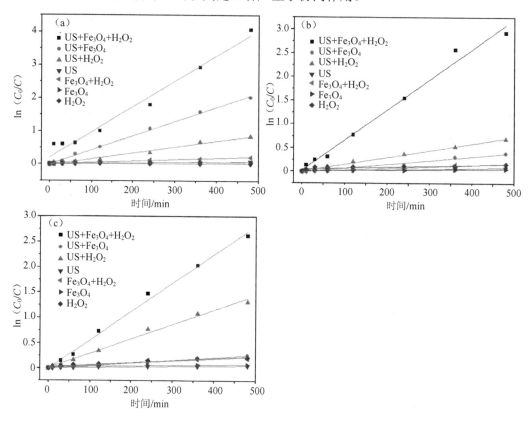

图 15-7　不同初始 pH 条件下不同工艺分解 BPA 的一级动力学拟合结果：

（a）pH=3，（b）pH=7，（c）pH=9

表 15-6　各体系不同初始 pH 下拟一级动力学常数及相关系数

体系	初始 pH	k_{obs}	R^2
$US+Fe_3O_4+H_2O_2$	3	7.68×10^{-3}	0.987 7
$US+Fe_3O_4$	3	4.31×10^{-3}	0.998 8
$US +H_2O_2$	3	1.80×10^{-3}	0.989 7
US	3	1.07×10^{-4}	0.802 7
$Fe_3O_4+H_2O_2$	3	4.32×10^{-4}	0.978 1
Fe_3O_4	3	1.17×10^{-4}	0.810 6
H_2O_2	3	3.86×10^{-5}	0.859 7
$US+Fe_3O_4+H_2O_2$	7	6.38×10^{-3}	0.993 6
$US+Fe_3O_4$	7	8.07×10^{-4}	0.985 8
$US +H_2O_2$	7	1.44×10^{-3}	0.998 0

体系	初始 pH	k_{obs}	R^2
US	7	1.61×10^{-4}	0.983 8
$Fe_3O_4+H_2O_2$	7	3.49×10^{-4}	0.977 4
Fe_3O_4	7	7.57×10^{-5}	0.822 0
H_2O_2	7	2.23×10^{-4}	0.785 8
$US+Fe_3O_4+H_2O_2$	9	5.64×10^{-3}	0.997 4
$US+Fe_3O_4$	9	5.51×10^{-4}	0.991 0
$US+H_2O_2$	9	2.86×10^{-3}	0.995 5
US	9	1.03×10^{-4}	0.978 2
$Fe_3O_4+H_2O_2$	9	4.23×10^{-4}	0.959 5
Fe_3O_4	9	1.23×10^{-4}	0.837 2
H_2O_2	9	4.31×10^{-4}	0.972 6

从超声与否的角度看，pH=3 或 pH=7 时，单独投加 H_2O_2 工艺对 BPA 的分解能力可以忽略，只有在 pH=9 时因为过氧化氢在碱性条件下分解成活性碎片而对 BPA 有缓慢的分解作用。但配以超声辅助时，形成 $US+H_2O_2$ 工艺则使 BPA 分解效率提高，这证明了超声的空穴作用增加了活性碎片的形成，然而 H_2O_2 的低挥发性和高水溶性和进入空穴中的有限 H_2O_2 量，最终仍限制了 BPA 的去除率（Zhang H et al.，2009）。对 $US+Fe_3O_4$ 工艺而言，相似的协同效应也发生在酸性条件下，这可能归因于超声条件下提供持续的 H_2O_2 生成，加上 Fe_3O_4 本身具有类过氧化氢酶的作用，使其具有与传统芬顿类似的催化性质（Gao L et al.，2007）。

为进一步评价 $US+Fe_3O_4+H_2O_2$ 体系中各因素间发生的协同作用，引入了协同指数（f）（synergistic index）（Guo Z et al.，2009）进行评价，对分解反应而言，协同指数利用各单因素（或简单体系）作用下分解反应速率常数进行计算，获得的指数（f）越大，各单因素间协同作用越大。协同指数计算方法如下：

$$f = \frac{k_{obsA+B+C}}{k_{obsA}+k_{obsB}+k_{obsC}} \tag{15-22}$$

式中，f 为 k_{obsA}、k_{obsB} 及 k_{obsC} 的协同指数；k_{obsA}、k_{obsB} 及 k_{obsC} 分别为 A、B 及 C 体系中 BPA 分解反应速率常数。

各因素协同指数（f）计算结果见表 15-7。由表可知，f_1 获得极大值，表明了 US、Fe_3O_4 及 H_2O_2 三单因素共同作用形成 $US+Fe_3O_4+H_2O_2$ 体系产生了强烈的协同作用；同样，f_2 获得接近 f_1 的极大值，表明了 US 与 $Fe_3O_4+H_2O_2$ 结合产生了强烈的协同效应，超声处理能极大程度提高 $Fe_3O_4+H_2O_2$ 工艺对 BPA 的分解效果；此外，f_3 及 f_4 也获得了较高值，分别表明了 H_2O_2 与 $US+Fe_3O_4$、Fe_3O_4 与 $US+H_2O_2$ 间同样发生了强烈的协同效应，任意一因素的结合，均能大大提高另外两因素组成的简单体系中 BPA 的分解反应速率常数。

综上可知，US+Fe$_3$O$_4$+H$_2$O$_2$ 体系在 BPA 的分解中，各因素组合产生强烈的协同效应，在 BPA 分解中极具优越性。

表 15-7　US+Fe$_3$O$_4$+H$_2$O$_2$ 体系中性条件下的协同指数

协同指数	公式	值
f_1	$f = \dfrac{k_{obsUS+Fe_3O_4+H_2O_2}}{k_{obsUS} + k_{obsFe_3O_4} + k_{obsH_2O_2}}$	13.88
f_2	$f = \dfrac{k_{obsUS+Fe_3O_4+H_2O_2}}{k_{obsUS} + k_{obsFe_3O_4+H_2O_2}}$	12.51
f_3	$f = \dfrac{k_{obsUS+Fe_3O_4+H_2O_2}}{k_{obsH_2O_2} + k_{obsUS+Fe_3O_4}}$	6.19
f_4	$f = \dfrac{k_{obsUS+Fe_3O_4+H_2O_2}}{k_{obsFe_3O_4} + k_{obsUS+H_2O_2}}$	4.21

因此，在各种 pH 下，单纯投加 Fe$_3$O$_4$ NPs-CP 催化剂、H$_2$O$_2$ 或单纯进行超声处理，对 BPA 均不产生明显的分解作用；对于 Fe$_3$O$_4$+H$_2$O$_2$ 及 US+Fe$_3$O$_4$ 工艺，随着 pH 提高，反应去除率逐渐降低；而 US+H$_2$O$_2$ 工艺与 pH 变化的相关性不大。所有 pH 条件下 US+Fe$_3$O$_4$+H$_2$O$_2$ 对 BPA 去除均体现了超声与非均相芬顿的协同作用并保持较高的去除率，且随 pH 升高开始逐渐下降。从分解率和拟一级动力学拟合常数可知，超声协助可大幅提高反应分解速率，与各种工艺均产生协同效应。原因可能是：①超声所具备的机械作用促进 Fe$_3$O$_4$ 粒子的分散，防止团聚，提高并保持了反应过程中 Fe$_3$O$_4$ 的活性；②超声空化作用过程中产生过氧化氢、高活性氧化性自由基，促进过氧化氢分解成活性基体，进而对 BPA 进行分解。

15.2.4　过氧化氢浓度对 US+H$_2$O$_2$+Fe$_3$O$_4$ 工艺分解 BPA 效果的影响

H$_2$O$_2$ 作为提供活性因子的来源，其投加量对类芬顿系统的影响很大。为了解 H$_2$O$_2$ 投加量对 US+Fe$_3$O$_4$+H$_2$O$_2$ 工艺分解 BPA 的影响，在固定了 pH=7 及 Fe$_3$O$_4$=585 mg/L 两个因素条件下，进行了 7 种 H$_2$O$_2$ 投加量的试验，结果见图 15-8。根据相对应的拟一级动力学拟合数据可知，H$_2$O$_2$ 各种投加量条件下 US+Fe$_3$O$_4$+H$_2$O$_2$ 工艺中 BPA 分解行为符合拟一级动力学，拟一级动力学的相关系数 R^2 大部分高于 0.99。

从拟合所得的反应常数 k_{obs} 曲线可知（图 15-8），在无 H$_2$O$_2$ 投加的情况下，反应速率常数 k_{obs} 仅为 2.286×10^{-4}，反应 8 h BPA 仍难以分解，表明超声条件下单独的 Fe$_3$O$_4$ 作用无法提供足够的活性自由基基团，H$_2$O$_2$ 的添加大大提高反应对 BPA 的去除率，在 H$_2$O$_2$ 投加量为 0～160 mmol/L 范围内，Fe$_3$O$_4$ 投加量一定情况下，k_{obs} 随 H$_2$O$_2$ 投加量的增加而逐渐从 2.286×10^{-4} 增大至 6.460×10^{-3}，提高了 27 倍。表明在这个投加量区间内，反应

速率随着 H_2O_2 投加量增加而加快,这归因于吸附在催化剂 Fe_3O_4 表面的 H_2O_2 越发充足,为产生 •OH 的反应提供了高反应物浓度。在 H_2O_2 投加量超过 160 mmol/L 的阶段,k_{obs} 逐渐变小,投加量从 160 mmol/L 升至 206 mmol/L,速率常数 k_{obs} 从 6.460×10^{-3} 降至 5.850×10^{-3},下降 14%。对于该现象有两个可能的原因,第一是吸附在 Fe_3O_4 催化剂表面的过量的 H_2O_2 与目标污染物 BPA 形成了竞争吸附,降低了催化剂表面 BPA 的浓度从而限制了 BPA 的催化分解;第二是过量的 H_2O_2 对•OH 具有捕捉作用(Goel M et al.,2004;Luo W et al.,2010)从而减少了参与氧化反应的活性自由基。

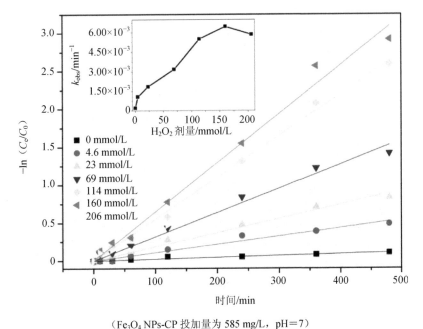

(Fe_3O_4 NPs-CP 投加量为 585 mg/L,pH=7)

图 15-8　H_2O_2 浓度对 US+Fe_3O_4+H_2O_2 分解 BPA 的影响

15.2.5　不同 Fe_3O_4 NPs 投加量对 US+H_2O_2+Fe_3O_4 工艺分解 BPA 效果的影响

与 H_2O_2 投加量影响研究类似,为了解 Fe_3O_4 投加量对 US+Fe_3O_4+H_2O_2 工艺分解 BPA 的影响,在固定了 pH 及 H_2O_2=160 mmol/L 两个因素条件下,进行了 5 种 Fe_3O_4 投加量的试验,结果见图 15-9。根据相对应的拟一级动力学拟合数据可知,Fe_3O_4 各种投加量条件下 US+Fe_3O_4+H_2O_2 工艺 BPA 分解行为均符合拟一级动力学。5 组分解数据对拟一级反应均有较高相关系数。在无 Fe_3O_4 投加的情况下,反应 8 h US+H_2O_2 工艺也无法取得显著的去除效果,反应速率常数 k_{obs} 仅为 1.470×10^{-4},加入 Fe_3O_4 则显著提高了反应速率常数。H_2O_2 投加量一定情况下,Fe_3O_4 投加量从 0 增至 585mg/L,k_{obs} 随之从 1.470×10^{-4} 增大至最高值 6.460×10^{-3},提高了 3.4 倍,这表明逐渐增加催化剂的投加量,有助于活性自由基的产生，这可能与 Fe_3O_4 起到类过氧化氢酶的作用相关。当催化剂从少量逐渐增加时，催化剂表面吸附的 H_2O_2 逐渐从对 BPA 吸附有负面竞争效应的过量状态转至合适状态，此时，催化剂表面吸附了能产生足够活性自由基的 H_2O_2 量并能保证一定的 BPA 浓度，故 BPA 分解反应速率常数达最大值，分解效果最显著。随着 Fe_3O_4 投加量继续增大，k_{obs} 呈下降趋势，当投加量从 558 mg/L 增至 1 170 mg/L 时，反应速率常数 k_{obs} 从最高的 $6.460×10^{-3}$ 降至 $3.860×10^{-3}$，下降了 40%，超过最佳配比后，继续增加催化剂投加量可能导致催化剂表面相对的 H_2O_2 减少，从而影响了活性自由基的产生，最终降低了 BPA 分解反应的速率常数和影响 BPA 的去除率。

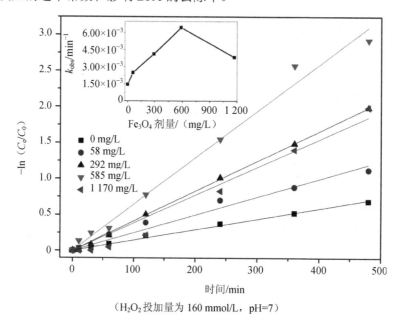

（H_2O_2 投加量为 160 mmol/L，pH=7）

图 15-9　不同 Fe_3O_4 NPs-CP 投加量对 US+Fe_3O_4+H_2O_2 分解 BPA 的影响

15.2.6　pH 对 US+H_2O_2+Fe_3O_4 工艺分解 BPA 效果的影响

对于类芬顿反应来说，pH 是影响反应速率常数最重要的因素之一。为此，本书固定催化剂及 H_2O_2 为最佳投加量情况下，采用了 NaOH、HCl 调节不同初始 pH 的探究试验，结果见图 15-10。

从拟一级动力学拟合的曲线可知，5 组分解数据对拟一级反应均有较高相关系数。与传统芬顿反应一致，类芬顿反应随着 pH 升高而降低，pH=3 时反应速率常数（k_{obs}）达到最高值 $8.310×10^{-3}$，如前所述，这归因于强酸性条件下部分 Fe_3O_4 溶解而使得反应体系具有速率常数较高的均相芬顿反应特征；pH 为 3～5 范围内 k_{obs} 随 pH 升高下降趋势较快，从 pH 为 3 时 k_{obs} 最高 $8.310×10^{-3}$ 下降至 pH 为 5 时的 $6.850×10^{-3}$，下降约 18%，这可能因为反应体系从酸性条件向偏中性条件过渡时，体系中离子态 Fe 量急剧下降，反应逐渐体现出速率常数较低的均相反应特征；pH 为 5～9 范围内 k_{obs} 变化相对平缓，k_{obs} 从 6.850×10^{-3} 下降至 5.620×10^{-3}，pH 升高 4 单位下降约 18%，幅度较小，可能与此变化范围内体系中的催化剂成分稳定相关。在 pH 为 3～9 内，反应速率常数在 5.620×10^{-3}～8.310×10^{-3} 间保持着相对较高的数值，表明反应在 pH 为 3 强酸性条件至 pH 为 9 的强碱性条件下均有理想的反应速率，BPA 去除反应较快，这对于应对实际运用时大幅调节污水酸碱度具有积极意义。pH 大于 9 继续增大时，k_{obs} 急剧下降，从 pH 为 9 上升至 pH 为 10，反应速率常数从 5.620×10^{-3} 急剧下降至 2.720×10^{-3}，下降幅度达 52%。一方面可能是超过 pH 为 9 的强碱性条件下，催化剂表面为 $Fe(OH)_6^{3-}$ 所覆盖而大幅降低了催化剂表面吸附的 H_2O_2 量（Zhang J et al.，2008）；另一方面强碱性条件下 H_2O_2 易快速分解为 H_2O 及 O_2，两者均严重影响了催化剂表面的 H_2O_2 量，从而降低了活性基团的产生并最终降低了 BPA 的分解速率。

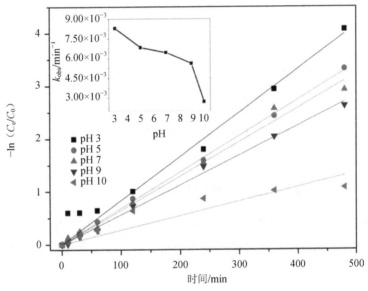

（Fe_3O_4 NPs-CP 及 H_2O_2 投加量分别为 585 mg/L 和 160 mmol/L）

图 15-10　pH 对 US+Fe_3O_4+H_2O_2 分解 BPA 的影响

15.2.7　US+H_2O_2+Fe_3O_4 工艺对 BPA 的矿化

基于工艺参数及主要影响因素的研究，确定以 US+Fe_3O_4+H_2O_2 工艺、pH=7、Fe_3O_4 投加量为 585 mg/L，H_2O_2 投加量为 160 mmol/L 的反应为典型反应，在典型反应过程中 BPA 分解及体系矿化行为见图 15-11。随着 BPA 的分解，反应初始阶段便呈现同步进行的矿化现象。在反应开始的前 20 min，TOC 去除率约 15.5%，20～60 min 区间内，TOC

去除率稳定在 15.5%～17.6%，60 min 之后，BPA 去除率 41%左右时，TOC 去除速度加快，矿化过程呈阶梯状，这归因于有机物矿化过程先将大分子有机物分解成小分子有机物，后由小分子有机物完全矿化成 H_2O 及 CO_2。本反应中 BPA 首先分解成分子量小于 BPA 的有机物，再由小分子有机物完全矿化。典型反应中 480 min 最终矿化率达 48.5%。

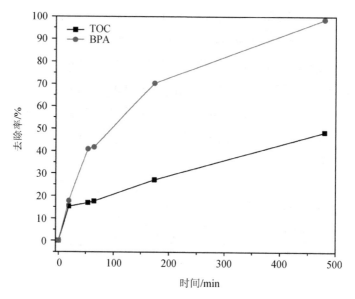

图 15-11　最佳工艺下 BPA 随时间矿化率变化

15.2.8　US+H_2O_2+Fe_3O_4 工艺下 BPA 的去除机制

为证明 BPA 分解的主要因素为超声协助 Fe_3O_4 类芬顿催化氧化反应中产生的•OH，在典型反应中加入不同浓度的典型•OH 捕捉剂叔丁醇（*t*-BuOH），获取的 BPA 分解曲线结果如图 15-12 所示。

由图 15-12 可知，当典型反应体系中不含捕捉剂时，反应 8 h BPA 去除率达 98.14%，BPA 分解接近完全。当体系中分别存在 0.1 mol/L 及 1 mol/L 的 *t*-BuOH 时，BPA 去除率大幅降至 51.38%及 40.32%，分别降低 47.65%及 58.92%，即•OH 受到抑制时，BPA 去除率大幅降低，证明•OH 是分解 BPA 的主要因素之一。

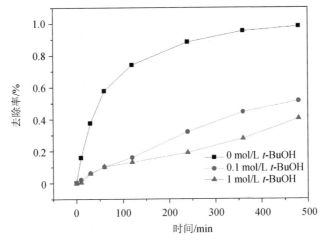

（Fe$_3$O$_4$ NPs-CP 和 H$_2$O$_2$ 投加量分别为 585 mg/L 和 160 mmol/L）

图 15-12　叔丁醇投加量对典型反应中 BPA 分解的影响

对所获数据进行拟一级动力学拟合，结果如图 15-13 所示，t-BuOH 浓度为 0、0.1 mol/L、1 mol/L 的分解反应均取得了较高的相关系数。由图可知，典型反应体系中投入 t-BuOH，反应速率常数大幅降低，相比不含 t-BuOH 的 k_{obs}（7.960×10^{-3}），含有 0.1 mol/L t-BuOH 和含有 1 mol/L t-BuOH 的 k_{obs}（1.520×10^{-3} 和 9.703×10^{-4}）分别降低了 80.9%及 87.81%，可见，当反应体系中存在•OH 捕捉剂时，反应速率常数产生了大幅的下降。

综上，Fe$_3$O$_4$ NPs-CP 对 BPA 无吸附作用。由于 BPA 自身结构特性无法被还原处理，故本体系中对 BPA 的分解主要归因于催化过程中产生的•OH 的氧化行为。

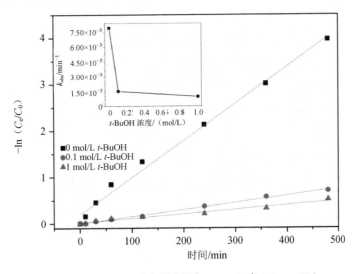

（Fe$_3$O$_4$ NPs-CP 和 H$_2$O$_2$ 投加量分别为 585 mg/L 和 160 mmol/L）

图 15-13　叔丁醇投加量对典型反应中 BPA 分解速率的影响

15.2.9　小结

本节介绍了采用化学试剂为原料,以共沉淀法制备的 Fe₃O₄ NPs-CP 作为非均相催化剂,在不同 pH 条件下进行的工艺对照试验,证明在任何 pH 状态下,超声协助非均相类芬顿体系 US+H₂O₂+Fe₃O₄ NPs 均发生了协同效应,超声作用下,Fe₃O₄ NPs 能发挥更强的类过氧化氢酶的催化性能,大大提高了 BPA 的分解率并获得了令人满意的分解效果。

通过 US+H₂O₂+Fe₃O₄ 工艺的影响因素研究,结合分解行为及动力学常数的分析,表明一定范围内 H₂O₂ 与 Fe₃O₄ NPs-CP 投加量与 BPA 最终分解率呈正相关关系,超过范围则分解率有所下降。初始 pH 影响研究表明,pH 越低,与传统芬顿类似,US+H₂O₂+Fe₃O₄ 体系表现出的对 BPA 分解能力越强。然而,体系在中性甚至弱碱条件下仍表现出良好的分解效果,仍保持相对较高的反应动力常数。解决了传统芬顿反应对强酸性环境要求苛刻的缺点。同时,考究了反应过程中 BPA 的矿化行为,结果表明随着 BPA 的分解,部分分解产物进行了完全的矿化,最终总矿化率接近 50%。

最后,进行了关于 US+H₂O₂+Fe₃O₄ 体系的作用机制问题的研究与讨论,结合 BPA 的性质及类芬顿体系中羟基自由基捕获试验研究,确定该体系中分解 BPA 的要作用机制主是羟基自由基的氧化作用。

15.3　废酸制备的纳米 Fe₃O₄ 在超声类芬顿法中的应用

15.3.1　材料的制备与表征

钢铁酸洗废液(以下简称废酸)是钢铁生产过程中酸洗工序产生的废液,其中含有一般铁氧化物制备过程必需的铁离子浓度高达 122 g/L,极具回收利用潜力(Fang Z Q et al.,2010;Fang Z Q et al.,2011)。为此,我们以废酸为原料制备了 nano-Fe₃O₄,研究其在超声类芬顿体系分解 BPA 的催化性能,研究方法与 15.2.1 节一致。

15.3.1.1　材料的制备

以降低制备成本为目的,材料制备以废酸为原料,采用氧化-沉淀法。为了解废酸性质,采用邻菲罗啉分光光度法进行废酸中铁离子价态分布的分析(Larese et al.,2008)。废酸物理化学性质如表 15-8 所示。

为了与共沉淀法制备的 Fe₃O₄ NPs 进行对比,反应前以 HCl 进行废酸的 pH 调节,最终溶液酸度一致。将经调节的废酸于水热中搅拌加热至 60℃,保持 30 min。滴加浓度为 3.00 mol/L 氨水并继续加热搅拌反应 5 h。磁力分离所获黑色沉淀,去离子水清洗材料至中性,最后重新分散于 100 mL 去离子水中。

表 15-8　废酸物理化学性质

项目	废液
颜色	棕黄
色度/倍数	1 250
H^+/（mg/L）	910
Fe/（mg/L）	121 860
Ni/（mg/L）	17
Zn/（mg/L）	3
Cl^-/（mg/L）	216 400
SO_4^{2-}/（mg/L）	1 050
NO^{3-}/（mg/L）	850

为便于比较，本节中以废酸为原料，以氧化-沉淀法制备的纳米 Fe_3O_4 颗粒记为 Fe_3O_4 NPs-PO，以化学试剂为原料，共沉淀法制备的则记为 Fe_3O_4 NPs-CP。

15.3.1.2　材料的表征

为了便于对比，将废酸为原料制备的 Fe_3O_4 NPs-PO 进行了 XRD、XPS、TEM、SEM 及 BET 的表征，条件及预处理与 15.2.2 节一致，在此不做赘述。

图 15-14 为 Fe_3O_4 NPs-PO 与 Fe_3O_4 NPs-CP 的 XRD、XPS 表征对比图。可从 XRD 图中看出，2θ 分别为 18.3°、30.1°、35.5°、43.1°、53.5°、57.0°和 62.6°时出现的峰，分别指示了（111）、（220）、（311）、（400）、（422）、（511）和（440）晶面。与标准卡片（CPDS PDF#65-3107）中 Fe_3O_4 的数据有很高的吻合度。证明了所制备的纳米铁氧化物颗粒主要以 Fe_3O_4 形式存在。另外，观察峰型可初步判断为单峰，表明所制备的 Fe_3O_4 纳米颗粒纯度较高。以参考方法共沉淀法制备的 Fe_3O_4 NPs-CP 的 XRD 表征图进行对比，结果无异。

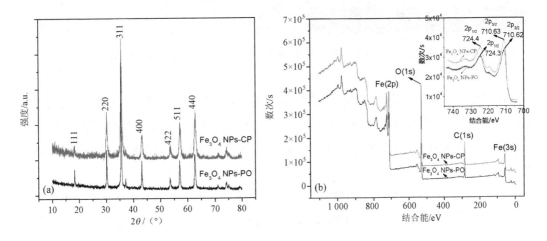

图 15-14　Fe_3O_4 NPs-PO 与 Fe_3O_4 NPs-CP 表征结果：（a）XRD，（b）XPS

为了进一步确定所制备的纳米颗粒以 Fe_3O_4 形式存在，进行了 XPS 分析，结果表明，Fe_3O_4 NPs-PO 表面元素主要为 Fe、O 和 C。进一步分析铁的 2p 谱图可以发现，结合能 710.6 eV 与 724.4 eV 分别显示了 Fe_3O_4 中 $2p_{3/2}$ 及 $2p_{1/2}$ 轨道中的电子结合能，表明纳米颗粒以 Fe_3O_4 形式存在（Oku M et al.，1976；Mills P et al.，1983；Hawn D D et al.，1987；Tan B J et al.，1990）。另外，在总图中结合能 94 eV 处的峰，也符合 Fe_3O_4 中铁的 3s 轨道电子结合能的特征峰（Mills P et al.，1983）。再次说明了所制备的铁氧化物主要以 Fe_3O_4 形式存在。而出现 C 元素则归因于表征样品制作过程中对乙醇的吸附。此结果与 Fe_3O_4 NPs-CP 的 XPS 表征结果无异，表明两者具有相同的元素价态组成，均以 Fe_3O_4 形式存在。

图 15-15 为 Fe_3O_4 NPs-PO 的 SEM、TEM 表征结果，颗粒在 TEM 图上显示出的粒径均小于 100 nm，证明所制备的材料为纳米级颗粒物。与 Fe_3O_4 NPs-CP 相似，颗粒物以类球形存在，粒径范围为 20～50 nm，较 Fe_3O_4 NPs-CP 粒径范围大。所制备出的纳米颗粒同样因磁性及范德华力而聚集形成链状结构。

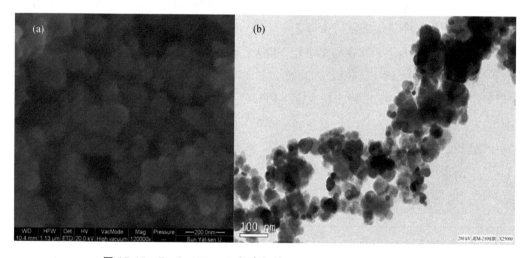

图 15-15　Fe_3O_4 NPs-PO 的表征结果：（a）SEM，（b）TEM

HRTEM 分析结果见图 15-16。由图可知，Fe_3O_4 NPs-PO 与 Fe_3O_4 NPs-CP 均为单晶结构，晶格平面间距分别为 0.498 nm 和 0.497 nm，均与 Fe_3O_4 的（111）晶面对应，证明了所制备的 Fe_3O_4 NPs-PO 与 Fe_3O_4 NPs-CP 一致，均以 Fe_3O_4 形式存在（Li D et al.，2010）。

表 15-9 为 Fe_3O_4 NPs-PO 的 BET 分析结果，对比可得 Fe_3O_4 NPs-PO 的比表面积、孔容、孔径等数据均小于 Fe_3O_4 NPs-CP 的各项数据（表 15-5），这主要是前者纳米颗粒粒径增大、粒径范围变广造成的。

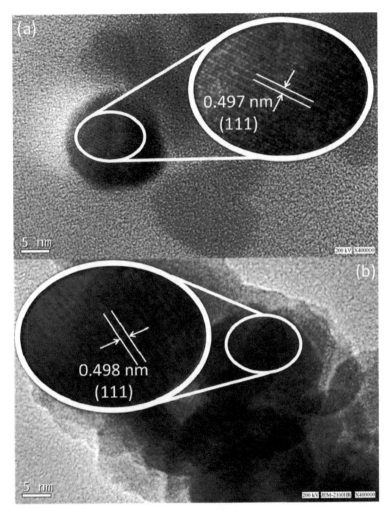

图 15-16　HRTEM 分析图：（a）Fe₃O₄ NPs-CP；（b）Fe₃O₄ NPs-PO

表 15-9　Fe₃O₄ NPs 比表面积及孔结构分析结果

BET 表面积/（m²/g）	孔容/（cm³/g）	孔径/nm
13.548	0.041 5	12.244

15.3.2　BPA 分解工艺对比研究

对于新制备的催化剂，在中性条件（pH=7）下对比研究 US+Fe₃O₄+H₂O₂、US+Fe₃O₄、US+H₂O₂、US、Fe₃O₄+H₂O₂、Fe₃O₄ 及 H₂O₂ 共 7 种工艺的 BPA 分解效果和分解反应动力学，分解曲线见图 15-17。

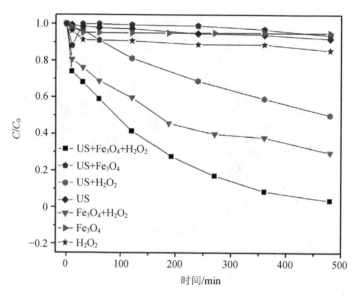

（BPA 体积为 200 mL，浓度为 20mg/L，Fe$_3$O$_4$ 投加量为 585 mg/L，H$_2$O$_2$ 投加量为 160mmol/L）

图 15-17　中性条件下不同工艺中 BPA 的分解曲线

与共沉淀法制备 Fe$_3$O$_4$ 进行的工艺对比试验一致，以废酸为原料，氧化-沉淀法制备的 Fe$_3$O$_4$ 也具有较高的活化 H$_2$O$_2$ 能力。单独的 Fe$_3$O$_4$ NPs-PO 体系对 BPA 无去除作用。在无超声的条件下，所制备的铁氧化物在中性条件下能活化过氧化氢，Fe$_3$O$_4$+H$_2$O$_2$ 工艺 8 h 获得了 70.2%的去除率，添加超声条件则大幅提高了去除率，US+Fe$_3$O$_4$+H$_2$O$_2$ 工艺 8 h 获得了 96.48%的去除率，稍高于 Fe$_3$O$_4$ NPs-CP 的去除率。

中性条件下超声可活化 H$_2$O$_2$ 生成活性氧化碎片，对 BPA 有 50%的去除率。不同于 Fe$_3$O$_4$ NPs-CP 的是，Fe$_3$O$_4$ NPs-PO 与超声组成 US+Fe$_3$O$_4$ 并未对 BPA 起明显分解作用。另外，单纯的超声、Fe$_3$O$_4$ NPs-PO 或 H$_2$O$_2$ 也对 BPA 不起分解作用。而 Fe$_3$O$_4$ NPs-PO 活化 H$_2$O$_2$ 则对 BPA 分解产生了一定效果，添加超声处理时，因其机械作用及空化作用又大幅提高了 Fe$_3$O$_4$ NPs-PO 的催化活性，使得 US+Fe$_3$O$_4$+H$_2$O$_2$ 工艺产生协同效应，加快了催化分解速率。

结合各种工艺分解反应的拟一级动力学拟合曲线（图 15-18）和拟合所得反应速率常数及相关系数（表 15-10）分析可得，US+Fe$_3$O$_4$+H$_2$O$_2$、Fe$_3$O$_4$+H$_2$O$_2$ 及 US+H$_2$O$_2$ 对 BPA 有明显分解效果的工艺获得了较高的拟合相关系数，k_{obs} 分别为 6.54×10^{-3} 及 2.30×10^{-3} 及 1.44×10^{-3}。其他无明显分解效果的工艺不具有拟一级动力学特征（US 工艺没有分解效果，不讨论其动力学）。间接而言，不具有拟一级动力学特征的各种单因素作用工艺，结合后能形成具有相对较高的拟一级动力学常数反应，证明单因素间发生了协同效应。

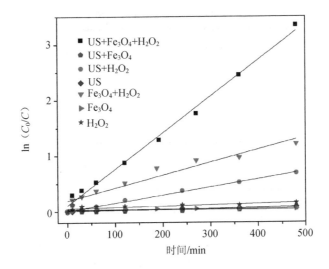

图 15-18 不同工艺分解 BPA 的拟一级动力学拟合结果

表 15-10 各体系中性初始 pH 下拟一级动力学常数及相关系数

体系	初始 pH	k_{obs}	R^2
US+Fe$_3$O$_4$+H$_2$O$_2$	7	6.54×10^{-3}	0.996 4
US+Fe$_3$O$_4$	7	—	−0.146 82
US +H$_2$O$_2$	7	1.44×10^{-3}	0.998 0
US	7	1.61×10^{-4}	0.983 8
Fe$_3$O$_4$+H$_2$O$_2$	7	2.30×10^{-3}	0.961 4
Fe$_3$O$_4$	7	—	0.441 0
H$_2$O$_2$	7	2.23×10^{-4}	0.785 7

为了深入讨论协同效应，依照 15.2.3 节的方法，计算了 US+Fe$_3$O$_4$+H$_2$O$_2$ 体系在中性条件下的协同指数，结果见表 15-11。由表可知，与 Fe$_3$O$_4$ NPs-CP 组成的 US+Fe$_3$O$_4$+H$_2$O$_2$ 体系相似，f_1 获得极大值，表明了 US、Fe$_3$O$_4$ NPs-PO 及 H$_2$O$_2$ 三单因素共同作用产生了强烈的协同效应。另外，虽然 f_3 达到 29.33，但是 US+Fe$_3$O$_4$ 体系不符合拟一级动力学特征，计算时假设其拟一级动力学为 0 而算出了极大的 f 值。此外，f_2 及 f_4 也获得了较高值，分别表明 US 与 Fe$_3$O$_4$+H$_2$O$_2$、Fe$_3$O$_4$ 与 US+H$_2$O$_2$ 间同样发生了强烈的协同效应，任意一因素的结合，均能大大提高另外两因素组成的简单体系中 BPA 的分解反应速率常数。综上，与 Fe$_3$O$_4$ NPs-CP 组成的 US+Fe$_3$O$_4$+H$_2$O$_2$ 体系相似，借由各因素组合产生的强烈协同效应，Fe$_3$O$_4$ NPs-PO 体系在 BPA 的分解中均具有良好的超声类芬顿催化活性。

表 15-11　US+Fe₃O₄+H₂O₂ 体系中性条件下的协同指数

协同指数	公式	值
f_1	$f = \dfrac{k_{\text{obsUS+Fe}_3\text{O}_4\text{+H}_2\text{O}_2}}{k_{\text{obsUS}} + k_{\text{obsFe}_3\text{O}_4} + k_{\text{obsH}_2\text{O}_2}}$	17.03
f_2	$f = \dfrac{k_{\text{obsUS+Fe}_3\text{O}_4\text{+H}_2\text{O}_2}}{k_{\text{obsUS}} + k_{\text{obsFe}_3\text{O}_4\text{+H}_2\text{O}_2}}$	2.66
f_3	$f = \dfrac{k_{\text{obsUS+Fe}_3\text{O}_4\text{+H}_2\text{O}_2}}{k_{\text{obsH}_2\text{O}_2} + k_{\text{obsUS+Fe}_3\text{O}_4}}$	29.33
f_4	$f = \dfrac{k_{\text{obsUS+Fe}_3\text{O}_4\text{+H}_2\text{O}_2}}{k_{\text{obsFe}_3\text{O}_4} + k_{\text{obsUS+H}_2\text{O}_2}}$	4.54

注：US+Fe₃O₄ 及 Fe₃O₄ 体系拟一级动力学拟合常数过低，在此讨论其拟合所得之动力学常数 k_{obs} 并无意义。但由于上述两体系对 BPA 分解效果可以忽略，为便于进行协同效应的讨论，即协同指数 f 的计算及讨论，在此设定上述两体系中 BPA 分解拟一级动力学常数为 0。

15.3.3　催化剂投加量对 BPA 分解的影响

　　针对 Fe₃O₄ NPs-PO 在超声类芬顿体系中的运用，依照催化剂投加量、pH、H₂O₂ 浓度的顺序进行影响因素的考察。通过固定分解体系初始 pH（pH=7）及 H₂O₂ 浓度（160 mmol/L）两个主要因素，改变催化剂投加量为 0、58 mg/L、292 mg/L、585 mg/L、1 170 mg/L，考察投加量因素对 BPA 分解行为影响。拟一级动力学常数进行分析见图 15-19。结果表明，在中性条件下，H₂O₂ 投加量一致时，8 h 内最佳工艺对 BPA 的去除率随 Fe₃O₄ 投加量增加而升高，表中 5 组投加量试验分别取得 70%、76.4%、93.2%、96.48% 及 99.1% 的去除率，表明 Fe₃O₄ 投加量的增加有助于 BPA 去除率的提高，这可能归因于 H₂O₂ 投加过量和 Fe₃O₄ 投加增加有助于提高吸附到催化剂表面的 H₂O₂，从而提高反应速率。

　　从拟合所得的反应速率常数可知，在 US+Fe₃O₄+H₂O₂ 体系中，各种投加量情况下，BPA 的分解反应均具有拟一级动力学特征，均获得了较高的拟合相关系数。从反应速率常数 k_{obs}-Fe₃O₄ dose 的曲线中可知（内插图），其他条件固定时，在 0~1 170 mg/L 投加量范围内，BPA 分解反应的速率常数随着 Fe₃O₄ 投加量增大而严格增大（未见反复）。例如，投加量从 0 升至 292 mg/L，反应速率常数增大约 3 倍，增大的速度较大；投加量从 292 mg/L 增至 585 mg/L，反应速率仅增加 18.18%，增大速率减缓；投加量从 585 mg/L 增至 1 170 mg/L 的阶段，反应速率增大 53.85%，增大的速率再次升高。表明投加量在 0~1 170 mg/L，反应速率常数随投加量增加而增加，并呈现阶段性。

　　为使得后续试验具有可比性，采取与 15.2 节一致的投加量，即 585 mg/L 作为后续试验研究的催化剂投加量。

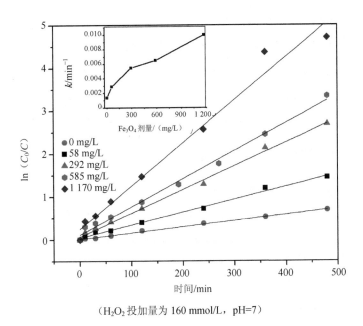

（H_2O_2 投加量为 160 mmol/L，pH=7）

图 15-19　不同 Fe_3O_4 NPs 投加量对 US+Fe_3O_4+H_2O_2 分解 BPA 的影响

15.3.4　pH 对 BPA 分解的影响

鉴于废酸制备的和化学试剂制备的两材料性质相近，且本研究重点在于克服超声非均相类芬顿的缺陷（苛刻的酸性运行环境要求），故本章仅进行中性至碱性的 pH 因素考察，对比了 pH=7、pH=9 及 pH=10 条件下，Fe_3O_4 NPs-PO 在 US+Fe_3O_4+H_2O_2 体系中对 BPA 的分解作用，分解数据拟合结果如图 15-20 所示。

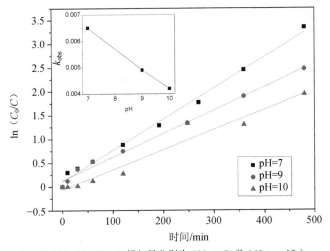

（Fe_3O_4 NPs-PO 及 H_2O_2 投加量分别为 585 mg/L 及 160 mmol/L）

图 15-20　不同初始 pH 对 US+Fe_3O_4+H_2O_2 分解 BPA 的影响

在中性条件下，Fe_3O_4 NPs-PO 的 k_{obs} 为 $6.54×10^{-3}$，与 Fe_3O_4 NPs-CP 的反应速率常数相近，显示出相近的超声类芬顿催化活性。当初始 pH 升高至 9 时，反应速率常数 k_{obs} 下降为 $4.90×10^{-3}$，对比下降 25%，当初始 pH 升至 10 时，反应速率常数 k_{obs} 下降为 $4.21×10^{-3}$，对比下降 36%。可见新材料在 US+Fe_3O_4+H_2O_2 工艺中有较广的 pH 适用范围，实际运用中可应付反复调试污水 pH 的情况，这对污水的实际处理具有重要意义。

15.3.5 H_2O_2 浓度对 BPA 分解的影响

对 H_2O_2 投加量进行了 0、69 mmol/L、114 mmol/L、160 mmol/L、206 mmol/L 5 个变量影响的考察，结果如图 15-21 所示。同样地，H_2O_2 作为活性因子的反应物，对 BPA 分解有着重要影响。投加量在 0~114 mmol/L 范围内，BPA 分解的反应速率随 H_2O_2 浓度提高而急剧增大，这是由于 H_2O_2 量增大，提供了越发足够的反应物浓度，使得 H_2O_2 分解为活性因子的速率增大，从而加强了 BPA 的分解。当 H_2O_2 浓度达到最佳，继续增大投加量（114~206 mmol/L），H_2O_2 对 BPA 形成了在催化剂表面的吸附竞争，使得吸附在催化剂表面的 BPA 浓度下降，此外，过量的 H_2O_2 具有 •OH 捕捉剂的作用，两个方面都最终导致了 BPA 分解反应速率常数（k_{obs}）的下降。因此，在后续的试验中，过氧化氢投加量定为 114 mmol/L。相比前述研究，以废酸为原料，氧化-沉淀法制备的 Fe_3O_4 NPs-PO 在同等条件下具有比共沉淀法制备的 Fe_3O_4 NPs-CP 对 H_2O_2 具有更高的催化活性。

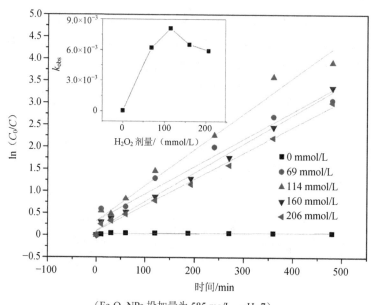

（Fe_3O_4 NPs 投加量为 585 mg/L，pH=7）

图 15-21 H_2O_2 浓度对 US+Fe_3O_4+H_2O_2 分解 BPA 的影响

15.3.6　BPA 的矿化

基于工艺参数及主要影响因素的研究，确定以 US+Fe$_3$O$_4$+H$_2$O$_2$ 工艺、pH=7、Fe$_3$O$_4$ NPs-PO 投加量为 585 mg/L，H$_2$O$_2$ 投加量为 114 mmol/L 的反应为典型反应，典型反应过程中 BPA 分解及体系矿化行为见图 15-22。随着 BPA 的分解，反应初始阶段便呈现同步进行的矿化现象。在反应开始的前 30 min，BPA 分解 22%，TOC 去除率约为 6%；30～180 min 区间内，BPA 分解率已达 60%，TOC 去除率仅从 6%上升至 15%；从 180 min 开始，BPA 去除率为 60%左右时，TOC 去除速度加快，矿化过程呈现出阶梯状，这归因于有机物矿化过程先将大分子有机物分解成小分子有机物，后由小分子有机物完全矿化成 H$_2$O 及 CO$_2$。本反应中 BPA 先分解成分子量小于 BPA 的有机物，后由小分子有机物完全矿化。典型反应中 480 min 最终矿化率达 45%，接近于化学试剂制备的 Fe$_3$O$_4$ NPs-CP 超声类芬顿体系所能达到的最终去除率（48.5%）。

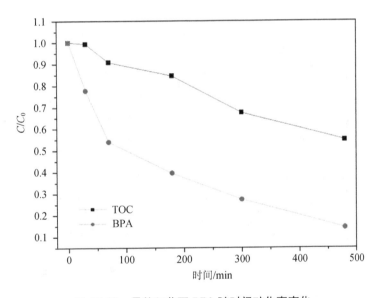

图 15-22　最佳工艺下 BPA 随时间矿化率变化

15.3.7　分解机制讨论

为进一步确定反应体系中主要的作用机制，采用两种·OH 捕捉剂，叔丁醇及异丙醇（isopropanol）进行淬灭试验。异丙醇被认为是最好的·OH 捕获剂，与·OH 的反应速率常数非常高，常用于高级氧化技术中定性·OH 的作用（Chen Y et al.，2005）。

不同浓度的叔丁醇及异丙醇对 US+Fe$_3$O$_4$+H$_2$O$_2$ 体系分解 BPA 效果影响见图 15-23，当体系中不存在任何•OH 捕获剂时，反应进行 8 h，BPA 去除率达 98%，当体系中分别加入 0.1 mol/L、1 mol/L 叔丁醇和 0.1 mol/L、1 mol/L 异丙醇时，反应 8 h BPA 去除率分别仅有 37.42%、23.45%、23.98% 及 9.44%。下降比例分别达 61.81%、76.07%、75.53% 及 90.37%。因此，无论使用何种•OH 捕获剂，反应体系对 BPA 的分解率均大幅下降，说明•OH 受到抑制后，体系的分解能力大幅下降，间接表明•OH 为体系的主要作用因子。

结合反应速率常数的分析，可以更加直观了解主要因素对反应的影响。对加入•OH 捕获剂后 BPA 分解的反应数据进行拟一级动力学拟合，结果见图 15-24。同样地，体系中不存在任何•OH 捕获剂时，BPA 分解反应速率常数（k_{obs}）保持一个相对高的数值（8.12×10^{-3}）。当体系中分别加入 0.1 mol/L、1 mol/L 叔丁醇和 0.1 mol/L、1 mol/L 异丙醇时，反应速率常数分别降为 9.59×10^{-4}、6.02×10^{-4}、5.95×10^{-4} 及 2.31×10^{-4}。直观地表明，•OH 的氧化作用为体系分解 BPA 的主要因素。

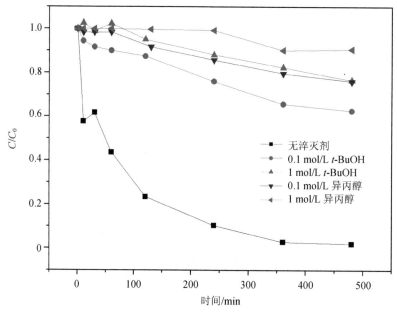

（Fe$_3$O$_4$ NPs 和 H$_2$O$_2$ 投加量分别为 585 mg/L 和 114 mmol/L；pH=7）

图 15-23 羟基自由基捕获剂对 BPA 分解的影响

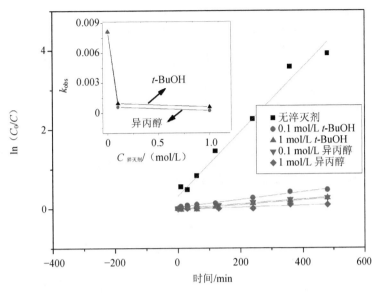

（Fe₃O₄ NPs 和 H₂O₂ 投加量分别为 585 mg/L 和 114 mmol/L；pH=7）

图 15-24　羟基自由基捕获剂对 BPA 分解反应速率的影响

15.3.8　小结

本节介绍了以废酸为原料制备 nano-Fe₃O₄ 颗粒运用于超声类芬顿工艺中对 BPA 分解的研究，通过改变不同的工艺影响因素，考察了材料的超声类芬顿催化活性，结果表明，所制备的 Fe₃O₄ NPs-PO 催化活性接近以化学试剂为原料，共沉淀法制备的 Fe₃O₄ NPs-CP。两者运用在超声类芬顿体系中分解 BPA 的矿化过程相似。此外，两种羟基自由基捕获试验表明超声协助 nano-Fe₃O₄ 非均相类芬顿体系的主要作用机制是羟基自由基对 BPA 的氧化分解行为。

15.4　材料性能比较及稳定性、重复利用性

15.4.1　研究方法

传统芬顿最主要的局限之一是均相催化剂的使用，尽管均相催化剂具有高效的催化性能，但往往不能实现回收再用。常用的铁离子均相催化剂在运用时消耗大量的铁，后续处理多采用加碱沉淀的方法进行铁的去除，使得处理过程反复并消耗大量的碱，降低了经济性，局限了其实际运用。而非均相催化剂能简易地与体系分离，采用非均相催化剂代替均相催化剂，简化了水净化的后续处理，具有十分广阔的应用前景。

因此，非均相催化剂的稳定性及重复性对催化剂的使用周期提出了更高的要求，在一个周期的催化反应后表现出稳定性，投入下一个催化反应周期体现出良好重复性的材料，才能真正降低处理成本、简化水处理的过程。在充分了解非均相催化剂的催化性能基础上，考究其稳定性、重复性具有很大的研究意义。本节内容主要通过多种手段，比较研究前面两种材料的催化性能以及稳定性、重复利用性。

（1）材料催化活性比较

在中性初始 pH 条件下，分别以 Fe_3O_4 NPs-CP（化学试剂共沉淀法制备）与 Fe_3O_4NPs-PO（废酸为原料氧化-沉淀法制备）作为非均相催化剂，在各自最佳工艺条件（见 15.2 节、15.3 节）下，进行 BPA 的分解对比研究，试验方法与前述一致。

（2）材料重复利用性能

材料重复利用性能试验在该种材料最佳工艺条件下进行，在首次使用之后，采取磁力回收水中的催化剂材料，分别以乙醇和去离子水进行 3 次洗涤，最终分散在去离子水中继续重复试验。BPA 分解试验与前述一致。

（3）材料的铁溶出

采用邻菲罗啉法分析反应后体系中 Fe^{2+} 与可过滤铁的含量，以此研究材料在使用过程中的溶出及其他形式流失。以水样体积与水样中某形式铁浓度的乘积作为某次使用的流失。采用多次流失的和作为累积流失（cumulative loss）。催化剂进行磁力分离后，上清液须用 0.45 μm 膜过滤，方可进行流失铁（Fe^{2+} 及可过滤铁）的分析。

（4）材料稳定性

为评价材料的稳定性，采用 XRD、XPS、SEM 和 TEM 等多种手段进行材料使用前后的表征，重点在于研究材料在使用过程中的形态、性质变化。表征方法与前述一致。

15.4.2 材料催化活性比较

分别以 Fe_3O_4 NPs-CP 与 Fe_3O_4NPs-PO 材料作为非均相催化剂，在最佳工艺条件下，超声协助类芬顿体系对 BPA 分解曲线见图 15-25。

由图 15-25 可知，中性条件、最佳工艺条件下 Fe_3O_4 NPs-CP 及 Fe_3O_4 NPs-PO 体系分解 BPA 的 C/C_0-t 呈现高度的吻合。在反应初期阶段，Fe_3O_4 NPs-PO 体系中 BPA 浓度下降速度较 Fe_3O_4 NPs-CP 体系中的更快，其后吻合度高。反应进行 8 h 最终分别获得 94.62%和 96.48%的极为相近的去除率。表明在各自最佳工艺条件下，超声协助类芬顿体系中，Fe_3O_4 NPs-CP 及 Fe_3O_4 NPs-PO 表现出极为相近的催化活性，两者具有相近的超声类芬顿催化活性。以废酸为原料，成本更低的氧化-沉淀法制备的 Fe_3O_4 NPs-PO 在超声协助类芬顿催化应用中同样具有可行性。

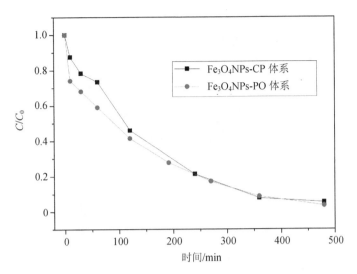

图 15-25　中性初始 pH，最佳工艺条件下，Fe₃O₄ NPs-CP 及 Fe₃O₄ NPs-PO 对 BPA 的分解曲线

15.4.3　材料重复利用性能及损失比较

图 15-26 为存放 2 个月后的 Fe₃O₄ NPs 的分散及磁力回收表观，浅黄色液体可能与去离子水显微酸性长期存放对铁氧化物的微弱溶解作用造成分散液中有铁离子相关。由图可知，本书所合成之材料具有良好的磁力回收性质。

图 15-26　Fe₃O₄ NPs 的分散及磁力分离回收示意图

Fe₃O₄ NPs-CP 与 Fe₃O₄NPs-PO 两种材料重复利用性能，重复利用溶出浓度、累计损失的结果见图 15-27。

由图 15-27（a）可知，首次使用 Fe₃O₄ NPs-CP 体系对 BPA 去除能力接近 100%，后续的数次回收利用能稳定保持 BPA 去除率在 70%左右，这表明了经过多次回收利用，Fe₃O₄ NPs-CP 仍保持良好的催化活性。由于首次使用后去除率稳定在同一数值，可以推断造成首次利用后的去除率下降的原因是首次利用时催化活性高的 nano-Fe₃O₄ 颗粒回收不完全，而非材料的质变。这些颗粒有可能是粒径较小、表面活性较大的粒子。相似的结果发生在 Fe_3O_4 NPs-PO 体系中［图 15-27（b）］。首次使用 Fe_3O_4 NPs-CP 超声类芬顿分解 BPA，去除率同样接近 100%，后续的数次回收利用试验中 BPA 的去除率逐渐下降，并在第 3 次回收利用后稳定在 60% 以上，表明 Fe_3O_4 NPs-CP 在首次使用后也同样保持着良好的催化活性。而 Fe_3O_4 NPs-PO 在多次利用后催化性能较 Fe_3O_4 NPs-CP 差，可能是 Fe_3O_4 NPs-PO 粒径范围较大，流失粒径小的离子而剩下粒径大、表面活性相对差的颗粒，难以保持相同的催化活性。

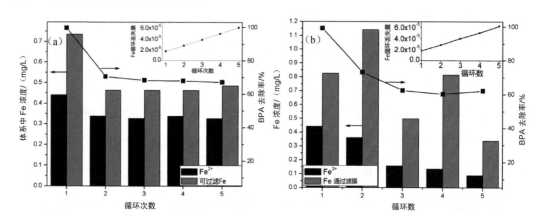

图 15-27　重复利用试验中，BPA 去除效果、体系中 Fe^{2+} 和可过滤铁浓度情况及 Fe_3O_4 NPs
累计损失：（a）Fe_3O_4 NPs-CP，（b）Fe_3O_4 NPs-PO

　　观察两种材料中的 Fe^{2+}、可过滤铁流失。两种材料的 Fe^{2+}、可过滤铁流失均处于同一数量级。对于 Fe_3O_4 NPs-CP，首次利用时会流失最多的 Fe^{2+} 与可过滤铁，首次利用后 Fe^{2+} 和可过滤铁均保持较为稳定的浓度。5 次重复利用，流失铁的总量仅占投加量的 $6.02 \times 10^{-3}\%$，可以忽略不计。同时，可了解到流失的可过滤铁中，Fe^{2+} 占据十分稳定的比例（67.74%～73.17%），表明 Fe_3O_4 NPs-CP 体系中铁流失的主要形式为 Fe^{2+} 溶出。对于 Fe_3O_4 NPs-PO 体系，Fe^{2+} 流失随催化剂使用次数增加而逐渐减少，而可过滤铁则显示出不稳定性，这同样可能与粒径问题有关，由于 Fe_3O_4 NPs-PO 粒径较大，粒径分布范围较广，比表面积较小，表面活性相对较低，颗粒物流失随使用次数增加产生一种类似于钝化的效应较为明显，使得在使用过程中 Fe^{2+} 随使用次数增大而减少的现象较为明显。

15.4.4　材料的稳定性

（1）材料化学稳定性

针对 Fe_3O_4 NPs-CP 及 Fe_3O_4 NPs-PO 两种材料的典型反应前后的 XRD、XPS 表征研究评价材料的稳定性，结果见图 15-28。

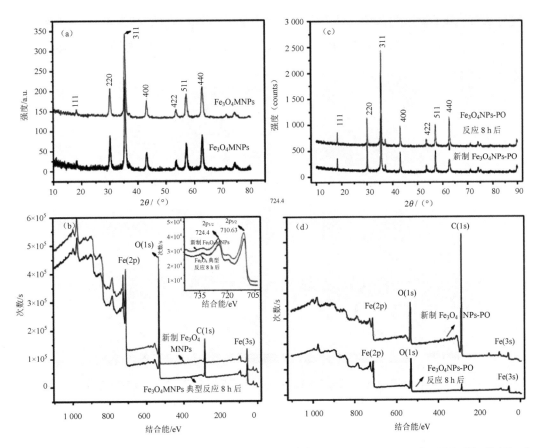

图 15-28　Fe₃O₄ NPs-CP 及 Fe₃O₄ NPs-PO 反应前后表征图：（a）Fe₃O₄ NPs-CP XRD 图，（b）Fe₃O₄ NPs-CP XPS 图，（c）Fe₃O₄ NPs-PO XRD 图，（d）Fe₃O₄ NPs-PO XPS 图

从两种材料进行一个反应周期前后的 XRD 图、XPS 图可以看出，Fe_3O_4 NPs-CP 及 Fe_3O_4 NPs-PO 在超声类芬顿体系下并未有明显的变化，反应前后表征数据的一致性高，可判断材料仍以 Fe_3O_4 形式存在。表明 Fe_3O_4 NPs-CP 及 Fe_3O_4 NPs-PO 在反应体系中并未产生质变，在体系中具有较高的化学稳定性。

（2）材料形态稳定性

由图 15-29 可知，Fe_3O_4 NPs-CP 在进行一个周期的典型反应前后，颗粒形态、粒径并未有明显变化，颗粒聚集形态一致，但经过超声芬顿反应，颗粒分散程度因反应过程的超声分散作用而有所增加，与 TEM 图和 SEM 图显示的一致，证明在超声类芬顿反应体系下，Fe_3O_4 NPs-CP 形态不发生改变，且由于体系特有的效应，使得 Fe_3O_4 NPs-CP 团聚效应得以减缓。

Fe_3O_4 NPs-PO 反应前后的形态见图 15-30。与 Fe_3O_4 NPs-CP 相似，Fe_3O_4 NPs-PO 在超声类芬顿体系下进行一个周期的反应，并未发生任何形态上的改变，也未观察到其表面进行了有机化合物质的吸附。从反应前后的团聚情况可以看出，超声对 Fe₃O₄ NPs-PO 有分散作用，从而帮助 Fe₃O₄ NPs-PO 保持良好的表面活性，最终体现在回收利用时持续的催化活性上。

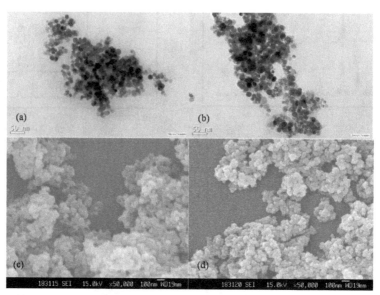

图 15-29　Fe₃O₄ NPs-CP TEM 及 SEM 表征图：（a）反应前 TEM 图，（b）反应后 TEM 图，（c）反应前 SEM 图，（d）反应后 SEM 图

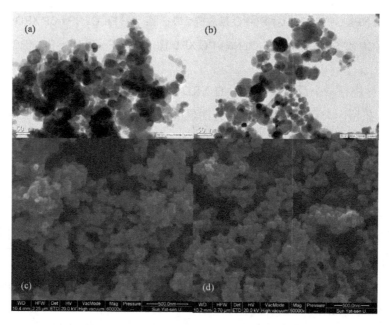

图 15-30　Fe₃O₄ NPs-PO TEM 及 SEM 表征图：（a）反应前 TEM 图，（b）反应后 TEM 图，（c）反应前 SEM 图，（d）反应后 SEM 图

15.4.5　小结

本节中，为了解和对比 Fe_3O_4 NPs-CP 及 Fe_3O_4 NPs-PO 两种材料运用在超声类芬顿体系中的稳定性、可重复利用性，通过重复利用试验、铁流失监测、重复利用前后化学性质表征、形态表征，结果表明：

①两种材料作为非均相超声类芬顿催化剂，多次使用仍能保持良好的催化活性；

②多次利用过程中，铁流失累计总量少，可忽略不计，不对水质造成影响，也不产生大量的催化剂流失；

③经重复利用，两种材料均未见化学性质改变，在体系中具有稳定的化学性质；

④经重复利用，材料形态未有改变，基于超声类芬顿独特的分散作用，经利用的 nano-Fe_3O_4 不会出现团聚效应恶化。

综上所述，证明了所制备的两种材料具有良好的超声类芬顿催化性能的同时，具有良好的稳定性与优越的可重复利用性能，解决了传统芬顿反应中均相催化剂给水处理带来的种种难题。

参考文献

AI Z，2007. Fe@Fe_2O_3 Core-shell nanowires as the iron reagent. 2. An efficient and reusable sono-Fenton system working at neutral pH[J]. The Journal of Physical Chemistry C，111（20）：7430-7436.

ALEXANDER H C，1988. Bisphenol A: acute aquatic toxicity[J]. Environmental Toxicology and Chemistry: An International Journal，7（1）：19-26.

BELFROID A，2002. Occurrence of bisphenol A in surface water and uptake in fish: evaluation of field measurements[J]. Chemosphere，49（1）：97-103.

BERKNER S，2004. Development and validation of a method for determination of trace levels of alkylphenols and bisphenol A in atmospheric samples[J]. Chemosphere，54（4）：575-584.

BLUME T，2004. Improved wastewater disinfection by ultrasonic pre-treatment[J]. Ultrasonics Sonochemistry，11（5）：333-336.

BOLZ U，2001. Phenolic xenoestrogens in surface water, sediments, and sewage sludge from Baden-Württemberg, south-west Germany[J]. Environmental Pollution，115（2）：291-301.

BOSSMANN S H，2001. Degradation of polyvinyl alcohol（PVA）by homogeneous and heterogeneous photocatalysis applied to the photochemically enhanced Fenton reaction[J]. Water Science and Technology，44（5）：257-262.

BOYD G R，2004. Pharmaceuticals and personal care products（PPCPs）and endocrine disrupting chemicals

（EDCs） in stormwater canals and Bayou St. John in New Orleans，Louisiana，USA[J]. Science of the Total Environment，333（1-3）：137-148.

BOZZI A，2003. Superior biodegradability mediated by immobilized Fe-fabrics of waste waters compared to Fenton homogeneous reactions[J]. Applied Catalysis B：Environmental，42（3）：289-303.

CÉSPEDES R，2005. Distribution of endocrine disruptors in the Llobregat River basin（Catalonia，NE Spain）[J]. Chemosphere，61（11）：1710-1719.

CHEN Y，2005. Role of primary active species and TiO_2 surface characteristic in UV-illuminated photodegradation of Acid Orange 7[J]. Journal of Photochemistry and Photobiology A：Chemistry，172（1）：47-54.

COORS A，2003. Removal of estrogenic activity from municipal waste landfill leachate assessed with a bioassay based on reporter gene expression[J]. Environmental Science & Technology，37（15）：3430-3434.

CRAIN D A，2007. An ecological assessment of bisphenol-A：evidence from comparative biology[J]. Reproductive toxicology，24（2）：225-239.

FANG Z，2011. Degradation of the polybrominated diphenyl ethers by nanoscale zero-valent metallic particles prepared from steel pickling waste liquor[J]. Desalination，267（1）：34-41.

FANG Z，2010. Degradation of metronidazole by nanoscale zero-valent metal prepared from steel pickling waste liquor[J]. Applied Catalysis B：Environmental，100（1-2）：221-228.

FERNANDEZ J，1998. Efficient photo-assisted Fenton catalysis mediated by Fe ions on Nafion membranes active in the abatement of non-biodegradable azo-dye[J]. Chemical Communications，（14）：1493-1494.

FERNANDEZ J，1999. Photoassisted Fenton degradation of nonbiodegradable azo dye（Orange II）in Fe-free solutions mediated by cation transfer membranes[J]. Langmuir，15（1）：185-192.

FROMME H，2002. Occurrence of phthalates and bisphenol A and F in the environment[J]. Water Research，36（6）：1429-1438.

FUKAZAWA H，2001. Identification and quantification of chlorinated bisphenol A in wastewater from wastepaper recycling plants[J]. Chemosphere，44（5）：973-979.

FÜRHACKER M，2000. Bisphenol A：emissions from point sources[J]. Chemosphere，41（5）：751-756.

GAO L，2007. Intrinsic peroxidase-like activity of ferromagnetic nanoparticles[J]. Nature Nanotechnology，2（9）：577-583.

GOEL M，2004. Sonochemical decomposition of volatile and non-volatile organic compounds—a comparative study[J]. Water Research，38（19）：4247-4261.

GOGATE P R，2004. A review of imperative technologies for wastewater treatment II：hybrid methods[J]. Advances in Environmental Research，8（3-4）：553-597.

GÖZMEN B，2003. Indirect electrochemical treatment of bisphenol A in water via electrochemically generated

Fenton's reagent[J]. Environmental Science & Technology，37（16）：3716-3723.

GUO Z，2009. Ultrasonic irradiation-induced degradation of low-concentration bisphenol A in aqueous solution[J]. Journal of Hazardous Materials，163（2-3）：855-860.

HAWN D D，1987. Deconvolution as a correction for photoelectron inelastic energy losses in the core level XPS spectra of iron oxides[J]. Surface and Interface Analysis，10（2-3）：63-74.

HEEMKEN O P，2001. The occurrence of xenoestrogens in the Elbe river and the North Sea[J]. Chemosphere，45（3）：245-259.

HENGLEIN A，1987. Sonochemistry：historical developments and modern aspects[J]. Ultrasonics，25（1）：6-16.

HUA I，1996. Kinetics and mechanism of the sonolytic degradation of CCl_4：intermediates and byproducts[J]. Environmental Science & Technology，30（3）：864-871.

IOAN I，2007. Comparison of Fenton and sono-Fenton bisphenol A degradation[J]. Journal of Hazardous Materials，142（1-2）：559-563.

JIN X L，2004. Simultaneous determination of 4-tert-octylphenol，4-nonylphenol and bisphenol A in Guanting Reservoir using gas chromatography-mass spectrometry with selected ion monitoring[J]. Journal of Environmental Sciences，16（5）：825-828.

JOSEPH C G，2009. Sonophotocatalysis in advanced oxidation process：a short review[J]. Ultrasonics Sonochemistry，16（5）：583-589.

KAMIURA T，1997. Determination of bisphenol A in air[J]. Journal of Environmental Chemistry，7（2）：275-279.

KANG J H，2005. Bisphenol A degradation in seawater is different from that in river water[J]. Chemosphere，60（9）：1288-1292.

KANG J H，2006. Bisphenol A in the surface water and freshwater snail collected from rivers around a secure landfill[J]. Bulletin of environmental contamination and toxicology，76（1）：113-118.

KATSUMATA H，2004. Degradation of bisphenol A in water by the photo-Fenton reaction[J]. Journal of Photochemistry and Photobiology A：Chemistry，162（2-3）：297-305.

KAWAHATA H，2004. Endocrine disrupter nonylphenol and bisphenol A contamination in Okinawa and Ishigaki Islands，Japan within coral reefs and adjacent river mouths[J]. Chemosphere，55（11）：1519-1527.

KÖRNER W，2000. Input/output balance of estrogenic active compounds in a major municipal sewage plant in Germany[J]. Chemosphere，40（9-11）：1131-1142.

KUCH H M，2001. Determination of endocrine-disrupting phenolic compounds and estrogens in surface and drinking water by HRGC−（NCI）−MS in the picogram per liter range[J]. Environmental Science & Technology，35（15）：3201-3206.

LAGANÀ A，2004. Analytical methodologies for determining the occurrence of endocrine disrupting chemicals in sewage treatment plants and natural waters[J]. Analytica chimica acta，501（1）：79-88.

LARESE-CASANOVA P，2008. Abiotic transformation of hexahydro-1,3,5-trinitro-1,3,5-triazine（RDX）by green rusts[J]. Environmental Science & Technology，42（11）：3975-3981.

LI C，2008. The aqueous degradation of bisphenol A and steroid estrogens by ferrate[J]. Water Research，42（1-2）：109-120.

LI D，2010. An easy fabrication of monodisperse oleic acid-coated Fe_3O_4 nanoparticles[J]. Materials Letters，64（22）：2462-2464.

LI D，2004. Accelerated photobleaching of Orange Ⅱ on novel/silica structured fabrics[J]. Water Research，38（16）：3541-3550.

LIU W，2011. Oxidative removal of bisphenol A using zero valent aluminum-acid system[J]. Water Research，45（4）：1872-1878.

LUO W，2010. Efficient removal of organic pollutants with magnetic nanoscaled $BiFeO_3$ as a reusable heterogeneous Fenton-like catalyst[J]. Environmental Science & Technology，44（5）：1786-1791.

MILLS P，1983. A study of the core level electrons in iron and its three oxides by means of X-ray photoelectron spectroscopy[J]. Journal of Physics D：Applied Physics，16（5）：723.

MOHAPATRA D P，2011. Concomitant degradation of bisphenol A during ultrasonication and Fenton oxidation and production of biofertilizer from wastewater sludge[J]. Ultrasonics Sonochemistry，18（5）：1018-1027.

MOHAPATRA D P，2010. Physico-chemical pre-treatment and biotransformation of wastewater and wastewater Sludge-Fate of bisphenol A[J]. Chemosphere，78（8）：923-941.

MURUGANANDHAM M，2007. Effect of ultrasonic irradiation on the catalytic activity and stability of goethite catalyst in the presence of H_2O_2 at acidic medium[J]. Industrial & Engineering Chemistry Research，46（3）：691-698.

NOUREDDIN M I，2004. Absorption and metabolism of bisphenol A，a possible endocrine disruptor，in the aquatic edible plant，water convolvulus（*Ipomoea aquatica*）[J]. Bioscience，Biotechnology，and Biochemistry，68（6）：1398-1402.

OKU M，1976. X-ray photoelectron spectroscopy of Co_3O_4, Fe_3O_4, Mn_3O_4, and related compounds[J]. Journal of Electron Spectroscopy and Related Phenomena，8（5）：475-481.

R L D，2007. Handbook of Chemistry and Physics. 87th ed[M]. Boca Raton，FL：CRC Press.

RIOS-ENRIQUEZ M，2004. Optimization of the heterogeneous Fenton-oxidation of the model pollutant 2,4-xylidine using the optimal experimental design methodology[J]. Solar Energy，77（5）：491-501.

RUDEL R A，2001. Identification of selected hormonally active agents and animal mammary carcinogens in commercial and residential air and dust samples[J]. Journal of the Air & Waste Management Association，51（4）：499-513.

SCHWARTZ D A，2005. National Toxicology Program（NTP）；Center for the evaluation of risks to human reproduction（CERHR）；Plans for future expert panel evaluation of bisphenol A and hydroxyurea；requests for comments and nominations of scientists qualified to serve on these expert panels[Z]. Federal Register，70，75827-75828.

SHIN S，2008. Polymer-encapsulated iron oxide nanoparticles as highly efficient Fenton catalysts[J]. Catalysis Communications，10（2）：178-182.

STACHEL B，2003. Xenoestrogens in the River Elbe and its tributaries[J]. Environmental Pollution，124（3）：497-507.

STAPLES C A，1998. A review of the environmental fate，effects，and exposures of bisphenol A[J]. Chemosphere，36（10）：2149-2173.

STAPLES C A，2000. Bisphenol A concentrations in receiving waters near US manufacturing and processing facilities[J]. Chemosphere，40（5）：521-525.

TAKAHASHI A，2003. Evaluating bioaccumulation of suspected endocrine disruptors into periphytons and benthos in the Tama River[J]. Water Science and Technology，47（9）：71-76.

TAN B J，1990. X-ray photoelectron spectroscopy studies of solvated metal atom dispersed catalysts. Monometallic iron and bimetallic iron-cobalt particles on alumina[J]. Chemistry of Materials，2（2）：186-191.

TORRES R A，2007a. A comparative study of ultrasonic cavitation and Fenton's reagent for bisphenol A degradation in deionised and natural waters[J]. Journal of Hazardous Materials，146（3）：546-551.

TORRES R A，2007b. Bisphenol A mineralization by integrated ultrasound-UV-iron（Ⅱ）treatment[J]. Environmental Science & Technology，41（1）：297-302.

TORRES-PALMA R A，2010. An innovative ultrasound，Fe^{2+} and TiO_2 photoassisted process for bisphenol a mineralization[J]. Water Research，44（7）：2245-2252.

VENTURA A，2002. Electrochemical generation of the Fenton's reagent：application to atrazine degradation[J]. Water Research，36（14）：3517-3522.

VETHAAK A D，2005. An integrated assessment of estrogenic contamination and biological effects in the aquatic environment of The Netherlands[J]. Chemosphere，59（4）：511-524.

VOORDECKERS J W，2002. Anaerobic biotransformation of tetrabromobisphenol A，tetrachlorobisphenol A，and bisphenol A in estuarine sediments[J]. Environmental Science & Technology，36（4）：696-701.

WANG N，2010. Sono-assisted preparation of highly-efficient peroxidase-like Fe_3O_4 magnetic nanoparticles for catalytic removal of organic pollutants with H_2O_2[J]. Ultrasonics Sonochemistry，17（3）：526-533.

WEI H，2008. Fe$_3$O$_4$ magnetic nanoparticles as peroxidase mimetics and their applications in H$_2$O$_2$ and glucose detection[J]. Analytical Chemistry，80（6）：2250-2254.

WANG Y，2012. Facile preparation of Fe$_3$O$_4$ nanoparticles with cetyltrimethylammonium bromide（CTAB） assistant and a study of its adsorption capacity[J]. Chemical Engineering Journal，181-182：823-827.

WILL I B S，2004. Photo-Fenton degradation of wastewater containing organic compounds in solar reactors[J]. Separation and Purification Technology，34（1-3）：51-57.

WINTGENS T，2003. Occurrence and removal of endocrine disrupters in landfill leachate treatment plants[J]. Water Science and Technology，48（3）：127-134.

WU D，2007. Effects of some factors during electrochemical degradation of phenol by hydroxyl radicals[J]. Microchemical journal，85（2）：250-256.

YAMAMOTO T，2001. Bisphenol A in hazardous waste landfill leachates[J]. Chemosphere，42（4）：415-418.

ZHANG H，2008. Degradation of CI Acid Orange 7 by the advanced Fenton process in combination with ultrasonic irradiation[J]. Ultrasonics Sonochemistry，16（3）：325-330.

ZHANG J，2009. Decomposing phenol by the hidden talent of ferromagnetic nanoparticles[J]. Chemosphere，73（9）：1524-1528.

ZHANG S，2009. Superparamagnetic Fe$_3$O$_4$ nanoparticles as catalysts for the catalytic oxidation of phenolic and aniline compounds[J]. Journal of Hazardous Materials，167（1-3）：560-566.

李振东，2011. 双酚 A 市场发展趋势[J]. 热固性树脂，26（4）：50-53.

铁基材料在环境修复中的应用

（下册）

方战强　易云强　黄哲熙　等◎著

中国环境出版集团·北京

目　录

（上册）

第一部分　绪　论

第1章　铁基材料及其在环境修复中的应用..3

1.1　工程纳米材料概述..3

1.2　纳米零价铁..4

1.3　改性纳米零价铁..9

1.4　纳米四氧化三铁（nano-Fe$_3$O$_4$）颗粒..16

1.5　铁基材料研究进展..18

参考文献..19

第2章　铁基材料的环境风险..28

2.1　工程纳米材料的环境风险概述..28

2.2　铁基材料的环境风险研究进展..35

参考文献..35

第二部分　铁基材料在水环境修复中的应用

第3章　纳米金属颗粒修复六价铬污染水体..41

3.1　研究背景..41

3.2　纳米金属颗粒去除水体中六价铬的研究..49

3.3　纳米零价铁技术模拟修复河流铬污染的研究..60

参考文献..69

第4章　绿色合成纳米铁基材料的制备及其去除Cr（Ⅵ）的研究..74

4.1　绿色合成纳米铁基材料概述..74

4.2　纳米零价铁的绿色合成与表征..76

4.3　绿色合成纳米零价铁对Cr（Ⅵ）的去除行为和机制研究..86

4.4　绿色合成纳米零价铁的稳定性研究 91

参考文献 101

第 5 章　EDA-Fe₃O₄ 纳米颗粒吸附水中六价铬的研究 104

5.1　纳米四氧化三铁技术去除 Cr（Ⅵ）的研究现状 104

5.2　EDA-Fe₃O₄ 纳米颗粒对 Cr（Ⅵ）的吸附性能研究 106

5.3　EDA-Fe₃O₄ 纳米颗粒对 Cr（Ⅵ）的吸附行为和机理研究 117

5.4　EDA-Fe₃O₄ 纳米颗粒的重复利用性和稳定性研究 128

参考文献 133

第 6 章　磁性生物炭的制备及其去除水体中的六价铬的研究 136

6.1　磁性生物炭材料概述 136

6.2　生物质源对磁性生物炭结构与吸附去除六价铬的影响机制研究 157

6.3　铁氧化物含量及其赋存形态对磁性生物炭结构与吸附去除 Cr（Ⅵ）的
　　影响机制研究 177

参考文献 193

第 7 章　磁性离子印迹壳聚糖的制备及其吸附 Cu（Ⅱ）的研究 202

7.1　环境中的铜 202

7.2　磁性离子印迹壳聚糖材料概述 205

7.3　基于钢铁酸洗废液的磁性离子印迹壳聚糖制备工艺及其表征 208

7.4　磁性离子印迹壳聚糖对 Cu（Ⅱ）的吸附行为和机理研究 218

7.5　磁性离子印迹壳聚糖的重复利用性和实际废水试验 233

参考文献 238

第 8 章　纳米零价铁去除甲硝唑抗生素 243

8.1　环境中的抗生素 243

8.2　nZVI 去除甲硝唑的研究 252

8.3　nZVI 去除甲硝唑的机理初探 267

8.4　基于废酸制备的 nZVI 对 MNZ 的去除研究 279

参考文献 287

第 9 章　纳米四氧化三铁去除罗红霉素和甲硝唑 295

9.1　研究背景 295

9.2　nano-Fe₃O₄/H₂O₂ 处理罗红霉素的研究 299

9.3　超声协助 nano-Fe₃O₄/H₂O₂ 处理甲硝唑的研究 312

参考文献 326

第 10 章　典型工艺参数对磁性生物炭非均相芬顿降解甲硝唑的影响及其机理 330

10.1　生物质源对磁性生物炭活化双氧水降解甲硝唑的影响机制研究 330

10.2　热解温度对磁性生物炭类芬顿降解 MNZ 的影响机制研究 341

　　参考文献 355

第 11 章　纳米 Fe⁰@CeO₂ 非均相芬顿降解四环素 360

11.1　研究背景 360

11.2　纳米 Fe⁰@CeO₂ 对四环素非均相芬顿的降解性能和机理 364

11.3　强化纳米 Fe⁰@CeO₂ 对四环素非均相芬顿的矿化 382

　　参考文献 386

第 12 章　磁性矿物 Pal@Fe₃O₄ 类芬顿降解四环素 391

12.1　背景技术 391

12.2　钢铁酸洗废液制备磁性坡缕石类芬顿降解四环素的研究 394

12.3　不同 NaOH 用量制备磁性坡缕石类芬顿降解四环素的研究 407

12.4　5 种磁性矿物吸附/类芬顿降解四环素的研究 415

　　参考文献 429

第 13 章　铁酸锰对诺氟沙星的去除 435

13.1　背景技术 435

13.2　铁酸锰对诺氟沙星的去除工艺 438

13.3　铁酸锰对诺氟沙星的去除机理 444

　　参考文献 453

第 14 章　基于零价铁类芬顿体系降解林可霉素的促进作用机理研究 456

14.1　背景技术 456

14.2　茶多酚促进类芬顿反应的机制研究 464

14.3　茶多酚绿色合成铁基材料及其降解林可霉素的研究 478

14.4　不同促进剂对类芬顿反应的作用机制的对比研究 487

　　参考文献 498

第 15 章　超声协助纳米四氧化三铁非均相类芬顿分解双酚 A 506

15.1　研究背景 506

15.2　化学试剂制备的 nano-Fe₃O₄ 在超声类芬顿法中的应用 514

15.3　废酸制备的纳米 Fe₃O₄ 在超声类芬顿法中的应用 530

15.4　材料性能比较及稳定性、重复利用性 541

　　参考文献 547

（下册）

第 16 章 修饰型纳米零价铁降解多溴联苯醚的研究......553

16.1 研究背景......553

16.2 纳米双金属 Ni/Fe 降解 BDE209 的研究......562

16.3 介孔 SiO$_2$ 微球修饰 nZVI 降解 BDE209 的研究......580

16.4 介孔 SiO$_2$ 微球修饰 nZVI 的流动性研究......593

参考文献......598

第 17 章 生物炭负载纳米镍铁双金属去除水体中多溴联苯醚......605

17.1 研究背景......605

17.2 生物炭负载纳米 Ni/Fe 降解 BDE209 的研究......608

17.3 天然有机质在 BC@Ni/Fe 降解 BDE209 过程中的作用机理辨识......626

参考文献......636

第 18 章 纳米 Fe^0@Fe$_3$O$_4$ 复合材料开环降解多溴联苯醚......640

18.1 背景技术......640

18.2 纳米 Fe^0@Fe$_3$O$_4$ 复合材料降解 PBDEs 的研究......644

18.3 纳米 Fe^0@Fe$_3$O$_4$ 类芬顿降解 BDE209 的产物的研究......657

18.4 纳米 Fe^0@Fe$_3$O$_4$ 类芬顿降解 BDE209 的机理研究......668

参考文献......678

第 19 章 饮用水中硝酸盐污染降解及二次污染治理问题的研究......683

19.1 研究背景......683

19.2 废酸制备的 BC@nZVI 对硝酸盐去除的研究......691

19.3 BC@Fe/Ni 复合材料去除硝酸盐的研究......700

19.4 对比分析 BC@nZVI 与 BC@Fe/Ni 降解硝酸盐的动力学和机理......707

参考文献......717

第三部分 铁基材料在土壤修复中的应用

第 20 章 修饰型纳米零价铁修复铬污染土壤......725

20.1 研究背景......725

20.2 修饰型 nZVI 去除土壤中 Cr（Ⅵ）......733

20.3 修复后土壤中 Cr 的化学稳定性研究......744

参考文献......750

第 21 章　生物炭负载纳米零价铁修复铬污染土壤 753

　21.1　研究背景 753

　21.2　生物炭负载 nZVI 的稳定性及流动性研究 756

　21.3　生物炭负载 nZVI 修复铬污染土壤的研究 760

　参考文献 769

第 22 章　生物炭负载纳米磷酸亚铁修复镉污染土壤 773

　22.1　研究背景 773

　22.2　生物炭负载纳米磷酸亚铁的稳定性及流动性研究 778

　22.3　生物炭负载纳米磷酸亚铁修复镉污染土壤的研究 785

　参考文献 793

第 23 章　修饰型纳米零价铁修复多溴联苯醚污染土壤 796

　23.1　研究背景 796

　23.2　纳米 Ni/Fe 双金属修复土壤中多溴联苯醚 800

　23.3　介孔二氧化硅微球修饰 nZVI 修复土壤中多溴联苯醚 814

　参考文献 821

第 24 章　生物炭负载纳米 Ni/Fe 复合材料对土壤中多溴联苯醚的吸附降解 826

　24.1　研究背景 826

　24.2　生物炭负载纳米双金属 Ni/Fe 的稳定性及流动性研究 829

　24.3　生物炭负载纳米 Ni/Fe 吸附降解土壤中多溴联苯醚的研究 836

　参考文献 852

第 25 章　腐植酸和金属离子对纳米零价铁去除十溴联苯醚的影响及其机理 857

　25.1　研究背景 857

　25.2　腐植酸和金属离子对 nZVI 去除 BDE209 的影响 859

　25.3　腐植酸和金属离子对纳米金属去除 BDE209 的影响 867

　25.4　腐植酸和金属离子的影响机理研究 876

　参考文献 884

第 26 章　铁基添加剂辅助机械化学法修复土壤中多溴联苯醚 887

　26.1　机械化学法修复有机污染物的研究进展 887

　26.2　机械化学添加剂的筛选研究 893

　26.3　针铁矿辅助机械化学修复土壤中 BDE209 的研究 906

　26.4　低球料比 C_R 下硼氢化钠辅助机械化学修复土壤中 BDE209 的研究 917

　26.5　低 C_R 下针铁矿及硼氢化钠共同辅助机械化学法修复 BDE209 的研究 927

　参考文献 937

第四部分　铁基材料的环境风险

第 27 章　纳米金属颗粒修复水体 Cr（Ⅵ）后的化学稳定性和毒性研究 943

　　27.1　研究背景 943

　　27.2　纳米金属颗粒的化学稳定性研究 944

　　27.3　纳米金属颗粒的毒性研究 950

　　参考文献 954

第 28 章　土壤中纳米零价铁对水稻幼苗生长影响及其作用机制 957

　　28.1　研究背景 957

　　28.2　新制备 nZVI 对水稻幼苗生长影响及其作用机制 958

　　28.3　氮气保护的 nZVI 对土壤中水稻幼苗的影响研究 971

　　28.4　土壤中老化后 nZVI 对水稻幼苗生长的影响研究 977

　　参考文献 987

第 29 章　修饰型纳米铁系材料在土壤环境修复中的生态风险 991

　　29.1　CMC-nZVI 修复后土壤中铬的植物毒性研究 991

　　29.2　纳米 Ni/Fe 修复土壤中 PBDEs 的植物毒性效应研究 1000

　　参考文献 1009

第 30 章　负载型纳米铁系材料在土壤环境修复中的生态风险 1013

　　30.1　生物炭负载 nZVI 修复铬污染土壤后的植物毒性研究 1013

　　30.2　生物炭负载纳米磷酸亚铁修复镉污染土壤后的植物毒性研究 1018

　　30.3　生物炭负载纳米 Ni/Fe 对土壤 BDE209 生物有效性的研究 1031

　　参考文献 1043

第16章 修饰型纳米零价铁降解多溴联苯醚的研究

16.1 研究背景

16.1.1 多溴联苯醚及其应用

多溴联苯醚（Polybrominated diphenyl ethers，PBDEs）是一类高效溴代阻燃剂，其化学通式为 $C_{12}H_{(0-9)}Br_{(1-10)}O$，化合物结构如图 16-1 所示。根据溴原子取代位置的不同和溴原子数的不同，理论上 PBDEs 具有 209 种同系物。与多氯联苯（Polychlorinated biphenyl，PCB）一样，PBDEs 按 IUPAC 的编号命名。

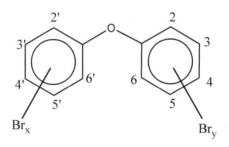

图 16-1 PBDEs 结构式（$x+y$=10）

自 20 世纪 70 年代起，多溴联苯醚作为溴代阻燃剂被广泛地应用于电子器材、建筑材料、纺织行业等（Hites R A et al.，2004；Li A et al.，2006）。不同材料中多溴联苯醚的主要成分如表 16-1 所示（Kemmlein et al.，2003），主要用于工业产品的有五溴（Penta-）、八溴（Octa-）和十溴（Deca-）联苯醚，其中十溴联苯醚占 PBDEs 总产量的 80%以上，五溴联苯醚和八溴联苯醚分别占 12%和 6%（La Guardia et al.，2006）。由于 PBDEs 为添加型阻燃剂，与其他产品表面的聚合物难以形成化学键，因此容易通过挥发渗出等方式从产品表面脱离而进入环境中。据报道，我国对溴代阻燃剂的需求量每年以 8%的速率增长，每年约有 67 000 t 的 PBDEs 经由电子垃圾的拆解而释放到环境中（Kwan C S et al.，2013）。2006 年 7 月 1 日生效的欧盟《关于在电气电子设备中限制使用某些有害物质指令》明确限制 PBDEs 在电子产品中的使用，但是由于溴代阻燃剂的良好性能以及寻找替代品的困难性以至于当前阶段对溴代阻燃剂的使用量不会减少（Wang Y et al.，2007）。

表 16-1   PBDEs 在不同材料中的主要成分（Kemmlein et al.，2003）

材料	PBDE 混合物	应用
环氧树脂	Deca-BDE	黏合层板、造船用建筑元件、电子元件等
聚合树脂	Penta-BDE，deca-BDE	面板、电气和电子设备、军工等
酚醛塑料	Penta-BDE，deca-BDE	强化地板、汽车内饰件、电器、电子设备等
聚氨酯泡沫	Penta-BDE	室内装潢、隔音隔热、汽车座椅、家具覆盖物等
聚丙烯	Deca-BDE	涂料、汽车内饰件、电器、电子设备等
聚苯乙烯	Okta-BDE，deca-BDE	包装行业、烟雾探测器、电气设备等
聚酰胺纤维	Okta-BDE，deca-BDE	电子设备、汽车工业建筑构件等
橡胶	Penta-BDE，deca-BDE	电气线路等的绝缘
油漆	Penta-BDE，deca-BDE	造船工业、油漆船壳用保护漆等
纺织品	Penta-BDE，deca-BDE	覆盖物，家具，帐篷，军用帐蓬等

PBDEs 的阻燃功能原理：高温下分解可产生具有强还原性的溴原子，可以捕获 ·OH 等燃烧反应的核心游离基，从而达到阻燃灭火的目的。另外，PBDEs 分解出密度较大的不可燃气体而产生覆盖作用，隔绝或稀释了空气，起到了阻燃灭火的作用。

PBDEs 在室温下具有憎水性、亲脂性强和蒸汽压低等特点，沸点一般在 310～425℃，在水中溶解度小。随着溴原子的增加，显现出较强的亲脂疏水性，并且 PBDEs 具有相当稳定的化学结构，很难通过物理、化学或生物方法降解，具有生物累积性和难降解性（刘汉霞等，2005）。

16.1.2   多溴联苯醚在环境中的分布

虽然许多国家都意识到 PBDEs 的潜在危害，但迫于其廉价，且具有优良的阻燃性能，难以找到合适的替代品。PBDEs（主要是十溴联苯醚）不仅避免了被斯德哥尔摩公约禁止的厄运，而且产量和需求量逐年提升（Keum et al.，2005）。多年大规模地使用和其自身的物理化学性质，导致 PBDEs 在环境中分布广泛。据报道，PBDEs 能够通过产品使用、废弃处置等途径进入环境中，已在全球范围内的水体、沉积物、土壤、大气、生物体和人体中被广泛检出，而且污染水平有增高的趋势（罗孝俊等，2009）。

16.1.2.1   水体中的多溴联苯醚

PBDEs 属于疏水物质，在水中的溶解度低。有机物的正辛醇-水分配系数是用来预测其在水中行为的重要参数。有报道和理论计算结果表明，PBDEs 的溶解度随溴取代个数的增加而减小（张利飞等，2010）。因此，关于水相中 PBDEs 的报道较少。根据已有报道，自然水体中 PBDEs 的含量一般不高，多为每升几百皮克量级的，以 BDE47 和 BDE99 等溶解度相对较高的低溴代联苯醚为主（Hale R C et al.，2006）。例如，Streets 等（2006）在密歇根湖水体中发现 PBDEs 含量为 0.2～10 pg/L，浓度与该水体中的 PCBs 相近。

Oros D R 等（2005）对旧金山湾水体中的 PBDEs 进行测定，发现水体中主要以 BDE47、BDE99 和 BDE209 为主，污染度最高是在城市化发达的地域，其浓度为 103～513 pg/L；而城市化相对较低的北部区域，其浓度为 3～43 pg/L。疏水性高的 BDE209 在水体中的存在主要是通过吸附在悬浮颗粒物上。在欧洲，Booij K 等（2002）检测荷兰海岸水体发现 BDE47、BDE99、BDE153 的平均浓度分别为 1 pg/L、0.5 pg/L、0.1 pg/L，而 BDE209 的浓度为 0.1～4 pg/L。相比之下，土耳其伊兹密尔湾中 PBDEs 的含量要高得多，而且呈现季节变化。冬天水体中溶解的 PBDEs 的浓度范围为（87±57）pg/L，而夏天时，其浓度为（212±65）pg/L。其中以 BDE209、BDE99 和 BDE47 为主（Cetin B et al., 2007）。这一结果与罗孝俊等（2008）对珠江口水体中 PBDEs 也呈季节性变化的检测结果类似。珠江口水体中的 PBDEs（不含 BDE209）的浓度在 9～127 pg/L，而颗粒相中以 BDE209 为主，浓度最高达到 5 693 pg/L。临近广州的香港附近水体中也具有类似的检出浓度，根据 Wurl O 等（2006）的检测结果，PBDEs 的浓度高达 97.8 ng/L。以上研究报道表明，在水中 PBDEs 含量较低，主要以低溴代物质为主。

16.1.2.2　大气中的多溴联苯醚

作为一种添加型阻燃剂，由于缺乏化学键的束缚作用，添加于产品中的 PBDEs 很容易通过其生产、运输和添加过程中以及存放、处置和处理过程中等途径进入大气。PBDEs 的蒸汽压随着溴原子个数的增加而呈线性降低，从而出现高溴代联苯醚更易结合在颗粒物上，而非气相上，而低溴代联苯醚更易在大气中长距离传输（张利飞等，2010）。不同国家和地区大气中的 PBDEs 的构成是不同的，但是主要以低溴联苯醚如 BDE47、BDE99、BDE100、BDE153 和 BDE154 为主，而高溴代联苯醚（主要是 BDE209）在空气中则主要通过吸附在气溶胶颗粒物上而存在，以气态形式存在的非常少（Hale R C et al., 2003；Law R J et al., 2006；Wang Y et al., 2007）。Bohlin 等（2008）对墨西哥城区空气中的 PBDEs 进行了检测，发现各种 PBDEs 的浓度分布范围为 0.68～620 pg/m^3。浓度的主要贡献来自 BDE47 和 BDE99。同时，室内空气中的 PBDEs 浓度普遍比室外高出一至二个数量级。这是由于室内装饰材料、家具和电器中大都添加 PBDEs 阻燃剂，在使用过程中由于温度变化等因素，PBDEs 会不同程度地逸散到空气中（刘俊晓等，2008）。Shoeib M 等（2004）检测到的室内外空气中 PBDEs 浓度中位值的比值是 15，表明室内空气浓度远高于室外。再者，在典型的电子垃圾回收地区（如广东省的贵屿镇、广州市、香港地区等），其大气中 PBDEs 的含量也较高。陈来国等（2008）通过测定广州地区大气中的 PBDEs，发现广州市区的 PBDEs（未含 BDE209）和 BDE209 分别达 5～256.8 pg/m^3 和 116.3～888.7 pg/m^3，BDE209、BDE47 和 BDE99 是主要成分。作为电子垃圾拆解集中地的贵屿镇，空气中 PBDEs 的含量高达 21 474 pg/m^3（Deng W J et al., 2007），属于高度污染区域。

16.1.2.3 沉积物中的多溴联苯醚

由地表径流，大气的干湿沉降或者其他方式进入水环境的 PBDEs，易与悬浮颗粒物和沉积物结合而转移到水体底部的沉积物中（图 16-2），特别是溶解度低的高溴代联苯醚 BDE209，由于具有较高的疏水性和化学稳定性，极易在沉积物中累积并长期存在，沉积物中 PBDEs 的污染模式以 BDE209 为主。据统计，BDE209 一般占沉积物中 PBDEs 总浓度的 70%以上，高则可达 90%以上（Lacorte et al.，2003；Song W et al.，2004；Xiang C H et al.，2007；张娴等，2009）。由于 PBDEs 使用情况的不同和地区经济水平的不同，世界上不同地区地域中沉积物中 PBDEs 的含量也是不同的。Verslycke 等（2005）发现在荷兰斯海尔德河河口处的沉积物中 BDE209 的浓度为 240～1 650 ng/g，其余的 PBDEs 浓度仅为 12～14 ng/g。西班牙的辛卡河沉积物总的 PBDEs 的浓度为 2～49 ng/g，其中 BDE209 的浓度为 2.1～39.9 ng/g（Eljarrat et al.，2004）。中国、日本和韩国等亚洲国家一些地区沉积物中 BDE209 含量处在一个较高水平（罗孝俊等，2009）。例如，我国的广东省作为全国最大的电子产品原产地和世界最大的电子垃圾回收地，是 PBDEs 污染高风险的地区，根据 Mai B 等（2005）的调查，其 PBDEs（不含 BDE209）的含量为 0.04～94.7 ng/g，而单独的 BDE209 的含量却高达 0.4～7 340 ng/g。贵屿镇河底沉积物中最高时竟然达到惊人的 97 400 ng/g（Leung A et al.，2007），是目前发现的 PBDEs 含量最高的地方。值得注意的是，针对北美五大湖、日本东京湾到中国珠三角等地一些沉积物的研究表明，不论是低溴联苯醚（3～7 溴）还是高溴联苯醚（主要是 BDE209），都表现出随时间延长浓度逐渐增加的趋势（罗孝俊等，2009）。

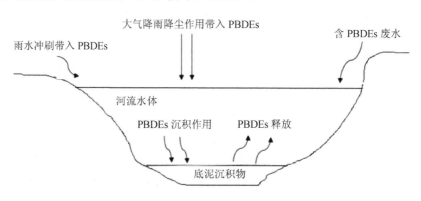

图 16-2 沉积物中 PBDEs 示意图

16.1.2.4 生物体中的多溴联苯醚

自 1981 年人们首次在野生鱼类中发现生物体内蓄积有 PBDEs 后（Andersson et al.，1981），陆续有大量的研究指出 PBDEs 广泛存在于各种生物体体内（包括浮游动植物、鱼类、哺乳类和鸟类等）。由于水生生物生活在 PBDEs 分布较集中的水环境中，能够通过食物链，或者直接从水和沉积物中吸收、富集 PBDEs，它们成为目前监测 PBDEs 的极佳指示剂（Wang Y et al.，2007），当下生物数据大多数来自对水生生物体内 PBDEs 含量的研究。与水相中 PBDEs 的分布相似，水生生物体内的含量也具有地域性，但是由于生物对 4～6 溴代联苯醚吸收强且代谢慢，或者体内有高溴代联苯醚降解为低溴代联苯醚的原因，使目前水生生物体内 PBDEs 的构成极为相似，主要以 BDE47、BDE99、BDE100、BDE153 和 BDE154 为主，其中 BDE47 比例最大，一般在水生生物体内的含量为 50%以上（Wolkers et al.，2004；Johnson et al.，2005；Wang Y et al.，2007）。例如，De Boer 等（2003）对荷兰水环境进行调查发现，荷兰水体内的比目鱼体内 BDE47 的含量为 0.6～20 μg/kg，远大于 BDE99、BDE153 和 BDE209 的含量，而且鲤鱼体内的 PBDEs 含量也证明了 BDE47 的蓄积量远高于其他 PBDEs。在瑞典维斯坎河中梭子鱼也具有类似的情况。Sellström 等（1998）发现，该河中梭子鱼体内总的 PBDEs 含量从未检出到 4 600 ng/g，虽然 BDE209 处于痕量水平但 BDE47 却为鱼体质量的 50%～90%。不仅是鱼类，贝类体内，其体内 PBDEs 的构成与水生生物有很大的不同。例如，Luo X J 等（2009）发现在珠三角地区中秧鸡科、鹭科和鹬科等 5 种水鸟肌肉中总的 PBDEs 的含量为 37～2 200 ng/g，其中池鹭和红胸田鸡以 BDE47、BDE99 和 BDE100 为主，白胸苦恶鸟和扇尾沙锥以 BDE153、BDE183 和 BDE154 为主，而蓝胸秧鸡以 BDE209 和 BDE153 为主。在中国的北方，Chen D 等（2007）发现陆生猛禽秃鹰体内的 PBDEs 以 BDE209 为主，这与日本貉子体内的情况类似（Kunisue et al.，2008），但红隼与雀鹰则以 BDE153 为主。

同时，生物体内的 PBDEs 具有累积性，并随着营养等级的不同而具有不同的累积量，通常是哺乳动物＞鱼类＞无脊椎生物＞浮游动植物。低营养级生物体中的 PBDEs 会通过食物链逐级放大，最后以高浓度累积于高营养级的生物中，这也是 PBDEs 造成人体累积与潜在危害的一个主要方式（Wolkers et al.，2004；Johnson et al.，2005）。

16.1.2.5　人体中的多溴联苯醚

由于 PBDEs 遍布于人类生存环境，其在人体内的蓄积变得不可避免。目前，由于各种条件的约束，人体体内 PBDEs 的样品分析主要来自血样和母乳。这些研究都已经证实了人体 PBDEs 暴露的普遍性。江桂斌及其研究小组在 2008 年对人体血液中 PBDEs 的浓度数据进行了总结（王亚韡等，2008），数据包括 10 个国家 1977—2007 年的 1 157 个血液样品（图 16-3）。不同地区人体血样中 PBDEs 的含量不尽相同，含量分布为 0.44～71 ng/g，主要以低溴类污染物为主，特别是 BDE47 的含量最高。相对于其他国家，美国人均体内血样中 PBDEs 的含量最高，日本人均体内血样中 PBDEs 的含量比较低。我国除了广东贵屿镇人群处于极高的污染水平（600 ng/g）（Bi X et al.，2007），其他地区人体血液中的 PBDEs 含量相对较低。图 16-3 表明，相比于过去的时间里，人体血液中 PBDEs 的含量已经处于上升水平，例如，挪威人体血样中的 PBDE 含量由 1977 年的 0.44 ng/g

增加到 1999 年的 3.1 ng/g；德国人体血样中 PBDE 的含量由 1985 年的 2.66 ng/g 增加到 1999 年的 4.53 ng/g，而美国也同样出现了快速增长的趋势。

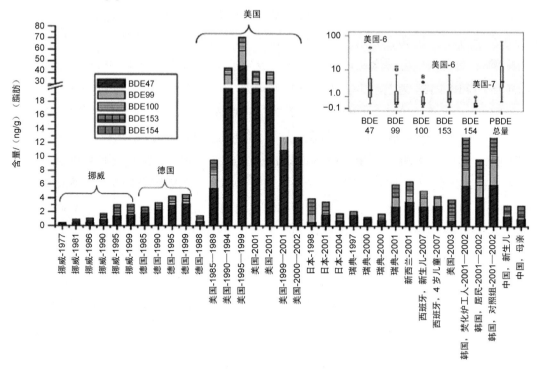

图 16-3　不同国家人体血样中 PBDEs 的含量分布

欧洲（如瑞典、波兰、英国、土耳其和俄罗斯等）国家，人体母乳中 PBDEs 的含量平均浓度在 10 ng/g（皮克）以下的水平，英国是欧洲中 PBDEs 浓度最高的国家，达到 150 ng/g（罗孝俊等，2009）。美国发现其国内人体母乳中 PBDEs 的平均浓度为 74 ng/g，高于欧洲国家的平均水平（Schecter et al.，2011）。在亚洲，日本在 2004 年和 2005 年的调查发现，国内人体母乳中 PBDEs 的含量为 1.39 ng/g 和 2.9 ng/g，处于较低水平（Eslami et al.，2006；Inoue et al.，2006）。但是，Eslami 等（2006）指出目前日本人体母乳中的 PBDEs 含量仍然呈现出逐年增长的趋势。在中国，Zhu L 等（2009）的研究表明，天津地区人体母乳中 PBDEs 含量在 1.7～4.5 ng/g，南京和舟山两地人体母乳中 PBDEs 含量水平相近（6.1 ng/g）。与血液中 PBDEs 的构成类似，人体母乳中的 PBDEs 主要以低溴为主，特别是 BDE47。

根据现有的报道，由于 PBDEs 可通过食物链的生物放大作用进入人体，因此食物摄入被认为是 PBDEs 在人体内蓄积的重要途径。特别注意富含脂肪的鱼类，Lind Y 等（2002）指出食用鱼类尤其是富含脂肪的鱼类是人体最主要的 PBDEs 摄入途径，占摄入总量的 2/3。例如，瑞典人血液中 PBDEs 含量与食用波罗的海鱼密切相关，不吃鱼的人体内 PBDEs 浓度平均在 0.4 ng/g 脂质，而每月吃 12～20 次鱼的人体内 PBDEs 水平在 2.2 ng/g 脂质

（Sjödin A et al.，2000）。

PBDEs 进入人体的另外一个途径是呼吸摄入。装饰材料、电脑、电器、家具中的 PBDEs 会不同程度地挥发到大气中，而人类可能通过吸入空气中的颗粒物而摄入 PBDEs。Wu N 等（2007）对比了人体母乳中 PBDEs 的含量与室内粉尘中 PBDEs 的含量，发现其具有正相关性。Karlsson 等（2007）通过对人体血清的分析，也得到了类似的结果。在 PBDEs 高度污染的地域，其人体内 PBDEs 的含量也要高于其他地区。例如，在广东的贵屿镇，Bi X 等（2007）研究发现，由于电子垃圾拆卸产业的发展，当地受 PBDEs 的污染非常严重，人体内的 BDE209 含量高达 3 100 ng/g。

16.1.3　多溴联苯醚的生物毒性

PBDEs 中不同同系物之间的毒性差别很大，毒性取决于卤原子的取代个数以及取代位置。一般来说，溴原子数越少，毒性就越大（Gerberding et al.，2004；Tokarz et al.，2008）。商业产品中五溴联苯醚毒性最大，最严重的影响是对神经系统的损害，十溴联苯醚的毒性比其他同系物小。目前，PBDEs 对人的危害评价主要建立在动物模型研究上，关于 PBDEs 在人体内的毒理动力学研究工作尚且缺乏，根据已有的关于 PBDEs 对动物毒性作用的报道，PBDEs 的危害性主要表现在：甲状腺毒性、致癌性、神经毒性、影响生殖和内分泌系统、免疫毒性。

（1）甲状腺毒性

进入生物体内的 PBDEs 可在相关酶的催化下进行代谢，代谢产物主要有低溴代联苯醚、甲氧基取代的多溴联苯醚（MeO-PBDEs）和羟基取代的多溴联苯醚（OH-PBDEs）等。与甲状腺激素结构相似的 OH-PBDEs 能与甲状腺转运蛋白相结合，从而扰乱甲状腺系统的正常功能（Hakk H et al.，2003）。Meerts 等（2000）选用 17 种 PBDEs 研究 PBDEs 与 $3,3'5,5'$-四碘甲状腺原氨酸（T_4）和甲状腺转运蛋白（TTR）两者之间的竞争结合，结果表明这 17 种 PBDEs 并没有与 T_4-TTR 的结合产生竞争作用，而合成出的 OH-PBDEs 则与 T_4 产生了竞争，说明羟基化激发甲状腺毒性是根本原因。

（2）致癌性

Hardell 等（1998）对瑞典医院内癌症患者的脂肪进行 PBDEs 含量测试，发现其脂肪组织中 BDE47 的含量与患霍杰金淋巴瘤之间存在相关性。Chen G 等（2001）研究发现，PBDEs 可与芳香烃受体结合而产生类似于二噁英的致癌作用。美国国家环境保护局（EPA）已经把十溴联苯醚（Deca-BDE）归为人类可能致癌物之一。

（3）神经毒性

在神经毒性方面，低溴代 PBDEs 的影响尤为明显，Eriksson 等（2001）的研究表明，BDE47 和 BDE99 会改变小鼠的自发行为并使其习惯形成能力下降，这两种影响会随着年龄的增加而显著，早龄暴露于 BDE99 还会影响大鼠的学习和记忆能力。这在 Dufault 等（2005）的研究中也有类似的发现，他们使大鼠暴露于 DE71（4~6 溴混合物，其中五溴溴联苯醚占多数），12 d 后发现其视觉分辨的学习能力明显下降，而且这种短暂的暴露会使类胆碱系统发生永久性的改变，进一步影响大鼠的注意力。

（4）影响生殖和内分泌系统

PBDEs 能起到类似环境激素的作用，影响动物的生殖和内分泌系统。美国国家环境保护局 1987 年对大鼠的毒性试验表明，当暴露剂量达 25 mg/（kg·d）时，幼鼠体就会出现体重下降、畸形、骨化过程推迟等症状（孙福红等，2005）。De Wit 等（2002）指出，食用受 PBDEs 污染鱼的母亲怀孕期会短于正常孕妇，婴儿出生时体重偏低，而且运动神经系统发育不成熟。PBDEs 的内分泌毒性已为很多研究所证明，Meerts 等（2001）研究发现 PBDEs 的同系物 BDE100、BDE75 和 BDE51 具有一定的雌激素活性。Lilienthal 等（2006）将怀孕大鼠暴露于 10 mg/kg 的 BDE99 中，发现雄性幼鼠断奶期和成年期的性激素调节水平显著降低了。在 Stoker 等（2004，2005）的研究中也有相似的发现，他们将青春期的雄鼠暴露于商用 PBDEs 混合物中，结果发现其依赖雄激素生长的组织发育受到抑制。然而，国内学者万斌（2011）指出该项研究仅在人体外进行短暂的 PBDEs 暴露，没有考虑到长期暴露和婴儿期、胚胎期的暴露情况，因此 PBDEs 对人体免疫毒性影响还需要进行进一步探讨。

（5）免疫毒性

研究表明，PBDEs 不仅对神经、内分泌系统有损害作用，还具有免疫毒性。Frouin 等（2010）发现 12 μmol/L 的 PBDEs 同系物（BDE47、BDE99、BDE153 的混合物）能引起海豹天然免疫细胞-粒细胞的氧化胁迫，并使其吞噬能力下降。Beineke 等（2005）对海洋鲸类的调查发现，胸腺萎缩与 PBDEs 呈现一定相关性，而且鲸的免疫系统受到明显的限制，对疾病的易感性提高。目前关于 PBDEs 对人体的免疫毒性机制还不太清楚，瑞典国家食品管理局研究发现，至少在人血中，淋巴细胞的体外增殖和免疫球蛋白的合成不受 PBDEs 的影响。

1973 年美国密歇根州发生的多溴联苯（PBBs）混入动物饲料事件引起了人们对溴代阻燃剂的初步关注（WHO，1994），而随着报道 PBDEs 等溴系阻燃剂危害的研究越来越多，人们也越来越关注溴系阻燃剂对环境和人体产生的有害影响。很多地方性机构已经开始立法限制或禁止 PBDEs。2003 年 8 月，美国加利福尼亚州立法禁止出售五溴联苯醚和八溴联苯醚，2008 年 1 月正式生效。2007 年 4 月，华盛顿州的立法机关通过了一项禁止使用 PBDEs 的议案。联合国于 2009 年 5 月 9 日发表声明，将四溴联苯醚、五溴联苯醚、六溴联苯醚和七溴联苯醚等 9 种有毒物质列入《关于持久性有机污染物的斯德哥尔摩公约》。但是，目前关于十溴联苯醚（Deca-BDE）的限用问题国际各界仍有意见分歧，美国国家环境保护局将 Deca-BDE 列为潜在的致癌物质，华盛顿州已禁止生产和销售 Deca-BDE 的产品（2004）。欧盟也在 2008 年 7 月 1 日起开始限制 Deca-BDE 的使用（Ma J et al.，2012）。虽然我国在 2006 年公布的《电子信息产品污染控制管理办法》限制了 PBDEs 的使用，但是其中并未包括 Deca-BDE，而且 Deca-BDE 在我国的产量和需求量都很大。在未来，我国可能面临更大的 PBDEs 环境污染风险。

16.1.4　多溴联苯醚的降解技术

作为传统方法的代表，微生物降解有机物具有廉价、操作简便的特点。微生物降解技术分为好氧降解和厌氧降解两种。鉴于目前研究发现 PBDEs 主要存在于沉积物或者地下水等氧含量相对较少的区域，使得厌氧降解在原位修复的实用性方面明显优于好氧降解。不仅如此，厌氧降解还可以通过还原脱溴作用，降低高溴代同系物的疏水性，减少其在有机介质中的含量，因而成为微生物降解技术的研究重点。Gerecke 等（2005）研究采用厌氧微生物处理的方法降解城市污泥的 PBDEs。污泥中的 BDE209 经过 238 d 的处理，降解效率达到了 30%。He J 等（2006）利用厌氧菌种处理水体中的 BDE209，结果表明，为期两个月的处理后水体中的多溴联苯醚被完全降解。通过降解产物的分析，发现 BDE209 的降解路径是一个逐步地加氢脱溴还原的过程（Robrock et al.，2008）。但是，其降解缓慢和难以适应多变自然环境的不足制约了厌氧技术的应用。

为了解决传统方法的不足，以光催化为代表的高级氧化技术的出现为 PBDEs 的快速处理提供了一个有效的解决办法。例如，Soderstrom 等（2004）在不同的环境介质（如硅胶、沙砾、沉积物和土壤）上开展了紫外光解 BDE209 的研究，取得了令人满意的研究结果，不同介质中的 BDE209 都能在较短的时间内被降解，显著高于微生物的降解效率。Sun C Y 等（2009）研究发现，在短短的 7.5 min 内，光催化降解体系中溶剂里近 90% 的 BDE209 被降解。他们还对降解时的背景溶剂的构成比例对降解 BDE209 的效果进行了初步的探讨。虽然光催化以可见光或者紫外光（目前主要为紫外光）为主要的"驱动力"，具有环保、高效的特点。但是在原位修复理念下，如何将其应用于无光或者低光的多溴联苯醚易聚集的地下水层及河流底泥环境，是目前光催化难以逾越的一道障碍。

零价铁（ZVI）降解技术，也是本书所要采用技术的雏形，该技术自 Gillham 等（1994）首次证明了 ZVI 能够作为一种氯代有机物的还原剂，并提出了原位可渗透反应墙（in situ permeable reaction wall）可作为地下水修复的有效手段以来，以其廉价，处理效果好而备受关注。美国夏威夷大学的 Keum Y S 等（2005）首次采用 ZVI 对 BDE209 进行降解，在 40 d 内降解率达到 92%，结果虽然没有光催化的效率高，但是却直接证明了 ZVI 脱氯技术能够用于治理 PBDEs 的环境问题。ZVI 能直接投放于污染区域，无须后续激发手段即能够对卤代有机物进行有效降解的特性十分适合河道底泥和地下水的原位修复（邱心泓等，2010）。

纳米技术的引入，在解决普通 ZVI 处理效率较低的情况下，极大地拓宽了 ZVI 技术的应用范围，使得 ZVI 本身所具有的原位修复性能得到极大地促进。

16.2　纳米双金属 Ni/Fe 降解 BDE209 的研究

16.2.1　研究方法

（1）纳米金属材料对 BDE209 的降解试验

BDE209 是一种难溶有机污染物，为了测试新方法对于该种污染物的处理性能，许多研究者均采取有机或有机和水混合溶剂的体系（Li A et al.，2007；Sun C Y et al.，2009；Zhao H et al.，2009）。其中，四氢呋喃由于对 BDE209 有良好的溶解性能和优异的溶剂互溶性，广泛应用在 BDE209 的降解研究中。结合其他研究报道，水的存在对于 nZVI 或者纳米双金属材料极其重要。因此，本书中在四氢呋喃（Tetrahydrofuran，THF）和水的混合溶剂体系下对 BDE209 进行降解，为了满足和保证不同浓度 BDE209 的溶解，文中将 THF 在体系中的体积比例设定为 60%（THF/水）。BDE209 的母液采用纯四氢呋喃进行配制，而所需的其他浓度通过一定比例的四氢呋喃水溶液进行稀释配制。

取一定浓度的 BDE209 模拟溶液和适量干燥后的纳米金属材料至三口烧瓶，以 200 r/min 的速度，30℃避光条件下进行降解试验。在设定的时间（0、10 min、20 min、30 min、40 min、50 min、60 min、90 min、120 min、180 min）取 1 mL 样品过 0.45 μm 的微孔滤膜并用液相色谱进行分析。

（2）纳米双金属 Ni/Fe 的重复使用性验证试验

取 100 mL 浓度为 2 mg/L 的 BDE209 模拟溶液和 0.4 g 纳米双金属 Ni/Fe 至三口烧瓶。在室温（28±2）℃，溶液初始 pH=6.09，搅拌速度为 200 r/min 的条件下进行降解试验。每个循环（3 h）结束后，采用磁分离进行固液分离（全部取出溶液，三口烧瓶中只留纳米颗粒），迅速加入 100 mL 新鲜的浓度为 2 mg/L 的 BDE209 溶液进行重复降解。

（3）镍离子的流失分析

与前述降解试验类似。在每个循环（3 h）结束时，用 1 mL 含 200 mg/L 的新鲜 BDE209 溶液置换三口烧瓶中 1 mL 反应后溶液，继续搅拌降解。取出的溶液经 0.45 μm 微孔滤膜过滤后，用原子吸收测定其中镍离子的含量。

（4）分析方法

①BDE209 的高效液相色谱分析法

溶液中 BDE209 的浓度采用高效液相色谱进行测定，色谱柱为 Dikma C$_{18}$ column

（250 mm×4.6 mm），紫外检测波长为 240 nm，流动相为纯甲醇，流速为 1.2 mL/min，进样量为 20 μL。采用外标法定量，即测定前先配制一系列 BDE209 标准溶液，以浓度为横坐标，峰面积为纵坐标绘制标准曲线，当被测物的浓度与峰面积线性关系良好时（$r>$ 0.999），采用该曲线进行定量分析。

②溴离子分析

配制一系列溴离子标准溶液。将溴离子电极按浓度由低到高的顺序，依次插入各个标准溴离子溶液中，连续搅拌约 2 min，读取搅拌状态下的稳定电位值 E，确定标准曲线。并用该曲线对降解的样品进行溴离子的定量分析。注意，溴离子电极使用前在 10^{-3} mol/L 的溴溶液中浸泡 2 h，用去离子水洗至电位为−108 mV。

③产物分析

在设定的间隔段取样，将待测样品与二氯甲烷振荡萃取（体积比为 1），旋蒸浓缩至 1 mL 后用层析柱净化。使用的是多段硅胶柱净化法（1.0 cm 内径柱子里由底及顶分别填 1 cm 无水硫酸钠、6 cm 中性氧化铝、2 cm 中性硅胶、5 cm 碱性硅胶、2 cm 中性硅胶、8 cm 酸性硅胶、3 cm 无水硫酸钠），经二氯甲烷和正己烷洗脱后旋蒸浓缩，并氮吹至 20 μL。采用气质联用对浓缩后的样品进行 BDE209 和中间产物测定。

气质联用时气相色谱条件如下：同位素内标稀释法测定时分别选择 PCB141 和 PCB208 的 C^{13} 同位素内标为提取内标和进样内标。采用 DB5Ms 20 m×0.25 mm×0.1 μm 涂层硅熔毛细柱，无分流进样模式，载气（氢气）流速 1 mL/min，进样口温度 250℃，升温程序为 90℃保持 2 min，50 min 内升至 220℃，3℃/min 的速度升至 300℃并保持 5 min，传输线温度为 310℃。质谱条件为离子源 150 度，四极杆 150 度，NCI 模式，离子选择性扫描，选择 79、81、372 和 476 4 个质量数测定。

（5）降解动力学分析

已有研究表明（Zhang Z et al.，2009；Alidokht et al.，2011），纳米双金属 Ni/Fe 对于有机卤代物质的降解符合拟一级动力学，其公式如式（16-1）所示，其中，C_{BDE209} 是溶液中 BDE209 的浓度，k_{obs} 为一阶动力学反应速率常数。将方程进行变化得到式（16-1），使用式（16-3）可进行半衰期的计算。

$$\frac{dC_{BDE209}}{dt} = -k_{obs}C_{BDE209} \tag{16-1}$$

$$\ln\frac{C_{BDE209}}{C_{BDE209}^{0}} = -k_{obs}t \tag{16-2}$$

$$t_{1/2} = \ln\frac{2}{k} = \frac{0.693\,1}{k} \tag{16-3}$$

16.2.2 纳米双金属 Ni/Fe 的制备与表征

16.2.2.1 材料的合成

先后在 0.1 mol/L 的 FeSO₄·7H₂O 乙醇溶液中加入适量的聚乙烯吡咯烷酮（PVP）和 0.3 mol/L 的硼氢化钠乙醇溶液，搅拌 5 min 后用磁选法选出固体，先后用去氧水和无水乙醇洗涤材料 3 次。反应式如下：

$$2Fe^{2+}+2H_2O+BH_4^- \longrightarrow 2Fe^0+BO_2^-+4H^++2H_2 \tag{16-4}$$

将新鲜制得的 nZVI 颗粒转移至锥形瓶，以 50 mL 乙醇水溶液使之分散，加入 50 mL 含有一定量 NiCl₂·6H₂O 的乙醇水溶液，振荡 30 min 让 Ni 沉积到铁的表面，其反应式如下：

$$Fe(s)+Ni^{2+} \longrightarrow Fe^{2+}+Ni(s) \tag{16-5}$$

用磁选法选出制得的纳米双金属 Ni/Fe，洗净后放入 50℃ 真空干燥箱中干燥待用。同时按类似方法制备了 nZVI（nZVI），纳米零价镍和未加 PVP 的纳米双金属 Ni/Fe 用于对照试验。

16.2.2.2 材料的表征

采用比表面分析仪对 nZVI 和纳米双金属 Ni/Fe 进行比表面的分析测定，样品先在 270℃ 抽真空 12 h，在液氮温度（−196℃）下进行氮气的吸附解吸测试。纳米颗粒的尺寸及表面形貌采用透射电镜（TEM）进行分析。颗粒的晶型结构采用 X 射线粉末衍射仪（XRD）测定。纳米双金属反应前后的表面元素价态分析采用 X 射线光电子能谱仪进行表。颗粒的表面元素组成采用能谱仪进行分析。颗粒中镍和铁的含量采用火焰原子吸收进行分析。

图 16-4 为 nZVI 和纳米双金属的形貌图和晶型谱图。由图可知，nZVI 和纳米双金属的颗粒大小都小于 100 nm。其中 nZVI 的颗粒尺寸为 50～80 nm，纳米双金属的平均颗粒尺寸为 20～50 nm。这些颗粒由于磁性和粒子之间的范德华力而形成链状结构。比表面分析的结果显示，纳米双金属的比表面为 68 m²/g，大于比表面为 35 m²/g 的 nZVI。对颗粒的晶型进行分析，在 nZVI 和纳米双金属 Ni/Fe 上都出现 44.9° 的衍射峰，且峰较宽，因此颗粒为无定形结构。

但是 XRD 未能测出纳米双金属有 Ni 的存在，为了进一步确认 Ni 的存在，以及纳米双金属表面各个元素的价态情况，采用 EDS 和 XPS 对材料的表面进行分析（图 16-5），XPS 和 EDS 的分析结果都表明纳米双金属的表面存在 Fe、Ni、C 和 O 4 种元素。进一步分析铁的 2p 谱图时发现，结合能 706.9 eV 表明铁的表面存在零价态，而 710.8 eV 的结合能峰说明纳米双金属的表面的铁以 α-Fe₂O₃ 的形式存在。同时，Ni 的 2p 谱图中 855.8 eV 和 852.3 eV 分别代表着的 Ni 二价态和零价态（图 16-6），说明镍在铁表面的存在也是以两种不同的价态而存在的。镍和铁的这种氧化态有可能是在制备过程中所形成的，也是纳米双金属比表面增加的一个原因。

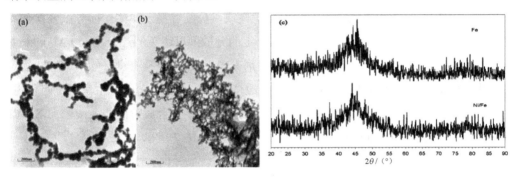

图 16-4　（a）nZVI 的透射电镜照片；（b）纳米双金属 Ni/Fe 的透射电镜照片；

（c）nZVI 和纳米双金属的 XRD 谱图

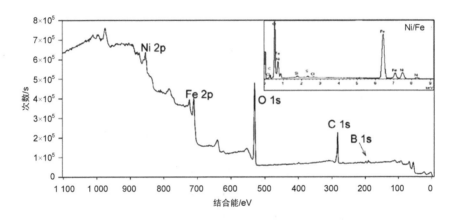

图 16-5　纳米双金属 Ni/Fe 的 XPS 和 EDS（插入图）表征图（镍的含量为 15.6wt%）

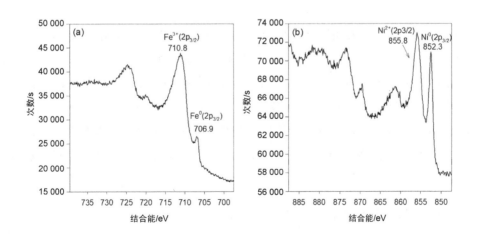

图 16-6　纳米双金属表面铁和镍 XPS 谱图（镍含量为 15.6wt%）：（a）铁的 2p 谱图；（b）镍的 2p 谱图

16.2.3 聚乙烯吡咯烷酮对纳米双金属降解 BDE209 的影响

nZVI（nZVI）材料由于其自身的物理化学性质，极其容易发生团聚而导致降解效率下降。因此，在制备 nZVI 时，往往需要加入一定的分散剂以避免其过分团聚（Alidokht et al.，2011）。作为一种廉价、环境友好的分散剂，PVP-K30 也具有良好的水溶性和稳定性，能够很好地附着于所合成的颗粒的表面，改变颗粒的表面电荷并产生空间位阻作用，避免颗粒的团聚。为了研究其对纳米双金属的影响，对比了在合成阶段加入或未加入 PVP-K30 的纳米双金属对 BDE209 的降解情况，其结果如图 16-7 所示。

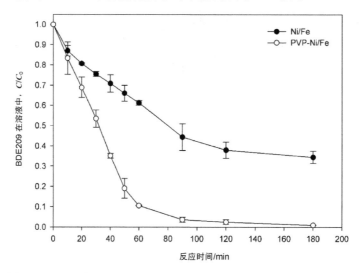

[双金属中镍的含量为 15.6wt%；双金属的投加量为 4 g/L；BDE209 的初始浓度为 2 mg/L，总反应时间为 180 min，温度为（28±2）℃，pH=6.09]

图 16-7　PVP 对于纳米双金属 Ni/Fe 降解 BDE209 的影响

明显地，反应 3 h 后表面修饰有 PVP 的纳米双金属 Ni/Fe 的降解效果（接近 100%）明显优于无 PVP 修饰的（65.48%）。nZVI 基材料对污染物的降解是一个表面过程，增加纳米颗粒的比表面有利于提高材料对污染物的降解效率（Li L et al.，2006；Lim T T et al.，2007）。然而，在缺乏有效的稳定剂的修饰时，在水中的 nZVI 会在短时间内团聚，形成微米级、毫米级甚至更大的颗粒，导致反应速率下降（He F et al.，2010）。因此，考虑到 PVP 对纳米双金属降解 BDE209 的重要作用，在后续试验中，所合成的颗粒均采用 PVP 进行修饰。

16.2.4　纳米双金属的投加量对 BDE209 降解效果的影响

图 16-8 为不同的纳米双金属投加量对 BDE209 的降解情况。随着反应时间的增加，

不同纳米双金属 Ni/Fe 投加量的试验中，BDE209 的去除率均有明显的上升，而且各个投加量对 BDE209 的降解趋势是相同的，符合拟一级动力学模型。

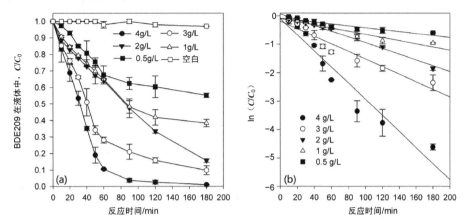

[双金属中镍的含量为 15.6wt%，BDE209 的初始浓度为 1 mg/L，总反应时间为 180 min，温度为（28±2）℃，pH=6.09]

图 16-8　（a）不同投加量的纳米双金属对 BDE209 降解效果的影响；（b）不同投加量的纳米双金属 Ni/Fe 降解 BDE209 的拟一级动力学拟合

在反应的 180 min 内，4 g/L 组别的去除率约为 99%，分别是投加量为 0.5 g/L、1 g/L、2 g/L、3 g/L 的 2.2 倍、1.6 倍、1.2 倍和 1.1 倍。这与反应速率常数呈正相关，例如 4 g/L 纳米镍铁的 k_{obs} 为 0.028 0 min^{-1}，而 0.5 g/L 的 k_{obs} 仅为 0.003 4 min^{-1}。研究表明，在纳米双金属的降解过程中，污染物的吸附与去除均发生在颗粒表面。因此，纳米双金属的表面积对于污染的去除是一个重要的因素。表面积越大，相应的反应活性部位也越多，吸附和去除能力也越强。因此，提高纳米双金属的投加量，意味着能够提供更多的活性反应部位，从而提高了降解的效率（Wang X et al.，2009；Zhang Z et al.，2009）。反应的前半段时间内，在不同投加量的条件下，BDE209 的降解率增长较快。90 min 时，在 4 g/L、3 g/L、2 g/L、1 g/L 和 0.5 g/L 的条件下，其降解率分别为 96.34%、78.99%、52.58%、51.78% 和 37.52%。这归因于纳米双金属 Ni/Fe 于污染物的去除是先吸附后降解的过程，因此 BDE209 的浓度在反应的初期下降较为迅速（Bokare et al.，2008）。但随着反应的进行，铁颗粒的表面逐渐氧化，形成钝化层使得反应点位被占据，阻止了反应的进行，造成去除过程后半期反应速度的下降。对反应后的纳米双金属进行 XPS 的表征也很好地说明了这一点。

如图 16-9 所示，在反应开始前，纳米双金属表面的 Fe 2p 谱图中的 706.9 eV 和 710.8 eV 分别对应着 Fe^0 和 Fe_2O_3 两种不同的形态。Ni 2p 谱图中也同样存在两个不同的结合能峰，分别是 Ni^0 的 852.3 eV 和 Ni（Ⅱ）的 855.8 eV。然而，在反应后，Fe 2p 和 Ni 2p 谱图中消失的零价态结合能和依然存在的氧化态结合能清晰地表明了纳米双金属的表面在反应过程发生钝化。由此所生成的钝化层可能阻碍了降解反应的进行，导致试验的后半部分降解速率下降。

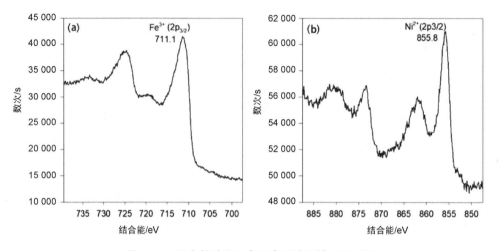

图 16-9　反应前纳米双金属表面铁和镍 XPS 谱图

（镍含量为 15.6wt%）：（a）铁的 2p 谱图；（b）镍的 2p 谱图

　　随着纳米双金属投加量的增加，材料的单位去除能力却下降了。如图 16-10 所示，投加量从 0.5 g/L 增加到 4 g/L 时，材料的单位去除能力从 11.05 mg/g Ni/Fe 下降到 2.46 mg/g Ni/Fe。这可能是投加量的增加虽然增加了整体的去除率，但在浓度一定的情况下，却造成了单位颗粒的表面积过剩，无法充分利用颗粒的表面积，导致单位去除能力下降。

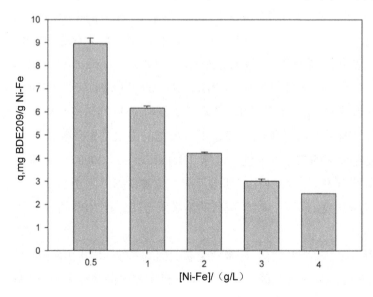

［双金属中镍的含量为 15.6wt%，BDE209 的初始浓度为 2 mg/L，总反应时间为 180 min，温度为（28±2）℃，pH=6.09］

图 16-10　不同投加量的纳米双金属的单位去除能力

16.2.5　不同 BDE209 初始浓度对降解效果的影响

固定纳米双金属 Ni/Fe 的用量为 4 g/L，改变 BDE209 的初始浓度（0.5 mg/L、1 mg/L、2 mg/L 和 4 mg/L），得到不同初始浓度下反应时间与 BDE209 降解效果的关系，如图 16-11 所示。由图 16-11（a）可知，虽然不同的初始浓度（0.5 mg/L、1 mg/L、2 mg/L 和 4 mg/L）的反应体系在终止时刻（180 min 时），溶液中 BDE209 的去除率基本一致（100%、99%、99%、98%）。但是，图 16-11（b）表明各自的反应速率却不尽相同，而且呈现出反应速率常数随着初始浓度的增加而降低的趋势，从初始浓度为 0.5 mg/L 时的 0.084 min^{-1} 下降到 4 mg/L 的 0.023 min^{-1}。对于这种现象，Bokare 等（2008）在研究纳米镍铁对不同初始浓度染料的降解中认为，在固定纳米双金属的投加量，既固定反应部位数量的条件下增加污染物的初始浓度，会导致污染物分子之间对于反应部分的竞争吸附，影响了颗粒表面吸附和降解污染物的数量，从而降低了反应的速率。

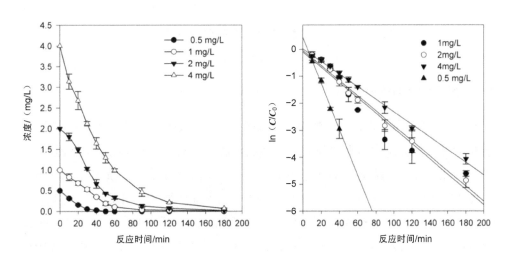

[双金属中镍的含量为 15.6wt%；双金属的投加量为 4 g/L；总反应时间为 180 min，温度为（28±2）℃，pH=6.09]

图 16-11　（a）不同的 BDE209 初始浓度对降解效果的影响；（b）纳米双金属 Ni/Fe 对不同的纳米 BDE209 初始浓度的拟一级动力学拟合

另外，不同污染物的初始浓度还会影响纳米颗粒的单位去除能力。单位去除能力随着初始浓度的增加而增加（图 16-12），从 0.5 mg/L 的 1.25 mg/g Ni/Fe 上升到 4 mg/L 的 9.835 mg/g Ni/Fe。其原因可能如下，随着反应时间进行，水中的溶解氧或者污染物及其副产物腐蚀纳米双金属的活性部位，导致纳米双金属钝化，此时理想配比过剩的反应部位可提供反应所需的表面积。这种现象在投加量一定的情况下，浓度越大时越明显，使得污染物初始浓度越高，越能充分利用纳米双金属的表面。

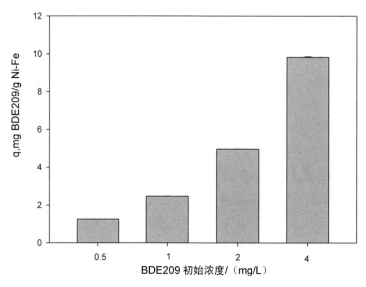

[双金属中镍的含量为15.6wt%；双金属的投加量为4 g/L，总反应时间为180 min，温度为（28+2）℃，pH=6.09]

图 16-12 初始浓度下的纳米双金属的单位去除能力

16.2.6 镍负载量的影响

已有研究表明（Lee C et al.，2008；Zhang Z et al.，2009），纳米双金属中金属催化剂的含量会影响对污染物的去除效果，提高催化剂的负载量，能够明显地促进体系对污染物的降解速度，但也提高了其处理的费用，因此，寻找合适的催化剂负载量十分重要。

从图 16-13 可知，3 h 内 nZVI 对于 BDE209 的去除率很低。相反地，表面修饰了镍的纳米双金属 Ni/Fe（15.6/84.4，*w/w*）具有较高的降解效率。反应 90 min 时，其对 BDE209 的降解效率达到 93.4%。作为一种优秀的加氢催化剂，镍的存在会极大地提高 nZVI 对于污染物的去除。Schrick B 等（2002）采用纳米双金属 Ni/Fe 对三氯乙烯的降解研究也得到了类似的结果。纳米双金属中 Ni 的含量对 BDE209 的降解有明显的影响，而且随着 Ni 含量的提高，反应的速率也在加快，从 10% 的 0.021 7 min^{-1} 上升到 30% 的 0.054 2 min^{-1}。根据 Cwiertny 等（2007）和 Wang X 等（2009）的研究，双金属降解污染物主要发生在其表面，铁表面的催化剂金属起着吸附由铁腐蚀产生的氢气或者水中氢气的作用，其蓄氢能力能影响体系的降解效果。因此，对于同种金属，增加其负载量就相当于加大了体系吸附氢气的能力，从而提高了对污染物的降解速率。当 Ni 负载量从 23.8% 增加到 30.9% 时，虽然体系的蓄氢能力增强，但是反应速率的增长却并不明显，这可能是由于 Ni 的比率上升，影响了铁与水的反应，减少了氢的产生，进而影响了脱卤加氢反应的进行。

但是，单纯的 nZVI 或纳米零价镍单独作用于 BDE209 时，其降解效率在反应 3 h 后仅有 10.35%和 3.46%。这一结果也说明了在缺乏催化剂 Ni 的纳米铁或者缺乏电子供体的纳米镍，其对于污染物的降解是低效且不能满足实际需求的。间接说明，镍在纳米双金属降解 BDE209 的过程中更多的是发挥催化剂的作用，而不是电子供体或者起直接作用的降解材料。

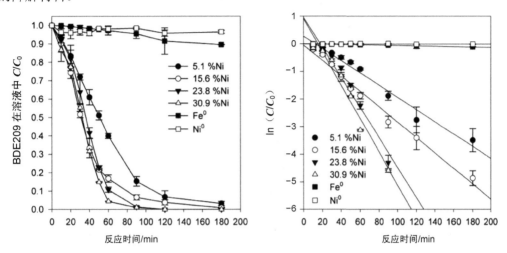

［双金属的投加量为 4 g/L，BDE209 的初始浓度为 2 mg/L，总反应时间为 180 min，温度为（28±2）℃，pH=6.09］

图 16-13　（a）不同镍的负载量对于双金属 Ni/Fe 降解 BDE209 的影响；（b）不同镍含量的纳米双金属 Ni/Fe 对 BDE209 降解的拟一级动力学拟合

16.2.7　纳米双金属的重复使用性和 Ni 的流失

纳米双金属的重复使用性结果如图 16-14 所示。在前 6 个降解的循环中，纳米双金属 Ni/Fe 对于 2 mg/L 的 BDE209 的降解效率均高于 90%。到了第 7 个降解的循环时，其降解效率下降到 65.01%。而且，从该循环开始，纳米双金属的降解出现大幅下降。第 10 个降解循环试验中，降解率下降到 9.04%。因此，纳米双金属降解 BDE209 的有效使用循环次数为 6 次。但纳米双金属在实际应用时，可以根据需要进行进一步的修饰处理以提高其使用寿命。

Ni 的溶出结果如图 16-15 所示。在降解进行至 3 h 时，溶液中镍离子的含量为 4.48 mg/L，而到了第 21 h 时，溶液中镍离子的含量为 14.83 mg/L。而后，随着反应时间的增加，溶液中镍离子的含量开始降低并逐步趋向于平衡。在反应的第 33 h，镍离子在溶液中的含量为 9.81 mg/L。这个浓度超过了污水排放标准中镍离子的最高排放标准（1 mg/L）。因此，在实际的应用中，需要后续的处理手段来防止镍离子的流失，避免其对环境的危害。

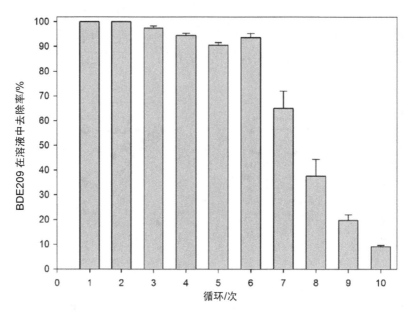

［镍的负载量为 23.8wt%，双金属的投加量为 4 g/L，BDE209 的初始浓度为 2 mg/L，总反应时间为 180 min，

温度为（28±2）℃，pH=6.09］

图 16-14　纳米双金属 Ni/Fe 降解 BDE209 的重复使用性结果

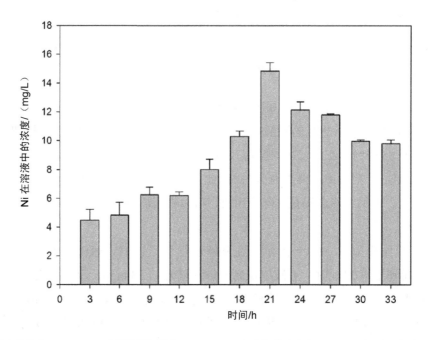

［镍的负载量为 23.8wt%，双金属的投加量为 4 g/L，BDE209 的初始浓度为 2 mg/L，总反应时间为 180 min，

温度为（28±2）℃，pH=6.09］

图 16-15　纳米双金属 Ni/Fe 降解 BDE209 过程中镍的流失

16.2.8　纳米双金属对 BDE209 的去除机制判断

纳米双金属对于有机卤代污染物的去除包括降解脱溴和吸附两个方面。为了研究哪一个部分起主要作用，将不同反应时间的纳米双金属进行超声萃取，研究纳米颗粒对 BDE209 的吸附量，结果如表 16-2 所示。反应 30 min 时，溶液中仍存在 0.103 mg BDE209，而吸附在颗粒表面的 BDE209 的量为 0.012 mg。根据初始的 BDE209 的质量（0.2 mg），在不考虑测量损失的条件下，可以推断出被降解的 BDE209 的质量为 0.085 mg，是吸附量的 7 倍。当反应进行到 60 min 时，溶液中 BDE209 的量为 0.034 mg，而吸附到双金属表面的 BDE209 的量为 0.008 mg，这意味着有 0.158 mg 的 BDE209 在反应中被降解，是吸附量的 19 倍。另外，随着反应的进行（至 180 min 时），降解量更是达到吸附量的 65 倍。质量平衡的结果说明了吸附的作用明显不如降解脱溴。因此，纳米双金属 Ni/Fe 对于 BDE209 的去除是以降解为主，吸附为辅的作用方式进行。

表 16-2　纳米双金属降解 BDE209 不同反应时间的质量守恒研究　　　　　　单位：mg

	30 min	60 min	180 min
BDE209 残留量	0.103	0.034	0.002
Ni/Fe 吸附量	0.012	0.008	0.003
退化	0.085	0.158	0.195

16.2.9　纳米双金属对 BDE209 的降解路径分析

环境降解技术已不仅仅停留在对目标污染物本身是否降解的关注，更多研究者已经把目光对准降解技术所产生的降解产物和降解路径。为了弄清纳米双金属降解 BDE209 的主要副产物和降解路径。本部分采用高效液相色谱和气质联用对不同反应时刻的溶液进行分析（图 16-16）。

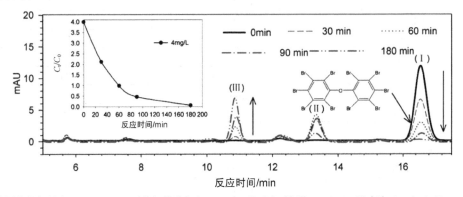

[双金属的投加量为 4 g/L，BDE209 的初始浓度为 2 mg/L，总反应时间为 180 min，温度为（28±2）℃，pH=6.09]

图 16-16　不同时刻反应体系液相图

对比不同时刻的色谱图可知，在出峰时间为 16.6 min 的母污染物 BDE209（Ⅰ），其峰面积随着反应时间的增加而快速降低。与此同时，保留时间小于出峰时间为 13.4 min 的 BDE209 的反应产物（Ⅱ）的出峰时间为 10.8 min，反应产物（Ⅲ）的峰面积随着反应时间的变化而变化。中间产物（Ⅱ）在 60 min 时具有最大的峰面积后，随着时间的进行而开始减少。但由于受标准物品的限制，我们无法得知是何种物质，有待进一步的研究。但是，结合文献，根据 Li A 等（2007）和 Keum Y 等（2005）利用 nZVI 和商业铁粉对 BDE209 的降解报道，我们推测液相色谱中所出现的新峰为降解后的脱溴产物（如九溴联苯醚、八溴联苯醚）等物质。

为了证明该推论，我们进一步采用 GC-MS 分析反应后溶液中的产物，其结果如图 16-17 所示。由于 PBDEs 具有 209 种同系物，而我们试验分析时可参考的标准品仅为 26 种典型性的 PBDEs 环境污染物（表 16-3），这对降解路径的分析造成了困难。因此，我们必须借助文献对降解产物的分析报道（Keum Y S et al.，2005；Li A et al.，2007；Zhao H et al.，2009）和 DB-5 色谱柱中 PBDEs 的相对保留时间数据库（Wang Y et al.，2006）进行推测。

表 16-3　试验中所使用的标准 PBDEs 样品及其保留时间

PBDEs	保留时间/min	m/z
BDE7	5.056	79
BDE15	5.272	79
BDE17	5.990	79
BDE28	6.177	79
BDE49	7.372	79
BDE71	7.372	79
BDE47	7.660	79
BDE66	7.982	79
BDE77	8.512	79
BDE100	9.342	81
BDE119	9.617	79
BDE99	10.031	79
BDE85	11.269	79
BDE126	11.637	79
BDE154	11.980	79
BDE153	13.248	79
BDE138	14.893	79
BDE156	15.650	79
BDE184	16.119	79
BDE183	16.978	79
BDE191	18.156	79

PBDEs	保留时间/min	m/z
BDE197	21.867	79
BDE196	23.087	79
BDE207	27.862	79
BDE206	29.108	79
BDE209	33.876	79

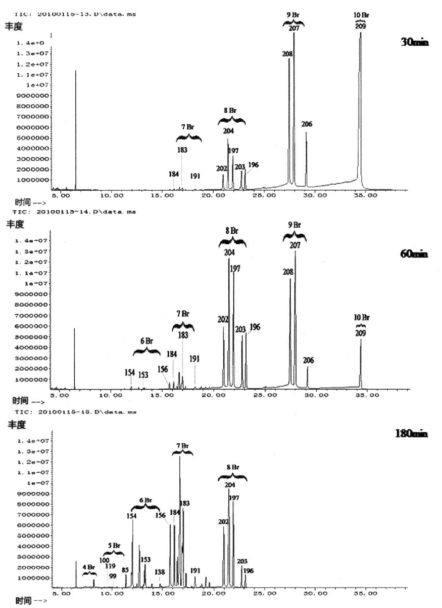

[镍的负载量为 23.8wt%，双金属的投加量为 4 g/L，BDE209 的初始浓度为 2 mg/L，总反应时间为 180 min，温度为（28±2）℃，pH=6.09]

图 16-17　不同反应时刻溶液中的气质联用色谱图

在气相色谱中，九溴联苯醚的不同同系物具有十分稳定的出峰顺序，因此能够被准确地辨识（Li A et al.，2007；Zhao H et al.，2009）。在试验中，BDE206 和 BDE207 的确定采用标准品保留时间对应的方法进行，而 BDE208 的分析则依据其具有比 BDE207 更短的出峰时间。对于八溴联苯醚，BDE197 和 BDE196 可根据标准保留时间来确认。八溴联苯醚的另外 3 种物质依据文献中的相对保留时间和出峰顺序进行辨认（Wang Y et al.，2006；Li A et al.，2007；Zhao H et al.，2009）。比 BDE197 出峰时间稍短一点的为 BDE204，而比 BDE196 出峰时间稍短的为 BDE203。另外，根据 Gerecke 等（2005）的研究，因为没有存在对位的溴离子，因此 BDE202 在非极性柱子中的出峰时间是八溴联苯醚中最早的。根据 Wang Y 等（2006）所建立的量子结构保留时间数据库（Quantitative Structure Retention Relationships，QSRRs），认为 BDE202 的出峰时间比其他八溴联苯醚快。据此，我们得出第一个八溴代物质峰为 BDE202。几种七溴联苯醚也同样出现在溶液中。在这些物质中间，BDE191、BDE184 和 BDE183 可依据标准品的时间来分析确认。其他地夹在 BDE183 和 BDE184，或者 BDE183 和 BDE184 之间的多溴联苯醚由于缺乏标准品而无法辨识。这些未知峰有可能是七溴联苯醚类物质或者其他更低的多溴联苯醚在同一时间出峰的表现（Wang Y et al.，2006）。此外，根据标准品，4 个六溴联苯醚（BDE138、BDE153、BDE154、BDE156）被准确地分离和认定。但是，在 BDE153 和 BDE154 之间一个较大的峰却较难判断。Li A 等（2007）推测 BDE154 和 BDE153 之间的色谱峰应该是由于色谱柱分离的问题产生的，即其他六溴联苯醚的同系物在同一时间的共同色谱峰。在六溴联苯醚后，4 个五溴联苯醚（BDE85、BDE99、BDE100 和 BDE119）采用标准品比对保留时间进行确认。同时，随着反应时间的进行，一些低溴代产物也逐渐出现在溶液中。这给只有 20 m 长的色谱柱的分离带来了非常大的难题，也造成了色谱图中出现较宽且长的色谱峰。通过与标准样品保留时间的对比和比较不同反应时间的浓度，我们认为这些物质主要是 BDE66 和 BDE47，一种在环境中非常普遍的 PBDEs 污染物。

根据上述分析中对中间产物的鉴别和不同时刻总质谱图的变化，我们认为纳米双金属对 BDE209 的降解是一个逐步还原脱溴的过程。这个推论与之前 nZVI 基材料对于其他卤代污染物的降解机理是一致的（Lim T T et al.，2007；He N et al.，2009）。在降解的第一步，十溴联苯醚中的一个溴离子在纳米双金属的作用下被脱除，形成九溴联苯醚类物质。而后，3 种生成的九溴联苯醚通过还原脱溴反应，变成更低的溴代化合物。这种现象从反应过程中溴离子的浓度清晰地反映出来。

如图 16-18 所示，随着反应的进行，溶液中 BDE209 的浓度不断下降，而溴离子的浓度却在不断上升。在反应时间为 30 min 时，溶液中有 48.5%的 BDE209（2 mg/L）被去除。此时，溶液中的溴离子浓度为 0.036 9 mg/L。到反应时间为 60 min 时，溶液中 BDE209 的去除率为 83%，但是此时溶液中溴离子的浓度为 0.064 7 mg/L。反应时间为 180 min 时，BDE209 的去除率接近 100%，溴离子的浓度却依然大幅上升。但是，这个过程会一直持续到出现难以被 Ni/Fe 所降解的产物为止，或者纳米双金属无法再提供有效的降解点位为止。由于试验末段可能出现的一溴联苯醚到三溴联苯醚无法被有效地确认出来，因此我们以四溴联苯醚（如 BDE47）作为我们本试验的最终降解物质。

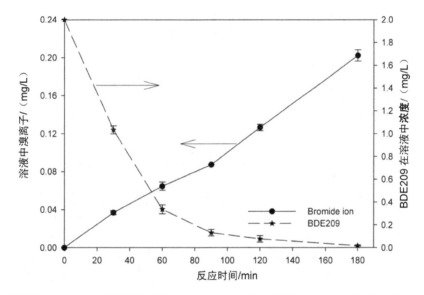

[镍的负载量为 15.6wt%，双金属的投加量为 4 g/L，BDE209 的初始浓度为 2 mg/L，总反应时间为 180 min，

温度为（28+2）℃；pH=6.09]

图 16-18 在不同反应时刻溶液中的溴离子含量

综上，我们得到了该试验中 BDE209 的简要降解路径（图 16-19）。更为详细的降解路径图需要更为有效和准确的分析方法，也是未来研究的一个重点。

16.2.10 纳米双金属对 BDE209 的脱溴机理分析

为了更深入地验证纳米双金属 Ni/Fe 对于 BDE209 的降解脱溴机制，我们设计并研究了在不同的溶剂比例下 Ni/Fe 对 BDE209 的降解试验（图 16-20）。

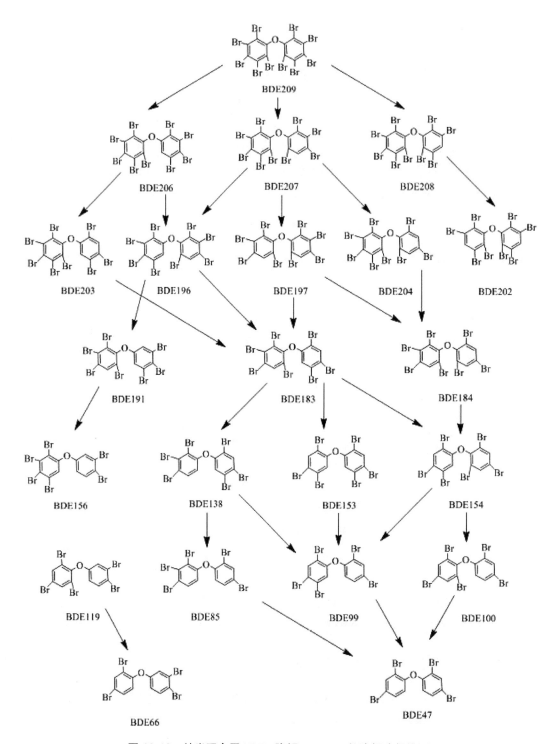

图 16-19 纳米双金属 Ni/Fe 降解 BDE209 的降解路径推测

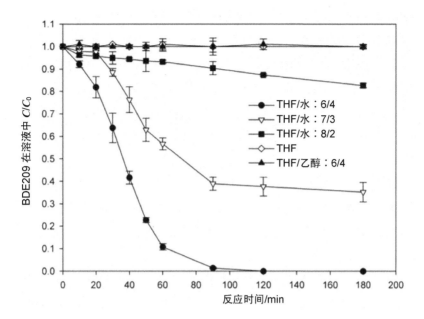

[镍的负载量为 23.8wt%，双金属的投加量为 4 g/L，BDE209 的初始浓度为 2 mg/L，总反应时间为 180 min，

温度为（28±2）℃，pH=6.09]

图 16-20　不同的溶剂体系下纳米双金属 Ni/Fe 对 BDE209 的降解效果

由图 16-21 可知，背景溶剂中水的比例是影响双金属降解 BDE209 的一个重要因素。在纯四氢呋喃或者四氢呋喃与无水乙醇的混合体系下，纳米双金属在试验进行的 180 min 内基本无法降解 BDE209。随着体系中水比例的逐步升高，纳米零价双金属对 BDE209 的降解也在升高。当体系中水的体积分数为 40%时，在反应时间为 180 min 时 BDE209 降解率接近 100%；而当水的体积分数为 30%和 20%时，BDE209 的去除率分别为 64.82% 和 17.32%。根据前述章节的试验结果和分析，BDE209 的脱溴去除被认为是一个加氢还原的过程，在这个过程中氢离子扮演了主要的反应角色。因此，结合文献（Wang X et al.，2009；邱心泓等，2010），这个降解过程一般可以描述为如下反应式：

$$Fe^0 \longrightarrow Fe^{2+} + 2\,e^- \tag{16-6}$$

$$2H^+ + 2\,e^- \longrightarrow H_2\,(g) \tag{16-7}$$

$$Ni + H_2 \longrightarrow Ni \cdot 2H^* \tag{16-8}$$

$$Ni + RBr_n \longrightarrow Ni \cdots Br_n \cdots R \tag{16-9}$$

$$Ni \cdot 2H^* + Ni \cdots Br_n \cdots R \longrightarrow RBr_{n-1}H + H^+ + Br^- + 2Ni \tag{16-10}$$

以上的反应式清晰地表明了溶剂中存在的氢离子在降解 BDE209 时的重要性。对于不同的溶剂，其电离常数是不同，而该试验中所使用的溶剂的电离常数（k_a）的大小顺序如下：水（$k_a=1\times10^{-14}$）＞乙醇（$k_a=1\times10^{-30}$）＞四氢呋喃（非质子溶剂）。据此，对于含水体系，提高溶剂中水的比例意味着能够提供更多氢离子供给反应的进行，从而导致在含水溶剂中 BDE209 具有更快的降解效率。而对于两个有机溶剂体系，四氢呋喃是一种非质子型溶剂，在纯四氢呋喃溶剂中，体系无法提供反应所需要的氢离子，也就使得 BDE209 的降解无法进行。乙醇虽然是一种质子性溶剂，但是其电离常数（k_a）与水相比几乎可以忽略，因此也无法在试验中快速地提供足够反应的氢离子，从而造成了在有机体系下 BDE209 降解缓慢甚至无法降解的现象出现。

16.2.11　小结

本书采用自制的纳米镍铁双金属，研究其对 BDE209 的降解效果，结果表明：

①纳米双金属在常温常压下能够有效快速地去除 BDE209，降解过程符合拟一级动力学，且效果明显优于 nZVI。

②试验中 BDE209 的降解效果受纳米金属的投加量，污染物的初始浓度和镍的负载量及溶剂的影响。纳米双金属的投加量越大，镍的比例越大，污染物初始浓度越低，降解的效果越好。

③纳米双金属在降解过程中表面吸附 BDE209 的试验结果表明，BDE209 的去除主要是通过降解作用完成的。

④溴离子分析，高效液相色谱和气质联用的结果进一步说明了降解过程中加氢脱溴反应是纳米双金属降解 BDE209 的主要方式。

⑤根据纯有机溶剂体系下，纳米双金属无法降解 BDE209，而溶剂中水的比例对纳米双金属降解 BDE209 有明显的影响，即提高溶剂中水的含量，能够明显地促进纳米双金属去除 BDE209 的效果，我们认为氢离子在反应中起主要作用。

⑥通过重复使用性和 Ni 离子的流失试验，得到了纳米双金属对于 BDE209 的有效降解周期为 6 个循环，其 Ni 最高的溶出浓度为反应进行到 21 h 的 14.83 mg/L。

16.3　介孔 SiO$_2$ 微球修饰 nZVI 降解 BDE209 的研究

16.3.1　研究方法

一些新兴的材料体系的出现为解决 nZVI 的团聚提供了新的选择，如 SiO$_2$ 微球载体，尤其是单分散微球具有良好的分散性能，较大的比表面积、良好的热稳定性和化学稳定性，无毒性和生物相容性，在吸附与分离、催化等环境领域有着极大的发展潜力。本节介绍了介孔 SiO$_2$ 微球修饰 nZVI（SiO$_2$@FeOOH@Fe）对十溴联苯醚（BDE209）的降解研究：以传统的方法合成介孔 SiO$_2$ 微球和修饰 nZVI，构筑介孔 SiO$_2$ 微球修饰 nZVI 材料，研究其在不同的条件下对 BDE209 的降解性能和降解动力学，探讨所合成的新型材料的环境使用性能。

（1）SiO$_2$@FeOOH@Fe 对 BDE209 的降解试验

BDE209 模拟溶液的配制采用 16.2.1 节中的方法。在具塞试管中先后加入一定量的纳米颗粒和一定浓度的 10 mL BDE209 模拟溶液，在室温［（28±2）℃］和 200 r/min 转速摇床中进行序批式降解试验。在设定的时间内取样液过 0.45 μm 的微孔滤膜，用液相色谱进行分析。

（2）分析方法

BDE209 的浓度采用高效液相色谱进行测定，色谱柱为 Dikma C$_{18}$ column（250 mm×4.6 mm），紫外检测波长为 240 nm，流动相为纯甲醇，流速为 1.2 mL/min，进样量为 20 μL。采用外标法定量，即测定前先配制一系列 BDE209 标准溶液，以浓度为横坐标，峰面积为纵坐标绘制标准曲线，当被测物的浓度与峰面积线性关系良好时（$r >$ 0.999），采用该曲线进行定量分析。

16.3.2 介孔 SiO$_2$ 微球修饰 nZVI 的制备与表征

16.3.2.1 材料的制备

介孔 SiO$_2$ 微球的合成方法参考 Miyake 等（2009）。主要的合成步骤如下：乙醇溶解 0.222 4 g 的十二胺于 50 mL 锥形瓶中，磁力搅拌混匀后，再缓慢滴加一定量的正硅酸乙酯。静置 3 h 后将得到的产物离心分离，经水和乙醇洗净后置于真空干燥箱。干燥后的产物进入马弗炉，以 10℃/min 的升温速率上升至 600℃并保持 4 h 的高温煅烧以除去有机模板剂。为了使因高温而损失的 SiO$_2$ 表面—OH 基团再生，将煅烧后 SiO$_2$ 微球在沸水中蒸煮 2 h，随后离心分离和烘干待用。配制含 0.5 g 的聚乙二醇溶液 50 mL，加入一定量的 FeSO$_4$·7H$_2$O 后，超声使其溶解均匀。再将 0.5 g 蒸煮过的 SiO$_2$ 微球浸入上述溶液中 30 min 并取出烘干。经去离子水和乙醇洗净，真空干燥后得到表面覆盖 FeOOH 的 SiO$_2$ 微球颗粒，用 SiO$_2$@FeOOH 表示。

先后取 0.2 g SiO$_2$@FeOOH 和 0.2 g FeSO$_4$·7H$_2$O 颗粒至三口烧瓶，在搅拌的状态下逐滴加入含 NaBH$_4$ 的乙醇水溶液，待体系由黄色变为黑色，将所得产物真空抽滤分离，分别用水和乙醇洗涤 3 次后在 60℃下真空干燥。所得的颗粒即为具有反应活性的核壳结构介孔 SiO$_2$ 微球，用 SiO$_2$@FeOOH@Fe 表示。总体的合成路线如图 16-21 所示。

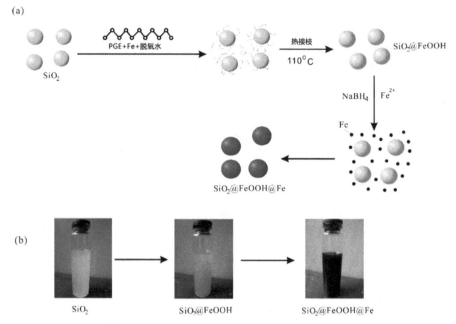

图 16-22　（a）合成介孔 SiO$_2$ 负载 nZVI 的步骤示意图；（b）SiO$_2$、SiO$_2$@FeOOH 和
SiO$_2$@FeOOH@Fe 的视觉图片

16.3.2.2　材料的表征

颗粒的大小和表面形貌采用透射电镜（TEM，TECNAI 10，PHILIPS，Netherland）进行观察。并在空气气氛下对颗粒的热重和差热进行同步热分析（STA 409 PC/4/H，NETZSCH，Germany），测定温度为室温到 800℃，升温速率为 10℃/min。颗粒表面元素分析采用 X 射线光电子能谱仪进行表征（ESCALAB 250，Thermo-VG Scientific，USA），采用光源为 Mono Al Kα，能量：1 486.6 eV；扫描模式：CAE；全谱扫描：通能为 150 eV；窄谱扫描：通能为 20 eV。样品的比表面积采用比表面分析仪（ASAP2020M，Micromeritics Instrument Corp，USA）进行测定。颗粒的含铁量用电感耦合等离子体发射光谱仪（IRIS Intrepid Ⅱ XSP，Thermo Elemental Company，USA）测定。

图 16-22 为 SiO$_2$、SiO$_2$@FeOOH 和 SiO$_2$@FeOOH@Fe 3 种材料的透射电镜照片。从图 16-22（a）中可知，以十二胺和正硅酸乙酯合成的介孔 SiO$_2$ 微球大小均匀，粒径约为 450 nm。提高放大倍数对其边缘进行观察时发现，SiO$_2$ 微球在没有进行负载或者修饰前的表面光滑 [图 16-22（a）]。当在微球的表面修饰一层 FeOOH 后 [图 16-22（b）]，颗粒的大小变化不明显，但是其表面变得较为粗糙，有丰富的凹凸点位，这些点位为后面纳米铁颗粒的附着提供了相较于未修饰 SiO$_2$ 微球更有利的表面环境。图 16-22（c）为负载上 nZVI 的介孔 SiO$_2$ 微球。由图可知，微球的表面附着一些尺寸在 100 nm 以内的小颗粒，这些小颗粒即为 nZVI 颗粒。这些颗粒沉积到微球的表面上，形成突出点位，有利

于和污染物的接触及反应。

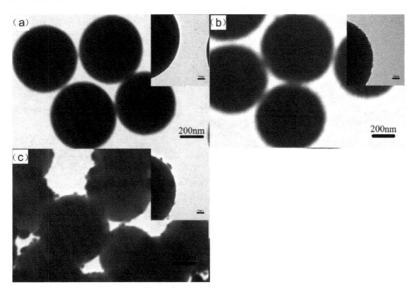

图 16-23　（a）SiO₂，（b）SiO₂@FeOOH 和（c）SiO₂@FeOOH@Fe 的透射电镜照片；
每个图中的插入图为单个材料的透射电镜照片

采用 X 射线光电子能谱仪对颗粒表面的元素分析的结果如图 16-23 所示。从全谱扫描图 16-23（a）里清晰可见，较 SiO₂ 表面单纯的元素构成（Si 2p，C 1s 和 O 1s），SiO₂@FeOOH 和 SiO₂@FeOOH@Fe 的表面都具有明显 Fe 2p 结合能峰。在 SiO₂@FeOOH@Fe 表面所存在的 B 1s 结合能峰，可能与 NaBH₄ 还原铁离子时的带入有关。如图 16-23（b）所示，在 SiO₂@FeOOH 的 Fe 2p 图中，结合能 711.5 eV 对应着 FeOOH。表明第二层 SiO₂ 的包裹物是以碱式氧化铁存在。而在 SiO₂@FeOOH@Fe 的 Fe 2p 谱图中结合能 706.9 eV 和 710.8 eV 分别对应着铁的零价态和氧化态（Fe₂O₃）。这表明了纳米铁颗粒的表面存在一层氧化膜，这层氧化膜应该是在制备的过程中生成的。图 16-23（c）中 SiO₂ 表面 Si—O 键内 O 1s 特征峰由 532.8 eV（SiO₂ 曲线）位移到了 531.1 eV 处（SiO₂@FeOOH 曲线），向低能方向位移。这是因为在纳米 SiO₂ 表面接枝 PEG 后，Si—O—H 变为 Si—O—C 结构，C 的电负性比 H 大（H：220，C：245），所以特征峰向低能方向移动。另一方面，与 Si—O—相连的烃基具有给电子效应，可导致 Si 原子和 O 原子表面电荷密度有所增加，分别使 Si 原子 2p 电子和 O 原子的 1s 电子所感受的屏蔽效应有所增加，从而导致 Si 原子 2p 电子和 O 原子的 1s 电子结合能降低。足以证明 PEG 分子链已经结合到 SiO₂ 上。

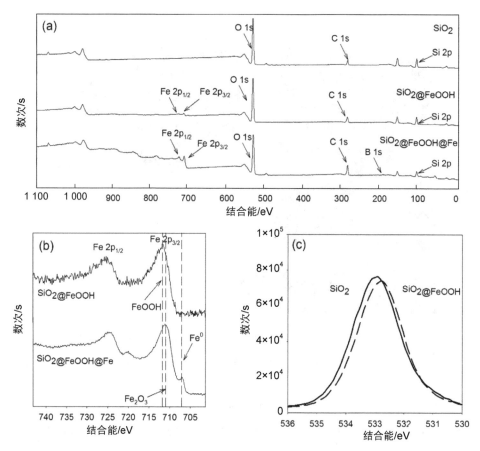

图 16-24 （a）SiO₂、SiO₂@FeOOH 和 SiO₂@FeOOH@Fe 的 XPS 谱图；

（b）SiO₂@FeOOH 和 SiO₂@FeOOH@Fe 的 Fe2p 谱图；

（c）SiO₂ 和 SiO₂@FeOOH 表面氧的 1s 谱图

材料的红外谱图也反映了这一情况。如图 16-24 所示，在波数 3 440 cm^{-1} 左右，有一个宽而大的吸收谱带，这主要归因于表面吸附水和 Si—OH 中 O—H 键的伸缩振动引起的。960 cm^{-1} 的吸收峰是由于 SiO₂ 微球表面 Si—OH 弯曲振动引起的。而对于 SiO₂@FeOOH，除了具有 SiO₂ 所具有的特征峰外，还在 2 870 cm^{-1} 出现 C—H 和—C—H₂—的吸收峰，1 459 cm^{-1} 处的 C—H 吸收峰。另外在 1 156 cm^{-1} 出现 C-O-Si 的伸缩振动峰，这些都表明 PEG 成功接枝到了 SiO₂ 上。

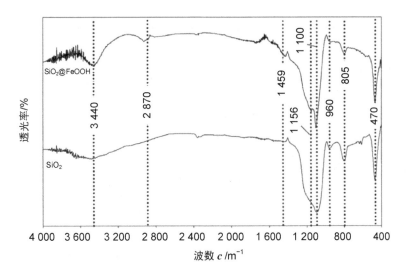

图 16-25　SiO$_2$ 和 SiO$_2$@FeOOH 的红外谱图

图 16-25 为 SiO$_2$、SiO$_2$@FeOOH 和 SiO$_2$@FeOOH@Fe 的同步热分析图。3 种材料的 DSC 曲线上的 85.1℃、83.6℃和 83.9℃吸热峰分别为材料固体物理吸附水的蒸发吸热峰。相应的失重率分别为 8.34%、7.36%和 6.31%。而后随温度继续升高，单纯 SiO$_2$ 微球的质量没有明显的变化。SiO$_2$@FeOOH 和 SiO$_2$@FeOOH@Fe 却出现几处明显的变化。从 160℃到接近 340℃，SiO$_2$@FeOOH 和 SiO$_2$@FeOOH@Fe 有一个明显的质量变化，这主要是 FeOOH 脱水转变为 Fe$_2$O$_3$ 和 PEG 的碳化分解所引起的。这段区间两种材料所出现的放热峰 277.6℃和 310.7℃即为 PEG 的燃烧所致。SiO$_2$@FeOOH@Fe 中的 PEG 的燃烧温度较 SiO$_2$@FeOOH 的高，应该是前者表面存在纳米颗粒，起到了一定的阻滞作用。同时 PEG 的燃烧峰也说明了 PEG 存在于微球上。随后 SiO$_2$@FeOOH 材料的质量继续下降，这可能是由于 FeOOH 完全转化为 Fe$_2$O$_3$ 后，Fe$_2$O$_3$ 晶系中的 OH 损失所导致的。对于 SiO$_2$@FeOOH@Fe，其质量在 400～500℃出现上升，且在 439.9℃出现明显的放热峰。这是由深层 nZVI 发生燃烧反应，转化为氧化铁后重量增加所导致的，该现象跟 Ponder 等 （2001）研究 nZVI 的热重差热图所得到的结果基本一致。因为纳米铁在制备过程中，其表面生成了一层氧化层，有效地延缓了内层零价铁的氧化。

材料的比表面（BET）采用氮气吸附-脱附法测定。SiO$_2$ 的比表面积为 543.322 m^2/g，其平均孔径为 2.11 nm，表明微球为介孔结构。但当 SiO$_2$ 表面附着上一层 FeOOH 后（ICP 测定后发现，此时颗粒铁负载量为 1.8%），其比表面积有所下降，为 449.232 m^2/g。nZVI 负载后，SiO$_2$@FeOOH@Fe 的比表面积降为 383.477 m^2/g。虽然较纯 SiO$_2$ 的比表面积低，但是对比 nZVI 的比表面积（35 m^2/g）更高，并且 ICP 的结果表明铁的负载量为微球质量的 18.01%。理论上说明该复合材料具有比 nZVI 更多的反应活性点位。

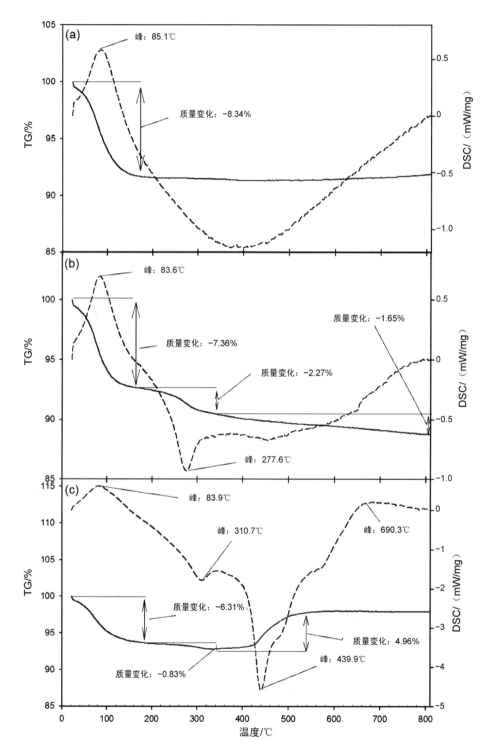

图 16-26 （a）SiO₂、（b）SiO₂@FeOOH 和（c）SiO₂@FeOOH@Fe 的热重分析谱图

16.3.3 不同材料对 BDE209 的去除研究

图 16-26（a）为不同材料（nZVI、SiO$_2$、SiO$_2$@FeOOH 和 SiO$_2$@FeOOH@Fe）对 BDE209 的去除随时间的变化图。由图可知，振荡反应的 8 h 内 nZVI 对 BDE209 的去除率为 43.59%。SiO$_2$@FeOOH@Fe 表现出了更加优越的去除效果（约 94.15%）。根据文献的报道，nZVI 去除有机卤代污染物是一个加氢还原脱溴的过程，可以用如下反应式表示（Zhang W et al.，1998；Xu Y et al.，2000；程荣等，2006）：

$$Fe^0 \longrightarrow Fe^{2+} + 2\,e^- \tag{16-11}$$

$$C_xH_yX_z + zH^+ + ze^- \longrightarrow C_xH_{y+z} + zX^- \quad (X=Cl，Br) \tag{16-12}$$

上述方程式可知，随着反应的进行，溶液中的氢离子会被消耗，导致溶液中 pH 的上升和铁离子含量的升高。而到了反应后期，溶液的 pH 和铁离子浓度逐渐趋于平衡。因为此时溶液中的铁离子开始与 OH$^-$ 生成沉淀。因此，反应前期溶液中的 pH 和铁离子浓度可以大致地反映出反应进行的快慢程度。

图 16-26（b）为 nZVI 和 SiO$_2$@FeOOH@Fe 反应过程中的 pH 和铁离子浓度变化情况。对比可知，SiO$_2$@FeOOH@Fe 体系的铁离子和 pH 明显高于 nZVI 的铁离子和 pH，说明 SiO$_2$@FeOOH@Fe 具有较高的反应活性。据文献报道，nZVI 降解有机卤代污染物常常用拟一级动力学方程进行描述（Li A et al.，2007；Shih Y H et al.，2010）：

$$\frac{dC_{\text{BDE}209}}{dt} = -k_{\text{obs}} C_{\text{BDE}209} \tag{16-13}$$

式中，k_{obs} 为表观速率常数，h^{-1}，$C_{\text{BDE}209}$ 为溶液中任意时刻的 BDE209 的浓度，mg/L。通过上述方程，计算得到 nZVI 和 SiO$_2$@FeOOH@Fe 的速率常数分别为 0.075 3 h^{-1} 和 0.397 4 h^{-1}，后者的速率常数为前者的 5.3 倍。因为 nZVI 对污染物的去除是一个界面反应过程，其反应活性很大程度上取决于其颗粒的大小和比表面积。在同等的纳米颗粒投加量的条件下，无载体和稳定剂存在时，nZVI 很容易发生团聚，形成大尺寸的颗粒，导致比表面积的下降，最终致使反应活性的降低。而负载到 SiO$_2$@FeOOH 表面上的 nZVI，借助载体的作用，颗粒相对分散，不易团聚，保持了较高的反应活性。另外，SiO$_2$ 在水中具有良好的分散性，增加了颗粒和反应物接触的概率，从而提高了对 BDE209 的降解效率。

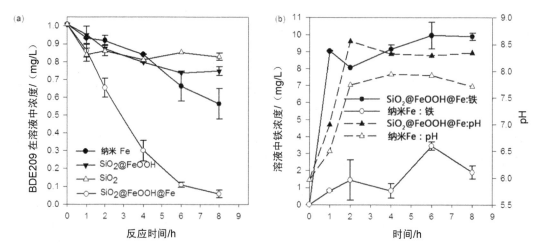

[nZVI 的投加量为 4 g/L，SiO₂、SiO₂@FeOOH 和 SiO₂@FeOOH@Fe 的投加量为 22 g/L，其中 SiO₂@FeOOH@Fe 的铁负载量为 18.01wt%；溶液中初始 BDE209 的浓度为 1 mg/L，反应时间为 8 h，反应温度为（28±2）℃和 pH=6.09]

图 16-27 （a）nZVI、SiO₂、SiO₂@FeOOH 和 SiO₂@FeOOH@Fe 对 BDE209 的降解对比；
（b）nZVI 和 SiO₂@FeOOH@Fe 降解 BDE209 过程中的铁离子和溶液 pH 变化

对于 $SiO_2@FeOOH$ 和 SiO_2，虽然两者具备较高的比表面积，但是对 BDE209 的去除效果不如具有反应活性的纳米材料，在 8 h 内两者的 BDE209 去除率分别为 25.12%和 17.08%。这可能与 $SiO_2@FeOOH$ 和 SiO_2 两种材料其表面的—OH 基团有关。因为—OH 使得两种材料的表面亲水能力较强，虽然在水中具有很好的分散性，但却降低了对 BDE209 这种亲脂性化合物的吸附能力。

16.3.4 材料投加量的影响

如图 16-27 所示，在反应的 8 h 内，投加量为 8 g/L、4 g/L、2 g/L 和 1 g/L 的反应体系对应的去除率分别为 100%、94.15%、65.24%和 35.51%。明显可得溶液中 BDE209 的去除率随着投加量的增加而增加。从反应速率常数的角度分析，8 g/L、4 g/L、2 g/L 和 1 g/L 体系的反应速率常数为 0.591 7 h^{-1}、0.397 4 h^{-1}、0.141 3 h^{-1} 和 0.053 8 h^{-1}，这一结果与很多纳米铁的研究报道类似。鉴于污染物的降解常发生在纳米颗粒表面，因此纳米金属的比表面积对于污染物的去除是一个重要的因素。比表面积越大，相应的反应活性部位也越多，吸附和去除能力也越强。所以，当提高纳米金属的投加量，意味着能够提供更多的活性反应部位，从而提高了降解效率（Wang C B et al.，1997；Zhang Z et al.，2009）。

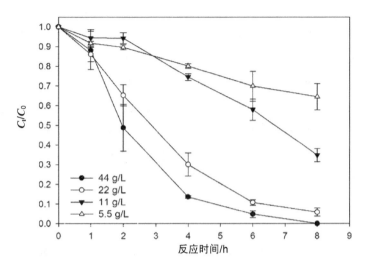

［SiO$_2$@FeOOH@Fe 的铁负载量为 18.01wt%；溶液中初始 BDE209 的浓度为 1 mg/L，反应时间为 8 h，
反应温度为（28±2）℃和 pH=6.09］

图 16-28　SiO$_2$@FeOOH@Fe 的投加量对 BDE209 降解效果的影响

16.3.5　BDE209 初始浓度对降解的影响

固定 SiO$_2$@FeOOH@Fe 的用量为 22 g/L，在反应温度为 30℃时，改变 BDE209 的初始浓度，得到不同初始浓度（1 mg/L、2 mg/L、3 mg/L 和 4 mg/L）下反应时间与 BDE209 的降解效果的关系如图 16-28 所示。

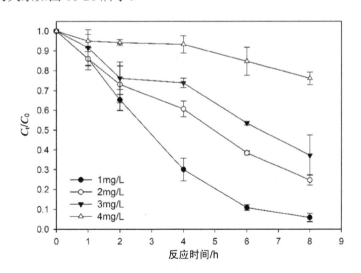

（SiO$_2$@FeOOH@Fe 的投加量为 22 g/L，SiO$_2$@FeOOH@Fe 的铁负载量为 18.01wt%）

图 16-29　BDE209 初始浓度对 SiO$_2$@FeOOH@Fe 降解效果的影响

由图 16-28 可知，不同的初始浓度（1 mg/L、2 mg/L、3 mg/L 和 4 mg/L）的反应体系在反应的终止时刻（8 h），溶液中 BDE209 的去除率分别为 94.15%、75.30%、62.73% 和 34.73%。反应速率也呈现出了反应速率常数随着初始浓度的增加而降低的趋势，从初始浓度为 1 mg/L 时的 0.397 4 h^{-1} 下降到 4 mg/L 的 0.049 2 h^{-1}。因为 SiO$_2$@FeOOH@Fe 表面的 Fe 对 BDE209 的去除是一个非均相的界面反应过程，包括吸附和降解两种作用。一定量的纳米颗粒的吸附反应面积是固定的，增加 BDE209 的初始浓度，会增加纳米颗粒对 BDE209 的有效吸附量，有可能导致 BDE209 包裹纳米颗粒，阻断了 Fe 进一步与 BDE209 的接触，同时阻碍了新生成的 H$_2$ 的释放，降低了反应速率。

16.3.6　不同溶剂的降解

为了验证氢离子在降解中的作用，设计了不同的溶剂体系对 BDE209 的降解试验。不同溶剂体系对纳米双金属降解 BDE209 的影响如图 16-29 所示。水对 SiO$_2$@FeOOH@Fe 降解 BDE209 有着明显的影响。在设定时间内，在纯四氢呋喃或者四氢呋喃与乙醇混合的条件下，BDE209 均没有发生降解。当提高溶剂中水的含量时，BDE209 的降解明显提高。例如，水的含量为 20% 时，BDE209 的去除率约为 32.73%，而当水的含量为 40% 时，其降解效果提高到 94.15%。根据 Shih Y H 等（2010）和 Li A 等（2007）对 nZVI 降解 BDE209 的研究，其降解可以用以下的化学式表示：

$$Fe^0 \longrightarrow Fe^{2+} + 2e^- \qquad (16\text{-}14)$$

$$C_xH_yX_z + zH^+ + ze^- \longrightarrow C_xH_{y+z} + zX^- \qquad (16\text{-}15)$$

$$2Fe^{2+} + RX + H^+ \longrightarrow 2Fe^{3+} + RH^+X^- \qquad (16\text{-}16)$$

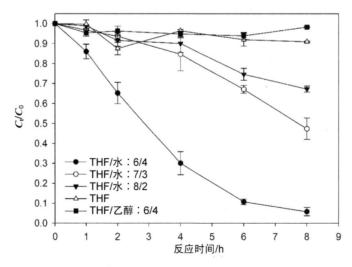

（SiO$_2$@FeOOH@Fe 的投加量为 22 g/L，溶液中初始 BDE209 的浓度为 1 mg/L）

图 16-29　不同的溶剂体系下 SiO$_2$@FeOOH@Fe 对 BDE209 的降解效果

从以上化学式可知，氢离子的存在对脱溴反应的进行起着重要的作用。对于两个有机溶剂体系，四氢呋喃是一种非质子型溶剂，在纯四氢呋喃溶剂中，体系无法提供反应所需的氢离子，使得 BDE209 的降解无法进行。乙醇虽然是一种质子性溶剂，但是其电离常数 k_a 与水相比几乎可以忽略不计，因此也无法在较短的时间内提供支持反应快速进行所需要的氢离子。而在有水存在的体系中，随着水含量的调高，能够提供更多的氢离子供给反应的进行，所以在水含量较高的体系下 BDE209 的降解速率更快。

16.3.7 SiO$_2$@FeOOH@Fe 的重复使用性能

为了研究 SiO$_2$@FeOOH@Fe 对 BDE209 降解的长期使用性能和稳定性，在试管中加入 0.04 g 的 SiO$_2$@FeOOH@Fe 和 1 mg/L 的 BDE209 溶液 10 mL，在室温（28±2）℃、溶液初始 pH=6.09、振荡速度为 200 r/min 的条件下进行降解试验。每一个循环（8 h）结束后，采用磁分离进行固液分离（全部取出溶液，试管中只留纳米颗粒），迅速加入 10 mL 新鲜的浓度为 2 mg/L 的 BDE209 溶液进行重复降解。

在前 5 次的降解循环中，4 g/L 的 SiO$_2$@FeOOH@Fe 对 2 mg/L 的 BDE209 的降解率都达到了 85%以上。当进行到第 6 次循环，降解率下降至 81.15%。后续的第 7 次到第 10 次循环中，虽然 SiO$_2$@FeOOH@Fe 的降解效果略有降低，但一直保持在 78%~83%。从第 11 次降解循环起 SiO$_2$@FeOOH@Fe 的降解性能开始出现明显的下滑趋势，直至第 13 次循环时去除率仅为 33.21%。这可能是在连续的降解过程中，SiO$_2$@FeOOH@Fe 表面的 Fe 颗粒被水腐蚀，导致反应点位的损失；同时逐渐生长的氧化层阻碍了界面反应的发生，从而导致降解率逐步下降（图 16-30）。

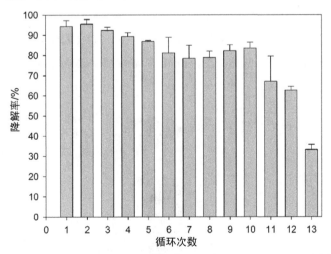

[SiO$_2$@FeOOH@Fe 的投加量为 22 g/L，SiO$_2$@FeOOH@Fe 的铁负载量为 18.01wt%；溶液中初始 BDE209 的浓度为 1 mg/L，反应时间为 8 h，反应温度为（28±2）℃和 pH=6.09]

图 16-30　SiO$_2$@FeOOH@Fe 降解 BDE209 的重复使用性研究

16.3.8 材料的抗团聚和磁回收性能

为了研究材料经过长期储存后的抗团聚性，将制备后同等质量的 nZVI 和 SiO$_2$@FeOOH@Fe 装入充满乙醇的瓶子中，密封瓶口，室温保存。1 个月后取出，并对比两种材料的表观形貌，结果如图 16-31 所示。清楚可见，经过 1 个月的保存，nZVI 的团聚非常明显，形成了块状结构。相反地，SiO$_2$@FeOOH@Fe 几乎没有任何宏观的团聚发生，颗粒在溶液中依然分散均匀。这说明 SiO$_2$@FeOOH@Fe 具有比 nZVI 更好的抗团聚性。因为加入载体后，颗粒被载体固定的同时，载体还提供了空间位阻作用，降低了纳米铁颗粒自身表面能和磁性所带来的团聚现象。

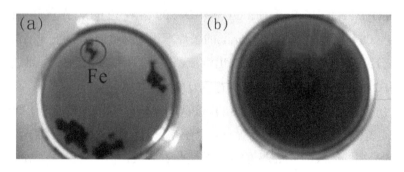

图 16-31　（a）nZVI 和（b）SiO$_2$@FeOOH@Fe 存储 1 个月的照片

SiO$_2$@FeOOH@Fe 在具有抗团聚性的同时，还具有一定的磁回收性能。从磁滞回线可以看到，饱和的磁感应强度（Ms）、矫顽力（Hc）和磁化比率（Mr/Ms，Mr 是剩磁）分别为 33.979 emu/g，235.97 G 和 0.18，说明 SiO$_2$@FeOOH@Fe 具有铁磁行为。再者，将微球分散于乙醇溶液中，在外来磁场的作用下，SiO$_2$@FeOOH@Fe 仅经过 25 s，颗粒和溶液基本实现完全分离，可见 SiO$_2$@FeOOH@Fe 的磁分离效果十分显著（图 16-32）。

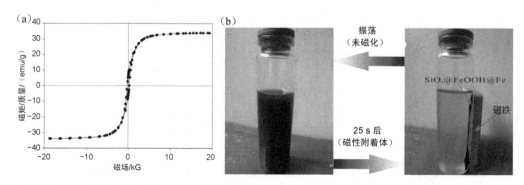

图 16-32　（a）SiO$_2$@FeOOH@Fe 的磁滞回线图；（b）SiO$_2$@FeOOH@Fe 的分离和磁回收示意图

16.3.9 小结

在本书中，我们采用一种新的合成步骤将 nZVI 负载到介孔 SiO_2 微球上。结果显示 $SiO_2@FeOOH@Fe$ 能够在室温下有效地对 BDE209 进行降解。其对 BDE209 的降解符合拟一级动力学，提高 $SiO_2@FeOOH@Fe$ 的投加量，降低污染物的初始浓度都能提高降解率。特别是在含水量越高的溶剂体系中，$SiO_2@FeOOH@Fe$ 对 BDE209 的去除率越高说明在降解 BD209 的反应中，氢离子具有重要的作用。$SiO_2@FeOOH@Fe$ 除在含有同等量的 nZVI 的条件下具有比 nZVI 更高的降解率以外，还在抗团聚和磁回收上具有良好的性能。表明 $SiO_2@FeOOH@Fe$ 具有良好的环境应用前景。

16.4 介孔 SiO_2 微球修饰 nZVI 的流动性研究

由于具有较高的疏水性和生物蓄积性，有机卤代化合物时常存在于土壤或者地下水中。这些污染物会缓慢地释放出来，带给动物和人类潜滋暗长的威胁。相比较很多传统的处理方法（如抽提法、可渗透反应墙等），新兴的 nZVI 原位注入技术具有巨大的发展优势。除了大部分的污染物能够被有效降解，直接注入技术的最大特点是利用 nZVI 自身的流动性，到达传统方法无法到达的地域，并对该地域的污染物进行有效的固定与降解。有效的 nZVI 直接注入修复技术要求 nZVI 避免团聚和具有一定的流动性能，但 nZVI 本身的物理化学性质却极大地制约了该技术的发展。目前主要采取表面修饰表面活性剂或者将 nZVI 固定到载体上的方式来避免 nZVI 的团聚。本节主要研究制备的 $SiO_2@FeOOH@Fe$ 在硅砂中的流动性能。探讨地下水中的不同因素（如镁离子、钙离子和腐植酸）对 $SiO_2@FeOOH@Fe$ 流动性能的影响。同时采用经典的深层过滤理论对所得的数据进行分析。

16.4.1 硅砂柱穿透试验

穿透试验使用的硅砂，需要先后用去离子水洗净和 5% 的过氧化氢浸泡 3 h 以去除有机物，再用去离子水洗净和 12 mmol/L 盐酸连夜浸泡，次日洗净后干燥待用。在长 20 cm、内径 2.5 cm 的玻璃试管内装上经过处理后的硅砂。玻璃管的前出口设置有 80 目的尼龙过滤网防止试验过程中砂子的流失。每次试验中硅砂的高度为 12 cm（孔隙率为 34.5%），开始前用蠕动泵将背景溶液（含钙离子或者镁离子的溶液、腐植酸溶液）以 12 mL/min 的流速通入柱子中，保持 2 h，确保试验过程中柱里环境的一致性。而后通入 4 mL 的 nZVI 或者 SiO_2 负载 nZVI，保持背景溶液的流动速度。以每个柱体积水为单位进行取样，样品溶液用 1 mol/L 的盐酸溶解 2 h，后采用火焰原子吸收法对溶液中的总铁浓度进行测定。

16.4.2 nZVI 和 SiO_2@FeOOH@Fe 的流动性对比

nZVI 和 SiO_2@FeOOH@Fe 的在硅砂中的穿透曲线如图 16-33 所示。由图可知，在 15 体积水的试验总流量中 SiO_2@FeOOH@Fe 的总流出量为 92.3%，其中在第 8 个峰值达到流出量的顶峰。相反地，未加修饰的 nZVI 基本没有流出，这与文献的报道相一致 (Johnson et al.，2009)。根据 Tufenkji 等（2004a）所发展的 Tufenkji-Elimelech 模型，nZVI 颗粒的尺度在 200～1 000 nm 为最优的流动粒径。然而，未加修饰的 nZVI 虽然初始粒径在 50～80 nm，但是极短时间内在水中容易团聚成微米级、毫米级甚至更大的颗粒。因此，在没有足够压力和较高流速，抑或当其浓度超过 1 g/L 时，没有表面活性剂或者其他载体修饰的 nZVI 在有孔介质中的流动会受到严重的制约。

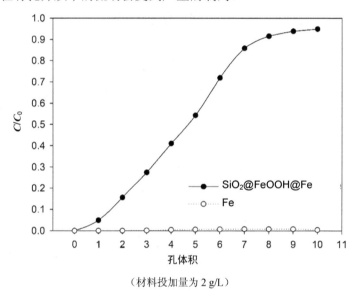

（材料投加量为 2 g/L）

图 16-33　nZVI 和 SiO_2@FeOOH@Fe 在硅砂中的流动对比

根据经典的深层过滤理论，颗粒在有孔介质中的流动损失主要取决于重力沉降、布朗运动和表面作用 3 个方面（Tufenkji et al.，2004b）。为了研究影响硅砂中 SiO_2@FeOOH@Fe 流动的主要原因，再次引入 Tufenkji-Elimelech。根据 Tufenkji-Elimelech 的理论，过滤单体对于颗粒物的去除率（η_0）等于颗粒在单体内扩散的去除率（η_D），拦截作用去除（η_I）和重力沉降去除率（η_G）的综合，可以用式（16-17）表示：

$$\eta_0 = \eta_D + \eta_I + \eta_G \qquad (16\text{-}17)$$

进一步分析，式（16-17）可以被写成：

$$\eta_0 = 2.44 \left[\frac{2(1-r^5)}{2-3r+2r^5-2r^6} \right]^{1/3} \left(\frac{d_p}{d_c} \right)^{-0.081} \left(\frac{Ud_c}{D_\infty} \right)^{-0.715} \left(\frac{A}{kT} \right)^{0.052} +$$

$$0.55 \left[\frac{2(1-r^5)}{2-3r+2r^5-2r^6} \right] \left(\frac{d_p}{d_c} \right)^{1.55} \left(\frac{Ud_c}{D_\infty} \right)^{-0.125} \left(\frac{A}{kT} \right)^{0.125} + \qquad (16\text{-}18)$$

$$0.22 \left(\frac{d_p}{d_c} \right)^{-0.124} \frac{2}{9} \left[\frac{a_p^2 (p_p - p_f) g}{\mu U} \right] \left(\frac{A}{kT} \right)^{0.053}$$

式中，d_p 是纳米颗粒的直径；d_c 是单体过滤器的内径，即流动装置玻璃管的内径；U 是流动的近似流速；D_∞ 是扩散常数（Stokes-Einstein 方程）；A 是 Hamaker 常数；k 是 Boltzmann 常数；T 是温度；a_p 是硅砂的半径；p_p 是颗粒的密度；p_f 是流体的密度；μ 是流体黏度；g 是重力加速度常数。而 $r=(1-f)^{1/3}$ 中的 f 是硅砂的孔隙率。据此，扩散损失，拦截作用和重力沉积的计算结果分别是 0.008 275、0.000 152 和 $3.761\ 27 \times 10^{-5}$。相比其结果，扩散损失是纳米颗粒流失的主要原因，这是由 SiO₂@FeOOH@Fe 的高分散和颗粒悬浮性造成的。高分散的粒子在介孔介质中的主要流失原因也是如此，而界面反应和重力沉积的作用是有限的。

16.4.3　有机质浓度对 SiO₂@FeOOH@Fe 流动性能的影响

不同腐植酸浓度对 SiO₂@FeOOH@Fe 在柱试验中流动性能的影响研究如图 16-34 所示。SiO₂@FeOOH@Fe 流动性能随着天然有机物（NOM）浓度的上升而提高，这可能由两种原因造成。一方面，NOM 附着于 SiO₂@FeOOH@Fe 的表面，降低了 SiO₂@FeOOH@Fe 的流动性能；另一方面，NOM 吸附到了硅砂颗粒的表面，通过表面电荷和空间位阻两个方面降低了 SiO₂@FeOOH@Fe 和硅砂的相互作用（Johnson et al., 2009）。

为了研究 NOM 影响 SiO₂@FeOOH@Fe 流动的主要原因，采用分光光度计对 SiO₂@FeOOH@Fe 在腐植酸溶液和空白水溶液中的自由沉降试验进行分析。我们假设加入 NOM 在一定程度上会影响 SiO₂@FeOOH@Fe 的团聚和提高其在溶液中的悬浮性。但是，如图 16-35 所示，在有 NOM 和无 NOM 的溶液中，其自由沉积曲线实验几乎一致。这也说明了 NOM 对于 SiO₂@FeOOH@Fe 团聚和悬浮的影响基本可以忽略不计。为了进一步确认，Yao K 等（1971）的过滤方程被引入该研究中。硅砂颗粒和 SiO₂@FeOOH@Fe 颗粒间的相互作用黏附力 α 可以通过以下方程进行计算：

$$\alpha = -\ln \left(\frac{C}{C_0} \right) \left[\frac{2d_c}{3(1-f)L_T \eta_0} \right] \qquad (16\text{-}19)$$

式中，d_c 是硅砂颗粒的直径；f 是孔隙率；η_0 是过滤器的去除率；L_T 是流动距离；C/C_0 为 SiO₂@FeOOH@Fe 的流出量与初始流入量的比值。根据试验数据，不同浓度的

NOM 的黏附系数 α 的计算值为 0.031 3、0.022 3 和 0.010 1。因此，随着 NOM 浓度的上升，硅砂颗粒和 SiO$_2$@FeOOH@Fe 颗粒之间相互作用力降低。结合自由沉积曲线，我们认为 NOM 对 SiO$_2$@FeOOH@Fe 的影响的主要作用在于其能够降低黏附力，而不是避免其团聚。但是，进一步地研究其机理十分重要。

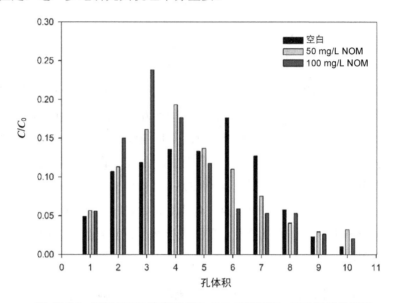

图 16-34　不同 NOM 浓度对 SiO$_2$@FeOOH@Fe 流动性能的影响

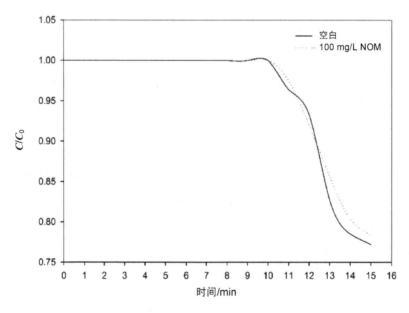

（分光光度波长为 508 nm）

图 16-35　SiO$_2$@FeOOH@Fe 在不同 NOM 浓度下的自由沉积曲线

16.4.4　钙离子和镁离子的浓度对 $SiO_2@FeOOH@Fe$ 流动性能的影响

在地下水中，钙离子和镁离子的浓度通常为 0.1～2 mmol/L。为了研究钙离子和镁离子对 $SiO_2@FeOOH@Fe$ 流动性能的影响，柱子流动试验在高离子浓度下进行研究。钙离子和镁离子的浓度的影响如图 16-36 所示。虽然流出峰量依然保留在第 6 个体积，但是铁的回收率有所下降，从离子浓度为 0 时的 93.77% 到镁离子浓度为 40 mmol/L 的 87.36%。钙离子也有类似的情况，从 93.77% 降至 85.98%。根据 DLVO 理论［一种关于胶体（溶胶）稳定性的理论］，增加离子的浓度会改变颗粒的表面电荷和压缩离子双电层，导致颗粒稳定性能的下降。因此，当钙离子和镁离子浓度上升时，$SiO_2@FeOOH@Fe$ 颗粒之间的斥力和 $SiO_2@FeOOH@Fe$ 和硅砂之间的斥力下降，导致 $SiO_2@FeOOH@Fe$ 流失速率的上升。

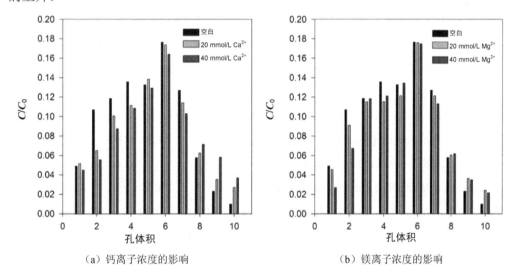

（a）钙离子浓度的影响　　　　　　　　（b）镁离子浓度的影响

图 16-36　不同离子浓度对 $SiO_2@FeOOH@Fe$ 流动性能的影响

16.4.5　小结

本节通过硅砂柱穿透试验证明了 $SiO_2@FeOOH@Fe$ 具有比 nZVI 更高的流动性能。同时探讨了不同的钙离子、镁离子和腐植酸浓度对 $SiO_2@FeOOH@Fe$ 流动的影响。其结果表明增加天然有机物会有效地提高 $SiO_2@FeOOH@Fe$ 在硅砂中的流动性，而提高钙离子和镁离子的浓度则对其流动性有影响。所得的试验结果也符合经典的过滤模型的解释。本节的结果表明了 $SiO_2@FeOOH@Fe$ 能够作为一种潜在的直接注入材料对地下水进行原位修复。

参考文献

ATLANTA，2004. Agency for Toxic Substances and Disease Registry Division of Toxicology and Environmental Medicine，Public health statement for polybrominated diphenylethers（PBDEs）.

ALIDOKHT L，2011. Reductive removal of Cr（Ⅵ） by starch-stabilized Fe^0 nanoparticles in aqueous solution[J]. Desalination，270（1-3）：105-110.

ANDERSSON Ö，1981. Polybrominated aromatic pollutants found in fish in Sweden[J]. Chemosphere，10（9）：1051-1060.

BEINEKE A，2005. Investigations of the potential influence of environmental contaminants on the thymus and spleen of harbor porpoises（Phocoena phocoena）[J]. Environmental Science & Technology，39（11）：3933-3938.

BI X，2007. Exposure of electronics dismantling workers to polybrominated diphenyl ethers，polychlorinated biphenyls，and organochlorine pesticides in South China[J]. Environmental Science & Technology，41（16）：5647-5653.

BOHLIN P，2008. Observations on persistent organic pollutants in indoor and outdoor air using passive polyurethane foam samplers[J]. Atmospheric Environment，42（31）：7234-7241.

BOKARE A D，2008. Iron-nickel bimetallic nanoparticles for reductive degradation of azo dye Orange G in aqueous solution[J]. Applied Catalysis B：Environmental，79（3）：270-278.

BOOIJ K，2002. Levels of some polybrominated diphenyl ether（PBDE） flame retardants along the Dutch coast as derived from their accumulation in SPMDs and blue mussels（Mytilus edulis）[J]. Chemosphere，46（5）：683-688.

CETIN B，2007. Air－water exchange and dry deposition of polybrominated diphenyl ethers at a coastal site in Izmir Bay，Turkey[J]. Environmental Science & Technology，41（3）：785-791.

CHEN D A，2007. Polybrominated diphenyl ethers in birds of prey from Northern China[J]. Environmental Science & Technology，41（6）：1828-1833.

CHEN G，2001. Synthesis of polybrominated diphenyl ethers and their capacity to induce CYP1A by the Ah receptor mediated pathway[J]. Environmental Science & Technology，35（18）：3749-3756.

CWIERTNY D M，2007. Influence of the oxidizing species on the reactivity of iron-based bimetallic reductants[J]. Environmental Science & Technology，41（10）：3734-3740.

DE BOER J，2003. Polybrominated diphenyl ethers in influents，suspended particulate matter，sediments，sewage treatment plant and effluents and biota from the Netherlands[J]. Environmental Pollution，122（1）：63-74.

DE WIT C A，2002. An overview of brominated flame retardants in the environment[J]. Chemosphere，46（5）：583-624.

DENG W J，2007. Distribution of PBDEs in air particles from an electronic waste recycling site compared with Guangzhou and Hong Kong，South China[J]. Environment International，33（8）：1063-1069.

DUFAULT C，2005. Brief postnatal PBDE exposure alters learning and the cholinergic modulation of attention in rats[J]. Toxicological Sciences，88（1）：172-180.

ELJARRAT E，2004. Occurrence and bioavailability of polybrominated diphenyl ethers and hexabromocyclododecane in sediment and fish from the Cinca River，a tributary of the Ebro River（Spain）[J]. Environmental Science & Technology，38（9）：2603-2608.

ERIKSSON P，2001. Brominated flame retardants：a novel class of developmental neurotoxicants in our environment？[J]. Environmental Health Perspectives，109（9）：903-908.

ESLAMI B，2006. Large-scale evaluation of the current level of polybrominated diphenyl ethers（PBDEs）in breast milk from 13 regions of Japan[J]. Chemosphere，63（4）：554-561.

FROUIN H，2010. Effects of individual polybrominated diphenyl ether（PBDE）congeners on harbour seal immune cells in vitro[J]. Marine Pollution Bulletin，60（2）：291-298.

GERBERDING J L，2004. Toxicological profile for polybrominated biphenyls and polybrominated diphenyl ethers（PBBs and PBDEs）. US Department of Health and Human Services，Public Health Service Agency for Toxic Substances and Disease Registry（ATSDR），Atlanta，Georgia.

GERECKE A C，2005. Anaerobic degradation of decabromodiphenyl ether[J]. Environmental Science & Technology，39（4）：1078-1083.

GILLHAM R W，1994. Enhanced degradation of halogenated aliphatics by zero-valent iron[J]. Groundwater，32（6）：958-967.

HAKK H，2003. Metabolism in the toxicokinetics and fate of brominated flame retardants—a review[J]. Environment International，29（6）：801-828.

HALE R C，2003. Polybrominated diphenyl ether flame retardants in the North American environment[J]. Environment International，29（6）：771-779.

HALE R C，2006. Brominated flame retardant concentrations and trends in abiotic media[J]. Chemosphere，64（2）：181-186.

HARDELL L，1998. Concentrations of the flame retardant 2,2′,4,4′-tetrabrominated diphenyl ether in human adipose tissue in Swedish persons and the risk for non-Hodgkin's lymphoma[J]. Oncology Research Featuring Preclinical and Clinical Cancer Therapeutics，10（8）：429-432.

HE F，2010. Field assessment of carboxymethyl cellulose stabilized iron nanoparticles for in situ destruction of chlorinated solvents in source zones[J]. Water Research，44（7）：2360-2370.

HE J，2006. Microbial reductive debromination of polybrominated diphenyl ethers（PBDEs）[J]. Environmental Science & Technology，40（14）：4429-4434.

HE N，2009. Catalytic dechlorination of polychlorinated biphenyls in soil by palladium-iron bimetallic catalyst[J]. Journal of Hazardous Materials，164（1）：126-132.

HITES R A，2004. Polybrominated diphenyl ethers in the environment and in people：a meta-analysis of concentrations[J]. Environmental Science & Technology，38（4）：945-956.

INOUE K，2006. Levels and concentration ratios of polychlorinated biphenyls and polybrominated diphenyl ethers in serum and breast milk in Japanese mothers[J]. Environmental Health Perspectives，114（8）：1179-1185.

JIN J，2008. Levels and distribution of polybrominated diphenyl ethers in plant，shellfish and sediment samples from Laizhou Bay in China[J]. Chemosphere，71（6）：1043-1050.

JOHNSON-RESTREPO B，2005. Polybrominated diphenyl ethers and polychlorinated biphenyls in a marine foodweb of coastal Florida[J]. Environmental Science & Technology，39（21）：8243-8250.

JOHNSON R L，2009. Natural organic matter enhanced mobility of nano zerovalent iron[J]. Environmental Science & Technology，43（14）：5455-5460.

KARLSSON M，2007. Levels of brominated flame retardants in blood in relation to levels in household air and dust[J]. Environment International，33（1）：62-69.

KEMMLEIN S，2003. Emissions of organophosphate and brominated flame retardants from selected consumer products and building materials[J]. Atmospheric Environment，37（39-40）：5485-5493.

KEUM Y S，2005. Reductive debromination of polybrominated diphenyl ethers by zerovalent iron[J]. Environmental Science & Technology，39（7）：2280-2286.

KUNISUE T，2008. Regional trend and tissue distribution of brominated flame retardants and persistent organochlorines in raccoon dogs（Nyctereutes procyonoides） from Japan[J]. Environmental Science & Technology，42（3）：685-691.

KWAN C S，2013. Sedimentary PBDEs in urban areas of tropical Asian countries[J]. Marine Pollution Bulletin，76（1-2）：95-105.

LA GUARDIA M J，2006. Detailed polybrominated diphenyl ether（PBDE） congener composition of the widely used penta-，octa-，and deca-PBDE technical flame-retardant mixtures[J]. Environmental Science & Technology，40（20）：6247-6254.

LACORTE S，2003. Occurrence and specific congener profile of 40 polybrominated diphenyl ethers in river and coastal sediments from Portugal[J]. Environmental Science & Technology，37（5）：892-898.

LAW R J，2006. Levels and trends of brominated flame retardants in the European environment[J]. Chemosphere，64（2）：187-208.

LEE C，2008. Enhanced formation of oxidants from bimetallic nickel‐ iron nanoparticles in the presence of oxygen[J]. Environmental Science & Technology，42（22）：8528-8533.

LEUNG A O W，2007. Spatial distribution of polybrominated diphenyl ethers and polychlorinated dibenzo-p-dioxins and dibenzofurans in soil and combusted residue at Guiyu，an electronic waste recycling site in southeast China[J]. Environmental Science & Technology，41（8）：2730-2737.

LI A，2006. Polybrominated diphenyl ethers in the sediments of the Great Lakes. 4. Influencing factors，trends，and implications[J]. Environmental Science & Technology，40（24）：7528-7534.

LI A，2007. Debromination of decabrominated diphenyl ether by resin-bound iron nanoparticles[J]. Environmental Science & Technology，41（19）：6841-6846.

LI L，2006. Synthesis，properties，and environmental applications of nanoscale iron-based materials：a review[J]. Critical Reviews in Environmental Science and Technology，36（5）：405-431.

LILIENTHAL H，2006. Effects of developmental exposure to 2,2′,4,4′,5-pentabromodiphenyl ether（PBDE-99） on sex steroids，sexual development，and sexually dimorphic behavior in rats[J]. Environmental Health Perspectives，114（2）：194-201.

LIM T T，2007. Kinetic and mechanistic examinations of reductive transformation pathways of brominated methanes with nano-scale Fe and Ni/Fe particles[J]. Water Research，41（4）：875-883.

LIND Y，2002. Food intake of the brominated flame retardants PBDE：S and HBCD in Sweden[J]. Organohalogen Compounds，58：181-184.

LUO X，2009. Persistent halogenated compounds in waterbirds from an e-waste recycling region in South China[J]. Environmental Science & Technology，43（2）：306-311.

MA J，2012. State of polybrominated diphenyl ethers in China：an overview[J]. Chemosphere，88（7）：769-778.

MAI B，2005. Distribution of polybrominated diphenyl ethers in sediments of the Pearl River Delta and adjacent South China Sea[J]. Environmental Science & Technology，39（10）：3521-3527.

MEERTS I A，2001. In vitro estrogenicity of polybrominated diphenyl ethers，hydroxylated PDBEs，and polybrominated bisphenol A compounds[J]. Environmental Health Perspectives，109（4）：399-407.

MEERTS I A T M，2000. Potent competitive interactions of some brominated flame retardants and related compounds with human transthyretin in vitro[J]. Toxicological Sciences，56（1）：95-104.

MIYAKE Y，2009. Preparation and adsorption properties of thiol-functionalized mesoporous silica microspheres[J]. Industrial & Engineering Chemistry Research，48（2）：938-943.

OROS D R，2005. Levels and distribution of polybrominated diphenyl ethers in water，surface sediments，and bivalves from the San Francisco Estuary[J]. Environmental Science & Technology，39（1）：33-41.

ROBROCK K R，2008. Pathways for the anaerobic microbial debromination of polybrominated diphenyl ethers[J]. Environmental Science & Technology，42（8）：2845-2852.

SCHECTER A，2011. Contamination of US butter with polybrominated diphenyl ethers from wrapping paper[J]. Environmental Health Perspectives，119（2）：151-154.

SCHRICK B，2002. Hydrodechlorination of trichloroethylene to hydrocarbons using bimetallic nickel- iron nanoparticles[J]. Chemistry of Materials，14（12）：5140-5147.

SELLSTRÖM U，1998. Polybrominated diphenyl ethers and hexabromocyclododecane in sediment and fish from a Swedish river[J]. Environmental Toxicology and Chemistry：An International Journal，17（6）：1065-1072.

SHIH Y，2010. Reaction of decabrominated diphenyl ether by zerovalent iron nanoparticles[J]. Chemosphere，78（10）：1200-1206.

SHOEIB M，2004. Indoor and outdoor air concentrations and phase partitioning of perfluoroalkyl sulfonamides and polybrominated diphenyl ethers[J]. Environmental Science & Technology，38（5）：1313-1320.

SJÖDIN A，2000. Influence of the consumption of fatty Baltic Sea fish on plasma levels of halogenated environmental contaminants in Latvian and Swedish men[J]. Environmental Health Perspectives，108（11）：1035-1041.

SÖDERSTRÖM G，2004. Photolytic debromination of decabromodiphenyl ether（BDE 209）[J]. Environmental Science & Technology，38（1）：127-132.

SONG W，2004. Polybrominated diphenyl ethers in the sediments of the Great Lakes. 1. Lake Superior[J]. Environmental Science & Technology，38（12）：3286-3293.

STOKER T E，2005. In vivo and in vitro anti-androgenic effects of DE-71，a commercial polybrominated diphenyl ether（PBDE） mixture[J]. Toxicology and Applied Pharmacology，207（1）：78-88.

STOKER T E，2004. Assessment of DE-71，a commercial polybrominated diphenyl ether（PBDE） mixture，in the EDSP male and female pubertal protocols[J]. Toxicological Sciences，78（1）：144-155.

STREETS S S，2006. Partitioning and bioaccumulation of PBDEs and PCBs in Lake Michigan[J]. Environmental Science & Technology，40（23）：7263-7269.

SUN C，2009. TiO_2-mediated photocatalytic debromination of decabromodiphenyl ether：kinetics and intermediates[J]. Environmental Science & Technology，43（1）：157-162.

TOKARZ III J A，2008. Reductive debromination of polybrominated diphenyl ethers in anaerobic sediment and a biomimetic system[J]. Environmental Science & Technology，42（4）：1157-1164.

TUFENKJI N，2004a. Correlation equation for predicting single-collector efficiency in physicochemical filtration in saturated porous media[J]. Environmental Science & Technology，38（2）：529-536.

TUFENKJI N，2004b. Deviation from the classical colloid filtration theory in the presence of repulsive DLVO interactions[J]. Langmuir，20（25）：10818-10828.

VERSLYCKE T A，2005. Flame retardants，surfactants and organotins in sediment and mysid shrimp of the

Scheldt estuary（The Netherlands）[J]. Environmental Pollution，136（1）：19-31.

WANG C B，1997. Synthesizing nanoscale iron particles for rapid and complete dechlorination of TCE and PCBs[J]. Environmental Science & Technology，31（7）：2154-2156.

WANG X，2009. Dechlorination of chlorinated methanes by Pd/Fe bimetallic nanoparticles[J]. Journal of Hazardous Materials，161（2-3）：815-823.

WANG Y，2007. Polybrominated diphenyl ether in the East Asian environment：a critical review[J]. Environment International，33（7）：963-973.

WANG Y，2006. Development of quantitative structure gas chromatographic relative retention time models on seven stationary phases for 209 polybrominated diphenyl ether congeners[J]. Journal of Chromatography A，1103（2）：314-328.

WHO（World Health Organization），1994. Environmental Health Criteria 162：Brominated Diphenyl Ethers[J]. IPCS International Programme on Chemical Safety；World Health Organization Geneva.

WOLKERS H，2004. Congener-specific accumulation and food chain transfer of polybrominated diphenyl ethers in two Arctic food chains[J]. Environmental Science & Technology，38（6）：1667-1674.

WU N，2007. Human exposure to PBDEs：associations of PBDE body burdens with food consumption and house dust concentrations[J]. Environmental Science & Technology，41（5）：1584-1589.

WURL O，2006. Occurrence and distribution of polybrominated diphenyl ethers（PBDEs）in the dissolved and suspended phases of the sea-surface microlayer and seawater in Hong Kong，China[J]. Chemosphere，65（9）：1660-1666.

XIANG C H，2007. Polybrominated diphenyl ethers in biota and sediments of the Pearl River Estuary，South China[J]. Environmental Toxicology and Chemistry：An International Journal，26（4）：616-623.

XU Y，2000. Subcolloidal Fe/Ag particles for reductive dehalogenation of chlorinated benzenes[J]. Industrial & Engineering Chemistry Research，39（7）：2238-2244.

YAO K M，1971. Water and waste water filtration. Concepts and applications[J]. Environmental Science & Technology，5（11）：1105-1112.

ZHANG W，1998. Treatment of chlorinated organic contaminants with nanoscale bimetallic particles[J]. Catalysis Today，40（4）：387-395.

ZHANG Z，2009. Factors influencing the dechlorination of 2,4-dichlorophenol by Ni-Fe nanoparticles in the presence of humic acid[J]. Journal of Hazardous Materials，165（1-3）：78-86.

ZHAO H，2009. Wet air co-oxidation of decabromodiphenyl ether（BDE209）and tetrahydrofuran[J]. Journal of Hazardous Materials，169（1-3）：1146-1149.

ZHU L，2009. Distribution of polybrominated diphenyl ethers in breast milk from North China：implication of exposure pathways[J]. Chemosphere，74（11）：1429-1434.

陈来国, 2008. 广州市夏季大气中多氯联苯和多溴联苯醚的含量及组成对比[J]. 环境科学学报, 28 (1): 150-159.

程荣, 2006. 纳米金属铁降解有机卤化物的研究进展[J]. 化学进展, 18 (1): 93.

刘汉霞, 2005. 多溴联苯醚及其环境问题[J]. 化学进展, 17 (3): 554.

刘俊晓, 2008. 多溴联苯醚的污染与检测[J]. 汕头大学医学院学报, 21 (2): 126-128.

罗孝俊, 2009. PBDEs 研究的最新进展[J]. 化学进展, 21 (2): 359.

罗孝俊, 2008. 多溴联苯醚 (PBDEs) 在珠江口水体中的分布与分配[J]. 科学通报, 53 (2): 141-146.

邱心泓, 2010. 修饰型纳米零价铁降解有机卤化物的研究[J]. 化学进展, 22 (2): 291.

孙福红, 2005. 多溴二苯醚的环境暴露与生态毒理研究进展[J]. 应用生态学报, 16 (2): 379-384.

万斌, 2011. 多溴联苯醚的环境毒理学研究进展[J]. 环境化学, 30 (1): 143-152.

王亚韡, 2008. 人体中多溴联苯醚 (PBDEs) 和全氟辛烷磺酰基化合物 (PFOS) 研究进展[J]. 科学通报, 1 (2): 129-140.

张利飞, 2010. 多溴联苯醚在中国的污染现状研究进展[J]. 环境化学, 29 (5): 787-795.

张娴, 2009. 多溴联苯醚在环境中迁移转化的研究进展[J]. 生态环境学报, 18 (2): 761-770.

第 17 章　生物炭负载纳米镍铁双金属去除水体中多溴联苯醚

17.1　研究背景

17.1.1　纳米铁基材料去除 PBDEs 的研究以及存在的问题

2005 年，Keum 等（2005）首次采用铁粉对十溴联苯醚（BDE209）进行降解，40 d 内 92%的 BDE209 转化为低溴联苯醚，证实了铁粉能够很好地去除 BDE209。Zhuang Y 等（2011）使用 nZVI 对 BDE21 进行脱溴，证实其脱溴产物为低溴代同系物和联苯醚。同样地，Shih Y 等（2010）使用 nZVI 在 40 min 内去除了 90%的 BDE209，而微米级铁要达到同样效果，使用量是 nZVI 的 24 倍，反应需 40 d。Fang Z 等（2011）使用 PVP 修饰的纳米 Ni/Fe 去除 BDE209，反应 180 min，BDE209 去除率约为 100%。Luo S 等（2012）在微波辅助下用纳米 Ag/Fe 降解 BDE209，反应 8 min，BDE209 去除率达到了 90%以上。Yu K 等（2012）采用蒙脱石黏土作为模板合成 nZVI，其对 BDE209 的去除率是传统 nZVI 的 10 倍。

虽然上述研究在还原降解 PBDEs 方面取得了较好的效果，但是 nZVI 容易团聚的问题未得到很好的解决。有研究者通过修饰另一种贵金属于 nZVI 表面，例如 Cu、Pd、Ni、Pt 等，或者采用碳基材料等载体负载 nZVI，尽管进一步提高其反应活性并在一定程度上解决纳米颗粒团聚问题，但也面临反应过程中修饰金属的析出导致重金属污染的难题（Fang Z et al.，2011）；与此同时，在降解 PBDEs 的过程中，由于降解得不彻底，可能产生毒害更大的低溴联苯醚（如五溴联苯醚）（Li A et al.，2007）。因此，如何进一步提高纳米材料反应活性，降低纳米颗粒在环境修复中的二次污染风险，是今后去除 PBDEs 等有机污染物的重要研究方向。

17.1.2　生物炭负载修饰技术的确定

nZVI 由于高表面能以及本身具有磁性等特性易于团聚，从而影响其反应活性。为了克服了 nZVI 的缺陷，研究者将 nZVI 颗粒负载于某种功能材料上（如膨润土）（Lin Y et al.，2014）、高岭土（Zhang X et al.，2010）、树脂（Li A et al.，2007）和活性炭（Wu X et al.，2013）等，可以有效防止 nZVI 颗粒的团聚，提高其活性以及稳定性。例如，Zhang Y 等（2011）将 nZVI 负载在黏土，研究表明 nZVI 在黏土上有较好的分散性，其颗粒大小分布在 30～70 nm，反应 120 min 能将 50 mg/L 的 NO_3^- 完全降解，而单独的 nZVI 对 NO_3^- 的去除率为 37.7%。另外，Wu X 等（2013）合成了活性炭负载 nZVI，研究发现 nZVI 能够很好地分散在活性炭上，在避免颗粒团聚和提高纳米颗粒对溴酸盐降解的基础上，还极大地提高了材料对污染物的吸附能力。

生物炭（Biochar）是指生物质在缺氧条件下热解生成的一种富含碳且多空隙的物质（Lehmann et al.，2009）。其制备原材料较为丰富，包括农林业废弃物（如秸秆、木材、果壳等）、生活产生的有机废物（如动物粪便、生活垃圾等）及城市污水处理产生的污泥等。生物炭主要有以下性质（杨璋梅等，2014；许妍哲等，2015）：①主要构成元素是 C、H、O 和 N 等元素，其中含碳量较为丰富，约为 80%，可提高土壤肥力；②具有丰富的孔隙结构、较大的比表面积，大量的表面负电荷，可通过离子交换和静电吸附作用降低土壤中金属的活性；③具有较高的 pH，一般在 8 以上，可促进碱离子的交换反应，中和土壤酸度，使土壤 pH 升高，可减少土壤中酸可提取态的重金属，从而降低重金属污染有效性；④表面有较多—OH、—COOH 和 C=O，这些基团能与重金属形成配合物，降低重金属的迁移能力。生物炭在土壤养分保持、土壤理化性质改善及重金属修复方面有一定的积极效果。如 Dong X L 等（2011）用甜菜制备的生物炭去除含铬废水，研究表明生物炭表面的官能团及电荷性质是 Cr（Ⅵ）的还原和与 Cr（Ⅲ）发生络合的主要原因。Choppala 等（2013）的研究表明，炭基材料对土壤中 Cr（Ⅵ）有很强的还原性，且能有效降低土壤中 Cr（Ⅵ）的生物利用性及植物毒性。

生物炭（Biochar）具有比表面积大、孔隙结构发达、官能团丰富等特性，作为一种成本低廉的吸附剂能够有效地吸附有机污染物和重金属（Wang X et al.，2007；Inyang et al.，2010）；作为载体材料和纳米颗粒结合时，能有效提高纳米颗粒的分散性、稳定性（Yao Y et al.，2013；Devi P et al.，2014；Zhou Y et al.，2014），从而提高体系反应活性，发挥"1+1＞2"的协同效应（Devi P et al.，2014）。

17.1.3 腐植酸的影响

地表水中富含天然有机质（NOM），天然有机质具有丰富的羧基、酚基、羰基、醌基等官能团，通过吸附、络合，以及充当电子转移介质等作用，严重影响纳米材料降解有机污染物的反应过程（Smith et al.，2007；Wang Y J et al.，2009；Ghosh et al.，2008）。迄今，NOM 对于纳米颗粒去除污染物的影响作用机理一般有直接作用和间接作用两个方面的解释。

直接作用，主要指 NOM 吸附在纳米颗粒的表面，直接参与电子转移过程。例如，Tan L 等（2014）研究发现无论是腐植酸，还是常用作电子转移介质的对苯醌、2-羟基-1，4-萘醌均无发挥电子转移媒介的作用，均对 nZVI 去除 BDE209 起抑制作用。Tratnyek 等（2001）发现，醌类化合物（如胡桃醌、指甲花醌、蒽醌-2,6-二磺酸钠等化合物）能够加速 nZVI 对于四氯化碳的还原降解。然而 Kang S H 等（2009）发现，被 nZVI 吸附的 NOM 能够增强电子转移，从而使得水体中溶解氧形成过氧化氢和羟基自由基，加速去除四氯苯酚，表明 NOM 能够直接参与零价铁的氧化还原过程。

间接作用，主要指 NOM 吸附在纳米颗粒表面，占据了纳米颗粒表面活性位点，或者是作为电子传递的物理阻隔屏障。Saleh N 等（2007）发现，在 nZVI 去除 TCE 的过程中，吸附的 NOM 起到了抑制作用，降低了反应速率。同样地，Phenrat 等（2009）和 Wang W 等（2010）也得出类似结论。虽然上述关于 NOM 对纳米颗粒去除污染物的作用机理的研究提升了纳米技术在环境应用中的理论水平，但研究报道大多关注指向 NOM 对于纳米材料去除污染物反应过程的影响，而忽略了 NOM 对于纳米颗粒本身理化性质等的影响可能也是影响纳米颗粒在环境修复应用的重要因素。例如，Dong H 等（2016）研究发现富里酸能够改变纳米颗粒表面电荷，提高其稳定性。Bouayed 等（1998）研究报道天然有机质覆盖在铁基材料的表面可能会通过影响金属颗粒的腐蚀性进而影响污染物的去除。

因此，如何在一个复杂体系中有效辨识出 NOM 对纳米颗粒去除去污染物的影响作用机理，是纳米铁基材料应用于实际环境污染修复需要解决的一个关键问题。

17.1.4　研究的意义和工作内容

广东省是我国社会经济发展最快的省份之一，也是电子电器、服装纺织、家具家电产业重要基地。大量使用具有优异阻燃性能的 PBDEs 已导致环境介质中 PBDEs 的浓度迅速升高，特别是十溴联苯醚（BDE209）含量更高（Luo Y et al.，2009）。另外，作为电子垃圾回收基地的广东贵屿镇、清远等地，水体中 PBDEs 污染问题更加严重（Chen S J et al.，2007），已成为国内外研究 PBDEs 环境行为的重点地区。作为广东省饮用水水源地的东江、西江和北江，不断检测出 BDE209 等持久性有毒污染物（Tan X X et al.，2016）已严重威胁人民群众的饮水安全，急需一种行之有效的处理技术。

纳米双金属技术作为当前环境原位修复技术的代表之一，具有许多传统修复技术不具备的优势，也有一定的缺点。因此，我们提出采取生物炭为载体拓展纳米双金属技术，一方面既能够解决纳米镍铁团聚问题；另一方面又能减少纳米镍铁在降解 PBDEs 过程中带来的二次污染风险。探讨了不同的反应因素对生物炭负载纳米镍铁在降解污染物 PBDEs 的典型代表 BDE209 的影响，分析其降解产物和降解路径。

进一步地，纳米铁基材料应用于实际环境中有机污染物的修复时不可避免地受到

NOM 的影响，已有研究结果存在相互矛盾的结论，导致 NOM 对纳米铁基材料反应过程的影响规律仍然不清晰。因此，我们深入研究了 NOM 对纳米铁基材料降解有机物的作用规律，辨识出 NOM 的作用机理，补充纳米技术在持久性有毒污染物环境修复中的应用理论。

本章主要的研究内容如下：

重点研究生物炭负载纳米镍铁（BC@Ni/Fe）降解 BDE209。探讨了：①生物炭与 Ni/Fe 不同质量比、BC@Ni/Fe 投加量、BDE209 初始浓度、溶液不同初始 pH 对 BDE209 去除的影响；②通过 GC-MS 鉴别反应后溶液中和 BC@Ni/Fe 上吸附的中间产物，推导出 BDE209 降解路径；③分析了 BC@Ni/Fe 降解 BDE209 的作用机理；④通过研究在反应过程中 Ni 的流失和降解中间产物的分布情况，阐释生物炭作为载体负载镍铁是否能够有效减少二次污染风险。

进一步地，以腐植酸（HA）代表天然有机质（NOM），主要研究了：①HA 对 BC@Ni/Fe 去除 BDE209 的反应活性的影响规律；②HA 对 BC@Ni/Fe 颗粒性能的影响，包括 HA 对 BC@Ni/Fe 腐蚀性能、稳定性、表面电荷的影响；③HA 中典型醌类代表物质对 BC@Ni/Fe 去除 BDE209 的反应影响；④BC@Ni/Fe 对 BDE209 与 HA 之间的竞争吸附试验，从而辨识出 HA 对 BC@Ni/Fe 降解 BDE209 主要影响作用机制。

17.2　生物炭负载纳米 Ni/Fe 降解 BDE209 的研究

17.2.1　研究方法

（1）生物炭负载纳米 Ni/Fe 对 BDE209 的降解试验

BDE209 标准储备液（200 mg/L）采用纯四氢呋喃进行配制，冷藏避光保存。反应时所需 BDE209 浓度则通过采用一定比例的四氢呋喃水溶液进行稀释（Fang Z et al., 2011）。分别将 2 mg/L 的 BDE209 溶液（初始 pH=6）和适量的 BC@Ni/Fe 加至具塞锥形瓶中，于恒温振荡器中（30℃，200 r/min）进行降解。在预定的时间段取 1 mL 样液过 0.22 μm 的微孔滤膜，通过高效液相色谱（HPLC）分析 BDE209 浓度。反应结束之后，溶液中溴离子通过离子色谱（IC）测定，并通过外标法进行溴离子的定量分析。BDE209 降解之后溶液中的中间产物以及材料吸附的产物采用 GC-MC 分析，通过与标准品的保留时间和质谱对比对产物进行定性和定量分析。

（2）镍离子的析出试验

分别将初始浓度为 2 mg/L 的 BDE209 溶液、Ni/Fe 和 BC@Ni/Fe 加至塞锥形瓶中，于恒温振荡器上（30℃，200 r/min）进行降解。在选定的时间段取 1 mL 样液用 0.22 μm

的微孔过滤膜过滤，通过 AAS 测定溶液中 Ni 的浓度。

（3）生物炭吸附镍离子的试验

配制 1 000 mg/L 的镍离子储备液。将储备液稀释成所需浓度溶液，分别加入 0.4 g 的生物炭，置于恒温振荡器中反应 3 h，离心过滤，用 AAS 测定溶液中 Ni 的浓度。

（4）分析方法

①BDE209 分析：溶液中 BDE209 的浓度采用高效液相色谱进行测定，色谱柱为 Dikma C_{18} column（250 mm×4.6 mm），紫外检测波长为 240 nm，流动相为纯甲醇，流速为 1.2 mL/min，进样量为 20 μL。采用外标法定量，即测定前先配制一系列 BDE209 标准溶液，以浓度为横坐标，峰面积为纵坐标绘制标准曲线，当被测物的浓度与峰面积线性关系良好时（$R>0.999$），采用该曲线进行定量分析。

②溴离子分析：溴离子的浓度采用离子色谱（IC，ICS-900，USA）进行测定。采用外标法定量，配制 10 mg/L 的溴离子储备液。依次逐级稀释得到一系列溴离子标准溶液，以浓度为横坐标，峰高为纵坐标绘制标准曲线（$R>0.99$），采用该曲线进行定量分析。

③降解中间产物分析：吸附在复合材料上的 BDE209 的降解产物以及分布在溶液中的降解产物通过 GC-MC 分析。其中，吸附在复合材料上的降解产物，通过乙腈超声辅助萃取。分别取 2 mL 萃取后的溶液以及降解试验后的溶液，经 0.22 μm 的微孔滤膜过滤后加入二氯甲烷振荡萃取，重复 3 遍，旋蒸浓缩至 1 mL，用层析柱净化，以 70 mL 二氯甲烷/正己烷（v/v =1/1）洗脱。随后加入内标物，旋蒸浓缩并氮吹至 20 μL。气质联用时气相色谱仪型号为 6890，质谱仪型号为 5975（Agilent，USA），电离源为负化学电离源（NCI），离子选择性扫描，色谱柱为 DB5-MS 毛细管柱（20 m×0.25 mm×0.1 μm）。无分流进样模式，载气（氦气）流速 1 mL/min，进样口温度 250℃，升温程序为 90℃保持 2 min，然后以 50 min 的速度升至 220℃，最后以 3℃/min 的速度升至 300℃并保持 5 min，传输线温度为 310℃。

17.2.2　生物炭负载纳米 Ni/Fe 的制备与表征

17.2.2.1　材料的制备

生物炭负载纳米镍铁（BC@Ni/Fe）的制备：将一定量生物炭加至 0.07 mol/L 的 $FeSO_4 \cdot 7H_2O$ 溶液中，搅拌 1 h，快速加入 0.3 mol/L $NaBH_4$ 溶液，反应 5 min，磁分离后分别用去氧水和乙醇洗涤数次。再将材料分散至 50 mL 醇水溶液中，边搅拌边加入一定量 $NiCl_2 \cdot 6H_2O$ 溶液，反应 30 min，磁分离后分别用去氧水和乙醇洗涤数次。最后将材料置于真空干燥箱中 60℃干燥待用。制备过程均在氮气的保护下进行。纳米 Ni/Fe 的制备参照笔者团队前期的制备方法（Fang Z et al.，2011）。生物炭的制备以甘蔗渣为原料，在氮气氛围下，于马弗炉中 600℃下热解 2 h，冷却后研磨过 120 目筛，保存备用。

17.2.2.2 材料的表征

采用比表面分析仪对材料进行比表面积的分析测定。颗粒的尺寸和表面形貌采用透射电镜（TEM，Tecnai G2 F20，USA）和扫描电镜（SEM，Hitachi S-3700N）进行观察。材料表面官能团类型用傅里叶红外光谱仪（FT-IR，HORIBA EMAX，Japan）进行分析。颗粒表面元素价态分析采用 X 射线光电子能谱仪（XPS，ESCALAB 250，Thermo-VG Scientific，USA）进行表征。颗粒表面元素分析采用 X 射线光电子能谱仪（EDS）进行分析。

通过 SEM 分析了生物炭、Ni/Fe、BC@Ni/Fe 的表面形态。由图 17-1（a）可知，生物炭成骨架状，孔隙结构发达，而 Ni/Fe 由于本身具有磁性以及范德华力的作用成链状结构，团聚严重［图 17-1（b）］。BC@Ni/Fe［图 17-1（c、d）］中 Ni/Fe 虽然形成链状结构，但与 Ni/Fe 相比，团聚大大降低。这主要是纳米镍铁能够较好地分散在生物炭表面和孔隙内，在一定程度上降低了纳米颗粒的团聚性能（Devi P et al., 2015）。通过 BC@Ni/Fe 的 TEM 分析进一步得出黑色的纳米颗粒分散性良好，负载在生物炭上纳米镍铁的平均颗粒尺寸为 20～50 nm。另外，从 HR-TEM［图 17-1（f）］中可见，负载在生物炭上的纳米镍铁颗粒具有典型的核-壳结构，核的主要成分为零价镍、镍的氧化物以及铁的氧化物，这些成分同样也为后文 XPS 谱图所证实。

从表 17-1 可知 BC@Ni/Fe 的比表面积为 73.13 m^2/g，Ni/Fe 的比表面积为 37.67 m^2/g，生物炭的比表面积为 352.59 m^2/g。BC@Ni/Fe 的比表面积约为 Ni/Fe 的 2 倍，说明 Ni/Fe 分散在 BC 上，能够有效地增加其比表面积。另外，BC@Ni/Fe 的孔体积（0.120 2 cm^3/g）为 Ni/Fe 孔体积（0.098 7 cm^3/g）的 1.2 倍。这表明与 Ni/Fe 相比，BC@Ni/Fe 具有更强的吸附能力。此外，生物炭的孔径为 1.746 nm，铁离子很容易进入生物炭表面和空隙中，这再次说明生物炭是一种良好的载体。

表 17-1　不同材料的比表面积、孔容和孔径

样品	BET 表面积/（m^2/g）	孔容/（cm^3/g）	孔径/nm
BC	352.59	0.153 9	1.746
Ni/Fe	37.67	0.098 7	10.485
BC@Ni/Fe	73.13	0.120 2	6.575

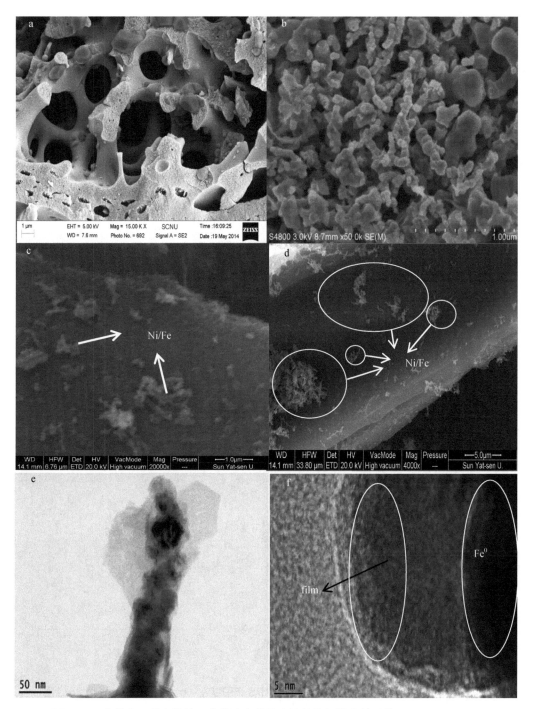

图 17-1　生物炭、纳米镍铁、生物炭负载纳米镍铁的扫描电镜照片（a、b、c、d）
以及透射电镜照片（e、f）

EDX［图 17-2（a）］的表征结果表明，BC@Ni/Fe 颗粒表面存在 Fe、Ni、C 和 O 4 种元素，其中 Fe 元素的占比为 42.0wt%，Ni 的占比为 8.8wt%，这与通过原子吸收测定 BC@Ni/Fe 中 Ni 和 Fe 元素含量占 BC@Ni/Fe 总量的百分比接近（分别为 7.9wt%与 42.1%）。通过进一步分析 Fe 2p 谱图 17-2（c）时发现，结合能为 707.6 eV 表明存在 Fe^0，而 711.4 eV 的结合能峰表明 BC@Ni/Fe 中的铁以 Fe_3O_4 的形式存在；同时，Ni 2p 谱图 17-2（d），表明 Ni 以二价态和零价态存在。这说明复合材料的表征或制备过程中存在一定程度的氧化现象。

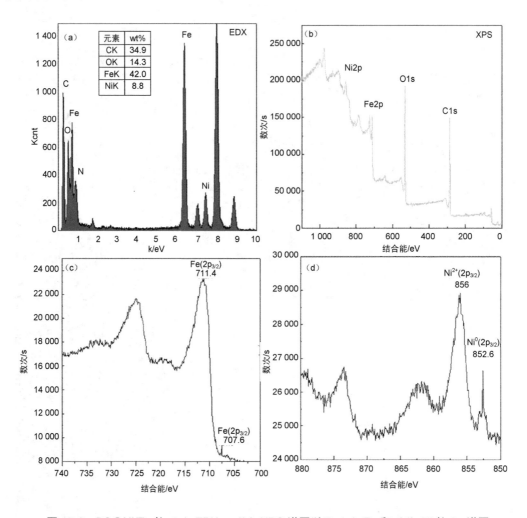

图 17-2　BC@Ni/Fe 的（a）EDX、（b）XPS 谱图以及（c）Fe 和（d）Ni 的 2p 谱图

FT-IR 结果（图 17-3）表明生物炭含有丰富的官能团，$3\,575\ cm^{-1}$、$3\,487\ cm^{-1}$ 和 $3\,404\ cm^{-1}$ 吸收峰来自氨基和羧酸中羟基的伸缩振动，$1\,623\ cm^{-1}$ 处为芳环的 C═C 键和 C═O 键的伸缩振动（Zhou Y et al.，2014）。BC@Ni/Fe 中，$1\,399\ cm^{-1}$ 处可能是在零价

铁表面形成了γ-FeOOH（Kim S A et al.，2013）；666 cm^{-1}处是生物炭与 Fe 形成了 Fe—OH 键（Wu X et al.，2013），说明 Ni/Fe 与生物炭是通过化学键进行结合的。

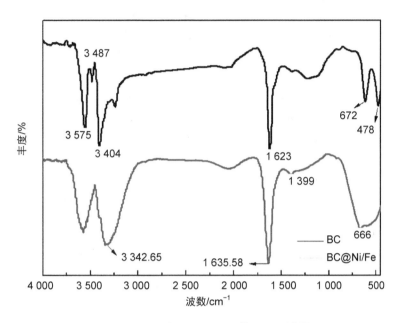

图 17-3　BC 和 BC@Ni/Fe 的 FT-IR 谱图

17.2.3　Biochar：Ni/Fe 质量比对 BC@Ni/Fe 去除 BDE209 的影响

BC：Ni/Fe 不同质量比对 BC@Ni/Fe 去除 BDE209 影响如图 17-4 所示。不同质量比合成的 BC@Ni/Fe 中 Ni/Fe 的含量均为 0.4 g，当投加量分别为 4 g/L（m_{BC}：$m_{Ni/Fe}$=0：1）、6 g/L（m_{BC}：$m_{Ni/Fe}$=0.5：1）、8 g/L（m_{BC}：$m_{Ni/Fe}$=1：1）、10 g/L（m_{BC}：$m_{Ni/Fe}$=1.5：1）、12 g/L（m_{BC}：$m_{Ni/Fe}$=2：1）时，反应 180 min 后，BDE209 的去除率分别为 60.86%、88.29%、99.58%、92.66%、79.28%。由此可知，当 BC：Ni/Fe 质量比为 1：1 时对 BDE209 去除效果最好。这归因于适量的生物炭能有效地提高 Ni/Fe 的分散性，防止 Ni/Fe 的团聚，进而提高纳米材料的反应活性。然而，随着 BC：Ni/Fe 的质量比从 1：1 升高到 2：1，BDE209 去除率却下降至 79.28%。这主要是随着生物炭的进一步增加，在一定程度上包裹了纳米镍铁，阻碍了纳米颗粒与溶液中 BDE209 的有效接触，进而导致去除率下降。这与 Devi P 等（2014）研究 BC 与零价铁不同质量比去除 PCP，以及 Quan G 等（2014）研究活性炭负载 nZVI 去除 As 得到的结果类似。因此，后续选用 BC：Ni/Fe 质量比 1：1 合成 BC@Ni/Fe。

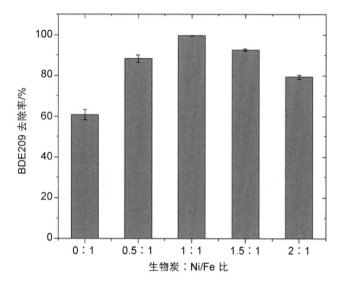

[溶液中初始 BDE209 的浓度为 2 mg/L，反应时间为 3 h，反应温度为（28±2）℃和 pH=6.09]

图 17-4　生物炭与纳米镍铁质量比对生物炭负载纳米镍铁去除 BDE209 的影响

17.2.4　BC@Ni/Fe 的投加量对 BC@Ni/Fe 去除 BDE209 的影响

　　BC@Ni/Fe 投加量对 BDE209 去除率的影响如图 17-5 所示。随着 BC@Ni/Fe 投加量的增加，BDE209 去除率呈现增长趋势。当 BC@Ni/Fe 投加量为 1 g/L、2 g/L、4 g/L 时，反应 180 min，BDE209 的去除率分别为 12.96%、25.57%、84.94%；投加量增加到 6 g/L 时，BDE209 的去除率增加至 96.89%；投加量继续增加至 8 g/L 时，BDE209 的去除率约为 100%。这与 nZVI 体系的反应类型可视为表面催化反应相关，当其他条件一定时，增加投加量意味着增加反应活性位点以及增大反应表面积，提高了污染物 BDE209 与纳米颗粒接触的概率从而提高了降解率（Yan J et al.，2014）。由结果可知，当投加量从 6 g/L 增加到 8 g/L 时，BDE209 去除率增加了 2.69%，说明投加量为 6 g/L 时，降解已经基本达到平衡。但是在后续试验中，为了验证 BC@Ni/Fe 的优势，选定在 180 min 可以将 BDE209 接近全部降解的 8 g/L 投加量进行研究。

17.2.5　溶液初始 pH 对 BC@Ni/Fe 去除 BDE209 的影响

　　不同溶液初始 pH 对 BC@Ni/Fe 去除 BDE209 的影响如图 17-6 所示。溶液的 pH 通过滴加 0.1 mol/L HCl 或者 NaOH 调节。当溶液初始 pH=6 时，BDE209 的去除率达到 99.58%；然而当 pH=3 时，BDE209 去除率却下降到 86.98%。这可能是随着 pH 降低，加快了纳米镍铁的溶解，导致能提供电子和还原性的亚铁离子的 nZVI 减少（Devi P et al.，2015）。

但是，当溶液 pH 升高至 7 和 9 时，BDE209 去除率分别为 97.64%和 93.82%，下降幅度很小，这与很多研究报道的结果不同（Dou X et al.，2010；Kim S A et al.，2013；Devi P et al.，2015）。主要原因可能是：一方面 BDE209 为非离子型物质，在溶液中形态不随溶液酸碱度变化而变化，始终以分子态存在；另一方面，由前述红外光谱分析可知生物炭含有丰富的酸性和碱性官能团而且与纳米镍铁之间形成了 Fe—OH 键，可以有效地防止纳米镍铁钝化。因此，推测 BC@Ni/Fe 能够拓宽 Ni/Fe 有效使用的 pH 范围。

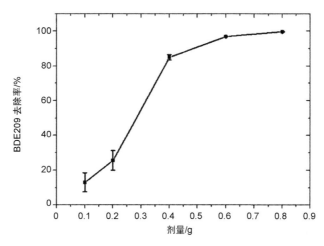

[生物炭：镍铁质量比=1：1，溶液中初始 BDE209 的浓度为 2 mg/L，反应时间为 3 h，

反应温度为（28±2）℃和 pH=6.09]

图 17-5　投加量对生物炭负载纳米镍铁去除 BDE209 的影响

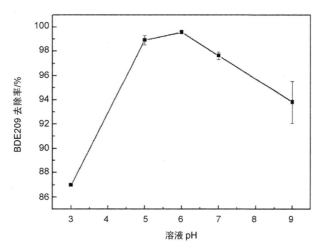

[生物炭：镍铁质量比=1：1，投加量=8 g/L，溶液中初始 BDE209 的浓度为 2 mg/L，反应时间为 3 h，

反应温度为（28±2）℃和 pH=6.09]

图 17-6　溶液初始 pH 以及 BDE209 初始浓度对生物炭去除 BDE209 的影响

17.2.6 BDE209 初始浓度对 BC@Ni/Fe 去除 BDE209 的影响

当 BDE209 初始浓度分别为 2 mg/L、4 mg/L、6 mg/L 时，对 BC@Ni/Fe 去除 BDE209 的效果影响如图 17-7 所示。反应时间分别为 10 min、60 min、180 min 时，当 BDE209 初始浓度为 2 mg/L 时，BDE209 去除率分别为 91.29%、94.66%、99.58%；当 BDE209 初始浓度为 4 mg/L 时，BDE209 去除率分别为 57.82%、94.98%、100%；当 BDE209 初始浓度为 6 mg/L 时，BDE209 去除率分别为 41.35%、99.58%、100%。从结果分析来看，反应 180 min 后，BDE209 去除率均接近 100%。但是，在反应 10 min 时，BDE209 浓度越低，去除率越高。Devi P 等（2015）在研究生物炭负载纳米镍铁去除 PCP 时，发现当 Ni-ZVI-BC 投加量一定时，随着污染物的浓度增加，可能导致污染物在材料表面积累，占据了 Ni-ZVI-BC 的活性位点，如果此时降解速率比吸附速率慢，则会使得污染物累积在材料上，限制污染物的去除速率，Choi H 等（2008）也得到了类似结果。此外，从反应速率常数图（图 17-7）可以看出，随着 BDE209 浓度的升高，反应速率常数却减小，分别为 0.039 7 min^{-1}、0.028 4 min^{-1}、0.027 5 min^{-1}。这可能是固定 BC@Ni/Fe 的投加量，即固定了反应部位数量，增大 BDE209 的浓度，会导致污染物分子之间对于反应部位的竞争吸附（Bokare et al.，2008），因而导致降解速率降低。

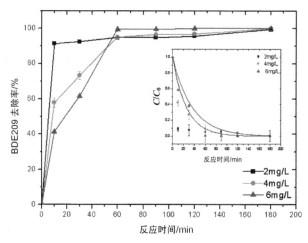

[生物炭：镍铁质量比=1∶1，投加量=8 g/L，反应时间为 3 h，反应温度为（28±2）℃和 pH=6.09]

图 17-7 溶液初始 pH 以及 BDE209 初始浓度对生物炭去除 BDE209 的影响

17.2.7 不同材料去除 BDE209 的影响

生物炭（4 g/L）、Ni/Fe（4 g/L）、BC@Ni/Fe（8 g/L）去除 BDE209 的结果如图 17-8（a）所示。3 种材料对 BDE209 的去除率随着反应时间呈现先升高后达到平衡的趋势。在反应 10 min 时，生物炭对 BDE209 的去除率为 2.55%，Ni/Fe 为 11.22%，BC@Ni/Fe 为 91.29%；反应 120 min，生物炭对 BDE209 的去除率为 21.32%，Ni/Fe 为 55.87%，BC@Ni/Fe 为 95.63%；反应 180 min 时，生物炭对 BDE209 的去除率为 23.65%，Ni/Fe 的为 60.86%，BC@Ni/Fe 的为 99.58%。从结果来看，BC@Ni/Fe 能够快速去除 BDE209，在反应 10 min 时，BC@Ni/Fe 对 BDE209 的去除率约为单独的生物炭和 Ni/Fe 两者之和的 7 倍，反应 180 min 后对 BDE209 的去除率也大于单独的生物炭和 Ni/Fe 对 BDE209 的去除率。主要原因是 BC@Ni/Fe 发挥了生物炭和纳米 Ni/Fe 的双重作用，一方面生物炭拥有大的比表面积以及孔隙结构使得 BC@Ni/Fe 比表面积增大能够有效将溶液中 BDE209 吸附到材料表面，使纳米镍铁与目标污染物能够有效地接触；另一方面从前面的 SEM 和 TEM 分析可得，Ni/Fe 能够较好地分散在生物炭上，减少了团聚，提高了反应活性；还有研究表明生物炭能够起电子转移媒介作用（Kappler et al.，2014），而 Fe 作为电子供体，BDE209 作为电子受体，生物炭可能加速了电子转移，从而提高了反应速率。

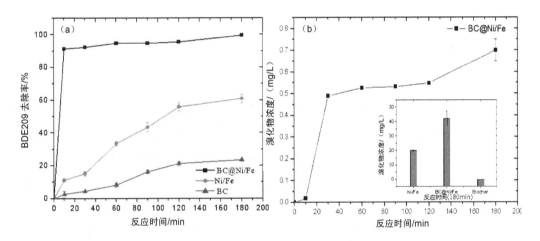

[生物炭：镍铁质量比=1：1，投加量= 8 g/L，BDE209 初始浓度=2 mg/L，反应时间为 3 h，

反应温度为（28±2）℃和 pH=6.09]

图 17-8　（a）不同材料（b）生物炭负载纳米镍铁，去除 BDE209 溶液中溴离子浓度情况；

（b，内插图）不同材料去除 BDE209 溶液中溴离子浓度

同时测定复合材料反应后溶液中溴离子浓度如图 17-8（b）所示，由图可知溴离子的浓度随着反应时间的增加而增加。假设被去除的 BDE209 完全脱溴，则在溶液中理论溴离子浓度为 1.666 mg/L。在反应 10 min 时溶液中的理论溴离子浓度为 1.521 mg/L，然而实际上溶液中溴离子浓度为 0.018 mg/L，脱溴率仅为 1.18%；随着反应时间增加到 120 min 时，溶液中的溴离子浓度为 0.548 mg/L，仍低于理论溴离子浓度（1.593 mg/L），脱溴率增加至 34.40%；反应结束后，溶液中溴离子浓度为 0.700 mg/L，理论溴离子浓度为

1.659 mg/L，脱溴率增加至 42.19%。最后通过乙腈超声辅助萃取反应后复合材料 BC@Ni/Fe 吸附的 BDE209 量，得出材料上吸附的未降解的 BDE209 含量为反应前含量（0.2 mg）的 1.25%。从以上结果来看，BC@Ni/Fe 去除 BDE209 的过程中包括了还原降解和吸附，并主要以降解为主。此外在反应结束后，不同材料去除 BDE209 溶液中溴离子浓度情况如图 17-8（b）插图所示。单独生物炭去除 BDE209 的溶液中并未检测出溴离子，即生物炭对 BDE209 的去除是通过吸附作用，并未发生降解；纳米 Ni/Fe 体系中溴离子浓度为 0.33 mg/L，而 BC@Ni/Fe 溶液中溴离子浓度则是 Ni/Fe 的 2 倍，这进一步说明与 Ni/Fe 相比 BC@Ni/Fe 反应活性更高。

17.2.8 BDE209 降解产物识别以及降解路径推导

为了研究 BC@Ni/Fe 降解 BDE209 后的中间产物和降解路径情况，采用 GC-MS 对 BC@Ni/Fe 降解 BDE209 后的反应溶液和材料吸附的降解产物进行了鉴别分析，相关的 GC-MS 谱图见图 17-9。由于多溴联苯醚具有 209 种同系物，而试验分析时只有 28 种标准品（表 17-2），为此，借助文献（La Guardia et al.，2007；Fang Z et al.，2011；Xie Y et al.，2014a）以及 DB-5 色谱柱中 PBDEs 的相对保留时间数据库（D'Archivio et al.，2013），鉴别出 30 种降解产物。

反应后溶液中仍然存在少量未降解的 BDE209，这与 HPLC 测定时得出 BDE209 去除率为 99.85% 的结论相符。对照标准品，在 GC-MS 谱图中并没有发现 BDE206、BDE207 这两种九溴联苯醚。对于八溴联苯醚，根据标准品确认了 BDE203，但是发现 BDE203 的相对信号较弱（几乎接近零）。根据标准品的出峰时间得到七溴联苯醚 BDE181、BDE183、BDE190 的辨认，但是在此范围内仍存在许多无法辨别的多溴联苯醚。在保留时间为 27.85 min 以及 26.75 min 的位置上，根据其他文献中相关出峰时间判断为 BDE191（Xie Y et al.，2014a）和 BDE179（La Guardia et al.，2007）。接着，六溴联苯醚 BDE155、BDE153、BDE138 和 BDE154 同样根据标准品可以得到准确的认定，BDE139 的确认依据为 BDE139 出峰时间比 BDE153 更慢（Xie Y et al.，2014a），BDE153 与 BDE154 之间的峰信号很强，猜测是由其他六溴联苯醚共同洗脱出来造成的。通过标准品的保留时间我们准确认定了 BDE85、BDE99、BDE100 和 BDE126 4 种五溴联苯醚，同时根据文献（D'Archivio et al.，2013）确认了在 BDE99 和 BDE85 之间存在的信号相对较强的峰为 BDE118。根据标准品，确认了四溴联苯醚 BDE49、BDE47、BDE77。同时由于仪器的检出限问题，有些低溴代产物峰信号很弱，无法被有效地辨别出来，例如标准品中的三溴联苯醚 BDE17、BDE15，二溴联苯醚 BDE3 均没有出现。

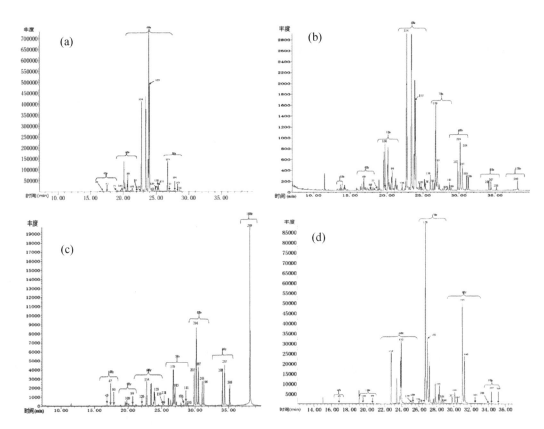

图 17-9　（a）BC@Ni/Fe 降解后溶液中 GC-MS 谱图，（b）BC@Ni/Fe 吸附产物 GC-MS 谱图，（c）Ni/Fe 降解后溶液中 GC-MS 谱图，（d）Ni/Fe 吸附产物 GC-MS 谱图

接着，对反应之后 BC@Ni/Fe 吸附的降解产物进行分析，发现仍然有少量 BDE209 被吸附未被降解。根据标准品和相关文献确认了材料吸附的九溴联苯醚有 BDE206、BDE207、BDE208，而溶液中没有这 3 种九溴联苯醚，即大部分九溴联苯醚被进一步降解成低溴代联苯醚；此外，鉴定的八溴联苯醚主要有 BDE205、BDE196、BDE203、BDE197、BDE204、BDE202，而在溶液中只鉴定出一种八溴联苯醚 BDE203，大量研究表明纳米铁基材料降解 BDE209 为逐级脱溴过程（Fang Z et al.，2011；Luo S et al.，2012；Lin Y et al.，2014），而 BDE203 进一步脱溴需要脱去对位上的 Br，然而苯环上脱溴顺序为间位-Br＞邻位-Br＞对位-Br，所以推测 BDE203 比其他几种已经鉴定的八溴联苯醚脱溴更难。此外，鉴定的七溴联苯醚主要有 BDE190、BDE181、BDE183、BDE191、BDE184 和 BDE179；六溴联苯醚主要有 BDE154、BDE153、BDE139、BDE138、BDE156。对于五溴联苯醚只鉴定了 BDE100、BDE99；而对于吸附的四溴联苯醚，确认了 BDE49、BDE66、BDE77。最后，根据标准品确认了三溴联苯醚为 BDE17。

研究发现在不同的试验条件下，不同材料降解 PBDEs 的最终产物不同。如 Keum 等

（2005）利用 nZVI 在 20 d 内将 BDE209 脱溴至三溴代联苯醚。Sun C 等（2009）二氧化钛光催化降解 BDE209，最终产物为 BDE47。Ahmad M 等（2014）以高岭土和蒙脱土为载体，在光照下对 BDE209 进行光降解，最终产物为二苯醚。另外，也不排除出现以下可能情况造成的其他降解产物：①BDE209 羟基化或者是醚键断裂（Sun C et al.，2009）；②C—Br 键、醚键断裂引起的分子间环合作用（Ahmad M et al.，2014）。

综上讨论，将三溴联苯醚 BDE17 作为降解最终产物并根据鉴定的降解产物，推测了 BDE209 在降解过程中可能的路径图，如图 17-10 所示。

表 17-2　GC-MS 中标准品的保留时间

序号	化合物	保留时间/min	m/z
1	BDE3	9.482	79
2	BDE7	11.206	79
3	BDE15	11.844	79
4	BDE17	13.828	79
5	BDE28	14.298	79
6	BDE49	16.841	79
7	BDE71	16.926	79
8	BDE47	17.326	79
9	BDE66	17.859	79
10	BDE77	18.671	79
11	BDE100	19.816	81
12	BDE119	20.167	79
13	BDE99	20.684	79
14	BDE85	22.022	79
15	BDE155	22.092	79
16	BDE126	22.419	79
17	BDE154	22.774	79
18	BDE153	23.961	79
19	BDE138	25.352	79
20	BDE166	25.406	79
21	BDE183	26.998	79
22	BDE181	28.578	79
23	BDE190	28.898	79
24	BDE203	31.066	79
25	BDE205	32.446	79
26	BDE207	34.393	79
27	BDE206	35.168	79
28	BDE209	38.171	79

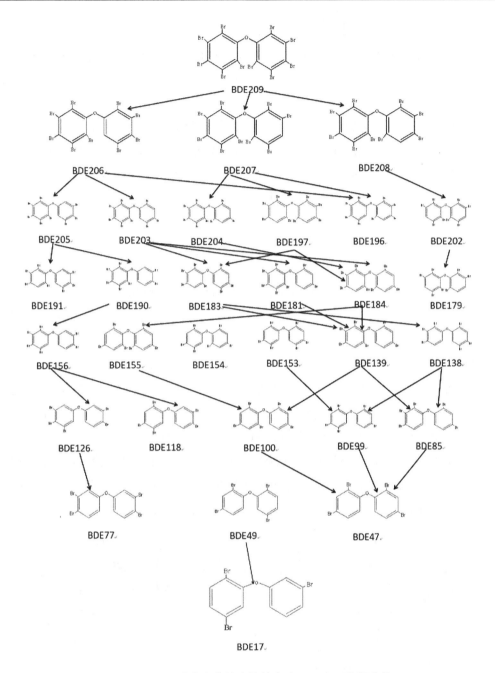

图 17-10　生物炭负载纳米镍铁去除 BDE209 降解路径

17.2.9　BDE209 的降解机制

由于纳米铁基材料在液相中降解 BDE209 的过程属于非均相反应，存在吸附过程和还原降解过程。由前述谈论可知，生物炭本身能够吸附固定一部分 BDE209；同时将 Ni/Fe

负载于生物炭后能有效提高材料的比表面积，有利于将溶液中 BDE209 吸附在材料表面。从降解动力学过程分析，在反应 10 min 时，复合材料对 BDE209 的去除率达到 91.29%，但是此时的脱溴率却很低（仅为 1.18%），这说明反应的初始阶段 BDE209 主要是以吸附的方式得以去除。随着反应时间的延长 BDE209 去除率上升却很缓慢，但是脱溴率却上升很快，反应 30 min 时的脱溴率为 31.81%，是反应 10 min 时的 17 倍，反应结束时脱溴率达到了 42.19%，约为反应 10 min 时的 36 倍，说明在反应后段是以还原脱溴为主。此外，根据相关文献报道，例如，Choi H 等（2008）用活性炭负载纳米 Fe/Pd 去除 PCBs，发现 PCBs 首先快速并全部被材料吸附固定，接着同时发生降解，认为吸附速率的快慢会影响整个反应过程。Devi P 等（2015）用生物炭负载纳米镍铁去除水中 PCP 也得到类似结果。

基于此，我们推测在复合材料去除 BDE209 的过程中，首先由复合材料的快速吸附主导，随后发生还原降解。在降解过程中，复合材料作为电子供体的 Fe^0 腐蚀后产生电子，而溶液中的水得到电子后产生 H_2 并被零价镍活化成游离态氢原子，从而使得吸附在材料表面的 BDE209 发生加氢脱溴，使苯环上 Br—C 键断裂，其中 Br 被 H 原子取代。此外，Ni 作为一种具有空轨道的过渡金属能够与 BDE209 中溴元素的 P 电子对形成过渡络合物，降低还原脱溴反应能，加快还原脱溴反应的进行。本书的反应过程中，溶液中检测出溴离子，这进一步说明了 BDE209 被还原降解。最后，结合 BDE209 降解路径和产物鉴别结果，溶液中存在部分中间产物，也能为 BC@Ni/Fe 所吸附固定。

综上所述，将 BC@Ni/Fe 降解 BDE209 的过程概括为以下几个步骤：①BDE209 吸附迁移至复合材料表面；②BDE209 与复合材料中的 Ni/Fe 接触，被还原脱溴；③低溴代产物被吸附固定或分布于溶液中。其降解机理如图 17-11 所示。

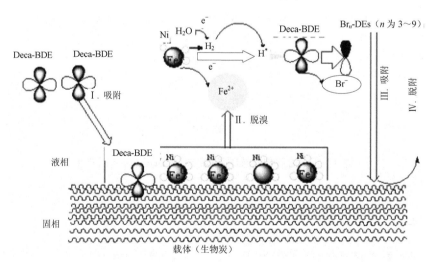

图 17-11　BC@Ni/Fe 去除 BDE209 降解机理

17.2.10 减少镍离子的析出

纳米镍铁在去除 BDE209 的过程中，Ni 不可避免地从材料上析出（Fang Z et al.，2011），可能会引起重金属污染。Ni/Fe、BC@Ni/Fe 降解 BDE209 时，溶液中 Ni^{2+} 的析出情况如图 17-12（a）所示。由图可知，Ni/Fe 降解 BDE209 过程中，溶液中 Ni^{2+} 的浓度随着反应时间的延长而逐渐上升，10 min 时 Ni^{2+} 的浓度为 1.29 mg/L，180 min 时 Ni^{2+} 的浓度为 3.09 mg/L，已经超过污水排放标准中镍离子（1 mg/L）的最高排放标准 [《污水综合排放标准》（GB 8978—1996）]。然而，BC@Ni/Fe 降解 BDE209 时，随着反应的进行，溶液中 Ni^{2+} 的浓度逐渐减少，10 min 时 Ni^{2+} 的浓度为 2.72 mg/L，60 min 时 Ni^{2+} 的浓度为 0.48 mg/L，之后的时间段均未检测到 Ni^{2+}。从结果可知，BC@Ni/Fe 能够有效地防止 Ni 的流失。与研究报道的类似，生物炭能够有效地吸附固定溶液中的 Ni^{2+}（Ahmad M et al.，2014）。另外，通过生物炭吸附镍的试验 [图 17-12（b）] 可知，当初始溶液中 Ni^{2+} 的浓度小于 10 mg/L 时，生物炭对其的吸附率为 100%，当 Ni^{2+} 的初始浓度为 20 mg/L 时，生物炭对其的吸附率为 97.03%，说明生物炭能够有效地吸附固定 Ni^{2+}。所以，BC@Ni/Fe 降解 BDE209 的过程中可以有效地防止 Ni^{2+} 的流失，避免其对环境造成潜在的危害。

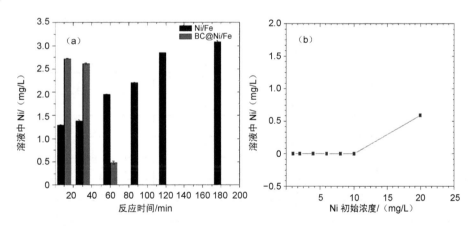

图 17-12 （a）纳米镍铁、生物炭负载纳米镍铁在降解 BDE209 过程中镍离子析出情况；
（b）生物炭吸附镍离子

17.2.11 吸附固定降解中间产物

通过 GC-MS 分析了 Ni/Fe 和 BC@Ni/Fe 降解 BDE209 后溶液中和材料上的降解产物情况，其结果见表 17-3。由于纳米镍铁和复合材料活性不同，反应结束后的降解产物分布和含量也不同。因此，通过计算比较不同材料上吸附的中间产物的量与相应的溶液中该物质的量的相对比例，可判定复合材料吸附固定中间产物的能力是否高于纳米镍铁的。汇总分析不同材料降解 BDE209 后多溴联苯醚同系物的含量百分比分布结果如图 17-13 所示。

表 17-3　纳米镍铁和生物炭负载纳米镍铁去除 BDE209 半定量分析结果

序号	化合物	Ni/Fe		BC@Ni/Fe	
		溶液中含量/（μg/L）	吸附含量/（μg/L）	溶液中含量/（μg/L）	吸附含量/（μg/L）
1	BDE3	0	0	0	0
2	BDE7	0	0	0	0
3	BDE15	0	0	0	0
4	BDE17	0.118	0.103	0	0
5	BDE28	0	0	0	0
6	BDE49	1.10	0.810	2.20	0.140
7	BDE71	0	0	0	0
8	BDE47	0.178	0.053 1	0.364	0
9	BDE66	0.081 1	0.047 2	0.162	0
10	BDE77	0	0.013 7	0	0
11	BDE100	0.157	0.131	1.75	0
12	BDE119	0	0	0	0
13	BDE99	0.500	0.689	23.9	0
14	BDE85	0	0	1	0
15	BDE155	0.261	0.104	0	0
16	BDE126	0	0	0	0
17	BDE154	8.89	5.13	130	7.49
18	BDE153	5.92	3.12	147	8.48
19	BDE138	0.521	0.208	10.9	0.301
20	BDE166	0	0	0	0
21	BDE183	10.0	1.39	1.81	11.0
22	BDE181	0	0	0	0
23	BDE190	1.07	0.13	0	0
24	BDE203	17.0	0.971	0.426	19.9
25	BDE205	0	0	0	0
26	BDE207	61.2	0	0	1.45
27	BDE206	34.7	0	0	0.581
28	BDE209	1 000	5.28	6.210	0.791

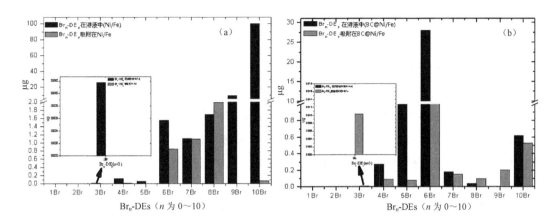

图 17-13　纳米镍铁和生物炭负载纳米镍铁去除 BDE209 过程中溶液中

以及吸附在材料上中间产物含量分布情况

由图 17-13 可知，BC@Ni/Fe 吸附的三溴联苯醚量为 0.010 3 μg，相反地，单独的 Ni/Fe 无法吸附三溴联苯醚。BC@Ni/Fe 上吸附的四溴联苯醚相对含量是溶液中的 34%，比单独 Ni/Fe（10%）高 24%。对于五溴联苯醚，被 BC@Ni/Fe 吸附量为 0.082 μg，是溶液中相对含量的 3.2%，而单独 Ni/Fe 并无吸附五溴联苯醚。通过以上分析可知，相比于 Ni/Fe，BC@Ni/Fe 在一定程度上可以有效吸附固定低溴代联苯醚（低于 5 溴），减少其在环境中的迁移，从而降低其可能带来的二次风险。值得注意的是，六溴联苯醚在 BC@Ni/Fe 溶液中剩余的含量达到 28.090 μg，是单独纳米 Ni/Fe 的 18 倍，其吸附于固体上与分布于溶液中的相对含量比为 9.52%，比 Ni/Fe 的低（54.84%）。但是，BC@Ni/Fe 对六溴联苯醚的吸附量为 1.628 μg，远高于单独纳米 Ni/Fe（是 Ni/Fe 的 1.9 倍）。造成该现象可能的原因是材料中的吸附位点有限，随着溶液中六溴联苯醚含量的升高，吸附到一定量时则会达到饱和，从而不能持续地吸附固定六溴联苯醚。此外，两种材料对七溴联苯醚和八溴联苯醚的吸附于材料上与分布在溶液中的相对含量比接近，这说明 BC@Ni/Fe 对于毒性更大的低溴代联苯醚的吸附固定能力更强。最后，BC@Ni/Fe 能够吸附固定九溴联苯醚，而在 Ni/Fe 固相却未中检出，再次说明 BC@Ni/Fe 吸附固定中间产物的能力比 Ni/Fe 强。与此同时，发现 Ni/Fe 溶液中九溴联苯醚和十溴联苯醚的含量远高于 BC@Ni/Fe 溶液中，进一步说明 BC@Ni/Fe 的反应活性比 Ni/Fe 高。此外，在 BC@Ni/Fe 的固相中检测出十溴联苯醚，也说明在 BC@Ni/Fe 去除 BDE209 时包括吸附和降解两个过程。

综上所述，BC@Ni/Fe 吸附固定 BDE209 降解产物能力高于纳米 Ni/Fe，尤其是针对低溴代联苯醚（小于等于五溴的低溴代联苯醚），从而有利于降低 BDE209 的脱溴产物可能带来的二次风险。

17.2.12 小结

本节介绍了 BC@Ni/Fe 复合材料用于水体中多溴联苯醚的去除。BC@Ni/Fe 与单独的纳米镍铁和生物炭相比，能够快速地去除 BDE209。通过对降解产物的鉴定和溴离子分析推导了 BDE209 降解途径为逐步脱溴过程，去除机制是以还原降解为主，吸附为辅。与 Ni/Fe 相比，BC@Ni/Fe 能够有效地减少 Ni 的流失和吸附固定 BDE209 降解中间产物，因此 BC@Ni/Fe 能够有效地应用于 BDE209 的去除并减少二次污染风险。

17.3 天然有机质在 BC@Ni/Fe 降解 BDE209 过程中的作用机理辨识

17.3.1 研究方法

纳米铁基材料应用于实际环境介质中持久性有机污染物的治理与修复具有现实的意义。实际环境介质不同于实验室理想体系，例如，地表水中富含天然有机质（NOM）、无机离子等，远复杂于实验室超纯水介质。其中，NOM 由于其广泛存在，并具有羧基、酚基、羰基、醌基等官能团（Smith et al.，2007；Ghosh et al.，2008；Wang Y J et al.，2009），通过吸附、络合，以及充当电子转移介质等作用，严重影响着 nZVI 降解有机污染物的反应过程。因此，当纳米铁基材料应用于地表水等实际环境介质中有机污染物治理与修复时，事先需要探明 NOM 的影响规律及其作用机理。

（1）BC@Ni/Fe 去除 HA 的试验

BC@Ni/Fe 对不同浓度 HA 的吸附试验采用牺牲试验法。分别在样品瓶中加入 25 mL 不同初始浓度（5 mg/L、10 mg/L、20 mg/L、40 mg/L）的 HA 溶液和适量的 BC@Ni/Fe，在摇床上（30℃，250 rpm/min）振荡反应。在选定的时间段，取出瓶子进行磁分离，取上清液测量溶液中 HA 的量。样品中的腐植酸浓度采用紫外可见分光光度法进行测定（INESA L5s，China），测定波长为 254 nm，采用外标法定量。

（2）BC@Ni/Fe 的沉降试验

通过测定纳米颗粒悬浮液的沉降值判定 BC@Ni/Fe 在不同浓度的 HA 溶液中的稳定性。分别配制含不同浓度 HA（0~40 mg/L）的 BC@Ni/Fe 溶液，其中 BC@Ni/Fe 的浓度均为 100 mg/L，超声辅助反应 10 min 后立即用紫外可见分光光度计于波长 508 nm 处使用动力学模式实时测定吸光度，测试 1 h。

（3）BC@Ni/Fe 的腐蚀试验

分别加适量不同浓度（0~40 mg/L）HA 溶液和适量的 BC@Ni/Fe（8 g/L）至具塞锥形瓶中，于恒温振荡器上（250 r/min，30℃）反应。在选定的时间段，取 1 mL 溶液过 0.22 μm

的微孔滤膜，通过原子吸收（PinAAcle 900T，PerkinElmer，USA）分别测定了 BC@Ni/Fe 在不同浓度 HA 体系中腐蚀产生的铁离子和镍离子。

（4）腐植酸和醌类化合物对 BC@Ni/Fe 去除 BDE209 的影响试验

预先配制系列浓度（0～40 mg/L）腐植酸或者醌类化合物的四氢呋喃/水溶液和 BDE209 溶液（2 mg/L），先后将 100 mL 含有不同浓度 HA，醌类化合物的 BDE209 溶液和适量的 BC@Ni/Fe 纳米颗粒加至 150 mL 具塞锥形瓶中，于恒温振荡器上（250 r/min，30℃）反应 3 h。在选定的时间段取 1 mL 样液用 0.22 μm 的微孔过滤膜过滤，BDE209 浓度通过 HPLC（LC10A，日本岛津）分析，仪器的检测限位 1 μg/L，相对偏差小于 2%。

（5）腐植酸与 BDE209 的竞争吸附试验

设计了 4 种不同体系试验以论证在 BC@Ni/Fe 存在下，腐植酸与 BDE209 可能存在竞争吸附，分别为 BC@Ni/Fe+BDE209、BC@Ni/Fe+HA、BC@Ni/Fe+HA+BDE209、BC@Ni/Fe+HA+BDE209 体系。其中，BC@Ni/Fe 的投加量均为 4 g/L，HA 的浓度为 40 mg/L，BDE209 的浓度为 2 mg/L。另外，不同体系中均在设定时间段，取样分别分析溶液中残留的 BDE209 以及 HA 的浓度并进行吸附拟合。

17.3.2　腐植酸对 BC@Ni/Fe 去除 BDE209 的影响

不同浓度腐植酸对 BC@Ni/Fe 去除 BDE209 的影响如图 17-14 所示。由图可知，10 min 时，BC@Ni/Fe 对 BDE209 的去除率分别为 78.22%（HA=0 mg/L）、21.51%（HA=5 mg/L）、6.68%（HA=10 mg/L）、5.86%（HA=20 mg/L）、5.07%（HA=40 mg/L）；不同浓度（0～40 mg/L）HA 体系中，3 h 内 BC@Ni/Fe 对 BDE209 的去除率分别达到 100%、98.51%、83.54%、67.37%、64.36%。从结果分析，虽然在不同 HA 浓度体系下 BC@Ni/Fe 对 BDE209 的去除率均随着反应时间的延长而升高，但随着腐植酸浓度升高，BC@Ni/Fe 对 BDE209 的去除率却逐渐下降。另外，从反应速率常数来看[图 17-14（b）]，随着 HA 浓度从 0 mg 升高到 40 mg/L，BC@Ni/Fe 去除 BDE209 的反应速率常数也下降了，分别对应为 0.017 3 min^{-1}（HA=0 mg/L，R^2=0.925）、0.016 2 min^{-1}（HA=5 mg/L，R^2=0.918）、0.010 6 min^{-1}（HA=10 mg/L，R^2=0.929）、0.006 4 min^{-1}（HA=20 mg/L，R^2=0.893）、0.005 5 min^{-1}（HA=40 mg/L，R^2=0.945）。因此，腐植酸在 BC@Ni/Fe 去除 BDE209 过程中起抑制作用，而且随着 HA 的浓度升高，对 BC@Ni/Fe 去除 BDE209 抑制作用越大。

值得注意的是，根据我们之前的研究结果（第 16 章），反应 3 h 后未经修饰改性的纳米 Ni/Fe 对 BDE209 的去除率为 65.48%。但是，在相同的反应条件下，体系中无 HA 时，BC@Ni/Fe 对 BDE209 的去除率达到了 100%，约为纳米 Ni/Fe 的 1.5 倍。这主要与 BC@Ni/Fe 发挥了生物炭和纳米 Ni/Fe 的双重作用相关，一方面生物炭拥有大的比表面积以及孔隙结构使得 BC@Ni/Fe 比表面积增大能够有效将溶液中 BDE209 吸附到材料表面，提高了 BC@Ni/Fe 与目标污染物间有效的接触率（Wu J et al.，2016）；另一方面，与前面 SEM 和 TEM 的分析结果一致，Ni/Fe 能够较好地分散在生物炭上，减少了团聚，进一步提高了反应活性。

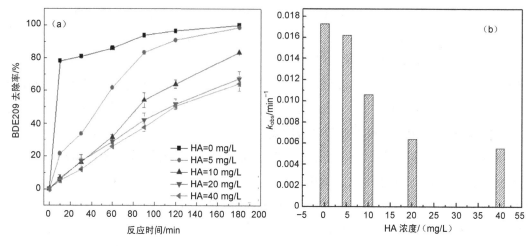

（BDE209 初始浓度=2 mg/L，反应时间=3 h，溶液初始 pH=6，复合材料投加量=8 g/L）

图 17-14　不同浓度腐植酸对 BC@Ni/Fe 去除 BDE209 的影响（a）以及反应速率常数（b）

　　尽管生物炭负载镍铁进一步提高了材料的反应活性，但是，当体系中存在 HA 时，一定程度上对 BC@Ni/Fe 去除 BDE209 起到抑制作用。结合相关文献，我们认为 HA 在 BC@Ni/Fe 非生物降解 BDE209 的多元体系中，其影响作用机理主要有：①HA 与 BDE209 发生竞争吸附，HA 优先被 BC@Ni/Fe 快速吸附，占据 BC@Ni/Fe 表面的活性位点；②HA 对 BC@Ni/Fe 性能的影响，如影响 BC@Ni/Fe 的稳定性、表面电荷、腐蚀性能；③HA 对反应过程的影响，主要指 HA 作为电子转移介质或者作为电子转移屏障。为此，我们设计了相关试验——进行鉴别，从而识别出 HA 对 BC@Ni/Fe 去除 BDE209 的主导影响作用机制。

17.3.3　BC@Ni/Fe 去除腐植酸

　　BC@Ni/Fe 对不同浓度的腐植酸的去除试验结果如图 17-15（a）所示。由图可知，HA 能够快速地被 BC@Ni/Fe 纳米颗粒去除。10 min 内 BC@Ni/Fe 对不同浓度 HA（5 mg/L、10 mg/L、20 mg/L、40 mg/L）的去除率分别对应为 100%、96.0%、86.0%、83.0%；反应 60 min 时，BC@Ni/Fe 对不同浓度的 HA 的去除率分别为 100%、100%、100%、96.0%；反应 180 min，BC@Ni/Fe 对 HA 的去除率均接近 100%。从试验结果来看，当反应时间从 60 min 增加到 180 min 时，不同浓度 HA 的去除率分别增长了 0%、0%、0%、4%，说明在 60 min 时 BC@Ni/Fe 对于 HA 的吸附已经基本达到平衡，随着时间的延长 HA 并没有从固相解析到液相中，说明腐植酸能够稳定地吸附在 BC@Ni/Fe 的表面，这与 Tan L 等（2014）研究 nZVI 去除 HA 得到结论类似。

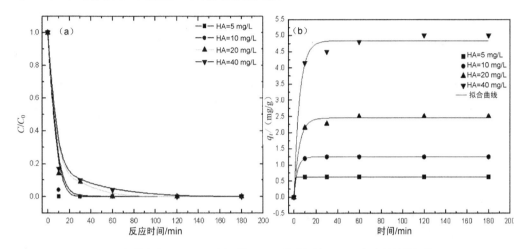

（BDE209 初始浓度=2 mg/L，反应时间=3 h，溶液初始 pH=6，复合材料投加量=8 g/L）

图 17-15　（a）BC@Ni/Fe 去除腐植酸；（b）BC@Ni/Fe 去除腐植酸的吸附动力学

此外，由拟合的拟一级吸附动力学 ［图 17-15（b）和表 17-4］分析可知，其拟合相关系数（R^2）均大于 0.9，拟合度高，说明 BC@Ni/Fe 吸附 HA 符合拟一级吸附动力学，这与 Giasuddin 等（2007）的研究结果类似。另外，结合 HA 去除结果，说明 BC@Ni/Fe 能够提供足够的活性位点来吸附 HA，但是随着 HA 浓度的升高，BC@Ni/Fe 吸附 HA 的速率常数降低，分别对应为 3.603 3 min^{-1}（HA=5 mg/L）、0.321 8 min^{-1}（HA=10 mg/L）、0.208 4 min^{-1}（HA=20 mg/L）、0.192 7 min^{-1}（HA=40 mg/L）。这主要是纳米颗粒去除污染物属于表面反应，当 BC@Ni/Fe 的量一定时，提供的反应活性位点一定，随着 HA 浓度的升高，分子间可能发生了竞争吸附，从而导致了吸附速率下降，这与 Bokare 等（2008）在研究 BC@Ni/Fe 去除不同初始浓度的染料以及 Fang Z 等（2011）研究 Ni/Fe 去除不同浓度的 BDE209 得到的结论类似。与此同时，结合不同浓度 HA 对于 BC@Ni/Fe 去除 BDE209 的影响结果，认为吸附至 BC@Ni/Fe 表面 HA 的量与 HA 浓度的升高对 BC@Ni/Fe 去除 BDE209 反应活性影响呈正相关，即 BC@Ni/Fe 吸附 HA 的量越多，对 BC@Ni/Fe 去除 BDE209 抑制作用越显著。

表 17-4　吸附动力学模拟参数和线性回归结果

HA/（mg/L）	q_e/（mg/g）	K/min^{-1}	R^2
5	0.63	3.603 3	0.999
10	1.25	0.321 8	0.999
20	2.45	0.208 4	0.991
40	4.83	0.192 7	0.991

17.3.4 腐植酸对 BC@Ni/Fe 稳定性的影响

不同浓度腐植酸（HA）体系中，BC@Ni/Fe 的自由沉降曲线如图 17-16（a）所示。由图可知，10 min 内不同浓度 HA 体系中 BC@Ni/Fe 在 508 nm 处的吸光度分别降低了 34.8%（HA=0 mg/L）、33.5%（HA=5 mg/L）、30.8%（HA=10 mg/L）、30.6%（HA=20 mg/L）、24.9%（HA=40 mg/L）。随着时间的延长，其吸光度降低越多，30 min 后分别降低了 51.9%、49.1%、44.8%、41.8%、36.5%，沉降 1 h 后，其吸光度分别降低了 64.4%、58.9%、52.7%、48.9%、44.1%。

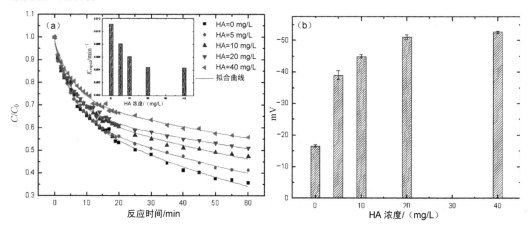

（BDE209 初始浓度=2 mg/L，反应时间=3 h，溶液初始 pH=6，复合材料投加量=8 g/L）

图 17-16　（a）腐植酸对 BC@Ni/Fe 的沉降（内插图为沉降速率常数）以及（b）Zeta 电位的影响

表 17-5　双速率模型拟合的沉降速率常数（k）以及快速沉降与慢速沉降区的所占比例

HA/（mg/L）	F_{rapid}/%	K_{rapid}/min^{-1}	F_{slow}/%	K_{slow}/min^{-1}
0	66.77	0.011 2	31.49	0.172 0
5	64.77	0.008 1	32.58	0.174 5
10	66.61	0.006 1	30.28	0.159 0
20	66.11	0.004 4	31.82	0.163 8
40	61.73	0.004 3	36.13	0.159 7

从图 17-16（a）内插图可得，随着 HA 的浓度升高，K_{rapid}（沉降速率常数）减少。不同浓度 HA 下，通过双速率模型（biphasic rate model）拟合 BC@Ni/Fe 的沉降速率常数的结果如表 17-5 所示。当 HA 浓度为 0 mg/L 时，K_{rapid} 为 0.011 2 min^{-1}，HA 浓度为 20 mg/L 时，K_{rapid} 为 0.004 4 min^{-1}，HA 浓度为 40 mg/L 时，K_{rapid} 为 0.004 3 min^{-1}。然而，造成 BC@Ni/Fe 的吸光度快速降低的主要原因是复合材料本身的磁性作用及粒子之间的范德华力使得复合材料颗粒团聚成较大颗粒和自身重力作用导致沉降加快。但是，随着 HA

浓度的升高，能够在一定程度上减缓 BC@Ni/Fe 的沉降。这可能是 HA 被 BC@Ni/Fe 吸附，进一步加强了颗粒间的静电排斥作用，从而导致沉降速率减缓（Su H et al.，2016a）。

此外，从复合材料表面的 Zeta 电位测定结果来看〔图 17-16（b）〕，随着 HA 浓度的升高，BC@Ni/Fe 表面电荷增大，再次说明 HA 吸附在复合材料表面会导致 BC@Ni/Fe 颗粒间的静电排斥作用增大，从而在一定程度上减缓复合材料的沉降，再次证明 HA 被吸附在复合材料表面。

随着 HA 浓度的升高可以有效地减缓 BC@Ni/Fe 的沉降速率，从而提高其稳定性，结合其他文献报道来看，纳米颗粒的稳定性提高，在一定程度上能够提高反应活性。但是从前面的试验结果可知 HA 对 BC@Ni/Fe 去除 BDE209 却起到抑制作用，即 HA 提高 BC@Ni/Fe 的稳定性能并不是其抑制纳米颗粒去除 BDE209 反应活性的原因（Dong H et al.，2016）。

17.3.5　腐植酸对 BC@Ni/Fe 腐蚀性能影响

天然有机质覆盖在铁基材料的表面可能影响纳米颗粒的腐蚀性，进而影响污染物的去除效果。通过 BC@Ni/Fe 析出的铁和镍判别 HA 对 BC@Ni/Fe 腐蚀能力影响，其影响结果如图 17-17 所示。

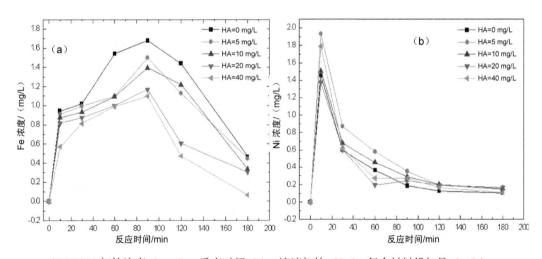

（BDE209 初始浓度=2 mg/L，反应时间=3 h，溶液初始 pH=6，复合材料投加量=8 g/L）

图 17-17　BC@Ni/Fe 在不同浓度腐植酸体系中（a）铁离子和（b）镍离子的析出量

从图 17-17（a）可知，不同浓度 HA 体系中，溶液中可溶性铁的含量均呈现出先升高后降低的趋势。当 HA=0 mg/L 时，在反应时间为 90 min 时，溶液中可溶性铁的含量为 1.680 mg/L，随着反应的进行，溶液中可溶性的铁含量呈现降低的趋势，反应 180 min 时，溶液中可溶性铁的含量降低为 0.465 mg/L。在 BC@Ni/Fe-水体系中，作为电子供体的 Fe^0 腐蚀后产生电子并被氧化成 Fe^{2+}/Fe^{3+}，而溶液中的水得到电子后产生 H_2 并被零价镍活化成游离态氢原子，使得吸附在材料表面的 BDE209 发生加氢脱溴，致使苯环上 Br-C 键断裂而降解 BDE209（Xie Y et al.，2014a）。然而，随着反应进行，由于消耗了水体的质子氢，导致溶液总的 pH 上升，Fe^{2+}/Fe^{3+} 容易在 BC@Ni/Fe 表面形成氢氧化物的沉积物，进一步导致 Fe^0 的腐蚀减慢，与此同时溶液中 pH 的升高本身也会抑制 Fe^0 的腐蚀，从而导致溶液中可溶性铁的含量降低（Wu X et al.，2013；Xie Y et al.，2014b）。

此外，生物炭也能够有效地吸附铁离子（Wu J et al.，2016；Su H et al.，2016b），例如，Su H 等（2016b）合成了生物炭负载 Fe^0 并用于去除土壤中 Cr^{6+}，与单纯的 nZVI 相比，复合材料有效地减少了土壤中有效铁含量。同样地，Devi P 等（2014）合成生物炭负载 Fe^0 去除 PCP 也有效地减少了铁的析出。与此同时，HA 本身具有复杂的结构，含有很多官能团（如羧基和酚类官能团类型，硫酸盐、磷酸盐和氨基酸组）也能有效地吸附螯合金属离子，从而导致溶液中的铁离子含量减少。

体系中存在 HA 时，不同浓度 HA 体系溶液中可溶性铁的含量随着反应时间的延长，均呈现出先升高后下降的趋势。随着 HA 浓度的升高，溶液中的可溶性铁的含量在不同反应时间点均呈下降趋势，而且 HA 浓度越高，可溶性铁的含量越低，反应结束时，溶液中可溶性铁的含量分别为 0.444 mg/L（HA=5 mg/L）、0.333 mg/L（HA=10 mg/L）、0.303 mg/L（HA=20 mg/L）、0.066 mg/L（HA=40 mg/L）。这与前面的分析结果一致，即腐植酸对 BC@Ni/Fe 去除 BDE209 起抑制作用，而且随着 HA 的浓度升高，抑制作用越来越显著。由于纳米铁基材料具有强还原性，在一定程度上 Fe^0 腐蚀得越快，产生的电子越多，越有利于加快反应，溶液中的可溶性铁含量也相对升高。Xie L I 等（2005）研究发现，随着腐植酸浓度的升高，nZVI 对于溴酸盐的去除率分别减小了 1.3～2.0 倍，一方面因为腐植酸迅速吸附到 nZVI 的表面并且快速与不同类型的铁（$Fe^0/Fe^{2+}/Fe^{3+}$）形成络合物，使 nZVI 表面钝化；另一方面是腐植酸与 Fe^{2+} 形成的络合物也会阻碍 Fe^{2+} 对溴酸盐的还原或者是占据活性位点和阻碍铁的腐蚀，从而导致溴酸盐的去除率下降。Zhang Z 等（2009）研究 HA 对 Ni/Fe 去除 2,4-二氯苯酚的影响发现，溶液中的可溶性铁和总铁含量先升高后下降，HA 吸附于 BC@Ni/Fe 表面影响了 BC@Ni/Fe 的腐蚀，进而对 Ni/Fe 去除 2,4-二氯苯酚起到抑制作用。前面的分析已经表明 BC@Ni/Fe 能够快速地将腐植酸从水溶液中吸附到 BC@Ni/Fe 的表面。因此，HA 吸附在 BC@Ni/Fe 的表面会影响 BC@Ni/Fe 的腐蚀能力，进一步影响了 BC@Ni/Fe 去除 BDE209。Li H 等（2017）认为 HA 影响 BC@Ni/Fe 去除三氯乙烯的原因是，HA 优先被 BC@Ni/Fe 吸附从而占据了反应活性位点，从而阻碍了 BC@Ni/Fe 与三氯乙烯反应。

此外，从溶液中 Ni^{2+} 的析出情况［图 17-17（b）］可以看出，随着反应的进行，不同浓度 HA 体系溶液中 Ni^{2+} 的浓度随着反应时间的延长，呈现先升高后下降的趋势。反应 10 min 时，不同浓度 HA 体系中 Ni^{2+} 的浓度分别为 1.818 mg/L、2.413 mg/L、1.886 mg/L、1.715 mg/L、2.235 mg/L，值得注意的是，溶液中的镍的含量均已经超过污水排放标准中镍离子（1 mg/L）的最高排放标准［《污水综合排放标准》（GB 8978—1996）］，但是，在反应结束时，不同 HA 体系溶液中的 Ni^{2+} 浓度分别为 0.132 mg/L、0.181 mg/L、0.192 mg/L、0.204 mg/L、0.138 mg/L，均未超过污水排放标准中镍离子（1 mg/L）的最高排放标准［《污水综合排放标准》（GB 8978—1996）］。相比之下优于笔者课题组前期利用纳米镍铁去除 BDE209 反应 3 h 后溶液中镍离子的 4.48 mg/L 含量（Fang Z et al.，2011）。造成溶液中镍离子浓度减少的原因：一方面是生物炭能够有效地吸附螯合镍离子，另一方面随着 HA 浓度的升高，HA 吸附并包覆在 BC@Ni/Fe 表面，阻碍了 BC@Ni/Fe 与水有效接触，不仅抑制了铁的析出也抑制了镍离子的析出。

17.3.6　醌类物质对 BC@Ni/Fe 去除 BDE209 的影响

虽然腐植酸快速地被 BC@Ni/Fe 吸附导致了 BC@Ni/Fe 表面活性位点的占据而抑制反应的进行，但是腐植酸内含有可充当电子转移媒介醌类物质，有可能加速目标污染物的去除。从前面的 HA 对 BC@Ni/Fe 去除 BDE209 的影响分析结果来看，我们推断存在两种情况：一是腐植酸中的醌类化合物在反应过程中根本没有起到电子转移媒介的作用；二是虽然腐植酸中的醌类化合物在反应过程起到电子转移媒介作用，但是 HA 吸附在 BC@Ni/Fe 的表面占据活性位点抑制作用远远大于 HA 中醌类化合物在反应过程中充当电子转移媒介的作用。因此，我们研究了腐植酸中典型的具有电子转移媒介的醌类化合物代表 Lawsone 和 AQDS 对 BC@Ni/Fe 去除 BDE209 的影响。

从图 17-18（a）中可知，与腐植酸的影响情况类似，Lawsone 对 BDE209 的去除起抑制作用，而且随着浓度的升高，抑制作用越明显，反应结束时，体系中不含 Lawsone 的 BC@Ni/Fe 对 BDE209 的去除率（100%）分别约为不同浓度 Lawsone 体系中的 83.64%（5 mg/L）、70.35%（10 mg/L）、55.75%（20 mg/L）、44.53%（40 mg/L）。从分析结果来看，Lawsone 非但没有在复合材料去除 BDE209 的反应中发挥电子转移媒介的作用加速目标污染物的去除，相反 Lawsone 对于纳米镍铁去除 BDE209 的抑制作用比同浓度的 HA 大。

此外，从图 17-18（b）可以看出，相对于不含 AQDS 体系而言，AQDS 对于 BC@Ni/Fe 去除 BDE209 起抑制作用，而且随着 AQDS 的浓度升高，抑制作用越显著，反应结束后，对 BDE209 的去除率分别为 93.51%（5 mg/L）、79.65%（10 mg/L）、59.37%（20 mg/L）、49.63%（40 mg/L）。从结果来看，AQDS 对于 BC@Ni/Fe 去除 BDE209 的抑制作用小于 Lawsone，导致这种现象的主要原因可能与两种醌类的化学结构式不同相关。因此，HA

中典型的醌类化合物对 BC@Ni/Fe 去除 BDE209 中未起到电子传递的作用提高反应速率，反而起到了抑制作用。

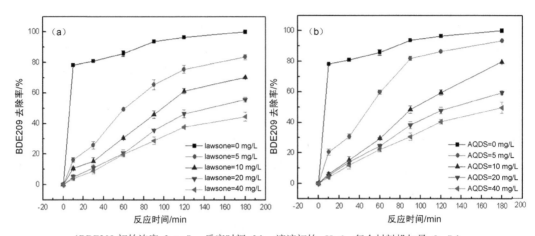

（BDE209 初始浓度=2 mg/L，反应时间=3 h，溶液初始 pH=6，复合材料投加量=8 g/L）

图 17-18　（a）Lawsone 以及（b）AQDS 对 BC@Ni/Fe 去除 BDE209 的影响

17.3.7　腐植酸在 BC@Ni/Fe 去除 BDE209 的影响作用机制

纳米铁基材料在液相中去除有机污染物的过程属于非均相反应，存在吸附过程和还原降解过程，即纳米材料先快速地将目标污染物吸附到表面，随后立即发生还原降解并且这个反应过程是瞬时的。Devi P 等（2014）研究 BC@Ni/Fe 去除 PCP 时认为，PCP 首先快速地吸附到 BC@Ni/Fe 表面，随后立即发生还原降解，吸附的速率决定整个反应的速率。同样地，Choi H 等（2008）用活性炭负载纳米 Fe/Pd 去除 PCBs，发现 PCBs 首先快速并全部被材料吸附固定，接着同时发生降解，并认为吸附速率的快慢会影响整个反应过程。同样地，Zhuang Y 等（2011）发现 BDE21 先快速地被活性炭负载钯铁吸附，随后快速发生降解。而发生还原降解的原因主要为 Fe^0 与溶液中的 H_2O 反应产生质子氢，氢在贵金属的催化作用下质子氢形成原子氢，使得吸附在纳米铁基材料表面的卤化物中的卤元素被氢替代。接下来，Fe^{2+} 被氧化成 Fe^{3+}，与氢氧根反应沉积在纳米颗粒表面，进一步阻碍反应的进行。Zhang Z 等（2010）认为 Fe 的腐蚀效率会影响整个反应过程从而影响污染物的去除。由于纳米铁基材料具有选择性差的特点，当体系中存在多种物质时，由于不同物质之间理化性质的不同，必然导致 BC@Ni/Fe 的环境行为发生变化。

结合笔者团队之前的试验结果可知，首先，HA 提高了 BC@Ni/Fe 的稳定性和表面电荷量，但是并没有提高 BC@Ni/Fe 对 BDE209 的去除率。其次，HA 抑制了 BC@Ni/Fe 的腐蚀。最后，吸附在 BC@Ni/Fe 表面的 HA 也没有起到电子转移媒介作用加速反应的进行。因此，我们将 HA 对于 BC@Ni/Fe 去除 BDE209 的影响机制缩小为 HA 与 BDE209

发生竞争吸附，即 HA 优先被 BC@Ni/Fe 吸附，包覆在 BC@Ni/Fe 的表面，占据了 BC@Ni/Fe 的表面活性位点，影响了 BC@Ni/Fe 与水接触，减少了其腐蚀，从而导致了对 BDE209 的去除效果下降。

为此，我们分别设计了 BC@Ni/Fe 对单独 HA、BDE209 的去除，以及 HA 和 BDE209 共存体系中 BC@Ni/Fe 分别去除 HA 和 BDE209 的试验，其中 HA 的浓度为 40 mg/L，并采用拟一级吸附动力学进行拟合，结果如图 17-19 所示，相关拟合的参数见表 17-6。由图 17-19 可知，无论在何种体系下，BC@Ni/Fe 能够快速地吸附 HA，反应 3 h 对 HA 的去除率均接近 100%；相反地，体系中无 HA 时 BC@Ni/Fe 对 BDE209 的去除率为 100%，而体系中存在 HA 时 BC@Ni/Fe 对 BDE209 去除率为 64.36%。另外，由表 17-6 可知，BC@Ni/Fe 对单独的 HA 的平衡吸附量为 4.83 mg/g，其次，在 HA 和 BDE209 共存体系中，BC@Ni/Fe 对 HA 的平衡吸附量为 4.75 mg/g，从分析结果来看 BC@Ni/Fe 对 HA 的吸附量几乎不受 BDE209 的影响。相反地，BC@Ni/Fe 对 BDE209 的吸附量为 0.31 mg/g，约为在 HA 体系下对 BDE209 的平衡吸附量（0.23 mg/g）的 1.34 倍。此外，在 HA 和 BDE209 共同存在下，BC@Ni/Fe 对 HA 的吸附速率常数为 0.185 4 min^{-1}，约为对 BDE209 的吸附速率常数（0.004 1 min^{-1}）的 45 倍，说明 BC@Ni/Fe 能够优先吸附 HA。

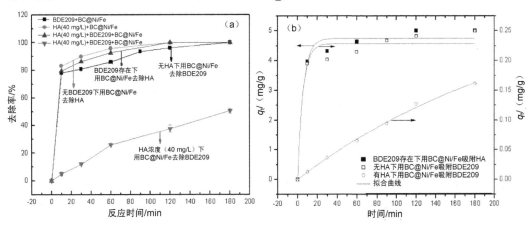

（BDE209 初始浓度=2 mg/L，反应时间=3 h，溶液初始 pH=6，复合材料投加量=8 g/L）

图 17-19　（a）HA 与 BDE209 的竞争吸附试验，（b）BC@Ni/Fe 对 BDE209 和腐植酸的吸附动力学

表 17-6　吸附动力学模拟参数和线性回归结果

体系	q_e/（mg/g）	K/min^{-1}	R^2
BDE209+BC@Ni/Fe	0.31	0.176 4	0.997
HA+BC@Ni/Fe	4.83	0.192 7	0.989
HA+BDE209+BC@Ni/Fe	0.23（吸附 BDE209）	0.004 1	0.960
HA+BDE209+BC@Ni/Fe	4.75（吸附 HA）	0.185 4	0.979

综合以上分析,HA 对 BC@Ni/Fe 去除 BDE209 产生抑制作用的机理是:HA 与 BDE209 发生了竞争吸附,即 HA 快速被 BC@Ni/Fe 吸附并包裹在材料的表面,占据了活性位点,影响了 BC@Ni/Fe 与水的有效接触,减少了 Fe^0 的腐蚀,减少了电子传递速率以及活性氢的产生,从而抑制了其对 BDE209 的去除。

17.3.8 小结

本节研究了 HA 对于 BC@Ni/Fe 去除 BDE209 的影响作用机理。研究表明,HA 投加量越多,对 BC@Ni/Fe 去除 BDE209 的抑制作用越显著。在 HA 存在下,HA 与 BDE209 发生了竞争吸附,HA 优先吸附于纳米颗粒表面,占据了纳米颗粒表面的活性位点,抑制了纳米颗粒的腐蚀作用,降低了电子传递速率以及活性氢的产生,从而抑制了纳米对 BDE209 的去除。因此,BC@Ni/Fe 在实际环境修复时,需要考虑天然有机质的影响。

参考文献

AHMAD M,2014. Biochar as a sorbent for contaminant management in soil and water:a review[J]. Chemosphere,99:19-33.

BOKARE A D,2008. Iron-nickel bimetallic nanoparticles for reductive degradation of azo dye Orange G in aqueous solution[J]. Applied Catalysis B:Environmental,79(3):270-278.

BOUAYED M,1998. Experimental and theoretical study of organic corrosion inhibitors on iron in acidic medium[J]. Corrosion Science,41(3):501-517.

CHEN S J,2007. Time trends of polybrominated diphenyl ethers in sediment cores from the Pearl River Estuary,South China[J]. Environmental Science & Technology,41(16):5595-5600.

CHOI H,2008. Synthesis of reactive nano-Fe/Pd bimetallic system-impregnated activated carbon for the simultaneous adsorption and dechlorination of PCBs[J]. Chemistry of Materials,20(11):3649-3655.

CHOPPALA G,2013. Chemodynamics of chromium reduction in soils:implications to bioavailability[J]. Journal of Hazardous Materials,261:718-724.

D'ARCHIVIO A A,2013. Cross-column prediction of gas-chromatographic retention of polybrominated diphenyl ethers[J]. Journal of Chromatography A,1298:118-131.

DEVI P,2015. Simultaneous adsorption and dechlorination of pentachlorophenol from effluent by Ni-ZVI magnetic biochar composites synthesized from paper mill sludge[J]. Chemical Engineering Journal,271:195-203.

DEVI P,2014. Synthesis of the magnetic biochar composites for use as an adsorbent for the removal of pentachlorophenol from the effluent[J]. Bioresource Technology,169:525-531.

DONG H，2016. Influence of fulvic acid on the colloidal stability and reactivity of nanoscale zero-valent iron[J]. Environmental Pollution，211：363-369.

DONG X L，2011. Characteristics and mechanisma of hexavalent chromium removal by biochar from sugar beet tailing [J]. Journal of Hazardous Materials，909-915.

DOU X，2010. Arsenate removal from water by zero-valent iron/activated carbon galvanic couples[J]. Journal of Hazardous Materials，182（1-3）：108-114.

FANG Z，2011. Debromination of polybrominated diphenyl ethers by Ni/Fe bimetallic nanoparticles：influencing factors，kinetics，and mechanism[J]. Journal of Hazardous Materials，185（2-3）：958-969.

GHOSH S，2008. Colloidal behavior of aluminum oxide nanoparticles as affected by pH and natural organic matter[J]. Langmuir，24（21）：12385-12391.

GIASUDDIN A B M，2007. Adsorption of humic acid onto nanoscale zerovalent iron and its effect on arsenic removal[J]. Environmental Science & Technology，41（6）：2022-2027.

INYANG M，2010. Biochar from anaerobically digested sugarcane bagasse[J]. Bioresource Technology，101（22）：8868-8872.

KANG S H，2009. Oxidative degradation of organic compounds using zero-valent iron in the presence of natural organic matter serving as an electron shuttle[J]. Environmental Science & Technology，43（3）：878-883.

KAPPLER A，2014. Biochar as an electron shuttle between bacteria and Fe（III） minerals[J]. Environmental Science & Technology Letters，1（8）：339-344.

KEUM Y S，2005. Reductive debromination of polybrominated diphenyl ethers by zerovalent iron[J]. Environmental Science & Technology，39（7）：2280-2286.

KIM S A，2013. Removal of Pb（II） from aqueous solution by a zeolite-nanoscale zero-valent iron composite[J]. Chemical Engineering Journal，217：54-60.

LA GUARDIA M J，2007. Evidence of debromination of decabromodiphenyl ether（BDE-209） in biota from a wastewater receiving stream[J]. Environmental Science & Technology，41（19）：6663-6670.

LEHMANN J，2009. Biochar for environmental management：An introduction[J]. Biochar for Environmental Management Science & Technology，25（1）：15801-15811（11）.

Li H，Qiu Y，Wang X，et al. 2017. Biochar supported Ni/Fe bimetallic nanoparticles to remove 1,1,1-trichloroethane under various reaction conditions[J]. Chemosphere，169：534-541.

LI A，2007. Debromination of decabrominated diphenyl ether by resin-bound iron nanoparticles[J]. Environmental Science & Technology，41（19）：6841-6846.

LIN Y，2014. Decoloration of acid violet red B by bentonite-supported nanoscale zero-valent iron：reactivity，characterization，kinetics and reaction pathway[J]. Applied Clay Science，93：56-61.

LUO S，2012. Improved debromination of polybrominated diphenyl ethers by bimetallic iron-silver nanoparticles coupled with microwave energy[J]. Science of the total environment，429：300-308.

LUO Y，2009. Polybrominated diphenyl ethers in road and farmland soils from an e-waste recycling region in Southern China：concentrations，source profiles，and potential dispersion and deposition[J]. Science of the Total Environment，407（3）：1105-1113.

PHENRAT T，2009. Adsorbed polyelectrolyte coatings decrease Fe^0 nanoparticle reactivity with TCE in water：conceptual model and mechanisms[J]. Environmental Science & Technology，43（5）：1507-1514.

QUAN G，2014. Nanoscale zero-valent iron supported on biochar：characterization and reactivity for degradation of acid orange 7 from aqueous solution[J]. Water，Air & Soil Pollution，225（11）：1-10.

SALEH N，2007. Surface modifications enhance nanoiron transport and NAPL targeting in saturated porous media[J]. Environmental Engineering Science，24（1）：45-57.

SHIH Y，2010. Reaction of decabrominated diphenyl ether by zerovalent iron nanoparticles[J]. Chemosphere，78（10）：1200-1206.

SMITH D S，2007. Metal interactions with natural organic matter[J]. Applied Geochemistry，22（8）：1568-1679.

SU H，2016a. Stabilisation of nanoscale zero-valent iron with biochar for enhanced transport and in-situ remediation of hexavalent chromium in soil[J]. Environmental Pollution，214：94-100.

SU H，2016b. Remediation of hexavalent chromium contaminated soil by biochar-supported zero-valent iron nanoparticles[J]. Journal of Hazardous Materials，318：533-540.

SUN C，2009. TiO_2-mediated photocatalytic debromination of decabromodiphenyl ether：kinetics and intermediates[J]. Environmental Science & Technology，43（1）：157-162.

TAN L，2014. Effect of humic acid and transition metal ions on the debromination of decabromodiphenyl by nano zero-valent iron：kinetics and mechanisms[J]. Journal of nanoparticle research，16（12）：1-13.

TAN X X，2016. Distribution of organophosphorus flame retardants in sediments from the Pearl River Delta in South China[J]. Science of the Total Environment，544：77-84.

TRATNYEK P G，2001. Effects of natural organic matter，anthropogenic surfactants，and model quinones on the reduction of contaminants by zero-valent iron[J]. Water Research，35（18）：4435-4443.

WANG W，2010. Reactivity characteristics of poly（methyl methacrylate）coated nanoscale iron particles for trichloroethylene remediation[J]. Journal of Hazardous Materials，173（1-3）：724-730.

WANG X，2007. Sorption of organic contaminants by biopolymer-derived chars[J]. Environmental Science & Technology，41（24）：8342-8348.

WANG Y J，2009. Adsorption kinetics，isotherm，and thermodynamic studies of adsorption of pollutant from aqueous solutions onto humic acid[J]. Sciences in Cold and Arid Regions，1（4）：372-379.

WU J，2016. Excellently reactive Ni/Fe bimetallic catalyst supported by biochar for the remediation of decabromodiphenyl contaminated soil: reactivity，mechanism，pathways and reducing secondary risks[J]. Journal of Hazardous Materials，320：341-349.

WU X，2013. Simultaneous adsorption/reduction of bromate by nanoscale zerovalent iron supported on modified activated carbon[J]. Industrial & Engineering Chemistry Research，52（35）：12574-12581.

XIE L I，2005. Role of humic acid and quinone model compounds in bromate reduction by zerovalent iron[J]. Environmental Science & Technology，39（4）：1092-1100.

XIE Y，2014a. Remediation of polybrominated diphenyl ethers in soil using Ni-Fe bimetallic nanoparticles: influencing factors，kinetics and mechanism[J]. Science of the Total Environment，485：363-370.

XIE Y，2014b. Comparisons of the reactivity，reusability and stability of four different zero-valent iron-based nanoparticles[J]. Chemosphere，108：433-436.

YAN J，2015. Biochar supported nanoscale zerovalent iron composite used as persulfate activator for removing trichloroethylene[J]. Bioresource Technology，175：269-274.

YAO Y，2013. Engineered carbon（biochar）prepared by direct pyrolysis of Mg-accumulated tomato tissues: characterization and phosphate removal potential[J]. Bioresource Technology，138：8-13.

YU K，2012. Rapid and extensive debromination of decabromodiphenyl ether by smectite clay-templated subnanoscale zero-valent iron[J]. Environmental Science & Technology，46（16）：8969-8975.

ZHANG X，2010. Removal of Pb（Ⅱ）from water using synthesized kaolin supported nanoscale zero-valent iron[J]. Chemical Engineering Journal，163（3）：243-248.

ZHANG Y，2011. Enhanced removal of nitrate by a novel composite: nanoscale zero valent iron supported on pillared clay[J]. Chemical Engineering Journal，171（2）：526-531.

ZHANG Z，2009. Factors influencing the dechlorination of 2,4-dichlorophenol by Ni-Fe nanoparticles in the presence of humic acid[J]. Journal of Hazardous Materials，165（1-3）：78-86.

ZHANG Z，2010. Catalytic dechlorination of 2,4-dichlorophenol by Pd/Fe bimetallic nanoparticles in the presence of humic acid[J]. Journal of Hazardous Materials，182（1-3）：252-258.

ZHOU Y，2014. Biochar-supported zerovalent iron for removal of various contaminants from aqueous solutions[J]. Bioresource Technology，152：538-542.

ZHUANG Y，2011. Dehalogenation of polybrominated diphenyl ethers and polychlorinated biphenyl by bimetallic，impregnated and nanoscale zerovalent iron[J]. Environmental Science & Technology，45（11）：4896-4903.

许妍哲，2015. 生物炭修复土壤重金属的研究进展[J]. 环境工程，33（2）：156-159.

杨璋梅，2014. 生物炭修复 Cd、Pb 污染土壤的研究进展[J]. 化工环保，34（6）：525-531.

第 18 章　纳米 $Fe^0@Fe_3O_4$ 复合材料开环降解多溴联苯醚

18.1　背景技术

18.1.1　多溴联苯醚降解技术

PBDEs 的降解方法从氧化还原的角度上可分为还原法和氧化法，PBDEs 性质稳定，尤其是十溴联苯醚（BDE209）这种对称稳定的结构中溴原子的强吸电子能力使其在环境中难以被直接氧化降解（Bastos et al.，2008）。目前关于 PBDEs 的还原降解法中，nZVI 法、微生物降解法以及光降解法是 3 个主要的降解方法，并且在实验室阶段也应用良好（Ahn M Y et al.，2006；Stapleton et al.，2006；He J Z et al.，2006；Li X et al.，2008）。

例如，He J Z 等（2006）采用厌氧菌种处理水体中的 BDE209，经过 2 个月的处理，水体中的 PBDEs 完全被降解。而后，其所在的研究小组进行了降解产物的分析，发现 BDE209 的降解路径是一个逐步地加氢脱溴还原的过程（Robrock et al.，2008）。但是，降解缓慢和难以适应多变自然环境的不足制约了该技术的应用。

光催化技术的出现为 PBDEs 的快速处理提供一个有效的解决办法。例如，Soderstrom 等（2004）在不同的环境介质（如硅胶、沙砾、沉积物和土壤）上开展了紫外光解 BDE209 的研究并取得了良好的效果。虽然光催化以可见光或者紫外光（目前主要为紫外光）为主要的"驱动力"，具有环保、高效的特点，但是在原位修复理念下，如何将其应用于无光或者低光的 PBDEs 易聚集的地下水层及河流底泥环境，是目前光催化难以逾越的一道障碍。

nZVI 及其改性材料因高比表面积，强还原活性以及易制备的优点受到研究者的青睐（Yu K et al.，2012），Zhuang Y 等（2010）采用 nZVI 有效地将高溴联苯醚脱溴至低溴代。为提高降解速率及反应活性，研究者们对 nZVI 进行改性。Zhuang Y 等（2011）采用 nZVI/Pd 及 nZVI/Pd-AC 纳米材料降解 BDE209 至一溴联苯醚，比一般的 nZVI 脱溴程度更高。Yu K 等（2012）采用蒙脱石负载 Fe^0 更高效地降解了 BDE209。

然而以上所述的还原法仅能将 BDE209 还原脱溴为低溴代联苯醚，不能彻底开环降解为短链脂肪族有机物。而 BDE209 脱溴后的一些低溴代类物质仍对环境产生威胁（Kim E J et al.，2014），不仅毒性大于脂肪族类有机物，而且在环境中的可生物降解性远低于脂肪族有机物（Eriksson et al.，2004；He J Z et al.，2006；Sun C et al.，2009）。

18.1.2　多溴联苯醚氧化法降解技术的优势

18.1.2.1　降解对象广泛

目前利用氧化法降解有机卤化物的研究较为广泛，降解对象包含卤代烃类和卤代芳香类的化合物，尤其是含有苯环的有机卤化物，其降解产物一般为开环矿化后的生态毒性较低的小分子酸、碳氢化合物等。表 18-1 列出了能被氧化法降解的有机卤化物。

表 18-1　氧化法能降解的有机卤化物

污染物	方法	参考文献
卤代苯系物		
Trichlorobiphe $C_{12}H_7Cl_3$（PCB28）	铁矿类芬顿	Lin Z R et al.，2014；Stapleton et al.，2006
tribromphenol $C_6H_3Br_3O$	混杂类芬顿	Fukuchi et al.，2014
monochlorobenzene C_6H_5Cl	类芬顿	Kuang Y et al.，2013
tetrabromodiphenyl ether $C_{12}H_6Br_4O$（BDE47）	两级还原/氧化处理	Luo S et al.，2011
decabromodiphenyl ether $C_{12}Br_{10}O$（BDE209）	光催化	Feo M L et al.，2014；Jiang Z et al.，2014；Huang A et al.，2013
perfluoro-compound（PFCs）	光催化	Santoke et al.，2009
perfluorocarboxylates	UV-芬顿	Tang H et al.，2012
hexachlorobenzene isomer $C_6H_6Cl_6$	类芬顿	Usman et al.，2014
卤代烷系物		
Tetrachloroethylen C_2Cl_4	类芬顿	Jho E H et al.，2010
Hexachloroethane C_2Cl_6	类芬顿	Jho E H et al.，2010
其他卤化有机化合物		
triclosan	类芬顿	Munoz et al.，2012
diclofenac $C_{14}H_{11}Cl_2NO_2$	类芬顿	Lee H J et al.，2014
fluoroquinolone	类芬顿	Santoke et al.，2009

18.1.2.2　降解率高

类芬顿法和光化学氧化法都能产生•OH，其较高的氧化还原电位可以攻击苯环等芳香类有机物，因此氧化法在降解有机卤化物过程中表现出了良好的降解性能，且产生的二次污染较少，能快速地降低一些高毒性的有机卤化物的毒性，表 18-2 列出了用氧化法降解有机卤化物的降解效果。

表 18-2　氧化法对有机卤化物的降解率

污染物	材料	方法	时长	效率	ref.
trichlorobiphenyl $C_{12}H_7Cl_3$（PCB28）	针铁矿	类芬顿	48 h	99%（pH 为 3～7），52%（中性 pH）	Lin Z R et al.，2014
tribromphenol $C_6H_3Br_3O$	天然铁沸石	混杂类芬顿	3 h	90%（伴随 NH_2OH）	Fukuchi et al.，2014
monochlorobenzene C_6H_5Cl	3 种 nZVI（茶提取物合成）	类芬顿	200 min	69%（绿茶提取物），53%（乌龙茶提取物）和 39%（红茶提取物）	Kuang Y et al.，2013
tetrabromodiphenyl ether $C_{12}H_6Br_4O$（BDE47）	Fe-Ag/H_2O_2	二级还原/氧化处理	150 min	BDE47 的高效脱溴和二苯醚（DPE）的 100% 矿化	Luo S et al.，2011
decabromodiphenyl ether $C_{12}Br_{10}O$（BDE209）	TiO_2	光催化	12 h	95.6%	Huang A et al.，2013
hexachlorobenzene isomer $C_6H_6Cl_6$	H_2O_2；H_2O_2 和可溶性 Fe（II），过硫酸钠（PS）	化学氧化	24 h	β-HCH（43%），γ-HCH（lindane）（95%），δ-HCH（92%）和 α-HCH（79%）	Usman et al.，2014
Triclosan（三氯生）	铁	氧化类芬顿	1 h	90%	Munoz et al.，2012

18.1.2.3　催化剂种类广泛

　　以氧化法中极其重要的一个分支类芬顿氧化法为例，类芬顿法催化剂的选择很广泛，分为 3 种：第一种是利用天然材料，如含铁矿物，Lin Z R 等（2014）用针铁矿类芬顿氧化法降解 2,4,4-三氯联苯（PCB28）时发现，超过 99% 的 PCB28 在 48 h 后被降解。第二种是纳米材料纳米颗粒，其高比表面积的特性带来较少的甚至无法预计的传质限制（Zhuang Y et al.，2010），这对于处理大量的污染物分子（如染料和药物等）无法在微孔催化剂中分散较好的污染物是十分有利的。例如，Kuang Y 等（2013）运用 3 种不同的材料（绿茶提取物、乌龙茶提取物、红茶提取物）制成的 nZVI 作为类芬顿催化剂降解一氯苯时发现 3 种材料的降解率分别为 69%、53%和 39%。运用绿茶提取物制得的 nZVI 表现出最高的降解率，原因是绿茶提取物中含有的咖啡因/多酚类物质可作为 nZVI 制备的还原剂。nZVI 作为非均相催化剂，可在反应过程中淋溶出的 Fe^{2+} 和 Fe^{3+}，相比均相芬顿反应减少了铁污泥的形成，这也是非均相类芬顿法一个明显的优点。第三种是复合材料，即两种以上的材料负载在一起。Fukuchi 等（2014）运用铁负载的天然沸石作为类芬顿反应的催化剂，结合 H_2O_2 非均相催化降解三溴苯酚，结果发现在羟胺存在的条件下，

pH 为 3 和 5 时，三溴苯酚可以实现完全的降解和脱溴。Kim E J 等（2014）采用 Fe/Ag 双金属纳米颗粒并结合类芬顿氧化法降解 BDE47，先对 BDE47 进行还原降解，后对联苯醚（DPE）进行了类芬顿氧化，在 3 种条件对比下：①单独 H_2O_2 条件下；②Fe/Ag 双金属结合 H_2O_2 条件下；③Fe/Ag 双金属结合超声 H_2O_2 条件下，最后发现 DPE 在前两种条件下均处于稳定而在第 3 种条件下实现了开环和矿化，说明了类芬顿法产生的·OH 不仅可以攻击苯环，而且使联苯醚开环和矿化。

18.1.3　研究的意义和工作内容

PBDEs 是一种广泛用于电子设备、家具、建材及纺织行业中的溴代阻燃剂。PBDEs 有潜在的致癌作用，对神经、内分泌和免疫系统有毒害作用（Mcdonald et al.，2002；Tseng et al.，2008；Chevrier et al.，2010）。在 209 种多溴联苯醚的同系物中，十溴联苯醚（BDE209）的需求量最大（Keum et al.，2005）。且 BDE209 具有高疏水性和化学稳定性，极易在环境沉积物中累积并长期存在，已对环境造成严重的污染。因此如何有效控制 PBDEs 的环境污染，尤其是 BDE209 的污染（Chen S J et al.，2013），是国内外学者研究的热点重点。

BDE209 结构中溴原子的强吸电子能力导致其在环境中很难被氧化，其降解研究主要集中在还原脱溴，其中纳米材料降解法、生物降解法以及光催化降解法是目前研究较多的 3 种方法。尤其 nZVI 及其改性材料因高比表面积，强还原活性以及易制备的优点受到研究者的青睐，然而这些还原法仅能将 BDE209 还原脱溴为低溴代联苯醚，不能彻底开环降解为短链脂肪族有机物。鉴于 BDE209 脱溴后的一些低溴代类物质仍对环境产生威胁，不仅毒性大于脂肪族类有机物，而且在环境中的可生物降解性远低于脂肪族有机物。因此对于 BDE209 的开环降解在环境修复上具有重大意义，这也是本书的目的和意义。

结合文献报道，我们注意到利用 nZVI 基材料类芬顿降解水溶性有机卤化物的降解速率快，矿化度高（Huang R et al.，2012；Xu L et al.，2012a；Xu J et al.，2013）。基于开环降解 BDE209 的目的，本书制备了一种新型纳米铁基复合材料纳米 Fe⁰@Fe₃O₄，并构建了还原-氧化耦合体系，在超声波条件下运用于 BDE209 的类芬顿降解。与光催化氧化降解不同的是，本书结合 nZVI 的强还原脱溴能力与类芬顿条件下产生的·OH 的强氧化性，从而实现 BDE209 的深度脱溴及开环氧化。

主要的研究内容分为以下几个部分：

①结合共沉淀法和液相还原法制备纳米 Fe⁰@Fe₃O₄复合材料，运用于 BDE209 的降解，研究其对 BDE209 的降解性能和降解动力学，探究反应条件对降解率的影响。

②采用不同检测手段（如 FTIR、GC-MS 以及 LC-MS）对 BDE209 的降解产物进行鉴定，利用 GC-MS 对 BDE209 的脱溴产物和开环产物进行鉴定，通过红外以及 LC/MS/MS 对 BDE209 的含溴的开环产物进行鉴定。

③通过对降解产物的详细鉴定，初步提出了 BDE209 的降解路径和 BDE209 在复合材料作用下的降解机理，通过设计不同的试验验证反应的机理，通过对反应过程中自由基的检测情况提出整个降解过程中的详细降解机理。

18.2　纳米 $Fe^0@Fe_3O_4$ 复合材料降解 PBDEs 的研究

18.2.1　研究方法

18.2.1.1　纳米 $Fe^0@Fe_3O_4$ 投加方式及投加量

为了减少纳米颗粒的团聚作用、缩短催化分解体系中从催化剂添加到良好分散状态的时间，本书采取"湿样投加"作为催化剂的投加方式，即向反应体系中注入经摇匀分散良好的 $Fe^0@Fe_3O_4$ 分散液。

为保证每次纳米复合材料的投加量一致，采用重量法测定了每次投加时 $Fe^0@Fe_3O_4$ 分散液中 $Fe^0@Fe_3O_4$ 的含量。具体方法为：以移液管从 50 mL 容量瓶中（已定容的纳米材料）准确量取 3.5 mL 的分散良好的（在超声波条件下进行移取）$Fe^0@Fe_3O_4$ 分散液数份于已知质量的洁净烧杯中（洁净烧杯质量为 m_1），磁力分离并弃去上清液，置于 45℃真空环境下干燥处理，测定其质量（m_2），以质量差（m_2-m_1）的平均值作为设定体积分散液中 $Fe^0@Fe_3O_4$ 的质量并计算样品的标准偏差。3.5 mL $Fe^0@Fe_3O_4$ 分散液中 $Fe^0@Fe_3O_4$ 含量结果如图 18-1 所示。10 个 3.5 mL $Fe^0@Fe_3O_4$ 分散液中 $Fe^0@Fe_3O_4$ 含量较为相近，平

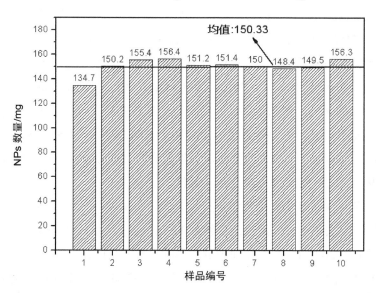

图 18-1　纳米 $Fe^0@Fe_3O_4$ 分散液中 $Fe^0@Fe_3O_4$ 的含量

均值为 150.33 mg。标准偏差的计算结果为 1.6%，说明样品数据离散程度小，样品数据接近平均值，证明"湿样投加"方式能确保投加量为设计量，具有较高的可行性。

18.2.1.2　纳米 Fe⁰@Fe₃O₄对 BDE209 的降解研究

BDE209 是一种疏水性的有机污染物，为了评价纳米材料对于该种污染物的处理性能，许多研究者均采用有机或有机/水混合溶剂的体系研究新的处理手段（Li A et al., 2007；Zhao H et al., 2009；Sun C et al., 2009）。由于 BDE209 在不同的溶剂体系下的降解情况不同（Fang Z et al., 2011a），研究表明 BDE209 在水含量更高的体系中降解速率更快（Huang A et al., 2013），同时为防止有机溶剂对类芬顿产生的•OH 的淬灭作用，本试验体系设计在水含量在 98%的体系中进行。BDE209 的母液（500 mg/L）采用纯四氢呋喃进行配制，取 0.3 mL 的母液加至 14.7 mL 水中混合均匀，即得到了四氢呋喃∶水=2∶98 的体系，并在超声波条件（25 kHz，30℃）下进行降解反应。在设置好的时间点（0.5 h、1.5 h、3 h、6 h、12 h、24 h、36 h、72 h）取样检测（每次设置 3 个平行样）。

反应完全后用磁选法或者离心法进行固液分离，上清液中加入四氢呋喃将 BDE209 溶出，材料表面的 PBDEs 采用乙腈溶剂超声萃取 30 min。采用 HPLC 对 BDE209 的浓度进行分析。本书将 BDE209 的降解分为去除率和降解率。

在 BDE209 的降解过程中，BDE209 不仅存在于反应液中，也会被纳米材料吸附，鉴于本书目的是实现 BDE209 的降解和开环而不是简单地被材料吸附，为了更好地评价课题设计的试验体系以及纳米材料的性能，需将材料表面的 BDE209 萃取和测定，BDE209 的去除率的计算方法如下：

$$\text{Removal efficiency（\%）} = \frac{m_0 - m_{\text{super}}}{m_0} \times 100\% \tag{18-1}$$

降解率的计算方法如下：

$$\text{Degradation efficiency（\%）} = \frac{m_0 - m_{\text{super}} - m_{\text{extra}}}{m_0} \times 100\% \tag{18-2}$$

式中，m_0 是 BDE209 在整个反应体系中的初始总质量；m_{super} 为反应体系中上清液中 BDE209 的总质量；m_{extra} 为反应体系中纳米材料表面萃取下来的 BDE209 的总质量（由于试验设计的反应体系是非均相体系，分为上清液和萃取液两部分，其中上清液和萃取液的体积不同，因此在计算过程中去除率和降解率时采用质量来进行计算）。

对反应完全后的材料表面的 BDE209 进行萃取，步骤如下：①第一次萃取：向盛有固体材料的小瓶中加入 15 mL 乙腈，先振荡 1 h，后超声萃取 0.5 h，经磁选法固液分离得到上清液和固体材料部分，上清液过膜和送检；②第二次萃取：对磁选法分离后的固体材料部分进行第二次萃取，得到 15 mL 上清液与第一次萃取得到的上清液混合，搅拌均匀后过膜和送检。重复 5 次萃取，BDE209 的量测定结果如表 18-3 所示。①材料表面萃取并测得的 BDE209 含量近似相等，随着萃取次数的增加，测得的 BDE209 含量反而下降，但并不明显，可能是仪器误差的影响。②数据表明萃取次数对于材料表面 BDE209 的萃取量的影响不大，即本试验所采用的萃取方法测定材料表面的 BDE209 含量是可行的。

表 18-3　材料表面 BDE209 的萃取结果

萃取次数	HPLC 测定的峰面积	用标线换算为 BDE209 的量/μg
第一次萃取（体积：15 mL）	105 837.797	W_1=49.8
第二次萃取（体积：30 mL）	45 390.699	W_2=42.81
第三次萃取（体积：45 mL）	30 571.199	W_3=43.247
第四次萃取（体积：60 mL）	21 448.199	W_4=41
第五次萃取（体积：75 mL）	17 215.666	W_5=40.6

18.2.1.3　分析方法

溶液中 BDE209 的浓度采用高效液相色谱进行测定，色谱柱为 SGE C_{18} column（250 mm×4.6 mm），紫外检测波长为 240 nm，流动相为纯甲醇，流速为 1.0 mL/min，进样量为 20 μL。采用外标法定量。

采用离子色谱（ICS-900）测定溴离子的浓度（Dionx AS19 柱），采用梯度洗脱方式，KOH 为洗脱液进行测定。测定前溴离子标准溶液（1 000 μg/mL）依次逐级稀释得到溴离子的 5 个标准溶液。

动力学分析：纳米铁基材料的体系对于有机卤代物质的去除符合拟一级动力学，通过 $\ln(C_t/C_0)$-t 作图，利用拟一级动力学常数描述纳米颗粒对 BDE209 的去除率，如式（18-3）所示：

$$\frac{dC_t}{dt} = -k_{obs}C_t \qquad (18\text{-}3)$$

式中，C_t 为 BDE209 在不同时间点的浓度，mg/L；C_0 为 BDE209 的初始浓度，mg/L；t 为反应时间，h；k_{obs} 为表观速率常数，可由反应前后 BDE209 的浓度通过线性回归拟合计算可得。将上述方程进行积分可以得到

$$\ln\frac{c_t}{c_0} = -k_{obs}t \qquad (18\text{-}4)$$

当 $\dfrac{c_t}{c_0}$ 为 1/2 时，所得到的 $t_{1/2}$ 为半衰期，所以使用式（18-5）进行半衰期的计算，其形式如下：

$$t_{1/2} = \ln\frac{2}{k} = \frac{0.693\,1}{k} \qquad\qquad (18\text{-}5)$$

18.2.2　纳米 Fe^0@Fe_3O_4 的制备和表征

18.2.2.1　材料的制备

先以共沉淀法制备纳米 Fe_3O_4，向 0.01 mol/L 的 HCl 溶液中加入固体 $FeCl_3\cdot6H_2O$（8.20 mmol）和 $FeSO_4\cdot7H_2O$（8.20 mmol）并加热至（80±5）℃，以 5.23 mL/min 的流速滴加适量 3.0 mol/L 的氨水并保持 80℃反应 3 h。反应结束后以去离子水清洗所得材料至中性并重新分散在 100 mL 去离子水中。分别取适量固体 $FeSO_4$ 和 $NaBH_4$ 溶解于乙醇/水（体积比乙醇：水=3：7）溶液中，先后加入至已经制备好的纳米 Fe_3O_4 溶液，反应完全后以去离子水定容于 50 mL 的容量瓶即可。

18.2.2.2　材料的表征

材料颗粒的尺寸和表面形貌采用高分辨透射电镜（HRTEM，TECNAI，G20，FEI，America），场发射透射电子显微镜（Tecnai G2 F20，FEI，America）和扫描电镜（SEM，$NoVa^{TM}$ Nano SEM 250，FEI，America）进行表征。材料的元素组成和分布采用 X 射线能谱仪（$NoVa^{TM}$ Nano SEM 250，FEI，America）进行分析。颗粒表面元素价态分析采用 X 射线光电子能谱仪（ESCALAB 250，Thermo-VG Scientific，USA）进行表征。材料的比表面积采用 ASAP2020 m（Micromeritics Instrument Corp，USA）比表面分析仪进行分析测定，测定时样品先在 270℃抽真空 12 h，在液氮温度（-196℃）下进行氮气的吸附解吸测试。材料颗粒的晶型结构采用 X 射线粉末衍射仪（XRD）测定，X 射线为 Cu 靶 Ka 射线（λ=0.154 18 nm），管电压 30 kV，管电流 20 mA，扫描范围 10°～90°，扫描速度为 0.8°/s。材料的磁性在 27℃下使用磁强计 VSM（MPMS XL-7，Quantum Design，USA）测得。

由图 18-2 可以看出，所制备纳米复合材料的表面基本形貌呈链状，且球状颗粒分布较均匀。由 TEM 分析（图 18-3）可得出材料呈现包裹状形态，且外层的小颗粒均匀地以球状形式包裹在内层颗粒。初步推测外层的小颗粒为纳米 Fe^0，即纳米 Fe_3O_4 被纳米 Fe^0 包围形成了纳米 Fe^0@Fe_3O_4 的复合材料。为了证明这一推测，首先对材料的内层和外层进行了 EDS 测定（图 18-4），图 18-4（a）为材料外层的 EDS 图，图 18-4（b）为材料内层的 EDS 图，可以看出材料的内层和外层均能检测到氧元素，因此初步确定复合材料内部是 Fe_3O_4，外层是 Fe^0，由于 Fe^0 在空气中极易被氧化，形成氧化膜（Martin et al.，2008；Yan W et al.，2010），从高分辨透射电镜下也可以清晰地看到这层氧化膜（图 18-3），因此导致了外层也检测到氧元素。

图 18-2 不同放大倍数下 Fe^0@Fe_3O_4 复合材料的扫描电镜（SEM）照片：

（a）10 000 倍、（b）40 000 倍

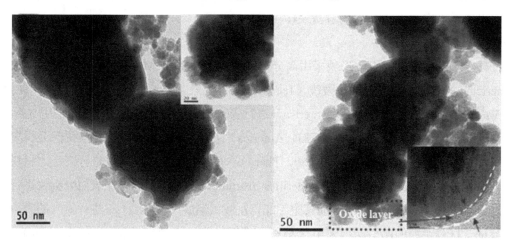

图 18-3 纳米 Fe^0@Fe_3O_4 复合材料的透射电镜照片（TEM）

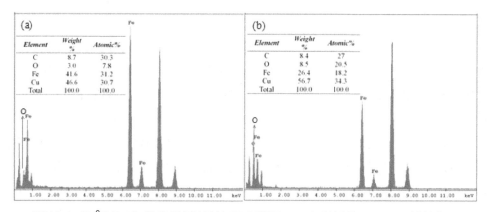

图 18-4 Fe^0@Fe_3O_4 纳米复合材料的 EDS 谱图：（a）材料外层；（b）材料内层

　　根据以上的表征结果，提出了复合材料结构的示意图（图 18-5），即复合材料是由外层为纳米 Fe^0 的小颗粒包裹在 Fe_3O_4 表面形成。对材料进行 X 射线衍射测定（图 18-6），可得，衍生峰在 2θ 分别为 35.5°、43.1°、53.5°和 62.6°处的衍射峰分别指示了（220）、（331）、（400）、（422）、（511）、（440）晶面，符合标准卡片（JCPDS PDF#65-3107）中 Fe_3O_4 的数据。另外，nZVI 材料和复合材料均在 44.9°出现衍射峰，此处的峰较宽且较小，说明复合材料的 nZVI 颗粒呈现无定形态结构（Lv X et al.，2012）。进一步对材料进行高分辨透射电镜扫描（图 18-7）并计算其晶格平面间距，结果表明材料存在晶格平面间距分别为 0.498 nm，与 Fe_3O_4 的（111）晶面对应（Li D et al.，2010），验证了复合材料中纳米 Fe_3O_4 的存在。

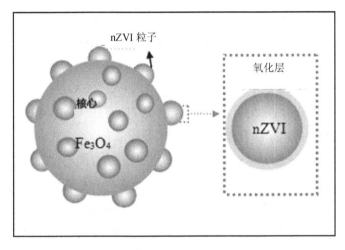

图 18-5　纳米 Fe⁰@Fe₃O₄复合材料的结构示意图

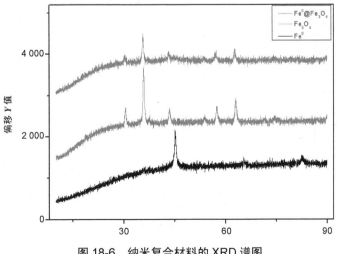

图 18-6　纳米复合材料的 XRD 谱图

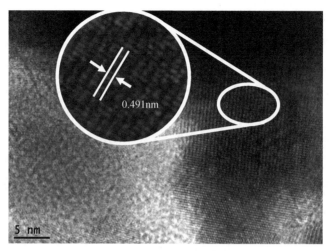

图 18-7 纳米 $Fe^0@Fe_3O_4$ 复合材料的 HRTEM 分析

根据 XPS 数据（图 18-8）可得，所制备的纳米 $Fe^0@Fe_3O_4$ 复合材料表面存在 Fe、O 和 C 3 种元素。进一步分析 Fe 2p 谱图发现，结合能 710.6 eV 与 724.4 eV 分别显示了 Fe_3O_4 中 $2p_{3/2}$ 及 $2p_{1/2}$ 轨道中的电子结合能，表明纳米颗粒以 Fe_3O_4 形式存在。另外，在图中结合能 94 eV 处的峰，也符合 Fe_3O_4 中铁的 3s 轨道电子结合能的特征峰。再次说明了所制备的铁氧化物主要以 Fe_3O_4 形式存在。而出现 C 元素则应是表征样品制作过程中对乙醇的吸附而造成的。此外 XPS 图中 Fe^0 的峰较小，其原因可能是材料中 Fe^0 含量较低，仅有 21%（wt%）左右，且极易被氧化，因此 XPS 检测到的 Fe^0 的峰并不明显。

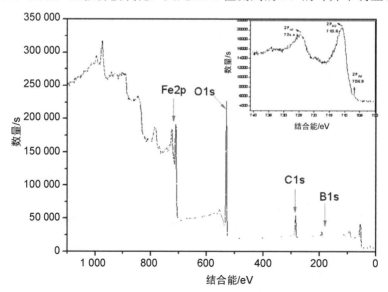

图 18-8 纳米 $Fe^0@Fe_3O_4$ 复合材料的 XPS 谱图

材料比表面积的测定结果如图 18-9 及表 18-4 所示，纳米 $Fe^0@Fe_3O_4$ 材料比表面积为 37.33 m^2/g，高于纳米 Fe^0（26 m^2/g），即本书制备的复合材料相比 nZVI 颗粒团聚程度降低，且更大的比表面积更有利于与目标污染接触而降解目标污染物。同时由表 18-4 可知，$Fe^0@Fe_3O_4$ 具有较窄的孔径分布（孔径由于纳米颗粒堆积而成），可以推断其纳米颗粒具有较为均一的形态。

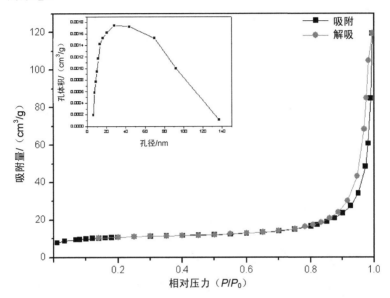

图 18-9　纳米 $Fe^0@Fe_3O_4$ 复合材料比表面积分析

表 18-4　$Fe^0@Fe_3O_4$ 比表面积及孔结构分析

BET 表面积/（m^2/g）	孔容/（cm^3/g）	平均孔径/nm
37.327 7	0.074 990	8.035 82

18.2.2.3　纳米 $Fe^0@Fe_3O_4$ 中 Fe^0 含量的测定

为测定 $Fe^0@Fe_3O_4$ 纳米复合材料中纳米 Fe^0 和纳米 Fe_3O_4 的含量，将一定量新制备的纳米材料真空干燥后进行湿式消解，使所有的铁均转化为 Fe^{3+}，再采用原子吸收法测定消解液中 Fe^{3+} 的浓度（记为 C_0），经过计算可得该复合材料中 Fe^0 的质量占总质量的 21%（wt%）。

$$\frac{(0.15-m)\times56}{56}+\frac{168m}{232}=50C_0 \tag{18-6}$$

式中，m 为复合材料中 Fe_3O_4 的质量；C_0 为 50 mL 消解液中 Fe^{3+} 的浓度。

将实际测定的含量与理论值进行比较，理论值的计算采用式（18-7）（Xu J et al.，2013）：

$$n\text{Fe}_3\text{O}_4\text{-Fe}^{2+} + 2\text{BH}_4^- + 6\text{H}_2\text{O} \longrightarrow n\text{Fe}_3\text{O}_4\text{-nZVI} + 2\text{B(OH)}_3 + 7\text{H}_2 \qquad (18\text{-}7)$$

由 $\text{FeSO}_4 \cdot 7\text{H}_2\text{O}$ 的质量及还原剂 NaBH_4 的质量进行计算得到纳米 Fe^0 的质量占总质量的 20.56wt%，与实际测定值相差不大。

18.2.3 不同工艺条件下材料对 BDE209 降解效果

为探究不同工艺条件对纳米材料降解 BDE209 的影响，超声波辅助、H_2O_2 投加和纳米复合材料投加 3 个主要的影响因素分别记为 US、H_2O_2 和 NP，设置了 8 组对照试验，其中组 1 为空白组（CK），组 2 为单独的超声波处理（US），组 3 为单独加入 H_2O_2（H_2O_2），组 4 为加入 H_2O_2 并用超声波处理（H_2O_2/US），组 5 为单独加入纳米材料（NP），组 6 为加入材料并用超声波处理（NP/US），组 7 为加入材料及 H_2O_2（NP/H_2O_2），组 8 为加入材料，H_2O_2 并用超声波处理（NP/H_2O_2/US），在其他条件相同下反应 48 h，其中需要投加 H_2O_2 的试验组均在反应 36 h 时投加。由此得到 BDE209 的去除率和降解率如图 18-10 所示。

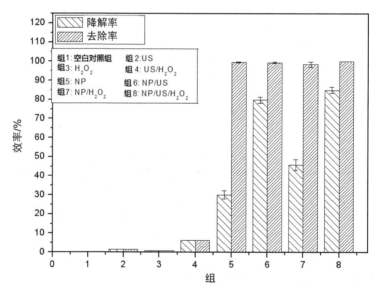

（纳米材料的投加量为 150 mg，反应时间：60 h；反应温度：35℃，初始 pH 为 7.1，反应后体系体积 15 mL，

THF 含量 2%，含水量 98%）

图 18-10 8 种工艺条件对 BDE209 降解效果的影响

由图 18-10 可知，组 2 和组 3 中 BDE209 浓度几乎不变，即超声波和 H_2O_2 对 BDE209 无明显去除和降解作用，这与 BDE209 作为多溴联苯醚中最高溴代联苯醚结构的稳定性相符，即 BDE209 的稳定性结构不能直接被超声波的空化作用和 H_2O_2 破坏，这与 Luo S 等（2011）的研究类似。从 BDE209 去除率角度来看，凡是投加纳米 $\text{Fe}^0@\text{Fe}_3\text{O}_4$ 复合材

料的试验组（组 5、组 6、组 7、组 8），BDE209 的最终去除率均能达到 100%，一方面是缘于 BDE209 的疏水性，而且本降解体系在 98%的水体系中进行；另一方面则说明了该复合材料良好的吸附性能。从 BDE209 的降解率角度来看，组 6（NP/US）和组 8（NP/US/H_2O_2）的降解率最高，分别为 81%和 85%，优于一般的纳米铁基材料（Keum Y S et al.，2005；Xie Y et al.，2014），体现了这种复合材料在 BDE209 降解方面的优势。而 NP（组 5）和 NP/H_2O_2（组 7）体系下的降解率分别仅为 35%和 43%，反向说明在超声条件下纳米复合材料对 BDE209 的降解能力显著提高，归因于超声波的空化作用使得纳米复合材料能完全分散在整个反应体系中，从而与目标污染物的接触机会增大，充分发挥材料的强还原能力，提高了材料对 BDE209 的降解率。

对比 NP/US 和 NP/US/H_2O_2的两种工艺条件，BDE209 的去除率均为 100%，但投加 H_2O_2 后 BDE209 的降解率提高了 4%（达到 85%左右），说明投加 H_2O_2 后，在一定程度上可促进 BDE209 的降解。对于投加 H_2O_2 后 BDE209 是否能继续开环氧化，需要采用 FTIR、GC-MS 和 LC-MS/MS 对其投加前后的降解产物进行进一步对比分析来确定。

18.2.4　材料对 BDE209 降解的动力学研究

在上文中已探究了不同工艺条件下 Fe⁰@Fe₃O₄复合材料对 BDE209 的降解情况，并筛选出了两种最佳工艺条件 NP/US 和 NP/US/H_2O_2，进一步研究其降解动力学。如图 18-11（a）所示，在 NP/US 工艺条件下，BDE209 在 3 h 内去除率即高达 90%以上，由于整个降解过程是在 98%的水体系中进行，借由 BDE209 的疏水性使得在反应初期以纳米复合材料的吸附作用为主。BDE209 的去除率和降解率随反应时间逐渐升高，在 36 h 左右达到平衡，最后的去除率可达到 100%，降解率可达到 81%，并对反应过程进行拟一级动力学拟合发现其符合拟一级动力学模型。

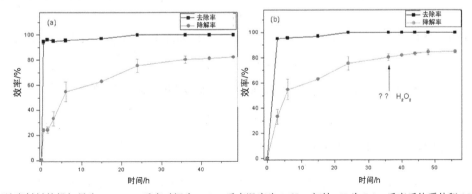

（纳米材料的投加量为 150 mg，反应时间为 72 h；反应温度为 35℃，初始 pH 为 7.1，反应后体系体积 15 mL，THF 含量 2%，含水量 98%）

图 18-11　两种工艺条件下 BDE209 的去除及降解动力学：
（a）NP/US 工艺条件；（b）NP/US/H_2O_2 工艺条件

基于单独纳米材料超声降解BDE209的基础，在降解平衡时间点36 h向体系中投加H_2O_2得到了NP/US/H_2O_2体系下的动力学［图18-11（b）］，可得BDE209的去除率变化与NP/US条件下的变化趋势一致，在3 h时去除率能达到90%，最终的去除率达到100%。值得注意的是，投加H_2O_2后，BDE209的降解率提高到85%，比NP/US条件下的降解率提高了4%，说明在36 h时间点投加H_2O_2一定程度上可促进BDE209的降解。因此我们推测在投加H_2O_2后使得BDE209深度脱溴，并促进了其降解。

18.2.5　超声波对材料降解BDE209的影响

超声波作为重要的降解工艺条件，为详细探究超声波对BDE209降解率的影响，进一步比较在有无超声条件下，BDE209降解率随时间的变化。如图18-12所示，在单纯的振荡条件下，BDE209的降解能达到40%，而加入了超声作用后BDE209的降解率在36 h处升高至81%，表现了超声辅助作用的重要性，其原因可能是超声的辅助使得复合材料在降解体系中完全分散，能与目标污染物BDE209充分接触，提高了BDE209的降解率。

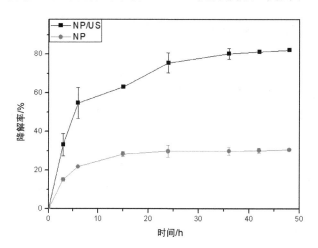

（纳米材料的投加量为150 mg，反应时间为72 h，反应温度为35℃，初始pH为7.1，反应后体系体积15 mL，

THF含量2%，含水量98%）

图18-12　超声波对纳米Fe^0@Fe_3O_4复合材料降解BDE209的影响

18.2.6　材料的重复利用性研究

材料的可回收再生性是确定吸附材料经济可行性的重要指标，为此设计了两种工艺（NP/US和NP/US/H_2O_2）条件下的材料重复利用性试验。NP/US体系中投加材料进行反应36 h后，经磁选法分离得到材料继续投加到降解体系中，重复此过程。NP/US/H_2O_2体系中投加材料进行反应36 h后，加入H_2O_2继续反应12 h后采用磁选法将材料分离，

并继续投加至体系中，重复此过程。每次均测定反应后 BDE209 的浓度和计算 BDE209
的降解率和去除率。

　　由图 18-13 可知，在去除率方面两种工艺条件材料的重复利用性较好，在重复利用 4
次后，去除率仍能达到 90%以上，表现了 $Fe^0@Fe_3O_4$ 可作为良好吸附材料的潜力；降解
率方面材料在未加 H_2O_2 体系中重复利用 H_2O_2 性较好，在重复利用 2 次后仍然能够保持
65%的降解率，但加入 H_2O_2 后的材料的重复利用性较差，第一次利用后不能达到 50%以
上的降解率，可能的原因是的 H_2O_2 加入将复合材料表面氧化为 Fe_2O_3，使材料表面钝化，
失去继续还原脱溴的活性，需要采用活化剂对材料进行再生的处理。

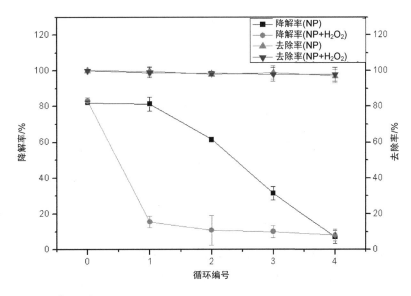

图 18-13　$Fe^0@Fe_3O_4$ 纳米复合材料不同循环使用次数下 BDE209 的降解率和去除率

18.2.7　溴离子浓度的变化

　　由于本课题的研究目的能实现 BDE209 的深度脱溴及开环降解而不是材料对
BDE209 的简单吸附，因此反应后溴离子的变化是一个重要的评价指标。采用离子色谱
法测定了随反应进行的溴离子浓度，同时测定了 BDE209 的浓度随反应时间的变化（图
18-14），由图 18-14 可知，随反应的进行 BDE209 的浓度逐渐降低，溴离子的浓度不
断上升，表明了材料不是简单地吸附 BDE209，而是不断提供有效的降解位点使 BDE209
不断脱溴降解。特别是在反应 36 h 后，即投加 H_2O_2 后，BDE209 的浓度由 2.88 mg/L 降至
2.12 mg/L，BDE209 的降解率由 81%升高至 85%。此时溴离子浓度仍有较大幅度上升，也
说明了反应在 36 h 处投加 H_2O_2 对 BDE209 的脱溴并没有抑制作用，相反，H_2O_2 的投加促
进了 BDE209 及其脱溴产物的进一步降解脱溴，从而使得溶液中的溴离子在不断上升。

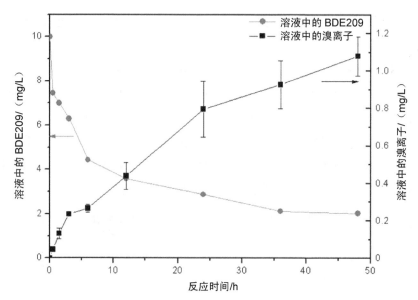

（纳米材料的投加量为 150 mg，反应时间为 72 h，反应温度为 35℃，初始 pH 为 7.1，反应后体系体积 15 mL，

THF 含量 2%，含水量 98%）

图 18-14　纳米复合材料对 BDE209 降解过程中溴离子浓度变化

18.2.8　小结

本书将纳米 $Fe^0@Fe_3O_4$ 应用于 BDE209 的去除和降解中，探究了材料在 BDE209 降解上的最佳工艺条件和降解动力学。结果表明：

①NP/US 以及 NP/US/H_2O_2 两种工艺条件为 BDE209 的最佳降解工艺条件。超声波对 BDE209 的降解起到了极大的促进作用。在 NP/US 工艺条件下反应 36 h 达到平衡，去除率可达 100%，降解率可达 81%。在材料超声波降解 BDE209 的 36 h 时投加 H_2O_2，即 NP/US/H_2O_2 工艺条件反应 12 h 后 BDE209 的降解率由 81%提高到 85%，溴离子的浓度也大幅上升。说明 H_2O_2 投加后 BDE209 的降解并未受到抑制，反而促进其继续脱溴降解。表明纳米 $Fe^0@Fe_3O_4$ 优于传统的纳米 Fe^0，表现出良好的催化活性。

②纳米复合材料对 BDE209 的去除有良好的重复利用性，在重复利用 4 次后，去除率仍能达到 90%以上，说明了其优异的吸附性能。在降解率方面，未加 H_2O_2 即 NP/US 条件下的重复利用性较好，在重复利用 2 次后仍然能够保持 65%的降解率，但加入 H_2O_2 后即 NP/US/H_2O_2 工艺条件下，材料的重复利用性较差，需要采用活化剂对材料进行再生处理。

18.3　纳米 Fe⁰@Fe₃O₄类芬顿降解 BDE209 的产物的研究

18.3.1　研究方法

本书将 BDE209 的降解产物分为脱溴产物和 BDE209 苯环打开后的开环产物，由于 BDE209 脱溴产物的疏水性，大部分主要被吸附于材料的表面。而投加 H_2O_2 形成类芬顿反应对 BDE209 进一步开环氧化形成的开环产物具有羟基，羧基等亲水基团，具有一定的亲水性，因此开环产物被认为分布在反应体系后的上清液中（Huang A et al.，2013）。因此在降解产物的鉴定上，反应完全后，磁选法将材料分离后，分别鉴定反应后的上清液和对材料萃取后的萃取液。

18.3.1.1　脱溴产物的分析方法

样品的处理：反应完全后，从超声波仪器中取出样品瓶并用磁选法将材料分离，对上清液和固体材料分别进行分析，其中材料表面的 PBDEs 采用乙腈超声萃取后与上清液混合，加二氯甲烷重复振荡萃取 3 遍，旋蒸浓缩至 1 mL 后用层析柱净化。使用的是多段硅胶柱净化法（1.0 cm 内径柱子里由底及上分别填 1 cm 无水硫酸钠、6 cm 中性氧化铝、2 cm 中性硅胶、5 cm 碱性硅胶、2 cm 中性硅胶、8 cm 酸性硅胶、3 cm 无水硫酸钠），再经二氯甲烷、正己烷洗脱和旋蒸浓缩后氮吹至 20 μL。浓缩后的样品用气质联用对 BDE209 和中间产物进行测定。气质联用时气相色谱条件如下：同位素内标稀释法测定，分别选择 PCB141 和 PCB208 的 C^{13} 同位素内标为内标和进样内标。

仪器条件：①气相色谱条件为：采用 DB5Ms 20 m×0.25 mm×0.1 μm 涂层硅熔毛细柱，无分流进样模式，载气（氦气）流速 1 mL/min，进样口温度 250℃，升温程序为 90℃保持 2 min，50℃/min 的速度升至 220℃，以 3℃/min 的速度升至 300℃并保持 5 min，传输线温度为 310℃。②质谱条件：离子源温度为 150℃，四极杆为 150℃，NCI 模式，离子选择性扫描，选择 79、81、372 和 476 四个质量数测定。

18.3.1.2　开环产物的分析方法

（1）不含溴开环产物的鉴定

鉴于开环产物的亲水性，鉴定时主要对上清液中的开环产物进行鉴定，GC-MS 上机测定前对样品进行预处理，即采用双（三甲基硅烷基）三氟乙酰胺硅烷化衍生试剂（BSTFA）对上清液进行硅烷化（An T et al.，2011；Luo S et al.，2011）。

采用赛默飞 GC-MS（Thermal Trace DSQⅡ）全扫描模式（60-960）进行测定，其中气相色谱条件为：采用无分流进样模式，载气流速为 1.0 mL/min，升温程序为以 10℃/min 的升温速度升至 300℃后保持 30 min，传输线温度以及四极杆温度设置为 200℃。质谱条件为：采用全扫描模式，扫描的分子质量范围设置为 45～970，离子源温度为 230℃，正离子模式。每个样的测试时间为 1 h，每次进样量为 1 μL。

（2）含溴开环产物的鉴定

对上清液部分先采用傅里叶变换红外线光谱分析仪（FTIR）进行产物官能团信息的测定。同时采用液质联用（LC-MS，AB Sciex Qtrap 5500），串联四极杆的扫描方式与线性离子阱的扫描方式相结合，对反应完全后的上清液进一步测定，测定时对上清液进行 10 倍浓缩，且先采用全扫描模式后，再对可能的产物进行二次扫描。通过质谱碎片峰，红外官能团信息，推测产物的结构。

18.3.2　脱溴产物的鉴定

表 18-5 列出了本书中所用到的 26 种 PBDEs 标准品的种类及保留时间，从表 18-5 中的保留时间和色谱柱 DB-5 的洗脱出峰顺序确认了 34 种从二溴代类到十溴代联苯醚的同系物，其中包括了 24 种有标准品和 10 种通过参考其他文献（Keum et al.，2005；Korytár et al.，2005；Martin et al.，2008）得到的结果。

GC-MS 的检测结果表明，在 NP/US/H$_2$O$_2$ 条件下 BDE209 的脱溴产物中检测到了一系列从二溴到九溴的多溴联苯醚存在。基于质谱库，在标准品保留时间为 29.108 min 和 27.862 min 的两个峰可被确认为 BDE206 和 BDE207，同时根据文献（Martin et al.，2008），BDE208 的出峰时间相对较快，可以辨认 BDE208 的相对位置，并且由相对峰面积可以得出一个定量关系：BDE206＞＞BDE207＞BDE208，这也符合文献（Shih Y et al.，2010；Sun C et al.，2009）的说法，即相对于对位，邻位和间位较为容易发生脱溴取代反应。

根据文献（Fang Z et al.，2011b）分别辨认了 BDE203、BDE204、BDE196 和 BDE197 几种八溴联苯醚。根据标准品的出峰时间得到七溴联苯醚 BDE183、BDE184、BDE191 的辨认，但是在此范围内仍存在许多无法辨别的多溴联苯醚。在保留时间为 27.5 min 的位置上，找到了与之匹配的七溴联苯醚 BDE181（Martin et al.，2008），然而在 BDE181 和 BDE202 之间存在一些峰，经过推测有可能是 BDE173 和 BDE190，两者的洗脱时间相近（Keum et al.，2005），但是在 GC-MS 图上无法得到确认。接着，六溴联苯醚 BDE154、BDE153、BDE138 和 BDE156 同样根据标准品可以得到准确的认定，对此间无法辨认的多溴联苯醚进行对比和分离，可以得到比 BDE153 更慢出峰时间的六溴联苯醚 BDE139。

在五溴联苯醚中，通过标准品的保留时间准确认定了 BDE85、BDE99、BDE100、BDE119 和 BDE126，在 BDE99 和 BDE85 之间存在的信号相对较强的峰经过文献（D'Archivio et al.，2013）的对比，可以得知为 BDE118。而在 BDE119 和 BDE99 之间存在两个峰也因缺乏标准品无法确认，但是靠近 BDE119 的通过文献（Korytár et al.，2005）推测可分析辨认 BDE101。保留时间为 14.303 min 和 18.309 min 的分别为回标和内标

的 $^{13}C_{12}PCB141$ 和 $^{13}C_{12}PCB208$。

关于四溴联苯醚，通过 5 种分别为 BDE49、BDE71、BDE47、BDE66 和 BDE77 的标准品进行检测；其中 BDE71 未检出，另外 4 种分别得到了准确的辨认。同时，根据 Korytár 等（2005）的推测，比 BDE47 更慢出峰时间的为 BDE74。因此共确认了 5 种四溴代联苯醚。另外，三溴联苯醚 BDE17 和 BDE28 根据标准品的保留时间得到了确认。类似地，二溴联苯醚 BDE7 和 BDE15 也得到了辨认。同时由于仪器检出有限的问题，一溴联苯醚 BDE3 无法得知是否存在，因此，BDE7 为本试验中 BDE209 在 $NP/US/H_2O_2$ 条件下脱溴的最终低溴代产物。

表 18-5　试验中所使用的标准 PBDEs 样品及其保留时间

编号	种类	保留时间/min	m/z
1	BDE7	10.891	79
2	BDE15	11.497	79
3	BDE17	13.377	79
4	BDE28	13.834	79
5	BDE49	18.298	79
6	BDE71	18.376	79
7	BDE47	18.773	79
8	BDE66	17.299	79
9	BDE77	18.105	79
10	BDE100	19.205	81
11	BDE119	19.561	79
12	BDE99	20.072	79
13	BDE85	21.393	79
14	BDE126	21.789	79
15	BDE154	22.121	79
16	BDE153	23.31	79
17	BDE138	24.689	79
18	BDE156	25.294	79
19	BDE184	25.644	79
20	BDE183	26.313	79
21	BDE191	27.187	79
22	BDE197	29.755	79
23	BDE196	30.572	79
24	BDE207	33.65	79
25	BDE206	34.43	79
26	BDE209	37.415	79

由于 BDE209 脱溴产物的疏水性，其脱溴产物主要分布在纳米复合材料表面（Peng Y H et al.，2013；Huang A et al.，2013），因此测定时先对降解后的体系进行磁选分离，对材料吸附的 PBDEs 进行超声萃取脱附（Xie Y et al.，2014），得到萃取液后进行浓缩，如图 18-15 分别为 NP/US 和 NP/US/H_2O_2 两种工艺条件下反应完全后（反应 48 h 后）BDE209 的脱溴产物的 GC-MS 色谱图。由图可知纳米 $Fe^0@Fe_3O_4$ 复合材料可以将 BDE209 脱溴降解为一系列低溴代产物。两种工艺条件下脱溴产物的不同表现在脱溴产物的种类上，NP/US 工艺条件下仅能检测出从三溴到九溴的脱溴产物，而 NP/US/H_2O_2 体系下则可以检测到 BDE7 等二溴联苯醚的存在，因此推测 H_2O_2 的投加使得 BDE209 的脱溴产物发生进一步降解，促进其深度脱溴。

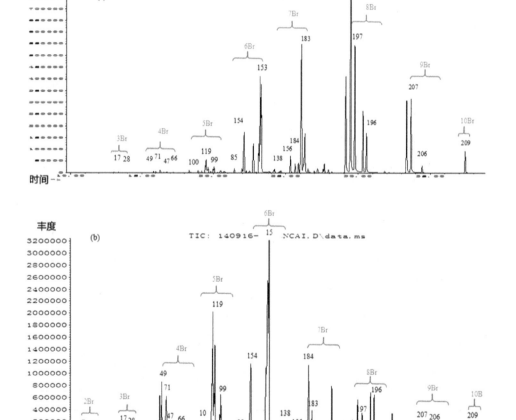

（a）单纯纳米复合材料超声波降解 BDE209 的产物；（b）投加材料及 H_2O_2 超声波降解 BDE209 的产物

图 18-15　BDE209 及其产物的 GC-MS 色谱图

此外，从脱溴产物的含量上来看，PBDEs 有 209 种同系物，由于一些 PBDEs 的标准品的缺乏，本书仅对 26 种典型的 PBDEs 进行定量，根据 BDE209 的 1Br～9Br 的脱溴产物定量结果，计算各溴代产物的相对含量作出柱形图。由图 18-16 可以看出，NP/US/H₂O₂条件下五溴及五溴以下的多溴联苯醚的相对含量比 NP/US 条件下的高，而高溴代的（六溴及以上）多溴联苯醚比 NP/US 条件下的低，这一结果初步证明了 H₂O₂ 的投加促进了高溴代联苯醚继续脱溴转化为低溴代联苯醚，使得高溴代联苯醚的含量下降，低溴代联苯醚积累而增加。

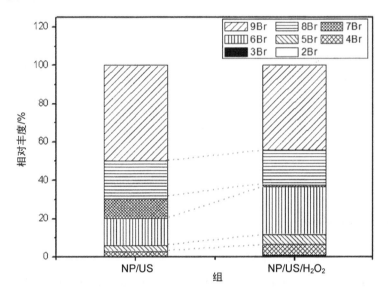

（纳米材料的投加量为 150 mg，反应时间 72 h；反应温度：35℃，初始 pH 为 7.1，反应后体系体积 15 mL，

THF 含量 2%，含水量 98%）

图 18-16　一溴到九溴产物分布

为进一步证明这一推测，测定了反应过程中溴离子浓度的变化（图 18-17）。由图可知，在反应 36 h 后，虽然 BDE209 的浓度基本达到平衡，但溴离子的浓度仍有较大幅度的上升，说明 NP/US/H₂O₂ 体系中投加 H₂O₂ 后并没有对材料的活性产生抑制，相反地，反应体系中仍在发生多溴联苯醚的脱溴降解，揭示了 H₂O₂ 的投加促进了纳米材料对 BDE209 的深度脱溴降解，这也体现了本书的还原氧化耦合体系对 BDE209 深度脱溴及降解的优势，这与 Huang A 等（2013）以及 An T 等（2008）利用二氧化钛产生的·OH 氧化降解 BDE209 使其氧化脱溴的研究类似。

此外，由图 18-16 可知两种工艺条件下脱溴产物中五溴联苯醚相对含量较低，仅占 5%左右，在低溴代产物中五溴代产物毒性最大（Yoshioka et al.，1997；Kim E J et al.，2014），体现了纳米复合材料在降低 BDE209 修复后的生态风险毒性上的优势。

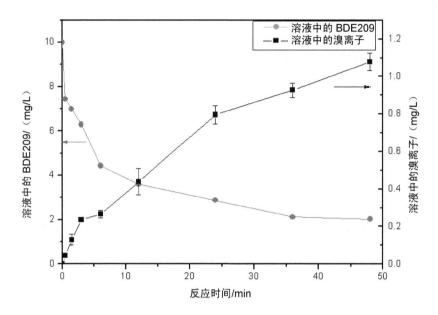

图 18-17　纳米复合材料对 BDE209 的降解过程溴离子浓度变化

18.3.3　开环产物的鉴定

18.3.3.1　不含溴的开环产物的鉴定

BDE209 的脱溴产物（低溴代联苯醚）由于其疏水性主要被吸附于材料表面，而 BDE209 的开环产物（主要为小分子羧酸类，醇类）具有亲水性，大量存在于反应完全后的上清液中（Luo S et al.，2011；An T et al.，2011；Huang A et al.，2013）。因此在对开环产物的鉴定时主要对反应后的上清液进行测定。

上清液经浓缩后滴加到干燥的 KBr 上进行红外测定，测定时选取了空白、NP/US 以及 NP/US/H_2O_2 3 种条件下的上清液（图 18-18），NP/US/H_2O_2 工艺条件下显示出 FTIR 在 1 716 cm^{-1} 上 C＝O 的伸缩振动，1 600 cm^{-1} 上 O＝C—O$^-$ 的不对称振动和 1 395 cm^{-1} 上 O＝C—O$^-$ 的对称振动，这些均是含羰基、羧酸类衍生物的信号，可能是苯环开环后产生。而在 NP/US 体系下的红外图中却并无发现这类信号，初步证实了外加 H_2O_2 氧化剂在降解体系中起到使得 BDE209 脱溴后能继续开环的作用。

此外，对反应完全后的上清液浓缩和衍生化预处理后（An T et al.，2011；Luo S et al.，2011）采用 GC-MS 测定的结果如图 18-19 所示，其中 18-19（a）为 NP/US/H_2O_2 工艺条件下上清液的 GC-MS 总离子图，图 18-19（b）为 NP/US 工艺条件下的总离子图。通过与质谱库的比对，由图 18-19（a）推测出 8 种可能的开环产物，分别为羟基乙酸（$C_2H_4O_3$）、4-羟基丁酸（$C_4H_8O_3$）、1,6-己二醇（$C_6H_{14}O_2$）、1,3-丙二醇醚（$C_6H_{14}O_3$）、3,4-二羟基正丁酸（$C_4H_8O_4$）、1,2,4-丁三醇（$C_4H_{10}O_3$）、2-羟基丁二酸（$C_4H_6O_5$）、2-羟基-4-甲基戊酸（$C_6H_{12}O_3$），其详细信息如表 18-6 所示。这几种产物分别对应的 GC-MS 质谱图如图 18-20 所示。然而在图 18-19（b）中并未发现这类含有 C═O 和 O═C—O⁻键的开环产物，这证实了我们的推断，即投加 H_2O_2 的目的是使 BDE209 的脱溴产物进一步被降解实现了氧化开环。

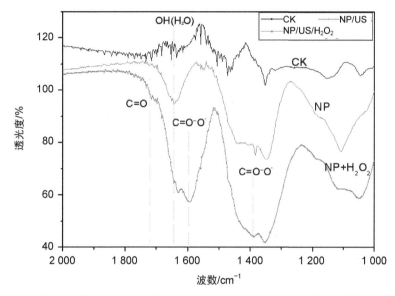

图 18-18　两种工艺条件下（NP/US、NP/US/H_2O_2）BDE209 降解后上清液的红外谱图

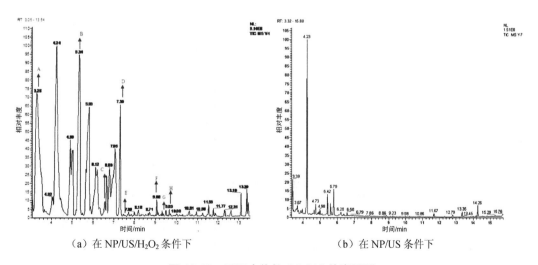

（a）在 NP/US/H_2O_2 条件下　　　　（b）在 NP/US 条件下

图 18-19　开环产物的 GC-MS 总离子图

表 18-6　采用 GC-MS 鉴定的 BDE209 在 NP/US/H$_2$O$_2$ 条件下降解后开环产物

可能产物	保留时间/min	*m/z*	名称	分子结构式
A	3.28	76	羟基乙酸（C$_2$H$_4$O$_3$）	
B	5.34	104	4-羟基丁酸（C$_4$H$_8$O$_3$）	
C	6.65	118	1,6-己二醇（C$_6$H$_{14}$O$_2$）	
D	7.30	134	1,3-丙二醇醚（C$_6$H$_{14}$O$_3$）	
E	7.71	120	3,4-二羟基正丁酸（C$_4$H$_8$O$_4$）	
F	9.06	106	1,2,4-丁三醇（C$_4$H$_{10}$O$_3$）	
G	9.49	134	2-羟基丁二酸（C$_4$H$_6$O$_5$）	
H	9.65	132	2-羟基-4-甲基戊酸（C$_6$H$_{12}$O$_3$）	

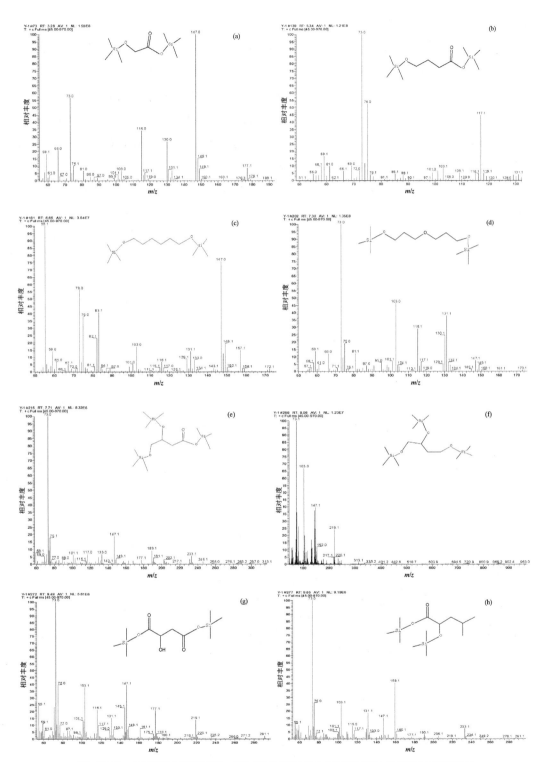

图 18-20　BDE209 开环产物（表 18-6 列出的）对应的衍生化后原始质谱碎片

18.3.3.2　含溴的开环产物的鉴定

采用 GC-MS 全扫描未能检测到含溴的开环产物。为了更全面地了解 BDE209 降解后的产物并进一步证明 H_2O_2 的投加使得 BDE209 开环降解，采用 LC-MS/MS 辅助测定的方式，筛选出含有特定的离子碎片的二级质谱图如图 18-21 所示。由质谱碎片信息图 18-21（a），发现了以下离子碎片 m/z 255（[M-2H]$^-$），237/235（[M-OH]$^-$），以及 45（[COO]$^-$），79/81（[Br$^-$]），结合红外谱图 18-18 推测这种含溴的开环产物为 $C_5H_4Br_2O_2$（Mr: 255.9）。图 18-21（b）中出现离子碎片 m/z 378/380/382（[M-2H]$^-$），362/364（[M-OH]$^-$），333/335（[M-COOH]$^-$）以及 45（[COO]$^-$），79/81（[Br$^-$]），推测这种含溴的开环产物为 $C_6H_5O_4Br_3$（Mr: 380.83）。此外，图 18.3-7（c）中出现离子碎片 m/z281/283/285（[M-2H]$^-$），263/265（[M-OH]$^-$），以及 45（[COO]$^-$），79/81（[Br$^-$]），因此推测这种含溴的开环产物为 $C_6H_4Br_2O_3$（Mr: 283.9）。

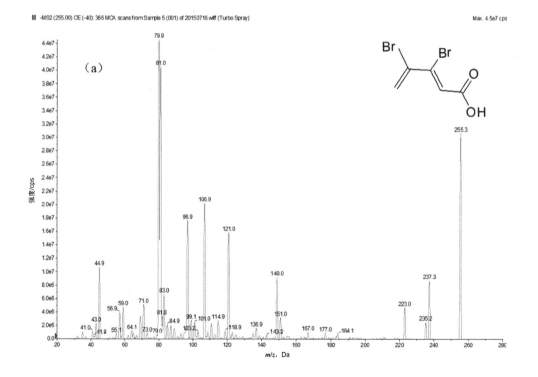

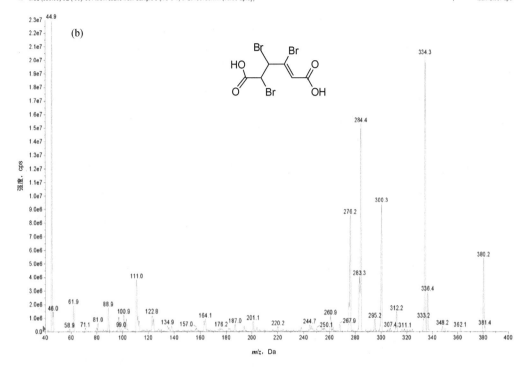

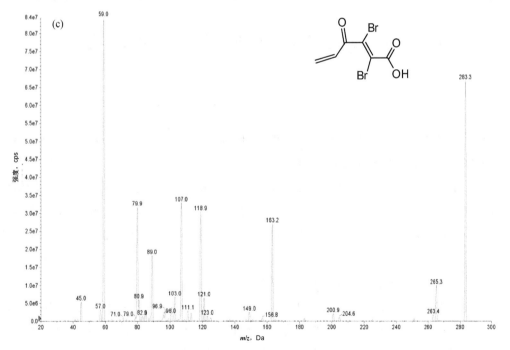

图 18-21　BDE209 含溴开环产物的二级质谱碎片（LC-MS/MS）

18.3.4 小结

采用 GC-MS、FTIR 以及 LC/MS/MS 等多种检测手段对 NP/US/H_2O_2 工艺条件下 BDE209 反应完全后的降解产物进行了详细的分析和鉴定。在分析过程中，将 BDE209 的降解产物分为 BDE209 的脱溴产物和 BDE209 的开环产物，且对反应完全后的上清液及材料表面吸附的产物分别进行分析。试验结果表明：

①由于 BDE209 的脱溴产物（低溴代联苯醚）的疏水性，主要被吸附于纳米 $Fe^0@Fe_3O_4$ 复合材料的表面，对材料表面的脱溴产物进行萃取后采用 GC-MS 进行分析发现 BDE209 在本试验体系下的降解产物中检测到大量的脱溴产物，且投加 H_2O_2 对 BDE209 的脱溴产物的含量的分布产生较大影响，1～4 溴代联苯醚的含量明显升高，且能检测到二溴联苯醚，即投加 H_2O_2 后促进了 BDE209 的深度脱溴。

②BDE209 在 NP/US/H_2O_2 工艺条件下检测到大量开环产物，通过对反应完全后产物进行衍生化并采用 GC-MS 全扫描检测到 BDE209 的 8 种不含溴的开环产物，均为羧酸类及醇类化合物，然而在 NP/US 反应体系中并未检测到这 8 种开环产物。此外，通过 FTIR 对产物分析时找到明显的羧基、羟基等基团，结合 LC/MS/MS 检测结果的质谱碎片，推测出 3 种 BDE209 含溴的开环产物的具体结构。试验结果表明本书设计的反应体系 NP/US/H_2O_2 达到了 BDE209 开环降解的目的。

18.4 纳米 $Fe^0@Fe_3O_4$ 类芬顿降解 BDE209 的机理研究

18.4.1 研究方法

对于整个 BDE209 降解过程中的降解机理以及降解路径的研究有助于分析整个降解体系的优势和需要改进的地方，这对于开发降解率更高新的纳米复合材料的研究是至关重要的，基于前面 BDE209 降解产物的鉴定结果，我们进一步探究 BDE209 在整个降解过程中的降解路径和变化，并找出纳米 $Fe^0@Fe_3O_4$ 复合材料和 H_2O_2 在 BDE209 的降解过程中的作用机理，找出使得 BDE209 开环降解的活性物质，从而为优化材料及反应体系的设计打下了基础。

（1）H_2O_2 的投加时间点对 BDE209 降解的影响

设计 2 组对照组试验，第一组投加 H_2O_2 的时间点设置为反应开始时的 1.5 h，第二组投加 H_2O_2 的时间点为反应 36 h 处，其他降解条件一致。降解试验在 98% 的水体系中进行，采用牺牲试验法在超声波条件下（25 kHz，30℃）进行降解反应，在原先设置好的时间点（0.5 h、1.5 h、3 h、6 h、12 h、24 h、36 h、48 h）取出一个样品瓶进行 BDE209

的浓度分析，具体降解率及去除率的计算方法见式（18-1）和式（18-2），每次设置 3 个平行样。

（2）3 种纳米材料（nZVI、Fe₃O₄ 及 Fe⁰@Fe₃O₄）的对比

设计 3 组对照试验，比较了 3 种不同的纳米材料（nZVI、Fe₃O₄ 材料以及 Fe⁰@Fe₃O₄ 复合材料）对 BDE209 的降解情况，3 种纳米材料的投加量保持一致，其他降解条件均一致，在设置好的时间点（0.5 h、1.5 h、3 h、6 h、12 h、24 h、36 h、48 h）取出一个样品瓶进行 BDE209 的浓度分析，具体降解率及去除率的计算方法见式（18-1）和式（18-2），每次设置 3 个平行样。

为比较材料的稳定性，对 3 种纳米材料（nZVI、Fe₃O₄ 材料以及 Fe⁰@Fe₃O₄ 复合材料）反应前后的 Zeta 电位测定，测定时取相同质量的纳米材料均匀分散于去离子水中后，采用马尔文纳米粒径及 Zeta 电位测定仪（Malvern Zetasizer Nano ZS90）进行测定。

（3）BDE209 降解过程中自由基的检测

在 NP/US/H₂O₂ 反应体系中投加 H₂O₂ 后，加入叔丁醇作为淬灭剂对·OH 进行淬灭反应，反应完全后取上清液进行衍生化，采用 GC-MS 全扫描手段检测上清液中是否有开环产物的产生。

为测定投加 H₂O₂ 后体系中产生的·OH，采用 DMPO 作为自由基自旋捕获剂，采用 ESR 波谱测定自由基加合物，并区分反应溶液中的自由基和材料表面产生的自由基。此外，为探究 Fe⁰@Fe₃O₄ 复合材料在类芬顿氧化过程中的优势，采用荧光光谱法对·OH 的产生量进行了测定，测定时采用对苯二甲酸分子探针作为·OH 的捕获剂，原理是对苯二甲酸（TA）能与·OH 形成稳定的高荧光强度的二羟基对苯二甲酸（Wang N et al.，2015；Zhang Y et al.，2015），其激发波长为 315 nm，该方法可简单快捷地测定·OH 的产生量（Yu J et al.，2009）。

18.4.2　BDE209 的降解路径

前面的结果均说明 BDE209 在 NP/US/H₂O₂ 这种还原-氧化耦合体系中得到有效的开环降解，基于前述 BDE209 降解产物的鉴定结果，我们提出 BDE209 的降解路径如图 18-22 所示，本书在 36 h 处外加氧化剂 H₂O₂，整个降解过程分为两个阶段：第一阶段为前 36 h 的还原脱溴阶段；第二阶段为后 12 h 的氧化开环阶段。

为证明 BDE209 经过了先还原脱溴后氧化开环这一降解路径，首先比较了 H₂O₂ 的投加时间点对 BDE209 的降解的影响。反应 3 h 左右投加 H₂O₂ 和在 36 h 投加的降解率比较如图 18-23 所示，由图可知，在 3 h 处投加 H₂O₂ 时，虽然体系中存在纳米复合材料，但 BDE209 的降解率仍受到抑制，仅有 25% 左右，其原因可能是反应初期 H₂O₂ 的加入使得材料表面钝化形成了一层氧化膜，阻碍了电子传递，与此同时体系中 Fe²⁺ 被氧化成 Fe³⁺，

使得复合材料失去还原性不能对 BDE209 进行还原脱溴降解。

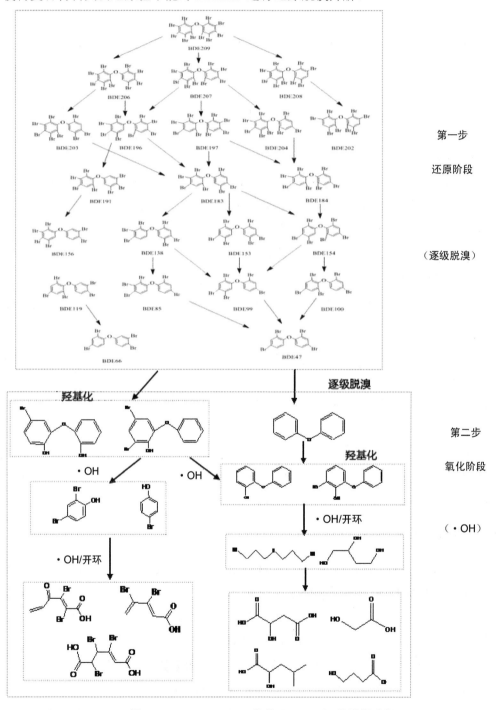

图 18-22　NP/US/H₂O₂ 条件下 BDE209 的降解路径

结合前面（18.2.3 节）不同条件下 BDE209 的降解情况比较可知，H_2O_2 不能直接将 BDE209 氧化，因此该时间点投加 H_2O_2 的氧化作用抑制了材料对 BDE209 还原脱溴，使得降解率仅有 20%左右。相反地，在还原脱溴降解达基本平衡时（36 h）外加 H_2O_2，BDE209 的降解并未受到抑制，BDE209 降解率继续上升至 85%，说明第一阶段为材料对 BDE209 的还原脱溴，加入 H_2O_2 后形成·OH 进攻低溴代联苯醚使其羟基化后更易被氧化为短链羧酸类物质（Lichtenberger et al.，2004；Huang L et al.，2013；Su G et al.，2014），实现了开环降解。

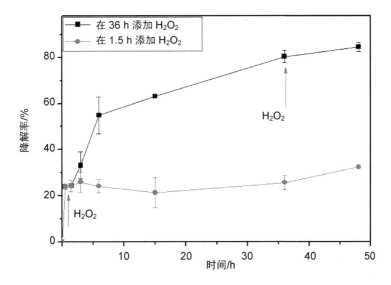

（US 条件：25 kHz；100 W；35℃，BDE209 初始浓度 10 mg/L，pH=7.1，Fe⁰@Fe₃O₄ 浓度=0.010 g/mL）

图 18-23　H_2O_2 投加时间点对 BDE209 降解率的影响

18.4.3　BDE209 降解过程还原脱溴阶段的机理

BDE209 首先被材料吸附至表面中，在 3 h 内去除率即可达到 90%，随后 BDE209 在材料的表面进行逐步脱溴转化为低溴代联苯醚。据文献报道，多溴联苯醚的逐步脱溴的过程是脱溴加氢过程，溴原子从 BDE209 上脱去并进入溶液中，BDE209 在催化加氢作用下逐步脱溴。在反应的前 36 h 反应体系中，纳米复合材料处在厌氧条件下（无氧或缺氧），且在无投加氧化剂，无微生物作用下，BDE209 几乎不可能发生氧化。因此反应的第一个阶段（前 36 h）为脱溴加氢阶段，Fe⁰@Fe₃O₄ 对 BDE209 进行还原降解。

为研究复合材料中 nZVI 和 Fe₃O₄ 发挥的作用，首先比较了 3 种材料（投加量均为 10 g/L）在同一条件下超声降解 BDE209 的情况（图 18-24），由图可以看出 nZVI 及纳米 Fe₃O₄ 材料降解效果均低于 Fe⁰@Fe₃O₄，尤其是纳米 Fe₃O₄ 对 BDE209 的降解只有 15%

左右，复合材料中对 BDE209 起还原降解作用的主要是 nZVI，但复合材料中的 nZVI 含量没有单独的 Fe^0 材料高，其 nZVI 的含量仅占总质量的 21%，因此我们推断 Fe_3O_4 在复合材料降解 BDE209 中起到一定的催化作用，促进了反应过程中的传质作用，即 nZVI 和 nano-Fe_3O_4 之间有协同的作用，因而促进了材料与污染物的传质速率。

很多研究中均报道了单独的 nZVI 材料易团聚且表面易钝化，严重限制了 nZVI 与目标污染物的电子传递，抑制了 nZVI 对目标污染物的降解，使得单独 nZVI 降解率比复合材料降解率低（Li L et al.，2006；Yu K et al.，2012）。然而本书将 nZVI 颗粒负载在 Fe_3O_4 上则能克服这些问题，磁性 Fe_3O_4 具有良好的磁性，使得 nZVI 颗粒牢固地附着于 Fe_3O_4 表面，从而克服了 nZVI 颗粒易团聚的问题。此外，Fe^{3+} 与 Fe^0 之间的转化形成的 Fe^{2+} 也具有一定的还原性，可使 BDE209 发生还原，形成的 Fe^{3+} 继续被 Fe^0 还原。此外，Fe_3O_4 充当电子转移的媒介作用，使得 3 种价态的铁发生不断的转化，促进了 BDE209 的还原脱溴。因此纳米 Fe_3O_4 的引进提高了 BDE209 的还原脱溴，注意到在 $Fe^0@Fe_3O_4$ 降解体系中投加 H_2O_2 后，BDE209 的降解并未受到抑制，然而在 nZVI 体系中投加 H_2O_2 后降解率几乎不变，可能的原因是加入 H_2O_2 后，nZVI 表面发生了钝化，侧面说明了纳米复合材料的优越性。

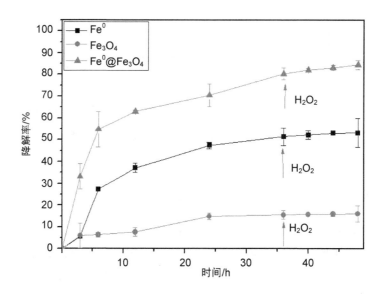

（US 条件：25 kHz；100 W；35℃，BDE209 初始浓度 10 mg/L，pH=7.1，$Fe^0@Fe_3O_4$ 浓度=0.010 g/mL）

图 18-24　3 种纳米材料对 BDE209 降解情况

Zeta 电位的重要意义在于它的数值与胶态分散的稳定性相关，文献中指出 Zeta 电位值大于 15（绝对值）的纳米颗粒比较稳定，Zeta 电位（正或负）越高，体系越稳定（Yoshioka et al.，1997），即溶解或分散可以抵抗聚集。反之，Zeta 电位（正或负）越低，越倾向于凝结或凝聚，即吸引力超过了排斥力，分散被破坏，发生凝结或凝聚。本书测定了反应前后 3 种材料的 Zeta 电位值（图 18-25），由图可以看出纳米 Fe_3O_4 的 Zeta 电位值最高，纳米复合材料 $Fe^0@Fe_3O_4$ 的 Zeta 电位值为 17.0，nZVI 材料的仅为 9.0，即复合材料的稳定性高于 Fe^0 材料。说明 nano-Fe_3O_4 的引入提高了复合材料的稳定性，使得 BDE209 能牢固地吸附在复合材料的表面而被 Fe^0 颗粒还原，提高了还原过程的效率，类似的报道也出现在 Wu Y J（2009）采用纳米 $Fe^0@Fe_3O_4$ 复合材料降解 Cr^{6+} 的研究中。因此，在还原脱溴这一阶段，复合材料中 Fe^0 发挥了还原剂的作用，Fe_3O_4 材料则作为催化剂以及良好的 Fe^0 载体克服了 nZVI 颗粒的团聚及表面钝化的问题，这种复合材料的设计不仅促进了材料和目标污染物的转移，最大限度地利用了 nZVI 材料，同时也提高了 nZVI 颗粒的稳定性。

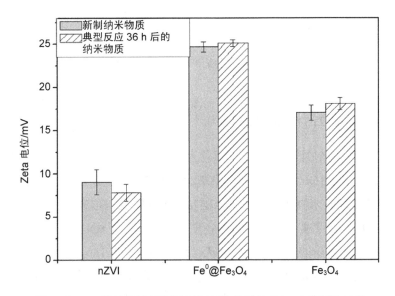

图 18-25　3 种纳米材料降解 BDE209 前后的 Zeta 电位测定结果

由于材料是运用在水相体系中 BDE209 的降解，因此能从水相体系中迅速地分离也是判断材料的实用性的一个依据。本书通过振动样品磁强计（VSM）测定磁滞曲线比较了这 3 种不同材料的磁分离性能，通过 VSM 测出的饱和磁化强度（Ms）表示样品在外源磁场的磁化系数，图 18-26 为 3 种材料在 300 K 下的磁滞回线图。由图可知纳米 $Fe^0@Fe_3O_4$ 的饱和磁化强度为 96.493 emu/g，是 3 种材料中最高（nZVI 为 82.245 emu/g，纳米 Fe_3O_4 为 77.406 emu/g），且无明显的磁滞现象，保证了材料在磁性分离后不会残留磁性而发生团聚，且在外加磁场下能在短时间内达到固液分离。

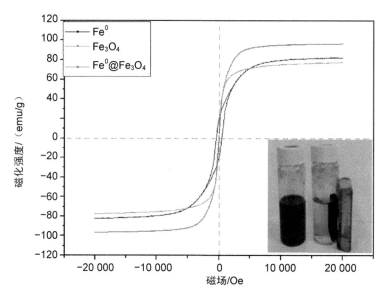

图 18-26 3种纳米材料的磁滞回线

18.4.4 氧化开环阶段的机理研究

在外加 H_2O_2 后的第二阶段反应，即氧化开环阶段。H_2O_2 与第一阶段产生的 Fe^{2+} 形成类芬顿反应，产生大量•OH，与此同时 BDE209 在第一阶段还原脱溴产生的脱溴产物被•OH 进攻使得高溴代联苯醚和低溴代联苯醚发生苯环断裂，形成开环产物。

为找出该反应阶段起主导作用的活性物质，首先进行了•OH 的淬灭对比试验，即在氧化阶段开始时投加过量的叔丁醇进行淬灭（Xu L et al.，2012b），反应完全后对上清液浓缩后衍生化，采用 GC-MS 全扫描对产物进行鉴定分析。如图 18-27 所示，并未找到短链羧酸类物质，初步证明了氧化开环阶段中是由•OH 发挥了主导作用。由于很多研究均报道了纳米材料非均相催化剂降解持久性有机物时，•OH 降解有机物应该分为两个部分，即材料表面产生的•OH_{ads} 和溶液中的•OH_{free}（Wang N et al.，2010；Xu L et al.，2012b；Xu L et al.，2012a），两种自由基均能进攻疏水性有机污染物，在非均相类芬顿系统中实现开环降解和矿化作用。对于 BDE209 脱溴产物，即低溴代联苯醚，由于其疏水性特性，脱溴产物主要吸附在复合材料表面，则材料表面的•OH_{ads} 进攻吸附于材料表面上这些低溴代联苯醚，进行羟基取代和氧化开环反应。这与 Luo S 等（2011）和 Zhang X 等（2014）的研究结论类似，即材料表面也会产生大量的•OH，促进有机物的芬顿降解。

为证明这一推测，采用 EPR 手段，用 DMPO 作为•OH 的捕获剂，发现在 NP/US/H_2O_2 条件下出现明显的•OH 与 DMPO 结合的特征峰 1：2：2：1 的四重峰（Fang G D et al.，2012；Zhang X et al.，2014）（图 18-28 线 a），验证了材料表面存在产生的•OH。同时，这一检测结果也证明了溴离子在 36 h 后仍在不断升高的原因，即反应体系中·OH 可以使低溴代联苯醚发生氧化脱溴，实现 BDE209 的深度脱溴，这与 Huang A 等（2013）以及 An T 等（2008）利用二氧化钛产生的·OH 氧化降解 BDE209 使其氧化脱溴的研究类似。

与此同时，由图 18-28 可知，与未加 H_2O_2 的空白组（CK）进行对照发现在 NP/US/H_2O_2 条件下出现明显的·OH 的特征峰 $1:2:2:1$ 的四重峰，说明了溶液中·OH_{free} 的存在。一些亲水性的降解产物如联苯醚等在上清液中被·OH_{free} 进攻而继续降解为脂肪族羧酸类有机物等。然而在本试验中并未检测到联苯醚中间产物（DPE），其原因可能是反应体系中·OH_{free} 进攻 DPE 的速度远大于 DPE 产生速率，因此在反应体系中并未检测到 DPE 这类物质。

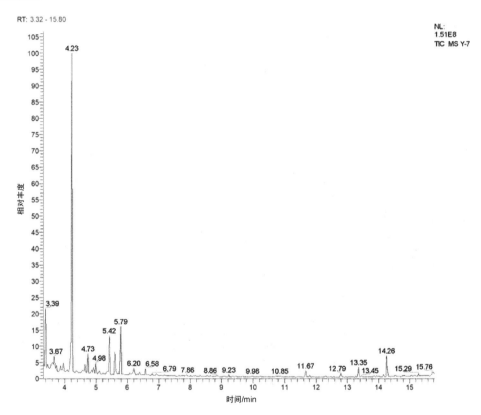

图 18-27　叔丁醇淬灭后的 BDE209 降解产物的 GC/MS

为证明体系中·OH 的不断产生，采用荧光法对 3 种纳米材料（nZVI，nano-Fe₃O₄，纳米 Fe⁰@Fe₃O₄）在相同条件下与 H_2O_2 类芬顿产生的·OH 的量进行测定（图 18-29），可看出纳米复合材料产生的·OH 的量最大，进一步说明了上述观点。因此在第二阶段（氧化开环阶段），复合材料表面产生的·OH 以及溶液中 Fe^{2+}/Fe^{3+} 以及 H_2O_2 互相转化产生大量的·OH，实现了 BDE209 的开环降解。

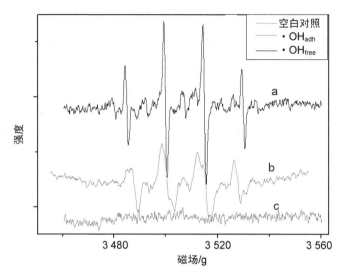

图 18-28　DMPO 捕获羟基自由基后 EPR 测定结果

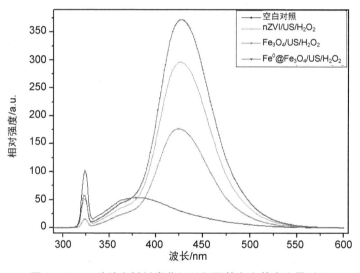

图 18-29　3 种纳米材料类芬顿过程羟基自由基产生量对比

　　基于上述机理的探讨，本书提出了 BDE209 在纳米 Fe^0@Fe_3O_4 复合材料作用下，在此还原/氧化耦合体系中被开环降解的机理示意图。如图 18-30 所示，BDE209 首先被材料吸附到其表面，归因于 BDE209 的疏水性及纳米复合材料的比表面积，随后 BDE209 在材料表面被还原而逐步脱溴，即脱溴加氢过程（Zhuang Y et al.，2010），溴原子从 BDE209 上脱去进入溶液中，BDE209 在催化加氢作用下逐步脱溴（Li A et al.，2007；Zhuang Y et al.，2011）。与此同时材料表面的 Fe^0 转化为具有一定还原性的 Fe^{2+}，也可使得 BDE209 不断脱溴。还原脱溴过程不断进行直到反应 36 h 后基本达到平衡，此时往体系中投加

H_2O_2，H_2O_2 与第一阶段产生的 Fe^{2+} 形成类芬顿反应，在材料表面及上清液中均产生大量羟基自由基（•OH_{ads} 和•OH_{free}），BDE209 在第一阶段还原脱溴产生的脱溴产物（低溴代联苯醚）被•OH 进攻使得高溴代联苯醚和低溴代联苯醚发生苯环断裂，形成开环产物。

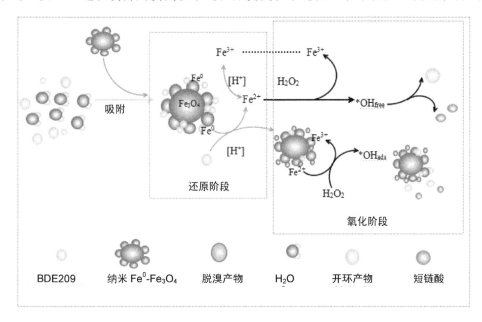

图 18-30　BDE209 在 NP/US/H_2O_2 条件下降解机理示意图

18.4.5　小结

本节通过 BDE209 的降解产物的检测，提出 BDE209 在本反应体系下的可能的降解路径。同时为了阐述降解机理，设计了一系列的验证试验，结果表明：

①BDE209 的降解过程总体上分为两个阶段，投加 H_2O_2 前的还原脱溴阶段和投加 H_2O_2 后的氧化开环阶段。

②在第一阶段，还原脱溴阶段，纳米复合材料中的 nZVI 起到明显的还原脱溴作用，材料中的 nano-Fe₃O₄ 起到明显的催化作用，BDE209 在复合材料的作用下明显比单独的 nZVI 和 Fe₃O₄ 降解率高。

③在第二阶段，氧化开环阶段，材料与 H_2O_2 实现了类芬顿体系，产生大量的羟基自由基，且试验检测到材料表面及反应溶液中均存在大量的羟基自由基，这些羟基自由基进攻 BDE209 在第一阶段产生的脱溴产物，实现了 BDE209 后续的氧化开环的目的，从而进一步降低降解产物的毒性。

参考文献

AHN M Y，2006. Photodegradation of decabromodiphenyl ether adsorbed onto clay minerals，metal oxides，and sediment[J]. Environmental Science & Technology，40（1）：215-220.

AN T，2008. Characterization and the photocatalytic activity of TiO_2 immobilized hydrophobic montmorillonite photocatalysts：degradation of decabromodiphenyl ether（BDE 209）[J]. Catalysis Today，139（1-2）：69-76.

AN T，2011. One-step process for debromination and aerobic mineralization of tetrabromobisphenol-A by a novel *Ochrobactrum* sp. T isolated from an e-waste recycling site[J]. Bioresource Technology，102（19）：9148-9154.

BASTOS P M，2008. Oxidative transformation of polybrominated diphenyl ether congeners（PBDEs） and of hydroxylated PBDEs（OH-PBDEs）[J]. Environmental Science and Pollution Research，15（7）：606-613.

CHEN S J，2013. Current levels and composition profiles of PBDEs and alternative flame retardants in surface sediments from the Pearl River Delta，southern China：comparison with historical data[J]. Science of the Total Environment，444：205-211.

CHEVRIER J，2010. Polybrominated Diphenyl Ether（PBDE） Flame Retardants and Thyroid Hormone during Pregnancy[J].Environmental Health Perspectives，118（10）：1444-1449.

D'ARCHIVIO A A，2013. Cross-column prediction of gas-chromatographic retention of polybrominated diphenyl ethers[J]. Journal of Chromatography A，1298：118-131.

ERIKSSON J，2004. Photochemical decomposition of 15 polybrominated diphenyl ether congeners in methanol/water[J]. Environmental Science & Technology，38（11）：3119-3125.

FANG G D，2012. Sulfate radical-based degradation of polychlorinated biphenyls：effects of chloride ion and reaction kinetics[J]. Journal of Hazardous Materials，227：394-401.

FANG Z，2011a. Degradation of the polybrominated diphenyl ethers by nanoscale zero-valent metallic particles prepared from steel pickling waste liquor[J]. Desalination，267（1）：34-41.

FANG Z，2011b. Debromination of polybrominated diphenyl ethers by Ni/Fe bimetallic nanoparticles：influencing factors，kinetics，and mechanism[J]. Journal of Hazardous Materials，185（2-3）：958-969.

FEO M L，2014. Advanced UV/H_2O_2 oxidation of deca-bromo diphenyl ether in sediments[J]. Science of the Total Environment，479：17-20.

FUKUCHI S，2014. Effects of reducing agents on the degradation of 2，4，6-tribromophenol in a heterogeneous Fenton-like system with an iron-loaded natural zeolite[J]. Applied Catalysis B：Environmental，147：411-419.

HE J，2006. Microbial reductive debromination of polybrominated diphenyl ethers（PBDEs）[J]. Environmental Science & Technology，40（14）：4429-4434.

HUANG A，2013. Efficient oxidative debromination of decabromodiphenyl ether by TiO₂-mediated photocatalysis in aqueous environment[J]. Environmental Science & Technology，47（1）：518-525.

HUANG L，2013. Degradation of polychlorinated biphenyls using mesoporous iron-based spinels[J]. Journal of Hazardous Materials，261：451-462.

HUANG R，2012. Heterogeneous sono-Fenton catalytic degradation of bisphenol A by Fe₃O₄ magnetic nanoparticles under neutral condition[J]. Chemical Engineering Journal，197：242-249.

JHO E H，2010. Fenton degradation of tetrachloroethene and hexachloroethane in Fe（Ⅱ）catalyzed systems[J]. Journal of Hazardous Materials，184（1-3）：234-240.

JIANG Z，2014. Photoreductive debromination of decabromodiphenyl ether by pyruvate[J]. Catalysis Today，224：89-93.

KEUM Y S，2005. Reductive debromination of polybrominated diphenyl ethers by zerovalent iron[J]. Environmental Science & Technology，39（7）：2280-2286.

KIM E J，2014. Predicting reductive debromination of polybrominated diphenyl ethers by nanoscale zerovalent iron and its implications for environmental risk assessment[J]. Science of the Total Environment，470：1553-1557.

KORYTÁR P，2005. Retention-time database of 126 polybrominated diphenyl ether congeners and two Bromkal technical mixtures on seven capillary gas chromatographic columns[J]. Journal of Chromatography A，1065（2）：239-249.

KUANG Y，2013. Heterogeneous Fenton-like oxidation of monochlorobenzene using green synthesis of iron nanoparticles[J]. Journal of Colloid and Interface Science，410：67-73.

LEE H J，2014. Degradation of diclofenac and carbamazepine by the copper（Ⅱ）-catalyzed dark and photo-assisted Fenton-like systems[J]. Chemical Engineering Journal，245：258-264.

LI A，2007. Debromination of decabrominated diphenyl ether by resin-bound iron nanoparticles[J]. Environmental Science & Technology，41（19）：6841-6846.

LI D，2010. An easy fabrication of monodisperse oleic acid-coated Fe₃O₄ nanoparticles[J]. Materials Letters，64（22）：2462-2464.

LI L，2006. Synthesis，properties，and environmental applications of nanoscale iron-based materials：a review[J]. Critical Reviews in Environmental Science and Technology，36（5）：405-431.

LI X，2008. Photodegradation of 2,2′,4,4′-tetrabromodiphenyl ether in nonionic surfactant solutions[J]. Chemosphere，73（10）：1594-1601.

LICHTENBERGER J，2004. Catalytic oxidation of chlorinated benzenes over V₂O₅/TiO₂ catalysts[J]. Journal of Catalysis，223（2）：296-308.

LIN Z R，2014. Kinetics and products of PCB28 degradation through a goethite-catalyzed Fenton-like reaction[J]. Chemosphere，101：15-20.

LUO S，2011. Two-stage reduction/subsequent oxidation treatment of 2,2′,4,4′-tetrabromodiphenyl ether in aqueous solutions：kinetic，pathway and toxicity[J]. Journal of Hazardous Materials，192（3）：1795-1803.

LV X，2012. Highly active nanoscale zero-valent iron（nZVI）-Fe$_3$O$_4$ nanocomposites for the removal of chromium（VI）from aqueous solutions[J]. Journal of Colloid and Interface Science，369（1）：460-469.

MARTIN J E，2008. Determination of the oxide layer thickness in core- shell zerovalent iron nanoparticles[J]. Langmuir，24（8）：4329-4334.

MCDONALD T A，2002. A perspective on the potential health risks of PBDEs[J]. Chemosphere，46（5）：745-755.

MUNOZ M，2012. Triclosan breakdown by Fenton-like oxidation[J]. Chemical Engineering Journal，198：275-281.

PENG Y H，2013. Adsorption and sequential degradation of polybrominated diphenyl ethers with zerovalent iron[J]. Journal of Hazardous Materials，260：844-850.

ROBROCK K R，2008. Pathways for the anaerobic microbial debromination of polybrominated diphenyl ethers[J]. Environmental Science & Technology，42（8）：2845-2852.

SANTOKE H，2009. Free-radical-induced oxidative and reductive degradation of fluoroquinolone pharmaceuticals：kinetic studies and degradation mechanism[J]. The Journal of Physical Chemistry A，113（27）：7846-7851.

SHIH Y，2010. Reaction of decabrominated diphenyl ether by zerovalent iron nanoparticles[J]. Chemosphere，78（10）：1200-1206.

SÖDERSTRÖM G，2004. Photolytic debromination of decabromodiphenyl ether（BDE209）[J]. Environmental Science & Technology，38（1）：127-132.

STAPLETON H M，2006. In vivo and in vitro debromination of decabromodiphenyl ether（BDE209） by juvenile rainbow trout and common carp[J]. Environmental Science & Technology，40（15）：4653-4658.

SU G，2014. Thermal degradation of octachloronaphthalene over as-prepared Fe$_3$O$_4$ micro/nanomaterial and its hypothesized mechanism[J]. Environmental Science & Technology，48（12）：6899-6908.

SUN C，2009. TiO$_2$-mediated photocatalytic debromination of decabromodiphenyl ether：kinetics and intermediates[J]. Environmental Science & Technology，43（1）：157-162.

TANG H，2012. Efficient degradation of perfluorooctanoic acid by UV-Fenton process[J]. Chemical Engineering Journal，184：156-162.

TSENG L H，2008. Developmental exposure to decabromodiphenyl ether（BDE209）：effects on thyroid hormone and hepatic enzyme activity in male mouse offspring[J]. Chemosphere，70（4）：640-647.

USMAN M，2014. Chemical oxidation of hexachlorocyclohexanes（HCHs）in contaminated soils[J]. Science of the Total Environment，476：434-439.

WANG N，2015. Cu（Ⅱ）-Fe（Ⅱ）-H_2O_2 oxidative removal of 3-nitroaniline in water under microwave irradiation[J]. Chemical Engineering Journal，260：386-392.

WANG N，2010. Sono-assisted preparation of highly-efficient peroxidase-like Fe_3O_4 magnetic nanoparticles for catalytic removal of organic pollutants with H_2O_2[J]. Ultrasonics Sonochemistry，17（3）：526-533.

WU Y J，2009. Chromium（VI）reduction in aqueous solutions by Fe_3O_4-stabilized Fe^0 nanoparticles[J]. Journal of Hazardous Materials，172：1640-1645.

XIE Y，2014. Remediation of polybrominated diphenyl ethers in soil using Ni/Fe bimetallic nanoparticles：influencing factors，kinetics and mechanism[J]. Science of the Total Environment，485：363-370.

XU J，2013. Dechlorination of 2,4-dichlorophenol by nanoscale magnetic Pd/Fe particles：effects of pH，temperature，common dissolved ions and humic acid[J]. Chemical Engineering Journal，231：26-35.

XU L，2012a. Magnetic nanoscaled Fe_3O_4/CeO_2 composite as an efficient Fenton-like heterogeneous catalyst for degradation of 4-chlorophenol[J]. Environmental Science & Technology，46（18）：10145-10153.

XU L，2012b. Fenton-like degradation of 2,4-dichlorophenol using Fe_3O_4 magnetic nanoparticles[J]. Applied Catalysis B：Environmental，123：117-126.

YAN W，2010. Nanoscale zero-valent iron（nZVI）：aspects of the core-shell structure and reactions with inorganic species in water[J]. Journal of Contaminant Hydrology，118（3-4）：96-104.

YOSHIOKA K，1997. Role of steric hindrance in the performance of superplasticizers for concrete[J]. Journal of the American Ceramic Society，80（10）：2667-2671.

YU J，2009. Enhancement of photocatalytic activity of mesporous TiO_2 powders by hydrothermal surface fluorination treatment[J]. The Journal of Physical Chemistry C，113（16）：6743-6750.

YU K，2012. Rapid and extensive debromination of decabromodiphenyl ether by smectite clay-templated subnanoscale zero-valent iron[J]. Environmental Science & Technology，46（16）：8969-8975.

ZHANG X，2014. Degradation of bisphenol A by hydrogen peroxide activated with $CuFeO_2$ microparticles as a heterogeneous Fenton-like catalyst：efficiency，stability and mechanism[J]. Chemical Engineering Journal，236：251-262.

ZHANG Y，2015. PEG-assisted synthesis of crystal TiO_2 nanowires with high specific surface area for enhanced photocatalytic degradation of atrazine[J]. Chemical Engineering Journal，268：170-179.

ZHAO H，2009. Wet air co-oxidation of decabromodiphenyl ether（BDE209）and tetrahydrofuran[J]. Journal of Hazardous Materials，169（1-3）：1146-1149.

ZHUANG Y，2010. Debromination of polybrominated diphenyl ethers by nanoscale zerovalent iron：

pathways，kinetics，and reactivity[J]. Environmental Science & Technology，44（21）：8236-8242.

ZHUANG Y，2011. Dehalogenation of polybrominated diphenyl ethers and polychlorinated biphenyl by bimetallic，impregnated，and nanoscale zerovalent iron[J]. Environmental Science & Technology，45（11）：4896-4903.

第19章 饮用水中硝酸盐污染降解及
二次污染治理问题的研究

19.1 研究背景

19.1.1 水环境污染概况

一般水资源是指在现阶段的经济技术水平下可利用并具有使用价值和经济价值的赋存于自然界中的各种水体总称。水资源不仅是对生态环境起决定性因素之一，更是社会经济赖以生存并繁荣发展的基础自然资源（张利平等，2009）。现阶段无可替代的水资源已变成制约人类社会文明发展的重要因素之一。

地球表面大约70%为海洋所覆盖，海水占地球总水量的97%，占地球总水量不到3%的淡水资源大部分以冰川形式储存而难以被开采利用。因此，现阶段可供人类利用的水资源量少之又少，仅包括不到总水量0.4%的河水、地下水和湖泊水等。随着社会的发展，人类生产、生活强度越来越大，地表水污染状况趋于恶化。而地下水易于开采利用并且污染程度比地表水低，是一种非常重要的淡水资源。全球约1/2的饮用水水源依赖地下水的供应。数据报道，世界上大约1/5人口得不到清洁的饮用水，若不采取更为有效的水资源保护措施，随着人口增长，10年后得不到安全饮用水保障的人口将会增长至总人口的1/3左右（蒲晓东，2007）。综上，总量本就不多的水资源，急剧增长的人口，污染越来越严重的地表水资源，以及过度开采不可再生的地下水资源等一系列因素造成了21世纪人类面临着的严重危机之一——水资源短缺。

我国水资源分布南多北少，在水资源利用方面既存在严重的水资源短缺危机，也存在人均水资源占有量低时空分布极不均匀等难题。调查统计结果显示，我国水资源总量约为2.8万亿 m^3，排名世界第六位（2000），然而由于我国人口数世界排名第一，水资源人均占有量仅为世界人均水平的1/4，从人均水资源占有量方面来看，水资源匮乏形势不容乐观。研究表明占全国国土总面积64%以上的长江以北流域的水资源量仅有全国水资源总量的19%（汪恕诚，2009）。为此，国家实施了一系列水利工程项目（如南水北调\三峡水库工程等）以缓解我国水资源时空分布不均的问题。随着近几十年工农业的飞速发展,城市化进程加快,水污染问题变得日益严重。2007 年太湖等地区的蓝藻水华事件和北江韶关段的镉污染等大规模水污染事件历历在目。水资源污染在我国水资源缺乏的问题上加剧了水资源总量和日益增长的水资源需求之间的矛盾。所以我国既是水资源严重缺乏的国家,也是一个水质性缺水的国家。

造成水资源污染事件的因素分为自然和人为两种,其中人为因素是水资源污染的主要因素。自然污染与环境背景有关,经过长期的自然演变过程,水体自净能力基本能够与自然污染过程达到平衡状态,不致水体中污染物的浓度过高。之所以出现严重的水环境污染事件,大多数是由人类生产、生活带来人为污染所造成的。例如,工厂废水、养殖污水的排放,农业生产中农药化肥的滥用以及生活污水等都属于造成水环境污染的人为因素。研究表明,全国约 1/3 以上的工业废水和 80%以上的生活污水排入河流、湖泊(李艳霞等,2001),而且随着生活污水、工业废水以及农田污水的增多,我国地表水环境污染呈现恶化趋势。我国十大流域国控断面的水质调查显示,Ⅲ类水以上的断面比例约为 68%,总体为中度污染。而 2004—2008 年在国控重点湖泊中调查结果显示,水质低于Ⅲ类断面的湖泊比例在 70%以上,更有一些大的淡水湖泊和供水水库的水质常年为劣Ⅴ类水质。

地下水是一种非常重要的淡水资源,具有分布广泛、水质较好等诸多优点,而且相比地表水资源更加稳定,不容易受污染,其使用价值和重要性甚至超越了地表淡水资源。据统计我国有近一半人口的饮用水依赖地下水资源,而在北方干旱地区地下水更是成为唯一供水源地。然而随着地表水污染和农田农药化肥施用等众多因素,地下水也不可避免地产生了水污染问题。地下水污染同样主要由人为污染导致(欧壮胜等,2010)。研究表明我国平原区水质低于Ⅳ类水的地区占比约为 59%,而且人口密集和人类生产活动强度大恶化了地下水污染状况。例如,在富营养化严重的太湖流域地区Ⅳ类水质以下的地区占所评价地区的比例高达 91.4%,而在经济活动强度较弱的西北地区和水源地以地表水为主的南方地区地下水水质相对比较好。

我国水污染总体情况不容乐观,据统计全国 75%的湖泊水域、47%的河段、90%以上的城市水域和约 50%的城市地下水均受到较严重的污染,全国约有 8 亿人得不到清洁安全的饮用水保障(李艳霞等,2001)。水污染和水资源重复利用率低等更加剧了我国水资源缺乏的危机,不仅缓解水资源时空分布不均和用水紧缺等措施是十分必要的,而且对水质处理的工程提质措施也是我国未来不可避免的巨大挑战之一。

19.1.2 硝酸盐污染及其控制对策

19.1.2.1 硝酸盐污染

在水环境污染中最常见的是氮磷超标、重金属污染和石油化工污染。氮源污染常见于硝酸盐污染，是水体富营养化的重要因素之一，严重影响着居民饮用水安全。随着城市雨洪、养殖污水和农田氮肥施用，水体中硝酸盐浓度呈现上升趋势，逐渐演变成严重的水环境难题（秦伯强等，2006；Nestler et al.，2011）。

生活污水和工业废水是导致水环境中硝酸盐超标的一个重要因素（Rao E et al.，2000）。未经处理的乱排乱放的生活污水和工业废水含有高浓度有机氮化合物，经过一系列的生化作用会转化为硝酸盐，最终导致饮用水水源被污染。据统计，因工业废水和生活污水排放而被污染的河流和湖泊水体高达 78%，被污染的地表水通过对地下水的下渗补给等过程，导致地下水水源也呈现一定程度的硝酸盐污染。

农业化肥特别是氮肥的滥用是造成水体中硝酸盐超标的主要来源。由于农作物对化肥的吸收利用率不高（仅为 30%~40%），大量氮肥通过下渗、雨洪的淋溶等途径进入环境，对水体均会造成严重的硝酸盐污染（易秀等，1993）。而农家肥含有的较多的含氮化合物经过土壤中微生物作用，主要是硝化作用和反硝化作用，最终均以硝酸盐的形式污染饮用水水源，元素转化机理如图 19-1（张洪等，2008）所示。

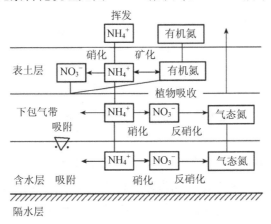

图 19-1　硝酸盐在地下水中的转化路径

为了适应干旱地区水资源缺乏的形势，通过污水灌溉来节省水资源的农田灌溉模式也会导致地下水污染（唐常源等，2006）。来自养殖业的畜禽粪便和日常生活固体垃圾废弃物的堆积，随着雨洪径流的淋溶分解进入地表水或者下渗至地下水，也会增加水体中的硝酸盐浓度。大气中的湿沉降能够携带石油化工燃料燃烧释放出的氮氧化物进入地面环境从而增加水体中氮元素的含量，经过一系列的生物化学作用最终转化为硝酸盐，促使水体中硝酸盐浓度升高，最终引起水体中的硝酸盐污染。

水体中硝酸盐污染会导致一系列的水质恶化事件。硝酸盐浓度增加是导致水体富营养化的一个重要因素。农作物吸收过量的硝酸盐后会降低其氨基酸和蛋白质的质量，从而影响农产品的质量和营养价值。家畜在食用硝酸盐超标的饲料或者饮用硝酸盐污染的水源后会出现急性中毒症状。硝酸盐在还原过程中产生的有毒的二氧化氮等气体过高时也会导致牲畜中毒死亡（延利军，2013）。过量的氮在人体中会产生引起癌变的游离氨基酸，危害人体健康。水果中硝酸盐经过一系列的生化作用还原为亚硝酸盐，食用含有过量亚硝酸盐的水果会引起人体的中毒症状。过量硝酸盐经过人体内的各种蛋白酶的作用会被还原为亚硝酸盐。硝酸盐本身不会对人体造成伤害，但其还原产物亚硝酸盐对人体伤害极大，硝酸盐在体内迁移转化机理如图 19-2（都韶婷等，2007）所示。首先亚硝酸盐和一些胺类化合物反应会生成亚硝基胺和亚硝基酰胺，这类物质有致癌性，会造成人体器官的癌变（Shrimali et al.，2001；Rao N S et al.，2006）。此外，亚硝酸盐能够被血液中的 Fe^{2+} 离子继续还原，而 Fe^{2+} 离子的减少会导致高铁血红蛋白症，血红蛋白失去运输氧气的功能，造成细胞缺氧甚至呼吸系统衰竭（张庆乐等，2008）等严重后果。

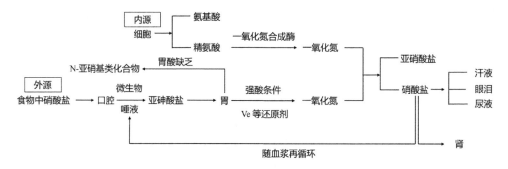

图 19-2　硝酸盐在体内迁移转化机理

随着世界人口的膨胀，人类生产活动强度的增强，极大地促进了社会经济的快速发展，随之而来的硝酸盐污染已经成为世界范围内水污染分布最广，最为常见的环境污染之一，硝酸盐降解及其在实际工程中的提质升级势必成为我国水资源治理的一项重大挑战。

19.1.2.2　硝酸盐污染的控制对策

农业化肥特别是氮肥的滥用、工业废水和生活污水的乱排乱放，导致了我国江河湖泊等地表水体和地下水体的硝酸盐污染，并且呈现恶化趋势。硝酸盐污染分布范围广，对环境和动植物以及人类健康均会造成严重危害。因此对硝酸盐污染采取积极的应对控制对策和快速降解等技术的研究受到近几十年众多学者的关注。对硝酸污染的控制应从污染源采取措施，结合相应的标准和评价体系对硝酸盐污染进行严格的预防和治理。

（1）科学施肥，尽量减少农业化肥特别是氮肥的滥用和流失

采用科学方法施用农业化肥，例如，按照农作物的需肥规律并结合土壤的供肥能力综合考虑，估算出农作物的最佳施肥量（陈长伟等，2008）。选用合适的符合国家标准的氮素增效剂和控释肥延长农田化肥的肥效期以减少氮肥的流失（彭少兵等，2002）。

在科学施肥的基础上改进灌溉方式进一步提高氮肥的利用率，同样可以减轻硝酸盐的污染。严格控制相关地区的污水灌溉，在节水的同时避免造成地下水污染。这些措施都可以减少农业化肥的滥用，杜绝硝酸盐面源污染。

（2）制定行之有效的标准，严格控制工业废水废气和生活污水的乱排乱放

我国坚持"谁污染、谁治理"的原则并制定了一系列相关的排放标准和规定，但是对已有标准的执行力不够。为此要加强对生活污水和工业废水废气的乱排乱放相关政策的行动力，严格控制未经处理不符合标准的污水和废水排放问题。例如，调整产业布局，在确保促进经济增长的同时实现水资源的可持续发展，形成绿色产业链，减少对环境污染的风险。联合污水处理厂对居民生活和工业生产等活动产生的废水等进行集中处理，达标后用于农田用水。总体来说，加强污水处理和排放政策的执行力以实现"最严格水资源管理"纳污红线的目标（刘超，2013），进一步在源头减少硝酸盐的危害。

（3）固体垃圾进行合理妥当的处理

农村集中养殖业的畜禽粪便和日常生活产生的固体垃圾的淋滤下渗是造成硝酸盐污染的另一个重要因素。而且养殖模式随着城乡畜牧业规模的迅速发展已实现了从原来的分散养殖到集中养殖的转变，随之而来的是超过 27 亿 t 畜禽粪便排放量，相当于工业固体排放量的 3～4 倍（洪华生等，2004）。妥善将畜禽粪便作为有机肥代替化肥施用至农田中，在减少化肥滥用的同时还能降低固体垃圾对水体造成的硝酸盐污染（李国学等，2000；周立祥等，1999）。

19.1.2.3 硝酸盐降解技术研究

硝酸盐因其极易溶于水，化学性质稳定等特点导致传统的水处理修复技术难以有效降解，对硝酸盐污染水体的修复寻找行之有效的方案是现阶段亟待解决的问题（周立祥等，1999）。目前修复硝酸盐污染的常见方法分为生物反硝化法、物理化学反硝化法和化学还原法 3 类（王曼曼等，2013）。

（1）生物反硝化法

自然界中本就存在一些能够降解硝酸盐等污染物的微生物，而不致水体中污染物浓度过高，这也是水体自净能力的一种。这些反硝化微生物一般在厌氧或缺氧状态下将硝酸盐、亚硝酸盐等转化为氮气，是理论上比较理想的硝酸盐降解途径（吴耀国，2002）。根据水处理场地的不同分为原位生物反硝化技术和异位生物反硝化技术（Lee K C et al.，2003）。

原位生物反硝化技术，是指水体被污染后不经抽取和运输等程序，利用微生物的反硝化作用直接在水源地进行硝酸盐降解反应。原位生物反硝化技术需要将有机碳源做成处理墙打入地下进行地下水净化，具有运行费用和基建费用比较低的特点（Schipper et al.，2000）。但是注入营养物质的含量不易控制，而且营养物质过剩情况下又会造成二

次污染。另外生物膜的不断增长会破坏地下水体结构，造成含水层的堵塞（金朝晖等，2002）。

异位生物反硝化技术，是指经过一定方式的抽取和运输等过程后对硝酸盐污染进行集中降解（Lee D U et al.，2001），根据自养和异养微生物又分为自养生物脱氮技术和异养生物脱氮技术。自养生物脱氮技术无须人工投加碳源，但是对电子供体依赖性特别大。例如，氢型微生物反硝化技术容易出现氢气溶解度小而引发爆炸的难题（陆彩霞等，2008）；以硫或硫的化合物为主要电子供体的自养生物脱氮技术容易造成硫酸盐污染（王海燕等，2002）。而异养微生物反硝化技术比自养微生物反硝化技术水处理的规模更大，速度更快。但是异养微生物对有机物（如醋酸、甲醇等基质）的依赖性较大，如果投入的基质过少会造成亚硝酸盐积累而形成危害更大的亚硝酸盐污染，投入过大又会造成有机基质污染（沈志红等，2011）。

总体来说，生物反硝化技术能够将硝酸盐降解为氮气，不容易产生其他氮源化合物污染。但是生物反硝化技术又具有微生物培养周期长，可能造成不同种类二次污染，工艺复杂，管理要求高等特点，而且相比物化反硝化法降解速度慢，对后续处理的要求也比较高。

（2）物理化学反硝化法

常见的物理化学反硝化法主要有蒸馏、离子交换、反渗透和电渗析（Wesley et al.，1997）等，其中离子交换已用于大规模的硝酸盐污染水质处理，是一种比较成熟的技术（刘玉林等，2001）。最常见的离子交换是利用阴离子交换树脂中的阴离子与硝酸根交换的原理达到净化水质的目的，具有简单、高效、可再生等优点。然而树脂本身价格较高，而且树脂再生会产生高浓度的废水，容易产生二次污染（Ghafari et al.，2008）。反渗透法利用半透膜无选择性地去除水中各种物质，包括污染物和对人体有益的微量元素。半透膜的成本很高，降低出水水质的矿物质含量同时会产生高浓度的二次污染（康志萍，2005），一般用于超纯水的制备。机理类似的电渗析技术也会产生高成本和二次污染问题（范彬等，2000）。

（3）化学还原法

化学还原法降解硝酸盐的原理主要是利用强还原剂将硝酸盐还原为氮气或氨氮等易降解的产物，根据还原剂的不同又分为催化还原法（Neyertz et al.，2010；Chaplin et al.，2012）和活泼金属还原法两种。

①催化还原法

氢气、甲醇和甲酸等有机强还原剂，结合特定催化剂，将硝酸盐选择性降解为氮气等低毒或易降解的产物是催化还原脱氮技术的主要原理（Chen Y X et al.，2003）。该法对催化剂要求特别高（Ying W et al.，2010），研究发现硝酸盐降解效果比较理想的催化剂大部分以双金属催化剂为主，非金属催化剂和单金属催化剂对硝酸盐去除效果和对氮气的选择性不理想（Soares et al.，2008）。该法还存在一些其他问题，如以氢气作为还原剂的体系中，普通条件下氢气在水中的溶解度比较低，而高浓度氢气一旦混入空气容易产生爆炸，很难用于大规模的水处理工程。选择甲醇、甲酸等有机物作为还原剂，还原剂和硝酸盐的比例难以调节，容易对水体造成二次污染。综合来讲，催化还原法对氮气的选择性高，反应速度快，但是催化剂要求高、成本高而且还可能会造成二次污染，操作复杂。

②活泼金属还原法

活泼金属还原法是利用金属单质的还原作用将硝酸盐降解的方法（Fan X M et al.，2009），具有操作简单、反应迅速等特点，常用的活泼金属单质有铁、铝、铜锌等金属单质（Huang C P et al.，1998）。然而该方法处理硝酸盐的多数最终产物以氨氮为主，容易产生氨氮、金属化合物等二次污染，对后续处理有一定要求。

有学者在高 pH 条件下用铝粉作为还原剂处理硝酸盐，可达到较高的去除率，而且氮气的选择性较高（Luk G K et al.，2002），也有研究表明其主要产物仍为氨氮，而且反应介质的 pH 必须处于较高状态，铝粉才能对硝酸盐进行降解（Murphy et al.，1991）。相较之下，Fe^0 具有对环境基本无害、来源广泛等特点，而且反应酸性介质比较利于硝酸盐的降解，在不调节 pH 的条件下仍对硝酸盐具有降解作用（Siantar et al.，1996；Cheng I F et al.，1997）。

19.1.3　nZVI 技术降解硝酸盐

随着纳米技术的飞速发展，nZVI 应用于水处理技术成为现阶段研究的热门课题。nZVI 颗粒小，比表面积大，逐步代替普通 Fe^0 反应活性点多，不仅能够降解普通 Fe^0 能够降解的污染物，而且处理污染物的速率和效果都比 Fe^0 理想。

在硝酸盐降解研究中最初的 Fe^0 是铁粉、铁屑。由于铁粉、铁屑来源广泛，操作简便，应用最多（Choe S et al.，2000；Westerhoff et al.，2003）。如 Choe S 等（2004）采用 Fe^0 去除硝酸盐的反应中发现在酸性条件下硝酸盐可被完全去除。Liao C H 等（2003）和 Zawaideh 等（1998）采用铁粉去除硝酸盐的研究中也证实酸性条件下铁粉能将硝酸盐快速去除，还原产物中有 80% 为氨氮。还有一些专家采用铁屑做成了渗透反应墙（PRB），成功实现了原位降解地下水硝酸盐污染的目标（Snape et al.，2001；Park J B et al.，2002）。但其反应速率低也带来了还原不完全、材料耗费大等问题（Chang C N et al.，2000；Ellott et al.，2001）。随着纳米技术的飞速发展，nZVI 逐步代替普通 Fe^0，开始应用于硝酸盐的去除（Ponder et al.，2000）。Choe S 等（2000）利用纯化学试剂和液相还原法制备的 nZVI 去除硝酸盐的研究表明严格厌氧条件下硝酸盐主要转化为氮气,没有中间产物产生。

也有很多研究显示，nZVI 反硝化净化水质试验中氨氮为主要产物，少量亚硝酸盐和 N_2（Liou Y H et al.，2006；Zhang Y et al.，2011）。

随着 nZVI 技术研究的深入，nZVI 用于水处理也有其限制性。因为 nZVI 活性极高，在空气中极易氧化不稳定（陆敏，2007），甚至制备过程中的干燥步骤会产生燃烧现象（高圆圆等，2013）。另外 nZVI 带有磁性，极易团聚，颗粒变大，使得比表面积减少，反应活性位点减少，最终导致 nZVI 的活性变弱，影响对污染物的降解效果。为了更好地应用于水体污染的修复，修饰改性 nZVI 也成为研究的热点课题。

现阶段对 nZVI 的修饰改性主要集中在提高污染物降解速率、分散 nZVI 以减弱团聚、钝化 nZVI 等方面。在提高 nZVI 对污染物降解的速率问题上常采用纳米双金属材料方法（Fang Y et al.，2008），即添加另一种纳米金属作为降解反应的催化剂，如纳米 Fe/Ni、纳米 Fe/Pb 等。以纳米 Fe/Ni 为例，其制备方法有两种：①通过 nZVI 的置换还原反应制备出纳米 Fe/Ni，即先还原后沉积方法；②通过强还原剂一般是 $NaBH_4$ 的还原作用同时制备纳米 Ni 和纳米 Fe，即共还原沉积法（邱心泓等，2010）。一般来说，先还原后沉积方法制备出的纳米 Fe/Ni 中 Ni^0 均匀分布在 Fe^0 离子表面，阻碍了污染物和 nZVI 表面的反应活性位点的接触，在降解速率上没有共还原沉积法制备出的纳米 Fe/Ni 降解速率快（Han Y et al.，2008）。另外，先还原后沉积方法制备出的纳米 Fe/Ni 相比之下更加容易团聚。催化剂金属一般为重金属元素，可能在降解污染物的同时增加水中重金属浓度，产生二次污染。

制备负载型 nZVI 能够保持 nZVI 的固有特性，增强 nZVI 的稳定性，提高回收率等特点（Chen Z et al.，2011）。常见的固体载体有硅、炭、树脂等（Zheng T H et al.，2008；Choi H et al.，2008；Choi H et al.，2009）。例如，Li A 等（2007）利用阳离子交换树脂负载 Fe^0 实现 Fe^0 比表面积有效增大，获得了较好的污染物降解效果。另外，通过对 nZVI 的钝化和增加表面活性剂等修饰技术以增强其稳定性减弱团聚，也达到了更有效去除污染物净化水质的目的。

19.1.4　研究的意义和工作内容

基于课题组对 nZVI 技术的研究，我们已经制得多种水体修复性能优秀的修饰型纳米铁基材料和负载型纳米铁基材料。

我们将两种纳米材料——钢铁工厂中的酸洗废液和甘蔗渣烧制的生物炭为原料制备 nZVI（BC@nZVI）和修饰改良后的纳米双金属材料（BC@Fe/Ni）用于硝酸盐的降解模拟试验。主要内容如下所示：

①通过 BC@nZVI 降解硝酸盐的初试试验和材料表征试验，分析不同工艺条件对 BC@nZVI 降解硝酸盐效果的影响和响应机理。

②通过 BC@Fe/Ni 的表征试验分析 BC@Fe/Ni 的微观特征。考察 BC@Fe/Ni 对硝酸盐的降解效果，通过拟一级动力学方程拟合结果定量分析不同工艺条件对 BC@Fe/Ni 降解硝酸盐过程的影响。

③对比分析 BC@Fe/Ni 和 BC@nZVI 的材料表征试验结果，考察生物炭对纳米颗粒的分散性。结合纳米铁系材料对硝酸盐降解过程的影响，考察生物炭和镍在 nZVI 降解硝酸盐过程中所起的作用。

④对比分析 BC@Fe/Ni 和纳米 Fe/Ni 降解硝酸盐过程中金属离子的含量，考察纳米铁系材料降解硝酸盐过程中产生的金属化合物污染和生物炭对金属离子的吸附作用，验证 BC@Fe/Ni 降解硝酸盐的优越性。

⑤对不同纳米铁系材料降解硝酸盐的机理进行分析，并利用阳离子交换树脂对产生的氨氮污染进行降解，验证复合材料降解硝酸盐联合阳离子交换树脂净化水质方案的可行性。

19.2　废酸制备的 BC@nZVI 对硝酸盐去除的研究

19.2.1　研究方法

我们已经成功制备和应用钢铁行业酸洗废液制备的 nZVI 颗粒于水体中甲硝唑（Fang Z et al.，2010）、多溴联苯（Fang Z et al.，2011a）、Cr^{6+}（Fang Z et al.，2011b）的去除，取得了良好的效果，验证了钢铁行业酸洗废液代替铁盐化学药剂制备 nZVI 的可行性。本书以钢铁行业酸洗废液和甘蔗渣为原料制备负载型 nZVI，应用于水中硝酸盐的去除，并探究 BC@nZVI 降解硝酸盐的反应机理。结合阳离子交换树脂的吸附作用，进一步验证 BC@nZVI 联合阳离子交换树脂对硝酸盐污染饮用水的三氮（氨氮、亚硝酸盐氮、硝酸盐氮）污染降解方案的可行性。

硝酸盐去除试验：取定量新制备的纳米材料投至定量的硝酸钾溶液，在摇床中〔（28±1）℃，200 r/min〕反应一定时间。经磁分离固液和 0.45 μm 膜过滤器分离的混合液利用紫外分光光度计（722N，shanghai，China）在 λ=220 nm（减去 λ=275 nm 处的干扰）测定硝酸盐浓度。溶液中的氨氮、亚硝酸盐和总氮采用相似的紫外分光光度法检测测。表 19-1 是标准曲线的线性拟合结果。结果显示 4 条标准曲线的相关度只有亚硝酸盐的标线相关度 R^2=0.993，其余均达到 0.998 以上，表明标准线大体上适用于相应氮元素含量的测量。

表 19-1　硝酸盐、氨氮、亚硝酸盐和总氮的标准曲线

测试项	线性方程	相关度 R^2
硝酸盐	$y = 0.245\,03x-0.010\,32$	0.999
氨氮	$y = 0.003\,72x+0.017\,67$	0.998
亚硝酸盐	$y = 0.016\,9x+0.009\,8$	0.993
总氮	$y = 0.010\,12x+0.002\,77$	0.998

采用拟一级动力学模型对硝酸盐降解的动力学进行拟合，方程如下：

$$\ln\frac{C_t}{C_0} = -k_{\text{obs}}t \tag{19-1}$$

$$k_{\text{SA}} = \frac{k_{\text{obs}}}{SL} \tag{19-2}$$

式中，C_t 是反应时间为 t 时的硝酸盐浓度，mg/L；C_0 是反应前硝酸盐的初始浓度，mg/L；k_{obs} 是反应速率常数，min^{-1}；当 $\dfrac{C_t}{C_0} = \dfrac{1}{2}$ 时所得的 t 即是半衰期 $t_{1/2}$，min；k_{SA} 是表观速率常数，mL/（min·m）；S 是材料的比表面积，m^2/g；L 是材料的投加量，g/L。

19.2.2　BC@nZVI 的制备与表征

以适量酸洗废液和甘蔗渣为原材料，同样根据液相还原法制得 BC@nZVI。N_2 保护下于马弗炉内缺氧炭化废弃甘蔗渣，达到终温后（600℃）再炭化 2 h 即得甘蔗渣生物炭。取定量生物炭溶解于钢铁酸洗废液中，在 N_2 氛围和快速搅拌状态下使之成为均一的溶液，逐滴加入定量的 $NaBH_4$ 溶液，继续搅拌至氢气释放完毕后，得到分散在生物炭表面的稳定的纳米金属颗粒（包含 nZVI）复合材料。采用磁选法分离 BC@nZVI，经去氧水、乙醇洗涤 3 次后于 60℃下真空干燥，研磨，保存备用。作为对比，nZVI 的制备方法同上，但不加入生物炭。

钢铁工业产生的废液中存在铁离子、镍离子和锌离子等多种金属化合物，制备的纳米材料中 Fe、Ni、Zn 元素的含量采用电感耦合等离子体发射光谱（ICP-AES）进行测试；其尺寸及表面形貌通过透射电镜（TEM）和扫描电镜（SEM）分析，分析过程中需防止材料的二次氧化问题；采用比表面分析仪进行氮气的吸附解吸测试材料的比表面积；采用 X 射线光电子能谱仪（XPS）进行表征材料表面的元素价态；利用能谱仪（EDS）进行分析其表面的元素组分；材料的晶型结构采用 X 射线为 Cu 靶 Kα 射线（λ =0.154 18 nm），30 kV 管电压和 20 mA 管电流的 X 射线粉末衍射仪（XRD）测定，扫描范围为 $10°\sim90°$，扫描速度为 0.8°/s。

通过 ICP-AES 的分析得出，纳米金属颗粒中 Fe、Ni、Zn 元素的含量分别为 99.987%，0.011%、0.002%。另外，材料的比表面积分析的结果显示，纳米金属颗粒的比表面积为（35±2）m^2/g，与纯化学制剂制备的 nZVI 相近。

由透射电镜照片［图 19-3（a）］和扫描电镜照片［图 19-3（b）］可以看出，纳米金属颗粒的粒径基本为 20～40 nm，外貌呈圆球状，而且大部分颗粒连接或者聚集在一起。它们主要受范德华力作用而形成链状结构，从而保持热力学稳定状。另外，透射电镜照片显示黑色的纳米金属颗粒被灰色的铁氧化层包裹着，说明这些已经被空气氧化的颗粒呈现为核壳结构。这个结果与采用化学试剂制备的 nZVI 性质相似（Nurmi et al.，2005；Kim H S et al.，2010）。纳米金属颗粒的扫描电镜照片显示了其凹凸不平的表面，证明其具备大量活性反应点位，活性极高。

如图 19-4（a）所示，XPS 光谱的结果（706.9 eV 处的峰）证明了纳米金属颗粒中存在 Fe^0，同时 710.8 eV 和 725.1 eV 处的宽峰也证明了铁氧化物（$\alpha\text{-}Fe_2O_3$）的存在。这种核壳结构和之前 TEM 的分析结构一致。EDS 光谱的结果［图 19-4（b）］表明，材料表面的元素主要有 Fe、C 和 O，并没有检测到 Ni、Zn。这可能是由于 Ni 和 Zn 元素分布在颗粒内层或者它们的含量过低不能被检测出来。不过，之前 ICP-AES 的结构证明了它们是存在的。另外，考虑到纳米金属颗粒与硝酸根的反应是发生在颗粒表面，因此，这种合金结构可以防止 Ni 和 Zn 的释出。

通过 X 射线粉末（Xray）衍射图谱和 θ 电位与标准卡片 JCPDF#06-0696 进行对比分析确定新制备材料的结构组成。XRD 的分析结果显示［图 19-4（c）］，最突出的衍射峰出现于 44.72°、65.08° 和 82.40°，分别对应着 Fe^0（110）、Fe^0（200）和 Fe^0（211）。这种窄峰宽的峰表明材料为晶形结构。这与化学试剂合成 nZVI 相关研究所的结论一致（Liang F et al.，2008）。

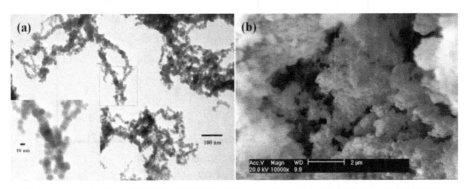

图 19-3　（a）纳米金属颗粒的透射电镜照片；（b）纳米金属颗粒的扫描电镜照片

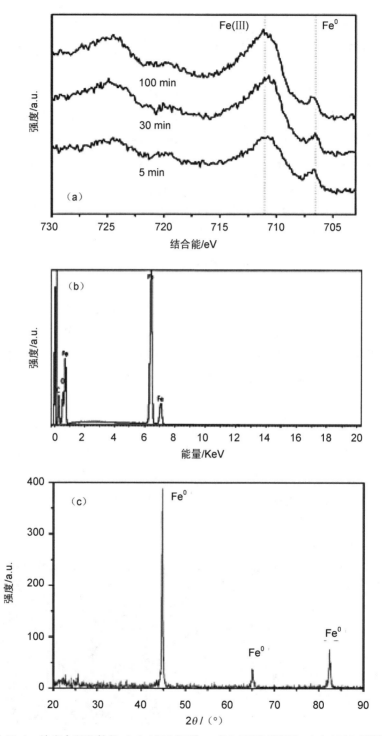

图 19-4　纳米金属颗粒的（a）XPS 图谱、（b）EDS 图谱和（c）XRD 图谱

19.2.3　BC@nZVI 投加量对反硝化效果的影响

为了找寻反硝化效果好的 BC@nZVI 最佳投加量，设计投加不同量的材料至初始浓度为 20 mg/L（以 N 计）的硝酸钾溶液进行反应（图 19-5）。BC@nZVI 投加量为 0.8 g/L 时，反应 4 h 硝酸氮去除率为 35.19%；投加量为 1.2 g/L 时去除率为 64.18%；投加量为 2.8 g/L 时去除率为 95.6%，说明随着 BC@nZVI 纳米材料投加量的增加，硝酸盐去除率呈增长趋势。因为 BC@nZVI 降解硝酸盐的过程主要与其表面活性点位有关，当 BC@nZVI 投加量增加时，其活性点位增多，去除率升高。然而，当 BC@nZVI 投加量超过 2.8 g/L 时，硝酸氮去除率基本不变，这是因为参与反应的硝酸氮总量是一定的，即便 BC@nZVI 材料过多加入，硝酸氮已基本参与完反应，使得去除率达到饱和。综合考虑，降解初始浓度为 20 mg/L 的硝酸盐，BC@nZVI 纳米材料的最佳投加量为 2.8 g/L。

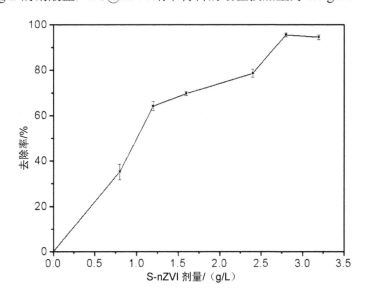

图 19-5　nZVI 投加量—硝酸盐氮去除率关系

19.2.4　硝酸氮初始浓度对反硝化的影响

为了进一步研究 BC@nZVI 对中小微污染水体反硝化效果，设计系列浓度的硝酸盐溶液，同样条件下投加 2.8 g/L 的纳米材料进行反应。结果（图 19-6）显示微污染水的硝酸盐去除率一直保持在 90%～99%。在硝酸盐初始浓度 5～15 mg/L 去除率呈上升趋势，并在 C_0=15 mg/L 处去除效果最好，为 98.83%。随着硝态氮浓度上升至 15～30 mg/L，其去除率呈下降趋势。低浓度区间的去除率上升趋势归因于硝酸盐反应物的不足，而后面的下降趋势则是纳米材料不足、反应活性点位相对 NO_3^- 较少造成的。反应最后硝酸盐浓度均保持在 0~2 mg/L，说明利用酸洗废液制备的纳米材料对硝酸盐去除效果显著。

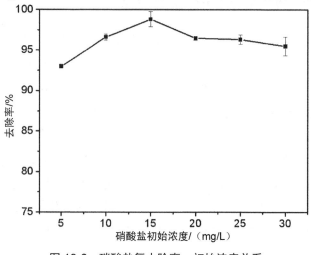

图 19-6 硝酸盐氮去除率—初始浓度关系

19.2.5 初始 pH 对硝酸盐去除的影响

溶液初始 pH 是影响 BC@nZVI 去除硝酸盐的重要因素之一，为此配制了不同 pH 浓度为 15 mg/L 的硝酸钾溶液，并投加 2.8 g/L 的 BC@nZVI 进行硝酸盐去除试验。反应终止后对溶液中的硝酸盐和总氮进行检测，分析反应部分产物和 pH 对硝酸氮去除的影响机理。

硝酸盐降解试验结果［图 19-7（a）］显示在初始 pH 过酸过碱情况下去除效果不高，而在偏酸性（初始 pH=5）环境中去除率最高为 99%。nZVI 去除硝酸盐的反应中先利用自身吸附作用捕捉 NO_3^-，后利用与 H_2O 反应产生 H_2 对 NO_3^- 进行还原反应，过酸水环境中 H^+ 会消耗掉一部分的纳米材料，而且更迅速产生的 H_2 会溢出溶液导致去除效果非升反降。碱性环境中纳米材料会被 OH^- 钝化，不仅影响其吸附作用还会导致 H_2 的产生不足，这两点均会影响 NO_3^- 的降解反应。值得注意的是，pH=5 的初始酸碱环境中不仅利于去除纳米材料表面的氧化层，而且对其吸附作用产生的影响低，利于产生足量的 H_2 从而使去除效果达到最好。

总氮去除结果［图 19-7（b）］显示总氮去除率保持在 9%~12%，说明体系仍能产生少量 N_2 和 NH_3 等气体，也可能是纳米材料的物理吸附作用导致总氮的减少。而在初始 pH=5 的溶液中总氮去除效果相对较好，这与硝酸根降解结果出现类似情况的原因保持一致。总体而言，总氮的去除效果并不理想，仍需要进一步改进。

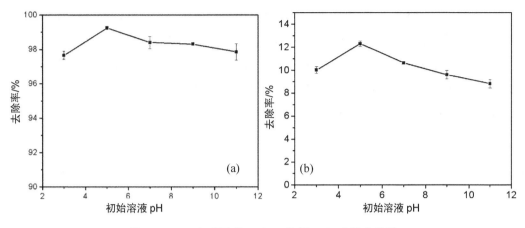

图 19-7　pH 与硝酸盐（a），总氮（b）去除率关系

19.2.6　BC@nZVI 化学反硝化的动力学研究

为了探究不同硝浓度在相同条件下去除率随时间的变化趋势，本试验设计 20 mg/L、30 mg/L、40 mg/L（以 N 计）3 种浓度的硝态盐溶液，投加 2.8 g/L 材料进行试验，并在固定反应时间后取样分析硝酸盐含量。试验结果（图 19-8）表明，反应进行 2 h 后基本达到稳定，去除率达到了 96%且硝酸盐浓度降解至 2 mg/L 以下，即可认为硝酸盐去除完全。另外，随着反应时间的推移，溶液中的 pH 由中性向碱性转变，BC@nZVI 也随之钝化，导致后期阶段反应速率较初期有所下降。

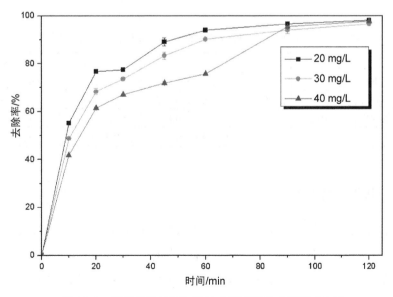

图 19-8　不同硝酸盐氮初始浓度下硝酸盐的降解动力学

采用拟一级动力学方程模型对 nZVI 降解硝酸盐随时间变化的过程进行拟合，结果（图 19-9、表 19-2）显示拟一级动力学方程模型拟合的均方误差 $R^2>0.96$，表观反应速率常数 k_{obs} 与硝酸盐初始浓度呈现线性负相关关系（$R^2=0.98$），说明拟合效果较好，即当 BC@nZVI 投加量一定的情况下，初始浓度较大的溶液中 BC@nZVI 相对含量较低，进而出现硝酸盐浓度越高，脱氮速率越慢的现象。

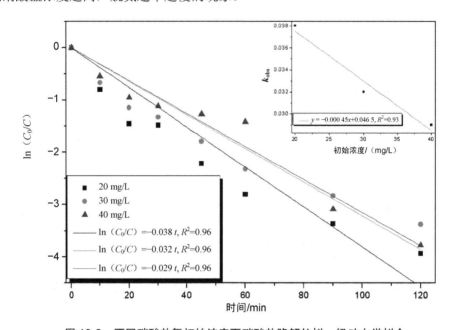

图 19-9　不同硝酸盐氮初始浓度下硝酸盐降解的拟一级动力学拟合

表 19-2　BC@nZVI 降解硝酸盐的拟一级动力学模型拟合结果

硝酸盐/ （mg/L）	拟一级动力学方程 $\ln(C/C_0)=-kt$	相关度 R^2	反应速率常数 k_{obs}/min^{-1}	半衰期 $t_{1/2}/\text{min}$	表观反应速率常数 $k_{SA}/$ ［mL/（min·m）］
20	$\ln(C/C_0)=-0.038t$	0.96	$0.038\pm0.001\,3$	18.24 ± 0.002	0.39 ± 0.002
30	$\ln(C/C_0)=-0.032t$	0.97	$0.032\pm0.000\,4$	21.66 ± 0.004	$0.33\pm0.001\,3$
40	$\ln(C/C_0)=-0.029t$	0.96	$0.029\pm0.001\,1$	$23.9\pm0.002\,4$	$0.29\pm0.002\,5$

19.2.7　降解机理和总氮去除

采用紫外-分光光度法对动力学试验结束后（饱和试验）的溶液总氮、硝酸根、亚硝酸根和氨氮的含量进行分析，对反应瓶中可能产生的气体成分进行检测。

结果（图 19-10）表明反应前后总氮去除率为 8%～12%，其中硝酸氮去除率均保持在 96% 以上，去除的硝酸氮中有高达 97% 转化为氨氮，亚硝酸盐占 0.5% 以下。总氮的减少表明体系产生了少量的氮气和氨气，以氨氮为主要产物，少量的亚硝酸盐为副产物。

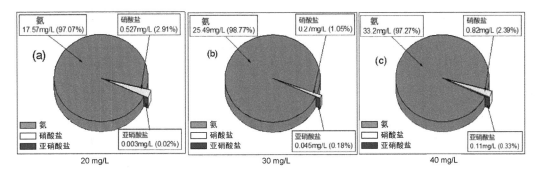

图 19-10　（a）20 mg/L、（b）30 mg/L、（c）40 mg/L 硝酸盐溶液反硝化后 3 种氮分布

为了进一步净化饮用水水质，采用阳离子交换树脂降解反硝化过程中产生的氨氮污染。试验结果（图 19-11）表明搅拌 1 h 的反应条件下，8 g/L 阳离子交换树脂投加至饱和试验结束后的 3 种溶液后，反应前后硝酸盐和亚硝酸盐浓度基本保持一致，氨氮的去除率分别为 99.7%、99.2% 和 98.5%，浓度均降至 0.5 mg/L 以下。三氮化合物的出水浓度均达到《生活饮用水卫生标准》（GB 5749—2006），实现了对硝酸盐污染的饮用水中氮源污染的彻底降解。

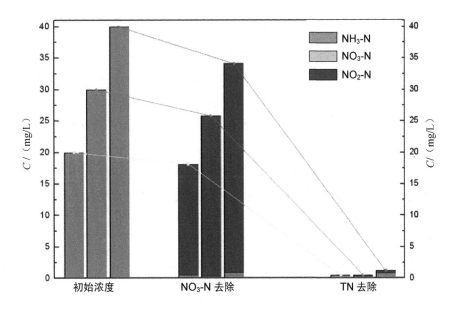

图 19-11　离子交换树脂对氨氮降解的试验结果

通过红外光谱（图 19-12）特征峰的波段对比可得，在 3 650～3 200 cm^{-1} 处有较强峰，该波峰处是羟基的特征峰。对比反应前黑线和反应后两条蓝红线可得该峰再次变强，证明反应产生的羟基和 nZVI 反应生成 FeOOH，该结果也证实了 BC@nZVI 随着反应进行

而被钝化的假设的成立。

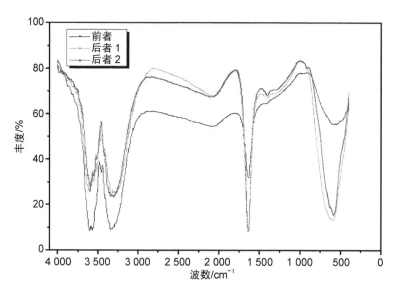

图 19-12 nZVI 红外色谱扫描图

19.2.8 小结

本利用钢铁行业酸洗废液制备的纳米材料中 nZVI 高达 99.987%, 粒径在 20～40 nm, 比表面积为 (35±2) m^2/g, 这些属性与纯化学试剂制备的 nZVI 性质相近。硝酸盐降解研究结果表明, 材料投加量为 2.8 g/L 时, 过酸过碱的环境均限制硝酸盐的去除效果, 微酸环境 (pH=5) 更加有利于反硝化试验, 2 h 反硝化反应后硝酸盐去除率在 96%以上, 总氮去除率在 8%～12%。动力学试验显示 BC@nZVI 对硝酸盐的降解过程符合拟一级反应动力学模型, 相关度 (R^2) 高达 0.96。总氮去除试验证明阳离子交换树脂能够基本去除硝酸盐降解产生的主要产物氨氮。综上所述, 利用酸洗废液制备的纳米材料用于硝酸盐去除, 并利用阳离子交换树脂进一步去除产生的氨氮污染的方案是非常可行的, 以废治废大大缩减了纳米材料的制备成本。

19.3 BC@Fe/Ni 复合材料去除硝酸盐的研究

19.3.1 BC@Fe/Ni 复合材料的制备和表征

19.3.1.1 材料的制备

生物炭所用的甘蔗渣原料收集于广州某菜市场。N_2 保护下于马弗炉内缺氧炭化废弃甘蔗渣, 达到终温后 (500℃) 再炭化 2 h 即得甘蔗渣生物炭, 经研磨过 120 目筛后在干燥密闭玻璃瓶中备用。

生物炭负载 BC@Fe/Ni 制备方法如下：向 5 mL 酸洗废液加入 0.21 g NiCl$_2$·4H$_2$O（分析纯），在乙醇溶液（醇：水=3：7）中搅拌分散 5 min 后加入 0.5 g 甘蔗渣生物炭，在磁力搅拌器上搅拌 1 h 后逐滴加入含有 1.3 g NaBH$_4$ 的乙醇溶液（醇：水=3：7），然后根据酸洗废液制备 nZVI 的方法进行洗涤干燥，研磨后隔绝空气备用。为了突出生物炭对 BC@Fe/Ni 的分散能力及其对重金属的吸附能力，同时用共还原沉积法制备了用做对照试验的 BC@Fe/Ni。

19.3.1.2　材料的表征

考虑到 BC@Fe/Ni 合金活性太高，从隔绝空气的真空干燥箱中取出后一旦接触空气就会燃烧，难以进行制样表征，所以仅对 BC@Fe/Ni 复合材料进行材料表征。

通过扫描电镜（SEM）观察从微观上探究复合材料的形态特征。用冷场透射电镜（TEM+EDX）从纳米层面对复合材料形貌和尺寸进行观测，并对复合材料中的元素组成进行简单测量分析。纳米复合材料表面的元素价态分析采用 X 射线光电子能谱仪（XPS）进行表征，采用 1 486.6 eV 能量和 Mono Al Kα 光源，以及 150 eV 全谱扫描和 20 eV 的 CAE 扫描模式。利用比表面积仪对纳米复合材料的比表面积进行测试。

比表面积测定结果显示 BC@Fe/Ni 的比表面积为 59.89 m^2/g。复合材料的扫描电镜结果和透射电镜结果如图 19-13 所示，结果显示复合材料中的纳米合金颗粒分布在生物炭上，颗粒基本在 10～20 nm，整体呈链状结构链接在一起。

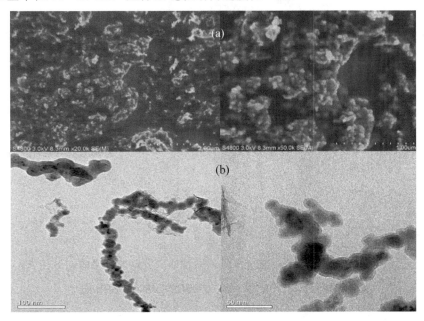

图 19-13　（a）复合材料的扫描电镜照片；（b）复合材料的透射电镜照片

扫描电镜照片显示颗粒呈现凹凸不平，表明复合材料具有很多的反应活性点位，即活性很高。另外，照片中显示纳米颗粒分布厚度均一，说明纳米颗粒在生物炭上负载均匀。从透射电镜照片可以看出材料的链状结构比较分散，而且颗粒的外围被一层灰色的氧化膜包围。扫描电镜照片中颗粒的均匀分布和透射电镜照片中链状结构的比较分散从微观上说明生物炭对 BC@Fe/Ni 起到了一定的分散功能。

图 19-14 是 BC@Fe/Ni 复合纳米材料中的 Ni 元素、Fe 元素、C 元素和全谱 XPS 图。由图 19-19（a）可知，在 852.3 eV 处的峰证明 BC@Fe/Ni 复合纳米材料中含有 Ni^0，同时在 855.8 eV 处的峰证明复合纳米材料中存在 Ni^{2+}，即纳米镍有一部分被氧气氧化。图 19-19（b）中在 725.1 eV 和 710.8 eV 处的宽峰证明了铁氧化物（$\alpha\text{-}Fe_2O_3$）的存在，这与之前做的 TEM 分析结果一致。另外在 706.9 eV 处的峰也证明复合纳米材料中 Fe^0 的存在。在图 19-19（c）中 285.0 eV 处的峰证明复合材料中碳元素是以 C^0 的价态存在，这归因于生物炭的稳定。

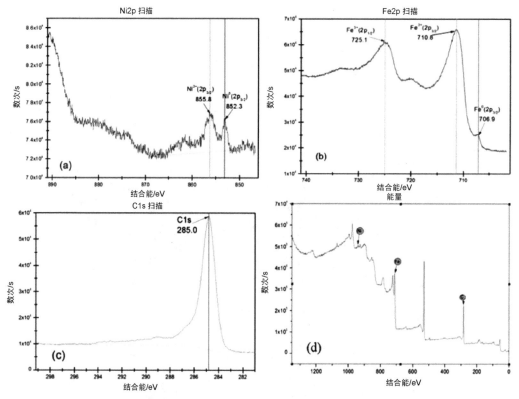

图 19-14　复合材料中（a）镍元素的 XPS 图谱、（b）铁元素的 XPS 图谱、
（c）碳元素的 XPS 图谱和（d）BC@Fe/Ni 的 XPS 图谱

EDX 表征试验结果如图 19-15 所示，显示复合材料中含有 C、Fe、Ni、Cu 和 O 5 种元素。图 19-15（b）是复合纳米材料中各元素的含量分布，检测到比重将近 7%的 O 元

素说明测试的过程中材料有一定程度的氧化。由废酸制备出的纳米材料中检测出约 4%的 Cu，可能与 TEM 分析中样品制备中所用的铜网相关。材料中生物炭大约占 37.8%，而纳米合金大概占有 51.4%，接近总量的 1/2，说明了材料成功制备，主要为 BC 和 Fe/Ni 的复合。

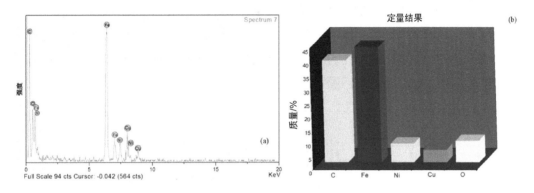

图 19-15　复合材料的（a）EDX 图谱、（b）元素组成

19.3.2　投加量试验与动力学分析

为了探究 BC@Fe/Ni 材料投加量对硝酸盐降解的影响，并确定 BC@Fe/Ni 的最佳投加量，设计了不同复合材料投加量对硝酸盐的降解试验，结果如图 19-16（a）所示。对硝酸盐降解过程曲线进行拟一级动力学模型拟合，同时对其反应速率常数 k_{obs} 和 BC@Fe/Ni 投加量进行线性拟合，拟合结果如图 19-16（b）和表 19-3 所示。

图 19-16（a）结果显示不同投加量对硝酸盐降解过程影响较大。随着 BC@Fe/Ni 投加量的增加，反应进行 90 min 后硝酸盐最终去除率呈现增加趋势。因为随着复合材料投加量的增加，溶液中的反应活性点位也随之增加，进而提高硝酸盐降解效果。4 g/L 投加量的硝酸盐最终去除率为 99.68%，相比 2 g/L 投加量的体系最终去除率增加了近 8.7%，而和 6 g/L 投加量下的去除率仅相差不到 0.3%。根据效率和成本兼顾原则，确定 4 g/L 的 BC@Fe/Ni 复合纳米材料是降解初始浓度为 20 mg/L 硝酸盐溶液的最佳投加量。

结合表征试验 EDX 检测结果中的元素含量百分比计算，投加量为 4 g/L 的 BC@Fe/Ni 中含有 1.71 g/L 的 nZVI，相比 BC@nZVI 体系的最佳投加量 2.8 g/L，节省大约 39%的 nZVI 材料，而且 90 min 时 BC@nZVI 对硝酸盐降解的去除率为 95.6%，低于 BC@Fe/Ni 对硝酸盐降解的去除率（99.68%）。由此可见利用废酸和甘蔗渣制备的负载型铁基材料 BC@Fe/Ni 比 BC@nZVI 的活性高，对硝酸盐的降解速率更快，去除效果更好。

投加量试验动力学拟合结果 [图 19-16（b）] 表明 BC@Fe/Ni 降解硝酸盐的过程符合拟一级动力学，相关度均大于 0.90，即拟合效果良好。BC@Fe/Ni 材料的投加量 2 g/L、4 g/L、

6 g/L 时所对应的硝酸盐降解反应速率常数分别为（0.035±0.000 3）min^{-1}、（0.062± 0.000 7）min^{-1}、（0.076±0.000 3）min^{-1}，所对应的表观反应速率常数 k_{SA} 分别为（0.29± 0.005）mL/（min·m）、（0.26±0.002）mL/（min·m）和（0.21±0.002 5）mL/（min·m）。反应速率常数 k_{obs} 和 BC@Fe/Ni 投加量之间呈线性正相关，相关系数 R^2=0.93。这也说明投加量的增加有利于硝酸盐的降解。当投加量偏小时，NO$_3^-$ 相对于 Fe^0 浓度较高，而 Fe^0 还原 NO$_3^-$ 被认为是先吸附后还原的过程，所以此时吸附能力相对比较弱，导致反应速率不高。相反，投加量过高时 Fe^0 的吸附能力比较强，捕捉 NO$_3^-$ 能力也比较强，对提高硝酸盐降解速率和最终去除率起促进作用。

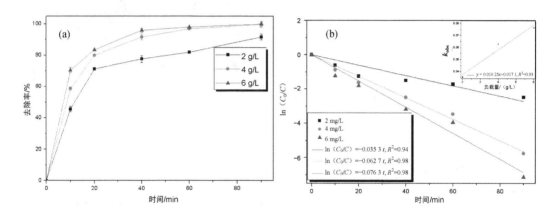

图 19-16　复合材料投加量试验结果（a），表观速率常数的动力学拟合结果（b）

表 19-3　投加量影响曲线的动力学拟合结果

投加量/ （mg/L）	拟一级动力学方程 ln(C/C$_0$)=−kt	相关度 R^2	反应速率常数 k_{obs}/min^{-1}	半衰期 $t_{1/2}$/min	表观反应速率常数 k_{SA}/ ［mL/（min·m）］
2	ln(C/C$_0$)=−0.035 3t	0.94	0.035±0.000 3	19.64±0.006	0.29±0.005
4	ln(C/C$_0$)=−0.062 7t	0.98	0.062±0.000 7	11.05±0.005	0.26±0.002
6	ln(C/C$_0$)=−0.076 3t	0.98	0.076±0.000 3	9.08±0.005	0.21±0.002 5

19.3.3　硝酸氮初始浓度对硝酸盐降解的影响

为了探究硝酸盐初始浓度对其降解反应过程的影响，设计系列浓度的硝酸盐溶液，同样条件下投加 4 g/L 的纳米材料进行反应。反应一定时间取样分析测量，并绘制硝酸盐降解曲线和体系的反应动力学拟合结果（图 19-17 和表 19-4）。

结果显示，随着初始浓度的增加，硝酸盐最终去除率呈现下降的趋势，但是去除率均达到 93% 以上，最终的硝酸盐浓度低于 4 mg/L，达到《生活饮用水卫生标准》（GB 5749—2006），所以对饮用水中低含量的硝酸盐超标污染具有很好的降解效果。不同初始浓度的硝酸盐降解曲线拟合相关度（R^2）＞0.96，即降解过程符合拟一级动力学方程。反应速率常数（k_{obs}）和硝酸盐初始浓度（C_0）之间呈现负相关关系，相关度（R^2）=0.975。当硝酸盐初始浓度为 20 mg/L、30 mg/L、40 mg/L 和 50 mg/L 时所对应的表观反应速率常数分别为（0.26±0.003）mL/（min·m）、（0.24±0.001 6）mL/（min·m）、（0.22±0.002 5）mL/（min·m）和（0.19±0.004 5）mL/（min·m），即随着硝酸盐初始浓度的增加，其降解反应速率反而下降，不利于硝酸盐的降解。考虑到复合材料中生物炭的存在能够一定程度上增强材料的吸附能力，且 BC@Fe/Ni 对硝酸盐的降解属于非均相反应过程，当硝酸盐初始浓度增加时，BC@Fe/Ni 对 NO_3^- 的有效吸附量随之增加，Fe^0 相对 NO_3^- 浓度降低，其吸附能力也降低，反应活性点位也相对变少，导致硝酸盐降解速率和最终的去除率都降低。

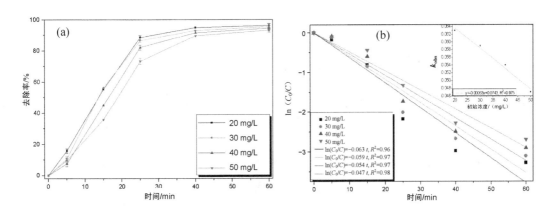

图 19-17　硝酸盐初始浓度对降解过程的影响（a），反应体系的 ln(C/C_0)-t 和 k_{obs}-C_0 关系图（b）

表 19-4　硝酸盐初始浓度动力学曲线拟合结果

硝酸盐/ （mg/L）	拟一级动力学方程 ln(C/C_0)=-kt	相关度 R^2	反应速率常数 k_{obs}/min^{-1}	半衰期 $t_{1/2}$/min	表观反应速率常数 k_{SA}/ ［mL/（min·m）］
20	ln(C/C_0)=-0.063t	0.96	0.063±0.000 3	11.01±0.005	0.26±0.003
30	ln(C/C_0)=-0.059t	0.97	0.059±0.001 2	11.74±0.008	0.24±0.001 6
40	ln(C/C_0)=-0.054t	0.97	0.054±0.000 3	12.84±0.015	0.22±0.002 5
50	ln(C/C_0)=-0.047t	0.98	0.047±0.002 1	14.75±0.002 4	0.19±0.004 5

19.3.4　初始 pH 对硝酸盐去除的影响

　　溶液初始 pH 是 nZVI 降解污染物的重要影响因子，许多研究表明污染物降解速率和 pH 呈负相关关系。酸性条件能够促进纳米铁粒子产氢的速率，提高降解速率；而碱性介质能够钝化纳米铁粒子，降低 nZVI 的反应活性导致硝酸盐效果变差。为了研究 pH 对

BC@Fe/Ni 去除硝酸盐速率的影响，根据反应要求，用 0.1 mol/L 的 HCl 和 NaOH 溶液配制出不同初始 pH 浓度为 20 mg/L 的硝酸盐溶液，其他反应条件均不变。

图 19-18（a）是不同初始 pH 反应体系中硝酸盐降解曲线图，图 19-18（b）是不同初始 pH 反应体系的 $\ln(C_t/C_0)$-t 拟合曲线图，表 19-5 是不同初始 pH 反应体系中 BC@Fe/Ni 降解硝酸盐反应速率常数表。结果显示，拟一级动力学模型拟合的相关度（R^2）均大于 0.93，表明 BC@Fe/Ni 降解硝酸盐的过程随着初始 pH 的变化仍符合拟一级反应动力学模型。而反应速率常数 k_{obs} 和初始 pH 之间呈线性负相关关系，相关度（R^2）=0.94，拟合度较高。

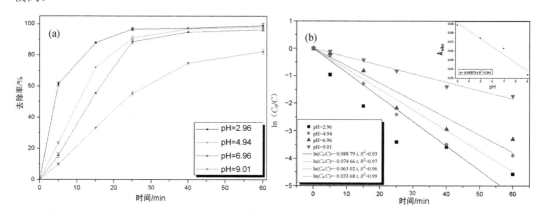

图 19-18　溶液初始 pH 对 BC@Fe/Ni 降解硝酸盐的影响（a），反应体系的 $\ln(C/C_0)$-t 和 k_{obs}-pH 关系图（b）

表 19-5　pH 影响试验动力学拟合结果

初始 pH	拟一级动力学方程 $\ln(C/C_0)=-kt$	相关度 R^2	反应速率常数 k_{obs}/min^{-1}	半衰期 $t_{1/2}$/min	表观反应速率常数 k_{SA}/ [mL/（min·m）]
2.96	$\ln(C/C_0)=-0.088\ 8t$	0.93	0.088 8±0.000 2	7.81±0.004	0.37±0.001
4.94	$\ln(C/C_0)=-0.074\ 7t$	0.97	0.074 7±0.001 2	9.23±0.011	0.31±0.001 4
6.97	$\ln(C/C_0)=-0.063t$	0.96	0.063±0.000 3	11.01±0.01	0.26±0.002 1
9.01	$\ln(C/C_0)=-0.034\ 7t$	0.99	0.034±0.002 1	20.39±0.02	0.14±0.002 2

溶液 pH 在 2.96、4.94、6.97 和 9.01 的由酸性介质向碱性介质变化过程中，最终去除率和表观反应速率常数均呈现下降趋势。偏酸性条件下最终去除率虽然呈现下降的趋势（98%→96.5%），但是总体相差不大。而在碱性条件下硝酸盐最终去除率仅为 82%，而且反应速率也非常慢，反应速率常数仅为（0.34±0.002 1）min^{-1}。表 19-5 显示 pH=2.96 条件下表观反应速率常数 k_{SA} 比 pH=4.94 条件下提高了近 19.4%，比中性条件下提高了近 42.3%，是碱性条件下的近 2.2 倍。由此看出酸性溶液对硝酸盐降解有很大的促进作用，能够提升其降解速率。碱性条件对硝酸盐降解起抑制作用，不仅减慢其反应速率，而且

影响硝酸盐最终去除率。

酸性条件下不影响最终去除率可能是由于纳米颗粒表层的氧化层被酸腐蚀，颗粒变得更小，比表面积变得更大。另外酸性条件能够促使纳米颗粒产生更多的氢原子，促进硝酸盐的还原反应，反而有利于提高反应速率。两种酸性条件下（pH 为 2.96、4.94）最终去除率都比较高而且比较接近，所以在去除率方面的影响不明显。而碱性条件下由于溶液中的铁离子转化为 $Fe(OH)_2$、$Fe(OH)_3$ 等沉积物吸附在材料表面，形成一层氧化物及氢氧化物薄膜，遮蔽了纳米颗粒的反应活性位点，即产生了 nZVI 的钝化，阻碍纳米颗粒产氢，不仅影响最终去除率还很大程度上降低了反应速率。这与很多研究得出的结论一致。

19.3.5　小结

本节考察了 BC@Fe/Ni 对硝酸盐的降解效能，并针对不同的工艺条件对 BC@Fe/Ni 降解硝酸盐的影响进行了探究，通过反应动力学拟合，从数值上分析各个因素的具体影响作用。得出以下结论：

①BC@Fe/Ni 还原活性极高。利用钢铁行业酸洗废液和甘蔗渣为原料制备的 BC@Fe/Ni 中的纳米合金颗粒粒径在 10~20 nm，比表面积约为 59.89 m^2/g。纳米合金颗粒呈链状，在生物炭上的分布比较均匀，表明生物炭对纳米颗粒起到了一定的分散作用。

②BC@Fe/Ni 对硝酸盐有更高效的降解效果。增大纳米材料投加量，降低硝酸盐的初始浓度，酸性初始 pH 都有利于提高硝酸盐降解的反应速率和最终去除率。4 g/L 的 BC@Fe/Ni 复合纳米材料是降解初始浓度为 20 mg/L 硝酸盐溶液的最佳投加量，60 min 内去除率均能达到96%以上。

③BC@Fe/Ni 相比 BC@nZVI 去除硝酸盐具有节省纳米材料，节省反应时间，有更快更好的降解效果等一系列优势。投加量试验表明，用 BC@Fe/Ni 降解 20 mg/L 硝酸盐溶液比 BC@nZVI 能够节省近 39%的 nZVI 成分，在 90 min 的降解反应中使用 BC@Fe/Ni 比使用 BC@nZVI 的硝酸盐去除率提高了 4 个百分点。

④动力学研究显示硝酸盐降解过程符合拟一级反应动力学模型。改变 BC@Fe/Ni 投加量，硝酸盐的初始浓度，反应体系的初始 pH，硝酸盐降解过程均符合拟一级反应动力学模型，而且相关度（R^2）均能达到 0.93 以上。而反应速率常数 k_{obs} 与 BC@Fe/Ni 投加量之间呈线性正相关关系，而与硝酸盐初始浓度和反应体系的初始 pH 呈线性负相关关系。

19.4　对比分析BC@nZVI与BC@Fe/Ni降解硝酸盐的动力学和机理

前面已证明利用钢铁工厂的酸洗废液和甘蔗渣制备的 nZVI（BC@nZVI）和纳米镍铁合金（BC@Fe/Ni）对饮用水的硝酸盐污染具有很好的治理效果。本节通过对比分析两种材料的表征试验以及硝酸盐降解动力学和机理，探究生物炭和零价镍的加入对材料本身物理化学性质和硝酸盐降解的影响。通过对降解试验最终混合液的原子吸收试验，对比分析不同材料降解硝酸盐后的残留金属离子含量，评价生物炭对可能产生的重金属二次污染的影响。进一步通过阳离子交换树脂去除硝酸盐降解过程产生的氨氮二次污染，达到在彻底降解硝酸盐污染的饮用水中产生的氮源污染。

19.4.1 材料表征对比分析

铁系纳米材料的表征显示 BC@Fe/Ni 比 BC@nZVI 具有更高的活性。材料比表面积的对比分析显示，BC@Fe/Ni 的比表面积为 59.83 m^2/g，比 BC@nZVI 的 35 m^2/g 增大了近 71%，所以具有更多反应活性位点。SEM（图 19-19）表征可得，两种纳米材料均呈球状颗粒，其中 BC@Fe/Ni 比 BC@nZVI 的分布更为均匀。TEM（图 19-19）显示两种材料均呈链状结构链接在一起，保持了热力学稳定性，BC@Fe/Ni 相比 BC@nZVI 链状结构更为分散。而且 BC@Fe/Ni 粒径在 10～20 nm，比 BC@nZVI 的 20～30 nm 粒径稍微小一些，符合二者比表面积的相关关系。另外从图中可以看出两种纳米材料的表面均被一层氧化层所包围，表明材料有一部分被空气中的氧气氧化。

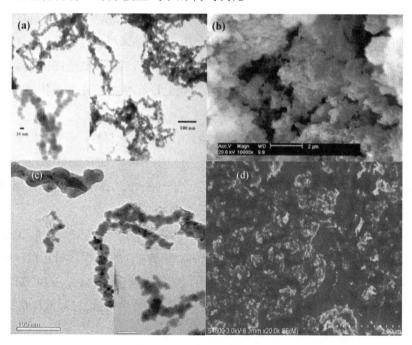

图 19-19　BC@Fe/Ni 和 BC@nZVI 的透射电镜照片（c 和 a）及 BC@Fe/Ni
和 BC@nZVI 的扫描电镜照片（d 和 b）

　　图 19-20 分别是 BC@Fe/Ni 中 Ni 元素和 Fe 元素的 XPS 光谱以及 BC@nZVI 中 Fe 元素的 XPS 光谱。从图 19-20（b）和图 19-20（c）中可知，在 706.9 eV、710.8 eV 和 725.1 eV 处的宽峰证明两种材料中的铁元素均以 Fe^0 和 Fe 的氧化物形态存在。而图 19-20（a）中 855.8 eV 和 852.3 eV 处的特征峰表明 BC@Fe/Ni 中 Ni 元素以 Ni^0 和 Ni^{2+} 的形式存在。均说明两种纳米材料存在一定的氧化，金属元素以单质和氧化物的形态存在于材料中。

　　前面的 ICP-AES 分析已证实 BC@nZVI 中 Fe、Ni、Zn 元素的含量分别为 99.987%、0.011%、0.002%。而 BC@Fe/Ni 的 EDX 分析中检测到 5 种元素，其中纳米 Fe/Ni：BC≈1∶1。纳米颗粒的活性主要取决于颗粒尺寸和比表面积，颗粒越小，比表面积越大其活性越强。所以生物炭的加入能够在一定程度上减弱纳米铁系颗粒的团聚性，增大其比表面积，大大提高了纳米铁系颗粒的活性。

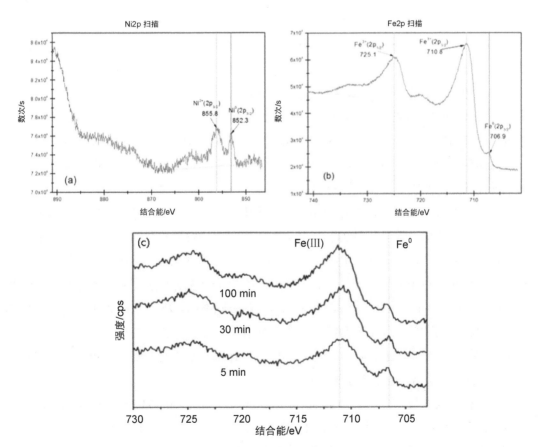

图 19-20　BC@Fe/Ni 中（a）Ni 元素的 XPS 光谱、（b）Fe 元素的 XPS 光谱

和（c）BC@nZVI 中 Fe 元素的 XPS 光谱

19.4.2 不同材料对硝酸盐的去除效果

为了探究生物炭和单质镍的加入对硝酸盐降解过程的影响，制备了 5 种材料，制备方法如下：

F_1 材料：生物炭负载纳米镍铁合金（BC@Fe/Ni），是主要材料之一。使用共还原沉淀法制备，投加量为 4 g/L。

F_2 材料：纳米镍铁合金（Nano Fe/Ni），是辅助材料之一，同样使用共还原沉淀法制备，因为 BC@Fe/Ni 的 EDX 分析得出纳米 Fe/Ni：BC≈1：1 的比重，所以纳米 Fe/Ni 的投加量为 2 g/L。因为材料活性极高，需要在氮气保护下进行称量，否则会出现自燃现象。

F_3 材料：生物炭负载 BC@nZVI，是主要材料之一。同样使用共还原沉淀法制备，可对比分析单质镍的加入是否能提高硝酸盐的降解速率，投加量和 Nano Fe/Ni 相同（2 g/L）。

F_4 材料：以钢铁行业的酸洗废液和甘蔗渣为原料制备的生物炭负载纳米镍铁（BC+Fe/Ni），与 F_1 不同的是，F_4 采用先还原后沉淀法制备，是辅助材料之一。制备方法简述如下：取 5 mL 废酸和 0.5 g 生物炭加至乙醇（醇：水=3：7）溶液中搅拌约 1 h，逐滴加入稍微过量的 $NaBH_4$ 乙醇溶液反应 5 min 后用水和乙醇洗涤，先后加入乙醇溶液和 0.21 g 的 $NiCl_2 \cdot 4H_2O$（分析纯），缺氧条件下搅拌 30 min 后用乙醇和丙酮洗涤，固液分离后材料放入真空干燥箱中 60℃干燥约 8 h，经研钵研磨后隔绝氧气保存备用。

F_5 材料：以甘蔗渣为原料制备的生物炭（BC），是辅助材料之一，用于探究生物炭对硝酸盐的吸附作用。投加量同样为 2 g/L。

图 19-21（a）是不同材料对 20 mg/L 硝酸盐降解过程曲线，图 19-21（b）是不同材料降解硝酸盐的动力学拟合曲线，表 19-6 是不同材料降解硝酸盐的动力学拟合结果。

由图 19-21 可知，F_1、F_2、F_3 对硝酸盐有明显的去除效果，而先沉淀后还原法制备的 F_4 和单纯生物炭对硝酸盐降解能力非常有限，在 60 min 后硝酸盐最终去除率仅为 21.6% 和 9.48%，之所以出现使用 F_1 比 F_5 降解硝酸盐的去除率高，是因为 F_1 相比生物炭是纳米级别的材料，其颗粒小，比表面积大，从而对硝酸盐的吸附能力更强。另外，F_5 的反应速率常数仅为（0.001 9±0.000 3）min^{-1}，F_4 反应速率常数为（0.005 1±0.000 4）min^{-1}，相比提高了约 1.7 倍，也证实了这一点。

F_1 对硝酸盐的最终去除率为 96.55%，反应速率常数为（0.064 8±0.000 2）min^{-1}，是 F_4 的 12.7 倍多。之所以会出现 F_1 比 F_4 对硝酸盐具有更快的反应速率和更高的去除率，是因为先还原后沉淀法中 F_4 的 Fe^0 和 Ni^0 还原性相接近，用 Fe^0 置换出 Ni^0 的反应比较迟钝，而且在长达 30 min 的搅拌中 nZVI 被氧化，导致铁表面附着较多氧化层和 Ni^0，阻碍了 nZVI 的和 NO_3^- 的接触，从而导致 F_4 对硝酸盐的反应速率和最终去除率都不如 F_1。

试验结果显示，F_3 对硝酸盐的反应速率为（0.037 1±0.001 1）min^{-1}，而 F_2 的反应速率常数为（0.051 5±0.000 4）min^{-1}，是 F_3 的 1.388 倍，这说明 Ni^0 的加入确实提高了反应速率，能够强化 nZVI 对硝酸盐的降解，起到了催化作用。而 F_2 降解硝酸盐（93.03%）比使用 F_3 降解硝酸盐（86.7%）具有更高的最终去除率也证明了这一点。

试验结果显示，F_1 比 F_2 有更好的去除效果和更高的反应速率。F_1 对硝酸盐的最终去除率为 96.55%，比 F_2 提高了约 3 个百分点，降解反应速率常数为（0.064 8±0.000 2）min^{-1}，比 F_2 提高了约 0.3 倍。这说明生物炭的加入一定程度上改善了纳米铁系颗粒的团聚性，同时也提高了材料对硝酸盐的吸附作用，最终反映在对硝酸盐的去除率和降解速率均有所提高。

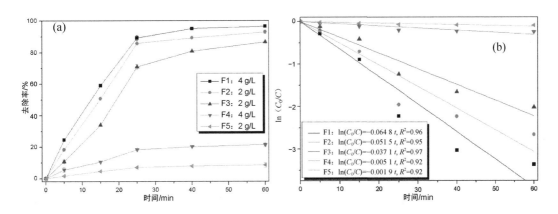

图 19-21　不同材料对硝酸盐降解的影响（a），动力学拟合结果（b）

表 19-6　不同材料降解硝酸盐的拟合结果

材料投加量/（g/L）	拟一级动力学方程	相关度 R^2	反应速率常数 k_{obs}/min^{-1}	半衰期 $t_{1/2}$/min
BC@Fe/Ni（4 g/L）	$\ln(C_t/C_0)=-0.064\,8t$	0.96	0.064 8±0.000 2	10.7±0.001 5
Nano Fe/Ni（2 g/L）	$\ln(C_t/C_0)=-0.051\,5t$	0.95	0.051 5±0.000 4	13.46±0.012
BC@nZVI（2 g/L）	$\ln(C_t/C_0)=-0.037\,1t$	0.97	0.037 1±0.001 1	18.68±0.004
BC+Fe/Ni（4 g/L）	$\ln(C_t/C_0)=-0.005\,1t$	0.92	0.005 1±0.000 4	135.91±0.02
BC（2 g/L）	$\ln(C_t/C_0)=-0.001\,9t$	0.92	0.001 9±0.000 3	364.82±0.01

19.4.3　机理分析对比

为了探究纳米铁系金属材料对硝酸盐降解的机理，以应用效果较好的 BC@Fe/Ni（F_1，投加量为 4 g/L），Nano Fe/Ni（F_2，投加量为 2 g/L）和 BC@nZVI（F_3，投加量为 2 g/L）3 种纳米材料对比分析其对硝酸盐降解过程中 3 种含氮化合物（硝酸盐、亚硝酸盐和氨氮）的转化分布规律。所用硝酸盐溶液初始浓度均为 20 mg/L。

图 19-22 是 3 种纳米材料降解硝酸盐 60 min 后 3 种含氮化合物的分布图，图 19-23 是 3 种纳米材料降解硝酸盐过程中 3 种含氮化合物的转化分布图。图 19-24 是反应前后的 BC@Fe/Ni 的红外色谱图。

由图 19-22 可知，从 0～15 min 处 3 种反应体系均出现了亚硝酸盐和氨氮，这说明 nZVI 和 NO_3^- 反应产生了亚硝酸盐和氨氮，而总氮含量的减少可能是由于纳米颗粒对硝酸盐的吸附作用，或者产生了 N_2 和 NH_3 等气体。根据反应体系中气体的 pH 测试结果，反应瓶中的 pH 处于 9～11，说明产物有 NH_3 气体。然而 F_1、F_2、F_3 体系中总氮去除率仅分别为 13.41%、11% 和 8.59%，即气体并不是硝酸盐的主要产物。从反应过程来看，从 15～60 min 处体系中 NO_3^- 和 NO_2^- 浓度均在减少，而氨氮浓度却在增高。由图 19-23 可知，当降解反应进行至 60 min 时，F_1、F_2、F_3 体系中氨氮含量占总氮含量的百分比分别为 98.39%、93.55% 和 86.53%。这说明 nZVI 不仅能将硝酸盐降解为氨氮，还能将亚硝酸盐降解为氨氮，即氨氮是纳米铁系金属材料降解硝酸盐的主要产物，而且降解过程中可能先将硝酸盐降解为亚硝酸盐，后将亚硝酸盐降解为氮气或氨氮等最终产物。这与其他研究得出的结论一致，主要反应公式（Alowitz et al.，2002；Yang G et al.，2005；Liu H B et al.，2012；Hwang Y H et al.，2011）如下：

$$4Fe^0 + NO_3^- + 7H_2O \longrightarrow 4Fe^{2+} + NH_4^+ + 10OH^- \tag{19-3}$$

$$Fe^0 + NO_3^- + H_2O \longrightarrow Fe^{2+} + NO_2^- + 2OH^- \tag{19-4}$$

$$3Fe^0 + NO_2^- + 6H_2O \longrightarrow 3Fe^{2+} + 8OH^- + NH_4^+ \tag{19-5}$$

$$5Fe^0 + 2NO_3^- + 6H_2O \longrightarrow 5Fe^{2+} + N_{2(g)} + 12OH^- \tag{19-6}$$

另外，从最终结果可知 F_1、F_2、F_3 体系中转化为氨氮的硝酸盐分别占初始硝酸盐含量的 85.2%、83.3% 和 78.11%，侧面说明 3 种纳米铁系材料还原性 BC@Fe/Ni＞Nano Fe/Ni＞BC@nZVI。3 种反应体系中硝酸盐的最终去除率也证明了这一点。

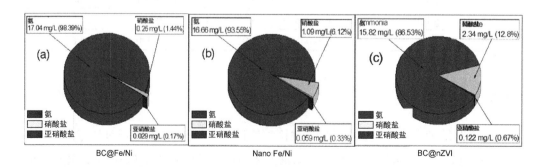

图 19-22　（a）BC@Fe/Ni、（b）Nano Fe/Ni 和（c）BC@nZVI 反硝化后的 3 种氮分布

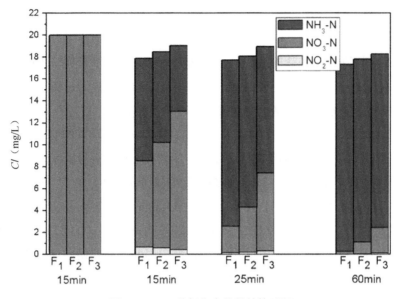

图 19-23　3 种氮化合物的转换过程

图 19-24 是 BC@Fe/Ni 反应前后的红外色谱图（500～4 000 cm^{-1}）。在 911 cm^{-1} 和 1035 cm^{-1} 处的峰分别对应着 Fe$_3$O$_4$ 和 Fe$_2$O$_3$ 两种铁氧化物（Chen Z X et al.，2011），反应前后 3 条光谱均在这两处有峰，说明复合纳米材料在反应前已经有一部分被氧化成 Fe$_3$O$_4$ 和 Fe$_2$O$_3$。由反应前光谱 3 436 cm^{-1} 处的峰偏移至反应后光谱的 3 417 cm^{-1} 处（Li Y et al.，2011），而且强度加强，说明反应前材料中含有羟基（—OH），即产生了铁的另一种氧化物（FeOOH），反应后材料的强度变强说明该氧化物增多，即硝酸盐降解过程中又有一部分 Fe^0 受 NO$_3^-$ 和 H$_2$O 的氧化还原反应中产生的羟基（—OH）作用转化为 FeOOH。

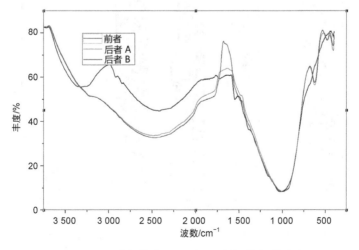

图 19-24　反应前后 BC@Fe/Ni 的红外色谱对比

19.4.4　总氮去除

纳米铁系金属降解硝酸盐的最终产物大部分为氨氮，所以最终产生的氨氮浓度过高又会造成二次污染。为了实现对硝酸盐污染饮用水的彻底的氮源污染降解，进一步采用阳离子交换树脂修复方法，阳离子交换树脂投加量为 8 g/L。

图 19-25 是 F_1、F_2、F_3 3 种反应体系（19.4.2 节）中总氮含量的变化示意图以及阳离子交换树脂对反应后混合液的氨氮去除结果。在纳米铁系材料降解硝酸盐过程中总氮含量并没有降低，F_1、F_2、F_3 体系中总氮最终去除率仅分别为 13.41%、11%、8.59%。混合液中氨氮浓度分别为 17.04 mg/L、16.66 mg/L、15.82 mg/L。经过 8 g/L 的阳离子交换树脂 30 min 的吸附作用，氨氮含量依次为 0.48 mg/L、0.18 mg/L、0.082 mg/L，氨氮的去除率分别为 97.2%、98.9%、99.5%。另外，混合液中硝酸盐和亚硝酸盐的浓度和阳离子树脂吸附前后基本保持不变，硝态氮的最终浓度依次为 0.23 mg/L、1.18 mg/L、2.24 mg/L，亚硝态氮的最终浓度依次为 0.021 3 mg/L、0.051 mg/L、0.12 mg/L。结合《地表水环境质量标准》（GB 3838—2002）可知，经过纳米铁系材料的降解作用和阳离子交换树脂的吸附作用后，硝酸盐污染水质中的三氮含量可净化至Ⅲ类水标准（≤1.0 mg/L）以上。

另外，BC@Fe/Ni 体系处理的水质中硝酸盐和亚硝酸盐含量均最低，经过阳离子交换树脂后该体系氨氮含量虽然高于其他体系，但是氨氮含量基本都在Ⅱ类水标准（≤0.5 mg/L）以内，因此，BC@Fe/Ni 处理硝酸盐污染水质更具有优越性。

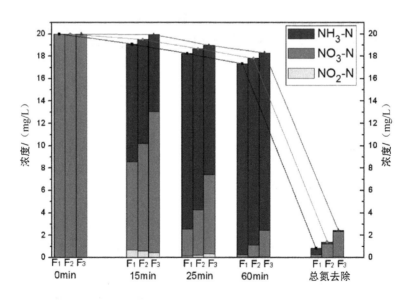

图 19-25　总氮含量的变化及阳离子交换树脂对总氮的去除

19.4.5　金属离子含量测试

通过测试纳米铁系材料 BC@Fe/Ni 和 Nano Fe/Ni 降解硝酸盐后混合液的重金属离子，评价其可能产生的重金属污染。图 19-26 分别是 BC@Fe/Ni 和 Nano Fe/Ni 降解硝酸盐过程中铁离子浓度和镍离子浓度的变化过程。

铁离子浓度呈现先上升后下降的趋势。Nano Fe/Ni 降解硝酸盐过程中铁离子在 25 min 时浓度最高为 14.84 mg/L，在 60 min 时最终浓度为 4.05 mg/L，而 BC@Fe/Ni 降解硝酸盐过程中铁离子浓度在 25 min 时浓度最高为 10.54 mg/L，在 60 min 时最终浓度为 0.2 mg/L。反应体系中硝酸盐降解的核心是铁离子还原作用，而 Fe^0 被硝酸根氧化过程、水中产氢过程和溶解氧对 Fe^0 的腐蚀均会向溶液中释放出铁离子，因此铁离子浓度呈增加趋势。而铁离子浓度下降是因为反应体系在不调节 pH 的条件下，Fe^0 反应产生 OH^-，即体系会由弱酸性（5.5～6.8）逐渐趋向碱性，最后的 pH 为 9.6～10.8，使得铁离子转为沉淀沉积在 Fe^0 表面，溶液中铁离子浓度随之下降。

另外，BC@Fe/Ni 降解硝酸盐过程中铁离子浓度一直比 Nano Fe/Ni 的低，例如，在 25 min 反应时间 F_1 反应体系中最高铁离子浓度（10.54 mg/L）比 F_2 反应体系中铁离子浓度（14.84 mg/L）降低了近 1/3。反应结束后 F_1 反应体系中铁离子浓度（0.2 mg/L）仅是 F_2 反应体系中铁离子浓度（4.05 mg/L）的 4.4%。F_1 反应体系最终铁离子浓度已达到《生活饮用水卫生标准》（GB 5749—2006）（≤0.3 mg/L）。明显地，F_1 反应体系中铁离子浓度的降低不仅与碱性 pH 导致铁离子沉淀有关，还与生物炭的加入相关。表明生物炭能够有效吸附铁离子，防止铁离子造成的二次污染。

F_1、F_2 反应体系中镍离子浓度同样呈现了先上升后下降的变化规律。F_1 体系中 25 min 处镍离子浓度最高为 1.58 mg/L，之后在 25～60 min 由 1.58 mg/L 下降为 0.014 mg/L，此时镍离子浓度低于《生活饮用水卫生标准》（GB 5749—2006）（≤0.02 mg/L）。而 F_2 体系中镍离子的最终浓度超过了《生活饮用水卫生标准》（GB 5749—2006），对比 F_1 中镍离子浓度的变化过程可知生物炭的加入同样对镍离子产生了一定的吸附作用，防止了复合材料在降解硝酸盐过程中产生重金属镍的二次污染。

综上可知，对比 BC@Fe/Ni 和 Nano Fe/Ni 降解硝酸盐过程中的金属离子浓度变化规律可知，随着溶液 pH 渐变为碱性，Nano Fe/Ni 反应体系中铁、镍离子转变为沉淀，从而降低了铁、镍离子浓度，然而最终浓度均超出了饮用水标准，即产生了镍离子、铁离子二次污染现象。而 BC@Fe/Ni 反应体系中铁、镍离子浓度由于在碱性溶液中的沉淀和生物炭吸附二者的综合作用而降低，最终的混合液中镍、铁离子浓度均满足集中式生活饮用水标准。表明生物炭的加入强化了对反应体系产生的镍、铁等金属离子的吸附作用，从而有效避免了重金属二次污染的产生。

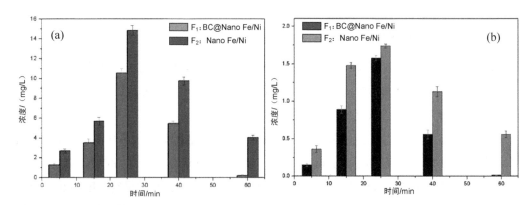

图 19-26 BC@Fe/Ni 和 Nano Fe/Ni 反硝化过程中铁离子浓度（a），镍离子浓度（b）变化过程

19.4.6 小结

本节主要通过分析对比不同纳米铁基材料的表征和硝酸盐降解效果，考察不同纳米铁系材料的物理化学属性、降解硝酸盐的动力学和机理等。针对硝酸盐降解后产生的氨氮二次污染，利用阳离子交换树脂的吸附作用，实现对硝酸盐污染饮用水的氮源污染的彻底降解。最后通过测试纳米铁系材料降解硝酸盐后混合液的重金属离子，评价生物炭的加入对材料使用可能产生金属等二次污染的影响。得出以下结论：

①表征试验表明 BC@Fe/Ni 比 BC@nZVI 具有更高的反应活性。BC@Fe/Ni 相比 BC@nZVI 粒径更小，二者粒径范围分别为 10～20 nm 和 20～40 nm。BC@Fe/Ni 比表面积（59.83 m^2/g）比 BC@nZVI 的（35±2）m^2/g 高近 71%。即 BC@Fe/Ni 粒径更小，比表面积更大，反应活性更高。动力学试验表明相比 Nano Fe/Ni 和 BC@nZVI，BC@Fe/Ni 对硝酸盐具有更高的降解速率和更好的降解效果，满足 BC@Fe/Ni 比 BC@nZVI 具有更高的反应活性。

②通过纳米铁系材料的氧化还原作用和阳离子交换树脂的吸附作用，实现了硝酸盐污染饮用水的彻底的氮源污染降解。机理试验表明 86.53%～98.39% 的硝酸盐降解为氨氮，少量产物为亚硝酸盐和氮气。经 8 g/L 的阳离子交换树脂吸附约 30 min 后，氨氮去除率高达 97%～99.5%，出水水质中硝酸盐、亚硝酸盐和氨氮浓度均达到《地表水环境质量标准》（GB 3838—2002）Ⅲ类水标准（≤1.0 mg/L），实现了对硝酸盐污染饮用水的氮源污染的彻底降解。对比 3 种体系下含氮化合物的最终含量，BC@Fe/Ni 降解硝酸盐更具有优越性。

③生物炭能够有效防止纳米铁系材料降解硝酸盐过程中产生的重金属污染。金属离子含量测试结果表明 Nano Fe/Ni 反应体系中铁、镍离子浓度随着溶液 pH 由酸性变碱性呈现先上升后下降的变化规律，然而最终的铁、镍离子含量均超标，即产生了重金属二

次污染现象。而 BC@Fe/Ni 反应体系中铁、镍离子浓度虽然同样呈现出先上升后下降的规律，最终溶液的金属离子含量均低于标准值，说明生物炭能够防止纳米铁系材料降解硝酸盐过程中金属离子的释放，防止出现金属离子二次污染，这与溶液 pH 向碱性的渐变导致金属离子沉淀和生物炭对铁离子的吸附作用相关。

参考文献

ALOWITZ M J，2002. Kinetics of nitrate，nitrite，and Cr（Ⅵ） reduction by iron metal[J]. Environmental Science & Technology，36（3）：299-306.

CHANG C N，2000. Influence of molecular weight distribution of organic substances on the removal efficiency of DBPS in a conventional water treatment plant[J]. Water Science and Technology，41（10-11）：43-49.

CHAPLIN B P，2012. Critical review of Pd-based catalytic treatment of priority contaminants in water[J]. Environmental Science & Technology，46（7）：3655-3670.

CHEN Y X，2003. Appropriate conditions or maximizing catalytic reduction efficiency of nitrate into nitrogen gas in groundwater[J]. Water Research，37（10）：2489-2495.

CHEN Z，2011. Removal of methyl orange from aqueous solution using bentonite-supported nanoscale zero-valent iron[J]. Journal of Colloid and Interface Science，363（2）：601-607.

CHENG I F，1997. Reduction of nitrate to ammonia by zero-valent iron[J]. Chemosphere，35（11）：2689-2695.

CHOE S，2000. Kinetics of reductive denitrification by nanoscale zero-valent iron[J]. Chemosphere，41（8）：1307-1311.

CHOE S，2000. Kinetics of reductive denitrification by nanoscale zero-valent iron[J]. Chemosphere，41（8）：1307-1311.

CHOE S，2004. Nitrate reduction by zero-valent iron under different pH regimes[J]. Applied Geochemistry，19（3）：335-342.

CHOI H，2009. Adsorption and simultaneous dechlorination of PCBs on GAC/Fe/Pd：mechanistic aspects and reactive capping barrier concept[J]. Environmental Science & Technology，43（2）：488-493.

CHOI H，2008. Synthesis of reactive nano-Fe/Pd bimetallic system-impregnated activated carbon for the simultaneous adsorption and dechlorination of PCBs[J]. Chemistry of Materials，20（11）：3649-3655.

ELLIOTT D W，2001. Field assessment of nanoscale bimetallic particles for groundwater treatment[J]. Environmental Science & Technology，35（24）：4922-4926.

FAN X M，2009. Kinetics and corrosion production of aqueous nitrate reduction by iron powder without reaction conditions control[J]. Journal Environmental Science，21：1028-1030.

FANG Y，2008. Correlation of 2-chlorobiphenyl dechlorination by Fe/Pd with iron corrosion at different pH[J].

Environmental Science & Technology，42（18）：6942-6948.

FANG Z，2010. Degradation of metronidazole by nanoscale zero-valent metal prepared from steel pickling waste liquor[J]. Applied Catalysis B：Environmental，100（1-2）：221-228.

FANG Z，2011a. Degradation of the polybrominated diphenyl ethers by nanoscale zero-valent metallic particles prepared from steel pickling waste liquor[J]. Desalination，267（1）：34-41.

FANG Z，2011b. Removal of chromium in electroplating wastewater by nanoscale zero-valent metal with synergistic effect of reduction and immobilization[J]. Desalination，280（1-3）：224-231.

GHAFARI S，2008. Bio-electrochemical removal of nitrate from water and wastewater—A review [J]. Bioresource Technology，99（3）：965-3974.

HAN Y，2008. Catalytic dechlorination of monochlorobenzene with a new type of nanoscale Ni（B）/Fe（B） bimetallic catalytic reductant[J]. Chemosphere，72（1）：53-58.

HUANG C P，1998. Nitrate reduction by metallic iron[J]. Water Research，32（8）：2257-2264.

HWANG Y H，2011. Mechanism study of nitrate reduction by nano zero valent iron[J]. Journal of Hazardous Materials，185（2-3）：1513-1521.

KIM H S，2010. Atmospherically stable nanoscale zero-valent iron particles formed under controlled air contact：characteristics and reactivity[J]. Environmental Science & Technology，44（5）：1760-1766.

LEE D U，2001. Effects of external carbon source and empty bed contact time on simultaneous heterotrophic and sulfur-utilizing autotrophic denitrification[J]. Process Biochemistry，36（12）：1215-1224.

LEE K C，2003. Effects of pH and precipitation on autohydrogenotrophic denitrification using the hollow-fiber membrane-biofilm reactor[J]. Water Research，37（7）：1551-1556.

LI A，2007. Debromination of decabrominated diphenyl ether by resin-bound iron nanoparticles[J]. Environmental Science & Technology，41（19）：6841-6846.

LI Y，2011. Stabilization of Fe^0 nanoparticles with silica fume for enhanced transport and remediation of hexavalent chromium in water and soil[J]. Journal of Environmental Sciences，23（7）：1211-1218.

LIANG F，2008. Reduction of nitrite by ultrasound-dispersed nanoscale zero-valent iron particles[J]. Industrial & Engineering Chemistry Research，47（22）：8550-8554.

LIAO C H，2003. Zero-valent iron reduction of nitrate in the presence of ultraviolet light，organic matter and hydrogen peroxide[J]. Water Research，37（17）：4109-4118.

LIOU Y H，2006. Effect of precursor concentration on the characteristics of nanoscale zerovalent iron and its reactivity of nitrate[J]. Water Research，40（13）：2485-2492.

LIU H B，2012. Nitrate reduction over nanoscale zero-valent iron prepared by hydrogen reduction of goethite[J]. Materials Chemistry and Physics，133（1）：205-211.

LUK G K，2002. Experimental investigation on the chemical reduction of nitrate from groundwater[J].

Advances in Environmental Research，6（4）：441-453.

MURPHY A P，1991. Chemical removal of nitrate from water[J]. Nature，350（6315）：223-225.

NESTLER A，2011. Isotopes for improved management of nitrate pollution in aqueous resources：review of surface water field studies[J]. Environmental Science and Pollution Research，18（4）：519-533.

NEYERTZ C，2010. Catalytic reduction of nitrate in water：promoted palladium catalysts supported in resin[J]. Applied Catalysis a：General，372（1）：40-47.

NURMI J T，2005. Characterization and properties of metallic iron nanoparticles：spectroscopy，electrochemistry，and kinetics[J]. Environmental Science & Technology，39（5）：1221-1230.

PARK J B，2002. Lab scale experiments for permeable reactive barriers against contaminated groundwater with ammonium and heavy metals using clinoptilolite（01-29B）[J]. Journal of Hazardous Materials，95（1-2）：65-79.

PONDER S M，2000. Remediation of Cr（VI）and Pb（II）aqueous solutions using supported，nanoscale zero-valent iron[J]. Environmental Science & Technology，34（12）：2564-2569.

RAO E V S P，2000. Nitrates，agriculture and environment[J]. Current Science，79（9）：1163-1168.

RAO N S，2006. Nitrate pollution and its distribution in the groundwater of Srikakulam district，Andhra Pradesh，India[J]. Environmental Geology，51（4）：631-645.

SCHIPPER L A，2000. Nitrate removal from groundwater and denitrification rates in a porous treatment wall amended with sawdust[J]. Ecological Engineering，14（3）：269-278.

SHRIMALI M，2001. New methods of nitrate removal from water[J]. Environmental Pollution，112（3）：351-359.

SIANTAR D P，1996. Treatment of 1，2-dibromo-3-chloropropane and nitrate-contaminated water with zero-valent iron or hydrogen/palladium catalysts[J]. Water Research，30（10）：2315-2322.

SNAPE I，2001. The use of permeable reactive barriers to control contaminant dispersal during site remediation in Antarctica[J]. Cold Regions Science and Technology，32（2-3）：157-174.

SOARES O S G P，2008. Activated carbon supported metal catalysts for nitrate and nitrite reduction in water[J]. Catalysis Letters，126：253-260.

WESLEY T Dorshelmer，1997. Removing nitrate from groundwater[J]. Water/Engineering & Management，125（8）：721-729.

WESTERHOFF P，2003. Reduction of nitrate，bromate，and chlorate by zero valent iron（Fe^0）[J]. Journal of Environmental Engineering，129（1）：10-16.

YANG G C C，2005. Chemical reduction of nitrate by nanosized iron：kinetics and pathways[J]. Water Research，39（5）：884-894.

YING W，2010. Chemical catalytic reduction of nitrate in groundwater[J]. Technology of Water Treatment，07.

ZAWAIDEH L L，1998. The effects of pH and addition of an organic buffer（HEPES） on nitrate transformation in Fe^0-water systems[J]. Water Science and Technology，38（7）：107-115.

ZHANG Y，2011. Enhanced removal of nitrate by a novel composite：nanoscale zero valent iron supported on pillared clay[J]. Chemical Engineering Journal，171（2）：526-531.

ZHENG T，2008.Reactivity characteristics of nanoscale zerovalent iron-silica composites for trichloroethylene remediation[J]. Environmental Science & Technology，42（12）：4494-4499.

陈长伟，2008. 城市地下水污染治理方法[J]. 中国水运（理论版），6（1）：114-116.

都韶婷，2007. 蔬菜积累的硝酸盐及其对人体健康的影响[J]. 中国农业科学，40（9）.

范彬，2000. 饮用水中硝酸盐的脱除[J]. 环境污染治理技术与设备，1（3）：44-50.

高园园，2013. 纳米零价铁在污染土壤修复中的应用与展望[J]. 农业环境科学学报，32（3）：418-425.

洪华生，2004. 九龙江流域畜牧养殖系统的氮磷流失研究[J]. 厦门大学学报：自然科学版，43（4）：542-546.

金朝晖，2002. 地下水原位生物修复技术[J]. 城市环境与城市生态，15（1）：10-12.

康志萍，2005. 膜分离技术的发展趋势[J]. 环境技术，23（4）：36-38.

李国学，2000. 不同堆肥及其制成低浓度复混肥的环境和蔬菜效应的研究[J]. 农业环境保护，19（4）：200-203.

李艳霞，2001. 我国水资源概况与水体环境化学[J]. 周口师范高等专科学校学报，18（2）：51-52.

刘超，2013. 污水排放标准制度的特定化——以实现"最严格水资源管理"纳污红线制度为中心[J]. 法律科学：西北政法学院学报，（2）：142-150.

刘玉林，2001. 离子交换树脂去除饮用水中硝酸盐的改进研究[J]. 淮南工业学院学报，21（4）：56-58.

陆彩霞，2008. 氢自养反硝化去除饮用水中硝酸盐的试验研究[J]. 环境科学，29（3）：671-676.

陆敏，2007. 纳米 Ni /Fe 双金属对水中芳香族硝基化合物的降解研究[D]. 镇江：江苏科技大学.

欧壮胜，2010. 地下水资源的污染分析及应对措施[J]. 化学工程与装备，（5）：177-178.

彭少兵，2002. 提高中国稻田氮肥利用率的研究策略[J]. 中国农业科学，35（9）：1095-1103.

蒲晓东，2007. 我国节水型社会评价指标体系以及方法研究[D]. 南京：河海大学.

秦伯强，2006. 湖泊富营养化发生机制与控制技术及其应用[J]. 科学通报，51（16）：1857-1866.

邱心泓，2010. 修饰型纳米零价铁降解有机卤化物的研究[J]. 化学进展，22（203）：291.

沈志红，2011. 生物反硝化去除地下水中硝酸盐的混合碳源研究[J]. 环境科学学报，31（6）：1263-1269.

唐常源，2006. 农业污水灌溉对石家庄市近郊灌区地下水环境的影响[J]. 资源科学，28（1）：102-108.

汪恕诚，2009. 人与自然和谐相处——中国水资源问题及对策[J]. 北京师范大学学报：自然科学版，（5）：441-445.

王海燕，2002. 电化学氢自养与硫自养集成去除饮用水中的硝酸盐[J]. 环境科学学报，22（6）：711-715.

王曼曼，2013. 固态碳源去除地下水硝酸盐的模拟实验[J]. 环境工程学报，7（2）：501-506.

吴耀国，2002. 地下水环境中反硝化作用[J]. 环境污染治理技术与设备，3（3）：27-31.

延利军，2013. 水中硝酸盐污染现状，危害及脱除技术[J]. 能源环境保护，27（3）：39-42.

易秀，1993. 氮肥在 Lou 土中的渗漏污染研究[J]. 农业环境保护，12（6）：250-253.

张洪，2008. 地下水硝酸盐污染的研究进展[J]. 水资源保护，24（6）：7-11.

张利平，2009. 中国水资源状况与水资源安全问题分析[J]. 长江流域资源与环境，（2）：22-26

张庆乐，2008. 饮水中硝态氮污染对人体健康的影响[J]. 地下水（1）：57-59.

周立祥，1999. 城市污泥土地利用研究[J]. 生态学报，19（2）：185-193.

第三部分
铁基材料在土壤修复中的应用

第 20 章　修饰型纳米零价铁修复铬污染土壤

20.1　研究背景

20.1.1　土壤中 Cr 的环境化学行为

20.1.1.1　土壤中 Cr 的来源及含量

土壤中 Cr 的来源包括自然来源和人为来源。土壤中的 Cr 最初来源于含 Cr 母质岩石的风化。由于自然地理和气候条件的不同，世界各地土壤中 Cr 的含量悬殊甚大。例如，我国土壤中 Cr 的含量一般为 50～60 mg/kg，美国土壤中 Cr 的含量为 100 mg/kg，日本土壤中 Cr 的含量为 20～200 mg/kg（黄顺红，2009）。在我国不同地区土壤中 Cr 的含量也具有一定的差异（黄勇，2004）：北京地区土壤中 Cr 的本底值为 29.7～98.7 mg/kg，平均为 59.2 mg/kg；南京地区土壤中 Cr 的本底值为 17～112 mg/kg，平均为 59.0 mg/kg；上海地区土壤中 Cr 的本底值为 54.3～75 mg/kg，平均为 64.6 mg/kg。同时，土壤类型、母质的发育程度等也对土壤中 Cr 的含量有较大影响。

土壤中 Cr 的人为来源主要是污水灌溉、含 Cr 粉尘的沉降、工业部门排放的废渣等。我国城市污水中 Cr 的含量仅次于锌和铜，这些废水灌溉于土壤后，其中的 Cr 将通过土壤颗粒的吸附作用而停留在表层土壤中。含 Cr 粉尘的沉降也是土壤中 Cr 的重要来源。例如，铁路工业、煤的燃烧等都会向大气中排放含 Cr 尘粒，经扩散、沉降最终会造成土壤中 Cr 含量的增加。铬盐生产、电镀、皮革等行业生产中所排放的铬渣是最主要的 Cr 污染废物。截至 2010 年年底，全国 15 家生产的铬盐企业中，尚有 9 家未能按国家要求完成对遗留铬渣的处置任务，数量达 130 多万 t。由于大量的铬渣堆放在不符合 GB 18597 要求的场地或设施内，又缺乏有效的防渗措施，可溶性的 Cr（VI）随雨水的淋溶而不断溶出，严重污染周边土壤和地下水。根据环境保护部和国土资源部 2014 年 4 月 17 日公布的《全国土壤污染状况调查公报》，全国土壤总超标率为 16.1%，其中 Cr 污染物点位超标率为 1.5%。受经济的发展程度、含 Cr 废水/废渣的处理程度等的影响，污染土壤中的 Cr 含量往往差距更大，并且容易以 Cr（VI）的形态存在。

20.1.1.2　铬在土壤中的存在形态及其迁移、转化

土壤中的 Cr 主要以不溶性的 Cr(OH)$_3$ 的形式存在，或以 Cr（III）的形式被吸附在土

壤化合物上，从而阻止了 Cr 渗滤到地下水中或被植物吸收。Cr 在土壤中的存在形态很大程度上取决于土壤的 pH：酸性（pH<4）土壤中 Cr（Ⅲ）主要以 $Cr(H_2O)_6^{3+}$ 存在，当 pH<5.5 时以其水解产物 $CrOH^{2+}_{.aq}$ 存在；以这两种形态存在的铬均容易被大分子黏土化合物吸附。例如，当 pH 为 2.7~4.5 时，腐植酸作为电子供体能吸附 Cr（Ⅲ）并最终形成稳定的铬化合物，其他的大分子配体也有类似的作用。同样地，迁移性较强的柠檬酸、二乙三胺五乙酸（DTPA）和富里酸等能与 Cr（Ⅲ）形成的铬化合物，从而有效地防止其被氧化为 Cr（Ⅵ）。在碱性（pH 为 7~10）条件下，沉淀作用大大超过了络合作用，这使得 Cr 最终以 $Cr(OH)_{3.aq}$ 的形式沉淀下来。在酸性（pH<6）土壤中，Cr（Ⅵ）主要以 $HCrO_4^-$ 的形式存在；在中性或碱性土壤中则主要以可溶性盐（如 Na_2CrO_4）或微溶性盐（如 $CaCrO_4$、$BaCrO_4$、$PbCrO_4$）等形式存在。CrO_4^{2-} 和 $HCrO_4^-$ 是土壤中存在的移动性最强的铬离子。它们能被植物吸收，容易淋滤到深层土壤中从而污染地下水。少量的 Cr（Ⅵ）会滞留在土壤中，但这取决于土壤的矿物组成和 pH 等。例如，CrO_4^{2-} 能为针铁矿、FeO(OH)、氧化铝和其他带正电荷的土壤胶体所吸附。在酸性土壤中常见的 $HCrO_4^-$ 既可以被吸附在土壤中，也可以高溶解态的形式存在。

土壤中的 Cr（Ⅲ）和 Cr（Ⅵ）能通过氧化还原反应进行转化。这一过程受控于 pH、氧化剂浓度，以及有一定的还原剂和催化介质的存在。例如，$HCrO_4^-$ 和 CrO_4^{2-} 在有机还原剂和 Fe^{2+} 或 S^{2-} 等无机还原剂的催化作用下能被还原为 Cr（Ⅲ）。产生的 Cr（Ⅲ）通过与迁移性强的配体（如黄腐酸盐或柠檬酸盐等）形成溶解性的 Cr（Ⅲ）化合物进行迁移。当遇到含有 Mn（Ⅲ，Ⅳ）的氢氧化物或氧化物时被氧化为 $HCrO_4^-$ 和 CrO_4^{2-}，产生的 Mn（Ⅱ）则容易被空气中的氧气再氧化为 MnO_2。图 20-1 显示了土壤中 Cr 的氧化还原反应过程。

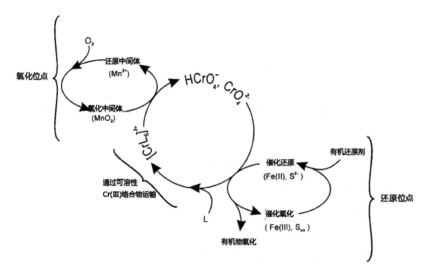

图 20-1　土壤中 Cr 的氧化-还原反应（Kotaś J et al.，2000）

20.1.1.3　土壤中 Cr 的环境质量标准

尽管世界各地土壤中 Cr 的含量悬殊甚大，但由于普通土壤中的 Cr 主要以 Cr（Ⅲ）的形态存在，且浓度不高，一般情况下不会对生物圈造成危害。然而，当土壤受到人为污染（如铬渣堆放、含铬粉尘飘散或污水灌溉）时，大量的 Cr（Ⅵ）进入土壤会改变土壤微生物体系，抑制植物生长，甚至可通过食物链影响人体健康。因此，世界各国根据本国土壤铬的背景值和人类可接受的最大浓度，制定了土壤中的 Cr 环境安全标准（表 20-1）（Avudainayagam et al.，2003）。

表 20-1　一些国家土壤中 Cr 的安全限值　　　　单位：mg/kg

国家	美国	英国	新西兰	丹麦	加拿大	德国	法国	瑞典
总铬		600		500			130	
Cr（Ⅲ）	1 500		600		250	200		120
Cr（Ⅵ）		25	10	20	8			5

为贯彻落实《中华人民共和国环境保护法》，保护农用地土壤环境，管控农用地土壤污染风险，保障农产品质量安全、农作物正常生长和土壤生态环境，我国于 2018 年制定并颁布了《土壤环境质量　农用地土壤污染风险管控标准（试行）》（GB 15618—2018）。同时，《土壤环境质量标准》（GB 15618—1995）废止。新的标准按照土壤应用功能和人体健康保护目标，明确规定了农用地中 Cr 的土壤污染风险筛选值和风险管控值（表 20-2）。

表 20-2　我国农用地环境中 Cr 的质量标准值　　　　单位：mg/kg

土壤类型	风险筛选值/风险管控值			
土壤 pH	pH≤5.5	5.5＜pH≤6.5	6.5＜pH≤7.5	pH＞7.5
水田	250/800	250/850	300/1 000	350/1 300
其他农用地	150/800	150/850	200/1 000	250/1 300

注：重金属 Cr 均按元素总量计。

当土壤中污染物含量等于或者低于规定的风险筛选值时，农用地土壤污染风险低，一般情况下可以忽略，高于规定的风险筛选值、等于或者低于规定的风险管制值时，可能存在食用农产品不符合质量安全标准等土壤污染风险，原则上应当采取农艺调控、替代种植等安全利用措施。高于规定的风险管制值时，食用农产品不符合质量安全标准等农用地土壤污染风险高，且难以通过安全利用措施降低食用农产品不符合质量安全标准等农用地土壤污染风险，原则上应当采取禁止种植食用农产品、退耕还林等严格管控措施。

20.1.2 铬污染土壤的修复技术

20.1.2.1 化学修复法

Cr 污染土壤的化学修复技术主要依托修复剂与 Cr 发生化学反应，使得 Cr 最终以低毒、低流动性的形态固定在土壤中。Cr 污染土壤的化学修复方法主要包括固定化/稳定化、淋洗法和还原法。

（1）化学固定化/稳定化

固定化/稳定化（Solidification/Stabilization，S/S）核心是某些黏合剂材料（如硅酸盐水泥或与粉煤灰的混合物）。通过黏合剂包覆受污染的土壤从而固定其中的重金属，使重金属不再向周围环境迁移。采用水泥作为固化剂时，添加的水与水泥发生化学反应从而形成水化硅酸盐和铝酸盐，最终形成一个聚合混凝土块。有研究报道（Sophia et al.，2005），经毒性淋滤试验表明固化后土壤的淋滤液中 Cr 的浓度远低于标准限值 5 mg/L，具有良好的处理效果。固定化/稳定化技术主要用于处理 Cr 矿渣，处理后的铬渣能作为建筑材料使用。但该方法属异位修复法，须将土壤挖至异地处理，成本高，一般不用于大范围的土壤污染场地。

（2）化学淋洗法

化学淋洗法（Soil Washing）主要利用水力压头推动淋洗液冲刷污染土壤而将 Cr 从土壤中转移至淋洗液，再对含 Cr 淋洗液进行处理即可。常用的淋洗液包括无机溶剂、天然有机酸、人工螯合剂、表面活性剂和清水。化学淋洗法具有操作简单、淋洗剂成本低廉和效果显著等优点，近几十年得到国内外学者的广泛研究。Jean 等（2007）采用 EDTA、柠檬酸和组氨酸等淋洗铬镍复合污染土壤，结果表明 3 种螯合剂对土壤中 Cr 的淋洗效率分别为：柠檬酸＞EDTA＞＞组氨酸。Sun Y 等（2010）采用蒸馏水作为淋洗剂考察温度、固液比、淋洗时间和振荡频率对土壤中 Cr（Ⅵ）去除率的影响，结果发现在最佳试验条件下土壤中 Cr（Ⅵ）的最佳去除率为 99.98%。Tinjum 等（2008）研究了 HNO_3 和 H_2SO_4 对铬渣污染场地 Cr（Ⅵ）的淋洗效果，结果表明在 pH 为 7.6～8.1，每千克铬渣中 Cr（Ⅵ）的最大洗脱量为 0.04 mol，Cr（Ⅵ）的浓度大于 2 800 mg/kg 时，采用酸溶液洗脱后土壤中 Cr（Ⅵ）依然大于 50%。

从总体上看，化学淋洗法的效率不仅与淋洗剂和铬之间的作用有关，还与淋洗剂的物理化学性质和土壤自身的吸附能力有关。在保证淋洗效果的前提下，应首选清水，其次应采用生物降解性好、不易造成二次污染的淋洗剂。一般来说，该方法适用于大粒径级别的污染土壤，黏土含量达到 25%～30% 的污染土壤则不适宜采用该技术。另外，如果操作不当，淋洗液可能渗出修复场地而引发二次污染等问题。

（3）化学还原法

化学还原法（Reduction）依靠化学还原剂将 Cr（Ⅵ）还原为 Cr（Ⅲ），使其形成难溶的化合物或沉淀，从而降低土壤中 Cr 的迁移性和生物毒性。常见的还原剂包括 H_2S、多硫化钙、Fe（Ⅱ）、nZVI 和有机还原剂。其中，多硫化钙、亚铁盐和 nZVI 是近年来的研究热点。Chrysochoou 等（2010）通过试验室研究和中试研究考查多硫化钙对铬矿渣的修复效果，结果表明 2 倍理论化学需求量的多硫化钙在对铬矿渣修复了 10 个月后，能有效去除 62%的 Cr（Ⅵ）；经修复后土壤中 Cr（Ⅵ）的含量满足美国新泽西州环境保护标准规定的总限值和美国国家环境保护局对毒性淋滤试验规定的最低提取限。另外，也有一些研究者采用多种还原剂复合修复 Cr 污染土壤。Su C 等（2005）采用 $FeSO_4$ 和 $Na_2S_2O_4$去除 Cr 矿渣中的 Cr（Ⅵ），结果发现相比于单独采用 $FeSO_4$ 或 $FeCl_2$ 作为还原剂，采用 $0.05\ mol/L\ FeSO_4 + 0.05\ mol/L\ Na_2S_2O_4$ 不仅能完全去除水溶性 Cr（Ⅵ）和土相中的 Cr（Ⅵ），反应 24 h 后还能持续保持溶液中 Fe（Ⅱ）的浓度。

化学还原法由于修复时间短、处理效果佳、操作简便等优点而得到广泛应用。但由于该方法向土壤中引入新的化学物质，容易导致土壤 pH、Eh 和化学组成发生变化，从而影响土壤的再利用。另外，当 Cr（Ⅵ）存在于土壤颗粒内部时，化学还原剂还难以深入其中，导致反应不完全；同时，向土壤中投加的还原剂还容易引发土壤的二次污染问题。可见，如何克服以上难点是化学还原法推广应用的关键。

20.1.2.2　电动修复法

电动修复法（Electroremediation）是在污染土壤两侧施加低压的直流电源形成电场，在直流电场产生的各种电动力学效应（包括电迁移、电渗析和电泳等）的作用下，使水溶性或者吸附在土壤颗粒表面的 Cr 根据所带电荷的不同而向不同的电极方向运动，从而分离土壤中的 Cr。电动修复法能通过原位修复实现，对水力渗透差的细粒度土壤具有较好的修复效果。由于该方法是一种新兴技术，目前大多处于实验室研究阶段，国外仅有少量的示范工程（Van et al.，1997），但修复效果的稳定性不理想。另外，该方法必须在酸性条件下进行，往往需要加入提高土壤酸性的溶剂，当土壤的缓冲容量很高时，则难以调控至适宜的酸性条件，同时土壤酸化容易对土壤造成破坏。该技术还需要消耗大量电能，修复成本高，只适用于小面积 Cr 污染土壤。

20.1.2.3　植物修复法

植物修复法（Phytoremediation）由于具有安全无毒、修复彻底、费用低廉等优点，近年来得到广泛的研究。根据修复功能和特点，可分为植物提取修复、植物挥发修复、植物稳定修复、植物降解修复和根际圈植物降解修复。Cr 污染土壤的植物修复类型一般为植物提取（Phytoextraction），即利用超积累植物（Hyper accumulators）吸收重金属铬，转移至植物体内，并通过收割植株将铬从土壤中去除。一般来说，植物干叶片组织中 Cr

含量大于 1 000 mg/kg 时可视为超积累铬植物（Baker et al.，1989）。目前已发现的属于 Cr 超级累植物仅有 5 种，分别为津巴布韦发现的 Dicoma niccolifera Wild 和 Sutera fodina Wild（Raskin et al.，2000），印度芥菜（*Brassica juncea*）（Raskin et al.，1997），李氏禾（*Leersia hexandra Swartz*）（张学洪等，2006）和双穗雀稗（*Paspalum distichum*）（张学洪等，2005）。植物修复作为一种原位修复技术，不仅不易造成二次污染，而且能够保持土壤结构和生物群落免遭破坏。由于植物对污染物的耐性是有限的，因此只适用于中低浓度污染土壤，并且对于浅层土壤的修复效果较明显。

20.1.2.4 微生物修复法

利用微生物修复重金属污染土壤是 20 世纪 80 年代中期才开始的一个新研究领域，主要通过微生物对重金属的吸收或还原作用降低土壤中重金属的毒性，包括微生物吸附法和微生物还原法。微生物吸附法常用于含 Cr 废水的处理，而对于污染土壤中的 Cr 则一般通过还原法去除。例如，Fukuda 等（2008）从含 Cr 沉积物中分离出 *Aspergillus* sp.N2 和 *Penicillium* sp.N3 两种细菌，试验表明两种细菌对 Cr（Ⅵ）的去除机理是通过酶的还原作用和菌丝的吸附作用实现的。研究表明，埃希氏菌属、肠菌属、杆状菌、*Shewanella* 菌等能把 Cr（Ⅵ）还原为 Cr（Ⅲ），从而达到修复 Cr 污染土壤的目的。与植物修复法类似，微生物吸附法不破坏原土壤环境，不产生二次污染，具有良好的环境效应。但该方法也存在一定的局限性：①为了保证充足的营养物质，往往要向土壤中投加有机酸、牛粪、蜜糖等物质以刺激 Cr 还原菌的新陈代谢和繁殖，但微生物的大量繁殖容易导致土壤生态系统失衡；②被还原的 Cr（Ⅲ）容易被土壤中的 MnO_2 和游离 O_2 重新氧化（黄顺红，2009）。

20.1.3 nZVI 在修复铬污染土壤中的应用

20.1.3.1 nZVI 修复铬污染的机制

nZVI 凭借着较强的还原活性和优越的渗透性能，常用于去除废水或地下水中的 Cr（Ⅵ）。例如，1996 年安装在美国伊丽莎白市（Elizabeth City）的可渗透活性格栅，成功应用于处理 Cr（Ⅵ）污染的地下水（Wilkin et al.，2005）。关于 nZVI 修复铬污染的机制，目前有几种说法：一是非均相（直接）还原［式（20-1）］，即电子从 nZVI 的表面转移至 Cr（Ⅵ）上（Bowers et al.，1986；El-Shazly et al.，2005；Ai Z et al.，2008），具体的反应过程包括：①溶液中的 Cr（Ⅵ）通过固液界面的能斯特界层扩散至 nZVI 的表面；②Cr（Ⅵ）吸附在 nZVI 的表面；③Cr（Ⅵ）在 nZVI 的表面被还原并形成 Fe（Ⅲ）-Cr（Ⅲ）沉淀；④Fe^0 表面的还原产物脱附并转移至液相中。

$$2HCrO_{4(aq)}^- + 3Fe_{(s)}^0 + 14H_{(aq)}^+ \longrightarrow 3Fe_{(aq)}^{2+} + 2Cr_{(aq)}^{3+} + 8H_2O_{(l)} \qquad (20\text{-}1)$$

二是均相（间接）还原［式（20-2）］，即 Cr（VI）被溶解性 Fe^{2+} 所还原（Bowers et al.，1986；El-Shazly et al.，2005；Lee J W et al.，2010）：

$$HCrO_{4(aq)}^- + 3Fe_{(aq)}^{2+} + 7H_{(aq)}^+ \longrightarrow 3Fe_{(aq)}^{3+} + Cr_{(aq)}^{3+} + 4H_2O_{(l)} \qquad (20\text{-}2)$$

因此，nZVI 还原 Cr（VI）的总反应式为

$$HCrO_{4(aq)}^- + 3Fe_{(s)}^0 + 7H_{(aq)}^+ \longrightarrow Cr_{(aq)}^{3+} + Fe_{(aq)}^{3+} + 4H_2O_{(l)} \qquad (20\text{-}3)$$

在这一过程中产生的 Fe^{3+} 可能会被 nZVI 再还原成 Fe^{2+}（Blowes D W et al.，1997）。另一种说法认为 nZVI 可能被氢分子（Marsh et al.，2001；Melitas et al.，2001）或由 nZVI 腐蚀所产生的活性氢原子（Gould et al.，1982；Noubactep et al.，2009）所还原，具体见式（20-4）～式（20-6）：

$$\frac{1}{3}CrO_4^{2-} + \frac{5}{3}H^+ + \frac{1}{2}H_2 \longrightarrow \frac{1}{3}Cr^{3+} + \frac{4}{3}H_2O \qquad (20\text{-}4)$$

$$\frac{1}{2}Fe_{(s)}^0 + H^+ \xrightarrow{\text{慢}} \frac{1}{2}Fe_{(s)}^{2+} + H^* \qquad (20\text{-}5)$$

$$3H^* + Cr(VI) \xrightarrow{\text{快}} Cr^{3+} + 3H^+ \qquad (20\text{-}6)$$

尽管目前研究者对 nZVI 修复 Cr 污染的机制还莫衷一是，但已有不少研究者通过 XPS、XANES 等光谱学分析方法对反应后的产物进行表征，证明了反应后的 Cr 主要以 $Cr(OH)_3$ 或 Cr（III）-Fe（III）氢氧化物的形式存在（Manning et al.，2007；Li X et al.，2008；Fang Z et al.，2011a）。

20.1.3.2　nZVI 修复铬污染土壤面临的问题

土壤是一种高密度的介质，由于其孔隙较小，当 Cr（VI）存在于土壤颗粒内部时，采用化学修复可能会因为还原剂无法进入土壤颗粒的内部而导致反应不完全。采用高分子物质对 nZVI 的表面进行修饰，通过稳定剂提高颗粒之间的空间位阻或者增加颗粒间的静电排斥力，从而使纳米保持在较小的粒径范围内。这不仅提高了材料的流动性，也增加了其反应活性。但是，目前采用 nZVI 修复 Cr 污染土壤还存在一些问题：①nZVI 的制备成本较高，限制了该技术的推广应用。②修复机制尚不明确。例如，Cao J 等（2006）认为 Cr（VI）是先被 nZVI 还原为 Cr（III），随后以氢氧化物的形式沉积在土壤颗粒的表面。但他们这一说法却没有提供足够的证据。Chrysochoou 等（2010）则认为吸附和共沉淀才是 nZVI 去除 Cr（VI）的主要机制。③缺乏较为全面的毒性效应研究，从而限制了其在场地修复中的应用。尽管目前已有研究者在考察其修复效率时采用毒性淋滤试验（TCLP）（Xu Y et al.，2007）、加利福尼亚州废物提取试验（California WET）（Xu Y et al.，

2007）或《固体废物　浸出毒性浸出方法　硫酸硝酸法》（HJ/T 299—2007）（Du J et al.，2012）等考察修复后铬的淋滤性。但研究者一般采用 1～2 个提取方法，而各种提取方法所采用的提取液不同，这就导致提取效果相差很大，缺乏比较性。

20.1.4　研究的意义和工作内容

随着工业的发展，重金属造成的环境污染危害日益凸显。铬因其质地坚硬、良好的抗腐蚀性及优美的金属光泽，广泛应用于冶钢铁、电镀、皮革、木材防腐等工业中（Banks et al.，2006；Xu Y et al.，2007）。由于铬渣堆放在不符合 GB 18597 要求的场地或设施内，缺乏有效的防渗措施，可溶性的 Cr（Ⅵ）随雨水的淋溶而不断溶出，严重污染周边土壤和地下水。因此，在工业快速发展的同时，土壤铬污染的问题也不容忽视。

尽管土壤重金属污染修复技术的研究已取得了一定的成果，但也存在诸多不足。物理修复技术工程量大，导致成本高，难以被各国政府所承受。植物修复中的超积累植物大部分植株矮小，生长缓慢，修复时间较长，且植物的挥发作用使挥发性重金属转移至大气从而对人类造成伤害，故需要进一步加强机理研究。相对地，化学修复只要解决修复可能产生的二次污染问题，其发展前景则相对广阔，甚至可以将化学修复与农业工程技术（如栽培管理等技术）进行结合，从异位修复向原位修复发展。

因此，本书针对 Cr 污染土壤的特性，结合 nZVI 修复铬污染土壤的研究现状，提出以钢铁酸洗废液为铁源、羧甲基纤维素为稳定剂，制备出流动性高、活性强的修饰型 nZVI 悬浮液（简称 CMC-nZVI），应用于铬污染土壤的修复，通过一系列的化学提取方法考察修复后土壤中 Cr 的固定效率，从而评价该技术是否适用于修复 Cr 污染土壤。为 Cr 污染土壤修复提供一种简便、高效、安全的修复方法，同时为该方法的后续完善和应用提供一定的技术参考。具体研究内容如下：

①利用钢铁酸洗废液制备修饰型 nZVI 并应用于 Cr 污染土壤的修复。通过研究稳定剂、Cr（Ⅵ）的初始浓度、CMC-nZVI 的投加量、土壤 pH 等对水溶性 Cr（Ⅵ）去除率的影响；采用两种不同的方式投加 CMC-nZVI，考察材料的投加量和反应时间对非水溶性（持留在土壤中的）Cr（Ⅵ）去除率的影响。通过测定 Cr 和 Fe 在液相和固相中的质量分布和价态变化，以及对反应后的土壤表面采用 XPS 进行分析，探索修复机制。

②采用化学提取法考察修复后土壤中 Cr 的固定效率和生物可利用性。通过毒性淋滤试验（TCLP）考察 Cr 的溶出性，从而评价该方法对土壤中 Cr 的固定效果；通过基于生理学的浸提试验（PBET）评价修复后土壤中的 Cr 对人体的可给性；通过连续提取程序（SEP）研究修复前后 Cr 的结合形态的变化。

20.2　修饰型 nZVI 去除土壤中 Cr（Ⅵ）

20.2.1　研究方法

（1）供试土壤

试验所用土壤采集自广州大学城中心湖表层 10 cm 的表土。经测定，原土壤中不含有 Cr 元素。土壤的其他物理化学性质见表 20-3。

表 20-3　土壤的物理化学性质

指标	数值	测定方法
pH	6.21	1：5 土壤/水混合液
Fe	13 g/kg	酸法消解
Cr	ND	酸法消解
阳离子交换容量	16.1 cmol$_c$/kg	pH 为 8.2 饱和钠溶液
有机物质	22.5 g/kg	Tinsley 法

Cr 污染土壤制备：取 10 g 风干的土壤，加入 10 mL 一定浓度的重铬酸钾溶液，持续搅拌风干至恒重，测定土壤中 Cr（Ⅵ）的浓度。每次重复制备保证土壤中 Cr（Ⅵ）的浓度偏差控制在 5%以内。为了保证污染土壤中 Cr（Ⅵ）均匀分布，取一系列倍数质量的污染土壤，分别测定土壤中 Cr（Ⅵ）的浓度。结果表明，土壤中 Cr（Ⅵ）的浓度正比于土壤的质量，这说明采用该方法制备污染土壤能使 Cr（Ⅵ）均匀分布。

不同酸碱度的污染土壤通过 1 mol/L HCl 或 5 mol/L NaOH 调节重铬酸钾溶液至特定 pH，然后按照上述方法制备所得。不同 pH 的土壤在 0.1%（w/w）CMC 溶液中的溶出情况见表 20-4。

表 20-4　不同 pH 的土壤在 0.1%（w/w）CMC 溶液中的溶出情况

pH	4.73	5.64	6.35	7.66	8.5
土壤中 Cr（Ⅵ）的含量/（g/kg）	54	74	114	129	143
CMC 溶液中 Cr（Ⅵ）的溶出浓度/（μg/L）	766	6 397	12 247	17 366	23 216
溶出率/%	7	43	54	67	81

（2）CMC-nZVI 去除土壤中 Cr（Ⅵ）的试验

①水溶性 Cr（Ⅵ）的去除

试验采用批量式研究方法，考察多种因素如稳定剂、材料投加量、Cr（Ⅵ）初始浓度、土壤 pH 等对土壤中可溶出 Cr（Ⅵ）［水溶性 Cr（Ⅵ）］的去除影响。于一系列聚乙烯离心管中分别加入 Cr 污染土壤和 CMC-nZVI 悬浮液（土：溶液=1 g：5 mL），氮气顶空吹扫后密封并置于旋转培养器上（30 rpm/h）持续振荡 24 h。反应后以 4 200 r/min 离心 10 min，取上清液经 0.22 μm 水系滤膜过滤后分析 Cr（Ⅵ）和总铬的浓度。对照组用 0.1%（*w/w*）的 CMC 溶液代替 CMC-nZVI。其中，Cr 的去除率按式（20-7）计算：

$$\text{Cr 的去除率（\%）} = \left(1 - \frac{C}{C_0}\right) \times 100 \tag{20-7}$$

式中，C、C_0 分别为降解样、对照样上清液中 Cr（Ⅵ）、总铬的浓度，μg/L。

②非水溶性 Cr（Ⅵ）的去除

为了进一步考察滞留在土壤中的 Cr（Ⅵ）［非水溶性 Cr（Ⅵ）］的最大去除限度，通过增加纳米材料的投加量和延长反应时间来考察这部分 Cr（Ⅵ）的去除率。采用一次性投加和逐步投加两种方式进行对比，一次性投加即以 Fe^0 浓度 0.09 g/L 为倍数分别制备 Fe^0=0.09 mg/L、0.18 mg/L、0.27 mg/L、0.36 mg/L、0.45 mg/L、0.54 mg/L 的 CMC-nZVI ［CMC=0.1%（*w/w*）］，分别取上述浓度的 CMC-nZVI 加入土壤［Cr（Ⅵ）初始含量= 102 mg/kg］中，旋转培养器上（30 rpm/h）分别反应 24 h、48 h、72 h、96 h、120 h、144 h 后以 4 200 rpm 离心 15 min，弃上清液后消解测定土壤中 Cr（Ⅵ）的浓度。作为对比，另一批土样采用逐步投加的方式进行试验，即每根离心管加入 Fe^0=0.09 g/L 的 CMC-nZVI，反应 24 h 后离心 15 min，弃上清液后再次加入同样的 CMC-nZVI，以此反复 6 次，并分别测定每次离心后土壤中 Cr（Ⅵ）的浓度。

③Cr 和 Fe 在液相和固相中的质量分布

为了考察 Cr、Fe 在土壤颗粒之间的还原反应和固定过程，探究了反应过程中 Cr 和 Fe 在液相和固相中的质量分布和价态变化。在 1 g 铬污染土壤［Cr（Ⅵ）=102 mg/kg］中加入 5 mL Fe^0 浓度为 0.3 g/L 的 CMC-nZVI 后振荡反应，每隔一定时间取样分析固相和液相中的 Cr_{total}、Cr（Ⅵ）、Fe 的浓度。

（3）分析方法

①Cr（Ⅵ）的分析方法：溶液中 Cr（Ⅵ）的浓度测定采用二苯碳酰二肼显色+紫外-可见分光光度计法在波长为 540 nm 处进行分析。采用外标法定量，即测定前先配制一系列 Cr（Ⅵ）标准溶液，以浓度为横坐标，吸光度为纵坐标绘制标准曲线，当被测物的浓度与强度关系良好时（$r > 0.999$），采用该曲线进行定量分析。土壤中 Cr（Ⅵ）的测定参照 US EPA 3060A 方法，采用 Na_2CO_3-NaOH 混合液进行消解，消解液用紫外可见分光光度计测定。

②总铬的分析方法：溶液中总铬的浓度采用原子吸收分光光度计进行分析。同样采用外标法定量。土壤中总铬的测定参照 US EPA 3050B 方法，采用 HNO_3-H_2O_2-HCl 进行

消解，消解液用原子吸收分光光度计测定。

　　③总铁的分析方法：溶液中总铁的浓度采用原子吸收分光光度计进行分析。同样采用外标法定量。土壤中的总铁的测定参照 US EPA 3050B 方法，采用 HNO_3-H_2O_2-HCl 进行消解，消解液用原子吸收分光光度计测定。

20.2.2　修饰型 nZVI 悬浮液的制备

　　稳定型 nZVI 的制备采用硼氢化钠还原法，以钢铁酸洗废液作为铁源，引入羧甲基纤维素（CMC）作为稳定剂，将废酸中含有的 Fe^{2+} 和 Fe^{3+} 还原为 Fe^0。所采用的钢铁酸洗废液取自广州某冷轧带钢公司，含有 0.9 g/L 的 H^+ 和 121.8 g/L 的 Fe 元素，具体的物理化学性质见表 20-5。

表 20-5　钢铁酸洗废液的物理化学性质

指标	数值
颜色	黄褐色
色度/倍	1 250
H^+/（mg/L）	910
Fe/（mg/L）	121 860
Ni/（mg/L）	17
Zn/（mg/L）	3
Cl^-/（mg/L）	216 400
SO_4^{2-}/（mg/L）	1 050
NO_3^-/（mg/L）	850

　　以制备 120 mL Fe^0 浓度为 0.09 mg/L 的 nZVI 悬浮液为例，10 倍稀释钢铁酸洗废液至 Fe 浓度约 12 g/L。分别取 120 mg CMC 和 100 mL 去离子水至锥形瓶，氮气吹扫 15 min 以除去溶液中的溶解氧。随后加入 3 mL 稀释废液，搅拌 15 min 使其形成 Fe^{2+}-CMC 的稳定复合物。在充分振荡的状态下，缓慢滴加 17 mL 浓度为 4.5 g/L 的硼氢化钠溶液，待溶液变黑后将悬浮液超声 2 min 以分散处理 nZVI，此溶液简称为 CMC-nZVI。

　　一般地，纳米金属颗粒的粒径均在 10～100 nm，比表面积为（40±2）m^2/g。作为对比，采用以上方法制备未加稳定剂 CMC 的 nZVI。上述 CMC 的浓度为 0.1%（w/w）。

20.2.3　CMC 对水溶性 Cr（Ⅵ）去除的影响

　　为了克服 nZVI 的团聚，同时提高其在土壤这种高密度介质中的流动性，以 CMC 作为 nZVI 的稳定剂。通过对比 CMC-nZVI 和 nZVI 对水溶性 Cr（Ⅵ）的去除效果，考察 CMC 对 Cr（Ⅵ）去除率的影响。如图 20-2 所示，加入 0.1% CMC 溶液的瞬间，Cr（Ⅵ）

的浓度几乎可以忽略。随着反应时间的延长，溶液中的 Cr（Ⅵ）浓度迅速增加，并在 10 h 时达到溶出平衡，此时溶液中 Cr（Ⅵ）的浓度为 9 437 μg/L，溶出率为 46%。然而，当往该体系加入 nZVI 后，溶液中的 Cr（Ⅵ）浓度明显下降，尤其加入 CMC-nZVI 时，溶液中的 Cr（Ⅵ）浓度在 0.25 h 内已低于检测限。对于仅加入 nZVI 的体系，溶液中的 Cr（Ⅵ）浓度在 0.25 h 时迅速降至 1 732 μg/L，随后降解变得缓慢，在 10 h 后，上清液中的 Cr（Ⅵ）浓度降至 697 μg/L，去除率为 92.6%，并在随后的时间里基本保持不变。

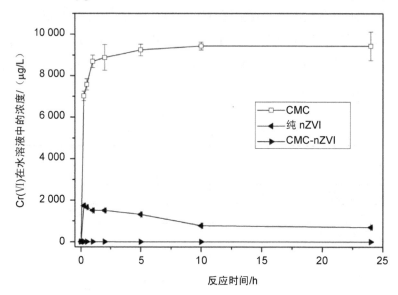

[土壤中 Cr（Ⅵ）的初始浓度为 102 mg/kg；pH=6.21；土∶溶液=1 g∶5 mL；Fe^0 浓度为 0.09 g/L；

CMC 浓度为 0.1%（*w/w*）；反应时间 24 h]

图 20-2　CMC 对 nZVI 去除水溶性 Cr（Ⅵ）的影响

以上试验说明单纯的 CMC 并不能对 Cr（Ⅵ）的去除起任何作用，而当它作为 nZVI 的稳定剂时却能有效地提高 Cr（Ⅵ）的降解率。有研究表明采用 CMC 对 nZVI 的表面进行修饰，能通过提高空间位阻来稳定和分散纳米粒子；而其他未吸附在纳米颗粒表面的 CMC 则可以通过抵消稳定剂的损耗而保持纳米颗粒的稳定性（He F et al.，2007；Lin Y H et al.，2010）。最终，CMC 通过控制 nZVI 的粒径和提高分散性，有效促进其对 Cr（Ⅵ）的还原效率。

20.2.4　CMC-nZVI 投加量对水溶性 Cr（Ⅵ）去除的影响

图 20-3 显示溶液中 Cr（Ⅵ）的浓度随着 CMC-nZVI 投加量的增加而显著下降。因为增加 CMC-nZVI 的投加量不仅增大了反应的表面积，同时也提供了更多的反应活性位点，从而大大地提高反应速率。同样地，总铬的去除率也随着纳米材料投加量的增加而迅速

下降，并且其下降趋势与 Cr（Ⅵ）的相近，这说明溶液中的 Cr（Ⅵ）被还原为 Cr（Ⅲ）后大部分都转移到固相中被固定下来。从材料的反应性能来看，本试验采用钢铁酸洗废液制备的纳米材料对 Cr（Ⅵ）的去除能力［226.7 mgCr（Ⅵ）/gFe^0］远高于 Xu Y 等（2007）所报道的值［125 mgCr（Ⅵ）/gFe^0］。这可能是由于废酸中含有少量的 Ni、Zn 等元素，这些元素在制备过程中沉淀在纳米颗粒的表面从而加速了反应过程中的电子转移作用（Fang Z et al.，2011a）。综合考虑材料的去除率和制备成本，采用 CMC-nZVI 中的 Fe^{0}浓度 0.09 g/L 作为去除水溶性 Cr（Ⅵ）的最佳投加量进行后续研究。

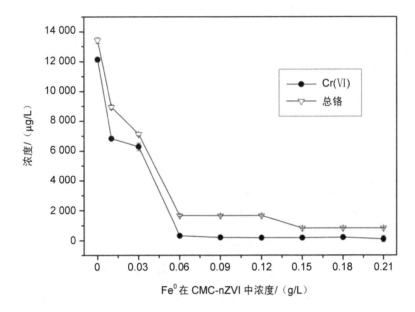

［土壤中 Cr（Ⅵ）的初始浓度为 102 mg/kg；pH=6.21；土∶溶液=1 g∶5 mL；反应时间 24 h］

图 20-3　CMC-nZVI 投加量对去除水溶性 Cr（Ⅵ）的影响

20.2.5　土壤 Cr（Ⅵ）的初始浓度对水溶性 Cr（Ⅵ）去除的影响

图 20-4 显示了相同 CMC-nZVI 投加量（Fe^0=0.09 g/L）下，不同 Cr（Ⅵ）初始浓度对水溶性 Cr（Ⅵ）去除率的影响。如图 20-4 所示，不管是 Cr（Ⅵ）还是总铬，其去除率都随着初始浓度的增加而显著降低，这种在污染物高初始浓度下表现出较低的去除率与废水处理的情况相似（Wang Q et al.，2010）。另外，高浓度下总铬的去除率明显低于 Cr（Ⅵ）。例如，当 Cr（Ⅵ）初始浓度增加到 520 mg/kg 时，溶液中 Cr（Ⅵ）的去除率为 37%，而总铬却只有 26%，这说明高浓度下还原产物 Cr（Ⅲ）的固定效率显著下降。根据文献，Cr（Ⅵ）反应后的产物主要固定在 nZVI 表面（Manning et al.，2007）。由于试验中一定量的纳米颗粒只能提供有限的比表面，当反应物过量时，必有一部分 Cr（Ⅲ）

无法固定下来，从而使得高浓度下总铬的去除率显著降低。从 CMC-nZVI 的还原能力看，每克 nZVI 所去除的水溶性 Cr（VI）的量随 Cr（VI）初始浓度的增加而显著增大，且这种趋势在低浓度时较为明显。这可能由于低浓度下 nZVI 所提供的反应活性位点已足够去除所有溶出的 Cr（VI）；相反，进一步增加 Cr（VI）的浓度至一定量时，nZVI 则会因为表面的活性位点被完全占据而导致还原能力下降。这一现象同时也说明了高浓度下 Cr（VI）的去除率显著下降的原因。

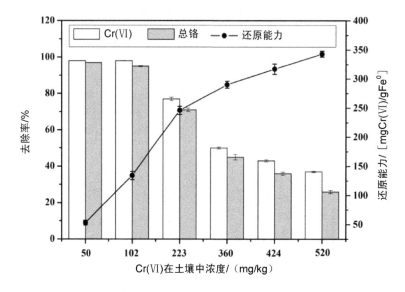

（pH=6.21；土∶溶液=1 g∶5 mL；Fe⁰ 浓度为 0.09 g/L；反应时间 24 h）

图 20-4　土壤中 Cr（VI）的初始浓度对去除水溶性 Cr（VI）的影响

20.2.6　土壤 pH 对水溶性 Cr（VI）去除的影响

为了考察土壤的酸碱度对水溶性 Cr（VI）去除率的影响，我们进一步比较了不同 pH 土壤中水溶性 Cr（VI）的去除率。如图 20-5 所示，pH 为 4.73～7.66 时，水溶性 Cr（VI）的去除率高达 95% 以上，说明酸性或中性条件下有利于 Cr（VI）的去除。这一 pH 范围正好符合一般 Cr 污染土壤的酸碱度（Banks et al.，2006；Fonseca et al.，2009；Chrysochoou et al.，2010），从而避免了在原位修复时要调节土壤酸碱性所带来的麻烦。然而，当土壤的 pH 上升到 8.5 时 [Cr（VI）=143 mg/kg]，Cr（VI）的去除率快速下降至 77%。这一去除率与 20.2.5 节中土壤 Cr（VI）的初始浓度为 223 mg/kg 的去除率相当。原因如下，当土壤的 pH 较高时，体系中的 OH⁻ 与 Cr（VI）竞争 nZVI 表面的活性位点，并且形成的氢氧化物最终覆盖在纳米颗粒的表面，从而阻碍反应的进行（Zhang Y et al.，2012）。

研究表明，nZVI 在还原 Cr（VI）的过程中同时伴随着 H⁺ 的消耗，从而导致反应后体系的 pH 升高（Gheju et al.，2011）。如图 20-5 所示，反应前土壤的 pH 分别为 4.73、5.64、6.35、7.65、8.5，反应 24 h 后 pH 分别增加至 5.57、5.64、7.09、7.66、8.73。可见反应前后体系的 pH 变化不大，一方面因为本试验中土壤中的 Cr（VI）浓度相对较低，H^+ 的消耗量较少；另一方面，反应产物 Fe（III）和 Cr（III）的水解同时伴随着共沉淀的反应实质上补偿了一部分的 H^+ 的损失。

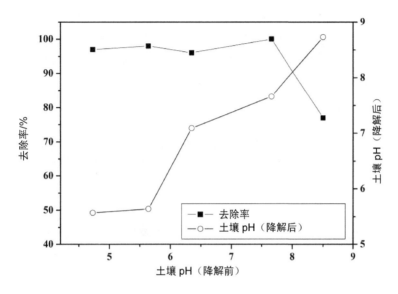

[土壤中 Cr（VI）的初始浓度为 102 mg/kg；pH=6.21；土 : 溶液=1 g : 5 mL；Fe^0 浓度为 0.09 g/L；反应时间 24 h]

图 20-5　土壤 pH 对去除水溶性 Cr（VI）的影响及反应后土壤的 pH

20.2.7　CMC-nZVI 投加量对非水溶性 Cr（VI）去除的影响

前述探究表明，采用 Fe^0 浓度为 0.09 g/L 的 CMC-nZVI 在固液比为 1 g : 5 mL 的比例下修复 24 h 后可将土壤中溶出的 Cr（VI）[约占土壤中总 Cr（VI）的 46%] 完全去除，但此时土壤中仍有较大一部分 Cr（VI）吸附在土壤颗粒表面。为了进一步考察 CMC-nZVI 的投加量和修复时间对非水溶性 Cr（VI）的去除率的影响，试验对比了两种投加方式下非水溶性 Cr（VI）的去除率。如图 20-6 所示，采用一次性投加的方式，随着 Fe^0 浓度从 0.09 增至 0.36 g/L，土壤中 Cr（VI）的溶度从 46.70 降至 18.17 mg/kg，且随着增大投加量和延长反应时间，去除率下降变得缓慢并最后保持恒定。这说明单纯地增加纳米材料只能去除一部分的非水溶性 Cr（VI）。

根据研究者在废水体系中的研究（Fang Z et al.，2011b），在 nZVI 还原 Cr（VI）的过程中，容易由于反应产物覆盖在纳米颗粒的表面而阻碍反应的进行。然而，本试验涉及的体系比较复杂，存在两个固体界面，即纳米材料颗粒和土壤颗粒，因此，需要进一步探究反应产物覆盖在哪个界面是阻碍反应进行的主要原因。试验比较了一次性和连续性的两种纳米材料投加方式对非水溶性 Cr（Ⅵ）去除率的影响。如图 20-6 所示，相同的 CMC-nZVI 投加量，采用连续投加方式的去除率低于一次性投加的。根据 Xu Y 等（2007）的研究，CMC 容易发生水解，使得对纳米颗粒的稳定作用随之终止，被释放的颗粒将通过吸附或截留的方式沉淀于土壤基质中。与一次性投加的方式相比，逐步投加的方式容易由于上一步反应后的产物沉积在土壤颗粒的表面而阻碍了新鲜投加的 nZVI 与内层 Cr（Ⅵ）的反应。相反，采用一次性投加的方式能同时提供较多的活性位点，从而提高了 Cr（Ⅵ）的去除率。初步推断，在土壤介质中，反应产物覆盖在土壤颗粒的表面是阻碍反应进一步进行的主要原因。结合以上的试验结果，采用一次性投加 Fe^0 浓度为 0.3 g/L 的 CMC-nZVI，反应时间为 72 h 进行后续研究。

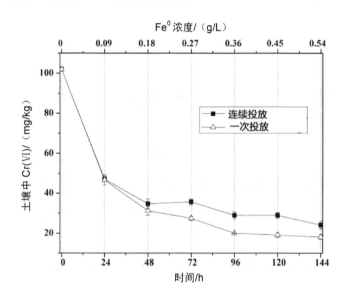

[土壤中 Cr（Ⅵ）的初始浓度为 102 mg/kg；土∶溶液=1 g∶5 mL；一次性投加的 Fe^0 浓度为 0.09～0.54 g/L；

连续投加的 Fe^0 浓度为 0.09 g/L]

图 20-6　CMC-nZVI 投加量和反应时间对去除非水溶性 Cr（Ⅵ）的影响

20.2.8　CMC-nZVI 去除土壤中 Cr（Ⅵ）的机制研究

图 20-7（a）显示了反应过程中铬元素的形态和质量分布，其中人为加入土壤中的 Cr（Ⅵ）浓度为 200 mg/kg，由于土壤中存在的有机质（如腐植酸）对 Cr（Ⅵ）具有还原作用，因此制备后土壤中 Cr（Ⅵ）的浓度为 102 mg/kg。对于液相中的 Cr（Ⅵ），如图 20-7（a）所示，溶出的 Cr（Ⅵ）约占土壤中总 Cr（Ⅵ）的 46%。当加入 CMC-nZVI 后，Cr（Ⅵ）迅速被还原，并在 0.25 h 时已低于检测限。相应地，固相中的 Cr（Ⅵ）则从 102 μg

降低至 37 μg，72 h 后下降至 20 μg。由此可见，当纳米材料投加至土壤中时，液相中的 Cr（Ⅵ）在反应一开始被迅速还原，与此同时，一部分滞留在土壤中的 Cr（Ⅵ）在接触到流动的 CMC-nZVI 时逐渐被还原。对于总铬，液相中从 0 μg 增加到 46 μg，随后逐渐降低，24 h 后已低于方法的检测限；相反，固相中总铬在 0.25 h 内从 200 μg 降低到 150 μg，随后逐渐增加至 197 μg（24 h 后）。反应 72 h 后，Cr 主要存在于固相中（197 μg），其中 Cr（Ⅵ）和 Cr（Ⅲ）的含量分别为 10% 和 90%。

这一结果表明了 CMC-nZVI 的注入导致了一部分 Cr（Ⅵ）迅速溶出并快速被还原成 Cr（Ⅲ），随后逐渐转移到固相中固定下来。然而，由于反应开始时 Cr（Ⅲ）的固定效率远低于 Cr（Ⅵ）的还原效率，从而导致 0.25 h 时溶液中存在大量的 Cr（Ⅲ）。

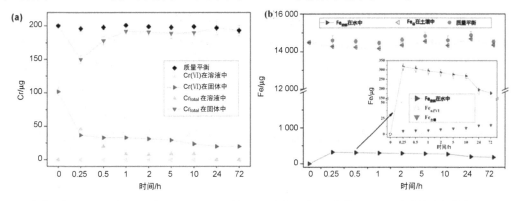

［（b）中的内插图为溶液中总溶解性铁（$Fe_{dissolved}$）的组成：包括 Fe^0 溶出的铁（Fe_{nZVI}）和土壤溶出的铁（Fe_{soil}），其中 $Fe_{nZVI} = Fe_{dissolved} - Fe_{soil}$。土壤中 Cr（Ⅵ）的初始浓度为 102 mg/kg；土：溶液=1 g : 5 mL；Fe^0 浓度为 0.3 g/L；CMC 浓度为 0.1%（w/w）；反应时间 72 h］

图 20-7 （a）铬，（b）铁在固相和液相中的分布

图 20-7（b）显示了反应过程中铁的迁移转化情况和质量分布，其中土壤中铁的含量为 13 mg，nZVI 的投加量为 1.5 mg，因此体系中铁的总量为 14.5 mg。液相中的铁主要为溶解性铁离子（包括 Fe^{2+} 和 Fe^{3+}），用 $Fe_{dissolved}$ 表示。固相中的铁包括铁离子和 Fe^0，用 Fe_{total} 表示。反应开始时，$Fe_{dissolved}$ 迅速增加至 318 μg，随后逐渐降低，72 h 后下降至 178 μg。其中，0.25 h 时溶液中大量溶出的溶解性铁离子说明了还原作用在 nZVI 去除 Cr（Ⅵ）的过程中起着至关重要的作用。相反，固相中的总铁在 0.25 h 内从 14.5 mg 降至 14.3 mg，随后逐渐增加，72 h 后增至 14.5 mg。总体来说，随着反应的进行，液相中的铁逐渐减少，固相中的铁却逐渐增加。这一现象说明溶解性铁离子在反应的后期逐渐转移到固相中，而未被释放到溶液中。为了进一步探究 $Fe_{dissolved}$ 的组成，试验通过空白试验（只含有铬污染土壤和 0.1% CMC 溶液）考察土壤中溶出的铁离子（Fe_{soil}）对 $Fe_{dissolved}$ 的贡献率。结果表明［见图 20-7（b）的内插图］，土壤中溶出的铁离子是非常有限的，大部分的

$Fe_{dissolved}$ 是由于 nZVI 的溶出导致的。以上结果表明，在反应初始，溶液中 Cr（Ⅵ）的大量存在使得 nZVI 被迅速腐蚀而生成了 Fe（Ⅲ），并随着反应与还原产物 Cr（Ⅲ）共沉积在固相中。

以上试验结果充分说明了 nZVI 去除 Cr（Ⅵ）的过程实际是由还原作用主导。简言之，土壤中的 Cr（Ⅵ）在 CMC-nZVI 注入后迅速溶出，且被优先地还原为 Cr（Ⅲ）；与此同时，一部分滞留于土壤中的 Cr（Ⅵ）在接触到流动性的纳米材料时被还原为 Cr（Ⅲ），在此过程中 Fe^0 也被氧化成 Fe（Ⅱ）或 Fe（Ⅲ），随后与 Cr（Ⅲ）一同沉积在固相中。

为了进一步核实反应机制，采用 X 射线光电子能谱对反应前后的土壤表面进行分析。通过对比不同反应时间的 XPS 能谱图，发现 72 h 体系的土壤样品谱图中在 706.5 eV 中出现了一个 Fe^0 的特征峰（Li X et al.，2008），而其他谱图中却没有发现类似的峰（图 20-8）。该结果说明：①投加的 nZVI 在去除了土壤中 80% 的 Cr（Ⅵ）后，仍有一部分未被消耗完；②CMC 对 nZVI 的稳定时间至少能维持 5 h，这足以将大部分 Cr（Ⅵ）还原为 Cr（Ⅲ）。但是，由于土壤中 Cr（Ⅵ）浓度较低，导致反应前后土壤表面的铬元素均无法通过 XPS 表征出来，因此无法考究铬的价态变化。同时，由于土壤是一个复杂的体系，本身含有丰富的铁、氧等元素，单纯从 Fe 2p、O 1s 区域的特征峰也无法证明反应后的产物。

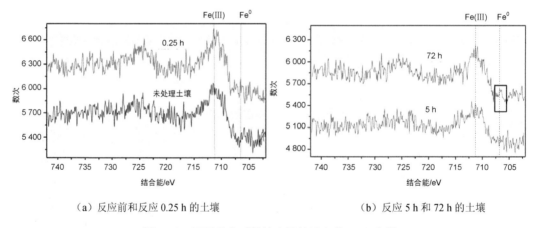

（a）反应前和反应 0.25 h 的土壤　　　　　（b）反应 5 h 和 72 h 的土壤

图 20-8　不同反应时间的土壤铁元素的 XPS 光谱

事实上，在含 Cr 废水处理中，经 nZVI 处理后的反应产物已得到许多研究者的证实（Manning et al.，2007；Li X et al.，2008；Liu T et al.，2010；Fang Z et al.，2011a），即 Cr（Ⅵ）被还原成 Cr（Ⅲ）后以 $Cr(OH)_3$ 沉淀或以 Cr（Ⅲ）/Fe（Ⅲ）氢氧化物 [如 $Cr_xFe_{1-x}OOH$、$(Cr_xFe_{1-x})(OH)_3$ 等] 的形式共沉淀在纳米颗粒的表面。Du J 等（2012）采用 6% 的 nZVI 修复含 Cr 矿渣，修复后的矿渣经 XPS 光谱分析证实了其表面的 Cr（Ⅵ）被完全还原为 Cr（Ⅲ）。本试验体系在反应 72 h 后，液相中并检测到任何溶解性的 Cr（Ⅵ）或 Cr（Ⅲ），

同时溶解性铁离子也大部分转移到固相中，这意味着所有的 Cr（III）与大部分的 Fe（III）均沉淀到固相中。

根据以上的试验结果，可以初步推断 CMC-nZVI 去除土壤中 Cr（VI）的机制（图 20-9）：①当 CMC-nZVI 投加至土壤后，土壤中的 Cr（VI）迅速溶出，并在 10 h 时达到溶出平衡，溶出率为 46%；②溶出的 Cr（VI）优先接触到 nZVI 表面的活性位点，并在 15 min 被还原为 Cr（III）；③滞留在土壤中的部分非水溶性 Cr（VI）在 nZVI 的流动中接触到其表面的活性位点被还原为 Cr（III）；④nZVI 在还原 Cr（VI）的同时自身被氧化为 Fe（II）或 Fe（III），Fe（II）继续起还原作用，还原后的 Cr（III）以 $Cr(OH)_3$ 沉淀或与 Fe（III）以 Cr（III）/Fe（III）氢氧化物 [如 $Cr_xFe_{1-x}OOH$、$(Cr_xFe_{1-x})(OH)_3$ 等] 的形式共沉淀在纳米颗粒的表面；⑤随着 CMC 发生水解，剩余的 nZVI 和反应产物被释放，最后通过吸附或截留固定在土壤颗粒的表面，并将剩余的 Cr（VI）包裹起来，从而阻碍还原剂与内层 Cr（VI）的接触，此时反应基本处于稳定状态。

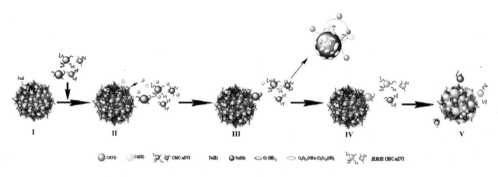

图 20-9　CMC-nZVI 去除土壤中 Cr（VI）的机制示意图

20.2.9　小结

本节介绍了利用钢铁酸洗废液为铁源，羧甲基纤维素（CMC）为稳定剂，制备的修饰型 nZVI（CMC-nZVI）应用于铬污染土壤的修复。结果表明：

①CMC 能有效提高 nZVI 的稳定性，减少颗粒的团聚，从而大大提高了反应速率。通过水溶性 Cr（VI）的去除率研究，发现其去除率与纳米材料的投加量成正比，与土壤 Cr（VI）的初始浓度成反比，偏酸性或中性土壤有利于其去除。

②通过采用不同的投加方式、增加 nZVI 的投加量和延长反应时间来考察非水溶性 Cr（VI）去除率的影响，发现单纯地增加纳米材料的投加量无法完全去除土壤中的 Cr（VI）。因为反应后的产物 [如 Cr（III）/Fe（III）氢氧化物等] 随着 CMC 的水解最终沉积在土壤颗粒的表面，阻碍 nZVI 与土壤内层的 Cr（VI）接触反应，最终土壤中 Cr（VI）的去除率接近 80%。

③通过反应过程中铬、铁质量分布和反应产物的 XPS 分析表明还原和固定可能是 CMC-nZVI 修复铬污染土壤的主要机制。即 nZVI 优先将溶出的 Cr（VI）还原为 Cr（III），并逐步还原部分滞留于土壤中的 Cr（VI），同时 nZVI 自身被氧化为 Fe（III），被还原的 Cr（III）以 $Cr(OH)_3$ 或以 Cr（III）/Fe（III）氢氧化物［如 $Cr_xFe_{1-x}OOH$、$(Cr_xFe_{1-x})(OH)_3$］的形式沉淀在纳米颗粒的表面，随着 CMC 的水解，nZVI 和反应产物最终通过吸附或截留固定在土壤颗粒的表面，阻碍了反应的进行。

20.3　修复后土壤中 Cr 的化学稳定性研究

前面的研究表明，采用 0.09 g/L 的 nZVI 悬浮液在固液比为 1 g：5 mL 下修复了 72 h 后，土壤中 Cr（VI）的去除率为 80%。相比于 Cr（VI），修复后的 Cr［以 $Cr(OH)_3$ 或 Cr（III）/Fe（III）氢氧化物的形式存在］更稳定且其毒性大大降低。但是，采用该方法仅仅将 Cr（VI）转化为 Cr（III），即修复后的 Cr 依然存在于土壤中，对于这些残留在土壤中的 Cr 是否容易被再次被氧化，是否容易淋滤到深层土壤中而引起二次污染等问题，是值得研究者进一步关注的。

研究者通常采用化学提取方法来考察修复后土壤中 Cr 的固定效率（Du J et al.，2012；Xu Y et al.，2007）。总体来说，化学提取法通常采用一定的溶液对土壤进行浸提，通过分析浸提液中的提取量来评价该元素的固定效果。但由于不同的提取方法所采用的化学试剂等不同，导致最终提取液的提取强度和 pH 等相差甚远，从而使得获取的数据缺乏可比性。因此，我们拟通过一系列的化学提取方法共同考察修复后土壤中 Cr 的固定效率，从而评价该技术是否适用于修复 Cr 污染土壤。

20.3.1　研究方法

（1）铬污染土壤的修复

研究所采用的污染土壤通过人为投加重铬酸钾的方式（见 20.2.1 节）进行制备，最终使得土壤中总铬和 Cr（VI）的浓度分别为 200 mg/kg 和 102 mg/kg。该污染土壤通过与 CMC-nZVI（Fe^0=0.3 g/L）以 1 g：5 mL 的比例混合后置于旋转培养器上以 30 rpm/h 反应 72 h，修复后的土壤用于化学提取试验。

（2）毒性淋溶提取试验

为了评估 CMC-nZVI 对 Cr 污染土壤的修复效果，采用毒性淋溶提取试验（Toxicity Characteristic Leaching Procedure，TCLP）考察处理前后的土壤中 Cr 的滤出性。根据方法 EPA US 1311（1990），先以预试验确定土壤所适用的提取液。将修复后的土壤自然风干，经超纯水和 1 mol/L HCl 溶液混合搅拌后，测定泥浆的 pH 为 4.1。根据 EPA US 1311（1990），当 pH 小于 5.0 时, 提取试验采用提取液#1; 当 pH 大于 5.0 时, 采用提取液#2。因此, 本试验所用土壤采用提取液#1(5.7 mL 冰醋酸加至 500 mL 试剂水, 再加入 64.3 mL 1 mol/L 的 NaOH, 稀释到 1 L, 此溶液 pH 为 4.93±0.05) 时进行提取。

根据 EPA US 1311 (1990), 土和提取液的比例为 1 g : 20 mL, 置混合液于旋转培养器上以 30 rpm/h 室温(21±1)℃下振荡 18 h 后 2 000 rpm 离心 5 min, 取上清液用 0.45 μm 的微孔滤膜过滤, 用紫外可见分光光度计测定 Cr (VI) 的浓度, 用原子吸收测定总铬浓度。作为对照, 未经处理的铬污染土壤也用 TCLP 程序进行提取。

(3) 基于生理学的浸提试验

为了评价 CMC-nZVI 对 Cr 污染土壤的修复效果, 采用基于生理学的浸提试验 (Physiological Based Extraction Test, PBET) (Kelley et al., 2002) 考察修复前后土壤中 Cr 的生物可利用性。该方法采用 pH 为 2.3 的甘氨酸溶液为提取液体外模拟人的胃和小肠系统对重金属的摄取情况。其基本操作是加入 0.25 g 风干的已修复土壤和 25 mL 30 g/L 的甘氨酸溶液(用 HNO$_3$ 调节 pH 至 2.3)至 40 mL 玻璃密封瓶, 于旋转培养器上在 (37±2) ℃下以 30 rpm 振荡 1 h, 然后以 2 500 rpm 离心 5 min, 上清液用 0.45 μm 的微孔滤膜过滤后测定滤液总铬和 Cr (VI) 浓度。作为对照, 未经修复的 Cr 污染土壤也用该程序进行提取。

(4) 连续提取程序

为了进一步考察修复后土壤中 Cr 的形态变化, 试验采用连续提取程序(Sequential Extration Prodcedures, SEP) 对反应前后的土壤进行提取。SEP 最初是由 Tessier 等(1979)提出的, 该方法将土壤或沉积物中的重金属的结合形态分为 5 种: ①可交换态(EX); ②碳酸盐结合态(CB); ③Fe-Mn 氧化态(OX); ④有机结合态(OM); ⑤残渣态(RS)。具体的提取步骤见表 20-6。每一形态的提取完成后, 将混合物以 3000 rpm 离心 10 min, 上清液用 0.22 μm 的滤膜过滤后采用火焰原子吸收测定总铬的浓度。对于土壤残渣则加入 8 mL 去离子水洗涤后以 3 000 rpm 离心 10 min, 弃去洗涤液, 加入下一步骤的提取液进行提取。作为对照, 未处理的土样同样采用以上程序进行提取。

表 20-6 土壤中 Cr 结合形态的连续提取步骤

步骤	提取形态	提取步骤
I	可交换态(EX)	称取 1 g 风干后的已修复土壤, 加入 8 mL 1 mol/L 醋酸钠(pH=8.2), 室温下持续振荡反应 1 h
II	碳酸盐结合态(CB)	加入 8 mL 1 mol/L 醋酸钠(用醋酸调节 pH 至 5), 室温下持续振荡 5 h
III	Fe-Mn 氧化态(OX)	加入 20 mL 0.04 mol/L 盐酸羟胺溶于 25%的醋酸混合物中, (96±3) ℃加热 6 h (间歇性搅拌)

步骤	提取形态	提取步骤
IV	有机结合态（OM）	加入 3 mL 0.02 mol/L HNO_3 和 5 mL 30% H_2O_2（用 HNO_3 调节 pH 为 2），将混合物（85±2）℃加热 2 h（间歇性搅拌）；继续加入 3 mL 30% 的 H_2O_2（用 HNO_3 调节 pH 为 2）并持续加热 3 h（间歇性搅拌）；冷却，加入 5 mL 3.2 mol/L 醋酸铵溶于 20% 的 HNO_3 混合液，稀释到 20 mL，搅拌 30 min
V	残渣态（RS）	剩余部分用 HNO_3-H_2O_2-HCl 进行消解

（5）分析方法

溶液中 Cr（Ⅵ）的浓度采用二苯碳酰二肼显色法进行测定，样品采用紫外-可见分光光度计法进行分析。采用外标法定量，即测定前先配制一系列 Cr（Ⅵ）标准溶液，以浓度为横坐标，强度为纵坐标绘制标准曲线，当被测物的浓度与强度关系良好时（$r > 0.999$），采用该曲线进行定量分析。

溶液中总铬的浓度采用原子吸收分光光度计进行分析。同样采用外标法定量。

20.3.2　土壤中 Cr 的淋滤性

土壤中 Cr 元素的 TCLP 提取率采用式（20-8）进行计算。

$$LR（\%）= \frac{C_0 \times V}{C_T \times m} \times 100\% \qquad (20\text{-}8)$$

式中，LR 为 TCLP 提取率，%；C_0 为 TCLP 提取液中总铬［Cr（Ⅵ）］浓度，mg/L；V 为提取液体积，L；C_T 为土壤中总铬［或 Cr（Ⅵ）］的浓度，mg/kg；m 为提取土壤的质量，kg。

如图 20-10 所示，修复后土壤中 Cr 的提取率大大降低了。例如，未修复的十壤中 Cr（Ⅵ）的提取率为 31%。当加入 CMC-nZVI 后，土壤中的 Cr（Ⅵ）被迅速还原，在 0.25 h 时，Cr（Ⅵ）的浓度已低于方法的检测限（0.04 mg/L），并且在随后的时间里都无法检测到。这说明，nZVI 对土壤中的 Cr（Ⅵ）还原是迅速地，同时被还原之后的 Cr 存在形态比较稳定，不容易为酸性提取液所提取。相比于 Cr（Ⅵ），总铬的提取率则比较高。对于未修复的土样，总铬的提取率达到 51.6%；当采用 CMC-nZVI 修复 0.25 h 后，总铬的提取率迅速下降至 22%。随着反应时间从 0.25 h 增加到 24 h，总铬的提取率只下降了 12%。由图 20-10 可知，未修复土壤中总铬的提取量扣除 Cr（Ⅵ）的提取量约等于修复 10 h 的土壤中总铬的提取量。这一现象说明，土壤中的 Cr（Ⅵ）被还原后难以被酸溶液提取的形态存在于土壤中。在土壤修复 72 h 后，总铬的提取率进一步下降到 9.5%，这说明纳米材料不仅能将 Cr（Ⅵ）还原为 Cr（Ⅲ），而且能进一步固定 Cr（Ⅲ），从而减少总铬的浸出量。

对于浸出液的浓度而言，未修复土壤的提取液中总铬的浓度达到 5.16 mg/L，明显高于美国环保局界定危险废物的浓度 5 mg/L。经纳米材料修复后的土壤，铬的浸出浓度大大降低。以上试验结果证明，采用 CMC 稳定的 nZVI 能大大降低土壤中 Cr 的淋滤性，有效对污染土壤进行解毒，适合用于处理铬污染土壤。

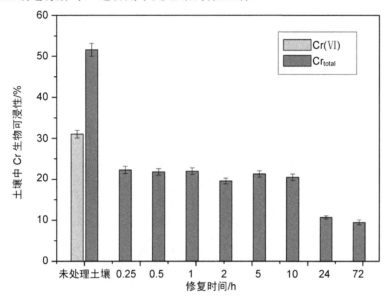

图 20-10　不同修复时间下土壤中 Cr（Ⅵ）和总铬的 TCLP 浸出率

20.3.3　土壤中 Cr 的生物可给性

相较于毒性淋溶提取试验，基于生理学的浸提试验采用了一种浸出性更强的提取方法，即使用 pH 为 2.3 的提取液在液固比为 100：1 的条件下进行提取（Liu R et al., 2007）。本试验通过采用该方法考察修复后土壤中的 Cr 对人体的可给性。由图 20-11 可知，同毒性淋溶提取试验一样，Cr 的生物可利用性随着 CMC-nZVI 的修复而显著下降。对于 Cr（Ⅵ），未修复的土壤中超过 20%的铬是可生物利用的。当采用 CMC-nZVI 进行修复后，浸出液中 Cr（Ⅵ）的浓度低于方法的检测限，足以说明对于修复后土壤中可被生物摄取的 Cr 主要是低毒的 Cr（Ⅲ）。

对于总铬，在土壤修复 0.25 h 后其提取率从 21.3%降至 13%，并且在 72 h 后下降至 9%。与毒性淋溶提取试验不同的是，未修复土壤与修复后土壤中总铬的提取量之差却远低于未修复土壤中 Cr（Ⅵ）的提取量。这说明了修复后土壤中可被生物利用的 Cr 既包括土壤中原有的 Cr（Ⅲ），也包括一部分被还原后的 Cr（Ⅲ），也进一步说明被还原后的 Cr（Ⅲ）的淋滤性很大程度上受提取液酸度的影响。从浓度上看，未修复土壤浸出液中 Cr（Ⅵ）和总铬的浓度分别为 0.4 mg/L、0.42 mg/L，经纳米材料修复后，浸出液中 Cr 的浓度下降至 0.18 mg/L，且以低毒的 Cr（Ⅲ）形态存在。因此，采用 CMC-nZVI 修复能大大降低了土壤中 Cr 的生物可利用性，适合用于处理 Cr 污染土壤。

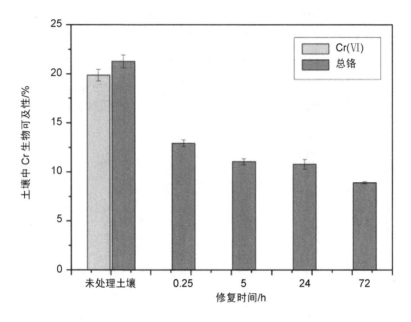

图 20-11　不同修复时间下土壤中 Cr（Ⅵ）和总铬的生物可利用性

20.3.4　土壤中 Cr 的结合形态

　　连续提取程序通过将重金属的结合形态分为 5 部分以界定其可利用性或淋滤性，这一方法已多次被研究者用于评价土壤或底泥中的 Pb、Cu、Cr 等重金属的环境行为（Maiz et al.，2000；Reddy et al.，2001；Liu R et al.，2007）。这 5 种形态的相对可利用性为：可交换态＞碳酸盐结合态＞Fe-Mn 氧化态＞有机结合态＞残余态。图 20-12 显示了修复前后土壤中 Cr 的 5 种结合形态的变化情况。

　　对于未修复的土壤，Cr 主要以可交换态（27.8%）、碳酸盐结合态（15.7%）、Fe-Mn 氧化态（40.5%）和有机结合态（16%）等形式存在。经 CMC-nZVI 修复 0.25 h 后，其中可交换态全部转化成 Fe-Mn 氧化态和有机结合态，分别增加了 19% 和 5.4%。而进一步增加修复时间对铬的存在形态并无产生太大的影响。最终，修复后的土壤中的 Cr 主要以碳酸盐结合态（19%）、Fe-Mn 氧化态（61%）和有机结合态（20%）这 3 种形态存在。结合形态的明显改变，特别是 Fe-Mn 氧化态的大量增加，也说明了前面研究中 Cr 的淋滤性和生物可利用性显著降低的原因。这可能归因于经 nZVI 修复后土壤中的 Cr 主要以 $Cr(OH)_3$ 或 Cr（Ⅲ）/Fe（Ⅲ）氢氧化物（Manning et al.，2007；Li X et al.，2008）的形式存在，从而大大增加了 Fe-Mn 氧化态的含量。总而言之，采用 CMC-nZVI 修复 Cr 污染土壤通过将高利用度的 Cr（可交换态）转换成低利用度的 Fe-Mn 氧化态和有机结合态，从而有效地固定了土壤中的 Cr 元素。

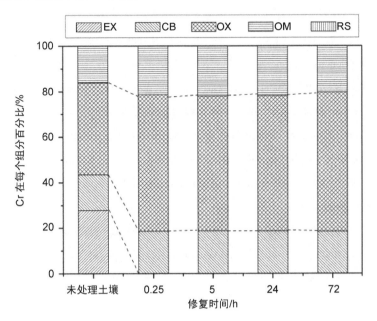

图 20-12　不同修复时间下土壤中 Cr 的结合形态的变化

20.3.5　小结

采用毒性淋滤试验（TCLP）、基于生理学的浸提试验（PBET）和连续提取程序（SEP）等考察修复后土壤中 Cr 的淋滤性、生物可利用性和结合形态的变化。结果表明：

①修复后土壤中 Cr 的 TCLP 提取率显著下降，且提取液中的铬主要以 Cr（Ⅲ）的形式存在，其浓度远低于美国国家环境保护局界定危险废物的浓度 5 mg/L。因此，经 nZVI 还原后的 Cr（Ⅲ）难以被 TCLP 溶液提取。

②与毒性淋滤试验相同，修复后土壤中可被生物利用的 Cr 是以 Cr（Ⅲ）的形式存在。不同的是，这部分可被生物利用的 Cr 既包括土壤中原有的 Cr（Ⅲ），也包括一部分被还原后的 Cr（Ⅲ）。

③修复后，土壤中可交换态的 Cr 主要转化成 Fe-Mn 氧化态和有机结合态，这也说明了 Cr 的淋滤性和生物可利用性显著降低的原因。

参考文献

AI Z，2008. Efficient removal of Cr（Ⅵ） from aqueous solution with Fe@ Fe$_2$O$_3$ core-shell nanowires[J]. Environmental Science & Technology，42（18）：6955-6960.

AVUDAINAYAGAM S，2003. Chemistry of chromium in soils with emphasis on tannery waste sites[J]. Reviews of Environmental Contamination and Toxicology，53-91.

BAKER A J M，1989. Terrestrial higher plants which hyperaccumulate metallic elements. A review of their distribution，ecology and phytochemistry[J]. Biorecovery，1（2）：81-126.

BANKS M K，2006. Leaching and reduction of chromium in soil as affected by soil organic content and plants[J]. Chemosphere，62（2）：255-264.

BLOWSA D W，1997. In-situ remediation of Cr（Ⅵ）-contaminated groundwater using permeable reactive walls：laboratory studies[J]. Environmental Science & Technology，31（12）：3348-3357.

BOWERS A R，1986. Iron process for treatment of Cr（Ⅵ） wastewaters[J]. Metal Finishing，133（11）：37-41.

CAO J，2006. Stabilization of chromium ore processing residue（COPR） with nanoscale iron particles[J]. Journal of Hazardous Materials，132（2-3）：213-219.

CHRUSOCHOOU M，2010. Calcium polysulfide treatment of Cr（Ⅵ）-contaminated soil[J]. Journal of Hazardous Materials，179（1-3）：650-657.

DU J，2012. Reduction and immobilization of chromate in chromite ore processing residue with nanoscale zero-valent iron[J]. Journal of Hazardous Materials，215：152-158.

EL-SHAZLY A H，2005. Hexavalent chromium reduction using a fixed bed of scrap bearing iron spheres[J]. Desalination，185（1-3）：307-316.

FANG Z，2011a. Removal of chromium in electroplating wastewater by nanoscale zero-valent metal with synergistic effect of reduction and immobilization[J]. Desalination，280（1-3）：224-231.

FANG Z，2011b. Degradation of the polybrominated diphenyl ethers by nanoscale zero-valent metallic particles prepared from steel pickling waste liquor[J]. Desalination，267（1）：34-41.

FONSECA B，2009. Retention of Cr（Ⅵ） and Pb（Ⅱ） on a loamy sand soil：kinetics，equilibria and breakthrough[J]. Chemical Engineering Journal，152（1）：212-219.

FUKUDA T，2008. Cr（Ⅵ） reduction from contaminated soils by *Aspergillus* sp. N2 and *Penicillium* sp. N3 isolated from chromium deposits[J]. The Journal of general and applied microbiology，54（5）：295-303.

GHEJU M，2011. Hexavalent chromium reduction with zero-valent iron（ZVI） in aquatic systems[J]. Water，Air，& Soil Pollution，222（1）：103-148.

GOULD J P，1982. The kinetics of hexavalent chromium reduction by metallic iron[J]. Water Research，16 （6）：871-877.

HE F，2007. Manipulating the size and dispersibility of zerovalent iron nanoparticles by use of carboxymethyl cellulose stabilizers[J]. Environmental Science & Technology，41（17）：6216-6221.

JEAN L，2007. Chromium and nickel mobilization from a contaminated soil using chelants[J]. Environmental Pollution，147（3）：729-736.

KELLEY M E，2002. Assessing oral bioavailability of metals in soil[M]. Battelle Press.

KOTAŚ J，2000. Chromium occurrence in the environment and methods of its speciation[J]. Environmental Pollution，107（3）：263-283.

LEE J W，2010. Wastewater screening method for evaluating applicability of zero-valent iron to industrial wastewater[J]. Journal of Hazardous Materials，180（1-3）：354-360.

LI X，2008. Stoichiometry of Cr（Ⅵ） immobilization using nanoscale zerovalent iron（nZVI）：a study with high-resolution X-ray photoelectron spectroscopy（HR-XPS）[J]. Industrial & Engineering Chemistry Research，47（7）：2131-2139.

LIN Y H，2010. Characteristics of two types of stabilized nano zero-valent iron and transport in porous media[J]. Science of the Total Environment，408（10）：2260-2267.

LIU R，2007. Reducing leachability and bioaccessibility of lead in soils using a new class of stabilized iron phosphate nanoparticles[J]. Water Research，41（12）：2491-2502.

LIU T，2010. Entrapment of nanoscale zero-valent iron in chitosan beads for hexavalent chromium removal from wastewater[J]. Journal of Hazardous Materials，184（1-3）：724-730.

MAIZ I，2000. Evaluation of heavy metal availability in polluted soils by two sequential extraction procedures using factor analysis[J]. Environmental Pollution，110（1）：3-9.

MANNING B A，2007. Spectroscopic investigation of Cr（Ⅲ）-and Cr（Ⅵ）-treated nanoscale zerovalent iron[J]. Environmental Science & Technology，41（2）：586-592.

MARSH T L，2001. Relationship of hydrogen bioavailability to chromate reduction in aquifer sediments[J]. Applied and Environmental Microbiology，67（4）：1517-1521.

MELITAS N，2001. Kinetics of soluble chromium removal from contaminated water by zerovalent iron media：corrosion inhibition and passive oxide effects[J]. Environmental Science & Technology，35（19）：3948-3953.

NOUBACTEP C，2009. Fe^0-based alloys for environmental remediation：Thinking outside the box[J]. Journal of Hazardous Materials，165（1-3）：1210-1214.

RASKIN I，1997. Phytoremediation of metals：using plants to remove pollutants from the environment[J]. Current Opinion in Biotechnology，8（2）：221-226.

RASKIN I，2000. Phytoremediation of toxic metals[M]. John Wiley and Sons.

REDDY K R，2001. Assessment of electrokinetic removal of heavy metals from soils by sequential extraction analysis[J]. Journal of Hazardous Materials，84（2-3）：279-296.

SOPHIA A C，2005. Assessment of the mechanical stability and chemical leachability of immobilized electroplating waste[J]. Chemosphere，58（1）：75-82.

SU C，2005. Treatment of hexavalent chromium in chromite ore processing solid waste using a mixed reductant solution of ferrous sulfate and sodium dithionite[J]. Environmental Science & Technology，39（16）：6208-6216.

SUN Y，2010. Notice of Retraction：Study on process conditions of Chromite Ore Processing Residue contaminated soil washing with water[C]//2010 The 2nd Conference on Environmental Science and Information Application Technology. IEEE，2：538-542.

EPA U S，1990. Test Method 1311-TCLP，Toxicity Characteristic Leaching Procedure[S]. Washington，US.

TESSIER A，1979. Sequential extraction procedure for the speciation of particulate trace metals[J]. Analytical chemistry，51（7）：844-851.

TINJUM J M，2008. Mobilization of Cr（VI） from chromite ore processing residue through acid treatment[J]. Science of the Total Environment，391（1）：13-25.

VAN CAUWENBERGHE L，1997. Electrokinetics：Technology overview report[J]. Groundwater Remediation Technologies Analysis Centre，117.

WANG Q，2010. Reduction of hexavalent chromium by carboxymethyl cellulose-stabilized zero-valent iron nanoparticles[J]. Journal of Contaminant Hydrology，114（1-4）：35-42.

WILKIN R T，2005. Chromium-removal processes during groundwater remediation by a zerovalent iron permeable reactive barrier[J]. Environmental Science & Technology，39（12）：4599-4605.

XU Y，2007. Reductive immobilization of chromate in water and soil using stabilized iron nanoparticles[J]. Water Research，41（10）：2101-2108.

ZHANG Y，2012. Enhanced Cr（VI）removal by using the mixture of pillared bentonite and zero-valent iron[J]. Chemical Engineering Journal，185：243-249.

黄顺红，2009. 铬渣堆场铬污染特征及其铬污染土壤微生物修复研究[D]. 长沙：中南大学.

黄勇，2004. 土壤学[M]. 北京：中国农业出版社.

张学洪，2005. 某电镀厂土壤重金属污染及植物富集特征[J]. 桂林工学院学报，25（3）：289-292.

张学洪，2006. 一种新发现的湿生铬超积累植物——李氏禾（Leersia hexandra Swartz）[J]. 生态学报，26（3）：950-953.

第 21 章　生物炭负载纳米零价铁修复铬污染土壤

21.1　研究背景

21.1.1　改性 nZVI 修复铬污染土壤的研究进展

nZVI 是指粒径在 $1 \sim 100$ nm 的 Fe^0 颗粒，由于其比表面积大、活性高且还原性强等（Fang Z Q et al.，2011）优点，已广泛用于铬污染土壤的修复中。尽管近年来 nZVI 在 Cr（Ⅵ）污染土壤的修复中已取得显著进展，但由于 nZVI 自身存在不足，导致实际修复中还存在许多难题。一方面，nZVI 因具有磁性以及较高的表面能而易于团聚，引起反应活性和流动性能降低，导致原位修复效果下降（He F et al.，2005；Xu Y H et al.，2007）；另一方面，由于 nZVI 的反应活性及纳米颗粒效应而在一定程度上破坏了土壤特性，如造成土壤板结及减少土壤孔隙度（Kumpiene et al.，2008），造成土壤肥效性下降（McBride et al.，2000）；进一步地，nZVI 在修复 Cr（Ⅵ）污染土壤的过程中释放的过量铁离子可能引起二次污染，不利于土壤的再利用及作物的再生长（El-Temsah et al.，2012；Sneath et al.，2013）。

近年来的研究热点是 nZVI 的改性，通过提高 nZVI 的流动性及反应活性，充分挖掘 nZVI 修复 Cr（Ⅵ）污染土壤的潜力。目前，nZVI 的改性技术以表面修饰法和载体法为主。表面修饰法是指在制备过程中，通过表面活性剂等高分子物质对 nZVI 进行改性，如用壳聚糖（Reyhanitabar et al.，2012）、淀粉（Alidokht et al.，2011）、羧甲基纤维素（CMC）（Franco et al.，2009）、聚乙烯吡络烷酮（PVP）（Liang B et al.，2014）及聚丙烯酸（PAA）（Yang G et al.，2007）等进行修饰，通过提高颗粒之间的位阻或增加颗粒间的静电排斥力而使纳米颗粒保持在较小的粒径范围内，进而提高颗粒的分散性及稳定性（He F et al.，2007；Lin Y H et al.，2010）。Xu Y H 等（2007）的研究表明，CMC 修饰 nZVI 可以显著提高 nZVI 的稳定性、反应活性及其在土壤中的流动性，进而明显提高对 Cr（Ⅵ）的去除率。

载体法是指负载 nZVI 至功能性材料上，利用载体表面的基团或者孔道防止 nZVI 的团聚。目前常用的功能性材料主要有蒙脱土（Yuan P et al.，2009）、硅藻土（Yuan P et al.，2010）、硅砂（Oh Y J et al.，2007）、炭基材料（Zhang S et al.，2010）等。Li Y 等（2011a）

用硅砂负载的 nZVI 修复 Cr（Ⅵ）污染土壤，结果表明，硅砂能提高 nZVI 在土壤中的流动性，达到对 Cr（Ⅵ）有效地去除。Singh 等（2011）将 nZVI 嵌入海藻酸钙水凝胶球中以阻止 nZVI 团聚，结果显示仅用 1.5 g 的 nZVI 即可在 1 h 内去除98%的 Cr（Ⅵ），去除率明显增强。以上研究表明，改性 nZVI 可以提高反应活性、稳定性能及流动性能，进而提高对土壤中 Cr（Ⅵ）的修复效率。

21.1.2　生物炭与 nZVI 的联用

生物炭（BC）是指生物质在缺氧条件下热解生成的一种富含碳且多空隙的物质（Lehmann et al.，2009）。其制备原材料较为丰富（杨璋梅等，2014），包括农林业废弃物（如秸秆、木材、果壳等）、生活中产生的有机废物（如动物粪便、生活垃圾等）及城市污水处理产生的污泥等。

生物炭主要有以下性质（杨璋梅等，2014；许妍哲等，2015）：①含碳量丰富（约为80%），可提高土壤肥力；②具有丰富的孔隙结构、较大的比表面积，且表面有大量的负电荷，可通过离子交换和静电吸附作用降低土壤中金属的活性；③具有较高的 pH（一般在 8 以上），可中和土壤酸度和促进碱离子的交换反应，可减少土壤中酸提取态的重金属而降低其有效性；④表面有较多—OH、—COOH 和 C=O 等基团，能与重金属形成配合物，降低重金属的迁移能力。总之，生物炭在土壤养分保持、土壤理化性质改善及重金属修复方面有一定的积极效果。如 Dong X 等（2011）用甜菜制备的生物炭去除含 Cr 废水，研究表明生物炭表面的官能团及电荷性质是 Cr（Ⅵ）的还原及随后与 Cr（Ⅲ）发生络合的主要原因。Choppala 等（2013）研究表明，炭基材料对土壤中 Cr（Ⅵ）有很强的还原性且能有效降低土壤中 Cr（Ⅵ）的生物利用性及植物毒性。

生物炭的以下特性使其与 nZVI 联用修复污染物具有很大的潜力（苏慧杰等，2015）：①生物炭原材料来源广泛，制备成本低；②生物炭富含有机质及营养元素，可以提高土壤肥力；③炭基材料比表面积较大，pH 较高且表面含有较多的-OH、-COOH 和 C=O，可降低重金属的迁移能力及生物可利用性；④炭基材料具有丰富的孔隙结构，可减少 nZVI 对土壤孔隙的阻塞，进而缓解 nZVI 造成的土壤板结现象；⑤炭基材料可阻止 nZVI 表面形成氧化膜，增加其活性，且由于其表面有较多负电荷，易于吸附与固定阳离子，进而减少铁离子的释放。

近年来，已有研究者将铁基材料与炭基材料联用修复污染物。Zhou Y 等（2014）用 BC-ZVI 提高了对废水中各种污染物 [Pb（Ⅱ）、Cr（Ⅵ）、As（v）、P 和亚甲基蓝] 的去除效果，其中 Cr（Ⅵ）的去除率达 40%。Yan J C 等（2015）用 BC-nZVI 作过硫酸盐的还原剂去除三氯乙烯，由于生物炭较大的比表面积及富含氧官能团，BC-nZVI 能促进硫酸根的产生且提高三氯乙烯的降解率。Ying B 等（2015）用 BC-nZVI 修复 2,4-二氯苯氧基乙酸，结果表明，生物炭可阻止 nZVI 的团聚及腐蚀，进而提高对 2,4-二氯苯氧基乙酸的降解率。Sneath 等（2013）用 5% *w/w* 铁屑和 1% *w/w* 生物炭混合修复含 Cu、As 和菲的矿山弃土，结果表明，相比于 5% *w/w* 铁屑单独修复，生物炭及铁屑混合修复后的弃土种植的太阳花根、茎的生物量增加了 400 mg。另外，单独使用铁屑修复时，会对土壤结构造成不利的影响，且修复过程中释放的铁离子会引起太阳花死亡。Devi 等（2014）的研究表明，生物炭能阻止 nZVI 表面氧化膜的形成，且生物炭基质上的铁较稳定，铁离子渗出少。以上研究表明，将二者联用可以减少 nZVI 的团聚及氧化，增加其对污染物的降解效果、降低污染物的生物可利用性，还可以改善土壤结构，利于植物再生长等。

21.1.3 研究的意义和工作内容

近年来，大量含 Cr 污染物进入土壤环境，改变了土壤中的微生物体系，抑制植物生长，并且可通过食物链的富集作用影响人体健康。因此，重金属铬污染土壤的有效修复迫在眉睫。nZVI 由于其比表面积大、表面活性高及还原能力强等优点，已广泛应用于土壤中重金属铬污染的修复中并取得了显著进展，但也存在许多具有挑战性的难题：①nZVI 颗粒具有磁性，易团聚成较大的颗粒，材料的流动性能及稳定性能差，原位修复时会降低材料对 Cr 污染土壤的修复效果；②经 nZVI 修复 Cr 污染的土壤，土壤结构有所改变，且释放部分铁离子会引起二次污染，不利于土壤的再利用及植物的再生长。

因此，本书针对铬污染土壤的特性，结合 nZVI 修复铬污染土壤的现状，提出以生物炭颗粒作为负载材料，制备出一种 nZVI@BC，并研究其在铬污染土壤的修复应用。具体的研究内容如下：

①以生物炭颗粒作为负载材料，制备出一种 nZVI@BC。通过沉降试验及柱试验探究稳定性及流动性最佳的复合比例，制备出稳定性及流动性较强的 nZVI@BC。

②将①中制备的 nZVI@BC 用于 Cr 污染土壤的修复，一方面研究了材料投加量和修复时间对土壤中重金属铬去除率的影响；另一方面通过采用一系列的化学提取方法考察修复前后土壤中 Cr 的稳定化率和生物可利用性。

③探究修复前后土壤特性的变化，通过测定能表征土壤结构及肥力变化的指标，如 pH、有效铁、有机质、有效磷和水解性氮等进行评价。

21.2 生物炭负载 nZVI 的稳定性及流动性研究

21.2.1 生物炭负载 nZVI 的制备与表征

21.2.1.1 材料的制备

（1）生物炭的制备

生物炭（BC）的制备方法如下（Jiang T Y et al.，2012；Ding W et al.，2014）：置废弃的甘蔗渣入坩埚中，于马弗炉内（N_2 保护下）进行缺氧炭化，达到终温后（600 ℃）保持 2 h。待马弗炉温度降到室温后，取出黑色残渣并磨碎及过筛（120 目），保存备用。生物炭的物理化学性质见表 21-1。

表 21-1 生物炭的物理化学性质

指标	产率/%	pH	有机质/（g/kg）	Fe/（g/kg）	Cr
数值	26.87±0.22	10.05±0.08	830±5.2	6.13±0.43	ND.

（2）nZVI@BC 的制备

将一定量的 BC 溶解于 0.1 mol/L 的 $FeSO_4 \cdot 7H_2O$ 溶液中，在 N_2 氛围和快速搅拌状态下，逐滴加入一定量的 $NaBH_4$ 溶液，继续搅拌至氢气释放完毕。此时 nZVI 颗粒会分散在生物炭表面形成稳定的复合材料，用磁选法将所得材料分离出，先用去氧水和乙醇洗涤 3 次，于 60 ℃下真空干燥后研磨，保存备用。制得的材料记为 nZVI@BC。

为后续对比的研究，不加入生物炭的 nZVI 的制备方法同上。通过改变生物炭的质量制备了不同比例的 nZVI@BC（nZVI 与 BC 质量比 1∶0.5、1∶1、1∶2）。

21.2.1.2 材料的表征

材料的比表面积、表面形貌及官能团分别采用比表面积分析仪（BRT），扫描电镜（SEM）和傅里叶红外光谱仪（FT-IR）测定分析。在 BRT 测定中，样品在 70 ℃抽真空12 h，在液氮温度（−196 ℃）下进行氮气的吸附解吸测试；在 SEM 测定中，样品经喷金预处理后进样分析；在 FT-IR 测定中，样品用 KBr 压片法，在红外光谱-170SX 分光光度计上收集并记录 400～4 000 cm^{-1} 的数据。表征选用生物炭与 nZVI 质量比为 1∶1 的复合材料。

SEM 分析如下。如图 21-1（a）所示，BC 呈多孔隙结构，如图 21-1（b）所示 nZVI 呈圆球状，由于磁性和粒子之间的范德华力而形成链状结构（Phenrat et al.，2007）；nZVI@BC 的 SEM 如图 21-1（c）所示，观察可得 nZVI 已负载在 BC 上，分散于 BC 表面或孔隙中，nZVI 的团聚现象较轻。通过 BET 测试可知，nZVI@BC 的比表面积（71 m^2/g）是 nZVI（35 m^2/g）的 2 倍，说明 nZVI 负载在 BC 上可以增加其表面积，这可能与 nZVI 的团聚减少相关。

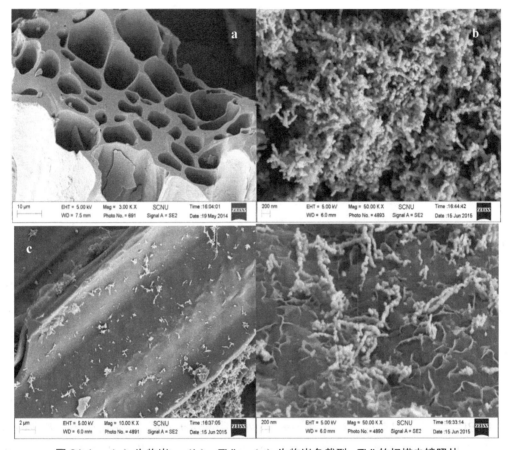

图 21-1　（a）生物炭、（b）nZVI、（c）生物炭负载型 nZVI 的扫描电镜照片

由红外光谱分析（图 21-2）可知，BC、nZVI 和 nZVI@BC 在 3 400 cm^{-1} 左右的峰值是—OH 的伸缩振引起的（Yan J C et al.，2015），BC 和 nZVI@BC 在 1 100 cm^{-1} 处的峰值对应的是 C—O 键（Liu Z G et al.，2010），但 nZVI@BC 在 679 cm^{-1} 的峰值与 nZVI 在 584 cm^{-1} 的峰值、BC 在 614 cm^{-1} 的峰值均有波动，可能是 BC 和 Fe 发生了键合导致峰值的偏移，有研究表明此处的官能团可能是 BC 和 Fe 形成的 Fe—O—H（Yan J C et al.，2015；Xiao T H et al.，1987），这说明 nZVI 是以化学键的方式与 BC 复合的。

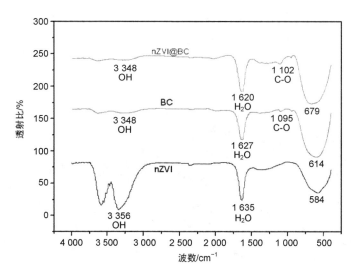

图 21-2　傅里叶红外光谱图

21.2.2　生物炭负载 nZVI 的稳定性

为了比较 nZVI 与不同比例 nZVI@BC 的稳定性，并选出最佳比例复合材料，采用沉降试验，通过测定悬浊液的沉降速率进行稳定性评价（Ling B et al.，2014）。简言之，用同样的方法分别合成出材料悬浊液，经去氧水稀释至所需浓度（保持铁量一致）后超声 5 min，立即用紫外-可见分光光度计（722 S，Shanghai，China）于 508 nm 处实时测定吸光度。

nZVI 与不同比例 nZVI@BC 的自由沉降曲线如图 21-3 所示。2 min 时，nZVI，nZVI@BC（1∶0.5，1∶1，1∶2）在 508 nm 处的吸光度分别降低 20%、15%、7% 和 7%。随着时间的延长，其吸光度降低得越多。10 min 时，吸光度分别降低 56%、43%、28% 和 23%。nZVI 体系吸光度快速降低，主要归因于 nZVI 的磁性作用及粒子之间的范德华力使得纳米颗粒易团聚成易沉降的较大颗粒。nZVI@BC 的稳定性均好于 nZVI 的稳定性，归功于 nZVI 负载于 BC 上可减少粒子的团聚，进而减小其沉降速率，这与 SEM 的表征结果一致。究其原因，一方面可能是 BC 上的—OH 等官能团能固定 nZVI；另一方面 BC 表面上有大量的负电荷，通过静电排斥作用降低 nZVI 粒子间的静电吸引力（Geng B et al.，2009；Li Y et al.，2011b）。

3 种不同比例的复合材料中，nZVI∶BC=1∶2 的复合材料稳定性较好，其次分别是 nZVI∶BC=1∶1、nZVI∶BC=1∶0.5 的复合材料，原因分析如下。当 nZVI∶BC=1∶0.5 时，生物炭的量不足以分散所有的 nZVI，而当 nZVI∶BC 增加至 1∶1 时，复合材料稳定性提高。然而继续增加生物炭的量时（nZVI∶BC=1∶2），其稳定性相比于 nZVI∶

BC=1∶1 的略高，但差别不明显，因为保持铁量一致使得 BC 相对含量增多，导致复合材料颗粒变大或悬浮液浓度过高。鉴于 nZVI∶BC=1∶1 和 nZVI∶BC=1∶2 稳定性差别不大，选取 nZVI∶BC=1∶1 为最佳比例的复合材料。

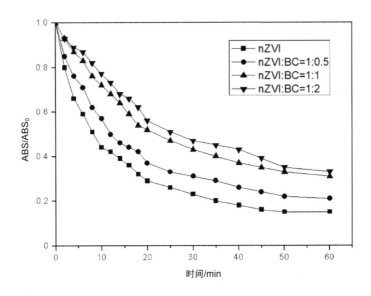

图 21-3　BC 的含量对 nZVI@BC 稳定性的影响

21.2.3　生物炭负载 nZVI 的流动性

在装有硅砂（30～50 目，孔隙率 34.5%）的垂直柱（1.5 cm 内径，长 10.0 cm）内开展柱试验，以评价 nZVI 与 nZVI@BC 的流动性能。具体方法如下（邱心泓等，2011；Jiemvarangkul et al.，2011；Ling B et al.，2014）：硅砂使用前需用去离子水洗净，用 5% 的 H_2O_2 浸泡 3 h 去除有机物和 12 mmol/L 盐酸浸泡过夜。在垂直柱内装上干燥后的硅砂，在柱子底部放置 80 目的尼龙过滤网以防试验过程中硅砂的流失，每次试验中硅砂的高度是 6 cm。为保证试验过程中柱环境的一致性，开始前需用蠕动泵将去氧水以 6 mL/min 的流速注入柱子，然后以相同流速通入 100 mL 一定浓度的 nZVI 悬浊液、nZVI@BC 悬浊液（悬浊液均保持铁量一致）。为了不使悬浊液在瓶子里发生聚沉，在溶液进入蠕动泵进水口前需要进行频率为 45 Hz 的超声波处理。以每个柱体积的水为单位在出口处取样，样液经 0.5 mol/L 盐酸浸泡 24 h 后用火焰原子吸收法测定总铁的浓度。

流速 6 mL/min 下 0.2 g/L nZVI、0.4 g/L BC@nZVI 的穿透曲线如图 21-4 所示，nZVI 在 0.5 PV（柱体积）出口处的最大相对浓度（$C/C_{0\,max}$）只有 0.03，纳米铁颗粒几乎在进水端被截留，在出水端几乎无黑色的铁颗粒，这与 Li Y 等（2011b）的研究报道类似，表明 nZVI 易于在水中团聚成微米甚至更大的颗粒，极大地削弱了流动性能。而 nZVI@BC

则表现出较好的流动性，经过 1 PV 后出水中铁浓度开始快速上升，在 4 PV 处达到了最大相对流出浓度 0.197，这归功于 nZVI 负载于生物炭表面后，减小了 nZVI 的磁性及团聚性，创造出位阻排斥，使纳米颗粒更容易在硅砂介质中流动。

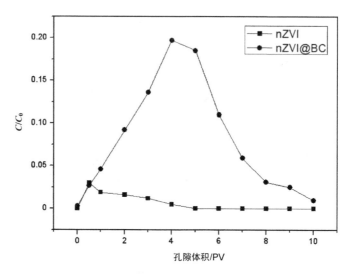

图 21-4　nZVI 和 nZVI@BC 在硅砂中流动性的对比

21.2.4　小结

综上可知，通过扫描电镜分析、比表面积测定和红外谱图分析，证实制备的 nZVI@BC 中 nZVI 成功分散在生物炭上，与生物炭表面的官能团发生键合作用，并提高了比表面积。通过沉降试验选出稳定性最好的制备比例为 BC∶nZVI=1∶1（质量比），通过柱试验比较表明 nZVI@BC（BC∶nZVI=1∶1）的稳定性及流动性均高于 nZVI。因此，生物炭作为负载材料，可以很好地提高 nZVI 的稳定性能及流动性能。

21.3　生物炭负载 nZVI 修复铬污染土壤的研究

21.3.1　研究方法

（1）土壤样品制备

供试土壤采自广州大学城中心湖表层土。采集后的土壤经自然风干、过筛处理后保存待用。经测定，原土壤中没有 Cr。

铬污染土壤的制备：取 500 g 上述土壤，加入 500 mL 一定浓度的重铬酸钾溶液，持续搅拌风干至恒重，研磨，过筛，保存备用。经测定，土壤中 Cr（Ⅵ）含量为 320 mg/kg，总铬浓度为 800 mg/kg（3 次测定的均值）。

（2）Cr 污染土壤的修复

分别以 5 g nZVI/kg、5 g BC/kg、10 g nZVI@BC/kg 的投加量修复铬污染土壤，保持土液比为 1∶1，常温下静置 1 d、5 d、10 d、15 d，期间定期将静置样品摇匀。进一步地，修复材料分别再以 2 g/kg、5 g/kg、8 g/kg 及 10 g/kg 的投加量修复铬污染土壤，保持土液比为 1∶1，常温下静置（最佳修复时间）。修复后的土壤均用于化学提取试验，同时以未修复的铬污染土壤作为对照。[注：nZVI@BC 选用前述流动性及稳定性较好的比例（nZVI/BC=1∶1）]

（3）修复后土壤中 Cr 的化学稳定性评估

不同土壤样品的具体处理方法见表 21-2。分别采用基于生理学的浸提试验（Physiological Based Extraction Test，PBET）及连续提取程序试验（Sequential Extration Prodcedures，SEP）考察修前后土壤中 Cr 的可滤出性、生物可利用性及形态变化，由此来评估修复后土壤中 Cr 及化学稳定性。

表 21-2 土壤具体的处理方法

序号	样品	处理方法
S0	未受污染土壤	21.3.1 节中空白土
S1	铬污染土壤	21.3.1 节中的铬污染土
S2	nZVI 修复后铬污染土壤	4 g/kg nZVI 修复铬污染土,常温下静置 15 d,保持土液比 1∶1,定期摇匀，到时间后风干、研磨备用
S3	BC 修复后铬污染土壤	4 g/kg BC 修复铬污染土 15 d，其他试验条件同 S2
S4	nZVI@BC 修复后铬污染土壤	8 g/kg nZVI@BC 修复铬污染土 15 d，其他试验条件同 S2

PBET 是一种浸出性更强的提取方法，具体测试方法（Kelley et al.，2002）：先后加入 0.25 g 风干的已修复的土壤和 25 mL 浓度为 30 g/L 的甘氨酸溶液（用 HNO_3 将 pH 调至 2.3）于玻璃瓶中，（37±2）℃下在旋转培养器上以 30 r/min 的速度提取 1 h，经离心后取上清液过 0.22 μm 膜，测定滤液中 Cr（VI）及总铬含量。

SEP 将土壤中重金属的结合形态分为 5 部分（Tessier et al.，1979）：可交换态（EX）、碳酸盐结合态（CB）、Fe-Mn 氧化态（OX）、有机结合态（OM）及残渣态（RS），其相对生物可利用性依次降低。土壤中 Cr 各形态的提取步骤见表 21-3，每一形态的 Cr 提取完成后，将混合物离心，取上清液用 0.22 μm 膜过滤，测定滤液中总铬的浓度。

表 21-3　土壤中 Cr 各形态的提取步骤

提取形态	提取步骤
EX	称取 1 g 风干后的已修复土壤，加入 8 mL 1 mol/L 醋酸钠（pH=8.2），室温下置于旋转培养器上振荡 1 h
CB	加入 8 mL 1 mol/L 醋酸钠（用醋酸调节 pH 至 5），室温下置于旋转培养器上振荡 5 h
OX	加入 20 mL 0.04 mol/L 盐酸羟胺溶于 25% 的醋酸混合物中，（96±3）℃下加热 6 h（间歇性搅拌）
OM	加入 3 mL 0.02 mol/L HNO_3 和 5 mL 30% H_2O_2（用 HNO_3 调节 pH 为 2），将混合物（85±2）℃加热 2 h（间歇性搅拌）；继续加入 3 mL 30% 的 H_2O_2（用 HNO_3 调节 pH 为 2）并持续加热 3 h（间歇性搅拌）；冷却，加入 5 mL 3.2 mol/L 醋酸铵溶于 20% 的 HNO_3 混合液，稀释到 20 mL，搅拌 30 min
RS	剩余部分用 HNO_3-H_2O_2-HCl 进行消解

（4）修复前后土壤特性变化

为探究修复前后土壤特性的变化，试验分别考察了 S0～S4 5 种土壤的 pH、有效铁、有机质、有效磷及水解性氮指标，各指标测试方法见表 21-4。

表 21-4　土壤中各指标测试方法

名称	测试方法
pH	保持土液比为 1 g∶2.5 mL，用电位测定法测定（Lehmann et al.，2009）
有效铁	用 DTPA 溶液浸提－原子吸收光谱法测定（Lehmann et al.，2009），具体做法：称取 25 g 风干土（2 mm 尼龙筛）于 150 mL 锥形瓶中，加 50.0 mL DTPA 浸提剂，室温下振荡 2 h 后过滤，测滤液中铁量（选用波长 248.3 nm）
有机质	用重铬酸钾容量法（Lehmann et al.，2009），原理是：加热的条件下用过量的 $K_2Cr_2O_7$-H_2SO_4 溶液来氧化土壤有机质中的碳，$Cr_2O_7^{2-}$ 等被还原成 Cr^{3+}，剩余的 $K_2Cr_2O_7$ 用 $FeSO_4$ 标准溶液滴定；根据 $K_2Cr_2O_7$ 用量计算出有机碳量，再乘以 1.724，即为土壤有机质的量
有效磷	用碳酸氢钠浸提-钼锑抗分光光度法测定（Lehmann et al.，2009），其原理是：用碳酸氢钠作为浸提剂，常温下用钼锑抗混合显色剂进行还原，使黄色的锑磷钼杂多酸还原为磷钼蓝进行比色
水解性氮	用碱解扩散法测定（Lehmann et al.，2009），其原理是：在密封的扩散皿中，用 1.8 mol/L NaOH 溶液水解土壤样品，在定温条件下，有效氮碱解转化为 NH_3 并不断逸出，用硼酸吸收，并用标准 HCL 滴定，计算出土壤水解性氮的含量

注：以上测试均做平行样，取平均值。

（5）分析方法

土壤中 Cr（Ⅵ）的测定参照 US EPA 3060A 方法，即采用 Na_2CO_3-NaOH 混合液进行消解，土壤中总铬的测定参照 US EPA 3050B 方法，即采用 HNO_3-H_2O_2-HCl 进行消解，而后均采用火焰原子吸收分光光度计进行分析。溶液中 Cr（Ⅵ）的浓度用二苯碳酰二肼显色法测定，采用紫外可见分光光度计法在波长为 540 nm 处进行分析。溶液中总铬的浓度采用火焰原子吸收分光光度计进行分析。

采用毒性淋溶提取试验（Toxicity Characteristic Leaching Procedure，TCLP）计算土壤中 Cr 的稳定化率。TCLP 具体测试方法（US EPA Method 1311）：本书所用土壤采用提取液#1（在 500 mL 去离子水中加 5.7 mL 冰醋酸，混匀后加入 64.3 mL　1 mol/L 的 NaOH 定容至 1 L，溶液 pH 为 4.93±0.05）进行提取，保持土液比为 1 g∶20 mL，室温 [（21±1）℃]下于旋转培养器上以 30 r/min 的速度提取 18 h，离心后取上清液过 0.22 μm 膜，测滤液中 Cr（Ⅵ）及总铬的含量，用稳定化率表征修复效果，稳定化率按式（21-1）计算：

$$铬的稳定化率（\%）=（M_1-M_i）/M_1×100\% \tag{21-1}$$

式中，M_1 为污土铬的提取量；M_i 为修复后铬的提取量。

21.3.2　土壤中 Cr 的稳定化率

相同投加量（5 g/kg），不同时间下 nZVI、BC 和 nZVI@BC 对土壤中 Cr 的修复效果见图 21-5。修复时间为 1 d 时，nZVI、BC 和 nZVI@BC 对土壤中 Cr（Ⅵ）的稳定化率分别为 65.16%、3.66%和 67.82%，nZVI@BC 对 Cr（Ⅵ）的稳定化率比 nZVI 高 4.08%。随着修复时间的延长，修复效果也随之提高。修复 10 d 时，nZVI 和 nZVI@BC 均能完全稳定土壤中 Cr（Ⅵ），BC 对 Cr（Ⅵ）的稳定化率为 8.19%；修复 15 d 时，BC 对 Cr（Ⅵ）的稳定化率增至 9.09%。修复时间为 1 d 时，nZVI、BC 和 nZVI@BC 对土壤中总铬的稳定化率分别为 58.46%、3.06%和 60.28%。随着修复时间的延长，修复效果也随之提高。修复 10 d 时 3 种材料对总铬的稳定化率分别为 88.3%、7.08%和 91.64%。修复 15 d 时，3 种材料对总铬的稳定化率均略微增加，分别为 88.85%、8.05%和 92.04%，其中 nZVI@BC 对总铬的稳定化率比 nZVI 高 3.59%。相对于 nZVI，nZVI@BC 对总铬和 Cr（Ⅵ）的稳定化率增加不大，主要原因是 nZVI 对铬效果已经非常好，且生物炭用量较少，采用生物碳负载修饰技术，在非原位修复中其提高空间较小。由以上分析可知，试验最佳修复时间为 15 d。

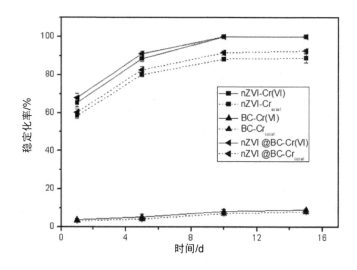

图 21-5 修复时间对土壤中 Cr 稳定化率的影响

21.3.3 材料投加量对土壤中 Cr 稳定化的影响

最佳修复时间（15 d）下不同投加量的 nZVI、BC 和 nZVI@BC（nZVI∶BC=1∶1）对土壤中 Cr 的修复效果见图 21-6。当投加量为 2 g/kg 时，3 种修复剂对 Cr（Ⅵ）的稳定化率分别为 53.65%、4.93%和 28.82%。随着投加量的增加，修复剂对土壤中 Cr（Ⅵ）的修复效果增加。当投加量为 5 g/kg 时，三者对 Cr（Ⅵ）的稳定化率分别为 100%、9.09%和 79.54%；投加量为 8 g/kg 时，三者对 Cr（Ⅵ）的稳定化率分别为 100%、11.02%和 100%。对于总铬而言，投加量为 2 g/kg 时，三者对总铬的稳定化率分别为 46.84%、4.06%和 24.36%。随着投加量的增加，修复剂对土壤中总铬的修复效果越好。当投加量为 5 g/kg 时，稳定化率分别为 88.85%、8.05%和 74.42%；投加量为 8 g/kg 时，稳定化率分别为 88.24%、10.06%和 91.94%；当增至 10 g/kg 时，3 种修复剂对总铬的稳定化率变化不大。结合数据对比，8 g/kg 的 nZVI@BC 对 Cr（Ⅵ）及总铬的稳定化率分别为 100%、91.94%，与 5 g/kg nZVI 对铬的稳定化率相近，可能归因于两种材料复合时存在的促进或协同作用，即负载 BC 使得 nZVI 团聚降低进而反应活性提高。由以上分析可知：试验中 nZVI@BC 最佳投加量选择 8 g/kg，由于复合比例为 1∶1，因此，后续对比组 nZVI 及 BC 的投加量选择 4 g/kg。

21.3.4 土壤中 Cr 的化学稳定性

在最佳修复条件下采用 PBET 考察修复前后土壤中重金属铬的生物可利用性，结果如图 21-7 所示。Cr 污染土壤（S1）中 75.1%的 Cr（Ⅵ）是可生物利用的，当分别采用

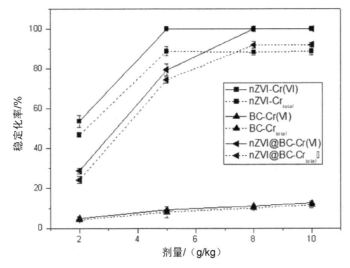

图 21-6　投加量对土壤中 Cr 稳定化率的影响

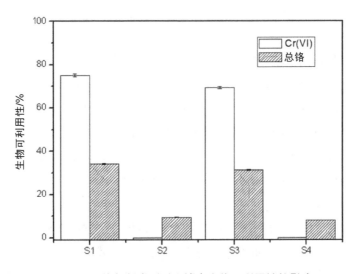

图 21-7　修复剂类型对土壤中生物可利用性的影响

nZVI 和 nZVI@BC 进行修复后（S2 和 S4），浸出液中均检测不到 Cr（Ⅵ），说明经过 nZVI 和 nZVI@BC 修复后土壤中 Cr（Ⅵ）的生物可利用性大大降低，达到了稳定化的效果。Cr 污染土壤（S1）中 34.1%的总铬是可生物利用的，经 nZVI、BC 和 nZVI@BC 修复后，土壤中总铬提取率分别为 9.35%、31.27%和 8.02%，分别下降了 24.75%、2.83%和 26.08%，经过 3 种修复剂修复后，土壤中总铬的生物可利用性呈不同程度地降低。尤其是 nZVI@BC 修复后土壤中总铬和 Cr（Ⅵ）的生物可利用性大大降低，这主要是其能有效稳定 Cr。

最佳修复条件下采用 SEP 考察修复前后土壤中 Cr 的形态变化，由图 21-8 可知，S1 中 Cr 主要以可交换态（31.8%）、碳酸盐结合态（15.14%）、Fe-Mn 氧化态（41.88%）、有机结合态（9.16%）和残渣态（2.02%）形式存在。

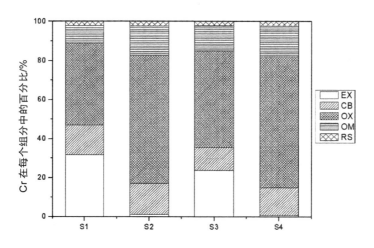

图 21-8　修复剂类型对土壤中 Cr 形态分布的影响

经过 nZVI 修复后的土壤，即 S2 中可交换态 Cr 占比 1.2%，碳酸盐结合态占 16.03%，Fe-Mn 氧化态占比 65.66%，有机物结合态占比 14.97%，残渣态占比 2.14%。对比于 S1 中 Cr 形态的变化，经 nZVI 修复后，可交换态的 Cr 几乎全部转化成 Fe-Mn 氧化态和有机结合态。这一结合形态的明显改变，特别是 Fe-Mn 氧化态的量增加 23.78%，说明了前面研究中 Cr 的淋滤性和生物可利用性显著降低的原因。这可能归因于 nZVI 修复后的土壤中 Cr 主要以 $Cr(OH)_3$ 或 Cr（III）/Fe（III）氢氧化物的形式存在，从而大大增加 Fc-Mn 氧化态的含量（王玉，2014）。

经过 BC 修复后的土壤，即 S3 中可交换态 Cr 占比 23.72%，碳酸盐结合态占 11.96%，Fe-Mn 氧化态占比 49.26%，有机物结合态占比 12.96%，残渣态占比 2.1%。对比于 S1 中 Cr 形态的变化，S3 中 Cr 的可交换态及碳酸盐结合态降低，而 Fe-Mn 氧化态和有机结合态增加，一方面这可能与生物炭能提高土壤 pH 相关，使得重金属生成氢氧化物沉淀，造成 Fe-Mn 氧化态的含量提高；另一方面，生物炭表面富有含氧官能团，与 Cr（III）发生络合作用生成有机结合态。这两点也是生物炭修复土壤中重金属的主要机理。

经过 nZVI@BC 修复后的土壤，即 S4 中可交换态 Cr 占比 0.9%，碳酸盐结合态占 14.1%，Fe-Mn 氧化态占比 67.14%，有机物结合态占比 15.71%，残渣态占比 2.15%。对比于 S1 中 Cr 形态的变化，S4 中可交换态几乎全部转化成 Fe-Mn 氧化态和有机结合态；相对于 S2 中 Cr 形态的变化，Cr 的 Fe-Mn 氧化态和有机结合态有所增加，这主要是两种材料的共同作用，也说明了复合材料能更有效地稳定土壤中的 Cr。

综上可知，采用 nZVI@BC 修复铬污染土壤可将高利用度的 Cr（可交换态、碳酸盐结合态）转换成低利用度的 Cr（Fe-Mn 氧化态和有机结合态），从而能有效地稳定土壤中的 Cr。

21.3.5　土壤理化性质的变化

土壤性质对植物的生长至关重要，为评估修复前后土壤特性的变化，分别测定了未受污染土壤（S0）、Cr 污染土壤（S1）、nZVI 修复后 Cr 污染土壤（S2）、BC 修复后 Cr 污染土壤（S3）、nZVI@BC 修复后 Cr 污染土壤（S4）5 种土壤的 pH、有效铁、有机质、有效磷及水解性氮指标，详见表 21-5。

表 21-5　修复剂类型对土壤理化性质的影响

土壤名称	pH	有效铁/（mg/kg）	有机质/（g/kg）	有效磷/（mg/kg）	水解性氮/（mg/100 g）
S0	5.72 ± 0.02	115.66 ± 5.85	40.77 ± 0.12	7.41 ± 0.20	12.78±0.30
S1	5.56 ± 0.05	54.76 ± 2.63	40.66 ±0.10	2.49 ± 0.15	12.23±0.22
S2	6.01 ± 0.03	228.84 ± 4.35	38.82 ± 0.2	1.52 ± 0.05	10.85±0.40
S3	6.25 ± 0.02	60.50 ± 3.51	43.51 ± 0.10	8.56 ± 0.24	15.14±0.24
S4	6.51 ± 0.02	97.30 ± 2.36	41.20 ± 0.32	7.35 ± 0.10	12.58±0.15

由表 21-5 可知，S0 与 S1 的 pH 分别为 5.72 和 5.56，土壤均呈酸性。S2 的 pH 为 6.01，比 S1 的高 0.45，主要是与 nZVI 的腐锈和 Cr（Ⅵ）的还原反应相关（Gheju et al.，2011）。S3 的 pH 为 6.25，比 S1 的高 0.69，主要是因为生物炭 pH 较高，当生物炭加入土壤中能提高土壤 pH，改良酸性土壤（Novak et al.，2009；Hossain et al.，2010）；S4 的 pH 为 6.51，比 S1 的高 0.95，使得土壤 pH 更接近于中性土壤，可能是 nZVI 与 BC 复合后起到了促进作用。

S1 有效铁含量为 54.76 mg/kg，低于 S0，可能是染土制备过程中有效铁和 Cr（Ⅵ）发生了反应，形成了铁铬矿或者铁铬氢氧化物沉淀，从而降低了土壤中的有效铁。nZVI 修复过程中会释放部分铁离子，引起土壤中有效铁含量的增加，这与 S2 中有效铁的含量（228.84 mg/kg）分别为 S0 的 1.98 倍和 S1 的 4.18 倍相吻合。S3 中有效铁的含量与 S1 中的变化不大，说明将生物炭加入铬污染土壤中，对土壤中有效铁的含量影响不大。S4 有效铁的含量为 97.30 mg/kg，比 S2 有效铁的含量低 57.48%，说明 nZVI@BC 可以解决 nZVI 修复过程中释放过量铁离子的问题，主要是因为生物炭的 Zata 电位上负电位较大，能吸附铁离子（Devi et al.，2014），因而 nZVI@BC 的铁离子较为稳定。另外，S4 中有效铁含量约为 S1 中有效铁含量的 1.78 倍，说明经 nZVI@BC 修复后，可以减少 Cr 污染土壤中有效铁的损失。土壤中的铁对作物的生长至关重要，经 nZVI@BC 修复后土壤中有效铁含量接近于空白土中有效铁的含量，有利于作物的生长。

从有机质含量的变化可得 S1 有机质含量（40.66 g/kg）与 S0（40.77 g/kg）相差不大。S2 有机质含量为 38.82 g/kg，比 S1 中有机质含量降低 4.53%，说明 nZVI 可能与土壤中部分有机质发生了反应，降低了土壤中有机质的含量。S3 有机质含量为 43.51 g/kg，比 S1 有机质含量增加 7.01%，这与生物炭富含有机质相关，可以提高土壤有机质含量。S4 有机质含量为 41.20 g/kg，比 S0、S1 和 S2 中的有机质含量分别高 1.05%、1.33% 和 6.13%，说明 nZVI@BC 修复铬污染土壤可以提高土壤有机质含量，从而提高土壤的肥效性。

S0 有效磷含量为 7.41 mg/kg，S1 有效磷含量为 2.49 mg/kg，S1 中有效磷含量比 S0 的少 66.4%，说明 Cr（Ⅵ）可以破坏土壤中有效磷，降低土壤肥力。S2 有效磷含量为 1.52 mg/kg，比 S1 中有效磷的含量低 38.96%，可能是磷酸根与铁发生反应，从而降低土壤中有效磷的含量，也说明单独的 nZVI 加入虽然可以有效修复土壤中重金属铬，但是也会降低土壤的肥效性。S3 有效磷含量为 8.56 mg/kg，约为 S1 土壤中有效磷含量的 3.4 倍，说明引入 BC 能明显增加土壤中有效磷的含量，可能与生物炭本身含有大量有效性较高的磷相关（Wu Y et al.，2014），或是因为投加 BC 能解决 Cr 对土壤中有效磷的抑制作用。S4 有效磷含量从修复前的 2.49 mg/kg 增至 7.35 mg/kg，且接近于 S0 土壤中有效磷的含量，说明 nZVI@BC 修复铬污染土壤可以提高土壤有效磷的含量，使其恢复至空白土壤的水平。

从水解性氮含量变化可知：S1 水解性氮含量（12.23 mg/100 g）与 S0（12.78 mg/100 g）相差不大。S2 水解性氮含量（10.85 mg/100 g）比 S1 的低 11.28%，说明单独的 nZVI 加入虽然可以有效修复土壤中 Cr，但是也会降低土壤的肥效性。S3 水解性氮含量为 15.14 mg/100 g，比 S1 的高 22.79%，说明引入 BC 能明显增加土壤中水解性氮的含量。S4 水解性氮含量为 12.58 mg/100 g，接近于 S0 的，比 S2 的高 15.94%，表明对比于 nZVI 修复铬污染土壤，nZVI@BC 修复可以保持土壤水解性氮的含量。

综上可知，用 nZVI@BC 修复土壤不仅可以解决 Cr 和 Fe 对土壤中有效磷及水解性氮的破坏作用，而且大大提高了土壤的肥力。结合土壤有机质、有效铁、有效磷及水解性氮的指标分析，采用复合材料进行土壤重金属铬的污染修复，可以解决单独采用 nZVI 带来的问题，可以有效提高土壤的肥效性。

21.3.6 小结

以甘蔗渣为原料制备的生物炭颗粒作为负载材料，制备出一种 nZVI@BC，并将其应用于 Cr 污染土壤的修复。本节探究了 nZVI@BC 对 Cr 污染土壤的修复性能，并对其修复效果做了有效评估，结果表明：

①通过 TCLP 测试分析，当修复时间为 15 d 时，nZVI@BC（nZVI：BC=1：1）的投

加量为 8 g/kg 时，nZVI@BC 能完全修复土壤中 Cr（Ⅵ），且对土壤中总铬的稳定化效果达到平衡。

②通过 PBET 和 SEP 测试分析，nZVI@BC 修复后土壤中 Cr（Ⅵ）及总铬的生物可利用性分别降低了 100% 和 76.48%，可交换态铬几乎全部转化成 Fe-Mn 氧化态（67.29%）和有机结合态（15.01%）。nZVI@BC 修复后土壤中高利用度的 Cr 转换成低利用度的 Cr，土壤中 Cr 的稳定化效果较好。

③nZVI@BC 修复铬污染土壤，可提高土壤 pH 至中性，可降低 nZVI 修复 Cr 污染土壤时释放铁离子；且可增加土壤的有机质、有效磷及水解性氮的含量，进而提高土壤肥力。

参考文献

ALIDOKHT L，2011. Cr（Ⅵ） immobilization process in a Cr‐spiked soil by zerovalent iron nanoparticles: optimization using response surface methodology[J]. CLEAN-Soil，Air，Water，39（7）：633-640.

CHOPPALA G，2013. Chemodynamics of chromium reduction in soils: implications to bioavailability[J]. Journal of Hazardous Materials，261：718-724.

DEVI P，2014. Synthesis of the magnetic biochar composites for use as an adsorbent for the removal of pentachlorophenol from the effluent[J]. Bioresource Technology，169：525-531.

DING W，2014. Pyrolytic temperatures impact lead sorption mechanisms by bagasse biochars[J]. Chemosphere，105：68-74.

DONG X，2011. Characteristics and mechanisms of hexavalent chromium removal by biochar from sugar beet tailing[J]. Journal of Hazardous Materials，190（1-3）：909-915.

EL‐TEMSAH Y S，2012. Impact of Fe and Ag nanoparticles on seed germination and differences in bioavailability during exposure in aqueous suspension and soil[J]. Environmental Toxicology，27（1）：42-49.

FANG Z，2011. Degradation of the polybrominated diphenyl ethers by nanoscale zero-valent metallic particles prepared from steel pickling waste liquor[J]. Desalination，267（1）：34-41.

FRANCO D V，2009. Reduction of hexavalent chromium in soil and ground water using zero-valent iron under batch and semi-batch conditions[J]. Water，Air，and Soil Pollution，197（1）：49-60.

GENG B，2009. Preparation of chitosan-stabilized Fe^0 nanoparticles for removal of hexavalent chromium in water[J]. Science of the Total Environment，407（18）：4994-5000.

GHEJU M，2011. Hexavalent chromium reduction with zero-valent iron（ZVI） in aquatic systems[J]. Water，Air，& Soil Pollution，222（1）：103-148.

HE F，2007. Manipulating the size and dispersibility of zerovalent iron nanoparticles by use of carboxymethyl cellulose stabilizers[J]. Environmental Science & Technology，41（17）：6216-6221.

HE F，2005. Preparation and characterization of a new class of starch-stabilized bimetallic nanoparticles for degradation of chlorinated hydrocarbons in water[J]. Environmental Science & Technology，39（9）：3314-3320.

HOSSAIN M K，2010. Agronomic properties of wastewater sludge biochar and bioavailability of metals in production of cherry tomato（*Lycopersicon esculentum*）[J]. Chemosphere，78（9）：1167-1171.

JIANG T Y，2012. Adsorption of Pb（II）on variable charge soils amended with rice-straw derived biochar[J]. Chemosphere，89（3）：249-256.

JIEMVARANGKUL P，2011. Enhanced transport of polyelectrolyte stabilized nanoscale zero-valent iron （nZVI）in porous media[J]. Chemical Engineering Journal，170（2-3）：482-491.

KELLEY M E，2002. Assessing oral bioavailability of metals in soil[M]. Battelle Press.

KUMPIENE J，2008. Stabilization of As，Cr，Cu，Pb and Zn in soil using amendments-a review[J]. Waste Management，28（1）：215-225.

LEHMANN J，2009. Biochar for environmental management：an introduction[J]. Biochar for Environmental Management Science & Technology，25（1）：15801-15811（11）.

LI Y，2011a. Removal of hexavalent chromium in soil and groundwater by supported nano zero-valent iron on silica fume[J]. Water Science and Technology，63（12）：2781-2787.

LI Y，2011b. Stabilization of Fe^0 nanoparticles with silica fume for enhanced transport and remediation of hexavalent chromium in water and soil[J]. Journal of Environmental Sciences，23（7）：1211-1218.

LIANG B，2014. Assessment of the transport of polyvinylpyrrolidone-stabilised zero-valent iron nanoparticles in a silica sand medium[J]. Journal of Nanoparticle Research，16（7）：1-11.

LIN Y H，2010. Characteristics of two types of stabilized nano zero-valent iron and transport in porous media[J]. Science of the Total Environment，408（10）：2260-2267.

LIU Z，2010. Characterization and application of chars produced from pinewood pyrolysis and hydrothermal treatment[J]. Fuel，89（2）：510-514.

MCBRIDE M B，2000. Copper phytotoxicity in a contaminated soil：remediation tests with adsorptive materials[J]. Environmental Science & Technology，34（20）：4386-4391.

NOVAK J M，2009. Impact of biochar amendment on fertility of a southeastern coastal plain soil[J]. Soil Science，174（2）：105-112.

OH Y J，2007. Effect of amorphous silica and silica sand on removal of chromium（VI）by zero-valent iron[J]. Chemosphere，66（5）：858-865.

PHENRAT T，2007. Aggregation and sedimentation of aqueous nanoscale zerovalent iron dispersions[J]. Environmental Science & Technology，41（1）：284-290.

REYHANITABAR A，2012. Application of stabilized Fe^0 nanoparticles for remediation of Cr（Ⅵ）- spiked soil[J]. European Journal of Soil Science，63（5）：724-732.

SINGH R，2011. Remediation of Cr（Ⅵ）contaminated soil by zero-valent iron nanoparticles（nZVI）entrapped in calcium alginate beads[C]//Second International Conference on Environmental Science and Development，IPCBEE，4（10.13140）：2.1.

SNEATH H E，2013. Assessment of biochar and iron filing amendments for the remediation of a metal，arsenic and phenanthrene co-contaminated spoil[J]. Environmental Pollution，178：361-366.

EPA U S，1990. Test Method 1311-TCLP，Toxicity Characteristic Leaching Procedure[S]. Washington，US.

TESSIER A，1979. Sequential extraction procedure for the speciation of particulate trace metals[J]. Analytical Chemistry，51（7）：844-851.

WU Y，2014. Effects of biochar amendment on soil physical and chemical properties：current status and knowledge gaps[J]. Advances in Earth Science，29（1）：68-79.

XU Y，2007. Reductive immobilization of chromate in water and soil using stabilized iron nanoparticles[J]. Water Research，41（10）：2101-2108.

XIAO T H，1987. The coagulating behaviors of Fe（Ⅲ）polymeric species—Part I[J]. Water Res，21（1）：115-121.

YAN J，2015. Biochar supported nanoscale zerovalent iron composite used as persulfate activator for removing trichloroethylene[J]. Bioresource Technology，175：269-274.

YANG G C C，2007. Stability of nanoiron slurries and their transport in the subsurface environment[J]. Separation and Purification Technology，58（1）：166-172.

YING B，2015. Adsorption and degradation of 2,4-dichlorophenoxyacetic acid in spiked soil with Fe^0 nanoparticles supported by biochar[J]. Acta Agriculturae Scandinavica，Section B—Soil & Plant Science，65（3）：215-221.

YUAN P，2009. Montmorillonite-supported magnetite nanoparticles for the removal of hexavalent chromium [Cr（Ⅵ）] from aqueous solutions[J]. Journal of Hazardous Materials，166（2-3）：821-829.

YUAN P，2010. Removal of hexavalent chromium [Cr（Ⅵ）] from aqueous solutions by the diatomite-supported/unsupported magnetite nanoparticles[J]. Journal of Hazardous Materials，173（1-3）：614-621.

ZHANG S，2010. An XPS study for mechanisms of arsenate adsorption onto a magnetite-doped activated carbon fiber[J]. Journal of Colloid and Interface Science，343（1）：232-238.

ZHOU Y，2014. Biochar-supported zerovalent iron for removal of various contaminants from aqueous solutions[J]. Bioresource Technology，152：538-542.

苏慧杰, 2015. 纳米零价铁修复 Cr（Ⅵ）污染土壤的研究进展[J]. 农业资源与环境学报, 32（6）：525-529.

王玉, 2014. 修饰型纳米零价铁修复铬污染土壤及其毒性效应研究[D]. 广州：华南师范大学.

许妍哲, 2015. 生物炭修复土壤重金属的研究进展[J]. 环境工程, （2）：156-159.

杨璋梅, 2014. 生物炭修复 Cd, Pb 污染土壤的研究进展[J]. 化工环保, 34（6）：525-531.

第22章 生物炭负载纳米磷酸亚铁修复镉污染土壤

22.1 研究背景

22.1.1 土壤镉污染及其危害

重金属镉（Cd）广泛应用于颜料、塑料、电子、冶金、电镀等方面。但在为科技发展和人类生产、生活带来极大便利的同时，由于人们对这种金属的认识不足，世界各地相继发生了一系列与 Cd 有关的污染事件，其中最广为人知的是 20 世纪"八大公害事件"之一的"骨痛病"事件。据报道，2012 年中国严重 Cd 污染土壤已超过 1.33 万 hm^2（Wang J et al.，2012），湖南、广东、广西、福建、浙江等粮食主要产地均存在大米 Cd 超标现象，超标率为 5%～15%（Zhou X et al.，2008；Lei M et al.，2010；Yang F et al.，2011；Li D J et al.，2011；Chen R H et al.，2012；Zhou N et al.，2012）。为此，研究 Cd 对环境乃至人类健康的危害程度以及相应的治理技术，也就成为科研工作者的当务之急。

Cd 与 Cr、Hg、Pb、As 并称"五毒元素"，是我国环境优先控制的污染物之一。它主要以无机 Cd 的形式存在环境中，Cd 在土壤中主要分布在表层 20～30 cm，其存在价态主要为 Cd^{2+}。环境中的 Cd 会在淤泥、土壤等沉积物中通过溶解、沉淀、凝聚、络合、吸附等反应形成多种结合形态，一般分为可交换态、碳酸结合态、铁锰氧化态、有机结合态和残渣态 5 种，其中可交换态和碳酸结合态最容易释放到环境中造成污染。

土壤中 Cd 有两个主要来源：一个是矿物和岩石本身存在的天然 Cd；另一个是由于人类活动产生的 Cd。其中，人类在生产活动中产生的 Cd 是污染土壤的最主要来源，主要来自采矿、冶金、电镀、电子等行业。土壤中的 Cd 污染主要有 3 个来源：一是来自工、矿企业含 Cd"三废"的排放；二是使用含 Cd 工业污水灌溉；三是城镇污泥和施用含 Cd 的化肥农药（褚兴飞，2011）。随着我国经济和工业的快速发展，Cd 的使用量也与日俱增，加之 Cd 污染具有一定的隐蔽性、人们对其认识的不足、检测处理技术的滞后以及经济利益的驱使，导致大量的 Cd 通过上述 3 种途径进入土壤中，造成如广东省北江流域 Cd 污染等重大污染事件的发生，给人民的生命财产造成严重的损失。

Cd 是毒性很大的一种重金属，且其化合物大多有毒，位列联合国环境规划署在 1984 年提出的具有全球意义的 12 种危害物质之首。Cd 是动植物生长的非必需元素，Cd

在植物体内各部位的累积浓度按根、叶、茎、花、果实、籽粒依次下降，当 Cd 浓度在植物体内积累达到 1 mg/kg 时就会出现毒害作用。Cd 在土壤中无法被降解且难以转化，半衰期长，而且迁移性很强，很容易被植物吸收和积累，并且可以通过食物链富集进入动物和人体内。Cd 会对植物生长产生不利影响，Cd 离子大部分被根部吸收，少量运输至上部，Cd 首先会干扰植物根部正常功能抑制其生长，阻碍水分和养分的吸收和碳氮代谢，进而抑制植物体内酶活性，引起一系列的功能紊乱，如使植物出现叶色减褪、植物矮化、生长缓慢等症状，导致植物产量、质量下降，甚至死亡。Cd 污染对农业生产的影响是巨大的，有试验结果表明，当土壤中 Cd 含量为 0.43 mg/kg 时，水稻减产 10%，当 Cd 含量达到 1 mg/kg 时，水稻减产 25%，Cd 污染不仅会使水稻产量降低、使稻米变成"镉米"，还能引起稻米氨基酸及淀粉中的支链淀粉和直链淀粉二者的比例改变，使生产的大米质量下降（柳絮等，2007）。

Cd 对人体的毒害作用仅次于 Hg，居第二位，有较强的致癌、致畸、致突变作用，对女性生殖健康影响尤其显著。Cd 主要通过消化道和呼吸道两条途径进入人体，分为急性毒害和慢性毒害，Cd 的急性毒害是由于吸入高浓度的 Cd 尘导致的肺损害，吸入少量或中等量的 Cd 蒸气经数天可治愈，但吸入大量的 Cd 蒸气后，短时间内会出现干咳、胸闷、呼吸困难等呼吸道刺激症状，严重者会出现肺炎、肺水肿等，最后导致死亡。Cd 的慢性毒害主要表现为对肾脏、肝脏、骨骼、心脑血管、免疫系统、遗传等方面的严重损伤（冉烈等，2011）。

土壤中的 Cd 污染主要通过食物链富集的途径危害人体，直接食用"镉米""镉菜"等含 Cd 作物或者食用长期用含 Cd 牧草或饲料喂养的动物肉类，Cd 会进入人体逐渐积累，引发各种疾病。Cd 对人体的危害具有毒性大、易积累、难治疗等特点，已经上升为环境中最受关注的污染物之一。

22.1.2 镉的治理技术及研究进展

Cd 的治理思路主要有以下两个方面：一是直接把 Cd 从环境中去除，使土壤中的重金属浓度降低至或接近背景值；二是改变 Cd 的存在形态，将其易析出的形态转化为其他 3 种更稳定的形态，使其在原位固定从而降低 Cd 在环境中的迁移能力、浸出能力、毒性和危害程度。Cd 的修复方法主要有物理方法、生物方法和化学方法（陈晨，2008）。

（1）物理方法

物理方法主要包括换土、客土、深耕翻土等。这类传统的物理方法能彻底去除污土中的污染物且见效快、处理效果稳定，因此在 20 世纪 90 年代前应用广泛，当时被认为是修复污染土壤的根本措施，但逐渐凸显出很多的弊端：工程量大、投资费用过高，破坏土体结构，引起土壤肥力下降，并且需要对污土进行堆放填埋或处理，施工过程占用土地且存在渗漏、污染环境等二次污染风险，没有彻底消除污染。

（2）生物方法

生物方法是利用某些特定的植物、动物或微生物大量地吸收重金属或改变其在土壤中存在形态，以达到修复土壤的目的，主要包括植物修复、动物修复和微生物修复。其中，植物修复成本低廉，能有效彻底去除土壤中的重金属，避免了再次污染的可能，并且不会产生二次污染，而且还有保护土壤、减少水土流失的功效，具有其他修复方法不可比拟的优越性，但生长在污染土壤上的植物个体矮小、生物量不高、生长周期长，导致修复污染土壤耗时太长。另外，超富集植物对重金属有一定的选择性，植物一般只对一两种重金属耐受性比较强和具有富集作用，而土壤中重金属污染往往是多种重金属同时存在，非耐受的重金属会对植物有毒害作用，严重影响修复效果，因而大大限制了植物修复的实际应用（韦良焕，2007）。

（3）化学方法

利用化学方法治理土壤中 Cd 主要有两种方法：一是利用酸性物质、金属螯合剂等增强土壤中 Cd 的迁移能力，使其从土壤中淋洗去除而达到净化目的，即为土壤淋洗法；二是通过往土壤中加入能与 Cd 反应生成难溶物质或者能牢固地吸附 Cd 的化学试剂，大幅降低土壤中 Cd 的溶解性，显著减少植物的吸收与积累，即为化学固定改良法，与第一种策略的原理相反。其中，化学固定改良法由于操作方便、成本低廉，近年来成为环境修复的研究热点。

化学固定改良法是通过向土壤中加入固化剂、改良剂、化学试剂材料、天然矿物等，改良土壤的 pH、Eh 等理化性质，经氧化还原、沉淀、络合螯合、吸附等作用来降低重金属的生物有效性。不同的改良剂对重金属的作用机理不同，理想的改良剂应具备 4 个条件：①较高的稳定性，即改良剂性质稳定不容易随环境和时间的改变而发生改变；②较强的结合性，即通过各种作用能跟重金属离子牢固结合，使重金属离子的活性显著降低；③环境友好性，即改良剂本身没有毒性，不会对生长在土壤中的微生物、动植物有毒害作用，且不会使土壤本身的结构和性质发生改变；④经济性，即改良剂的成本低廉，具有广泛推广的潜力。

近年常用的改良剂有沸石、膨润土等黏土矿物质、石灰性物质、铁锰氧化物、磷酸盐类化合物等。黏土矿物质对土壤中的重金属离子具有吸附和离子交换功能，主要是利用其富含的硅铝酸盐矿物质钝化土壤中的重金属，因而能显著降低重金属的生物有效性，但此类天然钝化剂的形成条件较复杂，对重金属离子的吸附量较低且吸附速度较慢，经常需要进行改性处理（李增新等，2008），因此其实际应用受到很大限制。石灰性物质能够提高土壤 pH，当 pH 达到 7.7～9.7 时，Cd^{2+}能形成氢氧化物沉淀，从而达到降低其生物有效性的目的（韩少华，2012）。铁锰氧化物是土壤沉积物的常见组分，其具有高电荷、大比表面积和强吸附能力等特点，能通过静电吸附和离子交换吸附作用使重金属离子固定下来，具有良好的修复效果，是近年来重金属修复研究的热点之一（Wang J et al.，2012）。磷酸盐类化合物既能通过吸附作用，也能通过与重金属发生共沉淀，是修复土壤中重金属的理想固定剂，而且磷酸盐类化合物本身无毒，固定后生成的重金属磷酸盐性质稳定，较难浸出，能有效降低重金属的生物有效性（徐超等，2012）。

总体而言，化学方法较之物理方法和生物方法，能在短期内有效降低土壤中 Cd 的毒性和生物有效性，是一种较理想的土壤原位修复方法。但是由于此类方法并没有从真正意义上去除土壤中的 Cd，只是让 Cd 以另一种相对稳定的形态继续残留在土壤中，所以要将化学方法应用到实际修复中还需要进一步的研究。

22.1.3 磷酸盐材料修复土壤中 Cd 所面临的问题

近年来提出了很多 Cd 污染土壤的修复技术方法，大量新型的化学试剂被开发用于修复镉污染土壤，如 nZVI、铁锰复合氧化物以及一些天然的吸附剂如核桃壳、花生壳、秸秆等。其中，不少研究已经利用磷酸盐类材料及其相关物质对重金属污染的土壤、淤泥、固体废物等进行原位修复，并且取得了良好的修复效果。有研究者将磷肥施在被 Cd 污染的水稻田后，减轻了 Cd 对水稻植株的毒害作用，并且显著降低了水稻体内的 Cd 含量（董善辉等，2010）；还有研究者在 Cd 污染的矿区土壤施用动物骨骼煅烧研磨而成的骨粉（主要成分为无定形磷酸氢钙和羟基磷灰石晶体），结果发现土壤提取液中的 Cd 从 0.3 mg/L 降至 0.02 mg/L，修复效果显著（Hodson et al.，2000）。

大量研究证明磷酸盐类材料能显著降低土壤中 Cd 的溶出和转移，大大降低了 Cd 的生物有效性，因此对土壤中的 Cd 有良好的修复效果，是修复土壤中 Cd 污染的一种廉价有效的化学固定剂。磷酸盐类材料主要通过两个机理修复 Cd：①Cd^{2+} 与磷酸根生成溶度积更小的金属磷酸盐沉淀物（主要是 Cd 的重金属残渣态），在大多数环境条件下能保持稳定，不易再次析出，大大降低了 Cd 的生物有效性；②磷酸盐表面晶格对 Cd^{2+} 的吸附作用，使 Cd^{2+} 被固定，降低其活动能力（Chen S B et al.，2006）。

在实验室条件下，多种磷酸盐类材料在 Cd 的原位修复方面效果显著，但相比实验室中经过各种预处理的干净土壤，自然环境下的土壤更加复杂，而且规模更大，因此该技术在镉污染土壤原位修复领域的推广应用仍存在一些问题。一方面，固体形态的磷酸盐由于其粒径较大，限制了磷酸盐在土壤中的迁移，导致磷酸盐无法进入更深层的污染部位与其中的重金属反应（Liu R et al.，2007a）；另一方面，如果大量使用溶解性的磷酸盐则会引起水体富营养化的二次污染，而且磷酸等酸性物质的大量使用还会导致土壤酸化（周世伟等，2007）。

纳米磷酸亚铁的使用将有望同时解决普通磷酸盐在实际应用中存在的上述两大问

题。纳米材料的粒径在 1~100 nm，具有很大的比表面积，微小的粒径使纳米材料能像液相一样进入深层土壤，而巨大的比表面积使纳米材料能跟土壤颗粒以及土壤中的 Cd 充分接触。同时，由于磷酸亚铁的溶度积非常小（$K_{sp}=1×10^{-36}$），因此纳米磷酸亚铁中的磷酸盐不会像溶解性的磷酸盐一样大量释放出磷酸根而造成富营养化问题。Liu R 等（2007a；2007b）制备出磷酸亚铁纳米材料并对土壤中的 Pb、Cu 进行修复，结果显示，修复后重金属可浸出性降低了 70%~90%，生物有效性降低了 30%~70%，修复效果明显。然而，纳米磷酸亚铁在土壤中的应用虽然不会释放过多的磷元素，却会增加土壤中的铁元素。虽然铁元素是植物生长所必需的微量营养元素之一，但是已有研究表明，土壤中的铁元素过多会造成植物发芽率低、生长迟缓、根部萎缩和根生物量偏低等负面影响（王玉，2014）。因此，如何更好地利用纳米磷酸亚铁修复 Cd 污染土壤还需更进一步的研究。

22.1.4　研究的意义和工作内容

Cd 污染是当今社会最严峻的环境问题之一，充分认识土壤中 Cd 污染的危害，在预防 Cd 污染进一步扩散的同时采取各种先进的技术方法进行修复，是一项十分重要的任务。

土壤的原位修复技术成本低廉，且操作简便，在大面积污染土壤的修复中更具优势。其中，磷酸盐类材料是一种廉价而且效果良好的原位修复材料，目前已被广泛应用。然而，纳米材料因为粒径小，在水相中容易聚成团块，团聚沉淀后将使纳米材料的迁移能力大幅降低。为了使纳米材料具有稳定的抗团聚、抗沉淀能力，我们提出使用生物炭作为载体，对其产生位阻作用，防止纳米材料发生团聚。最终再加羧甲基纤维素钠（NaCMC）以起到分散作用，使修复材料能稳定存在于土壤中。具体的研究内容如下：

①制备出一种 NaCMC 稳定的以生物炭为载体的纳米磷酸亚铁复合材料［记为 CMC@BC@Fe_3(PO_4)_2］用于土壤中 Cd 污染的修复。通过对复合材料的稳定性能和流动性能的探究，确定制备复合材料的最佳工艺条件。

②探究 CMC@BC@Fe_3(PO_4)_2 复合材料对土壤中 Cd 的修复效果及修复前后的土壤特性变化。通过 DTPA 提取法来考察复合材料对土壤中 Cd 的修复效果，从而确定复合材料对 Cd 的最佳修复条件；通过基于生理学的浸提试验（PBET）评价修复后土壤中的 Cd 对动物体的有效性；通过连续提取程序（SEP）研究修复前后 Cd 的结合形态的变化；通过修复前后土壤中的有机质、有效铁和有效磷含量的变化考察复合材料对所修复土壤的影响。

22.2 生物炭负载纳米磷酸亚铁的稳定性及流动性研究

22.2.1 研究方法

（1）修饰前后的磷酸亚铁纳米材料稳定性的对比

分别制备出 3 种材料［单纯 $Fe_3(PO_4)_2$、$BC@Fe_3(PO_4)_2$ 及 $CMC@BC@Fe_3(PO_4)_2$ 复合材料］的悬浊液，经过超声 5 min 后立即用紫外-可见分光光度计于 508 nm 波长处实时测定吸光度，每间隔一定时间读取一个读数（Liang B et al.，2014）。

（2）不同生物炭粒径制备的复合材料稳定性的对比

将生物炭分别通过 24 目、60 目和 120 目的筛子，获得不同粒径的生物炭，用以制备 $CMC@BC@Fe_3(PO_4)_2$ 复合材料，再按上述方法进行稳定性测试。

（3）不同生物炭与磷酸亚铁的比例制备的复合材料稳定性的对比

将生物炭与磷酸亚铁的比例设定为 10：1、20：1 和 30：1，按上述方法对制备的 $CMC@BC@Fe_3(PO_4)_2$ 复合材料进行稳定性测试。

（4）修饰前后磷酸亚铁材料在硅砂中的流动性试验

饰前后磷酸亚铁材料（稳定性最佳的复合比例）的流动性能在装有硅砂（30～50 目，孔隙率 34.5%）的垂直柱（1.5 cm i.d.，10.0cm length）内进行研究。具体参见 He F 等（2009）的试验方法。简单地说，在垂直柱内装上经过处理的硅砂，在柱子的底部和均顶部放置 80 目的尼龙过滤网防止试验过程中硅砂的流失，每次试验中硅砂的高度是 10 cm（孔隙率为 34.5%）。开始前需要用蠕动泵将背景溶液以 6 mL/min 的流速通入柱子中，保持 2 h，确保试验过程中柱环境的一致性。升始时以所需流速自上而下往柱子分别通入 100 mL 一定浓度的 $Fe_3(PO_4)_2$ 悬浊液、$BC@Fe_3(PO_4)_2$ 悬浊液、$CMC@BC@Fe_3(PO_4)_2$ 悬浊液。过程中不断搅拌以防悬浊液在瓶子里发生聚沉。过程中间隔一定的时间在出口处取样，并测试其总铁浓度。总铁根据《水质 铁的测定 邻菲罗啉分光光度法（试行）》（HJ/T 345—2007）进行测定，样液经 0.5 M HCl 溶液浸泡 24 h 后稀释至所需浓度，用 722S 分光光度计进行测定。

22.2.2 稳定化生物炭负载纳米磷酸亚铁的制备与表征

22.2.2.1 材料的制备

纳米磷酸亚铁的制备：在氮气的保护下，将含有 6.2 mmol/L PO_4^{3-} 的 Na_3PO_4 溶液逐滴滴加至等量的含有 9.4 mmol/L Fe^{2+} 的 $FeSO_4$ 溶液中，充分搅拌 30 min，即可生成 1.55 mmol/L（约为 5 g/L）的 $Fe_3(PO_4)_2$ 悬浊液。

生物炭的制备主要采用热解法，热解过程采用限氧升温方式。根据反应条件，热解可分为两种过程：一种是快速裂解，温度一般在700℃以上，生物燃料的制备通常采用这种方法；另一种是常规裂解，温度一般在300～800℃，生物炭的制备主要采用这种方法。热解温度和原材料种类是影响生物炭性质的两个最主要的因素，这些性质包括结构、pH、官能团的种类和数量以及元素组成等，将影响到生物炭对铁离子的吸附效果。基于前期预试验的基础，适于本书的最优生物炭制备方法为：①干燥：将中药药渣剪碎后，于105℃下干燥24 h；②热解：将称量后的中药药渣放入坩埚后置于马弗炉中，在氮气条件保护下，设定终温为600℃，达到终温后继续炭化2 h。待马弗炉冷却至室温后取出，研磨后密封保存（Dong X et al.，2011）。

复合材料制备：①将一定量的生物炭分散于0.25%的NaCMC溶液中，充分搅拌15 min；②向混合物中边搅拌边逐滴滴加含有4.7 mmol/L Fe^{2+}的$FeSO_4$溶液，继续搅拌30 min，使Fe^{2+}吸附至生物炭表面；③在继续搅拌的条件下，逐滴滴加含有3.1 mmol/L PO_4^{3-}的Na_3PO_4溶液，使$Fe_3(PO_4)_2$纳米颗粒在生物炭表面生成；④该制备过程全程在氮气的保护下进行，防止Fe^{2+}被氧化。其中，生物炭与纳米磷酸亚铁的质量比为20∶1。

22.2.2.2　材料的表征

称量原材料炭化前后的干重，计算生物炭的产率。样品的灰分按照《木质活性炭试验方法　灰分含量的测定》（GB/T 12496.3—1999）方法来测定。取未用酸清洗过的生物炭样品，按照《木质活性炭试验方法　pH的测定》（GB/T 12496.7—1999）方法来测定样品的pH。利用BET比表面积仪测定生物炭的比表面积。采用场发扫描电镜观察生物炭的表面形态。利用傅里叶红外光谱仪（FTIR）扫描分析测试生物炭的官能团。

根据测定，中药药渣热解而成的生物炭性质如表22-1所示。由表可知，中药药渣制备的生物炭pH达到10.11，高于Lee Y W等（2013）研究的6种生物质残渣制备而成的生物炭的pH（6.9～10.5），说明本中药药渣制备的生物炭pH处于较高水平，若施加至土壤中能够有效提高土壤的pH，减缓土壤酸化，有利于作物的种植。中药药渣生物炭中有机质含量高达637.19 g/kg，比污泥制备的生物炭（Méndez et al.，2013）中的有机质含量高5倍，这归功于中药药渣中碳含量丰富，有助于提高土壤中有机质含量，增强土壤肥力，利于受污染土壤再次投入生产种植。另外，本生物炭的比表面积较高，达到324 m^2/g，有利于对污染物的吸附。

表22-1　生物炭的性质

指标	产率/%	灰分/%	pH	有机质/（g/kg）	比表面积/（m^2/g）
数值	30.4	6.48	10.11	637.19	324

扫描电镜图（图 22-1）直观地展示了材料的表面孔隙结构和形态的变化，生物炭和复合材料有明显的蜂窝状结构，孔隙较为丰富，有利于对重金属等污染物的吸附。这是由于植物组织中含有水分、半纤维素、纤维素、木质素等挥发性组分，热解过程当温度上升至 120℃时，有机物质开始热解，失去结合水；200～260℃时，半纤维素开始热解；240～350℃时，纤维素发生分解；280～500℃时，木质素的组分发生变化，造成生物炭的多孔性。生物炭的多孔性有利于其应用到土壤中，可以提高土壤的持水性、营养的保留性、可藏匿微生物和提高肥料的使用效率（Ebhin et al.，2013）。从图 22-1 中可看到生物炭表面有许多颗粒物，说明磷酸亚铁确实负载于生物炭表面。同时，也可看出生物炭的表面裹着一层物质，这可能与在制备过程中加入 NaCMC 有关。

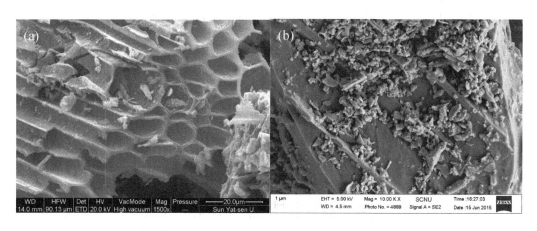

图 22-1　生物炭的扫描电镜照片（a），复合材料扫描电镜照片（b）

对纳米 $Fe_3(PO_4)_2$、BC、NaCMC、BC@$Fe_3(PO_4)_2$ 和 CMC@BC@$Fe_3(PO_4)_2$ 5 种材料所含有的表面官能团种类进行了红外光谱分析，如图 22-2 所示。由红外光谱图可知，$Fe_3(PO_4)_2$ 的特征峰较多，可能是由于水的存在引起的；而 1 040 cm^{-1} 的峰则代表了 PO_4^{3-} 的存在（Hossain et al.，2011）。生物炭的特征峰主要出现在 1 400 cm^{-1}、1 020 cm^{-1} 及 870 cm^{-1} 处，前两个峰主要由芳香环的 C—O 或 C=O 的伸缩振动引起（Cao X et al.，2010；Yao Y et al.，2011），870 cm^{-1} 附近的窄峰有可能是生物炭上存在的 CaO 或 $CaCO_3$ 引起的（Mendez et al.，2014）。NaCMC 的红外光谱图上也有较多的特征峰出现，说明 NaCMC 富含各种有机官能团，如 3 340 cm^{-1} 处为羟基（Samsuri et al.，2014）、1 054 cm^{-1} 则与纤维素、半纤维素和木质素上—OH 的弯曲振动有关（Coates et al.，2006）。这有利于 NaCMC 与生物炭表面的含氧官能团进行结合。当生物炭与 $Fe_3(PO_4)_2$ 复合后，生物炭在 1 400 cm^{-1} 处的特征峰被削弱，这可能与 C—O 与 Fe 之间发生结合相关，因此 C—O 的特征峰变弱。

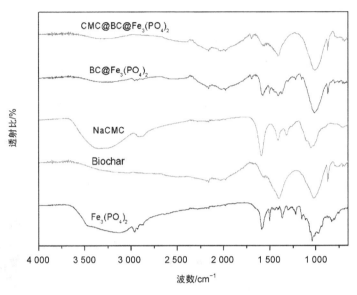

图 22-2　供试材料的红外光谱图

22.2.3　修饰前后的磷酸亚铁材料稳定性的对比

单纯 $Fe_3(PO_4)_2$、$BC@Fe_3(PO_4)_2$ 和 $CMC@BC@Fe_3(PO_4)_2$ 复合材料自由沉降曲线如图 22-3 所示。30 min 内 $Fe_3(PO_4)_2$ 在 508 nm 处吸光度降低了 58.5%，当 $Fe_3(PO_4)_2$ 负载到生物炭上时，材料的稳定性能更差，10 min 内吸光度就降低了 81.3%。相比之下，加入 NaCMC（羧甲基纤维素钠）稳定剂后，材料的吸光度在 1 h 内只降低了 14.5%。

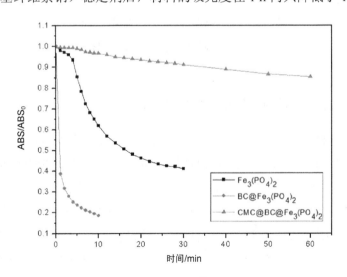

图 22-3　沉降试验中 3 种材料的相对吸光度随时间的变化

3 种材料静置 1 h 后的状态如图 22-4 所示。由于 $Fe_3(PO_4)_2$ 颗粒之间容易发生絮凝团聚，引起较强的重力沉降。当 $Fe_3(PO_4)_2$ 负载到生物炭上，颗粒的质量和粒径均增大，故沉降速度更快。但是引入 NaCMC 后材料变得非常稳定，这归因于材料表面包裹的一层来自 NaCMC 的负电荷，相互之间产生排斥力，减少了絮凝沉降发生（Si S et al.，2004；He F et al.，2007）。由此证明 CMC@BC@ $Fe_3(PO_4)_2$ 复合材料有较好的稳定性能，更利于运用在土壤重金属修复中。

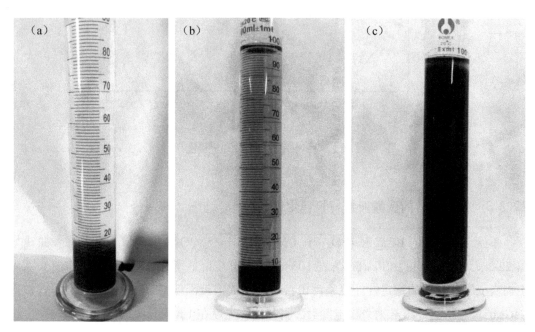

[（a）$Fe_3(PO_4)_2$；（b）BC@$Fe_3(PO_4)_2$；（c）CMC@BC@$Fe_3(PO_4)_2$]

图 22-4　3 种材料静置 1 h 后的形态

22.2.4　不同粒径生物炭制备的复合材料稳定性的对比

3 种不同粒径的生物炭分别由 24 目、60 目和 120 目筛筛分而得，粒径分别为 0.8 mm、0.25 mm 和 0.125 mm。制备而成的复合材料在 1 h 内沉降的速度如图 22-5 所示。

经过 1 h 的自由沉降，过 24 目和过 60 目筛的生物炭制备而成的复合材料相对吸光度都约降低了 40%，而过 120 目筛的复合材料相对吸光度约降低了 15%。这说明生物炭的粒径越小，制备而成的复合材料的稳定性越好。这是由于生物炭相对于纳米磷酸亚铁而言，质量较大，故复合材料的质量主要取决于生物炭。当生物炭的粒径增大，复合材料的质量随之变大，重力作用增强，则沉降得更快。因此，过 120 目筛的生物炭（粒径为 0.125 mm）制备而成的复合材料稳定性最好。

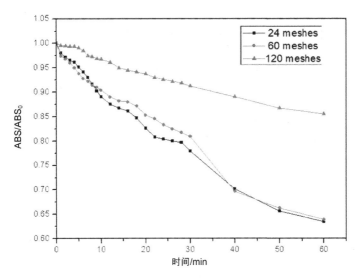

图 22-5　3 种粒径生物炭制备而成的复合材料的相对吸光度随时间的变化

22.2.5　由不同生物炭与磷酸亚铁的比例制备的复合材料稳定性的对比

复合材料中磷酸亚铁的浓度固定为 0.5 g/L，3 种不同比例的复合材料中生物炭的浓度分别为 5 g/L、10 g/L 和 15 g/L。以沉降试验结果评价材料的稳定性，结果如图 22-6 所示，易得当生物炭与磷酸亚铁的比例为 20：1 时，复合材料稳定性最好，生物炭的含量过低或过高都可能破坏系统的稳定性。因此，选定生物炭与磷酸亚铁的复合比例为 20：1。

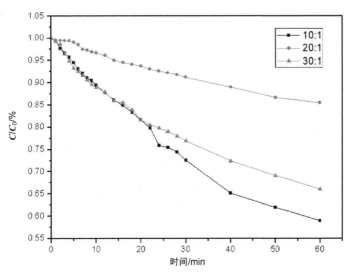

图 22-6　由不同生物炭与磷酸亚铁比例制备而成的复合材料的相对吸光度随时间的变化

22.2.6　修饰前后磷酸亚铁材料在硅砂中流动性的对比

图 22-7 为 $Fe_3(PO_4)_2$、$BC@Fe_3(PO_4)_2$ 及 $CMC@BC@Fe_3(PO_4)_2$ 在硅砂中的穿透曲线。由图可知，未经修饰的 $Fe_3(PO_4)_2$ 材料在硅砂中的流动性能最好，在 0.5 PV（柱体积）时出口处的相对浓度（$C/C_{0\,max}$）已接近 100%，$BC@Fe_3(PO_4)_2$ 复合材料在相同时间内只达到 55%，但加入 CMC 稳定剂后的复合材料则达到 82.6%。4 PV 时材料已经进样完毕，此时开始通入去离子水对硅砂中的材料进行洗脱。从 $Fe_3(PO_4)_2$ 材料的曲线可得，在 4 PV 时的相对浓度已降至接近 0，表明 $Fe_3(PO_4)_2$ 材料的流动性很好，在硅砂中基本没有残留。而 $BC@Fe_3(PO_4)_2$ 复合材料在 4 PV 时降至 0 的原因则与生物炭的较大粒径相关，生物炭使硅砂中的空隙几乎被填充，仅水能缓慢透过，所以所取样品为无色透明的清水。相比之下，加入 CMC 稳定剂的 $BC@Fe_3(PO_4)_2$ 复合材料在穿过硅砂柱时，基于 CMC 也起到一定的润滑作用，该复合材料的最大相对浓度也能达到 100%，而且在 5 PV 时降至 0，说明复合材料在硅砂柱中基本没有残留，证明 CMC 稳定的 $BC@Fe_3(PO_4)_2$ 复合材料具有较好的流动性。

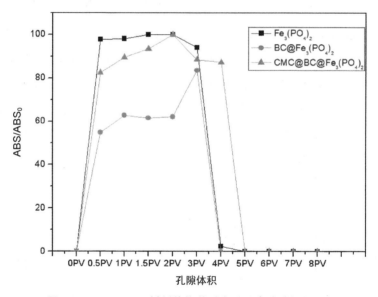

图 22-7　$Fe_3(PO_4)_2$ 材料修饰前后在硅砂中流动性的对比

22.2.7　小结

本节以生物炭颗粒作为负载材料，加以 CMC 作为分散剂，制备出 $CMC@BC@Fe_3(PO_4)_2$ 复合材料，通过沉降试验及柱试验，探究稳定性及流动性较好的生物炭的粒径及复合比例等，选出稳定性及流动性强的 $CMC@BC@Fe_3(PO_4)_2$ 复合材料以应用于重金属镉污染土壤的修复中。试验结果表明：

①通过沉降试验选出稳定性较好的生物炭的粒径为 0.125 mm（120 目筛），此粒径的生物炭颗粒作为负载材料制备出不同比例的复合材料，通过沉降试验选出稳定性较好生物炭与磷酸亚铁的复合比例为 20∶1（质量比）；

②通过柱试验评价复合材料与原料的流动性，结果表明，CMC@BC@Fe$_3$(PO$_4$)$_2$ 复合材料的流动性能比 BC@Fe$_3$(PO$_4$)$_2$ 有所提高，说明 CMC 的加入能起到很好分散和润滑的作用。

22.3　生物炭负载纳米磷酸亚铁修复镉污染土壤的研究

22.3.1　研究方法

（1）镉污染土壤

试验所用土壤采集自广州大学城中心湖表层 10 cm 的表土。采集后的土壤自然风干，过 0.25 mm 的尼龙筛，取筛下土用广口玻璃瓶装好保存于干燥器中待用。经测定，原土壤中不含有 Cd 元素。土壤的其他物理化学性质见表 22-2。

表 22-2　土壤的物理化学性质

指标	数值	测定方法
pH	5.70	1∶5 土壤/水混合液
Cd	ND	酸法消解
有机物质	40.77 g/kg	重铬酸钾容量法
CEC	15.50 cmol$_c$/kg	pH 为 8.2 饱和纳溶液

Cd 污染土壤采用以下方法制备：取 100 g 风干的土壤，加入 500 mL 1 mg/L 的硝酸 Cd/氯化钙溶液（1 mmol 氯化钙溶液用于保持土壤自然 pH），持续搅拌 24 h 后离心去除上清液，用去离子水清洗污染土壤以确保水溶性的重金属 Cd 去除。每次重复制备保证土壤中 Cd 的浓度偏差控制于 5% 以内。经酸法消解得到土壤中 Cd 的浓度为 5 mg/kg。

（2）修复材料对土壤中 Cd 修复效果的评估

①不同时间下修复材料对 Cd 的修复

准确称取 1 g Cd 污染土壤至 15 mL 离心管中，分别加入修复材料 A：Fe$_3$(PO$_4$)$_2$（10 mL，颗粒浓度为 5.6 g/L）、修复材料 B：BC（0.10 g）、修复材料 C：CMC@BC@ Fe$_3$(PO$_4$)$_2$（10 mL，颗粒浓度为 15.6 g/L），混合均匀，往 BC 样品中加入 10 mL 去离子水，充氮气密封，常温下置至摇床中振荡 1 d、3 d、7 d、14 d 和 28 d，同时做空白对照。用 DTPA

提取液提取修复后土壤的 Cd，土液比为 1：5，置于摇床中提取 2 h 后离心和取上清液过膜，用火焰原子吸收法测定提取液中 Cd 的浓度（Hua L et al.，2009）。

②最佳修复时间下，不同投加量的修复材料对 Cd 的修复

准确称取 1 g Cd 污染土壤至 15 mL 离心管中，分别加入修复材料 A：$Fe_3(PO_4)_2$（2 mL、5 mL、8 mL、10 mL 和 15 mL）；修复材料 B：BC（0.02 g、0.05 g、0.08 g、0.10 g 和 0.15 g）；修复材料 C：CMC@BC@ $Fe_3(PO_4)_2$（2 mL、5 mL、8 mL、10 mL 和 15 mL）。混合均匀，往 BC 样品中分别加入 2 mL、5 mL、8 mL、10 mL 和 15 mL 去离子水，置于摇床中反应 28 d。到达反应时间后，按照上述步骤测定修复后土壤提取液中 Cd 的含量。

③基于生理学的浸提试验

为了评价修复材料对 Cd 污染土壤的修复效果，采用基于生理学的浸提试验（PBET）考察修复前后土壤中 Cd 的生物可利用性。该方法采用 pH 为 2.3 的甘氨酸溶液为提取液体外模拟人的胃和小肠系统对重金属的摄取情况（Wu W H et al.，2013）。简言之，采用 40 mL 的玻璃密封瓶作为反应器，加入 0.25 g 风干的已修复土壤和 25 mL 30 g/L 的甘氨酸溶液（用 HNO_3 调节 pH 至 2.3），混合后均匀置于旋转培养器上在（37±2）℃下以 30 rpm 振荡 1 h，以 1 500 rpm 离心 5 min，上清液用 0.22 μm 的微孔滤膜过滤后的测定滤液中 Cd 的浓度。作为对照，未经修复的 Cd 污染土壤也用该程序进行提取。

④连续提取程序

为了进一步考察修复后土壤中 Cd 的形态变化，试验采用连续提取程序（SEP）对反应前后的土壤进行提取。SEP 最初是由 Tessier 等（1979）提出的，该方法将土壤或沉积物中的重金属的结合形态分为可交换态、碳酸盐结合态、Fe-Mn 氧化态、有机结合态、残余态 5 种。具体的提取步骤见表 22-3。每一形态的提取完成后，将混合物以 3 000 rpm 离心 10 min，上清液用 0.22 μm 的滤膜过滤后采用火焰原子吸收测定 Cd 的浓度。上一步的土壤残渣经去离子水洗涤后以 3 000 rpm 离心 10 min，弃去洗涤液，加入下一步骤的提取液进行提取。作为对照，未处理的土样同样采用以上程序进行提取。

表 22-3　土壤中 Cd 结合形态的连续提取步骤

步骤	提取形态	提取步骤
I	可交换态（EX）	称取 1 g 风干后的已修复土壤，加入 8 mL 1 mol/L 醋酸钠（pH=8.2），室温下持续振荡反应 1 h
II	碳酸盐结合态（CB）	加入 8 mL 1 mol/L 醋酸钠（用醋酸调节 pH 至 5），室温下持续振荡 5 h
III	Fe-Mn 氧化态（OX）	加入 20 mL 0.04 mol/L 盐酸羟胺溶于 25%的醋酸混合物中，（96±3）℃加热 6 h（间歇性搅拌）

步骤	提取形态	提取步骤
IV	有机结合态（OM）	加入 3 mL 0.02 mol/L HNO_3 和 5 mL 30% H_2O_2（用 HNO_3 调节 pH 为 2），将混合物（85±2）℃加热 2 h（间歇性搅拌）；继续加入 3 mL 30% 的 H_2O_2（用 HNO_3 调节 pH 为 2）并持续加热 3 h（间歇性搅拌）；冷却，加入 5 mL 3.2 mol/L 醋酸铵溶于 20%的 HNO_3 混合液，稀释到 20 mL，搅拌 30 min
V	残余态（RS）	剩余部分用 HNO_3-H_2O_2-HCl 进行消解

（3）土壤修复前后理化性质的测定

①土壤 pH 的测定

用电位测定法（NY/T 1377—2007）测定土壤 pH，水土比为 2.5∶1，具体做法如下：称取风干土样 10 g 于 50 mL 烧杯中，加入 25 mL 无二氧化碳的水。玻璃棒剧烈搅动 1～2 min 后静止 30 min，用 PHS-3C 酸度计测定其 pH，同时做平行样取平均值。

②土壤有机质的测定

采用重铬酸钾容量法（NY/T 85—1988）分析土壤中有机质的含量，其原理是：加热的条件下，过量的重铬酸钾-硫酸（$K_2Cr_2O_7$-H_2SO_4）溶液氧化土壤有机质中的碳，$Cr_2O_7^{2-}$ 等被还原成 Cr^{3+}，剩余的重铬酸钾（$K_2Cr_2O_7$）可用硫酸亚铁（$FeSO_4$）标准溶液滴定，根据消耗的 $K_2Cr_2O_7$ 计算出有机碳量，乘以常数 1.724 即为土壤有机质量。

③土壤有效铁的测定

用 DTPA 溶液浸提-原子吸收光谱法（NY/T 890—2004）测定土壤有效铁的含量，具体做法：风干土过 2 mm 尼龙筛，称取 2.50 g 至 10 mL 离心管中，加 DTPA 浸提剂 5.00 mL，在 20～25℃下振荡 2 h 后立即过滤，原子吸收分光光度计测定滤液中的铁（选用波长 248.3 nm），同时做平行样取平均值。

④土壤有效磷的测定

采用碳酸氢钠浸提-钼锑抗分光光度法（HJ 704—2014）测定土壤中速效磷含量，其原理是用碳酸氢钠作为浸提剂，用钼锑抗混合显色剂在常温下进行还原，使黄色的锑磷钼杂多酸还原成为磷钼蓝进行比色。

22.3.2　最佳修复时间的确定

各种材料修复一定时间后，DTPA 提取液中 Cd 的浓度和修复效率如图 22-8 所示。3 种材料对土壤中 Cd 都有一定的修复效果，而且随着反应时间的延长，修复效率均呈上升的趋势。其中，未经修饰的 $Fe_3(PO_4)_2$ 对土壤中 Cd 的修复效率较低，随着修复时间的延长，其修复效率仅从 19.9%上升到 31.9%，修复 7 d 后基本达到平衡。相比之下，生物炭单独修复的效率较高，随修复时间从 22.0%上升至 62.9%。已有相关研究证实生物炭修复后，土壤中 Cd 的 DTPA 提取率有所降低（Hua L et al.，2009）。这说明生物炭的应用，不仅可以改善纳米磷酸亚铁对土壤的影响，还可提高材料对土壤中 Cd 的稳定化效率。相同条件下复合材料的修复效率比这两种材料单独修复的效率都高，反应时间为 1 d 时修复效率就达到 44.2%，修复 28 d 后高达到 81.3%，表明 $Fe_3(PO_4)_2$ 和生物炭的复合有利于促进材料对土壤中 Cd 的修复作用。

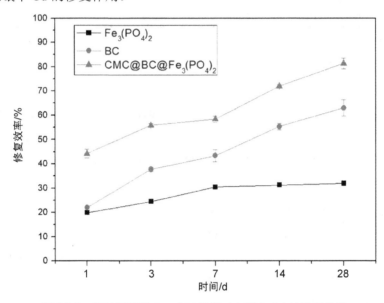

图 22-8　各种材料反应一定时间后对土壤中 Cd 的修复效率

在较短的反应时间内（1 d），复合材料的修复效率大于两种材料单独修复的效率之和。然而，随着反应时间的延长，复合材料的修复效率虽然都高于单独修复，但小于两者之和。这可能归因于复合材料中的生物炭已经吸附了 Fe，占据了部分 Cd 的吸附位点，导致复合材料的修复效率无法达到两者单独修复之和，但也正因为生物炭对 Fe 的吸附作用，所以能够减少修复后土壤中有效铁的含量，避免造成二次污染。

22.3.3　材料最佳投加量的确定

3 种材料 BC、$Fe_3(PO_4)_2$ 和 $CMC@BC@Fe_3(PO_4)_2$ 以不同投加量反应 28 d 后，对土壤中 Cd 的修复效率如图 22-9 所示。无论材料投加量的高低，材料投加后均对土壤中的 Cd 有一定的修复作用，而且修复效率随着投加量的增加而增加。当纳米 $Fe_3(PO_4)_2$ 的投加量只有 2 mL 时，Cd 的修复效率为 1.76%，随着投加量上升至 15 mL，修复效率提高至 35.4%。另外，BC 对 Cd 的修复效率也随着投加量的增加从 23.8% 提高到 63.9%。说明材料的投加越多，对土壤中 Cd 的修复效率更好。然而，当纳米 $Fe_3(PO_4)_2$ 的投加量增加至 15 mL 后，Cd 的修复效率曲线变得平缓，即材料的投加量增加了 50%，而修复效率只提高了 11%。

同样的情况发生在 BC 和 CMC@BC@Fe₃(PO₄)₂ 修复的土壤样品中。当投加量从 10 mL 升至 15 mL 时，CMC@BC@Fe₃(PO₄)₂ 体系中土壤 Cd 的修复效率甚至出现了轻微的下降。这表明修复材料有一个反应极限，当到达这个极限后，再增加材料的投加量，对土壤中 Cd 的修复效率也无法明显提高。因此，CMC@BC@Fe₃(PO₄)₂ 复合材料的最佳投加量为 10 mL∶1 g（复合材料∶土壤）。

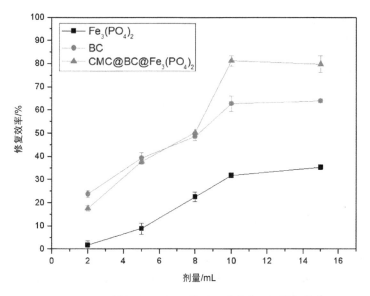

图 22-9　3 种材料不同投加量对土壤中 Cd 的修复效率

22.3.4　修复前后土壤中镉的生物有效率的变化

PBET 提取液中 Cd^{2+} 的浓度及生物可利用性如图 22-10 所示。PBET 用严苛的溶解条件（pH=2.3）和很高的液固比（100∶1），通过模拟生物肠胃环境评估土壤中 Cd 的生物可利用性。从图可直观看出，修复后的土壤中 Cd 的生物有效率都有明显的降低。纳米 Fe₃(PO₄)₂ 和 BC 修复后的土壤 Cd 的生物有效率分别从 50.0%降至 21.7%和 18.3%，分别降低了 56.6%和 63.4%，而 CMC@BC@Fe₃(PO₄)₂ 体系下 Cd 的生物有效率下降得更低，降至 10.0%，降低了 80.0%。说明 BC 和纳米 Fe₃(PO₄)₂ 均能有效稳定化土壤中的 Cd，使其不容易被生物的肠胃吸收。由此推测，BC 和纳米 Fe₃(PO₄)₂ 对土壤中重金属的修复机理是转换重金属为更稳定的形态，从而实现对土壤中重金属的原位固定。

与 DTPA 提取法相比（见 22.3.2 节），土壤修复前后 Cd 的 PBET 提取率均比 DTPA 提取率低。DTPA 提取液模拟的是植物对土壤中重金属的吸收，而 PBET 提取液模拟的是动物对重金属的吸收。这表明被 CMC@BC@Fe₃(PO₄)₂ 修复后土壤中的 Cd 相比于植物更难被动物吸收。

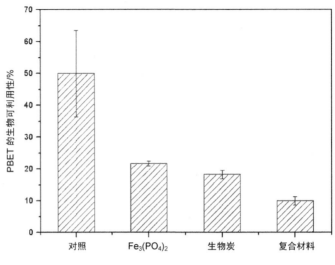

图 22-10　修复前后土壤中 Cd 的生物有效率

22.3.5　修复前后土壤中镉的各种形态变化

土壤中 Cd 的各种形态所占比例如图 22-11 所示。为了进一步考察修复后土壤中 Cd 的形态变化，采用连续提取法（SEP）对反应前后的土壤进行提取。SEP 最初是由 Tessier 等（1979）提出来，后经多位学者研究改善。本书采用由 Reddy 等（2001）提出的方法，该方法将土壤中重金属的结合形态分为 5 种：①可交换态（EX）；②碳酸盐结合态（CB）；③Fe-Mn 氧化物结合态（OX）；④有机物结合态（OM）；⑤残余态（RS）。这 5 种形态的相对可利用性为：EX＞CB＞OX＞OM＞RS。

对于修复前的土壤，Cd 在土壤中主要以前 3 种形式存在，分别是 EX 占比 38.5%，CB 占比 52.4%，OX 态占比 9.1%。其中，以占据一半的比例的 CB 为主，说明本试验所采用的土壤为石灰质土壤。由于 OM 和 RS 的提取液中 Cd 浓度过小（低于检出限），故用土壤中 Cd 的总量减去前 3 种形态的量，即得到后两种形态的总和。由图 22-11 可知，经过 3 种材料修复后土壤中 Cd 的可交换态均明显降低，而且出现了 OM 和 RS。表明 BC 和纳米 $Fe_3(PO_4)_2$ 的修复有利于土壤中的 Cd 从易于利用的形态转变成难以利用的形态，这也补充说明了 DTPA 提取率和 PBET 生物有效率降低的原因。其中，经纳米 $Fe_3(PO_4)_2$ 修复后，土壤中 Cd 的存在形态中不仅 OM 态增加，而且出现了后两种形态。由纳米 $Fe_3(PO_4)_2$ 的修复原理可推测出这可能归因于 Cd^{2+} 与 PO_4^{3-} 结合生成了 $Cd_3(PO_4)_2$ 沉淀，且该沉淀物的溶度积非常小（$K_{sp}=2.53×10^{-33}$），使得 Cd 的存在形态转化为 RS（Kelley et al., 2002）。另外，经 10% 生物炭修复后，土壤中 Cd 的后两种形态明显增加，这可能是由于 BC 表面富有含氧官能团，可与 Cd 发生络合作用，生成 OM 的 Cd，这也正是生物炭修复土壤中重金属的主要机理之一（Liu R et al.，2007a）。相对于纳米 $Fe_3(PO_4)_2$ 和 BC 单独修复，经 CMC@BC@$Fe_3(PO_4)_2$ 复合材料修复后，土壤中 Cd 的 EX 部分降低更多，而较难利用形态（OM+RS）的比例升高更多（接近一半的比例），证明两种材料的复合比各自单一投加的修复效果更好。

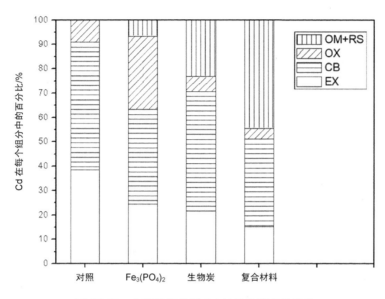

图 22-11　土壤修复前后 Cd 的结合形态的变化

22.3.6　修复前后土壤特性的变化

经 CMC@BC@$Fe_3(PO_4)_2$ 复合材料修复前后土壤的理化性质如表 22-4 所示。由表可知，Cd 污染土的 pH 跟原土 pH 相比并无明显变化，这是因为 Cd 污染液是由 $CaCl_2$ 溶液配制而成的，$CaCl_2$ 作为一种缓冲液可以有效防止土壤 pH 出现较大变化。当土壤被 10% 生物炭修复 4 周后，pH 从 5.72 上升到 7.26，这可能与生物炭本身 pH 较高有关，能使土壤中的 Cd^{2+} 生成氢氧化物沉淀，从而提高了土壤 pH。

表 22-4　土壤的理化性质

项目	原土	Cd 污染土	生物炭修复后土壤	纳米磷酸亚铁修复后土壤	复合材料修复后土壤
pH	5.70±0.05	5.72±0.02	7.26±0.10	7.01±0.08	7.06±0.04
有机质/（g/kg）	40.77±2.82	41.34±1.22	117.2±4.38	37.62±1.55	77.37±1.64
有效铁/（mg/kg）	101.7±2.28	90.60±1.96	64.70±4.59	243.7±5.05	111.6±3.98
有效磷/（mg/kg）	11.51±0.53	6.776±0.28	45.14±1.84	41.90±1.22	104.4±3.46

有机质是养分的主要来源，有利于促进土壤结构的形成，改善土壤物理性质，提高土壤的保肥能力和缓冲性能。因为 BC 本身的有机质含量非常高，通常达到 70%以上，所以 BC 的加入明显增加了土壤的有机质。原土有机质含量为 40.77 g/kg，BC 修复后土壤有机质达到 117.2 g/kg。说明 BC 能提高土壤的肥力，有利于农田土壤再次投入种植生产。

从修复前后土壤中有效铁的含量对比可看出，原土中的有效铁的含量为 101.7 mg/kg，BC 的加入降低有效铁的含量至 64.70 mg/kg，说明生物炭对 Fe 也有一定的固定作用；而纳米 $Fe_3(PO_4)_2$ 则提高了土壤中有效铁的含量，高达 243.7 mg/kg，这是由于 Cd^{2+} 置换出 $Fe_3(PO_4)_2$ 中的 Fe^{2+} 增加了有效铁的含量。复合材料修复后的土壤有效铁含量介于 BC 和纳米 $Fe_3(PO_4)_2$ 之间（111.6 mg/kg），说明 BC 对 $Fe_3(PO_4)_2$ 释放出来的 Fe^{2+} 也具有稳定化作用。

土壤有效磷（Available phosphorous，A-P），也称为速效磷，是土壤中可被植物吸收的磷组分，包括全部水溶性磷、部分吸附态磷及有机态磷，有的土壤中还包括某些沉淀态磷。了解土壤中速效磷供应状况，对于施肥有着直接的指导意义。据全国第二次土壤普查及有关标准，将土壤养分含量分为以下级别（表 22-5）。

表 22-5　土壤养分分级标准

项目	有机质/%	有效氮/$\times 10^{-6}$	有效磷/$\times 10^{-6}$	有效钾/$\times 10^{-6}$
1	>4	>150	>40	>200
2	3～4	120～150	20～40	150～200
3	2～3	90～120	10～20	100～150
4	1～2	60～90	5～10	50～100
5	0.6～1	30～60	3～5	30～50
6	<0.6	<30	<3	<30

对比表 22-4 和表 22-5，可看出原土中磷含量属于 3 级土壤，而重金属的污染使得磷含量进一步降低成 4 级土壤。当土壤与修复材料反应后，磷含量都得到不同程度的提高，全部达到 1 级土壤的标准。说明 BC 和纳米 $Fe_3(PO_4)_2$ 都能有效增加土壤中的营养元素，提高土壤肥力。

纳米 $Fe_3(PO_4)_2$ 相比于其他可溶性磷酸盐类修复剂，其优点为在水中溶解度非常低，既能修复土壤中的重金属，又能避免析出过多的磷素造成水体富营养化。本试验中纳米 $Fe_3(PO_4)_2$ 的加入量为 3 g（PO_4）/kg，即 P 的投加量为 979 mg/kg。经纳米磷酸亚铁修复后的土壤中有效磷的含量仅为 41.9 mg/kg，提取率为 4.28%，这是因为在反应过程中 PO_4^{3-} 会被 Fe、Ca、Cd、Al 等所固定下来，因此在实际土壤修复中，不会有过多游离的磷素流失到水中而造成二次污染。

22.3.7　小结

本节利用生物炭为负载材料，NaCMC 为分散剂，制备了 CMC@BC@Fe$_3$(PO$_4$)$_2$ 复合材料，并将其应用于土壤中镉的修复。主要从修复时间和修复材料投加量两个方面探讨了 CMC@BC@Fe$_3$(PO$_4$)$_2$ 复合材料对土壤中 Cd 的修复效果，另外，通过采用基于生理学的浸提试验（PBET）和连续提取试验（SEP）等考察了土壤中镉的生物可利用性和结合形态的变化，最后还通过修复前后土壤的理化性质的变化探究了修复材料对土壤的影响。结果表明：

①CMC@BC@Fe$_3$(PO$_4$)$_2$ 复合材料对土壤中 Cd 最佳的修复条件为：每 1 g Cd 污染土需 10 mL 复合材料修复 28 d，可获得最佳的修复效果为 81.3%；

②从 PBET 试验可得修复后土壤中 Cd 的生物可利用性降低了 80%，Cd 在土壤中的主要形态从易利用的碳酸盐结合态转换成难利用的有机物结合态和残渣态，这归因于修复后土壤中 Cd 与磷酸根结合生成磷酸镉；

③CMC@BC@Fe$_3$(PO$_4$)$_2$ 复合材料修复后，土壤的 pH 得到提高，从酸性变为中性，同时还增加了土壤中有机质含量，增强土壤肥力，有利于土壤再次投入生产；

④CMC@BC@Fe$_3$(PO$_4$)$_2$ 复合材料修复后，土壤中的有效铁含量不会增加，而有效磷含量则得到适当提升，表明该材料修复后不会带来二次污染。

参考文献

CAO X，2010. Properties of dairy-manure-derived biochar pertinent to its potential use in remediation[J]. Bioresource Technology，101（14）：5222-5228.

CHEN R，2012. Analysis of rice contamination caused by lead，cadmium，arsenic and assessment of exposure for the residents in Haizhu Disctict，Guangzhou in 2009[J]. Chinese Journal of Health Laboratory Technology，22：318-322.

CHEN S B，2006. The effect of grain size of rock phosphate amendment on metal immobilization in contaminated soils[J]. Journal of Hazardous Materials，134（1-3）：74-79.

COATES J，2006. Interpretation of Infrared Spectra，A Practical Approach[M]. John Wiley & Sons，Ltd.

DONG X，2011. Characteristics and mechanisms of hexavalent chromium removal by biochar from sugar beet tailing[J]. Journal of Hazardous Materials，190（1-3）：909-915.

EBHIN MASTO R，2013. Biochar from water hyacinth（Eichornia crassipes）and its impact on soil biological activity [J]. Catena，111：64-71.

HE F，2009. Transport of carboxymethyl cellulose stabilized iron nanoparticles in porous media：Column experiments and modeling[J]. Journal of Colloid and Interface Science，334（1）：96-102.

HE F，2007. Stabilization of Fe- Pd nanoparticles with sodium carboxymethyl cellulose for enhanced transport and dechlorination of trichloroethylene in soil and groundwater[J]. Industrial & Engineering Chemistry Research，46（1）：29-34.

HODSON M E，2000. Bonemeal additions as a remediation treatment for metal contaminated soil[J]. Environmental Science & Technology，34（16）：3501-3507.

HOSSAIN M K，2011. Influence of pyrolysis temperature on production and nutrient properties of wastewater sludge biochar[J]. Journal of Environmental Management，92（1）：223-228.

HUA L，2009. Reduction of nitrogen loss and Cu and Zn mobility during sludge composting with bamboo charcoal amendment[J]. Environmental Science and Pollution Research，16（1）：1-9.

KELLEY M E，2002. Assessing oral bioavailability of metals in soil[M]. Battelle Press.

LEE Y，2013. Comparison of biochar properties from biomass residues produced by slow pyrolysis at 500 C[J]. Bioresource Technology，148：196-201.

LEI M，2010. Arsenic，lead，and cadmium pollution in rice from Hunan markets and contaminated areas and their health risk assessment [J]. Acta Sci Circum，30：2314-2316.

LI D，2011. Monitoring and Evaluation of Heavy Metal Pollution in Food of Liuzhou Area[J]. Occupation and Health.

LIANG B，2014. Assessment of the transport of polyvinylpyrrolidone-stabilised zero-valent iron nanoparticles in a silica sand medium[J]. Journal of Nanoparticle Research，16（7）：1-11.

LIU R，2007a. Reducing leachability and bioaccessibility of lead in soils using a new class of stabilized iron phosphate nanoparticles[J]. Water Research，41（12）：2491-2502.

LIU R，2007b. In situ immobilization of Cu（Ⅱ） in soils using a new class of iron phosphate nanoparticles[J]. Chemosphere，68（10）：1867-1876.

MENDEZ A，2014. Biochar from pyrolysis of deinking paper sludge and its use in the treatment of a nickel polluted soil[J]. Journal of Analytical and Applied Pyrolysis，107：46-52.

MÉNDEZ A，2013. Physicochemical and agronomic properties of biochar from sewage sludge pyrolysed at different temperatures[J]. Journal of Analytical and Applied Pyrolysis，102：124-130.

REDDY K R，2001. Assessment of electrokinetic removal of heavy metals from soils by sequential extraction analysis[J]. Journal of Hazardous Materials，84（2-3）：279-296.

SAMSURI A W，2014. Characterization of biochars produced from oil palm and rice husks and their adsorption capacities for heavy metals[J]. International Journal of Environmental Science and Technology，11（4）：967-976.

SI S，2004. Size-controlled synthesis of magnetite nanoparticles in the presence of polyelectrolytes[J]. Chemistry of Materials，16（18）：3489-3496.

TESSIER A，1979. Sequential extraction procedure for the speciation of particulate trace metals[J]. Analytical Chemistry，51（7）：844-851.

WANG J，2012. Cultivated land pollution at township level in China：Situation，factors and measures[J]. China Land Sci，26：25-28.

WU W H，2013. Immobilization of trace metals by phosphates in contaminated soil near lead/zinc mine tailings evaluated by sequential extraction and TCLP[J]. Journal of Soils and Sediments，13（8）：1386-1395.

YANG F，2011. Investigation of the cadmium contamination on retailed rice and rice products in Guangdong province in 2009[J]. Chinese Journal of Food Hygiene，23：358-392.

YAO Y，2011. Biochar derived from anaerobically digested sugar beet tailings：characterization and phosphate removal potential[J]. Bioresource Technology，102（10）：6273-6278.

ZHOU N，2012. Investigation on situation of food contaminated with heavy metals in Xiamen during the period of 2008-2011[J]. Practical Preventive Medicine，19：701-705.

ZHOU X，2008. Analysis of food contamination caused by lead，cadmium，arsenic and aluminum in Shaoxing city，Zhejiang in 2005[J]. Dis Surveil，23（2）：100-106.

陈晨，2008. 添加秸秆对污染土壤重金属活度的影响及对水体重金属的吸附效应[D]. 扬州：扬州大学.

褚兴飞，2011. 纳米羟基磷灰石，核桃壳与花生壳修复 Cd，Pb 污染土壤的效果评价[D]. 青岛：青岛科技大学.

董善辉，2010. 磷对镉污染土壤中水稻吸收积累镉的影响[J]. 东北农业大学学报，（9）：39-43.

韩少华，2012. 集中治污对 Hg，Cd 污染土壤修复效果的比较研究[D]. 上海：东华大学.

李增新，2008. 膨润土负载壳聚糖修复土壤镉污染的效果[J]. 生态环境学报，17（1）：241-244.

柳絮，2007. 我国土壤镉污染及其修复研究[J]. 山东农业科学，（6）：94-97.

冉烈，2011. 土壤镉污染现状及危害研究进展[J]. 重庆文理学院学报：自然科学版，30（4）：69-73.

王玉，2014. 修饰型纳米零价铁修复铬污染土壤及其毒性效应研究[D]. 广州：华南师范大学.

韦良焕，2007. 镉污染土壤的植物修复研究[D]. 西安：陕西师范大学.

徐超，2012. 硅酸盐和磷酸盐矿物对土壤重金属化学固定的研究进展[J]. 环境科学与管理，37（5）：164-168.

周世伟，2007. 磷酸盐修复重金属污染土壤的研究进展[J]. 生态学报，27（7）：3043-3050.

第23章 修饰型纳米零价铁修复多溴联苯醚污染土壤

23.1 研究背景

23.1.1 土壤中多溴联苯醚的污染现状

土壤污染已成为全球一个主要的环境问题（Gomes et al.，2012）。造成土壤污染的污染物主要有重金属、持久性有机污染物（Persistent Organic Pollutants，POPs）、石油等。其中 POPs 因具有长期残留性、生物蓄积性、高毒性，较高的土壤-水分配系数而主要残留于土壤环境（Ribes et al.，2002）。多溴联苯醚作为溴化阻燃剂的一种，是一类具有生态风险的全球环境持久性有机污染物（Gerecke et al.，2005），因其辛醇-水分配系数（K_{ow}）较高（log K_{ow} 大于 3），具有较强的亲脂性和疏水性，易与悬浮颗粒物和土壤颗粒结合而转移到土壤中，致使土壤成为多溴联苯醚的主要汇之一。因而世界各地土壤中均发现了 PBDEs 的存在，且含量以及组成差异相对较大。

据 Hassanin 等（2004）的报道，英国和挪威偏远地区表层土壤（0~5 cm）中 PBDEs 的含量范围为 65～12 000 ng/kg（干重），其中 PBDEs 的主要同系物为 BDE47、BDE99、BDE100、BDE153 和 BDE154；而在英国北部，BDE183 是土壤中 PBDEs 的主要成分，且森林土壤的往往高于草原的。Eguchi 等（2013）报道了美国土壤中 PBDEs 的平均含量为 103 ng/g，并且在大部分土壤样品中均能检出 BDE47、BDE99 和 BDE209，其中 BDE183 含量最高。在中国珠三角地区表层土壤中 Σ_9PBDEs（28、47、66、100、99、154、153、138、183）和 BDE 209 的浓度分别为 0.13～3.81 ng/g（平均为 1.02 ng/g）和 2.38～66.6 ng/g（平均为 13.8 ng/g）（Zou M Y et al.，2007）。

然而土壤受到 PBDEs 污染最严重的是电子垃圾拆解和回收基地，如我国广东省贵屿、浙江省台州等典型电子拆解场地及其附近区域土壤的 PBDEs 污染明显较其他地区严重，含量高出两个数量级左右（Leung et al.，2007；Luo Y et al.，2009）。根据文献报道，在南方地区电子垃圾拆解基地的路旁土壤中 PBDEs 的浓度范围为 191～9 156 ng/g（干重）（Luo Y et al.，2009）。在广东清远地区所采集的土壤样品中一共检出 22 个 PBDEs 单体，其中电子电器拆解基地的表层土壤中 ΣPBDEs（除了 BDE209 其他同系物总和）平均浓度达到了 1 096（浓度范围 116～3 123）ng/g，而 BDE209 平均含量更高，为 1 539（浓度范围 69～6 319）ng/g。通过对附近农田土壤中 PBDEs 的检测发现 ΣPBDEs 和 BDE209 的含量分别为 8.25～10.36 ng/g 和 20.24～38.20 ng/g，这说明在生物地球化学作用下 PBDEs 极可能从污染源向附近的农田转移（彭平安等，2009）。另外，据 Wang Y 等（2011）报道，清远市龙堂镇电子垃圾回收站点附近土壤中 PBDEs 的总浓度范围为 4.8～533 ng/g（干重）。同样地，中国贵屿等地的电子垃圾拆解基地土壤也受到 PBDEs 的严重污染，表层土中 PBDEs 浓度达到 2 720～4 250 ng/g（干重），且在所有的同系物中 BDE209 的含量为最高，达 35%～82%（Leung et al.，2007）。明显地，在中国不同的城市和地区，土壤中 PBDEs 的含量差别很大，这与城市化的程度和各城市中工厂的分布紧密联系。无论是在电子垃圾拆解集散地点源，还是城市面源周围的土壤中，PBDEs 污染中均以 BDE209 为主，这些研究结果告诉我们，针对我国 PBDEs 土壤污染修复需重点放在电子垃圾处理集散地和工业发达地区（如长三角、珠三角、京津地区）。因此，研究典型区域土壤中 BDE209 的修复技术具有重要的现实意义。

23.1.2　土壤中多溴联苯醚的修复技术

通过大量的文献调研，关于液相中 PBDEs 的降解技术的报道有许多，包括氧化法，如好氧生物法、湿法氧化法、水热法；还原法，如厌氧生物法、电解法、金属还原法、纳米 TiO_2 光催化法等（Huang A et al.，2013）。而关于土壤中 PBDEs 的修复降解技术的报道甚少，主要为生物修复/微生物降解代谢（Vonderheide et al.，2006）和植物转化（Mueller et al.，2006），动电修复技术（Wu C D et al.，2012）和电磁联用修复技术（Wu C D et al.，2013）。例如，Vonderheide 等（2006）研究发现土壤中的微生物能够利用 BDE71 作为唯一的碳源，并在很短的时间内把 BDE71 完全降解；Mueller 等（2006）利用西葫芦和胡萝卜修复土壤中的 3 种 PBDEs 同系物 BDE47、BDE99、BDE100，经过 10 周后，植物体系中 PBDEs 的含量是不栽种植物土壤中的 8 倍，说明可以通过植物转化的作用来修复土壤中的 PBDEs。Huang H 等（2010）利用黑麦草、紫花苜蓿、南瓜、西葫芦、玉米和萝卜修复土壤中的 BDE209，经过 60 d 后，盆栽中 PBDEs 的降解率为 12.1%～38.5%。然而这两种生物修复方法都有其应用的局限性：微生物对高溴代的 PBDEs 的生物可利用性低，降解率随着溴代率提高而降低，不利于土壤中高溴代 PBDEs 的降解，而植物修复虽然经济有效，但是修复时间过长，对于工程应用也有了一定的限制。

动电学修复技术是正在发展中的土壤原位修复技术，即插入电极于受污染土壤区域，施加直流电压形成电场梯度，利用直流电场产生的电渗析、电迁移和电泳等电动力学效应，使土壤孔隙水中的离子和颗粒物质沿电力场方向定向移动，迁移至设定的处理区再进行集中处理（Probstein et al., 1993）。Wu C D 等（2012）的试验研究结果表明，动电技术有效地促进 BDE15 土壤解吸和迁移，这对 BDE15 的集中处理起到了很大的作用。但是该技术也存在一些亟须解决的问题，如非极性有机物的去除效果差、极化现象的存在、土壤含水率过低时（一般低于 10%）处理效果大大降低等，并且在电场的作用下还可能产生有害副产物等。Wu C D 等（2013）采用动电和磁性联合修复系统，在实验室的模拟装置中修复受 BDE15 污染的土壤。结果表明，土壤中的电流和温度在 6 h 达到分别最大值 100 mA 和 14℃；阴极和阳极附近的土壤含水量高于中间位置，土壤 pH 从阳极到阴极逐渐增加；并且 BDE15 主要富集在阳极，浓度达到 22.69 μg/g。

目前，nZVI 已被用于多种难降解有机卤化物，硝酸盐氮及重金属等污染物的去除（Lowry et al., 2004；Yan W et al., 2010）。为此，将 nZVI 技术应用于土壤中多溴联苯醚污染的修复是极具前景的。

23.1.3 修饰型 nZVI 降解土壤中有机物的应用

作为一种新兴的环境处理技术，nZVI 技术有着许多传统技术所没有的特殊优势。但是 nZVI 由于界面效应和小尺寸效应，容易导致比表面积和降解率的降低。因此，针对 nZVI 易团聚氧化的问题，对 nZVI 进行有效的改性修饰，以提高纳米颗粒的稳定性和抑制纳米粒子团聚，提高 nZVI 的处理性能，拓宽其应用范围的研究具有重要意义。修饰方法一般有纳米双金属、固体负载、表面改性等。

纳米双金属是指在 nZVI 颗粒的表面修饰另一种金属，以提高纳米材料的稳定性和加快反应速率。常用的纳米双金属有铁镍双金属、铁钯双金属、铁铂双金属等。双金属纳米材料可以合金、团簇和核壳等结构形式存在。大量的研究报道表明纳米双金属在污染物的降解中，另一种金属一方面作为催化剂（He N et al., 2009），在体系中形成电偶（Zhang M et al., 2011），降低反应的活化能，提高反应速率；另一方面又起到原电池的作用，促进 nZVI 被腐蚀过程中的产氢速率。He N 等（2009）利用合成的 Pd/Fe 对土壤中的 2,2,4,5,5-五氯联苯（$Cl_2H_5Cl_5$）进行脱氯的研究并取得较好地去除效果。Satapanajaru 等（2008）利用纳米双金属降解阿拉津农药时发现纳米双金属 Pd/Fe 的降解速率常数（3.36 d^{-1}）是 nZVI 降解率常数（1.39 d^{-1}）的 2 倍多。

研究发现纳米双金属颗粒在应用中还存在流动性不佳的缺点。为此，研究者开发了固体负载修饰技术，将 nZVI 颗粒负载于固体载体上，如有机膨润土、树脂等，可以增大纳米颗粒的比表面积，抑制团聚的发生。Li Y 等（2011）利用有机膨润土负载 Fe^0 降解五氯苯酚（PCP），120 min 后降解率高达 96.2%，单纯纳米 Fe^0 的降解率仅有 31.5%。Zhang Y 等（2011）利用钠型有机膨润土负载 nZVI 对有机氯农药进行降解，不但降解率得到了提高，而且脱氯副产物 Fe^{2+} 离子能被有机膨润土吸附，避免对环境造成二次污染。在土壤修复的应用中，这具有重要的意义。

nZVI 的表面改是指在 nZVI 颗粒表面包裹聚合高分子电解质（Darko et al.，2010）或表面活性剂（Wan J et al.，2010），通过空间位阻或者静电斥力可有效减少纳米颗粒团聚程度，同时增强 nZVI 颗粒在水体或土壤中的流动性。羧甲基纤维素钠（CMC）结构中含有的大量羟基能与纳米颗粒通过微弱的共价键结合在一起而使颗粒均匀分散，所以 CMC 常用作 nZVI 的稳定剂（Naja et al.，2009）。Zhang Y 等（2011）研究对比了加入 CMC 与否对 Fe-Pd 双金属纳米粒子在两种不同的土壤降解三氯乙烯（TCE）的影响，结果表明 CMC 的加入极大地提高了 TCE 的降解率。

不同的改性修饰方法均有其优点和不足，纳米双金属可以提高降解的速率和降解程度却不能解决团聚的问题；固体负载可以提高分散性却相对复杂化操作；表面改性具有以上两种修饰方法的优点，但仍必须考虑环境二次污染防治的问题。所以可以通过各种方法的综合使用，对 nZVI 进行适当修饰改性，力争有效抑制团聚，增大比表面积，改善纳米铁颗粒在环境中的迁移能力，减少二次污染的产生，更好地应用于土壤环境的原位修复。

23.1.4　研究的意义和工作内容

多溴联苯醚作为常用又廉价的溴代阻燃剂，广泛地应用于多种行业。商业上常用的有五溴联苯醚、八溴联苯醚和十溴联苯醚，近年来十溴联苯醚（BDE209）使用最广泛，其产量和需求量逐年上升。BDE209 具有高疏水性和化学稳定性，极易在土壤中累积并长期存在，研究土壤中多溴联苯醚的修复技术及其迁移转化规律已成为环境研究中的热点和重点之一。

利用 nZVI 和修饰型 nZVI 去除土壤中污染物是目前颇有潜力的环境修复技术，并且有着广阔的发展前景。作为可以用于 BDE209 及其同类 PBDEs 污染土壤原位快速修复的纳米材料，有必要了解 nZVI 材料对土壤 BDE209 的修复效果，以完善修复方法，为土壤修复技术提供技术和理论支持。

我们选择 BDE209 为研究对象，采用两种以 nZVI 为基础的纳米材料纳米 Ni/Fe 双金属和介孔 SiO_2@FeOOH@Fe 修复土壤环境中的 BDE209，分别研究土壤中不同的条件对纳米材料修复土壤中 BDE209 的影响规律，分析其降解动力学模型和降解路径，以及影响作用机制，探明纳米材料、污染物（BDE209）、土壤介质之间的相互作用机理。主要的研究内容如下：

①纳米双金属 Ni/Fe 对土壤中十溴联苯醚的降解研究。结合材料表征和降解试验，探究其在不同的土壤环境条件下对 BDE209 的降解性能和降解动力学。重点利用 GC/MS 分析和溴离子分析，研究降解产物，去除路径和去除机制。

②介孔 SiO$_2$ 微球修饰 nZVI 对土壤中十溴联苯醚的降解研究。探究在不同的条件下材料对 BDE209 的降解性能和降解动力学，探讨所合成新型材料的环境使用性能以及修复方法的可行性。

23.2　纳米 Ni/Fe 双金属修复土壤中多溴联苯醚

近年来，nZVI 由于粒径小、比表面积大等优点被广泛应用于环境污染修复中，然而，nZVI 颗粒的易团聚性能大大降低了其在土壤中的稳定性和流动性，严重限制了其在土壤修复中的应用。为提高 nZVI 颗粒的稳定性和流动性，有研究通过沉积一些金属元素（如钯、镍、银、铂、铜等）于 nZVI 颗粒表面形成二元金属体系，制备出纳米双金属颗粒，不但可以提高纳米颗粒的稳定性，也可以有效防止纳米颗粒的团聚和提高反应速率。鉴于金属 Ni 相比 Pd 价格低廉，且可以作为催化金属与 Fe^0 形成纳米 Ni/Fe 双金属体系，大大提高了 nZVI 颗粒的活性。我们前期的研究已证明，在水/THF 体系中纳米 Ni/Fe 双金属去除 BDE209 反应速率常数是 nZVI 颗粒的 53 倍（Fang Z et al.，2011）。为此，我们进一步研究纳米 Ni/Fe 双金属颗粒在土壤体系下对 BDE209 的修复特性，动力学特性，探明各个因素对纳米 Ni/Fe 颗粒修复效果的影响规律，重点探讨纳米双金属对 BDE209 的降解路径和修复机理。

23.2.1　研究方法

（1）供试土壤

土壤采自华南地区广州大学城中心湖附近的表层土（0～20 cm）。土壤风干后研磨过 60 目筛，充分混匀后装入广口瓶，置于干燥器中妥善保存。经测定，原土中无十溴联苯醚（BDE209）（表 23-1）。

表 23-1　土壤理化性质

土壤性质	数值
pH（1∶2.5 土水比）	7.22
含水率/%	1.42
阳离子交换量/（cmol/kg）	15.50
Ni/（mg/kg）（酸消化）	未检测到
总 Fe/（mg/kg）（酸消化）	30 420.84
有机质/%	1.55
土壤质地	
沙/%	75
淤泥/%	16
黏土/%	9

模拟 BDE209 污染土制备：用四氢呋喃配制 200 mg/L 的 BDE209 储备液，用四氢呋喃稀释到所需的浓度，移取一定量的 BDE209 溶液加至一定量土壤中，使土壤颗粒表面被溶液覆盖。随后在通风橱中使用磁力搅拌器均匀搅拌，待四氢呋喃完全挥发即得污染土样。

（2）纳米 Ni/Fe 对土壤中 BDE209 的降解试验

于反应瓶中加入 2 g 污染土壤和定量去离子水，测得的初始 pH=6.9，再加入一定量的纳米双金属 Ni/Fe，于摇床上振荡反应（300 rpm/min，25℃）。在预定时间内（0 h、1 h、3 h、6 h、24 h……）取出样品瓶，加入适量的乙腈溶剂，先后振荡 30 min、超声萃取 30 min 和以 2 000 rpm 的转速离心 8 min。取 2 mL 萃取液，用 0.22 μm 的微孔滤膜过滤，用高效液相色谱仪（HPLC）分析 BDE209 的浓度。

（3）分析方法

①BDE209 的分析

溶液中 BDE209 的浓度采用 HPLC 进行测定，色谱柱为 Dikma C$_{18}$ column（250 mm×4.6 mm），紫外检测波长为 240 nm，流动相为纯甲醇，流速为 1.2 mL/min，进样量为 20 μL。采用外标法定量，即测定前先配制一系列 BDE209 标准溶液，以浓度为横坐标，峰面积为纵坐标绘制标准曲线，当被测物的浓度与峰面积线性关系良好时（$R^2 >$ 0.999），采用该曲线进行定量分析。

②溴离子浓度分析

溶解一定量的干燥溴化钾固体，配制 1 mg/L 的溴离子储备液。用依次逐级稀释得到溴离子的标准溶液。溴离子测定用电极使用前需在溴溶液中浸泡 2 h 后，用去离子水洗至电位为−108 mV。而后将溴离子电极按浓度由低到高的顺序依次插入至各个标准溴离子溶液中，连续搅拌溶液约 2 min，读取搅拌状态下的稳定电位值 E，确定标准曲线。并采用该曲线对降解的样品进行溴离子的定量分析。

③产物分析

结合同位素内标稀释法，分别选择 PCB141 和 PCB208 的 C^{13} 同位素内标为内标和进样内标。气相色谱条件为：采用 DB5Ms 20 m×0.25 mm 内径×0.1 μm 涂层硅熔毛细柱，无分流进样模式，载气（氢气）流速 1 mL/min，进样口温度 250℃，升温程序为 90℃ 保持（2+50）min 内升至 220℃，以 3℃/min 的速度升至 300℃ 并保持 5 min，传输线温度为 310℃。质谱条件如下：离子源温度为 150℃，四极杆为 150℃，NCI 模式，离子选择性扫描，选择 79、81、372 和 476 四个质量数测定。

④动力学分析

nZVI 体系对于有机卤代物质的去除符合拟一级动力学，通过 ln（C_t/C_0）-t 作图，利用拟一级动力学常数可以描述纳米颗粒对 BDE209 的去除率，如式（23-1）所示：

$$\frac{\mathrm{d}C_t}{\mathrm{d}t} = -k_{\mathrm{obs}}t \tag{23-1}$$

式中，C_t 为 BDE209 在不同时间点的浓度，mg/L；C_0 为 BDE209 的初始浓度，mg/L；t 为反应时间，h；k_{obs} 为表观速率常数，可由反应前后 BDE209 的浓度通过线性回归拟合计算可得。将上述方程进行积分可得

$$\ln\frac{C_t}{C_0} = -k_{\mathrm{obs}}t \tag{23-2}$$

当 $\dfrac{C_t}{C_0}$ 为 1/2 时，所得到的 $t_{1/2}$ 为半衰期，使用式（23-3）进行半衰期的计算：

$$t_{1/2} = \ln\frac{2}{k} = \frac{0.693\,1}{k} \tag{23-3}$$

⑤去除率的计算

$$\text{Removal efficiency（\%）} = \frac{C_0 - C_t}{C_0} \times 100\% \tag{23-4}$$

式中，C_0 为 BDE209 的初始浓度，mg/L；C_t 为反应 t 时间后 BDE209 的浓度，mg/L；t 为 t 时刻对应的时间，h。

23.2.2　纳米 Ni/Fe 的制备与表征

23.2.2.1　材料的制备

先采用硼氢化钠还原法制备 nZVI，后使用化学沉积法负载镍，具体步骤如下：配制 0.1 mol/L 的 $\text{FeSO}_4 \cdot 7\text{H}_2\text{O}$ 乙醇溶液［水：乙醇=7：3（V/V）］，加入适量的聚乙烯吡咯烷酮（铁：PVPK-30=1：1（W/W））并搅拌混合。配制 0.3 mol/L 的硼氢化钠乙醇溶液，在搅拌状态下迅速加至定量的 $\text{FeSO}_4 \cdot 7\text{H}_2\text{O}$ 溶液中。先后用去氧水和乙醇洗涤数次经磁选法选出的 nZVI 颗粒，于锥形瓶中再用 50 mL 的乙醇溶液分散 nZVI 颗粒。同时，加入定量的 $\text{NiCl}_2 \cdot 6\text{H}_2\text{O}$ 乙醇溶液，振荡 30 min 使 Ni 沉积在 Fe 表面，即可制得的纳米双金属 Ni/Fe。复合材料经磁选法选出和洗涤后置于真空干燥箱中（50℃）干燥待用。

23.2.2.2　材料的表征

采用比表面分析仪对纳米颗粒进行比表面的分析测定，样品经 270℃抽真空 12 h 后在液氮温度（−196℃）下进行氮气的吸附解吸测试。颗粒的晶型结构采用 X 射线粉末衍射仪（XRD）测定，X 射线为 Cu 靶 Kα 射线（λ =0.154 18 nm），管电压 30 kV，管电流 20 mA，扫描范围 10°～90°，扫描速度为 0.8°/s。颗粒的尺寸和表面形貌采用透射电镜（TEM）和扫描电镜（SEM）进行观察。颗粒表面元素分析采用 X 射线光电子能谱仪（XPS）进行表征，采用光源为 Mono Al Kα，能量为 1 486.6 eV，扫描模式为 CAE，全谱扫描通

能为 150 eV，窄谱扫描通能为 20 eV。

　　图 23-1（a）和图 23-1（b）分别为颗粒的 TEM 照片和 SEM 照片。由图可知，纳米 Ni/Fe 双金属颗粒粒径为 20～50 nm，粒径分布比较均匀，颗粒呈球形，整体呈现出较为松散的片状结构。这与相关报道类似，如 Kuang Y 等（2013）所制备的 Ni/Fe 颗粒粒径为 80～100 nm，SEM 结果表明，颗粒为球状且团聚成链状结构。Zhang Z 等（2012）报道了 Ni/Fe 颗粒的表征结果，颗粒呈球状，粒径为 20～100 nm，TEM 照片显示了光滑的球状颗粒的团聚现象，以及由于纳米颗粒和小颗粒之间的磁性作用和表面张力的作用而形成的树突形状。

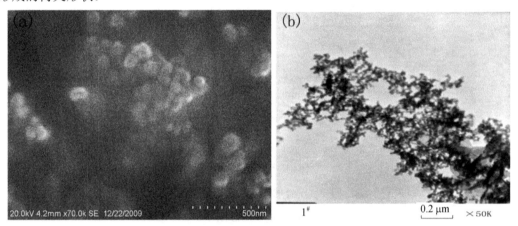

图 23-1　（a）纳米 Ni/Fe 的扫描电镜照片；（b）纳米 Ni/Fe 的透视电镜照片

　　图 23-2（a）为纳米 Ni/Fe 颗粒的 XRD 表征图，衍射峰从 42.5° 到 47.5° 呈现了较宽的峰型，判断颗粒为无定形结构。图 23-2（b）为 Ni/Fe 的 XPS 和 EDS（内插图）的表征图，从 EDS 分析结果可知，纳米双金属存在 Fe、Ni、O、C、Cl、S 等元素，主要为 Fe、Ni。采用 XPS 对颗粒的元素组成进行价态分析，铁镍的 2p 谱图说明双金属系统中同时存在铁镍的零价态和氧化态。铁的结合能 706.9 eV 和镍的结合能 852.3 eV 分别代表了两个金属的零价态。铁 710.8 eV 和镍的 855.8 eV 的结合能峰说明纳米双金属表面的铁以三价态、镍以二价态即氧化态的形式存在。这表明纳米 Ni/Fe 颗粒部分被氧化，表面存在一层氧化层，曾经有学者研究（Satapanajaru et al., 2003）分析这些氧化层主要是针铁矿（α-FeOOH）、纤铁矿（γ-FeOOH）、磁铁矿（Fe_3O_4）等。这层氧化层的形成可能发生在材料制备的过程中，纳米材料的高反应活性被氧化而形成的金属氧化层。

　　BET 的表征结果为比表面积为 68 m^2/g，相较于 Fang Z 等（2011）合成的 nZVI 增大了 33 m^2/g。可见，本书制备的 Ni/Fe 纳米颗粒比 nZVI 颗粒团聚程度降低，拥有更大的比表面积，更有利于接触反应。

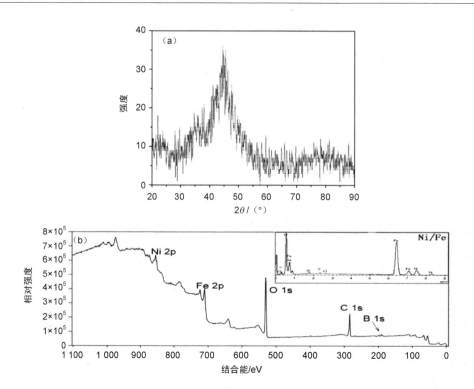

图 23-2　（a）Ni/Fe 的 XRD 图；（b）纳米双金属 Ni/Fe 的 XPS 和 EDS（插入图）表征图

（Ni 的含量为 15.6 wt%）

23.2.3　纳米 Ni/Fe 投加量对去除率的影响

纳米 Ni/Fe 双金属的投加量为 0.01 g/g、0.02 g/g、0.03 g/g、0.04 g/g 和 0.05 g/g，在其他条件不变的情况下，土壤中 BDE209 的去除率随时间的变化如图 23-3 所示。根据反应曲线，随着反应时间的延长，土壤中 BDE209 的去除率呈先快速上升后缓慢增长的现象，反应 72 h 时接近平衡。在反应的前半段时间，BDE209 的去除率增长较快，24 h 内在纳米材料投加量为 0.01 g/g、0.02 g/g、0.03 g/g、0.04 g/g、0.05 g/g 土壤的体系对应的 BDE209 去除率分别为 17.05%、43.52%、51.27%、63.65%、64.01%。原因可能是反应前期纳米材料的反应活性相对较高，拥有更多可参与反应的活性点位，提高了与 BDE209 接触的有效性，更利于反应的进行。在反应后期，纳米 Fe^0 反应形成了羟基氧化物并吸附在纳米颗粒表面，进而减少了反应的活性点位，使污染物失去与纳米材料接触的机会，电子的传递也因此受到了阻碍，造成去除率不能持续有效提高（Zhang Z et al.，2009）。总体而言，试验结果表明纳米 Ni/Fe 双金属颗粒在土壤介质中仍可快速去除 BDE209，表现出极好的反应活性。

随着纳米 Ni/Fe 颗粒投加量的增加，土壤中 BDE209 的去除率也随之上升。反应 72 h

内，纳米颗粒投加量为 0.01 g/g、0.02 g/g、0.03 g/g、0.04 g/g 和 0.05 g/g 时，BDE209 的
去除率分别为 21.19%、52.86%、64.91%、72% 和 77.16%。而反应速率常数也显现出随着
投加量的增加而增大的趋势，如 0.05 g/g 体系对应的 k_{obs} 为 0.012 5 h^{-1}，而 0.01 g/g 体系
的仅为 0.002 8 h^{-1}。从投加量为 0.01~0.02 g/g 时，反应 72 h 后，土壤中 BDE209 的去除
率从 21.19% 提高至 52.86%，提高近 32%。当投加量从 0.02 g/g 升至 0.03 g/g 时，BDE209
的去除率增长了 12%；当投加量从 0.03 g/g 增至 0.04 g/g 时，BDE209 的去除率增长缓慢，
约为 5%，即当纳米 Ni/Fe 颗粒投加量在 0.03 g/g 以上时，BDE209 去除率增加较为缓慢。
因为 Fe^0 体系的反应类型可视为表面催化反应，其他条件一定时增加材料投加量可以同时
增加反应活性位点和扩大反应表面积，提高污染物与纳米颗粒接触的概率，但材料投加
过多则使得污染物浓度相对减少，减缓了反应增速。因此，在后续研究中选择纳米颗粒
投加量为 0.03 g/g 进行讨论探究。

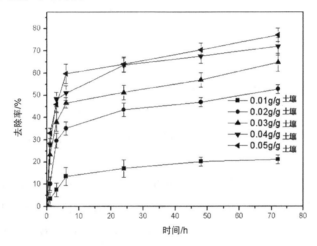

[土壤中 BDE209 的初始浓度为 10 mg/kg，反应时间 72 h；温度为（25±2）℃，初始 pH 为 6.9，

土壤含水率为 50%，Ni 的负载量为 15.6%）]

图 23-3　纳米双金属投加量对 BDE209 去除效果的影响

23.2.4　不同 BDE209 初始浓度对去除率的影响

土壤中 BDE209 的初始浓度由 1~15 mg/kg 改变下，BDE209 去除率随时间的变化关
系如图 23-4。由图可知在反应的 72 h 内，初始浓度 1 mg/kg、5 mg/kg、10 mg/kg 和 15 mg/kg
分别对应的去除率为 74%、69.36%、64.91% 和 51.87%，即土壤中 BDE209 的初始浓度为
1 mg/kg 时取得了最大的去除率。随着初始浓度由 1 mg/kg 升至 15 mg/kg，去除率由原来
的 74% 降至 51.87%，降低了 22.13%，可见随着 BDE209 初始浓度的增加，去除率呈下降
的趋势。进一步地，由动力学拟合计算可得对应的反应速率常数为 0.016 3 h^{-1}、0.016 1 h^{-1}、

$0.008\ 8\ h^{-1}$、$0.005\ 9\ h^{-1}$，即从初始浓度为 1 mg/kg 时的 $0.016\ 3\ h^{-1}$ 降至 15 mg/kg 的 $0.005\ 9\ h^{-1}$，初始浓度为 1 mg/kg 的反应速率常数为 15 mg/kg 的 2.76 倍。类似的趋势同样在其他文献中出现，如 He N 等（2009）的研究中，五氯联苯（BZ#101）的去除率随着土壤中 BZ#101 初始浓度的增加而下降。

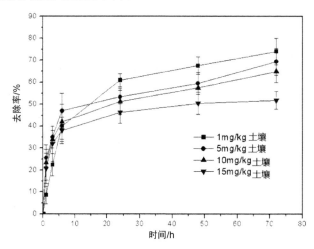

[纳米双金属的投加量为 0.03 g/gsoil，反应时间 72 h；温度为（25±2）℃，初始 pH 为 6.9，
土壤含水率为 50%，Ni 的负载量为 15.6%]

图 23-4　土壤中 BDE209 初始浓度对 Ni/Fe 去除效果的影响

对此做出如下解释。本试验条件下，定量的纳米 Ni/Fe 双金属的有效表面也是一定的，即表面活性点位有限，而 BDE209 分子是通过竞争吸附转移至纳米颗粒的表面，增加土壤中 BDE209 的浓度即减少了 BDE209 分子与纳米颗粒的接触概率，导致一部分 BDE209 分子无法接触双金属的表面活性点位而不被降解，从而使去除率下降了（He N et al.，2009；Singh et al.，2012）。

同时，从反应曲线的表观上看，在反应过程中曲线呈现了先快速上升，后缓慢达到平衡稳定的趋势。在反应的前 24 h，去除率增长较快，去除率分别达到 60.89%、53.30%、51.27%、46.27%。这归因于反应初期浓度梯度差较大，污染物分子与纳米材料能够得到更好的接触，但随着反应的进行，纳米 Ni/Fe 的消耗以及钝化等导致了反应速率变慢。

23.2.5　pH 对去除率的影响

在土壤 pH 为 4.0、5.6、6.9、8.7 的条件下，BDE209 的去除率随时间的变化如图 23-5 所示。土壤中不同 pH 对应的 BDE209 去除率不同，pH 为 4.0、5.6、6.9、8.7 分别对应的去除率为 56%、72%、64%、25%，对应的反应速率常数为 $0.007\ 9\ h^{-1}$、$0.013\ 2\ h^{-1}$、$0.008\ 8\ h^{-1}$、$0.007\ 2\ h^{-1}$。其中 pH=5.6 的条件下 BDE209 的去除率和反应速率常数最高，

分别为 72%和 0.013 2 h^{-1}。原土壤的 pH=6.9 时，BDE209 的去除率可达到 64%，随着 pH 降至 5.6，去除率升至 72%，但是当 pH 继续降至 4.0 时，去除率却降至 56%。研究表明，反应初始 pH 对零价金属还原脱卤有机卤化物有比较大的影响（Varanasi et al.，2007；Begum et al.，2011）。一般认为，pH 越低越有利于铁的溶解，从而有助于有机污染物在 Fe^0 表面反应的进行。但是我们的试验结果表示，在酸性程度较大的环境下不利于 Fe^0 反应，因为 Fe^0 受到严重的腐蚀作用影响了活性的发挥。类似的结果同样也在文献中出现，Varanasi 等（2007）的研究表明脱氯反应中 H 质子在被消耗的同时起着至关重要的作用，基于低的 pH 溶液中能够提供更多的 H 质子，脱氯反应的进程加快了。因此在弱酸性的条件下，铁的腐蚀受到促进，产氢的速率得以提高，还原反应更容易进行（He N et al.，2009）。同时低的 pH 条件不利于铁的氧化，避免了铁的表面生成氧化层或者氢氧化层，但是当酸性达到一定的程度（如 pH=4）时，铁的腐蚀变得强烈，产生的 H$_2$ 将覆盖在 Ni 的表面，阻止 BDE209 与纳米材料的接触而不利于反应的进行（Begum et al.，2011）。相反地，较高的 pH（如 pH=8.7）时会加速铁的表面形成钝化层，占据双金属表面的活性点位，阻碍了电子的传递，也使得去除率下降（Singh et al.，2012）。

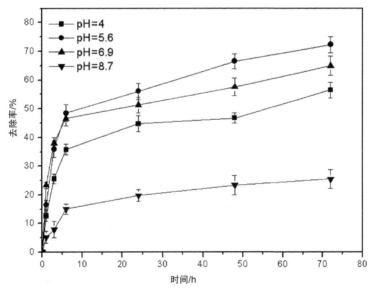

[土壤中 BDE209 的初始浓度为 10 mg/kg，反应时间 72 h；纳米双金属的投加量为 0.03 g/g 土，

温度为（25±2）℃，土壤含水率为 50%，Ni 的负载量为 15.6%]

图 23-5　土壤初始 pH 对 Ni/Fe 去除效果的影响

23.2.6　Ni 的负载量对去除率的影响

不同 Ni 的负载量下反应时间与 BDE209 的降解效果的关系如图 23-6 所示。Ni 的负

载量为 5.1wt%、15.6wt%、23.8wt%、30.9wt%对应的 BDE209 去除率分别为 45%、64%、71%、76%，对应的反应速率常数为 $0.006\,4\,h^{-1}$、$0.008\,8\,h^{-1}$、$0.011\,9\,h^{-1}$、$0.014\,0\,h^{-1}$。可见随着 Ni 的负载量增加，BDE209 的去除率也逐渐升高，对应的 k_{obs} 也随之增大。但是当 Ni 的负载量超过 15.6wt%时去除率的提高幅度放缓了，例如当 Ni 负载量从 5.1wt%上升到 15.6wt%时去除率增加了 19%，从 15.6wt%升至 23.8wt%时去除率只升高了 7%，当升至 30.9wt%去除率仅升高了 5%。可见，Ni 的负载量存在一个最佳剂量，即使 Ni 的负载量越高得到的去除率越高，但在实际治理应用中应综合考量经济、技术和环境的综合因素，优化治理方案，选择适当的 Ni 负载量以取得更好的经济效益和环境效益。

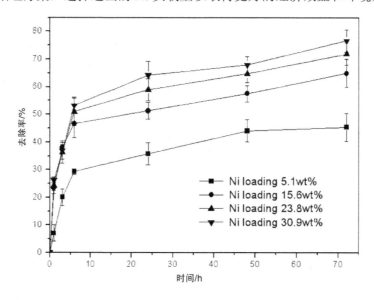

[土壤中 BDE209 的初始浓度为 10 mg/kg，反应时间 72 h；纳米双金属的投加量为 0.03 g/g 土，温度为（25±2）℃，初始 pH 为 6.9，土壤含水率为 50%]

图 23-6　Ni 的负载量对 Ni/Fe 去除效果的影响

已有许多研究表明（Zhang Z et al.，2012），在双金属的体系中，提高 nZVI 表面的金属催化剂（如 Pd、Pt、Ag、Ni、Cu 等）的含量能提高其对污染物的去除能力，如 Chang C 等（2011）报道了 nZVI/Cu 双金属中 Cu 的负载量由 1.628%提高至 6.073%，反应速率常数由 $0.016\,8\,min^{-1}$ 提高至 $0.056\,5\,min^{-1}$，提高约 2 倍多。Cwiertny 等（2007）的研究表明，负载于 Fe 上面的 Ni 能够吸引 Fe 腐蚀产生的具有强还原性的 H_2。同时，Ni、Pd、Pt 等金属均是良好的加氢催化剂，在氢的转移过程中起了重要作用，过渡金属特有的空轨道能够与含卤有机物中卤素的 P 电子对或有双键有机物的电子形成过渡络合物，降低了脱卤反应的活化能，促进了 BDE209 的脱溴。也有学者认为惰性金属与 Fe 起到原电池原理的作用，促进了铁的腐蚀以及提高了产氢的速率。另外，Ni 的添加有效地防止了反应过程中

Fe 表明形成阻碍反应进行的氧化层，使得纳米材料对 BDE209 的还原过程高效地进行。

23.2.7　产物鉴别和降解路径分析

据本课题组已有的研究成果（Fang Z et al.，2011），我们证实纳米 Ni/Fe 对于多溴联苯醚的去除包括降解脱溴和吸附两个方面，通过在四氢呋喃/水体系中 Ni/Fe 对 BDE209 的去除机制研究和质量守恒的结果证明了 Ni/Fe 对 BDE209 的去除以降解为主，吸附为辅的作用方式进行。在本书中由 HPLC 的分析结果可知，随着反应时间的延长，萃取得到的 BDE209 的浓度呈下降趋势，同时，我们采用 GC-MS 对经过 3 d 处理的土壤样品浓缩提取液进行产物分析检测，得到如图 23-7 所示的气质联用色谱图。表 23-2 列出了本书中所用到的 26 种 PBDEs 标准品的种类及保留时间，从表中的保留时间和色谱柱 DB-5 的洗脱出峰顺序我们确认了 34 种从二溴代联苯醚到十溴代联苯醚的同系物，其中包括 24 种由标准品和 10 种通过参考其他文献（Korytár et al.，2005；Keum et al.，2005；Sun C et al.，2009）推测得到的。

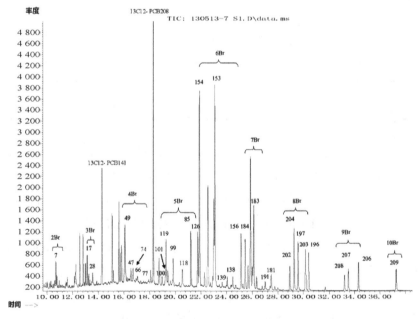

图 23-7　BDE209 及其产物的 GC-MS 色谱图

表 23-2　试验中所使用的标准 PBDEs 样品及其保留时间

序号	化合物	保留时间/min	*m/z*
1	BDE7	10.712	79
2	BDE15	11.31	79
3	BDE17	13.158	79
4	BDE28	13.609	79

序号	化合物	保留时间/min	m/z
5	BDE49	16.049	79
6	BDE71	16.136	79
7	BDE47	16.528	79
8	BDE66	17.055	79
9	BDE77	17.859	79
10	BDE100	18.968	81
11	BDE119	19.321	79
12	BDE99	19.838	79
13	BDE85	21.164	79
14	BDE126	21.566	79
15	BDE154	21.903	79
16	BDE153	23.088	79
17	BDE138	24.474	79
18	BDE156	25.088	79
19	BDE184	25.442	79
20	BDE183	26.115	79
21	BDE191	26.996	79
22	BDE197	29.583	79
23	BDE196	30.415	79
24	BDE207	34.301	79
25	BDE206	34.301	79
26	BDE209	37.312	79

GC-MS 的检测结果表明，经过 3 d 处理后的土壤样品仍有 BDE209（37.312 min）的存在，因为在本试验条件下经 3 d 处理后土壤中 BDE209 的去除率未达 100%。同时，我们也检测到了一系列从二溴到儿溴的多溴联苯醚。基于质谱库，在标准品保留时间为 29.108 min 和 27.862 min 的两个峰可被确认为 BDE206 和 BDE207，同时根据文献（Sun C et al.，2009），BDE208 的出峰时间相对较快，所以从图中可以辨认出 BDE208 的相对位置，并且由相对峰面积可以得出一个定量关系：BDE206≫BDE207＞BDE208，这也符合了文献（Sun C et al.，2009；Shih Y H et al.，2010）的说法——相较于对位，邻位和间位较为容易发生脱溴取代反应。八溴联苯醚的确认基于笔者团队先前的研究结果（Fang Z et al.，2011），分别辨认了 BDE203、BDE204、BDE196 和 BDE197，其中根据 Sun C 等（2009）的推测，比 BDE196 更慢出峰的（在本色谱图中保留时间约为 31 min）应该是 BDE205，但是根据我们试验的 GC-MS 图，可见相对信号较弱或几乎接近零，故暂时忽略 BDE205。七溴联苯醚 BDE183、BDE184 和 BDE191 根据标准品的出峰时间得到了辨认，但是在此范围内仍存在许多无法辨别的多溴联苯醚。在保留时间为 27.5 min 的位置上，我们找到了与之匹配的七溴联苯醚 BDE181（Sun C et al.，2009），然而在 BDE181 和 BDE202 之

间存在一些峰,经过推测有可能是 BDE173 和 BDE190,两者的洗脱时间相近(Keum et al.,2005),但是在我们的 GC-MS 图上无法得到确认。接着,六溴联苯醚 BDE154、BDE153、BDE138 和 BDE156 同样根据标准品可以得到准确的认定,我们也对此区间无法辨认的多溴联苯醚进行对比和分离,可以得到比 BDE153 出峰更慢的六溴联苯醚 BDE139。在五溴联苯醚中,通过标准品的保留时间我们准确认定了 BDE85、BDE99、BDE100、BDE119 和 BDE126 5 种 PBDEs。经过与文献(D'archivio et al.,2013)的对比,在 BDE99 和 BDE85 之间存在的信号相对较强的峰为 BDE118。而在 BDE119 和 BDE99 之间存在两个峰也因缺乏标准品无法确认,但是靠近 BDE119 的通过文献(Korytár et al.,2005)推测可分析辨认为 BDE101。在保留时间为 14.303 min 和 18.309 min 的分别为回标和内标 $^{13}C_{12}PCB141$ 和 $^{13}C_{12}PCB208$。关于四溴联苯醚,我们一共有 5 种标准品分别为 BDE49、BDE71、BDE47、BDE66 和 BDE77;其中 BDE71 未检出,另外 4 种分别得到了准确的辨认。同时,根据 Korytár 等(2005)的推测,比 BDE47 更慢出峰时间的为 BDE74。因此我们一共确认了 5 种四溴代联苯醚。三溴联苯醚 BDE17 和 BDE28 根据标准品的保留时间得到了确认。类似地,二溴联苯醚 BDE7 也得到了辨认,而 BDE15 无检出。最后,由于仪器的检出限问题,BDE3 无法得知是否存在,所以我们将把 BDE7 作为我们试验的最终产物。同时,我们也对相关的文献进行了调研,当年关于 Fe^0 技术在土壤中降解多溴联苯醚的资料较少,为此我们与液相中多溴联苯醚的降解进行对比。Li A 等(2007)在常温常压下利用树脂负载 nZVI 在丙酮和水的混合溶液中成功将 BDE209 脱溴至三溴联苯醚。Shih Y H 等(2010)研究表明在水溶液中初始 pH=7 的条件下,利用 nZVI 成功使 BDE209 脱溴还原为 BDE2 和 BDE3,并且反应结束时产物中六溴代产物占最高比例;而在初始 pH 为 10 的试验条件下,最终产物为五溴联苯醚。可见在不同 Fe^0 体系的作用下,多溴联苯醚被降解还原的程度是不同的,但一致认可的是,这一个逐步脱溴由 nBr 到(n-1)Br 的过程。

虽然我们并未对不同时刻的土壤样品进行检测分析,但是根据报道(Zhuang Y et al.,2010),多溴联苯醚的还原降解是一个脱溴加氢的过程。十溴联苯醚经过加氢降解后,溴原子从十溴联苯醚上脱除,以溴离子的形式进入溶液,十溴联苯醚在催化加氢的作用下降解转化为九溴代联苯醚,接着九溴代联苯醚加氢脱溴取代反应生成八溴代联苯醚。即本反应体系中多溴联苯醚的降解是按照由高溴代联苯醚到低溴代联苯醚逐步降解转化的过程。值得一提的是,虽然本书并未对其他产物(例如多溴联苯醚的氧化产物)进行定性检测,根据已有的文献报道,PBDEs 在不同的试验条件控制下,降解的产物显然是不同的。如 Kim Y M 等(2012)利用纳米铁在 20 d 内能将 BDE209 脱溴至三溴代联苯醚,在有氧条件下利用菌种 *Sphingomonas* sp.PH-07 在 4 d 内能将低溴代联苯醚氧化代谢为溴苯酚等产物。Ahn M Y 等(2006)以高岭土和蒙脱土为载体,在光照下对 BDE209 进行光降解,最终产物为二苯醚。

多溴联苯醚本身结构特殊且稳定，两个苯环之间由共轭键相连，而且溴原子与苯环之间形成 p-π 共轭，这种结构使得苯环上每个键之间的链接牢固，因而很难通过氧化的形式来破坏化学键。在本反应体系，即 nZVI 在厌氧或缺氧条件，以及缺乏土著微生物作用的条件下，开环氧化 BDE209 几乎是不可能的，可以认为在原降解过程中低溴代联苯醚并未发生进一步的氢化还原反应。由于试验条件的限制，和仅有的 26 种 PBDEs 同系物标准品，因此我们以自己的试验结果为主，以参考文献为辅，对 BDE209 的降解路径进行了初步的推测。由于仪器的检出限问题，BDE3 未被检出，所以我们暂时无法确定 BDE3 即一溴代联苯醚的存在，本书以二溴代联苯醚为氢化降解的最终产物，推测的降解路径如图 23-8 所示。

（实线表示的是主要的降解路径，虚线表示的是推测的降解路径图）

图 23-8　纳米双金属降解土壤中 BDE209 的降解路径推测

　　根据土壤中 BDE209 的初始浓度为 10 mg/kg，萃取率为 80%，去除率为 70% 计算，一共去除的 BDE209 约为 $1.176\,6×10^{-8}$ mol。根据 GCMS 的半定量比例进行计算，假如去除的 BDE209 均是通过降解去除的，理论上得到的溴离子含量为 $2.452\,8×10^{-8}$ mol，而由溴离子选择电极试验，计算得到的溴离子含量为 $2.356×10^{-8}$ mol，可见理论上的溴离子比实际测得的溴离子含量高 $0.096\,8×10^{-8}$ mol，则脱溴率为 96.05%。

　　我们对纳米 Ni/Fe 双金属作用下土壤 BDE209 的降解机制进行深入的探讨，并将修复机制概括为传质过程和反应过程。据相关文献记载，线性分配模型和非线性 Freundlich 模型被广泛应用于疏水有机污染物（HOCs）的吸附和解吸（Gunasekara et al.，2003）。Liu W X 等（2011）在研究中提到，PBDEs 在土壤中的吸附行为符合非线性的 Freundlich 模型，它在土壤中的吸附过程主要是通过分配作用分配至天然土壤中。所以可以推断 BDE209 吸附过程中的分子间作用力是以 BDE209 与土壤有机质间的疏水键力为主，又因 BDE209 的辛醇-水分配系数为 9.97（Liang X et al.，2010），为此推断 BDE209 从土壤中脱附下来的可能性很低，这与有关报道土壤是 PBDEs 的天然储存库是相一致的（Harendra et al.，2011）。另外，Ni/Fe 双金属吸附在土壤上达到平衡的过程遵循拟一级动力学模型，而且纳米 Fe^0 对卤代类有机物的催化降解类型为表面接触催化反应（Harendra et al.，2011；Shih Y H et al.，2011），所以本试验中的还原反应极大概率发生在 Ni 或者 Ni/Fe 表面，我们将这个过程概括为传质过程，包括了 Ni/Fe 双金属和 BDE209 吸附在土壤颗粒的表面，这是整体反应的第一步。紧接着传质过程的是脱溴反应。Ni 作为常用的加氢催化剂，对分子态氢和原子氢有很强的吸附能力，据报道 1 cm^3 的 Ni 在常温下可吸附 750 mL 的 H_2，并通过在 Fe^0 表面催化生成原子 H 或氢化物（Liu Y et al.，2001）。而且，Ni 作为一种具有空轨道的过渡金属，能与 BDE209 中溴元素的 P 电子对形成过渡络合物，降低还原脱溴反应能，从而加快了还原脱溴反应的进行。Wu D 等（2013）报道，根据密度泛函理论，Ni 作为催化剂能让四元环以及 C-Br 键的过渡态活化能降低。所以在 Fe 的腐蚀作用下，水中的 H 核还原为 H 原子，被吸附至 Ni 的表面并在 Ni 的催化作用下形成分子态氢，使得吸附在 Ni/Fe 表面的 BDE209 中的 Br—C 键断裂，其中 Br 被 H 原子取代，实现 BDE209 的催化还原反应（Schrick et al.，2002）。为此，我们有两个猜想：①Fe 在腐蚀作用下，水中的 H 核还原为活性 H，先被 Ni 吸附后被吸附至土壤的表面；②所有以上的反应均发生在土壤颗粒的表面。

　　综上可知，在本书中土壤中的 BDE209 在纳米双金属的作用下在土壤表面发生的反应过程可以简要概括为以下 3 个步骤：①Fe 与水反应生产活性 H；②活性 H 在镍晶格中溶解形成 Ni⋯H_2；③Ni⋯H_2 使得 BDE209 在 Ni/Fe 表面发生加氢脱溴反应。具体的示意图如图 23-9 所示。

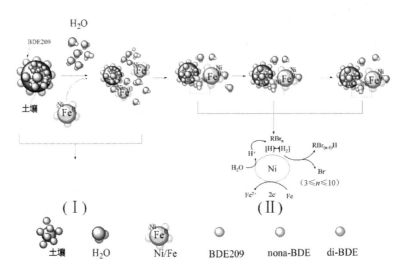

图 23-9 纳米 Ni/Fe 降解土壤中 BDE209 的机制示意图

23.2.8 小结

本节介绍了实验室制备的纳米 Ni/Fe 原位修复土壤中 BDE209 的催化还原脱溴效果及其影响因素，并通过气质联用色谱技术对产物进行分析讨论，初步提出了降解路径和降解机制，结果表明：

①纳米 Ni/Fe 双金属在常温常压下对土壤中 BDE209 的还原脱溴效果可观，脱溴率为 96.05%，并且脱溴反应遵循拟一级反应动力学；

②在初始 pH 为 5.6，Ni/Fe 投加量为 0.03 g/g 的条件下，土壤中较低的 BDE209 初始浓度，以及 Ni/Fe 中较高的镍化率均有利于 BDE209 降解反应的进行；

③GC-MS 的产物分析结果表明，在纳米 Ni/Fe 的作用下，土壤中 BDE209 发生一系列逐级脱溴反应，最终产物为 BDE7。

23.3 介孔二氧化硅微球修饰 nZVI 修复土壤中多溴联苯醚

二氧化硅微球，尤其是单分散微球具有良好的分散性能，较大的比表面积、良好的热稳定性和化学稳定性，无毒和生物相容性，在吸附与分离、催化等环境领域有着极大的发展潜力。笔者团队已成功合成具有核壳结构的反应性介孔二氧化硅微球（$SiO_2@FeOOH@Fe$）并将其成功地应用于四氢呋喃/水体系中 BDE209 的降解，投加量为 22 g/L 时，反应时间 8 h 去除率可达到 94.15%（Qiu X et al.，2001）。本书将利用制备得到具有核壳结构的反应性介孔二氧化硅微球（$SiO_2@FeOOH@Fe$）降解土壤中的 BDE209。

研究制新型复合材料在对该污染物的降解效果和影响因素，研究方法参考 23.2.1 节。

23.3.1　介孔二氧化硅微球修饰 nZVI 的制备与表征

23.3.1.1　材料的制备

介孔二氧化硅微球主要的合成步骤如下：乙醇溶解 0.222 4 g 的十二胺于 50 mL 锥形瓶中，磁力搅拌混匀后，再缓慢滴加一定量的正硅酸乙酯。静置 3 h 后将得到的产物离心分离，经水和乙醇洗净后置于真空干燥箱。干燥后的产物进入马弗炉，以 10℃/min 的升温速率上升至 600℃ 并保持 4 h 的高温煅烧以除去有机模板剂。为了使因高温而损失的二氧化硅表面—OH 基团再生，将煅烧后二氧化硅微球在沸水中蒸煮 2 h，随后离心分离和烘干待用。配制含 0.5 g 的聚乙二醇溶液 50 mL，加入一定量的 $FeSO_4 \cdot 7H_2O$ 后，超声使其溶解均匀。再将 0.5 g 蒸煮过的二氧化硅微球浸入上述溶液中 30 min 并取出烘干。经去离子水和乙醇洗净，真空干燥后得到表面覆盖 FeOOH 的二氧化硅微球颗粒，用 SiO_2@FeOOH 表示。

先后取 0.2 g SiO_2@FeOOH 和 0.2 g $FeSO_4 \cdot 7H_2O$ 颗粒至三口烧瓶，在搅拌的状态下逐滴加入 $NaBH_4$ 的乙醇水溶液，待体系由黄色变为黑色，将所得产物真空抽滤分离，分别用水和乙醇洗涤 3 次后在 60℃ 下真空干燥。所得的颗粒即为具有反应活性的核壳结构介孔二氧化硅微球，用 SiO_2@FeOOH@Fe 表示。合成步骤如图 23-10 所示。

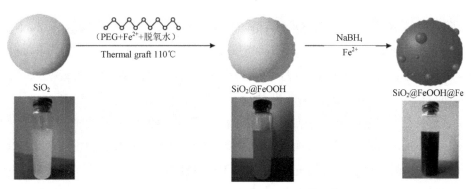

图 23-10　SiO_2@FeOOH@Fe 的合成示意图

23.3.1.2　材料的表征

颗粒的大小和表面形貌采用透射电镜（TEM）进行观察。在空气气氛下对颗粒的热重和差热进行同步热分析（STA 409 PC/4/H，NETZSCH，Germany），测定温度为室温到 800℃，升温速率为 10℃/min。颗粒表面元素分析采用 X 射线光电子能谱仪进行表征（XPS），采用光源为 Mono Al Kα，能量为 1 486.6 eV，扫描模式为 CAE，全谱扫描通能为 150 eV，窄谱扫描通能为 20 eV。样品的比表面积采用比表面分析仪进行测定。颗粒的含铁量用电感耦合等离子体发射光谱仪测定。

如图 23-11（a）所示，所合成的 nZVI 呈球状结构，粒径为 20～60 nm，但由于纳米粒子磁性作用以及表面张力引起了团聚而呈现链状结构。SiO$_2$@FeOOH@Fe 的 TEM 图如图 23-11（b）所示，在微球的表面能看到粒径小于 100 nm 的小颗粒，而这些小颗粒正是 nZVI。SiO$_2$@FeOOH@Fe 的比表面积为 383.477 m^2/g，大于 nZVI 的（35 m^2/g），通过 ICP-AES 的测试结果表明此微球中 Fe 的负载量为 18.01%wt。

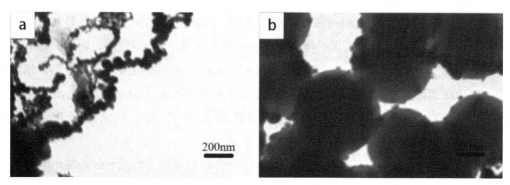

图 23-11　（a）nZVI 和（b）SiO$_2$@FeOOH@Fe 的透视电镜照片

23.3.2　SiO$_2$@FeOOH@Fe 投加量的影响

如图 23-12 所示，SiO$_2$@FeOOH@Fe 投加量为 0.22 g/g、0.165 g/g、0.082 5 g/g 和 0.055 g/g 土壤对应的去除率分别为 73%、68%、47% 和 25%，对应的 k_{obs} 分别为 0.009 9 h^{-1}、0.008 7 h^{-1}、0.004 8 h^{-1} 和 0.002 1 h^{-1}，即随着投加量增加，BDE209 的去除率也逐渐升高。由反应曲线可得，反应初期呈快速上升的趋势，然后缓慢达到平衡。随着 SiO$_2$@FeOOH@Fe 投加量的增加，在初始浓度和其他条件不变的情况下，根据 Langmuir-Hinshelwood 模式，表面反应是主要的控制步骤，所增加的投加量为纳米材料和 BDE209 的接触提供了更大的机会。同时，Fe^0 的增加也意味着提供了更多的反应活性点位。类似的情况也在其他学者的研究中出现（Cao M et al.，2013）。而当 SiO$_2$@FeOOH@Fe 用量超过 0.165 g 时，SiO$_2$@FeOOH@Fe 用量的增加对 BDE209 去除率的进一步提高作用则不太明显。因此，当其他条件固定不变时，SiO$_2$@FeOOH@Fe 存在一个最佳用量的问题。当其用量大大超过化学计量比所需要的数量时，BDE209 的去除反应速率应由反应动力学控制，而与 SiO$_2$@FeOOH@Fe 的加入量无关。

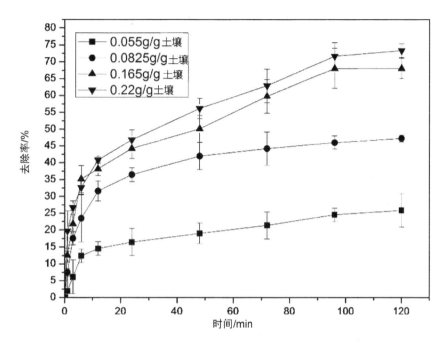

[SiO₂@FeOOH@Fe 的铁负载量为 18.01wt%；土壤中初始 BDE209 的浓度为 10 mg/L，反应时间为 120 h，

反应温度为（28±2）℃和 pH=6.9，土壤含水率为 50%]

图 23-12　SiO₂@FeOOH@Fe 的投加量对 BDE209 降解效果的影响

23.3.3　BDE209 初始浓度对降解的影响

如图 23-13 所示，固定纳米 SiO₂@FeOOH@Fe 投加量为 0.165 g/g 土壤，改变土壤中 BDE209 的初始浓度，得到不同浓度下反应时间与 BDE209 降解效果的关系。由图可知，土壤中不同初始浓度 BDE209 的去除率不同，初始浓度为 1 mg/kg、5 mg/kg、10 mg/kg 和 15 mg/kg 分别对应的去除率为 79.98%、76.49%、68% 和 52.96%，对应的反应速率常数为 0.012 2 h⁻¹、0.010 9 h⁻¹、0.008 7 h⁻¹ 和 0.005 3 h⁻¹。在反应初期，曲线呈明显的上升趋势，而到了反应后期，曲线趋于平缓，反应趋于平衡，可能因为随着反应的进行，铁被腐蚀或者生成氧化层，进而阻碍了反应。其次，随着初始浓度从 1 mg/kg 升至 15 mg/kg，去除率由 79.98% 降至 52.96%，对于这种现象，Bokare 等（2008）在研究纳米镍铁对不同初始浓度的染料降解的中认为，在固定投加量，既固定反应部位数量的条件下增加污染物的初始浓度，会导致污染物分子之间对于反应部分的竞争吸附，影响了颗粒表面吸附和降解污染物的数量，从而降低了反应的速率。另外，也可能与反应和吸附过程均发生在颗粒表面相关，在去除高浓度的 BDE209 时，反应产物的覆盖会表现得更为严重，从而使得去除率下降。

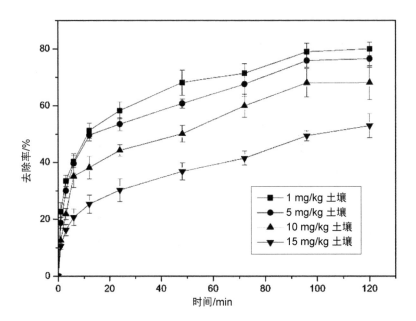

[SiO₂@FeOOH@Fe 的铁负载量为 18.01wt%；反应时间为 120 h，反应温度为（28±2）℃和 pH=6.9，
土壤含水率为 50%，SiO₂@FeOOH@Fe 的投加量为 0.016 5 g/g 土壤]

图 23-13　BDE209 初始浓度对 BDE209 降解效果的影响

23.3.4　土壤初始 pH 对降解的影响

如图 23-14 所示，固定纳米 SiO₂@FeOOH@Fe 投加量为 0.165 g/g 土壤，改变土壤的 pH，得到不同 pH 下反应时间与 BDE209 降解效果的关系。由图可知，pH 为 3.90、5.42、6.09、8.91 分别对应的去除率为 56%、76%、68%、29%，对应的反应速率常数为 0.006 9 h^{-1}、0.009 8 h^{-1}、0.008 7 h^{-1} 和 0.002 7 h^{-1}。原土壤的 pH 为 6.09 时，BDE209 的去除率可达 68%，随着 pH 降至 5.42，去除率升至 76%，但是当 pH 继续降至 3.90 时，去除率却降至 56%，由此可见在酸性程度较大的环境下，对 Fe 起到腐蚀的作用不利于 Fe^0 降解 BDE209。类似地，在 Luo S 等（2010）的研究中，在 pH 为 4～8 k_{obs} 与 pH 呈正相关的关系；但是在一些研究（Fang Y et al.，2008）中，pH 为 3～7 k_{obs} 与 pH 呈负相关的关系。而在碱性条件下，还原反应受到明显的抑制，当土壤初始 pH 升至 8.09 时，还原率降至 29%。一方面，适当酸性条件下能提供还原反应所需的 H^+，并能阻止铁粉表面的钝化，有利于还原反应进；另一方面，碱性条件下生成的氢氧化铁或碳酸铁等覆盖在铁粉表面，阻碍了反应的进行。

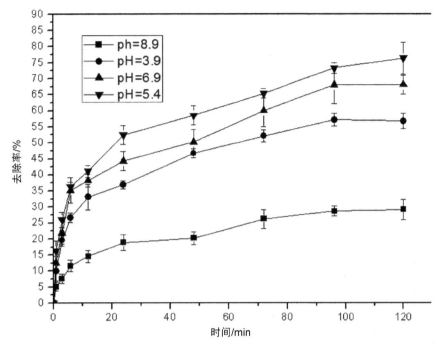

[SiO₂@FeOOH@Fe 的铁负载量为 18.01wt%；反应时间为 120 h，反应温度为（28±2）℃和 BDE209 的初始浓度为

10 mg/L，土壤含水率为 50%，SiO₂@FeOOH@Fe 的投加量为 0.016 5 g/g 土壤]

图 23-14　土壤初始 pH 对 BDE209 降解效果的影响

23.3.5　土壤含水率对降解的影响

如图 23-15 所示，固定纳米 SiO₂@FeOOH@Fe 投加量为 0.165 g/g 土壤，改变土壤的含水率，得到不同含水率下反应时间与 BDE209 的降解效果的关系。由图可知，pH 为 6.9 体系下，含水率为 50%、60%、66.7%分别对应的去除率为 68%、75%、81%，对应的反应速率常数为 0.006 9 h^{-1}、0.009 8 h^{-1}、0.008 7 h^{-1}、0.002 7 h^{-1}，易得含水率为 66.7%的条件下 BDE209 的去除率最高。土壤水分是 nZVI 参与反应不可缺少的一个重要因素，因为在土壤-水-BDE209 体系中水分能提供 H^+，而且 BDE209 与 Fe^0 两者在土壤中的迁移、相互靠近及质子传递等均需要以土壤水分为介质，所以没有水则反应无法进行。随着土壤中含水量增大，BDE209 的去除率随之提高，在纳米材料定量的情况下，增加水的含量也就意味着 Fe 有更多的机会与水反应生成活性 H，从而提高 BDE209 的去除率。

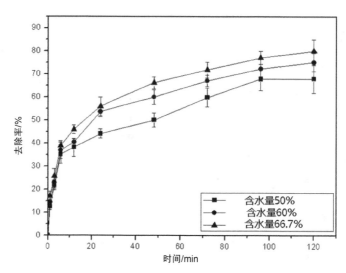

[SiO$_2$@FeOOH@Fe 的铁负载量为 18.01wt%；反应时间为 120 h，反应温度为（28±2）℃和 BDE209 的初始浓度为

10 mg/L，pH 为 6.9，SiO$_2$@FeOOH@Fe 的投加量为 0.016 5 g/g 土壤]

图 23-15　土壤初始含水率对 BDE209 降解效果的影响

23.3.6　nZVI 和 SiO$_2$@FeOOH@Fe 的流动性和去除土壤中 BDE209 的性能比较

采用硅砂柱穿透试验比较 SiO$_2$@FeOOH@Fe 与 nZVI 的流动性。在硅砂使用前，需要先后用去离子水洗净和 5% 的过氧化氢浸泡 3 h 以去除有机物，再用去离子水洗净和 12 mmol/L 盐酸连夜浸泡，次日洗净后干燥待用。在长 20 cm、内径 2.5 cm 的玻璃试管内装上经过处理后的硅砂。玻璃管的前出口处设置有 80 目的尼龙过滤网防止试验过程中砂子的流失。每次试验中硅砂的高度为 12 cm（孔隙率为 34.5%），开始前用蠕动泵将背景溶液（含钙离子或者镁离子的溶液，腐植酸溶液）以 12 mL/min 的流速通入柱子中，保持 2 h，确保试验过程中柱中环境的一致性。而后通入 4 mL 的 nZVI 或者 SiO$_2$ 负载 nZVI，保持背景溶液的流动速度。以每个柱体积水为单位进行取样，样品溶液用 1 mol/L 的盐酸溶解 2 h，后采用火焰原子吸收法对溶液中的总铁浓度进行测定。SiO$_2$@FeOOH@Fe 和 nZVI 的在硅砂中的穿透曲线如图 23-16 所示。由图可知，在 15 体积水的试验总流量中 SiO$_2$@FeOOH@Fe 的总流出量为 92.3%，其中在第 8 个峰值达到流出量的顶峰。相反地，未加修饰的 nZVI 由于静电和磁性吸引和范德华力的作用，导致团聚现象，因而在硅砂柱中的流动性大大降低，基本无流出。

nZVI 和 SiO$_2$@FeOOH@Fe 去除土壤中 BDE209 的对比如图 23-16 的内插图所示，在土壤的初始 pH=6.91，含水率为 50%，Fe 投加量一致的试验条件下，SiO$_2$@FeOOH@Fe 对 BDE209 的去除率为 73%，而 nZVI 对 BDE209 的去除率只有 18%。综上，相较于 nZVI，

SiO$_2$@FeOOH@Fe 纳米颗粒表现出了更好的流动性和对土壤中 BDE209 更好的去除性能，因此修饰型的纳米材料 SiO$_2$@FeOOH@Fe 更适合于土壤的原位修复。

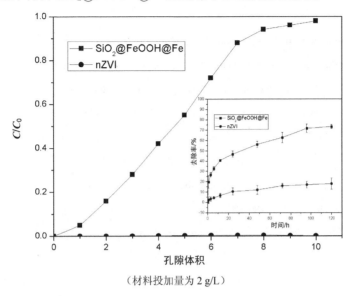

（材料投加量为 2 g/L）

图 23-16　nZVI 和 SiO$_2$@FeOOH@Fe 在硅砂中的流动对比图和去除土壤中 BDE209 的对比（插图）

23.3.7　小结

本节通过硅砂柱穿透试验证明 SiO$_2$@FeOOH@Fe 具有比 nZVI 更高的流动性能，更适合于土壤环境修复中。通过土壤中 BDE209 的降解试验，探讨了不同的投加量、BDE209 的初始浓度、初始 pH 和土壤含水率对 SiO$_2$@FeOOH@Fe 去除土壤中 BDE209 的影响，结果表明增加材料投加量和含水率能有效提高 BDE209 的去除率，增加土壤中 BDE209 的初始的浓度则会降低 BDE209 的去除率，而 pH 是一个复杂的参数，本书条件中最佳的 pH 为 5.42。相比 nZVI，SiO$_2$@FeOOH@Fe 更适合于土壤的原位修复，是一种有潜力的对土壤进行原位修复的纳米材料。

参考文献

AHN M Y，2006. Photodegradation of decabromodiphenyl ether adsorbed onto clay minerals，metal oxides，and sediment[J]. Environmental Science & Technology，40（1）：215-220.

BEGUM A，2011. Dechlorination of endocrine disrupting chemicals using Mg/ZnCl bimetallic system [J]. Water Research，45（7）：2383-2391.

BOKARE A D，2008. Iron-nickel bimetallic nanoparticles for reductive degradation of azo dye Orange G in aqueous solution[J]. Applied Catalysis B：Environmental，79（3）：270-278.

CAO M，2013. Remediation of DDTs contaminated soil in a novel Fenton-like system with zero-valent iron[J]. Chemosphere，90（8）：2303-2308.

CHANG C，2011. Simultaneous adsorption and degradation of γ-HCH by nZVI/Cu bimetallic nanoparticles with activated carbon support[J]. Environmental Pollution，159（10）：2507-2514.

CWIERTNY D M，2007. Influence of the oxidizing species on the reactivity of iron-based bimetallic reductants[J]. Environmental Science & Technology，41（10）：3734-3740.

D'ARCHIVIO A A，2013. Cross-column prediction of gas-chromatographic retention of polybrominated diphenyl ethers[J]. Journal of Chromatography A，1298：118-131.

DARKO-KAGYA K，2010. Reactivity of lactate-modified nanoscale iron particles with 2,4-dinitrotoluene in soils[J]. Journal of Hazardous Materials，182（1-3）：177-183.

EGUCHI A，2013. Soil contamination by brominated flame retardants in open waste dumping sites in Asian developing countries[J]. Chemosphere，90（9）：2365-2371.

FANG Y，2008. Correlation of 2-chlorobiphenyl dechlorination by Fe/Pd with iron corrosion at different pH[J]. Environmental Science & Technology，42（18）：6942-6948.

FANG Z，2011. Debromination of polybrominated diphenyl ethers by Ni/Fe bimetallic nanoparticles：influencing factors，kinetics，and mechanism[J]. Journal of Hazardous Materials，185（2-3）：958-969.

GERECKE A C，2005. Anaerobic degradation of decabromodiphenyl ether[J]. Environmental Science & Technology，39（4）：1078-1083.

GOMES H I，2012. Electrokinetic remediation of organochlorines in soil：enhancement techniques and integration with other remediation technologies[J]. Chemosphere，87（10）：1077-1090.

GUNASEKARA A S，2003. Sorption and desorption of naphthalene by soil organic matter：importance of aromatic and aliphatic components[J]. Journal of Environmental quality，32（1）：240-246.

HARENDRA S，2011. Fe/Ni bimetallic particles transport in columns packed with sandy clay soil[J]. Industrial & Engineering Chemistry Research，50（1）：404-411.

HASSANIN A，2004. PBDEs in European background soils：levels and factors controlling their distribution[J]. Environmental Science & Technology，38（3）：738-745.

HE N，2009. Catalytic dechlorination of polychlorinated biphenyls in soil by palladium-iron bimetallic catalyst[J]. Journal of Hazardous Materials，164（1）：126-132.

HUANG A，2013. Efficient oxidative debromination of decabromodiphenyl ether by TiO_2-mediated photocatalysis in aqueous environment[J]. Environmental Science & Technology，47（1）：518-525.

HUANG H，2010. Behavior of decabromodiphenyl ether（BDE209）in the soil-plant system：uptake，translocation，and metabolism in plants and dissipation in soil[J]. Environmental Science & Technology，

44（2）：663-667.

KEUM Y S，2005. Reductive debromination of polybrominated diphenyl ethers by zerovalent iron[J]. Environmental Science & Technology，39（7）：2280-2286.

KIM Y M，2012. Degradation of polybrominated diphenyl ethers by a sequential treatment with nanoscale zero valent iron and aerobic biodegradation[J]. Journal of Chemical Technology & Biotechnology，87（2）：216-224.

KORYTÁR P，2005. Retention-time database of 126 polybrominated diphenyl ether congeners and two Bromkal technical mixtures on seven capillary gas chromatographic columns[J]. Journal of Chromatography A，1065（2）：239-249.

KUANG Y，2013. Impact of Fe and Ni/Fe nanoparticles on biodegradation of phenol by the strain Bacillus fusiformis（BFN） at various pH values[J]. Bioresource Technology，136：588-594.

LEUNG A O W，2007. Spatial distribution of polybrominated diphenyl ethers and polychlorinated dibenzo-p-dioxins and dibenzofurans in soil and combusted residue at Guiyu，an electronic waste recycling site in southeast China[J]. Environmental Science & Technology，41（8）：2730-2737.

LI A，2007. Debromination of decabrominated diphenyl ether by resin-bound iron nanoparticles[J]. Environmental Science & Technology，41（19）：6841-6846.

LI Y，2011. Enhanced removal of pentachlorophenol by a novel composite：nanoscale zero valent iron immobilized on organobentonite[J]. Environmental Pollution，159（12）：3744-3749.

LIANG X，2010. Bioaccumulation and bioavailability of polybrominated diphynel ethers（PBDEs） in soil[J]. Environmental Pollution，158（7）：2387-2392.

LIU W X，2011. Sorption isotherms of brominated diphenyl ethers on natural soils with different organic carbon fractions[J]. Environmental Pollution，159（10）：2355-2358.

LIU Y，2001. Catalytic dechlorination of chlorophenols in water by palladium/iron[J]. Water Research，35（8）：1887-1890.

LOWRY G V，2004. Congener-specific dechlorination of dissolved PCBs by microscale and nanoscale zerovalent iron in a water/methanol solution[J]. Environmental Science & Technology，38（19）：5208-5216.

LUO S，2010. Reductive degradation of tetrabromobisphenol A over iron-silver bimetallic nanoparticles under ultrasound radiation[J]. Chemosphere，79（6）：672-678.

LUO Y，2009. Polybrominated diphenyl ethers in road and farmland soils from an e-waste recycling region in Southern China：concentrations，source profiles，and potential dispersion and deposition[J]. Science of the Total Environment，407（3）：1105-1113.

MUELLER K E，2006. Fate of pentabrominated diphenyl ethers in soil：abiotic sorption，plant uptake，and the impact of interspecific plant interactions[J]. Environmental Science & Technology，40（21）：6662-6667.

NAJA G，2009. Dynamic and equilibrium studies of the RDX removal from soil using CMC-coated zerovalent iron nanoparticles[J]. Environmental Pollution，157（8-9）：2405-2412.

PROBSTEIN R F，1993. Removal of contaminants from soils by electric fields[J]. Science，260（5107）：498-504.

QIU X，2011. Degradation of decabromodiphenyl ether by nano zero-valent iron immobilized in mesoporous silica microspheres[J]. Journal of Hazardous Materials，193：70-81.

RIBES A，2002. Temperature and organic matter dependence of the distribution of organochlorine compounds in mountain soils from the subtropical Atlantic（Teide，Tenerife Island）[J]. Environmental Science & Technology，36（9）：1879-1885.

SATAPANAJARU T，2008. Remediation of atrazine-contaminated soil and water by nano zerovalent iron[J]. Water，Air，and Soil Pollution，192（1）：349-359.

SATAPANAJARU T，2003. Green rust and iron oxide formation influences metolachlor dechlorination during zerovalent iron treatment[J]. Environmental Science & Technology，37（22）：5219-5227.

SCHRICK B，2002. Hydrodechlorination of trichloroethylene to hydrocarbons using bimetallic nickel-iron nanoparticles[J]. Chemistry of Materials，14（12）：5140-5147.

SHIH Y，2011. Reduction of hexachlorobenzene by nanoscale zero-valent iron：kinetics，pH effect，and degradation mechanism[J]. Separation and Purification Technology，76（3）：268-274.

SHIH Y，2010. Reaction of decabrominated diphenyl ether by zerovalent iron nanoparticles[J]. Chemosphere，78（10）：1200-1206.

SINGH R，2012. Degradation of γ-HCH spiked soil using stabilized Pd/Fe^0 bimetallic nanoparticles：pathways，kinetics and effect of reaction conditions[J]. Journal of Hazardous Materials，237：355-364.

SUN C，2009. TiO_2-mediated photocatalytic debromination of decabromodiphenyl ether：kinetics and intermediates[J]. Environmental Science & Technology，43（1）：157-162.

VARANASI P，2007. Remediation of PCB contaminated soils using iron nano-particles[J]. Chemosphere，66（6）：1031-1038.

VONDERHEIDE A P，2006. Rapid breakdown of brominated flame retardants by soil microorganisms[J]. Journal of Analytical Atomic Spectrometry，21（11）：1232-1239.

WAN J，2010. Remediation of a hexachlorobenzene-contaminated soil by surfactant-enhanced electrokinetics coupled with microscale Pd/Fe PRB[J]. Journal of Hazardous Materials，184（1-3）：184-190.

WANG Y，2011. Characterization of PBDEs in soils and vegetations near an e-waste recycling site in South China[J]. Environmental Pollution，159（10）：2443-2448.

WU C D，2012. Study on Electrokinetic Remediation of PBDEs Contaminated Soil[J]. Advanced Materials

Research，518-523：2829-2833.

WU C D，2013. Synergy Remediation of PBDEs Contaminated Soil by Electric-Magnetic Method[J]. Advanced Materials Research，726-731：2338-2341.

WU D，2013. Theoretical investigation on debromination model of deca-bromodiphenyl ester（BDE209）[J]. Current Physical Chemistry，3（2）：179-186.

YAN W，2010. Nanoscale zero-valent iron（nZVI）：aspects of the core-shell structure and reactions with inorganic species in water[J]. Journal of Contaminant Hydrology，118（3-4）：96-104.

ZHANG M，2011. Degradation of soil-sorbed trichloroethylene by stabilized zero valent iron nanoparticles：effects of sorption，surfactants，and natural organic matter[J]. Water Research，45（7）：2401-2414.

ZHANG Y，2011. Removal of atrazine by nanoscale zero valent iron supported on organobentonite[J]. Science of the Total Environment，409（3）：625-630.

ZHANG Z，2009. Factors influencing the dechlorination of 2,4-dichlorophenol by Ni-Fe nanoparticles in the presence of humic acid[J]. Journal of Hazardous Materials，165（1-3）：78-86.

ZHANG Z，2012. Catalytic dechlorination of Aroclor 1242 by Ni/Fe bimetallic nanoparticles[J]. Journal of Colloid and Interface Science，385（1）：160-165.

ZHUANG Y，2010. Debromination of polybrominated diphenyl ethers by nanoscale zerovalent iron：pathways，kinetics，and reactivity[J]. Environmental Science & Technology，44（21）：8236-8242.

ZOU M Y，2007. Polybrominated diphenyl ethers in watershed soils of the Pearl River Delta，China：occurrence，inventory，and fate[J]. Environmental Science & Technology，41（24）：8262-8267.

彭平安，盛国英，傅家谟，2009. 电子垃圾的污染问题[J]. 化学进展，21（2）：550.

第 24 章　生物炭负载纳米 Ni/Fe 复合材料对土壤中多溴联苯醚的吸附降解

24.1　研究背景

24.1.1　修饰型 nZVI 降解 PBDEs 待解决的问题

通过大量的文献调研，关于液相中多溴联苯醚的降解技术的报道居多（Huang A et al.，2013），而关于土壤中多溴联苯醚的修复降解技术的报道较少，主要为微生物修复（Vonderheide et al.，2006）和植物修复（Mueller et al.，2006；Huang H et al.，2010），动电修复技术（Wu C D et al.，2012）和电磁联用修复技术（Wu C D et al.，2013）。然而这些修复方法都存在应用的局限性，微生物对高溴代 PBDEs 的生物可利用性低，不利于土壤中高溴代 PBDEs 的降解；植物修复虽然经济有效，但是修复时间过长；动电学修复技术存在极化现象，对非极性有机物的去除效果较差，对土壤含水率要求高，并且在电场的作用下可能产生有害副产物等。电磁联用修复技术运行成本与修复效果不呈负相关。

随着 nZVI 技术的发展，越来越多的研究者将其应用于有毒有害污染物的修复（Lim T T et al.，2008；Fang Z et al.，2011）。尽管 nZVI 已被用于多种难降解有机卤化物、抗生素、硝酸盐氮及重金属等污染物的去除（Lowry et al.，2004；Yan W L et al.，2010），但是其极易团聚和被氧化，从而导致了比表面积以及降解率的降低。因此，针对这些问题，越来越多的 nZVI 改性技术应运而生，如钝化 nZVI、纳米铁双金属、表面改性、固体负载等。

纳米铁双金属一般将 Pd、Ni、Ag 这类金属通过沉积作用，与 nZVI 形成纳米双金属，制备出来的纳米双金属通常是一种以 Fe 颗粒为核，修饰金属为壳的壳/核结构，有些也可以合金和团簇等结构形式存在。Fang Z 等（2011）通过化学沉积法制备出的纳米镍铁双金属，在 90 min 时对液相中 BDE209 的去除率已经达到 93.4%，而纳米铁在 3 h 的试验周期对 BDE209 去除缓慢。Luo S 等（2012）通过将 Ag 还原沉积在纳米铁上制备出的铁银纳米双金属颗粒，对 BDE47 的降解率比单独的纳米铁高 20%左右。尽管纳米双金属在一定程度上促进了多溴联苯醚的去除率，但是没有有效地改善材料的团聚现象，并且修饰金属在土壤修复过程中会析出金属离子，造成更大的二次污染和环境污染风险。

表面改性是在 nZVI 合成的过程中加入淀粉，羧甲基纤维素（CMC）等高分子物质，以提高空间位阻或者增加颗粒之间的静电排斥力来稳定和分散纳米粒子。Liang D 等（2014）就非离子型表面活性剂聚乙二醇辛基苯基醚（TX）和阳离子表面活性剂氯化十六烷吡啶（CPC）对 nZVI 降解多溴联苯醚的影响进行了研究。在表面活性剂 TX 和 CPC 存在下，八溴联苯醚的浓度在反应 96 h 后接近 0。但是，表面修饰所采用的高分子有机物可能带来新的污染，以及是否对有毒有机物中间产物产生吸附等作用尚不清楚。

24.1.2 生物炭负载修饰技术的确定

生物炭（biochar）主要是指生物质在无氧或低氧的密闭环境中热裂解产生的富含炭的有机物质（Sohi et al.，2009；Fang G et al.，2014）。生物炭含碳量丰富，具有巨大的比表面积，富含羧基、羰基和羟基等表面官能团，阳离子交换量大等特点，在土壤改良（Jin J et al.，2014）、温室气体减排（Tong H et al.，2014）以及污染环境修复（García et al.，2014）方面具有广阔的应用前景。首先，生物炭通过络合、静电吸附等作用吸附固定土壤中重金属，从而降低重金属的生物有效性（Song Z et al.，2014；Zhou Y et al.，2014）；其次，生物炭通过表面吸附、分配等作用对土壤中疏水性有机污染物进行吸附固定，降低有机物的生物有效性（Lou L et al.，2013；Jia F et al.，2014）；再次，生物炭可以作为纳米颗粒的载体，将纳米颗粒负载于生物炭表面上，可有效提高纳米颗粒的分散性、稳定性和流动性（Zhou Y et al.，2014）；最后，生物炭一般采用农作物秸秆为原材料，制备成本低，又可以提高土壤肥效性（Jin J et al.，2014）。

生物炭吸附有机污染物的研究主要集中在疏水性有机污染，如 PAHs、PCBs 和石油烃等（Yang Y et al.，2003；Zhou Q et al.，2005），其对疏水性有机污染物具有比土壤有机质高几个数量级的吸附亲和性（Gomez et al.，2011）。生物炭将有机污染物固定在土壤中，微生物或其分泌的降解酶可通过与土壤中有机污染物的直接接触而降解有机污染物（Wang Y et al.，2013）。而且，生物炭表面的多种基团能够催化 H_2O_2 产生•HO 自由基，进而促进有机污染物的降解（Tong H et al.，2014；Im J K et al.，2014）。

据此，在我们前期采用纳米 Ni/Fe 颗粒修复土壤中持久性有毒有机污染物（PBDEs）的工作基础上，设想将生物炭与纳米 Ni/Fe 颗粒结合，制备成复合材料，充分发挥二者优势，用于 PBDEs 污染土壤修复。具体表现为：①生物炭可以作为纳米颗粒的载体，降低纳米颗粒的团聚性；②生物炭可以通过络合、静电吸附等作用吸附固定流失的 Ni、Fe 等金属离子；③生物炭可以通过表面吸附、分配等作用使土壤中 BDE209 吸附于生物炭表面，提高纳米颗粒对 BDE209 的降解速率；④生物炭可以对降解产物进行吸附固定，降低有机物的生物有效性；⑤生物炭还可以改良土壤的理化性质，有利于土壤原位修复。遗憾的是，关于纳米 Ni/Fe 颗粒与生物炭复合材料用于土壤 PBDEs 污染修复的研究鲜有报道。

24.1.3 研究的意义和工作内容

电子垃圾回收集中处置地，如广东贵屿、清远、浙江台州等地的土壤中多溴联苯醚的污染已非常严重（Leung et al.，2007；Yang Z Z et al.，2008；Wang S et al.，2014），随着溴代阻燃剂的大量使用和电子垃圾回收行业的发展呈现持续恶化的趋势（Zhang K et al.，2012），特别是被广泛商业化应用的十溴联苯醚（BDE209），研究土壤中多溴联苯醚的修复技术及其迁移转化规律已成为环境研究中的热点和重点之一。

基于环境功能修复材料的原位修复技术——nZVI 技术是目前颇有潜力的环境修复技术，越来越多的研究者将改性 nZVI，特别是纳米双金属技术应用于有毒有害污染物的修复（Lim T T et al.，2008；Fang Z et al.，2011）。虽然修饰金属的加入在一定程度上提高了 nZVI 颗粒的活性，但是仍不能有效避免纳米颗粒的团聚，在一定程度上会影响着纳米材料的降解率。与此同时，修饰金属在土壤修复过程中会析出金属离子，以及有机污染物的降解中间产物具有一定的毒害性，可能造成二次污染风险。因此，需要对纳米双金属进行修饰改性以解决其实际应用中存在的局限性（Noubactep et al.，2012；Lowry et al.，2012）。作为可以用于 BDE209 及其同类 PBDEs 污染土壤原位快速修复的纳米材料，有必要了解 nZVI 对土壤 BDE209 的修复效果，以完善修复方法和为土壤修复技术提供技术和理论支持。

因此我们选择 BDE209 为研究对象，采用生物炭负载修饰技术，制备纳米镍铁-生物炭复合材料，通过土柱流动试验和沉降试验，研究生物炭修饰后的纳米颗粒在土壤中的流动性、分散性和稳定性；通过降解试验，研究土壤中不同条件对纳米材料修复土壤中 BDE209 的影响规律，分析其降解动力学模型和降解路径，以及影响作用机制，探明纳米材料、污染物、土壤介质之间的相互作用机理。主要的研究内容如下：

①选取甘蔗渣为原料制备生物炭，以生物炭为载体，制备出一种生物炭负载型纳米 Ni/Fe 双金属复合材料（记为 BC@Ni/Fe），用于土壤中 BDE209 的修复。采用 BET、SEM、TEM、XPS 以及 FTIR 对 BC@Ni/Fe 进行表征。通过土柱试验、沉降试验以及 DLS 与 Zeta 电位测定分析，研究生物炭对纳米 Ni/Fe 颗粒流动性和稳定性的影响规律。

②研究复合材料在不同的土壤环境条件下对 BDE209 的降解率，确定最佳反应条件；同时采用批量试验方法，比较生物炭、纳米 Ni/Fe 和 BC@Ni/Fe 3 种材料对土壤中 BDE209 的去除率，研究生物炭对纳米 Ni/Fe 颗粒修复土壤中 BDE209 反应活性的影响规律与作用机理。利用 GC/MS 分析和溴离子分析，研究降解产物、去除路径和去除机制。此外，通

过对土壤中 Ni 和 Fe 金属形态分析，研究复合材料中生物炭对纳米颗粒析出金属离子的吸附固定作用。

24.2 　生物炭负载纳米双金属 Ni/Fe 的稳定性及流动性研究

24.2.1 　研究方法

（1）沉降试验

分别制备纳米 Ni/Fe 颗粒与生物炭不同重量比例的复合材料。为了比较纳米 Ni/Fe 与不同比例 BC@Ni/Fe 的稳定性，并选出最佳比例的复合材料，其悬浊液的沉降速率将被同时测定（Liang B et al.，2014）。简要地说，用同样的方法分别合成材料悬浊液，并用去氧水将悬浊液的浓度稀释至所需浓度（保持铁量一致），经超声 5 min 后立即用紫外-可见分光光度计（722S，Shanghai，China）于 508 nm 波长处实时测定吸光度。

（2）硅砂柱穿透试验

材料的流动性能在装有硅砂（30～50 目，孔隙率 34.5%）的垂直柱（2.5cm i.d.，15.0cm length）内进行试验。硅砂在使用前，需要先后用去离子水洗净和 5% 的过氧化氢浸泡 3 h 以去除有机物，再用去离子水洗净和 12 mmol/L 盐酸连夜浸泡，次日洗净后干燥待用。玻璃管的前出口处设置有 80 目的尼龙过滤网防止试验过程中砂子的流失。每次试验中硅砂的高度为 12 cm（孔隙率为 34.5%），开始前用蠕动泵将背景溶液（含钙离子或者镁离子的溶液，腐植酸溶液）以 12 mL/min 的流速通入柱子中，保持 2 h，确保试验过程中柱中环境的一致性。而后以一定流速自上而下分别通入 100 mL 一定浓度的纳米 Ni/Fe 和 BC@Ni/Fe 悬浊液。为了不使悬浊液在瓶子里发生聚沉，在通入柱子的过程中不断搅拌，以每个柱体积水为单位进行取样，样品溶液用 1 mol/L 的盐酸溶解 2 h，后采用火焰原子吸收法对溶液中的总铁浓度进行测定。

24.2.2 　生物炭负载纳米双金属 Ni/Fe 的制备与表征

24.2.2.1 　材料的制备

材料所用生物炭（BC）均通过热解甘蔗渣制备。具体步骤：将甘蔗渣置于马弗炉中，在氮气条件下升至终温（600℃）后继续炭化 2 h。待马弗炉冷却至室温后取出，研磨过筛后密封保存。

先采用硼氢化钠还原法制备 nZVI，后使用化学沉积法负载镍，具体步骤：在搅拌状态下，迅速将定量 0.3 mol/L 的硼氢化钠溶液加至定量 0.1 mol/L 的 $FeSO_4 \cdot 7H_2O$ 溶液中，先后用去氧水和乙醇洗涤数次经磁选法选出的 nZVI 颗粒，于锥形瓶中再用 50 mL 的乙醇溶液分散 nZVI 颗粒。同时，加入定量的 NiCl₂·6H₂O 乙醇溶液，振荡 30 min 使 Ni 沉积在 Fe 表面，即可制得纳米双金属 Ni/Fe。复合材料经磁选法选出和洗涤后置于真空干燥箱中（60℃）干燥待用。

复合材料（BC@Ni/Fe）颗粒用初湿含浸法（incipient wetness impregnation）合成。通过对 Choi H 等（2008）报道的方法进行细小的修改，详细的制备步骤如下：①配制一定量 0.1 mol/L 的 FeSO₄·7H₂O 溶液，加入适量生物炭后，持续搅拌 1 h；②在搅拌状态下，逐滴加入 0.3 mol/L 的硼氢化钠溶液，室温下搅拌至无明显氢气产生。用磁选法选出生物炭负载型 nZVI 材料，洗涤 3 遍后加入 50 mL 的乙醇溶液使其分散；③往上述溶液中快速加入一定量的 NiCl₂·6H₂O 水溶液，搅拌 30 min；④放入真空干燥箱，于 60℃烘干，备用。

24.2.2.2 材料的表征

（1）生物炭产率、灰分及 pH 的测定

称量原材料炭化前后的干重，计算生物炭的产率。计算公式如下：

$$产率（\%）=炭化后样品质量/原材料干重×100\% \tag{24-1}$$

样品的灰分按照《木质活性炭试验方法 灰分含量的测定》（GB/T 12496.3—1999）方法测定。按照下式计算样品灰分含量：

$$灰分含量（\%）=（m-m_2）/m_1×100 \tag{24-2}$$

式中，m_2 为灰分和坩埚质量，g；m_1 为坩埚质量，g；m 为试样质量，g。

取未用酸清洗过的生物炭样品，按照《木质活性炭试验方法 pH 值的测定》（GB/T 12496.7—1999）方法来测定样品的 pH。

根据测定，甘蔗渣热解而成的生物炭性质如表 24-1 所示。由表可知，甘蔗渣制备的生物炭 pH 达到 10.05，相比 Lee Y 等（2013）研究了 6 种生物质残渣制备而成的生物炭的 pH 在 6.9～10.5，说明甘蔗渣制备的生物炭 pH 处于较高水平，施加至土壤中能够有效提高土壤的 pH，减缓土壤酸化，有利于作物的种植。甘蔗渣生物炭中有机质含量高达 830 g/kg，比污泥制备的生物炭（Méndez et al., 2013）中有机质含量高 6 倍，这归功于甘蔗渣中碳含量丰富，说明甘蔗渣生物炭施加至土壤中还可以提高土壤中有机质含量，增强土壤肥力，有利于受污染土壤再次投入生产种植。另外，生物炭的比表面积高达到 352.59 m²/g，有利于对污染物的吸附。

表 24-1 生物炭的性质

指标	产率/%	灰分/%	pH	有机质/（g/kg）	比表面积/（m²/g）
数值	36.87±0.22	3.45±0.09	10.05±0.08	830±5.2	352.59

（2）复合材料的表征

采用 ASAP2020M 比表面分析仪对 3 种材料进行比表面积的分析测定；用扫描电镜（SEM）和透射电镜（TEM）观察材料的形貌以及结构；同时用 EDS 分析测定 BC@Ni/Fe 表面的元素组成。材料的元素价态采用 X 射线光电子能谱仪（XPS）进行表征；表面官能团种类用傅里叶变换红外光谱仪（FTIR）进行分析。

纳米 Ni/Fe、BC 和 BC@Ni/Fe 的比表面积如表 24-2 所示。纳米 Ni/Fe、BC 和 BC@Ni/Fe 的比表面积分别为 30.81 m^2/g、352.59 m^2/g 和 82.18 m^2/g。相比之下，BC@Ni/Fe 的比表面积和空隙体积分别是纳米 Ni/Fe 的 2.7 倍和 2.2 倍，说明将纳米 Ni/Fe 负载于生物炭上提高了纳米 Ni/Fe 的比表面积，有利于对 BDE209 降解产物以及溶出金属离子的吸附。此外，与生物炭相比，BC@Ni/Fe 的比表面积和孔隙体积均减少，表明纳米 Ni/Fe 成功负载于生物炭上，并且可能填充了生物炭的孔道（Zhuang Y et al.，2011）。

表 24-2　3 种材料的表面性质

材料	BET 表面积/（m^2/g）	孔容/（cm^3/g）
BC	352.59	0.154
纳米 Ni/Fe	30.81	0.055
BC@Ni/Fe	82.18	0.123

图 24-1 展示了 BC、纳米 Ni/Fe 以及 BC@Ni/Fe 的 SEM 照片。生物炭具有丰富的孔隙结构，呈多孔状 [图 24-1（a）]，这种典型的多孔结构为纳米 Ni/Fe 的附着提供了足够的空间。纳米 Ni/Fe 颗粒表面杂乱、不规则，团聚严重，以团簇形式存在于图 24-1（b）中。相反地，从图 24-1（c）观察到纳米 Ni/Fe 颗粒分布在生物炭表面或孔道内，改善了纳米 Ni/Fe 颗粒的团聚现象，这可能也是 BC@Ni/Fe 比表面积增大的原因。同时 BC@Ni/Fe 中 Ni/Fe 主要以球形或球形链状结构存在，能够在一定程度上分散 Ni/Fe 纳米颗粒，有效促进了 BC@Ni/Fe 的活性。复合材料的 TEM 照片 [图 24-1（d，e）] 显示了 BC@Ni/Fe 的两相组成，证实黑色的纳米 Ni/Fe 很好地分散在生物炭，这与 Quan G 等（2014）和 Wang L 等（2013）报道的相似。此外，TEM 照片显示 BC@Ni/Fe 颗粒中 Ni/Fe 的直径为 10～70 nm，并且具有明显的核壳结构，氧化膜形成的壳壁厚度是 1～2 nm，主要成分可能是 Fe_3O_4 和 NiO。

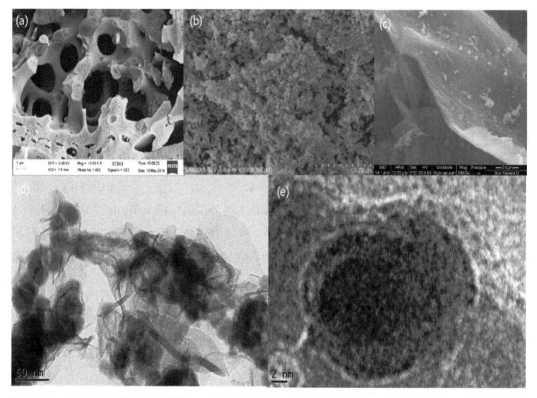

图 24-1　（a）BC 的扫描电镜照片；（b）纳米 Ni/Fe 的扫描电镜照片；（c）BC@Ni/Fe 的扫描电镜照片；（d，e）复合材料的透射电镜照片

　　为了进一步确认 BC@Ni/Fe 中各个元素的价态和组成情况，采用 XPS 和 EDS 对 BC@Ni/Fe 颗粒进行分析。如图 24-2 所示，XPS 和 EDS 都表明了 BC@Ni/Fe 中 C、O、Fe、Ni 等元素的存在。结合我们课题组之前的研究（Fang Z et al., 2011），单独纳米 Ni/Fe 的 EDS 显示 C 元素的峰很微弱。相反地，BC@Ni/Fe 的 XPS、EDS 图中均显示 C 元素的峰较强，表明纳米 Ni/Fe 成功负载于生物炭上。同时 BC@Ni/Fe 中 C、O、Fe、Ni 元素相对含量分别为 33.8%、9.8%、46.8%、9.8%，该结果与 BC@Ni/Fe 合成过程中加入的生物炭的含量接近，进一步证明复合材料中生物炭的存在。此外，在 Fe 2p 谱图中［图 24-2（b）］，706.9 eV 出现的峰为 Fe^0。结合能为 711.1 eV 和 724.6 eV 的峰分别对应于 Fe^{3+} $2p_{3/2}$、Fe^{3+} $2p_{1/2}$，推测为 $\alpha-Fe_2O_3$（Fang Z et al., 2011），进一步证实了 TEM 照片中 BC@Ni/Fe 中 Ni/Fe 的核壳结构，即一层由 Fe_2O_3 形成的薄膜包裹着 Fe^0 壳。711.7 eV 和 725 eV 分别是 FeOOH 的 FeOOH $2p_{3/2}$、FeOOH $2p_{1/2}$（Üzüm et al., 2009；Efecan et al., 2009；Qiu X et al., 2011），这可能与 Fe 和生物炭中的羟基形成键合相关，推测生物炭与 Ni/Fe 以化学键合联系。此外，Ni 2p 谱图揭示在 852.6 eV 和 856 eV 存在两个明显的峰，分别对应 Ni^0 和 Ni^{2+}。

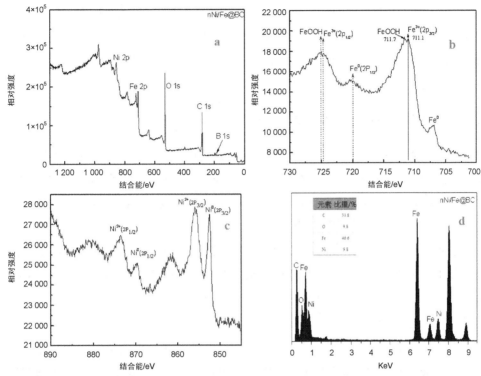

图 24-2　（a）BC@Ni/Fe 的 XPS 谱图；（b）Fe 的 2p 谱图；（c）Ni 的 2p 谱图；
（d）BC@Ni/Fe 的 EDS 谱图

为确定 BC@Ni/Fe 中 Fe^0 与生物炭是物理结合还是化学结合，我们采用 FTIR 对材料进行表征。由图 24-3 可知，在生物炭和 BC@Ni/Fe 中在 3 200～3 400 cm^{-1} 附近均有-OH 伸缩峰出现，在 3 500 cm^{-1} 附近出现的峰为羟基官能团的伸缩振动峰（Kim S A et al.,

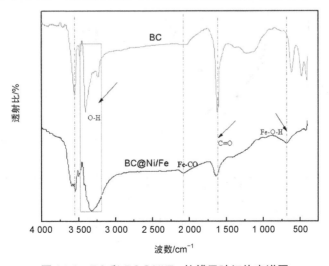

图 24-3　BC 和 BC@Ni/Fe 的傅里叶红外光谱图

2013)。1 640 cm⁻¹ 左右出现的峰对应于 C=O，出现在生物炭和 BC@Ni/Fe。在 686.41 cm⁻¹ 和 2 080 cm⁻¹ 左右的峰只出现在 BC@Ni/Fe，可能分别对应于 Fe—O—H 和 Fe—CO（Stavrakis et al.，2002；Yan J et al.，2015），表明 Fe⁰ 与生物炭是通过化学键进行化学结合的。此外，在 BC@Ni/Fe 中 417.45 cm⁻¹ 出现的峰可能是属于氧化铁中的 Fe—O 键。

24.2.3 生物炭负载纳米双金属 Ni/Fe 的稳定性

采用沉降试验评价纳米 Ni/Fe 和 BC@Ni/Fe 的稳定性。纳米 Ni/Fe 与不同质量比例 BC@Ni/Fe 的自由沉降曲线如图 24-4 所示。2 min 时，纳米 Ni/Fe 和 BC@Ni/Fe（1∶0.5、1∶1、1∶1.5、1∶2.0）在 508 nm 处的吸光度分别降低 27%、20.3%、17.8%、12.2%、11.8% 和 9.1%。随着时间的延长，其吸光度降低越多，10 min 时，吸光度分别降低 64%、47%、46%、37.6%、27.5% 和 21.5%。纳米 Ni/Fe 的吸光度快速降低可能与 nZVI 的磁性作用及粒子之间的范德华力相关，使得单独纳米 Ni/Fe 颗粒易团聚成较大颗粒，易沉降。BC@Ni/Fe 的稳定性均好于单独 Ni/Fe 的稳定性，说明将 Ni/Fe 负载在 BC 上，可以减少 Ni/Fe 粒子的团聚，增加其分散性。可能的原因是生物炭上具有—OH 等官能团，能固定 Ni/Fe，且生物炭表面上大量的负电荷可产生静电排斥作用，进而降低 Ni/Fe 粒子间的静电吸引力（Geng B et al.，2009；Li Y et al.，2011）。不同生物炭和 Ni/Fe 比例的复合材料中，Ni/Fe∶BC=1∶2 的复合材料稳定性较好，其次分别是 Ni/Fe∶BC=1∶1.5、Ni/Fe∶BC=1∶1 及 Ni/Fe∶BC=1∶0.5 的复合材料，可能的原因是生物炭用量的减少，不足以分

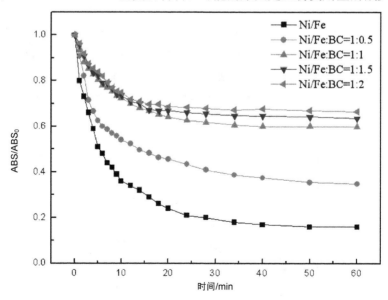

图 24-4　生物炭的含量对 BC@Ni/Fe 稳定性的影响

散所有的 nZVI，因而当复合材料中生物炭的含量增加到 1∶1 时，复合材料稳定性提高，而当继续增加生物炭的量至 1∶1.5 时其稳定性继续上升。但稳定性上升幅度逐渐减小，可能是因为 Ni/Fe∶BC=1∶2 时，保持铁量一致使得生物炭量相对过多，导致复合材料颗粒变大或者悬浮液浓度过高。鉴于 Ni/Fe∶BC=1∶1 和 Ni/Fe∶BC=1∶2 稳定性差别不大，本书选 Ni/Fe∶BC=1∶1 为最佳比例的复合材料。

24.2.4　生物炭负载纳米双金属 Ni/Fe 的流动性

采用硅砂柱穿透试验评价纳米 Ni/Fe 和生物炭负载纳米 Ni/Fe 的流动性。图 24-5 为流速 6 mL/min 下保持 nZVI 浓度为 200 mg/L 的不同材料的穿透曲线，Ni/Fe 在 0.5 PV（柱体积）内出口处的最大相对浓度（$C/C_{0\,max}$）只有 3%，纳米铁颗粒几乎都在进水端被截留，在出水端几乎无黑色的铁颗粒，Li Y 等（2011）的研究中也有类似的报道。推断 Ni/Fe 易于在水中团聚成微米甚至更大的颗粒，极大地削弱了其流动性能。所以，不经任何修饰的纳米 Ni/Fe 在多孔介质中的流动性差劣。而 BC@Ni/Fe 则表现出较好的流动性，在 0.5 PV 时，Ni/Fe∶BC=1∶0.5、Ni/Fe∶BC=1∶1、Ni/Fe∶BC=1∶1.5 和 Ni/Fe∶BC=1∶2 的 BC@Ni/Fe 在出口处的相对浓度（$C/C_{0\,max}$）分别为 5%、9.1%、11.4% 和 13.3%，发现其流动性能随着生物炭量的增加而提高。当取样时间到 6 PV 时，材料已经进样完毕，开始通入去离子水对硅砂中的材料进行洗脱。从图 24-5 可以看出，Ni/Fe∶BC=1∶0.5 的复合材料在 6 PV 时达到最大相对浓度 21.6%，远高于单独 Ni/Fe。此外，继续增加生物炭的含量其流动性也持续提高，Ni/Fe∶BC=1∶1 的复合材料在 6 PV 时的相对浓度可达 38.7%，约是 Ni/Fe∶BC=1∶0.5 的复合材料的 1.8 倍，这表明 Ni/Fe∶BC=1∶1 的复合材料的流动性良好，归功于将纳米 Ni/Fe 负载在生物炭表面减小了 nZVI 的磁性及团聚性，并且创造出位阻排斥，使纳米颗粒更容易在硅砂介质中流动。但是当生物炭的量增加到 Ni/Fe∶BC=1∶1.5 时，相较于 Ni/Fe∶BC=1∶1 时，其流动性能提高不明显（仅增加了 3.4%）。原因可能是生物炭的用量过多时包裹了 nZVI 颗粒，导致整体粒径增大而填充了部分硅砂中的空隙，使得硅砂柱被堵，仅有水能缓慢透过，所以样品中 Fe 的含量增加不明显。因此，后续研究均选 Ni/Fe∶BC=1∶1 为最佳比例制备复合材料。综上可知，生物炭对纳米 Ni/Fe 流动性的影响可能与表面电荷、空间位阻、界面反应和重力沉积的作用等方面相关，详细的作用机制需进一步研究。

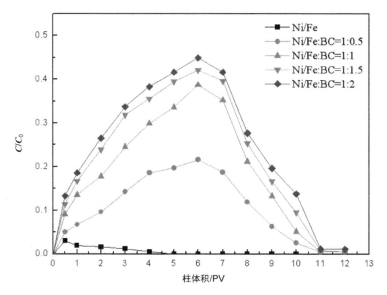

图 24-5　生物炭含量对 BC@Ni/Fe 在硅砂中流动性的影响

24.2.5　小结

本节以生物炭为载体，制备出一种生物炭负载型纳米 Ni/Fe 双金属复合材料（BC@Ni/Fe），并对材料进行多项表征。同时研究了生物炭对纳米 Ni/Fe 稳定性和流动性的影响。试验结果表明：

①将纳米 Ni/Fe 负载于生物炭上有效提高了纳米 Ni/Fe 的比表面积，同时 Ni/Fe 颗粒分布在生物炭表面或孔道内改善了纳米颗粒的团聚现象，并且二者以化学键的方式结合。

②通过沉降试验及柱试验发现，复合材料的稳定性和流动性均优于单独纳米 Ni/Fe，同时选出生物炭与 Ni/Fe 的比例为 1∶1（质量比）作为最佳比例制备复合材料。

24.3　生物炭负载纳米 Ni/Fe 吸附降解土壤中多溴联苯醚的研究

24.3.1　研究方法

（1）供试土壤

供试土壤采自广州大学城中心湖附近表层 0～20 cm 的土壤。土壤风干后研磨过 60 目筛，充分混匀后装入广口瓶，置于干燥器中妥善保存。经测定，原土中无十溴联苯醚（BDE209），土壤理化性质见表 24-3。

表 24-3　土壤理化性质

土壤性质	数值
pH（1∶2.5 土水比）	5.83
含水率/%	1.42
阳离子交换量/（cmol/kg）	15.50
BDE209/（mg/kg）	未检测到
Ni/（mg/kg）（酸消解）	未检测到
有效铁/（mg/kg）（DTPA）	118.66
有机质/（g/kg）	65.49
有效磷/（mg/kg）	9.72

PBDEs 污染土壤的制备：用四氢呋喃配制 200 mg/L 的 BDE209 储备液，用四氢呋喃稀释到所需的浓度，移取一定量的 BDE209 溶液加至一定量土壤中，使土壤颗粒表面被溶液覆盖，在通风橱中使用磁力搅拌器避光进行搅拌均匀，平衡 24 h 至土壤干燥和四氢呋喃完全挥发即为污染土样。本试验人工模拟的污染土壤符合质量守恒定律，其偏差小于 5%。污染土样中 BDE209 的含量为（8.7±0.9）mg/kg，回收率为（87.92±7.5）%。

（2）3 种材料对土壤中 BDE209 的去除试验

在反应瓶中加入 2 g 污染土壤和定量去离子水，测得的初始 pH=6.9，再加入一定量的材料（生物炭、纳米 Ni/Fe 和 BC@Ni/Fe），于摇床上振荡反应（300 r/min，25℃）。每个样品设置 3 个平行样，同时做空白对照。在预定时间（0、1 h、3 h、6 h、24 h……）取出样品瓶，加入适量的乙腈溶剂，先后振荡 30 min、超声萃取 30 min 和以 2 000 rpm 的转速离心 8 min。取 2 mL 萃取液，用 0.22 μm 的微孔滤膜过滤，用高效液相色谱仪（HPLC）分析 BDE209 的浓度。

（3）吸附试验

以 BDE47 为代表目标物，研究土壤和生物炭对 BDE209 降解产物的竞争吸附。在样品瓶中先后加入不同初始浓度的 BDE47 溶液（0 mg/L、1 mg/L、2 mg/L、4 mg/L、6 mg/L、8 mg/L）和适量的土壤和生物炭，于摇床上振荡反应（300 rpm/min，25℃）。为保证吸附反应充分平衡，选择 72 h 作为吸附平衡时间。样品瓶经 3 000 rpm 的转速离心 15 min 后，取上清液用于 BDE47 浓度测试。在本书中，所有的吸附试验的背景溶液组成为四氢呋喃和去离子水按照 1∶1 的比例配成溶液，以保证 BDE47 充分溶解（Zhuang Y et al., 2011）。

（4）分析方法

①BDE209 的分析方法：萃取液中 BDE209 的浓度采用高效液相色谱（HPLC）进行测定，色谱柱为 Phenomenon C_{18} column（250 mm×4.6 mm），紫外检测波长为 240 nm，流动相为纯甲醇，流速为 1.2 mL/min，进样量为 20 μL。采用外标法定量，即测定前先配

制一系列 BDE209 标准溶液,以浓度为横坐标,峰面积为纵坐标绘制标准曲线($R>0.999$),采用该曲线进行定量分析。

②溴离子浓度分析:溴离子的浓度采用离子色谱(IC)进行测定。采用外标法定量,即溶解一定量干燥后的溴化钾溶液于容量瓶中,配制 10 mg/L 的溴离子储备液。依次逐级稀释得到一系列溴离子标准溶液,以浓度为横坐标,检测峰高为纵坐标绘制标准曲线($R>0.99$),采用该曲线进行定量分析。

③动力学分析:当前,很多研究表明,nZVI 体系对于有机卤代物质的降解符合拟一级动力学,如式(24-4)所示:

$$\ln \frac{C_t}{C_0} = -k_{obs}t \qquad (24\text{-}4)$$

式中,C_t 为 BDE209 在不同时间点的浓度,mg/L;C_0 为 BDE209 的初始浓度,mg/L;t 为反应时间,h;k_{obs} 为表观速率常数,可由反应前后 BDE209 的浓度通过线性回归拟合计算可得。

④产物分析:BDE209 的降解产物用 GC-MC 分析。取 2 mL 萃取液经 0.22 μm 的微孔滤膜过滤后加入二氯甲烷振荡萃取,重复 3 遍,旋蒸浓缩至 1 mL 后用层析柱净化,以 70 mL 二氯甲烷/正己烷(v/v =1/1)洗脱。随后加入内标物(PCB141 和 PCB208),旋蒸浓缩并氮吹至 20μL。气质联用时气相色谱仪型号为 6890,质谱仪型号为 5975(Agilent,USA),电离源为负化学电离源(NCI),离子选择性扫描,色谱柱为 DB5-MS 毛细管柱(20 m×0.25 mm×0.1 μm)。无分流进样模式,载气(氦气)流速 1 mL/min,进样口温度 250℃,升温程序为 90℃保持 2 min,以 50 min 的速度升至 220℃,以 3℃/min 的速度升至 300℃并保持 5 min,传输线温度为 310℃。

(5)土壤中金属有效性分析

①有效态含量测定:采用 GBT 23739—2009 法来提取土壤有效态 Fe 和 Ni,土壤中镍和铁的含量采用火焰原子吸收分光光度法测定。

②连续提取程序:为了进一步考察修复后土壤中镍的形态变化,试验采用连续提取程序(SEP)(Tessier et al.,1979;Reddy et al.,2001)对纳米 Ni/Fe 和复合材料修复后的土壤进行提取。具体的提取步骤见表 24-4。每一形态的提取完成后,将混合物以 3 000 rpm 离心 10 min,上清液用 0.22 μm 的滤膜过滤后采用火焰原子吸收测定 Ni 的浓度。对于土壤残渣,经去离子水洗涤和 3 000 rpm 离心 10 min 后弃去洗涤液,加至下一步骤的提取液进行提取。作为对照,未处理的土样同样采用以上程序进行提取。

表 24-4　土壤中 Ni 结合形态的连续提取步骤

步骤	提取形态	提取步骤
I	可交换态（EX）	称取 1 g 风干后的已修复土壤，加入 8 mL 1 mol/L 醋酸钠（pH=8.2），室温下持续振荡反应 1 h
II	碳酸盐结合态（CB）	加入 8 mL 1 mol/L 醋酸钠（用醋酸调节 pH 至 5），室温下持续振荡 5 h
III	Fe-Mn 氧化态（OX）	加入 20 mL 0.04 mol/L 盐酸羟胺溶于 25% 的醋酸混合物中，（96±3）℃加热 6 h（间歇性搅拌）
IV	有机结合态（OM）	加入 3 mL 0.02 mol/L HNO_3 和 5 mL 30% H_2O_2（用 HNO_3 调节 pH 为 2），将混合物（85±2）℃加热 2 h（间歇性搅拌）；继续加入 3 mL 30% 的 H_2O_2（用 HNO_3 调节 pH 为 2）并持续加热 3 h（间歇性搅拌）；冷却，加入 5 mL 3.2 mol/L 醋酸铵溶于 20% 的 HNO_3 混合液，稀释到 20 mL，搅拌 30 min
V	残余态（RS）	剩余部分用 HNO_3-H_2O_2-HCl 进行消解

24.3.2　Ni/Fe 与 BC 质量比及材料投加量对去除率的影响

由图 24-6（a）可知，当 m Fe^0：m BC=1：1 时，BDE209 的去除率最高，达到 86.32%，相较于 m Fe^0：m BC=1：0.5 时增加了 6.67%。当 m Fe^0：m BC 达到 1：1 后，随着生物炭的增加，复合材料对 BDE209 的去除率呈下降趋势，这可能与过量的生物炭占据了纳米双金属的活性位点相关，其阻碍了 BDE209 与纳米双金属的接触，导致修复效率降低，因此复合材料中 Fe^0 与 BC 的最佳质量比为 1：1。

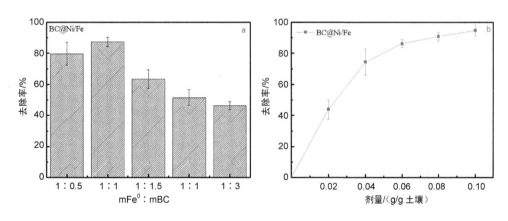

图 24-6　（a）不同质量比 BC@Ni/Fe 对土壤中 BDE209 的修复效率的影响；
（b）BC@Ni/Fe 投加量对 BDE209 去除效果的影响

由图 24-6（b）可知，随着复合材料投加量的增加，BDE209 的去除率呈递增趋势。当复合材料的投加量为 0.02 g/g 时，BDE209 的去除率只有 43.81%，随着投加量增至

0.06 g/g 时，BDE209 的去除率达到 86.21%，增加了 42.4%；继续增加复合材料的投加量到 0.1 g/g 时，BDE20 去除率为 94.83%，相较于投加量为 0.06 g/g 时，只增加了 8.62%，增加不明显。基于成本和效益考虑，复合材料的最佳投加量应该为 0.06 g/g。

24.3.3 土壤含水率对去除率的影响

为研究不同含水率的土壤中 PBDEs 的去除效果，分别设置土壤含水率为 20%、33%、50%、66.7% 的反应体系，其他试验条件均保持一致。由图 24-7 可知，随着含水率的增加，土壤中 BDE209 的去除率随之增加。土壤含水率为从 20% 增至 33%、50%、66.7% 时，复合材料对土壤中 BDE209 的去除率从较低 37.7% 分别升至 45.8%、88.4%、93.3%。究其原因，水分能够提供 H$^+$ 是关键所在，增加土壤的含水率也就意味着 Fe^0 有更多的机会与水反应生成活性 H，从而提高土壤中 BDE209 的去除率。

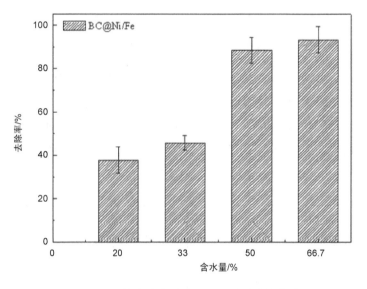

图 24-7　土壤含水率对 BDE209 去除率的影响

24.3.4 不同材料对 BDE209 去除率对比

如图 24-8（a）所示，生物炭、纳米 Ni/Fe、BC@Ni/Fe 投加量分别为 0.03 g/g、0.03 g/g、0.06 g/g（mBC：mNi/Fe=1：1）时，3 种材料对土壤中 BDE209 的去除率随着反应时间呈现升高趋势。其中生物炭的去除率增长率最低，反应 6 h、24 h、72 h 时，去除率分别为 13.6%、15.9%、18.7%。说明生物炭对土壤中 BDE209 的去除率较低，主要是通过化学吸附或分配作用将 BDE209 固定下来。相应地，反应 6 h、24 h、72 h 时，纳米 Ni/Fe 的去除率分别为 27.1%、44.6% 和 57.5%。特别地，BC@Ni/Fe 在反应 24 h 时的去除率已达到

68.4%，比单独纳米 Ni/Fe 反应 72 h 后的去除率还高出 10.9%，凸显出 BC@Ni/Fe 对 BDE209
优越的去除率。但反应后 48 h BC@Ni/Fe 的去除率只增加了 20% 左右，即反应 72 h 后的
去除率为 87.7%。究其原因，可能是反应前期 BC@Ni/Fe 的反应活性相对较高，拥有更
多的活性点位参与反应，与 BDE209 能够更有效接触，有利于反应的进行；但在反应后
期，nZVI 反应转成了羟基氧化物并吸附在纳米颗粒表面，进而减少了反应的活性点位，
使得污染物失去与纳米材料接触的机会，电子的传递也因此受到了阻碍，造成去除率不
能持续有效提高（Zhang Z et al.，2009）。

由上可知，BC@Ni/Fe 对 BDE209 的去除效果最好，在反应终止时刻（72 h），比纳
米 Ni/Fe 和 BC 的去除率分别高出 30.2% 和 69%，同时比纳米 Ni/Fe 和 BC 的去除效果之
和高出 11.5%。这归因于负载于生物炭表面上有效提高纳米颗粒的分散性、稳定性和流动
性（Zhou Y et al.，2014），从而使纳米 Ni/Fe 的反应活性增加。进一步地，我们推测纳
米 Ni/Fe 和生物炭之间发生了协同作用，采用协同指数（f）对纳米 Ni/Fe 和生物炭间的
协同作用进行了评价。

$$f = \frac{k_{obsA+B+C}}{k_{obsA} + k_{obsB} + k_{obsC}} \tag{24-5}$$

式中，f 为 k_{obsA}、k_{obsB} 及 k_{obsC} 的协同指数；k_{obsA}、k_{obsB} 及 k_{obsC} 分别为 A、B 及 C 体
系中污染物分解反应速率常数。

根据协同指数（f）计算结果，即 $f=1.15>1$，表明纳米 Ni/Fe 和生物炭之间发生了协
同作用。我们推测原因一方面可能是生物炭上富含的羟基可以通过氢键作用与 BDE209
进行吸附，另一方面则考虑了 π-π 作用，羟基是供电子基团，可以影响苯环上的电子云
密度，使 BDE209 与 BC@Ni/Fe 之间的 π-π 作用加强。无论是氢键作用还是 π-π 作用，都
可以加强 BDE209 与 BC@Ni/Fe 之间的表面吸附作用，从而增加 BDE209 与 BC@Ni/Fe
当中纳米 Ni/Fe 的有效接触，提高 BC@Ni/Fe 的反应活性，更有效地去除土壤中的
BDE209。

同时测定了反应体系中溴离子的浓度［图 24-8（b）］。由图可知，BC@Ni/Fe 和纳
米 Ni/Fe 中溴离子的浓度随着反应时间的增加而增加，其趋势与去除率一致，即在反应前
24 h 脱溴率增加较明显，反应后 48 h 增加较慢。反应 72 h 后，BC@Ni/Fe 和纳米 Ni/Fe
的脱溴率分别为 53.2% 和 41.1%，前者比后者高出 12% 左右，再一次证明 BC@Ni/Fe 的反
应活性高于纳米 Ni/Fe。此外，通过对 BC 体系反应后土壤样品进行测定，未发现溴离子，
证明生物炭是通过吸附固定作用去除土壤中的 BDE209。因此，我们认为 BC@Ni/Fe 在去
除 BDE209 的过程中既发生了还原脱溴反应，又存在吸附作用，并以还原脱溴为主，吸
附为辅的方式进行。综上所述，生物炭、纳米 Ni/Fe 和 BC@Ni/Fe 3 种材料对 BDE209 的
去除率和脱溴率结果均证明将纳米 Ni/Fe 负载于生物炭上，极大地提高了材料的反应活

性，有利于对土壤中 BDE209 的去除。

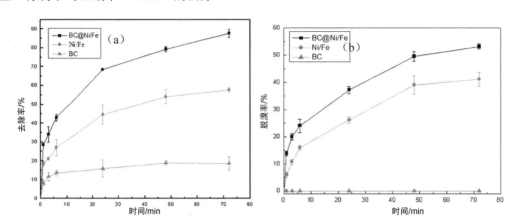

图 24-8　不同材料对 BDE209 的去除率（a）和脱溴率（b）的影响

24.3.5　BC@Ni/Fe 对 BDE209 去除动力学分析

采用拟一级动力学模型描述 BC@Ni/Fe 和纳米 Ni/Fe 对 BDE209 去除，用拟二级吸附动力学描述生物炭对 BDE209 的去除动力学（Qiu X et al.，2011）。计算得出 BC 对 BDE209 的吸附符合拟二级动力学吸附模型（R^2=0.995），平衡吸附量 Q_e=0.053 mg/g，吸附性能表现一般。计算得出 BC@Ni/Fe 的拟一级动力学拟合曲线的相关系数（R^2）大于 0.93，符合拟一级动力学模型，并且反应速率常数为 0.032 h^{-1}，是单独纳米 Ni/Fe 的 2.23 倍（表24-5）。这个结果同样揭示了 BC@Ni/Fe 去除 BDE209 比纳米 Ni/Fe 具有更高的反应活性。造成该现象的原因可能是 BC@Ni/Fe 的比表面积远大于纳米 Ni/Fc，能有效吸附 BDE209，增大了 BDE209 与纳米 Ni/Fe 的接触机会，有利于反应进行。

表 24-5　不同材料对 BDE209 的去除动力学以及生物炭和土壤对 BDE47 的等温吸附模型

材料	降解动力学系数		吸附系数		材料	Freundlich 吸附模型参数		
	K_1/h^{-1}	R^2	K_2/（g/mg·min）	R^2		K_f	n	R^2
BC@Ni/Fe	0.032	0.93	—	—	BC	0.138	1.307	0.86
Ni/Fe	0.014	0.86	—	—	土壤	0.035	1.147	0.97

24.3.6　BC@Ni/Fe 对 BDE209 降解产物鉴别

采用 GC-MS 对复合材料修复后的土壤样品萃取液进行脱溴产物分析，得到如图 24-9 所示的色谱图。由于测试分析只有 28 种标准品（表 24-6），我们借助相关文献以及 DB-5 色谱柱的出峰顺序来推测其他降解产物，共鉴别出一溴到九溴等 55 种降解产物。

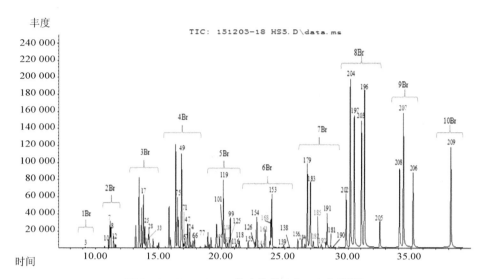

图 24-9 BDE209 及其产物的 GC-MS 色谱图

表 24-6 试验中所使用的标准 PBDEs 样品及其保留时间

编号	标准品	保留时间/min	m/z
1	BDE3	9.482	79
2	BDE7	11.206	79
3	BDE15	11.844	79
4	BDE17	13.828	79
5	BDE28	14.298	79
6	BDE49	16.841	79
7	BDE71	16.926	79
8	BDE47	17.326	79
9	BDE66	17.859	79
10	BDE77	18.671	79
11	BDE100	19.816	81
12	BDE119	20.167	79
13	BDE99	20.684	79
14	BDE85	22.022	79
15	BDE155	22.092	79
16	BDE126	22.419	79
17	BDE154	22.774	79
18	BDE153	23.961	79
19	BDE138	25.352	79
20	BDE166	25.406	79
21	BDE183	26.998	79
22	BDE181	28.578	79
23	BDE190	28.898	79

编号	标准品	保留时间/min	*m/z*
24	BDE203	31.066	79
25	BDE205	32.446	79
26	BDE207	34.393	79
27	BDE206	35.168	79
28	BDE209	38.171	79

由 GC-MS 半定量结果可知，经 BC@Ni/Fe 修复 72 h 后的土壤中仍有 BDE209 的存在，其去除率为 89%，与 HPLC 的测定结果基本一致。BDE209 脱去一个溴离子形成九溴联苯醚，包括 BDE206、BDE207、BDE208，其中 BDE206 和 BDE207 可通过标准品的保留时间被确认，而 BDE208 则是根据文献（Luo S et al.，2012）报道的出峰比 BDE207 更快被确认。而后我们鉴定出 6 种八溴联苯醚，其中 BDE203 和 BDE205 根据标准保留时间而确认，BDE202 和 BDE204 根据课题组先前的研究结果确认（Fang Z et al.，2011）。同时，Gerecke 等（2005）和 Sun C 等（2009）的研究表明，BDE203 的出峰时间比 BDE196 稍快且比 BDE197 稍晚，从而可确认 BDE196 和 BDE197。根据标准品，我们确认了七溴的 BDE190、BDE181、BDE183，同时根据我们课题组之前的结果（Fang Z et al.，2011）确认了 BDE191 和 BDE184，在 BDE183 和 BDE184 之间的峰通过文献（La Guardia et al.，2007）辨认为 BDE179，此外基于 DB-5 色谱柱中 PBDEs 的洗脱出峰顺序数据库（Korytár et al.，2005），我们推测 BDE183 和 BDE191 之间的 3 个峰分别对应 BDE182、BDE185 和 BDE192。对于六溴联苯醚，我们一共有 BDE155、BDE154、BDE153、BDE138 和 BDE166 5 种标准品，其中 BDE166 没有被检测出。根据课题组之前的研究结果和文献（Korytár et al.，2005；Xie Y et al.，2014）对比，比 BDE184 出峰稍早的为 BDE156，比 BDE153 出峰更慢的为 BDE139。同时基于 DB-5 色谱柱中 PBDEs 的洗脱出峰顺序数据库我们推测 BDE153 和 BDE154 之间的 3 个峰分别对应 BDE144、BDE161、BDE168，接着我们准确鉴定了 7 种五溴联苯醚，包括根据标准品鉴定的 BDE100、BDE119、BDE99、BDE126，以及根据课题组之前结果（Xie Y et al.，2014）确认的 BDE101 和 BDE118，通过与文献（Ahn M Y ct al.，2006；Zhang M et al.，2015）的对比，确认在 BDE99 和 BDE118 之间的一个峰为 BDE116。此外，在 BDE119 和 BDE99 之间存在 3 个无法准确辨认的峰，但是根据文献中 DB-5 色谱柱中 PBDEs 的洗脱出峰顺序，在 BDE119 和 BDE99 之间恰有 3 种物质，因此我们推测该 3 个峰分别对应 BDE109、BDE88 和 BDE125；由于标准品和相关资料的缺乏，在 BDE77 和 BDE100 之间仍有一些无法辨认多溴联苯醚。保留时间为 15.034 min 和 19.147 min 分别为回标和内标 $^{13}C_{12}PCB141$ 和 $^{13}C_{12}PCB208$。在五溴联苯醚后，根据标准品和我们之前的研究，准确分离和认定了 BDE49、BDE71、BDE47、BDE66、BDE77 和 BDE74 6 种四溴联苯醚，我们观察到 BDE71 和 BDE47 间还存在 1 个峰，对比

Korytár 等（2005）的文献，我们鉴定其为 BDE67，同时根据 Ahn M Y 等（2006）的研究，比 BDE49 出峰稍慢的为 BDE75，至此我们共辨认了 8 种四溴联苯醚。随后我们依据标准品鉴定出三溴联苯醚 BDE17 和 BDE28，又根据 Ahn M Y 等（2006）研究确定了 BDE25 和 BDE17 的洗脱时间相近，BDE33 和 BDE28 的洗脱时间相近，因此我们认为出峰时间稍晚 BDE17 的为 BDE25，紧挨着 BDE28 的为 BDE33，此外，经过文献（Korytár et al.，2005）的对比，可知在 BDE25 和 BDE33 之间存在的 1 个峰为 BDE39。对于二溴联苯醚，有 BDE7 和 BDE15 两种标准品，但只检测到 BDE7 的存在，同时我们对此区间缺乏标准品的多溴联苯醚进行对比和分离，可以得到比 BDE7 出峰稍快的为 BDE10（Zhang M et al.，2015），紧挨着 BDE7 的为 BDE8 或 BDE11，两者洗脱时间一致（Keum et al.，2005；Ahn M Y et al.，2006），BDE15 的出峰时间为 11.844 min，在 GC-MS 图上没有信号，依据文献（Ahn M Y et al.，2006），比 BDE15 出峰更快，比 BDE8 出峰更慢的为 BDE12，因此我们推测 BDE8 之后的信号相对较强的峰为 BDE12。最后依据标准品我们鉴定了一溴联苯醚 BDE3，由于分离度和标准品的缺乏，我们无法确认 BDE1 和 BDE2 的存在，因此我们将 BDE3 作为我们的最终产物。

24.3.7　BC@Ni/Fe 对 BDE209 降解路径分析

依据降解产物的鉴别结果，我们对降解路径进行了初步推测，结果如图 24-10 所示。BC@Ni/Fe 催化降解 BDE209 还原脱溴主要是一个从 n 溴到（n-1）溴联苯醚逐步脱溴的过程，该结论得到许多学者的认可（Sun C et al.，2009；Fang Z et al.，2011；Zhuang Y et al.，2011）。值得注意的是，在已鉴定的低溴产物中，有些并没有逐步脱溴产物，如三溴产物中并没有通过四溴 BDE77 脱溴形成的。因此我们推测 BDE209 脱溴过程除了逐级脱溴，可能还存在多级脱溴过程，即 BDE209 的脱溴反应是逐级脱溴及多级脱溴两个过程的结合。此外，降解路径图指出，若溴原子处在不同的苯环上，则苯环上溴原子取代越少，其苯环上的溴原子越容易脱除。对于多级脱溴，在同一个苯环上的两个溴原子更容易发生，这与 Zhuang Y 等（2010）的研究结果相似，可能与同系物的生成焓及最低空轨道能量相关。

在所有脱溴产物中，间位、邻位和对位的脱溴产物分别占 48.5%、35% 和 16.5%。换言之，3 种九溴联苯醚存在 7 条途径脱去一个溴原子形成八溴联苯醚，其中 4 条是通过间位脱溴，2 条是通过邻位脱溴，只有 BDE202 是由 BDE208 脱去对位的溴产生。接着，6 种八溴联苯醚共有 15 条途径形成七溴联苯醚，其中明确 9 条是通过间位脱溴。同样地，七溴联苯醚有 16 条脱溴途径，间位和邻位脱溴路径分别有 8 条和 6 条，只有 2 条为对位脱溴。由此看出间位脱溴途径多于邻位和对位，同样的现象也出现在六溴联苯醚、五溴联苯醚和四溴联苯醚脱溴过程中。从以上脱溴路径分析可得间位最易发生脱溴取代反应，其次是邻位，最后为对位，该结论与文献报道的一致（Zhuang Y et al.，2012），可解释为苯环上醚氧键和溴对电子密度的共同作用可能导致间位比邻位和对位更易受到电子攻击（Zhuang Y et al.，2010）。此外，PBDEs 的脱溴反应发生的位置也与 C—Br 键的键长有关，间位和邻位 C—Br 键的键长明显大于对位的（Kim E J et al.，2014），因此对位的溴最难发生亲核取代。从而导致在四溴到一溴脱溴产物中除 BDE10 以外，其余产物均有对位溴的存在。

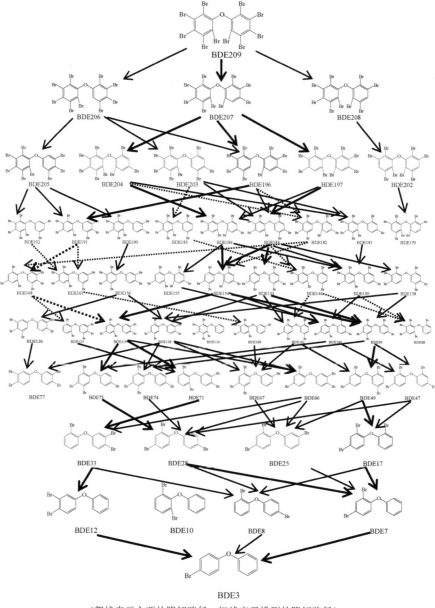

（粗线表示主要的降解路径，细线表示推测的降解路径）

图 24-10　BC@Ni/Fe 降解土壤中 BDE209 的降解路径推测

24.3.8　BC@Ni/Fe 对去除机制分析

前述讨论我们已经初步推断 BC@Ni/Fe 对土壤中 BDE209 的去除包括吸附和还原脱溴两个方面。课题组此前的研究表明（Fang Z et al.，2011），反应 3 h，纳米 Ni/Fe 对液相中（水∶四氢呋喃=4∶6）BDE209 的降解量是吸附的 65 倍，几乎可以忽略纳米 Ni/Fe 的吸附作用。因此 BC@Ni/Fe 对土壤中 BDE209 的吸附主要是生物炭的作用。同时为了更深入地研究脱溴机制，我们设计并研究了 BC@Ni/Fe 在不同含水率的土壤中对 BDE209 的去除率（24.3.3 节）。BDE209 的去除率随着含水率的增加呈现递增趋势，即当土壤含水率为 20%、33%、50%、66.7% 时，BDE209 的去除率对应为 37.7%、45.8%、88.4% 和 93.3%。水分能够提供 H^+，增加土壤的含水率也就意味着 Fe^0 有更多的机会与水反应生成活性 H，提高 BDE209 的去除率，可充分认为土壤水分是 BC@Ni/Fe 去除 BDE209 不可缺少的重要条件。因此我们认为 BDE209 的脱溴机制是一个加氢还原的过程，该结论已经得到验证（Fang Z et al.，2011），并且根据我们已有的研究成果（Xie Y et al.，2014），证实了纳米 Ni/Fe 对土壤中 BDE209 的还原脱溴反应可以概括为以下步骤：①Fe 与水反应产生活性 H；②活性 H 在 Ni 格中溶解形成 $Ni\text{-}H_2$；③$Ni\text{-}H_2$ 使得 BDE209 在 Ni/Fe 表面发生加氢还原脱溴反应。同样地，我们认为 BC@Ni/Fe 对土壤中 BDE209 的降解也包括以上 3 个步骤。

综上所述，我们认为 BC@Ni/Fe 对土壤中 BDE209 的去除包括吸附和降解脱溴两个方面，并且以降解为主吸附为辅的方式进行。因此我们对 BDE209 的去除过程概括如图 24-11 所示。

①BC@Ni/Fe 快速吸附土壤中的 BDE209，达到浓缩富集 BDE209 的作用；

②BC@Ni/Fe 所负载的 Ni/Fe 将被材料吸附的 BDE209 进行降解脱溴，生成低溴代产物，降低了土壤中 BDE209 的量；

③在还原过程中生成的产物被 BC@Ni/Fe 吸附，减少中间产物的毒害作用。

但是我们认为吸附的同时伴随着降解，所以在反应的整个过程中，以上步骤是交错平行进行的，不能确认吸附和还原降解过程的先后顺序。总而言之，在复合材料去除土壤中 BDE209 的过程中，Fe 主要是作为还原剂，Ni 则是催化剂，而生物炭作为载体，吸附剂以及电子穿梭体参与该过程。生物炭不仅缓解了纳米材料的团聚现象，同时也促进了电子向目标物的转移并增强纳米 Ni/Fe 的催化活性。

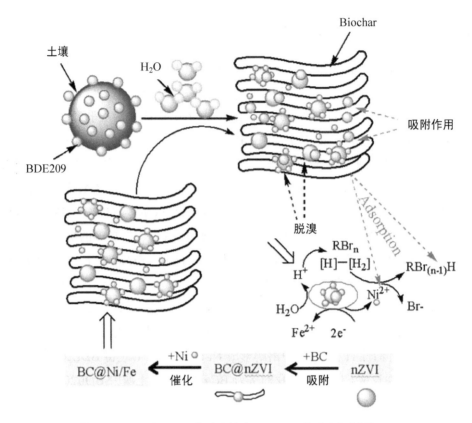

图 24-11　BC@Ni/Fe 去除土壤中 BDE209 的反应机制原理

24.3.9　BC@Ni/Fe 吸附固定中间产物的研究

由于在我们的试验体系中，无法将投加到土壤中的材料分离出，对于材料中吸附的降解产物我们采用在液相中的试验结果间接说明在土壤中的情况。为了证明复合材料能够吸附固定 BDE209 降解产物，而且根据前面的试验结果证明 BC@Ni/Fe 吸附作用主要来自 BC，因此，选择 BDE47 为目标物，研究土壤和 BC 的竞争吸附能力。

吸附等温试验结果如图 24-12 所示。可以发现生物炭对 BDE47 的吸附能力远大于土壤，同时用 Freundlich 等温吸附模型进行拟合，得出拟合后生物炭和土壤对 BDE47 的吸附常数 K_f 的值分别是 0.138 和 0.035，表明生物炭的吸附能力大于土壤，因此我们推测在复合材料和土壤对降解产物的竞争吸附中，复合材料处于主导地位。有研究报道（刘锐龙，2013），在土壤和生物质炭上对 BDE47 的吸附行为有效拟合 Freundlich 模型，结果也表明生物炭对 BDE47 的吸附能力大于土壤，生物炭比土壤的吸附能力高 2 个数量级。

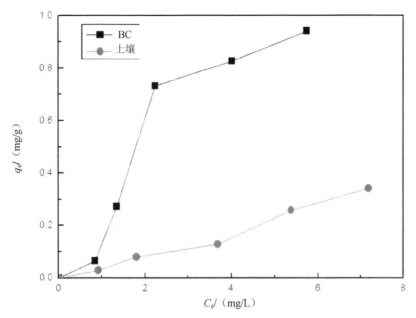

图 24-12　生物炭和土壤对 BDE47 的吸附平衡等温线

通过 BC@Ni/Fe 和 Ni/Fe 对液相中 BDE209 降解产物对比分析再次证明复合材料能够吸附固定 BDE209 的降解产物。当 BC@Ni/Fe 去除液相中的 BDE209 达到反应平衡时间时，对反应后的材料进行超声萃取，并用 GC-MS 分析萃取液中材料吸附的 PBDEs。由 GC-MC 谱图的分析确定了 BC@Ni/Fe 吸附的 PBDEs 除了 BDE209 还有 23 种降解产物，证明 BC@Ni/Fe 可以吸附 BDE209 的降解产物。此外，基于已有的 28 种 PBDEs 标准品，对材料萃取液的 GC-MS 半定量结果分析可得，除九溴联苯醚外，BC@Ni/Fe 对降解产物的吸附量（图 24-13）均高于纳米 Ni/Fe，表明 BC@Ni/Fe 对降解产物的吸附能力高于纳米 Ni/Fe，强化了对降解产物的吸附固定。与纳米 Ni/Fe 相比，BDE49 与 BDE100 只出现在 BC@Ni/Fe 体系中，表明 BC@Ni/Fe 较纳米 Ni/Fe 对低溴产物的吸附能力更强，有利于削弱中间产物带来的二次污染。值得注意的是，纳米 Ni/Fe 对 BDE209、BDE206、BDE207 等高溴代联苯醚的吸附量高于 BC@Ni/Fe，进一步证明了 BC@Ni/Fe 的活性高于纳米 Ni/Fe。综上可知，我们推测在土壤体系中 BC@Ni/Fe 同样可以有效吸附固定低溴代产物，从而可以有效降低其生物有效性，降低环境风险。

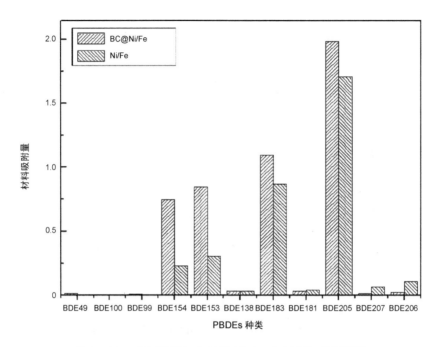

图 24-13　BC@Ni/Fe 和纳米 Ni/Fe 对 PBDEs 的吸附量

24.3.10　降低土壤中 Ni 的生物有效性

为评价纳米 Ni/Fe 和 BC@Ni/Fe 两种材料修复后释放至土壤中 Ni 的量，采用 DTPA 对土壤中有效态的 Ni 进行提取。纳米 Ni/Fe 修复 72 h 后土壤中有效态 Ni 的含量是 0.46 mg/g，是土壤中总 Ni 的 9.83%，而 BC@Ni/Fe 修复 72 h 后土壤中有效态 Ni 的含量仅有 0.245 mg/g，相比纳米 Ni/Fe 体系的降低了 43.74%。表明 BC@Ni/Fe 可以降低纳米 Ni/Fe 在修复过程中释放的过量镍离子，避免过度释放造成污染。这可能归因于生物炭通过络合、静电吸附等作用吸附固定土壤中重金属，从而降低重金属的生物有效性（Song Z et al.，2014；Zhou Y et al.，2014）。

通过连续提取程序（SEP）评价两种材料修复后土壤中 Ni 的结合形态，结果如图 24-14 所示。修复后土壤中 Ni 的 5 种结合形态均有浸出，主要以碳酸盐结合态和 Fe-Mn 氧化态两种形式存在。单独 Ni/Fe 修复 72 h 后土壤中可交换态、碳酸盐结合态、Fe-Mn 氧化态、有机结合态以及残渣态的相对含量分别为 3.81%、49.22%、42.96%、2.1%、1.91%、以碳酸盐结合态存在的 Ni 最多，可利用性低的残渣态含量最少。BC@Ni/Fe 修复 72 h 后土壤中 Ni 的可交换态、碳酸盐结合态、Fe-Mn 氧化态、有机结合态以及残渣态的相对含量分别为 1.93%、34.09%、55.02%、3.52%、5.44%。对比 Ni/Fe、BC@Ni/Fe 两种材料修复后的土壤，BC@Ni/Fe 修复后土壤中可利用性较高的可交换态和碳酸盐结合态 Ni 比 Ni/Fe

体系的相对含量分别减少了 1.88% 和 15.13%，而 Fe-Mn 氧化态和残渣态残的 Ni 所占比例分别增加了 12.06% 和 3.53%，表明生物炭对 BC@Ni/Fe 中 Ni 的可利用性有一定的抑制作用。这可能是由于生物炭能提高土壤 pH，使重金属生成氢氧化物沉淀，造成铁锰氧化态的含量增加。

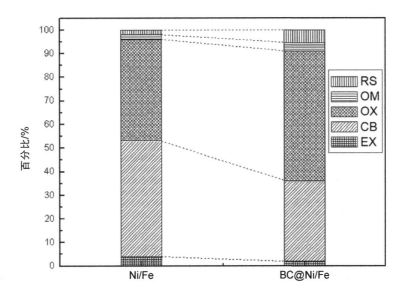

图 24-14　Ni/Fe 和 BC@Ni/Fe 修复后土壤中 Ni 的结合形态

24.3.11　小结

本节以生物炭为载体，制备出一种生物炭负载型纳米 Ni/Fe 双金属颗粒（BC@Ni/Fe），用于土壤中 BDE209 的修复。主要从复合材料质量比、投加量及土壤含水率探讨了复合材料对土壤中 BDE209 的修复效果的影响，并比较研究了 BC、纳米 Ni/Fe 和 BC@Ni/Fe 3 种材料对土壤中 BDE209 的去除率。另外，通过气质联用色谱技术对产物进行分析讨论，初步提出了降解路径和去除机制。结果表明：

①在本试验所考察的条件范围下，BDE209 的初始浓度为 10 mg/kg，Ni/Fe 投加量为 0.03 g/g，Ni/Fe∶BC=1∶1 时，复合材料对土壤中的 BDE209 的去除效果最好，并且去除率随着复合材料的投加量和土壤含水率的增加而增加；

②BC@Ni/Fe 在常温常压下对土壤中 BDE209 的去除效果明显，达到 87.7%，分别比纳米 Ni/Fe 和 BC 高出 30.2% 和 69%，并且脱溴反应遵循拟一级反应动力学；

③GC-MS 的产物和溴离子的分析结果表明，在 BC@Ni/Fe 的作用下，土壤中 BDE209 的发生一系列脱溴反应，最终产物为 BDE3，并推测说明其脱溴途径，BC@Ni/Fe 对土壤中 BDE209 是吸附和还原降解共同作用的过程，是逐步脱溴和多级脱溴共存的过程；

④BC@Ni/Fe 可以有效吸附固定 BDE209 的降解产物，连续提取程序（SEP）结果表明，BC@Ni/Fe 修复后土壤中可利用性较高的可交换态和碳酸盐结合态 Ni 的相对含量降低，而 Fe-Mn 氧化态和残渣态残的 Ni 所占比例均增加。BC@Ni/Fe 有效降低了土壤中重金属和 BDE209 及其降解产物的生物有效性。

参考文献

AHN M Y，2006. Photodegradation of decabromodiphenyl ether adsorbed onto clay minerals，metal oxides，and sediment[J]. Environmental Science & Technology，40（1）：215-220.

CHOI H，2008. Synthesis of reactive nano-Fe/Pd bimetallic system-impregnated activated carbon for the simultaneous adsorption and dechlorination of PCBs[J]. Chemistry of Materials，20（11）：3649-3655.

EFECAN N，2009. Characterization of the uptake of aqueous Ni^{2+} ions on nanoparticles of zero-valent iron（nZVI）[J]. Desalination，249（3）：1048-1054.

FANG G，2014. Key role of persistent free radicals in hydrogen peroxide activation by biochar：implications to organic contaminant degradation[J]. Environmental Science & Technology，48（3）：1902-1910.

FANG Z，2011. Debromination of polybrominated diphenyl ethers by Ni/Fe bimetallic nanoparticles：influencing factors，kinetics，and mechanism[J]. Journal of Hazardous Materials，185（2-3）：958-969.

GARCÍA-JARAMILLO M，2014. Effect of soil organic amendments on the behavior of bentazone and tricyclazole[J]. Science of the Total Environment，466：906-913.

GENG B，2009. Preparation of chitosan-stabilized Fe^0 nanoparticles for removal of hexavalent chromium in water[J]. Science of the Total Environment，407（18）：4994-5000.

GERECKE A C，2005. Anaerobic degradation of decabromodiphenyl ether[J]. Environmental Science & Technology，39（4）：1078-1083.

GOMEZ-EYLES J L，2011. Effects of biochar and the earthworm Eisenia fetida on the bioavailability of polycyclic aromatic hydrocarbons and potentially toxic elements[J]. Environmental Pollution，159（2）：616-622.

HUANG A，2013. Efficient oxidative debromination of decabromodiphenyl ether by TiO_2-mediated photocatalysis in aqueous environment[J]. Environmental Science & Technology，47（1）：518-525.

HUANG H，2010. Behavior of decabromodiphenyl ether（BDE-209）in the soil-plant system：uptake，translocation，and metabolism in plants and dissipation in soil[J]. Environmental Science & Technology，44（2）：663-667.

IM J K，2014. Enhanced ultrasonic degradation of acetaminophen and naproxen in the presence of powdered activated carbon and biochar adsorbents[J]. Separation and Purification Technology，123：96-105.

JIA F，2014. Comparing black carbon types in sequestering polybrominated diphenyl ethers（PBDEs） in sediments[J]. Environmental Pollution，184：131-137.

JIN J，2014. Single-solute and bi-solute sorption of phenanthrene and dibutyl phthalate by plant-and manure-derived biochars[J]. Science of the Total Environment，473：308-316.

KEUM Y S，2005. Reductive debromination of polybrominated diphenyl ethers by zerovalent iron[J]. Environmental Science & Technology，39（7）：2280-2286.

KIM E J，2014. Predicting reductive debromination of polybrominated diphenyl ethers by nanoscale zerovalent iron and its implications for environmental risk assessment[J]. Science of the Total Environment，470：1553-1557.

KIM S A，2013. Removal of Pb（Ⅱ） from aqueous solution by a zeolite-nanoscale zero-valent iron composite[J]. Chemical Engineering Journal，217：54-60.

KORYTÁR P，2005. Retention-time database of 126 polybrominated diphenyl ether congeners and two Bromkal technical mixtures on seven capillary gas chromatographic columns[J]. Journal of Chromatography A，1065（2）：239-249.

LA GUARDIA M J，2007. Evidence of debromination of decabromodiphenyl ether（BDE-209） in biota from a wastewater receiving stream[J]. Environmental Science & Technology，41（19）：6663-6670.

LEE Y，2013. Comparison of biochar properties from biomass residues produced by slow pyrolysis at 500 C[J]. Bioresource Technology，148：196-201.

LEUNG A O W，2007. Spatial distribution of polybrominated diphenyl ethers and polychlorinated dibenzo-p-dioxins and dibenzofurans in soil and combusted residue at Guiyu，an electronic waste recycling site in southeast China[J]. Environmental Science & Technology，41（8）：2730-2737.

LI Y，2011. Stabilization of Fe^0 nanoparticles with silica fume for enhanced transport and remediation of hexavalent chromium in water and soil[J]. Journal of Environmental Sciences，23（7）：1211-1218.

LIANG B，2014. Assessment of the transport of polyvinylpyrrolidone-stabilised zero-valent iron nanoparticles in a silica sand medium[J]. Journal of Nanoparticle Research，16（7）：1-11.

LIANG D，2014. Nonionic surfactant greatly enhances the reductive debromination of polybrominated diphenyl ethers by nanoscale zero-valent iron：mechanism and kinetics[J]. Journal of Hazardous Materials，278：592-596.

LIM T T，2008. Effects of anions on the kinetics and reactivity of nanoscale Pd/Fe in trichlorobenzene dechlorination[J]. Chemosphere，73（9）：1471-1477.

LOU L，2013. Influence of humic acid on the sorption of pentachlorophenol by aged sediment amended with rice-straw biochar[J]. Applied geochemistry，33：76-83.

LOWRY G V，2012. Transformations of nanomaterials in the environment[J]. Frontiers of Nanoscience，7：

55-87.

LOWRY G V，2004. Congener-specific dechlorination of dissolved PCBs by microscale and nanoscale zerovalent iron in a water/methanol solution[J]. Environmental Science & Technology，38（19）：5208-5216.

LUO S，2012. Improved debromination of polybrominated diphenyl ethers by bimetallic iron-silver nanoparticles coupled with microwave energy[J]. Science of the Total Environment，429：300-308.

MÉNDEZ A，2013. Physicochemical and agronomic properties of biochar from sewage sludge pyrolysed at different temperatures[J]. Journal of Analytical and Applied Pyrolysis，102：124-130.

MUELLER K E，2006. Fate of pentabrominated diphenyl ethers in soil: abiotic sorption，plant uptake，and the impact of interspecific plant interactions[J]. Environmental Science & Technology，40（21）：6662-6667.

NOUBACTEP C，2012. Nanoscale metallic iron for environmental remediation: prospects and limitations[J]. Water，Air & Soil Pollution，223（3）：1363-1382.

QIU X，2011. Degradation of decabromodiphenyl ether by nano zero-valent iron immobilized in mesoporous silica microspheres[J]. Journal of Hazardous Materials，193：70-81.

QUAN G，2014. Nanoscale zero-valent iron supported on biochar: characterization and reactivity for degradation of acid orange 7 from aqueous solution[J]. Water，Air & Soil Pollution，225（11）：1-10.

REDDY K R，2001. Assessment of electrokinetic removal of heavy metals from soils by sequential extraction analysis[J]. Journal of Hazardous Materials，84（2-3）：279-296.

SOHI S，2009. Biochar，climate change and soil: A review to guide future research[J]. CSIRO Land and Water Science Report，5（9）：17-31.

SONG Z，2014. Synthesis and characterization of a novel MnOx-loaded biochar and its adsorption properties for Cu^{2+} in aqueous solution[J]. Chemical Engineering Journal，242：36-42.

STAVRAKIS S，2002. Decay of the Transient CuB−CO Complex Is Accompanied by Formation of the Heme Fe−CO Complex of Cytochrome cbb3−CO at Ambient Temperature: Evidence from Time-Resolved Fourier Transform Infrared Spectroscopy[J]. Journal of the American Chemical Society，124（15）：3814-3815.

SUN C，2009. TiO_2-mediated photocatalytic debromination of decabromodiphenyl ether: kinetics and intermediates[J]. Environmental Science & Technology，43（1）：157-162.

TESSIER A，1979. Sequential extraction procedure for the speciation of particulate trace metals[J]. Analytical Chemistry，51（7）：844-851.

TONG H，2014. Biochar enhances the microbial and chemical transformation of pentachlorophenol in paddy soil[J]. Soil Biology and Biochemistry，70：142-150.

ÜZÜM Ç，2009. Synthesis and characterization of kaolinite-supported zero-valent iron nanoparticles and their application for the removal of aqueous Cu^{2+} and Co^{2+} ions[J]. Applied Clay Science，43（2）：172-181.

VONDERHEIDE A P，2006. Rapid breakdown of brominated flame retardants by soil microorganisms[J]. Journal of Analytical Atomic Spectrometry，21（11）：1232-1239.

WANG L，2013. One pot synthesis of ultrathin boron nitride nanosheet-supported nanoscale zerovalent iron for rapid debromination of polybrominated diphenyl ethers[J]. Journal of Materials Chemistry A，1（21）：6379-6387.

WANG S，2014. Characterization of polybrominated diphenyl ethers（PBDEs）and hydroxylated and methoxylated PBDEs in soils and plants from an e-waste area，China[J]. Environmental Pollution，184：405-413.

WANG Y，2013. Reducing the bioavailability of PCBs in soil to plant by biochars assessed with triolein-embedded cellulose acetate membrane technique[J]. Environmental Pollution，174：250-256.

WU C D，2012. Study on electrokinetic remediation of PBDEs contaminated soil [J]. Advanced Materials Research，518：2829-2833.

WU C D，2013. Synergy remediation of PBDEs contaminated soil by electric-magnetic method[C]//Advanced Materials Research. Trans Tech Publications Ltd，726：2338-2341.

XIE Y，2014. Remediation of polybrominated diphenyl ethers in soil using Ni/Fe bimetallic nanoparticles：influencing factors，kinetics and mechanism[J]. Science of the Total Environment，485：363-370.

YAN J，2015. Biochar supported nanoscale zerovalent iron composite used as persulfate activator for removing trichloroethylene[J]. Bioresource Technology，175：269-274.

YAN W，2010. Nanoscale zero-valent iron（nZVI）：aspects of the core-shell structure and reactions with inorganic species in water[J]. Journal of Contaminant Hydrology，118（3-4）：96-104.

YANG Y，2003. Enhanced pesticide sorption by soils containing particulate matter from crop residue burns[J]. Environmental Science & Technology，37（16）：3635-3639.

YANG Z Z，2008. Polybrominated diphenyl ethers in leaves and soil from typical electronic waste polluted area in South China[J]. Bulletin of Environmental Contamination and Toxicology，80（4）：340-344.

ZHANG K，2012. E-waste recycling：where does it go from here？[J]. Environmental Science & Technology，46（20）：10861-10867.

ZHANG M，2015. Removing polybrominated diphenyl ethers in pure water using Fe/Pd bimetallic nanoparticles[J]. Frontiers of Environmental Science & Engineering，9（5）：832-839.

ZHANG Z，2009. Factors influencing the dechlorination of 2,4-dichlorophenol by Ni-Fe nanoparticles in the presence of humic acid[J]. Journal of Hazardous Materials，165（1-3）：78-86.

ZHOU Q，2005. Joint chemical flushing of soils contaminated with petroleum hydrocarbons[J]. Environment International，31（6）：835-839.

ZHOU Y，2014. Biochar-supported zerovalent iron for removal of various contaminants from aqueous solutions[J]. Bioresource Technology，152：538-542.

ZHUANG Y，2010. Debromination of polybrominated diphenyl ethers by nanoscale zerovalent iron：pathways，kinetics，and reactivity[J]. Environmental Science & Technology，44（21）：8236-8242.

ZHUANG Y，2011. Dehalogenation of polybrominated diphenyl ethers and polychlorinated biphenyl by bimetallic，impregnated，and nanoscale zerovalent iron[J]. Environmental Science & Technology，45（11）：4896-4903.

ZHUANG Y，2012. Kinetics and pathways for the debromination of polybrominated diphenyl ethers by bimetallic and nanoscale zerovalent iron：effects of particle properties and catalyst[J]. Chemosphere，89（4）：426-432.

刘锐龙，2013. 生物质炭对 BDE-47 在土壤中吸附和解吸行为的影响[D]. 北京：清华大学.

第25章 腐植酸和金属离子对纳米零价铁去除十溴联苯醚的影响及其机理

25.1 研究背景

25.1.1 腐植酸对 nZVI 修复产生的影响

nZVI 技术应用于沉积物和土壤污染的原位修复具有巨大的发展前景，在这之前，必须评估修复介质中一些主要的环境因子对 nZVI 修复体系产生的影响。天然有机质（NOM）是土壤和沉积物中的主要成分，腐植质占其中 70%～80%，主要来源于动植物残体的生物化学转化。作为腐植质的主要成分，腐植酸（HA）对 nZVI（nZVI）修复有机污染物主要产生如下影响：①增强目标污染物的溶解；②增加目标污染物在铁表面的吸附；③与目标污染物竞争 nZVI 表面的活性点位；④充当电子转移媒介，加速铁和目标污染物之间的电子转移（Tratnyek et al.，2001）。

（1）增溶作用

腐植酸属于两亲物质，溶于水后，在水中可形成疏水胶团，增加有机污染物的溶解。Rutherford 等（1992）发现土壤和水体中的天然有机质（DOM）都对 p,p'-DDT，2,4,5,2'5'-PCB 等疏水性有机污染物的水溶性有明显的增强作用，而且此作用与有机物的辛醇水分配系数、DOM 的分子量和分子极性相关。然而，关于腐植酸在 nZVI 去除有机污染物体系中的增溶作用还鲜有提及。

（2）增加吸着作用

腐植酸容易积累在 nZVI 表面的氧化物—水界面上，对疏水性有机物具有增加吸着的作用，使其在液相中的浓度降低。Cho H H 等（2006）研究发现，往 Fe^0 去除四氯乙烯（PCE）的体系中加入天然有机质后，PCE 的去除得到了促进，但产物三氯乙烯（TCE）的生成反而受到抑制，说明积累在 Fe^0 表面的天然有机质增加了对 PCE 的吸附，却阻碍了 PCE 与 Fe^0 之间的接触，导致 TCE 的产率降低。Murphy 等（1990）的研究表明，被天然腐植质包裹的赤铁矿和高岭石对疏水性有机物具有显著的增强吸着作用，而且其吸附等温线呈现非线性，说明这种吸着作用是"吸附"作用，而非"分配"在赤铁矿和高岭石表面的有机相中。

（3）竞争活性点位

腐植酸通过积累在 nZVI 表面的氧化物—水界面上，封锁目标污染物在铁表面的反应活性位点，降低污染物的去除速率。目前绝大多数关于 HA 对 nZVI 去除有机污染物影响研究的结论均以竞争活性点位理论为主流。Xie L 等（2005）的研究结果表明，腐植酸对 Fe^0 还原溴酸盐起抑制作用，但反应初始阶段的还原速率与腐植酸的浓度无关，仅当溴酸盐浓度经过这一阶段的下降后，反应步入减速阶段，而减速段的始点与腐植酸的浓度有关。此现象在 Zhang Z 等（2009）使用纳米 Ni/Fe 去除 2,4-二氯苯酚和 Dong T 等（2011）使用 Fe/Pd 去除对-硝基氯苯的研究中也有相似的描述。

（4）电子转移媒介

腐植酸的分子结构中含有醌基，在还原剂存在的前提下能充当电子转移媒介，加速目标污染物的还原。已有文献报道，Doong R 等（2006）使用经腐植酸处理 24 h 的微米级 Fe^0 对四氯乙烯（PCE）进行脱氯，发现 30 mg/L 以上的 HA 投加量均能加速 PCE 的脱氯。Feng J 等（2008）发现浓度为 100 mg/L 以下的腐植酸能显著加速 nZVI 对三氯甲烷的脱氯，初步认为是 HA 充当了电子转移媒介的作用。然而，Doong 和 Feng 的研究中均缺少相应的机理解释，所以，HA 在 nZVI 还原有机物体系中的促进机理还需进一步证明。

综上可知，腐植酸对 nZVI（或纳米铁基金属）还原有机污染物的影响可能由上述 4 种影响协同或由其中一种影响主导而成，但仍缺乏深入的研究。所以，将 nZVI 技术应用于土壤、沉积物的原位修复之前，深入研究腐植酸的影响是非常有必要的。

25.1.2　金属离子对 nZVI 修复产生的影响

受卤代有机污染的土壤和沉积物中，重金属是常见的共存污染物。重金属离子如 Cr^{6+}（Fang Z et al.，2011a）、Pb^{2+}（Li X et al.，2007）、Cu^{2+}（Karabelli et al.，2008）、Ni^{2+}（Li X et al.，2007）、Co^{2+}（Üzüm et al.，2008）等能在 nZVI 颗粒上发生诸如吸附、氧化还原、共沉淀作用，不仅改变其表面性质，也对卤代有机物的还原产生影响（Schrick et al.，2002；Tee Y H et al.，2009；Cao J et al.，2011）。

由于不同重金属离子与 nZVI 之间的相互作用不同，所以它们对 nZVI 还原卤代有机污染物的影响也不尽相同。Doong R 等（2006）研究了 Cu^{2+}、Co^{2+}、Ni^{2+} 3 种金属离子对微米级 Fe^0 脱氯四氯乙烯（PCE）的影响，结果发现 3 种金属离子均能促进 PCE 的脱氯，其中 Ni^{2+} 的效果最为明显，反应速率常数比 Cu^{2+} 和 Co^{2+} 高出一个数量级。在 Shih 等（2011）的研究中也有相似的结论，而且他还发现引入 Fe^{3+} 能降低体系的 pH，促进五氯苯酚的脱氯。

由于受污染场地通常含有多种重金属，而大部分重金属都能与 nZVI 发生作用，对卤代有机污染物的脱卤产生影响。所以在原位修复之前，深入研究各种金属离子的影响显得非常必要。

25.1.3　研究的意义和工作内容

多溴联苯醚（PBDEs）作为溴代阻燃剂在过去 30 多年被广泛应用于各种工业产品和消费产品。由于 PBDEs 的长期使用，在全球各地，甚至远至北极的大气、沉积物、土壤、海洋生物和哺乳类动物中均能检测出 PBDEs 的存在，而且浓度呈指数式上升。环境介质中的 PBDEs 通过各种途径进入和逐渐积累在人体内，能造成甲状腺毒性、神经毒性、癌症等健康危害，已经引起了科学界重大的关注。nZVI 具有比表面积大，还原性强的特点，已被多项研究（Li A et al.，2007；Shih Y H et al.，2010；Zhuang Y et al.，2010；Fang Z et al.，2011b；Qiu X et al.，2011；Zhuang Y et al.，2012）证明是一项极具前景的 PBDEs 修复技术。

废旧电子产品拆解场地是 PBDEs 主要污染源之一，附近的土壤和沉积物均受到严重的污染，鉴于土壤和沉积物介质本身成分非常复杂，以及电子产品拆解过程引入了各种重金属，有待进一步探究 nZVI 原位修复 PBDEs 污染土壤时受到的影响。本书选取腐植酸（HA）和 Cu^{2+}、Co^{2+}、Ni^{2+} 3 种重金属离子作为影响因素，研究这两种因素各自的以及共同作用下对 nZVI 修复十溴联苯醚（BDE209）的影响，并进一步探讨其影响机理，为今后 nZVI 原位修复 PBDEs 污染提供理论支持。主要的研究内容如下：

①以化学试剂为原料合成 nZVI，结合材料的表征和降解试验，研究单独腐植酸（HA），单独金属离子 M^{2+}（Cu^{2+}、Co^{2+}、Ni^{2+}）及腐植酸和金属离子共同对 nZVI 去除 BDE209 的影响。

②以钢铁酸洗废液为原料合成 nZVM，结合材料的表征和降解试验，研究腐植酸，金属离子及两种因素共同对 nZVM 去除 BDE209 的影响，并与 nZVI 体系进行比较。

③通过液相色谱，红外光谱和 XPS 分析，研究腐植酸和金属离子的影响机理。

25.2　腐植酸和金属离子对 nZVI 去除 BDE209 的影响

25.2.1　研究方法

（1）各影响因素对 BDE209 的脱溴研究试验

移取 BDE209 标准储备液（200 mg/L in THF）至 100 mL 的 THF/水（60∶40，v/v）溶剂中得到 BDE209 降解液（2 mg/L）。每一批反应均在 250 mL 三口烧瓶中，温度为（28±2）℃，避光，搅拌速率 200 rpm，全程 N_2 氛围保护的条件下进行。在相应的时间间隔下采集反应样品，用 0.45 μm 过滤膜过滤后用高效液相色谱法对 BDE209 的浓度进行分析。

腐植酸体系的试验采用同时投加方式，投加一定量的腐植酸储备液至 100 mL 的 BDE209 降解液中，使 HA 浓度为 0～40 mg/L，投加 nZVI 颗粒（4 g/L）至混合液中开始反应。Cu^{2+}、Co^{2+}、Ni^{2+} 体系的试验与上类似，其中金属离子的浓度控制为 0～0.1 mmol/L。腐植酸与过渡金属离子的共同体系试验也采取相同方式进行。

（2）反应过程中金属离子浓度变化分析

在研究腐植酸，金属离子对 BDE209 脱溴影响的同时，也对溶液中金属离子的浓度变化情况进行分析。在相应的时间间隔取 1 mL 样液用 0.45 μm 过滤膜过滤，再稀释至适当倍数后用火焰原子吸收法测定其中 Fe、Cu、Co、Ni 离子的浓度。

（3）BDE209 的分析方法

溶液中 BDE209 的浓度采用高效液相色谱进行测定，色谱柱为 Dikma C_{18} column（250 mm×4.6 mm），紫外检测波长为 240 nm，流动相为纯甲醇，流速为 1.2 mL/min，进样量为 20 μL。采用外标法定量，即测定前先配制一系列 BDE209 标准溶液，以浓度为横坐标，峰面积为纵坐标绘制标准曲线，当被测物的浓度与峰面积线性关系良好时（$R^2 >$ 0.999），采用该曲线进行定量分析。

25.2.2　nZVI 的制备与表征

25.2.2.1　材料的制备

加入适量聚乙烯吡咯烷酮（起分散作用）至一定量的 $FeSO_4 \cdot 7H_2O$ 乙醇溶液中，在搅拌状态下，迅速加入 0.3 mol/L 的硼氢化钠乙醇溶液，搅拌 5 min 后用磁选法选出固体材料。为了去除过量的硼氢化钠，先后用去氧水和无水乙醇洗涤数次，将获得的黑色颗粒 50℃真空干燥备用。

25.2.2.2　材料的表征

nZVI 的比表面积使用比表面分析仪进行测定，样品经 270℃抽真空 12 h 后在液氮温度（－196℃）下进行氮气的吸附解吸测试。纳米颗粒的尺寸及表面形貌采用透射电镜（TEM）进行分析，样品先在乙醇中超声分散后与无水乙醇混合液滴至碳-铜合金网上，待乙醇挥发即可进入仪器真空室中测定。材料的晶型结构采用 X 射线粉末衍射仪（XRD）进行测定，X 射线为 Cu 靶 Kα射线（λ=0.154 18 nm），管电压 30 kV，管电流 20 mA，扫描范围为 10°～90°，扫描速度为 0.8°/s。nZVI 表面的铁元素价态分析采用 X 射线光电子能谱仪进行表征，采用光源为 Mono Al Kα，能量为 1 486.6 eV，扫描模式为 CAE，全谱扫描通能为 150 eV，窄谱扫描通能为 20 eV。反应前后 nZVI 颗粒的红外光谱使用傅里叶红外光谱仪进行分析，将材料颗粒与适量的溴化钾充分研磨混合，经压片机压片后上机进行红外光谱扫描。

图 25-1 为 nZVI 的表面形貌晶型图。结果显示，nZVI 的颗粒大小为 50～80 nm，这些颗粒由于磁性和趋于保持热力学稳定状态的特性而形成链状结构。BET 分析结果显示，nZVI 的比表面积为 35 m^2/g。颗粒的 XRD 分析结果显示，44.9°出现了较宽的衍射峰，确定颗粒为无定形结构。XPS 表征结果如图 25-2 所示，铁的三价态是纳米颗粒表面的主要成分，其次是零价态，这是由于 nZVI 在洗涤过程和制样分析过程中接触水和氧气，使其表面生成了铁氧化物层，导致了核壳结构的形成（Crane et al.，2012；O'Carroll et al.，2013）。

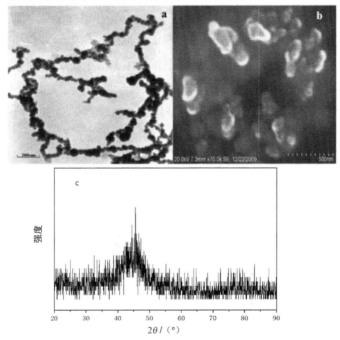

图 25-1　nZVI 的透射电镜照片（a）、扫描电镜照片（b）和 XRD 谱图（c）

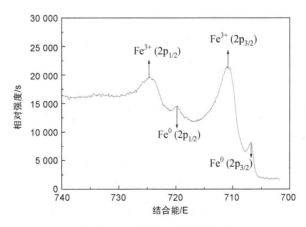

图 25-2　nZVI 的 XPS 表征

25.2.3 腐植酸对 nZVI 去除 BDE209 的影响

图 25-3 反映了 HA 对 BDE209 的去除起抑制作用，而且抑制作用随着 HA 浓度升高而更加显著。单独 nZVI 在 1 h 内对 BDE209 的去除率达 65.2%，8 h 内对 BDE209 的去除率约为 74.4%，1～8 h 去除率仅增加了 9.2%。当 HA 为 10 mg/L 时，1 h 内 BDE209 的去除率仅为 51.0%，8 h 内 BDE209 的去除率相对也降至 63.8%；当 HA 浓度继续上升时，虽然 8 h 内 BDE209 的去除率都保持在 63%，但 1 h 内 BDE209 的去除率从 65.2%降至 25.5%（HA=0～40 mg/L）。由于 HA 浓度为 0 mg/L 和 10 mg/L 下 BDE209 的去除在 1 h 后基本趋于平衡，因此统一取前 1 h 的数据进行拟一级动力学方程拟合。由图 25-3 中插图可知，各 HA 浓度下的 $\ln(C/C_0)$-t 曲线能较好地拟一级动力学方程（R^2=0.993、0.996、0.974、0.993）。当体系中不存在 HA 时，拟一级反应动力学常数为 1.02，随着 HA 浓度升高，拟一级动力学速率常数随之降低，分别为 0.71、0.49、0.30。当 HA 浓度为 40 mg/L 时，拟一级动力学常数（k_{obs}）相较于无 HA 的情况下降了 3.4 倍。

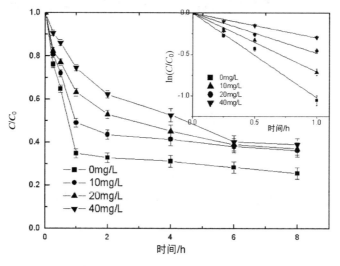

（Fe 的投加量=4 g/L，BDE209 的初始浓度=2 mg/L）

图 25-3　不同浓度 HA 对 nZVI 去除 BDE209 的影响

一般来说，HA 在 nZVI 去除有机污染物的过程中主要起增强溶解、增加吸附、竞争活性点位和电子转移媒介作用。但从图 25-3 中 HA 的抑制效果可推断 HA 主要充当与 BDE209 竞争 nZVI 表面的活性点位的角色。从 XPS 结果（图 25-2）可以看出，nZVI 由于在制备和应用过程中可能接触水和氧气，造成颗粒表面有氧化层形成。环境中 HA 很容易积累在氧化物—水界面上（Shen Y H et al.，1999；Tombácz et al.，2004；Giasuddin et al.，2007），占据 nZVI 表面本来供目标污染物反应的活性部位，对目标污染物形成了传质障碍，抑制其还原。随着 HA 浓度的升高，HA 在纳米颗粒表面吸附更多，这种障碍就越明显，对还原速率的影响就越显著。

根据上述解释，我们推测 HA 在反应的初始阶段很快地在 nZVI 表面形成吸附层，占据 BDE209 反应的活性部位，而且随着 HA 浓度的升高，对 BDE209 形成更大的传质障碍，更大程度地限制了 BDE209 在 nZVI 表面的还原。

25.2.4　金属离子对 nZVI 去除 BDE209 的影响

图 25-4 反映了不同浓度的 Cu^{2+}、Co^{2+}、Ni^{2+} 对 nZVI 去除 BDE209 的影响。由图可知，3 种金属离子对 BDE209 的去除均起促进作用，而且随离子浓度的升高，促进作用越强。当体系中无 Cu^{2+} 时，5 min 内 BDE209 的去除率不足 10%，拟一级动力学速率常数（k_{obs}）为 1.02 h^{-1}；Cu^{2+} 的引入促进了 BDE209 的去除，2.5 h 内 BDE209 获得 97% 以上的去除率。当 Cu^{2+} 为 0.025 mmol/L 时，BDE209 在 5 min 内的去除率增至 52.5%，k_{obs} 为 8.99 h^{-1}；当 Cu^{2+} 的浓度进一步提高到 0.05 mmol/L 时，5 min 内 BDE209 的去除率达 83.5%，k_{obs} 升至 21.79 h^{-1}，是无 Cu^{2+} 时的 21.4 倍。将 k_{obs} 与 Cu^{2+} 浓度作线性拟合发现，BDE209 的拟一级动力学速率常数随 Cu^{2+} 浓度呈现良好的线性增长（R^2=0.965）。

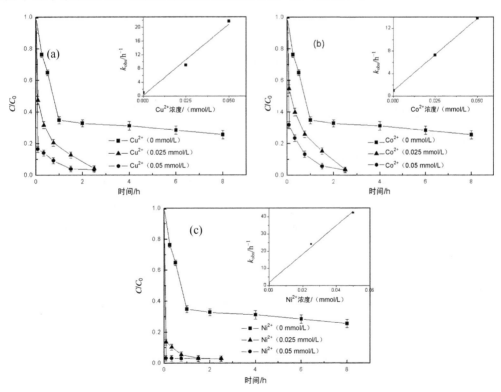

（Fe 的投加量=4 g/L，BDE209 的初始浓度=2 mg/L）

图 25-4　不同浓度金属离子对 BDE209 去除的影响：（a）Cu^{2+}；（b）Co^{2+}；（c）Ni^{2+}

与 Cu^{2+}的影响相似，Co^{2+}的引入也能促进 BDE209 的去除，当 Co^{2+}的浓度为 0.025 mmol/L 和 0.05 mmol/L 时，BDE209 在 5 min 内的去除率分别为 45.3%和 68.2%，相比于无 Co^{2+}时提高了 35.3%和 58.2%，而且 2.5 h 内去除率均达到了 97%以上。相应地，其拟一级动力学速率常数分别为 7.28 h^{-1} 和 13.82 h^{-1}，是无 Co^{2+}时的 7.14 倍和 13.55 倍，而且 k_{obs} 随 Co^{2+}的浓度呈现较良好的线性增长（R^2=0.999）。

Ni^{2+}的促进作用更为明显，1.5 h 内 BDE209 的去除率均达到 97%以上。当 Ni^{2+}浓度为 0.025 mmol/L 时，5 min 内 BDE209 的去除率已达 86.3%，相比于无 Ni^{2+}的提高了 78.3%，其速率常数达到 24.00 h^{-1}，是无 Ni^{2+}体系的 23.5 倍。当 Ni^{2+}的浓度提高至 0.05 mmol/L，5 min 内 BDE209 的去除率达 97%，k_{obs} 为 42.32 h^{-1}，是无 Ni^{2+}体系的 41.5 倍。BDE209 的拟一级动力学常数与 Ni^{2+}浓度之间的线性关系一般（R^2=0.771）。

进一步地，分析比较了 Cu^{2+}、Co^{2+}、Ni^{2+}对 BDE209 去除的影响，结果如图 25-5 所示。当体系中无金属离子时，8 h 内去除率只有 74.4%。加入 0.025 mmol/L 的 Cu^{2+}、Co^{2+}、Ni^{2+} 后均促进 BDE209 的去除，2.5 h 内 BDE209 接近完全去除。然而，3 种金属离子对 BDE209 去除的促进能力各有差异，例如 0.025 mmol/L 的 Cu^{2+}、Co^{2+}、Ni^{2+}影响下 5 min 内 BDE209 的去除率分别为 52.5%、37.3%和 86.3%。从降解曲线可知，2.5 h 内每一个时间点的 BDE209 去除率都是 Ni^{2+}>Cu^{2+}>Co^{2+}，如表 25-1 所示，k_{obs} 分别为 24.00 h^{-1}、8.99 h^{-1} 和 7.28 h^{-1}（Ni^{2+}>Cu^{2+}>Co^{2+}）。相似地，当 Cu^{2+}、Co^{2+}、Ni^{2+}的浓度升高至 0.05 mmol/L 时，促进作用更强，但 2.5 h 内每一个时间点的 BDE209 去除率仍是 Ni^{2+}>Cu^{2+}>Co^{2+}，其拟一级动力学速率常数分别是 42.32 h^{-1}、21.79 h^{-1} 和 13.82 h^{-1}（Ni^{2+}>Cu^{2+}>Co^{2+}），即三者的差异仍然明显。通过比较，能充分说明三者的促进能力排序为 Ni^{2+}>Cu^{2+}>Co^{2+}。在 Doong R 等（2006）研究中也有相似的结论，Ni^{2+}、Cu^{2+}、Co^{2+}的影响下四氯乙烯去除的拟一级动力学速率常数分别是 0.809 h^{-1}、0.023 h^{-1} 和 0.017 h^{-1}，其中 Ni^{2+}的动力学常数是 Cu^{2+}和 Co^{2+}的 48 倍。

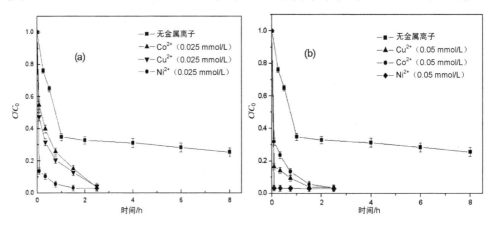

[（a）离子浓度为 0.025 mmol/L；（b）离子浓度为 0.05 mmol/L]

图 25-5　Cu^{2+}、Co^{2+}、Ni^{2+}对 BDE209 的去除影响的比较

表 25-1　不同浓度金属离子下 nZVI 对 BDE209 去除的反应速率常数

M^{2+}浓度/（mmol/L）	$K_{obs\,(Cu^{2+})}$/h^{-1}	$K_{obs\,(Co^{2+})}$/h^{-1}	$K_{obs\,(Ni^{2+})}$/h^{-1}
0	1.02	1.02	1.02
0.025	8.99	7.28	24.00
0.05	21.79	13.82	42.32

25.2.5　腐植酸和金属离子的共同影响

如图 25-6（a）所示，同时存在 0.05 mmol/L Cu^{2+}和 10 mg/L HA 时，2.5 h 内 BDE209 的去除率达 96.1%，k_{obs} 为 13.67 h^{-1}，与单独 nZVI 相比（2.5 h 去除率约为 67.5%，k_{obs} 为 1.02 h^{-1}），k_{obs} 提高到原来的 13.4 倍。在 nZVI+HA（10 mg/L）体系中，由于腐植酸的抑制作用，2.5 h 内 BDE209 的去除率只有 57.1%，k_{obs} 为 0.71 h^{-1}，均低于 nZVI+Cu^{2+}+HA 体系。对比 nZVI+Cu^{2+}与 nZVI+Cu^{2+}+HA 体系，二者均在 2.5 h 时对 BDE209 达到 96%降解率以上，但前者的 k_{obs} 为 21.79 h^{-1}，后者的为 13.67 h^{-1}，说明相较于 Cu^{2+}的单独作用，

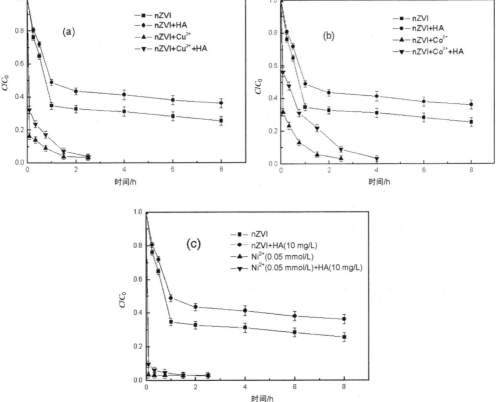

（金属离子 M^{2+}浓度=0.05 mmol/L，HA 浓度=10 mg/L，Fe 的投加量=4 g/L，BDE209 的初始浓度=2 mg/L）

图 25-6　金属离子和 HA 下 nZVI 对 BDE209 的去除情况：（a）Cu^{2+}；（b）Co^{2+}；（c）Ni^{2+}

Cu^{2+} 和 HA 两者的共同作用反而抑制了 BDE209 的去除。综上所述，4 种体系对 BDE209 去除效果的排序为 $nZVI+Cu^{2+}>nZVI+Cu^{2+}+HA>nZVI>nZVI+HA$。

相似地，如图 25-6（b）所示，当体系中同时存在 Co^{2+} 和 HA 时，BDE209 在 4 h 获得 96%以上的去除率，k_{obs} 为 6.92 h^{-1}，而同条件下 nZVI 体系和 nZVI+HA 体系 4 h 的去除率只有 68.8%和 58.6%，k_{obs} 分别为 1.02 h^{-1} 和 0.71 h^{-1}，分别是 $nZVI+Co^{2+}+HA$ 体系的 1/7 和 1/10 左右。$nZVI+Co^{2+}$ 体系中 BDE209 在 2.5 h 已达到 96%以上的去除率，k_{obs} 为 13.82 h^{-1}，是 Co^{2+} 和 HA 同时存在时的 2 倍。综合比较可知，4 种体系对 BDE209 去除效果的排序为 $nZVI+Co^{2+}>nZVI+Co^{2+}+HA>nZVI>nZVI+HA$。

Ni^{2+} 和 HA 的共同作用下对 BDE209 去除率的影响如图 25-6（c）所示，BDE209 在 4 h 处的去除率达 97%，拟一级动力学速率常数为 28.23 h^{-1}，是同样条件下 nZVI 体系和 nZVI+HA 体系的 27.7 倍和 39.8 倍。而单独 Ni^{2+} 影响下 BDE209 的 k_{obs} 为 42.32 h^{-1}，高于 Ni^{2+} 和 HA 共同作用下的 k_{obs}。综合比较可知，4 种体系对 BDE209 去除效果的排序为 $nZVI+Ni^{2+}>nZVI+ Ni^{2+}+HA>nZVI>nZVI+HA$。

综合比较 $Cu^{2+}+HA$、$Co^{2+}+HA$ 和 $Ni^{2+}+HA$ 3 个体系，在这 3 种金属离子和腐植酸共同作用下，对 BDE209 的去除速率均满足 $nZVI+M^{2+}>nZVI+M^{2+}+HA>nZVI>nZVI+HA$ 的关系（M^{2+} 代表 Cu^{2+}、Co^{2+}、Ni^{2+}），即金属离子和腐植酸共同作用下对 BDE209 的去除速率处于两种因素各自影响下的去除速率之间，说明 Cu^{2+}、Co^{2+}、Ni^{2+} 与 HA 的共同作用均表现为金属离子的促进和腐植酸的抑制作用的加和。然而，$Cu^{2+}+HA$、$Co^{2+}+HA$ 和 $Ni^{2+}+HA$ 三者对 BDE209 去除速率的影响存在差异，如表 25-2 所示，三者的 k_{obs} 分别为 13.67、6.92 和 28.23，即 $Ni^{2+}+HA>Cu^{2+}+HA>Co^{2+}+HA$，与 Cu^{2+}、Co^{2+}、Ni^{2+} 单独影响下 k_{obs} 的大小关系（$Ni^{2+}>Cu^{2+}>Co^{2+}$）一致，说明 Cu^{2+}、Co^{2+}、Ni^{2+} 和腐植酸共同作用下的促进能力与仅含金属离子体系的促进能力存在一定相关性。综上所述，Cu^{2+}、Co^{2+}、Ni^{2+} 与 HA 的共同作用对 BDE209 的去除表现为促进和抑制作用的加和，具体的效果与 3 种金属离子各自的促进能力相关。

表 25-2 各体系中 BDE209 的拟一级动力学速率常数（HA=10 mg/L，M^{2+}=0.05 mmol/L）

体系	k_{obs}/h^{-1}
nZVI	1.02
nZVI+HA	0.71
nZVI+Cu^{2+}	21.79
nZVI+Co^{2+}	13.82
nZVI+Ni^{2+}	42.32
nZVI+HA+Cu^{2+}	13.67
nZVI+HA+Co^{2+}	6.92
nZVI+HA+ Ni^{2+}	28.23

25.2.6　小结

本节利用化学试剂制备了 nZVI，并应用于十溴联苯醚（BDE209）的去除，研究了腐植酸和铜、钴、镍 3 种金属离子对其去除效果的影响。主要结论如下：

①nZVI 粒径为 50～80 nm，比表面积为 35 m^2/g，晶型为无定形结构，具体的结构是以铁氧化物为外壳，Fe^0 为核心的核壳结构；

②腐植酸对 nZVI 去除 BDE209 表现出抑制作用，随着腐植酸浓度升高，抑制作用越强；

③铜、钴、镍 3 种金属离子均能促进 nZVI 去除 BDE209，而且随着铜、钴、镍离子浓度升高，促进作用越强，3 种金属离子促进能力的排序为 $Ni^{2+}>Cu^{2+}>Co^{2+}$；

④在腐植酸和铜、钴、镍离子二者的共同作用下，BDE209 的去除速率处于腐植酸和金属离子各自影响下的去除速率之间，表现为促进和抑制作用的加和，具体的效果与 3 种金属离子各自的促进能力相关。

25.3　腐植酸和金属离子对纳米金属去除 BDE209 的影响

钢铁酸洗废液（以下简称废酸）是钢铁生产过程中酸洗工序产生的废液，含铁量高达 122 g/L，极具回收价值（Fang Z et al.，2010）。传统的处置方式是中和沉淀后排放，产生大量固体废物之余也浪费了潜在的资源。如果将其用于制备纳米金属，能达到节约成本、以废治废的目的。我们课题组先前的研究中已使用钢铁酸洗废液制备出纳米金属颗粒并且用于甲硝唑和十溴联苯醚的降解，均能获得较好的效果。

本节展开评价了以废酸为原料制备出的纳米金属颗粒对十溴联苯醚的脱溴性能，并进一步探讨腐植酸（HA）和金属离子（Cu^{2+}、Co^{2+}、Ni^{2+}）对 BDE209 脱溴的影响。BDE209 的脱溴及其影响因素的研究方法和 BDE209 的分析方法，参见 25.2.1 节。

25.3.1　基于废酸的纳米金属颗粒的制备与表征

25.3.1.1　材料的制备

以钢铁酸洗废液为原料，高分子表面活性剂聚乙烯吡咯烷酮（PVP K30）作为分散剂，使用硼氢化钠液相还原法制备纳米金属颗粒。简言之，取 100 mL 经稀释的废液与聚乙烯吡咯烷酮至三口烧瓶中充分混合并持续搅拌，在氮气氛围下将 $NaBH_4$ 快速加入废液中，直到溶液变黑。随后用磁力分离黑色颗粒，分别用水和乙醇分别洗涤 3 次，制得的 nZVM 在 50℃下真空干燥备用。

25.3.1.2 材料的表征

nZVM 的比表面积、颗粒粒径、晶型结构的测定参见 25.2.2.2 节。nZVM 中 Fe、Ni、Zn 元素的含量采用美国国家环境保护局标准方法（EPA U. S.Method 3050B）中的化学溶解法和电感耦合等离子体发射光谱（ICP）进行测试。nZVM 表面元素的组成采用能谱仪（EDS）进行分析。

nZVM 和 nZVI 的形貌和尺寸见透射电镜和扫描电镜照片（图 25-7），图中显示两种纳米颗粒的粒径均为 50～80 nm，球形的颗粒均形成了链状团聚的形态，这与颗粒之间的磁力作用和趋于保持热力学稳定状态的特性相关。另外，BET 分析结果显示，nZVM 的比表面积为 35 m²/g，使用化学试剂合成的 nZVI 颗粒的粒径也为 50～80 nm，比表面积为 35 m²/g，也以链状团聚的形态存在，可见 nZVI 和 nZVM 两种颗粒的粒径和比表面积并没有差异。

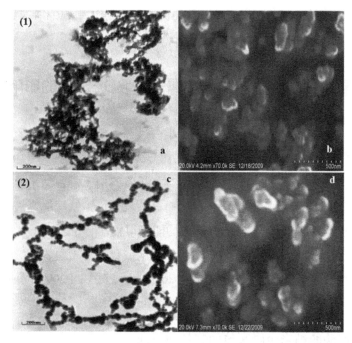

[（1）nZVM：a. 透射电镜照片，b. 扫描电镜照片；（2）nZVI：c. 透射电镜照片，d. 扫描电镜照片]

图 25-7　nZVM 和 nZVI 的透射电镜照片和扫描电镜照片

nZVM 的 EDS 分析概况如图 25-8 所示，除了 Fe，并无其余的金属元素被检出。我们推测其余金属元素（Ni 和 Zn）的负载量太低，或是真空干燥的过程中被生成的铁氧化物所覆盖，以至于无法被检出。然而，ICP 分析结果表明，Ni 和 Zn 在 nZVM 中的含量分别是 0.011% 和 0.002%，说明它们已经沉积在 nZVM 上。与使用分析纯硫酸亚铁制备的 nZVI 颗粒的 EDS 谱图相比，两种纳米颗粒表面的金属元素成分相同，均为 Fe。进一步表明使用钢铁酸洗废液制备出的 nZVM 的主导成分是 nZVI。

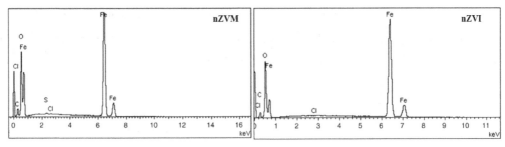

图 25-8　nZVM 和 nZVI 的 EDS 谱图

nZVM 的晶型分析如图 25-9 所示，在 XRD 谱图里出现了 44.66°、65.16°和 82.36°的衍射峰，这 3 个峰分别代表 Fe^0（110）、Fe^0（200）和 Fe^0（211）晶面，表明用钢铁酸洗废液合成的 nZVM 颗粒是晶型结构。相比之下，使用分析纯硫酸亚铁制备的 nZVI 颗粒为无定形结构。

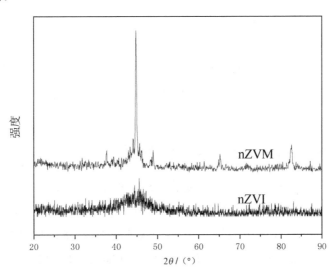

图 25-9　nZVM 与 nZVI 的 XRD 谱图

25.3.2　纳米金属对 BDE209 的去除性能

nZVM 对 BDE209 的去除效果如图 25-10 所示，结果显示 nZVM 在 1 h 内对 BDE209 的去除率达 65.2%，1～8 h 去除率仅增加 13.1%，最终去除率达 78.3%。对前 1 h 的数据进行拟一级动力学拟合的 k_{obs} 为 $1.10\ h^{-1}$。与同样条件下化学试剂制备的 nZVI 的去除效果相比，nZVM 在最终去除率上提高了 3.9%，k_{obs} 相较于 nZVI 的 $1.02\ h^{-1}$ 也稍有提高。但总体来看，二者对 BDE209 的去除效果相差不大。我们推断由以下原因造成：首先，

nZVM 的主导成分为 nZVI，而且粒径分布和比表面积基本与使用化学试剂合成的 nZVI 相同；其次，由于 BDE209 的去除是发生在纳米铁基金属表面的（Fang Z et al.，2011b），而 nZVM 与 nZVI 一样，其表面金属元素只有铁，并没有能形成双金属催化体系的 Ni^0 和 Zn^0。但二者晶型的差异对去除率是否存在影响还需进一步研究。

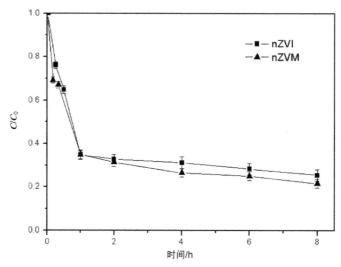

（Fe 的投加量=4 g/L，BDE209 的初始浓度=2 mg/L）

图 25-10　nZVM 和 nZVI 去除 BDE209 的比较

25.3.3　腐植酸对纳米金属去除 BDE209 的影响

HA 对 nZVM 去除 BDE209 的影响如图 25-11 所示，与 nZVI 类似，反映了 HA 对 BDE209 的去除起抑制作用，随着 HA 浓度升高抑制作用越显著。当体系中不含 HA 时，1 h 内对 BDE209 的去除率达 65.2%，1 h 后曲线渐趋平缓，8 h 时 BDE209 的去除率为 74.4%。当 HA 为 10 mg/L 时，1 h 内 BDE209 的去除率仅为 52.9%，8 h 内 BDE209 的去除率也降至 70.1%；随着 HA 浓度继续上升，1 h 内 BDE209 的去除率从 65.2%降至 25.5%（0～40 mg/L），8 h 的去除率达到 70%基本保持不变。取前 1 h 的数据进行拟一级动力学方程拟合，如图 25-11 所示，各 HA 浓度下的 $\ln(C/C_0)$-t 曲线能较好地拟一级动力学方程（R^2 为 0.966、0.998、0.993、0.997，0～40 mg/L）。随着腐植酸浓度从 0 升至 40 mg/L，k_{obs} 随之递减，分别为 1.10 h^{-1}、0.76 h^{-1}、0.48 h^{-1}、0.37 h^{-1}。当 HA 浓度为 40 mg/L 时，拟一级动力学常数 k_{obs} 相较于无 HA 的情况下降了 3.0 倍。

HA 对 nZVM 体系的抑制作用主要由于 HA 与 BDE209 竞争 nZVM 表面的活性位点。与 nZVI 类似，纳米金属在制备过程和应用过程中可能接触水和氧气而被氧化，造成颗粒表面有氧化层，而环境中 HA 易于积累在氧化物—水界面上（Shen Y H et al.，1999；

Tombácz et al.，2004；Giasuddin et al.，2007），占据 nZVM 表面本来供目标污染物反应的活性部位，对目标污染物形成了传质障碍，抑制其还原。随着 HA 浓度的升高，HA 在纳米颗粒表面吸附更多，这种障碍就越明显，对还原速率的影响就越显著。

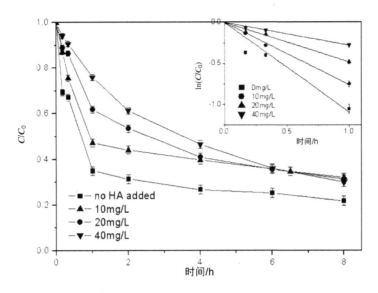

（Fe 的投加量=4 g/L，BDE209 的初始浓度=2 mg/L）

图 25-11　不同浓度 HA 对 nZVM 还原 BDE209 的影响

表 25-3 显示了 HA 影响下 nZVM 和 nZVI 去除 BDE209 的拟一级动力学速率常数，由表可知，随着 HA 的浓度从 0 升至 40 mg/L，两种纳米颗粒去除 BDE209 的 k_{obs} 均随之递减，nZVM 和 nZVI 的 k_{obs} 分别从 1.10 h^{-1} 和 1.02 h^{-1} 递减到 0.37 h^{-1} 和 0.30 h^{-1}。在各 HA 浓度下（除 20 mg/L 以外），nZVM 的 k_{obs} 都稍高于 nZVI 的，但总体来看，二者的 k_{obs} 较为接近。这是由于 HA 的吸附和 BDE209 的去除均发生在纳米铁基金属表面，nZVM 和 nZVI 除了晶型结构区别以外，二者的表面性质非常相似，即表面元素成分一致（详见 EDS 表征部分），且比表面积均为 35 m^2/g。综上所述，HA 对 nZVM 和 nZVI 去除 BDE209 均起抑制作用，而且随 HA 浓度升高，抑制作用越显著，在各 HA 浓度下，nZVM 去除 BDE209 的 k_{obs} 都稍高于 nZVI 的，但二者的差异不大。

表 25-3　不同 HA 浓度下两种纳米金属去除 BDE209 的 k_{obs}

HA 浓度/（mg/L）	k_{obs}/h^{-1}	
	nZVM	nZVI
0	1.10	1.02
10	0.76	0.71
20	0.48	0.49
40	0.37	0.30

25.3.4 金属离子对纳米金属去除 BDE209 的影响

不同浓度 Cu^{2+}、Co^{2+}、Ni^{2+} 对 nZVM 去除 BDE209 的影响如图 25-12 所示。从图 25-12 (a) 可知，当体系中无铜离子时，5 min 内 BDE209 的去除率不到 10%，拟一级动力学速率常数 (k_{obs}) 为 1.10 h^{-1}。Cu^{2+} 的引入均能使 BDE209 在 2.5 h 内获得 97% 以上的去除率。当 Cu^{2+} 为 0.025 mmol/L 时，BDE209 在 5 min 内的去除率增至 54.1%，k_{obs} 为 9.40 h^{-1}；当 Cu^{2+} 的浓度进一步提高到 0.05 mmol/L 时，5 min 内 BDE209 的去除率达 85.2%，k_{obs} 升至 23.03 h^{-1}，是无 Cu^{2+} 时的 20.9 倍。将 k_{obs} 与 Cu^{2+} 浓度作线性拟合发现，BDE209 的拟一级动力学速率常数随 Cu^{2+} 浓度呈现良好的线性增长（R^2=0.961）。

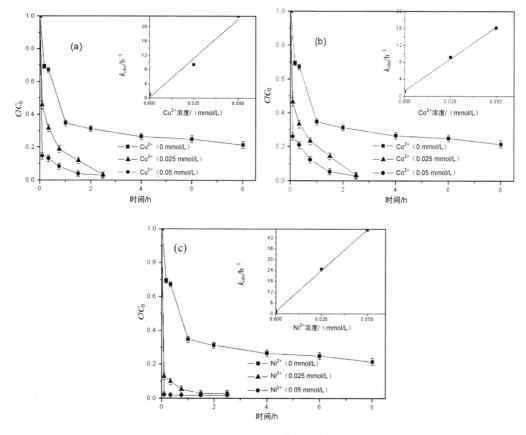

（Fe 的投加量=4 g/L，BDE209 的初始浓度=2 mg/L）

图 25-12 金属离子对 nZVM 去除 BDE209 的影响（a）Cu^{2+}；（b）Co^{2+}；（c）Ni^{2+}

Co^{2+} 的引入也能促进 BDE209 的去除，如图 25-12（b）所示。当 Co^{2+} 的浓度为 0.025 mmol/L 和 0.05 mmol/L 时，BDE209 在 5 min 内的去除率达到 53.3% 和 73.8%，相较于无 Co^{2+} 时提高了 43.3% 和 63.8%，而且 2.5 h 内去除率均达到了 97% 以上，拟一级动

力学速率常数分别为 9.19 h^{-1} 和 16.16 h^{-1}，是无 Co^{2+} 时的 8.35 倍和 14.69 倍，而且 k_{obs} 随 Co^{2+} 的浓度也呈现较良好的线性增长（R^2=0.996）。

如图 25-12（c）所示，Ni^{2+} 的促进作用更为明显，1.5 h 内 BDE209 的去除率均达到 97% 以上。当 Ni^{2+} 浓度为 0.025 mmol/L 时，5 min 内 BDE209 的去除率已达 87.1%，相较于无 Ni^{2+} 体系的提高了 77.1%，速率常数达到 24.74 h^{-1}，是无 Ni^{2+} 体系的 22.4 倍。当 Ni^{2+} 的浓度提高到 0.05 mmol/L，5 min 内 BDE209 的去除率达 97%，k_{obs} 为 46.59 h^{-1}，是无 Ni^{2+} 体系的 42.4 倍。而且，BDE209 的拟一级动力学常数与 Ni^{2+} 浓度之间的线性关系良好（R^2=0.998）。

综上所述，3 种金属离子（Cu^{2+}、Co^{2+}、Ni^{2+}）均对 nZVM 去除 BDE209 起促进作用，而且随离子浓度的升高，促进作用越强。然而，3 种金属离子的促进能力存在差异，其对比结果如图 25-13 所示。从图 25-13（a）可知，0.025 mmol/L 的 Cu^{2+}、Co^{2+}、Ni^{2+} 影响下 2.5 h 内 BDE209 的去除率均符合 Ni^{2+}＞Cu^{2+}＞Co^{2+} 的关系，如表 25-4 所示，具体的拟一级动力学速率常数分别为 24.74 h^{-1}、9.49 h^{-1} 和 9.19 h^{-1}（Ni^{2+}＞Cu^{2+}＞Co^{2+}）。如图 25-13（b）所示，相似地，当 Cu^{2+}、Co^{2+}、Ni^{2+} 的浓度升高到 0.05 mmol/L 时促进作用更强，但 2.5 h 内 BDE209 去除率仍符合 Ni^{2+}＞Cu^{2+}＞Co^{2+} 的关系。其拟一级动力学速率常数分别是 46.59 h^{-1}、23.03 h^{-1} 和 16.16 h^{-1}（Ni^{2+}＞Cu^{2+}＞Co^{2+}），三者的差异仍然明显。以上结果充分说明三者的促进能力排序为 Ni^{2+}＞Cu^{2+}＞Co^{2+}。

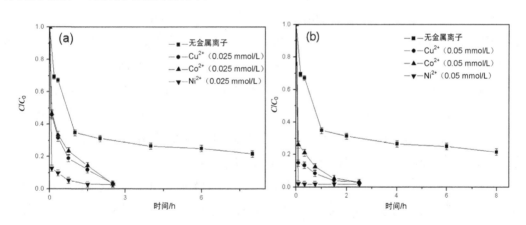

［（a）离子浓度为 0.025 mmol/L （b）离子浓度为 0.05 mmol/L］

图 25-13 Cu^{2+}、Co^{2+}、Ni^{2+}对 BDE209 的促进能力的比较

结合 25.2.4 节的分析讨论可知，在 Cu^{2+}、Co^{2+}、Ni^{2+} 的影响下，nZVM 和 nZVI 去除 BDE209 的 k_{obs} 均得到提高，而且 k_{obs} 均随金属离子浓度升高而增大，3 种金属离子的促进能力顺序均为 Ni^{2+}＞Cu^{2+}＞Co^{2+}。进一步对比金属离子在 nZVM 和 nZVI 体系中的促进程度，结果显示，对于 nZVM 去除体系，0.025 mmol/L 和 0.05 mmol/L 的 Cu^{2+} 作用下的

k_{obs} 是单独 nZVM 的 8.55 倍和 20.94 倍，而同样条件下，在 nZVI 去除体系中，相应的倍数为 8.81 倍和 21.36 倍，稍高于 nZVM 去除体系。相似地，在 nZVM 去除体系中，0.025 mmol/L 和 0.05 mmol/L 的 Co^{2+} 作用下的 k_{obs} 是单独 nZVM 的 8.35 倍，而在 nZVI 去除体系中，相应的值为 7.14 倍，稍低于 nZVM 去除体系。同样，在 0.025 mmol/L 和 0.05 mmol/L 的 Ni^{2+} 作用下，nZVM 去除体系中相应的值分别是 22.49 倍和 42.35 倍，而 nZVI 去除体系的为 23.53 倍和 41.49 倍。综上可知，nZVM 去除体系和 nZVI 去除体系之间的差距并不大，表明 Cu^{2+}、Co^{2+}、Ni^{2+} 对 nZVM 和 nZVI 两种纳米颗粒的促进效果接近，这与两种纳米颗粒的表面性质接近相关。

表 25-4　不同浓度金属离子下 BDE209 的反应速率常数

M^{2+} 浓度/（mmol/L）	$K_{obs\,(Cu^{2+})}$ /h^{-1}	$K_{obs\,(Co^{2+})}$ /h^{-1}	$K_{obs\,(Ni^{2+})}$ /h^{-1}
0	1.10	1.10	1.10
0.025	9.40	9.19	24.74
0.05	23.03	16.16	46.59

25.3.5　腐植酸和金属离子的共同影响

如图 25-14（a）所示，当同时存在 Cu^{2+} 和 HA 时，2.5 h 内 BDE209 的去除率达 97%，k_{obs} 为 15.98 h^{-1}，与单独 nZVM 的相比（2.5 h 去除率约为 70%，k_{obs} 为 1.10 h^{-1}），k_{obs} 提高到原来的 14.5 倍。而在 nZVM+HA（10 mg/L）体系中，由于腐植酸的抑制作用，2.5 h 内 BDE209 的去除率只有 57.1%，k_{obs} 为 0.76 h^{-1}，均低于 nZVM+Cu^{2+}+HA 体系。对比 nZVM+Cu^{2+} 与 nZVM+Cu^{2+}+HA 体系，二者均在 2.5 h 处对 BDE209 达到 97%，但前者的 k_{obs} 为 23.03 h^{-1}，后者的 k_{obs} 为 15.98 h^{-1}，说明相较于 Cu^{2+} 的单独作用，Cu^{2+} 和 HA 两者的共同作用反而抑制了 BDE209 的去除。综上所述，4 种体系对 BDE209 去除效果的排序为 nZVM+Cu^{2+}＞nZVM+Cu^{2+}+HA＞nZVM＞nZVM+HA。

如图 25-14（b）所示，当体系中同时存在 Co^{2+} 和 HA 时，BDE209 在 4 h 获得约 97% 的去除率，拟一级动力学速率常数为 7.81 h^{-1}，而同条件下 nZVM 体系和 nZVM+HA 体系的去除率只有 73.4% 和 60.3%，k_{obs} 分别为 1.10 h^{-1} 和 0.76 h^{-1}，只有 Co^{2+} 和 HA 同时存在时的 1/7 和 1/10 左右。在 nZVM+Co^{2+} 体系中，BDE209 在 2.5 h 的去除率已达到 97%，k_{obs} 为 16.16 h^{-1}，是 Co^{2+} 和 HA 同时存在时的 2.1 倍。综合比较可知，4 种体系对 BDE209 去除效果的排序为 nZVM+Co^{2+}＞nZVM+Co^{2+}+HA＞nZVM＞nZVM+HA。

Ni^{2+} 和 HA 的共同作用下对 BDE209 去除的影响结果如图 25-14（c）所示，由图可知，BDE209 在 4 h 的去除率达 97%，拟一级动力学速率常数为 28.65 h^{-1}，是同样条件下 nZVM 体系和 nZVM+HA 体系的 26.0 倍和 37.7 倍。单独 Ni^{2+} 影响下 BDE209 的 k_{obs} 为 46.59 h^{-1}，

高于 Ni^{2+} 和 HA 共同作用下的 k_{obs}。综合比较可知，4 种体系对 BDE209 去除效果的排序为 nZVM+Ni^{2+}>nZVM+Ni^{2+}+HA>nZVM>nZVM+HA。

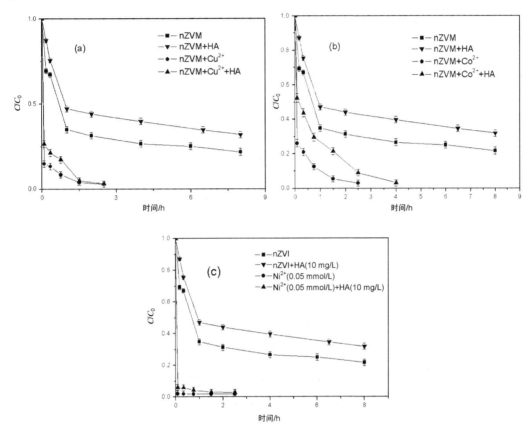

（金属离子 M^{2+} 浓度=0.05 mmol/L，HA 浓度=10 mg/L，Fe 的投加量=4 g/L，BDE209 的初始浓度=2 mg/L）

图 25-14　金属离子和 HA 下 nZVM 对 BDE209 的去除情况（a）Cu^{2+}，（b）Co^{2+}；（c）Ni^{2+}

综合比较 Cu^{2+}+HA、Co^{2+}+HA 和 Ni^{2+}+HA 3 个体系，在这 3 种金属离子和腐植酸共同作用下，对 BDE209 的去除速率均满足 nZVM+M^{2+}>nZVM+M^{2+}+HA>nZVM>nZVM+HA 的关系（M^{2+} 代表 Cu^{2+}、Co^{2+}、Ni^{2+}），即金属离子和腐植酸共同作用下对 BDE209 的去除速率处于两种因素各自影响下的去除速率之间，说明 Cu^{2+}、Co^{2+}、Ni^{2+} 与 HA 的共同作用均表现为金属离子的促进和腐植酸的抑制作用的加和。然而，Cu^{2+}+HA、Co^{2+}+HA 和 Ni^{2+}+HA 三者对 BDE209 的去除速率存在差异，三者的 k_{obs} 分别为 15.98 h^{-1}、7.81 h^{-1} 和 28.65 h^{-1}，大小关系为 Ni^{2+}+HA>Cu^{2+}+HA>Co^{2+}+HA，与 Cu^{2+}、Co^{2+}、Ni^{2+} 单独影响下 k_{obs} 的大小关系（Ni^{2+}>Cu^{2+}>Co^{2+}）一致，说明 Cu^{2+}、Co^{2+}、Ni^{2+} 和腐植酸共同作用下 BDE209 的去除速率与金属离子的促进能力存在一定的相关性。综上所述，Cu^{2+}、Co^{2+}、Ni^{2+} 与 HA 的共同作用对 BDE209 的去除表现为促进和抑制作用的加和，具体的效果与 3

种金属离子各自的促进能力相关。

结合 25.2.5 节的讨论分析可知，无论是对于 nZVM 还是对于 nZVI，在金属离子和腐植酸的共同作用下，BDE209 去除的拟一级动力学速率常数都比单独纳米金属体系和单独腐植酸影响体系的高，比单独金属离子影响体系的低。进一步对比腐植酸和金属离子二者共同作用对 nZVM 和 nZVI 去除 BDE209 的影响程度，结果显示，对于 nZVM 去除 BDE209 体系，Cu^{2+} 和 HA 共同作用下的 k_{obs} 是单独 nZVM 的 14.53 倍，而同样条件下，在 nZVI 去除 BDE209 的体系中，相应的值为 13.40 倍，稍低于 nZVM 去除体系，但差距不大。相似地，在 nZVM 去除体系中，Co^{2+} 和 HA 共同作用下的 k_{obs} 是单独 nZVM 的 7.10 倍，而在 nZVI 去除体系中，相应的值为 6.78 倍，稍低于 nZVM 去除体系，但差距不大。同样地，在 Ni^{2+} 和 HA 共同作用下，nZVI 去除体系和 nZVM 去除体系中相应的值分别为 27.68 倍和 26.05 倍，二者差距不大。以上比较结果表明，腐植酸和金属离子的共同作用对 nZVM 和 nZVI 的影响程度较为接近，这与两种纳米颗粒的表面性质接近相关。

25.3.6 小结

本节展开研究了腐植酸和 Cu、Co、Ni 3 种金属离子对钢铁酸洗废液作为原料制备出的纳米金属颗粒（nZVM）去除十溴联苯醚（BDE209）效果的影响。主要结论如下：

①腐植酸对 nZVM 去除 BDE209 起抑制作用，随着腐植酸浓度升高，抑制作用越强。

②Cu、Co、Ni 3 种金属离子均能促进 nZVM 去除 BDE209，而且随着 Cu、Co、Ni 离子浓度升高，促进作用越强，3 种金属离子促进能力的排序为 $Ni^{2+}>Cu^{2+}>Co^{2+}$。

③与 nZVI 去除体系一样，在腐植酸和 Cu、Co、Ni 离子的共同作用下，BDE209 的去除速率处于腐植酸和金属离子各自影响下的去除速率之间，表现为促进和抑制作用的加合，具体的效果与 3 种金属离子各自的促进能力相关。

④对比分析结果表明，腐植酸和 Cu、Co、Ni 3 种金属离子对 nZVI 和 nZVM 的影响行为一致。腐植酸起抑制作用；金属离子起促进作用而且其促进能力顺序都符合 $Ni^{2+}>Cu^{2+}>Co^{2+}$ 关系；二者的共同作用表现为抑制和促进作用的加和。另外，腐植酸和金属离子对 nZVM 和 nZVI 两种去除体系的影响程度较为接近。

25.4 腐植酸和金属离子的影响机理研究

为了阐释腐植酸和 Cu^{2+}、Co^{2+}、Ni^{2+} 对 nZVI 去除 BDE209 的影响行为，为原位修复提供切实的理论依据，必须对二者的影响机理进行探究。目前国内外关于腐植酸和 Cu^{2+}、Co^{2+}、Ni^{2+} 影响机理的研究报道不多。Doong R 等（2006）在研究中使用扫描电镜对吸附腐植酸前后的 Fe^0 表面进行表征，结果发现经腐植酸处理后的 Fe^0 表面覆盖了一层黏性膜，提出了腐植酸与四氯乙烯竞争 Fe^0 表面活性位点的观点。Xie L 等（2005）发现，腐植酸对 Fe^0 还原溴酸盐表现出抑制作用，红外光谱分析表明腐植酸能以苯羧基和酚羟基吸附在 Fe^0 表面，占据 Fe^0 表面的活性点位，降低溴酸盐的还原速率。Su Y F 等（2012）研究发现，Cu^{2+} 能促进 nZVI 对六氯苯的脱氯，进一步地 XPS 分析表明 Cu^{2+} 能在 nZVI 表面还原形成 Fe/Cu 双金属，加速六氯苯的脱氯。

本节深入探究腐植酸和金属离子（Cu^{2+}、Co^{2+}、Ni^{2+}）对 nZVI 去除 BDE209 的影响机理。前面关于 nZVM 和 nZVI 的对比结果已表明，腐植酸和金属离子对两种纳米材料的影响程度接近，所以本节只采用化学试剂制备的 nZVI 进行影响机理研究。

25.4.1　研究方法

试验装置和具体试验条件参见 25.2.1 节，研究对苯醌、2-羟基-1,4-萘醌对 nZVI 去除 BDE209 的影响。分别移取 1 mL 的 1 g/L 上述醌类储备液至 100 mL 的 BDE209 溶液中，使其浓度为 10 mg/L，加入 nZVI 启动反应，在相应时间间隔取样测定 BDE209 浓度的变化。

采用 X 射线光电子能谱仪分析反应后 nZVI 颗粒表面 Cu、Co、Ni 的元素价态，使用光源为 Mono Al Kα，能量为 1 486.6 eV，扫描模式为 CAE，全谱扫描通能为 150 eV，窄谱扫描通能为 20 eV。反应前后 nZVI 颗粒的红外光谱使用傅里叶红外光谱仪进行分析，将材料颗粒与适量的溴化钾充分研磨混合，经压片机压片后上机进行红外光谱扫描。

在研究腐植酸、金属离子对 BDE209 脱溴影响的同时，也对溶液中金属离子的浓度变化情况进行分析。在相应的时间间隔取 1 mL 样液，用 0.45 μm 过滤膜过滤再稀释至适当倍数后用火焰原子吸收法测定其中 Fe、Cu、Co、Ni 离子的浓度。

BDE209 采用液相色谱法进行分析。样品中的腐植酸浓度采用紫外可见分光光度法进行测定，测试波长为 254 nm。样品中 Fe、Cu、Co、Ni 离子的浓度采用火焰原子吸收法进行测定，其最大吸收波长分别为 248.3 nm、324.7 nm、232.0 nm。均采用外标法进行定量。

25.4.2　腐植酸在 nZVI 表面的吸附

研究表明，天然有机质在铁氧化物表面具有很强的亲和力，因为天然有机质中的羧基和酚基能与铁氧化物表面的羟基发生配合基交换作用而络合在其表面（Shen Y H et al., 1999；Tombácz et al., 2004）。类似地，nZVI 由于在制备和干燥过程中与水接触而使得表面被一层铁氧化物覆盖，又该氧化层具有多孔、比表面积大的特性，非常有利于 HA 与其发生配合基交换作用，导致 HA 能快速地吸附在 nZVI 表面。图 25-15 显示了 40 mg/L 的 HA 在 nZVI 悬浮液中的去除曲线，结果表明，20 min 内 HA 得到了 95% 的去除率，而且在 4 h 内没有从固相返回液相，说明 HA 能稳定地吸附在 nZVI，在 Giasuddin 等（2007）的研究中也有相似的现象。

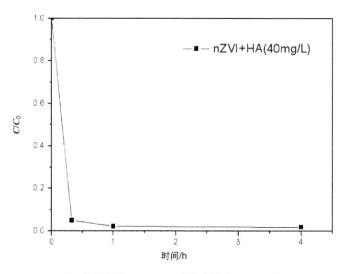

（Fe 的投加量=4 g/L，HA 的初始浓度=40 mg/L）

图 25-15　nZVI 对腐植酸的去除曲线

为了进一步探讨 HA 在 nZVI 表面的吸附机理，本书对吸附 HA 前后的纳米颗粒进行红外光谱分析，结果如图 25-16 所示。图 25-16(a)中显示 HA 的主要光谱带包括 3 234 cm^{-1} 处的—OH 的伸缩振动，2 924 cm^{-1} 和 2 849 cm^{-1} 处的脂肪 C—H 键的伸缩振动，1 565 cm^{-1} 处的芳香环上 C=C 的骨架振动，1 365 cm^{-1} 处 COO—的对称伸缩振动，即酚中 C—O 伸缩振动和 OH 的变形振动，1 033 cm^{-1} 处醇 C-O 的伸缩振动。nZVI 上的光谱带包括 1 633 cm^{-1} 处 C=O 的伸缩振动，1 224 cm^{-1} 处的（可能是）C—N 的伸缩震动，说明分散剂 PVP 是通过自身的 C=O 和 C—N 基团吸附在 nZVI 颗粒的表面。除此之外，在 864 cm^{-1} 处的谱带可能是吸附在 nZVI 表面的 PVP 分子中 C—H 的变形振动，而 649 cm^{-1} 处的谱带可能是制备过程中乙醇缔合后吸附在 nZVI 表面产生的—OH 面外变形振动。经 HA 处理过的 PVP-nZVI 表面在 3 200 cm^{-1}、1 565 cm^{-1} 和 1 365 cm^{-1} 上出现了新的谱带，说明 HA 是通过羟基、苯羧基和酚羟基化学吸附在 nZVI 表面，与 Xie L 等（2005）的结论基本一致。

图 25-16（b）是不同时间下 PVP-nZVI 吸附 HA 的 FTIR 谱图，由图可知 8 h 内上述 HA 的特征谱带均存在，而且吸收强度稳定，说明 HA 能在 nZVI 表面形成稳定的化学吸附。8 h 内，上述特征谱带中 3 234 cm^{-1} 处的红外吸收一直在增大，表明随时间的推移，在 nZVI 表面 OH 之间的缔合增多，可能是水分子之间、HA 分子之间、HA 与水分子之间的氢键缔合。

图 25-16（c）是 HA 和 BDE209 同时存在下，反应 1 h 和 8 h 后 nZVI 的红外谱图，

与 nZVI 单独吸附 HA 相似，也出现了吸收强度稳定的 HA 特征谱带，证明了 HA 在 nZVI 的表面发生化学吸附与 BDE209 的去除两者过程是同时发生的，即 HA 能与 BDE209 竞争 nZVI 表面的反应活性位，导致 BDE209 的去除速率减慢。

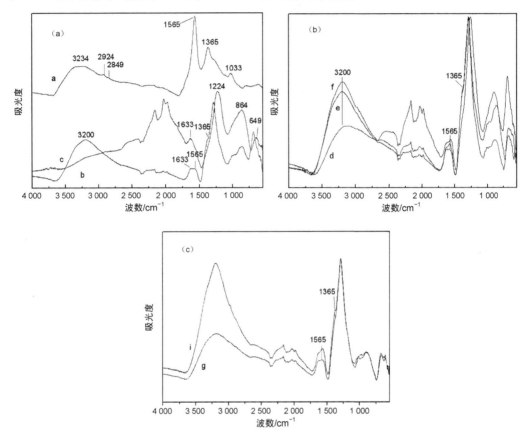

［（a）a 腐植酸，b nZVI，c nZVI 与腐植酸反应 4 h 后；（b）d、e、f 分别代表 nZVI 和 HA 混合反应 1 h、4 h、8 h 后；（c）g、i 分别代表 nZVI、HA 和 BDE209 混合反应 1 h 和 8 h 后］

图 25-16　红外光谱图

25.4.3　醌类化合物对 BDE209 去除的影响

虽然腐植酸能占据 nZVI 表面的活性位点，但其化学结构含有醌基，同时可充当电子转移媒介，加速目标污染物的去除（Doong R et al.，2005；Uchimiya et al.，2009）。但是根据前述研究中图 25-3、图 25-10 的 BDE209 去除曲线，腐植酸在其中并没有起到电子转移媒介的作用。为了进一步验证"电子转移媒介"作用能否在本书 nZVI 去除 BDE209 的体系中发生，本书将使用在生物还原反应中常用作电子转移媒介的醌类化合物：对苯醌（1,4-benzoquinone）、2-羟基-1,4-萘醌（lawsone）进行验证。

试验结果如图 25-17 所示，与腐植酸的影响情况类似，两种醌均对 BDE209 的去除起抑制作用，速率常数分别是 0.184、0.165，大大低于不含醌的速率常数。说明腐植酸和所选的醌类化合物均没有在 nZVI 去除 BDE209 的反应中发挥电子转移媒介的作用。研究表明，醌类化合物发挥电子转移作用的前提是电子给予体能与醌发生可逆的氧化还原反应，生成如半醌自由基、氢醌等活性组分。然而，当醌参与不可逆的单边反应后，会产生一系列不具备醌特性的产物，导致其失去催化活性（Uchimiya et al.，2009）。nZVI 是很强的还原剂，可能会与腐植酸和醌发生单边的还原反应，生成不具备催化活性的产物，从而无法发挥电子转移媒介的作用。在醌的还原过程中，它会与 BDE209 争夺 nZVI 的电子，使 BDE209 的还原速率受到抑制。

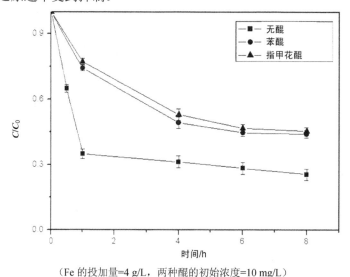

（Fe 的投加量=4 g/L，两种醌的初始浓度=10 mg/L）

图 25-17　醌类化合物对 nZVI 去除 BDE209 的影响

25.4.4　腐植酸影响下铁离子的溶出

图 25-18 显示了腐植酸影响下的铁溶出，并与无 HA 的情况进行了对照，由图可知，当体系中无 HA 时，溶出的总铁在 1 h 内快速升高至 0.99 mg/L，4 h 达到最大值 1.20 mg/L 后开始慢慢降低，8 h 处的最终浓度为 1.15 mg/L。引入 HA 后，总铁溶出量增大，1 h 内达到了 1.17 mg/L，同样在 4 h 处达到最大值 1.46 mg/L，随后开始降低，在 8 h 处达到 1.17 mg/L。其他研究也出现了相似的规律，Xie L 等（2005）使用 Fe^0 还原溴酸盐，并研究了腐植酸的影响，结果发现腐植酸促进了铁的溶出。前述红外光谱分析已经证明腐植酸能通过自身的苯羧基和酚基与 nZVI 表层的铁氧化物发生络合作用，这种作用能使铁氧化物中的 Fe—O 更易断裂，使铁以离子的形式进入溶液，造成溶出铁的浓度升高（Stumm et al.，1992；Xie L et al.，2005）。

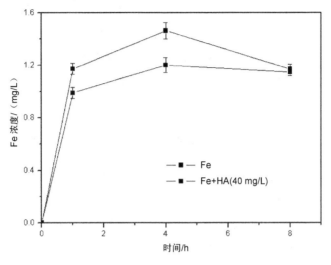

（HA 的初始浓度=40 mg/L，BDE209 的初始浓度=2 mg/L，Fe 的投加量=4 g/L）

图 25-18　腐植酸影响下的总铁溶出

25.4.5　3 种金属离子在 nZVI 表面的去除

Cu^{2+}、Co^{2+}、Ni^{2+} 在 nZVI 表面的去除曲线如图 25-19 所示，结果表明，3 种金属离子在 5 min 内均得到 99%以上的去除，而且 8 h 内该 3 种金属离子无再次释放至液相中。表明 nZVI 能快速去除以上 3 种重金属，而且对它们的固定效果良好，与大部分研究报道一致（Li X et al.，2007；Karabelli et al.，2008；Üzüm et al.，2008）。根据 Cu^{2+}、Co^{2+}、Ni^{2+}

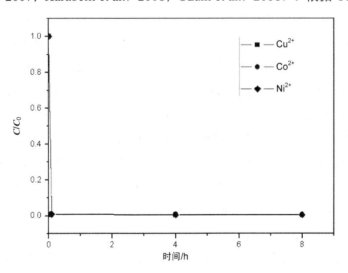

（M^{2+}为 0.05 mmol/L，BDE209=2 mg/L，Fe 的投加量=4 g/L）

图 25-19　Cu^{2+}、Co^{2+}、Ni^{2+} 在 nZVI 表面的去除曲线

与 Fe^0 的电势差（0.777 V、0.163 V、0.190 V）可知（Doong R et al.，2006；O'Carroll et al.，2013），Cu^{2+} 与 Fe^0 之间的电势差相差最大，首先通过还原和沉淀的方式被 nZVI 去除，而与 Fe^0 之间电势差相差不大的 Ni^{2+} 和 Co^{2+} 主要通过吸附和还原的方式去除（O'Carroll et al.，2013）。虽然 Co^{2+} 与 Fe^0 的电势差比 Ni^{2+} 的低，但在去除速率上难以区分，说明 nZVI 具有极强的吸附能力和还原能力。

25.4.6 Cu^{2+}、Co^{2+}、Ni^{2+} 促进作用的机理解释

Cu 与 Fe 之间的电势差为 0.777 V，在 nZVI 去除 BDE209 的体系中，Cu^{2+} 能在 nZVI 表面还原成 Cu^0，与 Fe 形成 Fe/Cu 双金属，加速了 nZVI 与 BDE209 之间的电子转移（Shih Y H et al.，2011），促进了 BDE209 的还原脱溴。而且随着 Cu^{2+} 浓度的升高，nZVI 表面的 Cu^0 活性位点增多，催化能力也越强。在 Su Y F 等（2012）的研究中也有相似的结论，他发现 Cu^{2+} 能促进 nZVI 对六氯苯的脱氯，而且随着 Cu^{2+} 浓度的升高，脱氯速率越快，而且经 XPS 表征发现，反应后的 nZVI 表面出现了 Cu^0，进而提出了 Cu^0 的形成是促进脱氯的主要原因。

与 Cu^{2+} 的影响相似，Co 与 Fe 的电势差为 0.163 V，也可以在 nZVI 表面还原成 Co^0，产生加速 nZVI 与 BDE209 之间电子转移的作用。随着 Co^{2+} 浓度的升高，nZVI 表面的 Co^0 活性位点增多，催化能力增强。Cwiertny 等（2006）的研究中也发现，相较于 Fe，Co/Fe 双金属能促进 1,1,1-三氯乙烷的脱氯，反应的 k_{obs} 得到提高。

同样，Ni 与 Fe 的电势差为 0.190 V，Ni^{2+} 也能在 nZVI 表面还原成 Ni^0，促进 BDE209 的脱溴。与 Pd 相似，Ni 也能使 nZVI 与水反应生成的氢气活化，产生活性氢原子，对 BDE209 产生较强的氢解脱溴的作用，而且大量研究（Schrick et al.，2002；Doong R et al.，2006；Shih Y H et al.，2011）表明，nZVI 表面 Ni^0 的对 BDE209 脱溴的促进主要是由于氢解脱溴的作用，而非加速电子转移作用。随着 Ni^{2+} 浓度升高，在 nZVI 表面形成更多的 Ni^0 活性点位，活化氢气生成的活性氢原子浓度越高，进一步加强了 BDE209 的氢解脱溴。

试验结果显示，Cu^{2+}、Co^{2+}、Ni^{2+} 的促进能力顺序为 $Ni^{2+}>Cu^{2+}>Co^{2+}$。与 Doong R 等（2006）和 Shih Y H 等（2011）的研究类似。Doong 认为除了 Cu/Fe 和 Co/Fe 的加速电子转移作用，Ni/Fe 还具有较强的氢解脱溴作用，所以 Ni 的催化作用比 Cu 和 Co 都强。Shih 的解释与 Doong 的相似。所以，Ni^{2+} 的促进能力在 3 种金属离子中最强的原因是 Ni^{2+} 在 nZVI 表面还原后形成的 Ni/Fe 具有较强的氢解脱溴作用。对于 Cu^{2+} 和 Co^{2+} 之间的比较，由于 Cu 与 Fe 之间的电势差（0.777 V）是 Co 与 Fe 的（0.163 V）4.8 倍，即相较于 Co^{2+}，Cu^{2+} 更容易在 nZVI 表面还原成零价态金属，故 Cu^{2+} 会比 Co^{2+} 的促进作用更加明显。

25.4.7　金属离子影响下铁的溶出

金属离子影响下总铁的溶出曲线如图 25-20 所示,当体系中无金属离子时,溶出的总铁在 1 h 内快速升高至 0.99 mg/L,4 h 达到最大值 1.20 mg/L 后开始降低,8 h 处的最终浓度为 1.15 mg/L。当引入 0.05 mmol/L Cu^{2+} 后,1 h 的铁溶出达 1.07 mg/L,4 h 达到最大值 1.19 mg/L,随后开始降低,在 8 h 处达到 0.99 mg/L。Co^{2+} 和 Ni^{2+} 影响下的总铁溶出与 Cu^{2+} 的具有相似的规律,均在 4 h 达到最大后开始慢慢降低,其 1 h 内总铁溶出分别为 1.37 mg/L 和 1.03 mg/L,8 h 的分别为 1.27 mg/L 和 1.11 mg/L。经对比分析可知,在金属离子存在下,1 h 处的铁溶出量均比无金属离子的高,这归因于金属离子加入后在铁表面发生还原,造成 Fe^{2+} 离子的溶出,具体反应如下(Doong R et al.,2006)。此外,钴影响下的铁溶出比铜和镍的都大,对此还需进一步研究。

$$Fe^0 + Cu^{2+} \longrightarrow Fe^{2+} + Cu^0 \qquad (25\text{-}1)$$

$$Fe^0 + Co^{2+} \longrightarrow Fe^{2+} + Co^0 \qquad (25\text{-}2)$$

$$Fe^0 + Ni^{2+} \longrightarrow Fe^{2+} + Ni^0 \qquad (25\text{-}3)$$

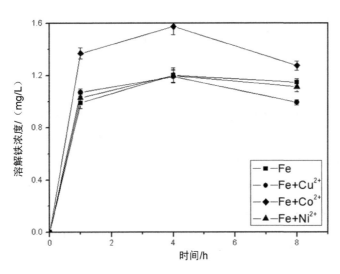

(M^{2+} 为 0.05 mmol/L,BDE209=2 mg/L,Fe 的投加量=4 g/L)

图 25-20　金属离子影响下的总铁溶出

25.4.8　小结

本节展开探讨腐植酸和 Cu^{2+}、Co^{2+}、Ni^{2+} 对 nZVI 去除 BDE209 的影响机理。主要结论如下:

①腐植酸能通过自身的苯羧基和酚羟基与 nZVI 表面的铁氧化物发生络合,占据其表

面反应活性位点，抑制 BDE209 的去除。无论是腐植酸，还是常用作电子转移媒介的对苯醌、2-羟基-1,4-萘醌，在本体系中均无发挥电子转移媒介的作用，均对 nZVI 去除 BDE209 起抑制作用。腐植酸能促进 nZVI 去除 BDE209 过程中的总铁溶出。

②Cu^{2+}、Co^{2+}、Ni^{2+} 3 种金属离子均能在 nZVI 表面还原成零价态，催化 BDE209 的去除，其中 Cu 和 Co 的催化主要通过加速电子转移的作用，而 Ni 则主要通过活化氢原子的氢解脱溴作用。Ni^{2+}催化作用最强的主要归功于其较强的氢解脱溴作用，而 Cu^{2+} 的催化作用比 Co^{2+}强的主要原因是 Cu 与 Fe 之间的电势差比 Co 与 Fe 的大。Cu^{2+}、Co^{2+}、Ni^{2+} 均能促进反应的初始阶段的总铁溶出。

参考文献

CAO J，2011. Synthesis of monodispersed CMC-stabilized Fe-Cu bimetal nanoparticles for in situ reductive dechlorination of 1,2,4-trichlorobenzene[J]. Science of the Total Environment，409：2336-2341.

CHO H H，2006. Sorption and reduction of tetrachloroethylene with zero valent iron and amphiphilic molecules[J]. Chemosphere，64：1047-1052.

CWIERTNY D M，2006. Exploring the influence of granular iron additives on 1,1,1-trichloroethane reduction[J]. Environmental Science & Technology，40：6837-6843.

DONG T，2011. Stabilization of Fe-Pd bimetallic nanoparticles with sodium carboxymethyl cellulose for catalytic reduction of para-nitrochlorobenzene in water[J]. Desalination，271：11-19.

DOONG R，2005. Transformation of carbon tetrachloride by thiol reductants in the presence of quinone compounds[J]. Environmental Science & Technology，39：7460-7468.

DOONG R，2006. Effect of metal ions and humic acid on the dechlorination of tetrachloroethylene by zerovalent iron[J]. Chemosphere，64：371-378.

FANG Z，2010. Degradation of metronidazole by nanoscale zero-valent metal prepared from steel pickling waste liquor[J]. Applied Catalysis B：Environmental，100：221-228.

FANG Z，2011. Debromination of polybrominated diphenyl ethers by Ni/Fe bimetallic nanoparticles：influencing factors，kinetics，and mechanism[J]. Journal of Hazardous Materials，185：958-969.

FANG Z，2011. Removal of chromium in electroplating wastewater by nanoscale zero-valent metal with synergistic effect of reduction and immobilization[J]. Desalination，280：224-231.

FENG J，2008. Reduction of chlorinated methanes with nano-scale Fe particles：effects of amphiphiles on the dechlorination reaction and two-parameter regression for kinetic prediction[J]. Chemosphere，73：1817-1823.

GIASUDDIN A B M，2007. Adsorption of humic acid onto nanoscale zerovalent iron and its effect on arsenic removal[J]. Environmental Science & Technology，41：2022-2027.

KARABELLI D，2008. Batch removal of aqueous Cu^{2+} ions using nanoparticles of zero-valent iron：a study of the capacity and mechanism of uptake[J]. Industrial & Engineering Chemistry Research，47：4758-4764.

LI A，2007. Debromination of decabrominated diphenyl ether by resin-bound iron nanoparticles[J]. Environmental Science & Technology，41：6841-6846.

LI X，2007. Sequestration of metal cations with zerovalent iron nanoparticles a study with high resolution X-ray photoelectron spectroscopy（HR-XPS）[J]. The Journal of Physical Chemistry C，111：6939-6946.

MURPHY E M，1990. Influence of mineral-bound humic substances on the sorption of hydrophobic organic compounds[J]. Environmental Science & Technology，24：1507-1516.

RUTHERFORD D W，1992. Influence of soil organic matter composition on the partition of organic compounds[J]. Environmental Science & Technology，26：336-340.

SCHRICK B，2002. Hydrodechlorination of trichloroethylene to hydrocarbons using bimetallic nickel- iron nanoparticles[J]. Chemistry of Materials，14：5140-5147.

SHEN Y H，1999. Sorption of natural dissolved organic matter on soil[J]. Chemosphere，38：1505-1515.

SHIH Y H，2011. Pentachlorophenol reduction by Pd/Fe bimetallic nanoparticles：effects of copper，nickel，and ferric cations[J]. Applied Catalysis B：Environmental，105：24-29.

SHIH Y H，2010. Reaction of decabrominated diphenyl ether by zerovalent iron nanoparticles[J]. Chemosphere，78：1200-1206.

SU Y，2012. Effects of various ions on the dechlorination kinetics of hexachlorobenzene by nanoscale zero-valent iron[J]. Chemosphere，88：1346-1352.

TEE Y H，2009. Degradation of trichloroethylene by iron-based bimetallic nanoparticles[J]. The Journal of Physical Chemistry C，113：9454-9464.

TOMBÁCZ E，2004. The role of reactive surface sites and complexation by humic acids in the interaction of clay mineral and iron oxide particles[J]. Organic Geochemistry，35：257-267.

TRATNYEK P G，2001. Effects of natural organic matter，anthropogenic surfactants，and model quinones on the reduction of contaminants by zero-valent iron[J]. Water Research，35：4435-4443.

UCHIMIYA M，2009. Reversible redox chemistry of quinones：Impact on biogeochemical cycles[J]. Chemosphere，77：451-458.

ÜZÜM Ç，2008. Application of zero-valent iron nanoparticles for the removal of aqueous Co^{2+} ions under various experimental conditions[J]. Chemical Engineering Journal，144：213-220.

XIE L I，2005. Role of humic acid and quinone model compounds in bromate reduction by zerovalent iron[J]. Environmental Science & Technology，39：1092-1100.

ZHANG Z，2009. Factors influencing the dechlorination of 2,4-dichlorophenol by Ni-Fe nanoparticles in the presence of humic acid[J]. Journal of Hazardous Materials，165：78-86.

ZHUANG Y，2010. Debromination of polybrominated diphenyl ethers by nanoscale zerovalent iron：pathways，kinetics，and reactivity[J]. Environmental Science & Technology，44：8236-8242.

ZHUANG Y，2012. Kinetics and pathways for the debromination of polybrominated diphenyl ethers by bimetallic and nanoscale zerovalent iron：effects of particle properties and catalyst[J]. Chemosphere，89：426-432.

第26章 铁基添加剂辅助机械化学法修复
土壤中多溴联苯醚

26.1 机械化学法修复有机污染物的研究进展

26.1.1 机械化学法概述

机械化学反应，即通过如剪切、摩擦、压缩和冲击等高能量机械力的不同方式，使受力物体的物理化学性质发生改变，从而提高或抑制其反应活性，并诱发化学反应。机械力既可以是球磨固体过程施加的作用力，也可以是冲击波产生的力等（Guo X et al., 2010）。机械化学的优势之一为机械力作反应的动力，通过机械力激活物质的化学活性，使反应可在较低的温度下进行，无须其他一些苛刻的反应条件。机械化学方法现已成为化工、冶金、矿物加工、环保、材料等高新技术领域的研究热点之一，在粉体活化与表面改性、难冶炼复杂矿物处理及有毒废物处理等方面显示出独特的技术优势（Zinoviev et al., 2007）。机械化学经过 20 世纪 20—50 年代的探索性研究，在 70 年代以后进入稳定发展期并得到深入研究，近 20 年，机械化学的应用主要体现在机械合金化、无机材料制备和污染物无害化三个方面（Napola et al., 2006）。

在污染物无害化方面，相关学者和科研机构展开了一系列机械化学处理废物的研究，目前已小范围用于有毒废物污染场地的修复，主要应用的球磨机类型为振动式球磨机、搅拌式球磨机、行星式球磨机、水平式球磨机（张晓宇，2013）。例如，Birke 等（2004）讨论了不同金属 Mg、Al、Na 在供氢体（醚、醇、胺）的辅助下，机械化学还原氯代污染物（PCBs、PCP、PCDD/Fs），实现了完全脱氯，提出了重新使用废金属或其合金来以废治废的绿色理念。Zhang K 等（2011）在球料比（C_R）为 36∶1，转速为 550 rpm 的机械化学过程中对比了 Fe/SiO$_2$、Fe、SiO$_2$、CaO、CaO+SiO$_2$ 处理灭蚁灵的效果，发现 Fe/SiO$_2$ 在 2 h 内可完全脱氯，均证明了机械化学法可用于修复持久性有机污染物。

26.1.2 机械化学法修复有机污染物的应用

机械化学反应通过机械力激活物质的化学活性，从而达到降解污染物的目的。在反应过程中若仅依赖机械力的激活作用，则需要添加足够多的球磨珠以提供高能，然而珠子数量超过反应容器的 2/3 时则会阻碍球磨珠与污染物的充分接触从而阻碍降解反应进行，因此需考虑其他方式促进机械力激活物质化学活性，目前众多研究发现加入高效的添加剂辅助机械化学法可有效促进破碎降解反应发生，且缩短反应时间，降低处置成本（Zhang K et al.，2011；Li Y et al.，2017）。

在研究不同添加剂辅助机械化学修复 PBDEs 过程中，不同试剂对应不同的降解机理及途径（Kaupp et al.，2009；Mitoma et al.，2011；Mallampati et al.，2014），根据添加剂性质的不同，研究者们展开了球磨有效添加剂的优选，主要添加剂的类别汇总于表 26-1。

表 26-1　机械化学球磨试剂总结

分类	试剂名称
还原剂	零价金属（铁、钙、钠、铝、锌、镁、钡、镍等）伴随氢供体，如无水乙醇、三乙醇胺、聚乙二醇等、金属氢化物（氢化钙）
路易斯碱	金属氧化物（氧化钙、氧化镁、氧化铝、氧化铁、氧化铋等）
强碱	氢氧化钠、氢氧化钾等
中性试剂	SiO_2
氧化剂	过硫酸盐
矿物质	水钠锰矿、高岭土、蒙脱石等
混合体系	金属单质和金属氧化物混合

常用于辅助机械化学法降解的还原剂主要分为零价金属及金属氢化物。例如，在零价金属方面，Nah I W 等（2008）对比了金属 Al、Mg、Fe、Zn 混合乙二醇用于去除 PCBs，在转速为 500 rpm 条件下，反应 2 h，添加 Zn 粉使得 PCBs 的去除率为 99.9%，脱氯率达到 94%。同时发现，其他相同的条件下去除率 Zn＞Fe＞Mg＞Al，长链二醇比短链二醇更高效。在金属氢化物方面，Aresta 等（2003）在机械化学修复 PCBs 污染土壤的过程中加入 $NaBH_4$，在 $C_R=36$，$NaBH_4$ 投加量为 5%（w/w），反应 23 h 时，PCBs 浓度由 2 600 mg/kg 降低到 0.2 mg/kg。Michalchuk 等（2013）用 $LiAlH_4$ 辅助机械化学法降解 PCBs，在 $C_R=36$，$LiAlH_4$ 投加量为 0.05 wt%，转速为 750～1 000 rpm，反应 3 h 时，降解率可达到 99.9%。Nomura 等（2012）用 CaO 辅助机械化学球磨处理 γ-六氯环己烷（HCH），在转速为 700 rpm，物料比 nHCH：nCaO=1：10 时，8 h 内降解率为 50% 左右，物料比为 1：60 时，2 h 降解率可达到 100%。Tanaka 等（2003）在机械化学处理 1,2,3-TCB 时加入 CaO，转速为 700 rpm，6 h 降解率达 99.98%。并发生脱氯反应（$C_6H_3Cl_3 +3CaO = 3CaOHCl+ 6C$）。

运用强碱直接辅助机械化学降解有机物的研究较少。Zhang K 等（2013）用 KOH 辅助机械化学法降解 PFOS 和 PFOA（全氟辛烷磺酰基化合物和全氟辛酸），最终产物为

KF 和 K_2SO_4。Yan X 等（2015）用 KOH 降解 F-53B（氯代多氟烷基醚磺酸盐），物料比为 23：1，275 rpm 转速下 4 h 可完全降解，最终产物为 KF、KCl、K_2SO_4 和 HCOOK。在机械压力的协助下，KOH 攻击不稳定的氯端和磺酸端导致第一步发生磺化反应和脱氯反应。

在研究 SiO_2 辅助机械化学法修复污染物时，SiO_2 多作为其他添加剂的助剂起辅助作用。如 Y Yu 等（2013）在机械化学过程中对比了 Fe/SiO_2、Fe、SiO_2、CaO、$CaO+SiO_2$ 处理灭蚁灵的效果，发现在 C_R=36，550 rpm 转速下反应 2 h 后 Fe/SiO_2 最高效，可完全脱氯，其次为 Fe、$CaO+SiO_2$ 和 CaO，SiO_2 效果最差。

过硫酸盐（PS）被证明为一种强有力的氧化试剂，可用于机械化学过程氧化降解有机污染物的物质。X Liu 等（2015）用 PS 混合 CaO 辅助机械化学法降解四溴双酚 A，在 C_R=30：1，550 rpm 转速下 2 h 可完全脱溴，4 h 完全矿化。他们进一步对比了 PS、Fe-PS、CaO、Fe、$Fe-SiO_2$、CaO-PS 6 个体系，结果表明混合试剂效果优于单独添加试剂，CaO-PS 效果最优，但 Fe-PS 效果最差，可能因为 Fe 和 PS 相互反应降低了降解率。机械化学法修复有机物污染的应用总结如表 26-2 所示。

26.1.3 机械化学法修复有机污染物过程中待解决的问题

在实验室阶段，以上众多研究证明了机械化学法在修复持久性有机污染物方面已取得一些成果，添加剂的使用亦可有效提高污染修复效果。但是总结众多机械化学修复有机污染物的实际案例中我们发现在将其大规模应用于污染场地修复时仍然存在以下问题亟待解决：

①高球料比（C_R）：从表 26-2 中可以明显看出，众多反应均需要较高的 C_R（均大于 10）以促进反应快速进行，意味着实际修复 1 t 污染土壤需加入至少 10 t 的球磨珠才可达到预期的修复效果，大大限制了其操作可行性和修复效率，因此应从工艺技术的完善发展与工程化推广出发，需在降低 C_R 的基础上进一步优化其他工艺参数。

②部分反应机制尚不明确：已有研究仅在某些有机物上得到试验结果，其结论是否具有普遍性还值得进一步验证，今后还需进行系统的对比试验深入探讨研究。

③修复效果评价单一：仅将污染物浓度降低作为修复标准是局限的片面的，并不能确保修复后土壤毒性长效降低，因此如何降低其最终降解产物的综合毒性及可能存在的潜在环境风险将成为以后试验的研究重点。

表 26-2　机械化学修复有机污染物总结

	试剂	目标污染物	介质	球磨机类型	物料比/wt	C_R	转速/rpm	球磨时间/h	降解率/%	参考文献
还原剂	纳米 Fe	PCNB	—	QM-3SP2	15	36	275	8	100	Zhang W et al., 2011
	CaH$_2$	CB, HCB	—	8000mixer	—	—	—	12	95	Loiselle et al., 1996
	CaH$_2$	HCB	—	8000mixer	0.65	—	875	—	100	Cao G et al., 1999
	CaH$_2$	HCB, PCDD/Fs	—	8000mixer	1.33, 5	—	875	—	>99	Monagheddu et al., 1999
	NaBH$_4$	PCBs	土壤	Pulverisette 9	0.05	36	750~1 000	18	100	Aresta et al., 2003
	LiAlH$_4$	PCBs, 阿特拉津	土壤	Pulverisette 9	0.05	36	750~1 000	2~3	99.90	Michalchuk et al., 2013
路易斯碱	CaO	3-氯苯	—	Pulverisette 7	2.33	—	700	6	99	Ikoma et al., 2001
	CaO	4-氯苯, OCDD/F	—	Pulverisette 7	20, 200	—	700	2	100	Nomura et al., 2005
	CaO	DDT	—	8000mixer	7	10	—	12	100	Hall et al., 1996
	CaO	DP	—	QM-3SP2	25	36	275	2	100	Zhang W et al., 2010
	CaO	γ-六六六	—	Pulverisette 7	60 (mol)	98	700	2	100	Nomura et al., 2012
	CaO	多氯萘	—	Pulverisette 7	57	25	700	1	99.90	Nomura et al., 2013
	CaO	PCDD/Fs	飞灰	xQM-0.4L	0.6	—	350~400	2	56~76	Peng Z et al., 2010
	CaO	1,2,3-三氯苯	—	Pulverisette 7	3.71	35	700	6	99.98	Tanaka et al., 2003
	CaO	BDE209	—	Pulverisette 7	20	23	700	1	99	Shintani et al., 2007
	CaO	HBB	—	Pulverisette 7	Ca : Br=2（mol）	35	700	3	100	Zhang Q et al., 2002
	Bi$_2$O$_3$	BDE209	—	Pulverisette 7	2.43	27	700	1	100	Zhang K et al., 2014a
	La$_2$O$_3$	3-氯苯	—	Pulverisette 7	0.05	14	700	6	100	Tanaka et al., 2005
	MgO, Al$_2$O$_3$, La$_2$O$_3$	BP-Cl	—	Pulverisette 7	0.05	—	700	6	99.90	
强碱	KOH	PFOA/S	—	QM-3SP2	23	19	275	6	99.8	Zhang K et al., 2013
	KOH	F-53B	—	QM-3SP2	23	33	275	8	100	Yan X et al., 2015

	试剂	目标污染物	介质	球磨机类型	物料比/wt	C_R	转速/rpm	球磨时间/h	降解率/%	参考文献
中性物质	SiO₂+Al	DP	—	QM-3SP2	11	30	275	2	100	Wang H et al., 2014
	SiO₂+Fe	HCB	—	QM-3SP2	15	36	275	8	99.90	Zhang W et al., 2014
	SiO₂+Fe	灭蚁灵	—	QM-3SP2	24	36	275	2	100	Yu Y et al., 2013
	SiO₂+Fe+Ni	PCNB	—	QM-3SP2	24	36	275	3	100	Zhang T et al., 2013
	SiO₂+Fe	HBCDD	—	QM-3SP2	11	27	275	2	100	Zhang K et al., 2014b
	SiO₂+Fe	TBBPA	—	QM-3SP2	11	30	275	4	99.60	Zhang K et al., 2012
	SiO₂+CaO	PCDD/Fs、PCBs	飞灰	XQM-0.4L	1:4:5	90	275	12	84.80	Cagnetta et al., 2016
氧化剂	PS+NaOH	HBCD	—	QM-3SP2	8.58:2.36:1	10	275	2	100	Yan X et al., 2015
	PS+CaO	TBBPA	—	QM-3SP04	13:52:1	30	550	4	100	Liu X et al., 2016
矿物质	水钠锰矿	DCP	—	—	25	—	—	5 min	93	Nasser et al., 2014
	水钠锰矿	PCP	—	Pulverisette 7	20	22	700	1	100	Pizzigallo et al., 2011
	Al-蒙脱石、磁铁矿	CBZ	—	—	—	—	—	30 min	>93	Samara et al., 2016
混合体系	CaO+Al	PCDD/F	—	QXQM-2	4:1:30	15	600	10	93.20	Chen Z et al., 2017
	Al₂O₃+Al	HCB	—	QM-3SP2J	10:10:1	30	550	1	99.30	Deng S et al., 2017
	Al₂O₃+Mg	HCB	—	QM-3SP2J	10:10:1	30	550	1	100	Ren Y et al., 2015
	Bi₂O₃+Fe	BDE209	—	PM100	4.2:1:1.7	—	400	2	96.60	Zhang Z et al., 2017

26.1.4　研究的意义和工作内容

一种非热处置的土壤无害化技术—机械化学法，因其具有工艺流程简单、作业条件温和、能耗小、效率高等优点，被认为是一种非常具商业化应用前景的非焚烧处理技术（Shi L et al., 2019）。大量试验研究证明了机械化学法相较于其他有机物污染修复技术的优越性，但是在现有研究中仍存在一些问题：

①现有试验的基础均建立在高 C_R 条件下（C_R 远大于 10），依靠添加较多的球磨珠产生足够的高能促使破碎—裂解反应的发生，而珠子数量过多，超过反应容器的 3/4 时则会阻碍球磨珠与污染物的充分接触从而阻碍降解反应进行，在实际工程中难以操作和应用。

②修复过程中中间代谢产物的生成或者是污染物生物可利用性的变化可能会产生更强的毒性，仅以目标污染物浓度的降低作为评判该修复方法可行的判断依据是局限的，已不能全面、科学地表征土壤修复效果。

基于我们课题组关于铁基材料降解多溴联苯醚的丰富研究经验，我们提出采用铁基添加剂辅助机械化学法修复土壤中多溴联苯醚。本书以 BDE209 为研究对象，探索在低 C_R 条件下，从不同性质的众多添加剂中筛选出高效的辅助添加剂，并分析相关工艺条件对目标污染物去除效果的影响，确定最佳工艺条件。通过 LC、GC-MS/MS 定性、定量分析其最终降解产物，通过 IC 检测反应过程中 Br^- 及 BrO_3^- 浓度变化，通过 SEM、XPS、XRD、FTIR 等表征手段深入探讨添加剂辅助机械化学法修复 BDE209 的作用机理以及降解路径。最后，通过发光细菌法测定体系中有机污染物的综合急性毒性，以期为该技术应用于卤代有机物污染修复提供一定的借鉴与思路，为其大规模应用实际污染修复奠定基础。主要研究内容如下：

①不同性质添加剂辅助机械化学法修复 BDE209 的研究。

对影响机械化学法的因素（如 C_R、转速、反应时间等）进行研究，确定最佳的工艺条件参数。在此基础上，分别对比不同性质的添加剂，包括金属单质、金属氧化物、氧化剂、矿物质等的作用效果，为进一步筛选作用效果更佳的添加剂奠定基础。

②针铁矿辅助机械化学法修复土壤中 BDE209 的研究。

在研究的第一部分内容基础上筛选出效果最优的添加剂。探讨了其物料比及反应时间对降解率的影响，同时运用三重四极杆气质联用仪、离子色谱等化学分析手段，对中间产物及最终产物进行定性定量分析。使用傅里叶红外光谱、扫描电镜、X 射线光电子能谱等表征手段，对反应过程中的基团变化、材料表面形态和元素价态等信息进行分析，进而解释针铁矿辅助机械化学修复 BDE209 的作用机制。

③低 C_R 条件下，硼氢化钠辅助机械化学法修复土壤中 BDE209 的研究。

进一步降低 C_R，选择硼氢化钠作为添加剂，分析其物料比及反应时间对降解效果的影响。同时运用三重四极杆气质联用仪、离子色谱等化学分析手段，对中间产物及最终产物进行定性定量分析，并观察反应过程中溴离子及溴酸根离子的变化。进一步深入探讨硼氢化钠辅助机械化学法修复 BDE209 的作用机理以及降解路径。

④两种添加剂共同作用对降解机理及体系综合毒性的影响。

对比两种添加剂的先后添加顺序对 BDE209 降解率及反应过程中溴离子、溴酸根离子、TOC 及降解产物的影响，深入探讨二者去除 BDE209 的作用机制。通过发光细菌试验实时监测反应体系的综合毒性，分析两种添加剂及 BDE209 降解后的中间及最终产物对发光细菌发光度的影响，证明所选添加剂的环境使用性能以及修复方法的可行性。

26.2　机械化学添加剂的筛选研究

一般而言，影响机械化学法修复有机污染土壤效果的主要因素有球磨时间、转速、球料比及物料比等（Zhang Q et al., 2001）。例如，球磨时间与能耗成正比；转速及物料比与污染物降解速率成正比；尽管球料比越大，所提供的机械能越大，摩擦位点越多，破坏力更强，反应速率越快，但是最大装样量会阻碍磨球在球磨罐中的运动。因此，采用机械化学法修复有机污染土壤时，如何平衡修复效果与成本的问题是当前亟须考虑的问题。

近年来，研究者发现在机械化学法修复过程中加入添加剂是一类行之有效的方法，该策略不仅提高了反应速率以及污染物去除效果，还有效降低了成本。例如，Gruzdiewa 等（1995）用 CaO/SiO$_2$ 体系辅助机械化学法降解 2,4,6-三氯苯酚（TCP），400 rpm 转速下 6 h 降解率达 99%。尽管加入添加剂能够缓解机械化学法应用时修复效果与成本两者直接的矛盾，但是仍然存在高物料比使得添加剂成本增大，使得目标污染物处置量变少，不利于工业化处理大量污染物的问题。

在考虑影响因素的基础上，从不同性质的众多添加剂中筛选出高效的辅助添加剂，并分析相关工艺条件对目标污染物去除效果的影响，确定最佳工艺条件，从而为探讨添加剂辅助机械化学法修复 BDE209 的作用机理以及降解路径奠定基础，为其工业应用提供理论基础和实践依据。

26.2.1　研究方法

（1）球磨机技术参数

本书中所用的球磨机为全方位行星式球磨机（DSP-LBPBM06C，深圳），分别配置

4 个不锈钢球磨罐以及粒径不同的不锈钢球，不锈钢球的质量分别为 4.1 g、3.7 g、1.0 g，球的填充率不超过罐体积的 3/4。球磨机的相关参数见表 26-3。

表 26-3　行星式球磨机技术参数

项目	参数
型号	DSP-LBPBM06C
可配球磨罐容积/mL	50、100
可配球磨罐材质	不锈钢、聚四氟乙烯、玛瑙等
每罐最大装料量	球磨罐容积的 3/4
电源	220 V 50Hz
定时运转时间/min	1～999
调速方式	变频调速 0～60 Hz
控制器	0.75 kW 变频器
公转/（r/min）	0～300
自转/（r/min）	0～750
本机净重/kg	80

（2）供试土壤

无污染土壤采集于华南师范大学大学城校区的野外空地，去除其中的植物根茎及其他垃圾后自然风干，研磨后过 60 目筛，收集于广口瓶置于干燥器中备用。土壤理化性质见表 26-4。

表 26-4　土壤理化性质

土壤理化性质	数值
pH（1∶2.5 土水比）	5.9
含水率/%	1.33
BDE209/（mg/kg）	未检测到（N.D）
有效 Fe/（mg/kg）（DTPA）	103.51
有机质/（g/kg）	58.3

PBDEs 污染土壤的制备：采用四氢呋喃配制 100 mg/L 的 BDE209 储备液，用四氢呋喃稀释到所需的浓度后加至供试土壤中（确保土壤颗粒表面被溶液覆盖），经磁力搅拌器的均匀搅拌，四氢呋喃的完全挥发和 1 个月的平衡时间，即得污染土样，BDE209 的含量为（8.9±0.5）mg/kg。

（3）球料比及反应时间对土壤 BDE209 降解率的影响试验

称取 4.000 g 污染土壤置于球磨罐，加入相应质量的球磨珠（大球与小球的质量比基本保持为 1∶1）。转速设定为 550 rpm，每 30 min 自动更换旋转方向。每个样品同时设置 4 个平行样，反应后在预定的时间取下球磨罐，取出和过筛球磨后的样品及球磨珠，取样用于测试分析。球料比（C_R）为球与所加入的污染土及试剂的质量比，物料比为添加剂与污染土壤的质量比。具体试验设计如表 26-5 所示。

表 26-5　球料比及反应时间试验参数

试验编号	球质量/g	土样质量/g	球料比（C_R）	反应时间/h
1	4.0	4.000	1	0.5
2	8.0	4.000	2	0.5
3	20.0	4.000	5	0.5
4	40.0	4.000	10	0.5
5	60.0	4.000	15	0.5
6	80.0	4.000	20	0.5
7	4.0	4.000	1	1
8	8.0	4.000	2	1
9	20.0	4.000	5	1
10	40.0	4.000	10	1
11	60.0	4.000	15	1
12	80.0	4.000	20	1
13	4.0	4.000	1	1.5
14	8.0	4.000	2	1.5
15	20.0	4.000	5	1.5
16	40.0	4.000	10	1.5
17	60.0	4.000	15	1.5
18	80.0	4.000	20	1.5
19	4.0	4.000	1	2
20	8.0	4.000	2	2
21	20.0	4.000	5	2
22	40.0	4.000	10	2
23	60.0	4.000	15	2
24	80.0	4.000	20	2

（4）转速对土壤 BDE209 降解率的影响试验

称取 4.000 g 污染土壤置于球磨罐中，选取 C_R 为 15，即向罐中加入 60.0 g 球磨珠（大球与小球的质量比基本保持为 1∶1）。球磨转速设置为 250 rpm、350 rpm、450 rpm、550 rpm、650 rpm、750 rpm 6 个不同转速，公转∶自转=1∶2，每 30 min 自动更换旋转方向。每个转速体系同时设置 4 个平行样，反应 2 h 后取下球磨罐，取样过筛用于测试分析。

（5）金属氧化物对土壤 BDE209 降解率的影响试验

为进一步提高土壤中 BDE209 的降解率，在反应过程中加入不同性质的球磨添加剂。选取了机械化学试验常用的金属氧化物添加剂，包括 CaO、Al_2O_3、MgO 等。称取 4.000 g 污染土壤置于球磨罐中，选取 C_R 为 15。具体试验参数如表 26-6 所示。

表 26-6　不同球磨添加剂的试验参数　　　　　　　　　　单位：g

试验编号	球磨添加剂	球磨添加剂质量	土样质量	球质量
25	CaO	0.5	4.000	67.5
26	Al_2O_3	0.5	4.000	67.5
27	MgO	0.5	4.000	67.5

（6）金属单质对土壤 BDE209 降解率的影响试验

常用于辅助机械化学法降解的金属单质主要包括 Fe 粉、Al 粉、Zn 粉等，此外，我们在以前实验室研究的基础上制备出纳米 Fe^0 及纳米 Ni/Fe，以此探讨几种添加剂的作用效果。称取 4.000 g 污染土壤置于球磨罐中，选取 C_R 为 15。具体试验参数如表 26-7 所示。

表 26-7　不同球磨添加剂的试验参数　　　　　　　　　　单位：g

试验编号	球磨添加剂	球磨添加剂质量	土样质量	球质量
28	Fe 粉	0.5	4.000	67.5
29	Al 粉	0.5	4.000	67.5
30	Zn 粉	0.5	4.000	67.5
31	纳米 Fe^0	0.5	4.000	67.5
32	纳米 Ni/Fe	0.5	4.000	67.5

（7）强氧化剂对土壤 BDE209 降解率的影响试验

此前的报道 Huang A 等（2016）证实了即使是难以被氧化的 BDE209 在过硫酸盐辅助机械化学过程中 4 h 可被氧化降解。因此本试验探讨了几种强氧化剂（如过硫酸钾、H_2O_2、高锰酸钾）的作用效果。

（8）矿物质对土壤 BDE209 降解率的影响试验

众多研究表明吸附在水钠锰矿、蒙脱石、赤铁矿、磁铁矿等各种矿物质表面的有机污染物可以被机械化学法有效分解（Di Leo P et al.，2012；Di Leo P et al.，2013；A Nasser et al.，2014）。因此本试验探讨了不同矿物质对 BDE209 降解效果的影响，矿物质种类见表 26-8。

表 26-8　不同矿物质的试验参数　　　　　　　　　　单位：g

试验编号	球磨添加剂	主要成分	球磨添加剂质量	土样质量	球质量
33	磁铁矿	Fe_3O_4	0.5	4.000	67.5
34	赤铁矿	Fe_2O_3	0.5	4.000	67.5
35	针铁矿	α-FeOOH	0.5	4.000	67.5
36	纤铁矿	γ-FeOOH	0.5	4.000	67.5

（9）分析方法

取球磨反应后的土样 2 g，加入 10 mL 乙腈，经 250 rpm 振荡 30 min，超声萃取 30 min，3 000 rpm 离心 7 min，取上清液后再重复上述步骤，将两次的离心上清液汇聚一起用 0.22 μm 有机滤膜过滤后待测。萃取率可达 88.34%±5.5%。

土壤萃取液中 BDE209 的浓度采用高效液相色谱（HPLC，HP1100，Shimadzu，Japan）进行测定，色谱柱为 Dikma C_{18} column（250 mm×4.6 mm），紫外检测波长为 240 nm，流动相为纯甲醇，流速为 1.2 mL/min，进样量为 20 μL。采用外标法定量，即测定前先配制一系列 BDE209 标准溶液，以浓度为横坐标，峰面积为纵坐标绘制标准曲线（$R>0.999$），采用该曲线对 BDE209 的浓度进行定量分析。

26.2.2　C_R 及反应时间对土壤中 BDE209 降解率的影响

不同 C_R 对 BDE209 的去除效果影响如图 26-1 所示。由图可知，随着 C_R 不断提高，反应时间不断延长，降解率皆呈递增趋势，2 h 后趋于平缓。与 $C_R=1$ 相比，$C_R=2$ 对去除率提升不明显，原因是 BDE209 中 C—Br 的化学键能为 346 kJ/mol，加入的球磨珠太少，球磨过程中并不足以产生足够的高能促使破碎和裂解反应的发生。在 $C_R=5$ 时，反应 2 h，BDE209 的去除率为 22.2%，进一步提高 C_R 至 10 和 15，去除率提升明显，反应结束后，BDE209 的去除率可达 30.4%、43.8%；当 $C_R=20$ 时，BDE209 的去除率可达 50.4%，一方面因为球磨珠个数增加使得单位时间内碰撞次数增加，从而转移更多能量至土壤颗粒；另一方面高的球料比更能促使土壤颗粒温升增加，使分布在土壤当中的 BDE209 得以快速去除。

在动力学研究中，分别对比 4 种模型，即拟一级反应动力学模型（$\ln C_t$-t）、拟二级反应动力学模型（C_t^{-1}-t）、Delogu 等（2004）提出的指数型（$\alpha=1-e^{-k_t t}$）和 S 趋势型 [$\alpha=1-(1+k_t t)\,e^{-k_t t}$]，Delogu 综合考虑了球磨过程中的撞击能量、频率和粉末电荷等相关影响参数提出了以上两种关于研磨样品转化效率与累积能量之间反应动力学模型。其研究表明，指数型函数关系多适用于研磨单一样品，对于两种或两种以上的机械化学反应体系，S 趋势型能更好地反映动力学变化。我们发现 Delogu 的指数型模型的拟合度更好（图 26-2）。其动力学模型拟合结果如表 26-9 所示。

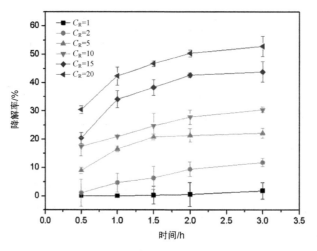

图 26-1　不同反应时间不同 C_R 对降解率的影响

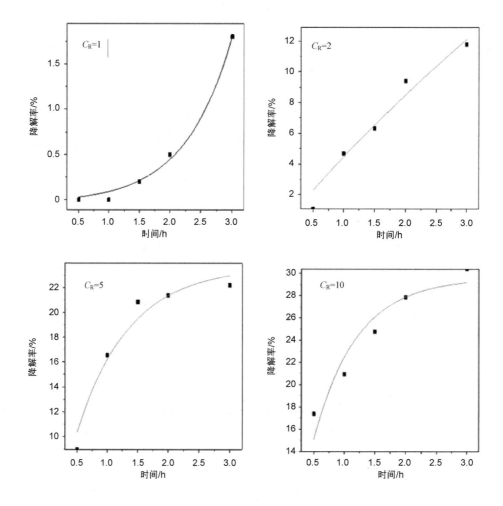

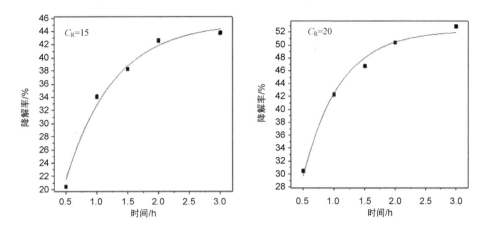

图 26-2　不同 C_R 下球磨 BDE209 反应按指数型模型拟合结果

明显地，随着 C_R 的提高反应速率常数（k_t）不断增大，即反应速率与 C_R 呈正相关，且在 $C_R \geqslant 15$ 时，其相关系数（R^2）均在 0.98 以上，表明该模型的预测结果与球磨过程中的实际值吻合度更高。但是，过高的 C_R 意味着加入过多的球磨珠以提供高能，导致能耗高。因此，基于实际应用的可操作性和修复成本，选取 C_R 为 15 作为筛选高效添加剂的基础，并用于后续试验研究。

表 26-9　按指数型模型拟合的 k_t 值和 R^2 值

C_R	反应速率常数 k_t/h^{-1}	相关系数 R^2
1	0.038 33	0.992 68
2	0.104 18	0.951 01
5	1.149 48	0.950 54
10	1.426 92	0.866 56
15	1.590 78	0.985 22
20	1.675 48	0.986 25

26.2.3　转速对土壤中 BDE209 降解率的影响

转速对 BDE209 的降解效果如图 26-3 所示，试验结果表明随着转速不断增大，降解率随反应时间延长而不断提高。转速从 250 rpm 增长到 550 rpm 时，降解率从 10.37% 增至 40.39%，550～750 rpm 时降解率仍在提高，但增长速率减缓趋于稳定，最终在转速达到 750 rpm 时，降解率达到 44.74%。转速越高，提供给反应的能量越高；温度越高，加速了破碎反应的发生以及电子转移。

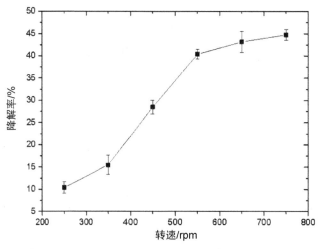

图 26-3　C_R 为 15 时不同转速对降解率的影响

根据 Mio H 等（2002）的研究，聚氯乙烯的脱氯速率与能量成正比，一般情况下，球磨转速越高，磨球之间相对运动速度越大，磨球相互碰撞产生的能量越高，越有利于机械化学反应。值得关注的是，在球磨转速大于 550 rpm 以后，土壤 BDE209 残留浓度下降趋势变慢，这可能归因于磨球和球磨罐的物理参数的限制作用，即使进一步增加转速，土壤体系在单位时间内获得的碰撞并没有显著增加。球磨转速既是一个技术参数，也是一个经济参数。在实际应用中，虽然提高转速可以增加土壤 BDE209 的降解率，但是高转速会使得运行成本增加，故而在选取球磨转速时应综合考虑各方面因素，优选转速为 550 rpm。

26.2.4　金属氧化物对土壤中 BDE209 降解率的影响试验

不同球磨添加剂对 BDE209 降解效果影响如图 26-4 所示。在不添加球磨试剂时，反应 6 h 降解率可达 30%左右，加入 CaO 反应 6 h 降解率提升至 62%左右，原因可能是球磨过程使 CaO 结构发生破碎，产生自由电子攻击了 BDE209 的溴，发生脱溴或脱溴化氢反应。Tanaka 等（2006）在机械化学处理 1,2,3-TCB 时加入 CaO，700 rpm 下 6 h 降解率达 99.98%，与我们的试验结果类似，其反应方程式为"$C_6H_3Cl_3+3CaO \Longrightarrow 3CaOHCl+6C$"。另外，$Al_2O_3$ 作用效果要优于 MgO，反应 6 h，降解率达到 51.5%，而氧化镁为 41.3%。综合降解效果为 CaO＞Al_2O_3＞MgO。

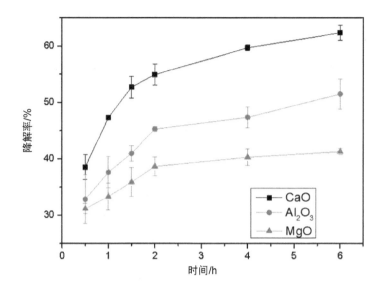

图 26-4　不同金属氧化物对降解率的影响

26.2.5　金属单质对土壤中 BDE209 降解率的影响试验

如图 26-5 所示,在添加金属单质辅助机械化学法降解土壤中 BDE209 时,其去除率随着球磨时间的延长而不断上升,但是不同添加剂之间处理效率存在明显差异。值得注意的是,单独添加微米级 Fe 粉时,反应 6 h 后降解率达到 74.2%,相较于同时间段的 Zn 粉(67.3%)和 Al 粉(54.7%)展现出优越性。同时我们发现对比于反应前期 2 h 内,Fe 粉的降解率是低于 Zn 粉的,在 4 h 后降解率逐渐提高优于 Zn 粉。Nah I W 等(2008)在研究中对比了金属 Al、Mg、Fe、Zn 为添加剂并混合乙二醇用于去除 PCBs,添加 Zn 粉使得 PCBs 的去除率为 99.9%,脱氯率达到 94%,其他条件相同的情况下去除率 Zn>Fe>Mg>Al,其结果与本试验反应前 2 h 的结果一致,究其原因,可能是在还原剂共同研磨的体系中,机械化学力迫使电荷转移至还原剂表面的活性还原位点,由于反应产生的活性基团作用,导致 C—X 键的断裂,因此影响脱卤速率的关键步骤是还原剂得电子能力,且已证实使用不同类型还原剂的脱卤速率与还原剂的摩擦电序一致。然而随着时间延长,Fe 粉的作用逐渐优于 Zn 粉,可能是因为球磨时间的延长,Fe 粒径不断变小,其至达到纳米级而极大提高了其活性。

另外,纳米 Ni/Fe 反应 6 h 后去除率可达 93.2%,而单独纳米 Fe^0 降解率为 86.3%。类似地,吴鹏等(2014)在研究中发现,Fe-Zn 双金属作添加剂球磨处理污染土壤中的 DDTs 比单独使用 Fe 粉降解的优越,降解率可达 97.76%,DDT 残留量仅有 4.33 mg/kg。猜测在球磨过程中金属失去电荷并转移至污染物表面,由于双金属产生的原电池效应促进了电子转移，导致污染物表面更多不饱和基团、自由离子和电子生成，使表面处于不稳定的化学活性状态，因此加速降解反应。

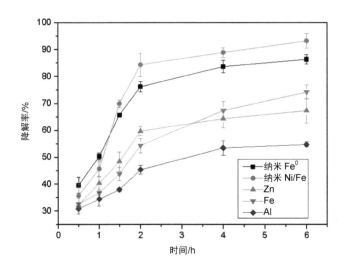

图 26-5　不同金属对 BDE209 降解率的影响

26.2.6　强氧化剂对土壤中 BDE209 降解率的影响试验

据报道，X Liu 等（2015）用 PS 混合 CaO 辅助机械化学法降解四溴双酚 A，C_R=30，550 rpm 转速下 2 h 可完全脱溴，4 h 完全矿化。Huang A 等（2016）用 3.9 g 的 PS 降解 2.7 g 的 BDE209，C_R=50，反应 2 h 后将 BDE209 矿化为 CO_2。而从本试验结果（图 26-6）来看，文献中被证明的作用效果极好的过硫酸盐在本试验中并没有起到很好的降解效果，反应前 2 h，降解率提升缓慢，延长反应时间至 4 h，降解率仅提升至 49.6%。可能的原因是其他研究者在 C_R 较高的基础上加入过硫酸盐或同时加入活化剂，足够的高能或活化作用可以促进强氧化自由基的产生和污染物的氧化降解，而在本书较低 C_R 条件下很难激发过硫酸盐产生强氧化自由基攻击 BDE209，且 BDE209 本身较易被还原难以被氧化。

H_2O_2 作为一种强氧化剂，效果却远远低于过硫酸钠，相对于单独球磨的效果更差。因为液体状 H_2O_2 的加入使固体粉末颗粒黏附在一起成浆状，降低了球磨钢珠与土壤颗粒的有效接触率，减少了撞击的有效次数，并且由于颗粒的湿度较高，撞击无法产生瞬间高温，故降解效果不佳。对于 $KMnO_4$ 降解体系，在检测过程中发现 $KMnO_4$ 干扰了测试过程，导致整个体系峰形奇怪，无法判断 $KMnO_4$ 对于 BDE209 是否有促进或抑制其降解的效果，本书对此并无过多探讨。

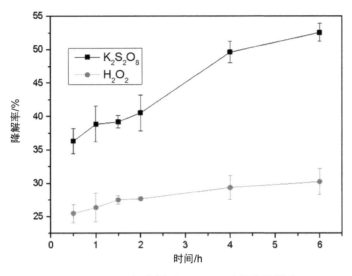

图 26-6　不同氧化剂对 BDE209 降解率的影响

26.2.7　矿物质对土壤中 BDE209 降解率的影响试验

矿物质对土壤中 BDE209 降解率的影响结果如图 26-7（图 26-8 和表 26-10 为对应的模型拟合结果）所示，表明针铁矿在众多矿物质添加剂中显示出最优的促进效果，反应 2 h 时其降解率可达到 88%，而后再延长反应时间对降解率提升作用不明显。猜测针铁矿可吸附目标污染物至表面，再配合其针状结构较容易被机械化学高能破坏，产生了电子或 •OH 加速反应进行。另外，纤铁矿（主要成分为 γ-FeOOH）与针铁矿的作用效果相似，二者反应速率常数（k_t）相差不大，但针铁矿体系的相关系数（R^2）大于纤铁矿的，显示更好的拟合效果。虽然两种矿物质结构稍有不同，针铁矿结构为片状、柱状或针状，其晶体的集合体一般为具有同心层和放射状纤维构造的球状、钟乳状或块状，而纤铁矿主要为立方体堆积的属正交晶系（斜方晶系）并结晶成 γ 相的氢氧化物矿物，一般为鳞片状、纤维状，与针铁矿属于同质多相（Mackay et al.，1962；Naono et al.，1993），但降解效果差异不大，故而猜测二者的结构差异对于机械化学法降解 BDE209 无太大影响。

对于磁铁矿，其主要成分为 Fe_3O_4，效果仅次于针铁矿和纤铁矿，反应初期降解速率随着反应时间的延长升高较快，从 0.5 h 到 2 h 降解率由 38% 提升至 67%，提高了 30% 左右。反应 4 h 时，降解率达到 82%，提升了 15% 左右，反应增长速率在缓慢降低，可能与体系中的 Fe^{3+} 随着磁铁矿的消耗不断减少，导致电子转移速率减慢相关。Samara 等（2016）分别研究了 Al-蒙脱石和磁铁矿降解卡马西平（CBZ）的不同降解路径。发现富含 Fe^{3+} 的磁铁矿可促进酸催化水解，启动 CBZ 的水解反应，又因其是一种混合离子氧化物，具有敏感的氧化还原性，会促进电子转移从而加速 CBZ 降解。相比之下，赤铁矿对于机械化学法降解 BDE209 的促进作用较弱，反应 6 h 的降解率仅达到 36% 左右，远远不如针铁矿及磁铁矿。

对比以上研究发现，针铁矿促进机械化学法修复土壤中 BDE209 的作用效果要优于其他添加剂，2 h 降解率可达到 88.3%，其次为纳米 Ni/Fe、纳米 Fe^0，降解率分别为 83.8%、76.4%。因制备纳米材料的过程较为复杂，成本较高，故而选择针铁矿作为一种高效的矿物质添加剂辅助机械化学法修复土壤中的多溴联苯醚，为进一步探索其作用机理奠定基础。

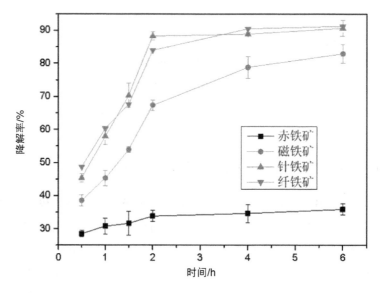

图 26-7　不同矿物质对 BDE209 降解效果的影响

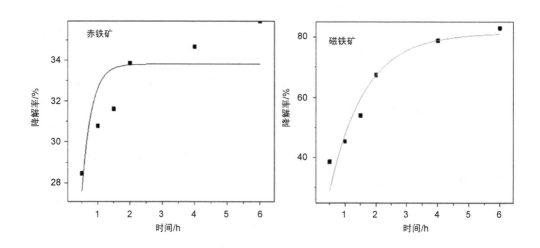

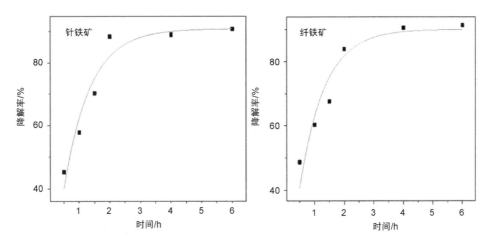

图 26-8　不同矿物质球磨 BDE209 反应按指数型模型拟合结果

表 26-10　按指数型模型拟合的 k_t 值和 R^2 值

矿物质	反应速率常数 k_t/h^{-1}	相关系数 R^2
赤铁矿	3.379 74	0.561 09
磁铁矿	0.878	0.898 23
针铁矿	1.167 71	0.922 85
纤铁矿	1.197 81	0.889 92

26.2.8　小结

本节探讨了球磨参数之球料比、转速、反应时间对 BDE209 降解率的影响，并从不同性质的添加剂中筛选了高效添加剂。主要结论有：

①综合考虑能耗以及对机器的损耗程度，选择最佳的球磨工艺条件为 $C_R=15$，转速为 550 rpm，反应时间为 2 h，BDE209 降解率可达 42.6%。

②添加剂筛选试验结果表明，物料比为 0.125，反应 2 h 后，金属氧化物添加剂的降解速率为 CaO＞MgO＞Al$_2$O$_3$。金属单质添加剂的降解速率依次为纳米 Ni/Fe＞纳米 Fe^0＞Zn＞Fe＞Al。

③氧化剂过硫酸钾和 H$_2$O$_2$ 对 BDE209 的降解效果较差，过硫酸钾在相同条件下的降解率只有 65.9%；H$_2$O$_2$ 因呈液体状使固体粉末的颗粒发生黏附，阻碍颗粒及球体之间的撞击，从而阻碍 BDE209 的高效降解。

④矿物质类添加剂筛选中发现针铁矿为潜在的高效添加剂，反应 2 h 降解率可达到 88.3%，纤铁矿（γ-FeOOH）与针铁矿的降解效果差别不大。磁铁矿降解率为 67.4%，赤铁矿仅有 33.8%。

26.3 针铁矿辅助机械化学修复土壤中 BDE209 的研究

在自然界中，存在各种形态铁氧化物，最常见的有 α-FeOOH（针铁矿）、γ-FeOOH（纤铁矿）、α-Fe$_2$O$_3$（赤铁矿）、γ-Fe$_2$O$_3$（磁赤铁矿）等。这些物质广泛存在于土壤、水体沉积物以及山体废水等环境介质中，并且对环境无毒无害，是环境友好型材料。其中，针铁矿是含量最多的铁氧化物之一，其化学性质稳定，比表面积较高，颗粒结构细微（Forsyth et al.，1968；Russell et al.，1974；Schwertmann et al.，1985）。从上一节的研究结果发现，利用针铁矿可以有效促进机械化学修复土壤中的 BDE209。

虽然试验结果表明针铁矿对 BDE209 的降解有明显促进作用，但是由于机械化学反应的复杂性，对于其如何促进以及作用机理尚不明确，仍需进一步对球磨后的降解产物以及针铁矿前后形态变化进行分析和表征，综合推断其作用机制。

26.3.1 研究方法

（1）针铁矿辅助机械化学法修复土壤中 BDE209 的试验

称取 4.000 g 污染土壤置于球磨罐中，选取 C_R=15（大球与小球的质量比基本保持为 1∶1）。球磨转速设置为 550 rpm，公转∶自转=1∶2，每 30 min 自动更换旋转方向。每种添加剂同时设置 2 个平行样。在预定的反应时间取下球磨罐，取球磨后的样品及球磨珠过筛，用于测试分析。具体试验参数如表 26-11 所示。

表 26-11 不同物料比及反应时间的试验参数

试验编号	针铁矿质量/g	土样质量/g	物料比	球质量/g	时间/h
1	0	4.000	0	60.0	0.5
2	0.1	4.000	0.025	61.5	0.5
3	0.2	4.000	0.05	63.0	0.5
4	0.4	4.000	0.1	66.0	0.5
5	0.6	4.000	0.15	69.0	0.5
6	0	4.000	0	60.0	1
7	0.1	4.000	0.025	61.5	1
8	0.2	4.000	0.05	63.0	1
9	0.4	4.000	0.1	66.0	1
10	0.6	4.000	0.15	69.0	1
11	0	4.000	0	60.0	1.5
12	0.1	4.000	0.025	61.5	1.5
13	0.2	4.000	0.05	63.0	1.5
14	0.4	4.000	0.1	66.0	1.5

试验编号	针铁矿质量/g	土样质量/g	物料比	球质量/g	时间/h
15	0.6	4.000	0.15	69.0	1.5
16	0	4.000	0	60.0	2
17	0.1	4.000	0.025	61.5	2
18	0.2	4.000	0.05	63.0	2
19	0.4	4.000	0.1	66.0	2
20	0.6	4.000	0.15	69.0	2
21	0	4.000	0	60.0	4
22	0.1	4.000	0.025	61.5	4
23	0.2	4.000	0.05	63.0	4
24	0.4	4.000	0.1	66.0	4
25	0.6	4.000	0.15	69.0	4

（2）分析方法

①BDE209 的高效液相色谱分析法可参考 26.2.1 节。

②溴离子及溴酸根离子浓度分析：采用离子色谱（IC，ICS-600）进行测定，淋洗液为碳酸钠、碳酸氢钠混合液，进样体积为 100 μL，流速为 1.2 mL/min，压力 800 Pa，抑制器类型为 AERS，抑制电流为 40 mA。采用外标法定量，即溶解一定量的干燥后的溴化钾及溴酸钾溶液于 250 mL 的容量瓶中，配制 10 mg/L 的溴离子及溴酸根离子储备液。依次逐级稀释得到一系列溴离子及溴酸根离子标准溶液，以浓度为横坐标，峰高为纵坐标绘制标准曲线（$R>0.999$），采用该曲线进行定量分析。

③土壤有机碳的测定：采用重铬酸钾氧化-分光光度法分析土壤中的有机碳含量。取 0.5 g 反应后样品于消解管中，依次加入 0.1 g $HgSO_4$、5 mL K_2CrO_7 溶液和 7.5 mL 浓硫酸，135℃下消解 45 min 后取出，样液在 585 nm 波长处测其吸光度。

④产物分析：BDE209 的降解产物用气相色谱-三重四极杆串联质谱 GC-MC/MS 分析。气相色谱仪型号为 Trace 1310，质谱仪型号为 TSQ 8000 EVO（Thermo，USA），电离源为（AEI 源），离子选择性扫描，色谱柱为 TG-5HT 毛细管柱（15 m×0.25 mm×0.1 μm）。不分流恒流模式进样，载气（99.999%氦气）流速 1 mL/min，进样口温度 280℃，升温程序为 100℃保持 2 min，35℃/min 升至 200℃保留 1 min，25℃/min 升至 280℃保留 1 min，35℃/min 升至 330℃保留 3.5 min，传输线温度为 280℃，离子源温度为 300℃。

26.3.2　物料比及反应时间对土壤中 BDE209 降解率的影响

物料比及反应时间对土壤中 BDE209 降解率的影响结果如图 26-9（图 26-10 和表 26-12 为对应的模型拟合结果）所示。研究发现，随着针铁矿投加量不断提高，反应时间的延长，降解率不断提高。反应速率常数（k_t）和相关系数（R^2）均随物料比的提高而增大，

即反应速率与物料比呈正相关,在高物料比时,Delogu 等(2004)的指数模型能更好地
预测反应的动力学变化。反应 4 h,在不投加针铁矿时 BDE209 降解率达到 55% 左右,在
物料比为 0.05 时降解率达到 72.6%,物料比为 0.1 时降解率可达到 85.2%,继续提高物料
比至 0.15 时反应速率常数(k_t)最大,降解率最高可达 96.1%。另外,在反应 2 h 后 BDE209
降解率的提升速率逐渐减缓,可能归因于针铁矿的不断消耗造成污染物的可接触位点减
少,从而减缓降解速率。

该现象符合我们前面的猜测,即物料比越高,添加剂的含量越高,发生机械碰撞的
概率越高,添加剂的活化数目越多,同时添加剂与目标污染物的接触面积越大,目标污
染物更容易发生球磨降解反应。因此我们选择物料比为 0.15,反应时间为 4 h 作为后期研
究其降解机理的工艺条件参数。

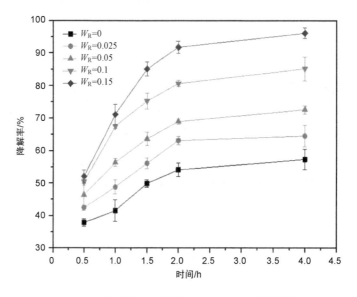

图 26-9 不同反应时间不同物料比对 BDE209 降解效果的影响

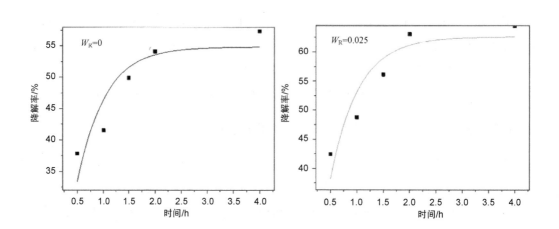

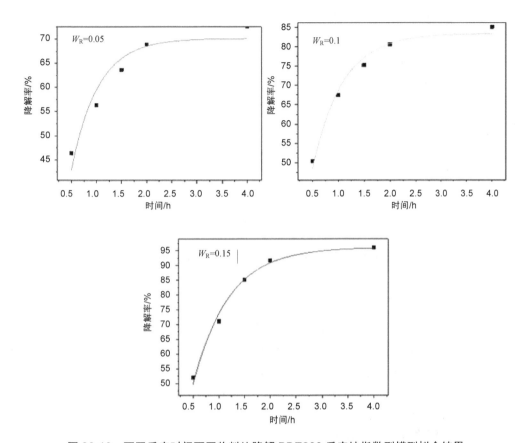

图 26-10　不同反应时间不同物料比降解 BDE209 反应按指数型模型拟合结果

表 26-12　按指数型模型拟合的 k_t 值和 R^2 值

W_R	k_t	R^2
0	1.873 86	0.738 41
0.025	1.886 27	0.806 11
0.05	1.893 69	0.896 69
0.1	1.930 81	0.976 7
0.15	1.955 56	0.986 27

26.3.3　反应体系溴离子及溴酸根离子浓度的变化

反应体系中溴离子及溴酸根离子的变化如图 26-11 所示。未加入针铁矿时，反应 0.5 h 溴离子浓度达到 829.8 μg/L，随着反应时间延长，其浓度先降低后基本保持不变，达到 693.2 μg/L。在物料比为 0.025 时，溴离子浓度变化幅度不大，反应 2 h 时可达到 802 μg/L。继续加大针铁矿投加量，溴离子浓度随反应时间延长而不断降低，在物料比为 0.15，反应 2 h 时，溴离子浓度最低（573.1 µg/L）。

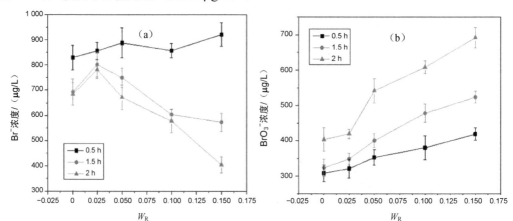

图 26-11   不同反应时间不同物料比条件下溴离子（a）及溴酸根（b）浓度的变化

而溴酸根浓度与物料比及反应时间呈正相关。在此过程中我们发现固定物料比为 0.025，反应时间为 0.5 h、1.5 h、2 h 时，其溴酸根浓度变化不大，是因为加入微量的针铁矿并不能有效促使氧化反应发生，使 BDE209 脱下来的溴氧化为溴酸根，这与 BDE209 降解趋势一致。此后随着反应时间延长及物料比提高，溴酸根浓度不断提高，表明体系中的溴离子进一步被氧化。因此推断氧化作用是导致 BDE209 降解的关键原因。

26.3.4   反应体系 TOC 的变化

为了进一步验证体系中是否发生了氧化作用，测定了反应过程中 TOC 的变化，结果如图 26-12 所示。由图可知，反应时间为 0.5 h，物料比为 0.025 时，对比未添加针铁矿，反应过程 TOC 变化不大，去除率仅有 9%。随着体系中物料比提高，其对应的 TOC 去除率提升明显，在物料比为 0.15 时，TOC 去除率达到 22.6%左右。延长反应时间至 1.5 h 甚至 2 h 时，TOC 去除率随物料比的提高而不断提高，二者的去除率无较大差异。当物料比为 0.1 时，TOC 去除率可达到 48.2%、46.1%。物料比为 0.15 时，反应 2 h，TOC 去除率达到最大值 52.9%。

结合前述对溴离子及溴酸根浓度的分析，我们大胆设想，加入针铁矿即可提供电子转移使得 BDE209 发生开环反应，产生长链溴代有机物；提高针铁矿投加量后，反应活性位点增多，产生的强氧化自由基氧化脱下来的溴离子转变为溴酸根，并进一步发生矿化作用，提高矿化率。

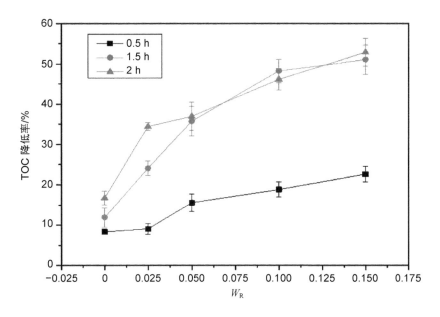

图 26-12　不同反应时间不同物料比对 TOC 去除效果的影响

26.3.5　降解机理研究

在探究了反应体系溴离子、溴酸根离子浓度及 TOC 去除率变化的基础上，我们认为针铁矿促进机械化学法修复土壤中的 BDE209 主要基于氧化开环作用。为进一步明确其降解机理，通过 GC-MS/MS 确定其降解产物，SEM、XRD、XPS、FTIR 等表征分析针铁矿的表面形态变化、反应前后体系的分子或原子结构、基团变化以及元素价态等信息。

26.3.5.1　GC-MS/MS 产物分析

对 C_R=15，针铁矿物料比为 0.15，反应 1 h、2 h 体系的降解产物进行鉴别分析，结果如图 26-13 所示，发现产物中仅存在十溴和九溴联苯醚。虽然反应 1 h 体系的谱图中未显示出 BDE209 的存在，但根据液相测试结果分析，反应时间 1 h 时降解产物中确实存在大量 BDE209 仍未降解。而反应 2 h 体系中，BDE209 含量减少，九溴联苯醚含量亦减少，并未发现其他低溴代联苯醚的产生。

若存在还原脱溴作用，则必定出现大量低溴代联苯醚，此结论可在下一节得到验证，而加入针铁矿辅助机械化学法降解 BDE209 过程中，除九溴联苯醚以外，无其他低溴代联苯醚的产生，表明其并未发生逐级脱溴加氢反应，与上一节中对其溴离子、溴酸根离子和 TOC 的变化结果得出一致结论，即主要发生氧化反应。而且，针铁矿直接将 BDE209 氧化开环生成长链的含溴有机物而非联苯醚，链状有机物的 C—Br 键被破坏，脱掉的溴被氧化成溴酸根，造成溴酸根浓度不断上升。类似的结果也出现在 Huang A 等（2016）的研究。

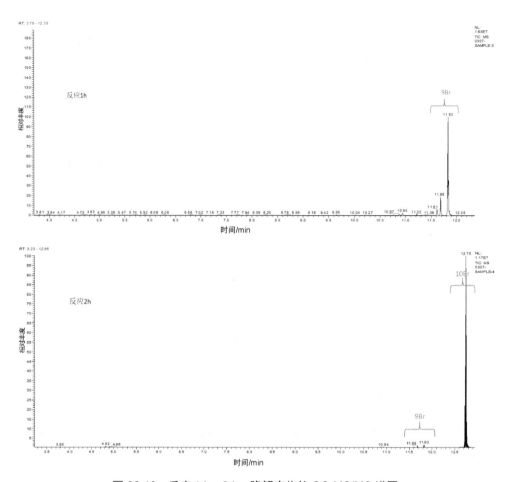

图 26-13　反应 1 h、2 h，降解产物的 GC-MS/MS 谱图

26.3.5.2　SEM 分析

　　通过对球磨物的扫描电镜表征观察球磨后颗粒的表面形态，如图 26-14 所示。从图 26-14（a）中可见，针铁矿的针状结构明显，初始颗粒粒径很大，颗粒间隙明显。图 26-14（c）、图 26-14（e）展示了单独球磨针铁矿 4 h 和加入土壤样品及针铁矿球磨 4 h 后的样品状态，随着球磨的进行，可见针铁矿的针状结构不复存在，颗粒由针状结构转变为块状，整体变密，大颗粒数目减少，与土壤的接触位点增多。将图 26-14（e）放大几倍后发现了少量的中空球体出现，张望等（2012）在应用 Fe-SiO$_2$ 去除有机污染物时通过 SEM 表征球磨样品也发现了许多中空球体，其猜测是由 SiO$_2$ 导致了摩擦等离子体的形成造成的。而我们在球磨过程中并未加入 SiO$_2$，理论上并不能产生此种结构，但是在进一步的 XRD 表征中我们发现了土壤样品中本身就存在少量的 SiO$_2$，故而猜测该结构确实为中空球体。

［a：针铁矿（500 μm）；b：针铁矿（2 μm）；c：针铁矿球磨 4 h（500 μm）；d：针铁矿球磨 4 h（2 μm）；

e：针铁矿及土壤共同球磨 4 h（500 μm）；f：针铁矿及土壤共同球磨 4 h（2 μm）］

图 26-14　不同球磨样品的 SEM 照片

26.3.5.3　XRD 分析

对于球磨样品的 X 射线衍射的检测结果如图 26-15 所示，针铁矿在 2θ 为 21.22°、33.24°、36.65°、41.17°、53.24°（PDF#29-0713）有一系列中强峰（Russell et al.，1974），在单独针铁矿球磨 4 h 后其特征峰变粗变宽，依然保持一定的晶型。污染土壤与针铁矿共同球磨 4 h 后，针铁矿特征峰明显减弱，表明针铁矿在整个反应体系中参与反应而被消耗。反应 4 h 后的球磨样品中可发现在 2θ 为 26.64°、50.14°（PDF#85-0797）处有中强峰，这代表了 SiO_2 的特征峰（Wang H et al.，2016），表明在土样中存在 SiO_2。已有研究表明，SiO_2 亦对有机物球磨降解具有促进作用，污染样品球磨 4 h 后 SiO_2 的特征峰仍较为明显，猜测其在反应过程中起催化剂的作用，并未被消耗。另外，对于 2θ 为 20°左右的非晶包（而不是衍射峰），可能是无定形碳的存在（Zhang K et al.，2014a）。综上，在反应过程中针铁矿作为反应物质被消耗是发生氧化反应的主要原因，SiO_2 作为微量催化剂可有效地加速反应进行。

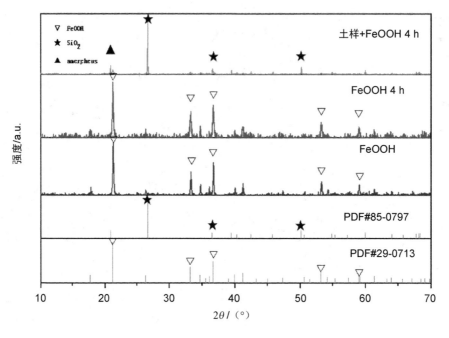

图 26-15　不同样品的 XRD 图

26.3.5.4　XPS 分析

分析每种元素的峰可以判断其在物质表面的价态（Yan X et al.，2017），XPS 显示（图 26-16），Br 3 $d_{5/2}$ 和 Br 3 $d_{3/2}$ 的结合能位于 69.9 eV 和 71.0 eV，O 1s 在 529.4 eV、531.2 eV 和 532.8 eV，C 元素的峰均出现在 284.6 eV。通过对 Br 3 d 的监测发现，初始 69.9 eV 和 71.0 eV 处共价键合态的 Br 在经过 4 h 的反应后，在 68.2 eV 和 69.22 eV 大量产生，而此种信号被证实是溴离子产生的（Zhang Q et al.，2002）。同时仍有部分 Br 以有机苯环 C—Br 的形式出现，与我们的试验结果 BDE209 降解率仅达到 92%左右相符。球磨时间延长，Br 3 d 含量降低。据报道，可能与长时间球磨使表面 Br 元素进入针铁矿固体核心相关（Zhang Q et al.，2001）。从 C 1s 的谱图中发现（图 26-17），在 284.8 eV 与 286.2 eV 的位置分别对应 C 的标准峰以及 BDE209 中连接苯环的 C—O 键（Huang A et al.，2016；Zhimin et al.，2017），在单独球磨 BDE209 4 h 后，连接苯环的 C—O 键消失，在 284.4 eV 和 285.4 eV 位置多出两个峰，经鉴定为苯环上的 C—H 键和链状的 C—H 键，表明在球磨过程中 BDE209 发生脱溴加氢并且环状结构被破坏。加入针铁矿后，BDE209 苯环的 C—H 键逐渐减少，链状的 C—H 键数量明显增多，表明针铁矿促进了开环反应的进行，提高了矿化率。对于 Fe 2p 可以清晰辨认的峰有 711.1 eV、724.3 eV，分别对应 FeOOH、Fe_2O_3（T.Zhang et al.，2013；Wang H et al.，2014），说明反应后样品表面的 Fe 以 FeOOH 与 Fe_2O_3 两种形式存在，也表明有大量的 O 元素参与反应，O 元素的获得途径为 FeOOH

的消耗。因此，充分说明针铁矿在反应过程中起氧化作用，可能归因于其结构被破坏，电子转移加速而促进强氧化自由基（•OH）的产生和 BDE209 的氧化。

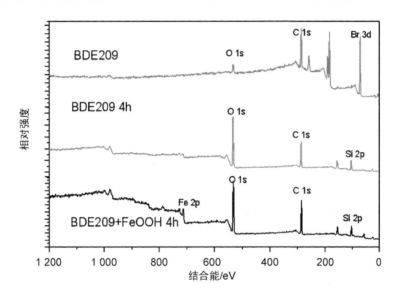

图 26-16　反应前后 BDE209 的 XPS 总谱图

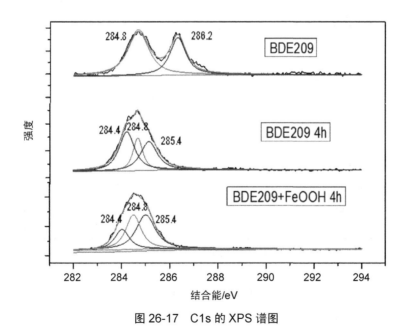

图 26-17　C1s 的 XPS 谱图

26.3.5.5　FTIR 分析

由 FTIR 图谱（图 26-18）可知，针铁矿在 3 100～3 400 cm^{-1} 附近的吸收峰是由针铁矿中游离的羟基—OH 伸缩振动产生的。在 1 636 cm^{-1} 处的峰是结晶水中的—OH，

Fe—OH—Fe 在 890 cm⁻¹ 附近显示出振动峰，并且有少量的 Fe—O—Fe 结构出现（Loiselle et al., 1996）。对于 BDE209 在 1 350 cm⁻¹ 附近有明显峰，为苯环上的特征峰，在大约 1 210 cm⁻¹ 附近有一个小峰，为连接两个苯环的 C—O—C 键，在 960 cm⁻¹、761 cm⁻¹、696 cm⁻¹ 位置的键为 C-Br 键。通过对比球磨反应 4 h 后的图谱发现，针铁矿的 Fe—OH—Fe 的振动峰消失表明其结构被破坏，BDE209 在 1 350 cm⁻¹ 位置的峰消失不见表明苯环被破坏，C—Br 键峰的消失表明有机溴被脱去，最终的整体峰形在 1 080 cm⁻¹ 及 797 cm⁻¹ 附近有明显的峰，经证实为 Si-O-Si 键（Zhang Q et al., 2001），与 SiO₂ 的吸收峰相吻合，变化之处在于峰宽较未球磨之前宽且有轻微偏离，可能原因是球磨机械力作用造成的峰偏移。

因此，结合降解产物分析、各种表征手段及溴离子溴酸根离子、TOC 的变化分析，我们认为针铁矿在辅助机械化学法降解 BDE209 时，由于机械化学力的作用其结构受到破坏，加快了电子转移速率，产生强氧化自由基打开苯环，生成长链的溴代有机物，随后 C-Br 键亦被破坏，脱下来的溴离子被氧化为溴酸根，导致溴酸根离子浓度不断升高，且矿化率不断提高。但由于测试条件限制，具体的过程中是否产生•OH 并未进行确认。

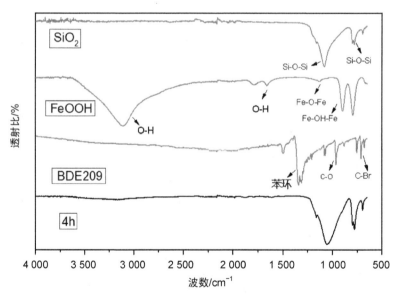

图 26-18　球磨 4 h 后样品的傅里叶红外光谱图

26.3.6　小结

在 C_R 为 15、转速为 550 rpm 的条件下，首先探讨针铁矿物料比及反应时间对降解率的影响，同时运用三重四极杆气质联用仪、离子色谱等化学分析手段，对中间产物及最终产物进行定性定量分析。使用傅里叶红外光谱、扫描电镜、X 射线光电子能谱等表征手段，对反应过程中的基团变化、材料表面形态和元素价态等信息进行分析，从而解释了针铁矿辅助机械化学降解 BDE209 的机制。结果表明：

①在本试验所考察的条件范围下，当物料比为 0.15，球磨反应时间为 4 h 时，BDE209 降解率可达 96.1%。

②溴离子、溴酸根浓度分析表明，随着反应时间延长，溴离子浓度不断降低，溴酸根浓度不断上升，说明整个体系以氧化作用占据主导地位。TOC 变化结果表明，随着针铁矿物料比的提高，反应时间的延长，体系矿化率不断提高，物料比为 0.15，反应时间为 2 h，矿化率可达 52.9%。

③通过对 BDE209 降解产物鉴别分析发现，反应结束后仅检测到微量十溴和微量九溴产物存在。与此同时，FTIR 及 XPS 等表征手段证明，反应过程中针铁矿结构及 BDE209 的苯环均被破坏，最终样品表面的 Fe 存在 FeOOH 与 Fe_2O_3 两种形式，O 元素大量参与反应，表明针铁矿辅助机械化学法对 BDE209 进行氧化开环，归因于机械化学力的作用破坏其结构，加快电子转移速率，产生强氧化自由基打开苯环，生成长链的溴代有机物，随后 C—Br 键亦被破坏，脱下的溴离子被氧化为溴酸根，溴酸根离子浓度不断升高，且矿化率不断提高。

26.4　低球料比 C_R 下硼氢化钠辅助机械化学修复土壤中 BDE209 的研究

机械化学法可有效修复有机污染物已被众多研究者证明。例如，X Liu 等（2015）用过硫酸盐（PS）混合 CaO 辅助机械化学法降解四溴双酚 A，在 $C_R=30$，550 rpm 转速下反应 2 h 可实现完全脱溴，反应 4 h 可使四溴双酚 A 完全矿化。Zhang W 等（2014）在机械化学过程中将 Fe/SiO_2 作为添加剂处理灭蚁灵，发现在 $C_R=36$，550 rpm 转速下反应 2 h 可实现完全脱氯。除此之外，我们以上试验结果也都证明了机械化学法修复有机污染土壤是可行的。但是，基于上述研究发现，机械化学法在修复有机污染土壤过程中需要较高的 C_R（C_R 大于 10），依靠添加较多的球磨珠产生足够的高能促使破碎-裂解反应的发生，高 C_R 比易导致修复成本增高，这极大地限制了其工业应用的可操作性。

因此，本书旨在解决机械化学法存在的问题，拟从低 C_R 条件下筛选出高效的辅助添加剂，并分析相关工艺条件对目标污染物去除效果的影响，确定最佳工艺条件。通过 LC、GC-MS/MS 定性定量分析其最终降解产物，利用 IC 检测试验过程中 Br^- 及 BrO_3^- 浓度变化，深入探讨了硼氢化钠辅助机械化学法降解 BDE209 的作用机理以及降解路径，从而为其工业应用提供理论基础和实践依据。

26.4.1 研究方法

称取 4.000 g 污染土壤置于球磨罐中，选取 C_R=5（大球与小球的质量比基本保持为 1：1）。球磨转速设置为 550 rpm，公转：自转=1：2，反应时间为 2 h，每 30 min 自动更换旋转方向。每种球磨添加剂同时设置 2 个平行样，取球磨后的样品及球磨珠过筛，用于测试分析。具体试验参数如表 26-13 所示。硼氢化钠辅助机械化学法修复土壤中 BDE209 的试验参数如表 26-14 所示。

表 26-13 不同球磨添加剂的试验参数 单位：g

试验编号	球磨添加剂	球磨添加剂质量	土样质量	球质量
1	Fe 粉	0.5	4.000	22.5
2	CaO	0.5	4.000	22.5
3	FeOOH	0.5	4.000	22.5
4	$Na_2S_2O_8$	0.5	4.000	22.5
5	$NaBH_4$	0.5	4.000	22.5

表 26-14 不同物料比的试验参数 单位：g

试验编号	硼氢化钠质量	土样质量	物料比	球质量
6	0	4.000	0	20.0
7	0.01	4.000	0.002 5	20.05
8	0.02	4.000	0.005	20.1
9	0.03	4.000	0.007 5	20.15
10	0.04	4.000	0.01	20.2
11	0.05	4.000	0.012 5	20.25

26.4.2 低 C_R 条件下球磨添加剂的筛选研究

在低 C_R 条件下，反应时间设置为 6 h，为提高反应速率及降解效果，借鉴 26.2 节中的试剂筛选结果，从降解效果较好的试剂中重新筛选高效的添加剂。结果如图 26-19 所示。CaO 体系反应 6 h 后，BDE209 降解率达到 59.9%，Fe 粉的效果稍优于 CaO，降解率达到 66.4%。降低 C_R 后，针铁矿并没有展现出较强的优越性，降解率仅有 51.2%。具强氧化性的过硫酸盐在低 C_R 条件下依然没有起到很高的降解效果，降解率达到 32.5%。磁铁矿（主要成分为 Fe_3O_4）体系的降解率为 59.4%，可能原因为反应过程中 Fe^{3+} 和 Fe^{2+} 的循环使得体系得失电子更加容易，从而导致机械化学作用力更易破坏目标污染物结构（Zhiliang et al.，2017）。赤铁矿其主要成分为 Fe_2O_3，在所有试剂中降解效果最差，仅有 26.6%。值得注意的是，加入强还原剂硼氢化钠，BDE209 在反应过程中基本上被完全降

解。为此，我们选择硼氢化钠作为最优添加剂，继续探讨其辅助机械化学法修复 BDDE209
的作用机理。

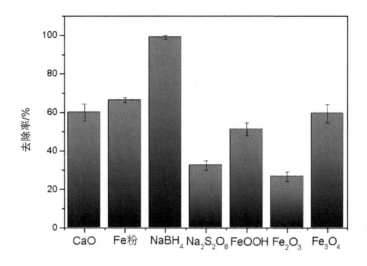

图 26-19　C_R 为 5，反应时间为 6 h，不同添加剂的降解效果

26.4.3　硼氢化钠辅助机械化学法对 BDE209 的降解效果研究

为确定硼氢化钠最佳物料比及最佳反应时间，分别研究了物料比为 0、0.002 5、0.005、
0.007 5、0.01、0.012 5，反应时间为 0.5 h、1 h、1.5 h、2 h、4 h 时球磨后土壤中 BDE209
的降解率，结果如图 26-20 所示。

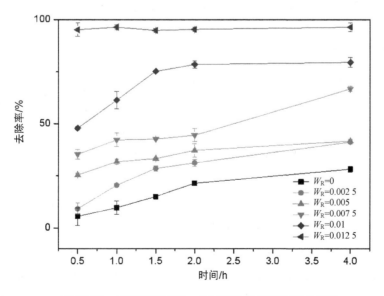

图 26-20　不同反应时间，不同物料比对降解率的影响

作为空白组的无添加硼氢化钠体系，随着反应时间延长，降解率不断提高，反应至 4 h 时降解率可达到 28.2%。物料比为 0.002 5 时，降解趋势与无添加的相似，反应 4 h 降解率提升到 41.2%。物料比为 0.005，反应 0.5 h 降解率即达到 25.4%，相比 0.002 5 提升了 16%，继续延长反应时间至 2 h、4 h，降解率分别达到 37.2%和 41.7%，最终与 0.002 5 的降解率相差不大，原因可能是以金属氢化物为添加剂的机械球磨诱发自蔓延反应导致（Loiselle et al.，1996；Monagheddu et al.，1999），如加入的 CaH_2、$NaBH_4$、$LiAlH_4$ 等既可以作为还原剂亦充当氢供体，对卤原子进行亲核取代。在球磨过程中，如果碰撞产生的温度超过了燃烧温度，燃烧反应则被启动，大量的反应能释放促进目标有机物的降解，而在物料比较低时，如 0.002 5、0.005 甚至 0.007 5，反应前 2 h 并未使碰撞产生的温度超过燃烧温度，故反应能较低，不能产生足够的电荷与还原剂作用，促进效果微弱。但物料比为 0.007 5 的体系延长反应至 4 h 时，达到了燃烧反应的临界点，明显促进了降解反应的进行，降解率提升至 66.7%。

在物料比为 0.01 时，随着反应进行，前 2 h 降解率由 47.9%提升至 78.5%，2 h 后降解速率增长趋于平缓，可能的原因是硼氢化钠被消耗完全，猜测硼氢化钠降解 BDE209 的作用机理为机械化学力迫使反应过程中的电荷转移至还原剂表面的活性还原位点，由于反应产生的活性基团作用，导致了 C—Br 键的断裂，脱除下来的 Br 原子与还原剂作用，形成无机溴化物，而硼氢化钠被消耗完全则无法作为活性位点接受电子，从而阻碍反应进一步进行。当提升物料比至 0.012 5，反应 0.5 h 降解率即可达到 95.1%，补充测试了 20 min、10 min 时的降解率，亦达到 94%以上，表明物料比为 0.012 5 即可提供足够的活性位点以接受电子传递，促使反应不断进行，并且足够的硼氢化钠可在很短时间内提升反应温度至体系燃烧温度，在几分钟之内降解率可达到 90%以上。

26.4.4 降解产物鉴别

通过对不添加硼氢化钠球磨 2 h、加入 0.05 g 硼氢化钠反应 0.5 h、1 h、2 h 4 组试验的降解产物进行鉴别，表 26-15 列出了本书中所用到的 44 种 PBDEs 标准品的种类、保留时间以及各种物质在全部降解产物中的百分含量，从表中的保留时间和相关文献中的洗脱出峰顺序确认了 66 种从一溴代类到十溴代联苯醚的同系物，其中包括了 44 种有标准品和 22 种通过参考其他文献得到的结果（Korytár et al.，2005）。

根据标准品，我们鉴定出 3 种九溴联苯醚 BDE206、BDE207、BDE208，6 种八溴联苯醚 BDE205、BDE196、BDE203、BDE197、BDE204、BDE201，7 种七溴联苯醚 BDE171、BDE181、BDE190、BDE180、BDE191、BDE183、BDE184。在 BDE183 和 BDE184 之间的峰通过文献（An T C et al.，2011；D'archivio et al.，2013）辨认为 BDE179，此外基于色谱柱中 PBDEs 的洗脱出峰顺序数据库我们推测 BDE183 和 BDE191 之间的 3 个峰分

别对应 BDE182、BDE185 和 BDE192。对于六溴联苯醚，我们一共有 BDE156、BDE155、BDE138、BDE140、BDE139、BDE153 和 BDE154 共 7 种标准品。同时基于色谱柱中 PBDEs 的洗脱出峰顺序数据库我们推测 BDE153 和 BDE154 之间的 3 个峰分别对应 BDE144、BDE161、BDE168。接着我们准确鉴定了 5 种五溴联苯醚，包括根据标准品鉴定的 BDE126、BDE85、BDE99、BDE119、BDE100，并且根据我们课题组之前的结果确认 BDE101 出峰在 BDE100 和 BDE119 之间，BDE118 出峰稍早于 BDE85；通过与文献的对比，确认在 BDE99 和 BDE118 之间出峰的为 BDE116，推测在 BDE119 和 BDE99 之间的 3 个峰分别对应 BDE109、BDE88 和 BDE125。在五溴联苯醚后，根据标准品准确辨认了 BDE77、BDE66、BDE47、BDE71 和 BDE49 5 种四溴联苯醚，根据课题组以前的相关研究确定 BDE71 和 BDE47 之间存在的峰为 BDE67、BDE66 和 BDE47 之间存在的峰为 BDE74。同时根据 Ahn M Y 等（2006）的研究，比 BDE49 出峰稍慢的为 BDE75，至此我们共辨认了 8 种四溴联苯醚。随后依据标准品鉴定出三溴联苯醚 BDE17、BDE28 和 BDE30，依据 Ahn M Y 等（2006）确定了出峰时间稍晚 BDE17 的为 BDE25、BDE33 和 BDE28 的洗脱时间一致，此外，比 BDE25 稍晚出的峰经过文献的对比可以确定为 BDE39。对于二溴联苯醚，有 BDE15、BDE7 和 BDE10 3 种标准品，同时我们对此间缺乏标准品的多溴联苯醚进行对比和分离，可以得到紧挨着 BDE7 的为 BDE8 或 BDE11，二者洗脱出峰时间一致。依据文献，BDE15 的出峰时间为 5.04 min，比 BDE15 出峰更快，比 BDE8 出峰更慢的为 BDE12，因此推测在 4.96 min 出峰的为 BDE12。最后依据标准品我们准确鉴定了 3 种一溴联苯醚 BDE3、BDE2、BDE1，并且在最终的降解产物中 3 种一溴联苯醚均存在。

表 26-15　试验中所使用的标准 PBDEs 样品、保留时间及其在降解产物中的百分含量

编号	标准品	保留时间/min	百分含量 CK	百分含量 0.5 h	百分含量 1 h	百分含量 2 h
1	BDE1	3.82	0	0	0.005	0.04
2	BDE2	3.88	0	0	0.01	0.06
3	BDE3	3.93	0	0.05	0.004	0.04
4	BDE10	4.64	0	0	0	0.13
5	BDE7	4.82	0	0.10	0.1	0.62
6	BDE15	5.04	0	0.06	0.6	0
7	BDE30	5.47	0	0	0	0.04
8	BDE28	5.92	0	0.17	0.18	0.64
9	BDE17	6.09	0	0.1	0.27	0.62
10	BDE49	7.02	0	0.06	0.04	0.3
11	BDE71	7.06	0	0.11	0.04	0.21
12	BDE47	7.19	0	0.07	0.06	0.21
13	BDE66	7.32	0	0.04	0.03	0.2
14	BDE77	7.53	0	0.13	0.03	0.73

编号	标准品	保留时间/min	百分含量 CK	百分含量 0.5 h	百分含量 1 h	百分含量 2 h
15	BDE100	7.90	0	0.20	0.06	1.34
16	BDE119	7.97	0	0.35	0.06	1.83
17	BDE99	8.09	0	0.36	0.02	1.06
18	BDE85	8.43	0	0.12	0.03	0.34
19	BDE126	8.48	0	0.12	0.06	0.28
20	BDE166	8.49	0	0.22	0.06	0.05
21	BDE154	8.62	0	0.17	0.33	8.31
22	BDE153	8.87	0	0.44	0.44	14.44
23	BDE139	8.97	0	0.1	0	1.21
24	BDE140	9.04	0	0	0.03	0
25	BDE138	9.20	0	0.34	0.56	4.23
26	BDE155	9.22	0	0.17	0	0
27	BDE156	9.34	0	0	0.02	0
28	BDE184	9.52	0	0	0.02	0
29	BDE183	9.65	0.02	0.42	0.25	4.86
30	BDE191	9.91	0	0	0.16	2.36
31	BDE180	10.05	0	0	0.32	9.34
32	BDE190	10.18	0.02	0.83	0.03	0.42
33	BDE181	10.25	0.03	0.83	0.05	0.44
34	BDE171	10.28	0	0	0.02	0
35	BDE201	10.69	0	0	0.34	0
36	BDE204	10.76	0	0	0.14	0
37	BDE197	10.78	0	0	0.15	0
38	BDE203	10.88	0.1	0	0.96	10.34
39	BDE196	10.95	0	0	2.34	8.79
40	BDE205	11.09	0.06	0	1.08	26.55
41	BDE208	11.63	1.11	3.89	11.67	0
42	BDE207	11.69	2.1	4.38	16.05	0
43	BDE206	11.83	1.8	6.21	25.14	0
44	BDE209	12.75	94.71	79.78	38.94	0

26.4.5　降解路径分析

GC-MS/MS 的检测结果（图 26-21）表明，在硼氢化钠辅助机械化学法降解 BDE209 的试验中，当物料比为 0.012 5，反应 2 h 即可达到 100%降解率，完全检测不到 BDE209，与液相结果吻合。由不同反应时间各溴代产物的分布图（图 26-22）可知，不加入硼氢化钠进行机械化学反应，产物主要以十溴和九溴为主。加入硼氢化钠后，随着反应时间的延长，高溴代产物逐渐减少，低溴代产物逐渐增多，BDE209 含量不断降低，反应至 1 h 时，九溴联苯醚含量最高；反应至 2 h 时八溴和六溴产物含量最高，因此我们认为硼氢化钠还原脱溴主要是一个逐步脱溴的过程。

依据降解产物的鉴别分析结果，对降解路径进行了推测，结果如图 26-23 所示。在本课题组以前的研究基础上发现，在已准确鉴定的低溴代产物中，有些并没有逐步脱溴，如六溴产物中的 BDE116 并没有通过五溴联苯醚脱掉一个溴形成的，BDE77 也会直接脱去两个溴变为 BDE15，因此我们推测 BDE209 的脱溴反应是逐级脱溴及多级脱溴两个过程的结合。

在所有脱溴产物中，间位、邻位和对位的脱溴产物分别占 51.3%、30.4% 和 18.3%。因此，3 种九溴联苯醚存在 7 条途径脱去一个溴原子形成八溴联苯醚，其中 4 条是通过间位脱溴，2 条是通过邻位脱溴，只有 BDE202 是由 BDE208 脱去对位的溴产生。接着，6 种八溴联苯醚共有 15 条途径形成七溴联苯醚，其中 9 条是通过间位脱溴。由此看出间位脱溴途径多于邻位和对位，其他低溴代产物的脱溴途径可以此类推。而造成此种现象的原因可能是连接两个苯环的 C—O 键和溴对电子密度的共同作用导致间位更容易受到电子攻击（Ahn M Y et al.，2006；Zhuang Y et al.，2010）。因此从分析可以看出 BDE209 的脱溴反应中，取代顺序为间位＞邻位＞对位。

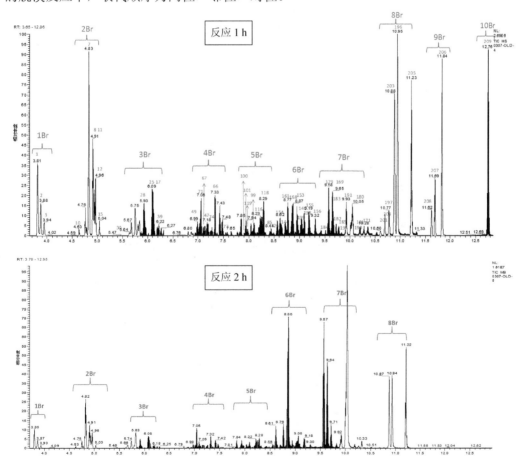

图 26-21　降解产物的 GC-MS/MS 色谱图

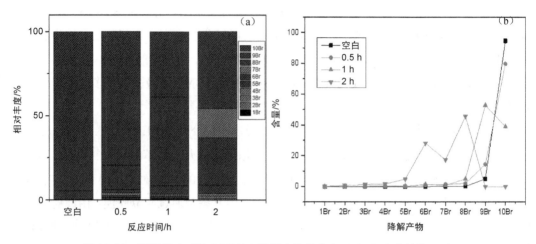

图 26-22　不同反应时间 BDE209 降解产物的分布（a）及变化趋势（b）

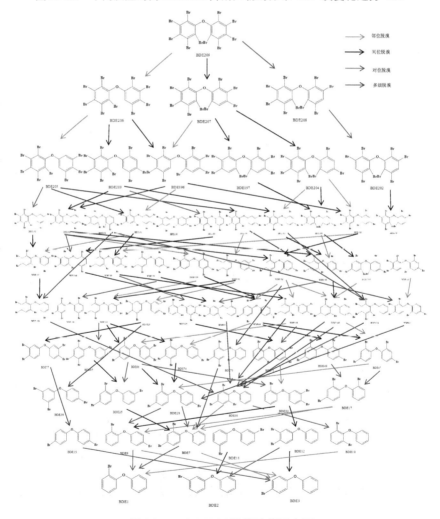

图 26-23　BDE209 降解路径示意图

26.4.6　去除机制研究

根据试验结果我们已经推断 $NaBH_4$ 辅助机械化学法降解 BDE209 主要作用机理为还原脱溴。但是在检测 Br^- 的过程中发现了 BrO_3^- 的存在，可能是因为在球磨过程中发生了氧化反应，因此我们猜测反应机理有 3 种情况：①还原反应和氧化反应同时发生，BDE209 在降解过程中局部直接被氧化为 BrO_3^-；②先发生还原脱溴反应，产生的 Br^- 再被氧化为 BrO_3^-；③先发生还原脱溴反应，产生的 Br^- 部分转化为 Br_2，部分被氧化为 BrO_3^-。为了更深入研究脱溴机制，我们检测了反应过程中 Br^- 及 BrO_3^- 浓度变化，结果如图 26-24 所示。

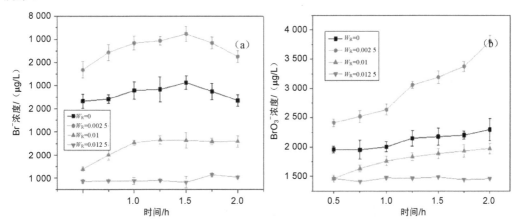

图 26-24　不同反应时间，不同物料比下（a）Br^- 浓度变化及（b）BrO_3^- 浓度变化

结果表明，随着反应时间的延长，Br^- 浓度不断升高，至 1.5 h 时达到最大值，而后有所降低。在 $NaBH_4$ 投加量为 0 时，Br^- 浓度先升高后降低。加入 $NaBH_4$ 后，在物料比为 0.002 5 时，溴离子浓度升高，均高于未添加的，且随着反应时间延长先升高后降低。提高其物料比至 0.01 时，溴离子浓度大幅降低，低于未添加 $NaBH_4$ 时的溴离子水平，随着反应时间延长至 1 h 达到峰值，而后保持不变。当物料比为 0.012 5 时，溴离子浓度进一步降低，且基本保持不变。在未加入 $NaBH_4$ 时，BrO_3^- 浓度随反应时间延长未发生较大变化。加入 $NaBH_4$ 后，物料比为 0.002 5 时，溴酸根浓度在反应 1 h 内有小幅度上升，延长反应时间，其浓度迅速升高，可能是因为 $NaBH_4$ 失去电子，使土壤中的水分抑或空气气氛中的 O_2 在高能球磨过程中产生·OH，进而将 BDE209 还原脱溴产生 Br^- 氧化转化为 BrO_3^-。继续加大 $NaBH_4$ 投加量，此时若 BrO_3^- 浓度随着投加量升高而升高，且高于空白组，则说明反应机理为猜测二，产生的 Br^- 全部被氧化为 BrO_3^-，但从图中可以看出，BrO_3^- 浓度随着反应时间的延长而升高，表明有部分 Br^- 转化为 BrO_3^-，但整体值均低于空白组，且物料比越高，BrO_3^- 浓度越低，根据元素守恒定律，溴元素并未守恒，且随着 $NaBH_4$ 投加量的提高，Br_2 产量越高。在试验结束取样过程中发现，打开球磨罐会有部分气体产

生，这与机理猜测 3 完全相符。

因此我们认为 $NaBH_4$ 在机械化学过程中对 BDE209 的脱溴机制是一个还原脱溴且部分氧化的过程，如图 26-25 所示。在球磨过程中，一方面，机械化学力迫使 $NaBH_4$ 表面失电子，其强还原作用导致了 C—Br 键的断裂，随后部分电荷转移至土壤中 H_2O 或空气中的 O_2；另一方面，$NaBH_4$ 在高能球磨过程中会产生大量的热，促使燃烧反应发生，产生大量·OH。由于反应产生的活性基团作用，脱除下来的 Br^- 和·OH 作用，部分转化为 Br_2，部分被氧化为 BrO_3^-，最终形成无机卤化物。

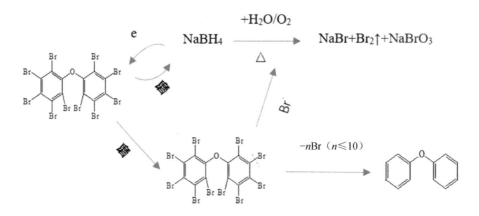

图 26-25　推测 $NaBH_4$ 降解 BDE209 的作用机制

26.4.7　小结

本节在低 C_R 条件下筛选出强还原剂 $NaBH_4$ 作为球磨添加剂，研究发现：

①在 C_R 为 5、物料比为 0.012 5、转速为 550 rpm、反应时间为 0.5 h 时 BDE209 降解率可达到 98.6%，延长反应时间至 2 h，BDE209 降解率达到 100%。

②通过对降解产物鉴别，推测出其降解路径，是一个逐步脱溴和多级脱溴并存的脱溴过程，且主要以邻位脱溴为主。

③通过检测反应体系溴离子和溴酸根离子的变化，进一步确认 $NaBH_4$ 辅助机械化学法降解 BDE209 的作用机制为还原脱溴且部分氧化的过程，在球磨过程中，机械化学力迫使 $NaBH_4$ 表面失电子，其强还原作用导致了 C—Br 键的断裂，部分电荷转移至土壤中 H_2O 或 O_2，且 $NaBH_4$ 在高能球磨过程中会产生大量的热促使燃烧反应发生，也会产生大量·OH，由于反应产生的活性基团作用，脱除下来的 Br^- 部分转化为 Br_2，部分被氧化为 BrO_3^-，最终形成无机卤化物。

26.5　低 C_R 下针铁矿及硼氢化钠共同辅助机械化学法修复 BDE209 的研究

基于前文探讨的两种不同性质的添加剂对于机械化学降解 BDE209 的作用机制，硼氢化钠作为一种强还原剂，可促使 BDE209 发生脱溴加氢反应，而针铁矿表面富含三价铁离子，且球磨过程中可能会产生•OH 对 BDE209 进行氧化开环。我们课题组前期利用纳米铁基材料构筑先还原后氧化体系去除水中 BDE209，实现了 BDE209 高效降解以及氧化开环，形成易被生物降解毒性小的短链脂肪族小分子有机物，并证实 BDE209 先还原脱溴可促使氧化开环（Tan L et al.，2017）。

为此，我们构想 BDE209 污染土壤在机械化学过程中是否可以先加入硼氢化钠使其完全脱溴，然后再加入针铁矿进行氧化降解，以期提高其矿化率。因此本书将在 C_R=5 时，分别对比单独加入硼氢化钠、针铁矿及先加入硼氢化钠、先加入针铁矿、二者同时添加对 BDE209 的降解效果，检测反应过程的溴离子、溴酸根离子浓度以及 TOC 变化，从而分析其作用机制。

本书的污染物介质为土壤，只有实现污染土壤的快速诊断，才能为污染土壤的预防、修复及修复效果提供参考依据。而单纯地依靠检测其污染物浓度进行土壤污染诊断，已不能全面、科学地评价土壤修复效果，还需要通过监测目标污染物及其中间降解产物的综合毒性，确保修复后的土壤毒性降低（Komori et al.，2009）。

相较于通过植物、动物和水生生物检测土壤的综合毒性，发光细菌法具有方便、简单、敏感等优点，已得到越来越多的应用，即利用有毒物质对发光细菌发光度的影响来判断其毒性强弱（Bayo et al.，2009）。故而本书选择利用发光细菌法检测机械化学修复 BDE209 污染土壤后的综合毒性，对修复后的土壤进行风险评价，避免出现修复后的土壤毒性高于修复前的土壤毒性，规避二次污染的风险。

26.5.1　研究方法

（1）低 C_R 条件下添加剂顺序对降解反应影响试验

参考 26.4.1 节。具体试验参数如表 26-16 所示。

表 26-16　添加剂顺序的试验参数　　　　　　　　　单位：g

试验编号	添加剂	添加剂质量	土样质量	球质量
1	NaBH$_4$	0.05	4.000	20.25
2	FeOOH	0.6	4.000	23

试验编号	添加剂	添加剂质量	土样质量	球质量
3	先 NaBH₄0.5 h 后 FeOOH4 h	0.65（NaBH₄0.05+FeOOH 0.6）	4.000	23.25
4	先 FeOOH4 h 后 NaBH₄0.5 h	0.65（FeOOH 0.6+NaBH₄0.05）	4.000	23.25
5	同时加入 NaBH₄ 和 FeOOH	0.65（FeOOH 0.6+NaBH₄0.05）	4.000	23.25

（2）土壤综合毒性测试试验

污染土壤以去离子水/四氢呋喃（THF）浸提液制备：称取定量土壤用去离子水/四氢呋喃（THF）（1∶1）浸提液振荡提取 2 h，泥水比为 1∶10。通风橱中静置至 THF 完全挥发，液体体积剩余不足 10 mL 时取其上清液用 0.22 μm 微孔有机滤膜过滤备用。

从 2～5℃冷室中取出发光细菌冻干菌剂和复苏液，注射器吸取 1 mL 复苏液加至冻干菌剂中，充分混匀 2 min 后菌剂复苏发光（可在暗室内检验）。发光菌急性毒性测试在测试管中进行，以 3 g/100 mL 的 NaCl 溶液作为空白对照，加入 10 μL 复苏发光菌液后若发光强度立刻显示（或 5～10 min 后上升到）600 mV 以上，即说明菌剂可用来测试。另取一系列测试管，向其中加入定量的待测样溶和复苏发光菌液，从第一个样品加入发光菌开始计时，15 min 后测试其发光度。具体方法可参照《水质　急性毒性的测定　发光细菌法》（GB/T 15441—1995）。

26.5.2 添加顺序对 BDE209 降解效果的影响

为进一步确认针铁矿及 NaBH₄ 对 BDE209 的作用机制，我们探讨了共同投加 NaBH₄ 及针铁矿，以及二者加入的先后顺序对 BDE209 降解效果的影响。如图 26-26 所示，先添加 NaBH₄ 反应 0.5 h，再加入针铁矿反应 4 h、单独添加 NaBH₄ 反应 4.5 h 与二者同时添加反应 4.5 h 的作用效果相差不大，降解率均可达到 90%以上。在 C_R=5 的条件下，针铁矿的作用效果较差，反应 4.5 h 其降解率仅有 43.5%，可能原因为低 C_R 条件下不足以破坏针铁矿结构，从而活性位点减少，氧化作用减弱，降解率降低。先加入针铁矿反应 4 h 再加入 NaBH₄ 反应，并没有出现 NaBH₄ 高效降解 BDE209 的情况，可能是因为先加入的针铁矿对 BDE209 产生氧化开环作用，生成链状溴代有机物，与未降解的 BDE209 共同竞争 NaBH₄，而 NaBH₄ 优先选择与链状溴代有机物发生脱溴反应，从而导致后期加入 NaBH₄ 并不能有效促进降解率的提升。

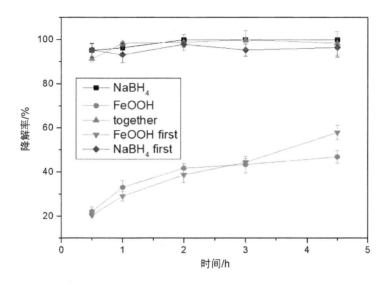

图 26-26　添加顺序对 BDE209 降解率的影响

26.5.3　添加顺序对溴离子及溴酸根离子浓度的影响

同时检测了反应过程中溴离子及溴酸根离子的变化，结果如图 26-27 所示。在单独添加 $NaBH_4$ 反应 0.5 h，溴离子浓度为 566.1 μg/L，继续延长反应时间其浓度不断上升至 1 380.59 μg/L。单独添加针铁矿其溴离子浓度不断降低，与 26.3 节研究结果相吻合，即脱溴产生的溴离子被氧化为溴酸根。对于先添加 $NaBH_4$ 反应 0.5 h 而后加入针铁矿反应 4 h 的体系，其溴离子浓度呈现直线上升趋势，反应 4 h 时浓度为 1 380.6 μg/L，继续反应至 4.5 h 浓度提高至 1 435.5 μg/L。先加入针铁矿反应 4 h 的，其溴离子浓度与单独添加针铁矿的反应相差不大，浓度为 750.93 μg/L，而后再加入 $NaBH_4$ 反应 0.5 h，溴离子浓度骤然上升至 923.64 μg/L，可见后期加入的 $NaBH_4$ 有助于脱溴反应的发生，但是结合前述 BDE209 降解率并未提高的情况，我们认为 $NaBH_4$ 是对针铁矿开环后的链状溴代有机物进行脱溴，而不会优先脱掉 BDE209 上的溴。同时加入 2 种添加剂，其溴离子浓度不断升高，在反应前 2 h，其溴离子浓度水平最高，但是过程中其浓度增长速率较慢，2 h 后先加入 $NaBH_4$ 体系的溴离子浓度超过同时添加 2 种添加剂体系，反应 4.5 h 后其浓度达到 1 246.4 μg/L。

观察反应体系中溴酸根离子的浓度变化发现，溴酸根离子浓度与反应时间呈正相关。单独加入 $NaBH_4$ 反应 4.5 h，其溴酸根离子虽呈现不断上升的趋势，但浓度相差不大，与 26.4 节中溴酸根离子变化情况相符。对比单独加入针铁矿，发现后期加入 $NaBH_4$ 对于溴酸根浓度影响不大，而先加入 $NaBH_4$ 的和同时加入两者的，最终可使溴酸根水平达到峰值（约为 494 μg/L）。从溴离子及溴酸根的浓度变化分析，我们大胆猜测同时加入两者参与反应的体系，是 NaBH$_4$ 先对 BDE209 进行还原脱溴，而后使其更易被针铁矿氧化开环降解。

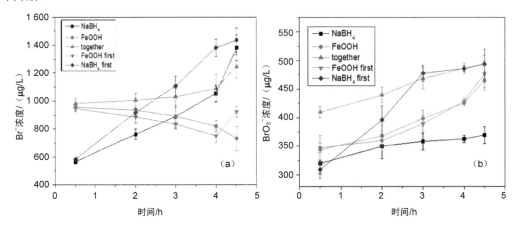

图 26-27　添加顺序对反应体系（a）溴离子和（b）溴酸根离子浓度影响

26.5.4　添加顺序对体系 TOC 的影响

对反应过程中的 TOC 进行检测（图 26-28），发现在加入添加剂辅助机械化学法修复土壤后，其有机碳含量均有所降低，TOC 去除率随着反应时间的延长而不断提高。但是对于单独添加 NaBH$_4$ 的体系来说，反应 4.5 h 其 TOC 去除率仅达到 23%，在反应过程中主要发生脱溴加氢反应，只有少部分有机物被氧化开环。对于先加入针铁矿反应 4 h 的体系，TOC 去除率与单独加入针铁矿反应 4.5 h 相差不大，表明后期加入 NaBH$_4$ 对其 TOC 影响不大。与此同时，先加入 NaBH$_4$ 反应 0.5 h 的 TOC 去除率呈直线上升，去除率从 0.5 h 的 13.7% 增长到 4.5 h 的 63.5%，因此我们猜测，在反应过程中先加入 NaBH$_4$ 会发生还原脱溴反应，生成低溴代的中间产物，后加入针铁矿会进一步对其开环降解。若两者同时加入，发现其 TOC 去除率整体高于其他 4 个体系，可能是由于针铁矿的矿物质结构有助于目标污染物吸附在其表面，从而增大 BDE209 与 NaBH$_4$ 的接触面积而造成其脱溴率升高，这与我们检测其反应体系前 2 h 中溴离子浓度得到的结果一致，从而使得针铁矿更易氧化开环低溴代联苯醚，提高矿化率。

结合溴离子、溴酸根离子浓度变化分析，我们认为，共同添加两者时，NaBH$_4$ 先对 BDE209 进行还原脱溴，生成低溴代联苯醚，随后针铁矿更易对低溴代产物进行氧化开环，生成链状溴代有机物，逐步被矿化。

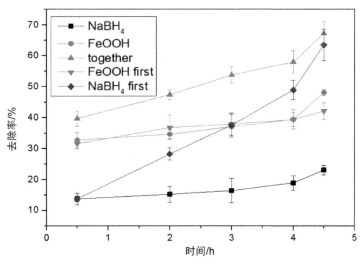

图 26-28　添加顺序对 TOC 的影响

26.5.5　添加顺序对降解产物的影响

　　为进一步明确共同加入两种添加剂对降解机制的影响，我们检测了 3 个体系的降解产物，如图 26-29 所示。其降解产物的分布及变化趋势如图 26-30 所示。发现先加入针铁矿体系的最终产物主要为仍为高溴代联苯醚，其他低溴代联苯醚含量微乎其微，对比于前面研究的单独加入针铁矿其最终产物以十溴及九溴产物为主，表明后期加入 $NaBH_4$ 并未对 BDE209 进行逐级脱溴。但是从前期溴离子浓度分析来看，加入 $NaBH_4$ 后，溴离子浓度有所升高，表明仍有溴被脱掉。因此，后期加入 $NaBH_4$ 是直接还原脱去针铁矿反应产生的长链状有机物上的溴，而非未降解的 BDE209。更进一步表明，含溴链状有机物与 BDE209 竞争 $NaBH_4$，而 $NaBH_4$ 优先选择链状有机物进行脱溴，而非 BDE209。

　　先加入 $NaBH_4$ 体系的降解产物在各级溴代产物中均有分布，表明先加入的 $NaBH_4$ 对 BDE209 进行还原脱溴，产生各种低溴代联苯醚，矿化率低，后期加入针铁矿继续反应，造成其进一步对各级溴代产物进行氧化开环，大大提高了 TOC 的去除率，同时结合 26.5.4 节中 TOC 去除率变化分析，先加入 $NaBH_4$ 的反应矿化率极低，加入针铁矿后 TOC 去除率迅速提高，随着反应时间延长 TOC 的去除率已超过单独添加针铁矿的。由此可知，先对 BDE209 进行脱溴会促进后期加入针铁矿的氧化开环反应，这与本课题组以前的研究结论一致（Tan L et al.，2017）。共同加入两种添加剂的降解产物图谱与先加入 $NaBH_4$ 体系相似，都会产生众多低溴代联苯醚。相较于前面单独加入 $NaBH_4$ 的研究得出地随着

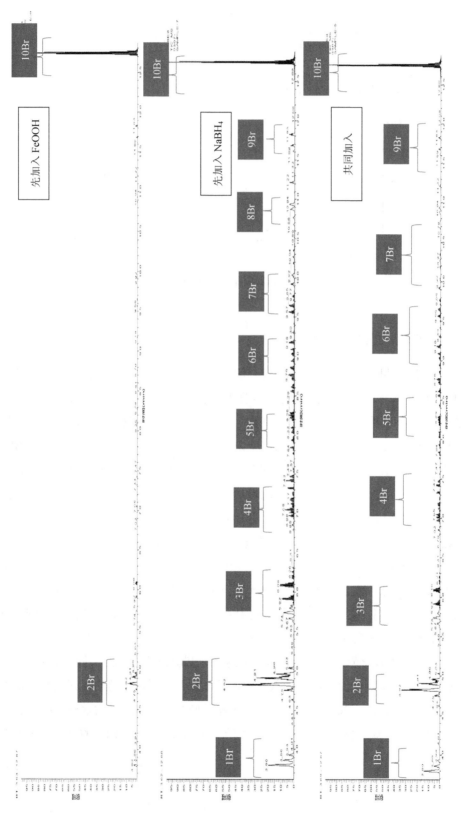

图 26-29　3 个体系降解产物的 GC-MS/MS 色谱图

反应时间延长，其降解产物的变化趋势为高溴代联苯醚逐渐减少，低溴代联苯醚逐渐增多，是一个逐级脱溴的过程。而共同加入两者的测试结果表明由 NaBH₄ 脱溴产生的低溴代联苯醚的含量在不断减少，也是由于针铁矿对先产生的低溴代联苯醚进一步开环矿化导致的。

因此结合溴离子、溴酸根离子以及 TOC 去除率变化分析，最终认为共同加入二者参与机械化学反应时，是由 NaBH₄ 先起到还原脱溴的作用，产生低溴代联苯醚，再发挥针铁矿的氧化作用进行开环，且还原脱溴在先更有利于氧化开环，使得 TOC 去除率升高，最终可达到 67.2%。

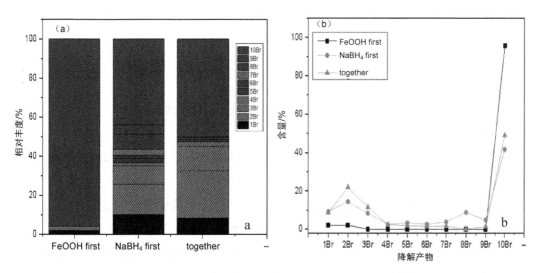

图 26-30　BDE209 降解产物的（a）分布及（b）变化趋势

26.5.6　体系综合毒性变化

为确保发光细菌的可用性，我们参比毒物 $HgCl_2$ 的毒性分析，将一系列的 $HgCl_2$ 标准液进行综合毒性测试，得到不同浓度对应的发光量。相对于空白对照换算成相对发光度，得到以 $HgCl_2$ 浓度为横坐标，相对发光度为纵坐标的标准曲线，如图 26-31 所示。其标准曲线的回归方程为

$$y = -440.1x + 96.7 \quad (R^2 = 0.980\,1) \tag{26-1}$$

式中，y 为相对发光度，%；x 为 $HgCl_2$ 的标准液浓度。

GB/T 15441—1995 规定："当氯化汞标准液浓度为 0.10 mg/L，发光细菌的相对发光度为 50%，其误差不能超过 ±10%，否则更换发光细菌冻干粉。"按照该标准进行本书中标准曲线的检验，将 $x=0.10$ 代入式（26-1），得到 $y=52.69$。其误差 $\eta = 2.69\% < 10\%$，这说明了 $HgCl_2$ 系列的标准液综合毒性可以作为本书的参比毒物综合毒性（Girotti et al.,

2008；Dunn et al.，2015）。

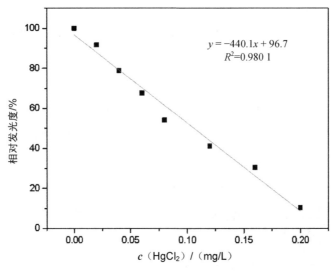

$$y = -440.1x + 96.7$$
$$R^2 = 0.980\ 1$$

图 26-31　$HgCl_2$ 的综合毒性的标准曲线

　　不同体系的土壤水浸提液及 H_2O/THF 浸提液的综合毒性结果如图 26-32 所示。可以看出，$NaBH_4$ 体系［图 26-32（a）］随着反应时间的延长，土壤水浸提液的相对发光度分别为 95.3%、98.2%、96.5%、94.6%，均在 94%以上，即各体系的水浸提液对明亮发光杆菌没有明显的抑制作用，说明降解过程土壤中水溶性的有毒物质含量很低。这主要是因为 BDE209 污染土壤的主要污染物是非水溶性的苯环类物质，采用水浸提试验不能有效地说明进行机械化学修复后土壤综合毒性的强弱（Huang A et al.，2016）。因此本书采用对多溴联苯醚溶解度较高的 H_2O/THF 浸提液对机械化学处理过后的土壤进行萃取抽提。由图 26-32（a）可知，在改用 H_2O/THF 浸提液对土壤进行萃取时，其综合毒性有了明显变化。S0 组（污染土壤）的相对发光度为 58.3%，毒性级别为中毒（毒性等级划分见表 26-17），S1、S2、S3、S4 分别为未加入 $NaBH_4$ 球磨 2 h、添加 $NaBH_4$0.05 g 反应 0.5 h、1 h、2 h 的相对发光度，分别为 54.6%、61.8%、68.1%、71.2%。可以发现未添加 $NaBH_4$ 时，其相对发光度低于污染土壤，毒性比污染土壤更高，是因为 BDE209 的降解产生了毒性更强的中间产物。在加入 $NaBH_4$ 和反应足够时间时，其相对发光度不断上升，反应 2 h 时，其相对发光度为 71.2%，毒性级别依然为中毒，原因是加入 $NaBH_4$ 虽然可以使 BDE209 完全降解（相对发光度有所提升），但 TOC 的去除率不高，仍会存在一些有毒有害的中间产物对发光细菌造成毒害，使得毒性级别仍为中毒。

　　在针铁矿反应体系中［图 26-32（b）］，依然采用 H_2O/THF 浸提液对反应后土壤进行萃取。S0 依旧为污染土壤，相对发光度为 58.3%，S1、S2、S3、S4、S5 分别为加入针铁矿反应 0.5 h、1 h、1.5 h、2 h、4 h 的相对发光度，其分别为 68.2%、66%、61.3%、70.89%、

76.31%，最终毒性级别达到微毒。随着 BDE209 的不断降解，体系的相对发光度虽都高于对照组，但随着反应时间延长，毒性呈现先增强后降低的趋势，更加证实了目标污染物浓度的降低并不意味着其综合毒性的减弱，可能是因为在反应过程中针铁矿对 BDE209 进行氧化开环，产生了仍然具有毒性的有机中间产物，紧接着继续延长反应时间至 4 h，其 TOC 的去除率不断升高，毒性不断降低，表明中间产物进一步被分解破坏转化为毒性较低的无机产物。

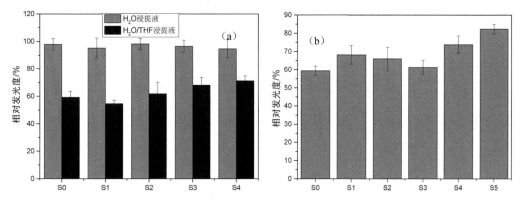

图 26-32　（a）硼氢化钠体系浸提液及（b）针铁矿体系浸提液的综合毒性

表 26-17　发光细菌毒性试验毒性等级划分

毒性等级	相对发光度/%	毒性级别
Ⅰ	<25	剧毒
Ⅱ	25～50	重毒
Ⅲ	50～75	中毒
Ⅳ	75～100	微毒
Ⅴ	>100	无毒

如图 26-33 和表 26-18 所示，相较于单独加入针铁矿，先加入针铁矿而后再加入 $NaBH_4$ 的体系对其相对发光度影响不大，可见后期加入 $NaBH_4$ 并不能继续降低其综合毒性，该结果与 TOC 结果相符。先加入 $NaBH_4$ 体系相对发光度为 90.1%，毒性更低，一方面由于后期加入的针铁矿对降解产物进一步矿化，TOC 去除率高，无机物较多；另一方面是最终产物可能存在 Na 盐，为发光细菌提供一定的营养，因此使得毒性更低。而同时加入两种添加剂的发光度为 95.3%，微毒，进一步证明了其反应过程是 $NaBH_4$ 脱溴在前，针铁矿氧化开环在后。

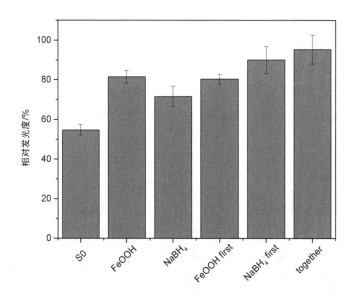

图 26-33 5 种不同体系浸提液的综合毒性

表 26-18 各个体系毒性等级划分

体系	相对发光度/%	毒性级别
污染土壤	59.3	中毒
CK 2 h	54.6	中毒
NaBH$_4$ 0.5 h	61.8	中毒
NaBH$_4$ 1 h	68.1	中毒
NaBH$_4$ 2 h	71.2	中毒
FeOOH 0.5 h	68.2	中毒
FeOOH 1 h	66	中毒
FeOOH 1.5 h	61.3	中毒
FeOOH 2 h	73.89	中毒
FeOOH 4 h	82.31	微毒
FeOOH 4.5 h	81.5	微毒
NaBH$_4$ 4.5 h	71.6	中毒
先 FeOOH	80.3	微毒
先 NaBH$_4$	90.1	微毒
共同 4.5 h	95.3	微毒

综合以上的溴离子、溴酸根离子浓度变化，以及 TOC 变化分析，鉴定了同时加入两种添加剂与先后加入两种添加剂的降解产物，我们认为，同时加入二者反应 4.5 h，降解率可达 94%以上，TOC 去除率达到效果最优的 67.3%，NaBH$_4$ 先对 BDE209 进行还原脱溴反应，产生低溴代联苯醚，而后针铁矿再对其进行氧化开环降解。

26.5.7　小结

本节基于前文的研究基础上探讨了共同投加硼氢化钠及针铁矿，以及二者加入的先后顺序对 BDE209 降解产物及作用机制的影响。并通过发光细菌法检测机械化学修复BDE209 污染土壤后的综合毒性，结果如下：

①对比了单独加入针铁矿反应 4.5 h、单独硼氢化钠反应 4.5 h、先加入硼氢化钠反应0.5 h 再加入针铁矿反应 4 h、先加入针铁矿反应 4 h 再加入硼氢化钠反应 0.5 h 及共同加入二者反应 4.5 h 这五个体系对 BDE209 的降解效果发现，先加硼氢化钠的作用效果与单独加入硼氢化钠及共同添加二者相同，反应 0.5 h，降解率都可达到 90%以上。先加入针铁矿和单独加入针铁矿的作用效果相似，反应 4.5 h 降解率达到 52%左右，后期加入硼氢化钠对 BDE209 的降解并没有起到促进效果。

②从 5 个体系溴离子和溴酸根浓度变化、TOC 去除率变化，以及降解产物分析等进一步证实了共同添加两者进行机械化学反应与先加入硼氢化钠的体系显示出一致性，即可判断在针铁矿及硼氢化钠共同作用于 BDE209 时，硼氢化钠先对 BDE209 进行还原脱溴，产生低溴代联苯醚，而后针铁矿更容易对其进行氧化矿化，提高其矿化率。

③发光细菌试验结果表明在单独以硼氢化钠为添加剂体系中，体系综合毒性随着反应时间延长而降低，但是仍存在中毒。在针铁矿体系中，毒性随反应时间延长先升高后降低，最终呈现微毒。先加入硼氢化钠体系与同时加入两者的相对发光度均在 90%以上，毒性接近于无毒，佐证了我们对反应机制的猜测，进一步说明同时加入两者发生先还原后氧化反应，可有效降低体系最终的综合毒性。

参考文献

AHN M Y，2006. Photodegradation of decabromodiphenyl ether adsorbed onto clay minerals，metal oxides，and sediment[J]. Environmental Science & Technology，40：215-220.

AN T，2011. One-step process for debromination and aerobic mineralization of tetrabromobisphenol-A by a novel Ochrobactrum sp. T isolated from an e-waste recycling site[J]. Bioresource Technology，102：9148-9154.

ARESTA M，2003. Solid state dehalogenation of PCBs in contaminated soil using NaBH₄[J]. Waste Management，23：315-319.

BAYO J，2009. Ecotoxicological screening of reclaimed disinfected wastewater by Vibrio fischeri bioassay after a chlorination-dechlorination process[J]. Journal of Hazardous Materials，172：166-171.

BIRKE V，2004. Mechanochemical reductive dehalogenation of hazardous polyhalogenated contaminants[J].

Journal of Materials Science，39：5111-5116.

CAGNETTA G，2016. Dioxins reformation and destruction in secondary copper smelting fly ash under ball milling[J]. Scientific Reports，6：1-13.

CAO G，1999. Thermal and mechanochemical self-propagating degradation of chloro-organic compounds：the case of hexachlorobenzene over calcium hydride[J]. Industrial & Engineering Chemistry Research，38：3218-3224.

DELOGU F，2004. A quantitative approach to mechanochemical processes[J]. Journal of Materials Science，39，5121-5124.

DUNN A K，2015. Regulation of bioluminescence in Photobacterium leiognathi strain KNH_6[J]. Journal of Bacteriology，197：3676-3685.

FORSYTH J B，1968. The magnetic structure and hyperfine field of goethite（α-FeOOH）[J]. Journal of Physics C：Solid State Physics，1：179.

GIROTTI S，2008. Monitoring of environmental pollutants by bioluminescent bacteria[J]. Analytica Chimica Acta，608：2-29.

GRUZDIEWA L，1995. Thermal behaviour of organochlorine pesticides in the presence of alkaline substances[J]. Journal of Thermal Analysis，45：849-858.

GUO X，2010. A review of mechanochemistry applications in waste management[J]. Waste Management，30，4-10.

HALL A K，1996. Mechanochemical reaction of DDT with calcium oxide[J]. Environmental Science & Technology，30：3401-3407.

IKOMA T，2001. Radicals in the mechanochemical dechlorination of hazardous organochlorine compounds using CaO nanoparticles[J]. Bulletin of the Chemical Society of Japan，74：2303-2309.

KAUPP G，2009. Mechanochemistry：the varied applications of mechanical bond-breaking[J]. Cryst Eng Comm，11：388-403.

KOMORI K，2009. A rapid and simple evaluation system for gas toxicity using luminous bacteria entrapped by a polyion complex membrane[J]. Chemosphere，77：1106-1112.

KORYTáR P，2005. Retention-time database of 126 polybrominated diphenyl ether congeners and two Bromkal technical mixtures on seven capillary gas chromatographic columns[J]. Journal of Chromatography A，1065：239-249.

LOISELLE S，1996. Selective mechanochemical dehalogenation of chlorobenzenes over calcium hydride[J]. Environmental Science & Technology，31：261-265.

MACKAY A L，1962. β-ferric oxyhydroxide—Akaganeite[J]. Mineralogical Magazine and Journal of the Mineralogical Society，33：270-280.

MALLAMPATI S R，2014. Simultaneous decontamination of cross-polluted soils with heavy metals and PCBs using a nano-metallic Ca/CaO dispersion mixture[J]. Environmental Science and Pollution Research，21：9270-9277.

MICHALCHUK A A L，2013. Complexities of mechanochemistry：elucidation of processes occurring in mechanical activators via implementation of a simple organic system[J]. CrystEngComm，15：6403-6412.

MIO H，2002. Estimation of mechanochemical dechlorination rate of poly（vinyl chloride）[J]. Environmental Science & Technology，36：1344-1348.

MITOMA Y，2011. Mechanochemical degradation of chlorinated contaminants in fly ash with a calcium-based degradation reagent[J]. Chemosphere，83：1326-1330.

MONAGHEDDU M，1999. Reduction of polychlorinated dibenzodioxins and dibenzofurans in contaminated muds by mechanically induced combustion reactions[J]. Environmental Science & Technology，33：2485-2488.

NAH I W，2008. Effect of metal and glycol on mechanochemical dechlorination of polychlorinated biphenyls （PCBs）[J]. Chemosphere，73，138-141.

NAPOLA A，2006. Mechanochemical approach to remove phenanthrene from a contaminated soil[J]. Chemosphere，65，1583-1590.

NOMURA Y，2013. Degradation of polychlorinated naphthalene by mechanochemical treatment[J]. Chemosphere，93：2657-2661.

NOMURA Y，2012. Mechanochemical degradation of γ-hexachlorocyclohexane by a planetary ball mill in the presence of CaO[J]. Chemosphere，86：228-234.

NOMURA Y，2005. Elucidation of degradation mechanism of dioxins during mechanochemical treatment[J]. Environmental Science & Technology，39：3799-3804.

PENG Z，2010. Characterization of mechanochemical treated fly ash from a medical waste incinerator[J]. Journal of Environmental Sciences，22：1643-1648.

PIZZIGALLO M D R，2011. Effect of aging on catalytic properties in mechanochemical degradation of pentachlorophenol by birnessite[J]. Chemosphere，82：627-634.

REN Y，2015. Mechanochemical degradation of hexachlorobenzene using Mg/Al_2O_3 as additive[J]. Journal of Material Cycles and Waste Management，17：607-615.

RUSSELL J D，1974. Surface structures of gibbsite goethite and phosphated goethite[J]. Nature，248：220-221.

SCHWERTMANN U，1985. Properties of goethites of varying crystallinity[J]. Clays and Clay Minerals，33：369-378.

TANAKA Y，2003. Mechanochemical dechlorination of trichlorobenzene on oxide surfaces[J]. The Journal of Physical Chemistry B，107：11091-11097.

TANAKA Y，2006. Decomposition of monochlorobiphenyl by grinding with rare earth oxides[J]. Journal of Chemical Engineering of Japan，39：469-474.

TANAKA Y，2005. Dependence of mechanochemically induced decomposition of mono-chlorobiphenyl on the occurrence of radicals[J]. Chemosphere，60：939-943.

YAN X，2015. Mechanochemical destruction of a chlorinated polyfluorinated ether sulfonate（F-53B，a PFOS alternative） assisted by sodium persulfate[J]. RSC Advances，5：85785-85790.

YAN X，2017. Disposal of hexabromocyclododecane（HBCD） by grinding assisted with sodium persulfate[J]. RSC Advances，7：23313-23318.

YU Y，2013. Mechanochemical destruction of mirex co-ground with iron and quartz in a planetary ball mill[J]. Chemosphere，90：1729-1735.

ZHANG K，2014a. Mechanochemical destruction of decabromodiphenyl ether into visible light photocatalyst BiOBr[J]. Rsc Advances，4：14719-14724.

ZHANG K，2013. Destruction of perfluorooctane sulfonate（PFOS） and perfluorooctanoic acid（PFOA） by ball milling[J]. Environmental Science & Technology，47：6471-6477.

ZHANG Q，2002. Debromination of hexabromobenzene by its co-grinding with CaO[J]. Chemosphere，48：787-793.

ZHANG Q，2001. Effects of quartz addition on the mechanochemical dechlorination of chlorobiphenyl by using CaO[J]. Environmental Science & Technology，35：4933-4935.

ZHANG W，2010. Mechanochemical destruction of Dechlorane Plus with calcium oxide[J]. Chemosphere，81：345-350.

ZHANG Z，2017. Synergistic effect between Fe and Bi_2O_3 on enhanced mechanochemical treatment of decabromodiphenyl ether[J]. Journal of Environmental Chemical Engineering，5：915-923.

ZHUANG Y，2010. Debromination of polybrominated diphenyl ethers by nanoscale zerovalent iron：pathways，kinetics，and reactivity[J]. Environmental Science & Technology，44：8236-8242.

吴鹏，2014. 机械化学法处理高浓度滴滴涕污染土壤的初步研究[D]. 天津：天津大学.

张望，2012.基于 $Fe-SiO_2$ 的 POPs 废物机械化学处置工艺及机理研究[D]. 北京：清华大学.

张晓宇，2013. 基于机械化学球研磨技术 POPs 的降解及机理研究[D]. 大连：大连交通大学.

第四部分
铁基材料的环境风险

第27章 纳米金属颗粒修复水体Cr（VI）后的化学稳定性和毒性研究

27.1 研究背景

纳米级零价铁颗粒比微米级的具有更高的活性，在原位环境修复，如地下水、土壤、河流等的应用越来越多，在去除或减轻环境介质中卤代有机物（He F et al.，2008；Wang X et al.，2009）、重金属（Ai Z et al.，2008；Morgada et al.，2009）等有毒物质的毒性，降低其暴露于环境中的可能性和对接受者造成的风险展现了极大潜力。

当nZVI应用于在原位修复时，材料的注入地点可能与污染物有一定的距离，这就要求nZVI具备一定的分散或者渗透能力。为了克服这一难点，大量工作者研究了各类提高nZVI分散性、稳定性和渗透能力的预处理方法（He F et al.，2005；Phenrat et al.，2008；Tiraferri et al.，2009），包括使用各种分散剂如CMC，载体如壳聚糖、皂土等。

有关nZVI对水体影响的研究结果表明（Barnes et al.，2010），虽然短期内nZVI会对河水的一些化学性质（如ORP、DO等）造成影响，但是这些影响会随着时间逐渐消除。同样地，nZVI会在短期内对水体中微生物的多样性造成影响（Kirschling et al.，2010），但是经过一段时间原有多样性逐渐恢复。说明nZVI对水体造成的二次污染微乎其微，对生态环境的负面影响微不足道。因此，这些稳定处理后的nZVI在修复环境污染领域被认为具有良好的应用前景。尽管如此，考虑到污染物质可能从副产物中释出并直接影响环境介质，nZVI在去除污染物后的反应产物的潜在危害是必须关注的。

已有研究报道了nZVI暴露在环境中随时间老化的影响（Wang Q et al.，2010），相较于着力研究外界因素对nZVI自身活性和结构的影响，研究nZVI在去除污染物前后对原位水体/土壤造成的附带影响同样重要（Grieger et al.，2010）。在完成原位修复之后，作为污染物载体的反应产物对环境介质造成的后续影响对于nZVI在实际原位修复中的应用选择十分重要。

为此，基于我们前期利用钢铁酸洗废液制备纳米金属颗粒（nZVM）并应用于含铬电镀废水处理的研究，进一步开展了纳米金属颗粒的化学稳定性和毒性研究。重点考察了纳米金属颗粒成为污染物载体之后，对水体的地球化学性质和微生物的影响。考察了盐度、pH 和腐植酸对反应产物的稳定性的影响。通过毒性研究，评价了 nZVI 技术在原位修复中的可行性。

27.2 纳米金属颗粒的化学稳定性研究

27.2.1 研究方法

（1）污染物释出试验

分别加入适量制备好的纳米金属颗粒（第 3 章）和定量的浓度为 10 mg/L 的含 Cr（Ⅵ）溶液至锥形瓶，置于气浴摇床中振荡反应（250 rpm/min）。根据之前的研究结果，Cr（Ⅵ）在 0.5 h 可被完全去除。即反应结束时刻起研究反应产物释出至水中的溶解性离子浓度随时间的变化。在预定的时间点取样用 0.45 μm 滤膜过滤后待测。

（2）表征与分析方法

采用光电子能谱仪（XPS）研究纳米颗粒表面的元素成分。Cr（Ⅵ）和总铬浓度采用二苯碳酰二肼比色法（Lai K et al., 2008）和紫外可见分光光度计测定，检测波长为 540 nm。Fe^{2+} 和总 Fe 浓度采用邻菲罗啉显色法（Larese et al., 2008）和紫外可见分光光度计测定，检测波长为 510 nm。

27.2.2 反应前后材料的磁性

图 27-1 展示了磁铁分离水体中纳米金属颗粒的过程。纳米金属颗粒在快速去除水中 Cr（Ⅵ）之后，在数分钟内即被磁分离。有研究采用振动试样磁力计考察了 nZVI 的磁性特点，结果显示 nZVI 具有很强的磁场（Ai Z et al., 2008）。因此，用于原位修复的 nZVI 可以通过外加磁场加以回收。这一特点在一定条件下提高了 nZVI 在环境中的可逆性和可控性，可以直接减缓 nZVI 的流失及其对水体的影响。

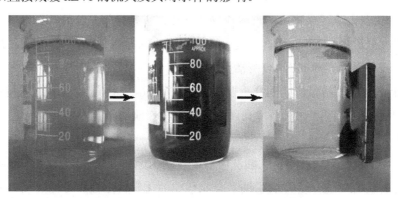

图 27-1　反应后的纳米金属颗粒的回收试验

27.2.3　反应产物的表面成分分析

不同反应时间内的反应产物的 XPS 图谱如图 27-2 所示。相较反应后的 Fe 峰，反应前的 Fe 峰更加显著，说明未反应的纳米金属颗粒表面主要以 Fe^0 为主（Manning et al., 2007）。而且反应前 XPS 无检测出 Cr 峰，说明颗粒表面不含有 Cr。反应开始后，5～100 min 的反应产物的组分基本相同，这与反应的快速完成相关。从 XPS 图谱可以得出，反应产物主要以 Fe、Cr、O 元素为主。反应后，大部分 Fe^0 变成 Fe_2O_3，因为 Fe^0 作为给电子体参与了还原反应。但是仍有部分 Fe^0 残留，这可能是反应产物仍具有磁性的主要原因。Cr 主要以 Cr（Ⅲ）的形态存在，随着时间的变化几乎无 Cr（Ⅵ）释出。我们以前的研究也证明了，nZVI 处理含铬废水后，产物主要是 Fe^{3+} 与 Cr^{3+} 的氢氧化物的络合物等。

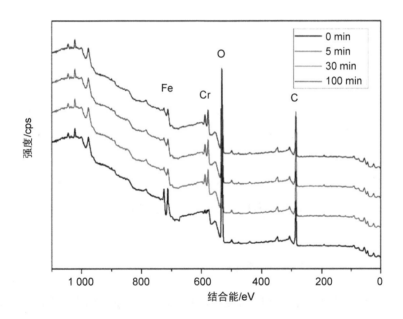

图 27-2　不同反应时间产物的 XPS 图谱

27.2.4　纳米金属颗粒的再生性

再生 nZVM 去除 Cr（Ⅵ）的降解曲线如图 27-3 所示。每次使用 nZVM 去除 Cr（Ⅵ）之后，分别采用酸洗（0.05 M 的 HCl 振荡 10 min）和超声水洗（超声 15 min）的方法再生处理 nZVM。结果表明，不进行任何处理的 nZVM 重复使用 2 次可以完全去除 Cr(Ⅵ)，但第 3 次使用时对 Cr（Ⅵ）的去除率开始明显地下降，第 4 次使用时，去除率只有 3% 左右。经超声和酸洗处理，使 nZVM 的重复利用次数提升到 3 次，但是第 4 次使用时，nZVM 对 Cr（Ⅵ）的去除率也很低。主要因为经过多次使用的 nZVM 基本被氧化，失去还原 Cr（Ⅵ）的能力。虽然超声处理可以分散团聚的 nZVM，但是得到的只是失去还原能力的细微氧化物颗粒。酸洗处理虽然可以减少 nZVM 表面的钝化层，但是经过多次酸化处理后，nZVM 被酸腐蚀的量增多，已无足量的 nZVM 处理 Cr（Ⅵ）（Tian H et al.，2009）。综上可知，nZVM 修复水体中 Cr（Ⅵ）污染的能力有限，进行实际原位修复时需要考虑合适的纳米颗粒投加量。

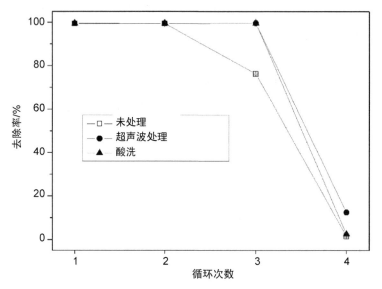

[Cr（Ⅵ）初始浓度 C_0=10 mg/L；nZVI dose=0.15 g/L；pH=7；温度=25℃，反应时间=30 min]

图 27-3　不同处理方法对 nZVI 重复利用性的影响

27.2.5　不同盐度对反应产物稳定性的影响

河流潮汐变化也引起水体中盐度的变化，且盐度多在 1 g/L 以下（Mao Z et al.，2001），因此盐度单因子影响试验中设定盐度在 0～1 g/L。在 nZVM 与 Cr（Ⅵ）完全反应后（0.5 h），研究了不同盐度对 Cr（Ⅵ）和总铬从反应产物中释出的影响。图 27-4（a）显示了在不同盐度条件下，水中释出的 Cr（Ⅵ）和总铬的浓度随时间的变化情况。在各种盐度下，水体中的 Cr（Ⅵ）基本被 nZVI 去除，反应 24 h 内其浓度都一直处于极低水平（<0.01 mg/L），说明 Cr（Ⅵ）被 nZVM 还原固定后，在一段时间内不会释出而导致水体污染，Cr（Ⅵ）的释出受盐度的影响不大。在 nZVM 去除 Cr（Ⅵ）之后不久，各种盐度条件下的水中总铬的浓度均约为 0.05 mg/L，经过 2 h 之后，水中总铬的浓度降至约 0.02 mg/L 并保持稳定。该现象说明水中 Cr（Ⅵ）被还原成 Cr（Ⅲ）后，部分 Cr（Ⅲ）没有立刻被 nZVM 稳固吸附，少量存在于水体中（Fang Z et al.，2011）。随着反应进行，水中的 Cr（Ⅲ）逐渐被吸附，水中总铬浓度有所下降，并逐渐达到稳定。各种盐度条件下，反应产物在水中

振荡 24 h 也没有 Cr 释出，水中的总铬浓度符合世界卫生组织对饮用水标准的规定，即总铬浓度小于或等于 0.05 mg/L。因此，盐度对 nZVM 去除 Cr（Ⅵ）的影响，或者对反应产物中 Cr 离子释出的影响均不明显。

图 27-4（b）显示了在不同盐度条件下，释出的 Fe^{2+} 和总铁的浓度随时间的变化情况。在 nZVM 去除 Cr（Ⅵ）之后不久，水中 Fe^{2+} 浓度较高，不同盐度条件下其浓度为 0.61～0.83 mg/L。这主要归因于 Fe^{2+} 随着还原反应的进行不断地生成并释放到水中，此时的 Fe^{2+} 释出速率大于其消耗速率。其中，盐度越高水中的 Fe^{2+} 浓度越高，随着时间推移，各盐度条件下的水中的 Fe^{2+} 浓度逐渐降低，最后均平衡于 0.2 mg/L 左右，经过计算可得平衡时的 Fe^{2+} 的释出率约为 0.13%。另外，总铁的释出浓度随时间变化的曲线与 Fe^{2+} 的相似，总铁浓度仅仅稍稍高于 Fe^{2+} 的。其中，水体最大总铁浓度是 0.9 mg/L（此时盐度为 1 g/L），最后总铁的平衡浓度最大值为 0.25 mg/L，平衡时最大释出率为 0.17%。本体系总铁浓度低于世界卫生组织对饮用水中铁离子浓度的规定，即总铁离子浓度小于或等于 0.3 mg/L。以上结果说明，盐度对 Fe^{2+} 和总铁释出的影响很小。

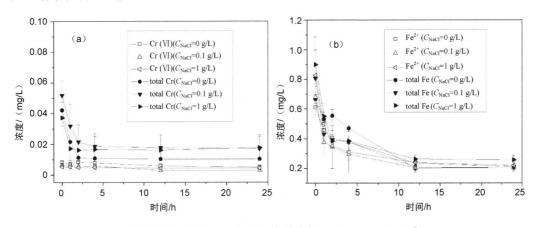

[nZVI 投加量=0.15 g/L；Cr（Ⅵ）初始浓度 C_0=10 mg/L；pH=7.0]

图 27-4 不同盐度对（a）Cr 和（b）Fe 释出浓度的影响

进一步发现，在 4 h 内各盐度的体系中总铁浓度比 Fe^{2+} 浓度稍高，平均高出 0.08 mg/L，说明水体中存在有少量的 Fe^{3+}。在 12 h 之后总铁浓度与 Fe^{2+} 浓度基本持平，均保持在 0.3 mg/L 以下，说明绝大部分的 Fe^{3+} 已经变成了沉淀物，水体中基本无 Fe^{3+} 的存在。试验中观察发现，水中的黑色的 nZVM 随着时间推移逐渐被氧化变成棕黄色的氧化铁，这会使得反应产物失去磁性，导致反应产物难以依靠外加磁场回收，尽管老化的反应产物也只能在介质中传播数厘米的距离而已（Grieger et al.，2010）。

Fe^0 或者铁氧化物被认为是没有直接毒性的，但溶出的 Fe（Ⅱ）会对微生物产生影响，或者是 Fe^0 被氧化时产生的 O_2^-，H_2O_2 对生物体造成不良影响（Grieger et al.，2010）。

本试验得出的结果表明，Fe^{2+}的存在和 nZVM 被氧化的过程是短暂性的，所以推断 nZVM 在水体中的长期存在对环境的影响不大。反应产物的溶出性研究也证明 nZVM 对铬具有良好的固定能力，且受盐度的影响不明显。

27.2.6　不同初始 pH 对反应产物的影响

一般地，受酸雨影响河水的 pH 通常为 5～9（Dokmen et al.，2009），因此本书的 pH 单因子影响试验设定 pH 为 5～9，研究了不同初始 pH 对 Cr（Ⅵ）和总铬从反应产物释出的影响。如图 27-5（a）所示，在各 pH 条件下水中释出的 Cr（Ⅵ）浓度随时间变化不大，而且 Cr（Ⅵ）的浓度一直保持在 0.01 mg/L 以下，说明 Cr（Ⅵ）被 nZVM 还原固定后，在弱酸或者弱碱性水体内基本不会释出，即反应后的 nZVM 在环境介质中具有良好的稳定性。但是强酸条件下，则可能造成反应产物的溶解而导致 Cr 离子的释出。各 pH 条件下反应初始阶段总铬的浓度为 0.03～0.05 mg/L，随后总铬浓度逐渐降低并稳定在 0.01 mg/L 左右。整个反应过程中，Cr（Ⅵ）和总铬的浓度均低于 0.05 mg/L，达到饮用水安全的标准。另外，不同 pH 体系中 Cr（Ⅵ）和总铬的浓度变化曲线相似。因此，可以认为水体 pH 在 5～9 这个范围变化对铬的释出几乎没有影响。

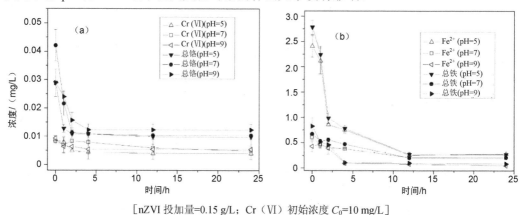

[nZVI 投加量=0.15 g/L；Cr（Ⅵ）初始浓度 C_0=10 mg/L]

图 27-5　不同 pH 对（a）Cr 和（b）Fe 释出浓度的影响

图 27-5（b）显示了在不同 pH 条件下，释出的 Fe^{2+} 和总铁的浓度随时间的变化情况。结果表明，pH=5 时初始阶段的 Fe^{2+} 和总铁在水中的浓度较高，分别是 2.4 mg/L 和 2.8 mg/L。一方面，因为酸性条件有利于 Cr 的还原（Wu Y et al.，2009），因此作为反应副产物的 Fe^{2+} 的生成速率较快（Li X et al.，2008）；另一方面，nZVI 在酸性的水中会与氢离子反应释放出更多的 Fe^{2+}（Fang Z et al.，2011）。随着时间的推移，水中的 Fe^{2+} 和总铁浓度迅速下降，经过 24 h 的振荡达到稳定时，浓度均在 0.3 mg/L 以下。说明反应最后 Fe^{2+} 基本被氧化成 Fe^{3+} 并且形成沉淀物固定在 nZVM 表面（Lai K et al.，2008）。pH

为 7 和 9 时，反应后释放至水中的 Fe^{2+} 和总铁的浓度都相对较小（<1 mg/L）。由于水中基本无 H^+ 的存在，nZVM 与 Cr 的反应速率较慢，反应释放出 Fe^{2+} 的速率也较慢，因此产生的少量 Fe^{2+} 会迅速被氧化完并生成了氢氧化铁沉淀。碱性条件时，Fe^{2+} 和总铁的浓度下降得更快，说明水中的氢氧根离子加速了铁离子的沉淀。经过一定时间的振荡，水中的 Fe^{2+} 和总铁的浓度基本稳定在 0.2 mg/L 左右。综上可知，不同 pH 条件的体系下，虽然在反应初始阶段 Fe^{2+} 和总铁的浓度变化较大，但是经过一定时间其浓度均趋于稳定，最终会以沉淀形式存在，所以 nZVM 自身的副作用对环境的影响是暂时性的。

27.2.7　不同腐植酸浓度对反应产物的影响

在一般水源中，溶解性有机碳（DOC）的浓度通常为 10 mg/L 左右（Wall et al.，2003）。因此，本书选取腐植酸（HA）作为水体中天然有机物（NOM）的代表，研究了 0～10 mg/L as DOC 浓度范围的 HA 对 Cr（Ⅵ）和总铬从产物中释出的影响。图 27-6（a）显示了在不同 HA 浓度条件下，释出的 Cr（Ⅵ）和总铬的浓度随时间的变化情况。结果表明，无 HA 存在时，水中释出总铬的浓度随着时间推移，约从 0.04 mg/L 降至 0.01 mg/L，Cr（Ⅵ）浓度则一直保持在 0.01 mg/L 左右。有 HA 存在时，水中释出的 Cr（Ⅵ）和总铬的浓度一直处于极低浓度水平（<0.01 mg/L），其浓度都比无 HA 存在时低，而且 2 mg/L as DOC 和 10 mg/L as DOC 的体系试验结果相似。由此推断，HA 的存在可以抑制被吸附在 nZVM 表面上的 Cr 元素的释出，使得 nZVM 与 Cr 的反应产物保持稳定性，因为腐植酸被认为可以与金属离子形成复合物，从而抑制金属离子的释放（Liu T et al.，2011）。

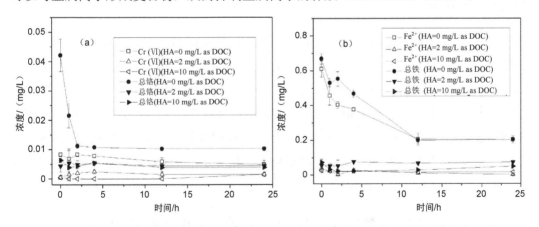

[nZVI 投加量=0.15 g/L；Cr（Ⅵ）初始浓度 C_0=10 mg/L；pH=7.0]

图 27-6　不同腐植酸浓度对（a）Cr 和（b）Fe 释出浓度的影响

图 27-6（b）显示了在不同 HA 浓度条件下，释出的 Fe^{2+} 和总铁的浓度随时间的变化情况。结果表明，无 HA 存在时，水中释出的 Fe^{2+} 和总铁的浓度随着时间变化分别从

0.61 mg/L 和 0.67 mg/L 逐渐约降至 0.2 mg/L。相比之下，有 HA 存在时水中释出的 Fe^{2+} 和总铁的浓度更低（<0.1 mg/L），随时间基本不变，而且 2 mg/L as DOC 和 10 mg/L as DOC 的体系试验结果相似。这说明 HA 可以阻碍 nZVM 表面上的 Fe 元素的释出。主要是因为 HA 很容易被 nZVM 吸附在表面上，即 HA 覆盖在颗粒表面，直接导致了 nZVM 与水的接触机会减小（Xie L I et al.，2005），即 nZVI 与水反应产生的 Fe^{2+} 大大减少，使得总铁浓度达到饮用水水质标准。另外，HA 在颗粒表面的覆盖作用还可以降低 nZVM 对微生物造成的影响，起到物理隔离的作用（Chen J et al.，2011）。

27.2.8　小结

本节研究了纳米金属颗粒在去除 Cr（Ⅵ）之后的物理化学性质。研究发现反应产物是由零价铁、氧化铁、铁-铬络合物等物质组成的污染物载体，其在水体中的稳定性较好，释出的 Cr（Ⅵ）或者总铬浓度均在安全范围内，铁离子的释出量有限，且是暂时性的。环境中的常见物质（如盐度、pH、HA 等）对纳米金属颗粒的影响研究结果表明，盐度对反应产物的稳定性几乎没有影响；pH 的变化对铁离子的释出影响较大，中性或者碱性条件有利于反应产物保持稳定；HA 的存在可以大大提高反应产物的稳定性和安全性。

27.3　纳米金属颗粒的毒性研究

27.3.1　研究方法

溶液的毒性测试采用的是发光细菌毒性测试法（Zheng H et al.，2010）。首先，发光细菌需要进行活化处理。简言之，向含有 0.5 g 发光细菌干冻粉的安瓿瓶中加入 1 mL 含 2% NaCl 的冰水，冰浴 2 min 后将混合液充分振荡，用作标准溶液。在开始生物试验时，转移 10 μL 标准溶液至含 2 mL 3%NaCl 溶液的标准测试管中，在 20℃左右的条件下培养 15 min 后进行测试。每个样品至少测定 3 次。以相对发光度（0~100%）对 $HgCl_2$ 浓度（0~0.2 mg/L）作绘制标准曲线（$R>0.99$）。相对发光度的测定采用细菌毒性测试仪进行测定（Zheng H et al.，2010）。

27.3.2　短期内水中基本物质（硬度、DOC、pH）在反应前后的变化

通过对比反应前后水体地球化学性质的变化，间接评价在河水中利用 nZVM 去除 Cr（Ⅵ）安全性和可行性。图 27-7 显示了利用 nZVM 去除 Cr（Ⅵ）前，河水中的一些常见物质的浓度和 pH，以及反应后它们随时间的变化情况。

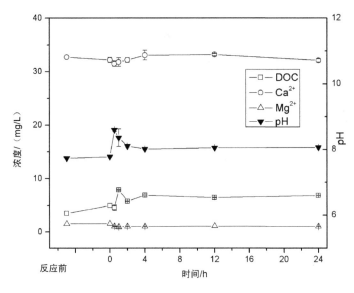

[nZVI 投加量=0.15 g/L；Cr（Ⅵ）初始浓度 C_0=10 mg/L]

图 27-7　河水的地球化学性质在反应前后的情况

Ca^{2+}、Mg^{2+} 的浓度在反应前分别是 32.7 mg/L 和 1.5 mg/L，在反应过程有微小的变动，24 h 之后的浓度分别为 32.1 mg/L 和 1.0 mg/L。说明 Ca^{2+}、Mg^{2+} 的浓度在反应后稍微下降，但总体的变化不明显。可能与水体 pH 的升高有关，使得少量的钙、镁离子发生沉淀。水中 DOC 的浓度从 3.5 mg/L 增至 6.9 mg/L，这可能是制备 nZVM 中残留的少量有机物质，例如乙醇。对于 pH 而言，反应前水体的 pH 是 7.7，在反应初始阶段，pH 先升高后减少，最大值为 8.6，最后水体的 pH 基本保持在 8.0 左右。pH 升高主要归因于 nZVM 在去除 Cr（Ⅵ）过程中消耗了氢离子。但由于水中存在像碳酸氢根离子等缓冲物质，减缓了水体的 pH 的变化程度，从而使得 pH 在 7.7～8.6 的范围内变化。这意味着，自然水体中的缓冲物质可以降低 nZVM 与 Cr 的反应产物对水体造成的影响。

总体来说，反应前后水体中 Ca^{2+}、Mg^{2+}、DOC 和 pH 的浓度变化均不大，说明利用 nZVM 还原固定 Cr（Ⅵ）对河水本身的地球化学性质影响不大。即使个别物质在短时间内有些变化，经过一定时间的恢复，这些物质均可恢复至原来的水平状态。从长期来看，反应后的 nZVI 不但可以长期固定铬，而且对水体的影响是可恢复的。因此，河水、地下水中利用 nZVM 去除 Cr（Ⅵ）是安全的和可行的。

27.3.3　长时间反应产物对水体的影响

图 27-8 显示了在实际河水中，利用 nZVM 去除 Cr（Ⅵ）后，水中 Fe^{2+}、总铁离子、Cr（Ⅵ）和总铬离子浓度在较长一段时期内（36 d）的变化情况。结果表明，水中

释出的 Cr（Ⅵ）浓度随时间变化基本不变，且 Cr（Ⅵ）的浓度一直处于极低浓度水平（≤0.01 mg/L），说明河水中的 Cr（Ⅵ）被还原固定后，在长时间内基本不会释出。总铬浓度在前 3 d 内随时间基本不变，维持在 0.01 mg/L 浓度以下且基本和 Cr（Ⅵ）相似，说明水中基本无 Cr（Ⅲ）存在。从第 6 天开始，河水中的总铬浓度有一定程度的波动（最大值为 0.026 mg/L），但是仍处于安全水平。这些波动有可能与部分 Cr（Ⅲ）的溶解释出相关。经过 36 d 的振荡，水中的总铬浓度稳定在 0.01 mg/L 左右，几乎不再有 Cr（Ⅲ）或 Cr（Ⅵ）的释出。充分说明实际水体中 Cr（Ⅵ）被 nZVM 还原固定后，经过长时间的自然过程也不会重新释放到环境介质中。

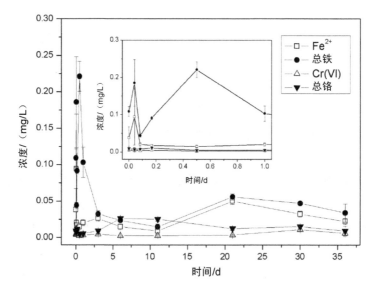

[nZVI 投加量=0.15 g/L；Cr（Ⅵ）初始浓度 C_0=10 mg/L]

图 27-8　水中各离子的释出浓度随时间变化

　　图 27-8 的插图显示了在 1 d 内水体中铁离子的浓度变化。水中 Fe^{2+} 浓度在经历一小段波动（0.02～0.09 mg/L）变化后，其浓度很快达到稳定（约为 0.02 mg/L）。但是，在经过 11 d 的振荡之后，Fe^{2+} 浓度开始升高（升高至 0.08 mg/L 左右），在随后的时间内，水中 Fe^{2+} 浓度变化幅度不大。该现象说明反应产物长时间在水中可受腐蚀并溶出少量的 Fe^{2+}。对于总铁离子浓度，其变化幅度较大，水中最大总铁浓度为初始阶段时的 0.22 mg/L。说明初始阶段水体中存在较多的溶解性铁离子，并且以 Fe^{3+} 为主。在前 11 d 的振荡中，总铁离子浓度先增加后减小，然后达到稳定（图 27-8）。该现象主要是因为反应开始后，水体中 Fe^{2+} 释出，不断被氧化并沉淀为氢氧化铁，使得总铁的浓度不断下降。由于部分 Fe^{3+} 未被沉淀，使得河水中存在 Fe^{3+}，因此水中总铁离子浓度随时间变化的幅度较大。3 d 之后，水中总铁离子浓度逐渐减少并稳定在约 0.02 mg/L，说明离子态的 Fe 基本沉淀完

全。但是 11 d 之后，水中总铁增加（升至约 0.06 mg/L），主要是由于 nZVM 经过长期的振荡和腐蚀作用而溶出 Fe^{2+} 引起的。但是 nZVM 的溶出率小于 0.1%，36 d 后总铁稳定在 0.05 mg/L 左右。

以上结果证明了环境水体中利用 nZVM 还原固定 Cr（Ⅵ）的安全可行性。nZVM 经过长期腐蚀之后，或多或少会有铁离子溶出，但是溶出率极小。这使得 nZVI 应用于环境介质中的原位修复具有正面意义。

27.3.4 毒性评价

采用发光细菌毒性测定法评价 nZVM 处理后的河水。图 27-9 显示了反应前后河水的毒性变化。例如，nZVM 单独存在时，1 h 之后水中的总铁浓度为 0.53 mg/L，相对发光度从 100%降至 50.7%。1 d 之后，水中的总铁离子浓度为 0.20 mg/L，相对发光度恢复到了 86.7%。在之后的时间内，其值在 87.2%～105.5%波动。这些波动与生物试验中不可避免的误差相关。以上的结果说明 nZVM 释放出的少部分铁离子会引起暂时的细菌毒性，特别是在初始阶段。但是我们发现，这些毒性会随着铁离子的沉淀逐渐消失，相对发光度随着时间的推移也会恢复到原来的水平。

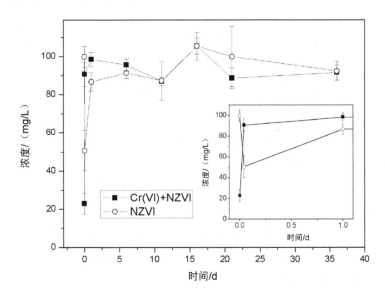

[nZVI 投加量=0.15 g/L；Cr（Ⅵ）初始浓度（C_0）=10 mg/L；pH=7.0]

图 27-9 水中发光细菌的相对发光强度随着时间的变化

在修复之前，水中的 Cr（Ⅵ）的浓度是 10 mg/L，测试所得的相对发光度为 22.9%。这个毒性相当于 $HgCl_2$ 浓度为 0.16 mg/L 时的毒性。在投加 nZVM 之后 1 h，水中的总铬浓度降至约 0.01 mg/L，水中的铁离子浓度为 0.19 mg/L。因此，溶液的毒性被消除了，相对发光度恢复到了 90.7%（图 27-9）。反应产物释放出的离子很少，在之后的时间内相对发光度在 86.9%~105.4%波动。这个结果证明了反应产物是相当稳定的，水体中几乎不表现出一点毒性，证明了 nZVM 可以有效地清除 Cr（Ⅵ）污染的水体的毒性。而且，得到的反应产物即使在水体中保留 36 d，对微生物几乎是没有副作用。因此，可以认为 nZVM 在环境介质中的长期存在是无毒性的。

27.3.5 小结

本节研究了纳米金属颗粒修复水体 Cr（Ⅵ）后对环境健康的影响，结果表明，反应前后水体的地球化学性质虽然发生了一定的变化，但是这些影响随着时间逐渐自动消除。反应后的纳米金属颗粒对水体的影响主要反映在产物的溶出问题。事实表明，经过长时间的腐蚀，反应产物中铁离子和铬离子的溶出率极低，其对环境、生态的影响很小。另外，通过发光细菌毒性研究，由 nZVM 或者其反应产物引起的毒性是非常有限的。这一点有利于 nZVI 技术应用于环境介质的原位修复中。

参考文献

AI Z，2008. Efficient removal of Cr（Ⅵ） from aqueous solution with Fe@ Fe$_2$O$_3$ core-shell nanowires[J]. Environmental Science & Technology，42：6955-6960.

BARNES R J，2010. The impact of zero-valent iron nanoparticles on a river water bacterial community[J]. Journal of Hazardous Materials，184：73-80.

CHEN J，2011. Effect of natural organic matter on toxicity and reactivity of nano-scale zero-valent iron[J]. Water Research，45：1995-2001.

DÖKMEN F，2009. Temporal variation of nitrate，chlorine and pH values in surface waters[J]. Journal of Food，7：689-691.

FANG Z，2011. Removal of chromium in electroplating wastewater by nanoscale zero-valent metal with synergistic effect of reduction and immobilization[J]. Desalination，280：224-231.

GRIEGER K D，2010. Environmental benefits and risks of zero-valent iron nanoparticles（nZVI） for in situ remediation：risk mitigation or trade-off？[J]. Journal of Contaminant Hydrology，118：165-183.

HE F，2005. Preparation and characterization of a new class of starch-stabilized bimetallic nanoparticles for degradation of chlorinated hydrocarbons in water[J]. Environmental Science & Technology，39：3314-3320.

HE F，2008. Hydrodechlorination of trichloroethene using stabilized Fe-Pd nanoparticles：Reaction mechanism and effects of stabilizers，catalysts and reaction conditions[J]. Applied Catalysis B：Environmental，84：

533-540.

KIRSCHLING T L，2010. Impact of nanoscale zero valent iron on geochemistry and microbial populations in trichloroethylene contaminated aquifer materials[J]. Environmental Science & Technology，44： 3474-3480.

LAI K C.K，2008. Removal of chromium（Ⅵ） by acid-washed zero-valent iron under various groundwater geochemistry conditions[J]. Environmental Science & Technology，42：1238-1244.

LARESE-CASANOVA P，2008. Abiotic transformation of hexahydro-1,3,5-trinitro-1,3,5-triazine（RDX） by green rusts[J]. Environmental Science & Technology，42：3975-3981.

LI X，2008. Stoichiometry of Cr（Ⅵ） immobilization using nanoscale zerovalent iron（nZVI）：a study with high-resolution X-ray photoelectron spectroscopy（HR-XPS）[J]. Industrial & Engineering Chemistry Research，47：2131-2139.

LIU T，LO I M C，2011. Influences of humic acid on Cr（Ⅵ） removal by zero-valent iron from groundwater with various constituents：implication for long-term PRB performance[J]. Water，Air & Soil Pollution，216：473-483.

MANNING B A，2007. Spectroscopic investigation of Cr（Ⅲ）-and Cr（Ⅵ）-treated nanoscale zerovalent iron[J]. Environmental Science & Technology，41：586-592.

MAO Z，2001. Types of saltwater intrusion of the Changjiang Estuary[J]. Science in China Series B： Chemistry，44：150-157.

MORGADA M E，2009. Arsenic（Ⅴ） removal with nanoparticulate zerovalent iron：effect of UV light and humic acids[J]. Catalysis Today，143：261-268.

PHENRAT T，2008. Stabilization of aqueous nanoscale zerovalent iron dispersions by anionic polyelectrolytes：adsorbed anionic polyelectrolyte layer properties and their effect on aggregation and sedimentation[J]. Journal of Nanoparticle Research，10：795-814.

TIAN H，2009. Effect of pH on DDT degradation in aqueous solution using bimetallic Ni/Fe nanoparticles[J]. Separation and Purification Technology，66：84-89.

TIRAFERRI，A，2009. Enhanced transport of zerovalent iron nanoparticles in saturated porous media by guar gum[J]. Journal of Nanoparticle Research，11：635-645.

WALL N A，2003. Humic acids coagulation：influence of divalent cations[J]. Applied Geochemistry，18： 1573-1582.

WANG Q，2010. Aging study on the structure of Fe^0-nanoparticles：stabilization，characterization，and reactivity[J]. The Journal of Physical Chemistry C，114：2027-2033.

WANG X，2009. Dechlorination of chlorinated methanes by Pd/Fe bimetallic nanoparticles[J]. Journal of Hazardous Materials，161：815-823.

WU Y，2009. Chromium（VI）reduction in aqueous solutions by Fe$_3$O$_4$-stabilized Fe^0 nanoparticles[J]. Journal of Hazardous Materials，172：1640-1645.

XIE L I，SHANG C，2005. Role of humic acid and quinone model compounds in bromate reduction by zerovalent iron[J]. Environmental Science & Technology，39（4）：1092-1100.

ZHENG H，LIU L，LU Y，et al.，2010. Rapid determination of nanotoxicity using luminous bacteria[J]. Analytical Sciences，26（1）：125-128.

第28章 土壤中纳米零价铁对水稻幼苗生长影响及其作用机制

28.1 研究背景

美国理海大学的张伟贤团队最先利用硼氢化钠作为还原剂（Zhang W et al.，1997），将 Fe^{2+} 和 Fe^{3+} 还原成零价态并合成粒径小于 100 nm 的 nZVI，与普通的零价铁粉相比，nZVI 具有比表面积大、表面活性高、粒径小、迁移能力强、还原能力强等特点，使得 nZVI 具有广阔的应用前景。已有研究应用于催化（Wong E W et al.，2005）、磁流体、磁性显影技术等（Mornet et al.，2004）领域。

随着环境问题的凸显与重视，nZVI 也被广泛的应用于污染水体、土壤、地下水的修复研究，近年来在欧美等一些国家（地区）已有 nZVI 应用于环境修复的工程实例（Comba et al.，2011；Mueller et al.，2012；Su C et al.，2012）。现有报道表明，nZVI 能够有效快速地除去多种污染物，如有机卤代烃类（Zhu B W et al.，2006；Shih Y H et al.，2010）、硝酸盐（Wang Y H et al.，2011）、重金属离子（Giasuddin et al.，2007）、杀虫剂（Elliott et al.，2009）以及染料（Shu H Y et al.，2007）等。由于 nZVI 在原位修复技术中彰显的巨大优势，将不可避免地导致大量 nZVI 直接进入生态环境。尽管铁作为一种大量元素在自然界中分布广泛且无毒性，但是当其粒径达到纳米级别时很可能对人类健康和生态环境造成负面影响。因此，对纳米铁进行相关的毒性效应研究是十分必要的。

已有的研究证实 nZVI 对大多数的生物都存在一定的抑制与毒害作用。例如，nZVI 对高等植物的大麦、亚麻、黑麦草的发芽率和幼苗的根长、芽长有一定的抑制作用（El-Temsah et al.，2012a），并且这一抑制作用与 nZVI 的浓度、植物种类有很大关系。但也有研究发现 nZVI 在水培条件下对拟南芥的根长有一定的促进作用（Kim J H et al.，2014），另有研究发现低浓度 nZVI 在水培条件下对白杨、香蒲有一定的促进作用，却在高浓度下有抑制作用（Ma X et al.，2013）。对动物而言，nZVI 会引起人支气管细胞的损伤（Keenan et al.，2009）；对土壤弹尾目（Folsomia candida）、介形亚纲（Heterocypris incongruens）（El-Temsah et al.，2013）以及蚯蚓等的繁殖有显著的抑制作用，甚至在高浓度下会增加蚯蚓的死亡数（El-Temsah et al.，2012b）；对鳉鱼的生长发育有强烈的毒性作用（Chen P J et al.，2012）；会显著减小贻贝属精细胞的数量且对 DNA 也有损伤作用（Kadar et al.，2011）；对蓝藻等浮游生物的生长有抑制作用甚至高浓度有致死作用（Kadar et al.，2012；Marsalek et al.，2012）。另外，nZVI 对细菌等基因表达、生长代谢以及微生物群落的结构、功能也有重大影响（Liu J et al.，2013）。

　　新制备的 nZVI 因其高的表面活性而容易在空气中发生团聚、氧化或者老化，影响了 nZVI 在环境修复当中的效果，因此通常对 nZVI 进行一定的改性、修饰以改善其修复性能，但经过改性、修饰后的 nZVI 对其生物效应也会有一定的影响。另外，当 nZVI 进入环境后，在环境因子的作用下其结构、理化性质会有很大的变化，会对 nZVI 的生物效应产生一定的影响。Liu Y 等（2006）发现 nZVI 在土壤中的半衰期为 90～180 d，这些改变不仅对 nZVI 的活性有很大影响，还会降低 nZVI 的生物毒害作用，如老化或者氧化后的 nZVI 对神经细胞的毒性会降低，土壤中老化后的 nZVI 对蚯蚓的死亡数有显著降低作用（Phenrat et al.，2009；El-Temsah et al.，2012b）。

　　目前国内外对 nZVI 的生态风险的研究有以下几方面特点：①多数 nZVI 的生物效应主要是在水介质条件下进行的，而对土壤环境研究的相对较少；②大多数 nZVI 的生物效应主要集中在对动物、微生物等的影响研究，而对陆生植物的研究相对较欠缺；③对植物的影响研究集中在对植物的表观影响以及 nZVI 的迁移转化，而对植物生理生化方面的研究较少；④nZVI 对生物的影响机制还较欠缺深入研究；⑤对 nZVI 的实际条件研究较少。

　　为此，我们提出通过研究新制备的、氮气下保护的、土壤老化的 nZVI 对水稻幼苗生长的表观，生理生化方面的影响来论证 nZVI 的植物生物效应，并进一步研究其作用机制，以期为 nZVI 带来的生态风险提供基础数据，为 nZVI 的安全应用提供参考数据。本书在实验室条件下模拟 nZVI 污染土壤，以全世界一半以上人口为主食的水稻为研究对象。通过对水稻发芽，幼苗生长表观、生理生化，以及 nZVI 在幼苗中的迁移转化进行了研究，并探讨了 nZVI 对水稻幼苗毒性效应的作用机制。

28.2　新制备 nZVI 对水稻幼苗生长影响及其作用机制

28.2.1　研究方法

（1）模拟新制备 nZVI 土壤的制备

供试土壤取自广州市大学城中心湖公园地表 10 cm 土壤，测得 pH=6.5，有机质含量为 2.53%，总铁含量 497.2 mg/kg，有效铁含量 86.8 mg/kg。原土壤经风干、碾碎和过筛（2 mm、10 目）后储存备用。将新制备好干燥的 nZVI 与定量土壤充分振荡混匀，使其浓度分别为 0 mg/kg、100 mg/kg、250 mg/kg、500 mg/kg、750 mg/kg、1 000 mg/kg。

（2）水稻种子发芽及幼苗生长试验

试验水稻种子购于广东省农业科学院水稻研究所，经 15 min 浸泡于 0.5% 的次氯酸钠溶液中后分别用自来水、去离子水冲洗 3 次，然后在 37℃ 水浴条件下浸种 6 h。选取籽粒饱满完整的种子种在含已配好不同浓度梯度土壤的培养皿中，每 25 粒种子均匀分布在培养皿的土壤中（种子间距 1.5～2.0 cm），每日补充适量的去离子水使其含水率保持在 50% 左右（发芽期间）和 60% 左右（幼苗生长期间），然后在光照培养箱中（25/20℃ 光照/黑暗，光照强度为 5 级 8 000 lx）培养 2 周。观察记录每日情况，其中 1～7 d 为发芽期，8～14 d 为幼苗生长期。

（3）水稻种子发芽率的测定与幼苗的生长影响分析

由于前 3 d 水稻种子几乎没有发芽，7 d 后几乎不再有水稻种子发芽，因此选择统计了 4～7 d 水稻种子的发芽情况。试验结束后用自来水冲洗幼苗根部的土壤防止对幼根的伤害，用去离子水冲洗幼苗。将水稻幼苗的地上部分与地下部分开后，用精度为 0.1 mm 的刻度尺测量每株水稻幼苗的根长与苗高，用吸水纸吸干水稻幼苗表面的去离子水后称量鲜重，在烘箱中下烘干（105℃、24 h）至恒重称量其干重。

（4）水稻幼苗光合色素含量的测定

取水稻地上部分 0.2 g 鲜重于 10 mL 80% 的丙酮溶液中避光浸提 72 h 至组织由绿色转为白色，而后在波长为 663 nm、646 nm、470 nm 下测量吸光度和计算水稻幼苗叶绿素、类胡萝卜素的含量（Lichtenthaler et al.，1987）。其计算公式如下：

$$叶绿素 a=12.21×A663 - 2.81×A646 \tag{28-1}$$

$$叶绿素 b=20.13×A646 - 5.03×A663 \tag{28-2}$$

$$叶绿素 = 叶绿素 a+叶绿素 b \tag{28-3}$$

$$胡萝卜素=（1 000×A470-3.27×叶绿素 a-104×叶绿素 b）/229 \tag{28-4}$$

（5）水稻幼苗氧化应激与抗氧化物酶活性的分析

将一定质量洗净的水稻幼苗地上部分与地下部分分别在冰浴下用 10 mL 磷酸缓冲液（pH=7.8）碾磨提取和离心，上清液用于水稻幼苗氧化应激与抗氧化物酶活性的测定。ROS（活性氧物质）的含量变化以超氧阴离子自由基（$•O_2^-$）作为代表，在波长 530 nm 下采用羟胺氧化法进行测定（Elstner et al.，1976）。脂质过氧化以丙二醛（MDA）含量的变化为相应指标，在波长 600 nm、532 nm、470 nm 下采用硫代巴比妥酸法测定（Chaoui et al.，1997）。超氧化物歧化酶（SOD）在波长为 560 nm 下采用氮蓝四唑法进行测定（Stewart et al.，1980）。过氧化物酶（POD）在波长为 470 nm 下采用愈创木酚法测定（Aebi et al.，1984）。过氧化氢酶（CAT）在波长为 240 nm 下采用紫外吸收法进行测定（Nakano et al.，1981）。

（6）土壤铁含量的分析

土壤中总铁含量采用菲洛嗪法进行测定（Lovley et al.，1986），即将 1 g 土壤加至 10 mL 0.5mol/L HCl 中混合振荡 30 s 和浸置 1 h，离心后取 0.1 mL 的上清液加至 5 mL 1 g/L 的菲洛嗪溶液（用 50 mmol/L HEPES 的缓冲溶液将 pH 调至 7）中，振荡后于波长 560 nm 下进行测定。土壤有效铁含量采用 DTPA 法进行测定［《森林土壤有效铁的测定》（LY/T 1262—1999）］，即将 25 g 土壤加至 50 mL 的 DTPA 提取液中于 25℃下振荡 2 h，离心后取上清液过膜（0.45 μm），用氢火焰原子吸收法进行测定。

（7）水稻幼苗铁含量的分析

水稻幼苗总铁含量采用酸消解法进行测定（López-Moreno et al.，2010），先取一定量洗净的水稻幼苗在烘箱中下烘干（105℃、48 h）至恒重称干重，再将水稻组织用消解液（HNO_3：H_2O_2=1：4）于 200℃电热板上进行消解，取消解液过膜（0.45 μm）、定容、稀释后用氢火焰原子吸收法进行测定。水稻幼苗活性铁含量采用盐酸提取法进行测定（Pierson et al.，1984），取一定量新鲜的水稻幼苗组织于 10 mL 1 mol/L HCl 中振荡提取 5 h，取提取液过膜（0.45 μm）后用氢火焰原子吸收法进行测定。

（8）水稻幼苗组织 SEM、TEM 分析

将洗净后的水稻幼苗根组织于 2%的戊二醛溶液中固定 48 h，用锋利的刀片切成约为 1 mm³ 的小块，①经浓度梯度的乙醇脱水（25%、50%、75%、95%、100%）和碳酸戊二酯处理后用液态二氧化碳进行临界点干燥，经喷碳处理后进入 SEM 观察；②用 4%的戊二醛在 0～4℃下前固定 4 h，用 1%锇酸溶液后固定 2 h，其间用 0.1 mol/L pH 为 7.2 的磷酸缓冲液漂洗 3 次。接着用浓度梯度的乙醇（30%、50%、70%、80%、90%、95%、100%）脱水和丙酮处理，再用不同比例的包埋剂与丙酮液进行渗透处理，后用包埋剂于 45℃、60℃下分别聚合 24 h，再将包埋块切成 70～100 nm 的切片经醋酸双氧铀和柠檬酸铅双重染色后于 TEM 进行观察。

（9）统计分析

试验数据表示为平均值±标准差（Mean±D，$n=3$），采用 SPSS 11.5 软件进行单因素方差分析，处理组与对照组间的差异显著性检验采用 Duncan 法，$p < 0.05$ 表示差异显著；使用 Origin 8.0 作图。

28.2.2　新制备 nZVI 对土壤水稻种子发芽、幼苗生长的影响

图 28-1 为新制备 nZVI 对水稻种子发芽率的影响。结果表明，尽管在种子萌发期间不同浓度 nZVI 对水稻种子发芽有一定的影响，但最终新制备 nZVI 对土壤中水稻种子的发芽率（73.8%～78.2%）与空白对照组发芽率（82.2%）相比却没有显著性差异。Rico 等（2013）报道的水培条件下 nanoCeO₂ 对水稻种子发芽率也没有显著性影响，这可能与

水稻种子外表厚厚的种皮有关。El-Temsah 等（2012a）却发现 nZVI 在高浓度（＞500 mg/kg）下对大麦、亚麻、黑麦草种子的发芽有不同程度的抑制作用，从而可以说明新制备 nZVI 对植物种子的发芽影响可能与种子的类型有关。

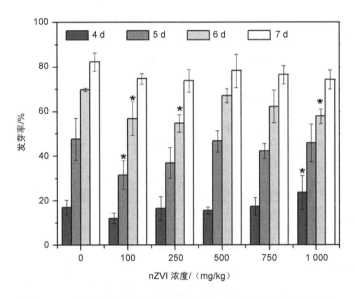

图 28-1　土壤中不同浓度新制备 nZVI 对水稻种子发芽的影响

图 28-2 为新制备 nZVI 土壤中水稻幼苗的生长情况，由图可知新制备 nZVI 对水稻幼苗的生长有一定的抑制作用，且随着浓度的增加抑制作用加强。另外，在高浓度下（＞500 mg/kg）水稻幼苗表现出明显的缺铁症状——黄化，脉间缺绿，近地端的老叶为绿色而远地端的新叶、幼叶却表现黄化甚至白化症状（潘瑞炽等，2008），且随浓度的增加症状越明显。Rico 等（2013）的研究中并没有发现 nanoCeO_2 对水稻幼苗有可见的毒害作用。因此，可以得出不同纳米材料对水稻的生长影响具有很大差异。

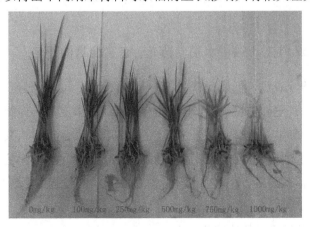

图 28-2　土壤中不同浓度新制备 nZVI 对水稻幼苗生长的影响

表 28-1 表明，随着浓度的增加新制备 nZVI 对幼苗苗高、根长的抑制率也逐渐增加，当浓度为 1 000 mg/kg 时抑制率达到最大（分别为 57.5%、46.9%）。这与 El-Temsah 等（2012a）报道的 nZVI 对大麦、亚麻、黑麦草根长和芽长的抑制作用一致，不同的是 Kim J H 等（2014）却发现 nZVI 在水培条件下对拟南芥的根伸长有促进作用。另外，Alidoust 等（2014）的报道表明纳米 γ-Fe$_2$O$_3$ 对水稻有一定的低毒性，会抑制地上部分的生长，但却促进了根的伸长。从而可以得出纳米粒子对植物的生长影响与植物种类、培养介质有关。

表 28-1　土壤中不同浓度新制备 nZVI 对水稻幼苗根长、苗高、生物量的影响

浓度/ (mg/kg)	苗高/cm	根长/cm	鲜重		干重	
			苗高/mg	根长/mg	苗高/mg	根长/mg
0	10.61±0.416a	9.65±0.543a	28.2±1.07a	22.8±0.79a	6.7±0.58a	4.5 ± 0.23a
100	9.13±0.477b	9.04±0.207ab	27.6±0.49a	21.7±0.67a	6.3±0.38a	4.1 ± 0.15ab
250	8.53±0.381bc	8.23±0.176b	26.5±0.63a	19.8±0.44b	6.0±0.18ab	3.8 ± 0.09b
500	7.63±0.361c	7.10±0.079c	25.7±0.38a	16.5±0.56c	5.0±0.18b	3.6 ± 0.18b
750	5.55±0.273d	6.08±0.238d	22.9±0.86b	13.9±0.18d	3.8±0.26c	2.6 ± 0.15c
1 000	4.46±0.331d	5.11±0.216e	21.8±0.93b	12.1±0.46e	3.3±0.23c	2.3 ± 0.27c

注：[a]数值为平均值±SE（$n=3$）。相同字母的平均值经 Duncan 检验无显著差异（$p<0.05$）。

新制备 nZVI 对水稻幼苗生物量的抑制作用同样在 1 000 mg/kg 时达到最大（表 28-1），其中对根部鲜重的抑制作用（46.9%）要大于地上部分（22.7%），这与纳米赤铁矿对拟南芥生物量的影响一致（Marusenko et al.，2013）。新制备 nZVI 对水稻幼苗根部干重抑制率（48.9%）与对地上部分干重抑制率（50.7%）却无多大差别。从高浓度（>500 mg/kg）下幼苗生长表现出明显的缺铁症状（图 28-2），可以推断新制备 nZVI 对幼苗生物量的抑制作用是通过抑制光合作用引起的，同时新制备 nZVI 也可能促进了地上部分对水分的吸收。

28.2.3　新制备 nZVI 对土壤中水稻幼苗光合色素含量的影响

图 28-3（a）研究表明，低浓度下新制备 nZVI 对水稻幼苗的光合色素合成没有显著性影响，却在高浓度下显著抑制光合色素的合成且随着浓度增加抑制作用加强。当浓度在 1 000 mg/kg 时，新制备 nZVI 对光合色素的抑制作用达到最大，其中对叶绿素的抑制率达到 91.6%，同时对类胡萝卜素的抑制率为 85.2%。光合色素含量的降低直接导致水稻幼苗光合作用下降，从而减少了幼苗的生物量的积累。叶绿素主要包括叶绿素 a 和叶绿素 b，对光合作用起着重要作用，其比值的不同将会直接影响植物的光合作用效率，一般情况下叶绿素 a 与叶绿素 b 的比值约为 3。

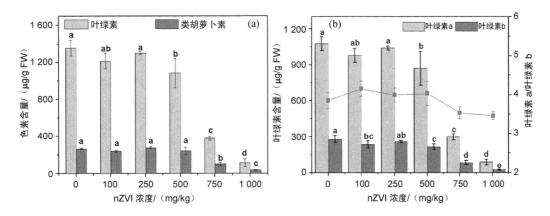

图 28-3　土壤中不同浓度新制备 nZVI 对水稻幼苗叶绿素与类胡萝卜素含量（a）、
叶绿素 a 与叶绿素 b 含量（b）的影响

图 28-3（b）研究结果表明，新制备 nZVI 对水稻幼苗中叶绿素 a 与叶绿素 b 的合成都有抑制作用且都在 1 000 mg/kg 时达到最大，但并没有发现叶绿素 a 含量与叶绿素 b 含量的比值有显著性差异。因此，可以得出虽然新制备 nZVI 对水稻幼苗的光合作用有一定的抑制，但对水稻幼苗的光合作用效率却无显著性影响。

铁是植物生长过程中的必需矿质元素，对植物的光合作用、呼吸作用、物质能量代谢起着重要作用，其在地壳中的含量非常丰富仅次于氧、硅、铝，但能够被植物吸收利用的只有离子态的铁（Fe^{2+}、Fe^{3+}）。Ghafariyan 等（2013）研究表明超顺磁氧化铁的纳米材料具有缓解大豆铁匮乏引起的症状，有利于提高叶绿素的含量，然而 Marusenko 等（2013）发现纳米赤铁矿不能够被拟南芥利用。因此可以说明，尽管铁是植物所必需的矿质营养，但其形态结构可能会影响植物对铁的吸收利用。

另有研究报道纳米材料对植物光合色素影响不一，Dimkpa 等（2012）发现纳米 CuO、ZnO 会降低沙培条件下生长小麦的叶绿素含量，Gao J 等（2013）发现粒径超过 140 nm 的纳米 TiO_2 对小麦叶绿素含量没有影响。Rico 等（2013）发现叶绿素 a 与叶绿素 b 的比值随纳米 CeO_2 的浓度的上升先增加后减小。从而可知，纳米材料对植物光合色素含量的影响与纳米材料的理化特性、植物种类以及培养介质有关。

28.2.4　新制备 nZVI 对土壤中水稻幼苗氧化应激的影响

活性氧化物质（ROS）广泛存在生物体内，但是在生物体内一般都维持在一定的水平，当其含量显著增加时就会引起氧化应激反应，容易引起脂质过氧化产生过多丙二醛（MDA）。当生物体内 ROS 含量超过一定值，抗氧化物酶系统就会被激活而将过多的 ROS 及时还原清除，从而维持机体的稳态。现有研究认为纳米粒子的生物毒性效应之一是由

ROS 含量的增加引起的（Nel A et al.，2006）。

图 28-4（a）是水稻幼苗中超氧阴离子自由基（·O₂⁻）的含量变化，研究发现水稻幼苗根部除了在 250 mg/kg 下·O₂⁻的含量有显著下降外（0.039 μmol/g），其他浓度下幼苗中·O₂⁻的含量没有发生显著变化（0.09～0.17 μmol/g），这是因为此浓度下超氧化物酶（SOD）活性达到最大，对·O₂⁻有一定清除能力。幼苗的丙二醛（MDA）含量［图 28-4（b）］除了在 1 000 mg/kg 下（11.67 nmol/g）与空白对照组相比显著下降外，其他试验组没有显著变化（13.06～15.85 nmol/g）。不同浓度新制备 nZVI 下水稻幼苗地上部分·O₂⁻含量（0.024～0.040 μmol/g）与空白对照组（0.049 μmol/g）相比没有显著性差异，但 MDA 含量与对照组相比却在浓度为 250 mg/kg、1 000 mg/kg 时有显著性的增加（分别为20.11 nmol/g、16.69 nmol/g）。这可能是由其他 ROS 含量增加引起的脂质过氧化。

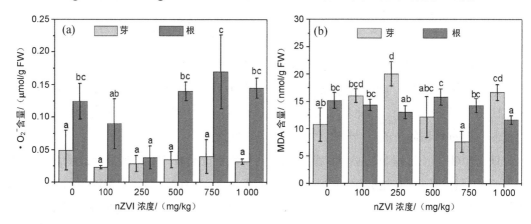

图 28-4　土壤中不同浓度新制备 nZVI 对水稻幼苗中超氧阴离子自由基（a）、丙二醛（b）含量的影响

28.2.5　新制备 nZVI 对土壤中水稻幼苗抗氧化物酶的影响

超氧化物歧化酶（SOD）、过氧化物酶（POD）、过氧化氢酶（CAT）是植物体内最关键的抗氧化酶，铁又是 POD、CAT 的重要组成部分，因此水稻中活性铁的含量变化会影响植物中抗氧化酶系统的活性。SOD 能将·O₂⁻歧化为氧化能力较低的过氧化物，再通过 POD、CAT 等将这些过氧化物转化为无毒害的水以达到清除 ROS 的目的。

幼苗根部·O₂⁻含量之所以会在 250 mg/kg 时显著下降，而此时的 MDA 含量却无显著变化，是因为 250 mg/kg 时的 SOD 活性显著增加，将·O₂⁻歧化为氧化活性更低的物质，从而降低了脂质过氧化。与地上部分不同的是幼苗根部 SOD 的活性［图 28-5（a）］除了 750 mg/kg 时（210.4 u/g）与空白对照组（179.6 u/g）比无显著变化，其他试验组 SOD活性均有显著增加（246.5～298.4 u/g）。幼苗根部 CAT 的活性［图 28-5（b）］与 SOD的活性相关，随着新制备 nZVI 浓度的增加其活性也有增加，在 1 000 mg/kg 时达到最大

（3.52 u/g）。幼苗根部 POD 的活性［图 28-5（c）］随新制备 nZVI 的浓度增加先下降后又升高，100 mg/kg 时 POD 活性（29.9 u/g）与空白对照组（33.9 u/g）相比无显著变化，在 250 mg/kg、500 mg/kg 时明显降低，当浓度在 750 mg/kg、1 000 mg/kg 时根部 POD 的活性却与空白对照组相比又没有显著变化（33.2 u/g、31.3 u/g）。从而可以说明在水稻幼苗的根部并没有引起过度的脂质过氧化反应，主要是 SOD、CAT 起了抗氧化作用。

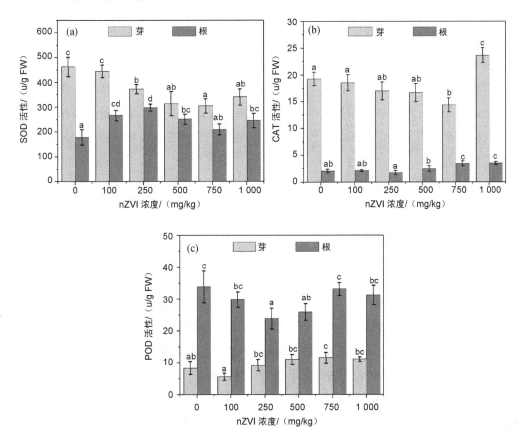

图 28-5　土壤中不同浓度新制备 nZVI 对水稻幼苗中 SOD（a）、CAT（b）、POD（c）的活性影响

　　新制备 nZVI 浓度在 250 mg/kg 时幼苗地上部分·O_2^- 含量之所以无显著变化而 MDA 含量却显著增加是因为此时地上部分 SOD 的活性受到抑制，过多的·O_2^- 已经引起了脂质的过氧化；与空白对照组相比，在 1 000 mg/kg 时虽然地上部分 CAT 的活性显著增加，但 POD 的活性却没有显著变化，且 SOD 的活性受到抑制，所以·O_2^- 等 ROS 引起了脂质过氧化而导致 MDA 含量的增加。

　　与空白对照组相比，试验组地上部分 SOD 活性除了浓度在 100 mg/kg 时没有显著变化，其他试验组的 SOD 活性均受到显著抑制作用（305.0～374.0 u/g）。幼苗地上部分 CAT 的活性在浓度小于 500 mg/kg 时与空白对照组（19.3 u/g）相比没有显著变化，却在 750 mg/kg

显著降低，在 1 000 mg/kg 下又显著升高，这可能与纳米铁粒子迁移至幼苗地上部分有关。与空白对照组 POD 活性（8.4 u/g）相比，幼苗地上部分 POD 的活性在 750 mg/kg 时有显著的增加（11.6 u/g），其他试验组的 POD 活性却没有显著变化（5.7～11.1 u/g）。这可能是由于地上部分活性铁含量的减少而抑制了 SOD、CAT 的活性，过多的 $\cdot O_2^-$ 被 SOD 歧化为 H_2O_2，H_2O_2 进一步在 CAT 的作用下分解为 H_2O 受到了抑制。所以 $\cdot O_2^-$ 可能是通过其他机制转化为其他的过氧化物，最后在 POD 的作用下将这些过氧化物清除。

28.2.6   新制备 nZVI 对水稻幼苗和土壤中铁含量的影响

尽管铁是自然界第四丰富的元素，但是能够被植物吸收利用的却非常有限，这与植物生长介质的理化性质以及植物从土壤中吸收铁的方式有关。土壤中能够被植物吸收利用的铁称为土壤有效铁，在植物组织中能参与光合作用和其他生理代谢反应的铁称为植物活性铁。

前面的研究（图 28-2）显示高浓度下新制备 nZVI 会引起水稻幼苗表现出明显的缺铁症状，对水稻幼苗中铁含量测定的结果表明，新制备 nZVI 土壤中生长的幼苗地上部分中总铁含量（0.26～0.68 mg/g DW）与空白对照幼苗总铁含量（0.41 mg/g DW）相比并没有显著差异 [图 28-6（a）]；低浓度下根部总铁含量与对照组相比没有显著差异，高浓度下根部的总铁含量（30.01～33.51 mg/g DW）与空白对照组（20.14 mg/g DW）相比显著增加，这与水稻幼苗表现出来的缺铁症状相矛盾。已有研究表明植物中活性铁与植物是否缺铁具有更大的相关性，为此，对水稻幼苗中活性铁含量进行测定分析。结果测得 1 000 mg/kg 新制备 nZVI 下生长的水稻幼苗地上部分的活性铁含量（30.76 mg/g FW）与空白对照组（78.91 mg/g FW）相比显著下降 [图 28-6（b）]，这与前面得出的新制备 nZVI 对光合色素含量、抗氧化物酶活性的影响一致，但是根部的活性铁含量却显著增加。因此，可以认为新制备 nZVI 没有抑制水稻幼苗对铁的吸收，而是降缓了水稻幼苗地上部分活性铁的含量引起的水稻幼苗缺铁症状，而总铁含量没有显著变化可能与纳米粒子在植物中的迁移有关。

铁是植物生长过程的必需矿质元素，造成植物缺铁的原因主要有以下 3 点：①植物生长的介质缺铁，主要指能被植物吸收的有效铁；②植物生长介质不缺有效铁，但是植物在吸收铁的过程受到抑制；③植物生长介质不缺有效铁，植物根系统对铁的吸收也正常，但是植物中的活性铁从根部向地上部分运输受阻。

在前面的研究中我们发现高浓度新制备 nZVI 土壤中生长的水稻幼苗表现出明显的缺铁症状（图 28-2）是由幼苗地上部分活性铁含量降低引起的，为了确定水稻幼苗缺铁是否是由土壤缺铁造成的，我们对土壤铁含量进行了测定。结果发现新制备 1 000 mg/kg nZVI 的土壤中总铁、有效铁含量（图 28-7）分别为 857.7 mg/kg、145.3 mg/kg，与空白土壤相比（497.2 mg/kg、86.8 mg/kg）并不缺乏，相反还有显著增加。因此，水稻幼苗地上部分表现出的缺铁症状不缘于土壤缺少有效铁。通过对比空白土壤与种完水稻后的空白土壤发现，种完水稻后的土壤有效铁含量显著增加（158.7 mg/kg），说明水稻幼苗可能分泌了某种物质促进了土壤中有效铁含量的增加。而 1 000 mg/kg 新制备 nZVI 的土壤种完水稻后有效铁含量与空白土壤种完水稻相比并没有显著变化。说明新制备 nZVI 在土壤中的溶出很少，这可能与 nZVI 的表面被氧化有关。从土壤总亚铁含量来看，水稻幼苗促进了土壤亚铁的增加（162.9 mg/kg）。虽然 1 000 mg/kg nZVI 下的亚铁也有一些增加（279.3 mg/kg），但幼苗并没有表现受亚铁毒害的症状。综上可知，通过对水稻幼苗中铁含量与土壤中铁含量分析，我们认为引起水稻幼苗缺铁的原因是由幼苗中活性铁的转运受阻引起的。

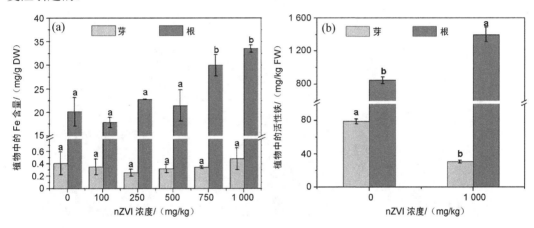

图 28-6　新制备 nZVI 对水稻幼苗中总铁（a）、活性铁（b）含量的影响

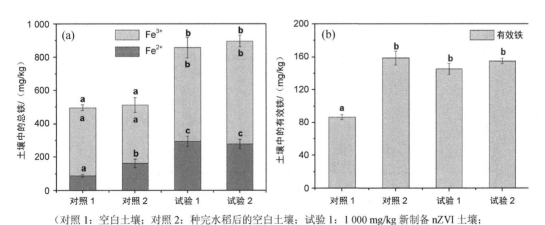

（对照 1：空白土壤；对照 2：种完水稻后的空白土壤；试验 1：1 000 mg/kg 新制备 nZVI 土壤；

试验 2：种完水稻后的 1 000 mg/kg 新制备 nZVI 土壤）

图 28-7　新制备 nZVI 土壤总铁（a）、有效铁（b）含量的影响

28.2.7　土壤中新制备 nZVI 在水稻中的吸收、迁移

前面研究结果表明，高浓度下水稻幼苗表现出明显的缺铁症状是由新制备 nZVI 抑制了水稻幼苗中活性铁的转运引起的，但测得的水稻幼苗地上部分总铁含量与空白对照组相比没有显著性变化，甚至高浓度下根部总铁含量还有显著增加，这可能与 nZVI 在水稻幼苗中的迁移有关。有研究报道（Ma X et al.，2013）nZVI 在水培条件下能够迁移到香蒲的根部，却没有迁移到皮层区的细胞，也没有向地上部分发生迁移。

为了确定铁在水稻中的吸收和迁移情况，采用 SEM 和 EDS 分析手段。通过对根尖横切面进行 SEM 观察（图 28-8），发现在新制备 1 000 mg/kg nZVI 土壤中的水稻根部皮层细胞形态受到严重的破坏，这可能是抑制活性铁向地上部分转运的主要原因。进一步通过 EDS 分析发现在皮层区有铁元素，而在空白对照水稻根部的皮层区却没有发现，说

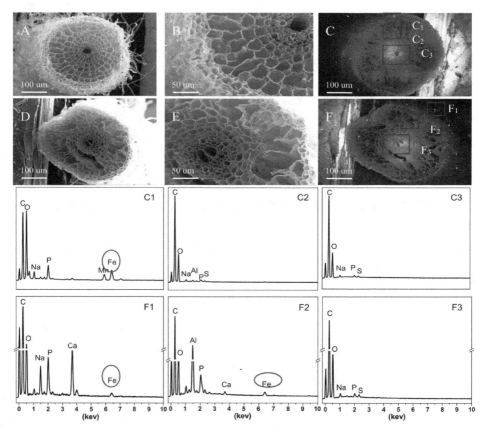

[A：空白对照幼苗根尖横切图；B：放大空白对照幼苗根尖横切图；C：空白对照幼苗根尖能谱图（C1：表皮，C2：皮层，C3：中柱）；D：1 000 mg/kg nZVI 幼苗根尖横切图；E：放大 1 000 mg/kg nZVI 幼苗根尖横切图；F：1 000 mg/kg nZVI 幼苗根尖能谱图（F1：表皮，F2：皮层，F3：中柱）]

图 28-8　新制备 nZVI 处理下水稻幼苗根的 SEM 与 EDS

明土壤中 nZVI 以某种形态已经迁移到了幼苗的根部。另外在根部中柱区域没有检测到铁元素，这可能与中柱区域的凯氏带有关（Tanton et al.，1971）。在空白对照的水稻根部表皮有检测到铁元素，这可能与土壤中含铁矿物吸附在根的表皮有关。

为了充分证明 nZVI 在幼苗根部/地上部分发生迁移，进一步对幼苗组织进行了 TEM观察，结果显示在水稻幼苗根部皮层细胞间隙有一些黑色亮点（图 28-9），进一步对其进行 EDS 分析发现主要为铁元素，而在空白对照水稻根部相同区域却没有发现。同样在水稻幼苗地上部分的细胞间隙也有发现黑色亮点，经 EDS 分析主要为铁元素。因此，可以推断新制备 nZVI 已经进入水稻幼苗的根部组织，并且可能是通过质外体途径迁移到幼苗的地上部分。

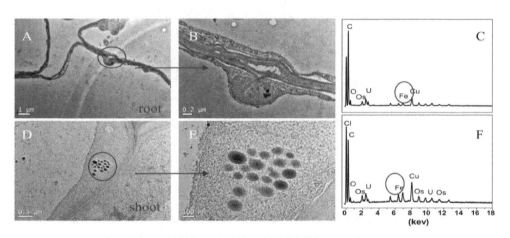

图 28-9　新制备 nZVI 处理下水稻幼苗的 TEM 与 EDS

28.2.8　高浓度新制备 nZVI 对土壤中水稻幼苗的毒性机制

通过试验我们发现，土壤中新制备 nZVI 对水稻幼苗的生长有一定的抑制作用并在高浓度下会引起水稻幼苗光合色素合成受抑制、抗氧化物酶活性的改变以及显著的缺铁毒害症状。经过测试分析，在高浓度新制备 nZVI 下生长的水稻幼苗中总铁虽然没有减少，但是地上部分活性铁含量确实有显著降低，这与幼苗表现的缺铁症状相符合。与空白对照组土壤相比，测得的高浓度新制备 nZVI 土壤中总铁、有效铁含量并没有减少，说明水稻幼苗缺铁并不是由土壤中缺铁造成的。另外测得高浓度新制备 nZVI 下生长的水稻幼苗根部活性铁也没有减少，说明水稻幼苗缺铁不是由幼苗根部对铁的吸收过程受阻引起的。从而可以说明水稻幼苗缺铁是由植物中铁的运输受到阻碍。

通过对水稻幼苗组织进行 SEM、TEM、EDS 的分析，表明新制备 nZVI 已经被水稻幼苗的根部吸收并引起了根部皮层组织的严重破坏，这可能是引起水稻幼苗铁转运受阻的主要原因。另外，只在细胞间隙发现有纳米铁粒子发生迁移，并在地上部分细胞间隙也有发现纳米铁粒子。我们认为纳米铁粒子能够通过质外体途径在水稻幼苗中发生迁移并引起了水稻根部皮层组织的破坏，这是造成幼苗总铁含量没有显著降低、活性铁转运受抑制的主要原因。高浓度新制备 nZVI 对水稻幼苗主要的毒害机制如图 28-10 所示。

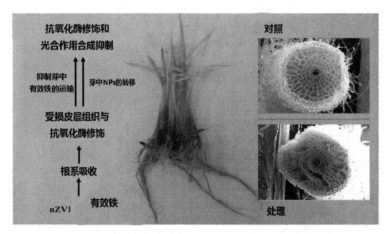

图 28-10　高浓度新制备 nZVI 引起水稻幼苗的毒害机制

28.2.9　小结

本节评价了新制备 nZVI 对水稻幼苗的生长影响以及其作用机制，结果表明：

①新制备 nZVI 在土壤中对水稻种子的发芽率并没有显著性的抑制作用。低浓度下（<500 mg/kg）新制备 nZVI 对水稻幼苗的生长没有显著影响，却在高浓度（>500 mg/kg）下有强烈的抑制作用并引起可见的毒性症状（缺铁）。在高浓度下，水稻幼苗中的光合色素合成受到强烈抑制，却没有显著改变叶绿素 a/叶绿素 b，抗氧化物酶活性的改变与新制备 nZVI 的浓度有关。

②土壤中总铁、有效铁分析表明土壤并不缺铁，而且土壤中 nZVI 的溶出很少。水稻幼苗促进了土壤中有效铁含量的增加。高浓度下水稻幼苗地上部分活性铁含量显著低于空白组，与幼苗表现出的缺铁症状相符。

③SEM、TEM、EDS 表征说明新制备 nZVI 可能在水稻幼苗中发生迁移而导致地上部分总铁含量无显著变化，甚至在高浓度下根部总铁含量还有显著增加。新制备 nZVI 在根部引起皮层组织的严重破坏是阻断根部活性铁向地上部分运输的主要原因。

28.3　氮气保护的 nZVI 对土壤中水稻幼苗的影响研究

nZVI 因其高反应活性被认为是最具潜力的环境修复材料。由于其反应活性高，容易被氧化，而新制备的 nZVI 因实际问题并不能及时地用于环境修复当中。为了保证 nZVI 的高反应活性，通常将新制备的 nZVI 颗粒保存在氮气中以备用。因此，氮气保护对 nZVI 的生物效应是否有影响的研究很有意义。本研究了土壤中不同浓氮气保护度 nZVI 对水稻种子发芽、幼苗生长、生理生化的影响，同时与新制备 nZVI 对水稻幼苗的影响进行对比分析。研究方法参考 28.2.1 节。

28.3.1　氮气保护 nZVI 对土壤中水稻种子发芽、幼苗生长的影响

氮气保护 nZVI 对土壤中水稻种子发芽率的影响情况如图 28-11 所示。第 4~6 天的发芽情况均为空白对照组发芽率最大，第 7 天时尽管所有试验组发芽率（72.89%~76.89%）仍然低于空白组（81.33%），但彼此无显著性差异（$p < 0.05$）。从而可得氮气保护 nZVI 对水稻种子的发芽前期有一定的抑制作用，但对最终的发芽率并没有显著性的影响，这与新制备 nZVI 对水稻种子发芽率（73.83%~78.24%）的影响结果一致，但是氮气保护 nZVI 对水稻种子的影响要略低于新制备 nZVI 的。

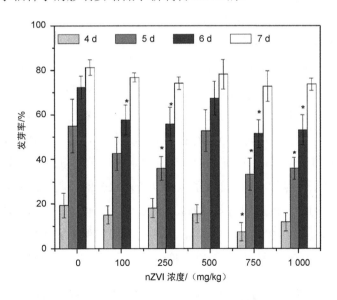

图 28-11　氮气下保护 nZVI 对水稻种子发芽的影响

表 28-2 的结果表明氮气保护 nZVI 对水稻幼苗的生长存在抑制作用且随着浓度的增加抑制作用加强。浓度大于 250 mg/kg 时，氮气保护 nZVI 对水稻幼苗的苗高有显著抑制

作用，在 1 000 mg/kg 时抑制率达到最大，为 60.33%。浓度大于 100 mg/kg 时，氮气保护 nZVI 对水稻幼苗的根伸长存在显著抑制作用，同样在 1 000 mg/kg 时抑制率达到最大，为 54.84%。而新制备 nZVI 在 1 000 mg/kg 时对幼苗苗高、根长的抑制率分别为 57.5%、46.9%（28.2.2 节），均略小于氮气保护 nZVI 对水稻幼苗的生长影响。可见，氮气保护 nZVI 与新制备 nZVI 一样对水稻幼苗生长的影响趋势一致，但是氮气保护 nZVI 对水稻幼苗的生长抑制率要略大于新制备 nZVI。另外，本节研究的 nZVI 对水稻幼苗苗高、根长的影响与 El-Temsah 等（2012a）报道的 nZVI 对亚麻、大麦、黑麦草的生长影响一致。

表 28-2 氮气保护 nZVI 对水稻幼苗生长的影响

nZVI/ (mg/kg)	苗高/ cm	根长/ cm	鲜重		干重	
			苗高/mg	根长/mg	苗高/mg	根长/mg
0	9.73±0.72a	8.68±0.45a	25.6±1.05a	25.6±0.62a	6.1±0.20a	4.2±0.30a
100	9.48±0.65a	8.13±0.39ab	24.7±0.49a	24.1±0.65a	5.4±0.35b	4.0±0.26a
250	9.00±0.14a	7.35±0.28bc	24.4±0.55a	20.9±1.08b	5.1±0.21b	3.8±0.20ab
500	6.76±0.41b	6.61±0.51c	22.6±0.54b	18.2±0.98c	4.1±0.15c	3.5±0.26b
750	4.69±0.66c	4.56±0.67 d	19.9±1.42c	11.6±0.62 d	3.5±0.15 d	2.9±0.21c
1 000	3.86±0.30c	3.92±0.32 d	18.6±0.55c	11.5±1.17 d	3.1±0.10 d	2.7±0.21c

氮气保护 nZVI 对幼苗的生物量（干重、鲜重）有一定的抑制作用，且随着浓度的增加抑制作用加强。当浓度大于 100 mg/kg 时，氮气保护 nZVI 对水稻幼苗根的鲜重有显著抑制，在 1 000 mg/kg 时抑制率达到最大，为 55.09%；当浓度大于 250 mg/kg 时，氮气保护 nZVI 对水稻幼苗的地上部分鲜重也有显著抑制，抑制率在 1 000 mg/kg 时达到最大，为 27.20%。当浓度大于 250 mg/kg 时，氮气保护 nZVI 对水稻幼苗根的干重存在显著抑制作用，抑制率在 1 000 mg/kg 时达到最大，为 36.42%；当浓度大于 100 mg/kg 时，氮气保护 nZVI 对水稻幼苗地上部分的干重也存在显著抑制作用，抑制率在 1 000 mg/kg 时达到最大，为 49.18%。比较可知，氮气保护 nZVI 对水稻幼苗鲜重的抑制率要大于对干重的抑制率，这可能是氮气保护 nZVI 抑制了水稻幼苗对水分的吸收。新制备 nZVI 对水稻幼苗根的鲜重、干重的抑制率分别为 46.82%、48.51%，对地上部分的鲜重、干重抑制率分别为 22.83%、51.04%（28.2.2 节）。因此，可以得出氮气保护 nZVI 对水稻幼苗鲜重的抑制率要大于新制备 nZVI，而对幼苗干重的抑制率要小于新制备 nZVI。

28.3.2 氮气保护 nZVI 对土壤中水稻光合色素、铁含量的影响

氮气保护 nZVI 对土壤中水稻幼苗生长的影响如图 28-12 所示，随着浓度的增加，氮气保护 nZVI 对幼苗生长的抑制作用加强，并且高浓度下幼苗表现出可见的缺铁症状。因此对水稻幼苗的总铁含量进行测定，氮气保护 nZVI 对水稻幼苗中总铁含量的影响如图

28-13 所示。不同浓度氮气保护 nZVI 下水稻幼苗地上部分与根部的总铁含量不同，空白对照组地上部分总铁含量（0.9 mg/kg DW）显著低于根部的总铁含量（17.8 mg/kg DW），这与水稻根表容易形成铁膜有关（Alidoust et al., 2014）。氮气保护 nZVI 浓度在 100～500 mg/kg 时幼苗的总铁含量与对照相比无显著性的变化，其中地上部分总铁含量为 0.96～1.08 mg/g，根部总铁含量为 20.16～22.33 mg/g；当浓度大于 500 mg/kg 时，根部与地上部分的总铁含量都有显著升高。在 1 000 mg/kg 时达到最大，分别为 29.98 mg/kg、1.35 mg/kg，这与新制备 nZVI 对水稻幼苗中总铁含量的影响一致（33.51 mg/kg、0.48 mg/g，28.2.6 节）。然而氮气保护 nZVI 对水稻幼苗中总铁含量影响结果与高浓度下幼苗表现的缺铁症状矛盾，这说明高浓度氮气保护 nZVI 可能被水稻幼苗吸收，甚至在幼苗中发生迁移转化，同时抑制了水稻幼苗活性铁向地上部分转运。

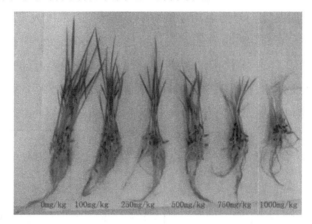

图 28-12 氮气保护 nZVI 对水稻幼苗生长的影响

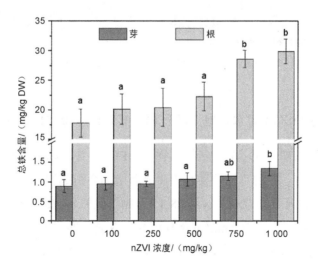

图 28-13 氮气保护 nZVI 对水稻幼苗总铁含量的影响

不同浓度 nZVI 对水稻幼苗中光合色素含量的影响结果表明［图 28-14（a）］，氮气保护 nZVI 对叶绿素、类胡萝卜素的合成都有一定的抑制作用。浓度小于 500 mg/kg 时，氮气保护 nZVI 对光合色素的合成并没有显著影响；当浓度大于等于 500 mg/kg 时，氮气保护 nZVI 对叶绿素和类胡萝卜素都有显著的抑制作用，随着浓度的增加抑制作用进一步加强，在浓度为 1 000 mg/kg 时抑制率达到最大（分别为 93.75%、89.63%）。新制备 nZVI 在 1 000 mg/kg 下也对叶绿素和类胡萝卜素的抑制率最大，为 91.6% 和 85.2%（28.2.3 节）。综上可知，氮气保护 nZVI 与新制备 nZVI 一样对水稻幼苗光合色素的合成影响趋势一致，但氮气保护 nZVI 对水稻幼苗光合色素合成的抑制率低于新制备 nZVI。氮气保护 nZVI 对水稻幼苗光合色素的抑制作用与图 28-14 中水稻幼苗表现出的缺铁症状一致。

如图 28-14（b）所示，不同浓度氮气保护 nZVI 对叶绿素 a、叶绿素 b 的含量影响在浓度小于 500 mg/kg 时与空白对照组相比没有明显差异，当浓度大于等于 500 mg/kg 时对叶绿素 a、叶绿素 b 均有显著抑制作用，在浓度达到 1 000 mg/kg 时抑制率达到最大（分别为 94.62%、91.49%），这与新制备 nZVI 对叶绿素 a、叶绿素 b 的抑制作用也是一致的（28.2.3 节）。综上可以得出氮气保护 nZVI 与新制备 nZVI 对水稻幼苗光合色素合成的影响无多大的差别，这可能与 nZVI 是否被氧化无关。

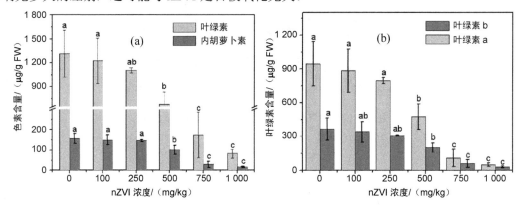

图 28-14　氮气保护 nZVI 对水稻幼苗中光合色素（a）和叶绿素（b）含量的影响

28.3.3　氮气保护 nZVI 对水稻地上部分和根部氧化应激与抗氧化物酶的影响

超氧阴离子自由基（$\cdot O_2^-$）等活性氧物质（ROS）在生物体内普遍存在，其含量在生物体小范围内维持一定的平衡，当其含量显著增加会引起脂质过氧化而对生物有一定的伤害作用（如引起脂质过氧化）。图 28-15 为氮气保护 nZVI 对水稻幼苗氧化应激的影响，与空白对照相比，除了 500 mg/kg 下 $\cdot O_2^-$ 含量有显著增加外（0.75 μmol/g），其他浓度下的 $\cdot O_2^-$ 含量与空白对照组没有显著性差异。丙二醛（MDA）的含量除了 750 mg/kg 与对照组没有显著变化外，其他浓度 MDA 含量（0.74～0.95 nmol/g）都显著低于空白对照组。因此可知，虽然氮气保护 nZVI 在 500 mg/kg 时对水稻幼苗中的•O_2^-含量有显著增加，但是并没有引起过多的脂质过氧化。不同的是，新制备 nZVI 并没有显著影响•O_2^-含量的变化（0.26～0.48 μmol/g），在一定程度上引起了 MDA 含量的增加（28.2.4 节），这可能是由其他 ROS 含量过度增加引起的。

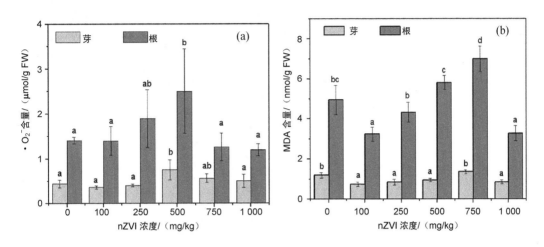

图 28-15　氮气保护 nZVI 对水稻幼苗中•O_2^-含量（a）和 MDA 含量（b）的影响

当植物体内 ROS 含量显著增加时，抗氧化物酶系统能将植物体内过多的 ROS 清除掉，对维持生物体的氧化应激水平至关重要，其中最主要的抗氧化物酶包括超氧化物歧化酶（SOD）、过氧化物酶（POD）、过氧化氢酶（CAT）等。在 SOD 的歧化作用下将•O_2^-等 ROS 转化为氧化活性更低的 H_2O_2 等过氧化物，而这些过氧化物进一步在 POD、CAT 等酶作用下转化为水。本节研究结果表明，随着氮气保护 nZVI 浓度的增加 SOD 的活性也增加，当浓度为 500 mg/kg 时达到最大，为 141.05 u/g［图 28-16（a）］，随着浓度继续增加，其活性却有下降趋势。POD 的活性除了在 500 mg/kg 时与对照组相比无显著变化外，其他浓度下 POD 的活性［图 28-16（b）］都有显著增加（30.01～34.78 u/g）。CAT 的活性［图 28-16（c）］与 SOD 活性变化趋势一致，随着浓度的增加，其活性也增加，在 500 mg/kg 时达到最大，为 40.67 u/g，而当浓度大于 500 mg/kg 时其活性却与对照组相比无显著差异。从而可以说明，随着氮气保护 nZVI 浓度的增加，抗氧化物酶的活性也随之增加，但当浓度大于 500 mg/kg 时，氮气保护 nZVI 对 SOD、CAT 的活性有一定的抑制，而 POD 的活性却没有受到抑制。不同的是新制备 nZVI 随着浓度增加对 SOD 活性的确有抑制作用且随着浓度增加而加强，对 POD、CAT 的活性又有一定的促进作用（28.2.5 节）。从而可知，氮气保护 nZVI 对水稻幼苗地上 SOD 的活性影响结果与新制备 nZVI 对 SOD 活性的影响相反，对 POD、CAT 活性的影响差别不大。

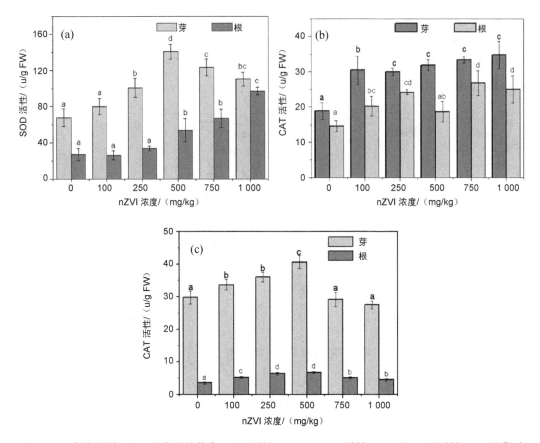

图 28-16 氮气保护 nZVI 对水稻幼苗中 SOD 活性（a）、POD 活性（b）和 CAT 活性（c）的影响

　　水稻幼苗根部直接与 nZVI 接触，因而氮气保护 nZVI 对幼苗根部的影响与地上部分不同。虽然根部 $\cdot O_2^-$ 的含量要高于地上部分，但根部 $\cdot O_2^-$ 的含量的变化趋势与地上部分一致，除了 500 mg/kg 下 $\cdot O_2^-$ 的含量与空白对照组相比有显著增加（增加 2.50 μmol/g），其他浓度下 $\cdot O_2^-$ 的含量并没有显著变化。MDA 的含量变化随着氮气保护 nZVI 浓度的增加而增加，在 750 mg/kg 时达到最大，为 6.99 nmol/g，当浓度为 1 000 mg/kg 时 MDA 的含量又下降且与空白对照组相比无显著差异。新制备 nZVI 对 $\cdot O_2^-$ 的含量影响除在 250 mg/kg 时显著减小外，其他并无显著变化，对 MDA 含量影响不大（28.2.4 节）。因此，氮气保护 nZVI 比新制备 nZVI 更容易引起脂质过氧化。

　　与地上部分不同，根部 SOD 的活性随着氮气保护 nZVI 浓度增加而增加，在 1 000 mg/kg 时达到最大，为 97.41 u/g，但在浓度为 100 mg/kg、250 mg/kg 时 SOD 的活性与空白对照组相比并无显著增加。与空白对照组相比，氮气保护 nZVI 会引起 POD 的活性显著增加（18.70～26.81 u/g），但其活性与氮气保护 nZVI 的浓度并没有直接相关性。另外 CAT 的活性相比空白对照组均有显著增加，在 500 mg/kg 时达到最大，为 6.76 u/g，然后又呈下降趋势。新制备 nZVI 对 SOD 的活性有一定的促进作用，对 POD 活性的影响呈先下降后升高的趋势，而对 CAT 的影响有一定的促进作用（28.2.5 节）。说明氮气保护 nZVI 对水稻幼苗根部 POD 的活性影响与新制备 nZVI 相比有一定的差异。

28.3.4　小结

本节研究了土壤中不同浓氮气保护度 nZVI 对水稻种子发芽、幼苗生长、生理生化的影响，同时与新制备 nZVI 对水稻幼苗的影响进行对比分析。结果表明：

①与新制备 nZVI 相比，氮气保护 nZVI 并没有显著性的影响水稻种子的发芽，尽管在发芽前期有一定的抑制作用；与新制备 nZVI 一样，氮气保护 nZVI 对水稻幼苗的生长有一定的抑制作用且随着 nZVI 浓度的增加而增强，但氮气保护 nZVI 要略大于新制备 nZVI 对水稻幼苗生长抑制率。

②同新制备 nZVI 一样，氮气保护 nZVI 对水稻幼苗中总铁含量并没有显著性的下降，甚至在高浓度下有显著增加；氮气保护 nZVI 对光合色素的合成也有抑制作用，这与幼苗表现的缺铁症状一致。

③氮气保护 nZVI 对水稻幼苗生长的影响结果与新制备 nZVI 对水稻幼苗的影响结果一致，这可能与 nZVI 的表面活性有关。

28.4　土壤中老化后 nZVI 对水稻幼苗生长的影响研究

nZVI 因其高的表面活性被广泛地应用于环境修复研究，并且在欧美等国（地区）已经用于实际污染场地的修复应用。有文献报道 nZVI 在土壤中的半衰期为 90～180 d（Liu Y et al.，2006），老化或者氧化后的 nZVI 可能会对其生态效应产生一定影响。Phenrat 等（2009）发现氧化后的 nZVI 对动物细胞的毒性显著低于新制备的 nZVI，并且随着铁的氧化程度的增加而减小。El-Temsah 等（2012b）也发现土壤中老化后的 nZVI 与新制备的 nZVI 相比对土壤中蚯蚓的毒性作用显著下降，然而有关老化后 nZVI 对陆生植物的生物效应评价的报道较少。因此，本节研究了土壤中不同浓度、不同老化时间的 nZVI 对水稻种子发芽、幼苗生长的影响，重点研究了对水稻幼苗生理生化的影响以及其作用机制。

28.4.1　研究方法

在 28.2.1 节的基础上补充了如下试验。

（1）含老化 nZVI 土壤的制备

试验所用土壤取自广州市大学城中心湖公园地表 10 cm，原土壤经风干、碾碎和过筛（2 mm、10 目）后储存备用。将新制备好干燥的 nZVI 与定量土壤充分振荡混匀，使其浓度分别为 0 mg/kg、250 mg/kg、1 000 mg/kg，每个浓度 3 个平行处理，每天加入适量的去离子水使其含水率保持在 50%左右。然后在光照培养箱中（25/20℃光照/黑暗，光照强度为 8 000 lx）分别老化 0 周、2 周、4 周。

（2）土壤磁性物质的表征方法

利用磁选方法（将洗净的磁铁放入含有 nZVI 的土壤中，取出磁铁将表面吸附磁性物质分出）将土壤中的磁性颗粒物质分离出来，分别用去离子水、无水乙醇洗涤后置于真空干燥箱内进行干燥。颗粒的晶型结构采用 X 射线粉末衍射仪（XRD）测定，X 射线为 Cu 靶 Kα 射线（λ=0.154 18 nm），管电压 30 kV，管电流 20 mA，扫描范围 10°～90°，扫描速度为 0.8°/s。磁性物质表面元素价态分析采用 X 射线光电子能谱仪（XPS）进行表征，采用光源为 Mono Al Kα，能量为 1 486.6 eV，扫描模式为 CAE，全谱扫描通能为 150 eV，窄谱扫描通能为 20 eV。

28.4.2　土壤中老化 nZVI 对水稻种子发芽、幼苗生长的影响

图 28-17 为 nZVI 对水稻种子发芽的影响结果，无论低浓度（250 mg/kg）还是高浓度（1 000 mg/kg），新制备 nZVI 对水稻种子的发芽没有显著影响。土壤中老化 2 周的 nZVI 只有在高浓度下且在发芽前期对水稻种子的发芽有促进作用，第 4 天为 36.4%（空白对照为 18.7%）、第 5 天为 64.4%（空白对照为 45.3%）。老化 4 周的 nZVI 只在低浓度下对水稻种子发芽中期有促进作用，发芽率第 5 天为 58.6%（空白对照为 45.3%）、第 6 天为 75.6%（空白对照为 64.9%）。无论新制备 nZVI 还是土壤老化 nZVI 对水稻种子的最终发芽都没有显著性影响（77.8%～82.7%）。现有研究表明纳米粒子对水稻种子的发芽并不会产生显著性的影响，这与水稻种子外表厚厚的种皮有关。有关工程纳米粒子对植物种子发芽率的影响说法不一，在水培条件下 nano CuO（100 mg/L）对玉米（Wang Z et al.，2012），超顺磁性纳米氧化铁（SPIONs，0～2 000 mg/L）对大豆的发芽均无任何显著性影响（Ghafariyan et al.，2013）；而之前有研究表明土培条件下 nZVI 对黑麦草、亚麻、大麦的发芽有不同程度的抑制作用并且与 nZVI 的浓度、植物种类有关（El-Temsah et al.，2012a）。

从图 28-18 可以看出，土壤老化后高浓度 nZVI 对水稻幼苗生长的抑制作用显著性低于新制备 nZVI 的。表 28-3 为土壤中 nZVI 对水稻幼苗生长的影响，结果表明，与空白对照组相比，在低浓度（250 mg/kg）下新制备 nZVI 对幼苗的生长无显著影响，却在高浓度（1 000 mg/kg）下有强烈的抑制作用，其中对苗高、根伸长抑制率分别为 46.7%、29.3%。在低浓度下与空白对照组相比土壤中老化后的 nZVI 对幼苗的生长没有显著影响，这与新制备的 nZVI 在低浓度下对水稻幼苗生长影响一样。高浓度下，经过土壤老化后的 nZVI 对水稻幼苗的生长影响相比空白对照组仍然有显著性的抑制作用，其中对株高的抑制率

为 28.2%（老化 2 周）、32.6%（老化 4 周），对根伸长的抑制率为 11.0%（老化 2 周）、8.2%（老化 4 周）。但是相比新制备 nZVI，经过土壤老化后的 nZVI 对水稻幼苗的生长抑制作用显著性降低，其中对株高的抑制率分别降低了 18.5%（老化 2 周）和 14.1%（老化 4 周），对根伸长的抑制率分别降低了 18.3%（老化 2 周）和 21.1%（老化 4 周）。这说明老化后 nZVI 可以大大降低其对水稻幼苗生长的抑制作用。另外，并未发现老化 2 周与老化 4 周的 nZVI 对幼苗的抑制率有显著差别，说明土壤老化 2 周和老化 4 周的 nZVI 对水稻幼苗的毒害作用基本相同。

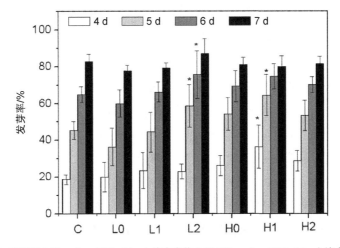

（C：空白对照组；L0：新制备 250 mg/kg nZVI；L1：土壤中老化 2 周 250 mg/kg nZVI；L2：土壤中老化 4 周 250 mg/kg nZVI；H0：新制备 1 000 mg/kg nZVI；H1：土壤中老化 2 周 1 000 mg/kg nZVI；H2：土壤中老化 4 周 1 000 mg/kg nZVI）

图 28-17　土壤老化 nZVI 对水稻种子发芽率的影响

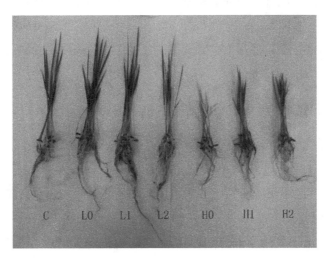

图 28-18　土壤老化 nZVI 对水稻幼苗的生长影响

表 28-3 土壤老化 nZVI 对水稻幼苗生长的影响

nZVI 浓度/ (mg/kg)	苗高/ cm	根长/ cm	鲜重		干重	
			苗高/mg	根长/mg	苗高/mg	根长/mg
C	10.17±0.821a	8.20±0.638ab	30.6±3.20ab	26.3±3.50ab	6.5±0.70a	4.6±0.51a
L0	10.52±1.115a	8.53±0.633ab	32.9±3.75a	27.0±4.79ab	6.9±0.55a	4.9±0.38a
L1	10.41±0.605a	8.90±0.570a	32.2±4.10a	28.6±4.42a	6.4±0.57a	5.3±0.57a
L2	10.15±0.598a	8.44±0.470ab	30.2±4.18ab	27.6±1.85ab	6.2±0.47a	5.1±0.40a
H0	5.42±0.633c	5.80±0.611d	22.4±3.99c	18.2±2.68c	4.0±0.32c	2.3±0.35c
H1	7.30±0.623b	7.30±0.441c	28.0±2.20abc	22.6±4.20abc	4.9±0.50b	3.4±0.47b
H2	6.85±0.735b	7.53±0.378c	25.5±3.99ac	21.0±3.65ac	4.8±0.53bc	3.1±0.47b

注：值为平均值±标准差（$n=3$）。意味着相同字母在 Duncan 测试中没有显著差异（$p<0.05$）。

生物量是植物生长的重要指标之一，本书表明，nZVI 对水稻幼苗生物量的影响与幼苗苗高、根长影响一样，低浓度下老化后的 nZVI 对水稻幼苗的生物量的影响与新制备 nZVI、空白对照组的相比均无显著差异；高浓度下新制备 nZVI 对水稻幼苗生物量有显著抑制作用，其中对鲜重抑制率为 22.5%（地上部分）、38.3%（根部），对干重抑制率为 30.8%（地上部分）、51%（根部）。高浓度下老化后 nZVI 对水稻生物量的抑制作用相比新制备 nZVI 已经有显著降低，其中老化 2 周后 nZVI 对幼苗鲜重抑制率为 8.6%（地上部分）、14.0%（根部），对干重抑制率为 24.5%（地上部分）、25.9%（根部）；老化 4 周 nZVI 对鲜重抑制率为 13.3%（地上部分）、19.9%（根部），对幼苗干重抑制率为 28.0%（地上部分）、32.4%（根部）。与空白对照相比，老化后 nZVI 对幼苗鲜重并未表现显著抑制作用，而对干重的影响仍然存在显著抑制作用。高浓度下老化 2 周与老化 4 周的 nZVI 对水稻幼苗生物量的影响并没有显著差别。这与之前报道的土壤中老化后的 nZVI 对蚯蚓的毒性（Kadar et al.，2012）和空气中老化 nZVI 对细胞毒性（Nowack et al.，2007）均有显著性降低是一致的，这可能与 nZVI 没有完全氧化的半衰期（nZVI 氧化一半所需的时间）有关（Liu Y et al.，2006）。

28.4.3 土壤中老化 nZVI 对水稻幼苗光合色素的影响

植物是生态系统的生产者，它是整个生态系统能量最主要的来源之一，现有研究利用铁纳米粒子作为植物矿质营养元素的来源（Ghafariyan et al.，2013）。铁是植物生长的必需矿质元素，对植物的光合作用、呼吸作用、物质能量代谢起着重要作用。在本书中，高浓度新制备 nZVI 土壤中水稻幼苗表现明显缺铁症状（图 28-18，H0）。图 28-19 为 nZVI 对水稻光合色素含量的影响。与空白对照幼苗相比，新制备 nZVI 在低浓度下对水稻幼苗光合色素的合成没有显著影响，却在高浓度下有强烈的抑制作用，其中对叶绿素抑制率为 68.9%，对类胡萝卜素抑制率为 61.7%，这与水稻幼苗可见的缺绿症状一致。老化后的

nZVI 在低浓度下对水稻幼苗光合色素含量的影响与空白对照的和新制备 nZVI 的相比并没有显著差异；高浓度下对水稻幼苗光合色素的合成仍然有显著抑制作用，其中对叶绿素与类胡萝卜素的抑制率分别为 21.5%、12.6%（老化 2 周），33.6%、22.5%（老化 4 周）；但相比新制备的 nZVI，土壤中老化 nZVI 对幼苗的抑制作用已经有显著下降了，这与 nZVI 老化或者氧化降低其表面活性有关。

铁虽然是植物生长必需的元素，但铁纳米材料对植物的影响不一。nZVI 对光合色素含量的影响与其他纳米铁材料有很大差别，Marusenko 等（2013）发现纳米赤铁矿在水培条件下不能被拟南芥利用，而 Ghafariyan 等（2013）报道的超顺磁性纳米氧化铁（SPIONs）能够释放铁离子被大豆吸收而促进光合色素的合成。而在本书中发现新制备 1 000 mg/kg nZVI 处理下生长的幼苗表现出缺铁症状，光合色素的合成受抑制。这些说明 nZVI 的铁不但不能被水稻幼苗利用，可能还会抑制幼苗对铁的利用。

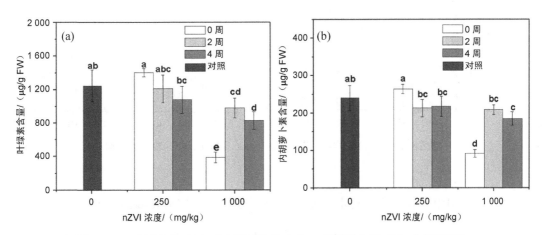

图 28-19　土壤老化 nZVI 对水稻叶绿素（a）、类胡萝卜素（b）含量的影响

28.4.4　土壤中老化 nZVI 对水稻幼苗氧化应激水平的影响

大量研究表明工程纳米粒子会引起生物体的氧化应激反应，从而引起细胞抗氧化酶活性的改变。然而 nZVI 对陆生植物的影响复杂在于其除了具有纳米小尺寸等特性，还具有很高的反应活性，另外铁又是植物必需的营养元素，在植物体内氧化电子传递链中起着重要的作用。现有机制研究认为 nZVI 对生物的毒害作用是由生物体内活性氧物质的增加引起的，但老化后 nZVI 表面被氧化，是否会改变对植物生理的影响有待研究。

无论是新制备的 nZVI 还是在土壤中老化后的 nZVI 对水稻幼苗中的 $\cdot O_2^-$ 的含量［图28-20（a）］与空白对照幼苗 $\cdot O_2^-$ 含量（1.31 μmol/g 根部，0.43 μmol/g 地上部分）相比并没有显著性的影响（0.45～0.51 μmol/g 根部，1.34～1.49 μmol/g 地上部分）。与空白对

照的水稻幼苗地上部分相比（15.06 nmol/g）新制备的 nZVI 下生长的水稻中 MDA 的含量
[图 28-20（b）] 显著下降（9.51 nmol/g，250 mg/kg；11.48 nmol/g，1 000 mg/kg），而
低浓度下根部的 MDA 含量却显著增加（24.12 nmol/g），高浓度下无显著差异
（13.73 nmol/g）。老化后的 nZVI 与新制备的 nZVI 相比能够降低水稻幼苗的脂质过氧化，
在低浓度下老化 2 周的 nZVI 体系幼苗的 MDA 含量为 7.42 nmol/g 地上部分，10.79 nmol/g
根部，高浓度下为 6.73 nmol/g 地上部分，11.03 nmol/g 根部；低浓度老化 4 周后 nZVI 对
MDA 含量降为 4.93 nmol/g 地上部分，9.08 nmol/g 根部；高浓度老化 4 周后 nZVI 对 MDA
含量降为 5.31 nmol/g 地上部分，12.13 nmol/g 根部；但是并未发现老化 2 周与老化 4 周
的 nZVI 对 MDA 含量的影响有显著差异，与老化时间没有直接相关性。

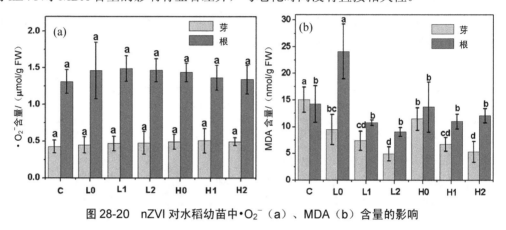

图 28-20　nZVI 对水稻幼苗中·O_2^-（a）、MDA（b）含量的影响

28.4.5　土壤中老化 nZVI 对水稻幼苗地上部分和根部抗氧化酶的影响

抗氧化物酶系统能将植物体内过多的活性氧物质清除掉，对维持生物体的氧化应激
水平至关重要，其中最主要的抗氧化酶是 SOD、POD、CAT。与空白对照幼苗 SOD 活性
[357 u/g，图 28-21（a）] 相比，新制备 nZVI 对 SOD 活性有显著性的抑制，其活性分别
为 247 u/g（低浓度下）、269 u/g（高浓度下），这可能与 nZVI 进入地上部分、活性铁
含量减少有关。与 SOD 活性一样水稻幼苗中 CAT 的活性 [图 28-21（b）] 也受到明显
的抑制，其中低浓度下为 22.5 u/g，高浓度下为 20.7 u/g。然而，水稻幼苗中 POD 活性 [图
28-21（c）] 相比空白对照却没有显著性的变化（低浓度下 14.2 u/g，高浓度下 13.3 u/g）。
这可能是由于 Halliwell-Asada 途径（抗坏血酸-谷胱甘肽循环）参与了活性氧物质的清除
（Lin C et al.，2009）。

老化后的 nZVI 对幼苗地上部分抗氧化酶活性的抑制作用进一步加强，却并没有引起
过多的脂质过氧化。相比新制备 nZVI，老化 2 周后的 nZVI 对 SOD 活性影响有一定抑制，
对 POD 活性的影响却有显著抑制，对 CAT 活性影响也有抑制的趋势；相比新制备 nZVI，

老化 4 周后的 nZVI 对 SOD、POD 的活性具有显著抑制作用；但在低浓度下会抑制水稻幼苗 CAT 的活性影响，在高浓度下没有显著影响。相比新制备 nZVI，尽管老化后 nZVI 对水稻幼苗地上部分抗氧化物酶的活性抑制加强，但与老化时间没有直接相关性，这可能与幼苗中的活性铁含量、老化后 nZVI 的活性发生改变有关。

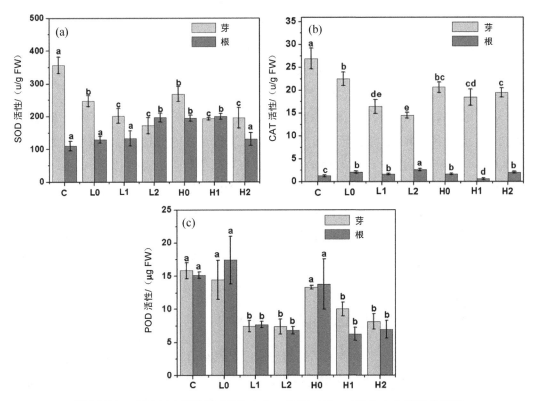

图 28-21　nZVI 对水稻幼苗 SOD（a）、CAT（b）、POD（c）活性的影响

土培法水稻幼苗的根系统直接与土壤介质接触，受土壤环境的影响复杂。与地上部分相反的是，低浓度下新制备 nZVI 对幼苗 SOD 活性（129 u/g）影响与空白对照组（110 u/g）相比没有显著变化，却在高浓度下对 SOD 活性（195 u/g）有显著的促进作用。与空白对照幼苗相比，新制备 nZVI 对 POD 活性没有显著性影响（低浓度下 17.4 u/g，高浓度下 13.8 u/g）。相比空白对照幼苗（1.25 u/g），新制备 nZVI 对幼苗 CAT 活性有显著性的促进作用，但低浓度与高浓度新制备 nZVI 对水稻幼苗 CAT 活性的影响没有显著差异（图 28-21）。

有趣的是，老化后的不同浓度 nZVI 对根部 SOD 活性的影响非常大且与老化时间有很大的关系。结果表明，老化 2 周后的 nZVI 对 SOD 活性（低浓度下 133 u/g，高浓度下 200 u/g）与新制备的 nZVI 相比并没有显著差别，而在低浓度下老化 4 周后 nZVI 显著促进 SOD 活性（196 u/g），高浓度下又显著抑制 SOD 活性（131 u/g）。老化后的 nZVI 对 POD 活性有显著抑制作用，但与 nZVI 的浓度没有相关性，其中老化 2 周后水稻幼苗 POD 活性为 7.7 u/g（低浓度下）、6.3 u/g（高浓度下），而老化 4 周后的 nZVI 对 POD 活性的抑制作用（低浓度下 6.8 u/g，高浓度下 6.9 u/g）与老化 2 周的没有显著变化且与 nZVI 浓度的关系不大。与 POD 活性不同的是，老化后的 nZVI 在低浓度下对 CAT 的活性有促进作用且与老化时间有关（老化 2 周 1.65 u/g，老化 4 周 2.59 u/g）；而在高浓度下有着截然不同的结果，与新制备的 nZVI 相比，老化 2 周后的 nZVI 对 CAT 的活性有显著抑制作用（0.59 u/g），老化 4 周的却没有显著变化（1.99 u/g）。

总之，新制备 nZVI 对水稻幼苗地上部分抗氧化酶系统中的 SOD、CAT 有显著性抑制作用但与 nZVI 的浓度没有明显的相关性，而对 POD 的活性没有显著影响。老化后的 nZVI 相比新制备的 nZVI 能够显著增加对 SOD、POD 活性的抑制作用，但与老化时间没有多大关系。新制备的 nZVI 对水稻幼苗根部抗氧化酶的影响与对地上部分的相反，其中对 SOD、CAT 的活性有显著性促进作用，但与 nZVI 的浓度大小没有直接关系，对 POD 的活性没有显著影响。老化后的 nZVI 在低浓度下对 SOD、CAT 的活性有促进作用且与老化时间有关，但对 POD 的活性有显著的抑制作用。高浓度下老化的 nZVI 对 SOD、CAT 的活性有显著抑制作用且与老化时间有关，对 POD 也有抑制作用但与老化时间却没有相关性。

28.4.6 老化 nZVI 对土壤和水稻中铁含量的影响

本书中低浓度 nZVI 土壤中水稻幼苗与空白对照幼苗相比并没有表现出可见的毒害作用，高浓度新制备 nZVI 下的水稻幼苗却表现明显的缺铁症状。为了证实水稻幼苗是否缺铁，对植物的总铁、活性铁含量（图 28-22）进行了测定。高浓度新制备的 nZVI 土壤中水稻幼苗地上部分总铁含量（0.13 mg/kg DW）与空白对照幼苗相比（0.30 mg/kg DW）并没有显著性变化。Pierson 等（1984）提出用活性铁来作为植物铁营养指标，通过测定发现高浓度新制备的 nZVI 土壤中水稻幼苗地上部分活性铁（30.76 mg/kg FW）显著低于对照幼苗（78.91 mg/kg FW）；高浓度老化后 nZVI 土壤中幼苗活性铁含量没有显著差别（老化 2 周为 47.22 mg/kg，老化 4 周为 58.70 mg/kg），但都显著高于新制备 nZVI 的，低于空白对照幼苗中的活性铁，这与 nZVI 对光合色素的影响一致。高浓度新制备 nZVI 土壤中幼苗根部总铁含量（16.41 mg/kg DW）显著高于对照幼苗的（7.0 mg/kg DW）；而老化后 nZVI 土壤中的幼苗根部总铁含量（老化 2 周为 6.71 mg/kg，老化 4 周为 6.28 mg/kg）显著低于新制备 nZVI 土壤中的水稻幼苗，却与空白对照幼苗的没有显著差异。以上证实了高浓度 nZVI 土壤中的水稻幼苗表现出的确实是缺铁症状，老化后的 nZVI 能够显著降低对水稻幼苗的毒害作用；同时可以说明 nZVI 对水稻幼苗的毒害作用是通过减小活性铁引起的；老化后 nZVI 对水稻幼苗毒害减小与 nZVI 的团聚、氧化有关。而幼苗总铁含量没有显著减小，与我们之前报道的 nZVI 在幼苗中的迁移有关。

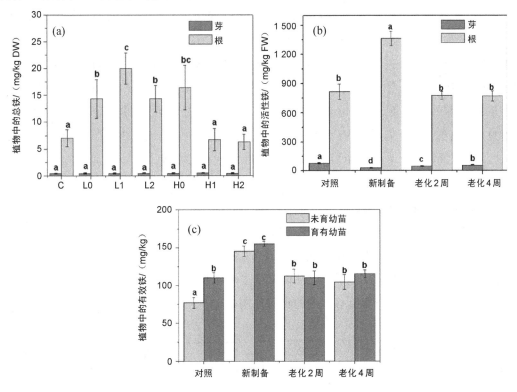

图 28-22　nZVI 对水稻幼苗中总铁（a）、活性铁（b）含量的影响
和 nZVI 对土壤中有效铁含量的影响（c）

前面通过分析水稻幼苗中铁含量，已经证实高浓度新制备的 nZVI 体系下生长的水稻幼苗表现出的症状为缺铁症状。通过测定土壤总的有效铁含量［图 28-22（c）］发现空白土壤种完水稻后的有效铁含量（110.0 mg/kg）要显著地高于未种水稻的土壤（77.1 mg/kg），这证明了水稻的确分泌了某些物质（麦根酸类等）促进了土壤有效铁的增加。1 000 mg/kg 新制备 nZVI 的土壤未种水稻的有效铁含量（145.3 mg/kg）相比空白土壤有显著增加，但与种完水稻后土壤有效铁含量（155.1 mg/kg）相比并没有显著差异。老化 2 周 1 000 mg/kg nZVI 的土壤种水稻前后的有效铁含量（112.3 mg/kg、110.2 mg/kg）与老化 4 周 1 000 mg/kg nZVI 的有效铁含量（104.49 mg/kg、115.23 mg/kg）没有显著差别。老化后 1 000 mg/kg nZVI 的土壤有效铁含量都要显著低于未老化的土壤，但都要显著高于未种水稻的空白土壤。无论是新制备的还是老化后的 nZVI 对种水稻前后有效铁的含量都没有显著性影响，这与 nZVI 的氧化、溶出有直接关系。因此，高浓度 nZVI 下水稻幼苗缺铁症状不是由土壤缺乏有效铁造成的。

28.4.7　土壤中磁性物质分析

通过前述研究发现高浓度下土壤中老化 nZVI 对水稻幼苗生长的抑制作用相比新制备 nZVI 有显著的降低，但与对照水稻幼苗相比仍然存在抑制作用。有研究表明这与 nZVI 的氧化程度或老化有关，因此将土壤中的磁性物质分离出来后进行 XRD、XPS 表征。结果表明，XPS 全扫［图 28-23（a）］发现空白土壤与老化 2 周后 1 000 mg/kg nZVI 中分离出来的磁性物质的出峰位置基本对应，进一步对铁元素的价态进行分析发现 1 000 mg/kg 的老化 4 周后 nZVI 土壤中分离出来的磁性物质相比空白对照土壤在 706.9 eV（Fe^0 出峰位置）附近未出现明显的峰，这可能与 Fe^0 发生了氧化有关。通过 XRD 分析表明［图 28-23（b）］，对比 1 000 mg/kg 的 nZVI（老化 4 周）土壤中分离出的磁性物质与空白土壤中的发现了新的峰，进一步与新制备的 nZVI（45.023°）、标准卡片（44.740°）对比确定在 45.531°处为 Fe^0 的峰，这也与报道的 nZVI 在土壤中的半衰期一致（Liu Y et al.，2006）。通过这些解释了土壤中老化后的 nZVI 对水稻幼苗仍然有一定的抑制作用，其主要原因是老化后的 nZVI 发生了氧化从而降低了对水稻幼苗的毒害作用，另外并没有完全氧化的 nZVI 仍然对水稻幼苗有一定的毒害作用。

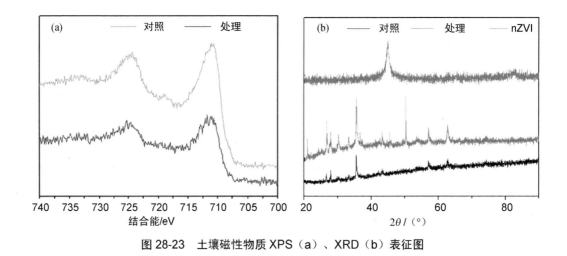

图 28-23　土壤磁性物质 XPS（a）、XRD（b）表征图

28.4.8　高浓度土壤老化 nZVI 对水稻幼苗的毒性机制

综上研究，在土壤中老化后的（2 周、4 周）nZVI 对水稻种子的发芽没有显著影响；低浓度下老化的 nZVI 对水稻幼苗的生长没有显著性的影响也不会引起可见的毒性症状，而在高浓度下对水稻幼苗的生长仍然有抑制作用，但相比新制备 nZVI 下生长的幼苗其抑制作用显著下降。尽管幼苗地上部分的总铁含量并没有显著变化，但是对幼苗生物量、

光合色素的含量影响却与幼苗中活性铁的含量有相关性,从而说明高浓度下 nZVI 对幼苗的毒害作用主要是通过抑制水稻幼苗对铁的吸收与转运引起的。

相比新制备的 nZVI,高浓度的土壤中老化后 nZVI 能够显著降低对水稻幼苗的抑制作用;相比空白对照组,高浓度的土壤中老化后 nZVI 仍然对水稻幼苗有一定的抑制作用。高浓度的土壤中老化后 nZVI 对水稻幼苗毒性显著降低,这主要与土壤中老化 nZVI 的团聚、氧化而降低其表面活性有关。但是高浓度土壤老化后 2 周、4 周的 nZVI 仍然对水稻幼苗的生长有一定的抑制作用,这主要归因于土壤中的 nZVI 老化 4 周后并没有被完全氧化,与土壤中 nZVI 老化的半衰期有关。另外,老化 2 周、4 周的 nZVI 对水稻幼苗生长的抑制作用并没显著性差异,这可能与 nZVI 表面被氧化后形成的氧化膜对 nZVI 的进一步氧化有一定的阻碍作用相关。

我们对从土壤中分离出的磁性物质进行 XPS 与 XRD 分析证实了 nZVI 在土壤中老化 2 周后并未完全氧化,这解释了老化 2 周、4 周后的 nZVI 对水稻幼苗的抑制作用会显著降低。老化 2 周与 4 周后的 nZVI 对水稻幼苗的抑制作用却没有显著性的差异。因此,nZVI 对陆生植物的生态风险随着 nZVI 的老化或者氧化是会降低的,而有关 nZVI 土壤中老化时间对植物的影响有待进一步研究。

参考文献

ALIDOUST D,2014. Phytotoxicity assessment of γ-Fe$_2$O$_3$ nanoparticles on root elongation and growth of rice plant [J]. Environmental Earth Sciences,71:5173-5182.

CHAOUI A,1997. Cadmium and zinc induction of lipid peroxidation and effects on antioxidant enzyme activities in bean(*Phaseolus vulgaris* L.)[J]. Plant Science,127:139-147.

CHEN P J,2012. Stabilization or oxidation of nanoscale zerovalent iron at environmentally relevant exposure changes bioavailability and toxicity in medaka fish[J]. Environmental Science & Technology,46:8431-8439.

COMBA S,2011. A comparison between field applications of nano-,micro-,and millimetric zero-valent iron for the remediation of contaminated aquifers[J]. Water,Air & Soil Pollution,215:595-607.

DIMKPA C O,2012. CuO and ZnO nanoparticles:phytotoxicity,metal speciation,and induction of oxidative stress in sand-grown wheat[J]. Journal of Nanoparticle Research,14:1-15.

ELLIOTT D W,2009. Degradation of lindane by zero-valent iron nanoparticles[J]. Journal of Environmental Engineering,135:317-324.

ELSTNER E F,1976. Inhibition of nitrite formation from hydroxylammoniumchloride:a simple assay for superoxide dismutase[J]. Analytical Biochemistry,70:616-620.

EL-TEMSAH Y S，2012. Ecotoxicological effects on earthworms of fresh and aged nano-sized zero-valent iron （nZVI） in soil[J]. Chemosphere，89：76-82.

EL‐TEMSAH Y S，2012. Impact of Fe and Ag nanoparticles on seed germination and differences in bioavailability during exposure in aqueous suspension and soil [J]. Environmental Toxicology，27：42-49.

EL-TEMSAH Y S，2013. Effects of nano-sized zero-valent iron on DDT degradation and residual toxicity in soil：a column experiment[J]. Plant and Soil，368：189-200.

GHAFARIYAN M H，2013. Effects of magnetite nanoparticles on soybean chlorophyll[J]. Environmental Science & Technology，47：10645-10652.

GIASUDDIN A B M，2007. Adsorption of humic acid onto nanoscale zerovalent iron and its effect on arsenic removal[J]. Environmental Science & Technology，41：2022-2027.

KADAR E，2011. Stabilization of engineered zero-valent nanoiron with Na-acrylic copolymer enhances spermiotoxicity[J]. Environmental Science & Technology，45：3245-3251.

KADAR E，2012. The effect of engineered iron nanoparticles on growth and metabolic status of marine microalgae cultures[J]. Science of the Total Environment，439：8-17.

KEENAN C R，2009. Oxidative stress induced by zero-valent iron nanoparticles and Fe（Ⅱ） in human bronchial epithelial cells[J]. Environmental Science & Technology，43：4555-4560.

KIM J H，2014. Exposure of iron nanoparticles to Arabidopsis thaliana enhances root elongation by triggering cell wall loosening[J]. Environmental Science & Technology，48：3477-3485.

LICHTENTHALER H K，1987. Chlorophylls and carotenoids：pigments of photosynthetic biomembranes[J]. Methods in Enzymology，148：350-382.

LIN C，2009. Studies on toxicity of multi-walled carbon nanotubes on Arabidopsis T87 suspension cells[J]. Journal of Hazardous Materials，170：578-583.

LIU J，2013. Effects of Fe nanoparticles on bacterial growth and biosurfactant production[J]. Journal of Nanoparticle Research，15：1-13.

LIU Y，2006. Effect of particle age（Fe^0 content） and solution pH on nZVI reactivity：H2 evolution and TCE dechlorination[J]. Environmental Science & Technology，40：6085-6090.

LÓPEZ-MORENO M L，2010. X-ray absorption spectroscopy（XAS） corroboration of the uptake and storage of CeO_2 nanoparticles and assessment of their differential toxicity in four edible plant species[J]. Journal of Agricultural and Food Chemistry，58：3689-3693.

LOVLEY D R，1986. Availability of ferric iron for microbial reduction in bottom sediments of the freshwater tidal Potomac River[J]. Applied and Environmental Microbiology，52：751-757.

MA X，2013. Phytotoxicity and uptake of nanoscale zero-valent iron（nZVI） by two plant species[J]. Science of the Total Environment，443：844-849.

MARUSENKO Y，2013. Bioavailability of nanoparticulate hematite to Arabidopsis thaliana[J]. Environmental Pollution，174：150-156.

MARSALEK B，2012. Multimodal action and selective toxicity of zerovalent iron nanoparticles against cyanobacteria[J]. Environmental Science & Technology，46：2316-2323.

MORNET S，2004. Magnetic nanoparticle design for medical diagnosis and therapy[J]. Journal of Materials Chemistry，14：2161-2175.

MUELLER N C，2012. Application of nanoscale zero valent iron（nZVI） for groundwater remediation in Europe[J]. Environmental Science and Pollution Research，19：550-558.

NAKANO Y，1981. Hydrogen peroxide is scavenged by ascorbate-specific peroxidase in spinach chloroplast[J]. Plant and cell Physiology，22：867-880.

NEL A，2006. Toxic potential of materials at the nanolevel[J]. Science，311：622-627.

NOWACK B，2007. Occurrence，behavior and effects of nanoparticles in the environment[J]. Environmental Pollution，150：5-22.

PHENRAT T，2009. Partial oxidation（"aging"） and surface modification decrease the toxicity of nanosized zerovalent iron[J]. Environmental Science & Technology，43：195-200.

PIERSON E E，1984. Ferrous iron determination in plant tissue[J]. Journal of Plant Nutrition，7：107-116.

RICO C M，2013. Effect of cerium oxide nanoparticles on rice: a study involving the antioxidant defense system and in vivo fluorescence imaging[J]. Environmental Science & Technology，47：5635-5642.

SHIH Y，2010. Reaction of decabrominated diphenyl ether by zerovalent iron nanoparticles[J]. Chemosphere，78：1200-1206.

SHU H Y，2007. Reduction of an azo dye Acid Black 24 solution using synthesized nanoscale zerovalent iron particles[J]. Journal of Colloid and Interface Science，314：89-97.

STEWART R R C，1980. Lipid peroxidation associated with accelerated aging of soybean axes[J]. Plant Physiology，65：245-248.

SU C，2012. A two and half-year-performance evaluation of a field test on treatment of source zone tetrachloroethene and its chlorinated daughter products using emulsified zero valent iron nanoparticles[J]. Water Research，46：5071-5084.

TANTON T W，1971. The distribution of lead chelate in the transpiration stream of higher plants[J]. Pesticide Science，2：211-213.

WANG Y H，2011. Mechanism study of nitrate reduction by nano zero valent iron[J]. Journal of Hazardous Materials，185：1513-1521.

WANG Z，2012. Xylem-and phloem-based transport of CuO nanoparticles in maize（Zea mays L.）[J]. Environmental Science & Technology，46：4434-4441.

WONG E W，2005. Submicron patterning of iron nanoparticle monolayers for carbon nanotube growth[J]. Chemistry of Materials，17：237-241.

ZHANG W，1997. Synthesizing nanoscale iron particles for rapid and complete dechlorination of TCE and PCBs[J]. Environmental Science & Technology，31：2154-2156.

ZHU B W，2006. Reductive dechlorination of 1,2,4-trichlorobenzene with palladized nanoscale Fe^0 particles supported on chitosan and silica[J]. Chemosphere，65：1137-1145.

潘瑞炽，王小菁，李娘辉，2008. 植物生理学[M]. 6 版. 北京：高等教育出版社.

第29章 修饰型纳米铁系材料在土壤环境修复中的生态风险

29.1 CMC-nZVI修复后土壤中铬的植物毒性研究

土壤既是作物根系伸展、固持的介质，也为作物提供养分和水分。因此，污染土壤修复效果应该以修复后的土壤能否恢复至原来的耕作水平作为衡量标准。另外，由于nZVI是直接施用于土壤中的，在水体的流动作用下，高等植物的根部或多或少会接触到这些材料及其反应产物。目前，已有一些研究结果表明nZVI具有一定的生物毒性（Chen P J et al.，2011；Chen P J et al.，2012；Ma X et al.，2013）。有研究开始关注nZVI与污染物共存下的毒性效应（De La et al.，2013）。笔者团队前期利用钢铁酸洗废液为铁源，羧甲基纤维素为稳定剂，制备了修饰型nZVI（CMC-nZVI）并有效的应用于铬污染土壤的修复（见第20章）。但对于nZVI修复铬污染土壤的植物毒性效应还未有相关的研究，因此在技术进行推广之前，有必要考察该方法是否能有效降低铬在植物体内的蓄积和迁移能力，修复后是否会引发二次污染，以及修复后的土壤能否再用于耕作。本书拟将修复前后的土壤用于种植油菜和白菜，通过测定植物组织中的Cr和Fe的含量，考察CMC-nZVI对植物续集（吸收）该元素的影响，通过植物的发芽、根茎长、干生物量等评价土壤的植物毒性。

29.1.1 研究方法

（1）铬污染土壤的修复

试验所采用的污染土壤通过人为投加重铬酸钾的方式（见20.2.1节）进行制备，最终使得土壤中总铬和Cr（Ⅵ）的浓度分别为200 mg/kg和102 mg/kg。该污染土壤通过与CMC-nZVI（Fe^0浓度为0.3 g/L）以1 g：5 mL的比例进行修复。简言之，取定量铬污染土壤于密封玻璃瓶中，加入CMC-nZVI混合后密封，置于旋转培养器上以30 rpm反应72 h，修复后的泥浆转移至120 mm的培养皿中。

（2）植物毒性试验

分别考察未受污染土壤、铬污染土壤、加入新制备CMC-nZVI的土壤、加入老化72 h

CMC-nZVI 的土壤、加入新制备 CMC-nZVI 的铬污染土壤、经 CMC-nZVI 修复 72 h 的铬污染土壤和修复 1 个月后的污染土壤等 7 种土壤对油菜、白菜种子的发芽和幼苗生长的影响。土壤具体的处理方法见表 29-1。

表 29-1　土壤具体的处理方法

序号	样品	处理内容
S1	未受污染土壤	取 5 g 干净土壤，加入 25 mL 去离子水，混合均匀
S2	铬污染土壤	取 5 g 铬污染土壤，加入 25 mL 去离子水，混合均匀
S3	加入新制备 CMC-nZVI 的土壤	取 5 g 干净土，加入 25 mL 新制备的 CMC-nZVI [Fe^0 浓度为 0.3 g/L，CMC 浓度为 0.1%（w/w）]，混合均匀
S4	加入老化 72 h CMC-nZVI 的土壤	取 5 g 干净土加入 25 mL 新制备的 CMC-nZVI（Fe^0 浓度为 0.3 g/L，CMC 浓度为 0.1%（w/w）），混合均匀后置于旋转培养器上以 30 rpm 反应 72 h
S5	加入新制备 CMC-nZVI 的铬污染土壤	取 5 g 铬污染土壤，加入 25 mL 新制备的 CMC-nZVI [Fe^0 浓度为 0.3 g/L，CMC 浓度为 0.1%（w/w）]，混合均匀
S6	经 CMC-nZVI 修复 72 h 的铬污染土壤	取 5 g 铬污染土壤加入 25 mL 新制备的 CMC-nZVI [Fe^0 浓度为 0.3 g/L，CMC 浓度为 0.1%（w/w）]，混合均匀后置于旋转培养器上以 30 rpm 反应 72 h
S7	修复 1 个月后的铬污染土壤	取 5 g 铬污染土壤加入 25 mL 新制备的 CMC-nZVI [Fe^0 浓度为 0.3 g/L，CMC 浓度为 0.1%（w/w）]，混合均匀后置于旋转培养器上以 30 rpm 反应 72 h，然后放置 1 个月

　　试验采用一系列 120 mm 玻璃培养皿，底部铺两层滤纸，使土样混合均匀并完全覆盖培养皿底部。试验种子先用 0.5%的次氯酸钠消毒 10 min，后用去离子水冲洗 5 遍。将 15 颗已消毒的种子以一定间距放置于培养皿中，置于光照培养箱中以 16 h 光照（1 200 lx，25℃）+8 h 黑暗（20℃）为 1 个周期进行培养，每天记录种子发芽率，并加入去离子水使土壤保持恒定的含水率。种子培养 10 d 后收割，收割时用去离子水将根部附着的土壤清洗干净后待用。

　　（3）分析方法

　　幼苗的根和茎的长度用尺子准确测量。

　　将幼苗的根、茎、叶分开，80℃烘干 48 h 后称量各部分组织的干重。

　　将烘干后的各部分组织置于马弗炉中以 550℃煅烧 5 h，灰化后的植物样品加入 5 mL 浓硝酸，置于电热炉上消解至剩下 1 mL，消解液用 1% HCl 定容到 5 mL，采用原子吸收分光光度计测定 Cr、Fe 的浓度。

　　（4）土壤溶液中亚铁离子浓度的测定

　　用针孔注射器每天抽取一定体积植物根部周围的土壤溶液，经 5 000 rpm 离心 10 min 后取上清液测定亚铁离子的浓度。溶液中亚铁离子的浓度采用邻菲罗啉分光光度法进行测定，采用紫外可见分光光度计法在波长为 510 nm 处进行分析。采用外标法定量，即测定前先配制一系列 Fe^{2+} 标准溶液，以浓度为横坐标，吸光度为纵坐标绘制标准曲线，当被测物的浓度与吸光度关系良好时（$r > 0.999$），采用该曲线进行定量分析。该方法的最低检测浓度为 0.03 g/L。

（5）统计方法

植物生长指标的相关数据采用单因素方差分析法的 Student-Newman-Keuls 多重比较方差分析（$p < 0.05$）以评价不同处理土壤对试验指标的影响程度。

29.1.2　铬在植物中的蓄积和迁移

铬污染土壤修复的目的是降低铬被植物蓄积和迁移的可能性。为了进一步验证修复后土壤中 Cr 的固定效率，试验测定了所有种植在含铬土壤中植物的铬元素含量。

如表 29-2 所示，CMC-nZVI 的施用有效地降低了铬在油菜各组织中的蓄积量。尽管叶子中的铬含量相对较低（9～74 mg/kg），但其下降趋势最为明显，如 S5、S6 和 S7 中的铬含量分别下降了 73%、89% 和 88%。同样地，茎部铬含量的下降趋势也非常显著，其中 S6 的蓄积量从 132 mg/kg 降至 50 mg/kg，下降率为 62%。根部中铬的蓄积量则相对较大，但随着 CMC-nZVI 的修复，最终 S6 中的铬含量也下降了 46%。从整个植株上看（图 29-1），当 CMC-nZVI 加入土壤中后，植物体内铬的蓄积量已下降了 34%；另外，72 h 修复完成后，铬含量再次下降了 27%。这一现象说明采用 CMC-nZVI 修复铬污染土壤，不仅修复速率快，而且修复后的铬难以被油菜吸收。最后，从 S7 来看，修复 1 个月后的土壤体系中铬在油菜体内的蓄积量并没有产生影响，这证明了修复后土壤中 Cr（Ⅲ）的稳定性。

表 29-2　种植在不同含铬土壤的油菜和白菜各组织中铬的质量分布　　单位：mg 铬/kg 干生物量

植物	S2	S5	S6	S7
油菜				
叶	74±3a	20±1b	8±2c	9±1c
茎	132±10a	101±7b	50±5c	42±5c
根	182±17a	136±7b	94±4c	92±2c
白菜				
叶	50±7a	32±4b	27±3b	29±2b
茎	116±6a	52±8b	34±6c	31±4c
根	235±14a	200±4b	197±3b	193±3b

注：同一指标内，数值后不同的字母表示因土壤的差异而导致测定指标产生显著性差异（$p < 0.05$）。

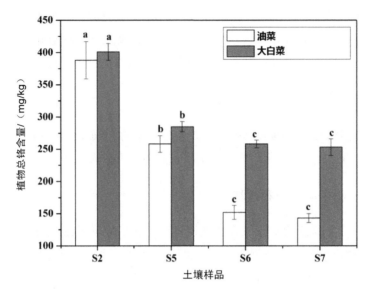

图 29-1　种植在不同含铬土壤的油菜和白菜中铬的总蓄积量

　　铬在白菜各部分组织和总的蓄积量如表 29-2 和图 29-1 所示。类似于油菜，铬在白菜中的蓄积量随着土壤的修复而显著降低。其中，S2 中叶子的蓄积量为 50 mg/kg，当土壤中注入 CMC-nZVI 后，铬的含量迅速下降了 36%，并且随着修复的进行进一步下降。从茎部来看，S2 中铬的含量为 116 mg/kg，纳米材料的加入快速抑制了其对铬的吸收（减少 55%），最终 72 h 修复后铬的蓄积量减少了 71%。铬在根部的蓄积量与叶子相似，但最终铬的含量只下降了 16%。总体上，铬在白菜中的蓄积量为 401 mg/kg，随后纳米材料的加入使其下降了 29%，而修复了 72 h 的土壤中下降率虽略有增加，但没有显著性差异。同油菜一样，放置了 1 个月后的土壤对白菜各组织中铬的蓄积也没有产生影响。

　　进一步比较油菜和白菜对铬的蓄积量：①相较于其他组织，根部对铬的蓄积量是最大的，但在修复后其下降率却是最低的。可能的原因是，一方面，根系分泌物中存在的有机酸与铬形成复合物，从而促进了根部对铬的吸收（Hayat et al.，2012）；另一方面，根部的液泡对所吸收的铬有固定作用，从而减少其向上迁移的能力（Shanker et al.，2004）。②尽管白菜和油菜中铬的蓄积量相当，但修复后的土壤中油菜对铬的蓄积量（降低 34%～63%）显著低于白菜（降低 29%～37%），这说明不同的作物对铬的蓄积能力不同，同时这也受铬的存在形态影响。③修复后的土壤在放置 1 个月后并没有对铬的蓄积产生影响，这说明了土壤中的 Cr 以较稳定的形态存在，并且不容易被空气氧化。

　　为了进一步研究 CMC-nZVI 的修复对铬在两种作物中迁移能力的影响，试验分别比较了浓缩和迁移系数（表 29-3）。浓缩系数（CF）是指叶子中铬的含量与土壤中 Cr 浓度的比值；迁移系数（TF）是指铬在叶子中的蓄积量与其在根部的比值（Han F X et al., 2004）。由表29-3可知，在修复后的土壤中，两种作物中铬的蓄积和迁移系数显著降低。另外，油菜中铬的浓缩和迁移系数的下降比白菜明显。

表 29-3 种植在不同含铬土壤的油菜和白菜中铬的浓缩系数（CF）和迁移系数（TF）

植物	土壤	CF	TF
油菜	S2	0.725	0.407
	S5	0.196	0.147
	S6	0.078	0.085
	S7	0.088	0.098
白菜	S2	0.490	0.213
	S5	0.314	0.160
	S6	0.265	0.137
	S7	0.284	0.150

总体来看，经纳米材料修复后作物对铬的蓄积量明显降低，这证明了该方法在铬污染土壤修复中的有效性。但目前对于产生这一现象的机制还没有进行深入的研究。根据前述讨论，修复72 h后的土壤中有80%的Cr（Ⅵ）被还原成Cr（Ⅲ），这可能是降低铬生物蓄积性的主要原因。Zayed 等（1998）考察了10种农作物对铬的蓄积量，发现其中7种在含Cr（Ⅵ）的土壤中更容易蓄积铬。另外，López-Luna 等（2009）发现Cr（Ⅵ）对小麦、燕麦和高粱产生不利影响的浓度远低于Cr（Ⅲ）。因此，采用CMC-nZVI将土壤中Cr（Ⅵ）还原为Cr（Ⅲ），可降低铬的生物可利用性和蓄积性，最终降低土壤的植物毒性。

29.1.3 铁元素的吸收

铁是植物生长和发育所必需的微量营养元素之一，它参与植物固氮作用、DNA 合成（核苷酸还原酶）和激素合成（脂氧合酶和 ACC 氧化酶）等过程中许多重要酶的合成（Briat et al.，1997；Yamauchi et al.，1995；Mengel et al.，1994）。因此，在nZVI 的应用中有必要考察其对作物吸收铁的影响。表29-4 显示了种植于不同土壤的油菜和白菜中铁的含量。其中各组织中铁的含量由地下到地上逐渐降低，并且各组织中铁含量的变化趋势总体上与整个植株的相似。因此，为了便于比较，对于这部分的分析采用总含量进行论述。对于油菜，对照组中铁的含量为6 170 mg/kg，在铬污染土壤中，铁的吸收则明显受到抑制。当新制备的 CMC-nZVI 加至土壤中，铁的含量升高到8 317 mg/kg（等于对照组的1.3倍）。相反，在老化72 h 的土壤中，铁的吸收量迅速降至4 997 mg/kg。有趣的是，在纳米材料和污染物共存的土壤中，油菜中铁的含量是对照组的 1.7 倍。另外，在修复 72 h

的土壤中铁的吸收量则降至 5 377 mg/kg，这与修复 1 个月后的土壤中铁的吸收量没有显著性差异。总体来看，新制备的 CMC-nZVI 能有效促进油菜对铁元素的吸收，相反，老化的纳米材料则在一定程度上抑制其吸收。

表 29-4 和图 29-2 分别是白菜各组织和总体上的铁吸收量。与油菜相类似，Cr（Ⅵ）的存在明显抑制了白菜对铁的吸收。同样地，新制备的 CMC-nZVI 对其产生促进作用，而老化后则不利于铁的吸收。不同的是，在刚加入纳米材料的污染土壤中，铁的吸收量比对照组的减少了 34%。这一现象说明，尽管新制备的纳米材料能促进植物对铁的吸收，但当与污染物共存时，情况则表现得较为复杂，这可能与植物的种类有关。随着土壤修复的完成，最终铁的吸收率恢复到正常的水平。

表 29-4　种植在不同土壤的油菜和白菜各组织中铁的质量分布　　单位：mg 铁/kg 干生物量

植物	S1	S2	S3	S4	S5	S6	S7
油菜							
叶	339±4e	810±10a	684±12b	315±5f	383±20d	402±10d	583±18c
茎	1 271±52c	478±19g	1 356±24b	565±3f	1 670±11a	798±22e	940±19d
根	4 560±120c	2 345±43e	6 277±198b	4 117±194d	8 333±197a	4 177±202d	4 212±52d
白菜							
叶	499±13cg	765±15e	1 523±46b	694±8f	905±30d	1 941±71a	1 236±17c
茎	2 431±118b	1 833±36c	2 659±128a	635±7e	924±4d	305±5f	949±8d
根	4 696±165c	4 245±75d	6 709±210a	3 344±125e	3 200±79e	4 270±50d	5 220±20b

注：同一指标内，数值后不同的字母表示因土壤的差异而导致测定指标产生显著性差异（$p < 0.05$）。

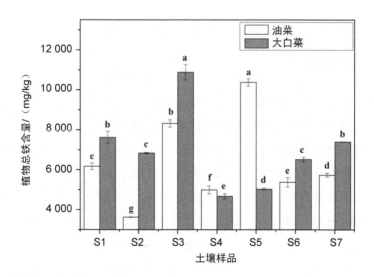

［同一种植物，不同的字母表示因土壤的差异而导致测定指标产生显著性差异（$p < 0.05$）］

图 29-2　种植在不同土壤的油菜和白菜中铁的吸收量

以上试验结果说明 CMC-nZVI 的使用在一定程度上影响着植物对铁元素的吸收。具体地说，新制备的纳米材料对其起到促进作用，老化的则产生抑制效果。有研究发现（Ma X et al.，2013），nZVI 能被植物根部的细胞摄取，并沉积在细胞壁上或细胞内。不仅如此，许多纳米材料［如 Fe_3O_4（Zhu H et al.，2008）、富勒烯 C70（Lin S et al.，2009）、SiO_2（Slomberg et al.，2012）、纳米金（Zhu Z J et al.，2012）和纳米铜（Lee W M et al.，2008）等］均能被生物体所蓄积。尽管人们已经认识到纳米材料的生物蓄积性，但目前对这一作用机制还不清楚。其中存在几种可能的作用机制：一是认为 nZVI 可以穿透种皮，从而被种子的胚胎吸收。例如，Khodakovskaya 等（2009）认为碳纳米管能穿透种皮从而促进胚胎对水的吸收。二是 nZVI 通过内吞作用进入植物根部的表皮细胞（Slomberg et al.，2012；Zhu Z J et al.，2012；Wang Z et al.，2012）。

29.1.4　CMC-nZVI 对种子发芽和幼苗生长的影响

尽管 CMC-nZVI 能有效去除土壤中的 Cr（Ⅵ），但在修复的过程中是否会对植物的生长发育产生影响仍需进一步研究。因此，试验测定了种子发芽率、幼苗生长情况和生物量等指标以考察 CMC-nZVI 和修复后的土壤对植物生长的影响（图 29-3、图 29-4 和表 29-5）。

低浓度的 Cr（Ⅵ）对植物的生长发育起到一定的促进作用，这与 Han F X 等（2004）的研究结果相同。然而，当土壤中加入一定量的 CMC-nZVI 后，两种作物的生长都表现出一定的负效应。对于油菜，最明显的是抑制了种子的发芽，具体表现为发芽迟缓、发芽率低等（图 29-3）。另外，纳米材料的存在使得根部的生物量明显降低，但叶子的质量却有所增加。除了 S5 中油菜的幼苗长度比对照组的减少了 61%，其他处理组均没有产生具有统计意义的抑制效果［图 29-4（a）］。总体来说，新制备的 CMC-nZVI 比老化 72 h 的材料对油菜所产生的毒性更大。对于白菜，CMC-nZVI 的施用使得其在生长上产生类似的不利影响，包括发芽率低、生长迟缓、叶子变黄、根部萎缩和根生物量偏低等。然而，与油菜不同的是，老化 72 h 的 CMC-nZVI 对白菜的生长产生更大的负面影响，其中发芽率和干生物量尤为明显，说明 CMC-nZVI 对植物生长的抑制作用不仅与植物的种类有关，还与纳米材料的特性息息相关。从修复了 1 个月后的土壤体系种植情况来看，两种作物的生长都基本得到恢复，表明经修复后的土壤能逐渐恢复到原来种植水平，适合用于耕作。综上可知，在采用 CMC-nZVI 对土壤进行修复时，材料对植物的生长发育或多或少会产生一定的影响，这与已报道的 nZVI 对其他生物有机体的作用效应一致（Keenan et al.，2009；Chen P J et al.，2012；El-Temsah et al.，2012a）。Ma X 等（2013）发现 nZVI 能使杂交杨树的蒸发量锐减，使生长发育变得迟缓。在本试验中，由于研究的体系较为复杂，很难直观地辨别所引起的毒性效应是由 nZVI 还是由反应产物［如

Cr(OH)$_3$、Cr（Ⅲ）/Fe（Ⅲ）氢氧化物等］所引起的。但是从仅含有 CMC-nZVI 的土壤中植物的生长情况看，基本可推断 CMC-nZVI 对作物的生长起着很大的抑制作用。这可能与多方面因素相关，如亚铁离子的毒性、Fe^0 或 Fe（Ⅱ）氧化过程中产生的氧化剂［如 •OH 或 Fe（Ⅳ）］（Auffan et al.，2008；Keenan et al.，2008；Keenan et al.，2009）、植物体内产生的活性氧化物质（ROS）（Keenan et al.，2009；Chen P J et al.，2011）以及纳米材料本身所具有的毒性（Auffan et al.，2008）。

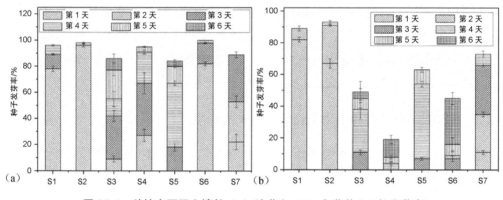

图 29-3　种植在不同土壤的（a）油菜和（b）白菜前 6 d 的发芽率

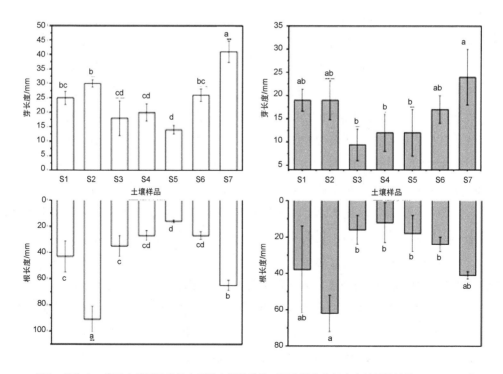

［同一植物中，柱子上的不同字母表示因土壤的差异而导致测定指标产生显著性差异（$p<0.05$）］

图 29-4　种植在不同土壤的（a）油菜和（b）白菜的根和幼苗的长度

表 29-5　种植在不同土壤的油菜和白菜的干生物量　　　　　单位：mg

植物	S1	S2	S3	S4	S5	S6	S7
				油菜			
叶	11.3±0.4e	13.2±0.3d	19.3±0.4b	21.2±0.3a	18.8±0.3b	18.9±0.3b	14.1±0.3c
茎	6.0±0.2d	7.2±0.3b	4.8±0.3e	6.7±0.3c	2.4±0.1f	8.1±0.2a	6.4±0.3cd
根	6.4±0.3a	6.8±0.3a	3.2±0.2c	3.8±0.6c	0.2±0.05d	3.6±0.2c	4.7±0.2b
				白菜			
叶	9.4±0.3d	14.3±0.3a	12.2±0.3c	8.4±0.5e	13.2±0.3b	12.2±0.4c	8.6±0.4e
茎	2.5±0.2d	5.3±0.1a	4.5±0.3b	2.4±0.3d	4.1±0.2b	3.3±0.2c	3.4±0.2c
根	5.7±0.4b	10.4±0.4a	1.1±0.2e	1.1±0.1e	2.7±0.2c	2±0.3d	2.3±0.2cd

注：同一指标内，数值后不同的字母表示因土壤的差异而导致测定指标产生显著性差异（$p < 0.05$）。

　　进一步地，测定了植物生长过程中土壤溶液的亚铁离子浓度（图 29-5），结果发现其浓度从第 1 天的 20 mg/L 逐渐降低，第 8 天时已低于方法的检测限，说明修复后土壤中大量存在的 Fe（Ⅱ）所产生的还原作用确实不容忽视。

　　根据已有的研究表明，当高浓度的 Fe（Ⅱ）进入植物体内时能与氧发生反应，并催化产生诸如•OH 等活性自由基，容易攻击植物细胞，从而导致细胞膜损伤、细胞完整性的破坏、DNA 的破坏、酶和蛋白质的失活等（Yamauchi et al., 1995；Briat et al., 1997）。然而，随着时间的推移，植物的毒害作用逐渐减弱，这可能与土壤中的 Fe^0 或 Fe（Ⅱ）在空气的暴露下逐渐被氧化相关。因此，为了避免引起二次污染，在实际应用中应使 nZVI 得到完全氧化后才使修复后的土壤用于耕作。

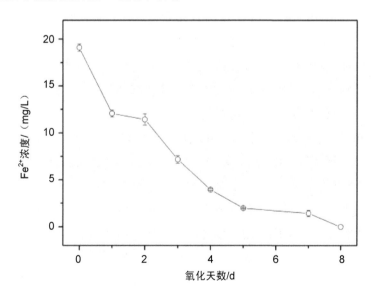

图 29-5　植物种植过程中土壤溶液的亚铁离子浓度

29.1.5 小结

本节对比了污染土壤、铬污染土壤、加入新制备 CMC-nZVI 的土壤、加入老化 72 h CMC-nZVI 的土壤、加入新制备 CMC-nZVI 的铬污染土壤、经 CMC-nZVI 修复 72 h 的铬污染土壤和修复 1 个月后的污染土壤 7 种土壤对油菜和白菜种子生长发育的影响。结果表明：

①经 CMC-nZVI 修复后的土壤能显著降低铬在植物体内铬的蓄积量和迁移能力，而且修复 1 个月后的土壤也没有对铬的蓄积产生任何影响，说明土壤中的 Cr 以较稳定的形态存在，并且不容易被空气氧化。

②从植物对铁的吸收来看，新制备的纳米材料对其起到促进作用，老化的则产生抑制效果。但是随着土壤修复的完成，最终植物对铁的吸收量恢复到正常的水平。

③采用 CMC-nZVI 对土壤进行修复时，材料对植物的生长发育会产生一定的影响，具体表现为发芽率低、生长迟缓、根部萎缩和根生物量偏低等。但从修复后的土壤和修复了 1 个月后的土壤体系种植情况看，植物的生长均基本得到恢复，这说明经修复后的土壤能逐渐恢复至原种植水平，适用于耕作。

29.2 纳米 Ni/Fe 修复土壤中 PBDEs 的植物毒性效应研究

随着纳米技术的广泛应用，纳米材料不可避免地进入空气、土壤、水体等环境中，评估其环境效应和潜在的风险具有一定的现实意义。已有研究报道（Lin D et al., 2007; Domingos et al., 2009）纳米材料具有一定的生物毒性，作为可以应用于土壤原位修复的纳米 Ni/Fe 颗粒（见第 23 章），也极有可能存在生态风险。因此，开展纳米 Ni/Fe 颗粒及其在多溴联苯醚污染土壤修复前后的生态风险研究是非常重要的，有助于寻找生态安全的土壤原位修复技术，避免二次生态风险。

目前关于植物和多溴联苯醚相互作用的研究一般包括 PBDEs 在植物中的吸收积累、分布、迁移转化、代谢等（Huang H et al., 2010; Wang S et al., 2011a; Wang S et al., 2011b）。我们结合纳米材料以及 PBDEs 对植物的毒害响应，对 PBDEs 污染土壤的修复方法进行植物毒害的生态风险评估。本书利用白菜为测试的蔬菜品种，通过高等植物温室土培试验，研究经过纳米 Ni/Fe 3 d 修复后 PBDEs 污染土壤的生态毒性作用，结合植物早期生长效应，同时针对植物抗氧化防御系统和对有机物和重金属吸收积累的研究，评估人工纳米材料在土壤多溴联苯醚原位修复的生态风险，并对植物的毒害机制进行了初步的探讨，为今后纳米材料在环境中的应用提供技术指导，同时为土壤污染原位修复技术的选择和调控提供了技术支撑。

29.2.1　研究方法

（1）种子发芽与幼苗生长试验

将土壤分为 5 个处理组。S-1：空白土壤；S-2：土壤+BDE209（10 mg/kg）；S-3：土壤+Ni/Fe（0.03 g/g）；S-4：土壤+BDE209+纳米 Ni/Fe（反应前）；S-5：土壤+BDE209+纳米 Ni/Fe（反应后）。

每一个处理组均按下列的方式进行试验：称取 50 g 试验土壤于玻璃培养皿中，用去离子水调节土壤含水量至最大持水量的 60%，置于恒温培养箱中 25℃下平衡 48 h。将 20 粒白菜种子均匀播种于土壤中（放置种子时，保持种子胚根末端和生长方向呈一条直线），每个处理组土壤设置 4 个平行，置于恒温培养箱中 25℃培养。当对照土壤种子发芽率大于 90%，根长度达 20 mm 时试验结束，测定各处理组土壤白菜种子发芽率与芽伸长值（芽抑制率）。在试验结束后，立即剪去根部，保留土壤以上茎部，在烘箱中进行 75℃烘 16 h，记录干重。

（2）Ni 和 Fe 的含量测定

测定前需洗去附于植物样品上的土壤颗粒，经过烘干、研磨后称取植物样品 0.2～0.5 g 放置于坩埚中，加少许去离子水润湿样品，加入 5 mL 硝酸后置于电热板上消煮，升温至溶液保持微沸和白烟散尽。待植物样品溶解直至液体剩下 1 mL，冷却并转入 25 mL 容量瓶中，用 5%的硝酸定容，最后用原子吸收测定重金属的含量。同时做空白实验。

（3）抗氧化防御系统酶活性的测定

抗氧化防御系统酶活性的测定包括过氧化氢酶（Catalase，CAT）的活性测定，过氧化物酶（Peroxidase，POD）的活性测定，超氧化物歧化酶（superoxide dismutase，SOD）的活性测定。将一定质量干净水稻幼苗的地上部分与地下部分分别用 10 mL 磷酸缓冲液（pH=7.8）碾磨提取，于 10 000 rmp 下离心 10 min，用于酶活性的测定。其中 SOD（超氧化物歧化酶）在波长为 560 nm 下采用氮蓝四唑法进行测定（Stewart et al.，1980），POD（过氧化物酶）在波长为 470 nm 下采用愈创木酚法测定（Nakano et al.，1981），CAT（过氧化氢酶）在波长为 240 nm 下采用紫外吸收法进行测定（Aebi et al.，1984）。

（4）计算分析

抑制率（I）的计算公式为

$$I\% = （1 - B/A）\times 100\% \tag{29-1}$$

式中，A 为对照组指标值（发芽率、根伸长、芽长等）；B 为不同暴露组指标值（发芽率、根伸长、芽长等）。

29.2.2 修复后对白菜（地上部分）生物量的影响

本书选取了白菜的可食用部分作为生物量的结果进行比较分析，表 29-6 为各个处理组茎和叶部对应的平均干重，即地上部分的干重。由表可以定量每个处理组的茎部和叶部的干重分别为 0.082 2 g、0.007 0 g、0.004 7 g、0.002 6 g、0.021 0 g，顺序依次为 S-1＞S-5＞S-2＞S-3＞S-4。由生物量的数据可知，纳米双金属 Ni/Fe 和 BDE209 均对白菜种子生长有一定的抑制作用，使得白菜生长迟缓，但修复后的处理组 S-5 生物量仅次于空白组，说明修复后处理组对白菜生物量的影响降低。其他文献也得出类似的结果，如 Ahammed 等（2012）研究表明白菜的根部的鲜重和干重的生物量是空白组的 24% 和 28%，即植物等在受到重金属和有机污染物的作用后生物量也受到了影响。

表 29-6   每个处理组对应的白菜（地上部分）生物量

处理组	干重/g
S-1	0.082 2±0.000 1
S-2	0.007 0±0.000 3
S-3	0.004 7±0.000 4
S-4	0.002 6±0.000 4
S-5	0.021 0±0.000 2

29.2.3 白菜发芽率和根茎伸长试验结果分析

图 29-6 为每个处理组对应的平均发芽率，S-1、S-2、S-3、S-4、S-5 对应的白菜种子发芽率分别为 90%、25%、12.5%、7.5%、40%，S-2 和 S-3 显示了较低的发芽率，内插图中 S-2、S-3、S-4、S-5 对应的发芽抑制率分别为 72%、86%、91%、55%，发芽率和抑制率均展现了同样的结果。处理组 S-2 和 S-3 表明纳米 Ni/Fe 材料和 BDE209 均对白菜种子的发芽有一定的抑制作用，并且纳米 Ni/Fe 表现出了更大的植物毒害作用。据文献报道，纳米材料对植物生长发育存在正负两个方面的影响，正面影响包括促进植物种子发芽、植物根及地上部的生长等；负面影响包括降低发芽率、抑制植物生长，甚至导致植物枯萎死亡等，还包括一些对植物细胞分裂、蛋白合成等的干扰（Nair R et al.，2010）。本书中，我们所制备的人工纳米 Ni/Fe 对高等植物白菜的生长发育存在负面影响，在许多研究中也得到类似的结果，如 nZVI 浓度在 2 000 mg/L 和 5 000 mg/L 时完全抑制亚麻、大麦和黑麦草的种子萌发（El-Temsah et al.，2012b）。S-5 的发芽率为 40%，比 S-1 低了 50%，这表明虽然修复后的土壤相较于空白土壤毒性还要高，但是，与修复前 S-2 的毒性相对比，白菜的发芽率提高了 15%，这说明经过修复后的土壤毒性从一定程度上得到了降低。

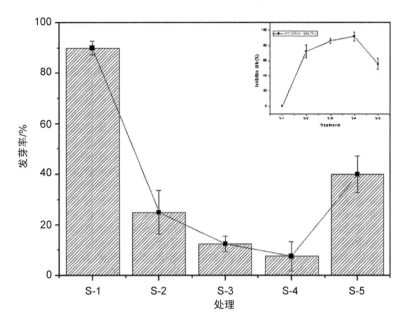

图 29-6　每个处理组对应的发芽率对比（内插图为抑制率）

图 29-7 为每个处理组对应的根、芽伸长长度。S-1、S-2、S-3、S-4、S-5 对应的芽伸长长度分别为 25 mm、9 mm、6 mm、3 mm、15 mm。根、芽伸长的长度与发芽呈正相关关系，这再一次验证了我们的结论。同时在本试验研究的条件下可得纳米 Ni/Fe 表现出比 BDE209 更大的毒性作用，与发芽率的结果一致。处理组 S-1、S-2、S-3、S-4、S-5 对应的根伸长长度分别为 20 mm、7 mm、2 mm、1 mm、12 mm，顺序依次为 S-1＞S-5＞S-2＞ S-3＞S-4，同样地，根的伸长长度结果也表明了人工纳米材料的毒性以及 BDE209 的毒性作用。但是 S-1 比 S-5 长了 8 cm，表明修复后土壤虽然存在一定的毒性效应，但是相对于 S-2 修复前的，毒性效应明显降低。另外，根的伸长长度比对应的芽分别短了 5 mm、 2 mm、4 mm、2 mm、3 mm，这从另一方面展示了根长比芽长受到毒性作用的影响更大，与其他研究结果相似（El‐Temsah et al.，2012b）。这一结果可能是因为根从一开始就完全暴露于土壤中，其生长和发育的全过程受土壤条件的影响较大，因此，根对土壤污染有更敏感的毒性指示作用。

图 29-7 的内插图为每个处理组所对应的白菜种子根伸长、芽长抑制率图，在同等条件下经过 3 d 反应处理后的土壤，S-2、S-3、S-4、S-5 对应的根伸长抑制率分别为 65%、 90%、95%、40%；对应的芽长抑制率分别为 64%、76%、88%、40%。处理组 S-5 白菜种子的抑制率比 S2 相对降低。该结果再次证明了经过修复后的土壤毒性效应的降低。

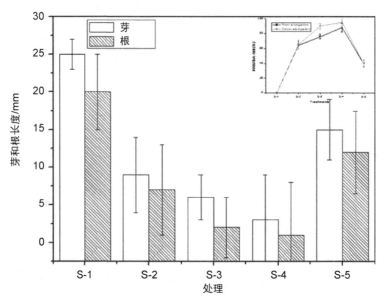

图 29-7　每个处理组对应的根和茎长度的对比（内插图为抑制率）

29.2.4　PBDEs 在白菜体内的分布

据文献资料记载，一些 POPs 可以直接通过植物吸收蓄积（Wang Y et al.，2011）。在本书中，选取种植 14 d 的白菜幼苗的地上部分（包括茎和叶）进行 GC-MS 检测，结果如图 29-8 所示。在 S-2、S-4、S-5 3 个样品中，BDE209 是 PBDEs 的同系物中在植物的地上部分所检测到的含量是最多的，在其他研究中也得到这样的结果，即 BDE209 通过复杂的生物地球化学过程容易蓄积于食物链中（Wang Y et al.，2011；Huang H et al.，2011；Wang S et al.，2012），其次是一些低溴代产物。

对于 S2 体系，土壤中只有 BDE209，没有加入纳米 Ni/Fe 双金属。但是检测结果表示，十溴、九溴和八溴产物均存在于白菜的茎部和叶部，并未检测到更低溴代产物的存在。通过文献调研可知植物通过根部向茎部和向叶部运输蓄积有机污染物的过程中，也会对有机污染物进行自身的代谢作用，关于的 BDE209 的代谢作用一般有 3 种，分别是脱溴、羟基化甲氧基化和代谢（Wang S et al.，2012）。由此，我们可以推测九溴和八溴代产物存在于植物体内，可能来源于植物的代谢作用，正如 Du W 等（2013）所报道的 BDE209 可能会进一步在植物体内代谢。另外，由于本书没有检测根部的含量，所以不排除更低溴代产物在根部的积累。

关于样品 S4，除了 BDE196、BDE207、BDE206，更低溴的产物只有 BDE138，我们猜测有 3 种可能：一是 BDE209 被植物吸收，受植物本身的代谢作用而产生了低溴代；二是土壤中纳米 Ni/Fe 先和 BDE209 产生脱溴反应，生成了低溴代产物，从而被植物吸收。

正如 Huang H 等（2010）所报道的低溴代联苯醚可能是植物自身的代谢抑或直接从土壤中吸收积累的。另有文献记载（Ma X et al.，2013），当纳米材料的粒径在 35～60 nm 时，纳米材料就有往植物体内迁移的可能，鉴于研究体系中存在纳米 Ni/Fe，所以第 3 种猜测是纳米 Ni/Fe 吸附携带 BDE209 从土壤中往植物体内迁移，从而使得植物体内存在低溴产物。例如，纳米 Ag 颗粒会减少 p,p'-DDE 在南瓜和黄豆等植物体内的积累量（De La et al.，2013），然而在这种复合污染物的体系中，污染物之间相互作用的机制尚未明确。与 S-2 对比，BDE196、BDE207、BDE206 的含量均比较高，推测其来源于植物的代谢以及纳米 Ni/Fe 的作用。

对于 S-5，除了 BDE209、BDE17、BDE28、BDE49、BDE138、BDE191 等低溴产物均能被检测到，然而在本书中，利用 GCMS 只检测了脱溴产物，所以不排除甲氧化和羟基化产物的存在。相较于 S-4，S-5 的土壤中 BDE209 的含量降低了 70%，因此在 S-5 中检测到 BDE209 的含量较低。BDE206、BDE207、BDE196 在 S-4 中检测到，而并未在 S-5 中检测到；相反地，其他的 5 种低溴代的 BDE17、BDE28、BDE49、BDE138、BDE191 均在 S-5 中被检测到。在反应 3 d 后的土壤中，我们已经明确检测到了 2 溴到 9 溴等产物的存在，但是根据文献的报道（Huang H et al.，2011），在植物-土壤体系中，低溴代多溴联苯醚容易被植物吸收蓄积，同时我们也不排除其在根部的吸收蓄积。但是通过 S-5 与 S-2 中 BDE209 的含量对比，可以充分说明经过修复后的土壤用于白菜种植后，能减少 BDE209 在白菜中的吸收。

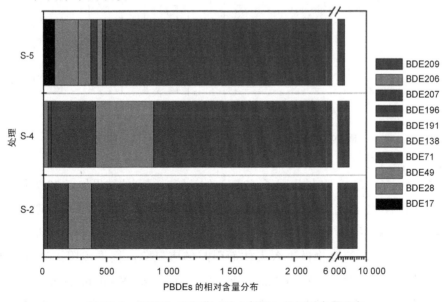

图 29-8 PBDEs 在白菜（地上部分）的相对含量分布

29.2.5　Ni/Fe 在白菜体内的积累

本书讨论了白菜对 Fe 和 Ni 的吸收以及迁移转化的情况。图 29-9（a）为 4 个处理组中在不同的植物组织对金属 Fe 积累的结果。在本试验条件下，空白组白菜（根茎叶）的含铁量为 206 mg/kg。处理组 S-3、S-4、S-5 的白菜根茎叶的总铁含量分别为 786 mg/kg、683 mg/kg、534 mg/kg，纳米材料处理组 S-3 对 Fe 的吸收积累量，S-5 中 Fe 的含量是最少的。结合前述发芽率和根伸长的结果，推测当植物体内的 Fe 过量时，植物的宏观形态指标呈现了不利的影响结果。

图 29-9（b）为 4 个处理组中在不同的植物组织对金属 Ni 积累的结果，空白组白菜（根茎叶）的含 Ni 量为 2.1 mg/kg。处理组 S-3、S-4、S-5 的白菜根茎叶的总 Ni 含量分别为 3.8 mg/kg、3.34 mg/kg、2.85 mg/kg。可见三者中对 Ni 的吸收量顺序为 S-3＞S-4＞S-5。有文献报道（Assunção et al.，2008；Rascio et al.，2011）在双金属 Zn/Ni 的作用下，Zn 作运输系统可将 Ni 运输进入植物体内。本书中 S-3 的双金属活性相较于 S-4 和 S-5 是最高的，我们可以推测，Ni 也在纳米 Fe 的运载下较多地向植物的体内转运。

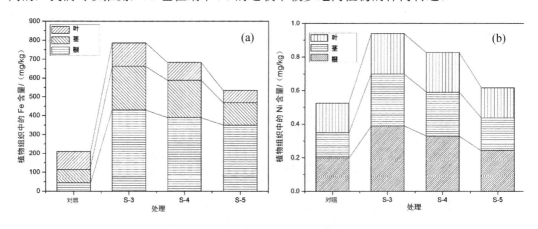

图 29-9　Fe（a）、Ni（b）在白菜体内的吸收积累

通过富集因子（EFs）和转运因子（TFs）的计算，得到的结果如表 29-7 所示，处理组 S-3 的 Fe 和 Ni 的 EFs 系数均是最大的，分别为 0.030 和 0.008。3 个处理组均呈现了 S-3＞S-4＞S-5 的顺序。植物是人们的主要食物来源，环境修复纳米材料可能被植物吸收并累积在可食部分，随食物链进入人体而引起健康风险，根据美国国家环境保护局（USEPA）的镍摄入参考剂量为 0.02 mg/（kg 体重·d）计算（Kimbrough et al.，1989），假如一个成年人每天 50% 的镍吸入来源于蔬菜，那么蔬菜中镍的最大量为 0.375 mg/kg。根据本书的数据，按照白菜可食用部分进行计算，只有空白组和 S-5 的蔬菜中 Ni 的含量不超标，而 S-3 和 S-4 中 Ni 含量为最大吸入量的 1.46 倍和 1.32 倍。可见，利用经过 3 d

修复后的土壤进行白菜的种植，白菜对 Ni 的吸收积累量在安全的食用范围内。

表 29-7 白菜对 Fe 和 Ni 的富集因子和转运因子

项目	Fe		Ni	
	EFs	TFs	EFs	TFs
S-3	0.030	0.54	0.008	0.81
S-4	0.026	0.51	0.007	0.77
S-5	0.020	0.34	0.006	0.78

29.2.6 PBDEs 在白菜体内的分布

通过文献的调研，目前关于植物致毒的机制主要有：①根表面覆盖的纳米材料有效阻止水分和营养成分通过膜毛孔吸收。②纳米铁反应后被氧化为 Fe^{3+}，降低了水溶性，并产生沉淀覆盖在根表面。③通过影响土壤的氧化还原电位从而影响植物的生长（Ma X et al.，2013）。④当植物受到生物和非生物的胁迫时会引起细胞内活性氧（ROS）的积累，从而对植物细胞造成一定的伤害（如 DNA 损伤、蛋白的变性等），并且还会引起植物的过敏性坏死反应。然而植物在进化过程中形成了完善的 ROS 清除酶系统，如超氧化物歧化酶（SOD）、过氧化氢酶（POD）、过氧化物酶（CAT）。通过这些清除系统可以使活性氧的浓度处于一个相对平衡的状态。⑤通过改变植物的生理过程，如阻碍功能团的代谢，置换或者取代某元素扰乱膜完整性等（Rascio et al.，2011）。氧化应激是自由基在体内产生的一种负面作用，一直被认为是导致衰老和疾病的一个重要因素（Unlu E S et al.，2007）。因此本书通过定量测定活性氧消除系统酶活力来评价白菜对重金属 Fe/Ni 和 PBDEs 的氧化应激。

由图 29-10 可知，当植物受到外界（重金属 Fe/Ni 和 PBDEs）胁迫时，ROS 清除酶（SOD、POD、CAT）的活性都有增大的趋势。但是三者的具体情况却各有不同。关于 SOD，相较于空白组，S-2、S-3、S-4、S-5 4 个处理组的 SOD 活性在植物的茎和叶部活性分别增加了 31%、75%、71%、15%。SOD 是酶促防御系统的重要保护酶，正常情况下，植物体内 SOD 活性维持在一定的水平，SOD 催化反应 $2O_2^{2-} + 2H^+ \longrightarrow H_2O_2 + O_2$，以去除不断产生的超氧阴离子自由基。由试验结果可知，白菜体内的 SOD 活性均比空白组高，可见白菜对纳米 Ni/Fe，BDE209 均具有抗氧化防御能力。S-2 相较于 S-1，SOD 的活性增加了 31%，这说明在 BDE209 的胁迫下，植物可激发自身的防御系统，诱导 SOD 活性增加，以抵抗 BDE209 胁迫下所造成的自由基增加。S-3 相较于 S-1，SOD 活性增加了 75%，表明纳米 Fe^0 可通过与 O_2 相互作用形成 ROS，或是其释放的 Fe（Ⅱ）由 Fenton 反应产生了 ROS，因而植物对纳米材料也有相应的响应作用。另外，S-4 组的 SOD 活性相较于 S-3

降低，这可能是在复合污染下产生的超氧阴离子自由基已经超过了 SOD 的清除能力，使得酶的活性相对降低，可见酶活性的阈值也表明了植物自身保护作用的有限性。但是相较于 S-2，S-5 的 SOD 活性降低了 12%，表明修复后土壤的毒性在某一程度上得到了降低。

POD 是一种含 Fe 的蛋白质，其作用如同氢的受体，在植物呼吸代谢中起着重要作用。POD 以过氧化物为底物，以植物体内多种还原剂为电子受体清除过氧化物（Wang H et al.，2011）。相较于空白组，S-2、S-3、S-4、S-5 4 个处理组的 POD 活性在植物的茎和叶部分别增加了 27%、109%、172%、12%。与 SOD 的结果相似，不同的是，S-4 的 POD 活性在 4 个处理组中是最高的，相较于 S-2，S-5 的 POD 活性降低了 6.1%。在本试验的复合污染的条件下，产生的自由基并未超过 POD 的清除能力。据文献报道，POD 具有多功能性，除了作为抗氧化酶，还参与木质素的合成，叶绿素降解等（Pandey et al.，2005）。所以相较于 SOD，POD 的活性增加量更大些。

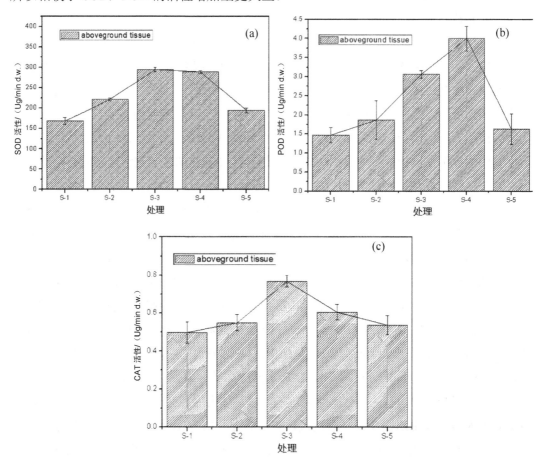

图 29-10　白菜中 SOD（a）、POD（b）、CAT（c）的活性变化

CAT 直接分解 H_2O_2 产生 H_2O 和 O_2，能减少 •OH 的形成，从而有效地阻止 H_2O_2 在植物体内积累，使细胞内自由基维持在一个低水平，防止细胞受自由基的伤害（Wang H et al.，2011）。相较于空白组，S-2、S-3、S-4、S-5 4 个处理组的 CAT 活性在植物的茎和叶部分别增加了 10.55%、54.51%、21.7%、18.09%。CAT 的情况与上述分析的 SOD 的情况相似，相较于 S-2，S-5 的 CAT 活性降低了 5.9%。由此可见，经过修复后的土壤 SOD、POD、CAT 的活性降低，这也说明了植物所受到的氧化应激降低。

在实际原位修复工作中，将人工纳米材料投加到土壤环境中，应该权衡纳米材料给生态环境所带来的影响。从一定程度上讲，使用 Ni/Fe 双金属对 PBDEs 污染土壤的原位修复方法是可行的，值得一提的是，在实际环境中 PBDEs 污染浓度并未达到本试验的高度，即所投加的纳米材料量将会大大减少。同时在今后 PBDEs 污染土壤修复中，可对 Ni/Fe 材料进一步地修饰调控以降低生态毒性。

29.2.7　小结

本书利用温室土培试验，结合白菜种子发芽，以及幼苗初期生长、抗氧化酶活性，重金属的吸收积累，PBDEs 在植物体内的分布迁移等指标，对纳米 Ni/Fe 原位修复 BDE209 方法的生态风险评估。分别设置了 S-1（空白土壤）、S-2（土壤+BDE209）、S-3（土壤+Ni/Fe）、S-4（土壤+BDE209+纳米 Ni/Fe，反应前）、S-5（土壤+BDE209+纳米 Ni/Fe，反应后）5 个体系，结果如下：

①相较于处理组 S-2，S-5 的生物量增加了 0.004 4 g，发芽率提高了 15%，茎和根的伸长增加了 5 mm 和 6 mm。Ni 和 Fe 在 S-5 处理组白菜中的含量分别为 0.351 mg/kg 和 184 mg/kg。

②S-5 中白菜的 SOD，POD 和 CAT 活性相较于 S-2 分别增加 12%、6.1%和 5.9%。增加的 SOD、POD、CAT 活性表明了植物的毒性效应来源于由 ROS 引起的氧化应激。

③在本试验条件下，纳米 Ni/Fe 具有一定的生物毒性效应，但经过 3 d 修复后的土壤毒性得到降低，因此利用纳米 Ni/Fe 去除土壤中 BDE209 的修复方法是可行的。

参考文献

AEBI H，1984. Catalase in vitro[J]. Methods in Enzymology，105：121-126.

AHAMMED G J，2012. The growth，photosynthesis and antioxidant defense responses of five vegetable crops to phenanthrene stress[J]. Ecotoxicology and Environmental Safety，80：132-139.

ASSUNÇÃO A. G. L，2008. Intraspecific variation of metal preference patterns for hyperaccumulation in Thlaspi caerulescens：evidence from binary metal exposures[J]. Plant and Soil，303（1）：289-299.

AUFFAN M，2008. Relation between the redox state of iron-based nanoparticles and their cytotoxicity toward Escherichia coli[J]. Environmental Science & Technology，42：6730-6735.

BRIATJ F，1997. Iron transport and storage in plants[J] Trends in Plant Science，2：187-193.

CHEN P J，2011. Toxicity assessments of nanoscale zerovalent iron and its oxidation products in medaka（Oryzias latipes） fish[J]. Marine Pollution Bulletin，63：339-346.

CHEN P J，2012. Stabilization or oxidation of nanoscale zerovalent iron at environmentally relevant exposure changes bioavailability and toxicity in medaka fish[J]. Environmental Science & Technology，46：8431-8439.

DE LA TORRE-ROCHE R，2013. Impact of Ag nanoparticle exposure on *p,p'*-DDE bioaccumulation by *Cucurbita pepo*（Zucchini） and *Glycine max*（Soybean） [J]. Environmental Science & Technology，47：718-725.

DOMINGOS R F，2009. Characterizing manufactured nanoparticles in the environment：multimethod determination of particle sizes[J]. Environmental Science & Technology，43：7277-7284.

DU W，2013. Fate and ecological effects of decabromodiphenyl ether in a field l ysimeter[J]. Environmental Science & Technology，47：9167-9174.

EL-TEMSAH Y S，2012a. Ecotoxicological effects on earthworms of fresh and aged nano-sized zero-valent iron（nZVI） in soil[J]. Chemosphere，89：76-82.

EL-TEMSAH Y S，2012. Impact of Fe and Ag nanoparticles on seed germination and differences in bioavailability during exposure in aqueous suspension and soil[J]. Environmental Toxicology，27，42-49.

HAN F X，2004. Phytoavailability and toxicity of trivalent and hexavalent chromium to Brassica juncea[J]. New Phytologist，162：489-499.

HAYAT S，2012. Physiological changes induced by chromium stress in plants：an overview[J]. Protoplasma，249：599-611.

HUANG H，2011. Plant uptake and dissipation of PBDEs in the soils of electronic waste recycling sites[J]. Environmental Pollution，159：238-243.

HUANG H，2010. Behavior of decabromodiphenyl ether（BDE209） in the soil-plant system：uptake，translocation，and metabolism in plants and dissipation in soil[J]. Environmental Science & Technology，44：663-667.

KEENAN C R，2009. Oxidative stress induced by zero-valent iron nanoparticles and Fe（Ⅱ） in human bronchial epithelial cells[J]. Environmental Science & Technology，43，4555-4560.

KEENAN C R，2008. Factors affecting the yield of oxidants from the reaction of nanoparticulate zero-valent iron and oxygen[J]. Environmental Science & Technology，42：1262-1267.

KHODAKOVSKAYA M，2009. Carbon nanotubes are able to penetrate plant seed coat and dramatically affect seed germination and plant growth[J]. ACS nano，3：3221-3227.

KIMBROUGH D E，1989. Acid digestion for sediments，sludges，soils，and solid wastes. A proposed alternative to EPA SW 846 Method 3050[J]. Environmental Science & Technology，23：898-900.

LEE W M，2008. Toxicity and bioavailability of copper nanoparticles to the terrestrial plants mung bean （*Phaseolus radiatus*） and wheat（*Triticum aestivum*）：plant agar test for water-insoluble nanoparticles[J]. Environmental Toxicology and Chemistry：An International Journal，27：1915-1921.

LIN D，2007. Phytotoxicity of nanoparticles：inhibition of seed germination and root growth[J]. Environmental Pollution，150：243-250.

LIN S，2009. Uptake，translocation，and transmission of carbon nanomaterials in rice plants[J]. Small，5：1128-1132.

LOPEZ-LUNA J，2009. Toxicity assessment of soil amended with tannery sludge，trivalent chromium and hexavalent chromium，using wheat，oat and sorghum plants[J]. Journal of Hazardous Materials，163：829-834.

MA X，2013. Phytotoxicity and uptake of nanoscale zero-valent iron（nZVI） by two plant species[J]. Science of the Total Environment，443：844-849.

MENGEL K，1994. Iron availability in plant tissues-iron chlorosis on calcareous soils[J]. Plant and Soil，165：275-283.

NAIR R，2010. Nanoparticulate material delivery to plants[J]. Plant Science，179：154-163.

NAKANO Y，1981. Hydrogen peroxide is scavenged by ascorbate-specific peroxidase in spinach chloroplasts[J]. Plant and cell Physiology，22：867-880.

PANDEY V，2005. Antioxidative responses in relation to growth of mustard （*Brassica juncea* cv. Pusa Jaikisan） plants exposed to hexavalent chromium[J]. Chemosphere，61：40-47.

RASCIO N，2011. Heavy metal hyperaccumulating plants：how and why do they do it？ And what makes them so interesting？[J]. Plant Science，180：169-181.

SHANKER A K，2004. Differential antioxidative response of ascorbate glutathione pathway enzymes and metabolites to chromium speciation stress in green gram [*Vigna radiata*（L.） R. Wilczek. cv CO 4] roots[J]. Plant Science，166：1035-1043.

SLOMBERG D L，2012. Silica nanoparticle phytotoxicity to Arabidopsis thaliana[J]. Environmental Science & Technology，46：10247-10254.

STEWART R R C，1980. Lipid peroxidation associated with accelerated aging of soybean axes[J]. Plant Physiology，65：245-248.

UNLU E S，2007. Effects of deleting mitochondrial antioxidant genes on life span[J]. Annals of the New York Academy of Sciences，1100：505-509.

WANG H，2011. Physiological effects of magnetite（Fe$_3$O$_4$）nanoparticles on perennial ryegrass（*Lolium perenne* L.）and pumpkin（*Cucurbita mixta*）plants[J]. Nanotoxicology，5：30-42.

WANG S，2011. Behavior of decabromodiphenyl ether（BDE-209）in soil：effects of rhizosphere and mycorrhizal colonization of ryegrass roots[J]. Environmental Pollution，159：749-753.

WANG S，2011. Uptake，translocation and metabolism of polybrominated diphenyl ethers（PBDEs）and polychlorinated biphenyls（PCBs）in maize（*Zea mays* L.）[J]. Chemosphere，85：379-385.

WANG S，2012. Debrominated，hydroxylated and methoxylated metabolism in maize（*Zea mays* L.）exposed to lesser polybrominated diphenyl ethers（PBDEs）[J]. Chemosphere，89：1295-1301.

WANG Y，2011. Characterization of PBDEs in soils and vegetations near an e-waste recycling site in South China[J]. Environmental Pollution，159：2443-2448.

WANG Z，2012. Xylem-and phloem-based transport of CuO nanoparticles in maize（*Zea mays* L.）[J]. Environmental Science & Technology，46：4434-4441.

YAMAUCHI M，1995. Iron toxicity and stress-induced ethylene production in rice leaves[J]. Plant and soil，173：21-28.

ZAYED A，1998. Chromium accumulation，translocation and chemical speciation in vegetable crops[J]. Planta，206：293-299.

ZHU H，2008. Uptake，translocation，and accumulation of manufactured iron oxide nanoparticles by pumpkin plants[J]. Journal of Environmental Monitoring，10：713-717.

ZHU Z J，2012. Effect of surface charge on the uptake and distribution of gold nanoparticles in four plant species[J]. Environmental Science & Technology，46：12391-12398.

第 30 章　负载型纳米铁系材料在土壤环境
修复中的生态风险

30.1　生物炭负载 nZVI 修复铬污染土壤后的植物毒性研究

我们课题组前期利用甘蔗渣为生物质源制备了负载型 nZVI（nZVI@BC）并有效地应用于铬污染土壤的修复（见第 21 章）。在基于生物炭负载纳米零价的土壤修复技术推向应用之前，需要考察该方法是否能有效降低铬在植物体内的蓄积和迁移能力，修复后是否会引发二次污染问题，以及修复后的土壤能否再用于耕作。

本书拟将修复前后的土壤用于种植芥蓝，通过测定芥蓝的发芽率、根茎长度、干生物量及植物组织中的 Cr 和 Fe 的含量等指标来评价修复后土壤的可耕作水平。

30.1.1　研究方法

（1）铬污染土壤的修复

分别以 4 g/kg nZVI、4 g/kg BC、8 g/kg nZVI@BC 的投加量修复铬污染土壤，保持土液比为 1∶1，常温下静置 15 d，其间定时摇匀样品，修复完成后将样品风干。分别取 5 g 土样于一系列培养皿中，保持土液比为 1∶5 混合均匀待用，每个样做 3 个平行。

（2）植物毒性试验

分别考察未受污染土壤（S0）、铬污染土壤（S1）、nZVI 修复后铬污染土壤（S2）、BC 修复后铬污染土壤（S3）、nZVI@BC 修复后铬污染土壤（S4）对芥蓝幼苗长势及各组织中铬、铁含量及迁移蓄积能力的影响。

芥蓝种子进行预处理（0.5% 的次氯酸钠消毒 10 min，去离子水冲洗 3 遍）。每 15 颗种子均匀分布于培养皿中，置于光照培养箱中以 16 h 光照（1 200 Lux，25℃）+8 h 黑暗（20℃）为 1 个周期进行培养，其间加入去离子水使土壤保持恒定的含水率。种子培养 10 d 后收割、待用。

（3）芥蓝种子发芽率及长势

每日记录芥蓝种子的发芽情况；用毫米刻度尺准确测量幼苗根、茎的长度；将幼苗的根、茎和叶分开，80℃烘干 48 h 至恒重后称量各部分组织的干重。

（4）植物各组织中铬、铁含量的测定

将烘干后的各部分组织置于马弗炉中，在 550℃条件下煅烧 5 h，冷却至室温后取出灰化后的植物样品，加入 5 mL 浓硝酸后置于电热炉上消解至剩余 1 mL，用 1% HCl 定容至 5 mL，采用原子吸收分光光度计分别测定 Cr、Fe 的浓度。

30.1.2 对种子发芽和幼苗生长的影响

为探究复合材料对重金属铬修复后土壤的毒理性，进行了 5 种土壤（S0～S4）种植芥蓝幼苗的生长试验。通过测定种子发芽率，幼苗生长情况和生物量来考察修复前后的土壤对植物生长的影响（图 30-1 和表 30-1）。

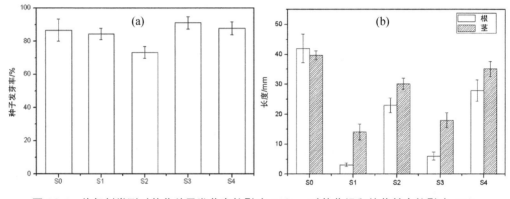

图 30-1　修复剂类型对芥蓝种子发芽率的影响（a）、对芥蓝根和幼苗长度的影响（b）

由图 30-1（a）可知，不同土壤中芥蓝的发芽率不同，空白土（S0）中芥蓝的发芽率达 86.7%，而铬污染土（S1）中芥蓝的发芽率（84.4%）相较于 S0 略微降低，nZVI 修复后的土壤（S2）中芥蓝的发芽率为 73.3%，生物炭修复铬污染土（S3）中芥蓝的发芽率为 91.1%，复合材料修复铬污染土（S4）中芥蓝的发芽率为 87.9%。芥蓝发芽率的顺序为 S3＞S4＞S0＞S1＞S2，S2 中芥蓝种子的发芽率明显较低，说明 nZVI 的加入抑制了种子的发芽，而其他几种土壤中芥蓝种子的发芽率变化不大。

如图 30-1（b）所示，S0 生长的芥蓝中根部、茎部长度分别为 41.9 mm、39.7 mm。相较于 S0，S1 中芥蓝的生长明显受到抑制，其根部、茎部长度分别为 3.1 mm、14.1 mm。相较于 S1，S2 中芥蓝的生长受到促进，其根部、茎部长度分别为 22.99 mm、30.2 mm。S4 中芥蓝的根部、茎部长度分别为 27.9 mm、35.1 mm，约为 S1 中根部和茎部的 9 倍和 2.5 倍，主要原因是 nZVI@BC 能有效降低土壤中 Cr（Ⅵ）含量，减少其对作物的毒害作用。相较于 S2，S4 中芥蓝的根部、茎部长度分别增加了 21.36%、16.23%、主要原因是 nZVI@BC 修复能降低单一 nZVI 修复渗出的铁带来的二次风险，且 nZVI@BC 能改善土壤性质及提高土壤的肥力。

由表 30-1 所示，S0 生长的芥蓝中根部、茎部、叶部的干生物量分别为 9.4 mg、17.1 mg、31.7 mg。S1 中芥蓝的根部、茎部、叶部的干生物量分别为 1.1 mg、7.3 mg、30.9 mg，相较于 S0，S1 中芥蓝的根部及茎部生物量明显降低，说明铬对芥蓝幼苗生长抑制作用非常明显。S2 中芥蓝的根部、茎部、叶部的干生物量分别为 5.8 mg、12.7 mg、22.8 mg，相较于 S1，S2 中芥蓝的根部及茎部生物量升高，叶部生物量降低了，这说明 nZVI 可以在一定程度上降低土壤的植物毒害性，但是仍具有一定的毒性。S3 中芥蓝的根部、茎部、叶部的干生物量分别为 2.5 mg、9.7 mg 和 31.3 mg，相较于 S1，芥蓝的根部、茎部、叶部的干生物量均有所增加，但相较于 S0，S3 中芥蓝的根部、茎部、叶部的干生物量仍较低，说明生物炭只在一定程度上降低铬对植物的毒害性，但土壤中的 Cr 仍对作物有很强的毒害性。S4 中芥蓝的根部、茎部、叶部的干生物量分别为 7.2 mg、16 mg、30.9 mg，根部和茎部分别约为 S1 中的 6.45 倍和 2.19 倍，说明 nZVI@BC 能有效降低土壤中 Cr（Ⅵ）含量，减少其对作物根部和茎部的毒害作用；相较于 S2，S4 中芥蓝的根部、茎部、叶部的干生物量分别增加了 24.14%、25.98% 和 35.53%，说明 nZVI@BC 修复能降低单一 nZVI 修复所带来的二次风险，如降低铁离子渗出，改善土壤理化特性，提高土壤肥力等。

表 30-1　修复剂类型对芥蓝各组织中干生物量的影响　　　　　单位：mg

芥蓝	S0	S1	S2	S3	S4
叶	31.7±4.2	30.9±0.9	22.8±1.5	31.3±1.5	30.9±2.8
茎	17.1±1.1	7.3±0.9	12.7±1.2	9.7±0.2	16±1.9
根	9.4±0.9	1.1±0.1	5.8±0.4	2.5±0.1	7.2±0.2

由图 30-1 及表 30-1 可知，由于 S1 中高浓度 Cr（Ⅵ）的毒害作用，芥蓝生长迟缓、根部萎缩、干生物量降低。相较于 S1，S2 中芥蓝的生长受到促进，主要是因为 nZVI 能将高毒性的 Cr（Ⅵ）变为低毒性的 Cr（Ⅲ），在一定程度上降低 Cr（Ⅵ）对芥蓝的毒害作用。但与空白土中芥蓝生物量及幼苗长度相比，S2 中仍较低，说明 nZVI 对芥蓝的生长仍存在一定的毒害作用，如抑制种子的发芽率。S4 中芥蓝的幼苗长度及干生物量高于S1、S2，略低于 S0，一方面归因于 nZVI@BC 能有效降低土壤中 Cr（Ⅵ）含量，减少其对作物的毒害作用；另一方面归因于 nZVI@BC 能减少单一 nZVI 修复带来的二次风险及改善土壤理化性质，进而促进作物的萌发生长及提高作物产量。

因此，选用复合材料 nZVI@BC 修复铬污染土壤，既可降低 Cr（Ⅵ）对作物的毒害作用和 nZVI 对作物的抑制作用，又可提高作物产量。

30.1.3　铬在作物中的蓄积和迁移

土壤修复是为了降低铬被作物蓄积和迁移的可能性。为了进一步验证修复后土壤中

Cr 的稳定化效率，试验测定了不同试验组中芥蓝中铬的含量。如表 30-2 所示，S0 生长的芥蓝中未检出铬，S1 中芥蓝的根部铬含量为 452 mg/kg（以干生物量计算），茎部为 263 mg/kg，叶部为 116 mg/kg，说明铬污染土壤种植芥蓝后，植物中各个部分中重金属铬含量均非常高。S2 中芥蓝根部、茎部、叶部中铬的含量分别为 228 mg/kg、102 mg/kg、35 mg/kg，相较于 S1 组，分别降低了 49.6%、61.2%和 69.8%、说明 nZVI 是非常有效的铬污染土壤修复剂。S3 中芥蓝根部、茎部、叶部中铬的含量分别为 423 mg/kg、235 mg/kg、92 mg/kg，相较于 S1 组，分别降低了 6.42%、10.65%和 20.69%，主要与生物炭对土壤中的 Cr 有一定的稳定作用相关。S4 中芥蓝根部、茎部、叶部中铬的含量分别为 212 mg/kg、90 mg/kg、24 mg/kg，相较于 S1 组，分别降低了 53.1%、65.8%和 79.3%；相较于 S2 组，分别降低了 7.0%、11.8%和 31.4%；说明 nZVI@BC 能有效稳定土壤中的 Cr，大大降低铬在植物-土壤体系中的向上迁移能力；而且相比单独 nZVI 修复，可以进一步降低铬在芥蓝茎部、叶部的吸收量和蓄积量。

表 30-2   修复剂类型对芥蓝各组织中铬的质量分布的影响   单位：mg 铬/kg 干生物量

芥蓝	S1	S2	S3	S4
叶	116±2	35±1	92±2	24±3
茎	263±16	102±6	235±3	90±10
根	452±16	228±7	423±18	212±7

为了探究修复材料对铬在芥蓝中的迁移能力的影响，分别比较了其浓缩（CF）系数和迁移系数（TF）。CF 是指地上部分铬的含量与土壤中 Cr 含量的比值；TF 是指铬在地上部分的蓄积量与其在根部的比值（Han F X et al., 2004）。如表 30-3 所示，S1 中芥蓝的 CF 及 TF 分别是 0.474、0.838。S2 中芥蓝的 CF 及 TF 分别是 0.171 和 0.601，与 S1 相比，分别降低了 63.92%和 28.28%，说明了 nZVI 对土壤中 Cr 的修复大大降低了铬的迁移能力。我们由前面的研究已知，经过 nZVI 修复后，土壤中的 Cr 主要转化为铁锰氧化态和有机结合态，降低了铬的生物可利用性。S3 中芥蓝的 CF 及 TF 分别是 0.409、0.773，与 S1 相比，分别降低了 13.71%和 7.76%，说明了生物炭对铬污染土壤修复在一定程度上可以降低铬的迁移能力。S4 中芥蓝的 CF 及 TF 分别是 0.143、0.538，与 S1 相比，分别降低了 69.83%和 35.80%；而与 S2 相比，分别降低了 16.37%和 10.48%，说明复合材料修复铬污染土壤对于降低铬在芥蓝的迁移能力更加有效，主要归因于 nZVI@BC 修复 Cr（Ⅵ）污染土壤能将高利用度的铬（可交换态、碳酸盐结合态）转换成低利用度的铬（Fe-Mn 氧化态和有机结合态），从而有效地稳定土壤中的 Cr，降低了铬的生物可利用性。

表 30-3　修复剂类型对芥蓝中铬的浓缩（CF）和迁移系数（TF）的影响

土壤	CF	TF
S1	0.474	0.838
S2	0.171	0.601
S3	0.409	0.773
S4	0.143	0.538

30.1.4　铁在作物中的蓄积

铁在植物生长和发育的过程中起着重要的作用，为探究修复材料对作物中铁蓄积量的影响，试验测定了不同试验组中芥蓝各组织的铁含量。如表 30-4 所示，S0 中芥蓝根部、茎部和叶部的铁含量（以干生物量计，总铁）分别为 3 930 mg/kg、677 mg/kg 和 819 mg/kg。S1 中芥蓝根部、茎部和叶部的铁含量分别为 1 160 mg/kg、523 mg/kg 和 721 mg/kg，说明 Cr（Ⅵ）的存在抑制了植物对铁的吸收。S2 中芥蓝根部、茎部和叶部的铁含量分别为 5 803 mg/kg、1 594 mg/kg、1 074 mg/kg，分别是 S1 组的 5 倍、3.05 倍、1.49 倍，说明 nZVI 修复能促进芥蓝中铁元素的蓄积。S3 中芥蓝根部、茎部和叶部的铁含量分别为 1 258 mg/kg、549 mg/kg 和 707 mg/kg，与 S1 组的差别不大。S4 中芥蓝根部、茎部和叶部的铁含量分别为 3 271 mg/kg、631 mg/kg、804 mg/kg，相较于 S2 组，分别降低了 43.63%、60.41%、25.14%；相较于 S1 组，S4 中芥蓝根部、茎部和叶部的铁含量分别比 S1 组增加 1.82 倍、20.65% 和 11.51%，且 S4 中的铁含量接近于 S0 组的，说明 nZVI@BC 修复可有效抑制单一 nZVI 修复造成芥蓝过量蓄积铁元素，可以降低铬污染土壤芥蓝吸收铁元素的抑制作用，且 nZVI@BC 修复后芥蓝各组织中铁的含量几乎可以达到空白土壤的水平，与土壤特性研究中有效铁的变化保持一致，说明修复后土壤能回到原先的耕作水平。

表 30-4　修复剂类型对芥蓝各组织中铁的质量分布的影响　　单位：mg 铁/kg 干生物量

芥蓝	S0	S1	S2	S3	S4
叶	819±18	721±21	1 074±55	707±51	804±7
茎	677±29	523±38	1 594±69	549±8	631±21
根	3 930±190	1 160±41	5 803±89	1 258±67	3 271±99

30.1.5　小结

本节对比了未受污染土壤（S0）、铬污染土壤（S1）、nZVI 修复的土壤（S2）、BC 修复的土壤（S3）、经 nZVI@BC 修复的铬污染土壤（S4）5 种土壤对芥蓝种子生长发育及对铬和铁蓄积及迁移的影响。结果表明：

①经 nZVI@BC 修复后的土壤能显著降低铬在芥蓝体内的蓄积量和迁移能力。

②经 nZVI 修复造成芥蓝各组织对 Fe 的过量蓄积，而 nZVI@BC 修复后，芥蓝对铁的吸收量几乎恢复到正常的水平。

③在采用 nZVI@BC 对土壤进行修复时，会在一定程度上促进作物的生长发育，具体表现为降低单一 nZVI 对发芽率的抑制作用和 Cr（Ⅵ）对作物的毒害作用（生长迟缓、根部萎缩和根、茎生物量偏低）等。从 nZVI@BC 修复后的土壤的种植情况来看，作物的生长长势较好，且生物量较高。

30.2 生物炭负载纳米磷酸亚铁修复镉污染土壤后的植物毒性研究

我们课题组前期制备出一种 NaCMC 稳定的以生物炭为载体的纳米磷酸亚铁复合材料 [CMC@BC@Fe$_3$(PO$_4$)$_2$] 并有效地应用于镉污染土壤的修复（见第 22 章）。考虑到实际应用中，污染土壤的修复无法通过振荡方式充分反应，唯有通过翻搅使混合均匀。而且，实际作物的生长周期较长，修复后土壤对植物的长期影响也需要被探究。因此，在技术进行实际应用之前，有必要考察原位修复的方法是否在作物的生长周期内能有效降低镉在植物体内的蓄积和迁移，修复后是否会引发二次污染问题，以及修复后的土壤能否再用于耕作。本书通过摇床试验和盆栽试验，将修复前后的土壤用于芥蓝种植，测定作物对镉和铁的吸收量、植物的生长状况等以考察修复后土壤的植物毒性。

30.2.1 研究方法

（1）镉污染土壤的修复

①摇床试验：供试污染土壤通过人为投加硝酸镉的方式进行制备，最终使得土壤中 Cd（Ⅱ）的浓度为 5 mg/kg。该污染土壤分别用 Fe$_3$(PO$_4$)$_2$、BC、CMC@BC@Fe$_3$(PO$_4$)$_2$ 进行修复。具体做法：取 5 g 镉污染土壤于 100 mL 离心管中，分别加入 Fe$_3$(PO$_4$)$_2$（50 mL）、BC（5 g+50 mL 水）、CMC@BC@Fe$_3$(PO$_4$)$_2$（50 mL），置于摇床中反应 28 d，离心去除上层清液，将剩余泥浆转移至培养皿中待用。

②盆栽试验：称取 500 g 镉污染土壤于花盆中（内径 20 cm，高 10 cm），分别以 1：1 的比例（土液比）加入去离子水（记为 S1）、以 1：1 的比例加入浓度为 5.6 g/L 的 Fe$_3$(PO$_4$)$_2$ 悬浮液（记为 S2）、以 10% 的比例加入生物炭（记为 S3）、以 1：1 的比例（土液比）加入 CMC@BC@Fe$_3$(PO$_4$)$_2$ 复合材料（记为 S4），往 S3 中补充 500 mL 去离子水，充分混匀并置于阴凉处，定期对样品进行搅拌使土壤与修复材料混合均匀，适时补充去离子水以保持土液比为 1：1。反应 28 d 后，从花盆中取出约 5 g 土壤，风干、研磨，置于封口袋中保存，用于 DTPA、PBET 和 SEP 的测试。

（2）幼苗生长抑制试验

试验分别考察未受污染土壤、镉污染土壤、$Fe_3(PO_4)_2$ 修复的镉污染土壤、BC 修复的镉污染土壤、CMC@BC@$Fe_3(PO_4)_2$ 修复的镉污染土壤 5 种土壤（摇床试验土）对芥蓝种子的发芽和幼苗生长的影响。土壤具体的处理方法如表 30-5 所示。

表 30-5　土壤具体的处理方法

序号	样品	处理内容
S0	未受污染土壤	取 5 g 干净土壤，加入 25 mL 去离子水，混合均匀
S1	镉污染土壤	取 5 g 镉污染土壤，加入 25 mL 去离子水，混合均匀
S2	$Fe_3(PO_4)_2$ 修复的镉污染土壤	取 5 g 镉污染土壤，加入 $Fe_3(PO_4)_2$（50 mL），混合均匀后置于摇床中振荡 28 d
S3	BC 修复的镉污染土壤	取 5 g 镉污染土壤，加入 BC（5 g），加入 50 mL 去氧水，混合均匀后置于摇床中振荡 28 d
S4	CMC@BC@$Fe_3(PO_4)_2$ 修复的镉污染土壤	取 5 g 镉污染土壤，加入 CMC@BC@$Fe_3(PO_4)_2$（50 mL），混合均匀后置于摇床中振荡 28 d

试验采用一系列 120 mm 玻璃培养皿，底部铺两层滤纸，使土样混合均匀并完全覆盖培养皿底部。试验种子先用 0.5% 的次氯酸钠消毒 10 min，后用去离子水冲洗 5 遍。将 15 颗已消毒的种子以一定间距放置于培养皿中，置于光照培养箱中以 16 h 光照（1 200 Lux，25℃）+8 h 黑暗（20℃）为一个周期进行培养，记录种子发芽率，并加入去离子水使土壤保持恒定的含水率。种子培养 10 d 后收割，收割时用去离子水清洗干净根部附着的土壤后待用。

（3）植物生长试验

试验分别考察未受污染土壤、镉污染土壤、$Fe_3(PO_4)_2$ 修复的镉污染土壤、BC 修复的镉污染土壤、CMC@BC@$Fe_3(PO_4)_2$ 修复的镉污染土壤 5 种土壤（盆栽试验土）对芥蓝种子的幼苗生长的影响。土壤具体的处理方法如表 30-6 所示。

表 30-6　土壤具体的处理方法

序号	样品	处理内容
S0	未受污染土壤	取 500 g 干净土壤，加入 500 mL 去离子水，混合均匀
S1	镉污染土壤	取 500 g 镉污染土壤，加入 500 mL 去离子水，混合均匀
S2	$Fe_3(PO_4)_2$ 修复的镉污染土壤	取 500 g 镉污染土壤，加入 $Fe_3(PO_4)_2$（500 mL，5.6 g/L），混合均匀
S3	BC 修复的镉污染土壤	取 500 g 镉污染土壤，加入 BC（50 g），加入 500 mL 去氧水，混合均匀
S4	CMC@BC@$Fe_3(PO_4)_2$ 修复的镉污染土壤	取 500 g 镉污染土壤，加入 CMC@BC@$Fe_3(PO_4)_2$（500 mL），混合均匀

试验所采用的种子先用 0.5% 的次氯酸钠消毒 10 min，后用去离子水冲洗 5 遍。20 颗种子以一定间距放置于花盆中并于光亮处进行培养，每日加入去离子水使土壤保持恒定的含水率。种子培养 45 d 后收割，收割时用去离子水清洗干净根部附着的土壤后待用。

（4）分析方法

幼苗的根和茎的长度用尺子准确测量。将幼苗的根和幼苗分开，80℃烘干 48 h 后称量各部分组织的干重。将烘干后的各部分组织置于马弗炉中以 550℃ 煅烧 5 h，灰化后的植物样品加入 5 mL 浓硝酸，置于电热炉上消解至剩下 1 mL，消解液用 1% HCl 定容到 5 mL 后采用原子吸收分光光度计测定 Cd、Fe 的浓度。

30.2.2 摇床试验中种子的发芽和生长发育

通过测定种子发芽率以考察修复前后的土壤对植物生长的影响，如图 30-2 所示。在未受 Cd 污染的土壤环境中，芥蓝的发芽率为 97.8%，在受 Cd 污染后，芥蓝的发芽率均有所降低，分别为 88.9%、91.1%、93.3% 和 93.3%。显然，未经任何材料修复的土壤中芥蓝的发芽率最低，经 $Fe_3(PO_4)_2$、BC、$CMC@BC@Fe_3(PO_4)_2$ 3 种材料修复后的土壤中芥蓝的发芽率都有所上升。说明重金属 Cd 对芥蓝的种子有一定的毒害作用，但由于试验所用镉污染土壤的浓度较低，因此该毒害作用不明显，各土壤之间的发芽率并不存在明显性差异。

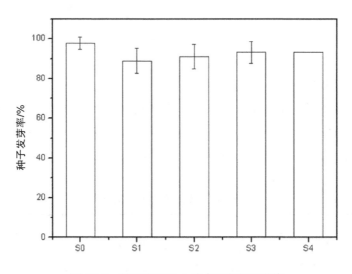

图 30-2　种植在不同土壤中芥蓝的发芽率

在种子发芽后，进一步考察了重金属 Cd 污染和修复材料对芥蓝的幼苗生长发育的影响（图 30-3、图 30-4）。

图 30-3　芥蓝的生长发育情况

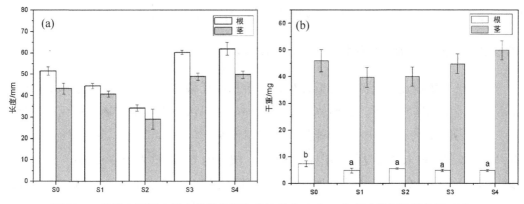

图 30-4　种植在不同土壤中芥蓝的根和茎的长度（a）、各部分组织干生物量（b）

土壤中重金属镉的加入，虽然对植物的发芽率无明显影响，但在 Cd 污染土中生长出来的芥蓝幼苗茎细叶小（图 30-3），说明 Cd 对芥蓝生长存在一定的抑制作用。当 Cd 污染土中加入 $Fe_3(PO_4)_2$ 修复后，芥蓝幼苗的生长发育表现出一定的负效应，植株无法直立向上生长，根茎较短，叶子发黄，这可能由土壤中有效铁的含量过高导致，因此对植物的生长产生负面影响。目前已有较多报道 nZVI 对其他生物有机体会产生副作用，但磷酸亚铁对植物的影响尚未见报道。经 BC 和 $CMC@BC@Fe_3(PO_4)_2$ 修复后的土壤中芥蓝的生长发育情况良好，生长快速，植株较长，叶子较大，这与生物炭能为土壤增加营养元素有关。

在 Cd 污染土壤中，修复前后芥蓝的根和茎的长度变化都表现出相同的趋势［图 30-4（a）］。修复前的土壤相比未经污染的土壤中根和茎的长度均有所下降，分别从 51.6 mm和 43.3 mm 降至 44.6 mm 和 40.8 mm。经 $Fe_3(PO_4)_2$ 修复后的土壤中根和茎的长度降低最多，分别为 34.3 mm 和 29.1 mm，降低了 33.5%和 32.8%，说明土壤中铁的含量过高确实不利于植物根和茎的生长，这与表面所观察到的植物生长发育情况相一致。S3 和 S4 样品中芥蓝的根和茎的长度则比 S0 的植物样品长，根的长度分别为 60.3 mm 和 62.0 mm，茎的长度分别为 49.0 mm 和 49.9 mm。说明材料不仅可以降低重金属 Cd 对芥蓝生长发育的毒害作用，还可以为土壤增加营养元素，为芥蓝的生长发育带来积极的影响。

在 Cd 污染土中种植的芥蓝的根的干生物量皆比 S0 有所降低，分别从 7.4 mg 降至4.8 mg、5.5 mg、4.8 mg 和 4.8 mg［图 30-4（b）］。说明重金属 Cd 对芥蓝根部的毒害作用较为明显，而且修复材料均无法完全抵消 Cd 对植物根部的负面影响，然而其对芥蓝地上部分的干生物量的影响则有所不同。对比 S0，S1 和 S2 样品中的幼苗干生物量有所下降，从 46.1 mg 降至 39.8 mg 和 40.1 mg，但 S3 和 S4 的则有所上升，对比修复前上升了 12.8%和 25.6%，而 S4 甚至比未经污染的土壤 S0 还要提高 8.5%。这与前述的植物生长表观现象和各组织长度的测量结果相一致。因此，选用复合材料修复镉污染土壤既可降低 Cd 对作物的毒害作用和磷酸亚铁的抑制作用，还可提高作物产量。

30.2.3　摇床试验中镉在作物中的蓄积和迁移

镉污染土壤修复的目的是降低镉被作物蓄积和迁移的可能性。为了进一步验证修复后土壤中镉的固定效率，试验测定了所有种植在镉污染土壤中作物的镉元素含量。如表 30-7 所示，修复材料的施用能降低镉在芥蓝各组织中的蓄积量。芥蓝根部对 Cd 的蓄积能力较强，在未经修复的土壤样品 S1 中，根部的 Cd 浓度为 14.3 mg/kg，加入材料修复后，芥蓝根部 Cd 的含量均有所降低，分别降至 12.3 mg/kg、8.3 mg/kg 和 7.9 mg/kg。对于芥蓝的地上部分，各植物体内 Cd 的含量也表现出相同的趋势，S1 的 Cd 浓度为13.1 mg/kg，各种材料修复后则降至 8.2 mg/kg、4.9 mg/kg 和 3.9 mg/kg。

　　从整个植株来看（图 30-5），当 $Fe_3(PO_4)_2$ 加入土壤中，作物体内镉的蓄积量已下降了 25%；而 $CMC@BC@Fe_3(PO_4)_2$ 复合材料修复完成后，镉的蓄积量已下降了 57%。这一现象说明采用 $CMC@BC@Fe_3(PO_4)_2$ 复合材料修复镉污染土壤，可进一步降低作物对镉的蓄积量。

表 30-7　种植在不同含镉土壤的芥蓝各组织中镉的质量分布　　　　　　单位：mg 镉/kg 干生物量

芥蓝	S1	S2	S3	S4
根	14.3±1.4b	12.3±0.9b	8.3±0.7a	7.9±1.5a
幼苗	13.1±2.7b	8.2±0.9a	4.9±2.1a	3.9±0.5a

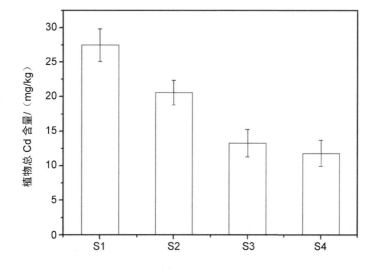

图 30-5　种植在不同含镉土壤的芥蓝中镉的总蓄积量

　　为了进一步研究修复材料对镉在芥蓝中的迁移能力的影响，试验分别比较了其浓缩和迁移系数。浓缩系数（CF）是指地上部分镉的含量与土壤中镉含量的比值；迁移系数（TF）是指镉在地上部分的蓄积量与其在根部的比值。由表 30-8 可知，修复前芥蓝对土壤中镉的 CF 较大（CF＞1），说明芥蓝对土壤中镉的蓄积作用较强。在修复后的土壤中，作物中镉的 CF 显著降低，其中以复合材料修复最为明显，从大于 2 降至小于 1，说明复合材料能够有效地降低重金属 Cd 在植物体内的蓄积。TF 在修复后也明显下降，表明了重金属镉在植物体内的迁移性减弱，大部分 Cd 停留在根部，无法向上迁移。以上试验结果表明，采用该方法修复镉污染土壤能有效对土壤进行解毒。

表 30-8   种植在不同含镉土壤的芥蓝中镉的浓缩（CF）和迁移系数（TF）

土壤	CF	TF
S1	2.62	0.91
S2	1.78	0.81
S3	0.98	0.59
S4	0.78	0.39

30.2.4   摇床试验中铁元素的吸收

铁是植物生长和发育所必需的微量营养元素之一，它参与植物固氮作用、DNA 合成（核苷酸还原酶）和激素合成（脂氧合酶和 ACC 氧化酶）等过程中许多重要酶的合成（Mengel et al.，1994；Yamauchi et al.，1995；Briat et al.，1997）。但也有研究表明土壤中过多的铁存在可能会对有机生物体产生毒害作用（Chen P J et al.，2012；El-Temsah et al.，2012；Ma X et al.，2013）。因此，在铁基修复材料的应用中有必要考察其对作物吸收铁的影响。表 30-9 显示了种植于不同土壤的芥蓝中铁的含量。其中，根部铁含量较高，地上部分铁含量较低，并且各组织中铁含量的变化趋势总体上与整个植株的相似，为了便于比较，对于这部分的分析采用总含量进行论述。对照组中，铁的含量为 4 561 mg/kg，在镉污染土壤中，铁的吸收则略微受到抑制，降为 4 251 mg/kg，这可能归因于铁和镉之间对于植物体的蓄积存在竞争关系。当 $Fe_3(PO_4)_2$ 加至土壤时，铁的含量升高到5 839 mg/kg，相当于对照组的 1.28 倍，镉污染土的 1.37 倍。相反，复合材料修复的土壤中，铁的含量迅速降至 2 596 mg/kg，比对照组下降了 43%。总体来看，单独使用 $Fe_3(PO_4)_2$会明显促进芥蓝对铁元素的吸收，而复合材料不仅抑制了外加铁元素的吸收，甚至可以抑制土壤中原有铁元素的吸收（图 30-6）。由于南方土壤中本身含铁量偏高，适当降低植物体对铁元素的吸收，对作物的生长发育将产生积极的作用。

表 30-9   种植在不同土壤中的芥蓝各组织中铁的质量分布   单位：mg 铁/kg 干生物量

芥蓝	S0	S1	S2	S3	S4
根	4 073±143	3 629±277	4 857±90	2 438±319	2 149±146
幼苗	488.0±38	621.4±41	981.5±83	498.9±42	446.9±28

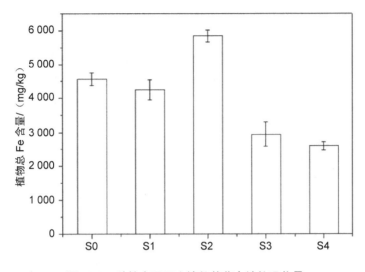

图 30-6 种植在不同土壤的芥蓝中铁的吸收量

30.2.5 材料在花盆中对镉的修复效果

3 种土壤样品中修复效率如图 30-7 所示。3 种修复材料在静置的条件下对土壤中 Cd 仍然具有一定的修复作用。在修复时间达到 28 d 后，纳米 $Fe_3(PO_4)_2$ 的修复效率较低（S2），仅为 17.4%，BC（S3）与 CMC@BC@$Fe_3(PO_4)_2$ 复合材料（S4）的修复效率较高，分别达到 51.2% 和 60.2%。在相同的反应时间内，振荡条件下 3 种材料的修复效率分别为 31.9%、62.9% 和 81.3%、说明振荡条件下污染土壤与修复材料反应更加充分。虽然静置条件下所达到的修复效果略低于振荡条件下的，但 CMC@BC@$Fe_3(PO_4)_2$ 复合材料仍然对土壤中的 Cd 达到 60% 的修复，表明该材料在实际的污染场地修复中具有一定的应用前景。

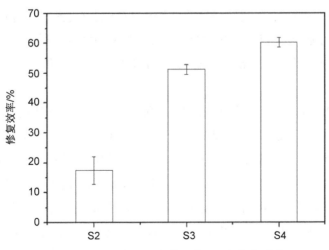

图 30-7 各修复材料在花盆中对镉的修复效率

PBET 提取液中 Cd 的浓度和生物有效率如图 30-8 所示。由图 30-8 可知，修复后的土壤中 Cd 的生物有效率均有明显的降低。修复后土壤 Cd 的生物有效率分别从 67.3%降至 52.3%、43.3%和 31.0%、分别降低了 22.3%、35.7%和 53.9%。说明 BC 和纳米 Fe$_3$(PO$_4$)$_2$均能有效固化土壤中的 Cd，使其不容易被生物的肠胃吸收。当两者结合时［CMC@BC@Fe$_3$(PO$_4$)$_2$］对 Cd 固化效果更是降至修复前的一半，说明在静置条件下该复合材料可有效固化土壤中的 Cd。

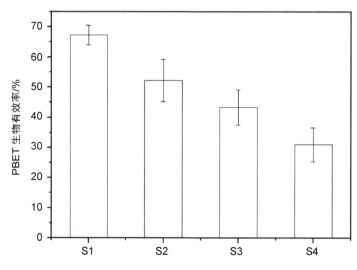

图 30-8   花盆中 Cd 污染土壤修复前后的生物有效率

土壤中 Cd 的各种形态所占比例如图 30-9 所示。对于修复前的土壤，Cd 在土壤中以可交换态和碳酸盐结合态存在，分别占 46.9%和 42.0%。由于有机结合态和残渣态的提取液中 Cd 浓度过小，低于检测范围，故用土壤中 Cd 的总量减去前 3 种形态的量，即得到后两种形态的总和。经过 3 种材料修复后，土壤中 Cd 的可交换态均明显降低，有机物结合态和残渣态均明显增加。说明 BC 和纳米 Fe$_3$(PO$_4$)$_2$ 的修复有利于土壤中的 Cd 从较易利用的形态转变成难以利用的形态，这也解释了 DTPA 提取率和 PBET 生物有效率降低的原因。

经纳米 Fe$_3$(PO$_4$)$_2$ 修复后土壤中 Cd 的后两种（OM+RS）存在形态明显增加。由纳米 Fe$_3$(PO$_4$)$_2$ 的修复原理可推测出这可能归因于 Cd^{2+}与 PO$_4^{3-}$结合，生成了 Cd$_3$(PO$_4$)$_2$ 沉淀，使得 Cd 的存在形态转化为残渣态。经 BC 修复后，土壤中 Cd 的后 3 种形态（OX+OM+RS）明显增加，这可能是由于铁锰氧化物对 Cd^{2+}的吸附，造成铁锰氧化态的含量提高；另外，BC 表面富有含氧官能团，可与 Cd 发生络合作用，生成有机结合态的 Cd。相对于纳米 Fe$_3$(PO$_4$)$_2$ 和 BC 单独修复，经 CMC@BC@Fe$_3$(PO$_4$)$_2$ 复合材料修复后土壤中 Cd 的较难利用形态（OM+RS）的比例升高更多，达到 20%左右，这归功于两种材料同时发挥作用带来的结果，证明两种材料的复合比各自单一投加的修复效果更好。

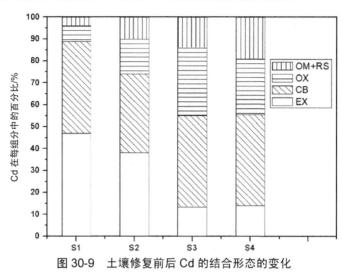

图 30-9　土壤修复前后 Cd 的结合形态的变化

30.2.6　材料在花盆中对芥蓝生长发育的影响

试验测定了芥蓝的茎部长度和干生物量以考察修复前后的土壤对植物生长的影响。修复前的污染土壤相比未经污染的土壤体系，茎的长度均有所下降(图 30-10)，从 46.0 mm 降至 32.8 mm。经纳米 $Fe_3(PO_4)_2$ 修复后的土壤中茎的长度降低最多，降至 26.0 mm，降低了 43.5%，说明土壤中铁的含量过高确实不利于植物的生长，这与表面所观察到的植物生长发育情况相一致。S4 样品中芥蓝的生长情况不仅恢复至污染前的水平，甚至茎的长度还比 S0 的植物样品长，达到 57.0 mm。说明复合材料不仅可以降低重金属 Cd 对芥蓝生长发育的毒害作用，还可以为土壤增加营养元素，对芥蓝的生长发育带来积极的影响。

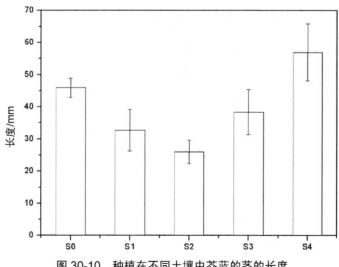

图 30-10　种植在不同土壤中芥蓝的茎的长度

对于植物各组织干生物量，地上部分和地下部分表现出相同趋势（图 30-11）。S1 和 S2 对比 S0 有所下降，S3 和 S4 则有所上升。镉的毒害作用使得 S1 的地上和地下部分从 S0 的 4.75 mg 和 0.33 mg 降低到 2.50 mg 和 0.16 mg。纳米 $Fe_3(PO_4)_2$ 的修复使得芥蓝的地上部分干生物量有所回升，达到 3.10 mg，地下部分则与 S1 持平，说明镉对植物根部的毒害作用较为强烈，纳米 $Fe_3(PO_4)_2$ 未能完全解毒。但 S4 样品中的植物各组织干生物量均有所上升，地上部分和地下部分分别达到 12.7 mg 和 0.79 mg，对比修复前增加 4.08 倍和 3.93 倍，甚至比未经污染的土壤 S0 还要增加 1.67 倍和 1.39 倍。这与前面的植物生长表观现象和各组织长度的测量结果相一致。因此，选用复合材料修复镉污染土壤，既可降低 Cd 对作物的毒害作用和 $Fe_3(PO_4)_2$ 的抑制作用，还可提高作物产量。

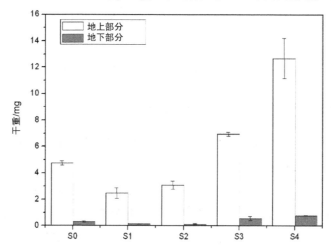

图 30-11   种植在不同的土壤中芥蓝的在地上部分和地下部分组织的干生物量

30.2.7　盆栽试验中镉在作物中的蓄积和迁移

镉污染土壤修复的目的是降低镉被作物蓄积和迁移的可能性。为了进一步验证修复后土壤中镉的固定效率，试验测定了所有种植在镉污染土壤中作物的镉元素含量。如表 30-10 所示，修复材料的施用能降低镉在芥蓝各组织中的蓄积量。芥蓝根部对 Cd 的蓄积能力较强，在未经修复的土壤样品 S1 中根部的 Cd 浓度高达 299.8 mg/kg，加入材料修复后芥蓝根部 Cd 的含量均有所降低，分别降至 141.2 mg/kg、56.6 mg/kg 和 51.1 mg/kg。对于芥蓝的地上部分，各植物体内 Cd 的含量也表现出相同的趋势，S1 的 Cd 浓度为 121.2 mg/kg，各种材料修复后则降至 54.1 mg/kg、8.7 mg/kg 和 4.5 mg/kg。从整个植株来看（图 30-12），当 $Fe_3(PO_4)_2$ 加入土壤中，作物体内镉的蓄积量已下降了 53.6%；而 CMC@BC@$Fe_3(PO_4)_2$ 复合材料修复完成后，镉的蓄积量更是下降了 86.8%。这一现象说明采用 CMC@BC@ $Fe_3(PO_4)_2$ 复合材料修复镉污染土壤可进一步降低作物对镉的蓄积量。

表 30-10　种植在不同含镉土壤的芥蓝各组织中镉的质量分布　　　单位：mg 镉/kg 干生物量

芥蓝	S1	S2	S3	S4
地上部分	121.2±8.4	54.1±4.9	8.7±0.6	4.5±1.0
地下部分	299.8±8.7	141.2±6.7	56.6±3.4	51.1±4.1

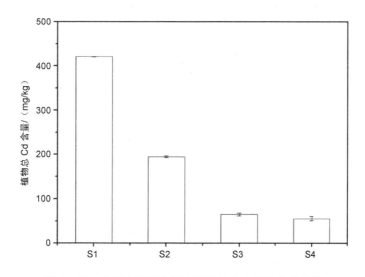

图 30-12　种植在不同含镉土壤的芥蓝中镉的总蓄积量

相较于在培养皿中种植 10 d 的芥蓝，污染土中芥蓝的地上部分和地下部分的 Cd 浓度仅为 13.1 mg/kg 和 14.4 mg/kg，说明种植时间的延长和污染土量的增加，明显提高了芥蓝各组织对 Cd 的蓄积作用。当采用 CMC@BC@Fe$_3$(PO$_4$)$_2$ 复合材料修复后，培养皿中芥蓝的地上部分和地下部分的 Cd 含量分别降至 3.93 mg/kg 和 7.87 mg/kg，而本试验中 S4 的地上部分和地下部分的 Cd 含量也降至 4.5 mg/kg 和 51.1 mg/kg。说明在土量多且静置条件下，CMC@BC@Fe$_3$(PO$_4$)$_2$ 复合材料也能使芥蓝的地上部分中 Cd 的含量降至较低水平，证明该材料具有实际农田污染修复的应用前景。

为了进一步研究修复材料对镉在芥蓝中的迁移能力的影响，试验分别比较了其浓缩和迁移系数（表 30-11）。浓缩系数（CF）是指地上部分镉的含量与土壤中镉含量的比值；迁移系数（TF）是指镉在地上部分的蓄积量与其在根部的比值。由表 30-11 可知，修复前芥蓝对土壤中镉的 CF 很大，说明芥蓝对土壤中镉的蓄积作用很强。在修复后的土壤中，作物中镉的 CF 显著降低，其中以复合材料修复最为明显，从 24.23 降至小于 1，说明复合材料能够有效降低重金属 Cd 在植物体内的蓄积。TF 在修复后的明显下降也表明了重金属 Cd 在植物体内的迁移性减弱，即大部分 Cd 停留在根部，无法向上迁移。综上可知，采用 CMC@BC@Fe$_3$(PO$_4$)$_2$ 复合材料修复 Cd 污染土壤能有效对土壤进行解毒。

表 30-11　种植在不同含镉土壤的芥蓝中镉的浓缩（CF）和迁移系数（TF）

土壤	CF	TF
S1	24.23	0.40
S2	10.81	0.38
S3	1.74	0.15
S4	0.91	0.09

30.2.8　盆栽试验中铁元素的吸收

表 30-12 为种植于不同土壤的芥蓝中铁的含量。其中，根部铁含量较高，地上部分铁含量较低，并且各组织中铁含量的变化趋势总体上与整个植株的相似，因此，为了便于比较，对于这部分的分析采用总含量进行论述。对照组中，铁的含量为 6 814.2 mg/kg，在镉污染土壤中，铁的吸收并没有受到 Cd 的影响。当 $Fe_3(PO_4)_2$ 加入土壤中时，铁的含量升高到 9 491.7 mg/kg，相当于对照组的 1.39 倍。相反，复合材料修复的土壤中，铁的含量迅速下降到 7 950.0 mg/kg，基本恢复至对照组的水平。

总体来看，单独使用 $Fe_3(PO_4)_2$ 会明显促进芥蓝对铁元素的吸收，而复合材料中的生物炭则可以抑制芥蓝外加铁元素的吸收（图 30-13）。由于南方土壤中本身含铁量偏高，适当降低植物体对铁元素的吸收，对作物的生长发育将产生积极的作用。

表 30-12　种植在不同土壤中的芥蓝各组织中铁的质量分布　　　单位：mg 铁/kg 干生物量

芥蓝	S0	S1	S2	S3	S4
地上部分	599.9±14.8	544.1±18.2	900.6±25.8	477.1±20.5	627.3±44.7
地下部分	6 214.3±88.6	6 397.1±61.4	8 591.1+155.6	4 507.6±183.9	7 950.0±134.1

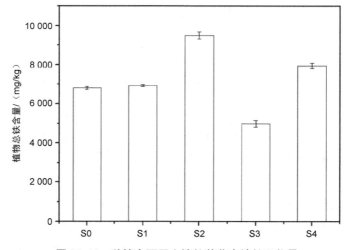

图 30-13　种植在不同土壤的芥蓝中铁的吸收量

30.2.9　小结

摇床试验对比了未受污染土壤、镉污染土壤、$Fe_3(PO_4)_2$ 修复的土壤、BC 修复的土壤、$CMC@BC@Fe_3(PO_4)_2$ 复合材料修复的土壤 5 种土壤对芥蓝种子生长发育的影响。结果表明：

①采用 $CMC@BC@Fe_3(PO_4)_2$ 复合材料对土壤进行修复后，材料对作物的生长发育有一定的促进作用，具体表现为抑制 Cd 对植物的毒害作用，同时还可增加土壤中的营养元素，促进作物的生长发育，提高作物的生物量。

②经 $CMC@BC@Fe_3(PO_4)_2$ 复合材料修复后的土壤能显著降低镉在植物体内的蓄积量和迁移能力。

③$Fe_3(PO_4)_2$ 对芥蓝吸收铁元素起促进作用，$CMC@BC@Fe_3(PO_4)_2$ 复合材料则产生抑制效果，且 $CMC@BC@Fe_3(PO_4)_2$ 复合材料修复后，芥蓝对铁元素的吸收甚至低于种植在未经污染土壤中的。

盆栽试验考察了 $CMC@BC@Fe_3(PO_4)_2$ 复合材料在土量较多且静置的条件下对土壤中 Cd 的修复效果，同时对比了以上 5 种土壤对芥蓝生长发育的影响。结果表明：

①在土量较多且静置的条件下，$CMC@BC@Fe_3(PO_4)_2$ 复合材料对土壤中 Cd 的修复效率仍能达到 60%，同时降低了 Cd 的 PBET 提取率，将土壤中 Cd 从较易利用的形态转换成较难利用的形态。

②采用 $CMC@BC@Fe_3(PO_4)_2$ 复合材料对土壤进行修复后材料对作物的生长发育有一定的促进作用，具体表现为抑制 Cd 对植物的毒害作用，同时还可增加土壤中的营养元素，促进作物的生长发育，提高作物的生物量。

③经 $CMC@BC@Fe_3(PO_4)_2$ 复合材料修复后的土壤能显著降低镉在植物体内的蓄积量和迁移能力。

④$Fe_3(PO_4)_2$ 对芥蓝吸收铁元素起到促进作用，$CMC@BC@Fe_3(PO_4)_2$ 复合材料则可部分降低芥蓝对铁元素的吸收。

30.3　生物炭负载纳米 Ni/Fe 对土壤 BDE209 生物有效性的研究

课题组前期制备出一种以甘蔗渣为生物质源的生物炭负载型纳米 Ni/Fe 双金属复合材料（BC@Ni/Fe）并有效应用于土壤中十溴联苯醚（BDE209）的修复（见第 24 章）。考虑到残留在土壤中的纳米 Ni/Fe 以及多溴联苯醚（PBDEs）可以通过植物吸收进入食物链并产生生物放大效应，给人类健康带来潜在风险，BC@Ni/Fe 对植物的毒性及环境效应以及生物炭的复合是否可以有效降低纳米 Ni/Fe 可能存在的生态风险有待进一步研究。为此，本书以白菜作为测试的蔬菜品种，通过高等植物温室土培试验，结合植物发芽率、根生长和茎生长率、生物量的变化量、Ni 和 Fe 在植物体内的吸收积累量和植物抗氧化防御系统酶的活性测定，以及每组 BDE209 及其降解产物在土壤—植物体系中分布的研究，分析不同修复材料使用后土壤的植物毒害效应，初步探讨生物炭和 Ni/Fe 颗粒对土壤 BDE209 生物有效性的影响规律，以验证所合成新型材料的环境使用性能以及修复方法的可行性。

30.3.1　研究方法

（1）种子发芽与幼苗生长试验

供试土壤分为 5 个处理组：空白土壤（S_0）；土壤+10 mg/kg BDE209（S_1）；土壤+BDE209+0.03 g/g 生物炭（S_2）；土壤+BDE209+纳米 Ni/Fe（S_3）；土壤+BDE209+复合材料（S_4）。试验白菜种子购自中国农业科学院，使用前需用 0.5%的次氯酸钠溶液中浸泡 15 min，并用自来水、去离子水各冲洗 3 次。

每一个处理组均按下列的方式进行试验：称取 50 g 配制的土壤于玻璃培养皿中，用去离子水调节土壤含水量至最大持水量的 75%，置于恒温培养箱中 25℃下平衡 48 h。将 20 粒白菜种子均匀播种于土壤中（保持种子胚根末端和生长方向呈一直线），于恒温培养箱中以 16 h 光照（1 200 Lux，25℃）+8 h 黑暗（20℃）为一个周期进行培养，记录种子发芽率。种子培养 20 d 后收割。每个处理组土壤设置 3 个平行。

（2）修复前后土壤理化性质研究

通过测定不同处理组土壤 pH、有机质含量和速效磷含量等指标，分析材料对土壤特性的影响。采用《土壤　pH 的测定》（NY/T 1377—2007）测定土壤 pH，《土壤　有机质测定法》（NY/T 85—1988）分析修复前后土壤有机质含量的变化，土壤有效铁和土壤速效磷含量分别采用《土壤　有效态钾、镁、铜含量的测定　二乙三胺五乙酸（DTPA）浸提法》（NY/T 890—2004）和《土壤　有效磷的测定　碳酸氢钠浸提-钼锑抗分光光度法》（HJ 704—2014）进行测定。

（3）植物根、茎长度及干生物量的测定

精度为 0.1 mm 的刻度尺测量每株白菜幼苗的根长、苗高、茎长，用吸水纸吸干水稻幼苗表面的去离子水后称量鲜重，在烘箱中 80℃烘干至恒重称量其干重。

（4）Ni 和 Fe 的含量测定

植物样品置于干燥箱内 105℃干燥 48 h 后研钵研碎，称取 0.2～0.5 g 于坩埚中，加入硝酸 5 mL，置于电热板上消煮，直至液体剩下 1 mL 后用 5%的硝酸定容，用原子吸收测定重金属的含量。同时做空白试验。

（5）抗氧化防御系统酶活性的测定

抗氧化防御系统酶活性的测定包括过氧化氢酶（CAT），过氧化物酶（POD）和超氧化物歧化酶（SOD）的活性测定。分别用 10 mL 磷酸缓冲液（pH=7.8）碾磨提取一定质量水稻幼苗的地上部分与地下部分，经 10 000 rmp 离心 10 min 后用于酶活性的测定。其中 SOD 在波长为 560 nm 下采用氮蓝四唑法进行测定（Stewart et al.，1980），POD 在波长为 470 nm 下采用愈创木酚法测定（Nakano et al.，1981），CAT 在波长为 240 nm 下采用紫外吸收法进行测定（Aebi et al.，1984）。

（6）统计分析

试验数据表示为平均值±标准差（Mean±SD，n=3），采用 SPSS 19 软件进行单因素方差分析（one-way ANOVA），处理组与对照组间的差异显著性检验采用 Duncan 法，$p<0.05$ 表示差异显著；使用 Origin 8.5 作图。

30.3.2　对植物幼苗生长发育的影响

此前的研究已经表明，BC@Ni/Fe 能有效去除土壤中的 BDE209，并且相较于纳米 Ni/Fe，BC@Ni/Fe 可有效降低修复过程中释放至土壤中金属离子的生物有效性。本书进一步以白菜种子为受试物，分别用 5 种土壤对其进行植物幼苗早期生长试验。研究发现，5 组处理组中白菜幼苗的形貌有很大差异，S_1 和 S_3 处理组中成活幼苗明显少于其他 3 组，并且呈枯黄状（图 30-14）。

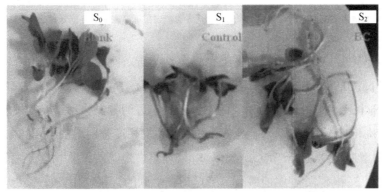

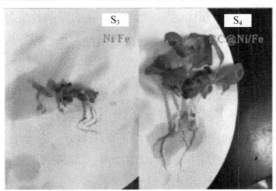

图 30-14　每个处理组的植物生长发育情况

表 30-13 为各个处理组地上部分（茎和叶）和地下部分（根）对应的平均干重。S_0 中白菜的地上部分和地下部分的干生物量分别为 49.8 mg 和 6.6 mg，而 S_1 中白菜由于受到 BDE209 的毒害作用，其地上部分和地下部分的生物量相较于 S_0 分别下降了 67.9%和 83.3%。生物炭修复后的处理组 S_2 的生物量最高，分别达到 104.7 mg 和 12.4 mg，分别是未修复土壤 S_1 的 6.5 倍和 11.3 倍，甚至是未污染土壤 S_0 的 2.1 倍和 1.9 倍。纳米 Ni/Fe 处理组 S_3 中白菜的地上部分和地下部分的干生物量分别为 11.9 mg 和 1.0 mg，相较于 S_1，分别降低了 76.1%和 84.8%。值得注意的是，BC@Ni/Fe 修复后的处理组 S_4 的生物量仅次于生物炭修复组 S_2 和空白组 S_0，相较于 S_1 和 S_3 中白菜的生长受到明显的促进，分别是 S_3 处理组的 3.1 倍和 2.9 倍。

表 30-13　不同处理组对应的白菜生物量

处理组	干重/mg	
	苗高	根长
S_0	49.8±1.7a	6.6±1.4a
S_1	16.0±1.2b	1.1±0.6b
S_2	104.7±4.5c	12.4±0.9c
S_3	11.9±0.2b	1.0±0.1b
S_4	37.2±2.6d	2.9±0.6d

注：同一指标内，数值后不同的字母表示因土壤的差异而导致测定指标产生显著性差异（$p<0.05$）。

由图 30-15 可知，S_0、S_1、S_2、S_3、S_4 中白菜幼苗所对应的根伸长长度分别为 3.65 cm、1.32 cm、10.2 cm、0.92 cm、2.67 cm；茎芽的长度分别为 4.74 cm、1.64 cm、5.63 cm、1.2 cm、3.72 cm。与 S_0 相比，S_1 处理组中白菜的生长受到明显的抑制作用，根茎长度分别降低了 63.8%和 65.4%。与 S_1 对比，S_2 和 S_4 处理组中白菜的根长度分别增加了 8.88 cm 和 1.35cm，茎的长度分别增加了 3.99 cm 和 2.08 cm；S_3 处理组中白菜的根茎长度分别降低了 30.3%和 26.8%，表明 S_2 和 S_4 处理组能够有效降低植物受到的毒害作用，而 S_3 处理组中白菜的生长受到一定抑制作用。与 S_3 相比，S_4 处理组白菜的根茎长度分别增加了 1.75 cm 和 2.52 cm，分别是 S_3 的 2.9 倍和 3.1 倍，再一次证明经过 BC@Ni/Fe 修复后土壤的毒性在一定程度上得到降低。

5 个处理组中植物的干生物量和根茎伸长长度表现出相同的趋势，即顺序依次为 $S_2>S_0>S_4>S_1>S_3$。由于 BDE209 对白菜幼苗生长具有明显的毒性效应，导致 S_1 中白菜生长迟缓，干生物量降低。S_3 中植物受到的毒害作用最大，因为纳米 Ni/Fe 修复后的土壤中含有纳米材料、重金属离子和未降解的 BDE209 及其降解产物，对植物的生长都一定的抑制作用，该结论与文献报道一致，即植物在受到重金属和有机污染物的作用后，生物量会受到显著抑制作用（Ahammed et al.，2012）。S_2 处理组中白菜的生长受到促进，主要归因于生物炭含炭量高和具有丰富的官能团，可有效改善土壤理化性质，提高土壤肥效性（Sohi S et al.，2009），有利于植物生长。S_4 中白菜幼苗的长度及干生物量均高于 S_2 和 S_3，一方面归因于 BC@Ni/Fe 能有效降低土壤中 BDE209 的含量并吸附固定降解中间产物及析出的金属离子，减少作物受到的毒害作用；另一方面是 BC@Ni/Fe 能改善土壤的结构及提高土壤的肥力，促进作物的萌发生长及提高作物产量。此外，除 S_2 处理组以外，其他处理组均表现为植物根的伸长长度短于对应的芽长，即植物根部的生长比地上部分受到毒性作用的影响更大，该结果与许多研究结果相似（An Y J et al.，2006；Auffan et al.，2008），可能的原因是根一直完全暴露于土壤中，其生长和发育的全过程受土壤条件的影响较大，即根对土壤污染有更敏感的毒性指示作用。

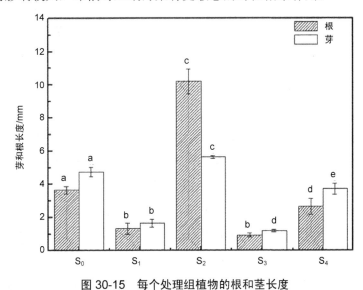

图 30-15　每个处理组植物的根和茎长度

30.3.3　Ni/Fe 在白菜体内的吸收

Fe 和 Ni 是植物生长和发育所必需的微量元素，对许多酶的活性会有直接的影响。但是过量的 Fe 和 Ni 蓄积在生物体内会造成一定的毒害作用，如过量的 Fe 会引起芬顿反应产生·OH 等活性氧物质对生物机体造成损伤（Auffan et al.，2008）。因此，在 nZVI 等修复材料的应用中有必要考察其对作物吸收 Fe 和 Ni 的影响。

种植于不同修复后土壤的植物中 Fe 和 Ni 的含量如图 30-16 所示，空白组 S_0 中植物根部和地上部分铁的含量为 1 616 mg/kg 和 334 mg/kg；与 S_0 相比，S_3 处理组中植物根部和地上部分 Fe 的含量为 3 895 mg/kg 和 1 221 mg/kg，分别是 S_0 的 2.4 倍和 3.7 倍，说明纳米 Ni/Fe 可以有效促进植物对 Fe 的吸收积累。此外，S_4 处理组中植物根部和地上部分 Fe 的含量为 2 496 mg/kg 和 567 mg/kg，与 S_3 相比，分别降低了 35.9%和 53.6%，说明生物炭可以有效抑制植物对 Fe 元素的过量吸收，从而降低植物受到的毒性效应。

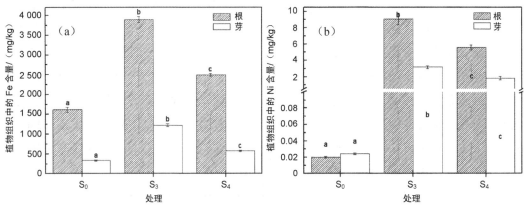

图 30-16 （a）Fe 和（b）Ni 在植物体内的吸收积累

同时，不同处理组中植物对 Ni 的吸收效果也不同。空白组 S_0 中植物吸收的 Ni 的含量几乎可以忽略，仅有 0.04 mg/kg。S_3 中植物吸收的 Ni 的总量为 12.3 mg/kg，而 S_4 中植物吸收的 Ni 的总量为 7.4 mg/kg，相较于 S_3 下降了 39.8%，再一次说明生物炭可以通过抑制植物对金属元素的过量吸收降低其受到的毒性作用。同时，植物生长的形貌（生物量和根茎伸长等指标）也表明，S_3 处理组中植物体内由于积累了过量的 Fe 和 Ni 导致其宏观形态指标呈现了不利的结果，但是在 S_4 处理组中植物的表观形貌明显改善，即受到的毒性减少。这可能归因于生物炭比表面积大，孔隙结构丰富以及富含羧基、羰基和羟基等表面官能团，可以通过络合、吸附等作用吸附固定土壤中 Ni、Fe 等金属离子，而使其不易被植物体吸收。此外，通过对 3 个处理组中根茎叶的 Fe 和 Ni 的含量对比发现，各组织中 Fe 和 Ni 的含量的变化趋势总体上相似，即根部金属含量较高，地上部分金属含量较低。

30.3.4 抗氧化防御系统酶活性测定

氧化应激（Oxidative Stress，OS）是自由基在体内产生的一种负面作用，一直被认为是导致衰老和疾病的一个重要因素。本书通过定量测定活性氧消除系统酶活力来评价氧化应激（图 30-17）。与对照组相比，S_2 处理组中 SOD、POD 和 CAT 的活性分别增加了 29.1%、32.5% 和 15.6%，这表明在 BDE209 的胁迫下，植物可激发自身的防御系统，诱导 SOD、POD 和 CAT 活性增加，以抵抗 BDE209 胁迫下所造成的自由基增加。根据试验结果，S_3 处理组中 SOD、POD 和 CAT 的活性比 S_2 处理组分别增加了 20.4%、54.5% 和 23.4%。这可能是在复合污染下（BDE209 和纳米 Ni/Fe 颗粒）产生的 •O_2^- 已超过了 SOD 的清除能力，使酶的活性相对降低。然而，与 S_3 相比，S_4 处理组中 SOD、

POD 和 CAT 的活性分别降低了 33.8%、47.2%和 24.1%，表明植物所受到的氧化应激降低。在一定程度上，使用 BC@Ni/Fe 复合材料对 PBDEs 污染土壤的原位修复方法是可行的。

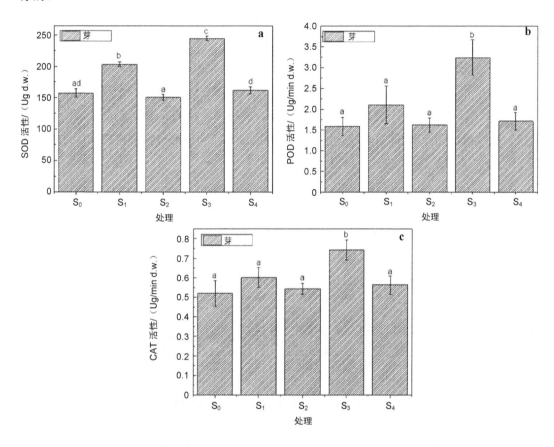

图 30-17　植物中 SOD（a）、POD（b）以及 CAT（c）的活性变化

30.3.5　BDE209 和总 PBDEs 在不同材料处理组中的吸收和蓄积

不同处理组中植物根和茎中 BDE209 和总的 PBDEs 的含量如图 30-18 所示。在 4 组处理组的根茎中均检测到相对含量较高的 BDE209，因为 BDE209 在不同处理组中均是最主要的同系物，另外也说明白菜能够吸收 BDE209。S_1、S_2、S_3 和 S_4 处理组中植物根部吸收的 BDE209 的含量分别为 446 ng/g、180 ng/g、359 ng/g 和 163 ng/g，与 S_1 相比，S_2、S_3 和 S_4 处理组中植物根部 BDE209 的量分别降低了 59.6%、19.5%以及 63.5%，说明 3 种材料修复过的土壤均能降低植物对 BDE209 的吸收蓄积。同时，S_2 和 S_4 处理组降低的程度远高于 S_3 处理组，表明生物炭能够有效阻止植物吸收蓄积 BDE209，从而减缓植物受到的毒害作用。此外，除了生物炭可以有效吸附固定 BDE209，造成 S_3 中 BDE209 高于

S_4 的另一个原因可能是 S_3 处理组中 BDE209 的去除率低于 S_4，导致土壤中 BDE209 的残余含量远高于 S_4，使植物吸收得更多。有关文献也报道了植物吸收 PBDEs 的量与其在土壤中浓度呈正相关（Inui H et al.，2008；Vrkoslavová et al.，2010）。同时，S_1、S_2、S_3 和 S_4 处理组中植物茎部吸收的 BDE209 的含量分别为 289 ng/g、12 ng/g、127 ng/g 和 25 ng/g，总体趋势基本与根部一致（S_1、S_3 吸收的较多，而 S_2 和 S_4 吸收的较低）。但是与相应处理组的根部相比，其含量分别降低了 157 ng/g、168 ng/g、232 ng/g 和 138 ng/g，说明植物的根部更容易吸收蓄积 BDE209，并且 BDE209 可以从植物根部向上迁移到茎部。值得注意的是，含有生物炭的处理组（S_2、S_4）中植物茎部的 BDE209 的量只有 12 ng/g 和 25 ng/g，仅是根部含量的 6.7% 和 15.3%，说明生物炭可能对 BDE209 的向上迁移过程有一定的抑制作用。详细的作用机制仍有待研究。

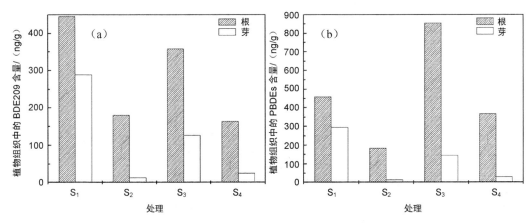

图 30-18 BDE209（a）、总 PBDEs（b）在植物根茎中的蓄积

综上所述，在 S_1、S_2、S_3 和 S_4 4 组处理组中，BDE209 吸收最多的处理组是 S_1，最低的是 S_4。然而，植物吸收的总 PBDEs 与其吸收 BDE209 的趋势有明显不同，即 S_3 处理组最高，S_2 处理组最低。我们推测主要原因有：①纳米 Ni/Fe 处理后的土壤中脱溴产物的含量升高，导致植物同时吸收 BDE209 及其低溴代的降解产物；②据文献报道，纳米颗粒的粒径在 35~60 nm 时，可以被植物吸收和迁移（Ma X et al.，2013；Wang J et al.，2016），因此纳米 Ni/Fe 可能携带着被其吸附的 PBDEs 从土壤中共迁移至植物体内，使得植物体内 PBDEs 的含量升高；③土壤中 Ni 和 Fe 的存在可能有助于植物吸收 BDE209。与 S_2 相比，S_4 中 BDE209 的含量低于 S_2，但是总 PBDEs 量却高于 S_2，这是因为 S_2 中生物碳仅吸附固定土壤中的 BDE209，而无法降解 BDE209，导致 S_2 组中土壤中的 PBDEs 主要是 BDE209。相反地，S_4 中由于 BC@Ni/Fe 材料能够有效降解 BDE209，致使土壤中的 PBDEs 除了 BDE209 还包括其低溴代的降解产物，同样地这些降解产物也能被植物吸收。植物中总 PBDEs 的含量顺序依次为 $S_3 > S_1 > S_4 > S_2$，说明纳米 Ni/Fe 虽然可以有效

修复土壤中的 BDE209，但会造成修复后土壤中 PBDEs 在植物幼苗中吸收转运，导致 S_3 组植物幼苗生长受到最大的抑制。采用 BC@Ni/Fe 修复 BDE209 后的土壤种植白菜，其植物体内吸收转运的 PBDEs 明显下降，从而降低了修复后土壤的植物毒害性，有利于土壤的再生产。

30.3.6　PBDEs 在不同材料处理组中的迁移和分布

为了验证修复后土壤中低溴代产物可以被植物吸收并发生迁移转运，我们分别对种植 20 d 的白菜幼苗的根部以及地上部分（包括茎和叶）萃取浓缩后进行 GC-MS 检测，PBDEs 的分布情况如图 30-19 所示。

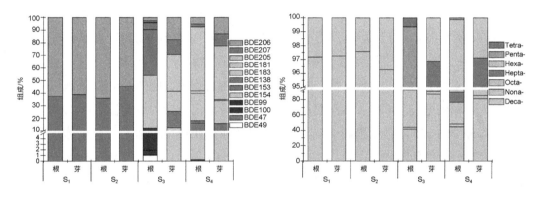

图 30-19　不同处理组中 PBDEs 在植物根茎中的分布

本书中共检测到 13 种 PBDEs 的同系物。在上述同系物中，除了 BDE209，4 组处理中在植物的根和地上部分均检测到 BDE207 和 BDE206，进一步说明植物的根部不仅能吸收 PBDEs，而且 PBDEs 可从根部迁移至植物的地上部分。4 种处理组中的 PBDEs 分布规律不同。对于样品 S_1 和 S_2，除了九溴联苯醚，并没有检测到更低溴代的产物，先前的研究已证明生物炭（S_2 处理组）对土壤中 BDE209 的去除仅通过吸附络合作用，并无发生进一步的还原脱溴。另有文献报道，植物在吸收积累 BDE209 的过程中自身也会对有机污染物进行新陈代谢作用（Wang S et al.，2011；Wang Y et al.，2011）。因此推测 S_1 和 S_2 植物体内存在的九溴联苯醚来源于植物自身的代谢作用，也表明 BDE209 容易脱去一个溴原子形成九溴联苯醚。但是 S_1 和 S_2 处理组中九溴联苯醚的含量相较于 BDE209 非常少，S_1 处理组植物体内九溴联苯醚（包括植物根部和地上部分）的含量为 21.1 ng/g，仅占植物中总 PBDEs 的 2.8%。同样地，S_2 处理组中对应的植物根部和地上部分的九溴联苯醚含量仅为 4.9 ng/g，占植物中总 PBDEs 的 2.5%，说明植物本身对 BDE209 的代谢作用非常弱。在 S_3 和 S_4 处理组中，除了十溴联苯醚和九溴联苯醚，还检测到更低溴代的联苯醚，包括 BDE205、BDE183、BDE181、BDE154、BDE153、BDE138、BDE100、BDE99、

BDE49、BDE47。可能是 3 种作用的共同结果：①与处理组 S_1 和 S_2 类似，BDE209 被植物吸收后通过植物本身的代谢作用产生低溴代联苯醚；②据 Huang H 等（2010）报道，低溴代的联苯醚可能是由于植物自身代谢或者直接从土壤中吸收，因此修复材料（纳米 Ni/Fe 和 BC@Ni/Fe）在土壤中与 BDE209 发生还原脱溴反应生成的低溴代产物可能被植物直接吸收；③被纳米材料吸附的 BDE209 从土壤共迁移至植物体内，在纳米 Ni/Fe 的作用下发生还原脱溴反应产生低溴产物。

值得注意的是，PBDEs 的分布在 S_3 处理组和 S_4 处理组明显不同。BDE209、BDE207、BDE206、BDE205、BDE183、BDE138、BDE153、BDE154 和 BDE99 9 种溴代联苯醚在两个处理组中均检测到，但是七溴联苯醚 BDE181 只在 S_4 中检出，而五溴联苯醚 BDE100 以及更低溴代的产物四溴联苯醚 BDE47 和 BDE49 只在 S_3 处理组中检出，同时在 BC@Ni/Fe 修复 3 d 后的土壤中，我们已经明确检测到了 1 溴到 9 溴等产物的存在，该结果表明 BC@Ni/Fe 复合材料可以有效吸附固定土壤中降解产生的低溴代产物，从而使植物不易吸收毒性更大的低溴代产物，降低其受到的毒害作用。此外，在 S_3 处理组植物的根部并无检测到七溴联苯醚，然而在其地上部分却检测出少量的七溴联苯醚（2%），并且地上部分 BDE205 的含量稍高于植物根部，说明在 PBDEs 可以在根—地上体系中发生迁移以及进一步的新陈代谢作用。尽管有文献报道（Huang H et al.，2010；Wang S et al.，2011），植物地上部分（茎叶）的 PBDEs 是通过根部迁移与叶子从大气中吸收共同作用的结果，但是在本书中，土的表层总是覆盖有水以阻止 PBDEs 的挥发，所以可以忽略植物的茎叶从大气中吸收的 PBDEs，即本书中植物地上部分的 PBDEs 均认为是从植物的根部迁移和植物本身代谢产生的。

为了更直观地分析不同土壤中的 PBDEs 在植物中的迁移情况，试验比较了其迁移系数（TF）。TF 是指 PBDEs 在植物地上部分的蓄积量与根部含量的比值，表示 PBDEs 由根部向地上部分迁移的能力。如图 30-20 所示，进一步表明 PBDEs 可以从根部迁移至地上部分。S_1、S_2、S_3 和 S_4 处理组中总 PBDEs 的 TF 分别为 0.65、0.07、0.17 和 0.08，Deca-BDE 在 4 个处理组中的 TF 分别为 0.647、0.069、0.355 和 0.15，顺序依次为 $S_1 > S_3 > S_4 > S_2$。同时，S_1 和 S_2 处理组的 BDE209 的 TF 与相应的总 PBDEs 的 TF 接近，这是因为在 S_1 和 S_2 土壤中 BDE209 的相对含量达到 95% 以上，即土壤中的 PBDEs 主要是 BED209。S_3 和 S_4 处理组中 BDE209 的 TF 均高于相应的总 PBDEs 的 TF，这可能归因于向上迁移作用受到根部浓度的影响，即根部蓄积的 PBDEs 越多，向上迁移的量就越多，而 BDE209 在 4 个处理组的植物中蓄积量均很高。此外，与 S_1 相比，S_3 中 Deca-BDE 和 Nano-BDE 的 TF 分别降低了 45.2% 和 56.7%，一方面因为 S_1 处理组中根部蓄积的 BDE209 含量高于 S_3，另一方面可能是 S_1 中九溴联苯醚主要来源于植物吸收 BDE209 后自身的代谢作用，含量很低，难以发生植物中的迁移过程。同时，S_1 中植物地上部分的 BDE209 含量也很高，因此我们认为植物地上部分的 Nano-BDE 同样主要来自植物代谢，使植物地上部分和地下部分九溴联苯醚的含量相差不大，从而导致其 TF 很高。与 S_3 相比，S_4 中总 PBDEs、deca-、nano-和 octa-BDE 分别降低了 51.8%、57.7%、70.3%和 99.4%，说明其在 BC@Ni/Fe 修复后土壤种植的植物体内相应的迁移过程受到抑制。在 S_4 中，TF 的大小顺序依次为 deca->nano->octa->hexa->hepta-。此外，更低溴代的联苯醚只有六溴联苯醚 BDE153 和 BDE154 发生了向上迁移，五溴联苯醚和四溴联苯醚均未在植物的地上部分检测出，并且在 4 个处理组中高溴代联苯醚的 TF 稍高于对应的低溴代联苯醚。这些结果均表明高溴代的联苯醚更易发生向上迁移作用。

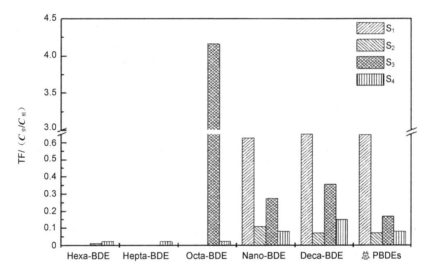

图 30-20　植物中 PBDEs 的浓度与其迁移指数的关系

不同研究的结果不同，如 Wang S 等（2011）报道，玉米暴露于 PBDEs 中 150 h 时，TF 的大小顺序为 BDE28>BDE15>BDE48，这可能与不同的植物的 PBDEs 的迁移能力不同相关。尽管在 S_4 处理组中低溴代联苯醚的 TF 高于 S_3 处理组，但是其在植物地上部分的含量远低于 S_3 处理组。正如 Huang H 等（2010）报道的，BDE209 在根中的积累不仅受土壤吸收的影响，而且还受根—地迁移的影响。向上迁移的 PBDEs 越多，在根部蓄积的 PBDEs 就越少，并且 PBDEs 在植物中的向上迁移过程比根部吸收 PBDEs 更复杂。同时，由于地上部分中 PBDEs 受到植物自身对高溴代联苯醚的代谢和直接从根部迁移的双重影响，使得更详细解释 PBDEs 的浓度与其迁移指数 TF 在植物根部—地上部系统中的关系很困难。

30.3.7　修复材料对土壤特性的影响

土壤的理化性质对植物的生长至关重要，为评估修复前后土壤特性的变化，测定了土壤 pH，有效 Fe，有机质、速效磷及有效氮的含量（表 30-14）。S_0 和 S_1 土壤的 pH 分别为 5.83 和 5.85，表明本试验所选土壤为弱酸性，符合华南地区土壤的特征。S_3 处理组的 pH 为 6.39，因为纳米 Ni/Fe 参与反应可能消耗了体系中的 H 离子，使土壤 pH 有所升高。生物炭处理组 S_2 与复合材料处理组 S_4 的 pH 相较于空白组 S_0 分别上升了 0.83 和 1.11，因为生物炭本身含有大量碱性物质，可促进碱离子的交换反应，中和土壤酸度，改良酸性土壤，如 Xu G 等（2013）研究发现，添加 10% 的秸秆制成的生物炭后，土壤 pH 从 3.83 升至 7.91。

表 30-14　修复材料对土壤特性的影响

样品	S_0	S_1	S_2	S_3	S_4
pH	5.83±0.02a	5.85±0.05a	6.66±0.03b	6.39±0.02c	6.94±0.02 d
有效 Fe/（mg/kg）	118.66±0.18a	102.8±1.93b	93.58±5.32c	350.55±3.1 d	135.99±0.13 e
有机质/（g/kg）	65.49±0.97a	68.46±0.26b	140.88±0.02c	59.99±0.31 d	88.56±0.90 e
速效磷/（mg/kg）	9.72±0.77a	9.81±0.38a	17.33±0.38b	8.09±0.26c	11.90±0.15 d
速效氮/（mg/100 g）	15.07±0.74a	15.95±0.25a	74.07±1.03b	12.90±0.51c	34.65±1.03 d

注：同一指标内，数值后不同的字母表示因土壤的差异而导致测定指标产生显著性差异（$p < 0.05$）。

S_0 有效铁含量为 118.66 mg/kg，与 S_1 处理组相差并不大，说明 BDE209 的加入对土壤中有效铁的影响不大。S_3 处理组有效铁的含量为 350.55 mg/kg，3 倍远高于对照处理组 S_1，主要归因于纳米 Ni/Fe 修复过程中释放出大量铁离子，引起土壤中有效铁含量的增加。相较于 S_3，S_4 有效铁的含量仅有 135.99 mg/kg，降低了 61.2%，远低于 S_3 有效铁的含量，说明 BC@Ni/Fe 可以有效解决纳米 Ni/Fe 修复过程中释放过量铁离子的问题，可避免铁离子过度释放。

对比 5 组处理组中土壤有机质的变化，发现 S_3 处理组中土壤有机质有轻微下降，这可能因为纳米 Ni/Fe 与氨基酸、蛋白质和有机酸等大分子化合物反应，导致有机质含量降低。S_2 和 S_4 处理组中土壤有机质相较于对照组 S_1 分别增加了 105.78% 和 29.36%，主要归因于生物炭含有丰富的有机质，能够显著提高土壤有机质含量，对提高土壤肥力、稳定土壤有机碳库有重要意义，该结果与 Kimetu 等（2010）的报道一致。

同时，本试验也比较了各种修复材料修复前后土壤中速效磷和速效氮的变化。S_3 处理组的速效磷含量相较于 S_1 与 S_0 处理组均下降，说明纳米 Ni/Fe 可以破坏土壤中速效磷，使土壤肥效性下降，不利于植物生长。生物炭和 BC@Ni/Fe 使土壤速效磷的含量由修复前的 9.81 mg/kg 增加到 17.33 mg/kg 和 11.9 mg/kg，即引入生物炭能明显增加土壤中速效磷的含量，这可能因为生物炭本身含有大量的磷，并且有效性较高，可直接增加土壤有效磷磷含量（Topoliantz et al.，2005）。此外，生物炭还能通过吸附作用将磷固定在土壤表层，从而提高磷的利用率，促进植物对磷元素的吸收利用。此外，土壤中速效氮的测定结果与速效磷呈现相似的趋势。与 S_1 相比，S_3 中速效氮下降了 3.05 mg/100 g，S_2 和 S_4 处理组中则分别增加了 58.12 mg/100 g 与 18.7 mg/100 g。再一次证明生物炭的引入有利于改良土壤，降低土壤毒性。

综上所述，生物炭的加入对土壤理化性质产生了有利影响，有效提高土壤的肥效性，利于植物的生长。因此，采用 BC@Ni/Fe 复合材料对土壤中 BDE209 进行污染修复，可以解决单独纳米 Ni/Fe 带来的问题。

30.3.8　小结

本书利用温室土培试验，将供试土壤分为 5 个处理组：空白土壤（S_0）；土壤+10 mg/kg BDE209（S_1）；土壤+BDE209+0.03 g/g 生物炭（S_2）；土壤+BDE209+纳米 Ni/Fe（S_3）；土壤+BDE209+复合材料（S_4）。结合幼苗初期生长发育情况、抗氧化酶活性，重金属的吸收积累，PBDEs 在植物体内的分布迁移等指标，对 BC@Ni/Fe 修复土壤 BDE209 的方法进行生态风险评估。结果如下：

①相较于未修复处理组 S_1 和纳米 Ni/Fe 处理组 S_3，复合材料修复后 S_4 土壤种植的白菜生物量分别增加了 23 mg 和 27.2 mg，根的伸长分别增加了 1.35 cm 和 1.75 cm，茎的伸长分别增加了 2.08 cm 和 2.52 cm。

②Ni 和 Fe 在 S_4 处理组白菜中的含量分别为 7.4 mg/kg 和 3 036 mg/kg，相较于 S_1 和 S_3，种植的植物对 Ni 和 Fe 的吸收量均大幅降低；S_4 中白菜的 SOD、POD 和 CAT 活性相较于 S_1 分别降低 33.8%、47.2%和 24.1%、均表明 BC@Ni/Fe 修复 BDE209 的土壤能够有效降低植物受到的毒害作用。

③PBDEs 被白菜吸收后在根—地上部分体系中可以发生迁移以及进一步的新陈代谢作用，并且高溴代的联苯醚更易发生向上迁移作用，5 组处理组中 PBDEs 在植物体内的蓄积含量顺序依次为 $S_3 > S_1 > S_4 > S_2$，而且 BDE209 在 S_4 处理组植物中的含量是最低的，即 BC@Ni/Fe 对 BDE209 土壤的修复效果最好。

④BC@Ni/Fe 复合材料修复后，土壤的 pH 得到提高，从酸性变为中性，同时还增加了土壤中有机质、速效磷和速效氮的含量，表明生物炭的加入对土壤理化性质产生了有利影响，有效提高土壤的肥效性，利于植物的生长，可以解决单独纳米 Ni/Fe 带来的问题。

参考文献

AEBI H. 1984. Catalase in vitro[J]. Methods in Enzymology，105：121-126.

AHAMMED G J，2012. The growth，photosynthesis and antioxidant defense responses of five vegetable crops to phenanthrene stress[J]. Ecotoxicology and Environmental Safety，80：132-139.

AN Y J，2006. Assessment of comparative toxicities of lead and copper using plant assay[J]. Chemosphere，62（8）：1359-1365.

AUFFAN M，2008. Relation between the redox state of iron-based nanoparticles and their cytotoxicity toward Escherichia coli[J]. Environmental Science & Technology，42（17）：6730-6735.

BRIAT J F，1997. Iron transport and storage in plants[J]. Trends in Plant Science，2（5）：187-193.

CHEN P J，2012. Stabilization or oxidation of nanoscale zerovalent iron at environmentally relevant exposure changes bioavailability and toxicity in medaka fish[J]. Environmental Science & Technology，46（15）：8431-8439.

EL-TEMSAH Y S，2012. Ecotoxicological effects on earthworms of fresh and aged nano-sized zero-valent iron（nZVI）in soil[J]. Chemosphere，89（1）：76-82.

HAN F X，2004. Phytoavailability and toxicity of trivalent and hexavalent chromium to Brassica juncea[J]. New Phytologist，162（2）：489-499.

HUANG H，2010. Behavior of decabromodiphenyl ether（BDE209）in the soil‐plant system：uptake，translocation，and metabolism in plants and dissipation in soil[J]. Environmental Science & Technology，44（2）：663-667.

INUI H，2008. Differential uptake for dioxin-like compounds by zucchini subspecies[J]. Chemosphere，73（10）：1602-1607.

KIMETU J M，2010. Stability and stabilisation of biochar and green manure in soil with different organic carbon contents[J]. Soil Research，48（7）：577-585.

MA X，2013. Phytotoxicity and uptake of nanoscale zero-valent iron（nZVI）by two plant species[J]. Science of the Total Environment，443：844-849.

MENGEL K，1994. Iron availability in plant tissues-iron chlorosis on calcareous soils[J]. Plant and Soil，165（2）：275-283.

NAKANO Y，1981. Hydrogen peroxide is scavenged by ascorbate-specific peroxidase in spinach chloroplasts[J]. Plant and Cell Physiology，22（5）：867-880.

SOHI S，2009. Biochar，climate change and soil：A review to guide future research[J]. CSIRO Land and Water Science Report，5（9）：17-31.

STEWART R R C，1980. Lipid peroxidation associated with accelerated aging of soybean axes[J]. Plant Physiology，65（2）：245-248.

TOPOLIANTZ S，2005. Manioc peel and charcoal：a potential organic amendment for sustainable soil fertility in the tropics[J]. Biology and Fertility of Soils，41（1）：15-21.

VRKOSLAVOVÁ J，2010. Absorption and translocation of polybrominated diphenyl ethers（PBDEs）by plants from contaminated sewage sludge[J]. Chemosphere，81（3）：381-386.

WANG S，2011. Behavior of decabromodiphenyl ether（BDE209） in soil：effects of rhizosphere and mycorrhizal colonization of ryegrass roots[J]. Environmental Pollution，159（3）：749-753.

WANG Y，2011. Characterization of PBDEs in soils and vegetations near an e-waste recycling site in South China[J]. Environmental Pollution，159（10）：2443-2448.

XU G，2013. What is more important for enhancing nutrient bioavailability with biochar application into a sandy soil：Direct or indirect mechanism？[J]. Ecological Engineering，52：119-124.

YAMAUCHI M，1995. Iron toxicity and stress-induced ethylene production in rice leaves[J]. Plant and Soil，173（1）：21-28.